HANDBUCH DER ANALYTISCHEN CHEMIE

HERAUSGEGEBEN VON

W. FRESENIUS
WIESBADEN

DRITTER TEIL: QUANTITATIVE BESTIMMUNGS-
UND TRENNUNGSMETHODEN

ELEMENTE DER SECHSTEN NEBENGRUPPE
BAND VI b β: URAN

SPRINGER-VERLAG
BERLIN · HEIDELBERG · NEW YORK
1972

ELEMENTE DER SECHSTEN NEBENGRUPPE

URAN

BEARBEITET VON

J. KORKISCH · F. HECHT

UNTER MITARBEIT VON

H. SORANTIN

MIT 12 ABBILDUNGEN

SPRINGER-VERLAG
BERLIN · HEIDELBERG · NEW YORK
1972

Prof. Dr. Johann Korkisch
Analytisches Institut der Universität Wien, Österreich

Prof. Dr. Friedrich Hecht
Analytisches Institut der Universität Wien, Österreich

Dozent Dr.-Ing. H. Sorantin
Reaktorzentrum Seibersdorf, Österreich

ISBN-13: 978-3-642-80565-3   e-ISBN-13: 978-3-642-80564-6
DOI: 10.1007/978-3-642-80564-6

Inhaltsverzeichnis

1 Gravimetrische Methoden — Einleitung 1

1.1 Bestimmung und Trennung mit anorganischen Reagenzien 3

   1.1.1 Ammoniak und Carbonat-Ionen 3

      1.1.1.1 Bestimmung mit Ammoniak 3

      1.1.1.2 Trennung mit Ammoniak 5

      1.1.1.3 Trennung mit Carbonat-Methode 5

   1.1.2 Phosphat-, Pyrophosphat, Hypophosphat- und Hypophosphit-Ionen 9

      1.1.2.1 Bestimmung mit Phosphat-Ionen 9

      1.1.2.2 Trennung mit Phosphat-Ionen 10

         1.1.2.2.1 Fällung als Uranylphosphat 10

         1.1.2.2.2 Fällung als Uran(IV)-phosphat 11

      1.1.2.3 Fällungen mit Pyrophosphat-, Hypophosphat- und Hypophosphit-Ionen 14

   1.1.3 Wasserstoffperoxid 15

      1.1.3.1 Bestimmung durch Wasserstoffperoxid-Fällung 15

      1.1.3.2 Trennung durch Wasserstoffperoxid-Fällung 16

   1.1.4 Fluorid-Ionen 17

      1.1.4.1 Bestimmung mit Fluorid-Ionen 17

      1.1.4.2 Trennung mit Fluorid-Ionen 18

   1.1.5 Jodat- und Perjodat-Ionen 20

      1.1.5.1 Fällung durch Jodat-Ionen 20

         1.1.5.1.1 Fällung als Uranyljodat 20

         1.1.5.1.2 Fällung als Uran(IV)-jodat 21

      1.1.5.2 Fällung durch Perjodat-Ionen 21

   1.1.6 Sulfide und Schwefelwasserstoff 22

      1.1.6.1 Fällung mit Sulfiden 22

      1.1.6.2 Fällung mit Schwefelwasserstoff in Gegenwart von Urotropin 23

   1.1.7 Fällung mit Arsenat-Ionen 23

   1.1.8 Fällung mit Hexammin-Kobalt(III)-salzen 24

   1.1.9 Fällung mit Kaliumhexacyanoferrat(II) 25

   1.1.10 Reagenzien geringerer Bedeutung 26

      1.1.10.1 Fällung mit Alkalilaugen 26

      1.1.10.2 Fällung als Uranylvanadat 27

      1.1.10.3 Fällung mit Quecksilber(II)-oxid, unlöslichen Carbonaten, Alkalicyaniden und seleniger Säure 27

1.2 Bestimmung und Trennung mit organischen Reagenzien 28

   1.2.1 8-Hydroxychinolin (Oxin) 28

      1.2.1.1 Bestimmung mit Oxin 28

      1.2.1.2 Trennung mit Oxin 32

   1.2.2 Nitrosophenylhydroxylamin (Cupferron) und Benzoylphenylhydroxylamin ... 33

      1.2.2.1 Uran(IV)-Fällung mit Cupferron 33

      1.2.2.2 Uran(VI)-Fällung mit Cupferron 34

      1.2.2.3 Uran(VI)-Fällung mit Benzoylphenylhydroxylamin 35

   1.2.3 Fällung mit Arsensäurederivaten 36

   1.2.4 Tannin und Tanninsäure 38

      1.2.4.1 Fällungen mit Tannin 38

      1.2.4.2 Fällungen mit Tanninsäure 39

   1.2.5 Pyridin und Urotropin 39

      1.2.5.1 Fällungen mit Pyridin 39

      1.2.5.2 Fällungen mit Urotropin 40

1.2.6 Fällungen mit Oxalsäure 41
1.2.7 Fällungen mit Isatin-β-oxim 42
1.2.8 Organische Fällungsmittel geringerer Bedeutung........................... 42
    1.2.8.1 Carbonsäuren 43
        1.2.8.1.1 Substituierte Benzoesäuren 43
        1.2.8.1.2 Phenylglycin-o-carbonsäure 43
        1.2.8.1.3 Zimtsäure 43
        1.2.8.1.4 Pyridin-2-carboxylsäure-N-oxid 44
        1.2.8.1.5 Acetat-Ionen.. 44
        1.2.8.1.6 2,4-Dichlorphenoxy-essigsäure 44
        1.2.8.1.7 Chinaldinsäure 44
        1.2.8.1.8 Anisinsäure 44
    1.2.8.2 α-Nitroso-β-naphthol und ähnliche Verbindungen 45
    1.2.8.3 Salicylsäure und Derivate 45
    1.2.8.4 Sulfinsäuren und andere Schwefelverbindungen 46
    1.2.8.5 Embelin 46
    1.2.8.6 3-Acetyl-4-hydroxycumarin 46
    1.2.8.7 1-Hydroxy-3-methoxyxanthon 46
    1.2.8.8 1-Hydroxyxanthen-9-on 46
    1.2.8.9 N-Äthylisatin-β-oxim 46
    1.2.8.10 Alizarinblau 47
    1.2.8.11 1,2-Di-(2-pyridyl)äthandiol 47
    1.2.8.12 N-Benzoyl-o-tolylhydroxylamin 47
1.3 Mitfällungsmethoden 48
  1.3.1 Eisen(III)-hydroxid als Kollektor..................................... 48
  1.3.2 Aluminiumhydroxid als Kollektor 48
  1.3.3 Calciumhydroxid als Kollektor 49
  1.3.4 Phosphate als Kollektoren... 49
  1.3.5 Fluoride als Kollektoren... 49
  1.3.6 Organische Verbindungen als Kollektoren 50

2 Titrimetrische Methoden 52

2.1 Einleitung 52
2.2 Reduktion des Urans(VI) zum Uran(IV) 53
  2.2.1 Reduktionen mit Metallen 53
    2.2.1.1 Zink und Amalgame 53
        2.2.1.1.1 Metallisches Zink 53
        2.2.1.1.2 Amalgamiertes Zink 54
            2.2.1.1.2.1 Festes Zink-Amalgam (*Jones*-Reduktoren)........ 54
            2.2.1.1.2.2 Flüssiges Zink-Amalgam 57
    2.2.1.2 Silber 59
    2.2.1.3 Blei und Legierungen.. 61
    2.2.1.4 Cadmium und Amalgame 63
    2.2.1.5 Wismut und Legierungen 64
    2.2.1.6 Seltener verwendete Metalle 65
        2.2.1.6.1 Aluminium 65
        2.2.1.6.2 Magnesium 66
        2.2.1.6.3 Kupfer 66
        2.2.1.6.4 Quecksilber 66
        2.2.1.6.5 Nickel und Antimon 66
        2.2.1.6.6 Natrium-Bleilegierung 66
  2.2.2 Reduktionen mit Lösungen starker Reduktionsmittel 67
    2.2.2.1 Chrom(II)-Ionen 67
    2.2.2.2 Titan(III)-Ionen... 68
    2.2.2.3 Zinn(II)-Ionen 70
    2.2.2.4 Lösungen weniger häufig verwendeter Reduktionsmittel 70
        2.2.2.4.1 Natriumdithionit 70
        2.2.2.4.2 Eisen(II)-Ionen 71
        2.2.2.4.3 Aminoiminomethansulfinsäure........................... 71
  2.2.3 Photochemische Reduktionen 72
  2.2.4 Elektrolytische Reduktionen... 72

2.3 Titration des Urans nach vorangehender Reduktion zum Uran(IV) 72

  2.3.1 Oxydimetrische Titrationen 75

    2.3.1.1 Titration mit Cer(IV)-sulfat 75

      2.3.1.1.1 Visuelle Endpunktsanzeige 75
      2.3.1.1.2 Spektrophotometrische Endpunktsanzeige 79
      2.3.1.1.3 Elektrometrische Endpunktsanzeige 79
        2.3.1.1.3.1 Potentiometrische Titration 79
        2.3.1.1.3.2 Amperometrische Titration 81
        2.3.1.1.3.3 Coulometrische Titration 82

    2.3.1.2 Titration mit Kaliumpermanganat 84

      2.3.1.2.1 Visuelle Endpunktsanzeige 84
      2.3.1.2.2 Elektrometrische Endpunktsanzeige 87
        2.3.1.2.2.1 Potentiometrische Titration 87
        2.3.1.2.2.2 Amperometrische Titration 88

    2.3.1.3 Titration mit Kaliumdichromat 89

      2.3.1.3.1 Visuelle Endpunktsanzeige 89
      2.3.1.3.2 Elektrometrische Endpunktsanzeige, potentiometrische Titration 91

    2.3.1.4 Titration mit Vanadat-Ionen 93

      2.3.1.4.1 Visuelle Endpunktsanzeige 93
      2.3.1.4.2 Elektrometrische Endpunktsanzeige 95
        2.3.1.4.2.1 Potentiometrische Titration 95
        2.3.1.4.2.2 Amperometrische Titration 96

    2.3.1.5 Titration mit Eisen(III)-Lösungen 97

      2.3.1.5.1 Visuelle Endpunktsanzeige 97
      2.3.1.5.2 Spektrophotometrische Endpunktsanzeige 98
      2.3.1.5.3 Elektrometrische Endpunktsanzeige 98
        2.3.1.5.3.1 Potentiometrische Titration 98
        2.3.1.5.3.2 Amperometrische Titration 100

    2.3.1.6 Titration mit weniger bedeutsamen Oxydationsmitteln 101

      2.3.1.6.1 Jod 101
      2.3.1.6.2 Kaliumbromat und Brom 102
        2.3.1.6.2.1 Kaliumbromat 102
        2.3.1.6.2.2 Brom 103
      2.3.1.6.3 Blei(IV)-acetat 103
      2.3.1.6.4 Kaliumhexacyanoferrat(III) 103

  2.3.2 Komplexometrische Titration des Urans(IV) 104

2.4 Titration von Uran(VI)-Lösungen 106

  2.4.1 Titration unter gleichzeitiger Reduktion 107

    2.4.1.1 Titration mit Chrom(II)-Lösung 107
    2.4.1.2 Titration mit Titan(III)-Lösung 108
    2.4.1.3 Titration mit Eisen(II)- und Vanadium(II)-lösungen 109

  2.4.2 Titration ohne Änderung des Oxydationszustandes 110

    2.4.2.1 Direkte Fällungstitrationen 110

      2.4.2.1.1 Titration mit Phosphatlösung 110
      2.4.2.1.2 Titration mit Natriumhydroxidlösung 111
      2.4.2.1.3 Titration mit Kaliumhexacyanoferrat(II)-lösung 112
      2.4.2.1.4 Titration mit m-Nitrophenylarsonsäure 112

    2.4.2.2 Indirekte Fällungstitrationen 113

      2.4.2.2.1 Hydroxid- und Diuranat-Fällung 113
      2.4.2.2.2 Peruransäure-Fällung 114
      2.4.2.2.3 Oxinat-Fällung 114
      2.4.2.2.4 Phosphat-, Arsenat- und Perjodat-Fällung 115
      2.4.2.2.5 Selenit-Fällung 115

    2.4.2.3 Komplexometrische Titration 116

3 Photometrische Methoden 117

3.1 Colorimetrische und spektrophotometrische Methoden — Einleitung 117

  3.1.1 Methoden, die auf der Messung der Eigenfarbe der Uran-Ionen beruhen 119

    3.1.1.1 Wäßrige Lösungen 119

      3.1.1.1.1 Bestimmung in phosphorsauren Lösungen 119
      3.1.1.1.2 Bestimmung in schwefelsauren Lösungen 121
      3.1.1.1.3 Bestimmung in perchlorsauren Lösungen 122
      3.1.1.1.4 Bestimmung in verschiedenen anderen wäßrigen Lösungen ... 123
        3.1.1.1.4.1 Gemischt schwefel-, salpeter- und perchlorsaures Medium 123
        3.1.1.1.4.2 Sulfat- und Carbonatlösungen 123
        3.1.1.1.4.3 Konz. Salzsäure 123
        3.1.1.1.4.4 Dichloracetatmedium 123
    3.1.1.2 Organische Lösungsmittel 123
      3.1.1.2.1 Tributylphosphat-Isooctan.............................. 123
      3.1.1.2.2 Hexon (Methylisobutylketon) 125
      3.1.1.2.3 Andere organische Lösungsmittel 125
        3.1.1.2.3.1 Tri(2-äthylhexyl)-phosphinoxid-Cyclohexan 125
        3.1.1.2.3.2 Diäthylcellosolve............................. 126
        3.1.1.2.3.3 Methanol 126

  3.1.2 Anorganische Reagenzien...................................... 126

    3.1.2.1 Wasserstoffperoxid (Peroxidmethode) 126
    3.1.2.2 Thiocyanat-Ion (Thiocyanatmethode) 133
      3.1.2.2.1 Rein wäßrige Lösung 134
      3.1.2.2.2 Tributylphosphat-Tetrachlorkohlenstoff 137
      3.1.2.2.3 Aceton-Wasser-Medium 138
      3.1.2.2.4 Butylcellosolve-Hexon-Wasser-Medium 139
      3.1.2.2.5 Methyläthylketon 140
      3.1.2.2.6 Dibutyläther des Äthylenglycols (Dibutylcellosolve) 141
    3.1.2.3 Hexacyanoferrat(II)-Ion....................................... 142
    3.1.2.4 Azid-Ion.. 145

  3.1.3 Organische Reagenzien.. 146

    3.1.3.1 β-Diketone 146
      3.1.3.1.1 Dibenzoylmethan 146
      3.1.3.1.2 Acetylaceton 156
      3.1.3.1.3 2-Thenoyltrifluoraceton (TTA) 156
      3.1.3.1.4 2-Acetoacetylpyridin.................................. 157
      3.1.3.1.5 Benzoyltrifluoraceton 157
      3.1.3.1.6 p-Carboxyldibenzoylmethan 157
      3.1.3.1.7 Andere β-Diketone 158
    3.1.3.2 Azoverbindungen 159
      3.1.3.2.1 PAN [1-(2-Pyridylazo)-2-naphthol] 160
      3.1.3.2.2 PAR [4-(2-Pyridylazo)-resorcin] 163
      3.1.3.2.3 Solochrome Fast Red 3G 164
      3.1.3.2.4 Solochrome Fast Grey R.A.S. 164
      3.1.3.2.5 Monochrome Black Blue G. 165
      3.1.3.2.6 Solochrome Black 6BN 165
      3.1.3.2.7 Eriochrome Black T 166
      3.1.3.2.8 TAM.. 167
      3.1.3.2.9 Andere Azoverbindungen 167
    3.1.3.3 Arsenazoverbindungen 168
      3.1.3.3.1 Thoronol 168
      3.1.3.3.2 Arsenazo I 169
      3.1.3.3.3 Arsenazo II 173
      3.1.3.3.4 Arsenazo III 174
        3.1.3.3.4.1 Uran(IV) 174
        3.1.3.3.4.2 Uran(VI) 176
      3.1.3.3.5 Thoron I 177
    3.1.3.4 Chlorophosphonazoverbindungen 178

3.1.3.5 Flavonderivate 179
    3.1.3.5.1 Morin 180
    3.1.3.5.2 Quercetin.. 181
    3.1.3.5.3 Quercetinsulfonsäure 182
    3.1.3.5.4 Rutin 182
    3.1.3.5.5 Hämatein 182
    3.1.3.5.6 3-Hydroxyflavon 183
    3.1.3.5.7 Galangin 183
    3.1.3.5.8 Norwogonin 183
    3.1.3.5.9 5-Hydroxyflavon und 5-Hydroxy-7-methoxyflavon.......... 183
3.1.3.6 Salicylderivate 184
    3.1.3.6.1 Salicylsäure 184
    3.1.3.6.2 Sulfosalicylsäure.................................... 185
    3.1.3.6.3 Salicylhydroxamsäure und 3-Hydroxyiminomethylsalicylsäure 185
    3.1.3.6.4 Salicylamid, Salicylamidoxim und Salicylaldoxim........... 185
3.1.3.7 8-Hydroxychinolin (Oxin)..................................... 186
3.1.3.8 Diäthyldithiocarbaminat...................................... 189
3.1.3.9 Ascorbinsäure 191
3.1.3.10 Ammoniumthioglycolat 193
3.1.3.11 Weniger bedeutsame organische Reagenzien..................... 194
    3.1.3.11.1 Alizarinrot S. 194
    3.1.3.11.2 Chromotropsäure 194
    3.1.3.11.3 Glyoxal-bis(2-hydroxyanil) 195
    3.1.3.11.4 Pyrazolinonderivate.................................. 195
    3.1.3.11.5 R-Salz, Nitroso-R-salz und 2-Naphthol-1-sulfonsäure 196
    3.1.3.11.6 1-Nitroso-2-hydroxy-3-naphthoesäure 196
    3.1.3.11.7 p-Cresotinsäure und Natriumcresotat.................. 197
    3.1.3.11.8 Benzolhydroxamsäure 197
    3.1.3.11.9 Nicotinamidoxim und Nicotinhydroxamsäure 197
    3.1.3.11.10 Tropolon-5-sulfonsäure und β-Isopropyltropolon 198
    3.1.3.11.11 Chinalizarin.. 198
    3.1.3.11.12 Aluminon 198
    3.1.3.11.13 Rhodamin B 198
    3.1.3.11.14 Xylenolorange 199
    3.1.3.11.15 Natrium-2'',6''-dichlor-4'-hydroxy-3,3'-dimethylfuchson-
          5,5'-dicarboxylat 199
    3.1.3.11.16 Mercaptobernsteinsäure 199
    3.1.3.11.17 Tiron 199
    3.1.3.11.18 Resorcin 199
    3.1.3.11.19 Resacetophenonoxim................................. 199
    3.1.3.11.20 Morellin 199
    3.1.3.11.21 Gossypol und Gossypolisonicotinoylhydrazon 200
    3.1.3.11.22 7,8-Dihydroxy-3-phenylcumarin 200
    3.1.3.11.23 Cacothelin 200
    3.1.3.11.24 Furil-α-dioxim 200
    3.1.3.11.25 o-Hydroxyacetophenonoxim 200
    3.1.3.11.26 Gallus-, Tannin-, Resorcyl-, Pyrogallolcarbon- und Mecon-
          säure 200
    3.1.3.11.27 Andere Reagenzien 201

3.1.4 Indirekte Methoden.. 202

3.2 Fluorometrische Methoden 203

3.2.1 Einleitung.. 203
3.2.2 Bestimmung in Schmelzflüssen 204
3.2.3 Bestimmung in wäßrigen Lösungen 209

3.3 Röntgen-Strahlen-Absorption 212

4 Polarographische, coulometrische und elektrolytische Methoden ... 214

4.1 Polarographische Methoden 214

4.1.1 Einleitung.. 214
4.1.2 Bestimmung in anorganischen Leitelektrolyten 214

4.1.2.1 Schwefelsaure Lösungen 214
4.1.2.2 Salpetersaure Lösungen (die katalytische Nitratwelle) 219
4.1.2.3 Perchlorsaure Lösungen 224
4.1.2.4 Salzsaure Lösungen 226
4.1.2.5 Phosphat-Lösungen 227
4.1.2.6 Andere anorganische Leitelektrolyte................................. 230
    4.1.2.6.1 Ammoniumcarbonat 230
    4.1.2.6.2 Natriumfluorid, Hydroxylammoniumchlorid und Thiocyanat-
    Ion 230

4.1.3 Bestimmung in Gegenwart organischer Verbindungen als Leitelektrolyte und
Komplexbildner... 231
4.1.4 Nichtwäßrige Lösungsmittel 235

4.2 Coulometrische Methoden 236

4.2.1 Einleitung... 236
4.2.2 Schwefelsaure Lösungen.. 237
4.2.3 Citrat-Lösungen... 238
4.2.4 Natriumtriphosphat-Lösungen 238

4.3 Elektrolytische Methoden 239

4.3.1 Einleitung... 239
4.3.2 Elektrolytische Verfahren unter Anwendung der Quecksilberkathode 239
4.3.2.1 Schwefelsaure Medien 239
4.3.2.2 Perchlorsaure Medien.. 241

4.3.3 Elektrolytische, auf einer kathodischen Abscheidung des Urans beruhende Verfahren 241
4.3.3.1 Angelegtes äußeres Potential 241
4.3.3.2 Innere Elektrolyse 241

5 Chromatographische Methoden 243

5.1 Ionenaustausch 243

5.1.1 Einleitung... 243
5.1.2 Anionenaustausch 243
5.1.2.1 Anionenaustausch in Gegenwart anorganischer Komplexbildner...... 243
    5.1.2.1.1 Abtrennung als anionischer Sulfat-Komplex................ 243
    5.1.2.1.2 Abtrennung als anionischer Chlorid-Komplex 252
    5.1.2.1.3 Abtrennung als anionischer Nitrat-Komplex 260
    5.1.2.1.4 Abtrennung als anionischer Komplex mit weniger bedeut-
    samen, anorganischen Komplexbildnern 266
        5.1.2.1.4.1 Abtrennung als anionischer Carbonat-Komplex ... 266
        5.1.2.1.4.2 Abtrennung als anionischer Phosphat-Komplex ... 267
        5.1.2.1.4.3 Abtrennung als anionischer Fluorid-Komplex..... 268
        5.1.2.1.4.4 Abtrennung als anionischer Thiocyanat-Komplex . 269

5.1.2.2 Anionenaustausch in Gegenwart organischer Komplexbildner........ 270
    5.1.2.2.1 Abtrennung als anionischer Acetat-Komplex 270
    5.1.2.2.2 Abtrennung als anionischer Ascorbinat-Komplex 272
    5.1.2.2.3 Abtrennung als anionischer Komplex mit weniger bedeutsamen,
    organischen Komplexbildnern............................ 275

5.1.3 Kationenaustausch 276
5.1.3.1 Salzsaure Lösungen 281
5.1.3.2 Salpetersaure Lösungen.. 283
5.1.3.3 Schwefelsaure Lösungen 284

5.2 Verteilungschromatographie 285

5.2.1 Verteilungschromatographie auf Cellulose 285
5.2.1.1 Abtrennung auf Cellulosesäulen (Cellulosesäule-Salpetersäure-Diäthyläther-Methode) 285
5.2.1.2 Papierchromatographie 289

5.2.2 Verteilungschromatographie auf Silicagel 293
5.2.3 Extraktionschromatographie.. 296

6 Extraktionsmethoden 300

  6.1 Einleitung 300

  6.2 Extraktionen mit Äthern 300
     6.2.1 Diäthyläther 300
     6.2.2 Andere Äther 306

  6.3 Extraktionen mit Ketonen 307
     6.3.1 Hexon 307
     6.3.2 Andere Ketone 309

  6.4 Extraktionen mit Äthylacetat 310

  6.5 Extraktionen mit organischen Phosphorverbindungen 313
     6.5.1 Tri-n-butylphosphat 313
        6.5.1.1 Salpetersaure Systeme 313
        6.5.1.2 Andere Systeme 317
     6.5.2 Andere organische Phosphorverbindungen 323

  6.6 Extraktionen mit Chelatbildnern 326
     6.6.1 β-Diketone 326
     6.6.2 Andere Chelatbildner 326

  6.7 Extraktionen mit flüssigen Aminen 329
     6.7.1 Schwefelsaure Systeme 329
     6.7.2 Salzsaure Systeme 330
     6.7.3 Andere Systeme 331

7 Spektralanalytische Methoden 333

  7.1 Normale spektralanalytische Methoden 333
  7.2 Röntgenspektralanalytische Methoden 338
  7.3 Emissionsspektrographische Methoden zur Isotopenanalyse 343
  7.4 Massenspektrometrische Methoden 346
     7.4.1 Arbeitsverfahren 346
     7.4.2 Untersuchungsergebnisse 367

8 Radiochemische Methoden 371

  8.1 Material-Behandlung zur Analyse 371

     8.1.1 Auflösung oder Aufschluß von metallischem Uran, Uranlegierungen, uranhaltigen Oxiden, Mineralen, Erzen, Gesteinen, UF_4 (nach *Grindler*) 371
        8.1.1.1 Metallisches Uran 371
        8.1.1.2 Uranverbindungen 371
        8.1.1.3 Minerale, Erze, Meteorite 372
        8.1.1.4 Biologische Proben 372

     8.1.2 Aufschluß und Aufarbeitung keramischer Kern-Brennstoffe auf Uran- und Plutonium-Basis 381

  8.2 Bestimmung des Urans und seiner Isotopen durch Messung der α-Aktivität 390

     8.2.1 Bestimmung des Gesamt-Urans 390
        8.2.1.1 α-Meßmethodik 390
        8.2.1.2 Proben-Vorbereitung zur α-Zählung 394
        8.2.1.3 Bestimmung in verschiedenen Materialien 396
           8.2.1.3.1 α-Szintillation 396
           8.2.1.3.2 α-Spektren 399
           8.2.1.3.3 Isotopen-Verdünnung 401
           8.2.1.3.4 Ionisationsmessung 401

     8.2.2 Bestimmung von Uran-Isotopen 402
        8.2.2.1 Uran-234 402
        8.2.2.2 Uran-233 405
        8.2.2.3 Verschiedene Uranisotope nebeneinander 408

8.3 Bestimmung durch Messung von β-Aktivitäten 410
   8.3.1 Meßmethodik 410
   8.3.2 Bestimmung über die β-Strahlung des Tochternuklids ^{234}Pa 411
   8.3.3 Bestimmung über die β-Strahlung der Ra-Isotope in den natürlichen Zerfalls-
       reihen... 412
   8.3.4 Bestimmung von ^{237}U 413
       Herstellung der Trägerlösungen. Apparatur 413
   8.3.5 Isolierung (Reinigung) des ^{238}U von ^{240}U 416
8.4 Bestimmung durch Messung von γ-Aktivitäten 417
   8.4.1 γ-Aktivitätsmessung zur Gesamt-Uran-Bestimmung..................... 417
       8.4.1.1 Zerstörungsfreie Analyse 417
       8.4.1.2 γ-Analyse unter chemischer Behandlung oder Trennung 425
   8.4.2 Bestimmung des Isotops ^{237}U im Uranylsulfat-Kern-Brennstoff 428
8.5 Bestimmung in Gesteinen und anderen Materialien durch kombinierte
   (α, β, γ)-Strahlungsmessung 430
   8.5.1 Kombinierte α-, β- und α-, γ-Messung 430
   8.5.2 Kombinierte β-, γ-Messung 432
       Bestimmung des Uran-Gehaltes in Erzen bei radioaktivem Nicht-Gleichgewicht
       und in Uran-Thorium-Erzen 432
       β-, γ-, γ-Meßverfahren 435
   8.5.3 Kombination von α-, β- und γ-Messungen 436
8.6 Bestimmung durch Neutronenaktivierungsanalyse 438
   8.6.1 Grundlagen der Methode 438
   8.6.2 Bestimmung durch Aktivitätsmessung von ^{239}U 442
       Anwendung auf die Bestimmung natürlichen Urans in ^{233}U 442
   8.6.3 Bestimmung durch Aktivitätsmessung von ^{239}Np 445
   8.6.4 Bestimmung durch Aktivitätsmessung von Spaltungsprodukten 458
       8.6.4.1 Messung der Gesamtaktivität der Spaltungsprodukte 458
       8.6.4.2 Bestimmung durch Aktivitätsmessung einzelner Spaltungsprodukte ... 464
   8.6.5 Bestimmung durch Aktivitätsmessung der verzögerten Neutronen 483
8.7 Strahlungs-Absorptiometrie 490
   8.7.1 γ-Absorptiometrie 490
   8.7.2 β-Absorptiometrie 496
8.8 Autoradiographie 497

9 Analyse von bestrahlten Kernbrennstoff-Elementen (von *H. Sorantin*) 500

9.1 Zerstörungsfreie Untersuchungen 500
9.2 Probenahme bei Kernbrennstoff-Elementen auf Uran-Basis 502
   9.2.1 Probenahme zur Uran-Analyse bei unbestrahlten Brennstoff-Elementen 502
   9.2.2 Probenahme von bestrahlten Uranbrennstoff-Elementen.................... 504
9.3 Auflösung bestrahlter Brennstoff-Proben 505
9.4 Bestimmung des Urans in bestrahlten Brennstoff-Elementen 514
9.5 Massenspektrometrische Analyse des Urans in Lösungen bestrahlter Brennstoff-
   Elemente 517
Verzeichnis der Zeitschriften und ihrer Abkürzungen 520

Uran (U)

Atomgewicht: 238, 029 (bezogen auf ^{12}C = 12); Ordnungszahl: 92

1 Gravimetrische Methoden

Einleitung

Alle gravimetrischen Methoden zur Bestimmung und Abtrennung des Urans beruhen auf der Fällung dieses Elements aus Lösungen, in denen es im vier- oder sechswertigen Oxydationszustand vorliegt. Unter diesen Bedingungen bildet das Uran nicht nur als Kation, sondern auch als Anion schwerlösliche Verbindungen.

Ein Vergleich mit anderen Methoden zeigt, daß die gravimetrischen Verfahren von *hoher Genauigkeit* sind, wobei der relative Fehler unter Umständen nur 0,1% beträgt. So stimmen sie mit Resultaten nach titrimetrischen Methoden auf ein Promille überein (*Lundell* und *Knowles*). Im allgemeinen stellt jedoch die Gravimetrie des Urans kein besonders interessantes Gebiet mehr dar, da es sehr genaue und leicht ausführbare titrimetrische Methoden gibt.

Einer der größten Nachteile der gravimetrischen Methoden ist, daß zur Bestimmung relativ große Uranmengen (mindestens 5 mg) erforderlich sind. Diese Mengen sind immer größer als die bei den anderen Methoden erforderlichen. Liegen kleine Uranmengen vor, so ist die Genauigkeit der gravimetrischen Methoden wesentlich geringer als die anderer Verfahren. Obwohl es Mikro-[1] und Ultramikroverfahren ermöglichen, auch sehr kleine Uranmengen gravimetrisch zu erfassen, werden dennoch vorzugsweise titrimetrische, photometrische, polarographische oder andere Bestimmungsmethoden verwendet. Ein weiterer, wesentlicher Nachteil der gravimetrischen Methoden beruht darauf, daß eine Fällung fast immer eine vorhergehende Trennung bedingt und außerdem die Durchführung gravimetrischer Methoden einen größeren Zeitaufwand erfordert.

Aus diesen Gründen werden derzeit gravimetrische Methoden zur Bestimmung und Abtrennung des Urans nur in relativ wenigen Fällen benützt, obwohl viele solche Verfahren beschrieben wurden. Sie dienen meistens dazu, den Urangehalt verschiedener Konzentrate, von Legierungen und Verbindungen des Urans zu ermitteln. Oft werden sie auch dazu benützt, den Urangehalt von Standardlösungen zu bestimmen.

Eine gravimetrische Bestimmung des Urans wird in der Regel damit beendet, daß der erhaltene Niederschlag zum schwarzen oder grünlichschwarzen Oxid U_3O_8 verglüht wird. Dieses Oxid wird nach vorausgehender Fällung mit Ammoniak, Wasserstoffperoxid, Ammoniumsulfid, Flußsäure oder Ammoniumfluorid sowie mit den meisten organischen Reagenzien ausgewogen. Das genannte Oxid ist nicht hygroskopisch und wird beim Erhitzen auf 800 bis 1050 °C unabhängig vom Oxydationszustand des Urans aus allen Uranoxiden[2] und vielen Uranverbindungen erhalten. Wird bei niedriger Temperatur erhitzt, so werden unter Umständen höhere Ergebnisse erzielt, da sich UO_3 bildet. Um quantitativ U_3O_8 zu erhalten, wurde empfohlen, dieses

---

[1] Die mikrogravimetrische Uranbestimmung ist allerdings mit 1 mg leicht ausführbar.

[2] Diese Tatsache wurde zur raschen Bestimmung von Urandioxid in Uranphosphiden herangezogen (*Driscoll* und *Evans*). Die Uranphosphidverbindungen wurden zuerst in einer Äthylacetat-HCl-Mischung gelöst und dann das ungelöste UO_2 zu U_3O_8 verglüht.

im Sauerstoffstrom zu erhitzen. Diese Maßnahme ist jedoch in der Regel nicht erforderlich, falls das Erhitzen des Niederschlags unter ausreichend oxydierenden Bedingungen (z. B. bei genügendem Luftzutritt) durchgeführt wird.

Damit keine Uranverluste (mechanische oder durch Verflüchtigung) bei dem Verglühen von Uranniederschlägen mit organischen Reagenzien auftreten, ist es erforderlich, die Glühtemperatur allmählich zu erhöhen und schließlich das Erhitzen zur Gewichtskonstanz bei 800 bis 1050 °C erst dann durchzuführen, nachdem die organische Substanz vollständig verascht ist. Wird die organische Substanz (z. B. das Cupferronat oder Oxinat des Urans) vor dem Verglühen mit sublimierter (rückstandsfreier) Oxalsäure bedeckt, so ist die Gefahr mechanischer Verluste wesentlich geringer. Uranyloxinat ist an sich beim Verglühen nicht flüchtig. Temperaturen über 1050 °C sind auch unerwünscht, da sie zu Verlusten durch Änderungen in der Zusammensetzung des erhitzten Niederschlags infolge dessen thermischer Zersetzung, die von einer Sauerstoffabgabe begleitet ist, führen könnten.

Von *Rose* (a, b) wurden auch noch andere oxidische Wägeformen wie z. B. UO_2 vorgeschlagen, das durch Erhitzen von U_3O_8 und Abkühlenlassen im Wasserstoffstrom erhalten wird. Es hat sich jedoch gezeigt, daß die vollständige Umwandlung des gemischten Oxids in das Urandioxid unter diesen Bedingungen in der Praxis unmöglich ist. Gravimetrische Uranbestimmungen im Ammoniumdiuranat, das, aus aliquoten Teilen einer Uranlösung gefällt, I. bei freiem Luftzutritt und II. im Wasserstoffstrom erhitzt wurde, ergaben unterschiedliche Ergebnisse. Im zweiten Fall bestand der Rückstand aus einer Mischung aus Urandioxid mit dem Trioxid, wobei der Gehalt an Dioxid nur 65 % betrug.

Wird das Uran als saures Uranylphosphat UO_2HPO_4 oder Ammoniumuranylphosphat $UO_2NH_4PO_4$ gefällt, so wird beim Erhitzen Uranylpyrophosphat $(UO_2)_2P_2O_7$ erhalten *(Leconte)*. Diese Verbindung bildet sich jedoch nur im Temperaturbereich von 500 bis 700 °C. Bei einer Temperaturerhöhung geht das Uranylpyrophosphat in ein sauerstoffärmeres Phosphat über, dem die Formel $U_2O_3P_2O_7$ zugeschrieben wird und das im Temperaturbereich von 700 bis 1100 °C beständig ist. Diese Verbindung ist nicht hygroskopisch, enthält 68,203 % Uran und ist eine geeignete Wägeform.

Von *Hillebrand* und *Lundell* wird angegeben, daß bei geeignetem Erhitzen von Ammoniumuranylvanadat eine Verbindung der Formel $V_2O_5 + 2\ UO_3$ entsteht.

Diese drei erwähnten Wägeformen weisen jedoch gegenüber U_3O_8 keine Vorteile auf.

Mit vielen organischen Reagenzien wie z. B. 8-Hydroxychinolin (Oxin), Arsanilsäure, Benzolsulfonsäure usw. bildet Uran Niederschläge, die nach dem Trocknen direkt ausgewogen werden können, so daß in solchen Fällen ein Verglühen zu U_3O_8 unterbleiben kann. Dagegen werden von vielen organischen Reagenzien, die zur quantitativen Fällung des Urans benützt werden können, Niederschläge wechselnder Zusammensetzung gebildet, wodurch ihr Verglühen zu U_3O_8 unumgänglich wird.

Für das Verglühen anorganischer und auch organischer Uranverbindungen zu U_3O_8 sind Platintiegel vorzuziehen. Porzellan- und Quarztiegel werden bei 1000 °C von U_3O_8 sehr langsam angegriffen.

Eine der wichtigsten Wägeformen für Uran ist das *Uranyloxinat*, das aus acetatgepufferter Lösung gefällt wird, wobei der Niederschlag ein zusätzliches Molekül Oxin enthält (s. Abschnitt 1.2.1.1). Nach 2stündigem Trocknen bei 130 °C entspricht die Zusammensetzung des Niederschlages der Formel: $UO_2(C_9H_6ON)_2 \cdot C_9H_7ON$. Der Fehler dieser Methode ist geringer als 0,1 %. Der Niederschlag kann gewogen oder bromometrisch bzw. jodometrisch titriert werden. Beim Erhitzen auf 200 °C wird das überschüssige Molekül Oxin entfernt und die Farbe ändert sich von ziegelrot nach olivgrün. Diese Verbindung stellt aber keine geeignete Wägeform zur quantitativen Analyse dar; vielmehr wird die Verbindung mit dem höherem Molekulargewicht vorgezogen. Starkes Erhitzen mit rückstandsfreier Oxalsäure liefert ebenfalls U_3O_8.

Die thermische Stabilität der in der Gravimetrie verwendbaren Verbindungen wurde von *Duval* studiert.

Literatur

Driscoll, J. L., u. *Evans, P. E.:* Analyst **93**, 403 (1968). – *Duval, C.:* Inorganic Thermogravimetric Analysis; 2nd and revised ed.; Amsterdam 1956.
Hillebrand, W. F., Lundell, G. E. F., Bright, M. S., u. *Hoffmann, J. J.:* Applied Inorganic Analysis; 2. Aufl., New York 1953.
Leconte: Union pharm. **9**, 361 (1853). – *Lundell, G. E. F.,* u. *Knowles, H. B.:* Am. Soc. **47**, 2637 (1925).
Rose, H.: (a) Handbuch der analytischen Chemie; 6. Aufl., Leipzig 1871; (b) Pogg. Ann. **116**, 352 (1862).

1.1 Bestimmung und Trennung mit anorganischen Reagenzien

1.1.1 Ammoniak und Carbonat-Ionen

1.1.1.1 Bestimmung mit Ammoniak

Ammoniak war eines der ersten und am häufigsten angewendeten Reagenzien zur quantitativen Bestimmung des Urans: *Péligot*; *Duval* (a, b); *Fischer*; *Lundell* und *Knowles*; *Lundell* und *Hoffman*; *Smales* und *Wilson*; *Kato, Hosimiya* und *Nakazima*; *Kern*; *Lebeau*; *Macara*; *Pierlé*; *Rose*; *Scholl*; *Scott*; *Tamman* und *Rosenthal*; *Trombe*; *Zimmermann* (a, b).

Dieses Reagens fällt Uran als Ammoniumdiuranat $(NH_4)_2U_2O_7$[1] aus einer Uranylsalzlösung, wobei die Fällung nur dann quantitativ ist, wenn die verwendeten Lösungen keine Carbonat-Ionen enthalten. Diese bilden mit Uranyl-Ionen unter den Bedingungen der Fällung lösliche anionische Carbonatkomplexe, wodurch je nach dem Carbonatgehalt der Lösungen mehr oder weniger Uran im Filtrat der Ammoniakfällung auftritt (s. Abschnitt 1.1.1.3).

Um die störenden Carbonat-Ionen aus der Lösung, aus der das Uran mit Ammoniak gefällt werden soll, zu entfernen, genügt es, diese mit Mineralsäure wie z. B. Salpeter- oder Salzsäure anzusäuern und dann durch Kochen der Lösung das Kohlendioxid auszutreiben. Dagegen ist es schwieriger, das als Fällungsmittel verwendete Ammoniak vollkommen carbonatfrei zu erhalten sowie zu verhindern, daß CO_2 der Atmosphäre in die Lösung gelangt. Zur Herstellung solcher Ammoniaklösungen werden am häufigsten folgende Verfahren empfohlen:

I. frisch ausgekochtes Wasser wird mit Ammoniak gesättigt, das einer Bombe entnommen wird, die flüssiges Ammoniak enthält;

II. das Reagens wird aus gasförmigem Ammoniak hergestellt, das in bekannter Weise über Calciumoxid bzw. Calciumhydroxid destiliert wird. Das Destillat wird in Wasser unter einer Stickstoffatmosphäre aufgefangen.

Vor der Verwendung zur Uranfällung wird auch empfohlen, die Ammoniaklösung zu filtrieren (beim Stehenlassen in Glasgefäßen erfolgt eine Verunreinigung durch silicatische Suspensionen). Gegebenenfalls ist die Ammoniaklösung mit Barium- oder Calciumhydroxid auf Carbonatfreiheit zu prüfen.

Die verwendete Ammoniaklösung soll auch keine gelöste Kieselsäure enthalten, da dadurch höhere Ergebnisse erhalten werden. Ferner darf die Lösung, aus der das Uran gefällt werden soll, keine Substanzen enthalten, die wie Carbonat-Ionen lösliche Komplexe mit dem Uran bilden, wie z. B. Citrat-, Tartrat- und Fluorid-Ionen. Auch in Gegenwart von Phosphaten, Vanadaten und Borsäuren, die unter Umständen teilweise mit dem Uranniederschlag mitfallen können, treten Störungen auf.

Zur Herabsetzung der Löslichkeit des Ammoniumdiuranatniederschlags soll die Fällung in Gegenwart einer ausreichenden Menge an Ammoniumsalzen wie z. B. Ammoniumnitrat oder Ammoniumchlorid ausgeführt werden. Der Niederschlag

---

[1] Dies ist keine echte Strukturformel, sondern eine „Arbeitsformel".

wird üblicherweise mit einer Lösung, die Ammoniumnitrat oder Ammoniumchlorid enthält, gewaschen. Vorzugsweise wird eine Ammoniumnitratlösung benützt, da beim Verglühen des Niederschlags zu U_3O_8 im Fall chloridhaltiger Präzipitate Verluste infolge der Flüchtigkeit des Uranylchlorids (UO_2Cl_2) auftreten können. Die Filtrierbarkeit der Niederschläge kann oft durch Zusatz von Filterschleim erhöht werden.

Enthält eine salz- oder schwefelsaure Uranlösung das Uran teilweise oder ganz im vierwertigen Oxydationszustand, so ist es erforderlich, vor der Fällung das Uran zum Uranyl-Ion zu oxydieren, was am besten durch Zusatz einer geringen Menge Salpetersäure erzielt wird. Der Niederschlag des Uran(IV)-hydroxids läßt sich nur sehr schwer auswaschen.

Arbeitsvorschrift (nach *Smales* und *Wilson*). Eine Lösung, die keine störenden Elemente und organische Stoffe irgendwelcher Art enthält und außerdem schwach sauer (vorzugsweise salpetersauer) ist, wird man so lange kochen, bis alles CO_2 ausgetrieben ist. Man läßt ein wenig abkühlen und setzt Filterschleim zu. Hierauf fügt man verd., carbonatfreie Ammoniaklösung (1 + 3) (etwa 4 m) unter ständigem Rühren so lange zu, bis Ammoniak in geringem Überschuß vorhanden ist, d. h. bis die Lösung deutlich danach riecht. Beim Umschlagspunkt von Methylrot ist der pH-Wert noch nicht hoch genug. Die Lösung kocht man 5 Min., damit sich der Niederschlag zusammenballen kann, und versetzt nötigenfalls mit etwas mehr Ammoniak. Den Niederschlag, der sich leicht peptisieren und durch das Filterpapier laufen kann, läßt man sich absetzen, versetzt mit Filterschleim und filtriert ihn nach anfänglicher Dekantation auf ein Whatman No. 40-Filter ab. Man wäscht mit heißer Ammoniumnitratlösung (2%; m/v), die einige Tropfen Ammoniak enthält. Filter und Niederschlag bringt man in einen Platintiegel, trocknet und verbrennt das Papier bei 800 bis 850 °C. Nach dem Abkühlen im Exsikkator wägt man als U_3O_8 aus. Der Analysenfaktor $\dfrac{3\,U}{U_3O_8}$ beträgt 0,8480.

Bemerkungen. a) Diese Art der Fällung wurde zur Bestimmung des Urans in reinen Uranyl- und auch Ammoniumdiuranatlösungen verwendet (*U. K. A. E. A.*) sowie zur Analyse von *Uran(IV)-oxalat* herangezogen (*Bharadwaj* und *Murthy*).[1]

b) Außerdem ist es möglich, diese Methode auch zur direkten Bestimmung von Uranylnitrat in *organischen* Uranextrakten zu verwenden. So wird von *Sraier* folgende **Arbeitsvorschrift** empfohlen: Eine Lösung von 0,4 bis 0,8 g Uranylnitrat in Tributylphosphat versetze man mit dem dreifachen Volumen Äthanol und verdünne auf 50 ml. Langsam setze man eine verdünnte, etwa 5 m Ammoniaklösung solange zu, bis ein Niederschlag auftritt; hierauf fügt man 5 ml der Base im Überschuß zu. Den Niederschlag filtriert man ab, wäscht mit Äthanol und verglüht ihn bei 900 °C zu U_3O_8.

Bei der Bestimmung von 0,4 bis 0,8 g Uranylnitrat beträgt der relative *Fehler* ± 0,38%, der in Anwesenheit geringerer Uranmengen natürlich größer ist.

c) In *Anwesenheit von Aluminium* wird folgendes Verfahren vorgeschlagen: Die wäßrige, etwa 0,3 bis 0,5 g Uranylnitrat enthaltende Probelösung extrahiert man dreimal mit einer Lösung von Tributylphosphat in Tetrachlorkohlenstoff (62%; v/v) und dann mit reinem Hexan. Die organische Phase wäscht man mit einer Lösung von Ammoniumnitrat (40%; m/v). Die Waschlösung extrahiert man hierauf mit einer Lösung von Tributylphosphat in Hexan (10%; v/v). Das Uranylnitrat wird aus der organischen Phase mittels einer heißgesättigten Ammoniumsulfatlösung rückextrahiert; das Tributylphosphat entfernt man durch Extraktion mit Hexan aus der wäßrigen Phase, fällt Uran mittels Ammoniak aus usw.

---

[1] Ferner hat sich dieses Verfahren auch zur Uranbestimmung in niobhaltigen Substanzen, nach deren Aufschluß im Chlorstrom, bewährt (*Kock, H.,* u. *W. Klemm:* Fr. **241**, 130 (1968)).

d) Soll das Uran in Gegenwart von Metall-Ionen bestimmt werden, die bei der Ammoniakfällung als *Hydroxide* teilweise oder vollständig mit dem Uran ausfallen, so ist es in vielen Fällen möglich, durch Zusatz von ÄDTA (Dinatriumsalz) vor der Fällung diese Mitfällung zu verhindern. Dieses Reagens bildet mit vielen Elementen stabile lösliche Komplexe, die nach der Fällung des Urans in Lösung bleiben. Auf diese Weise kann das Uran in Gegenwart beträchtlicher Mengen an Mg, Ca, Sr, Ba, Cu, Zn, Co, Ni, Cd, Mn, Pb, Al, Fe, Cr, La, Ce, Th, Mo, W, V und anderen Metall-Ionen bestimmt werden (*Přibil*; *Přibil* und *Vorlíček*; *Tillu*). Unter diesen Bedingungen werden nur As, Sb, Sn(IV), Nb, Ta, Ti und Be mitgefällt. Titan kann durch Zugabe von Wasserstoffperoxid maskiert werden (*Tillu*). Ist jedoch der Urangehalt der zu analysierenden Lösung geringer als etwa 0,02%, so sind die Uranresultate geringer, da die Löslichkeit des Ammoniumdiuranats in Anwesenheit eines Überschusses an ÄDTA merklich zunimmt.

1.1.1.2 Trennung mit Ammoniak

Die reine Ammoniakfällung (s. Abschnitt 1.1.1.1) gestattet eine Trennung des Urans von den Alkali- und Erdalkalimetallen sowie von Metall-Ionen, die lösliche Ammoniakkomplexe bilden wie z. B. Zink, Kupfer, Kobalt und Nickel (*Schoeller* und *Powell*). Ferner ist es möglich, das Uran von einer Reihe von Anionen zu trennen, mit Ausnahme jener, die im Abschnitt 1.1.1.1 erwähnt wurden. Die dort angeführten Richtlinien zur Durchführung der quantitativen Fällung des Urans sowie die dabei auftretenden Störungen und sonstige Schwierigkeiten gelten natürlich auch bei den Trennungen mittels Ammoniaks als Fällungsmittel. Die Wirksamkeit der Trennung des Urans von Kupfer, Nickel, Zink und anderen Elementen, die lösliche Ammoniakkomplexe bilden, hängt sehr von den Konzentrationen dieser Metall-Ionen ab. In vielen Fällen sind quantitative Trennungen nur dann möglich, wenn einige Umfällungen vorgenommen werden. Die Mehrzahl der anderen, keine löslichen Ammoniakkomplexe bildenden Metall-Ionen fällt zusammen mit dem Uran aus (z. B. Fe, Al, Ti, Cr(III) usw.), so daß ihre Trennung vom Uran nur in Gegenwart eines geeigneten Komplexierungsmittels wie z. B. ÄDTA (Dinatriumsalz) möglich ist (s. Abschnitt 1. 1. 1. 1). Bei Verwendung dieses Komplexbildners kann das Uran auch vom Vanadium(V) getrennt werden. Dieses bildet mit ÄDTA keinen Komplex, wird aber beim Erhitzen in Gegenwart dieser Aminopolyessigsäure zur vierwertigen Oxydationsstufe reduziert, die dann einen stabilen löslichen ÄDTA-Komplex bildet.

Kombiniert man die Fällung des Urans mit Ammoniak in Gegenwart von ÄDTA mit der in Abschnitt 1. 1. 1. 3 beschriebenen Carbonatmethode, so ist es in manchen Fällen möglich, das Uran von praktisch allen Elementen zu trennen.

1.1.1.3 Trennung mit Carbonat-Methode

Im gewöhnlichen analytischen Schema wird Uran als gelbes Ammoniumdiuranat zusammen mit den Hydroxiden des Eisens, Aluminiums und anderer Elemente der dritten qualitativen Analysengruppe gefällt; wie erwähnt (s. Abschnitt 1. 1. 1. 1) löst sich das Ammoniumdiuranat aber in Gegenwart der Carbonate des Ammoniums und der Alkalimetalle auf. Diese Fällung mit Ammoniak und Überführung mit Ammoniumcarbonat in einen anionischen Carbonatkomplex:

$(UO_2(CO_3)_2)^{2-}$ oder $(UO_2(CO_3)_3)^{1-}$ war die längste Zeit hindurch das am meisten benützte Trennungsverfahren des Urans von den mit Ammoniak fällbaren Elementen (*Pisani*; *Price, West, Salminen, Hendrickson* und *Smellie*; *Huffman*; *Anonymus*). 1,15 g Ammoniumcarbonat verhindern die Fällung von 1 g Uran(VI). Bei in normalen Makroanalysen vorkommenden Uranmengen ergab die Methode einigermaßen befriedigende Werte, vor allem dann, wenn die Fällung wiederholt wird. Für genaue Analysen ist sie jedoch heute durch andere Trennungsverfahren, insbesondere solche der Lösungsmittelextraktion oder des Ionenaustausches ersetzt worden (*Simenauer*) (s. Abschnitt 5).

Mittels dieser Carbonatmethode ist es möglich, das Uran von vielen störenden Elementen zu trennen, mit Ausnahme von Thorium und einigen Lanthaniden-Ionen, darunter jenen der Yttriumgruppe, die teilweise in Carbonatlösungen löslich sind. Eine Wiederholung der Fällung verbessert in diesem Fall den Trenneffekt nicht. Ferner bleiben alle jene Elemente, die als Anionen vorliegen, zusammen mit dem Uran in der Lösung.

In Gegenwart großer Mengen Calciums wird ein Teil des Urans vom Calciumcarbonatniederschlag eingefangen, so daß die Trennung nur unvollständig erfolgt. Um dies zu verhindern, muß das Uran zuerst durch die reine Ammoniakfällung (s. Abschnitt 1.1.1.1) vom Calcium getrennt werden. Auf diese Weise werden auch Kupfer, Zink, Nickel, Kobalt und die Hauptmenge des Molybdäns abgetrennt (s. Abschnitt 1.1.1.2). Wird diese vorangehende Fällung mit Ammoniak in Gegenwart von ÄDTA ausgeführt, so sind noch selektivere Trennungen möglich (s. Abschnitt 1.1.1.1).

Beträchtliche Uranmengen können durch die Aluminium- und Eisenhydroxidniederschläge adsorbiert werden (s. Abschnitt 1. 3). Ist die Menge dieser Niederschläge groß, so muß eine Umfällung vorgenommen werden. Die Mitfällung des Urans durch Eisen(III)-hydroxid in Carbonatlösungen wird stark durch den pH-Wert der Lösungen beeinflußt. Selbst bei einem pH-Wert von etwa 3 wird 1% des Urans vom Niederschlag mitgerissen. Bei pH = 4 beträgt die adsorbierte Menge etwa 5% und erreicht bei pH = 5 fast 50%. Wird der pH-Wert weiter erhöht, so nimmt die Menge an mitgefälltem Uran infolge Bildung des löslichen Urancarbonatkomplexes ab, und bei pH = 7 tritt praktisch keine Mitfällung auf. Das mitgefällte Uran kann bei pH-Werten größer als 7 vollständig vom Eisenhydroxidniederschlag desorbiert werden, falls ein ausreichender Überschuß an Carbonat-Ionen verwendet wird (*Starik, Starik* und *Apollonova*). Mit Zunahme der Konzentration an Ammoniumcarbonat nimmt jedoch die Eisenmenge, die in Lösung bleibt, beträchtlich zu. So werden z. B. 0,06% des Eisens aus 50 ml einer Lösung, die 5 mg Eisen und 0,25 g Ammoniumnitrat enthält, bei Zusatz von 0,5% Ammoniumcarbonat nicht gefällt. Wird die Ammoniumcarbonatkonzentration auf 5% erhöht, so steigt die in Lösung verbleibende Eisenmenge auf 7,4%. Auch bei Anwendung der Carbonate der Alkalimetalle, insbesondere von Kaliumcarbonat, wird die in Lösung verbleibende Eisenmenge mit zunehmender Carbonatkonzentration vergrößert. Die vollständige Ausfällung des Eisens tritt nur innerhalb eines engen pH-Bereiches auf. Mit Ammoniumcarbonat ist dies im pH-Bereich von 7,5 bis 7,6 der Fall. Wird dieser pH-Bereich unter- oder überschritten, so nimmt die gelöste Eisenmenge stark zu (*Starik, Starik* und *Apollonova*). Verwendet man statt Ammoniumcarbonat Natriumcarbonat, so soll dadurch eine Trennung des Urans vom Eisen, Titan, Nickel, Kobalt, Mangan, Zink, Beryllium und den Erdalkalimetallen erreicht werden, nicht jedoch vom Aluminium (*Péligot*; *Ledoux*; *Huffman* und *Pascual*). Nach *Tsubaki* und *Hara* können kleine Mengen Uran von viel Eisen getrennt werden, wenn man Uran zu Uran(IV) und Eisen zu Eisen(II) reduziert. Unter diesen Bedingungen fällt Ammoniumcarbonat wohl Uran(IV), nicht aber Eisen(II) aus. Zugabe eines Überschusses von Ammoniumchlorid ist nicht nötig. Eine Adsorption des Urans an anwesendem Aluminium- und Eisenhydroxid kann auch durch Zugabe von Thoriumhydroxid verhindert werden (*Upor, Fekete* und *Nagy*; *Upor* und *Nagy*; *Upor*).

Zur Trennung des Urans von Eisen, Titan, Kobalt, Nickel, Mangan, Zink, Beryllium und den alkalischen Erden wird folgende

Arbeitsvorschrift empfohlen. Die vollständig oxydierte, kochende Lösung gießt man (etwa 50 ml) in eine heiße Lösung von 3 bis 4 g Natriumcarbonat in 15 bis 20 ml Wasser ein, und läßt 5 Min. weiter kochen. Den Niederschlag filtriert man, wäscht mit Natriumcarbonatlösung (1%; m/v) und löst in heißer Schwefelsäure (1%; v/v) wieder auf. Die Behandlung mit Natriumcarbonat wird wiederholt. Die vereinigten Filtrate säuert man mit Salzsäure an und kocht von CO_2 frei. Das Uran fällt man hierauf mit Ammoniak usw. (s. Abschnitt 1.1.1.1). Der Niederschlag kann Phosphat-Ion und kleine Mengen Aluminiums enthalten.

Bemerkungen. I. Die Oxydation der Lösung kann durch Zusatz einer 3%igen Wasserstoffperoxidlösung bewirkt werden. Eine vollständige Trennung des Urans von den Hydroxiden des Eisens und einiger anderer Elemente soll auch erzielt werden, wenn der Lösung etwas *Natriumperoxid* zugesetzt wird.

II. Die oben beschriebene Carbonatmethode (s. Arbeitsvorschrift) unter Anwendung von *Natriumcarbonat* ermöglicht eine schärfere Trennung des Urans von den erwähnten Metall-Ionen, als wenn Ammoniumcarbonat verwendet wird; jedoch ist die Trennung vom Aluminium nicht vollständig. Dazu sowie zur Trennung vom Titan eignet sich besser das Ammoniak-Ammoniumcarbonat-Trennverfahren. Nach Filtration des Hydroxidniederschlages von Aluminium und Titan wird das Uran komplex gelöst enthaltende Filtrat nach schwachem Ansäuern bis zu völligen Entfernung von CO_2 gekocht und hierauf nochmals mit carbonatfreiem Ammoniak behandelt; Uran wird dabei als Diuranatniederschlag erhalten (s. Abschnitt 1.1.1.1).

III. Wird eine *große* Menge des Hydroxid- und Carbonatniederschlages erhalten, so soll dieser in Säure gelöst und die Fällung wiederholt werden.

IV. *Anwendungsbeispiele zur Trennung mit der Carbonatmethode*

A. Trennung vom Eisen und Aluminium. Bestimmung des Urangehaltes von Erzen

Prinzip. Wie bereits erwähnt, kann die völlige Ausfällung eines Uranatniederschlages durch Zugabe von Thoriumhydroxid erzielt werden (*Upor, Fekete* und *Nagy*). Das Thoriumhydroxid verhindert eine Adsorption des Urans an anwesendem Aluminium- und Eisenhydroxid. Die Autoren geben zur Bestimmung des Urans in Erzen die folgende

Arbeitsvorschrift. Das Erz schließt oder löst man nach einer geeigneten Methode auf. In der Lösung fällt man Uran nach Zugabe von Thoriumhydroxid oder -nitrat (20 mg Thorium je 4 mg Uran) mit einer wäßrigen Ammoniaklösung. Hierauf filtriert man und wäscht den Niederschlag (Uran-, Thorium-, Eisen- und Aluminiumhydroxid) mit Ammoniaklösung (0,5%; v/v), die Ammoniumsulfat enthält. Das Uran entfernt man durch Waschen des Niederschlages mit 50 bis 70 ml heißer 5%iger (m/v) Natriumcarbonatlösung (anteilsweise). Das uranhaltige Filtrat säuert man mit Schwefelsäure derart an, daß die entstandene Lösung 1n an dieser Säure ist; nach dem Abkühlen wird das Uran im *Jones*-Reduktor reduziert. Hierauf erhöht man die Säurekonzentration unter Kühlen der Lösung auf 33% v(/v) und bestimmt Uran. Die Verfasser titrieren mit 0,005n Ammoniumvanadatlösung und mit Phenylanthranilsäure als Indikator (s. Abschnitt 2.3.1.4). Der relative *Fehler* dieser Methode beträgt nach Angaben ihrer Autoren $\pm$ 3%.

B. Trennung vom Titan und Beryllium

Von *Přibil* und *Adam* wurde zur Trennung der Elemente Titan, Beryllium und Uran folgende

Arbeitsvorschrift ausgearbeitet. Eine diese und auch andere Elemente enthaltende Lösung verdünnt man mit Wasser auf 100 bis 150 ml, vermischt mit einem Überschuß an ÄDTA-Lösung (5%; m/v) und führt die Fällung mit Ammoniak aus. Den Niederschlag (Ti, Be und U) löst man in Essigsäure (20%; v/v), setzt verdünnte ÄDTA-Lösung zu, neutralisiert die Lösung mit Ammoniak und versetzt mit 2 g Ammoniumcarbonat sowie einem Überschuß an Ammoniak. Den ausfallenden Niederschlag von $Ti(OH)_4$ filtriert man nach 30 bis 40 Min. Dem Filtrat setzt man

4 bis 5 g Oxalsäure zu und engt die Lösung auf ein Viertel ihres Volumens ein.
Beryllium fällt man dann wie üblich beim Erkalten aus. Das uranhaltige Filtrat
dampft man auf 10 ml ein, vermischt mit 10 ml Acetatpuffer, erwärmt auf 80 °C mit
einer überschüssigen Menge 3%iger Oxinlösung (3%; m/v). Nach Neutralisation der
Lösung mit Ammoniak auf pH = 7 bis 8,5 filtriert man das Uranyloxinat ab und
bestimmt es wie üblich (s. Abschnitt 1.2.1.1).

C. Trennung von der Phosphorsäure

Zur Trennung des Urans von der Phosphorsäure beschreibt *Morette* folgende
Arbeitsvorschrift. Die uran- und phosphorsäurehaltige Lösung kocht man 6 Std.
mit einem Überschuß an Calciumhydroxid, versetzt dann mit einem Überschuß an
Ammoniumcarbonat und rührt die heiße Masse so lange um, bis sich alle orangefarbenen Teilchen aufgelöst haben. Die Lösung filtriere man und wasche den Niederschlag
(Calciumphosphat nebst -carbonat) mit Ammoniumcarbonatlösung (10%; m/v).
Dabei bleiben alle Phosphate im Rückstand. Das Filtrat säuert man mit Salpetersäure an, verkocht das überschüssige CO_2, fällt das Uran mit Ammoniak (die Fällung
tunlichst wiederholen) und bestimmt es als U_3O_8.
Bemerkung. Dieselbe Methode kann dazu verwendet werden, um Uran aus Niederschlägen wiederzugewinnen, die zur Bestimmung des Urans als Uranylpyrophosphat
(s. Abschnitt 1.1.2.3) dienten.

D. Trennung von Cer und Europium

Maksimović beschreibt eine Methode, wonach Cer und Europium bei pH = 8 bis 9
mit einer wäßrigen Lösung (2%, m/v) von 4,4'-Di-(4-hydroxy-3-sulfophenylazo)-
diphenyl und einer wäßrigen Lösung (1%; m/v) von Methylviolett vom Uran, das
durch gleichzeitig zugesetztes Ammoniumcarbonat komplex gebunden wird, ge-
getrennt werden können. Die Zugabe der Diphenylverbindung ist notwendig zur
Ausbildung seidiger Kristalle, ohne die die quantitative Mitfällung von Cer und
Europium bei Zusatz von Methylviolett nicht stattfindet. Nach Angabe des Autors
lassen sich etwa 10^{-9} g Cer-144 und Europium-152/ml von 1g Uran trennen, wobei
nur 1 bis 2 mg Uran ebenfalls mitgefällt werden.

Literatur

Anonymus: Report CC 1706-65-29-II (1944).
Bharadwaj, D. S., u. *Murthy, A. R. V.:* Indian J. Chem. **1**, 493 (1963).
Duval, C.: (a) C. r. **227**, 679 (1948); (b) Anal. chim. Acta **3**, 335 (1949).
Fischer, A.: Z. anorg. Ch. **81**, 202 (1913).
Huffman, E. H.: Report RL 4.7.600-C-5-9-CIII (1944). – *Huffmann, E. H.,* u. *Pascual, J.:*
Report B 25 (RL-3.6.25) (1944).
Kato, H., Hosimiya, H., u. *Nakazima, S.:* J. chem. Soc. Japan **60**, 1115 (1939); durch Chem.
Abstr. 1585, **1940**. – *Kern, E. F.:* Chem. N. **84**, 224, 236, 251, 260, 271, 283 (1901); durch Fr.
44, 425 (1905); Am. Soc. **23**, 685 (1901).
Lebeau, P.: C. r. **174**, 388 (1922). – *Ledoux:* Report A. 2912 (1946). – *Lundell, G. E. F.,* u. *Know-
les, H. B.:* Am. Soc. **47**, 2637 (1925). – *Lundell, G. E. F.,* u. *Hoffman, J. I.:* Outlines of Methods
of Chemical Analysis; New York 1938.
Macara, R.: A. E. R. A.-C/R-895, April 1951. – *Maksimović, Z. B.:* Bl. Inst. Nucl. Sci. (Belgrad)
7, 49 (1957); durch Anal. Abstr. **1958**, 831. – *Morette, A.:* Ann. pharm. franç. **6**, 529 (1948); durch
Chem. Abstr. **1949**, 7865.
Péligot, E.: Ann. Chim. et Phys. **5**, 1 (1842). – *Pierlé, C. A.:* J. ind. eng. Chem. **12**, 61 (1920). –
Pisani, F.: C. r. **52**, 106 (1861). – *Price, T. D., West, L. E., Salminen, W. M., Hendrickson, A. V.,*
u. *Smellie, R. H.:* Report CD 3801-XII (1945). – *Přibil, R.:* Fr. **138**, 130 (1953). – *Přibil, R.,* u.
Adam, J.: Chem. Listy **45**, 218 (1951). – *Přibil, R.,* u. *Vorliček, J.:* Chem. Listy **45**, 216 (1951);
durch Chem. Abstr. **1952**, 11031.
Rose, R.: Handbuch der analytischen Chemie; 6. Aufl., Leipzig 1871.

Schoeller, W. R., u. *Powell, A. R.*: The Analysis of Minerals and Ores of the Rarer Elements; 3. Aufl., London 1955, S. 298. – *Scholl, C. E.*: J. ind. eng. Chem. **11**, 842 (1919). – *Scott, W. W.*: (a) J. ind. eng. Chem. **14**, 531 (1922); (b) Standard Methods of Chemical Analysis, Vol. I; 4. Aufl., S. 518c–518d; Van Nostrand 1925; (c) Ind. eng. Chem. Anal. Edit. **4**, 244 (1932). – *Simenauer, A.*: durch *Caillat, R.*, u. *Elston, J.* (Herausgeber); Nouveau Traité de Chimie Minérale, Band XV, Teil I (Uranium); Paris 1960, S. 613. – *Smales, A. A.*, u. *Wilson, H. N.*: Report BR-150, 22. Februar 1943. – *Sraier, V.*: Coll. Czechoslov. Chem. Comm. **25**, 304 (1960). – *Starik, I. E., Starik F. E.*, u. *Apollonova, A. N.*: Tr. Radiev. Inst., Acad. Nauk. SSSR, **7**, 107 (1956); durch Zhur. Khim. (russ.) **1958**, Abstr. No. 896; durch Anal. Abstr. **1958**, 3721.

Tammann, G., u. *Rosenthal, W.*: Z. anorg. Ch. **156**, 20 (1926). – *Tillu, M. M.*: Current Sci. **24**, 45 (1956). – *Trombe, F.*: C. r. **215**, 539 (1942). – *Tsubaki, I.*, u. *Hara, S.*: Japan Analyst **4**, 537 (1955).

U.K.A.E.A.: U.K.A.E.A. Report PB 213 (S) (1961); Report PG 261 (S) (1962); Report PG 219 (S), (1963). – *Upor, E.*: Acta Chim. Acad. Sci. Hung. **51**, 119, 139 (1967). – *Upor, E., Fekete, L.*, u. *Nagy, G.*: Magyar Kem. Lapja **13**, 305 (1958); durch Anal. Abstr. **1959**, 2136. – *Upor, E.*, u. *Nagy, G.*: Magyar Chem. Folyòirat **73**, 20 (1967); Acta Chim. Acad. Sci. Hung., **50**, 5 (1966); **52**, 235 (1967).

Zimmermann, E.: (a) A. **199**, 15 (1879); (b) **232**, 287 (1886).

1.1.2 Phosphat-, Pyrophosphat-, Hypophosphat- und Hypophosphit-Ionen

1.1.2.1 Bestimmung mit Phosphat-Ionen

Aus Uranylsalzlösungen, die mit löslichen Phosphaten behandelt werden, fällt ein Uranylphosphat aus, vorausgesetzt, daß der pH-Wert der Lösung nicht zu niedrig ist (*Pisani*). Mit Phosphorsäure fällt UO_2HPO_4 aus, mit Diammoniumphosphat jedoch $UO_2NH_4PO_4$. Diese beiden Niederschläge sind in einem Überschuß von Phosphorsäure oder in einer starken Säure löslich. Der Niederschlag, der in Abwesenheit von Ammoniumsalzen gebildet wird, ist fein und rinnt durch das Filter, wird aber nach der üblichen Behandlung kristallin. Als Fällungsmittel wird üblicherweise primäres Ammoniumphosphat verwendet, mit welchem reinere Niederschläge entstehen, die sich leichter filtrieren lassen als solche, die mit anderen Salzen der Phosphorsäure erhalten werden (*Pierlé*). Das Löslichkeitsprodukt von $UO_2NH_4PO_4$ beträgt $4,36 \cdot 10^{-27}$ (*Chukhlantsev* und *Stepanov*). Mit Alkaliphosphaten werden Niederschläge erhalten, die stark Alkalimetalle zurückhalten, so daß die Ergebnisse zu hoch ausfallen.

Das pH-Optimum der Fällung liegt bei 1,7. Der pH-Wert sollte wenigstens zwischen 1,2 und 2,3 liegen, was durch Arbeiten in einem essigsauren oder ameisensauren Medium erreicht werden kann.[1]

Da durch Wägung des trockenen Niederschlags $UO_2NH_4PO_4$ nicht immer genaue und reproduzierbare Resultate erhalten werden (*Schaaf, Andrews* und *Gates*), so wird dieser durch Erhitzen auf 900 bis 1000 °C in $U_2O_3P_2O_7$ überführt (s. auch Abschnitt 1, Einleitung). Es wurde gezeigt (*Wright, Hayes* und *Ryan*), daß bei der Fällung des Urans bei pH = 5,5 aus Lösungen, die ÄDTA, Salpetersäure und Ammoniumsulfat enthalten, und nach darauffolgendem Erhitzen des Niederschlags bis zur Gewichtskonstanz bei 850 °C die Ergebnisse meistens um etwa 2,3% zu niedrig ausfallen, wenn man annimmt, daß die Zusammensetzung des Niederschlags der Formel $(UO_2)_2P_2O_7$ (Uranylpyrophosphat) entspricht. Eine Analyse des Niederschlags und thermogravimetrische Untersuchungen ergaben, daß diesem jedoch die oben gezeigte, sauerstoffärmere Zusammensetzung zukommt. Wird diese Formel als Basis für die Berechnungen verwendet, so wird das Uran quantitativ erhalten.

Unter den Bedingungen der Phosphatfällung des Urans werden viele andere Metall-Ionen ebenfalls als Phosphate gefällt, so z. B. Fe, Al, Cr, Cu, Ni, seltene Erdmetall-Ionen, Zr, Th, Bi u. a. In Gegenwart von ÄDTA werden jedoch viele dieser

---

[1] Von *Milner, Rowe* und *Phillips* wird ein pH-Wert von 4,5 empfohlen. Sie verwendeten diese Fällungsmethode zur Bestimmung von Uran in Uranphosphiden (*Milner, G. W. C., Rowe, D. H.*, u. *Phillips, G.*: Report U. K. A. E. A., AERE-R 4906, 1965).

Elemente in Lösung gehalten (*Milner* und *Edwards*; *Přibil*; *Přibil* und *Vorliček*; *Tillu*). Wird die Lösung gekocht, so reduziert das ÄDTA Vanadium (V) zur vierwertigen Oxydationsstufe, die dann durch überschüssiges ÄDTA maskiert wird. Demzufolge kann die Fällung des Urans in Gegenwart von ÄDTA zur Analyse kompliziert zusammengesetzter Mischungen verwendet werden.

Zur Bestimmung des Urans als Uranylphosphat wird von *Smales* und *Wilson* folgende

Arbeitsvorschrift empfohlen: Die heiße, uranhaltige Lösung, die keine Elemente, die unlösliche Phosphate bilden können, enthält, neutralisiere man mit Ammoniaklösung (1 + 1) (etwa 7—8 m) bis zur beginnenden Fällung und kläre sie wieder mit wenigen Tropfen Salpetersäure. Dann setze man einen Überschuß an Ammoniumphosphatlösung (10%; m/v) zu, kocht die Lösung und gibt tropfenweise Ammoniak (1 + 1) zu, bis die Fällung vollständig ist. Die Lösung koche man 30 Min., lasse sie sich absetzen, filtriere, wasche den Niederschlag mit Ammoniumnitratlösung (5%; m/v) und verglühe ihn schließlich zu Uranylpyrophosphat.

Von *Ledoux* wurde folgende

Arbeitsvorschrift ausgearbeitet. Zur Lösung, von der die Elemente der Schwefelwasserstoff- und der Ammoniumcarbonat-Ammoniakgruppe abgetrennt wurden, gibt man etwa 5 g Ammoniumphosphat zu. Mit 30 ml Schwefelsäure (1 + 1) (etwa 9,3 m) säuert man vorsichtig an und kocht zur Vertreibung von Kohlendioxid. Das Uran fällt als Phosphat, indem man einen geringen Überschuß an Ammoniak (1 + 1) (etwa 7—8 m) zu der kochenden Lösung (400 bis 450 ml) und hierauf einen geringen Überschuß an Essigsäure hinzufügt. Die Lösung wird 30 bis 45 Min. in Eiswasser gekühlt und unter Verwendung einer Filterpumpe abfiltriert. Den Niederschlag wasche man mit Ammoniumsulfatlösung (2%; m/v), die mit Essigsäure schwach angesäuert ist. Wenn nur eine geringe Menge von Vanadium anwesend ist, genügt eine einzige Fällung; sonst aber muß eine doppelte Fällung vorgenommen werden.

Bemerkung. Auch *Uran(IV)* kann als Phosphat ausgefällt werden. Diese Methode weist den Vorteil auf, daß das Uran(IV)-phosphat viel weniger löslich ist als Uranylphosphat. Ferner ist es möglich, diese Verbindung aus relativ stark sauren Lösungen auszufällen, aus denen die Phosphate vieler Elemente nicht mitgefällt werden, so daß die Selektivität dieses Verfahrens größer ist als diejenige der Uranylphosphatmethode (weiteres s. Abschnitt 1.1.2.2.2).

1.1.2.2 Trennung mit Phosphat-Ionen

1.1.2.2.1 Fällung als Uranylphosphat

Die Fällung des Urans als Phosphat wurde häufiger angewendet, um das Uran von Begleitelementen abzutrennen, als sie zur Bestimmung des Urans benützt wird. Der Grund hierfür beruht auf der bereits in Abschnitt 1.1.2.1 erwähnten Tatsache, daß infolge der Aufnahme von Alkalimetallen durch den Phosphatniederschlag oft die Resultate zu hoch ausfallen.

Die Anwendung von Phosphat-Ion zur Trennung des Urans war früher auf jene Fälle beschränkt, in denen die zu analysierenden Lösungen schon Phosphate enthielten, d. h. sie wurde praktisch immer nur zur Trennung des Urans von Phosphorsäure herangezogen (*Pisani*). Das Phosphat kann in verd. Schwefelsäure gelöst, das Uran reduziert und titrimetrisch bestimmt werden. Ferner wurde die Methode auch in Erzanalysen zur Trennung vom Vanadium verwendet. Der Grund für diese eingeschränkte Anwendung des Verfahrens ist darin zu suchen, daß unter den Bedingungen der Fällung des Urans(VI) mit Phosphat-Ion viele andere Elemente vollständig oder teilweise zusammen mit dem Uran ausfallen (s. Abschnitt 1.1.2.1), so daß die Selektivität derartiger Trennungen sehr gering ist. Wie erwähnt (s. Abschnitt

1.1.2.1) gestattet jedoch die Anwesenheit von ÄDTA in der Fällungslösung eine Trennung des Urans von vielen Elementen, wie z. B. von Fe, Al, Cr, Cu, Ni, V, Mo, seltenen Erdmetallen usw. Diese ÄDTA-Phosphatmethode kann daher zur Bestimmung geringer Urangehalte in uranarmen Erzen und in Lösungen komplizierter Zusammensetzung herangezogen werden.

Anwendungsbeispiel zur Trennung mittels der ÄDTA-Phosphatmethode

Zur Bestimmung des Urans in Konzentraten, Oxiden, Tetrafluorid usw. unter Anwendung der ÄDTA-Phosphatmethode wurde von *Klygin, Zavrazhnova* und *Nikol'-skaya* folgende

Arbeitsvorschrift benützt. Die Probe, die etwa 200 bis 300 mg Uran enthält, löse man in Salpeter- und Salzsäure und dampfe die Lösung auf 2 bis 3 ml ein. Bei Uranlegierungen, die Zirkonium enthalten, gebe man 10 ml einer Ammoniumfluoridlösung (0,1%; m/v) vor dem Auflösen der Probe zu und versetze dann mit 10 ml einer Weinsäurelösung (30%; m/v). Die Lösung wird mit Wasser auf 15 ml verdünnt, zum Sieden erhitzt und falls nötig filtriert. Das Filter und das Becherglas werden mit einer warmen Lösung, die 5,5%ig (m/v) an Ammoniumchlorid und 1%ig (v/v) an Salzsäure ist, gewaschen und dann 10 ml einer ÄDTA-Lösung (10%; m/v) (Ammoniumsalz) zugefügt. Falls viel Aluminium anwesend ist, gibt man einen Überschuß von 10 bis 15 ml der ÄDTA-Lösung hinzu. Die Lösung erhitzt man zum Sieden, gibt so lange eine 0,2 m Diammoniumhydrogenphosphatlösung zu, bis ein Niederschlag erkennbar wird, kocht die Mischung 1 Min. und gibt weitere 10 ml der Phosphatlösung zu. Nach Ablauf von 5 Min. gibt man 0,6 bis 0,8 ml einer wäßrigen Alizarinrot-S-Lösung (0,1%, m/v) und so lange Ammoniak zu, bis sich die Lösung rosa färbt (pH = 3,7 bis 5,2). Den Niederschlag filtriert man nach 5 bis 10 Min. ab, wäscht mit einer warmen 2%igen (m/v) Ammoniumchloridlösung, die 0,1% (v/v) der ÄDTA-Lösung enthält, trocknet, glüht den Niederschlag bei 900 bis 1000 °C 1 Std. und wägt schließlich das Uran als $U_2O_3P_2O_7$ (s. Abschnitt 1.1.2.1) aus.

Bemerkungen. I. Diese Methode wird *nicht gestört* durch die Anwesenheit von Zr, Al, Bi, Cr, Sn, Fe, Fluorid, Tartrat usw., wohl aber durch Be und Ti.

II. Zwecks Abtrennung des Urans aus *Gesteinen*, die beträchtliche Mengen an Calciumphosphat enthalten, wie z. B. Phosphoriten, kann das Uran auch als Phosphat gefällt werden. Um zu verhindern, daß Calciumphosphat mitfällt, wird das Uran(VI) zusammen mit Aluminium und Eisen aus einer essigsauren Lösung vom pH-Wert 4,5 bis 5,0 gefällt. Unter diesen Bedingungen bleibt das Calcium als saures lösliches Phosphat in Lösung. Ferner fallen auch nicht Kupfer, Nickel, Kobalt, Mangan und andere zweiwertige Elemente sowie Vanadium und Molybdän aus. Zur Trennung des Urans von den mitgefällten Elementen wie Eisen und Aluminium kann die Carbonatmethode verwendet werden (s. Abschnitt 1.1.1.3). Weist das zu analysierende Material einen geringen Uran- und Cergehalt auf oder sind große Mengen an Aluminium, Titan und Eisen anwesend, so ist die Phosphatmethode nicht anwendbar. Enthält die Probe viel Vanadium, so muß das Uranylphosphat umgefällt werden.

1.1.2.2.2 Fällung als Uran(IV)-phosphat

Wie bereits im Abschnitt 1.1.2.1 erwähnt wurde, fällt Uran(IV) aus sauren Lösungen als schwerlösliches Uran(IV)-phosphat, $U(HPO_4)_2$ (*Palei*).[1] Um eine vollständigere Abtrennung des Urans zu erzielen, wird die Fällung oft in Gegenwart von Thorium oder Zirkonium ausgeführt. So läßt sich selbst noch 1 μg Uran quantitativ

---

[1] Als Wägeform kann das nicht-hygroskopische Urantetrametaphosphat ($U(PO_3)_4$), das sich beim Erhitzen von Uranverbindungen mit Orthophosphorsäure oder Ammoniumphosphat bei 900—1100 °C bildet, verwendet werden [*Nemodruk, A. A.*, u. *Glukhova, L. P.*: Zh. analit. Khim. **24**, 794 (1969)].

abtrennen, da dieses als Uran(IV)-phosphat zusammen mit den Phosphaten dieser Elemente mitgefällt wird (s. Abschnitt 1.3.4). Gleichzeitig wird das Uran von Eisen, Mangan, Vanadium und vielen anderen Elementen getrennt.

Um Uran(VI) zur vierwertigen Oxydationsstufe zu reduzieren, kann man unter anderen folgende Reduktionsmittel verwenden: Natriumdithionit ($Na_2S_2O_4$), Rongalit ($Na_2H_2S_2O_4 \cdot 2\,CH_2O \cdot 4\,H_2O$) oder Chrom(II)-salze.

Bei der Reduktion mit Dithionit entsteht elementarer Schwefel. In komplex zusammengesetzten Lösungen können demnach auch Sulfidniederschläge der Metalle der Schwefelwasserstoffgruppe gebildet werden. Wird der Phosphatniederschlag in Schwefelsäure gelöst, so lösen sich die Sulfidniederschläge nicht auf und können abfiltriert werden.

Die Reduktion des Urans mit Rongalit wird durch Erhitzen der Lösung auf 80 bis 90 °C durchgeführt.

Chrom(II)-salze reduzieren das Uran bereits bei Zimmertemperatur. Diese Reduktion wird entweder in salz- oder in perchlorsauren Lösungen ausgeführt. Salpetersäure stört die Reduktion. Die Ausfällung des Urans(IV) als Phosphat wird durch die Anwesenheit von Sulfaten gestört und ist unvollständig, wenn deren Konzentration hoch ist, so daß die Reduktion nicht in einem schwefelsaurem Medium erfolgen kann. Während der Reduktion des Urans wird Eisen(III) zu Eisen(II) reduziert.

Zur Ausfällung des Urans wird meistens Dinatriumhydrogenphosphat verwendet; das aus mäßig sauren Lösungen ausfallende Uran(IV)-phosphat hat die Zusammensetzung $U(HPO_4)_2 \cdot nH_2O$. Die Zusammensetzung des Niederschlags hängt nicht von der Phosphat-Ionenkonzentration im Bereich von $1 \cdot 10^{-4}$ bis 1,4 Molen je Liter ab; doch nimmt seine Löslichkeit nach Durchschreiten eines Minimums bei Anwesenheit von $2,4 \cdot 10^{-2}$ Molen Phosphat je Liter zu, was auf die Bildung löslicher, anionischer Uran(IV)-phosphatkomplexe des Typus $(U(HPO_4)_3)^{2-}$ zurückzuführen ist (*Hecht* und *Krafft-Ebing*; *Treadwell* und *Schwarzenbach*). Die Löslichkeit des Uran(IV)-phosphats hängt auch sehr von der Acidität der Lösung ab (*Palei*). So beträgt die Löslichkeit, ausgedrückt in Molen je Liter, bei den pH-Werten 4,1, 1,8, 1,3, 0,7, 0,45, 0,3 und in n Salzsäure $2,1 \cdot 10^{-7}$, $2,1 \cdot 10^{-8}$, $4 \cdot 10^{-6}$, $2,6 \cdot 10^{-5}$, $6,4 \cdot 10^{-5}$, $1,6 \cdot 10^{-4}$ und $6,1 \cdot 10^{-4}$.

Da in sauren Lösungen die Löslichkeit der meisten Phosphate beträchtlich höher ist als diejenige des Urans(IV), so kann dieses von den meisten Elementen durch eine einmalige Fällung getrennt werden. Nur Zirkonium, Thorium, etwas Titan und Vanadium fallen unter diesen Bedingungen zusammen mit dem Uran aus.

In Gegenwart großer Bleimengen wird Uran nach Reduktion durch Dithionit oder Rongalit in der Kälte zusammen mit weißem Bleihydrogensulfit gefällt, das sich zersetzt, wenn der Niederschlag in Schwefelsäure gelöst wird, wobei schweflige Säure in Freiheit gesetzt wird. Schwefeldioxid verbleibt in der Lösung und verursacht zu hohe Resultate, wenn Uran oxydimetrisch titriert wird. Um dies zu verhindern, wird die Lösung zusammen mit dem Niederschlag vor der Filtration erhitzt, um das Blei in das Sulfid umzuwandeln, das in verd. Schwefelsäure praktisch unlöslich ist. Zur Abtrennung des Urans aus sulfidischen Erzen müssen die Metalle der Schwefelwasserstoffgruppe zuerst durch Fällung mit H_2S oder Natriumthiosulfat entfernt werden. Diese Sulfidniederschläge können etwas Uran mitreißen. Ist daher eine hohe Genauigkeit erforderlich, so wird der Sulfidniederschlag geröstet und der Rückstand in Perchlorsäure gelöst; die Metalle werden an einer Quecksilberkathode elektrolytisch abgeschieden, und die uranhaltige Lösung wird mit der Hauptlösung vereinigt.

Zur Abtrennung geringerer Uranmengen, wie bei der Analyse uranarmer Erze u. dgl., ist es erforderlich, das Uran(IV) zusammen mit Thorium oder Zirkonium als Träger (Sammler) (s. Abschnitt 1.3.4) auszufällen. Diese Kollektoren bilden (wie bereits erwähnt) sehr schwer lösliche Phosphate, mit denen das Uran(IV)-phosphat mitgefällt wird. Zirkonium ist weniger gut geeignet als Thorium, da der Niederschlag langsamer koaguliert und das Uran schwerer vom Zirkoniumphosphatträger durch Auslaugen mit Schwefelsäure getrennt werden kann.

Anwendungsbeispiel zur Trennung des Urans(IV) mittels der Phosphatmethode

Zur Abtrennung des Urans aus Erzen unter Anwendung von Natriumdithionit als Reduktionsmittel wird folgende

Arbeitsvorschrift empfohlen (*Palei*). Zur sauren Lösung, die nach Aufschluß des Erzes erhalten wurde, setzt man so lange Ammoniak zu, bis die violette Farbe von Metanilgelb nach Gelb umschlägt (pH etwa 2,3), fügt 8 ml 6n Salzsäure hinzu und verdünnt die Lösung mit Wasser auf 200 ml. Dieser Lösung gibt man 10 ml einer 10%igen (m/v) Lösung von sekundärem Natriumphosphat, nicht weniger als 0,5 g Natriumdithionit (soll ungefähr der Einwaage des Erzes entsprechen), 4 bis 5 ml einer Thoriumchloridlösung, die 20 bis 24 mg Thorium enthält, und Filterschleim zu. Man mischt und läßt die Lösung 40 bis 60 Min., bis die Koagulation vollständig ist, stehen, d. h. bis die überstehende Lösung klar ist. Den Niederschlag filtriert man über ein Blaubandfilter unter Anwendung einer Saugpumpe ab und wäscht ihn mit Wasser, das 2 ml konz. Salzsäure/Liter enthält, um die Zersetzungsprodukte des Hydrosulfits vollständig zu entfernen. Hierauf löst man ihn in Schwefelsäure (1 + 2) und bestimmt das Uran oxydimetrisch oder nach einer anderen geeigneten Methode.

Enthält das zu analysierende Material weniger als 0,01% Uran, so muß eine 5-g-Einwaage verwendet werden, wodurch das Auswaschen des Phosphat- und Schwefelniederschlags erschwert wird. In diesem Fall wird anstelle des Waschvorgangs eine doppelte Fällung (Umfällung) vorgenommen. Zu diesem Zweck wird der Phosphatniederschlag in Salzsäure (1 + 2) gelöst, die Lösung mit Ammoniak neutralisiert, mit 6 ml 6 n Salzsäure angesäuert, mit Wasser auf 200 ml verdünnt und die Fällung mit geringeren Mengen der Reagenzien wiederholt (5 ml Natriumphosphatlösung, 0,2 g Hydrosulfit und 2 ml der Thoriumchloridlösung).

Anstelle von Hydrosulfit kann auch Chrom(II)-chlorid als Reduktionsmittel verwendet werden. In Gegenwart großer Eisenmengen ist jedoch die zur Reduktion erforderliche Menge an diesem Reduktionsmittel sehr groß, so daß die darauffolgende Abtrennung des Urans durch die Anwesenheit großer Chrom(III)-mengen erschwert wird. Um die Störung durch Chrom(III) zu verhindern, kann dieses in den löslichen Rhodanidkomplex übergeführt oder das Eisen(III) vorher mit Ascorbinsäure reduziert werden, so daß danach nur das zur Reduktion des Urans erforderliche Chrom(II) zugegeben werden muß (*Palei*).

Wird Uran aus Lösungen abgetrennt, die vanadiumhaltig sind, so fallen V(III) und V(IV), die ebenfalls schwerlösliche Phosphate bilden, zusammen mit dem Uran-(IV)-phosphatniederschlag aus (*Brodskaya, Lanskoi* und *Sochevanov*). Infolgedessen werden bei der anschließenden Bestimmung des Urans mittels oxydimetrischer oder photometrischer Methoden zu hohe Werte gefunden. Es wird daher empfohlen, den bereits mit angesäuertem Wasser gewaschenen Phosphatniederschlag zusätzlich mit einer wäßrigen Jodlösung von pH 5,0 bis 5,5 zu waschen. Diese Lösung enthält 8 bis 10 ml einer 0,1 n Lösung von Jod in Kaliumjodid. Bei dieser Behandlung werden die mitgefällten niedrigeren Wertigkeitsstufen des Vanadiums zu Vanadium (V) oxydiert, das sich vollständig auswaschen läßt.

Die Phosphatmethode ist auch zur Abtrennung des Urans aus Gesteinen geeignet, die 10^{-3} bis 10^{-4}% Uran enthalten. In diesem Fall werden Thorium oder Zirkonium als Kollektoren verwendet. Der gewaschene und geglühte Phosphatniederschlag wird mit Natriumfluorid geschmolzen und das Uran fluorometrisch bestimmt (*Leonova*; *Palei*) (s. a. Abschnitt 3.2.2).

1.1.2.3 Fällungen mit Pyrophosphat-, Hypophosphat- und Hypophosphit-Ionen

Pyrophosphat- und Hypophosphat-Ionen bilden nach *Pascal* sowie *Rosenheim* mit Uranylsalzen lösliche Komplexe und, wie *Hecht* und *Krafft-Ebing* beschrieben, mit Uran(IV)-Ionen sehr schwerlösliche Salze.

Diese beiden Anionen fällen im allgemeinen vierwertige Ionen aus saurer Lösung wie z. B. Titan, Zirkonium, Cer(IV), Thorium und Uran(IV). Freie Hypophosphorsäure, $H_4P_2O_6$, oder ihr Dinatriumsalz sowie Natriumpyrophosphat $Na_4P_2O_7$ können verwendet werden. Das Uran(IV)-hypophosphat UP_2O_6 und das Uran(IV)-pyrophosphat UP_2O_7 sind gut filtrierbar, wenn sie aus sauren Lösungen gefällt werden.

Scharfe Trennungen des Urans(IV) von sechswertigem Uran und von den meisten dreiwertigen Elementen können durchgeführt werden. Die folgende Arbeitsweise (s. bei *Rodden* und *Warf*) eignet sich dafür.

Arbeitsvorschrift. Die Uran(IV)-lösung, die 1 bis 3 n an Schwefel-, Perchlor- oder Salzsäure ist, wird auf 90 bis 100 °C erhitzt und eine Lösung von Dinatriumhypophosphat (5%; m/v) unter Umrühren zugegeben. Nach dem Absetzen des Niederschlags prüft man die überstehende Lösung auf Vollständigkeit der Fällung. Die Mischung läßt man auf dem Wasserbad 30 bis 60 Min. stehen und filtriert dann; man verwendet dabei für kleine Niederschlagsmengen vorteilhaft Filterschleim. Den Niederschlag wäscht man mit einer 1%igen Lösung des Fällungsmittels (m/v), die etwas Schwefelsäure (2 bis 3 %; v/v) enthält. Den Niederschlag trocknet man, glüht ihn und wägt das Uran als UP_2O_7 aus.

Bemerkungen. I. Eine ähnliche Methode wurde von *Bloss, Henzel* und *Beck* beschrieben. Sie fällten das Uran(IV)-Ion aus einer salz- oder schwefelsauren Lösung von pH = —0,5 bis 1,5. Der Niederschlag kann nach dem Trocknen bei 105 bis 110 °C als $UP_2O_6 + 3\,H_2O$ ausgewogen werden oder er wird bei 1000 °C zu UP_2O_7 verglüht.

II. *Rây* und *Bhattacharaya* verwenden Natriumhypophosphit in Gegenwart von Ammoniumthiosulfat zur Bestimmung des Gesamt-Urans(IV) und Urans(VI). Mit dem Hypophosphit wird alles Uran quantitativ als Uran(IV)-hypophosphit gefällt, da eine vollständige Reduktion des Urans(VI) zur vierwertigen Oxydationsstufe eintritt. Eine quantitative Trennung kann jedoch in Gegenwart sehr großer Mengen Eisens und einer Reihe anderer Elemente nicht erzielt werden.

Literatur

Bloss, K. H., Henzel, N., u. *Beck, H. P.:* Fr. **226**, 25 (1967). – *Brodskaya, V. M., Lanskoi, G. A.,* u. *Sochevanov, V. G.:* Zhur. Anal. Khim. (russ.) **16**, 185 (1961).

Chukhlantsev, V. G., u. *Stepanov, S. I.:* Zhur. Neorg. Khim. (russ.) **1**, 478 (1956).

Hecht, F., u. *Krafft-Ebing, H.:* Fr. **106**, 321 (1936).

Klȳgin, A. E., Zavrazhnova, D. M., u. *Nikol'skaya, N. A.:* Zhur. Anal. Khim. (russ.) **16**, 297 (1961).

Ledoux u. *Company:* Report A-2912, Vol. 1, Januar 1946, S. 81. – *Leonova, L. L.:* Geokhimiya **8**, 47 (1956).

Milner, G., u. *Edwards, J.:* Anal. Chim. Acta **16**, 109 (1957).

Palei, P. N.: Proceedings of the International Conference on Peaceful Uses of Atomic Energy, Geneva, Vol. **8** (1955). – *Pascal, P.:* (a) Bl. **413**, 1089 (1913); (b) C. r. **157**, 932 (1913); durch Z. anorg. Ch. **153**, 131 (1926). – *Pierlé, C. A.:* Ind. eng. Chem. **12**, 60 (1920). – *Pisani, F.:* C. r. **52**, 72 (1861). – *Přibil, R.:* Fr. **138**, 130 (1953). – *Přibil, R.,* u. *Vorlíček, J.:* Chem. Listy **46**, 216 (1952).

Rây, H. N., u. *Bhattacharaya, N. P.:* Analyst **82**, 164 (1957). – *Rodden, C. J.,* u. *Warf, J. C.:* Manhattan Project, S. 21. – *Rosenheim, A.:* Z. anorg. Ch. **153**, 126 (1926).

Schaaf, W. B., Andrews, L. S., u. *Gates, jr. J. W.:* Report CD-4002, 1. Februar 1945. – *Smales, A. A.,* u. *Wilson, H. N.:* Report BR-150, 22. Februar 1943.

Tillu, M. M.: Current Sci. **24**, 45 (1956). – *Treadwell, W. D.,* u. *Schwarzenbach, G.:* Helv. **11**, 405 (1928).

Wright, J. S., Hayes, T. J., u. *Ryan, J. A.:* Nature **190**, 1188 (1961).

1.1.3 Wasserstoffperoxid

1.1.3.1 Bestimmung durch Wasserstoffperoxid-Fällung

Wasserstoffperoxid fällt Uran aus Uranylsalzlösungen, die einen pH-Wert im Bereich von 0,5 bis 3,5 aufweisen (*Meyer* und *Pietsch*). Dabei wird entsprechend der folgenden Gleichung Uranperoxid gebildet:

$$UO_2(NO_3)_2 + H_2O_2 + 2\,H_2O \rightarrow UO_4 \cdot 2\,H_2O + 2\,HNO_3.$$

Ganz unabhängig vom Oxydationszustand wird das Uran durch das Wasserstoffperoxid zuerst zum Uran(VI) oxydiert, worauf dieses mit dem Überschuß des Reagenses die unlösliche Peroxiverbindung bildet. Von *Tridot* (a, b) wurde gezeigt, daß bei dieser Reaktion intermediär Peruransäure H_4UO_8 gebildet wird:

$$UO_2(NO_3)_2 + 3\,H_2O_2 \rightleftarrows H_4UO_8 + 2\,HNO_3.$$

Diese reagiert sofort mit dem unveränderten Uranylion unter Bildung von unlöslichem Peruranat:

$$H_4UO_8 + 2\,UO_2(NO_3)_2 \rightleftarrows (UO_2)_2UO_8 + 4\,HNO_3.$$

Eine Bestätigung für diesen Reaktionsablauf ist durch die Tatsache gegeben, daß Natriumhydroxid mit dem Niederschlag Natriumperuranat, Na_4UO_8, und Natriumdiuranat, $Na_2U_2O_7$, bildet.

Die Fällung ist nur unter bestimmten definierten Bedingungen wie Temperatur, pH-Wert, Überschuß an Peroxid, Standzeit und Abwesenheit von Fremd-Ionen quantitativ (*Fairley*). Unter jenen sind die Temperatur und der pH-Wert die wichtigsten.

Eine quantitative Fällung des Urans tritt ein, wenn der gekühlten Lösung Wasserstoffperoxid zugesetzt und dann die Lösung eingefroren wird. Nach dem Erwärmen auf 2 °C wird der Niederschlag abfiltriert (*Price* und *Jeung*; *Dunn, Grove, Hendrickson* und *Price*). Zugabe von Ammoniak ist unter Umständen nötig, um den pH-Wert in dem erwünschten Bereich zu halten. Es wird auch ein Überschuß an Wasserstoffperoxid benötigt, damit eine vollständige Fällung eintritt, wobei dieser Überschuß nicht stört. Es hat allerdings keinen Zweck, mehr als einen doppelten Überschuß zu verwenden [*Larson* (a, b, c, d)].

Um Niederschläge zu erhalten, die sich leicht filtrieren lassen, wird empfohlen (*Meyer* und *Pietsch*), die Fällung aus Lösungen auszuführen, die etwa m an Ammoniumnitrat sind.

Das Waschen des Niederschlags ist von Bedeutung, und es wird empfohlen, eine Waschlösung, die 3%ig an Wasserstoffperoxid wie auch Ammoniumnitrat (m/v) ist und einen pH-Wert von 2,0 bis 2,5 aufweist, zu verwenden (*King, Clark, Brownell, Grunewald* und *Robles*).

Bei Anwesenheit von Chloriden erfolgt die Fällung nur langsam (*Grieger, Christopherson, Mogg* und *Gates jr.*). Sulfat-Ionen stören die vollständige Fällung des Urans, wenn das Verhältnis von Sulfat zu Uran 1:1 oder größer ist (*Price* und *Huffman*; *Grieger, Oringer* und *Gates jr.*). Noch größere Störungen rufen Fluoride (*Grieger, Oringer* und *Gates jr.*), Oxalate, Tartrate und andere Ionen hervor, die leicht stabile Komplexe mit Uran bilden können. Acetate stören nur dann, wenn sie in beträchtlicher Menge anwesend sind. Die Störung einiger schwach saurer Komplexbildner, wie z. B. der Acetate, Tartrate und Oxalate, kann beträchtlich verringert werden, wenn die Fällung bei einem geringeren pH-Wert (0,5 bis 1,0) durchgeführt wird. Ist jedoch der pH-Wert geringer als 0,5, so ist die Fällung des Urans unvollständig, da sich der Niederschlag unter Sauerstoffentwicklung in der Säure unter Bildung des entsprechenden Uranylsalzes wieder auflöst.

In hohen Konzentrationen anwesende Erdalkalimetalle und Vanadium werden vom Niederschlag adsorbiert. Als störend erweisen sich nicht nur solche Kationen, die vom Niederschlag adsorbiert werden, sondern auch jene, die unter ähnlichen Bedingungen ausgefällt werden, wie z. B. Thorium, Zirkonium, Hafnium, Kalium, Ammonium und Eisen (*Fairley*). Eisen und auch Kupfer stören, indem sie den Zerfall des Wasserstoffperoxids katalysieren [*Meyer* und *Pietsch*; *Price* und *Jeung*; *Larson* (a, b, c, d); *Brown, Swanson, Wagner* und *Miller*]. Die Störung durch Eisen und Kupfer kann mehr oder weniger ausgeschaltet werden, wenn diese Ionen mit Milchsäure (*Larson* und *Jeung*), Malonsäure (*Miller, Grieger, Pitt* und *Oringer*; *Larson* und *Jeung*) oder Essigsäure (*Brigham* und *Ballard*) komplex gebunden oder durch Kühlen der Fällungslösung (*Price* und *Jeung*) verringert werden. Es ist allerdings möglich, daß selbst komplex gebundenes Eisen durch Wasserstoffperoxid ausgefällt wird. Thorium, Zirkonium und Hafnium werden ebenfalls mit Wasserstoffperoxid gefällt (die beiden letztgenannten Elemente unvollständig). Kalium- und Ammonium-Ionen verzögern die Fällung des Urans.

Arbeitsvorschrift (Manhattan Project). Es ist vorteilhaft, die Probe in Nitrat- oder Acetatlösung zu behandeln. Chloridionen dürfen anwesend sein, obwohl sie wie erwähnt die Fällungsgeschwindigkeit erniedrigen.

Den pH-Wert stellt man durch Zugabe von Ammoniak auf 2,0 bis 2,5 ein. Mit Milchsäure wird das gegebenenfalls anwesende Eisen komplex gebunden. Die Lösung kühlt man fast bis zum Gefrierpunkt ab und setzt unter ständigem Rühren Perhydrol zu. Die doppelte, stöchiometrische Menge an Wasserstoffperoxid reicht zur vollständigen Fällung aus. Die ganze Lösung kühlt man in einem Trockeneis-Alkoholbad auf −45 °C ab und hält 1 Std. auf dieser Temperatur. Die Probe taut man auf, filtriert den Niederschlag ab und versetzt mit einer Peroxid-Nitratlösung [Ammoniumnitratlösung (3%, m/v), die 3%ig an Wasserstoffperoxid (v/v) ist und einen pH-Wert von 2,0 bis 2,5 aufweist]. Die Temperatur der Lösung soll 2 °C nicht überschreiten, solange die störenden Eisen-Ionen nicht entfernt sind. Den Niederschlag sammelt man auf einem Filterpapier Whatman No. 42, das vorher mit der Waschlösung befeuchtet wurde. Feinkristalline oder schleimige Niederschläge, wie es bei sehr eisenreichen Proben der Fall ist, filtriert man in einen dichten Glassintertiegel ab. In diesem Fall löst man den Niederschlag und fällt das Uran als Ammoniumdiuranat (s. Abschnitt 1.1.1.1). Den Niederschlag glüht man und wägt ihn als U_3O_8 aus.

1.1.3.2 Trennung durch Wasserstoffperoxid-Fällung

Mittels der in Abschnitt 1.1.3.1 beschriebenen Methode zur Fällung des Urans mit Wasserstoffperoxid läßt sich dieses von Natrium (*Wexler*), Magnesium (*Johnston* und *Larson*), Calcium [*Martens* (a)], Aluminium (*King, Clark, Brownell, Grunewald* und *Robles*), den seltenen Erdmetall-Ionen (*Goldschmidt, Heal, Morgan* und *Wilkinson*), Titan [*Potratz* und *Martens* (a, b)], Nickel [*Martens* (a, b)], Lithium, Kobalt, Mangan, Kupfer und Cadmium (*Grieger, Christopherson, Mogg* und *Gates, jr.*) trennen. Um die Selektivität der Trennung zu erhöhen, wird die Fällung in Gegenwart von ÄDTA (Dinatriumsalz) ausgeführt. In diesem Fall kann das Uran auch von Thorium, Zirkonium, Hafnium, Vanadium und anderen störenden Elementen (s. Abschnitt 1.1.3.1) getrennt werden. Diese Methode wird zur Bestimmung des Urans in Uranmischoxiden, Urandioxid und in anderen uranreichen Produkten empfohlen.

Anwendungsbeispiele zur Trennung mittels der Wasserstoffperoxidmethode

I. Trennung des Urans vom Aluminium, Gallium, Indium und Thallium
Bassett und *Tomkins* trennen Uran von Al, Ga, In und Tl nach folgender

Arbeitsvorschrift. Die Probe löse man in Königswasser und entferne die größte Menge der Säure durch Eindampfen der Lösung. Man verdünnt die Lösung und

macht sie 2 bis 3n an Salzsäure. Hierauf entfernt man die Elemente der „zweiten"
Analysengruppe durch Einleiten von Schwefelwasserstoff. Man filtriert und setzt der
Lösung solange 7,5n Ammoniaklösung tropfenweise zu, als kein bleibender Niederschlag auftritt. Dann erst fällt man Uran mit Wasserstoffperoxid (30%; v/v) aus
(s. Abschnitt 1.1.3.1).

II. Trennung des Urans von den Elementen der zweiten Hauptgruppe

Neidrach, Mitchell und *Rodden* trennten Be, Mg, Ca, Sr, Ba und Ra vom Uran
durch seine Fällung mit Wasserstoffperoxid (30%; v/v) in sehr verdünnter, salpetersaurer Lösung.

III. Trennung des Urans vom Scandium

Eine Methode zur Trennung geringer Mengen Scandiums (1 bis 10 mg) von 1 g
hochgereinigtem Uran stammt von *Bergstresser*. Uran wird durch Zugabe von Wasserstoffperoxid ausgefällt, während Scandium durch gleichzeitig in der Lösung anwesendes ÄDTA in Lösung gehalten wird. Der Uranperoxidniederschlag fällt weniger
als 30 ppm des Scandiums mit. Die in der Lösung zurückbleibende Uranmenge beträgt weniger als 1 mg. Das Scandium wird dann als Ammonium-Scandiumtartrat
ausgefällt und nach dem Verglühen des Niederschlages als Oxid ausgewogen.

Literatur

Bassett, W. G., u. *Tomkins, F. S.:* Manhattan Project (s. *Rodden*), S. 382. – *Bergstresser, K. S.:*
USAEC Rept. LAMS-1674 Mai 1954; durch Anal. Abstr. **1959**, 2582. – *Brigham, H. R.*, u. *Ballard,*
A. E.: Report Chem. S-531, 13. August 1943. – *Brown, K. B., Swanson, D. H., Wagner, E. L.*, u.
Miller, A. J.: Report CD-4103, 6. März 1945.

Dunn, R., Grove, J., Hendrickson, A. V., u. *Price T. D.:* Report Chem. S-237, 4. Januar 1944.

Fairley, T.: Chem. N. **62**, 227 (1890).

Goldschmidt, B. L., Heal, H. C., Morgan, F., u. *Wilkinson, G.:* Report MC-9, 14. Juli 1943. –
Grieger, P. F., Christopherson, E. W., Mogg, D. W., u. *Gates, J. W. jr.:* Report CD-4033, 9. Juni
1945. – *Grieger, P. F., Oringer, R.*, u. *Gates, J. W. jr.:* Report CD-4016, 19. April 1945.

Johnston, W. H., u. *Larson, Q. V.:* Report CC-342, 15. November 1942, S. 25.

King, E. J., Clark, H. M., Brownell, H. R., Grunewald, A. L., u. *Robles, E. G.:* Report A-1042,
Mai 1944.

Larson, C. E.: (a) Report RL-4. 6. 162, 9. Juni 1943; (b) Report Chem. S. 148, 1. Juni 1943;
(c) Report Chem. S. 392, 12. Juni 1943; (d) Report Chem. S. 143, 24. Mai 1943. – *Larson, C. E.;*
u. *Jeung, H.:* (a) Report Chem. S. 124, 6. Mai 1943; (b) Report Chem. S-148, 28. Juli 1943.

Martens, R. I.: (a) Report CC-523, 15. März 1943, S. B-8; (b) Report CC-298, 15. Oktober 1943,
4. – *Meyer, R. J.*, u. *Pietsch, E.:* durch Gmelin **55**, 104. – *Miller, A. J., Grieger, P. F., Pitt, B. M.*,
u. *Oringer, R. G.:* Report CD-486, 8. Dezember 1944.

Neidrach, L. W., Mitchell, A. M., u. *Rodden, C. J.:* Manhattan Project, S. 350.

Potratz, H. A., u. *Martens, R. I.:* (a) Report CC-1706, 29. Februar 1944, S. 57; (b) Report CC-298,
15. Oktober 1942. – *Price, T. D.*, u. *Jeung, H.:* Report Chem. S-198, 24. August 1943. –
Price, T. D., u. *Jeung, H.:* Report Chem. S-198, 24. August 1943. – *Price, T. D.*, u. *Huffman,*
E. H.: Report Chem. S-208, 4. Oktober 1943.

Rodden, C. J.: Analytical Chemistry of the Manhattan Project, New York 1950.

Tridot, G.: (a) Ann. Univ. Paris **24**, 583 (1954); (b) C. r. **232**, 1215 (1951).

Wexler, S.: Report CC-464, 13. Februar 1943.

1.1.4 Fluorid-Ionen

1.1.4.1 Bestimmung mit Fluorid-Ionen

Uran(IV) wird von Fluoriden bzw. Flußsäure quantitativ gefällt (*Khlopin* und
Gerling; *Giolitti*). Da Uran(VI) nicht gefällt wird, kann diese Methode zur Bestimmung des Urans(IV) in Gegenwart von Uran(VI) verwendet werden.

Wenn die Fällung des Urans(IV) mit Flußsäure aus wäßriger Lösung erfolgt, wird gelatinöses, hydratisiertes Uran(IV)-fluorid gebildet, das sich ohne vorangehendes Erwärmen nur schwer abfiltrieren läßt. Wird mit Ammonium- oder Alkalifluoriden gefällt, enthält Uran(IV)-fluorid einen hohen Anteil des begleitenden Kations als Doppelsalz wie z. B. NH_4UF_5, das noch unlöslicher als Uran(IV)-fluorid ist. Es wurde gezeigt (*Palei*), daß im Falle des $NaUF_5$ eine vollständige Fällung des Urans selbst aus 1 n Schwefelsäure erfolgt, in der Fe^{2+}, Al, V, Mo, Ti, Ni, Co, Mn, Cu, B, Zr, Ta und einige andere Elemente keine unlöslichen Fluoride bilden. Fe^{3+} wird teilweise als Natriumdoppelfluorid und Aluminium in neutralem Medium vollständig als Kryolith gefällt; sie verunreinigen den Niederschlag des Uran-Natriumfluorids. Auch Cerfluorid wird teilweise mitgefällt und kann die photometrische Bestimmung des Urans nach der Wasserstoffperoxidmethode (s. Abschnitt 3) stören.

Die Fällung in Gegenwart von Natriumsalzen weist folgende Vorteile auf: (I.) Das Natriumdoppelfluorid des Urans ist schwerer löslich als reines Uran(IV)-fluorid; (II.) die Natriumsalze setzen die lösende Wirkung von Aluminium-Ionen auf den Niederschlag herab.

Manchmal wird die Fällung geringerer Uranmengen in Gegenwart von Calciumsalzen ausgeführt, da Calciumfluorid ein guter Kollektor für Uran(IV) ist (s. auch Abschnitt 1.3).

Zur Reduktion des Urans zur vierwertigen Oxydationsstufe kann man z. B. metallisches Zink oder Rongalit verwenden oder diese Reduktion in einem Wismut- oder Cadmiumreduktor durchführen. Als Reduktionsmittel kann auch Fe^{2+} in Gegenwart eines großen Überschusses an Flußsäure verwendet werden (*Palei*) (s. Abschnitt 1.1.4.2).

Die Bestimmung des Urans(IV) durch Fällung als Fluorid in saurem Medium wird durch die Anwesenheit selbst großer Mengen der Elemente Zr, Ta, B, Fe, V und anderer Elemente, die lösliche Fluoridkomplexe bilden, nicht gestört. Dagegen werden Störungen durch alle jene Metall-Ionen hervorgerufen, die schwerlösliche Fluoride bilden wie z. B. die Ionen der Erdalkalimetalle, der seltenen Erden, Th usw.

Arbeitsvorschrift. Zur Uran(IV)-lösung wird in einer Platinschale ein Überschuß von Flußsäure (40 bis 50%; v/v) zugegeben. Die Mischung rührt man mit einem Platin- oder Plastikstab um und läßt sie sich absetzen. Noch 1 oder 2 Tropfen Flußsäure setze man zur überstehenden Flüssigkeit zu, um auf die Vollständigkeit der Fällung zu prüfen. Man füge genug Flußsäure zu, um alles Eisen, Zirkonium, Bor, Aluminium oder andere Ionen zu komplexieren. Die Suspension wird erwärmt, in eine Proberöhre aus Kunststoff überführt und zentrifugiert. Den Niederschlag wäscht man mehrere Male mit Flußsäure (2 bis 4%; v/v), trocknet ihn und wägt nach dem Verglühen zu U_3O_8 aus. Die Filtration des vorher erwärmten Niederschlages auf Papier unter Verwendung eines Gummi- oder Kunststofftrichters ist einfach.

1.1.4.2 Trennung mit Fluorid-Ionen

Wie bereits im Abschnitt 1.1.4.1 erwähnt wurde, kann die Fällung des Urans als unlösliches Tetrafluorid bzw. als Doppelsalz mit Ammonium- oder Alkalifluorid zu seiner Trennung von allen jenen Elementen herangezogen werden, die lösliche Fluoride bzw. Fluoridkomplexe bilden. So ist eine Trennung des Urans(IV) vom Uran(VI), vom Eisen(III) und Vanadium möglich (*Khlopin* und *Gerling*). Diese Trennung kann nach Angaben dieser Autoren derart ausgeführt werden, daß man eine Uran(IV)-sulfatlösung in Gegenwart von Flußsäure und Ammoniumfluorid elektrolysiert, wobei Uran quantitativ als $UF_4 \cdot NH_4F \cdot 1/2 H_2O$ ausfällt. *Palei* zeigte, daß die geringe Löslichkeit des Uran(IV)-fluorids auch zur Bestimmung des Gesamturans herangezogen werden kann. Diese Methode beruht darauf, daß zuerst das Uran mittels Eisen(II)-Ionen in Gegenwart eines großen Überschusses an Flußsäure reduziert wird. Diese Reduktion erfolgt relativ rasch, da die gebildeten Eisen(III)-Ionen als stabile, lösliche, komplexe Anionen $(FeF_6)^{3-}$ aus dem Gleichgewicht entfernt werden und gleichzeitig das Uran(IV) als unlösliches Tetrafluorid ausfällt.

Arbeitsvorschrift. Die uranhaltige Lösung ist mit 5 ml Schwefelsäure $(1 + 1)$ (etwa 9,3m) anzusäuern und die folgenden Reagenzien zuzugeben: 2 g *Mohr*sches Salz, 20 ml einer 10%igen Natriumsulfatlösung (m/v) und 20 ml 40%ige Flußsäure (m/v). Die Mischung verdünne man mit Wasser auf 100 ml, mische gut durch und lasse etwa 15 Min. stehen, damit Uran vollständig zur vierwertigen Stufe reduziert wird. Man gibt Filterschleim zu und läßt die Mischung 1 Std. unter periodischem Umrühren stehen. Die Lösung filtriert man über ein Filterpapier in einem Kunststofftrichter und wäscht den Niederschlag 10 bis 12mal mit einer Waschlösung, hergestellt durch Auflösen von 5 ml Flußsäure und 4 g Natriumacetat in 95 ml Wasser. Den Niederschlag löst man auf dem Filter in 25 bis 30 ml einer Mischung aus Salpeter- und Borsäure [200 ml Salpetersäure $(1 + 2)$ (etwa 4,7m) werden mit 100 ml einer 4%igen Lösung (m/v) von Borsäure vermischt] auf, wobei das Filter 3 bis 4mal mit diesem Volumen der Mischung behandelt wird. Das Filter wäscht man mit 70 bis 75 ml Wasser und vereinigt diese Waschlösung mit der uranhaltigen Lösung. Einen auf dem Filter verbliebenen Rückstand behandelt man unter Erwärmen mit 50 ml einer 10%igen Sodalösung (m/v), setzt etwa 0,1 g Tierkohle zu, bedeckt das Becherglas mit einem Uhrglas und engt die Lösung durch Eindampfen auf 20 bis 25 ml ein. Nach dem Abkühlen filtriert man die Lösung, wäscht das Filter mit Wasser und verwendet die gesamte Lösung oder ein Aliquot zur photometrischen Bestimmung des Urans mittels der Wasserstoffperoxidmethode.

Bemerkung. Wie bereits erwähnt, kann zur Fällung des Urans anstelle von Flußsäure auch Ammoniumfluorid benutzt werden.

Arbeitsvorschrift. Die uranhaltige Lösung (5 bis 10 ml) versetze man mit 0,5 g Eisen(II)-sulfat sowie 0,2 bis 0,3 g Ammoniumfluorid und stelle mit verd. Schwefelsäure auf pH = 1,5 bis 2,0 ein. Die Lösung erhitzt man einige Minuten auf 70 bis 80 °C, kühlt ab und filtriert nach 2 bis 2,5 Std. den Niederschlag über ein Blaubandfilter ab; man wäscht den Niederschlag mit einer 1,5%igen Ammoniumfluoridlösung (m/v), die 0,25%ig (v/v) an Schwefelsäure ist, und löst ihn in 10 ml 10n Schwefelsäure, die mit Borsäure gesättigt ist, auf. In dieser Lösung titriere man das Uran(IV) mit Ammoniumvanadat (s. Abschnitt 2.3.1.4).

Bemerkungen. I. Mittels dieser Methode ist es möglich, 0,45 bis 4,5 mg Uran von 10 mg Vanadium und 10 bis 15 mg Molybdän zu trennen und das Uran mit einer *Genauigkeit* innerhalb von 1% zu bestimmen.

II. Zur Abtrennung *sehr* kleiner Uranmengen wird die Fällung am besten in Gegenwart eines Kollektors wie z. B. Thoriumfluorid ausgeführt (s. Abschnitt 1.3.5).

III. *Sing, Sahoo* und *Patnaik* beschrieben eine *photolytische* Reaktion zur Trennung des Urans vom Aluminium, Thorium, Cer und Lanthan. Gibt man Ammoniumhydrogenfluorid zu einer wäßrigen Lösung, die Uran und Aluminium als Nitrate enthält, so fällt Aluminium als Fluorid aus, das abfiltriert werden kann. Das Filtrat wird mit 10% (v/v) Äthanol versetzt und dem Sonnenlicht ausgesetzt. Es tritt Photolyse ein: Uran fällt als $NH_4F \cdot UF_4 \cdot H_2O$ aus.

IV. Aus Reaktor-Abfallprodukten, die oft noch 95% unverbrauchtes Uran enthalten, können durch eine einzige Behandlung 99% des Urans in 100%iger Reinheit isoliert werden.

V. Bei der Abtrennung des Urans vom Thorium, Cer und Lanthan wird genau so verfahren. Durch die Anwendung von Ammoniumhydrogenfluorid wird automatisch der günstigste pH-Wert (4,7) eingestellt. Es werden 93 bis 95% des Urans isoliert.

2*

Literatur

Giolitti, F.: G. **34**, II, 166 (1904). durch Fr. **44**, 431 (1905).

Khlopin, V. G., u. *Gerling, E. K.:* J. Gen. Chem. (USSR) **6**, 1701 (1936).

Palei, P. N.: Proceedings of the International Conference on Peaceful Uses of Atomic Energy, Geneva, Vol. **8** (1955).

Sing, K., Sahoo, E., u. *Patnaik, D.:* Pr. Indian Acad. Sci. A, **50**, 129 (1959); durch Fr. **176**, 368 (1960).

1.1.5 Jodat- und Perjodat-Ionen

1.1.5.1 Fällung durch Jodat-Ionen

1.1.5.1.1 Fällung als Uranyljodat

Durch Zugabe von Alkalijodat oder Jodsäure zu einer Uranylnitratlösung wird ein weißer Niederschlag erhalten (*Pleischl*). Wird die Fällung mit Natriumjodat oberhalb 60 °C in Abwesenheit eines Überschusses an Salpetersäure durchgeführt, so bildet sich das schwach gelbe Salz $UO_2(JO_3)_2$ (*Ditte*). Dieses kann auch in der Kälte erhalten werden, wenn man Jodsäure oder ein Alkalijodat zu einer Uranylnitratlösung gibt. Von *Venugopalan* konnte festgestellt werden, daß dieses Uranyljodat quantitativ fällbar ist, und zwar aus einer kalten Lösung von Uranylsalz in Abwesenheit von Salpetersäure oder durch allmählichen Zusatz einer konz. Natriumjodatlösung zu einer konz. Uranylnitratlösung. Auf Grund der Tatsache, daß dieses ausgefällte Jodat sich leicht in Salpeter- oder Phosphorsäure in der Kälte löst und daß die Anwesenheit freier Chlorid- oder Nitrat-Ionen die Fällung stört, hat diese Methode in der quantitativen Analyse nur einen beschränkten Anwendungsbereich. Diese Störungen können verringert werden, wenn das Uran aus einer Uranylacetatlösung mit einer gesättigten Natriumjodatlösung bei oder etwas über 60 °C ausgefällt wird. Weiterhin wurde festgestellt, daß die Löslichkeit des ausgefällten Uranyljodats in Spuren von Mineralsäuren praktisch vernachlässigt werden kann, besonders bei höherer Temperatur.

Arbeitsvorschrift (nach *Venugopalan*). Die neutrale Uranylnitrat- oder -acetatlösung wird auf 60 bis 65 °C erhitzt und ein Überschuß von konz. Natriumjodatlösung bekannten Titers langsam zugegeben. Die Lösung kühlt man ab, läßt den Niederschlag sich absetzen, filtriert, wäscht mit Wasser, trocknet bei 110 °C 2 bis 3 Std. und wägt als $UO_2(JO_3)_2$. Das Filtrat, das den Überschuß an Jodat-Ion enthält, wird jodometrisch mit Thiosulfatlösung titriert. Aus der Menge des verbrauchten Jodats errechnet man das Gewicht des Uranyljodats und daraus die Menge Uran. Ohne erst das Salzgewicht zu berechnen, kann man sofort auf die letztere schließen unter der Berücksichtigung, daß 1 $NaJO_3 = {}^1/_2$ U.

Bemerkungen. I. Die mit dieser Methode erzielbaren Ergebnisse sind, wenn der Uranyljodatniederschlag in Salzsäure gelöst und mit Jodmonochlorid als Indikator mittels der Endpunktsmethode (*Andrews*; *Vogel*) titriert wird, analytisch angenähert *genau*. Die Methode kann nach Angaben ihres Autors zur Bestimmung von Milligrammengen Urans verwendet werden.

II. Die Anwesenheit von Mineralsäure wie Salpetersäure, ferner von Phosphorsäure wie auch von Chloriden und Nitraten, *stört* das Verfahren.

III. Bei der Bestimmung von 6 bis 60 mg Uran beträgt der *Fehler* nicht mehr als 0,1%.

IV. Die Methode wird außer durch die erwähnten Anionen auch durch viele Metall-Ionen gestört; aber prinzipiell *müßte es möglich* sein, viele dieser Störungen durch Zugabe von ÄDTA auszuschalten.

1.1.5.1.2 Fällung als Uran(IV)-jodat

Wird Kaliumjodat der sauren Lösung eines Uran(IV)-salzes zugegeben, so fällt das Uran als schwerlösliches Uran(IV)-jodat aus (*Kaufman*). Da unter diesen Bedingungen Uran(VI) jedoch nicht ausfällt, kann diese Fällungsmethode zur Bestimmung von Uran(IV) in Gegenwart von Uran(VI) verwendet werden. Der Uran(IV)-jodat-Niederschlag erwies sich zuerst als zur Wägung ungeeignet, so daß die Bestimmung des Urans im Niederschlag durch jodometrische Titration erfolgte. Später wurden jedoch Versuchsbedingungen ermittelt, die es ermöglichen, das Uran durch direkte Wägung des getrockneten Niederschlags zu bestimmen (*Przhevalsky, Nikolaeva* und *Udal'tsova*). Die Zusammensetzung des Niederschlags, die der Formel $U(JO_3)_4$ entspricht, verändert sich nicht, wenn er bis auf 170 °C erhitzt wird, vorausgesetzt, daß er vorher mit Äthanol und hierauf mit Äther gewaschen wurde. Wurde der Niederschlag nicht mit Äther gewaschen, so tritt selbst schon bei 60 °C eine Zersetzung der Verbindung ein.

Kupfer und Molybdän werden nicht gefällt und stören auch die Uranbestimmung nicht. Dagegen stört Aluminium, falls es in Mengen anwesend ist, die jene des Urans um mehr als das 50fache übersteigen. In Anwesenheit von Eisen(II) werden niedrigere Resultate erhalten, und zwar wahrscheinlich deshalb, weil Eisen(II) durch Jodat-Ionen teilweise zu Eisen(III) oxydiert wird, das dann Uran(IV) zur nichtfällbaren, sechswertigen Oxydationsstufe oxydiert. In Gegenwart von 0,5 mg Eisen(II) kann der Fehler 10 bis 15% betragen.

Arbeitsvorschrift (nach *Przhevalsky, Nikolaeva* und *Udal'tsova*).

Das Uran(IV) stellt man nach einer Methode von *Alimarin* und Mitarbeitern durch elektrolytische Reduktion mittels einer Quecksilberkathode her. Zu 15 bis 30 ml Lösung setzt man die Hälfte ihres Volumens an Reagenslösung = Kaliumjodat (10%; m/v), gelöst in Schwefelsäure (10%; v/v) (für 5 mg Uran und darüber), oder $^2/_3$ ihres Volumens (für geringere Uranmengen, z. B. für 1 bis 2 mg) zu. Hierauf gibt man das doppelte Volumen der ursprünglichen Lösung an Kaliumjodatlösung (0,8%; m/v) in Schwefelsäure (2%, v/v) zu. Den Niederschlag filtriert man ab (Glasfilter) und wäscht mit Kaliumjodatlösung [(0,4%; m/v) in Schwefelsäure (1%; v/v)], dann mit Äthanol und Äther. Nach dem Trocknen bei 100 bis 120 °C auf konstantes Gewicht wägt man den Niederschlag aus. Wird der Niederschlag zwischen 110 bis 120 °C getrocknet, so enthält er kein Kristallwasser. Der Analysenfaktor $\dfrac{U}{U(JO_3)_4}$ beträgt $0{,}2538_6$.

Bemerkungen. I. Zur *volumetrischen* Bestimmung löst man den gewaschenen Niederschlag in 20 ml Schwefelsäure (10%; v/v), setzt 20 ml Kaliumjodidlösung (5%; m/v) zu und titriert das nach folgender Reaktionsgleichung

$$U(IV) + 4\,JO_3^- + 20\,J^- + 24\,H^+ \rightarrow 12\,J_2 + 12\,H_2O + U(IV)$$

in Freiheit gesetzte Jod mit Thiosulfatlösung. Ein Teil des Jods reagiert mit Uran(IV) auf folgende Weise:

$$U^{4+} + J_2 + 2\,H_2O \rightarrow UO_2^{2+} + 2\,J^- + 4\,H^+.$$

Ein Atom Uran ist demnach äquivalent 22 Atomen Jod.

II. Die *Fehler*, die bei der gravimetrischen und der volumetrischen Methode auftreten, betrugen im Durchschnitt $\pm$ 1,0% bzw. $\pm$ 0,6%.

III. *Vanadium* wird bei der Elektrolyse reduziert, fällt aber nicht mit dem Uranjodat zusammen aus.

1.1.5.2 Fällung durch Perjodat-Ionen

Uran läßt sich durch Zugabe von Kaliumperjodat zu essigsauren Lösungen von Uranylsalzen quantitativ ausfällen (*Burriel* und *Barcia*). Die Zusammensetzung des Niederschlags entspricht der Formel:

$$(UO_2)_2K_2J_2O_{10} \cdot 5\,H_2O.$$

Beim Erhitzen auf 100 °C verliert der Niederschlag 5 Moleküle Wasser, und es tritt Zersetzung unter Sauerstoffentwicklung ein. Zwischen 350 und 400 °C liegt das Uran als $(UO_2)_2K_2J_2O_5$ vor. Wird die Temperatur auf 600 °C erhöht, so wird das Jod vollständig entfernt und Kaliumdiuranat $(K_2U_2O_7)$ gebildet. Dieses ändert seine Zusammensetzung nicht, wenn die Temperatur noch weiter erhöht wird. Bei der Bestimmung und auch Abtrennung des Urans durch Fällung als Perjodat stören dieselben Elemente wie bei der Fällung mit Jodat-Ionen (s. Abschnitt 1.1.5.1). Ferner wird auch Thorium gefällt.

Arbeitsvorschrift (nach *Burriel* und *Barcia*).

Zu 10 bis 20 ml Lösung, die 50 bis 100 mg Uran enthält, gibt man eine gesättigte Kaliumperjodatlösung und läßt die Lösung 8 bis 12 Std. stehen. Den Niederschlag sammelt man in einem gewogenen Filtertiegel, trocknet, erhitzt auf 350 bis 400 °C und wägt als $(UO_2)_2K_2J_2O_5$ aus oder man erhitzt über 600 °C, und wägt als $K_2U_2O_7$ aus.

Die Analysenfaktoren betragen: $\dfrac{2\,U}{(UO_2)_2K_2J_2O_5} = 0{,}5000_2$ und: $\dfrac{2\,U}{K_2U_2O_7} = 0{,}7145_3$.

Literatur

Alimarin, I. P., und Mitarbeiter: Zhur. Anal. Chem. (russ.) **13**, 464 (1958). – *Andrews, L. W.*: Am. Soc. **25**, 763 (1903); durch *Vogel.*

Burriel, M. F., u. *Barcia, G. C.*: An. Real. Soc. española fís. y quím. **47**, 63 (1951); **50**, 281 (1954).

Ditte, A.: A. Ch. [5] **12**, 139 (1879); Recherches sur l'acide iodique; Paris 1870, S. 75; Ann. Chim. et Phys. [6] **21**, 158 (1890).

Kaufman, L.: C. r. Acad. URSS. **27**, 807 (1940).

Pleischl, A.: Schw. J. **45**, 1 (1825). – *Przhevalsky, E. S., Nikolaeva, E. R.*, u. *Udal'tsova, N. I.*: Zhur. Anal. Chem. (russ.) **13**, 567 (1958); durch Anal. Abstr. **1959**, 1290.

Venugopalan, M.: Fr. **153**, 187 (1956). – *Vogel, A. I.*: A Textbook of Quantitative Inorganic Analysis; London 1964.

1.1.6 Sulfide und Schwefelwasserstoff

1.1.6.1. Fällung mit Sulfiden

Werden carbonatfreie Ammoniumsulfid- oder -polysulfidlösungen zu Uranylsalzlösungen gegeben, so fällt das Uran als braunes, amorphes Uranylsulfid aus (*Pierlé*; *Remelé*; *Rose*), das auch etwas Ammoniumdiuranat enthält (*Schwarz*). Nach dem Glühen wird der Niederschlag als U_3O_8 ausgewogen. Phosphat- (insbesondere Pyrophosphat-), Citrat-, Carbonat- und andere Ionen, die Uranyl-Ionen komplexieren, verhindern die Fällung des Uranylsulfids. Zusammen mit dem Uran werden alle jene Elemente ausgefällt, die unlösliche Sulfide oder Hydroxide unter den für die Ausfällung des Urans benützten Versuchsbedingungen bilden. Die Fällung des Urans als Uranylsulfid kann der Abtrennung anderer Elemente mit Schwefelwasserstoff folgen. Nach Behandlung der sauren Lösungen mit Schwefelwasserstoff zur Entfernung von Pb, Bi, Cu, Mo und anderen Elementen der Schwefelwasserstoffgruppe kann die Lösung mit Ammoniak basisch gemacht und noch weiter Schwefelwasserstoff eingeleitet werden. Dadurch werden Fe, Zn, Al, Co und andere Metalle der Ammoniak- und Ammoniumsulfidgruppe zusammen mit Uran gefällt. Zur Trennung des Urans von diesen mitgefällten Elementen macht man von der Löslichkeit des Uranylsulfids in Ammoniumcarbonat Gebrauch, und da nur wenige andere Elemente ähnlich reagieren, sind auf diese Weise einige Trennungen möglich (s. Carbonatmethode, Abschnitt 1.1.1.3) (*Rose*; *Trautmann*; *Schoeller* und *Powell*).

Anstelle von Ammoniumsulfid als Fällungsmittel kann man auch Ammoniumpolysulfide oder Schwefelwasserstoff verwenden. Wird Schwefelwasserstoff benützt, so muß die Basizität der Lösung durch Zugabe von Ammoniak aufrecht erhalten werden.

Ganz allgemein gesehen, weist die Fällung des Urans als Sulfid gegenüber der Ammoniakmethode (s. Abschnitt 1.1.1.1) keinerlei Vorteile auf.

Arbeitsvorschrift (nach *Schwarz*). Man setzt der Lösung, die nicht mehr als 0,25 g Uran/150 ml enthalten soll, ungefähr 3 g Ammoniumchlorid zu. Die Lösung erwärmt man auf dem Wasserbad auf etwa 80 °C, macht sie ammoniakalisch und gibt entweder einen Überschuß an Ammoniumsulfid oder -polysulfid zu oder leitet Schwefelwasserstoff in die Lösung ein, filtriert und wäscht den Niederschlag mit ammoniakalischem Ammoniumchlorid (2%; m/v). Der Niederschlag wird geglüht und das Uran als U_3O_8 ausgewogen.

1.1.6.2 Fällung mit Schwefelwasserstoff in Gegenwart von Urotropin

Liegen neutrale oder fast neutrale Uranylsalzlösungen vor, so ist es besser, das Uran mit Schwefelwasserstoff in Gegenwart von Urotropin (Hexamethylentetramin) auszufällen (*Ostroumow* und *Bomshtein*), als die Fällung mit Ammoniumsulfid, Ammoniumpolysulfid oder Schwefelwasserstoff auszuführen (s. Abschnitt 1.1.6.1). Der Grund hierfür ist der, daß der rote Niederschlag, der sich in Anwesenheit von Urotropin bildet, eine kristalline Struktur aufweist, geringe Adsorptionseigenschaften gegenüber Fremd-Ionen zeigt und außerdem leicht filtrierbar ist. Die Zusammensetzung des Niederschlags entspricht angenähert einer Formel

$$HSS(OH)U(OUO_2ONH_4)_4.$$

Seine Zusammensetzung hängt aber sehr von den Versuchsbedingungen und von der Trocknungstemperatur ab, so daß der Niederschlag am besten verglüht und das Uran als U_3O_8 ausgewogen wird.

Diese Methode zur Fällung des Urans gestattet eine Abtrennung von den Alkalimetallen, Erdalkalimetallen und Magnesium.

Arbeitsvorschrift (nach *Ostroumow* und *Bomshtein*). Die Uranyllösung wird mit Ammoniak nahezu neutralisiert und auf 60 °C erwärmt. 2 g Urotropin gibt man zu und leitet 15 Min. Schwefelwasserstoff ein. Den Kolben erhitzt man auf einer Heizplatte und setzt die Behandlung mit Schwefelwasserstoff weitere 15 bis 20 Min. unter häufigem Umschütteln fort. Nach 15minutigem Absetzenlassen filtriert man den Niederschlag ab und wäscht ihn mit ammoniakalischem Ammoniumnitrat (3%, m/v) aus. Den Niederschlag verglüht man und wägt das Uran als U_3O_8 aus.

Bemerkung. Von 0,0490 g eingesetztem Oxid U_3O_8 konnten nach dieser Methode im Mittel 0,0491 g U_3O_8 wiedergefunden werden.

Literatur

Ostroumow, E. A., u. *Bomshtein, R. I.:* Betriebslab. (russ.) **8**, 558 (1939); durch Chem. Abstr. **1940**, 5783.

Pierlé, C. A.: Ind. eng. Chem. **12**, 61 (1920).

Remelé, A.: Fr. **4**, 371 (1865). — *Rose, H.:* Fr. **1**, 411 (1862).

Schoeller., W. R., u. *Powell, A. R.:* The Analysis of Minerals and Ores of the Rarer Elements, 3. Aufl.; London 1955. — *Schwarz, R.:* Dissertation, Zürich 1919; Helv. **3**, 330 (1920).

Trautmann, W.: Angew. Ch. **24**, 61 (1911).

1.1.7 Fällung mit Arsenat-Ionen

Arsenate oder Arsensäure fällen Uranyl-Ionen aus schwach saurer Lösung, wobei ein Niederschlag der Zusammensetzung UO_2MAsO_4 (M = H, Na, NH_4 oder K) gebildet wird (*Kraft*). Wird das Uran aus einer essigsauren Lösung gefällt, so ent-

steht kristallines, gut filtrierbares Uranylammoniumarsenat. Bei der Fällung muß
ein Überschuß an Ammoniumsalzen anwesend sein.

Mittels dieser Fällungsmethode können zufriedenstellende Trennungen des Urans
von den seltenen Erdmetallen, Alkalimetallen, Erdalkalimetallen und Aluminium
durchgeführt werden (*Rice*). Cer soll als Cer(III) vorliegen; Zr, Th, Ti, Ag und Pb
stören. Doppelfällungen sind im allgemeinen unvermeidlich. Falls Eisen(III) in
geringer Konzentration vorliegt, so treten keine Störungen auf. Sind jedoch größere
Mengen dieses Elements anwesend, so muß dieses vor der Fällung des Urans zum
zweiwertigen Oxydationszustand, z. B. mit schwefliger Säure, reduziert werden, damit es keine Störungen hervorruft.

Arbeitsvorschrift (nach *Rice*). Einen Überschuß von Mineralsäure neutralisiert
man in der Uranyllösung mit Ammoniak; es wird genügend Eisessig zugesetzt, bis
die Lösung 10 bis 20% an Essigsäure (v/v) enthält. Die Urankonzentration wähle
man kleiner als 50 mg/100 ml; die Lösung soll 1 g Ammoniumchlorid oder sein
Äquivalent an Ammoniumsulfat auf 100 ml enthalten. Wenn keine Neutralisation
mit Ammoniak nötig ist, gibt man Ammoniumsalz zu. 35 ml Arsensäure (80 g im
Liter) fügt man zu, kocht die Lösung auf, kühlt ab und filtriert. Ein Stehenlassen
über Nacht nach der Fällung schadet nicht. Den Niederschlag wäscht man mit verd.
Ammoniumchloridlösung. Wenn große Mengen Eisen(III)-Ion mit schwefliger Säure
reduziert werden, wird genügend Säure gebildet, um die vollständige Fällung des
Uranylammoniumarsenates zu verhindern. Dieser Zustand wird durch einen Ammoniumacetatpuffer vermieden; für je 250 ml Fällungslösung gibt man 5 ml einer
Lösung zu, die 20 g Ammoniumacetat je 150 ml enthält.

Nach der Fällung des Urans als Arsenat kann das letztere jodometrisch bestimmt
werden (*Gorjužina* und *Arčakova*). Viele störende Elemente werden mit ÄDTA, Titan
mit Wasserstoffperoxid und Zirkonium mit Tetrafluoroborsäure komplex in Lösung
gehalten.

Arbeitsvorschrift (nach *Gorjušina* und *Arčakova*). Zur schwach salzsauren Uran-
lösung fügt man die entsprechende Menge ÄDTA-Lösung (15%; m/v) und noch 2 bis
4 ml Überschuß zu. Titan ist gegebenenfalls mit 3 ml Perhydrol, Zirkonium mit
1 ml Tetrafluoroborsäure zu maskieren. Man versetzt mit 10 ml Natriumarsenatlösung
(20%; m/v) sowie 15 ml Essigsäure und bringt mit Ammoniumacetatlösung (50%;
m/v) gegen Kongopapier auf etwa pH = 3. Im Wasserbad ist die Lösung bis zum
Auftreten eines weißen feinkristallinen Niederschlages zu erwärmen; diesen filtriert
man nach Abkühlen ab und wäscht mit Ammoniumnitratlösung (1%; m/v). Den
Niederschlag löst man in 60 bis 70 ml Salzsäure (1 + 3) (etwa 3m), setzt 10 ml
Kaliumjodidlösung (30%; m/v) zu und titriert nach 30 Min. mit 0,025 n Thiosulfatlösung. 1 ml dieser Lösung entspricht 2,98 mg Uran. Der maximale *Fehler* beträgt
etwa ± 2%.

Literatur

Gorjušina, V. G., u. *Arčakova, T. A.*: Betriebslab. (russ.) **25**, 789 (1959); durch Fr. **176**, 290 (1960).
Kraft, J.: C. r. **206**, 57 (1938).
Rice, A. C.: A New Method for the Gravimetric Determination of Uranium. Dissertation, Colum-
bia University; New York 1928.

1.1.8 Fällung mit Hexammin-Kobalt(III)-salzen

Uranylion läßt sich als komplexes Carbonat-Anion (s. Abschnitt 1.1.1.3) mit
Hexammin-Kobalt(III)-nitrat ausfällen (*Nascutiu*). Die Zusammensetzung des
Niederschlages entspricht einem Doppelsalz der folgenden Formel:

$$[Co(NH_3)_6]_2\{[UO_2(CO_3)_3](NH_4)_4(H_2O)_3\}(NO_3)_6 \cdot 1,5\ NH_4NO_3$$

vom Molekulargewicht 1390,58. Diese Verbindung kann unmittelbar ausgewogen werden. Eine Störung wird durch jene Elemente bewirkt, die wie das Uran lösliche Carbonatkomplexe bilden. Analog läßt sich das Uran auch mit Hexammin-Kobalt(III)-chlorid ausfällen und kann anschließend durch photometrische Bestimmung des Kobalts indirekt bestimmt werden (*Ueno* und *Tsurumaki*).

Arbeitsvorschrift (nach *Nascutiu*). Zu einer kalten Lösung, die 5 bis 80 mg Uran (als Uranylnitrat oder -acetat) enthält, setzt man einen geringen Überschuß an Ammoniumcarbonat zu und rührt so lange, bis sich der entstandene Niederschlag wieder auflöst. Hierauf setzt man eine konz. Lösung des Reagenses $[Co(NH_3)_6](NO_3)_3$ tropfenweise zu, bis die Lösung eine orangerote Färbung annimmt, d. h. das Reagens im Überschuß vorhanden ist. Nach Ausbildung des Niederschlages läßt man die Lösung 10 Min. stehen und filtriert ihn dann in einen gewogenen Goochtiegel ab. Mit einer wäßrigen Lösung des Reagenses (0,2%; m/v) sowie mit Äthanol (87 + 13), schließlich mit 3 bis 4 ml Äthanol (96%; v/v) und 6 bis 8 ml Äther wäscht man nach. Den Niederschlag trocknet man im Vakuum und wägt ihn. Die Umrechnung auf Uran erfolgt mit dem Analysenfaktor 0,1712.

Bemerkungen. I. Das Reagens wird durch Auflösen von 2 g Hexammin-Kobalt(III)-nitrat in 100 ml Wasser, Erhitzen, Auskühlenlassen und Filtrieren *hergestellt.*

II. Diese Fällungsmethode wurde von *Vinogradov* und *Apirina* zur Bestimmung von 1 bis 90% Uran in Erzen, Zwischenprodukten und Legierungen herangezogen. Es konnte gezeigt werden, daß bis zu 50 mg Molybdän und bis zu 20 mg Wolfram die Bestimmung von 10 mg Uran nicht stören. Vanadium(V) soll man durch Erhitzen mit ÄDTA oder durch Zugabe einer geringen Menge Eisen(II)-ammoniumsulfat zur vierwertigen Oxydationsstufe reduzieren. Fluorid-Ionen stören nicht, wenn ein *Überschuß* an Carbonat- und Nitrat-Ionen anwesend ist. Diese Methode ist auch besonders geeignet zur Bestimmung des Urans in Uran(IV)-fluorid, da vor der Fällung die Fluorid-Ionen nicht abgetrennt werden müssen. Fernerhin kann sie auch mit gutem Erfolg zur Analyse von Uranlegierungen, die Aluminium, Zirkonium und Molybdän enthalten, verwendet werden.

Literatur

Nascutiu, T.: Comun. acad. rep. populare Romine **7**, 51 (1957); durch Chem. Abstr. **1958**, 7026.
Ueno, K., u. *Tsurumaki, I.:* J. Atomic Energy Soc. Japan **3**, 598 (1961).
Vinogradov, A. V., u. *Apirina, R. M.:* Zhur. Anal. Khim. (russ.) **17**, 222 (1962).

1.1.9 Fällung mit Kaliumhexacyanoferrat(II)

Die sehr bekannte Reaktion der Uranylsalze mit Kaliumhexacyanoferrat(II) (*Porlezza*), wobei ein tiefrotbrauner Niederschlag oder eine Suspension gebildet wird, wird nicht oft zur quantitativen Abscheidung des Urans benützt. Dies ist darauf zurückzuführen, daß eine große Anzahl anderer Elemente auch mit diesem Reagens ausfällt, so daß die Uranabtrennung nur von geringer Selektivität ist. Die Zusammensetzung des Niederschlags hängt von der Menge an zugesetztem Kaliumhexacyanoferrat(II) sowie von den Fällungsbedingungen (pH, Temperatur) ab. Um quantitativ gefällt zu werden, muß der Niederschlag in neutralen oder schwach sauren Lösungen erzeugt werden; das entstehende Material ist fein und schwer waschbar.

Die optimalen Fällungsbedingungen sind nach *Sochevanov, Shmakova* und *Volkova* dann gegeben, wenn der pH-Wert der Lösung zwischen 2 und 4 liegt, die Temperatur zwischen 50 bis 60 °C beträgt und die Fällung in Gegenwart von 1 m Kaliumnitrat erfolgt. Unter diesen Bedingungen hat der Niederschlag eine Zusammensetzung, die der Formel

$$[K_4(UO_2)_4][Fe(CN)_6]_3$$

entspricht. [Wenn stöchiometrische Verhältnisse von Uran und einem Hexacyanoferrat(II) vorliegen, hat der Niederschlag die Zusammensetzung $(UO_2)_2[Fe(CN)_6]$; wenn aber ein Überschuß des Reagenses zugegeben wird, wird etwas $UO_2K_2[Fe(CN)_6]$ gebildet.] Der Niederschlag wird abfiltriert und mit einer verdünnten Lösung des Fällungsreagenses gewaschen.

Mit dem Uran zusammen fallen quantitativ die Ionen des Fe, Mn, Zn, Cu und vieler anderer Schwermetalle. Es besteht die Möglichkeit, Spuren an Uran mit Kupferhexacyanoferrat(II) mitzufällen, wenn die Fällung aus sauren Lösungen von pH = 0,7 bis 1,0, die 1 bis 2% Ammoniumnitrat enthalten, ausgeführt wird.

Auch die Erdalkalimetall-Ionen und viele Ionen der anderen leichten Elemente werden teilweise oder vollständig zusammen mit dem Uran ausgefällt. Carbonate verhindern die vollständige Fällung des Urans. Eine der wenigen Trennungen, die mit Kaliumhexacyanoferrat(II) durchgeführt werden kann, ist diejenige des Berylliums (*Schoeller* und *Webb*) oder von Phosphaten und Arsenaten (*Fresenius* und *Hintz*).

Arbeitsvorschrift (nach *Schoeller* und *Webb*). Den pH-Wert der Lösung stellt man mit Hilfe von Ammoniak und Essigsäure zwischen 3 und 6 ein. Die Urankonzentration soll geringer als 1 mg/ml sein. 2 g Ammoniumchlorid werden zugegeben, die Lösung erwärmt und 0,3 g Kaliumhexacyanoferrat(II), gelöst in etwas Wasser, eingerührt. Den schleimigen Niederschlag filtriert man mit Hilfe von Filterschleim ab und wäscht mit Kaliumhexacyanoferrat(II)-lösung. Durch Behandeln des vom Filter herunter gespritzten Niederschlages mit carbonatfreier Natronlauge (Öllauge) erhält man schwerlösliches Natriumdiuranat $(Na_2U_2O_7)$ sowie leichtlösliches Natriumkaliumhexacyanoferrat(II), das durch Abfiltrieren und Auswaschen des erstgenannten rasch beseitigt wird. Das geglühte Natriumdiuranat wird mit Hilfe des Analysenfaktors: $\dfrac{2\,U}{Na_2U_2O_7} = 0{,}7508$ auf Uran umgerechnet.

Literatur

Fresenius, R., u. *Hintz, E.:* Fr. **34**, 437 (1895).
Porlezza, C.: Ann. Chim. applic. **13**, 48 (1923).
Schoeller, W. R., u. *Webb, H. W.:* Analyst **61**, 235 (1936). — *Sochevanov, Shmakova, I. V.,* u. *Volkova, G. A.:* Zhur. Neorg. Khim. (russ.) **2**, 2047 (1957).

1.1.10 Reagenzien geringerer Bedeutung

1.1.10.1 Fällung mit Alkalilaugen

Zur gravimetrischen Bestimmung des Urans wird dessen Fällung als Alkalidiuranat mittels Alkalihydroxidlösungen nur sehr selten verwendet. Die anfänglich gebildeten Niederschläge sind basische Salze wechselnder Zusammensetzung, die sehr von der Menge an zugesetztem Alkalihydroxid abhängt (*Britton* und *Young*; *Harris*). Wird die Alkalihydroxidkonzentration weiter erhöht, so werden die Niederschläge in Uranylhydroxid umgewandelt und schließlich bilden sich bei noch höherer Basizität die schwerlöslichen Diuranate der entsprechenden Alkalimetalle. Die Niederschläge, die durch starke Alkalilaugen gefällt werden, sind nicht leicht filtrierbar (*Bornträger*). Mittels dieser Methode kann das Uran in Anwesenheit von Phosphaten (z. B. in Uranylphosphat) bestimmt werden. In diesem Fall soll die Natriumhydroxidkonzentration nicht geringer als 9n sein (*Andrews, Lord* und *Gates, jr.*).

Der Niederschlag wird durch Centrifugieren abgetrennt, mit Wasser gewaschen, getrocknet, geglüht und das Uran als Natriumdiuranat ($Na_2U_2O_7$) ausgewogen. In Gegenwart von Elementen, die schwerlösliche Hydroxide bilden, versagt die Methode. Selbst wenn solche Metall-Ionen abwesend sind, werden oft etwas höhere Resultate erhalten (*Britton* und *Young*), was darauf zurückzuführen ist, daß sich bei der Fällung eine Mischung von Uranaten bildet, die einen wechselnden Natriumgehalt aufweisen, der im Durchschnitt etwas höher ist, als der Formel für das Natriumdiuranat entspricht (*Paramonova* und *Morachevskaya*).

Kombiniert man die Fällungsmethode für Uran mit Natriumhydroxid mit der im Abschnitt 1.1.1.3 beschriebenen Carbonatmethode, so läßt sich das Uran von relativ vielen Metall-Ionen und auch von Phosphorsäure und Vanadium trennen. Zu diesem Zweck wird die Lösung mit Natriumhydroxid auf pH von 6,5 bis 7 eingestellt und dann der pH-Wert durch Zusatz von Natriumcarbonat auf 10 erhöht. Unter diesen Bedingungen fallen viele Elemente als Hydroxide oder Carbonate aus, wie z. B. Fe, Mn, Al, Pb und Ca, während Uran als löslicher Carbonatkomplex in Lösung bleibt. Setzt man dieser Lösung Natriumhydroxid zu, so fällt Uran vollständig als Natriumdiuranat aus.

Literatur

Andrews, L. J., Lord, E. J., u. *Gates jr., J. W.:* Report CD-497, Januar 1945.
Bornträger, H.: Fr. **37**, 436 (1898). – *Britton, H. T. S.,* u. *Young, A. E.:* Soc. **1932**, 2467.
Harris, W. E.: Dissertation, Minnesota 1944.
Paramonova, V. I., u. *Morachevskaya, M. D.:* Zhur. Neorg. Khim. **2**, 1194 (1957).

1.1.10.2 Fällung als Uranylvanadat

Werden Ammoniumvanadat und Ammoniumacetat zu einer Lösung eines Uranylsalzes zugesetzt, bis die in Lösung anwesende Mineralsäure neutralisiert ist, fällt das Uran quantitativ als Uranylammoniumvanadat aus (*Morachevskii, Belyaeva* und *Ivanova*). Die Löslichkeit dieser Verbindung ist sehr gering; sie beträgt $1,7 \cdot 10^{-13}$ mol Uran/Liter bei 18 °C. Nach dem Verglühen weist der Rückstand die Zusammensetzung $V_2O_5 \cdot 2\,UO_3$ auf (*Blair*).

Diese Uranabscheidung als Uranammoniumvanadat eignet sich zur Abtrennung des Urans aus vanadiumreichen Erzen, da eine vorangehende Abtrennung des Vanadiums nicht nötig ist. Es wurde auch vorgeschlagen, das Uran als Calciumuranvanadat aus einer essigsauren Lösung mit Calciumvanadat als Reagens auszufällen (*Palei*). Das Uran kann vom Vanadium durch Fällung als Uranylphosphat getrennt werden (s. Abschnitt 1.1.2.2.1).

Literatur

Blair, A. A.: Pr. Am. phil. Soc. **52**, 201 (1913).
Morachevskii, Yu. V., Belyaeva, A. I., u. *Ivanova, L. I.:* Zhur. Anal. Khim. **13**, 570 (1958).
Palei, P. N.: Proceedings Internat. Conf. Peaceful Uses of Atomic Energy, Geneva 1955, Vol. **8** (1966).

1.1.10.3 Fällung mit Quecksilber(II)-oxid, unlöslichen Carbonaten, Alkalicyaniden und seleniger Säure

I. *Quecksilber(II)-oxid.* Uran kann quantitativ aus Uranylsalzlösungen durch Zugabe einer Suspension von Quecksilber(II)-oxid gefällt werden (*Alibegoff*). In Anwesenheit sauerstoffhaltiger Säuren ist die Fällung unvollständig. Damit Uran quantitativ ausfällt, muß die Lösung Ammoniumchlorid enthalten. Die Chlorid-Ionen binden die bei der Reaktion gebildeten Quecksilber(II)-Ionen und rufen so eine Beschleunigung der Fällung hervor. Diese wird in einer siedenden Lösung ausgeführt; wahrscheinlich bilden sich dabei unlösliches Ammoniumdiuranat und das lösliche, schwach dissoziierte Quecksilber(II)-chlorid bzw. Tetrachloromercurat. Der Niederschlag wird mit siedender Ammoniumchloridlösung gewaschen, verglüht und das Uran als U_3O_8 ausgewogen. Mittels dieses Verfahrens ist es möglich, das Uran(VI) in Gegenwart der Alkali- und Erdalkalimetalle zu bestimmen.

II. *Unlösliche Carbonate.* Die Zugabe einer Suspension von basischem Zink-carbonat zu einer Uranylnitratlösung bewirkt eine quantitative Fällung des Urans. Die Reaktion wird durch Kochen der Lösung beschleunigt. Fe, Al, Th und andere Metalle fallen zusammen mit dem Uran aus (*Kohn*).

In Abwesenheit von Ammoniumsalzen fällt eine Suspension von Bariumcarbonat aus einer Uranylnitratlösung das Uran als Doppelcarbonat $Ba_2UO_2(CO_3)_3 \cdot 6\,H_2O$ (*Hedvall*).

Die Fällung und Abtrennung des Urans mittels dieser unlöslichen Carbonate weist gegenüber der Fällung mit Ammoniak (s. Abschnitt 1.1.1.1) oder anderen Alkalimetallen keinerlei Vorteile auf.

III. *Alkalicyanide.* Aus Uranyllösungen fällen Alkalicyanide einen gelben Niederschlag, der möglicherweise Uransäure ist (*Haidlen* und *Fresenius*).

IV. *Selenige Säure.* Uran(IV)-Ionen werden in salzsaurer Lösung durch selenige Säure zur sechswertigen Oxydationsstufe oxydiert, wobei durch Reduktion der selenigen Säure elementares Selen gebildet wird (*Deshmukh* und *Joshi*). Dieses Selen wird gewogen und die Menge an anwesendem Uran berechnet. Bei dieser indirekten Bestimmungsmethode übersteigt der Fehler in Anwesenheit von etwa 25 mg Uran(IV) nicht 3%. Bei 400 mg Uran ist er nur 0,2%.

Als Fällungsreagens wurde auch Selenigsäureanhydrid vorgeschlagen (*Agarwal* und *Ghosh*).

Literatur

Agarwal, R. P., u. *Ghosh, S. K.:* Chim. Anal. (Paris) **48**, 555 (1966). – *Alibegoff, G.:* A. **233**, 143 (1886).

Deshmukh, G. S., u. *Joshi, M. K.:* B. **88**, 186 (1955).

Haidlen, J., u. *Fresenius, R.:* A. **43**, 135 (1842). – *Hedvall, J. A.:* Z. anorg. Ch. **146**, 225 (1925).

Kohn, M.: Z. anorg. Ch. **50**, 315 (1906).

1.2 Bestimmung und Trennung mit organischen Reagenzien

1.2.1 8-Hydroxychinolin (Oxin)

1.2.1.1 Bestimmung mit Oxin

Uran(VI)-Ionen (Uranyl-Ionen) werden durch 8-Hydroxychinolin (Oxin) aus schwach sauren, neutralen und schwach basischen Lösungen gefällt. Über die optimale Wasserstoff-Ionenkonzentration der Lösung, aus der Uran mit Oxin quantitativ gefällt werden kann, werden in der Literatur widersprechende Angaben gemacht. Zum Beispiel soll nach *Fleck* die Fällung im pH-Bereich von 5,7 bis 9,8 quantitativ sein, während *Gotô* den pH-Bereich mit 4,1 bis 8,8 angibt. Aus Untersuchungen von *Claassen* und *Visser* geht hervor, daß die Fällung im pH-Bereich von 5,0 bis 9,0 vollständig ist.

Uranyloxinat fällt auch aus homogener Lösung aus, wobei das Oxin durch Hydrolyse von 8-Acetylchinolin gebildet wird (*Bordner, Salesin* und *Gordon*). Ein leicht filtrierbarer, kristalliner Niederschlag von Uranyloxinat wird auch innerhalb von

3 Std. erhalten, wenn die Fällung bei 70 bis 75 °C aus einer Uranylacetatlösung vom pH-Wert 5,9, die zu 3 Volumteilen aus Wasser und zu 2 Volumteilen aus Aceton besteht, erfolgt (*Howick* und *Rihs*).

Als Fällungsreagens werden oft essigsaure Oxinlösungen verwendet (*Hecht* und *Reich-Rohrwig*; *Claassen* und *Visser*). Äthanolische und auch acetonische Oxinlösungen können die Löslichkeit der Uranyloxinat-Verbindung erhöhen (*Hecht* und *Reich-Rohrwig*). Dennoch wurde eine äthanolische Oxinlösung (4%; m/v) erfolgreich zur Ausfällung des Urans benützt (*Sen Sarma* und *Mallik*) und das Uran auch aus stark acetonhaltiger, wäßriger Lösung gefällt (*Howick* und *Rihs*).

Ist das Reagens nicht im Überschuß anwesend, so kommt dem Niederschlag die Zusammensetzung $UO_2(C_9H_6NO)_2$ zu. Erfolgt dagegen die Fällung unter Anwendung eines Überschusses an Oxin, so entsteht eine Verbindung, die drei Moleküle Oxin an einen Uranylrest gebunden enthält, abweichend von der Zusammensetzung der meisten anderen Metalloxinat-Verbindungen, die auf ein Äquivalent des Metalles ein Mol Oxinrest enthalten. Die Uranylverbindung enthält demnach ein drittes Molekül Oxin über die äquivalente Zusammensetzung hinaus, anscheinend koordinativ gebunden. Der Uranyloxinat-Verbindung wird demnach folgende Formel zugeschrieben:

$$UO_2(C_9H_6NO)_2 \cdot C_9H_7NO$$

(enthält theoretisch 33,84% Uran).[1] Sie ist eine je nach Größe der Kristalle mehr oder weniger tiefrote Substanz, enthält kein Kristallwasser, ist nicht hygroskopisch und weist große Beständigkeit selbst bei höheren Temperaturen auf.

Das aus homogener Lösung gefällte Uranyloxinat enthält ebenfalls 3 Moleküle Oxin, wenn die Fällung bei pH = 5 ausgeführt wird (*Bordner*, *Salesin* und *Gordon*). Wird jedoch bei pH = 6,8 gefällt, so soll dem Niederschlag die Zusammensetzung:

$$[(UO_2(C_9H_6NO)_2]_2 \cdot C_9H_7NO$$

zukommen.

Als Waschflüssigkeiten für das gefällte Uranyloxinat wurden empfohlen:

I. kaltes Wasser (*Bordner*, *Salesin* und *Gordon*);

II. heißes Wasser (*Hecht* und *Reich-Rohrwig*). Wie von *Claassen* und *Visser* gezeigt wurde, treten dabei jedoch negative Fehler von 0,2 bis 2,5 mg Uran auf, wenn 60 bis 300 mg Uran bestimmt werden;

III. heiße wäßrige Oxinlösung (0,04%; m/v) (*Claassen* und *Visser*). Diese Waschflüssigkeit soll die unter Verwendung von II. auftretenden Fehler vermeiden.

Die Bestimmung des Urans im Uranyloxinat kann in gleicher Weise wie bei anderen Metalloxinaten auf dreierlei Art erfolgen:

a) Durch Wägung des getrockneten Niederschlages. In Beziehung auf die Trocknungstemperatur des Niederschlages geben *Hecht* und *Reich-Rohrwig* an, daß das Uranyloxinat bis zur Temperatur von 170°C praktisch gewichtskonstant bleibt, und empfehlen eine Trocknungstemperatur von 105 bis 110 °C. *Claassen* und *Visser* (a) konnten feststellen, daß bis zu einer Temperatur von 150 °C das Gewicht innerhalb von 0,1% konstant bleibt, während bei höheren Temperaturen, besonders über 180 °C, die Verbindung langsam zerfällt. (Sie trocknen daher den Uranyloxinatniederschlag 2 Std. bei 110 bis 140 °C). Nach *Fleck* wird bei 200 °C ein Molekül Oxin abgespalten. Thermogravimetrische Untersuchungen (*Duval*) zeigten, daß der Niederschlag zwischen 157 bis 252 °C ein Molekül Oxin verliert, wobei die Verbindung $UO_2(C_9H_6NO)_2$ entsteht, die von 252 bis 346 °C stabil ist (eine andere Wägungsform).

---

[1] Kürzlich wurden Beweise vorgebracht, daß in dieser Verbindung das Verhältnis Oxin: Uran etwas kleiner ist als 3:1. Für die Abweichung von der Stöchiometrie ist vermutlich die Konkurrenz zwischen Oxin und anderen Liganden wie z. B. Wasser oder Ammoniak verantwortlich (*Corsini* und *Abraham*).

Claassen und *Visser* (a) empfehlen jedoch, das Uran nicht in Form dieser oxinärmeren Verbindung auszuwägen, da die zur Erhitzung bei etwa 200 °C nötige Zeit sehr von der Uranmenge (4 bis 5 Std. für 100 mg Uran, 7 bis 8 Std. für 160 mg Uran) abhängt. Ein längeres Erhitzen als notwendig führt zu merkbarer Zersetzung der Substanz. Nach Angaben von *Howick* und *Rihs* wird der nach Fällung des Urans aus gemischt-wäßrig organischen Systemen erhaltene Niederschlag an Uranyloxinat mindestens 4 Std. bei 135 °C getrocknet und dann als die Trioxinverbindung ausgewogen.

b) Durch Verglühen des Uranyloxinats und Wägen des geglühten Oxids U_3O_8. In Übereinstimmung mit *Hecht* und *Reich-Rohrwig* sowie *Kroupa* fanden *Claassen* und *Visser*, daß man das Uranyloxinat ohne weitere Vorsichtsmaßnahmen zu U_3O_8 verglühen kann. Die Zugabe von wasserfreier, sublimierter Oxalsäure, die notwendig ist, um bei den meisten Metalloxinaten einen Verlust durch Sublimation zu vermeiden, kann hier unterlassen werden. Die Veraschung zu U_3O_8 kann in einem elektrischen Ofen durch Erhitzen auf zuerst 1000 °C, dann durch Senkung der Temperatur auf 700 °C 1 Std. vorgenommen werden (*Biltz* und *Müller*). Dabei werden Ergebnisse erhalten, die bis zu 400 mg innerhalb von 0,1 % genau sind [*Claassen* und *Visser* (a)].

c) Durch bromometrische Bestimmung des Oxingehaltes (woraus der Gehalt an Uran errechnet werden kann) (*Berg*). Zu diesem Zweck wird der Niederschlag in 2n Salzsäure gelöst und mit 0,05 bis 0,20n Kaliumbromat-Kaliumbromidlösung in der üblichen Weise titriert [s. Kapitel 2 (Titrimetrie), Abschnitt 4.2.2.3]. 1 ml der 0,1n Kaliumbromatlösung entspricht 1,984 mg Uran (*Claassen* und *Visser*; *Hecht* und *Reich-Rohrwig*).

Im Gegensatz zu den Angaben von *Hecht* und *Reich-Rohrwig* sowie *Berg*, daß Tartrat-Ionen eine quantitative Ausfällung des Uranoxinats verhindern, konnte festgestellt werden (*Claassen* und *Visser*), daß die *Genauigkeit* selbst bei Anwesenheit von mehreren Gramm Weinsäure nicht verringert wird. Wird die Fällung in alkalischer Lösung vorgenommen, so treten keine Störungen durch die Anwesenheit mäßiger Mengen an Tartraten und Phosphaten auf. Ebensowenig stören geringe Mengen an Fluoriden, Oxalaten, Laktaten und Hydroxylamin (*Berg*; *Cottelain*). Wird jedoch die Fällung aus Natriumhydroxidlösungen bei einem pH-Wert über 11 ausgeführt, so wird einiges an Natrium-Ion vom Niederschlag festgehalten (*Bullwinkel* und *Noble*). Dies dürfte darauf zurückzuführen sein, daß das Oxin im Niederschlag eine stärkere, einbasige Säure als freies Oxin ist, so daß in alkalischen Lösungen eine bestimmte Menge des Niederschlags in Form des Natriumsalzes der Formel

$$NaUO_2(C_9H_6NO)_3$$

vorliegt (*Bullwinkel* und *Noble*).

Zusammen mit Uran(VI) fallen aus schwach saurer, neutraler oder schwach alkalischer Lösung viele Metall-Ionen teilweise oder quantitativ als Oxinate aus und können daher durch die einfache Oxinatfällung, wie sie in den folgenden Arbeitsvorschriften beschrieben wird, nicht vom Uran getrennt werden. Zu diesen Elementen gehören u. a.: Al, Th, Cu, Zn, Mg, Fe, Bi, Cd, V, Ag, Hg, Pb, Sb, Ti, Zr, Ta, Nb, Mn, Ni und Co. Dieselben Ionen mit Ausnahme von Sn, Al, Be und der Erdalkalimetall-Ionen werden auch mit Oxin aus Natriumhydroxid-Lösungen gefällt. Auch Uran(IV) wird durch Oxin praktisch vollständig gefällt.

Arbeitsvorschrift nach *Hecht und Reich-Rohrwig.* Am günstigsten wird man in Siedehitze durch tropfenweisen Zusatz einer überschüssigen Oxinacetatlösung (2 % Oxin; m/v und 3 % Essigsäure; v/v) fällen; nach Auftreten der ersten, beim Umrühren beständigen Trübung erwärmt man einige Minuten ohne weiteren Oxinzusatz, bis tief dunkelrote, schwere Kristalle sich abgeschieden haben, und dann erst wird die tropfenweise Fällung fortgesetzt; wenn bei neuerlicher Zugabe von Oxin keine Vermehrung der Niederschlagsmenge auftritt, setzt man das restliche überschüssige Oxin in dünnem Strahl zu. Schwach mineralsaure Lösungen von Uranylsalzen stumpfe man mit Ammoniumacetat (etwa 5 g) ab [Natriumacetat ergibt mit Uranylsalzen das in essigsaurer Lösung schwer lösliche Natriumuranylacetat (s. Abschnitt 1.2.8.1.5), das sich nur langsam in Uranyloxinat umwandelt und deshalb Fehler bei der Wägung bedingt]. Das in der Hitze gefällte Uranyloxinat läßt man noch einige Zeit auf dem Wasserbad stehen und filtriert es erst nach dem Erkalten ab. Als Waschflüssigkeit wird am besten heißes Wasser bis zur vollständigen Entfernung des Oxins [Nachweis des Oxins im Filtrat mit Eisen(III)-chlorid] und nachher noch mehrmals kaltes Wasser verwendet; Auswaschen mit 0,12%iger Essigsäure (v/v) ist nicht zulässig, da diese, wenn kein überschüssiges Oxin im Niederschlag mehr vorhanden, stark lösende Wirkung aufweist. Den Niederschlag trocknet man am besten bei 105 bis 110 °C. Faktor zur Berechnung des Urangehaltes: 0,3384.

Arbeitsvorschrift nach *Claassen* und *Visser*. Die Uranyllösung wird durch Zugabe von verd. Ammoniak neutralisiert, bis eine schwache Trübung bestehen bleibt; diese bringt man durch Zugabe einiger Tropfen 2n Salzsäure zum Verschwinden. (Bleibt die Lösung bei Zugabe von Ammoniak z. B. bei Anwesenheit von Tartraten klar, so wird mittels eines Indikators die Neutralisation auf einen pH-Wert von etwa 6 ausgeführt.) Hierauf gibt man 20 bis 25 ml Ammoniumacetatlösung [(20%; m/v) (das pH dieser Lösung sollte 6,5 betragen, wenn diese 1:5 verdünnt ist; ist das pH geringer, so ist die Möglichkeit gegeben, daß nach der Fällung ein pH unter 5,0 erreicht wird)] zu und erhitzt die Lösung zum Sieden; Volumen: zwischen 100 (für geringe Uranmengen) und 200 ml. Das Uran wird durch Zugabe einer essigsauren Oxinlösung (4%; m/v) tropfenweise unter ständigem Rühren gefällt; man setze für 10 mg Uran 0,5 ml und insgesamt einen 4 bis 5 ml betragenden Überschuß zu (dies ergibt einen Überschuß von 150 bis 200 mg Oxin, der zur quantitativen Fällung ausreicht und beim Abkühlen auf 30 bis 40 °C nicht auskristallisiert). Nach Auftreten eines beständigen Niederschlages wird die Lösung so lange gerührt, bis er kristallin wird. Hierauf setzt man die Restmenge des Reagenses tropfenweise, anschließend dasselbe Volumen einer 1n-Ammoniaklösung (dabei werden $^2/_3$ der mit der Reagenslösung zugegebenen Essigsäuremenge neutralisiert, wodurch vermieden wird, daß der pH-Wert kleiner als 5,0 wird; nach diesem Verfahren wird ein pH zwischen 5,2 und 5,8 erhalten) tropfenweise unter ständigem Umrühren zu und kocht die Lösung 1 bis 2 Min. Man läßt die Lösung dann auf eine Temperatur von etwa 40 °C abkühlen (direkte Filtration des Niederschlages aus der heißen Lösung ergibt zu niedrige Ergebnisse). Sind nur geringe Uranmengen vorhanden (weniger als 10 mg), stellt man die Lösung auf ein heißes Wasserbad, bis die überstehende Lösung vollständig klar ist; dann wird erst auf 40 °C abgekühlt. Den Niederschlag filtriert man in einen Glassintertiegel (Jena G 4) ab und wäscht mit 50 bis 150 ml heißer, wäßriger Oxinlösung (0,04%; m/v). Nach anfänglichem Trocknen mit der Wasserstrahlpumpe trocknet man den Niederschlag 1 bis 2 Std. bei 110 bis 140 °C und wägt dann das Oxinat aus.

Bemerkung. Diese beiden angegebenen Arbeitsweisen gestatten eine Fällung des Urans aus *schwach saurer* Lösung; doch läßt sich, wie schon eingangs erwähnt wurde, auch aus basischer Lösung das Oxinat quantitativ ausfällen. Zu diesem Zweck kann die folgende

Arbeitsvorschrift (*Grove, Trollmann* und *Lerner*) verwendet werden. Die Uranylsalzlösung wird mit Ammoniak nahezu vollständig neutralisiert; den sich bildenden Niederschlag löst man mit wenigen Tropfen verd. Schwefelsäure wieder auf. 10 g Ammoniumchlorid, -nitrat oder -sulfat setzt man der kalten Lösung zu. Dann wird die Oxinlösung zugegeben. Man fügt so lange 6n Ammoniak zu, bis die Lösung gerade basisch ist. Dann gibt man 20 ml kieselsäurefreies Ammoniak zu und digeriert die Mischung 0,5 Std. bei 60 bis 65 °C. Wenn die überstehende Flüssigkeit nach 15 Min. langem Stehen trübe erscheint, muß man noch mehr Ammoniumsalz zugeben. Man filtriere heiß und wasche den Niederschlag wie oben erwähnt.

1.2.1.2 Trennung mit Oxin

Wie bereits im Abschnitt 1.2.1.1 erwähnt wurde, ist die einfache Oxinfällung des Urans aus schwach essigsaurer, neutraler oder schwach alkalischer Lösung nur von sehr geringer Selektivität, da viele andere Metall-Ionen zusammen mit dem Uran als Oxinate ausfallen, so daß eine Trennung des Urans nur von wenigen Elementen durchgeführt werden kann. Die Selektivität der Oxinatmethode kann jedoch beträchtlich gesteigert werden, wenn man die Fällung in Gegenwart von ÄDTA als Maskierungsmittel ausführt (*Sen Sarma* und *Mallik*). Diese Aminopolyessigsäure, als Dinatriumsalz angewendet, bildet im pH-Bereich von 5 bis 9 mit Uran keinen Komplex, so daß dieses als Oxinat ausfällt, während viele andere Elemente als ÄDTA-Komplexe in Lösung gehalten werden. Zu ihnen gehören u. a. Th, die seltenen Erdmetalle, Zr, Fe^{3+}, Al, Cu, Co, Ni, Zn, Cd, Bi und Mn. Ferner werden auch V, Mo, W und Phosphorsäure in Lösung gehalten, falls die Fällung des Uranyloxinats aus einer ammoniakalischen Lösung von pH $\cong$ 8,4 ausgeführt wird.

Nach dieser von *Sen Sarma* und *Mallik* beschriebenen ÄDTA-Oxinmethode wird folgende Arbeitstechnik zur Trennung des Urans von Th, den seltenen Erdmetallen, Fe^{3+}, Al, Cu, Cd, Zn, Pd, Bi, Mn, Co und Ni empfohlen.

Arbeitsvorschrift. Eine gemessene Menge der die störenden Elemente enthaltenden Uranyllösung neutralisiere man mit Ammoniaklösung mit Methylrot-Indikator nach Zugabe einer gemessenen Menge ÄDTA-Lösung (10%; m/v) bis zum Auftreten der gelben Farbe des Indikators. Hierauf setze man 1,1 ml Essigsäure (1 + 1) (etwa 51%ig) und 25 ml Ammoniumacetatlösung (20%; m/v) zu, wodurch der pH-Wert von 5,3 erreicht wird. Die Lösung wird auf 150 bis 175 ml verdünnt, auf etwa 70 °C erwärmt und mit 5 ml äthanolischer Oxinlösung (4%; m/v) unter ständigem Rühren tropfenweise versetzt (6mal mehr, als dem Uran entspricht). Den Niederschlag läßt man einige Minuten bei 30 °C auf dem Wasserbad stehen. Während dieser Zeit wird gelegentlich umgerührt, anschließend vom Wasserbad entfernt und auf Zimmertemperatur abgekühlt. Den Niederschlag filtriert man in einen Glassintertiegel (Nr. 3) ab, wäscht gründlichst mit warmer Oxinlösung (0,01%; m/v), trocknet bei 110 °C 1 Std. und wägt.

Bemerkungen. I. Sehr *ähnliche* Methoden wurden auch zur Trennung des Urans von Zirkonium, Phosphorsäure, Molybdän, Vanadium und Wolfram benützt (*Sen Sarma* und *Mallik*). Ein Verfahren zur selektiven Fällung von Uran und Molybdän mit Oxin wurde von *Storms* beschrieben. Die Fällung wird ebenfalls in Anwesenheit von ÄDTA ausgeführt. Das Uran wird aus ammoniakalischer Lösung, die Molybdän enthält, gefällt. Molybdän wird im Filtrat ausgefällt, nachdem der pH-Wert der Lösung nach Zugabe von Ammoniumacetat mit Essigsäure eingestellt worden ist. Dieses Verfahren erwies sich als geeignet zur Bestimmung von Uran und Molybdän in Lösungen, die bei der Hydrolyse der Hexafluoride dieser beiden Elemente auftreten.

II. Auch die Fällung des Urans mit Oxin aus *gemischten* Lösungsmitteln (wäßrigem Aceton) soll sich zur Trennung von 20 bis 30 mg Uran von 25 bis 250 mg Magnesium oder von 25 mg Thorium und 10 mg Blei in Gegenwart eines Überschusses an ÄDTA eignen (*Howick* und *Rihs*).

III. Zur Bestimmung von *Zink* in Anwesenheit von Uran werden von *Wiggins* und *Wood* zwei Methoden angegeben, wobei durch Zusatz von Komplexbildnern entweder Zink oder Uran an der Ausfällung durch Oxin gehindert wird. Die Autoren verwendeten dazu Natriumkaliumtartrat (zur Maskierung des Zinks) bzw. Äpfelsäure (zur komplexen Bindung des Urans).

IV. Eine Trennung des Urans von *Calcium*, *Magnesium* und *Blei* kann erzielt werden, wenn das Uran mit Oxin aus homogener Lösung gefällt wird (*Bordner*, *Salesin* und *Gordon*).

Literatur

Berg, R.: J. pr. **115**, 178 (1927); Fr. **70**, 341 (1927); **71**, 23 (1927); Pharm. Z. **71**, 1542 (1926); „Die Chemische Analyse", Bd. 34: Die analytische Verwendung von o-Oxychinolin und seiner Derivate. 2. Aufl. Stuttgart 1938. – *Biltz, W.,* u. *Müller, H.:* Z. anorg. Ch. **163**, 272 (1927). – *Bordner, J., Salesin, E. D.,* u. *Gordon, L.:* Talanta **8**, 579 (1961). – *Bullwinkel, E. P.,* u. *Noble, P.:* Am. Soc. **80**, 2955 (1958).

Claassen, A., u. *Visser, J.:* (a) R. **65**, 211 (1946); (b) **60**, 231 (1941). – *Corsini, A.,* u. *Abraham, J.:* Talanta **15**, 562 (1968). – *Cottelain, E.:* Ann. pharmac. franç. **11**, 484 (1930).

Duval, C.: Anal. chim. Acta **3**, 335 (1949).

Fleck, H. R.: Analyst **62**, 378 (1937).

Gotô, H.: J. chem. Soc. Japan **54**, 725 (1936); Sci. Rep. Res. Inst. Tôhoku Univ. **26**, 391 (1937). – *Grove, J. H., Trollmann, E. J.,* u. *Lerner, R. S.:* Report RL-4, 8, 45, 29. März 1945.

Hecht, F., u. *Reich-Rohrwig, W.:* M. **53/54**, 596 (1929). – *Howick, L. C.,* u. *Rihs, T.:* Talanta **11**, 667 (1964).

Kroupa, E.: Mikrochim. A. **3**, 306 (1938).

Sen Sarma, R. N., u. *Mallik, A. K.:* Anal. chim. Acta **12**, 329 (1955); Fr. **148**, 179 (1955/56). – *Storms, L. E.:* U.S. Atomic Energy Comm., Rep. GAT-285; Juli (1959).

Wiggins, W. R., u. *Wood, C. E.:* J. Soc. chem. Ind. **53**, 254 T (1954); durch Chem. Abstr. **1934**, 6388.

1.2.2 Nitrosophenylhydroxylamin (Cupferron) und Benzoylphenylhydroxylamin

1.2.2.1 Uran(IV)-Fällung mit Cupferron

In salz- oder schwefelsauren Lösungen reagiert Cupferron (Ammoniumsalz des Nitrosophenylhydroxylamins) mit Uran(IV)-Ionen unter Bildung eines schwerlöslichen Niederschlages der Formel: $U(C_6H_5N_2O_2)_4$; unter diesen Aciditätsbedingungen wird Uran(VI) nicht gefällt (*Auger; Holladay* und *Cunningham*). Die Fällung wird in Gegenwart von Reduktionsmitteln wie Hydroxylamin (*Furman, Mason* und *Pekola*), Natriumdithionit (*Elinson* und *Oleznyuk*) oder Natriumhypophosphit (*Kindermann, Tolbert, Zebroski* und *Huffman*) ausgeführt. Da die Zusammensetzung des Niederschlags von mehreren Faktoren wie dem zugesetzten Cupferron-Überschuß und dem Urangehalt der Lösung abhängt, wird der Niederschlag nicht getrocknet und als solcher gewogen, sondern bei etwa 1000 °C verascht und das Uran als U_3O_8 ausgewogen.

Bei der Cupferronfällung des Urans(IV) aus 4 bis 8%ig (v/v) schwefelsaurer (*Holladay* und *Cunningham*) oder 5 vol.-%ig salzsaurer (*Furman, Mason* und *Pekola*) Lösung werden u. a. die Ionen der folgenden Metalle von Cupferron teilweise oder ganz mit dem Uran(IV) mitgefällt: Cu, Fe, Ga, Zr, Nb, Sn, Sb, Hf, Ti, V und Ta. Nicht gefällt werden und demnach vom Uran trennbar sind: Al, Cr, Be, P, Mn, Ni, Zn, U(VI), B (als Borat oder Fluoroborat), die Erdalkali- und Alkalimetalle. Um eine Trennung von den ebenfalls mit Cupferron ausfällbaren Elementen zu erzielen, kann derart vorgegangen werden, daß Uran im nichtfällbaren, sechswertigen Oxydationszustand belassen wird und die störenden Metall-Ionen aus schwefelsaurer Lösung mit Cupferron gefällt werden. Danach wird Uran zum vierwertigen Zustand reduziert und mit Cupferron abgeschieden. Dieses Trennungprinzip wurde von *Turner* zur Bestimmung des Urans in Carnotiten (Uranvanadate) herangezogen. Es wurde auch von *Auger* sowie *Holladay* und *Cunningham*, ebenso von *Dymov* und *Molchanova* benützt. Diese Methode ist jedoch sehr zeitraubend, da es erforderlich ist, nach der Entfernung der störenden Elemente durch Cupferronfällung den in der Lösung verbliebenen Überschuß an Cupferron zu zerstören. da dieser die Reduktion des Urans zur vierwertigen Stufe behindert. Diese Schwierigkeit kann nach *Elinson* und *Oleznyuk* dadurch umgangen werden, daß Natriumdithionit $Na_2S_2O_4$ als Reduktionsmittel für das Uran verwendet wird. In diesem Fall braucht das überschüssige Cupferron nicht durch wiederholte Behandlung der uranhaltigen Lösung mit Schwefel- und Salpetersäure zerstört werden, sondern die Reduktion erfolgt in Gegenwart von Cupferron. Auch Neocupferron (Nitrosonaphthylhydroxylamin) kann wie Cupferron zur Abtrennung benützt werden (*Welcher*).

Zur Bestimmung des Urans durch Fällung mit Cupferron wird von *Furman*, *Mason* und *Pekola* folgende

Arbeitsvorschrift empfohlen. Die Acidität der Lösung wird auf 5 Vol.-% Salzsäure eingestellt, 5 g Hydroxylammoniumchlorid zugegeben und die Lösung 10 Min. in einem Eisbad gekühlt. Unter Umrühren setzt man eine Cupferronlösung (6%; m/v) langsam so lange zu, bis die Fällung vollendet ist. Dann wird 2 Min. gerührt, weitere 5 ml Cupferronlösung zugefügt und wieder 2 Min. gerührt. Den Niederschlag lasse man im Eisbad weitere 5 Min. stehen, sauge ihn dann ab und wasche mit frisch bereiteter Cupferronwaschlösung. [2 Lösungen bereiten, die im Eisbad kalt gehalten und unmittelbar vor der Verwendung vermischt werden: (a) 100 ml Schwefelsäurelösung (7,5%ig; v/v); (b) 50 ml Lösung, die 0,8 g Cupferron und 3 g Hydroxylammoniumchlorid enthält.] Der Niederschlag wird bei 70 °C getrocknet, zwecks Verbrennung der organischen Substanz langsam erhitzt und bei 1000 °C verglüht.

Bemerkung. Das oben erwähnte Prinzip der Reduktion des Urans in Gegenwart von Cupferron mit *Natriumdithionit* wurde von *Elinson* und *Oleznyuk* zur Bestimmung des Urans in Erzen und Konzentraten, die mehr als 5% Uran enthalten, verwendet.

Arbeitsvorschrift. 0,2 bis 1 g (je nach Urangehalt) versetze man mit Salpetersäure und erhitze nach Zugabe von 10 ml Schwefelsäure (1 + 1) (etwa 9,3 m) so lange, bis SO_3-Dämpfe auftreten. Der Rückstand wird mit heißem Wasser so verdünnt, daß der Schwefelsäuregehalt 10% beträgt (v/v). Die Lösung erwärme man bis zur Auflösung aller Salze. Man läßt sie abkühlen und fügt so lange tropfenweise 0,1 n Kaliumpermanganatlösung zu, bis die Lösung rosa gefärbt ist. Hierauf werden die Verunreinigungen wie z. B. Eisen, Vanadium und Titan durch Zusatz wäßriger Cupferronlösung (6%; m/v) bei 18 °C (nicht darüber) gefällt, bis das Reagens im Überschuß vorhanden ist. Den Niederschlag filtriert man ab und wäscht mit Schwefelsäure(10%; v/v). Das Filtrat verdünne man mit Schwefelsäure (5%; v/v) auf 200 ml, gebe 2 g $Na_2S_2O_4$ zu, lasse die Lösung 20 Min. stehen und fälle das Uran wie oben beschrieben mit Cupferron. Der Niederschlag wird nach 15 bis 20 Min. abfiltriert, mit 150 ml Schwefelsäure (4%; v/v), die 0,15%ig (m/v) an Cupferron ist, gewaschen; nach dem Trocknen erhitzt man ihn auf 1000 bis 1050 °C und wägt.

Bemerkungen. I. Der mittlere relative *Fehler* beträgt ± 0,3%, bei einem Urangehalt der Probe von 50%, und ±1,2%, wenn die Probe nur 5 bis 10% Uran enthält.

II. Sollten Elemente der *Schwefelwasserstoffgruppe* anwesend sein (Cu, Pb, Mo, Sb usw.), so werden diese nach dem Aufschluß der Probe mit Salpeter- und Schwefelsäure (s. obige Arbeitsvorschrift) durch Fällung mit Natriumthiosulfat entfernt, wodurch Blei bereits als $PbSO_4$ vorliegt.

1.2.2.2 Uran(VI)-Fällung mit Cupferron

Zum Unterschied von Uran(IV) wird Uran(VI) aus mineralsauren Lösungen durch Cupferron nicht gefällt (s. Abschnitt 1.2.2.1). Unter geeigneten Bedingungen der Acidität bildet jedoch auch Uran(VI) einen schwerlöslichen gelborangenen, kristallinen Niederschlag (*Rulfs* und *Elving*) der Formel $NH_4[UO_2(C_6H_5N_2O_2)_3]$, dessen Zusammensetzung sich beim Erhitzen bis auf 200 °C nicht ändert (*Horton*). Nach Angaben von *Bieber* und *Večeřa* sowie *Majumdar* und *Ray Chowdhury* ist die Fällung im pH-Bereich von 4 bis 9 quantitativ. Infolge dieser höheren pH-Werte ist hier der störende Einfluß von Fremd-Ionen wesentlich größer als bei der Cupferronfällung von Uran(IV) (s. Abschnitt 1.2.2.1). Es konnte jedoch gezeigt werden (*Bieber* und *Večeřa*; *Majumdar* und *Ray Chowdhury*), daß bei Anwendung von ÄDTA

(Natrium- oder Ammoniumsalz) die meisten Störungen ausgeschaltet werden. In Gegenwart dieses Komplexbildners ist es möglich, das Uran von Mg, Ag, Hg, Pb, Cu, Cd, Mn, Zn, Co, Ni, Bi, Fe, Ge, Sn, Th, La, Ce und anderen seltenen Erdmetall-Ionen zu trennen. Alle diese Elemente bleiben komplex gebunden in Lösung. Ferner werden auch keine Störungen in Gegenwart geringer Mengen an Titan und Zirkonium verursacht. Der störende Einfluß von Al, Sb(III), Sn(IV), Nb und Ta kann durch Zugabe von Weinsäure ausgeschaltet werden. Ferner stören nicht: Nitrate, Chloride, Sulfate, Chromate, Molybdate, Wolframate, Acetate, Citrate und Oxalate. Wird die Fällung sofort nach Neutralisation der Lösung mit Ammoniak durchgeführt, so stören auch nicht Phosphate, Arsenite, Arsenate und Vanadate. Die Anwesenheit von Fluoriden und Carbonaten verursacht Schwierigkeiten, falls ihre Konzentration diejenige des Urans übersteigt.

Diese Trennungsmethode weist ihre größte Selektivität dann auf, wenn die Fällung bei pH = 6,7 ausgeführt wird und wenn die Konzentration an Cupferron und ÄDTA $1 \cdot 10^{-2}$ m ist. Falls es erforderlich ist, die Löslichkeit des Uranylcupferronats zu verringern, so ist es von Vorteil, die Fällung in Gegenwart von etwas Ammoniumsalz auszuführen anstelle einer Erhöhung der Cupferron-Konzentration. Die Fällung wird am besten aus einer auf 70 bis 80 °C erhitzten Lösung ausgeführt (*Klygin, Zavrazhnova* und *Kolyada*), deren optimaler Urangehalt 250 mg beträgt. Damit ein Überschuß von $1 \cdot 10^{-2}$ m anwesend ist, müssen 40 ml einer 2%igen Cupferronlösung (m/v) zugegeben werden. Eine Störung wird nur durch Aluminium verursacht, wenn dessen Menge 32 mg übersteigt.

Arbeitsvorschrift zur Bestimmung des Urans in *Erzen* nach *Bieber* und *Večeřa*. 0,1 bis 1,0 g der feingepulverten Erzprobe schließe man durch Kochen mit 20 ml konz. Salpetersäure auf, versetze mit 10 ml konz. Schwefelsäure und rauche bis zum Auftreten von SO_3-Dämpfen ab. Nach Abkühlen wird mit Wasser verdünnt, der Niederschlag aus Kieselsäure und Calciumsulfat abfiltriert; das Filtrat wird mit einer ausreichenden Menge einer ammoniakalischen Lösung von Chelaton 2 (Trilon B freie Äthylendiamintetraessigsäure) versetzt, der pH-Wert durch Ammoniakzugabe auf 7 bis 8 eingestellt (die Lösung soll klar sein, eine etwaige Trübung wird abfiltriert) und in der Kälte mit überschüssiger, wäßriger Cupferronlösung (2%; m/v) gefällt. Den Niederschlag filtriert man auf ein Weißbandfilter ab, wäscht mit Ammonium-ÄDTA enthaltender Cupferronlösung (0,2%; m/v) (pH-Wert = 7 bis 8) nach, trocknet und verglüht im elektrischen Ofen bei 800 bis 1000 °C zu U_3O_8.

Bemerkungen. I. In Proben mit größeren *Titan-* oder *Zirkoniumgehalten* werden diese Elemente zum Teil mit Uran mitgefällt. In diesem Fall behandelt man den abfiltrierten Niederschlag samt Filterpapier mit 20 ml konz. Salpetersäure und 10 ml konz. Schwefelsäure, löst durch Kochen und Abrauchen (SO_3-Dämpfe!) den Niederschlag und zersetzt die organischen Stoffe. Titan und Zirkonium entfernt man anschließend durch Cupferronfällung aus 10% (v/v) Schwefelsäure enthaltender Lösung und bestimmt im Filtrat das Uran auf beschriebene Weise in neutralem Medium über eine Cupferronfällung. Die etwa 0,1 m Lösung des Ammoniumsalzes der ÄDTA-Verbindung wurde aus 29,11 g freier Säure des ÄDTA und 15,5 ml wäßriger Ammoniaklösung (25%; v/v) durch Auffüllen zu 1 Liter zubereitet.

II. Auch *Uran(III)* wird durch Cupferron quantitativ gefällt (*Rulfs* und *Elving*). Die Fällung erfolgt aus einer 10 vol.-%igen Salzsäurelösung. In diesem Fall ist die Stabilität des unlöslichen Komplexes höher als diejenige des Uran(IV)-cupferronats.

1.2.2.3 Uran(VI)-Fällung mit Benzoylphenylhydroxylamin

Uran(VI) fällt quantitativ bei pH = 5,4 in Gegenwart eines 3fachen Überschusses an Benzoylphenylhydroxylamin [*Das* und *Shomme(a)*]. Der rote Niederschlag wird nach dem Trocknen bei 110 °C als $UO_2(C_{13}H_{10}NO_2)_2$ oder nach dem Glühen als U_3O_8

ausgewogen. Mit diesem Reagens wird dieselbe Selektivität erzielt wie bei den Trennungen mit Cupferron (s. Abschnitt 1.2.2.2). Zwecks Maskierung von Ce(III), Th, Pb und Bi wird der Fällungslösung der ÄDTA-Komplex des Magnesiums zugesetzt. Eine Vortrennung von Fe^{3+}, Ti^{4+}, Zr^{4+}, Mo(VI) und geringer Mengen Aluminiums wird erzielt, wenn die Fällung bei niedrigeren pH-Werten ausgeführt wird. Eine Trennung von Lanthan ist möglich durch Fällung des Urans bei pH = 5,0 bis 5,2 (50 °C) [*Das* und *Schome* (b)]. Störungen werden verursacht durch organische Säuren, Carbonat, Fluorid-Ionen, Be, Cr^{3+}, V(V) und W(VI).

Literatur

Auger, V.: C. r. **170**, 995 (1920).

Bieber, B., u. *Večeřa, Z.:* Chem. Listy **52**, 439 (1958); Coll. Czechoslov. Chem. Comm. **24**, 1074 (1959); durch Anal. Abstr. **1959**, 147.

Das, J., u. *Shome, S. C.:* (a) Anal. chim. Acta **27**, 58 (1962); (b) **32**, 52 (1965). –

Dymov, A. M., u. *Molchanova, R. S.:* Betriebslab. (russ.) **7**, 653 (1938).

Elinson, S. V., u. *Oleznyuk, V. A.:* Zhur. Anal. Khim. **13**, 95 (1958).

Furman, N. H., Mason, W. B., u. *Pekola, J. S.:* The Use of Cupferron in the Estimation of Uranium, Princeton; A.C.M.P. Collected Papers, No. 49, April 1946.

Holladay, J. A., u. *Cunningham, T. R.:* Trans. Am. electrochem. Soc. **6**, 329 (1929). – *Horton, W. S.:* Am. Soc. **78**, 897 (1956).

Kinderman, E. M., Tolbert, B. M., Zebroski, E., u. *Huffman, E. H.:* Report RL-4, 6, 293, 30. September 1944. – *Klygin, A. E., Zavrazhnova, D. M.,* u. *Kolyada, I. S.:* Zhur. Anal. Khim. **16**, 442 (1961).

Majumdar, A. K., u. *Ray Chowdhury, J. B.:* Anal. chim. Acta **19**, 576 (1958).

Rulfs, C. L., u. *Elving, P. J.:* Am. Soc. **77**, 5502 (1955).

Turner, W. A.: Am. J. Sci. **42**, 109 (1916).

Welcher, F.: Organic Analytical Reagents; New York 1947.

1.2.3 Fällung mit Arsensäurederivaten

Uran(IV) wird quantitativ durch Phenylarsonsäure aus saurer Lösung gefällt (*Alimarin* und *Fried*; *Rice, Fogg* und *James*; *Willard* und *Diehl*). Unter diesen Bedingungen werden Uran(VI)-Ionen nicht ausgefällt; wohl aber fallen zusammen mit dem Uran(IV) die Ionen der Elemente Th, Zr, Hf, Sn^{4+}, Nb und Ta aus. Ce^{4+} und Ti^{4+} werden teilweise mitgefällt. Einige Derivate der Phenylarsonsäure wie z. B. 4-(n-Butyl)-phenylarsonsäure, 3-Nitro-4-hydroxyphenylarsonsäure und 4-Dimethylaminoazobenzol-4′-arsonsäure wurden ebenfalls als Fällungsmittel zur gravimetrischen Bestimmung des Urans(IV) vorgeschlagen (*Zingaro*; *McBee*). Mit diesen Reagenzien wird das Uran unter den gleichen Bedingungen wie mit Phenylarsonsäure gefällt, und außerdem wird mit ihnen eine analoge Selektivität der Trennungen des Urans von anderen Elementen erzielt. Infolge ihres höheren Molekulargewichts bilden diese Verbindungen jedoch noch schwerer lösliche Niederschläge als die Phenylarsonsäure.

Zur gravimetrischen Bestimmung des Urans(VI) wurde die Arsanilsäure vorgeschlagen [*Pietsch* (a)]. Die Fällung erfolgt aus schwach saurer Lösung, und der Niederschlag wird nach dem Verglühen als U_3O_8 ausgewogen (s. Arbeitsvorschrift). Der Fehler dieser Methode übersteigt nicht 0,5 mg Uran. Ist der Sulfatgehalt der Lösung 1 g oder höher (als Sulfat-Ion berechnet), so ist die Fällung unvollständig. In Gegenwart von Tartraten müssen für jedes anwesende Milligramm Uran 8 mg Arsanilsäure anwesend sein, damit eine quantitative Abscheidung erzielt wird. Selbst geringe Mengen an Oxalaten stören.

Auch Kakodylsäure kann zur quantitativen Abscheidung von Uranyl-Ionen herangezogen werden [*Pietsch* (b)]. Diese Säure fällt das Uran aus Lösungen vom pH-Wert 4 bis 7. Der Niederschlag wird bei 200 °C getrocknet und als Uranylkakodylat

$UO_2(C_2H_6OAs)_2$ oder nach dem Verglühen bei 1000 °C als U_3O_8 ausgewogen. Diese Methode (s. Arbeitsvorschrift) gestattet eine Trennung des Urans von den Alkali- und Erdalkalimetallen, Zn, Pb, Cu, Co, Al, Cr und Fe. Mit 2-Nitrobenzolarsonsäure wird Uran(VI) quantitativ im pH-Bereich von 4,0 bis 6,5 gefällt und kann entweder direkt ausgewogen oder zu U_3O_8 verglüht werden (*Sharma*). Mittels dieser Methode kann das Uran in Gegenwart eines 10fachen Überschusses an Ce^{3+}, La^{3+} oder Y^{3+} bestimmt werden. Störungen treten auf, wenn Hexacyanoferrat(II)- oder Hexacyanoferrat(III)-Ionen anwesend sind.

Zur Bestimmung des Urans mit Phenylarsonsäure kann folgende

Arbeitsvorschrift dienen: Die uran(IV)-haltige Lösung ist mit Ammoniak oder Schwefelsäure auf einen pH-Wert zwischen 1 und 3 einzustellen; die Lösung wird beinahe zum Sieden erhitzt, mit überschüssiger Reagenslösung (2,5%ige Phenylarsonsäure oder deren Natriumsalz; m/v) versetzt. Den hellgrünen Niederschlag filtriere man ab, wasche mit 0,01 bis 0,1 n Salzsäure, trockne, verglühe zu U_3O_8 und wäge.

Die Fällung des Urans(VI) mit Arsanilsäure wird nach *Pietsch* (a) folgendermaßen ausgeführt.

Arbeitsvorschrift. Die Lösung ist stark mit Salpetersäure anzusäuern und eine heiße wäßrige Arsanilsäurelösung (500 mg für je 100 mg zu erwartendes Uran) zuzugeben. Mit Wasser verdünnt man auf 200 ml, erhitzt die Lösung zum Sieden und stellt den pH-Wert mit Ammoniak auf 2,5 ein. Den Niederschlag wasche man mit heißem Wasser, trockne, verglühe ihn bei 1000 °C und wäge als U_3O_8 aus.

Zur quantitativen Abscheidung des Urans und zu dessen Trennung von den oben erwähnten Elementen unter Anwendung von Kakodylsäure als Fällungsreagens wird von *Pietsch* (b) folgende

Arbeitsvorschrift empfohlen. Die salpetersaure, das Uran als Uranylion enthaltende Lösung verdünne man auf 200 bis 400 ml und versetze für je 100 mg zu erwartendes Uran mit 2,5 ml einer wäßrigen Natriumkakodylatlösung (25 g Natriumkakodylat in Wasser lösen und die Lösung auf 100 ml verdünnen). Man erhitzt zum Sieden, setzt einige Tropfen Bromphenolblau-Indikatorlösung zu, bis die gelbe Farbe gut sichtbar ist. Hierauf wird tropfenweise verdünnter Ammoniak zugefügt, bis die Farbe des Indikators unter gleichzeitigem Ausfallen des Niederschlages rein blau geworden ist. Man läßt 10 Min. kochen, wobei gelegentlich die blaue Indikatorfarbe mit einigen Tropfen Ammoniaks wieder hergestellt wird, wenn die Farbe verschwunden sein sollte. Die weitere Arbeitsweise ist davon abhängig, ob die Wägung nach Glühen oder Trocknen erfolgen soll.

Im ersten Fall filtriert man die noch heiße Fällungslösung auf Blaubandfilter und wäscht mit kaltem Wasser. Das Filter samt Niederschlag trocknet man in einem Porzellantiegel und verglüht (950 bis 1000 °C). Die Auswaage von U_3O_8 ist mit dem Faktor 0,8480 auf Uran umzurechnen.

Im zweiten Fall filtriert man den Niederschlag in einen Glasfiltertiegel G4 ab und wäscht mit kaltem Wasser. Das Auswaschen geschieht sehr rasch. Es genügt vollständig das Volumen Wasser, das erforderlich ist, um den Niederschlag in den Glasfiltertiegel zu bringen. Der Umrechnungsfaktor auf Uran wird 0,4375, unter der Berücksichtigung, daß das Uranylkakodylat sich rasch zum -dimethylarsinat oxydiert.

Die durch Trocknung des Niederschlages erhaltenen Werte sind genauer als die durch Verglühen zu U_3O_8 gewonnenen Zahlen. Das Trockenverfahren ist dem Glühverfahren auch wegen der außerordentlich guten Auswaschbarkeit des Niederschlages vorzuziehen.

Literatur

Alimarin, I. P., u. *Fried, B. I.*: Mikrochem. **23**, 17 (1937/38).
McBee, E. T.: Report M-2108, 21. März 1945.
Pietsch, R.: (a) Fr. **152**, 168 (1956); (b) **159**, 37, 343 (1957/58).

Rice, A. C., Fogg, H. C., u. *James, C.:* Am. Soc. **48**, 895 (1926); durch Fr. **73**, 431 (1928).
Sharma, G. K.: J. Inst. Chem., India, **36**, 144 (1964).
Willard, H. H., u. *Diehl, H.:* Advanced Quantitative Analysis; New York 1943.
Zingaro, R.: Am. Soc. **78**, 3568 (1956).

1.2.4 Tannin und Tanninsäure

1.2.4.1 Fällungen mit Tannin

Tannin (mit Digallussäure veresterte Glukose) fällt Uran(VI)-Ionen quantitativ aus neutralen bzw. schwach ammoniakalischen, heißen Lösungen als dunkelbraunen, voluminösen Niederschlag (*Das-Gupta*; *Deshmukh* und *Joshi*). Demzufolge ist Tannin als Fällungsmittel für kleine Uranmengen geeignet. Der Tanninkomplex ist in Mineralsäuren und heißer Essigsäure löslich, aber in verd. Ammoniak unlöslich. Ferner löst er sich auch nicht in ammoniakalischen Lösungen von Ammoniumsalzen wie z. B. Ammoniumacetat, Ammoniumoxalat und Ammoniumtartrat.

In Gegenwart von Sulfaten und kleinen Mengen an Alkalisalzen ist die Fällung unvollständig (*Das-Gupta*). Um in solchen Fällen eine vollständige Fällung des Urans herbeizuführen, muß die Lösung vor ihrer Filtration mit Ammoniak schwach alkalisch gemacht werden.

Da Tannin eine große Anzahl von Elementen wie z. B. Nb, Ta, Ti, V, Fe, Zr, Hf, Th und Al aus ammoniakalischer Lösung fällt, stören diese die Uranfällung und müssen daher vorher abgetrennt werden.

Eine quantitative Fällung des Urans mit Tannin erfolgt auch aus ammoniumcarbonathaltigen Pyridinlösungen (*Kaufman*).

Arbeitsvorschrift nach *Smales* und *Wilson* sowie *Schoeller* und *Powell*. Eine uranhaltige Lösung ist zu verwenden, die frei von den oben angeführten, störenden Metall-Ionen ist. Die folgende Arbeitsweise variiert leicht, abhängig von der Anwesenheit von Acetat-, Tartrat- oder Oxalat-Ionen. In Anwesenheit von Acetat ist die Lösung fast gänzlich mit Ammoniak zu neutralisieren; man kocht, gibt 5 g Ammoniumchlorid, einen Überschuß frisch bereiteter Tanninlösung (5%; m/v) (mindestens 5 Teile Tannin auf einen Teil Uran) und eine ammoniakalische Lösung von Ammoniumacetat (10%; m/v) zu, bis der Niederschlag ausflockt und die überstehende Flüssigkeit klar wird. Die Lösung wird mit Filterschleim gemischt; man läßt mindestens 12 Std. stehen und wäscht mit schwach ammoniakalischer Ammoniumnitratlösung. Große Niederschlagsmengen sind in das Becherglas zurückzuwaschen, mit Waschflüssigkeit aufzuwirbeln und wieder zu filtrieren. Den Niederschlag wäscht man, verglüht und wägt als U_3O_8 aus.

Bemerkungen. I. Eine ähnliche Methode zur Fällung des Urans mit Tannin wurde von *Pabitra* und *Das-Gupta* beschrieben und von *Colin* zur Analyse *radioaktiver* Minerale und Erze verwendet.

II. Zur Trennung des Urans von *Tantal, Niob* und *Titan* werden diese Elemente zuerst mit Tannin aus schwach saurer, oxalathaltiger Lösung, die mit Ammoniumchlorid halbgesättigt ist, gefällt (*Schoeller* und *Webb*). Der Niederschlag wird abfiltriert und im Filtrat das Uran mit Tannin nach Zusatz von etwas Ammoniak bis zur schwach alkalischen Reaktion gefällt.

III. *Das* und *Banerjee* zeigten, daß Uran(VI) bei einem pH-Wert größer als 6,0 mit Tannin aus einer *ammoniakalischen ÄDTA-Lösung* ausfällt. Unter den gleichen Versuchsbedingungen fällt Titan aus Lösungen aus, deren pH-Werte über 4 liegen. Diese Methode gestattet eine Abtrennung des Urans oder Titans von Fe, Al, Cr, Th, Zr, Bi, Pb, V(IV) und den seltenen Erdmetall-Ionen, die durch das ÄDTA komplexiert werden. Dagegen fallen Nb, Ta und Phosphat-Ionen zusammen mit dem Uran oder Titan aus. In Gegenwart von Oxalat-Ionen bildet nur das Titan einen schwerlöslichen Niederschlag.

1.2.4.2 Fällungen mit Tanninsäure

Wie mit Tannin reagieren Uranylsalze auch mit Tanninsäure (Digallussäure) unter Bildung eines tiefbraunen, voluminösen Niederschlags. Die Fällung erfolgt quantitativ aus fast neutralen Lösungen. Carbonate und Tartrate stören nicht. Oxalate verhindern die Fällung des Urans mit Tanninsäure in schwach saurer Lösung (*Schoeller* und *Webb*). Folgende Elemente werden von Tanninsäure oder auch Tannin (s. Abschnitt 1.2.4.1) gefällt und sind in der Reihenfolge der abnehmenden Leichtigkeit der Fällung geordnet: Ta, Ti, Nb, V, Fe, Zr, Hf, Th, U und Al (*Schoeller* und *Webb*). Es ist unmöglich, Elemente mit Tanninsäure abzutrennen, wenn nicht komplexierende Stoffe wie Oxalate, Carbonate und wahrscheinlich auch ÄDTA verwendet werden. Auch eine Trennung des Urans vom Vanadium ist nach Angabe von *Kaufman* nicht zufriedenstellend. Alkalimetalle werden nicht mitgefällt.

Das-Gupta gibt zur Bestimmung des Urans mit Tanninsäure folgende

Arbeitsvorschrift. Zu der Uranylsalzlösung, die weniger als 200 mg Uran enthält, gibt man Ammoniak, bis der Großteil der Mineralsäure neutralisiert ist. Einen Überschuß an Ammoniak muß man mit Essigsäure neutralisieren. Geringere Mengen starker Säuren wandelt man durch Zugabe von Ammoniumacetat in Essigsäure um. Nachdem man schwach saure Bedingungen hergestellt hat, sind für je 12 mg Uran 2 ml Tanninsäurelösung (2%; m/v) zuzugeben. Die Lösung erhitze man zum Kochen und füge so lange eine ammoniakalische Ammoniumacetatlösung (10%; m/v) zu, bis sich der Niederschlag absetzt und der obere Teil der Flüssigkeit klar wird. Den voluminösen Niederschlag filtriert man ab und wäscht mit schwach ammoniakalischer Ammoniumnitratlösung (2%; m/v). Wenn eine Trennung von großen Mengen anderer Elemente, wie z. B. von den Alkalimetallen, durchgeführt wird, ist ein Waschen durch Dekantieren vor dem Filtrieren angebracht.

Bemerkung. Die Tanninsäuremethode wurde von *Wallace* zur Fällung von Mikromengen Uran verwendet, um zur α-Spektrometrie geeignete Uranproben herzustellen. Die Fällung des Urans erfolgte bei einem pH-Wert, der dem Umschlagspunkt des Phenolrots entspricht, und zwar durch Zusatz von Ammoniak. Danach wird Urotropin zugesetzt und durch Erhitzen der Lösung die Fällung vervollständigt.

Literatur

Colin, L. L.: J. chem. met. min. Soc. S. Africa **50**, 314 (1950); durch Chem. Abstr. **1951**, 1901.
Das, J., u. *Banerjee, S.:* Fr. **183**, 42 (1961). – *Das-Gupta, P. N.:* J. Indian chem. Soc. **6**, 777 (1929). – *Deshmukh, G. S.,* u. *Joshi, M. K.:* Fr. **143**, 334 (1954).
Kaufman, L. E.: Betriebslab. (russ.) **9**, 106 (1940).
Pabitra, N., u. *Das-Gupta, P. N.:* J. Indian chem. Soc. **6**, 777 (1929); durch Chem. Abstr. 1313, **1930.**
Smales, A. A., u. *Wilson, H. N.:* Report BR-150, 22. Februar 1943. – *Schoeller, W. R.,* u. *Powell, A. R.:* The Analysis of Minerals and Ores of the Rarer Elements; Philadelphia 1940. – *Schoeller, W. R.,* u. *Webb, H. W.:* Analyst **61**, 585 (1936).
Wallace, C. G.: A. E. R. E. Report AERE-R 3498, 1961.

1.2.5 Pyridin und Urotropin

1.2.5.1 Fällungen mit Pyridin

Uran(VI)-Ionen werden durch Pyridin quantitativ als gelbe Diuransäure $H_2U_2O_7$ gefällt [*Ostroumow* (a, b)]. Dieses Reagens weist gegenüber Ammoniak als Fällungsmittel (s. Abschnitt 1.1.1.1) den großen Vorteil auf, daß es als schwächere Base kein Kohlendioxid bindet; es enthält also keine Carbonat-Ionen, so daß keine löslichen Carbonat-Komplexe des Urans gebildet werden. Demnach ist die Gefahr einer unvollständigen Fällung des Urans äußerst gering; ferner besteht nicht die Möglichkeit, daß unlösliche Carbonate wie z. B. diejenigen der Erdalkalimetalle zusammen mit dem Uran ausfallen. Chloride stören nicht, aber in Gegenwart großer Mengen von Sulfaten (etwa 10% Ammoniumsulfat; m/v) ist die Fällung schwieriger durchzuführen. In diesem Fall werden dennoch gute Ergebnisse erzielt, wenn 3,5 bis 4,5 ml reines Pyridin je 10 mg anwesendes Uran anstelle der üblicherweise (s. Arbeitsvorschrift) angewendeten 20%igen Pyridinlösung (v/v) verwendet werden (*Kaufman*). In Abwesenheit von Ammoniumsalzen fällt Uran mit Pyridin wohl quantitativ aus; doch ballt sich die Fällung sehr langsam zusammen und der Niederschlag läuft leicht durch das Filter. Daher wirkt sich die Gegenwart von Ammoniumsalzen nur günstig aus, wobei vor allem Ammoniumnitrat und Ammoniumchlorid verwendet werden können; der Niederschlag setzt sich dann rasch ab. Auf eine vollständige Entfernung des Ammoniumchlorids beim Auswaschen ist zu achten.

Nach der Fällung wird der gewaschene Niederschlag verglüht und das Uran als U_3O_8 ausgewogen.

Diese Fällungsmethode ermöglicht eine Trennung des Urans von den Erdalkalimetallen, Alkalimetallen, Mg, Mn^{2+}, Co und Ni. Hingegen werden andere Metalle wie z. B. Zr, Ti, Fe, Al und Cr zusammen mit dem Uran gefällt [*Ostroumow* (a, b); *Kaufman*].

Arbeitsvorschrift nach *Ostroumow* (a, b). Zur schwach sauren oder neutralen, carbonatfreien Uranylsalzlösung setzt man 5 bis 10 g Ammoniumnitrat, Methylrot als Indikator und unter sorgfältigem Rühren der kochenden Lösung Pyridinlösung (20% ; v/v) zu, bis die Lösung neutral reagiert. Dabei fällt die Uransäure als gelber Niederschlag aus. Nach dem Umschlag des Indikators nach Gelb fügt man noch weitere 10 ml Pyridinlösung zu, bis ein deutlicher Pyridingeruch auftritt. Den Niederschlag läßt man auf dem Wasserbad oder einer elektrischen Heizplatte sich absetzen, bis die Lösung klar geworden ist. Tritt dabei wieder Rotfärbung des Indikators auf, ist erneut Pyridinlösung zuzufügen. Der Niederschlag wird auf einem Filter gesammelt, mit heißer Ammoniumnitratlösung (3%; m/v), der einige Tropfen Pyridins zugesetzt worden sind, gewaschen, verascht, geglüht und als U_3O_8 ausgewogen.

Bemerkungen. I. Eine dieser Arbeitsvorschrift sehr *ähnliche* Methode zur Fällung des Urans mit Pyridin wurde auch von *Smales* und *Wilson* beschrieben.

II. Bei der Trennung geringer Uranmengen von *Calcium* mittels der oben beschriebenen Methode von *Ostroumow* (a, b) konnte *Kaufman* feststellen, daß eine vollständige Trennung dieser beiden Elemente nur dann erzielt werden kann, wenn der Lösung wie angegeben *Ammoniumnitrat* zugesetzt wird.

1.2.5.2 Fällungen mit Urotropin

Die gravimetrische Bestimmung des Urans durch Fällung mit Urotropin (Hexamethylentetramin) ist sehr ähnlich der in Abschnitt 1.2.5.1 beschriebenen Fällung mit Pyridin. Aus Lösungen von Uranylsalzen, die Ammonium-Ionen und keine überschüssige Säure enthalten, fällt nach *Rây* Ammoniumdiuranat aus, wenn sie mit Urotropin gekocht werden. Urotropin ist wie Pyridin eine schwache Base und enthält daher kein Carbonat, so daß die Uranniederschläge von größerer Reinheit sind als jene, die durch Fällung mit Ammoniak erhalten werden (s. Abschnitt 1.1.1.1). Außer Uran werden Eisen, Aluminium, Zirkonium, Thorium, Titan, Ce^{4+} und andere Metall-Ionen gefällt; doch werden quantitative Trennungen von zweiwertigen Ionen wie z. B. Zink, Kobalt, Mangan, Nickel und Magnesium erreicht.

Arbeitsvorschrift nach *Rây*. Man fügt Ammoniaklösung (1 + 3) (etwa 4,5 m) zur uranhaltigen Lösung bis zum Auftreten eines Niederschlags. Den Niederschlag löse man mit einigen Tropfen Salzsäure (1 + 2) (etwa 4 m) auf und gebe Ammoniumchlorid zu (10 g auf 300 ml Lösung). Die Lösung wird gekocht und so lange Urotropinlösung (10%; m/v) tropfenweise zugefügt, bis kein weiterer Niederschlag aus der überstehenden Lösung mehr ausfällt. Noch 2 bis 3 ml Reagens sind zuzugeben, der Niederschlag sofort mit Hilfe von Filterschleim abzufiltrieren und mit heißer Ammoniumnitratlösung (2%; m/v) zu waschen.

In manchen Fällen ist eine *doppelte* Fällung nötig.

Literatur

Kaufman, L. E.: Betriebslab. (russ.) **9**, 228 (1940).

Ostroumow, E. A.: (a) Fr. **106**, 244 (1936); (b) Betriebslab. (russ.) **6**, 16 (1937).

Rây, P.: Fr. **86**, 13 (1931).

Smales, A. A., u. *Wilson, H. N.:* Report BR-150, 22. Februar 1943.

1.2.6 Fällungen mit Oxalsäure

Oxalsäure fällt Uran(IV) aus salzsauren Lösungen als Uran(IV)-oxalat, dem die Formel $U(C_2O_4)_2 \cdot 6\,H_2O$ zugesprochen wird (*Hauser*; *Allen*; *Duval*; *Rossi*). Die Löslichkeit dieser Verbindung in Wasser beträgt 0,05 g/l (*Grinberg* und *Petrzhak*). Die Löslichkeit erreicht ein Minimum von 5 mg/l in 0,12n Salzsäure, wogegen sie in der 6n Säure 500 mg/l beträgt. Da bei der Fällung des Urans aus Lösungen mit Salzsäure-Konzentrationen unter 2n einige Elemente wie z. B. Zn, Fe^{2+} und Cu teilweise oder vollständig mit dem Uran ausgefällt werden, soll die Fällung des Uranoxalats aus 2 bis 3n Salzsäure erfolgen (*Prescott*; *Hendrickson, Grove* und *Dunn*; *Dehaan*). Wird der Niederschlag sofort abfiltriert, so gelangen 0,5 bis 1% des Urans ins Filtrat. Daher wird erst nach einiger Zeit (nicht unter 1 Std.) über ein dichtes Filterpapier filtriert.

Wird Uran(IV) in Gegenwart von Eisen, Nickel, Mangan und bestimmten anderen Elementen gefällt, so fallen diese Metall-Ionen nur in Spuren mit. Dagegen werden Chrom-, Kupfer- oder Phosphat-Ionen überhaupt nicht mitgefällt. Niob und die seltenen Erdmetall-Ionen werden teilweise zusammen mit dem Uran niedergeschlagen, während Thorium vollständig mitfällt. Gewisse Anionen und organische Verbindungen wie z. B. Fluorid-Ion und Milchsäure stören, da sie das Uran-Ion komplexieren. Sulfate und große Mengen an Phosphaten sollen ebenfalls abwesend sein. In einer Lösung, die vorher entweder elektrolytisch an einer Quecksilberkathode oder durch Zinkamalgam reduziert worden ist, stören keine in mäßigen Mengen vorhandenen Kationen mit Ausnahme des Thoriums und der seltenen Erdmetalle.

Das Uran(IV)-oxalat kann in Salpetersäure und Wasserstoffperoxid, konz. Schwefelsäure oder Natriumhypochlorit bei pH = 9 bis 10 wieder aufgelöst werden.

Zur Bestimmung des Urans wird der Oxalatniederschlag nach dem Waschen mit oxalsäurehaltiger, verd. Salzsäure getrocknet, dann verglüht und das Uran als U_3O_8 ausgewogen.

Arbeitsvorschrift (nach *Report CD-3801*). Die reduzierte Lösung [elektrolytisch oder mit 3%igem (m/m) flüssigem Zinkamalgam reduziert, bis die rote Farbe des Urans(III) gebildet wird] filtriert man durch ein säurebeständiges Papier wie Whatman No. 42 und gebe 2 bis 6 g Oxalsäure zu. Wenn 1 g Uran anwesend ist, das Volumen 250 ml übersteigt oder wenn der Eisen- und/oder Chromgehalt mehr als 2 g überschreitet, setzt man mindestens 4 g Oxalsäure zu. Den Reduktor und das Papier wäscht man mit 3n Salzsäure und 4 ml Zinn(II)-chloridlösung (120 g $SnCl_2 \cdot 2\,H_2O$ auf 100 ml 6n Salzsäure). Die Lösung rührt man mindestens 1 Std. bei Zimmertemperatur. Der Niederschlag wird über ein Whatmanfilter Nr. 42 abfiltriert und 10mal mit 10 ml-Anteilen Oxalsäurelösung (1%; m/v; in 3n Salzsäure) gewaschen. Den Niederschlag verglüht man und wägt ihn als U_3O_8.

Literatur

Allen, M. B.: Report Chem. S.-223, 26. Oktober 1943.

Dehaan, A., jr.: Report Chem. S-335, 6. September 1943. – *Duval, C.:* Anal. chim. Acta **3**, 335 (1949).

Grinberg, A. A., u. *Petrzhak, Z. I.:* Tr. Radievogo Instituta AN SSSR **7**, 17, 50 (1956).

Hauser, O.: Fr. **47**, 677 (1908). – *Hendrickson, A. V., Grove, J. H.,* u. *Dunn, R. W.:* Report Chem. S-200, 21. September 1943.

Prescott, Ch.: Report XL-4.9801, 2. Oktober 1944.

Report: CD-3801, 14. April 1945. – *Rossi, G.:* Dissertation München 1902.

1.2.7 Fällungen mit Isatin-β-oxim

Isatin-β-oxim fällt Uran aus Uranylsalzlösungen als orangegelben Niederschlag der Zusammensetzung:

$$UO_2(C_8H_5N_2O_2)_2$$

(*Hovorka* und *Holzbecher*; *Hovorka, Sýkora* und *Vořišek*). Die direkte Wägung des bei 105 bis 110 °C getrockneten Niederschlags liefert ungenaue Ergebnisse, da er variierende Mengen des Fällungsmittels adsorbiert. Aus diesem Grund wird er verascht und als U_3O_8 ausgewogen. Die Fällung erfolgt am besten aus mit Acetat- oder Tartrat-Ionen abgepufferten bzw. aus schwach ammoniakalischen Lösungen. Unter diesen Bedingungen fällt das Reagens u. a. auch die Ionen von Ag, Hg, Cu, Pb, Fe, Ni, Co, Ca, Zr und Th, während die Alkalimetall-Ionen, Mg, Mn und Zn nicht stören. Soll Uran in Gegenwart großer Mengen an Kobalt und Nickel bestimmt werden, so wird die Fällung am besten in Gegenwart von Tartrat-Ion ausgeführt [*Hovorka* und *Vořišek* (a, b)]. Zur Verhinderung der Fällung von Ag, Pb oder Cu können diese Metall-Ionen mit Natriumthiosulfat abgeschieden werden. Eine Fällung von Hg^{2+} kann durch Überführung in $(HgCl_4)^{2-}$ verhindert werden.

Zur Trennung des Urans von Mn, Zn, Ca, Sr, Ba und Mg mit Isatin-β-oxim wird von *Hovorka* und *Vořišek* (a) folgende

Arbeitsvorschrift benützt. Die 9 bis 240 mg Uran(VI) enthaltende Lösung (-nitrat, -acetat oder -chlorid) von 50 bis 100 ml Volumen wird zum Sieden erhitzt und 6 bis 60 ml Reagenslösung (1%; m/v) Isatin-β-oxim in Äthanol (50%; v/v) zugesetzt. Nach Abpuffern der Lösung mit 5 bis 15 ml kalter Natriumacetatlösung (10%; m/v) beläßt man die Lösung 3 Std. bei Zimmertemperatur. Dann filtriert man das Uranylisatin-β-oximat ab, wäscht mit heißem Wasser oder noch besser mit einer Lösung, die 25 ml Reagenslösung in 500 ml Wasser enthält. Den Niederschlag verglüht man zu U_3O_8 und wägt ihn dann.

Literatur

Hovorka, V., u. *Holzbecher, Z.:* Coll. Czechoslov. Chem. Comm. **14**, 40 (1949); vgl. Chem. Listy **34**, 55 (1940); durch Fr. **130**, 268 (1949/50). – *Hovorka, V., Sýkora, J.,* u. *Vořišek, J.:* Chim. Anal. **29**, 268 (1946); durch Fr. **130**, 268 (1949/50). – *Hovorka, V.,* u. *Vořišek, J.:* (a) Coll. Czechoslov. Chem. Comm. **11**, 128 (1939); durch Chem. Abstr. **1939**, 5769; (b) Chem. Listy **34**, 55 (1940); durch Chem. Abstr. **1940**, 5783.

1.2.8 Organische Fällungsmittel geringerer Bedeutung

Da die Anzahl der organischen Reagenzien, die zur gravimetrischen Bestimmung des Urans vorgeschlagen wurde, sehr groß ist und ständig neue Fällungsmittel aufgefunden werden, soll hier nur kurz auf die weniger bedeutsamen, derartigen Reagenzien eingegangen werden. Sehr häufig fällen diese organischen Verbindungen das

Uran unter sehr ähnlichen Bedingungen, bzw. sie gestatten dieses von Fremd-Ionen abzutrennen wie bei Anwendung der in den vorangegangenen Abschnitten beschriebenen Reagenzien.

Die mit diesen Verbindungen entwickelten Methoden werden daher nur selten verwendet und weisen in den meisten Fällen keinerlei Vorteile gegenüber den bereits beschriebenen Fällungsmitteln auf. Ferner sind viele von ihnen nur schwer im Handel erhältlich und oft sehr teuer.

1.2.8.1 Carbonsäuren

1.2.8.1.1 *Substituierte Benzoesäuren*

Benzoesäure und deren Derivate können als Fällungsreagenzien für Uran verwendet werden (*Fleck*). m-Nitrobenzoesäure wurde zuerst von *Pfeifer, Hesse, Pfitzner, Scholl* und *Tielert* als Reagens vorgeschlagen. *Murthy, Lakshama Rao* und *Raghava Rao* stellten fest, daß entweder m-Nitrobenzoesäure oder o-Chlorbenzoesäure eine quantitative Trennung des Urans von Thorium gestattet, selbst wenn die Urankonzentration 5 bis 50mal größer ist als diejenige des Thoriums. Allerdings ist eine doppelte Fällung nötig. Die Trennung wird bei pH = 2,6 bis 2,8 ausgeführt und Uran durch doppelte Fällung vom Thorium getrennt. Zur Fällung des Urans kann auch Ammoniumbenzoat verwendet werden (*Shemyakin, Adamovich* und *Pavlova*). 4-Aminobenzoesäure und Pyridin fällen Uran aus Lösungen mit einem pH-Wert von 3 bis 5 [*Ripan* und *Săcelean*(a)]. Nach dem Verglühen des Niederschlags wird das Uran als U_3O_8 ausgewogen. Störende Ionen können mit ÄDTA maskiert werden. Es wird angegeben, daß diese Methode besser geeignet sei als die Ammoniak- und Oxinfällung des Urans. Nach einem ähnlichen Verfahren läßt sich Uran mit 3-Aminobenzoesäure und 1,10-Phenanthrolin ausfällen und nach dem Trocknen bei 110 bis 130 °C als Komplexsalz auswägen [*Ripan* und *Săcelean* (b)]. Auch eine indirekte Bestimmung des Urans ist möglich durch Titration des Aminosäurekomplexes mit Natriumnitrit.

1.2.8.1.2 *Phenylglycin-o-carbonsäure*

Phenylglycin-o-carbonsäure ergibt mit Uran(VI) keine Fällung, wohl aber mit Uran(IV) (*Datta*) sowie auch mit Thorium und Zirkonium [*Datta* und *Banerjee* (a)]. Der Uran(IV)-komplex besitzt wahrscheinlich folgende Formel: $U(C_9H_8NO_4)_4$ und fällt als grünweißer Niederschlag bei Zugabe des Reagenses in Anwesenheit von Ammoniumacetat in der Kälte aus. Der Niederschlag ist bei höheren Temperaturen oder nach längerem Aufbewahren instabil. Er ist in Mineralsäuren löslich und zerfällt langsam in Anwesenheit von Ammoniak oder Alkalilaugen. Zur Bestimmung des Urans wird der Niederschlag nicht als solcher ausgewogen, sondern erst nach dem Verglühen zu U_3O_8. Zur Fällung des Urans wird die in einem *Jones*-Reduktor reduzierte schwefelsaure Lösung neutralisiert und auf 5 bis 10 °C abgekühlt, mit einem Überschuß an Reagenslösung (3%; m/v) und 2%iger Ammoniumacetatlösung (m/v) versetzt, der Niederschlag abfiltriert, mit kaltem Wasser und Äthanol (50%; v/v) gewaschen und dann zu U_3O_8 verglüht. Zwecks Trennung des Urans von Thorium und Zirkonium werden die beiden letztgenannten Elemente mit dem Reagens aus einer Lösung gefällt, in der das Uran in sechswertigem, nichtfällbarem Oxydationszustand vorliegt. Danach wird das Uran reduziert und wie oben angegeben ausgefällt.

1.2.8.1.3 *Zimtsäure*

Zimtsäure als Fällungsreagens für Uran wurde zuerst von *Fleck* vorgeschlagen. Nach Angaben von *Ostroumow* und *Volkov* ermöglicht diese Methode eine quantitative Trennung des Urans(VI) von Mangan, Nickel, Kobalt und Zink. Die Fällung erfolgt

am besten aus Ammoniumnitrat enthaltender Uranylnitratlösung vom pH = 2,5
bis 2,6 in der Hitze durch Zusatz einer Lösung, die das Ammoniumsalz der Zimtsäure
enthält. Der Niederschlag wird zu U_3O_8 verglüht.

1.2.8.1.4 Pyridin-2-carboxylsäure-N-oxid

Zur gravimetrischen Bestimmung des Urans(VI) mittels Pyridin-2-carboxyl-
säure-N-oxid erfolgt die Fällung am besten bei pH-Werten von 2,0 bis 2,8 (*Kumar*
und *Singh*). Aus Lösungen, die weniger als 0,0067 m an Uran sind, wird eine quanti-.
tative Fällung nur dann erzielt, wenn der pH-Wert größer als 2,5 ist. Zirkonium fällt
mit dem Uran aus; dagegen stören nicht Thorium, Lanthan und Vanadium.

1.2.8.1.5 Acetat-Ionen

Uranyl-Ionen lassen sich als Natrium-Uranyldoppelsalz aus einer schwach sauren
Lösung ausfällen (*Kahane* und *Simenauer*; *Gamble* und *Kilner*). Diese Reaktion ist
identisch mit jener, die zum qualitativen Nachweis von Natrium-Ion benützt wird.
Nach dieser Methode kann Uran derart ausgefällt werden, daß man die Lösung 2,5 m
an Natriumacetat macht und dann den pH-Wert auf 2,5 einstellt. Dieses Verfahren
weist eine hohe Selektivität auf, ist aber ungeeignet zur Abtrennung kleiner Uranmengen, da der Niederschlag des Tripelacetats (sowohl Na-Mg-UO_2-Acetat als auch
Na-Zn-UO_2-Acetat) beträchtlich löslich ist. Ferner dürfen auch nicht mehr als 0,1
bis 0,2% Verunreinigungen in der Lösung anwesend sein (*Gamble* und *Kilner*).

1.2.8.1.6 2,4-Dichlorphenoxy-essigsäure

Nach *Datta* und *Banerjee* (b) läßt sich Thorium vollständig vom Uran unter
Verwendung von 2,4-Dichlorphenoxy-essigsäure trennen. Die Trennung läßt sich im
pH-Bereich von 2,5 bis 3,4 durch einfache Fällung bewerkstelligen, wenn das Verhältnis von Thorium:Uran = 1:1 ist. Sind größere Uranmengen vorhanden, muß
eine doppelte Fällung ausgeführt werden. Bis zu einem Verhältnis von Thorium: Uran
= 1:26 werden gute Ergebnisse erzielt. Uran kann im Filtrat mit dem Natriumsalz
dieses Reagenses bei einem pH-Wert, der höher als 5 ist, quantitativ gefällt werden.
Die Autoren schlagen vor, das Reagens zur gleichzeitigen Bestimmung (Uran und
Thorium in einer Lösung) in definierten pH-Gebieten zu verwenden. Das freie
Reagens ergibt mit Uran keinen Niederschlag.

1.2.8.1.7 Chinaldinsäure

Das Natriumsalz der Chinaldinsäure (Chinolin-2-carbonsäure) fällt Uran(VI) aus
schwach sauren oder neutralen Lösungen (*Rây* und *Bose*). Es fällt ein basisches Salz
der Chinaldinsäure aus, dessen Zusammensetzung noch nicht genau bekannt ist. Die
Fällung erfolgt unter praktisch den gleichen Bedingungen wie mit Oxin (s. Abschnitt
1. 2. 1. 1); ferner sind die mit beiden Reagenzien erzielbaren Trennungen des Urans
von anderen Elementen von gleicher Selektivität. Die Chinaldinsäure weist daher
gegenüber Oxin als Fällungsmittel für Uran keinerlei Vorteile auf.

1. 2. 8. 1. 8 Anisinsäure

Mit Anisinsäure kann das Uran vom Thorium durch einfache Fällung getrennt
werden, wenn die Menge des vorhandenen Urans nicht mehr als doppelt so groß ist
wie diejenige des Thoriums (*Krishnamurthy* und *Raghava Rao*). Die Fällung des
Thoriums mit diesem Reagens erfolgt in neutraler Lösung. Sollten Uran und Thorium
in einem größeren Verhältnis zueinander vorhanden sein, so ist zur quantitativen
Trennung dieser beiden Elemente eine doppelte Fällung erforderlich.

1.2.8.2 α-Nitroso-β-naphthol und ähnliche Verbindungen

Uranyl-Ionen werden durch α-Nitroso-β-naphthol[1] im pH-Bereich von 4,1 bis 9,4 quantitativ gefällt (*Tannii, Hosimiya* und *Ikeda* ; *Patil*; *Southern*; *Luk'yanov* und *Duderova*). Der gelborangefarbene Niederschlag ist feinkristallin und in Amylalkohol löslich (*Southern*). Die Fällung kann auch in Gegenwart von ÄDTA aus ammoniakalischer Lösung von pH = 8 erfolgen (*Luk'yanov* und *Duderova*) oder auch aus homogener Lösung durchgeführt werden (*Patil*). Im zweiten Fall wird die natriumnitrithaltige Uranylnitratlösung bei etwa 0 °C mit einer Lösung von 2-Naphthol, gelöst in 25%igem Eisessig (v/v), behandelt. Der Niederschlag wird mit Wasser gewaschen und dann entweder 4 Std. bei 900 bis 1000 °C erhitzt und als U_3O_8 oder nach 2-stündigem Trocknen bei 105 °C als $UO_2(C_{10}H_6NO_2)_2 \cdot C_{10}H_7NO_2$ ausgewogen. Wird dieser Komplex auf 240 °C erhitzt, so verliert er 1 Mol α-Nitroso-β-naphthol. Zusammen mit dem Uran fallen eine Reihe von Elementen wie z. B. Kobalt, Eisen und Silber aus. Keine Störungen werden hervorgerufen in Anwesenheit von Alkali- und Erdalkalimetallen, Zink, Aluminium, Cer(III) und Blei (*Patil*; *Southern*).

Ähnliche Fällungseigenschaften wie α-Nitroso-β-naphthol zeigen auch Isonitroso-N-phenyl-3-methylpyrazolon (*Hovorka* und *Sýkora*) und 1-Nitroso-2-hydroxy-3-naphthoesäure (*Datta*).

Mit 1-Nitroso-2-hydroxy-3-naphthoesäure wird Uran(VI) im pH-Bereich von 3,4 bis 4,5 quantitativ gefällt (*Datta*). Der orangefarbene Niederschlag kann nach dem Trocknen bei 120 °C als:

$$H_2\{UO_2[C_{10}H_5O(NO) \cdot COO]_2\}$$

ausgewogen werden. Palladium gibt analog zu Uran ebenfalls eine Fällung mit diesem Reagens. Außerdem werden Co, Th und Zr gefällt, wodurch diese Elemente eine starke Störung der Uranbestimmung hervorrufen. Metalle wie Quecksilber (I und II), Blei, Eisen (II und III) und Cer(IV) *stören* gleichfalls stark. Mäßige Störung der Uranbestimmung wird durch Aluminium, Beryllium und Chrom hervorgerufen, was aber durch doppelte Fällung verhindert werden kann. Zwecks Trennung des Urans vom Kobalt kann man von der Tatsache Gebrauch machen, daß der Kobaltkomplex mit diesem Reagens zum Unterschied vom Komplex des Urans in organischen Lösungsmitteln wie z. B. Methylisobutylcarbinol oder Amylalkohol löslich ist.

1.2.8.3 Salicylsäure und Derivate

Salicylsäure (*Pfeifer, Hesse, Pfitzner, Scholl* und *Tielert*) und einige ihrer Derivate wie z. B. Salicylhydroxamsäure (*Bhaduri*), 3,5-Dibromsalicylaldoxim (*Flagg* und *Furman*), Disalicylaläthylendiamin und Homologe (*Pfeifer, Hesse, Pfitzner, Scholl* und *Tielert*) fällen das Uran quantitativ aus schwach sauren Lösungen und wurden daher zur quantitativen Bestimmung dieses Elements vorgeschlagen.

Nach Angaben von *Bhaduri* reagieren Uranyl-Ionen mit Salicylhydroxamsäure:

$$C_6H_4(OH) \cdot CONHOH$$

in schwach saurer Lösung unter Bildung eines orangefarbenen, kristallinen Niederschlags, der bei 105 °C getrocknet und direkt ausgewogen werden kann. Dieser Niederschlag ist fast unlöslich in kaltem Wasser und Äthanol, dagegen löslich in Alkalihydroxiden unter Bildung einer orangefarbenen Lösung, aus der Säuren die ursprüngliche Verbindung wieder ausfällen. Ferner ist er auch in Säuren löslich. Die Fällung hängt von Zeit, Temperatur und pH ab. Die optimalen Bedingungen für die Uranabscheidung sind gegeben durch pH = 4,4 bis 5,4, die Zeit von 2 Std. und eine

---

[1] Eine 10^{-3} m-Lösung dieses Reagens kann bei pH 6—8 und 40 °C zur Abtrennung des Urans durch Flotation benützt werden [*Mahne, E. J.*, u. *Pinfold, T. A.*: J. appl. Chem., London, **19**, 57 (1969)].

Temperatur von 10 °C. Dieses Reagens wurde auch zur colorimetrischen Bestimmung des Urans vorgeschlagen (*Bhaduri* und *Rây*).

1.2.8.4 Sulfinsäuren und andere Schwefelverbindungen

Uran(IV) wird durch viele Sulfinsäuren quantitativ gefällt. So entsteht mit Benzolsulfinsäure ein Niederschlag des Benzolsulfinats der Formel $U(C_6H_5SO_2)_4$ (*Krishna* und *Singh*). Ce, Fe, Th, Sn, Ti, Zr und einige andere Elemente stören. Ähnlich wie Benzolsulfinsäure reagieren α- und β-Naphthylsulfinsäuren (*Dubsky*, *Oravc* und *Langer*; *Krishna* und *Singh*).

Uran(VI) wird quantitativ durch Diphenylthiocarbazid (*Parri*), Di-(n-butyl)-dithiocarbamid [*Malatesta* (a)] und substituierte Xanthogenate [*Malatesta* (b); *Zingaro*] sowie auch durch Kochen mit Allylthioharnstoff in Form der diesen Reagenzien entsprechenden Verbindungen gefällt.

1.2.8.5 Embelin

Embelin (2,5-Dihydroxy-3-undecyl-1,4-benzochinon) kann als Reagens zur gravimetrischen Bestimmung des Urans(VI) in reinen Lösungen im pH-Bereich von 6 bis 6,5 verwendet werden (*Bheemasankara Rao* und *Venkateswarlu*). Dasselbe Reagens fällt auch Thorium aus Lösungen, die 0,4n an Salzsäure sind. In beiden Fällen werden die Niederschläge geglüht und die entsprechenden Elemente entweder als U_3O_8 oder ThO_2 gewogen. Mit diesem Reagens läßt sich auch Thorium von einem großen Überschuß an Uran und den seltenen Erdmetallen trennen. Die Elemente Cu, Cd, Ca, Ba, Sr, Al, Be, Mn, Mg und Zn stören dabei nicht.

1.2.8.6 3-Acetyl-4-hydroxycumarin

Der Komplex des Urans(VI) mit 3-Acetyl-4-hydroxycumarin fällt quantitativ aus einer wäßrig-äthanolischen Lösung im pH-Bereich von 1,5 bis 4,5, während derjenige des Thoriums in Äthanol löslich ist und erst nach Entfernung dieses organischen Lösungsmittels ausfällt (*Bhat* und *Jain*). Diese Tatsache ermöglicht es, Uran(VI)-Mengen von mehr als 5,5 mg von einem bis 5fachen Überschuß an Thorium abzutrennen. Mehr als 99,5% des Urans können auf diese Weise abgetrennt werden. Dieses organische Reagens bildet keine Komplexe mit Cer(III) oder Lanthan(III) und ein mehr als 10facher Überschuß an diesen Ionen stört die Uranabtrennung nicht.

1.2.8.7 1-Hydroxy-3-methoxyxanthon

Nach Angaben von *Saxena* und *Seshadri* bildet 1-Hydroxy-3-methoxyxanthon (4 Mol) mit Thorium (1 Mol) in wäßriger, äthanolischer Lösung bei pH = 2,6 bis 4,0 einen Komplex, der durch Zusatz von Wasser ausgefällt, getrocknet und zum Thorium(IV)-oxid verglüht werden kann. Das Reagens kann dazu verwendet werden, um Thorium in Anwesenheit eines großen Überschusses von Ceriterden und Cer(IV)-salzen, die nicht stören, sowie vom Uran, das erst bei höherem pH-Wert gefällt wird, zu trennen.

1.2.8.8 1-Hydroxyxanthen-9-on

Dev und *Jain* konnten zeigen, daß Uran(VI) mit 1-Hydroxyxanthen-9-on einen schwerlöslichen Niederschlag bildet. Die Fällung erfolgt am besten bei pH = 5 bis 7 aus einer äthanolischen, ammoniumnitrathaltigen Lösung. Der Niederschlag wird zu U_3O_8 verglüht.

1.2.8.9 N-Äthylisatin-β-oxim

Mit N-Äthylisatin-β-oxim (1-Äthylindol-2,3-dion-3-oxim) fällt das Uran aus natriumacetathaltiger Lösung (*Buscaróns* und *Izquierdo*). Der Niederschlag kann nach dem Trocknen bei 110 °C oder nach dem Verglühen zu U_3O_8 ausgewogen werden.

1.2.8.10 Alizarinblau

Eine Methode zur Fällung des Urans aus einer Lösung von einem pH-Wert über 2,0 mit Alizarinblau (C. I. Mordant Blue 27) in Gegenwart von ÄDTA zwecks Maskierung von Thorium wurde von *Hirokawa* und *Gotô* beschrieben.

1.2.8.11 1,2-Di-(2-pyridyl)äthandiol

Mit einer 2%ig (m/v) wäßrigen Lösung des Reagens wird Uran bei pH 5 bis 8 in Gegenwart von überschüssigem Ammoniumnitrat gefällt. Der Niederschlag wird bei 1000 °C verglüht und das Uran als U_3O_8 ausgewogen (*Bhat, Gupta* und *Jain*).

1.2.8.12 N-Benzoyl-o-tolylhydroxylamin

Der mit diesem Reagens im pH-Bereich von 5,0 bis 7,5 gefällte Niederschlag kann nach dem Trocknen direkt ausgewogen werden [*Das, M. K.* und *Majumdar, A. K.:* Anal. Chim. Acta **50**, 243 (1970)].

Literatur

Bhaduri, A. S.: Sci. and Cult. **18**, 95 (1952); durch Chem. Abstr. **1953**, 2636; Fr. **151**, 109 (1956). – *Bhaduri, A. S.,* u. *Rây, P.:* Sci. and Cult. **18**, 97 (1952). – *Bhat, A. N.,* u. *Jain, D.:* Talanta **4**, 13 (1960). – *Bhat, A. N., Gupta, R. D.,* u. *Jain, B. D.:* Proc. Indian Acad. Sci., A, **63**, 356 (1966). – *Bheemasankara Rao, Ch.,* u. *Venkateswarlu, V.:* Fr. **175**, 114 (1960). – *Buscaróns, F.,* u. *Izquierdo, A.:* Inf. Quím. Anal. **18**, 103 (1964).

Datta, S. K.: Fr. **159**, 241 (1957/58). – *Datta, S. K.,* u. *Banerjee, G.:* (a) J. Indian chem. Soc. **31**, 149 (1954); (b) **31**, 929 (1954); durch Anal. Abstr. **1955**, 2074. – *Dev, B.,* u. *Jain, B. D.:* Pr. Indian Acad. Sci. A **54**, 341 (1961). – *Dubsky, J. V., Oravc, E.,* u. *Langer, A.:* Chem. Obzor **12**, 41 (1937).

Flagg, J. F., u. *Furman, N. H.:* Anal. Chem. **12**, 529 (1940). – *Fleck, H. R.:* Analyst **62**, 378 (1937).

Gamble, L., u. *Kilner, S. B.:* Report Chem. S-194, 7. September 1943.

Hirokawa, K., u. *Gotô, H.:* Bl. chem. Soc. Japan **35**, 964 (1962). – *Hovorka, V.,* u. *Sýkora, V.:* Coll. Czechoslov. Chem. Comm. **11**, 70 (1939).

Kahane, E., u. *Simenauer, A.:* Bl. **1949**, 531. – *Krishna, S.,* u. *Singh, H.:* Am. Soc. **50**, 792 (1928). – *Krishnamurthy, K. V. S.,* u. *Raghava Rao, Bh. S. V.:* R. **70**, 421 (1951). – *Kumar, A. N.,* u. *Singh, R. P.:* J. Indian chem. Soc. **40**, 774 (1963).

Luk'yanov, V. F., u. *Duderova, E. P.:* Zhurn. Anal. Khim. **16**, 60 (1961).

Malatesta, L.: (a) G. **69**, 752 (1939); (b) **69**, 408 (1939). – *Murthy, T. K. S., Lakshmana Rao* u. *Raghava Rao, Bh. S. V.:* J. Indian chem. Soc. **27**, 610 (1950); durch Chem. Abstr. **1951**, 6962.

Ostroumov, É. A., u. *Volkov, I. I.:* Zhur. Anal. Khim. **19**, 216 (1964).

Parri, W.: Giorn. farm. chim. **73**, 207 (1924). – *Patil, S. V.:* Current Sci. **31**, 419 (1962); Indian J. Chem. **2**, 505 (1964). – *Pfeifer, P., Hesse, T., Pfitzner, H., Scholl, W.,* u. *Tielert, H.:* J. makromol. Chem. **149**, 217 (1937).

Rây, P., u. *Bose, M. K.:* Fr. **95**, 400 (1933). – *Ripan, R.,* u. *Săcelean, V.:* (a) Talanta **12**, 69 (1965); (b) Revue roum. Chim. **12**, 17 (1967).

Saxena, G. M., u. *Seshadri, T. R.:* Pr. Indian Acad. Sci. A **47**, (4) 238 (1958); durch Anal. Abstr. **1959**, 507. – *Shemayakin, F. M., Adamovich, V. V.,* u. *Pavlova, N. P.:* Betriebslab. (russ.) **5**, 1129 (1936); durch Chem. Abstr. **1937**, 971; siehe auch Betriebslab. (russ.) **3**, 986 (1934); durch C. **107**, I, 3549 (1936); Chem. Abstr. **1934**, 3356. – *Southern, H. K.:* Report BR-341; November 1943.

Tannii, K., Hosimiya, H., u. *Ikeda, T.:* J. chem. Soc. Japan **61**, 269 (1940); durch Chem. Abstr. **1940**, 4687.

Zingaro, R.: Am. Soc. **78**, 3568 (1956).

1.3 Mitfällungsmethoden

Sammler (Kollektoren) werden in der analytischen Chemie seit vielen Jahren verwendet, um geringste Substanzmengen aus großen Flüssigkeitsvolumina zu isolieren. Allgemein wird ein Ion umso vollständiger mitgefällt, je größer die Unlöslichkeit der Verbindung ist, woran das Ion adsorbiert werden soll, je stärker die Bindung ist, mit der das Ion vom Fällungsmittel festgehalten wird und je größer die Ähnlichkeit in der Größe und im chemischen Verhalten der gefällten und der mitgefällten Ionen ist. Je ähnlicher einander zwei Ionen sind, desto eher sind sie fähig, isomorphe Verbindungen miteinander zu bilden, d. h. umso leichter fallen sie zusammen aus.

Zur Mitfällung von Spuren Urans wurden meist verwendet: Eisen(III)-hydroxid, Aluminiumhydroxid, Calciumhydroxid, Aluminiumphosphat, Zirkoniumphosphat, Thoriumfluorid und Lanthanfluorid. Ferner wurden als Kollektoren auch folgende Verbindungen benutzt: Mangan(IV)-oxid (*Goran, Armstrong* und *Gates, jr.*), Thoriumperoxid (*Grieger* und *Larson*), Bariumcarbonat (*Stanley, Adamson, Leslie* und *Boyd*), Calciumfluorid (*Kraus*) (s. auch Abschnitt 1.1.4.1) und Kupferhexacyanoferrat(II) (s. Abschnitt 1.1.9.).

Anstelle dieser anorganischen Verbindungen können auch organische Substanzen als Sammler verwendet werden. Vorgeschlagen wurden α-Nitroso-β-naphthol (*Weiss, Lai* und *Gillespie*), Diantipyrinyl-methan sowie Krystallviolett (*Babko* und *Danilova*) und Eiweiß (*Glover*).

1.3.1 Eisen(III)-hydroxid als Kollektor

Eisen(III)-hydroxid wird bei der Analyse von Effluenten als Kollektor verwendet (*Brandenberger; Kraus*). Im allgemeinen werden 2 bis 10 mg Fe (0,005 Gew.-%) als Eisen(III)-chlorid zugesetzt und hierauf mit Ammoniak gefällt. Der erhaltene Eisenhydroxidniederschlag kann dann mit spektrographischen, fluorometrischen oder photometrischen Methoden untersucht werden. Eine Nachprüfung (*Kraus*) dieser Methode zeigte, daß die Konzentration des Urans, das nach der Fällung zurückblieb, nicht 1 oder 2 Teile je hundert Millionen Teile Lösung überschritt, was ungefähr dem experimentellen Fehler gleichkam. Die Anwesenheit von Kohlendioxid bis zu 0,01 Gew.-% änderte die Resultate nicht merkbar.

Die Methode der Mitfällung des Urans(VI) mit Eisen(III)-hydroxid wurde von *Bachelet* zur Isolierung von Uran und UX_1 (Thorium 234) herangezogen. Die Fällung erfolgte ebenfalls durch Zusatz von Ammoniak zur Uranlösung, die einen Überschuß eines Eisen(III)-salzes enthielt. Zur Trennung des mitgefällten Urans vom Eisen wird der Niederschlag in Salzsäure gelöst und die Ammoniumcarbonatmethode (s. Abschnitt 1.1.1.3) in Gegenwart von etwas Ammoniumsulfid angewendet. Das Filtrat enthält nur Uran und UX_1; diese werden mit Ammoniak gefällt und der Niederschlag zu U_3O_8 verglüht. Die Ausbeute an UX_1 beträgt 85 bis 95 %.

Eisen(III)-hydroxyd als Kollektor wurde auch häufig zur Isolierung von Uranspuren aus natürlichen Wässern z. B. Meerwasser benützt (*Nemodruk* und *Deberdeeva; Ishibashi, Fujinaga, Kuwamoto* und *Ogino; Korkisch*).

1.3.2 Aluminiumhydroxid als Kollektor

Aluminiumhydroxid als Kollektor für Spurenmengen Uran(VI) wird vor allem dann verwendet, wenn die Anwesenheit von Eisen nicht erwünscht ist (*Furman; Orleman*). Die Reaktionen gleichen denjenigen, die mit Eisen erreicht werden. Bei der Verwendung von 5 mg als Sammler (*Orleman*) und Ammoniak als Fällungsmittel wurde gefunden, daß der Urangehalt des Filtrats 0,5 bis 2,0 μg/100 ml Lösung betrug. Ohne Aluminium als Kollektor enthielt das Filtrat etwa 50 μg Uran/100 ml Lösung.

Diese Mitfällungsmethode wurde von *Singer* und *Mareček* dazu benützt, um Uranspuren aus Wässern zu isolieren. Das mitgefällte Uran wurde zur vierwertigen Oxydationsstufe reduziert und spektrophotometrisch mit Arsenazo III als Reagens bei 665 nm quantitativ bestimmt. Diese Methode ermöglicht noch die Bestimmung von 1 μg Uran/l.

1.3.3 Calciumhydroxid als Kollektor

Calciumhydroxid wurde mehrfach als Kollektor und Fällungsmittel zur Isolierung von Uranspuren aus Lösungen verwendet (*Rodden* und *Goldbeck*; *Kraus*; Rep. M-2126; *Grady, Goran, Armstrong* und *Gates, jr.*). Die Methode ist in Anwesenheit von Carbonat-Ionen sehr praktisch, wobei weniger als 3 μg Uran im Liter Lösung zurückbleiben (Rep. M-2126; *Grady, Goran, Armstrong* und *Gates, jr.*).

Von *Rodden* und *Goldbeck* wurde die Mitfällung von Spuren Urans mit Calciumhydroxid zu dessen Trennung vom Vanadium in alkalischen Lösungen benützt (Analyse von rotem Natriumvanadat).

1.3.4 Phosphate als Kollektoren

Die Mitfällung des Urans(VI) mit Aluminiumphosphat als Träger wurde von *Kehl* und *Russell* dazu benützt, um Spuren dieses Elements aus Wässern und Salzsolen zu isolieren. Nach dem Erhitzen des Niederschlages wurde das Uran röntgenfluoreszenzanalytisch bestimmt. Diese Methode gestattet noch den Nachweis von 0,01 mg Uran.

Eine ähnliche Methode der Mitfällung wurde auch zur Bestimmung von Uran im Meerwasser herangezogen (*Viswanathan, Sreekumaran, Doshi* und *Unni*). Das Uran wird aus 500 ml der Meerwasserprobe mit Aluminiumphosphat mitgefällt, dann in Gegenwart von Aluminiumnitrat als Aussalzmittel aus n Salpetersäure mit Äthylacetat extrahiert und schließlich fluorometrisch bestimmt. Diese Methode gestattet die Isolierung von (95 $\pm$ 5)% des Urans.

Zur Trennung geringer Mengen 4wertigen Urans in Gegenwart von Niob und Tantal wird dieses mit Zirkoniumphosphat als Kollektor mitgefällt (*Morachevskii* und *Tserkovnitskaya*). Die Reduktion des Urans zur 4wertigen Oxydationsstufe erfolgt mit Zink in Gegenwart von Weinsäure. Die darauffolgende Fällung wird nach Zusatz einer Zirkoniumnitratlösung unter Anwendung von Diammoniumhydrogenphosphat als Fällungsmittel ausgeführt. Nach dem Auflösen des Niederschlags in 10 n Schwefelsäure wird das Uran mit einer 0,01 n Ammoniumvanadatlösung in Gegenwart von N-Phenylanthranilsäure als Indikator titriert.

Auch Zirkoniumhypophosphat kann zur Mitfällung von Uran(VI) verwendet werden (*Zaki*).

Methoden zur Mitfällung von Uran(IV) mit Zirkonium- und auch Thoriumphosphat werden in Abschnitt 1.1.2.2.2 beschrieben.

1.3.5 Fluoride als Kollektoren

Die Abtrennung geringer Mengen Urans mit Thoriumfluorid als Kollektor wird von *Starik, Starik* und *Apollonova* in Zusammenhang mit einer Methode zur polarographischen Bestimmung des Urans beschrieben. Diese Methode kann zur Bestimmung des Urans in Gesteinen oder Wässern herangezogen werden. Nach der Reduktion des Urans mit Zink zur 4wertigen Oxydationsstufe und Zusatz von Thoriumsulfat erfolgt die Fällung des Thoriumfluorids mit einer ammoniumfluoridhaltigen Flußsäurelösung aus salz- oder salpetersaurer Lösung. Der Niederschlag wird zwecks Entfernung der Fluorid-Ionen mit Salpeter- und Schwefelsäure abgeraucht und die Hydroxide des Thoriums und des mitgefällten Urans mit Ammoniak ausgefällt. Nach Auflösen dieses Niederschlags in Salzsäure wird das Uran unter Anwendung einer Mischung von 0,1 bis 0,5 n Salzsäure und 0,3 bis 0,5 n Schwefelsäure als Leitelektrolyt polarographisch bestimmt (s. Abschnitt 4.1.2.1). Mit Uranmengen im Konzentrationsbereich von 10^{-4} bis 10^{-5} m wurden befriedigende Ergebnisse erzielt. Eisen, Aluminium und Vanadium stören die Abtrennung des Urans nicht.

Auch Lanthanfluorid kann als Kollektor für Uran(IV)-Ionen benützt werden (*Blalock*). Vor der Mitfällung wird das Uran im *Jones*reduktor reduziert und dann nach Zusatz von Lanthanperchlorat mit Flußsäure ausgefällt. Die Fällung wird nach dem Auflösen des Niederschlags in o-Phosphorsäure wiederholt, die Fluorid-Ionen des Niederschlags durch Abrauchen mit Perchlorsäure entfernt und das Uran nach Reduktion in einem Bleireduktor mit Cer(IV)-Maßlösung titriert. Diese Methode gestattet, Eisenmengen bis zu 500 mg vom Uran zu trennen.

1.3.6 Organische Verbindungen als Kollektoren[1]

Die Mitfällung bzw. Cokristallisation des Urans mit α-Nitroso-β-naphthol wurde von *Weiss*, *Lai* und *Gillespie* zur Bestimmung des Urans im Meerwasser herangezogen.

Zur Isolierung und Abtrennung von Uranspuren kann auch wie erwähnt ihre Mitfällung mit Diantipyrinylmethan oder Kristallviolett dienen (*Babko* und *Danilova*).

Glover isolierte Mikromengen Urans aus reinen Uranlösungen und Lösungen veraschter, organischer Gewebe durch Mitfällung des Urans an kristallisiertem Eialbumin, Albumin von Rinderserum, Fraktion V von Rinderplasma und gepulvertem Eialbumin. Durch Erhöhung der Eiweißkonzentration oder des pH-Wertes oder durch Verminderung der Pufferkonzentration wird die unterste Grenze erniedrigt, bei der Uran noch quantitativ isoliert werden kann. Es konnten noch 10 μg Uran aus 35 ml Lösung abgetrennt werden. In der Nähe des isoelektrischen Punktes des Eiweißstoffes ist der pH-Wert nicht kritisch; mit Ammoniumacetatpuffer werden ähnliche Ergebnisse erzielt. Hydrogencarbonat- und Citratpuffer sind 10mal wirksamer als Acetat bei pH = 4,6 und darüber. Daß der sich bildende Uraneiweißkomplex dissoziiert, geht daraus hervor, daß mehr als 90 % des am Eiweiß gebundenen Urans mittels Natriumhydrogencarbonat-Lösung entfernbar sind. Die Uranbestimmung wird auf fluorometrischem Weg ausgeführt. Lösungen veraschter Nieren und Knochen ergaben Verhältnisse von

$$\text{Uran} : \text{Asche} = 1 : 100 \text{ und } 1 : 1000$$

mit den entsprechenden Konzentrationen von 23 bis 230 μg Uran/35 ml Lösung. Das beim pH-Wert 5,0 abgetrennte Uran ist praktisch frei von Calciumsalzen.

Literatur

Babko, A. K., u. *Danilova, V. N.*: Zhur. Anal. Khim. **18**, 1036 (1963). – *Bachelet, M.*: C. r. **203**, 69 (1936). – *Blalock, T. L.*: Rep. Invest. **1960**, No. 5687. – *Brandenberger, E. G.*: Report A-1028, 1.–15. März 1944, S. 2.

Furman, N. H.: Report M-2302, 30. April 1945, S. 9; Report CD-2300, 21. März 1945, S. 14.

Glover, N.: Natl. Nuclear Energy Ser., Div. VI. Vol. 1, Pharmacology and Toxicology of Uranium Compounds. Book **3**, 1139 (1953); durch Chem. Abstr. **1953**, 10396. – *Goran, M., Armstrong, G. M.*, u. *Gates, J. W., jr.*: Report CD-4024, 18. Mai 1945. – *Grady, H. R., Goran, M., Armstrong, G. M.*,

---

[1] Als Mitfällungsmittel kann auch Arsenazo I (s. Abschn. 3.1.1.3.3.2) verwendet werden: *Kuznetsov, V. I., Gorshkov, V. V., Akimova, T. G.*, u. *Nikol'skaya, I. V.*: Tr. Kom. analit. Khim. **15**, 296 (1965).

u. *Gates, J. W. jr.:* Report CD-4007, 7. März 1945. – *Grieger, P. F.,* u. *Larson, C. E.:* Report C-O. 380, 4. 20. Februar 1946.

Ishibashi, M., Fujinaga, T., Kuwamoto, T., u. *Ogino, Y.:* J. Chem. Soc. Japan, Pure Chem. Sect., **88**, 73 (1967).

Kehl, W. L., u. *Russell, R. G.:* Anal. Chem. **28**, 1350 (1956). – *Korkisch, J.:* Modern Methods for the Separation of Rarer Metal Ions, Pergamon Press, Oxford/London/New York, 1969, S. 185. – *Kraus, C. A.:* Report BM-19, 19. Oktober 1944, S. 5; Report A-2328, 4. März 1946.

Morachevskii, Yu. V., u. *Tserkovnitskaya, I. A.:* Vestn. Leningr. Univ. **10** (2), 152 (1957); durch Anal. Abstr. **1958**, 1196.

Nemodruk, A. A., u. *Deberdeeva, R. Yu.:* Radiokhimiya **8**, 248 (1966).

Orleman, E. F.: Report CD-2244, 26. März 1945, S. 6.

Report M-2126, 30. Mai 1945, S. 9. – *Rodden, C. J.,* u. *Goldbeck, C. G.:* Report A-2912, Volume 1, Januar 1946, S. 163.

Singer, E., u. *Mareček, J.:* Fr. **196**, 321 (1963). – *Stanley, C. W., Adamson, A. W., Leslie, W. C.,* u. *Boyd, G. E.:* Report CN-2833, 16. Juni 1945. – *Starik, I. E., Starik, F. E.,* u. *Apollonova, A. N.:* Tr. Radiev. Inst., Acad. Nauk SSSR **7**, 107 (1956); durch Zhur. Khim. (russ.) **1958**, Abstr. No. 896; durch Anal. Abstr. **1958**, 3721.

Viswanathan, R., Sreekumaran, C., Doshi, G. R., u. *Unni, C. K.:* J. Indian chem. Soc. **42**, 35 (1965).

Weiss, H. V., Lai, M. G., u. *Gillespie, A.:* Anal. chim. Acta **25**, 550 (1961).

Zaki, M. R.: Fr. **199**, 420 (1963).

4*

2 Titrimetrische Methoden

2.1 Einleitung

Titrimetrische Methoden zur Bestimmung des Urans weisen gegenüber den gravimetrischen Verfahren (s. Abschnitt 1) mehrere Vorteile auf. Man kann mit ihnen das Uran in einem wesentlich größeren Konzentrationsbereich, miteingeschlossen Mikrogrammengen dieses Elements, erfassen, und die Bestimmungen lassen sich innerhalb einer wesentlich kürzeren Zeit mit oft größerer Genauigkeit als gravimetrische durchführen. Ferner werden die Titrationsmethoden nicht so stark durch Fremd-Ionen gestört.

Die titrimetrischen Verfahren zur Uranbestimmung lassen sich ganz allgemein in zwei große Gruppen unterteilen, und zwar in eine solche, in der die Titration des Urans nach vorhergehender Reduktion zum Uran(IV) erfolgt, und in eine andere Gruppe, deren Methoden auf der Titration von Uran(VI)-Ionen (Uranyl-Ionen) beruhen.

Nach vorangehender Reduktion des Urans(VI) zum vierwertigen Oxydationszustand mittels geeigneter Reduktionsmittel (s. Abschnitt 2.2) wird das Uran(IV) mit Cer(IV)-, Kaliumpermanganat-, Kaliumdichromat-, Vanadat-, Eisen(III)-lösungen usw. titriert (s. Abschnitt 2.3.1). Zur Endpunktsanzeige der Titration können visuelle, spektrophotometrische oder elektrometrische Verfahren herangezogen werden. Dieses Redoxprinzip, nach dem das vorher reduzierte Uran durch diese Oxydationsmittel wieder in den sechswertigen Zustand zurückgeführt wird, stellt die Grundlage der meisten und genauesten, bis jetzt bekannt gewordenen titrimetrischen Methoden zur Uran-Bestimmung dar. Es ist auch möglich, das Uran(IV) unter Anwendung geeigneter Indikatoren komplexometrisch zu bestimmen (s. Abschnitt 2.3.2).

Die direkte Titration des Urans(VI) (s. Abschnitt 2.4) kann auf reduktometrischem, fällungsanalytischem und komplexometrischem Wege erfolgen. Während reduktometrische Verfahren, die auf der Titration des Urans(VI) unter gleichzeitiger Reduktion zum Uran(IV) mittels starker Reduktionsmittel wie z. B Chrom(II)- und Titan(III)-salzlösungen, meist auf elektrometrischer Endpunktsanzeige, beruhen (s. Abschnitt 2.4.1), von relativ großer Genauigkeit sind, kommt heute den fällungsanalytischen Methoden nur noch eine geringe Bedeutung zu.

Die zur titrimetrischen Bestimmung des Urans benützten Maßlösungen können entweder aus Urtitersubstanzen bereitet oder, wenn solche nicht zur Verfügung stehen, gegen Uranstandards eingestellt werden. Die Anwendung eines Uranstandards ist vorteilhafter; denn die Titration und der Endpunkt bei der Einstellung sind die gleichen wie bei der wirklichen Analyse, und der Wägefehler der Einstellung wird durch das hohe Äquivalentgewicht des Urans verringert. Der am häufigsten verwendete Uranstandard ist Uran(IV)-uranat U_3O_8. Ferner ist es möglich, die aus diesem Oxid herstellbaren Uranylsalze wie z. B. das im Handel leicht erhältliche Uranylnitrat oder -acetat als sekundäre Standards zu benützen. Außerdem können auch Erzstandards verwendet werden. Die Erzstandards sind homogene Pechblenden, carnotithaltiger Sandstein und Monazitproben, die die verschiedenen Urangehalte, auf die man bei der Urananalyse von Erzen stößt, repräsentieren und durch eine große Anzahl von Analytikern und Methoden analysiert wurden, um ihre Zusammensetzung mit hinreichender Sicherheit festzustellen. Diese Proben sind zur Kontrolle analytischer Arbeitsvorschriften für die Erzanalyse sehr geeignet, da die Fehler, die von den Faktoren wie Löslichkeit der Niederschläge, wechselnden Konzentrationen und Wirkungen eines Elementes auf die Fällung eines anderen herrühren, beim Standard und bei der betreffenden Probe gleich sind.

2.2 Reduktion des Urans(VI) zum Uran(IV)

Zur Reduktion von Uranyl-Ionen zu vierwertigem Uran können viele Metalle, Lösungen stark reduzierender Verbindungen und photochemische Reaktionen in Gegenwart organischer Verbindungen benützt werden. Ferner ist eine Reduktion auch auf elektrolytischem Wege möglich.

Die am häufigsten verwendeten Metalle sind Zn, Ag, Pb, Bi und Cd (s. Abschnitt 2.2.1). Diese können als solche in Form von Stäben, Granulen usw. oder legiert mit Quecksilber als feste oder flüssige Amalgame benützt werden. Fallweise werden auch andere Legierungen dieser Metalle für Reduktionszwecke herangezogen.

Die bedeutsamsten Lösungen starker Reduktionsmittel sind solche, die Chrom(II)- und Titan(III)-salze enthalten (s. Abschnitt 2.2.2). Ferner wurden noch einige andere Reduktionsmittel wie z. B. Zinn(II)-chlorid und Natriumdithionit empfohlen (Näheres s. Abschnitt 2.2.2.3 und 2.2.2.4).

Zur photochemischen Reduktion des Urans können Äthanol oder andere organische Verbindungen dienen (s. Abschnitt 2.2.3).

Die Wahl eines Reduktionsmittels hängt von mehreren Faktoren ab, von denen wohl jener am wichtigsten ist, der die Anwesenheit störender Fremd-Ionen berücksichtigt. Von diesem Standpunkt aus gesehen, sind flüssige Amalgame besser geeignet als die entsprechenden unlegierten Metalle, da die Verunreinigungen im frisch bereiteten Amalgam zurückbleiben und demnach die der Reduktion nachfolgende, titrimetrische Bestimmung des Urans(IV) weniger stark stören.

Unter bestimmten Reduktionsbedingungen wird ein Teil der Uranyl-Ionen auch zum Uran(III) reduziert, wodurch in der darauffolgenden oxydimetrischen Bestimmung des Urans zu hohe Ergebnisse erzielt werden. Um dies zu vermeiden, muß das Uran(III) vor der Titration zuerst zum Uran(IV) oxydiert werden, was am besten durch Luftoxydation der reduzierten Lösung erreicht wird (z. B. kurzes Durchleiten eines Luftstromes).[1] Dabei können die Versuchsbedingungen derart gewählt werden, daß keine Rückoxydation des Urans(IV) zur sechswertigen Oxydationsstufe erfolgt (Näheres s. Abschnitt 2.3).

2.2.1 Reduktion mit Metallen

2.2.1.1 Zink und Amalgame

2.2.1.1.1 Metallisches Zink

Metallisches Zink reduziert Uran(VI) quantitativ zur vierwertigen Oxydationsstufe in kochenden, salz- oder schwefelsauren Lösungen (*Kern*; *Kunin* und *Mayer*; *Hull, Hurd, Cohen* und *McAuliffe*; *Steuer*). Diese Reduktion kann in stark salzsaurer Lösung oder auch salz- und perchlorsauren Lösungen (*McClure* und *Banks*) auch ohne äußere Wärmezufuhr erfolgen, wenn granuliertes Zink zugesetzt wird (*Korkisch*). Dabei erwärmt sich die Lösung sehr stark, wodurch eine quantitative Reduktion gewährleistet ist (s. Abschnitt 2.3.2). Auch in der Kälte verläuft die Reduktion in schwefelsaurer Lösung quantitativ (*Deshmukh* und *Joshi*). Bei der Reduktion mit

---

[1] Die ebenfalls sehr rasch ablaufende Oxydation von U(III) durch überschüssiges U(VI) kann zur Titration des U(III) benützt werden [*Duflo-Plissonnier, M.*: Radiochem. Radioanal. Lett., **2**, 321 (1969)].

metallischem Zink wird auch etwas Uran(III) gebildet, das sich aber leicht durch Oxydation mit Luftsauerstoff in Uran(IV) überführen läßt (s. Abschnitt 2.3).

2.2.1.1.2 Amalgamiertes Zink

2.2.1.1.2.1. Festes Zink-Amalgam (*Jones*-Reduktoren)

Die Reduktion des Urans(VI) zum Uran(IV) unter Anwendung fester Zinkamalgame (*Lundell* und *Knowles*; *Kern*), die in Form eines *Jones*-Reduktors (s. Abbildung 1) angewendet werden, ist eine der am häufigsten angewendeten Methoden.

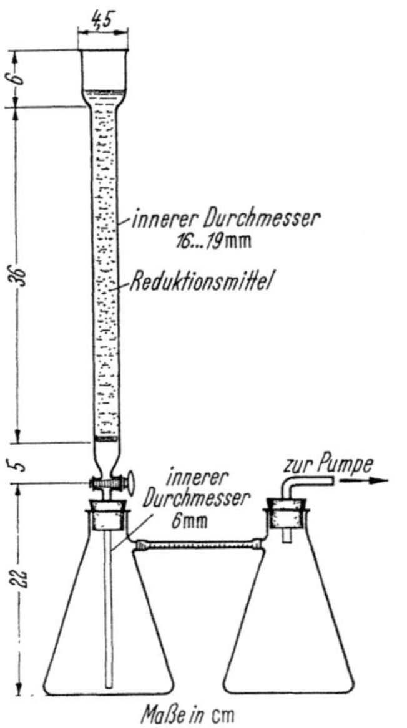

Abb. 1. *Jones*-Reduktor

Die Vorbereitung und die Verwendung der *Jones*-Reduktoren wird von *Hillebrand* und *Lundell* sowie *Kolthoff* und *Sandell* beschrieben. Sie enthalten Zink, das mit 1 bis 5% Hg amalgamiert ist.

Vorbereitung der Reduktoren. Ein etwa 2%iges Amalgam wie folgt bereiten: 180 g Zn (20 mesh; 16/mesh = Korndurchmesser in mm) sind durch Waschen mit 100 ml Salpetersäure (1 + 200) (0,07 m) und dreimaliges Abspülen mit Wasser zu reinigen. Dann wird das Zink durch etwa 10 Sek. langes Waschen mit Schwefelsäure (1 + 19) (etwa 1 m) aktiviert. Nach sofortigem Abspülen mit 3mal je 100 ml Wasser wird sogleich durch ein 10 Min. langes Aufrühren mit 100 ml 3,6%iger HgCl$_2$-Lösung (23,6 g HgCl$_2$ auf 632 ml Wasser), die einen Tropfen Schwefelsäure enthält, amalgamiert. Die Lösung ist durch Dekantieren zu entfernen und das Amalgam mehrere Male mit Schwefelsäure (1 + 100) (etwa 0,2 m) zu waschen. Das Reduktorrohr (mit etwa 16 mm Durchmesser) füllt man mit Wasser und legt das Amalgam schichtweise (1 Zoll) ein. Jede einzelne Schicht wird mit einem Glasstab vorsichtig gestopft.

Arbeitsvorschrift. Einen neuen Reduktor oder einen solchen, der lange nicht verwendet worden ist, wäscht man 5mal mit je 30 ml 5%iger Schwefelsäure(v/v) (etwa 1 m). Dann wird ein Absaugkolben angebracht und die Probelösung, die etwa 17 mg Uran/ml in 5% schwefelsaurer Lösung (v/v) enthält, durch das Amalgam mit einer Geschwindigkeit von 15 ml/Min. hindurchgesaugt. Die Säule wird 5mal mit je 30 ml Schwefelsäure (1 + 19) und dann mit 30 ml Wasser gewaschen. Nach der ersten Waschung ist die Durchflußgeschwindigkeit auf etwa 30 ml/Min. zu steigern; jeden Anteil Waschflüssigkeit läßt man bis zum oberen Rand der Säulenfüllung durchlaufen, bevor man erneut durchwäscht. Diese Arbeitsweise läßt weniger als 0,05 mg Uran auf einer Säule von 19 mm Durchmesser und 20 cm Länge zurück. Die Durchflußgeschwindigkeit und die Menge an verwendeter Waschflüssigkeit werden der Größe der Säule, der Urankonzentration und der verlangten Genauigkeit angepaßt. Während der Reduktion und der Waschvorgänge ist immer darauf zu achten, daß das Amalgam von der Lösung bedeckt ist. Den Reduktor soll man bei Nichtverwendung mit Wasser füllen, damit Bildung basischer Zinksalze vermieden wird, die den Reduktor verstopfen könnten.

Bemerkungen. I. Eine Reduktion mittels der oben angegebenen Methode ergibt immer ein *Gemisch* aus Uran(III) und Uran(IV) und muß daher von Luftdurchleiten oder einer anderen Oxydationsmethode begleitet sein (*Furman* und *Schoonover*).

II. Die Menge an amalgamiertem Zink, das im Reduktor verwendet wird, beträgt *200 bis 800 g.* Lösungen, die 17 mg Uran/ml enthalten, können reduziert werden, indem man sie mit einer Geschwindigkeit von 15 ml/Min. durch 180 g 2%iges Amalgam in Form einer 20 cm langen Säule fließen läßt (s. Arbeitsvorschrift). Größere

Reduktoren werden für uranarme Proben verwendet, um eine Störung durch Spuren anderer Metalle auszuschalten, indem man diese im oberen Teil des Reduktors abscheidet. Lösungen kann man durch große Reduktoren mit einer Geschwindigkeit von 60 ml/Min. durchlaufen lassen; man muß in diesem Fall aber öfters waschen als bei einem kleinen Reduktor.

III. Für *Routineanalysen* wird die Probe, die in 100 ml verd. Schwefelsäure (1 + 19) (etwa 1 m) gelöst ist, mit ungefähr 3mal 30 ml verd. Schwefelsäure (1 + 19) und 3mal 30 ml Wasser aus dem Reduktor gewaschen (eluiert). Dieses Verfahren läßt manchmal 0,1% Uran in einem 40 cm langen 600 g-Reduktor zurück (*Richmond* und *Rodden*). Das Waschen ist wirksamer, wenn man das Waschwasser immer vollständig abfließen läßt, bevor man neuerlich durchwäscht.

IV. Es wird behauptet, daß durch die Reaktion des Sauerstoffs der Luft mit dem Zink-Amalgam Spuren von Wasserstoffperoxid gebildet werden; doch besteht *kein Beweis* dafür, daß dies bei schwefelsauren Lösungen vorkommt. Außerdem wird Wasserstoffperoxid völlig zerstört, wenn seine schwefelsaure Lösung durch einen Zink-Reduktor läuft (*Lundell* und *Knowles*). Bei Anwendung von flüssigem Zn-Amalgam wurde jedoch eine Bildung von Wasserstoffperoxid beobachtet (s. Abschnitt 2.2.1.1.2.2).

V. Sulfat- und Perchlorat-Lösungen werden *sehr häufig* zur Reduktion an amalgamiertem Zink im *Jones*-Reduktor mit anschließender Titration verwendet. Chloride verhalten sich auch zufriedenstellend, wenn Vorsichtsmaßregeln ergriffen werden, um eine Störung der Titration zu verhindern. Andere Anionen, die eine zu vernachlässigende Störung verursachen, sind Borat- und Fluoborat-Ionen.

Nitrate werden teilweise zu niedrigeren Oxydationsstufen wie z. B. zu Nitrit und Hydroxylamin reduziert, die bei der darauffolgenden oxydimetrischen Titration des Urans oxydiert werden und dadurch zu hohe Uranwerte verursachen ⌈*Yoshimura* (a)]. Durch Zugabe von Harnstoff zur reduzierten Lösung können die Nitrit-Ionen unschädlich gemacht werden. Nitrate werden oft stark festgehalten und können nicht völlig durch Waschen von Niederschlägen oder durch zweimaliges Abrauchen mit Schwefelsäure entfernt werden (*Smales* und *Wilson*; *Holladay* und *Cunningham*).

VI. *Organische* Substanzen, besonders

a) leicht oxydierbare, müssen entfernt werden. Dazu gehören u. a.: Formiate, Oxalate, Tartrate und Alkohole. Um diese Substanzen zu entfernen, wird die Lösung vor der Reduktion des Urans gewöhnlich in Anwesenheit von Kaliumpermanganat, Perchlorsäure (Vorsicht!) oder Ammoniumpersulfat mit Schwefelsäure abgeraucht.

b) Acetate in großer Konzentration führen zu etwas höheren Resultaten und sind überraschenderweise nur *schwer* durch Abrauchen mit Schwefelsäure entfernbar.

VII. *Polythionsäuren*, die manchmal durch die vorhergehende Entfernung eines Metalls mit Schwefelwasserstoff anfallen, stören ebenfalls die Titration des Urans in der reduzierten Lösung.

VIII. Solche Ionen, die Uran(IV) *fällen*, wie z. B. Fluoride, Oxalate und auch Hypophosphate (s. Abschnitt 1), sollen abwesend sein (*Korach*, *Nessle*, *Casto* und *Orlemann*).

IX. Die Anwesenheit von 0,3 bis 0,4 g *Phosphorsäure* in einer Probe von 0,4 bis 0,5 g Uran hat wenig oder keine Auswirkung auf das Ergebnis, das man für Uran erhält (*Korach*, *Nessle*, *Casto* und *Orlemann*). Ist jedoch der Phosphorgehalt bedeutend größer, so fällt Uran(IV)-phosphat (s. Abschnitt 1) im *Jones*-Reduktor sowie in der reduzierten Lösung aus, und man erhält zu niedrige Werte. Phosphate verzögern die Reduktion der Uranlösung; denn Proben, die 0,1 bis 0,5 g Phosphorsäure enthalten, sind zunehmend schwieriger reduzierbar; sollten sie 1 g Phosphorsäure enthalten, so können sie praktisch nicht mehr zufriedenstellend reduziert werden. Wird jedoch die Phosphorsäurekonzentration der zu reduzierenden Lösung auf 4,5 m erhöht, so fällt bei der darauffolgenden Reduktion im *Jones*-Reduktor kein Uran(IV)-

phosphat aus (*Schreyer* und *Baes*), da dieses in überschüssiger Phosphorsäure löslich ist (s. Abschnitt 1). Nach Angabe der Autoren soll unter diesen Reduktionsbedingungen nur Uran(IV) gebildet werden, so daß ein Luftdurchleiten durch die reduzierte Lösung unterbleiben kann. *Yoshimura* (b) konnte jedoch zeigen, daß sich dennoch etwas Uran(III) bei der Reduktion in Gegenwart großer Mengen an Phosphorsäure bildet.

X. Keine Störung findet statt durch *elektropositivere* Metalle wie Alkalimetalle einschließlich Ammonium-Ionen, die Erdalkalimetalle, Be, Al, Th und die seltenen Erdmetalle mit Ausnahme von Eu, das im *Jones*-Reduktor zu Eu(II) reduziert wird und unter Umständen durch das Durchleiten von Luft nur unvollständig rückoxydiert werden kann. Die geringe Löslichkeit des Europium(II)-sulfats kann auch Schwierigkeiten verursachen (*McCoy*). Zr, Co, Zn und Mn können ebenfalls anwesend sein, ohne zu stören.

XI. Zu den Elementen, die am Zink abgeschieden werden und *stören*, wenn sie in zu großen Konzentrationen vorliegen, gehören Ni, Cd, Cu, Ag, Au, Hg, As, Sb, Bi, Sn, Pb, Se, Te und Pt. Ni darf nur bis zu Mengen, die kleiner als 300 mg sind, in einem Reduktor, der 180 g Zn mit ungefähr 2% Hg amalgamiert enthält, anwesend sein (*Heberling* und *Furman*). Das Abscheiden des Nickels wird von heftiger Wasserstoffentwicklung und unvollständiger Reduktion begleitet. *Grimaldi* hat jedoch gefunden, daß ein 10%iger *Jones*-Reduktor nicht durch nickelhaltige Substanzen vergiftet wird. Sogar nachdem 5 g Nickel durchgelaufen waren, wurde am Reduktor kein abgeschiedenes Nickel gefunden.

XII. Zu Reduktionen mit *Jones*-Reduktoren können *salz-* oder *schwefelsaure* Lösungen verwendet werden. Valenzänderungen während der Reduktion von Uran, Eisen, Vanadium und Molybdän sind beim 10%-Reduktor gleich wie beim 2%-Reduktor. Dieses Amalgam wird durch ungefähr 2 Min. langes Schütteln von 180 g Zn (20-mesh) mit 400 ml einer Lösung bereitet, die 23,6 g $HgCl_2$ und 10 ml Salpetersäure enthält.

XIII. Metall-Ionen, die durch den Reduktor zu *niedrigeren* Wertigkeitsstufen, nicht aber zum metallischen Zustand reduziert werden und die nachfolgende Titration durch Verbrauch des Oxydationsmittels stören, sind Fe^{3+}, Sn^{4+}, Mo(VI), V(V), Ti^{4+}, W(VI), Nb(V), Cr^{3+}, Eu^{3+}, Ce^{4+}, Sb(V), Tl^{3+} u. a. Beim Durchleiten von Luft, um gegebenenfalls gebildetes Uran(III) zum Uran(IV) zu oxydieren, werden Ti^{3+} quantitativ zu Ti^{4+} und Cr^{2+} quantitativ zu Cr^{3+} oxydiert, wenn sie nicht in allzu großen Mengen vorliegen. Diese Elemente stören daher üblicherweise die oxydimetrische Bestimmung des Urans(IV) nicht. Ce^{3+} und Fe^{2+} stören nicht, falls die Titration des Urans mit einer Lösung erfolgt, die ein Salz eines dieser Elemente im höheren Oxydationszustand enthält.

XIV. *Mikromengen* Urans können in einem kleinen *Jones*-Reduktor reduziert werden, der eine Zinksäule von etwa 50 mm Länge und 7 mm Durchmesser enthält. Ein Hahn wird überflüssig, indem man eine Sinterglasplatte verwendet, die in den Boden des Rohres eingeschmolzen ist. Die Uranyllösung (2 bis 10 ml) wird durch den Reduktor durchgesaugt, sonst fließt keine Flüssigkeit hindurch (*Noyce*). Auch hier müssen natürlich Substanzen, die auch mit Zink reduziert und dann titriert werden, abwesend sein (*Lundell* und *Hoffman*).

XV. Reduktionen im *Jones*-Reduktor werden sehr häufig vor der oxydimetrischen Bestimmung (s. Abschnitt 2.3.1) des Urans in den *verschiedenartigsten* Materialien ausgeführt. So dienen sie zur Bestimmung des Urans in komplexen Mineralen wie z. B. Samarskit, Columbit-Tantalit und Titanniobaten (*Tillu*), uranarmen Erzen (*Smit* und *Klinkhamer*); in Gegenwart von Eisen (*Desai* und *Murthy*); in Uran-Zirkoniumlegierungen (*Dufour* und *Articolo*); in Aluminium-Uran-Kernbrennstoffelementen (*Delvin*, *Palmer* und *Upson*), zur ferrimetrischen Bestimmung des Uran(IV) mit Rhodamin 6G als Fluorescenzindikator (*Sagi* und *Gopala Rao*), bei

Laboratoriumskontrollanalysen (*Britten*); zur oxydimetrischen Bestimmung des Urans mit Bleitetraacetat *(Berka, Doležal, Němec* und *Zýka)*, zur chronopotentiometrischen Bestimmung des Urans (*Davis*), zur Uranbestimmung in Uransiliciden (*Kamenar* und *Herceg*), in Urancarbiden (*Atoda ,Takahashi, Sasa, Higashi* und *Kobayashi*) und vor der amperometrischen Titration des Urans(IV) mit Eisen(III) (*Sympson, Larsen, Meyer* und *Oldham*).

XVI. Wie von *Kennedy* gezeigt wurde, kann das Uran in einem *Jones*-Reduktor auch quantitativ zum *Uran(III)* reduziert werden. Zu diesem Zweck läßt man die Uranylsalzlösung, die n oder m an Salz- oder Perchlorsäure ist, durch eine 5% Hg enthaltende Zinkamalgam (20 mesh)-Säule, die vorher mit n Salzsäure gewaschen wurde, mit einer Geschwindigkeit von 50 ml/Min. fließen und wäscht mit n Salzsäure nach. Diese Reduktion soll bei Temperaturen über 5 °C und in Abwesenheit von Sauerstoff ausgeführt werden. Ist kein Sauerstoff anwesend, so ist Uran(III) verhältnismäßig beständig; innerhalb einer Woche nimmt der Uran(III)-Gehalt um 50% ab (weiteres s. Abschnitt 2.3.1.3.1).

2.2.1.1.2.2. Flüssiges Zink-Amalgam

Dieses Amalgam reduziert Uranylsalze ebenso wie das metallische Zink und die festen Amalgame. *Mason, Pekola* und *Furman* sowie *Nakazono* empfehlen ein Schütteln der 5 bis 15%ig (v/v) schwefelsauren Uranylsulfatlösung mit 5 ml flüssigem Zink-Amalgam an der Luft während 5 Min. und Abtrennen des Amalgams. Andere Forscher (*Casto, Korach, Nessle* und *Orlemann*) fanden, daß 6% (v/v) schwefelsaure Lösungen niedrigere Resultate lieferten, daß jedoch 10%ige (v/v) Schwefelsäure zufriedenstellend war.

Störungen durch Nickel oder andere Metalle, die am *Jones*-Reduktor (s. Abschnitt 2.2.1.1.2.1) abgeschieden werden, sind vermeidbar, indem man für jede Probe frisches Amalgam verwendet. Dies ist leicht ausführbar, weil das verwendete Amalgam ohne Schwierigkeiten regeneriert werden kann.

Mikromengen Urans werden auch quantitativ durch flüssiges Zinkamalgam zum Uran(IV) reduziert; doch müssen die Reduktionsbedingungen genau eingehalten werden (*Pepkowitz; Casto, Nessle, Korach* und *Orlemann*). Bei Anwendung der Mikrotechnik ergab die Reduktion in Gegenwart von Luft einen Blindwert, der offensichtlich durch Wasserstoffperoxid verursacht wurde und ungefähr 5 Teilen Wasserstoffperoxid in 1 Million Teilen Lösung entsprach (*Pepkowitz*). Ein Blindwert von 8 Teilen in 1 Million wird bei Makroarbeiten erhalten (*Mason, Pekola* und *Furman*). Der Mikroreduktionsblindwert, der an der Luft erhalten wird, variiert um 50%, wird jedoch in einer CO_2-Atmosphäre reproduzierbar und viel niedriger. Er kann auch vollständig eliminiert werden, wenn man nach der Reduktion eine Behandlung mit Permanganat folgen läßt und dann neuerlich reduziert, wobei alle Schritte unter einer CO_2-Atmosphäre auszuführen sind (*Pepkowitz*).

Bei der Bestimmung von 0,1 bis 1 mg Uran können bis zu 20 μg Chrom anwesend sein. Größere Mengen Chroms scheinen einen wachsenden antikatalytischen Effekt auf die Reduktion des Urans durch flüssiges Zinkamalgam auszuüben (*Casto, Nessle, Korach* und *Orlemann*).

Außer Uran(VI) reduzieren die flüssigen Zinkamalgame analog zu den festen Amalgamen auch die im Abschnitt 2.2.1.1.2.1 angeführten Metall-Ionen.

Vorbereitung. Bei der Bereitung des flüssigen Zinkamalgams (*Mason, Pekola* und *Furman*) (2,4 Gew.-% Zn) werden 50 g granuliertes Zink (20 mesh) sorgfältig mit Schwefelsäure (1 + 49) (etwa 0,37 m) gewaschen und mit 2 kg Quecksilber über Nacht unter 100 ml n Schwefelsäure auf einem niedrig temperierten Sandbad erhitzt. Nach Abkühlen wird die wäßrige Schicht verworfen und das Amalgam in einen Scheidetrichter übergeführt. Den flüssigen Anteil läßt man langsam in n Schwefelsäure und bewahrt ihn so bis zur Verwendung auf. Der feste Teil wird bei einer nachfolgenden

Bereitung anstelle des granulierten Zinks verwendet. Für jede Bestimmung ist frisches Amalgam zu benutzen. Das verbrauchte Amalgam wird mit Schwefelsäure (20%; v/v) gewaschen und in einen Scheidetrichter übergeführt. Den flüssigen Anteil läßt man langsam in Schwefelsäure (20%; v/v) laufen, wäscht mit n Schwefelsäure und amalgamiert wie oben angegeben.

Arbeitsvorschrift nach *Mason, Pekola* und *Furman*. Die Uranyllösung, die 10 bis 15 ml Schwefelsäure, aber keine organischen Substanzen enthält, ist quantitativ in einen 250 ml-Scheidetrichter zu überführen, und zwar unter Verwendung von genügend eiskaltem Waschwasser, um das Gesamtvolumen auf 100 bis 110 ml zu erhöhen. 5 ml flüssiges Zinkamalgam wird zugegeben und die Mischung 5 Min. geschüttelt, dann bei Umkehrung des Scheidetrichters der Hahn gelüftet. Einen Gummistopfen, der in einen 125 ml-Absaugkolben paßt, der seitlich mit einem Gummiballon ausgestattet ist, verbindet man mit dem Scheidetrichterstiel. Nach Zugabe von 75 ml Schwefelsäure (1%; v/v) in den Absaugkolben verschließt man diesen mit dem mit Stopfen versehenen Scheidetrichter. Dann wird im Kolben mit dem Gummiballon ein Überdruck erzeugt und der Hahn vorsichtig geöffnet. Das Amalgam fließt, sobald genügend Luft entwichen ist, hinunter, während es durch die aufsteigende Schwefelsäure gewaschen wird. Der Hahn ist schnell zu schließen, wenn das Amalgam den Trichter verläßt. Wenn einige Tropfen Amalgam im Trichter zurückbleiben, ist etwas Hg zuzugeben und das entstehende, verdünnte Amalgam abfließen zu lassen, während es durch die aufsteigende Waschsäure gewaschen wird. Nach dem völligen Hinaufpumpen der Waschlösung in den Trichter ist er vom Kolben zu trennen, die reduzierte Lösung in einen Titrierkolben zu bringen und der Trichter sorgfältigst zu waschen. Die reduzierte Lösung titriert man.

Bemerkungen. I. Reduktionen mit flüssigem Zink-Amalgam in sauren Lösungen wurden u. a. auch vor der titrimetrischen Bestimmung des Urans mit *Hexacyanoferrat(III)* (*Simon* und *Připlatová*) (s. Abschnitt 2.3.1.6.4) und vor dessen Mikrotitration mit Cer(IV)-sulfatlösung (*Bunce*) verwendet (s. Abschnitt 2.3.1.1).

II. Auch in *alkalischen* Lösungen kann Uran(VI) mit flüssigem Zink-Amalgam reduziert werden [*Yoshimura* (c)]. So sind z. B. Uranat-Ionen in schwach hydrogencarbonatalkalischer Lösung, die auch $Na_4P_2O_7$ enthält, reduzierbar und können anschließend mit Kaliumpermanganat titriert werden.

Literatur

Atoda, T., Takahashi, Y., Sasa, Y., Higashi, I., u. *Kobayashi, M.:* Sci. Pap. Inst. Tôkyô **55**, 73 (1961).

Berka, A., Doležal, J., Němec, I., u. *Zýka, J.:* Anal. chim. Acta **26**, 148 (1962). – *Britten, H.:* Trans. Commonw. Min. Metall. Congr. **3**, 1005 (1961). – *Bunce, J. L.:* A.E.R.E. Report C/R 2407, 1958.

Casto, C. C., Korach, M., Nessle, G., u. *Orlemann, E. F.:* Report CD-2228, 26. Februar 1945. – *Casto, C. C., Nessle, G., Korach, M.,* u. *Orlemann, E. F.:* Report CD-2270, 26. Mai 1945.

Davis, D. G.: Anal. chim. Acta **27**, 26 (1962). – *Delvin, W. L., Palmer, H. E.,* u. *Upson, U. L.:* U. S. A. E. C., Rept. HW-57464, 1958. – *Desai, M. W.,* u. *Murthy, T. K. S.:* Analyst **83**, 126 (1958). – *Deshmukh, G. S.,* u. *Joshi, M. K.:* Bl. chem. Soc. Japan **28**, 449 (1955). – *Dufour, R. F.,* u. *Articolo, O. J.:* U. S. A. E. C., Rep. KAPL-M-RFD-2, 4. August 1958.

Furman, N. H., u. *Schoonover, I. C.:* Am. Soc. **54**, 1344 (1932); **53**, 2561 (1931).

Grimaldi, F. S.: Report A-2913 (Special), 18. März 1946.

Heberling, J. B., u. *Furman, N. H.:* Report A-1040; Dec. 2F, 6. Juni 1944. – *Hillebrand, W. F.,* u. *Lundell, G. E. F.:* Applied Inorganic Analysis; New York 1929, S. 370. – *Holladay, J. A.,* u. *Cunningham, T. R.:* Trans. electrochem. Soc. **43**, 329 (1923). – *Hull, D. E., Hurd, F. W., Cohen, B.,* u. *McAuliffe, C.:* Report M-117, 19. August 1943, S. 7.

Kamenar, B., u. *Herceg, M.:* Croat. chem. Acta **36**, 95 (1964). – *Kennedy, J. H.:* Anal. Chem. **32**, 150 (1960). – *Kern, E. F.:* Am. Soc. **23**, 685 (1901); Chem. N. **84**, 224, 236, 251 (1901). – *Kolthoff, I. M.,* u. *Sandell, E. B.:* Textbook of Quantitative Inorganic Analysis; New York 1943. –

Korach, M., Nessle, G., Casto, C. C., u. *Orlemann, E. F.:* Report C-4, 360, 1; 14. Juli 1945. –
Korkisch, J.: Anal. chim. Acta **24**, 306 (1961). – *Kunin, R.,* u. *Mayer, S.* :Report A-3801,
15. August 145, S. 25.

Lundell, G. E. F., u. *Hoffmann, J. L.:* Outlines of Methods of Chemical Analysis; New York
1938. – *Lundell, G. E. F.,* u. *Knowles, H. B.:* Ind. eng. Chem. **16**, 723 (1924).

Mason, W. B., Pekola, J. S., u. *Furman, N. H.:* Report A. 1061, 17. November 1944. – *McClure,
J. H.,* u. *Banks, Ch. V.:* Proc. Iowa Acad. Sci. **55**, 263 (1948); durch Chem. Abstr. **1950**, 480. –
McCoy, H. N.: Am. Soc. **58**, 1577 (1936).

Nakazono, T.: J. chem. Soc. Japan **42**, 761 (1921). – *Noyce, W. K.:* Report CC-2942, 18. Juli
1945, S. 3.

Pepkowitz, L. P.: Report LADC-217, 3. Dezember 1945.

Richmond, M. S., u. *Rodden, C. J.:* Report CJR-RM No. 639, 17. Oktober 1945.

Sagi, S., u. *Gopala Rao, G.:* Talanta **5**, 154 (1960). – *Schreyer, J. M.,* u. *Baes, jr., G. F.:* Ann.
Chim. applic. **19**, 85 (1929). – *Simon, V.,* u. *Připlatová, E.:* Chem. Listy **50**, 907 (1956). – *Smales,
A. A.,* u. *H. N. Wilson:* Report BR-150, 22. Februar 1943. – *Smit, W. M.,* u. *Klinkhamer, J.:*
R. Trav. Chim. Pays-Bas **73**, 1009 (1954). – *Steuer, H.:* Fr. **118**, 386 (1939/40). – *Sympson, R. F.,
Larsen, R. P., Meyer, R. J.,* u. *Oldham, R. D.:* Anal. Chem. **37**, 58 (1965).

Tillu, M. M.: Pr. Indian Acad. Sci. A., **40**, 110 (1954).

Yoshimura, C.: (a) J. chem. Soc. Japan, Pure Chem. Sect. **74**, 325 (1953); (b) **74**, 118 (1953);
(c) **74**, 448 (1953).

2.2.1.2 Silber

Im Silberreduktor nach *Walden, Hammett* und *Edmonds* kann Uran(VI) zum
Uran(IV) reduziert werden (*Birnbaum* und *Edmonds*; *Beans, Edmonds* und *Birnbaum*; u. a.). Infolge der unzureichenden reduzierenden Eigenschaften von metallischem Silber müssen die zu reduzierenden Lösungen heiß (70 bis 90 °C) durch den
Reduktor fließen, damit eine vollständige Reduktion eintritt. Ferner ist auch die
Geschwindigkeit, mit der die Lösung durch den Reduktor fließt, von Bedeutung
(*Best, McInnes* und *Longworth*). Bei Anwendung von 5 mg Uran und einem Mikro-
silberreduktor, der vollständig mit einem Heizmantel umgeben war, konnte gezeigt
werden (*Best, McInnes* und *Longworth*), daß bei einer bestimmten niedrigen Durchflußgeschwindigkeit bei 50 °C 55% des Urans zur vierwertigen Oxydationsstufe
reduziert wurden. Bei 80 °C war sie zu 105 bis 110% vollständig, was eine Überreduktion bedeutet. Es scheint auch, daß gelöster Sauerstoff während der Reduktion
reduziert werden kann, um Spuren von Wasserstoffperoxid zu bilden (*Fryling* und
Tooley). Diese Reduktion bei erhöhter Temperatur bringt nicht nur experimentelle
Schwierigkeiten mit sich, sondern die heißen aus dem Reduktor ausfließenden
Uran(IV)-lösungen zeigen eine größere Tendenz zur Oxydation durch Luftsauerstoff
als kalte Lösungen, wie sie z. B. nach Reduktion im *Jones*-Reduktor erhalten werden
(s. Abschnitt 2.2.1.1.2.1). Demnach haben die Ergebnisse die Neigung, niedriger zu
sein, was allerdings auch auf ein Altern der Silbersäule zurückgeführt werden kann.
Um einen Luftzutritt zur heißen Lösung zu vermeiden, wird nach Angaben von
Gates, Andrews und *Schaap* die reduzierte Lösung sofort abgekühlt, indem man eine
Kühlschlange unmittelbar unter dem heißen Reduktor anbringt und die Lösung unmittelbar in einen Überschuß eines Oxydationsmittels einlaufen läßt. Diese Durchführung erfordert, daß die Probelösung mit einer Geschwindigkeit von nur 3 bis
4 ml/Min. durch den Reduktor läuft. Die *Genauigkeit* wird dabei allerdings anscheinend nicht verbessert.

Um die reduzierenden Eigenschaften des Silbers zu erhöhen, müssen die Reduktionen bei relativ hohen Salzsäurekonzentrationen ausgeführt werden. Die hohe
Acidität erhöht das U(VI)/U(IV)-Potential, während die hohe Chloridkonzentration
das Ag/AgCl-Potential erniedrigt. Nach *Birnbaum* und *Edmonds* wird die Reduktion
in heißer 4n Salzsäure ausgeführt. *Beans, Edmonds* und *Birnbaum* empfahlen später
eine etwas abgeänderte Ausführung, wobei 50 ml Lösung (4 m an Schwefelsäure,

1m an HCl und 100 bis 400 mg Uran enthaltend) auf 70 bis 90 °C erwärmt und durch einen vorgeheizten Reduktor mit einer Geschwindigkeit von 20 ml/Min. durchgeschickt wurden. Der Reduktor wurde mit 150 ml der heißen, 4m schwefelsauren und 1m salzsauren Lösung durchgewaschen und die reduzierte Lösung in 10 ml 0,5m Eisen(III)-alaunlösung aufgefangen. Das gebildete Eisen(II) wurde durch Titration in der Kälte mit 0,1n Cer(IV)-sulfat-lösung unter Verwendung von 1,10-Phenanthrolin-Eisen(II)-Indikator in Anwesenheit von Phosphorsäure titriert (s. Abschnitt 2.3.1.1.1). Es wurde auch angegeben, daß 5 bis 50 mg Uran genau bestimmt werden können, wenn ein kleinerer Reduktor und 0,01n Cer(IV)-lösung verwendet werden.

Im Silberreduktor werden bei 80 °C etwa 10% des Urans(VI) zum Uran(III) reduziert.

Außer Uran(VI) werden im Silberreduktor auch Fe^{3+}, Cu^{2+}, Mo(VI), V(V) und möglicherweise auch noch andere Metall-Ionen wie z. B. W(VI) zu niedrigeren Wertigkeitsstufen reduziert. Au^{3+} und Se(IV) werden in den metallischen Zustand übergeführt. Nicht reduzierbar sind Ti^{4+}, Cr^{3+}, Re(VII) und einige andere Metall-Ionen, die mit Zink bzw. dessen Amalgamen reduziert werden (s. Abschnitt 2.2.1.1).

Acetate stören nicht, doch Nitrate sollen abwesend sein.

Geringe Mengen Silbers als Silberchlorid lösen sich in der starken Säure und fallen nach dem Verdünnen der reduzierten Lösung aus, was aber die darauffolgende Titration nicht stört.

Verschiedene Laboratorien haben den Silberreduktor weitestgehend für Kontrollarbeiten eingesetzt (*Hendrickson* und *Pascual*; *Wilder*; *Huffman* (a—c); *Pascual*; *Pascual* und *Reiber*; *Gates, Susano, Pitt* und *Young*; *Gates, Andrews* und *Schaap*).

Herstellung (*Wilder*; *Walden, Hammett* und *Edmonds*). Eine Kupferfolie (mindestens 30 g schwer) wird zu einer Lösung gegeben, die 100 g Silbernitrat in 1 Liter Wasser enthält, und ohne Umrühren läßt man mindestens 24 Std. stehen. Die Überreste von Kupfer sind zu entfernen, die Lösung kräftig zu rühren, um das ausgefallene Silber zu zerteilen, und die überstehende Lösung sofort auszugießen. Zum Niederschlag ist Wasser zuzusetzen, die Mischung stark zu rühren und die Flüssigkeit zu dekantieren. Das Waschen und Dekantieren wird so lange fortgesetzt, bis das Waschwasser kein suspendiertes Silber mehr enthält. Der auf diese Weise bereitete Silber-Niederschlag gestattet eine hohe Durchflußgeschwindigkeit. Das grobe Silber wird in den mit einem Dampfmantel und Kocher versehenen Reduktor eingefüllt. Eine Silbersäule von 12 cm Höhe und 1,5 cm Durchmesser ist ausreichend. Diese ist mit etwa 200 ml *Birnbaum*-Lösung (*Gantz, Hunt* und *Mellon*: 115 ml konz. Schwefelsäure und 65 ml konz. Salzsäure zu 600 ml Wasser zusetzen und auf 1 Liter verdünnen) zu waschen und die Lösung nie tiefer als bis zum oberen Teil der Silbersäule ablaufen zu lassen. In den Kocher füllt man Wasser und erhitzt 30 Min. Wenn etwas Kupfer mit dem Silber vermischt ist, löst es sich in der *Birnbaum*-Lösung. Das Silber wird wieder mit 150 ml *Birnbaum*-Lösung gewaschen und ein Blindversuch ausgeführt. Wenn nicht mehr als 1 Tropfen 0,1n Cer(IV)-sulfat-Lösung verbraucht wird, ist der Reduktor zum Gebrauch fertig.

Fortlaufender Gebrauch des Reduktors setzt das Silber zu Silberchlorid um, das dunkel wird und als Indikator für die Menge des noch zu Reduktionszwecken verfügbaren Silbers dient. Zum Regenerieren wird das Silber 3mal mit je 50 ml Wasser durchgespült, mit 0,1 m Schwefelsäure bedeckt, ein Stück Zink in das Silberchlorid eingebracht, bis es das Silber berührt, und dann über Nacht oder so lange stehen gelassen, bis die Farbe der Säule vollständige Reduktion anzeigt. Vor Wiederverwendung ist der Reduktor durchzuspülen und mit *Birnbaum*-Lösung zu füllen. Die Regeneration kann durch Verwendung einer Chrom(II)-chlorid-Lösung sehr viel schneller ausgeführt werden [*Huffman* (a—c)]. Dazu benutzt man ungefähr 15 g kristallines Chrom(III)-chlorid, in 50 ml Wasser gelöst. Ungefähr 10 g granuliertes

Zink und Salzsäure sind zuzufügen, bis heftige Wasserstoffentwicklung im Gange ist. Die Lösung wird nach eingetretener Blaufärbung durch den Silberreduktor fließen gelassen. Einige Zeit lang ist die Lösung bei Verlassen des Reduktors grün. Wenn sie blau ausfließt, ist die Reduktion beendet (ungefähre Dauer 30 Min.).

Arbeitsvorschrift nach *Wilder*. Einen aliquoten Teil von 50 ml, der 100 bis 400 mg Uran und keine Nitrat- oder andere durch den Silberreduktor reduzierbare Ionen enthält, versetzt man mit 8 ml konz. Salz- und 20 ml konz. Schwefelsäure. Das Wasser im Dampfmantel des Reduktors ist zu kochen, bis Rückfluß auftritt. Die Lösung wird dann in den Reduktor gegossen und mit etwas *Birnbaum*-Lösung nachgespült. Die Lösung ist dann durch den Reduktor mit einer Geschwindigkeit, die gerade unter einem kontinuierlichen Durchfluß liegt (etwa 5 Min.), durchfließen zu lassen und der Effluent in 10 ml einer n Eisen(III)-alaunlösung, die mit Eiswasser gekühlt wird, aufzufangen. Den Reduktor wäscht man mit 150 ml *Birnbaum*-Lösung (6mal mit je 25 ml). Jeder Teil der Waschflüssigkeit ist so lange durchlaufen zu lassen, bis er 1 cm über der Silbersäule steht. Den letzten Teil beläßt man in der Säule. Nach Zugabe von 5 bis 10 ml Phosphorsäure wird die Lösung unmittelbar mit 0,1 n Cer(IV)-sulfat-lösung gegen Ferroin titriert (s. Abschnitt 2.3.1.1.1).

Literatur

Beans, H. T., *Edmonds, S. M.*, u. *Birnbaum, N.*: Rep. A-147, 13. April 1942. – *Best, R. J.*, *McInnes, D. A.*, u. *Longworth, L. G.*: Rep. A-372; November 1942. – *Birnbaum, N.*, u. *Edmonds, S. M.*: Anal. Chem. **12**, 155 (1940).

Fryling, C. F., u. *Tooley, F. V.*: Am. Soc. **58**, 826 (1936).

Gantz, E. S., *Hunt, H.*, u. *Mellon, M. C.*: Rep. A-2701, 2. Oktober 1945. – *Gates, jr., J. W.*, *Andrews, L. J.*, u. *Schaap, W. B.*: Rep. CD-487, 13. Dezember 1944. – *Gates, jr., J. W.*, *Susano, C. D.*, *Pitt, R. A.*, u. *Young, H. A.*: Rep. CD-470, 18. September 1944.

Hendrickson, J., u. *Pascual, N. L.*: Rep. Chem. S-130; Mai 1943. – *Huffman, E. H.*: (a) Rep. RL-4,7,600, August 1944; (b) Rep. XL-4, 9, 803, 2. Februar 1945; (c) Anal. Chem. **18**, 278 (1946).

Pascual, N. L.: Rep. RL-4,6,220, 12. Oktober 1943. – *Pascual, N. L.*, u. *Reiber, H. G.*: (a) Rep. Chem. S-221, 6. Oktober 1943; (b) Report Chem. S-222, 26. Oktober 1943.

Walden jr., G. H., *Hammett, L. P.*, u. *Edmonds, S. M.*: Am. Soc. **56**, 350 (1934). – *Wilder, C. D.*: Rep. Chem. S-45, März 1943.

2.2.1.3 Blei und Legierungen

Ebenso wie Silber (s. Abschnitt 2.2.1.2) reduziert fein verteiltes Blei Uranyl-Ionen zum Uran(IV) in salzsaurer Lösung (*Koblic*; *Bacon* und *Milner*; *Fritz, Fulda, Margerum* und *Lane*; *Silverman* und *Shideler*; *Sill* und *Peterson*; *Milner*; *Milner* und *Edwards*; *Byrne, Larsen* und *Pflug*; *Steele*; *Dunleavy, Bartruff* und *Menke*; *Dunleavy, Contner* und *Sweet*; *Toni*; *Amos* und *Brown*; *Cooke, Hazel* und *MacNabb*). Bei den meisten der beschriebenen Methoden wird die Uranylsalz-Lösung mit Salzsäure auf etwa 3 n eingestellt und fließt durch einen Reduktor, gefüllt mit fein verteiltem Blei. Zum Nachwaschen können Lösungen ähnlicher oder niedrigerer Salzsäurekonzentration verwendet werden. Bei dieser Reduktion wird das Uran nicht bis zur dreiwertigen Oxydationsstufe reduziert, was einen großen Vorteil dieses Reduktors gegenüber anderen darstellt. Aus diesem Grund werden Bleireduktoren in immer zunehmendem Maße verwendet, und zwar entweder in Form von Säulen (s. oben), ähnlich den *Jones*-Reduktoren (s. Abschnitt 2.2.1.1.2.1), oder die Reduktion wird durch Zusatz von fein verteiltem Blei zur Uran(VI)-lösung und darauffolgende Abtrennung des Bleis durchgeführt. Im zweiten Fall wird nach *Koblic* die Reduktion in etwa 6 n Salzsäure unter 30 Min. langem Kochen der Lösung durchgeführt. Danach wird das Blei abfiltriert, mit verd. Salzsäure gewaschen und das Uran oxydimetrisch bestimmt (s. Abschnitt 2.3.1).

Flüssige Bleiamalgame reagieren ähnlich wie unlegiertes Blei. (*Someya*). Die Reduktion erfolgt rasch und quantitativ, und es wird ebenfalls kein Uran zum Uran(III) reduziert, selbst wenn die Reduktion in heißer Lösung durchgeführt wird. Die besten Resultate werden erzielt, wenn die zu reduzierende Lösung eine Salzsäurekonzentration von 4 bis 5n aufweist. Im Unterschied zu den Zinkamalgamen reduzieren die Bleiamalgame nicht Cr^{3+} und Sn^{4+}. Zur Herstellung von Bleiamalgam wird reines Blei mit Salzsäure gewaschen, Quecksilber zugegeben und die Mischung erhitzt, um eine homogene flüssige Masse zu erhalten. Diese wird in einem Scheidetrichter von ungelöstem Blei getrennt.

Eine Legierung von Blei mit Natrium (10% Natrium) reduziert Uran(VI) zu Uran(IV) und etwas Uran(III) in salz- und schwefelsauren Lösungen (*Edge* und *Fowles*). Nach dem Durchleiten von Luft kann das Uran direkt oxydimetrisch titriert werden (s. Abschnitt 2.3.1).

Nach Angaben von *Sill* und *Peterson* kann man einen Bleireduktor unter Anwendung folgender Arbeitsmethodik herstellen.

Herstellung des Bleireduktors. Granuliertes Blei p. a. durch 20 bis 100 mesh-Siebe (16/mesh = Korngröße in mm) sieben. Die mittlere Fraktion, d. h. die Fraktion, die durch das 20 mesh-, aber nicht durch das 100 mesh-Sieb geht, in eine Reduktorsäule von 12 mm Durchmesser einfüllen, so daß eine Säule von 30 cm Länge erhalten wird. Da sich das Blei nur sehr schwer wieder aus der Reduktorsäule entfernen läßt, einen 1 cm-Glaswollepfropfen auf den oberen Teil sowie unter die Bleisäule des Reduktors legen, damit die Bleisäule vor Verunreinigungen geschützt ist.

Ein Reduktor dieser Größe ist ausreichend zur Reduktion von Uranmengen im Milligrammbereich (im Rahmen der Titrationen bei den üblichen Analysen s. Abschnitt 2.3.1.1.1). Die Verwendung der üblichen Reduktionsröhren mit größerem Durchmesser (s. *Jones*-Reduktoren in Abschnitt 2.2.1.1.2.1) wird nicht empfohlen, weil dadurch das Volumen der zu titrierenden Lösung erhöht wird.

Die Größe der Bleiteilchen im Reduktor hat einen ausgeprägten Einfluß auf die Reduktionsgeschwindigkeit. Bei Verwendung einer 30 cm-Säule von 20 bis 35 mesh-Blei war die Reduktion von 25 mg Uran unvollständig, wenn die Lösung eine Temperatur aufwies, die wesentlich unter Zimmertemperatur lag, und wenn man die Lösung sehr rasch durch die Säule fließen ließ. Der von *Sill* und *Peterson* empfohlene Reduktor reduziert das Uran in einem weiten Bereich von Bedingungen quantitativ und es konnte von den Verfassern keine Überreduktion festgestellt werden.

Der Reduktor wird nicht unter verd. Säure, sondern unter Wasser aufbewahrt, um zu vermeiden, daß sich Wasserstoffblasen in ihm bilden. Wird ein Glaswollepfropfen am oberen Ende des Reduktors angebracht, so wird praktisch eine Diffusion von Sauerstoff zur Bleioberfläche und demzufolge die Bildung basischer Bleisalze vermieden.

Soll der Reduktor verwendet werden, wird die Säule gründlich mit 3n Salzsäure, die eine geringe Menge an Eisen(III)-Ionen enthält, gewaschen. Nachdem der Reduktor mit n Salzsäure vom Eisen befreit wurde, wird ein Blindwert unter den Bedingungen der Bestimmung aufgenommen, um sicher zu sein, daß der Reduktor vollständig frei von Sauerstoff ist. Ist der Blindwert wesentlich höher als der Indikatorleerwert, so muß das Waschen des Reduktors so lange fortgesetzt werden (oder ein frischer Reduktor hergestellt werden), bis der Blindwert auf einen äußerst kleinen Wert verringert ist. Es wird auch empfohlen, daß u. a. die Reduktionsfähigkeit des Reduktors mit einer kleinen, bekannten Uranmenge überprüft werde. Weicht der Wert nach der Korrektur für den Blindwert um mehr als 0,02 ml vom theoretischen Wert ab, so ist der Reduktor entweder durch Sauerstoff oder durch lose Metalle verunreinigt.

Destilliertes Wasser aus Destillationsanlagen mit einem Kupferkessel enthalten in der Regel oft beträchtliche Mengen Kupfer. Demzufolge wird der oberste Teil des Bleireduktors nach mehrmaliger Verwendung schwarz. Dieser Kupferniederschlag stört allerdings nicht, so lange er nicht zu umfangreich ist, muß aber dennoch fallweise entfernt werden.

Niob, das bei Verwendung eines *Jones*-Reduktors *stört* (s. Abschnitt 2.2.1.1.2.1), beeinflußt die Titration des Urans nach dessen Reduktion mit dem Bleireduktor nicht. Die Reduktion geringer Mengen Titans im Bleireduktor verläuft quantitativ; die entstehende Chloridlösung des Titan(III) ist gegenüber Luftsauerstoff erstaunlich beständig. Der durch die Anwesenheit von Titan verursachte Fehler bei der Urantitration ist eine stöchiometrische Funktion der anwesenden Titanmenge. Die starke Wasserstoffentwicklung, die im *Jones*-Reduktor auftritt, wenn geringe Mengen von Kupfer oder anderen Metallen am amalgamierten Zink niedergeschlagen werden, wird bei Verwendung des Bleireduktors ebenfalls vermieden, wodurch der Bleireduktor eine längere Lebensdauer als der *Jones*-Reduktor hat. Der bisweilen große Fehler, der bei Verwendung eines *Jones*-Reduktors durch Kupfer hervorgerufen wird, kann durch Anwendung des Bleireduktors ebenfalls ausgeschaltet werden. Läßt man nicht zu große Mengen dieses Elementes rasch durch den Reduktor fließen, wird das Metall wie erwähnt vollständig von der Reduktorsäule festgehalten und stört die Reduktion nur sehr unwesentlich.

Zur Reduktion von Mikrogrammmengen Urans wird nach Angaben von *Milner* und *Barnett* am günstigsten ein Mikro-Bleireduktor verwendet. Dieser wird aus reinstem, granuliertem Blei von 40 bis 60 mesh, das unter Salzsäure (10%; v/v) aufbewahrt wird, hergestellt. Die Reduktorsäule von 3 mm Durchmesser weist eine Länge von 10 cm auf. Für genaues Arbeiten ist es nötig, die Säule jeden Tag neu zu füllen.

Literatur

Amos, W. R., u. *Brown, W. B.:* Anal. Chem. **35**, 309 (1963).

Bacon, A., u. *Milner, G. W. C.:* A. E. R. E. Report C/R 1813. – *Byrne, J. T., Larsen, M. K.,* u. *Pflug, J. L.:* Anal. Chem. **31**, 942 (1959).

Cooke, W. D., Hazel, F., u. *MacNabb, W. M.:* Anal. Chem. **22**, 654 (1950).

Dunleavy, R. A., Bartruff, A. M., u. *Menke, M. R.:* U. S. A. E. C., Report APEX-169, 1961. – *Dunleavy, R. A., Contner, G. L.,* u. *Sweet, J. H.:* U. S. A. E. C., Rep. APEX-170, 1961.

Edge, R. A., u. *Fowles, G. W. A.:* Anal. chim. Acta **32**, 191 (1965).

Fritz, J. S., Fulda, M. O., Margerum, S. L., u. *Lane, E. I.:* Anal. chim. Acta **10**, 513 (1954).

Koblic, O.: Chem. Listy **19**, 1 (1925).

Milner, G. W. C.: Analyst **81**, 367 (1956). – *Milner, G. W. C.,* u. *Barnett, G. A.:* A. E. R. E. Report C/R 2723, 1958. – *Milner, G. W. C.,* u. *Edwards, J. W.:* Anal. chim. Acta **16**, 109 (1957).

Sill, C., u. *Peterson, H.:* Anal. Chem. **19**, 646 (1947). – *Silverman, L.,* u. *Shideler, M. E.:* Anal. chim. Acta **15**, 181 (1956). – *Someya, K.:* (a) Z. anorg. Ch. **145**, 168 (1925); (b) **152**, 368 (1926). – *Steele, T. W.:* Analyst **85**, 55 (1960).

Toni, J. E. A.: Anal. Chem. **34**, 99 (1962).

2.2.1.4 Cadmium und Amalgame

Cadmium ist ein schwächeres Reduktionsmittel als Zink. Kleine, elektrolytisch bereitete Kristalle dieses Metalls werden zur Füllung eines Reduktors verwendet. Eine 70 mm hohe Säule ist ausreichend (*Treadwell, Luthy* und *Rheiner; Treadwell*). In 3n Schwefelsäure werden Uranylsalze zum Uran(IV) reduziert; dabei werden nur Spuren von Uran(III) gebildet. Die beim Arbeiten mit Zinkreduktoren (s. Abschnitt 2.2.1.1) angegebenen Vorsichtsmaßregeln gelten auch hier. Fe^{3+}, Ti^{4+}, V(V), Sn^{4+}, Mo(VI), Nb, Chlorat- und andere Ionen werden ebenfalls reduziert.

Die Reduktion kann auch in einer mit Cadmiumschwamm gefüllten Reduktorsäule ausgeführt werden (*Fernández Cellini* und *Alonso López*).

Die Anwendung von Cadmiumreduktoren wurde u. a. auch von *Veereswara Rao* sowie *Udal'tsova* beschrieben.

Für geringe Uranmengen (10 mg) diente ein zugespitzter Cadmiumstab dazu, um das Uran bei 100 °C in einem Centrifugenrohr zu reduzieren (*Chen*).

Cadmiumamalgam kann auf gleiche Art wie das flüssige Zinkamalgam (s. Abschnitt 2.2.1.1.2.2) bereitet und ebenso zur Reduktion von Uranyllösungen verwendet werden; doch wird dabei Uran(III) gebildet [*Kano* (a, b); *Kikuchi* (a, b)], so daß die Reduktion am besten in einer CO_2-Atmosphäre ausgeführt wird.

Nach Angaben von *Bricker* und *Sweetser* kann ein 90%-Cadmiumreduktor unter Anwendung der folgenden Arbeitsmethode *hergestellt* werden.

Arbeitsvorschrift. Etwa 20 g Cadmiumspäne (30 bis 60 mesh) werden zuerst mit n Salzsäure und dann mit einer geeigneten Menge Quecksilber(II)-chlorid-Lösung (2%; m/v) gewaschen, damit ein 90%iges Amalgam entsteht. Das so gebildete Amalgam ist gründlich mit n Salzsäure zu waschen, in eine Säule von 0,5 cm Durchmesser einzufüllen und zu stopfen.

So wird eine Reduktorsäule von einer Gesamthöhe von etwa 20 cm erhalten. Bei Nichtbenutzung des Reduktors wird dieser mit verd. Schwefelsäure aufbewahrt.

Zur *Herstellung* eines 26%-Reduktors wird nach Angaben von *Furman, Bricker* und *Dilts* folgende

Arbeitsvorschrift verwendet. 100 g Quecksilber und 20 ml 6n Schwefelsäure sind so lange zu erhitzen, bis die Säure kocht. Zur kochenden Lösung werden so lange Cadmiumspäne gegeben, bis sie sich nicht mehr im Quecksilber auflösen. Das gebildete Amalgam wird unter ständigem Umrühren gekühlt, damit Amalgamteilchen einer Korngröße von etwa 20 mesh erhalten werden. Das Amalgam füllt man in Glasröhrchen geeigneter Größe ein, die davon abhängt, welche Uranmenge zu reduzieren ist. In einer Röhre von 6,0 mm Durchmesser und einer Höhe von 100 mm lassen sich 0,5 bis 5 mg Uran reduzieren, in einer Röhre von 4,5 mm Durchmesser und 100 mm Höhe 25 μg bis 0,5 mg Uran und in einer Röhre von 3,5 mm Durchmesser und 100 mm Höhe Proben, die 5 bis 25 μg Uran enthalten. Die Reduktorsäulen werden mit geeigneten Mengen 1,0 n Schwefelsäure unter Saugen gewaschen und dann auf ihre Wirksamkeit zur Reduktion von Uran überprüft.

Literatur

Bricker, C. E., u. *Sweetser, P. B.*: Anal. Chem. **25**, 764 (1953).

Chen, G.: J. Labor. clin. Med. **21**, 1198 (1936).

Fernández Cellini u. *Alonso López, J.*: An. Real Soc. Españ. Fís. Quím. B, **52**, 163 (1956). – *Furman, N. H., Bricker, C. E.*, u. *Dilts, R. V.*: Anal. Chem. **25**, 482 (1953).

Kano, N.: (a) J. chem. Soc. Japan **43**, 333 (1922); (b) Sci. Rep. Tôhoku (Imp. Univ.) **16**, 701 (1927). – *Kikuchi, S.*: (a) J. chem. Soc. Japan **43**, 544 (1922); (b) Sci. Rep. Tôhoku (Imp. Univ.) **16**, 707 (1927).

Treadwell, W. D.: Helv. **5**, 732 (1922). – *Treadwell, W. D., Luthy, M.*, u. *Rheiner, A. R.*: Helv. **4**, 551 (1921).

Udal'tsova, N. I.: Zhur. Anal. Khim. **17**, 476 (1962).

Veereswara Rao, U.: Fr. **177**, 190 (1960).

2.2.1.5 Wismut und Legierungen

Metallisches Wismut und dessen flüssige Amalgame werden manchmal zur Reduktion des Urans(VI) zum Uran(IV) verwendet [*Palei*; *Someya* (a, b); *Yoshimura* (a); *Florence*; *Jaworowski* und *Bratton*; *Udal'tsova*; *Palei* und *Karalova*; *Sergovskaya*]. Zur Reduktion mit metallischem Wismut fließt die schwefel- oder salzsaure Uranylsalz-Lösung meistens durch einen mit Wismutpulver gefüllten Reduktor (Durchmesser der Körner etwa 1 mm), der vorher mit Wasser gewaschen wurde. Nach der Reduktion wird der Reduktor mit verd. Schwefelsäure (z. B. 2,5 m) gewaschen und das Uran(IV) oxydimetrisch bestimmt (s. Abschnitt 2.3.1).

Analog wird das Uran auch mit flüssigen Wismutamalgamen reduziert. Bei Zimmertemperatur wird dabei kein Uran(III) gebildet [*Someya* (a)]. Das Amalgam wird auf gleiche Weise zubereitet wie Zink-Amalgam (s. Abschnitt 2.2.1.1.2.2). Zur Reduktion wird die 6 bis 12n schwefelsaure Uranylsulfat-Lösung 10 Min. in einer CO_2-Atmosphäre geschüttelt und nach Entfernung des Amalgams das gebildete Uran(IV) oxydimetrisch titriert [*Someya* (a, b)] (s. Abschnitt 2.3.1). Diese Reduktion kann auch mit gutem Erfolg in einer salzsauren Lösung derselben Normalität ausgeführt werden.

Außer Uran reduzieren flüssige Wismutamalgame auch Fe^{3+}, Ti^{4+}, V(V), W(VI), Mo(VI), Sn^{4+} und Cu^{2+}, dagegen aber nicht Cr^{3+}.

Wie von *Palei* gezeigt wurde, weist die Anwendung eines Wismutreduktors den Vorteil auf, daß Vanadium(V) nur zu Vanadium(IV) reduziert wird und dieses bei der darauffolgenden titrimetrischen Bestimmung des Urans(IV) mit einer Ammoniumvanadatlösung nicht stört (s. Abschnitt 2.3.1.4).

Nach *Yoshimura* (b) können auch die leicht schmelzbaren Wismutlegierungen (Wood- und Rose-Metall) zur Reduktion des Urans benützt werden. In der heißen Lösung reagiert die Legierung im flüssigen Zustand. Nach beendeter Reduktion wird die Legierung nach dem Abkühlen der Lösung im festen Zustand entfernt.

Literatur

Florence, T. M.: Anal. chim. Acta **23**, 282 (1960).
Jaworowski, R. J., u. *W. D. Bratton:* Anal. Chem. **34**, 111 (1962).
Palei, P. N.: Pr. Intern. Conf. Peaceful Uses of Atomic Energy, Geneva, Vol. **8** (1955). – *Palei, P. N.,* u. *Karalova, Z. K.:* Zhur. Anal. Khim. (russ.) **17**, 528 (1962).
Sergovskaya, V. V.: Trudy Ural'sk. Politekh. Inst. **121**, 81 (1962); durch Zhur. Khim., 19GDE, 1963, (2) Abstr. No. 2G38. – *Someya, K.:* (a) Z. anorg. Ch. **145**, 168 (1925); (b) **152**, 368 (1926).
Udal'tsova, N. I.: Zhur. Anal. Khim. (russ.) **17**, 476 (1962).
Yoshimura, C.: (a) J. chem. Soc. Japan, Pure Chem. Sect., **74**, 544 (1953); (b) **76**, 409 (1955).

2.2.1.6 Seltener verwendete Metalle

2.2.1.6.1 Aluminium

Dieses Metall wurde früher verhältnismäßig oft zur Reduktion des Urans(VI) benützt (*Kern*; *Campbell* und *Griffin*; *Griffin*; *Jander* und *Reeh*; *Deshmukh* und *Joshi*). Diese Reduktion findet dann statt, wenn Uranylsulfat- oder -chlorid-Lösungen, die schwach sauer sind, mit metallischem Aluminium gekocht werden. Es muß Luft ausgeschlossen werden, sobald das gesamte reduzierende Metall gelöst ist, um Oxydation der warmen Lösung während des Abkühlens zu vermeiden. Durch die abgekühlte Lösung wird Luft geleitet, um gegebenenfalls anwesendes Uran(III) zum Uran(IV) zu oxydieren. Aluminium in Form einer Spirale ist zu empfehlen (*Campbell* und *Griffin*; *Griffin*). Das Aluminium kann aber auch in einem Glaskorb in einem Kolben suspendiert werden, der mit einem Gummistopfen und mit einem Bunsenventil verschlossen ist (*Jander* und *Reeh*). Die Methode wurde vor allem für qualitative Urananalysen verwendet.

Die Reduktion des Urans mit Aluminium kann auch in konzentrierter Salzsäure und in Gegenwart von Cd-Ionen vorgenommen werden. Das unter diesen Bedingungen gebildete Uran(III)-Ion wird nach Zusatz von Orthophosphorsäure durch Wasserstoffionen quantitativ zu Uran(IV)-Ion oxydiert und, um zu verhindern, daß schwerlösliches Uran(IV)-phosphat ausfällt, wird das Phosphation mit Eisen(III)-Ion komplexiert (*Pszonicki*).

2.2.1.6.2 Magnesium

Die Reduktion mit diesem Metall erfolgt unter denselben Versuchsbedingungen wie mit Aluminium und wird nur sehr selten verwendet (*Kern*; *Pierie*).

2.2.1.6.3 Kupfer

Es wurde angegeben (*Scagliarini* und *Pratesi*), daß beim Kochen von Uranyl-sulfat in 3 bis 4n Schwefelsäure mit einer Kupferspirale in einem Apparat, aus dem die Luft entfernt wurde, vollständige Reduktion zum Uran(IV) innerhalb von 20 bis 45 Min. eintritt.

2.2.1.6.4 Quecksilber

Von *Caley* und *Rogers* wurde das Verhalten von Uranylsalz-Lösungen in einem Quecksilberreduktor untersucht. In Lösungen, die eine ausreichende Menge konz. Salzsäure enthalten, werden Uranyl-Ionen fast quantitativ zum Uran(IV) reduziert. Die gleichzeitige Anwesenheit von Wasserstoff-Ionen und Chlorid-Ionen in hoher Konzentration ist Bedingung. Bei Verwendung eines kleinen Korrekturfaktors kann diese Reduktionsmethode zur titrimetrischen Bestimmung des Urans herangezogen werden.

2.2.1.6.5 Nickel und Antimon

Metallisches Nickel oder metallisches Antimon können ebenfalls zur Reduktion des Urans benützt werden [*Yoshimura* (a, b)]. In einem mit Nickelpulver gefüllten Reduktor läßt sich Uran(VI) in 3 bis 10n Salzsäure bei Zimmertemperatur oder auch bei erhöhter Temperatur reduzieren. Bei der darauffolgenden titrimetrischen Bestimmung des Urans stört allerdings die Eigenfarbe der Nickel-Ionen. Ebenso werden Fe, Mo, V, Sn, Ti und W zu niedrigeren Wertigkeitsstufen reduziert.

Mit Antimonstaub lassen sich Uran(VI) und Wolfram(VI) in 6n Schwefelsäure reduzieren und können anschließend titriert werden.

2.2.1.6.6 Natrium-Bleilegierung

Wird eine Natrium-Bleilegierung (10% Na) als Reduktionsmittel für Uran benützt, so lassen sich 0,11 g U(VI), gelöst in 10 ml 6n Salzsäure mit 2 g der Legierung, durch 3 Min. langes Erhitzen bei 95 bis 100 °C quantitativ reduzieren (*Edge* und *Fowles*).

Literatur

Caley, E. R., u. *Rogers, L. B.*: Am. Soc. **68**, 2202 (1946). – *Campbell, E. D.*, u. *C. E. Griffin*: Ind. eng. Chem. **1**, 661 (1909).
Deshmukh, G. S., u. *Joshi, M. K.*: Fr. **143**, 334 (1954).
Edge, R. A., u. *Fowles, G. W. A.*: Anal. Chim. Acta **32**, 191 (1965).
Griffin, C. E.: Eng. Min. Journ. **37**, 247 (1912).
Jander, G., u. *Reeh, K.*: Z. anorg. Ch. **129**, 293 (1923).
Kern, E. F.: Am. Soc. **23**, 685 (1901); Chem. N. **84**, 224, 236, 251 (1901).
Pierie, C. A.: Ind. eng. Chem. **12**, 60 (1920). – *Pszonicki, L.*: Talanta **13**, 403 (1966).
Scagliarini, G., u. *Pratesi, P.*: Ann. Chim. applic. **19**, 85 (1929).
Yoshimura, C.: (a) J. chem. Soc. Japan, Pure Chem. Sect. **76**, 411 (1955); (b) **77**, 1 (1956).

2.2.2 Reduktionen mit Lösungen starker Reduktionsmittel

2.2.2.1 Chrom(II)-Ionen

Uranyl-Ionen werden rasch und quantitativ zum Uran(IV) reduziert, wenn einer schwefelsauren Uranylsalz-Lösung die Lösung eines Chrom(II)-salzes in geringem Überschuß zugesetzt wird (*Korach, Nessle, Sinclair* und *Orlemann*; *Korach, Nessle, Sinclair* und *Casto*; *Syrokomskii* und *Zhukova*). Infolge der sehr stark reduzierenden Eigenschaft der Chrom(II)-Ionen [das Cr(III)/Cr(II)-Redoxpotential beträgt —0,41V] ist die Reduktion innerhalb weniger Sekunden bei Zimmertemperatur vollständig. Der Überschuß an Reduktionsmittel wird einfach durch 2 bis 3 Min. langes Schütteln der reduzierten Lösung an der Luft unschädlich gemacht (der gleiche Effekt wird erzielt, wenn man die Lösung 6 bis 10 Min. an der Luft stehen läßt).

Der größte Vorteil dieser Reduktionsmethode gegenüber den Reduktionen mit Metallen und Amalgamen (s. Abschnitt 2.2.1) ist ihre rasche und einfache Durchführbarkeit.

Cu^{2+}, Ag^+, Pb^{2+}, Sn^{2+}, Bi^{3+}, Hg^{2+} und Sb^{3+} werden durch Chrom(II)-Ion zum metallischen Zustand reduziert, nicht aber die Ionen der Metalle Cd, Co, Ni, Mn, Al und Zn. Fe^{3+} wird zu Fe^{2+} und auch Mo(VI), V(V), Nb(V) u. a. werden zu niedrigeren Wertigkeitsstufen reduziert.

In der Literatur werden mehrere Methoden zur Herstellung von Chrom(II)-salz-Lösungen beschrieben, und zwar Elektrolyse (*Asmanov*), Reduktion von Kaliumdichromat (*Thornton* und *Sadusk*) oder Chrom(III)-chlorid (*Huffman*) durch Zink und auch die Reduktion von Chrom(III)-sulfat (s. Arbeitsvorschrift) oder Kaliumdichromat mit Zinkamalgam (*Syrokomskii* und *Zhukova*). Die letztgenannte Reduktion wird so ausgeführt, daß man 25 ml einer Kaliumdichromatlösung (7,5 g/l) mit 5 ml konz. Salzsäure ansäuert und mit 40 ml eines Zinkamalgams, das etwa 10 g Zink enthält, solange schüttelt, bis die Lösung eine rein blaue Farbe annimmt. Die Chrom(II)-lösung kann unter einer CO_2-Atmosphäre oder über Zinkamalgam aufbewahrt werden, allerdings nicht zu lange, da sie mit der Zeit an reduzierender Wirksamkeit verliert.

Die Anwendung von Chrom(II) zur Reduktion des Urans(VI) zur vierwertigen Oxydationsstufe wurde von zahlreichen Autoren empfohlen (*Allen*; *Cooke, Hazel* und *MacNabb*; *Hahn* und *Kelley*; *Tandon* und *Mehrotra*; *El-Shamy* und *El-Din Zayan*; *Minczewski, Kolyga* und *Wódkiewicz*; *Minczewski* und *Kolyga*; *Gallai* und *Kalenchuk*; *Jones*; *Singer*). Manchmal wird die Reduktion in einer CO_2-Atmosphäre ausgeführt. Zur visuellen Anzeige für die Vollständigkeit der Reduktion kann Safranin als Indikator verwendet werden; seine Farbe verschwindet, sobald das Uran(VI) quantitativ reduziert, d. h. ein geringer Überschuß an Cr(II) anwesend ist (*Cooke, Hazel* und *MacNabb*). Die Anwendung dieses oder auch anderer Indikatoren wie z. B. Neutralrot und n-Äthoxychrysoidin ist sehr bequem und kann nicht nur zur Ermittlung des Endpunktes der Reduktion dienen, sondern in ihrer Gegenwart wird auch vermieden, daß ein zu großer Überschuß der Chrom(II)-salz-Lösung zu der zu reduzierenden Lösung zugegeben wird. Wird zu viel Chrom(II) zugesetzt, besteht nämlich die Gefahr, daß die Ermittlung des Endpunktes bei der darauffolgenden Titration des Urans durch die Eigenfarbe der Chrom(III)-Ionen (s. unten) gestört wird. Ferner nehmen diese Indikatoren wieder ihre ursprüngliche Farbe an, sobald alle überschüssigen Chrom(II)- durch Luftsauerstoff zu Chrom(III)-Ionen oxydiert sind.

Nach Luftoxydation des überschüssigen Chroms(II) kann das Uran(IV) oxydimetrisch mit Ammoniumvanadat (*Syrokomskii* und *Zhukova*) (s. Abschnitt 2.3.1.4), Kaliumpermanganat (*Tandon* und *Mehrotra*) (s. Abschnitt 2.3.1.2) oder anderen geeigneten Oxydationsmitteln titriert werden.

5*

Chrom(II)-sulfat kann auch zur Reduktion des Urans vor dessen potentiometrischer Titration verwendet werden. Es verkürzt die zur Reduktion nötige Zeit; es gestattet ferner eine Titration in kleineren Volumina und daher eine Verbesserung des Endpunktes und der Geschwindigkeit der Potentialeinstellung. Eine Lösung, die 500 mg Uran und keine störenden Ionen enthält, kann mit Chrom(II)-sulfat reduziert und mit Eisen(III)-sulfat mit einer Genauigkeit, die besser als $\pm\,0{,}1\%$ ist, potentiometrisch titriert werden.

Arbeitsvorschrift nach *Korach, Nessle, Sinclair, Casto* und *Orlemann*. Eine gesättigte Chrom(II)-sulfat-Lösung (5%ig an Schwefelsäure; v/v) wird durch Kochen von Chrom(III)-sulfatlösung über flüssigem Zinkamalgam bereitet und unter CO_2-Atmosphäre aufbewahrt. Die Probelösung in Schwefelsäure (5%; v/v) gibt man in die Titrationszelle und erhitzt unter CO_2-Atmosphäre bei Umrühren auf 95 °C. Die gesättigte Chrom(II)-sulfatlösung wird zugefügt, bis das Zellenpotential negativer als $-0{,}200$ V wird. Die Probe ist dann potentiometrisch mit Eisen(III)-sulfat-Lösung zu titrieren (eine andere Methode wird im Abschnitt 2.3.1.5.3.1 beschrieben).

Literatur

Allen, K. A.: Anal. Chem. **28**, 1144 (1956). – *Asmanov, A.:* Z. anorg. Ch. **160**, 209 (1927).

Cooke, W. D., Hazel, F., u. *MacNabb, W. M.:* Anal. chim. Acta **3**, 656 (1949).

El-Shamy, H. K., u. *S. El-Din Zayan:* Analyst **80**, 65 (1955).

Gallai, Z. A., u. *Kalenchuk, G. E.:* Zhur. Anal. Khim. (russ.) **16**, 63 (1961).

Hahn, R. B., u. *Kelley, M. T.:* Anal. chim. Acta **10**, 178 (1954). – *Huffman, E. H.:* (a) Report RL-4,7,600; August 1944; (b) Report XL-4,9,803, 2. Februar 1945; (c) Anal. Chem. **18**, 278 (1946).

Jones, S. L.: U.S. A. E. C., Rep. KAPL-M-SLJ-7, 1961.

Korach, M., Nessle, G., Sinclair, E. E., u. *Casto, C. C.:* Report C-4, 100, 21; 6. Oktober 1945. – *Korach, M., Nessle, G., Sinclair, E. E.,* u. *Orlemann, E. F.:* Report C-4, 360, 1; 14. Juli 1945. – *Korach, M., Nessle, G., Sinclair, E. E., Casto, C. C.,* u. *Orlemann, E. F.:* Report C-4, 100, 20; 8. September 1945.

Minczewski, J., u. *Kolyga, S.:* Chem. Anal. (Warszawa) **3**, 463 (1958). – *Minczewski, J., Kolyga, S.,* u. *Wódkiewicz, I.:* Nukleonika **3**, 62 (1958).

Singer, E.: Průmysl Chem. **12**, 307 (1962). – *Syrokomskii, V. S.,* u. *Zhukova, K. S.:* Betriebslab. (russ.) **11**, 373 (1945).

Tandon, J. P., u. *Mehrotra, R. C.:* Fr. **164**, 314 (1958). – *Thornton, W. M.,* u. *Sadusk, J. F.:* Ind. eng. Chem. Anal. Edit. 4, 420 (1932).

2.2.2.2 Titan(III)-Ionen

Titan(III)-salze wie das Chlorid oder Sulfat sind besser zur Reduktion des Urans(VI) zum Uran(IV) geeignet als Zinn(II)-Ionen (s. Abschnitt 2.2.2.3), da zur vollständigen Reduktion kein Erhitzen der Reaktionslösung erforderlich ist (*Auger*). Der zugesetzte Überschuß der Titan(III)-verbindung kann durch Zusatz von Bi_2O_3 zur reduzierten Lösung entfernt werden (*Newton* und *Hughes*). Dieses wird zu metallischem Wismut reduziert, das dann zusammen mit dem überschüssigen Oxid vor der Titration des Urans abfiltriert wird. Anstelle von Wismutoxid kann auch Quecksilber(II)-perchlorat zur Entfernung überschüssiger Titan(III)-Ionen verwendet werden (*Wahlberg, Skinner* und *Rader*). In diesem Fall braucht die Lösung vor der Titration nicht filtriert zu werden.

Zur Ermittlung des Endpunktes der Reduktion mit Titan(III)-Ionen können Kupfer(II)-salze verwendet werden (*Wahlberg, Skinner* und *Rader*; *Guest* und *Lalonde*). Die Reduktion wird in schwefelsauren Lösungen ausgeführt. Der zu analysierenden Lösung wird eine geringe Menge einer Kupfer(II)-sulfat-Lösung zugesetzt und dann so lange Titan(III)-sulfat-Lösung zugegeben, bis sich ein Niederschlag von rotem, metallischem Kupfer bildet. Der Überschuß an Titan(III)-Ion wird hierauf durch Zugabe von Quecksilber(II)-perchlorat entfernt. Gleichzeitig geht das abgeschiedene Kupfer in Lösung, da es Hg^{2+} zu metallischem Quecksilber reduziert. Dieses stört nicht bei der darauffolgenden oxydimetrischen Titration des Urans(IV) (s. Abschnitt 2.3.1.1.1).

Auch der Uranyltartrat-Komplex wird durch Titan(III)-chlorid zum Uran(IV)-tartrat-Komplex reduziert (*Auger*; *Steuer*).

Von *Corpel* und *Regnaud* konnte gezeigt werden, daß das Uran(VI) mit Titan(III)-chloridlösung auch in Gegenwart von Salpetersäure reduziert wird. Die Lösung wird 1n sowohl an Salpeter- als auch an Schwefelsäure gemacht und ein Überschuß von Titan(III)-chlorid-Lösung zugegeben. Der Überschuß an Titan(III) wird durch die Nitrat-Ionen oxydiert und die sich dabei bildenden Nitrit-Ionen hierauf durch Zugabe von Sulfaminsäure zerstört. Uran(IV) wird sodann cerimetrisch unter Anwendung von Ferroin als Indikator titriert (s. Abschnitt 2.3.1.1.1).

Unter Anwendung von Titan(III)-sulfatlösung als Titrationsmittel kann Uran(VI) direkt potentiometrisch titriert werden (*Stonhill*; *Minczewski, Przytycka* und *Kohman*) (s. Abschnitt 2.4.1.2) oder der Überschuß an zugesetztem Titan(III)-salz und das gebildete Uran(IV) werden nacheinander entweder mit Cer(IV)-sulfat-Lösung (*Helbig*) (s. Abschnitt 2.3.1.1.3.1) oder Kaliumdichromatmaßlösung (*Nakashima* und *Sakai*) oder Kaliumpermanganatlösung (s. Abschnitt 2.3.1.2.2.1) ebenfalls mit potentiometrischer Endpunktsanzeige bestimmt.

Auch die direkte coulometrische Titration des Urans(VI) mit an einer Quecksilberkathode (*Lingane* und *Iwamoto*) oder an einer Platinelektrode (*Kennedy* und *Lingane*) erzeugten Titan(III)-Ionen ist möglich. Die Endpunktsanzeige der Titration kann auf potentiometrischem oder amperometrischem Wege erfolgen (s. Abschnitt 2.4.1.2).

Nach Angaben von *Wahlberg, Skinner* und *Rader* läßt sich eine Titan(III)-sulfatlösung folgendermaßen herstellen:

Arbeitsvorschrift. 20 g Titan(IV)-oxid p. a. werden mit 45 g Ammoniumsulfat vermischt. Dieser Mischung sind 125 ml konz. Schwefelsäure zuzugeben. Die Lösung ist vorsichtig so lange zu erhitzen, bis die Schaumbildung vollständig aufgehört hat. Hierauf wird zum Kochen erhitzt und die kochende Flüssigkeit über der vollen Flamme eines Brenners geschwenkt, bis sich alles oder fast alles Titan(IV)-oxid aufgelöst hat. Hierauf kühlt man ab und setzt vorsichtig unter ständigem Umschwenken so viel kaltes Wasser zu, bis die Lösung auf etwa 500 ml verdünnt ist. Anschließend wird dekantiert oder sofort, bevor Hydrolyse eintritt, in einen Kolben, der Zinkamalgam enthält, filtriert. [Das Zinkamalgam ist durch Zugabe von 8 g Zink zu 6 ml Quecksilber und 5 ml Schwefelsäure (5%; v/v) herzustellen.] Die Lösung muß gelegentlich umgeschwenkt und der Kolben, sobald die Gasentwicklung aufgehört hat, mit einem Stopfen gut verschlossen werden. Die Lösung weist eine tief purpurne Farbe auf.

Literatur

Auger, V.: C. r. **155**, 647 (1912).
Corpel, J., u. *Regnaud, F.:* Anal. chim. Acta **27**, 36 (1962).
Guest, K. J., u. *Lalonde, C. R.:* Can. Dept. Mines and Techn. Survey, Mines Branch, Radioactivity Div. Topical Rep. No. TK-135/36, 1956.
Helbig, W.: Fr. **174**, 169 (1960).
Kennedy, J. H., u. *Lingane, J. J.:* Anal. chim. Acta **18**, 240 (1958).
Lingane, J. J., u. *Iwamoto, R. T.:* Anal. chim. Acta **13**, 465 (1955).
Minczewski, J., Przytycka, R., u. *Kohman, L.:* Chem. Anal. (Warsawa) **3**, 27 (1958).
Nakashima, F., u. *Sakai, K.:* J. chem. Soc. Japan, Pure Chem. Sect., **85**, 40 (1964). – *Newton, H. D.,* u. *Hughes, J. L.:* Am. Soc. **37**, 1711 (1915).
Steuer, H.: Fr. **118**, 386 (1939/40). – *Stonhill, L. G.:* Canad. J. Chem. **36**, 1487 (1958).
Wahlberg, J. S., Skinner, D. L., u. *Rader jr., L. F.:* Anal. Chem. **29**, 954 (1957).

2.2.2.3 Zinn(II)-Ionen

Zinn(II)-chlorid reduziert Uran(VI) zur vierwertigen Stufe, wenn die 4 bis 6n salzsaure Uranylchlorid-Lösung, die etwa 0,5 m an Phosphorsäure ist, in Gegenwart dieses Reduktionsmittels erhitzt wird. Die Phosphorsäure komplexiert das gebildete Uran(IV), wodurch das Gleichgewicht zugunsten der vierwertigen Oxydationsstufe des Urans verschoben wird, so daß eine quantitative Reduktion eintritt. Der Überschuß an zugesetztem Zinn(II) kann durch Zusatz von Quecksilber(II)-chlorid unschädlich gemacht werden. Bei der darauffolgenden oxydimetrischen Titration des Urans stören die Reduktionsprodukte des Quecksilbers(II) nicht (*Main*). Ein Vorteil dieser Zinn(II)-chlorid-Methode soll der sein, daß die Uranbestimmung durch die Gegenwart von bis zu 10 mg Nitrat-Ion, 12,5 mg Ammoniummolybdat, 40 mg Kupfersulfat, 20 mg Natriumvanadat oder bis zu 20 mg Titan(IV)-chlorid nicht gestört wird. *Byrne, Larsen* und *Pflug* konnten zeigen, daß Urananalysen unter Anwendung dieser Methode bei Molybdänkonzentrationen von nicht mehr als 6,6% genaue Resultate ergeben, wenn das Molybdän getrennt bestimmt und eine Korrektur angebracht wird, die einen Dreielektronenübergang für das Molybdän berücksichtigt. Nach ihren Angaben wird die Zinn(II)-chlorid-Methode durch Al, Ca, Ni und Zn (2%) nicht gestört. Dagegen werden zu niedrige Ergebnisse in Anwesenheit von Chrom und Zirkonium erhalten. Sind die Ionen des Kupfers (2%), Titans, Wolframs und Vanadiums anwesend, so werden zu hohe Resultate erzielt.

Eine Modifikation der Methode wurde von *Bril* und *Holzer* beschrieben. Um die Störung durch einen 40fachen Überschuß an Vanadium zu vermeiden, wird das Uran in Gegenwart von Fe^{3+} und Natriumfluorid reduziert (s. Abschnitt 2.3.1.1.1).

Arbeitsvorschrift nach *Main*. Zu etwa 10 ml der Uranylsulfatlösung sind folgende Reagenzien zuzusetzen: 2 ml einer 0,2n Eisen(III)-chlorid-Lösung (als Katalysator), 20 bis 25 ml konz. Salzsäure und 4 ml Phosphorsäure (1 + 1) (etwa 54%ig). Die Lösung wird auf 96 bis 99 °C erhitzt, ein berechneter Überschuß an Zinn(II)-chloridlösung [5% (m/v) $SnCl_2 \cdot 2 H_2O$ in Salzsäure (1 + 10) (etwa 1,1 m)] zuzugeben und 10 bis 15 Min. weiter erhitzt. Nach dem Abkühlen wird der Überschuß an Sn^{2+} mit 20 ml einer gesättigten $HgCl_2$-Lösung zerstört und 20 ml 8%ige Eisen(III)-chlorid-Lösung (m/v) zugegeben. Nach Verdünnen auf 250 bis 300 ml wird mit 0,02n Kaliumdichromat-Lösung in Gegenwart von Diphenylaminsulfonat als Indikator und 15 ml einer (1 + 3)-Mischung von Phosphor- und Schwefelsäure in einer CO_2-Atmoshäre titriert (s. Abschnitt 2.3.1.3.1).

Bemerkung. Arsen(III), Perchlorat-, Wolframat-, Permanganat-, Ammonium-Ionen, Pyridin, Wismutat-, Kobalt-, Sulfat-, Chlorid- und Nitrat-Ionen (weniger als 5 mg) *stören nicht*, aber Mo(VI), Cu^{2+}, V(V) und Ti^{4+} verursachen zu hohe Resultate.

Literatur

Bril, K., u. *Holzer, S.:* Anal. Chem. **33**, 55 (1961). – *Byrne, J. T., Larsen, M. K.,* u. *Pflug, J. L.:* Anal. Chem. **31**, 942 (1959).
Main, A. R.: Anal. Chem. **26**, 1507 (1954).

2.2.2.4 Lösungen weniger häufig verwendeter Reduktionsmittel

2.2.2.4.1 Natriumdithionit[1]

Es wurde gefunden (*Auber*), daß Natriumdithionit Uranylsulfat in schwach sauren Lösungen zum Uran(IV)-sulfat reduziert, das durch Zusatz von Äthanol isoliert werden kann. Andere Uran(IV)-salze (Oxalat, Arsenat und Phosphat) wurden ähn-

---

[1] Auch Rongalit (Formaldehyd-Na-Sulfoxylat) kann zur Reduktion des Urans benützt werden (*Grinberg, A. A.,* u. *Marshak, E. M.:* Zh. Neorg. Khim. **15**, 152 (1970)).

lich zubereitet. Natriumdithionit ist ein geeignetes Mittel, um Uran(VI) zum Uran(IV) für die chemische Trennung z. B. mit Cupferron zu reduzieren (s. Abschnitt 1); doch wird es in der titrimetrischen Analyse wenig angewendet. Die Reduktion wird am besten in 4 bis 8%iger Schwefelsäure (v/v) ausgeführt (*Kindermann, Tolbert* und *Huffmann*), wobei das feste Salz: $Na_2S_2O_4$ in die Lösung eingerührt wird. Für die ersten 100 mg Uran werden 2,5 g Reduktionsmittel gebraucht; aber für alle weiteren je 100 mg Uran genügen 0,6 g. Die Reaktion ist kompliziert, und es wird etwas H_2S, S und SO_2 gebildet.

2.2.2.4.2 Eisen(II)-Ionen

Wie schon in Abschnitt 1 erwähnt wurde, können auch Eisen(II)-Ionen zur Reduktion des Urans(VI) zur vierwertigen Stufe herangezogen werden. Die Reduktion kann in n Schwefelsäure erfolgen, die 2% $(NH_4)_2SO_4 \cdot FeSO_4 \cdot 6\,H_2O$ (m/v), 2% Natriumsulfat (m/v) und 10% 40 bis 48%ige Flußsäure (m/v) enthält (*Evenigorodskaya* und *Ryanicheva*).[1] Es fällt Na_2UF_6 aus, das in mit Borsäure gesättigter starker Mineralsäure gelöst wird, worauf das Uran(IV) in Gegenwart von Phenylanthranilsäure als Indikator mit 0,01 oder 0,005n Ammoniumvanadatlösung titriert wird (s. Abschnitt 2.3.1.4.1).

Gopala Rao und *Sagi* fanden, daß sich Uran(VI) direkt mit Eisen(II)-Lösung bei Zimmertemperatur titrieren läßt, wenn die Reduktion in 11 bis 13,5 m Phosphorsäure erfolgt. Der Endpunkt der Titration kann potentiometrisch oder unter Anwendung von Methylenblau oder Thionin als Indikator ermittelt werden (s. Abschnitt 2.4.1.3).

Eine rasche Reduktion des Urans mit Eisen(II)-Ionen kann auch in ammoniakalischer Lösung in Gegenwart von Brenzcatechin ausgeführt werden (*Miller*). Diese Methode wird zur potentiometrischen Bestimmung des Urans verwendet.

2.2.2.4.3 Aminoiminomethansulfinsäure

Mittels dieses Reagenses wird Uran zur vierwertigen Oxydationsstufe reduziert und kann dann mit ÄDTA titriert werden (s. Abschnitt 2.3.2) (*Klȳgin, Nikol'skaya, Kolyada* und *Zavrazhnova*). Die Reduktion erfolgt in verdünnt schwefelsaurer Lösung bei 5 bis 8 Min. langem Kochen der Uranyllösung mit einer Lösung des Reduktionsmittels. Nach *Rozhdestvenskaya, Songina* und *Barikov* wird die zu reduzierende Lösung (25 bis 30 ml) mit Schwefelsäure auf pH = 2 eingestellt, mit 1 bis 1,5 ml einer Lösung des Reduktionsmittels (1 g in 150 ml 0,25n Schwefelsäure) versetzt und auf 5 ml eingedampft. Nach dem Abkühlen wird die Lösung verdünnt und Uran(IV) amperometrisch mit ÄDTA titriert (s. Abschnitt 2.3.2). Diese Methode kann zur Bestimmung geringer Uranmengen herangezogen werden. Die 25 bis 30 ml Probelösung sollen zwischen 10^{-3} und 10^{-8} g Uran enthalten.

Literatur

Auber, J. A.: Bl. **1** (4), 569 (1907).
Evenigorodskaya, V. M., u. *Ryanicheva, M. I.:* Zhur. Anal. Khim. (russ.) **14**, 457 (1959).
Gopala Rao, G., u. *Sagi, S. R.:* Talanta **9**, 715 (1962).
Kindermann, E. M., Tolbert, B. M., u. *Huffman, E. H.:* Rep. RL-4,8,41; 16. Oktober 1944. –
Klȳgin, A. E., Nikol'skaya, N. A., Kolyada, N. S., u. *Zavrazhnova, D. M.:* Zhur. Anal. Khim. (russ.) **16**, 110 (1961).
Miller, J. W.: Talanta **4**, 292 (1960).
Rozhdestvenskaya, Z. B., Songina, O. A., u. *Barikov, V. G.:* Betriebslab. (russ.) **29**, 30 (1963).

---

[1] Die Reduktion mit Fe(II)-Ion kann auch in phosphorsaurer Lösung durchgeführt werden [*Cherry, J.:* Report U. K. A. E. A., PG 827 (W). 1968].

2.2.3 Photochemische Reduktionen

Beim Bestrahlen mit Sonnenlicht oder mit einer Quecksilberlampe können bestimmte organische Verbindungen Uran(VI) zum Uran(IV) reduzieren. Vorgeschlagen wurden Oxalsäure (*Paige, Taylor* und *Schneider; Babko* und *Ginzburg*), Äthanol (*Gopala Rao, Panduranga Rao* und *Venkatamma; Nemodruk* u. *Bezrogova*), Milchsäure (*Gopala Rao, Panduranga Rao* und *Rama Rao*) und Diäthyläther (*Panduranga Rao und Gopala Rao*).

Arbeitsvorschrift nach *Gopala Rao, Panduranga Rao* und *Venkatamma*. Zu 0,5 bis 6 ml der Uranyllösung, die 2,5 bis 50 mg Uran enthält, fügt man 5 ml Äthanol und 5 ml 2,5m Schwefelsäure zu, verdünnt mit Wasser auf etwa 25 ml und bestrahlt dann 1 Std. mit einer Quecksilberlampe. Die reduzierte Lösung wird unter Anwendung von Diphenylbenzidin als Indikator mit eingestellter Natriumvanadatlösung titriert (s. Abschnitt 2.3.1.4).

Bemerkungen. I. Die Reduktion mit Äthanol, Milchsäure und Diäthyläther führt niemals zur Bildung von Uran(III), selbst *dann nicht*, wenn die Bestrahlung noch viel länger ausgeführt wird.

II. Analog zum Uran werden auch Fe^{3+}, Mo(VI), W(VI) und V(V) zu niedrigeren Wertigkeitsstufen reduziert, Sn^{4+} *dagegen nicht* zu Sn^{2+}. Chromate werden nur zum Chrom(III), nicht dagegen aber zum Chrom(II) reduziert, wie dies im *Jones*-Reduktor (s. Abschnitt 2.2.1.1.2.1) der Fall ist.

III. Vanadium(IV) *stört* die Bestimmung des Urans *nicht*. Arsenate stören nicht, wohl aber Chloride, Bromide und Jodide, die die photochemische Reduktion vollständig verhindern. Oxalat-Ion verzögert die Reaktion ein wenig.

2.2.4 Elektrolytische Reduktionen

Obwohl die elektrolytische Reduktion gewöhnlich nicht schnell oder geeignet genug für Routinearbeiten ist, hat sie doch den Vorteil, daß die Reduktion gleichzeitig mit der elektrolytischen Entfernung von Verunreinigungen verbunden werden kann (s. Abschnitt 2.2) (*Gantz, Hunt* und *Mellon; Martens* und *Winters*) und daß keine Fremd-Ionen zugegeben werden; doch sind besondere Vorsichtsmaßregeln nötig, um eine Störung durch Peroxyverbindungen zu vermeiden. Man erhält ein Gemisch aus Uran(IV) und Uran(III).

Literatur

Babko, A. K., u. *Ginzburg, L. M.:* Zh. analit. Khim. **21**, 1070 (1966).

Gantz, E. S., Hunt, H., u. *Mellon, M. C.:* Rep. A-2701, 2. Oktober 1945. − *Gopala Rao, G., Panduranga Rao V.,* u. *Rama Rao, M. V.:* Anal. Chim. Acta **15**, 97 (1956). − *Gopala Rao, G., Panduranga Rao, V.,* u. *Venkatamma, N. C.:* Fr. **150**, 178 (1956).

Martens, J. H., u. *Winters, C. E.:* Rep. M-2315, 9. Januar 1946.

Nemodruk, A. A., u. *Bezrogova, E. V.:* Zh. analit. Khim. **21**, 1210 (1966); **22**, 366 (1967).

Paige, H. H., Taylor, A. E., u. *Schneider, R. B.:* Science **120**, 347 (1954).

Panduranga Rao, V., u. *Gopala Rao, G.:* Fr. **160**, 190 (1958).

2.3 Titration des Urans nach vorangehender Reduktion zum Uran(IV)

Wie im Abschnitt 2.2 gezeigt wurde, lassen sich Uranyl-Ionen mittels einer Anzahl von Reduktionsmitteln wie z. B. Metallen, ihren Amalgamen, stark reduzierend wirkenden Salzen, organischen Verbindungen und auch elektrolytisch zum Uran(IV) reduzieren, das dann oxydimetrisch titriert werden kann. Wie bereits erwähnt, wird bei vielen dieser Reduktionen das Uran nicht nur zur vierwertigen

Oxydationsstufe reduziert, sondern es können sich auch wechselnde Mengen Uran(III)-Ionen bilden. Um bei der der Reduktion nachfolgenden, oxydimetrischen Bestimmung nicht zu hohe Resultate zu erhalten, muß das Uran(III) zuerst durch Anwendung eines Oxydationsmittels in Uran(IV) überführt werden. Dieses Mittel muß so beschaffen sein, daß es wohl Uran(III) quantitativ oxydiert, aber keine Rückoxydation des Urans(IV) zum sechswertigen Oxydationszustand bewirkt. Das für diese Zwecke geeignetste Oxydationsmittel ist Luftsauerstoff. In den meisten Fällen ist es ausreichend, wenn man Luft 5 bis 6 Min. durch die reduzierte Lösung leitet oder diese etwa 10 Min. an der Luft schüttelt.

Durch das Durchleiten von Luft wird Uran(III) schnell zum Uran(IV) oxydiert, das ziemlich stabil gegenüber Luft in kalten, sauren Lösungen ist. Uran(IV) in schwefelsaurer Lösung (5%; v/v) wurde unter gelegentlichem Rühren 4 Std. dem Einfluß der Luft bei einer Temperatur von 20 bis 30 °C ausgesetzt, ohne daß sich Oxydationserscheinungen zeigten (*Lundell* und *Knowles*). Eine *Genauigkeit* von ± 0,02% wurde bei der Analyse des schwarzen Standardoxides MS-ST[1] erreicht, obwohl die Zeit des Luftdurchleitens von 15 Min. für 0,64 g Uran bis 25 Min. für 0,85 bis 1,7 g Uran variierte. Es wurde eine konstante Geschwindigkeit angewendet (etwa 130 ml Luft/Min.) und alle Lösungen durch das Uran(IV) in weniger als 15 Min. charakteristisch grün gefärbt (*Richmond* und *Rodden*). Die Ergebnisse der Untersuchungen (*McCoy* und *Bunzel*; *Nichols*) des variierenden Einflusses der Acidität auf die Luftoxydation des reinen Urans(IV) bei Zimmertemperatur sind nicht vollständig. Sie beruhen auf experimentellen Resultaten, die nicht mit jenen übereinstimmen, die oben für reine Uran(IV)-Lösungen angeführt sind.

Die Geschwindigkeit des Luftdurchleitens ist nicht unbedingt genau einzuhalten. Doch erfolgt die Oxydation langsam, wenn die Lösung weder durch schnell aufeinanderfolgende Blasen noch durch Umrühren bewegt wird.

Heiße Uranlösungen (60 bis 80 °C) werden durch Luft mit merklicher Geschwindigkeit oxydiert (*Lundell* und *Knowles*; *Orlemann*). Molybdän *stört* die Oxydation durch Luftdurchleiten stark. In Lösungen, die 0,4 g Uran und 0,125 bis 90 mg Molybdän in 100 ml enthalten, bewirkt Molybdän als Katalysator, daß die Oxydation des Urans(III) während des Durchleitens der Luft weiter als bis zur vierwertigen Stufe verläuft. Wenn aber die Molybdänkonzentration mehr als 90 mg in 100 ml ist, ist vollständige Oxydation des Urans von der dreiwertigen zur vierwertigen Stufe durch Durchleiten von Luft schwierig, und es können für das Uran Überwerte auftreten (*Miller*, *Morgan*, *Givens* und *Duane*). *Nichols* (a, b) berichtet, daß die Autoxydation des Uran(IV)-chlorids bemerkenswert durch Spuren Kupfer(II)-Ionen beschleunigt wird. Auch Eisen(III)-chlorid besitzt einen leicht beschleunigenden Einfluß, aber Chloride wie diejenigen des Chroms(III), Uranyls oder Kobalts(II) haben entweder einen zu vernachlässigenden oder überhaupt keinen Einfluß. Weder Belichten der Lösung noch ein Vergrößern der Glasoberfläche durch Zugabe von pulverisiertem Glas übt eine Wirkung aus. *Hearney* und *Rodden* zeigten, daß Kupfer die Luftoxydation des Urans(III) zum Uran(IV) sehr stört. Obwohl das Kupfer im *Jones*-Reduktor (s. Abschnitt 2.2.1.1.2.1) abgeschieden wird, bleibt es nicht quantitativ im Amalgam zurück; vielmehr wird ein Teil mit der reduzierten Lösung durchgewaschen. Es löst sich sofort wieder auf und bewirkt, daß die Luftoxydation des Urans über die vierwertige Stufe hinausgeht.

Kolthoff und *Lingane* geben an, daß sehr verdünnte Lösungen des Urans(IV) (0,001 m) in Schwefelsäure (5%; v/v) gegenüber dem Einfluß der Luft mindestens 30 Min. stabil zu sein scheinen. Nachdem durch diese Lösung 1 Std. Luft durchgeleitet worden war, war 1% des Urans zum Uran(VI) oxydiert. *Pepkowitz* berichtet, daß bei Mikroarbeiten die reduzierte Stufe für die Luftoxydation sehr empfänglich

---

[1] National Bureau of Standards, Washington D.C., U.S.A.

war. Wenn durch die Lösung, die 1 mg Uran enthielt, Luft durchgeleitet und das Potential des Systems elektrometrisch verfolgt wurde, ergab sich ein fortlaufender Anstieg des Potentials, bis die Uran(VI)-stufe erreicht war, und es gab kein Anzeichen für das Aufhören der Oxydation bei der Uran(IV)-stufe. Mikromengen Urans konnten trotzdem nach Durchlaufen durch einen *Jones*-Mikroreduktor und kurzem Durchleiten von Luft titriert werden. Die *Fehler* waren kleiner als $\pm$ 0,6% für 0,5 mg [*Korach, Nessle, Casto* und *Orlemann* (a)] und $\pm$ 2% für 0,1 mg Uran (*Noyce*). Die Zugabe von 10% des Urangewichts an Ni, Co, Mn, Al, Zn oder Mg oder 1% an Ca oder 20% Na *stört nicht* die Oxydation des Urans durch Hindurchleiten von Luft (*Heberling* und *Furman*).

Arbeitsvorschrift. Die reduzierte Uranlösung, die zumindestens 4 Vol.-% Schwefelsäure enthält und frei von Molybdän, Kupfer oder anderen störenden Substanzen ist, wird bei 20 bis 25 °C durch Hindurchleiten eines raschen Stromes feiner Blasen gewaschener Luft während 15 Min. oder bis 5 Min. nach dem Auftreten der charakteristischen grünen Farbe des Urans(IV) oxydiert.

Bemerkungen. I. Das gebildete Uran(III) kann auch durch Hydroxylamin zu Uran(IV) *oxydiert* werden. Diese Methode der Oxydation wurde bei einigen Titrationen mit Hilfe von Eisen(III)-Ionen verwendet. Doch bewirkt ein größerer Überschuß von Hydroxylamin in Anwesenheit nennenswerter Mengen Eisens niedrige Resultate für das Uran, was auf die Oxydation eines Teiles der Eisen(II)- zu Eisen(III)-Ionen durch Hydroxylamin zurückzuführen ist [*Korach, Nessle, Casto, Orlemann* (a, b); *Korach, Nessle, Sinclair* und *Casto*].

II. Verschiedene Arbeitsvorschriften enden mit einer *potentiometrischen* Bestimmung des Uran(III)/(IV)-Endpunktes. Die Oxydation zu Uran(IV) kann in einer kalten Lösung durch Hindurchleiten von Luft bewirkt werden (*Heal*; *Gantz, Hunt* und *Mellon*) oder durch Titration mit einem Oxydationsmittel in heißer Lösung unter CO_2-Atmosphäre (*Furman* und *Schoonover*; *Orlemann*). Bei Titrationen ist der Endpunkt der Uran(III)/(IV)-Stufe schwer erkennbar. Er kann ermittelt werden, wenn ein 0,1 n Oxydationsmittel verwendet wird. Ein Titrationszuwachs wird durch Verwendung eines verd. Reagenses verringert; dabei dominieren die Potentialverschiebungen mehr und mehr, bis sie den Endpunkt völlig verschleiern (*Best, McInnes* und *Longsworth*). Im Falle von Titrationen bei etwa 80 °C entspricht das Intervall zwischen den beiden Potentialsprüngen stöchiometrisch der Menge des anwesenden Urans; doch bei Zimmertemperatur ist es etwas zu kurz. Der erste Potentialsprung entspricht wahrscheinlich nicht dem Verschwinden des Urans(III), sondern dem Verschwinden der an der Platinelektrode adsorbierten Wasserstoffschicht. Diese entsprechen einander bei hoher Temperaturen (80 °C), wenn der Wasserstoff durch das Titrationsmittel schnell oxydiert wird; bei niedrigeren Temperaturen aber verläuft die Oxydation langsamer, und es entsteht ein Zeitintervall, bevor die Elektrode auf das Verschwinden des Urans(III) reagiert (*Heal*). In einer Abänderung (*Casto, Korach, Nessle* und *Orlemann*) wird das Uran(III) durch Zugabe von Chrom(III)-sulfat zum Uran(IV) oxydiert und der Cr(II)/(III)-Sprung anstelle des Uran(III)/(IV)-Sprunges verwendet.

III. In den nun folgenden Abschnitten werden die zur Titration des Urans(IV) vorgeschlagenen Titrationsmethoden beschrieben, wobei eine Einteilung nach Art der angewendeten Titrationsmittel getroffen wurde, und zwar im Hinblick darauf, ob bei den Titrationen ein Wertigkeitswechsel vom vier- zum sechswertigen Oxydationszustand des Urans eintritt oder der vierwertige Zustand des Urans während der Titration beibehalten wird. a) Im *ersten Fall* erfolgen die Titrationen unter Anwendung von Oxydationsmitteln wie z. B. Cer(IV)-salzen, Kaliumpermanganat, Dichromat, Ammoniumvanadat usw. Die Auswahl eines bestimmten Oxydationsmittels hängt von der erforderlichen *Genauigkeit* der Bestimmung, von der Anwesenheit störender Substanzen und auch vom Urangehalt der reduzierten Lösung ab.

Bei den visuellen Titrationen wird der Endpunkt üblicherweise mittels Redoxindikatoren oder wie im Falle des Kaliumpermanganats durch einen geringen Überschuß des Titrationsmittels angezeigt. Bei der Bestimmung von Makromengen Urans (größer als 10 mg) beträgt der *Fehler* bis zu 0,1% (relativ) oder noch weniger, und zwar gleichgültig, welches der obenerwähnten Oxydationsmittel zur Titration des Urans(IV) benützt wird. Ist die vorliegende Uranmenge geringer als 10 mg, so ist der Fehler größer. Bei der Bestimmung von etwa 100 μg Uran unter Anwendung geeigneter Büretten und verd. Lösungen der Oxydationsmittel beträgt der Fehler etwa $\pm 2\%$ (relativ).

Die *elektrometrische* Endpunktsanzeige erfolgt meistens unter Verwendung potentiometrischer und amperometrischer Verfahren oder auf coulometrischem Wege. Der Endpunkt der Titration kann auch *spektrophotometrisch* ermittelt werden.

b) Im zweiten Fall, d. h. bei Titrationen, die auf *keiner* Wertigkeitsänderung des Urans(IV) beruhen, werden als Titrationsmittel Lösungen verwendet, die starke Komplexbildner für Uran(IV) wie z. B. ÄDTA enthalten. Der Endpunkt dieser Titrationen kann unter Anwendung von Metallochromindikatoren, wie sie in der Chelatometrie üblicherweise verwendet werden, angezeigt werden.

Literatur

Best, R. J., Mc Innes, D. A., u. *Longsworth, L. G.:* Rep. A-378; November 1942.

Casto, C. C., Korach, M., Nessle, G., u. *Orlemann, E. F.:* Rep. CD-2228, 26. Februar 1945, S. 2 u. 15.

Furman, N. H., u. *Schoonover, I. C.:* Am. Soc. **53**, 2561 (1931).

Gantz, E. S., Hunt, H., u. *Mellon, M. C.:* Rep. A-2701, 2. Oktober 1945, S. 5.

Heal, H. G.: Rep. MC-95, 20. Oktober 1944. – *Hearney, R. J.,* u. *Rodden, C. J.:* Rep. A-2917; Mai 1946. – *Heberling, J. B.,* u. *Furman, N. H.:* Rep. A-1040, Sec. 2F; 6. Juni 1944.

Kolthoff, I. M., u. *Lingane, J. J.:* Am. Soc. **55**, 1871 (1933). – *Korach, M., Nessle, G., Casto, C. C.,* u. *Orlemann, E. F.:* (a) Rep. C-4, 360, 1, 14. Juli 1945, S. 9; (b) Rep. C-4, 100, 18, 14. Juli 1945, S. 2. – *Korach, M., Nessle, G., Sinclair, E. E.,* u. *Casto, C. C.:* Rep. C-4, 100, 19, 11. August 1945, S. 2.

Lundell, G. E. F., u. *Knowles, H. B.:* Am. Soc. **47**, 2637 (1925).

McCoy, H. N., u. *Bunzel, H. H.:* Am. Soc. **31**, 267 (1909). – *Miller, H. W., Morgan, H. W., Givens, H. C.,* u. *Duane, J. J.:* Rep. A-1060, Section 2E; 31. Oktober 1944, S. 1.

Nichols jr., A. R.: (a) Rep. Chem. S-268, 13. Juni 1944; (b) Rep. RL-4,6,930; 25. August 1945. – *Noyce, W. K.:* Report CC-2942, 18. Juli 1945, S. 3.

Orlemann, E. F.: Rep. CD-2220, 26. Dezember 1944, S. 10.

Pepkowitz, L. P.: Rep. LADC-217, 3. Dezember 1945.

Richmond, M. S., u. *Rodden, C. J.:* Rep. CJR-RM No. 639, 17. Oktober 1945.

2.3.1 Oxydimetrische Titrationen

2.3.1.1 Titration mit Cer(IV)-sulfat

Da Cer(IV)-standardlösungen gut haltbar sind und der Endpunkt der Titrationen schärfer ist, als wenn z. B. Kaliumdichromat als Titrationsmittel (s. Abschnitt 2.3.1.3) verwendet wird, werden cerimetrische Titrationen des Urans(IV) sehr häufig ausgeführt.

2.3.1.1.1 Visuelle Endpunktsanzeige

Direkte Titrationen des Urans(IV) in verdünnt schwefelsauren Lösungen bei Zimmertemperatur mit Cer(IV)-sulfatlösung ergeben einen etwas schleifenden Endpunkt, und bei Halbmikrotitrationen sind unter diesen Bedingungen die Resultate um 1,0 bis 2,6% zu niedrig (*Koch*).

Scharfe und zufriedenstellende Endpunkte werden durch Titration unter Zugabe überschüssigen Eisen(III)-alauns (*Beans, Edmonds* und *Birnbaum*; *Koch*; *Butler*) oder Eisen(III)-chlorids (*Kolthoff* und *Lingane*) zur reduzierten Lösung oder durch deren Erhitzen auf 50 °C unmittelbar vor Erreichen des Endpunktes (*Waters*; *Warf*) erreicht. Wird die Lösung früher als unmittelbar vor Erreichen des Endpunktes erwärmt, so muß sie vor Luft geschützt werden (*Waters*). Nach Zusatz der Eisen(III)-Lösung wird dann die durch Oxydation des Urans(IV) zum Uran(VI) entstehende, äquivalente Menge an Eisen(II) mit einer Cer(IV)-sulfatlösung titriert.

Eine andere Möglichkeit zur indirekten Bestimmung des Urans besteht darin, daß der Uran(IV)-lösung überschüssige Cer(IV)-maßlösung zugesetzt und der unverbrauchte Überschuß dieser Lösung mit Eisen(II)-salzlösung zurücktitriert wird. Solche Titrationen unter Anwendung von Eisen(II)-sulfatlösungen verlaufen sehr zufriedenstellend (*Kunin* und *Mayer*; *Best, McInnes* und *Longsworth*; *Koch*; *Furman* und *Schoonover*).[1]

Die für 10 mg Uran enthaltende Proben gewonnenen Resultate (*Koch*) lagen innerhalb von $\pm$ 1% des theoretischen Wertes, wenn eine Rücktitration mit Eisen(II)-sulfat angewendet wurde; sie waren aber um 0,01 bis 0,07% zu hoch, wenn Eisen(III)-alaun vor der Titration zur Lösung zugefügt wurde.

Der geeignetste Redoxindikator zur Ermittlung des Endpunktes cerimetrischer Titrationen des Urans(IV) ist Ferroin[1,10-Phenanthrolin-Eisen(II)-sulfat] (*Willard* und *Young*; *Birnbaum* und *Edmonds*; *McClure* und *Banks*; *Sill und Peterson*; *Sutton*; *Milner und Edwards*; *Milner* und *Barnett*; *Wahlberg, Skinner* und *Rader*; *Bacon* und *Milner*; *Fritz, Fulda, Margerum* und *Lane*; *Milner*; *Atoda, Takahashi, Sasa, Higashi* und *Kobayashi*; *Bril* und *Holzer*; *Dunleavy, Contner* und *Sweet*; *Corpel* und *Regnaud*). *Birnbaum* und *Edmonds* berichten, daß dieser Indikator bei 50 °C in 4n Salzsäure schnell dissoziiert und die rote Farbe vor Erreichen des Endpunktes verblaßt. Daher muß mehr Indikator zugesetzt werden. Sie empfehlen die Zugabe von Phosphorsäure, um die Uranreaktion zu beschleunigen, und stellen fest, daß die Geschwindigkeit in Abwesenheit dieser Säure zu gering ist. Daher wurde Phosphorsäure auch gemäß Arbeitsvorschriften zugesetzt, die 4n schwefelsaure Lösung erfordern (*Mason, Pekola* und *Furman*; *Pekola* und *Furman*). *Warf* fand, daß die Oxydation von Uran(IV)-perchlorat in verdünnt perchlor- oder schwefelsaurer Lösung nicht durch kleine Mengen Phosphorsäure, Osmium(VIII)-oxid oder Jodchlorid katalysiert wird. Doch war die Phosphorsäurekonzentration, die *Warf* benutzte, offensichtlich nicht größer als ein Zehntel der Konzentration, die *Birnbaum* und *Edmonds* verwendeten. Kleine Mengen Salpetersäure (1 bis 5%) *stören* die Cer(IV)-titration *nicht* (*Waters*; *Furman*). Bis zu 100 mg Arsen(III)-oxid stören bei Zimmertemperatur nicht die direkte Titration von 300 ml Lösung, die 5 ml Phosphorsäure und 25 ml Schwefelsäure enthielt (*Furman*).

Anstelle des Ferroins können auch andere Redoxindikatoren zur Ermittlung des Endpunktes herangezogen werden. So wurden vorgeschlagen: Diphenylamin (*Takeno*; *Panduranga Rao, Murty* und *Gopala Rao*), Diphenylbenzidin, Diphenylaminsulfonsäure, N-Phenylanthranilsäure (*Panduranga Rao, Murty* und *Gopala Rao*), Erioglaucin, Eriogrün (*Panduranga Rao* und *Gopala Rao*), Xylenolcyanol FF (C. I. Acid Blue 147) (*Panduranga Rao* und *Gopala Rao*; *Bhaskara Rao(a)*), Kupferphthalocyanintetrasulfonsäure (*Sastri* und *Gopala Rao*) und Nickelphthalocyaninsulfonsäure (*Gopala Rao* und *Venkateswara Rao*). Mit den Redoxindikatoren Erioglaucin, Eriogrün und Xylenolcyanol FF werden gute Ergebnisse erhalten, wenn die Acidität der zu titrierenden Lösung zwischen 0,5 und 8n liegt (*Panduranga Rao* und *Gopala Rao*). Mit Kupferphthalocyanintetrasulfonsäure als Indikator

---

[1] Weitere Literatur: *Dharwadkar, S. R.,* u. *Chandrasekharaiah, M. S.*: Anal. Chim. Acta **45**, 545 (1969); Report Bhabha Atom. Res. Centre, BARC-341, (1968).

können die Titrationen bei Zimmertemperatur ausgeführt werden (*Sastri* und *Gopala Rao*). Im Endpunkt tritt eine Farbänderung von blau über rosa nach farblos auf. Diese Farbänderung ist allerdings irreversibel, so daß dieser Indikator diesbezüglich dem Ferroin unterlegen ist.

Andere Indikatoren, die zur Endpunktsanzeige herangezogen wurden, sind: Setocyanin (C. I. Basic Blue 5) [*Bhaskara Rao(a)*], Methylorange und Methylrot [*Bhaskara Rao* (b)], und β-Colubrin (*Sastry, Sastry, Dayanand* und *Reddy*).

Anwendungsbeispiele zur cerimetrischen Titration des Urans(IV) mit visueller Endpunktsanzeige

Von *Sill* und *Peterson* wird eine titrimetrische Methode zur genauen Bestimmung geringer Uranmengen nach vorangehender Reduktion des Urans im *Jones*-Reduktor (s. Abschnitt 2.2.1.1.2.1) beschrieben. Zu dieser Methode werden weder inerte Atmosphäre, weder erhöhte Temperaturen noch ein geringes Volumen benötigt, selbst dann nicht, wenn 1 mg oder weniger Uran bestimmt werden soll. Die Titration des Urans erfolgt mit Cer(IV)-sulfat unter Verwendung von Ferroin als Indikator. Unter den von ihnen angegebenen Bedingungen ist die *Genauigkeit* der Methode mit der titrimetrischen Genauigkeit identisch. Diese Methode kann zur Ermittlung des Urangehaltes von Erzen, Mineralen usw. herangezogen werden.

Arbeitsvorschrift nach *Sill* und *Peterson*. Die Probe wird in Lösung gebracht. 75 ml der Lösung, die 6 ml konz. Schwefelsäure enthält, sind auf 15 bis 20 °C abzukühlen und durch einen *Jones*-Reduktor unter Beachtung der in Abschnitt 2.2.1.1.2.1 angegebenen Vorsichtsmaßregeln fließen zu lassen. Den Reduktor wäscht man mit 50 ml kalter 2n Schwefelsäure und dann mit 50 ml Wasser. Durch die reduzierte Lösung leitet man 5 Min. Luft durch und gibt dann 2 ml einer 20%igen Eisen(III)-alaunlösung (m/v) in 5%iger Schwefelsäure (v/v), 1 ml 85%iger Orthophosphorsäurelösung (m/v) und 1 ml 0,001 m Ferroinlösung zu. Mit 0,01 n Cer(IV)-sulfatlösung wird bis zum Verschwinden der roten Farbe des Indikators titriert. Kurz vor Erreichen des Endpunktes ist die Cer(IV)-maßlösung in 0,02 ml-Anteilen in 30 Sek.-Intervallen zuzugeben.

Bemerkung. Für Lösungen, die in einem *Bleireduktor* (s. Abschnitt 2.2.1.3) reduziert wurden, empfehlen *Sill* und *Peterson* eine direkte Titration, die in diesem Fall ohne Schwierigkeiten ausgeführt werden kann. Die Zunahme der Reaktionsgeschwindigkeit zwischen Uran(IV) und Cer(IV) ist wahrscheinlich darauf zurückzuführen, daß die unter Anwendung des Bleireduktors erhaltenen, reduzierten Lösungen keine Schwefelsäure enthalten. Diese Säure bildet mit Cer(IV) eine Sulfatocer(IV)-Säure [anionischer Sulfatkomplex des Cers(IV)], wodurch die Konzentration an Cer(IV)-Ionen in der Lösung abnimmt, so daß das Ce(IV)/(III)-potential etwas vermindert wird.

Arbeitsvorschrift nach *Sill* und *Peterson*. Etwa 80 ml Probelösung, die 20 ml konz. Salzsäure enthält, fließen durch einen Bleireduktor (s. Abschnitt 2.2.1.3) mit einer Geschwindigkeit von 100 ml/Min. Die Temperatur der Lösung soll etwa 25 °C betragen. Der Reduktor ist mit 80 ml n Salzsäure zu waschen. Zur reduzierten Lösung gibt man 1 ml einer 0,001 m Ferroinlösung sowie 1 Tropfen 85%ige Orthophosphorsäure (m/v) zu und titriert die Lösung mit 0,01 n Cer(IV)-sulfatlösung, bis die Farbe des Indikators beträchtlich schwächer ist. 2 ml Phosphorsäure werden nun zugegeben, die Titration bis zum Verschwinden der roten Farbe des Indikators fortgesetzt und dann so vorgegangen, wie in der obigen Arbeitsvorschrift nach Reduktion des Urans im *Jones*-Reduktor beschrieben ist.

Bemerkungen. I. Eine sehr ähnliche Methode wurde zur titrimetrischen Bestimmung von *Mikrogrammengen* Urans benützt (*Milner* und *Barnett*). Nach der Reduktion mit einem Mikro-Bleireduktor (s. Abschnitt 2.2.1.3) beträgt die kleinste, noch bestimmbare Menge Urans ungefähr 1 μg. Das Verfahren ist innerhalb von $\pm 1\%$

bei Mengen in der Größenordnung von 100 μg Uran exakt. Während Wismut und Eisen Schwierigkeiten bereiten, *stören* Zirkonium und Thorium *nicht*. Diese Methode kann zur Analyse von Legierungen auf *Wismutbasis*, die Uran im Konzentrationsbereich von 0,005 bis 0,1 Gewichtsprozent enthalten, angewendet werden. Vor der Reduktion des Urans im Mikrobleireduktor werden störende Fremd-Ionen durch Anionenaustausch auf dem stark basischen Anionenaustauscher Deacidite FF vom Uran getrennt. Das Uran wird auf diesem Harz in der Sulfatform aus einer sehr verdünnt schwefelsauren Lösung von pH = 2 (s. Abschnitt 5.1.2.1.1) adsorbiert, während die Verunreinigungen in den Effluenten übergehen. Nach der Elution mit Salzsäure (10%; v/v) wird das Uran im Bleireduktor reduziert und schließlich mit Cer(IV)-sulfatlösung unter Anwendung von Ferroin als Indikator direkt titriert.

II. Dieselbe Titrationsmethode, auch unter Verwendung von Bleireduktoren, wurde zur Bestimmung von *Makromengen* Urans in dessen Legierungen mit Aluminium (*Bacon* und *Milner*), Gallium (*Milner*) und verschiedenen anderen Legierungssystemen (*Milner* und *Edwards*) wie z. B. Uran-Zinklegierungen (*Fritz*, *Fulda*, *Margerum* und *Lane*) herangezogen. Die letztgenannten Autoren titrieren das Uran(IV) nicht direkt, sondern die 3n salzsaure, im Bleireduktor reduzierte Lösung wird mit überschüssiger n Eisen(III)-alaunlösung versetzt und das entstandene Eisen(II) unter Anwendung von Ferroin als Indikator mit 0,01 n Cer(IV)-sulfatlösung titriert.

III. Eine indirekte Methode zur Titration des Urans(IV) wurde auch von *Wahlberg*, *Skinner* und *Rader* beschrieben. Nach der Reduktion des Urans(VI) mit *Titan(III)*-sulfatlösung unter Verwendung von Kupfer(II)-Ionen als Indikator für die Vollständigkeit der Reduktion und Zusatz von Quecksilber(II)-perchlorat (s. Abschnitt 2.2.2.2) wird das reduzierte Uran mittels eines Überschusses einer Eisen(III)-nitratlösung zum Uran(VI) oxydiert und die gebildeten Eisen(II)-Ionen mit einer Cer(IV)-sulfatlösung titriert. Störende Elemente werden mit Cupferron ausgefällt und durch automatische Filtrationen, die gleichzeitig ausgeführt werden, abgetrennt. Nach Angaben der Autoren erweist sich diese Methode als rasch, genau und wirtschaftlich.

IV. Zur Bestimmung des Gesamturans in *Uran-Aluminium-Kernbrennstoffelementen* wird nach *Delvin*, *Palmer* und *Upson* das Uran zuerst im *Jones*-Reduktor (s. Abschnitt 2.2.1.1.2.1) reduziert, zur reduzierten Lösung überschüssige Cer(IV)-sulfatlösung gegeben und die unverbrauchten Cer(IV)-Ionen mit Eisen(II)-sulfatlösung zurücktitriert. Dasselbe Analysenprinzip wurde auch zur Bestimmung des Urans in *Urancarbiden* herangezogen (*Atoda*, *Takahashi*, *Sasa*, *Higashi* und *Kobayashi*).

V. Die direkte Titration des Urans nach dessen Reduktion zur vierwertigen Stufe mit *Zinn(II)-chlorid* (s. Abschnitt 2.2.2.3) wird von *Bril* und *Holzer* beschrieben. Die Reduktion erfolgt in Gegenwart von Eisen(III) und Natriumfluorid. Bei der anschließenden Titration mit Cer(IV)-sulfat unter Anwendung von Ferroin als Indikator wird ein sehr scharfer Endpunkt erhalten. Diese Methode wurde zur Bestimmung des Urans in *Zirkoniumerzen* herangezogen.

VI. Soll Uran in 310-rostfreiem *Stahl-Brennstoffelementen* bestimmt werden, so wird die Probe in Perchlorsäure gelöst, eine Elektrolyse an einer Quecksilberkathode ausgeführt und das Uran im Bleireduktor (s. Abschnitt 2.2.1.3) reduziert (*Dunleavy*, *Contner* und *Sweet*). Das Uran(IV) wird dann mit einer Cer(IV)-maßlösung in Gegenwart von Ferroin als Indikator titriert. Eine Uranbestimmung unter ähnlichen Titrationsbedingungen ist auch möglich nach der Reduktion des Urans mit Titan(III)-chlorid in Gegenwart von Salpeter- und Schwefelsäure (s. Abschnitt 2.2.2.2) (*Corpel* und *Regnaud*).

VII. Von *Deshmukh* und *Joshi* wird eine titrimetrische Methode zur Uran-Bestimmung beschrieben, die auf seiner Reduktion zum Uran(IV) mit *Aluminium* und Schwefelsäure (s. Abschnitt 2.2.1.6.1) und nachfolgender Oxydation mit einem

Überschuß von *Alkalihexacyanoferrat(III)* beruht. Unter den gegebenen Arbeitsbedingungen verläuft die Reduktion des Urans(VI) zum Uran(IV) quantitativ, und dieses ist stabil, wenn der Gesamtsäuregehalt der Uranlösung zwischen 2 und 3 n gehalten wird. Der Urangehalt einer vorgelegten Lösung wird durch Bestimmung des entstandenen Hexacyanoferrats(II) oder des verbrauchten Hexacyanoferrats(III) mit eingestellter Cer(IV)-sulfat- bzw. Natriumthiosulfatlösung und/oder arseniger Säure ermittelt. Die Oxydation des Urans(IV) zum Uran(VI) ist quantitativ, und man erhält nach Angabe der Autoren genaue Ergebnisse, wenn man darauf achtet, daß ein zu großer Überschuß an Hexacyanoferrat(III) vermieden wird (s. auch Abschnitt 2.3.1.6.4).

2.3.1.1.2 *Spektrophotometrische Endpunktsanzeige*

Spektrophotometrische Titrationen erweisen sich als sehr empfindlich und genau in der Bestimmung einer Reihe von Elementen. Von *Bricker* und *Sweetser* wird daher diese Methode zur Feststellung des Endpunktes der Titrationen von Uran und Eisen benützt, und zwar, wenn jedes dieser Elemente einzeln oder beide als Gemisch vorliegen. Die Uran- oder Eisenlösungen werden mit einem Cadmiumamalgamreduktor (90%) (s. Abschnitt 2.2.1.4) reduziert und dann mit einer eingestellten Cer(IV)-sulfatlösung titriert. Die Feststellung des Titrationsendpunktes erfolgt mit einem Spektrophotometer. Bei Anwendung einer 0,01 n Cer(IV)-lösung wird eine Wellenlänge von 360 nm benützt.

Diese Methode wird von *Menis, Manning* und *Ball* unter anderem zur Bestimmung von Mikrogrammengen Urans herangezogen. Von diesen Autoren wurde die Titration automatisch unter Verwendung eines modifizierten *Warren*-Spectracord durchgeführt. Nach ihren Angaben besteht die Möglichkeit, 12 bis 240 μg Uran mit einer *Genauigleit* von 3% zu bestimmen. Die Genauigkeit dieser Methode ist daher in vielen Fällen größer als bei den meisten spektrophotometrischen Bestimmungsmethoden für Uran.

Arbeitsvorschrift. Die 10 bis 200 μg Uran(IV) enthaltende Lösung (vorangehende Reduktion mit einem *Jones*-Reduktor; s. Abschnitt 2.2.1.1.2.1) wird in die Titrationszelle gebracht und mit von Luft befreiter 0,5 m Schwefelsäure auf 35 ml verdünnt. Die Lösung wird hiernach in den *Warren*-Spectracord transferiert und die Oberfläche der Lösung während der Titration mit Stickstoff bespült. Nach Einstellen des Instruments (s. Originalliteratur), Einführung der Bürette und des Rührers in die Lösung wird mit einer Standard-Cer(IV)-sulfatlösung bei einer Wellenlänge von 340 nm titriert.

2.3.1.1.3 *Elektrometrische Endpunktsanzeige*

2.3.1.1.3.1 Potentiometrische Titration

Zur potentiometrischen Titration von Uran(IV)-Ionen wurden Cer(IV)-salze sehr oft verwendet (*Hahn* und *Kelley*; *Allen*; *Silverman* und *Shideler*; *Furman* und *Schoonover*; *Furman, Caley* und *Schoonover*; *Bunce*; *Ewing* und *Wilson*; *Helbig*; *Jones*; *Jaworowski* und *Bratton*).

Hahn und *Kelley* verwenden eine Cer(IV)-sulfat-Maßlösung zur direkten Titration von Milligrammengen Urans in Gegenwart von Eisen nach der Reduktion mit überschüssiger Chrom(II)-sulfatlösung und Entfernung des Überschusses an Reduktionsmittel durch Durchleiten von Luft oder Zugabe von Cer(IV)-sulfat (s. Abschnitt 2.2.2.1). Damit Eisen(II)-Ionen die Titration des Urans(IV) nicht stören, werden diese durch Zugabe von 1,10-Phenanthrolin komplex gebunden, d. h. in Ferroin (s. Abschnitt 2.3.1.1.1) überführt. Als Indikatorelektrode wird ein Golddraht verwendet. Bei Anwendung dieser Methode beträgt der mittlere *Fehler* $\pm 1,2\%$ (relativ) für 0,5 bis 2,5 mg Uran in Gegenwart von bis zu 1 mg Eisen. Aluminium, Nickel und Zink *stören nicht.* In Anwesenheit von mehr als 1 mg Eisen ist die Methode nicht anwendbar, selbst dann nicht, wenn eine entsprechend größere Menge 1,10-Phenanthrolins zugegeben wird.

Arbeitsvorschrift nach *Hahn* und *Kelley*. Die nitratfreie Lösung wird in das Titrationsgefäß pipettiert und 50 μl konz. Schwefelsäure zugesetzt. Das Volumen der Lösung stellt man auf 2 bis 4 ml ein. Über diese Lösung leitet man dauernd einen CO_2-Strom und rührt sie während der Dauer der Titration magnetisch. Hierauf wird langsam Chrom(II)-sulfatlösung mittels einer 50 μl-Mikropipette so lange zugesetzt, bis das Potential die vollständige Reduktion des Urans(VI) zum Uran(IV) anzeigt. Nunmehr ist Cer(IV)-sulfatlösung zuzugeben und die Titration so lange fortzusetzen, bis die Chrom(II)/Chrom(III)-Oxydation vollständig ist. Sodann werden 12,5 mg 1,10-Phenanthrolin (50 μl einer Lösung, die etwa 0,25 g/ml enthält) für je 0,1 mg anwesendes Eisen zugefügt. Das 1,10-Phenanthrolin darf nicht vor der Oxydation des Chroms(II) zugegeben werden, da es auch mit diesem Ion einen stabilen Komplex bildet! Die Titration ist fortzusetzen, bis der zweite Potentialsprung [Uran(IV)/Uran(VI)] erhalten wird.

Bemerkungen. I. Auch *Mikrogrammengen* Urans können potentiometrisch bestimmt werden. Dazu wird von *Allen* (a) eine Methode beschrieben, nach der ein chemisches und mechanisches System zur raschen und bequemen Bestimmung von 10 bis 100 μg Uran verwendet wird. Mikrolitermengen einer Standard-Cer(IV)-sulfatlösung werden automatisch zur reduzierten Probelösung zugegeben und die zugesetzten Volumina auf Papier mittels eines Potentiometers mit Schreiber aufgezeichnet. Das Uran wird zuerst mit Chrom(II)-lösung reduziert, eine überschüssige Menge einer Eisen(III)-Lösung zugegeben und das entstandene Eisen(II) mit einer Cer(IV)-sulfatlösung titriert. Die Methode kann auf Lösungen angewendet werden, die außer Uran noch Elemente enthalten, die durch Chrom(II)-lösung nicht reduziert werden. Die *Standardabweichung* der Titrationen beträgt $\pm 1,2\%$ für 0,5 Mikromol Urans. Der relative *Fehler* bei der Titration geringer Uranmengen ist natürlich entsprechend größer. Die Methode ist nicht zu empfehlen, wenn die zu titrierende Lösung weniger als 10 μg Uran enthält.

II. Zur Bestimmung von Milligrammengen Urans nach dessen Reduktion mit *Chrom(II)-Ion* in schwefelsaurer Lösung wird auch von *Jones* eine Methode beschrieben. Überschüssiges Chrom(II) wird durch Luftdurchleiten oxydiert; dann wird ein Überschuß an Eisen(III)-Ionen zugesetzt und das entstandene Eisen(II) mit Cer(IV)-sulfatlösung titriert. Die Titration wird in einem automatischen Titrator ausgeführt. Zirkonium und Niob *stören nicht*, wenn geeignete Vorsichtsmaßnahmen ergriffen werden. Zinn ruft eine geringfügige Störung hervor. Das Eisen wird quantitativ titriert, aber eine Korrektur für dieses Element kann durch eine getrennte Bestimmung ermittelt werden. Im 50 mg-Bereich wird leicht eine relative *Genauigkeit* von $\pm 0,5\%$ erreicht.

III. Eine Methode, die auf der Reduktion des Urans mit Chrom(II)-*chlorid* und darauffolgender Titration des Urans(IV) mit Cer(IV)-sulfat beruht, wird von der Österreichischen Studiengesellschaft für Atomenergie Ges.m.b.H. zur Bestimmung des Urans in Kernbrennstoffelementen benützt. Diese Methode gestattet die Bestimmung des Urans im 30 mg-Bereich mit einer *Genauigkeit* von $\pm 1\%$, selbst in Anwesenheit großer Mengen an Aluminium. Im 15 bis 30 mg-Bereich ist der *Fehler* nicht größer als $\pm 0,27\%$, und im 100 bis 200 mg-Bereich übersteigt er nicht $\pm 0,12\%$. Mittels dieses Verfahrens kann Uran direkt in der Lösung eines bestrahlten Brennstoffelements bestimmt werden oder aber nach seiner Abtrennung mittels Ionenaustausches oder Lösungsmittelextraktion.

IV. Von *Silverman* und *Shideler* wird eine Methode zur potentiometrischen Titration des Urans(IV) mit Cer(IV)-sulfat beschrieben, die zur Bestimmung des Urans in *metallischem Zirkonium* und in dessen Legierungen mit Uran benützt werden kann. Nach dem Auflösen der Probe wird das Uran in einem Bleireduktor reduziert (s.

Abschnitt 2.2.1.3), die erhaltene Lösung in einer phosphatfreien Eisen(III)-lösung aufgefangen und mit saurer Cer(IV)-sulfatlösung titriert. Die Titration wird in 3n Salzsäure unter Verwendung einer Platinindikatorelektrode ausgeführt. Durch die Gegenwart der Eisen(III)-lösung wird der Sprung im Endpunkt erhöht. Diese Methode kann zur Bestimmung von 5 bis 0,05% Uran in Zirkonium mit ausreichender Genauigkeit [bei der Bestimmung von 0,05% Uran beträgt der *Fehler* etwa 8% (relativ)] benützt werden.

V. *Potentiometrische* Methoden zur cerimetrischen Bestimmung des Urans nach dessen Reduktion in einem *Jones*-Reduktor (s. Abschnitt 2.2.1.1.2.1) wurden ebenfalls beschrieben (*Furman* und *Schoonover*; *Furman, Caley* und *Schoonover*; *Ewing* und *Wilson*). Wird eine heiße, saure Uranylnitratlösung in einem *Jones*-Reduktor reduziert und die reduzierte Lösung unter Stickstoff mit einer Cer(IV)-sulfatlösung titriert, so werden nach Angaben von *Ewing* und *Wilson* bei potentiometrischer Ausführung 2 Knickpunkte erhalten. Der erste Knickpunkt entspricht der Oxydation des Urans(III) zum Uran(IV), der zweite der vollständigen Oxydation zum Uran(VI). Die Titration wird am besten in Schwefelsäure (2%; v/v) ausgeführt. Ist die Konzentration an Säure höher, so wird nach jeder Zugabe des Titrationsmittels das Gleichgewicht langsamer erreicht. Die Titration kann auch in salzsaurer Lösung ausgeführt werden, und zwar vorzugsweise in 1n Säure für den ersten Endpunkt und in 4n Säure für den zweiten Endpunkt. Ist Eisen(II) zusammen mit Uran(III) anwesend, erhält man 3 Endpunkte. Der Urangehalt wird am besten aus dem Abstand zwischen dem ersten und zweiten Knickpunkt berechnet, während die Menge des Eisens aus dem Abstand zwischen dem zweiten und dritten Knickpunkt hervorgeht.

VI. Nach Angaben von *Bunce* lassen sich Milligrammengen an Uran und *Plutonium* mit einer *Genauigkeit* von ± 0,1 bis 0,2% nach deren Reduktion mit flüssigem Zinkamalgam (s. Abschnitt 2.2.1.1.2.2) durch darauffolgende mikropotentiometrische Bestimmung mit n Cer(IV)-sulfatlösung bestimmen. Die Reduktion des Urans erfolgt in 4 n Schwefelsäure. Nach Abtrennung der wäßrigen Phase und Zugabe von Mangan(II)-sulfat wird die Titration mit 0,05n Cer(IV)-sulfatlösung begonnen (in einer Stickstoffatmosphäre). Nachdem die Hauptmenge des Urans oxydiert ist, wird 1 mg Eisen(III) in Form von Eisen(III)-ammoniumsulfat zugegeben und die Titration fortgesetzt. Der Endpunkt wird potentiometrisch unter Verwendung einer Platin- und einer Kalomelelektrode ermittelt. Die Bestimmung des Plutoniums erfolgt ähnlich; nur wird sie in 1 bis 2n schwefelsaurer Lösung ausgeführt. Es ist auch eine gleichzeitige Bestimmung von Uran und Plutonium möglich. Man erhält reproduzierbare Ergebnisse innerhalb von ± 0,3%, wenn 1 bis 4 mg Uran oder Plutonium titriert werden.

VII. Zur Bestimmung von Uran in Gegenwart von *Niob* wird die stark saure Lösung zuerst in einer etwa 25 cm langen Säule, die 20 bis 60 mesh-Blei enthält (s. Abschnitt 2.2.1.3), reduziert und nach Zugabe eines Überschusses an Eisen(III)-Ionen potentiometrisch mit 0,02n Cer(IV)-sulfatlösung titriert (*Jaworowski* und *Bratton*). Bei der Reduktion des Urans mit Blei wird Niob(V) nicht zu Niob(III) reduziert. Eisen, Molybdän, Vanadium und Wolfram *stören*, während Nickel, Zirkonium, Chrom, Kupfer, Titan und Aluminium keine Störungen hervorrufen.

VIII. Eine potentiometrische Titration geringer Uranmengen mit Cer(IV)-sulfatlösung ist auch möglich nach Reduktion des Urans mit *überschüssiger* Titan(III)-sulfatlösung (*Helbig*) (s. Abschnitt. 2.2.2.2). Die Bestimmung von Mikrogrammengen Uran wird unter Anwendung einer Standardkalomelelektrode in einem Volumen von 2 bis 8 μl ausgeführt.

2.3.1.1.3.2 Amperometrische Titration

Zur amperometrischen Titration des Urans(IV) mit Cer(IV) wird von *Zittel* und *Miller* eine pyrolytische Graphitelektrode als Indikatorelektrode verwendet. Die

Titration erfolgt mit $Ce(HSO_4)_4$ in einer Grundelektrolytlösung, die m an Schwefel-
und m an Orthophosphorsäure ist. Als angelegte Potentiale können $+1,0$ bis $0,0$ V
(gegenüber der Standardkalomelelektrode gemessen) verwendet werden, wobei die
positiveren Potentiale bevorzugt werden. Diese Methode weist einen maximalen
relativen *Fehler* von $\pm 1,12\%$ im Konzentrationsbereich von 0,05 bis 10 μg Uran(IV)
je Milliliter auf. Sie ist einfach auszuführen; von den üblichen Kationen stören nur
Eisen(II) und Vanadium(IV).

Nach Angaben von *Udal'tsova* kann eine amperometrische Bestimmung des Urans
auch unter Verwendung von 2 Indikatorelektroden ausgeführt werden. Die Uranylsulfatlösung wird in einem Wismut- (s. Abschnitt 2.2.1.5) oder Cadmiumreduktor
(s. Abschnitt 2.2.1.4) reduziert. Nach Verdünnen der reduzierten Lösung auf 50 bis
60 ml wird Uran(IV) mit einer 0,0045 oder 0,00045n Cer(IV)-sulfatlösung titriert,
und zwar bis zu einem dead-stop-Endpunkt [anstelle von Cer(IV)-sulfat können auch
andere Oxydationsmittel wie z. B. Ammoniumvanadat, Eisen(III)-sulfat, Kaliumdichromat oder Kaliumpermanganat verwendet werden]. Diese Methode gestattet
die Bestimmung sehr geringer Uran-Mengen (bis zu etwa 1,5 μg Uran/ml).

2.3.1.1.3.3 Coulometrische Titration

Zur coulometrischen Titration des Urans(IV) bei konstanter Stromstärke wurde
eine Methode von *Furman, Bricker* und *Dilts* entwickelt. Das Uran(VI) wird zuerst
in einem 26%-Cadmiumreduktor (s. Abschnitt 2.2.1.4) zum Uran(IV) reduziert und
hierauf durch Zusatz einer überschüssigen Eisen(III)-sulfatlösung oxydiert. Die entstandenen Eisen(II)-Ionen werden dann mit elektrolytisch gebildeten Cer(IV)-
Ionen bei Zimmertemperatur und in einer CO_2-Atmosphäre titriert. Der Endpunkt
wird mittels der derivativen, polarographischen Titration ermittelt (*Reilley, Cooke*
und *Furman*). Das Cer(IV) wird an einer Platin-Iridiumelektrode (Anode) getrennt
von der Kathode in einer 3n schwefelsauren Lösung, die mit Cer(III)-sulfat gesättigt ist, erzeugt. Diese Methode liefert Ergebnisse von guter *Genauigkeit* im Konzentrationsbereich von einigen Milligramm bis zu 5 Mikrogramm Uran. Die Blindwerte
sind äquivalent 1 μg, aber sehr gut reproduzierbar. Fremd-Ionen, die im Cadmiumreduktor reduziert und durch das zur Titration des Urans verwendete Cer(IV)-sulfat
wieder aufoxydiert werden, *stören* selbstverständlich und müssen daher vorher abgetrennt werden.

Arbeitsvorschrift für Milligrammengen Uran. 2,5 ml einer Eisen(III)-ammonium-
sulfatlösung (5%; m/v), 10 ml einer gesättigten Cer(III)-sulfatlösung und 2 Tropfen
konz. Schwefelsäure werden in die Titrationszelle gegeben und durch die Lösung wird
15 Min. ein CO_2-Strom geleitet. Während dieser Zeit ist der Reduktor (s. Abschnitt
2.2.1.4) (ein großer oder ein solcher von mittlerer Größe; dies hängt von der Uranmenge ab) mit 25 bis 50 ml 1,0 n Schwefelsäure zu waschen, trockenzusaugen und
durch die Öffnung in dem die Titrationszelle verschließenden Stopfen in die Zelle zu
bringen. Durch das CO_2-Gas wird die im Reduktor befindliche Luft verdrängt und
der Reduktor mit dem Gas gefüllt. Das Potential der Lösung in der Zelle ist auf
genau 1,300 Volt gegenüber einer gesättigten Bleiamalgam-Bleisulfatzelle einzustellen, indem so lange Cer(IV)-Ionen erzeugt werden, bis der Indikatorstrom Null wird.
War das Anfangspotential der Lösung größer als das Endpunktspotential, sind ein
oder zwei Tropfen einer verdünnten Eisen(II)-sulfatlösung zuzugeben und dann so
lange Cer(IV)-Ionen zu erzeugen, bis das gewünschte Potential erhalten wird. Die
uranhaltige Lösung bringt man in den Reduktor (mittels einer Mikrobürette) und
läßt sie in die Zelle fließen. Den Reduktor wäscht man dann mit 3 ml 1,0n Schwefelsäure oder so lange, bis eine weitere Zugabe der Waschlösung keinen weiteren Galvanometerausschlag bewirkt. Die gebildeten Eisen(II)-Ionen werden mit den elektrolytisch erzeugten Cer(IV)-Ionen titriert; die Bildungszeit bei einem spezifischen,
konstanten Strom wird dazu benutzt, die Menge an gefundenem Uran zu errechnen.

Bemerkung. Ohne Anbringung von Korrekturen können mittels der oben angegebenen Arbeitsvorschrift selbst 25 μg Uran mit einem maximalen *Fehler* von etwa $\pm$ 9% bestimmt werden.

Arbeitsvorschrift für Mikrogrammengen Uran. Zur Mikrobestimmung sind 5 ml Eisen(III)-sulfatlösung (5%; m/v) in 3,0n Schwefelsäure und 20 ml einer gesättigten Cer(III)-sulfatlösung in 3,0n Säure in eine 50-ml-Titrationszelle zu pipettieren. Durch die Lösung leitet man 20 Min. Stickstoff. Während dieser Zeit wird die Säule eines Mikro-Cadmiumreduktors (s. Abschnitt 2.2.1.4) mit etwa 25 ml 3,0n Säure unter Saugen gewaschen. Dann läßt man 15 bis 20 ml von Sauerstoff befreite Waschlösung durch die Säule fließen. Die Lösung in der Titrationszelle wird wie auf S. 82 beschrieben auf das Endpunktspotential eingestellt, hierauf 3 Min. Stickstoff durch die Säule (von oben her) geleitet. Den Reduktor bringt man dann wie oben angegeben in die Titrationszelle und bestimmt einen Blindwert; d. h. 2 ml Waschlösung fließen durch den Reduktor (diese Lösung vorher durch Durchleiten von Stickstoff sauerstofffrei machen und den Blindwert ermitteln. Die Größe des Blindwerts entspricht gewöhnlich etwa 1 μg Uran). Hierauf ist der Apparat verwendungsfähig. Nach 3 Min. Durchleitens von Stickstoff zur Entfernung der im Reduktor eingeschlossenen Luft wird die uranylsulfathaltige Probelösung mittels einer Mikrobürette in die Reduktorsäule gebracht; durch die Lösung leitet man 5 Min. Stickstoff. 2 ml Waschlösung, durch die 5 Min. Stickstoff durchgeleitet wurde, läßt man durch den Reduktor in die Zelle fließen. Nunmehr beginnt die Erzeugung der Cer(IV)-Ionen und die Zeit wird gemessen, die erforderlich ist, um den Galvanometerausschlag auf die ursprüngliche Einstellung zu bringen. Den Blindwert zieht man dann von dem erhaltenen Wert ab, wodurch die wahre Bildungszeit für die Uranprobe erhalten wird.

Bemerkungen. I. Hinsichtlich *apparativer* Einzelheiten sei hier auf die Originalliteratur verwiesen.

II. Nach Angaben von *Fulda* kann Uran auch in salpetersaurer Lösung coulometrisch titriert werden, indem das reduzierte Uran mit elektrolytisch erzeugtem Cer(IV) umgesetzt wird. Der coulometrische Endpunkt wird automatisch mittels eines *photometrischen* Verfahrens registriert. Durch Zugabe von Harnstoff zur Titrationslösung wird eine Störung durch Nitrit-Ionen verhindert. Der Fehler der Uranbestimmung beträgt 3,2% für 1 mg-Proben und 0,3% für 100 mg-Proben.

III. Weitere coulometrische Titrationsmethoden wurden in der Literatur beschrieben (*Goode* und *Herrington*; *Goode, Herrington* und *Jones*).[1]

Literatur

Allen, K. A.: (a) Anal. Chem. **28**, 277 (1956); (b) **28**, 1144 (1956). – *Atoda, T., Takahashi, Y., Sasa, Y., Higashi, I.,* u. *Kobayashi, M.:* Sci. Pap. Inst. Tôkyô 1961, **55**, 73.

Bacon, A., u. *Milner, G. W. E.:* A. E. R. E. Rep. C/R 1813 (1955/56); durch Analyst **81**, 369 (1956); Anal. chim. Acta **17**, 225 (1957). – *Beans, H. T., Edmonds, S. M.,* u. *Birnbaum, N.:* Rep. A-147, 13. April 1942. – *Best, R. J., McInnes, D. A.,* u. *Longsworth, L. G.:* Rep. A-378; November 1942. – *Bhaskara Rao, K.:* (a) Chemist – Analyst **54**, 70 (1965); (b) **56**, 28 (1967). – *Birnbaum, N.,* u. *Edmonds, S. M.:* Anal. Chem. **12**, 155 (1940). – *Bricker, C. E.,* u. *Sweetser, P. B.:* Anal. Chem. **25**, 764 (1953). – *Bril, K.,* u. *Holzer, S.:* Anal. Chem. **33**, 55 (1961). – *Bunce, J. L.:* A. E. R. E. Rep. C/R 2407, 1958. – *Butler, A. Q.:* Rep. A-1015, Section 2 A; Oktober 1943, S. 2.

Corpel, J., u. *Regnaud, F.:* Anal. chim. Acta **27**, 36 (1962).

Delvin, W. L., Palmer, H. E., u. *Upson, U. L.:* U. S. A. E. C., Rep. HW-57464, 1958. – *Desh-*

---

[1] *Plock, C. E.,* u. *Polkinghorne, W. S.:* Talanta **14**, 1356 (1967); *Koshcheev, G. G., Rachev, V. V., Ippolitova, E. A.,* u. *Zhelankin, A. V.:* Vest. mosk. gos. Univ., Ser. Khim., **1**, 54 (1966); *Angeletti, L. M., Bartscher, W. J.,* u. *Maurice, M. J.:* Fr. **246**, 297 (1969); *Bohl, D. R.,* u. *Sellers, D. E.:* Report USAEC, MLM-1543, 1968; *Mountcastle, W. R., Dunlap, L. B.,* u. *Thomason, P. F.:* Analyt. Chem. **37**, 336 (1965); *Milner, G. W. C., Rowe, D. H.,* u. *Phillips, G.:* Report U. K. A. E. A., AERE-R 5129, 1966; *Schmid, E.,* Österr. Chem. Ztg. **67**, 8 (1966)).

mukh, G. S., u. *Joshi, M. K.:* Fr. **143**, 334 (1954). − *Dunleavy, R. A., Contner, G. L.,* u. *Sweet, J. H.:* U. S. A. E. C., Rep. APEX-170, 1961.

Ewing, D., T. u. *Wilson, M.:* Am. Soc. **53**, 2105 (1931).

Fritz, J. S., Fulda, M. O., Margerum, S. L., u. *Lane, E. I.:* Anal. chim. Acta **10**, 513 (1954). − *Fulda, M. O.:* U. S. A. E. C., Rep. DP-492, 1960. − *Furman, N. H.:* Rep. A-2939, 20. April 1946. − *Furman, N. H., Bricker, C. E.,* u. *Dilts, R. V.:* Anal. Chem. **25**, 482 (1953). − *Furman, N. H., Caley, E. R.,* u. *Schoonover, I. C.:* Am. Soc. **54**, 1344 (1932). − *Furman, N. H.,* u. *Schoonover, L. C.:* Am. Soc. **54**, 1344 (1932); **53**, 2561 (1931).

Goode, G. C., u. *Herrington, J.:* Anal. Chim. Acta **38**, 369 (1967). − *Goode, G. C., Herrington, J.,* u. *Jones, W. T.:* Anal. Chim. Acta **37**, 445 (1967). − *Gopala Rao, G.,* u. *Venkateswara Rao, N.:* Fr. **190**, 213 (1962).

Hahn, R. B., u. *Kelley, M. T.:* Anal. chim. Acta **10**, 178 (1954). − *Helbig, W.:* Fr. **174**, 169 (1960).

Jaworowski, R. J., u. *Bratton, W. D.:* Anal. Chem. **34**, 111 (1962). − *Jones, S. L.:* U. S. A. E. C., Rep. KAPL-M-SLJ-7, 1961.

Koch, C. W.: Rep. CC-3323, 30. Oktober 1945. − *Kolthoff, I. M.,* u. *Lingane, J. J.:* Am. Soc. **55**, 1871 (1933). − *Kunin, R.,* u. *Mayer, S.:* Rep. A-3801, 15. August 1945, S. 25.

Mason, W. B., Pekola, J. S., u. *Furman, N. H.:* Rep. A-1061, 17. November 1944. − *McClure, J. H.,* u. *Banks, Ch. V.:* Proc. Iowa Acad. Sci. **55**, 263 (1948); durch Chem. Abstr. **1950**, 480. − *Menis, O., Manning, D. L.,* u. *Ball, R. G.:* Anal. Chem. **30**, 1772 (1958). − *Milner, G. W. C.:* Analyst **81**, 367 (1956). − *Milner, G. W. C.,* u. *Barnett, G. A.:* Anal. chim. Acta **17**, 220 (1957). − *Milner, G. W. C.,* u. *Edwards, J. W.:* Anal. chim. Acta **16**, 109 (1957).

Österreichische Studiengesellschaft für Atomenergie Ges.m.b.H.: Rep. SGAE-CH-8/1964.

Panduranga Rao, V., u. *Gopala Rao, G.:* Talanta **1**, 355 (1958). − *Panduranga Rao, V., Murty B. V. S. R.,* u. *Gopala Rao, G.:* Fr. **147**, 99 (1955). − *Pekola, J. S.,* u. *Furman, N. H.:* Rep. A-1041, Section 2 F, 30. Juni 1944.

Reilley, C. N., Cooke, W. D., u. *Furman, N. H.:* Anal. Chem. **23**, 1030, 1223 (1951).

Sastri, T. P., u. *Gopala Rao, G.:* Fr. **163**, 1 (1958). − *Sastry, T. P., Sastry, P. S., Dayanand, E. L. R.,* u. *Reddy, K. A. N.:* Chemist-Analyst **56**, 66 (1967); durch Fr., **239**, 194 (1968). − *Sill, C. W.,* u. *Peterson, H. E.:* Anal. Chem. **24**. 1175 (1952). − *Silverman, L.,* u. *Shideler, M. E.:* Anal. chim. Acta **15**, 181 (1956). − *Sutton, J.:* (a) J. Inorg. Nucl. Chem. **1**, 68 (1955); (b) J. chem. Soc., Supl. Iss. **1949**, 275.

Takeno, R.: J. chem. Soc. Japan **55**, 196 (1934); durch Chem. Abstr. **1934**, 3682.

Udal'tsova, N. I.: Zhur. Anal. Khim. (russ.) **17**, 476 (1962).

Wahlberg, J. S., Skinner, D. L., u. *Rader, L. F., jr.:* Anal. Chem. **29**, 954 (1957). − *Warf, J. C.:* Rep. CC-2942, 18. Juli 1945, S. 4. − *Waters, D. E.:* Rep. CC-1110 (A-1498), 14. Dezember 1943, S. 13. − *Willard, H. H.,* u. *Young, P.:* Am. Soc. **55**, 3260 (1933).

Zittel, H. E., u. *Miller, F. J.:* Anal. Chem. **36**, 45 (1964).

2.3.1.2 Titration mit Kaliumpermanganat

Kaliumpermanganat ist das klassische Reagens, das zur Titration von Uran(IV)-lösungen verwendet wird. Es kann entweder ohne oder mit einem Indikator verwendet werden (*Smales* und *Wilson*; *Chapman* und *Duncan*; *U. S. Vanadium Research Laboratory*); der Endpunkt kann aber auch mittels elektrometrischer Methoden bestimmt werden (*Casto, Korach, Nessle* und *Orlemann*). Das hohe Redoxnormalpotential des Kaliumpermanganats ($+1{,}52$ V) gestattet eine direkte Titration des Urans(IV), ohne daß ein Katalysator zugesetzt werden muß. 50 bis 500 mg Uran sind mit einer *Genauigkeit* von $0{,}1\%$ bestimmbar (*Furman* und *Schoonover*; *Lundell* und *Knowles*; *Casto, Korach, Nessle* und *Orlemann*).

2.3.1.2.1 Visuelle Endpunktsanzeige

Die Titration von Uran(IV) mit Kaliumpermanganat wird am günstigsten (in einer CO_2-Atmosphäre) bei etwa 80 °C (*Luycks*) ausgeführt, da unter diesen Bedingungen die Gleichgewichtseinstellung ziemlich rasch eintritt und der Endpunkt ausreichend scharf ist. Bei den visuellen Titrationen mit Kaliumpermanganat erfolgt die Indikation des Endpunktes durch die schwache rosa Farbe der Lösung, die auftritt, wenn ein sehr geringer Überschuß dieses Oxydationsmittels vorhanden ist (*Lundell* und *Knowles*; *Koblic*; *Russell*; *Nakazono*; *Kikuchi*; *Scagliarini* und *Pratesi*; *Vogel*; *Tillu*; *Tsubaki*; *Quellet*; *Axt*; *Gleditsch* und *Bakken*; *Bennett*; *Paige*, *Taylor* und *Schneider*; *Kamenar* und *Herceg*; *Edge* und *Fowles*). Die Titration wird üblicherweise in Lösungen ausgeführt, die etwa 5 vol.-%ig an Schwefelsäure (v/v) sind. Zur Erhöhung der *Genauigkeit* wird empfohlen, eine Blindtitration auszuführen, und wenn nötig Korrekturen bei den wirklichen Titrationen anzubringen. Der Endpunkt der Titration kann auch mittels Redoxindikatoren wie Ferroin (s. Abschnitt 2.3.1.1.1), N-Phenylanthranilsäure (*Tandon* und *Mehrotra*) und Kupfer-Phthalocyanintetrasulfonsäure (*Sastri* und *Rao*) angezeigt werden. Auch Fluorescenzindikatoren wie Rhodamin B wurden vorgeschlagen (*Gotô*).

1 ml einer 0,1 n Kaliumpermanganatlösung entspricht 0,0119 g Uran. Die Lösungen dieses Oxydationsmittels werden üblicherweise gegen Oxalsäure oder Natriumoxalat eingestellt.

Bei der Titration von 0,36 g Uran beträgt der relative *Fehler* $\pm$ 0,05%. In Gegenwart von 10 mg Eisen erhöht sich dieser Fehler auf $\pm$ 0,35% und steigt auf $\pm$ 2%, wenn 2 g Eisen anwesend sind. Im letzten Fall wird bei schnellen Titrationen kein Endpunkt für Uran(IV)/(VI) erhalten. Etliche Milliliter einer gesättigten Ammoniumthiocyanatlösung wurden zugesetzt, um den Endpunkt zu indizieren; doch bildete sich die Eisen(III)-thiocyanatfarbe zu langsam, um analytisch verwendbar zu sein (*Casto*, *Nessle*, *Korach* und *Orlemann*).

Bei den Titrationen mit Kaliumpermanganat sollen die zu titrierenden Lösungen keine Chloride enthalten.

Neben Methoden zur direkten Titration des Urans(IV) mit Permanganat sind auch solche bekannt geworden, die auf Rücktitration beruhen. So kann der uran(IV)-haltigen Lösung eine überschüssige Menge einer Kaliumpermanganatlösung zugesetzt und das unverbrauchte Permanganat mit Standard-Uran(IV)-Lösung zurücktitriert werden (*Russell*). Anstelle der überschüssigen Permanganatlösung ist es auch möglich, die Uran(IV)-Ionen durch Zugabe einer überschüssigen Eisen(III)-sulfatlösung zu oxydieren, worauf das gebildete Eisen(II) mit Kaliumpermanganatlösung titriert wird (*Axt*).[1]

Anwendungsbeispiele zur visuellen Endpunktsanzeige

Nach Angaben von *Lundell* und *Knowles* läßt sich Uran genau bestimmen, wenn man die kalte, saure Uranlösung durch einen *Jones*-Reduktor fließen und genügend Zeit verstreichen läßt, damit sich das gesamte, entstandene Uran(III) durch Einwirkung von Luftsauerstoff zum Uran(IV) oxydiert (s. Abschnitt 2.3). Dann kann die Titration mit Kaliumpermanganat ausgeführt werden. Die Lösung soll 1% oder weniger Uran und 5 Vol.-% Schwefelsäure enthalten. Ein aus U_3O_8 bestehender Rückstand kann nach den Angaben der Autoren leicht titrimetrisch analysiert werden, nachdem er unter Zusatz von Borsäure in Fluß- und Schwefelsäure gelöst wurde. *Lundell* und *Knowles* empfehlen folgende

Arbeitsvorschrift. Die schwefelsaure (5%; v/v) Lösung, die 1% oder weniger Uran und keine anderen auch im *Jones*-Reduktor (s. Abschnitt 2.2.1.1.2.1) reduzierbaren Ionen enthält, wird in diesem Reduktor reduziert. Nach Zugabe einer ausreichenden Menge Kaliumpermanganats (schwache, bleibende Rosafärbung der Lösung) ist die Lösung auf 20 bis 25 °C abkühlen und mit einer Geschwindigkeit von 50 bis 100 ml/Min. durch den Reduktor fließen zu lassen. Durch die reduzierte Lösung leitet man 5 Min. Luft durch oder rührt sie in einer großen Schale die gleiche Zeit durch. Anschließend wird der Urangehalt der Lösung durch Titration mit Kalium-

---

[1] Eine indirekte permanganometrische Bestimmung des Urans ist auch möglich auf Grund des katalytischen Einflusses von Uranylionen auf die Photolyse von Oxalsäure [*Babko*, *A. K.*, u. *Ginzburg*, *L. M.*: Zh. analit. Khim. **21**, 1070 (1966)].

permanganatlösung, die mit Natriumoxalat eingestellt worden ist, ermittelt. Ebenso titriert man eine Blindlösung und korrigiert die Werte entsprechend dem dabei erzielten Permanganatverbrauch.

Bemerkungen. I. Die Titration des Urans mit Kaliumpermanganatlösung nach dessen Reduktion im *Bleireduktor* (s. Abschnitt 2.2.1.3) wird nach *Koblic* in einer mangan(II)-sulfathaltigen, schwefelsauren Lösung ausgeführt.

II. Zur titrimetrischen Bestimmung des Urans in *Uranerzen* wird das Uran mit 3%igem Zinkamalgam in 6n Schwefelsäure reduziert (s. Abschnitt 2.2.1.1.2.1), der reduzierten Lösung eine überschüssige 0,1n Kaliumpermanganatlösung zugesetzt und nach Erwärmen auf 80 °C das überschüssige Kaliumpermanganat mit einer Standard-Uran(IV)-lösung titriert (*Russell*).

III. Nach Angaben von *Nakazono* wird die mit *flüssigem* Zinkamalgam (s. Abschnitt 2.2.1.1.2.2) reduzierte, uranhaltige Lösung mit Permanganat titriert.

IV. Wird eine saure Lösung, die Uranyl- und Eisen(III)-Ionen enthält, mit flüssigem *Cadmiumamalgam* reduziert, so bilden sich Uran(IV) und Eisen(II) (s. Abschnitt 2.2.1.4). Titriert man eine derartige Lösung mit einer eingestellten Kaliumpermanganatlösung, so werden beide Elemente oxydiert. Enthält die saure Lösung jedoch Eisen(III)-ammoniumalaun, wird nur das Uran oxydiert.

V. Wird eine saure Lösung, die *Titan-* und Uranyl-Ionen enthält, mit Cadmiumamalgam bei 60 °C reduziert und ein aliquoter Teil der Lösung mit Kaliumpermanganat titriert, so kann der Gehalt der Lösung an beiden Elementen ermittelt werden (*Kikuchi*). Durch Titration eines anderen aliquoten Teils der Lösung mit eingestellter Jodlösung wird nur das Titan erfaßt. Andererseits kann die gesamte Lösung mit Kaliumpermanganatlösung titriert, dann wieder reduziert und schließlich mit Jodlösung titriert werden.

VI. Von *Tillu* wird eine rasche, titrimetrische Bestimmungsmethode für Uran in *komplexen* Mineralien, wie z. B. Samarskit, Columbit-Tantalit und Titanniobaten, beschrieben. Die Minerale werden mit Flußsäure aufgeschlossen, die Lösungen mit Zinn(II)-chlorid reduziert und das Uran als Tetrafluorid gefällt (s. Abschnitt 1.4.1). Nach Entfernung der Fluorid-Ionen aus dem Niederschlag durch Abrauchen mit konz. Salpeter- und Schwefelsäure wird das Uran in einem *Jones*-Reduktor (s. Abschnitt 2.2.1.1.2.1) reduziert und anschließend mit 0,05n Kaliumpermanganatlösung titriert.

VII. *Bennett* beschreibt eine Methode zur permanganometrischen Bestimmung des Urans in Erzen oder Mineralen mit sehr *hohem Eisengehalt* wie z. B. Kolm. Große Eisenmengen lassen sich elektrolytisch an einer Quecksilberkathode abscheiden (s. Abschnitt 1) und so von geringen Mengen Uran, Vanadium und Titan trennen. Das Uran läßt sich in Anwesenheit von Titan nach Reduktion mit Zink nicht genau permanganometrisch bestimmen. Die vom Autor empfohlene Methode besteht darin, daß das Erz mit Schwefel- und Flußsäure aufgeschlossen und der Rückstand mit verd. Schwefelsäure aufgenommen wird. Der unaufgeschlossene Anteil der Probe wird dann mit Kaliumhydrogensulfat aufgeschlossen, Eisen, Aluminium, Titan, Uran mit Ammoniak gefällt (s. Abschnitt 1.1.1.1) und der Niederschlag in Schwefelsäure gelöst. Hierauf wird das Eisen elektrolytisch abgeschieden, das Titan mit Cupferron gefällt und die Lösung bis zum Auftreten von SO_3-Dämpfen abgeraucht. Dann wird das überschüssige Cupferron mit Salpetersäure zerstört (s. Abschnitt 1.2.2.2), der Überschuß an Salpetersäure entfernt und nach der Reduktion der Lösung im *Jones*-Reduktor (s. Abschnitt 2.2.1.1.2.1) das Uran mit Kaliumpermanganatlösung titriert.

VIII. Zur Bestimmung des Urans in Molybdän- und Uransiliciden wird die Probe (0,3 g) mit einer Flußsäure-Schwefelsäuremischung in Lösung gebracht, diese mit Wasserstoffperoxid behandelt, das Uran in einem *Jones*-Reduktor (s. Abschnitt 2.2.1.1.2.1) reduziert und mit 0,02n Kaliumpermanganatlösung titriert (*Kamenar* und *Herceg*).

2.3.1.2.2 *Elektrometrische Endpunktsanzeige*

2.3.1.2.2.1 Potentiometrische Titration

Methoden zur potentiometrischen Titration des Urans(IV) mit Kaliumpermanganatlösungen wurden von einer Anzahl von Autoren beschrieben (*Treadwell* und *Weiss*; *Ewing* und *Eldridge*; *Kano*; *Gustavson* und *Knudson*; *Kikuchi*; *Müller* und *Flath*; *Luycks*; *Pappas*; *Smit* und *Klinkhamer*; *Perman*). In Fällen, in denen Luft die Titration stört, wird die potentiometrische Titration ungenauer als die visuelle (*Kikuchi*; *Kano*).

Als erste beschrieben *Treadwell* und *Weiss* die Verwendung unlöslicher Elektroden zur elektrometrischen Titration des Zinks mit Hexacyanoferrat(II), des Eisens mit Dichromat sowie des Urans und Vanadiums mit Permanganat. Nach Angaben von *Ewing* und *Eldridge* kann das mittels eines *Jones*-Reduktors (s. Abschnitt 2.2.1.1.2.1) reduzierte Uran mit Permanganat potentiometrisch titriert werden. Die aus dem Reduktor ausfließende Lösung enthält auch Uran(III) (s. Abschnitt 2.3). Wird diese Lösung potentiometrisch titriert, so werden 2 Endpunkte erhalten, wobei der erste der Oxydation des Urans(III) zum Uran(IV) entspricht und sich ändert, je nachdem, mit welcher Geschwindigkeit das Uran durch den Reduktor fließt. Der zweite Endpunkt entspricht genau der Oxydation des Urans(IV) zum Uran(VI). Die zu titrierende, uranhaltige Lösung soll nicht mehr als 2 ml konz. Schwefelsäure/100 ml enthalten. Das von den Autoren verwendete Titrationsgefäß war mit einem dicht sitzenden Stopfen ausgestattet, der mit Bohrungen für das Auslaufrohr der Reduktorsäule, der Bürette sowie mit einem Schaft für den Rührer und mit Gasein- und -ableitungsrohr für CO_2 versehen war. Der Rührer besitzt einen Quecksilberverschluß. Ist in der Lösung Eisen vorhanden, so erhält man bei der potentiometrischen Titration 3 Endpunkte, indem die Oxydation des Eisens(II) zum Eisen(III) den dritten Endpunkt darstellt.

Gustavson und *Knudson* entwickelten eine Methode zur potentiometrischen Titration von Uran, Vanadium und Eisen in einer und derselben Lösung dieser drei Elemente oder einzeln. Diese Elemente lassen sich nach ihrer Reduktion mit Zink und Schwefelsäure (s. Abschnitt 2.2.1.1.1) mit Kaliumpermanganat titrieren. Eine Mischung aus Uran- und Eisensalzen kann mit Kaliumpermanganat nach ihrer Reduktion titriert werden, vorausgesetzt, daß die Acidität der Lösung relativ gering ist (etwa 5 ml konz. Schwefelsäure in 250 ml Lösung). Die Bestimmung von Uran und Vanadium in Mischung läßt sich auf ähnliche Weise ausführen, wobei der Uranwert erhalten wird, indem der für Vanadium erhaltene Wert vom ersten Knickpunkt derselben Kurve abgezogen wird. Wenn alle 3 Elemente anwesend sind, ist es am günstigsten, wenn man die Titration auf dieselbe Art durchführt, nur daß man zu Beginn weniger Säure, d. h. 4 ml verwendet. Nach Erreichen des zweiten Knickpunktes wird die Säurekonzentration auf das Doppelte erhöht. Vanadium und Eisen werden durch den vorletzten und letzten Knickpunkt angezeigt; Uran wird ermittelt, indem der Vanadiumwert (letzter Knickpunkt) von dem auf der Kurve angezeigten zwischen dem ersten und zweiten Knickpunkt abgezogen wird.

Nach Angaben von *Pappas* läßt sich Uran nur in reinen Lösungen, die kein Eisen enthalten, nach Reduktion im *Jones*-Reduktor (s. Abschnitt 2.2.1.1.2.1) mit gutem Ergebnis permanganometrisch titrieren. Ist Eisen anwesend, so weist die Titrations-EMK-Kurve keinen scharfen Knickpunkt auf. Diese Schwierigkeit kann jedoch überwunden werden, wenn der zu titrierenden Lösung vor der Titration Essigsäure zugesetzt wird.

Zur permanganometrischen Bestimmung des Urans in Erzen, die einen geringen Urangehalt aufweisen, wird von *Smit* und *Klinkhamer* die potentiometrische *Deadstop*-Technik verwendet. Uran und Eisen werden mittels eines *Jones*-Reduktors (s. Abschnitt 2.2.1.1.2.1) reduziert. Da die Oxydation des Urans(III) zum Uran(IV) reversibel ist, wenn eine glatte Platinelektrode verwendet wird, dagegen aber nicht die Oxydation des Uran(IV) zum Uran(VI), kann die Lösung mit Kaliumpermanganat unter Anwendung der *Dead-stop*-Technik titriert werden. Bei einer angelegten Spannung von 100 Millivolt fällt der Strom ab, bis sich das gesamte Uran(III) zum Uran(IV) oxydiert hat, wogegen er null bleibt, bis das gesamte Uran(IV) zum Uran(VI) oxydiert ist. Dann steigt der Strom stark an, wenn die Oxydation des Eisens(II) zum Eisen(III) beginnt. Eine geeignete pH-Einstellung ist nötig, damit die Uranyl-Ionen das Eisen(II) nicht merklich oxydieren. Ein pH-Wert im Bereich von 0,75 bis 1,7 erweist sich als günstig.

Perman reduziert Uran(VI) mit Zinkamalgam (s. Abschnitt 2.2.1.1.2) und titriert das Uran(IV) potentiometrisch mit einer 0,1 n Kaliumpermanganatlösung. Diese Titration wird in 4n Schwefelsäure in der Kälte und in Gegenwart von Eisen(III)-ammoniumsulfat ausgeführt. Nach dieser Methode lassen sich noch 10 μg Uran in 1 ml Lösung mit einem relativen *Fehler* von 0,5% bestimmen. Große Mengen an Ti, V, Mo, Fe, W, Co, Ni, Cu, Ag und Sn *stören*, können aber vor der Uranbestimmung durch Elektrolyse an einer Quecksilberkathode (s. Abschnitt 2.2.4) oder durch Extraktion ihrer Cupferronate abgetrennt werden.

Eine Methode zur potentiometrischen Bestimmung geringer Mengen gleichzeitig anwesenden Urans und Vanadiums wird von *Sergovskaya* beschrieben. Das Verfahren beruht darauf, daß die beiden Elemente in einem Wismutreduktor zum Uran(IV) (s. Abschnitt 2.2.1.5) bzw. Vanadium(III) reduziert werden, worauf ein Überschuß einer Eisen(III)-Lösung zugesetzt wird und die gebildeten Eisen(II)- und Vanadyl-Ionen potentiometrisch mit Kaliumpermanganatlösung titriert werden.

2.3.1.2.2.2 Amperometrische Titration

Nach Angaben von *Silverman* und *Skoog* werden scharfe Endpunkte erhalten, wenn man sehr verdünnte Lösungen (4 bis $200 \cdot 10^{-4}$ Milliäquiv.) des Urans(IV), Eisens(II) und Oxalat-Ions amperometrisch mit einer Kaliumpermanganatlösung titriert, deren Konzentration geringer ist als $2 \cdot 10^{-4}$n. Es tritt jedoch ein konstanter Fehler von etwa $2 \cdot 10^{-4}$ Milliäquiv. Kaliumpermanganats auf, der wahrscheinlich auf eine induzierte Reaktion zwischen dem Oxydationsmittel und Wasser zurückzuführen ist. Die Titration eines Leerwertes ist wirkungslos, so daß eine spezifische Eichkurve aufgestellt werden muß. Der Fehler ist vernachlässigbar, wenn Permanganatlösungen verwendet werden, deren Konzentration größer ist als $5 \cdot 10^{-3}$ n.

Literatur

Axt, M.: Ing. Chimiste (Bruxelles) **20**, 23 (1936).

Bennett, W. R.: Am. Soc. **56**, 277 (1934).

Casto, C. C., Korach, M., Nessle, G., u. Orlemann, E. F.: Rep. CD-2228, 26. Februar 1945, S. 2 und 15. − *Casto, C. C., Nessle, G., Korach, M., u. Orlemann, E. F.:* Rep. CD-2244, 26. März 1945, S. 22. − *Chapman, D. L., u. Duncan, J. E.:* Rep. BR-508, 28. September 1944.

Edge, R. A., u. Fowles, G. W. A.: Anal. chim. Acta **32**, 191 (1965). − *Ewing, D. T., u. Eldridge, E. F.:* Am. Soc. **44**, 1484 (1922).

Furman, N. H., u. Schoonover, I. C.: Am. Soc. **53**, 2561 (1931).

Gleditsch, E., u. Bakken, R.: Mikrochim. A. **1**, 83 (1937). − *Gotô, H.:* J. chem. Soc. Japan **60**, 940 (1939). − *Gustavson, R. G., u. Knudson, C.:* Am. Soc. **44**, 2756 (1922).

Kamenar, B., u. Herceg, M.: Croat. chem. Acta **36**, 95 (1964). − *Kano, N.:* J. chem. Soc. Japan **43**, 550 (1922). − *Kikuchi, S.:* J. chem. Soc. Japan **43**, 544 (1922). − *Koblic, O.:* Chem. Listy **19**, 1 (1925).

Lundell, G. E. F., u. Knowles, H. B.: Am. Soc. **47**, 2637 (1925). − *Luycks, A.:* Bl. Soc. chim. Belg. **40**, 269 (1931).

Müller, E., u. Flath, A.: Z. El. Ch. **29**, 500 (1923).

Nakazono, T.: Sci. Rep. Tôhoku (Imp. Univ.) **16**, 687 (1927).

Paige, H. H., Taylor, A. E., u. *Schneider, R. B.:* Science **120**, 347 (1954). – *Pappas, C. A.:* Arch. Math. Naturvidensk. **45**, 83 (1942). – *Perman, J.:* Sloven Acad. Sci., J. Stefan Inst. Phys. Rept. **2**, 27 (1955); durch Chem. Abstr. 1956, 4709 h.

Quellet, C.: Helv. **14**, 967 (1931).

Russell, A. S.: J. Soc. chem. Ind. **45**, 57 (1926); durch Fr. **93**, 373 (1933).

Sastri, T. P., u. *Rao, G. G.:* Fr. **163**, 1 (1958). – *Scagliarini, G.,* u. *Pratesi, P.:* Ann. Chim. applic. **19**, 85 (1929); durch Chem. Abstr. **1929**, 3183. – *Sergovskaya, V. V.:* Tr. Ural'sk. Politekh. Inst. **121**, 81 (1963); durch Zhur. Khim. (russ.), 19GDE, 1963, (2) Abstr. No. 2G38. – *Silverman, N. P.,* u. *Skoog, D. A.:* Anal. Chem. **35**, 131 (1963). – *Smales, A. A.,* u. *H. N. Wilson:* Rep. BR-150, 22. Februar 1943. – *Smit, W. M.,* u. *Klinkhamer, S.:* R. **73**, 1009 (1954); durch Fr. **148**, 392 (1955/56).

Tandon, J. P., u. *Mehrotra, R. C.:* Fr. **164**, 314 (1958). – *Tillu, M. M.:* Pr. Indian Acad. Sci. **40**, 110 (1954). – *Treadwell, W. D.,* u. *Weiss, L.:* Helv. **2**, 680 (1919). – *Tsubaki, I.:* Japan Analyst **4**, 77 (1955).

U. S. Vanadium Research Laboratory: Rep. A-2912, Vol. I, Januar 1946, S. 30.

Vogel, A. I.: Textbook of Quantitative Inorganic Analysis, 3. Aufl., London 1964.

2.3.1.3 Titration mit Kaliumdichromat[1]

Kaliumdichromatlösungen sind lange haltbar und es ist leicht, reinstes Kaliumdichromat zu erhalten. Dieses Oxydationsmittel ist daher für Routinebestimmungen des Urans(IV) besser geeignet als z. B. Kaliumpermanganat (s. Abschnitt 2.3.1.2). Das Normalpotential des Cr(VI)/(III)-Systems beträgt $+1,36$ V.

2.3.1.3.1 Visuelle Endpunktsanzeige

Bei der direkten Titration des Urans(IV) mit einer Kaliumdichromatlösung wird infolge der langsamen Reaktionsgeschwindigkeit dieses Oxydationsmittels mit Uran(IV) ein unscharfer Endpunkt erhalten. Aus diesem Grunde werden die meisten Titrationen mit Kaliumdichromatlösungen indirekt ausgeführt. Zur uran(IV)-haltigen Lösung wird eine Eisen(III)-salzlösung im Überschuß zugesetzt, um das Uran zum sechswertigen Zustand zu oxydieren. Hierauf werden die in äquivalenter Menge gebildeten Eisen(II)-Ionen in mineralsaurer Lösung und in Gegenwart von Phosphorsäure mit Kaliumdichromatlösung titriert (*Kolthoff* und *Lingane*). Ein Zusatz von Phosphorsäure ist nötig, um die Eisen(III)-Ionen zu komplexieren. Dadurch wird der Unterschied zwischen den Redoxpotentialen der Systeme Chrom(VI)/(III) und Fe(III)/(II) erhöht, so daß sich die Titration bei Zimmertemperatur ausführen läßt und außerdem ein guter Endpunkt erhalten wird. Ferner ist es oft nötig, die Lösung vor der Titration beträchtlich zu verdünnen, um zu verhindern, daß die Eigenfarbe der gebildeten Chrom(III)-Ionen die Erkennung des Endpunktes erschwert.

Der am häufigsten verwendete Redoxindikator zur Ermittlung des Endpunktes chromatometrischer Titrationen des Urans(IV) ist Diphenylaminsulfonsäure oder deren Natrium- oder Bariumsalz (*Sarver* und *Kolthoff*; *Tregoning*; *Treadwell* und *Hall*; *Kennedy*; *Kern*; *Steele*; *Schreyer* und *Baes*; *Main*; *Kolthoff* und *Lingane*; *Willard* und *Young*; *Cooke, Hazel* und *McNabb*; *Motojima, Hashitani* und *Katsuyama*; *Dunleavy, Bartruff* und *Menke*; *Toni*; *Davies* und *Gray*; *Palei* und *Karalova*). Dieser Indikator liefert lösliche Oxydationsprodukte, die eine schärfere Farbänderung hervorrufen als jene, die bei der Oxydation von Diphenylamin entstehen, das auch als Indikator benutzt wurde (*Weiner* und *Boriss*; *Kolthoff* und *Lingane*). Als Indikatoren wurden auch Diphenylbenzidin (*Kolthoff* und *Lingane*), N-Phenylanthranilsäure (*Panduranga Rao, Murty* und *Gopala Rao*) Brucin (*Gopala Rao* und *Sastri*) und β-Colubrine (*Sastry, Sastry* u. *Reddy*; *Sastry, Sastry, Dayanand* u. *Reddy*) angewendet.

---

[1] Dieses Titrationsverfahren wird im National Bureau of Standards, Washington, D. C., USA zur Analyse von Urankonzentraten benützt (*Richmond, M. S.:* Misc. Publs. Bur. Stand., 260-8, 1965).

Die Titration ist sehr empfindlich gegenüber Nitrat-Ionen. Es ist kein Endpunkt feststellbar, wenn mehr als wenige Zehntel Gramm Salpetersäure anwesend sind (*Price, West, Salminen, Hendrickson, Smellie jr.* und *Eley*). Bei sorgfältig durchgeführten Parallelbestimmungen kann ein erfahrener Analytiker mit Hilfe der visuellen Methode eine *Genauigleit* von 0,1 bis 0,2% (relativ) (*Casto, Korach, Nessle* und *Orlemann*; *Kraus*) erzielen.

Anwendungsbeispiele mit visueller Endpunktsanzeige

Zur visuellen Titration des Urans(IV) mit Kaliumdichromatlösung wird von *Tregoning* folgende

Arbeitsvorschrift verwendet: Ungefähr 300 ml einer Lösung, die 300 mg oder weniger Uran(IV) und mindestens 10 ml Schwefelsäure enthält, mischt man mit 20 ml Lösung von $FeCl_3 \cdot 6\,H_2O$ (4%; m/v). Dann wird eine Mischung (15 ml) von Phosphor- und Schwefelsäure im Verhältnis 2:1 zugesetzt, 8 Tropfen 0,01 m Diphenylaminnatriumsulfonat (*Treadwell* und *Hall*) hinzugefügt und die Lösung mit 0,027 n Kaliumdichromatlösung unter dauerndem Umrühren langsam titriert, bis die rein grüne Farbe nach graugrün umschlägt. Dann gibt man das Dichromat sehr langsam zu (immer nur einen Tropfen), bis die erste dauernde Purpur- oder Violettfärbung auftritt. Der Indikator verbraucht für seine eigene Oxydation etwas Dichromat (*Sarver* und *Kolthoff*); doch sind keine Korrekturen nötig, wenn das Dichromat in der gleichen Weise gegen eine bekannte Uran(IV)-salzlösung empirisch eingestellt wird.

Bemerkungen. I. Nach Angaben von *Kennedy* läßt sich Uran (in Konzentrationen von weniger als 0,01 m) nach seiner Reduktion im *Jones*-Reduktor (s. Abschnitt 2.2.1.1.2.1) (in n oder m Salz- oder Perchlorsäure) mit Kaliumdichromatlösung titrieren. Die aus dem Reduktor ausfließende, reduzierte Lösung läßt man unmittelbar in eine $(NH_4)_2SO_4 \cdot Fe_2(SO_4)_3$-Lösung, die mit Stickstoff vom Sauerstoff befreit wurde, einfließen. Dabei reagiert Uran(III) mit den Eisen(III)-Ionen unter Bildung von Eisen(II), das innerhalb 1 Std. mit einer eingestellten Kaliumdichromatlösung titriert wird. Dabei ist ein weiteres Durchleiten von Stickstoff nicht nötig. Bei der Titration werden auch Phosphorsäure und Natriumdiphenylaminsulfonat als Indikator verwendet. Die Konzentration an Sulfat-Ion darf nicht größer sein als 0,01 m, da sonst negative Fehler auftreten. — Die *Fehler* betragen bis zu $\pm$ 0,5%.

II. Titrationen des Urans nach Reduktion zum Uran(IV) im *Jones*-Reduktor wurden zur titrimetrischen Uranbestimmung in *Phosphatlösungen* (*Schreyer* und *Baes*) (s. Abschnitt 2.2.1.1.2.1) benutzt.

III. *Dufour* und *Articolo* stellten fest, daß *Wolfram* einen sehr geringen Einfluß auf die Bestimmung des Urans in Uran-Zirkoniumlegierungen hat, wenn die *Jones*-Reduktor-Dichromatmethode der *Knoll's* Atomic Power Laboratories angewendet wird. Wolframat-Ion stört sehr stark und verursacht zu hohe Resultate. Das lösliche Wolfram wurde jedoch durch heftiges Abrauchen mit Schwefelsäure unlöslich, so daß es die Titration des Urans mit Dichromat nicht mehr zu stören vermochte.

IV. *Kolthoff* und *Lingane* beschrieben eine Methode zur titrimetrischen Bestimmung des Urans mit Kaliumdichromat und ihre Anwendung zur indirekten Titration geringer *Natriummengen*. Nach der Reduktion des Urans(VI) zum Uran(IV) in einem *Jones*-Reduktor (s. Abschnitt 2.2.1.1.2.1) kann die Lösung mit einer Standard-Kaliumdichromatlösung unter Verwendung von Diphenylaminsulfonat, Diphenylamin oder Diphenylbenzidin als Indikator zusammen mit etwas Eisen als Indikator titriert werden. Die Methode ist wie erwähnt auch zur indirekten Bestimmung von Natrium nach dessen Fällung als Tripelacetat (als Natrium- Magnesium- oder -Zinkuranylacetat) geeignet.

V. Auch nach Reduktion mit *nicht-amalgamiertem* Zink (s. Abschnitt 2.2.1.1.1) läßt sich Uran(IV) mit Kaliumdichromatmaßlösung titrieren (*Steuer*).

VI. Titrimetrische Bestimmungen des Urans nach seiner Reduktion mit *Bleireduktoren* (s. Abschnitt 2.2.1.3) unter Anwendung von Kaliumdichromatlösung als Titrationsmittel wurden mehrfach beschrieben (*Steele*; *Cooke, Hazel* und *McNabb*; *Dunleavy, Bartruff* und *Menke*).

VII. Zur tritimetrischen Bestimmung des Urans (z. B. $2 \cdot 10^{-3}$ m), das mit einem *Silberreduktor* (s. Abschnitt 2.2.1.2) in 4 n Salzsäure bei 60 °C zum Uran(IV) reduziert wurde, benutzten *Weiner* und *Boriss* ebenfalls Kaliumdichromat in Gegenwart von Diphenylamin als Indikator. Nach ihren Angaben weist die Verwendung eines Silberreduktors keinerlei Vorteile gegenüber der Reduktion mit Blei auf.

VIII. Auch nach vorangehender Reduktion des Urans in einem *Wismutreduktor* (*Palei* und *Karalova*) (s. Abschnitt 2.2.1.5) oder mit Wismutamalgam (*Someya*) (s. Abschnitt 2.2.1.5) kann das gebildete Uran(IV) dichromatometrisch bestimmt werden. Solche Titrationen sind auch nach Reduktion mit Lösungen starker Reduktionsmittel möglich wie *Chrom(II)-chlorid* (*Cooke, Hazel* und *McNabb*) (s. Abschnitt 2.2.2.1) oder *Zinn(II)-chlorid* (s. Arbeitsvorschrift in Abschnitt 2.2.2.3) (*Main*).[1]

IX. Ferner kann das Uran nach Reduktion mit *Eisen(II)-sulfat* (s. Abschnitt 2.2.2.4.2) ebenfalls dichromatometrisch bestimmt werden (*Davies* und *Gray*).[2]

X. *Reavy* beschreibt eine Methode zur titrimetrischen Bestimmung von Uranoxid im *Thoriumschlamm* (Th-Sludge). Dabei wird die übliche Titration des Urans mit Kaliumdichromat zur serienmäßigen Bestimmung angewendet. Um aber die durch den hohen Thoriumgehalt hervorgerufenen Titrationsschwierigkeiten zu vermeiden, wird das Uran durch Extraktion mit Tributylphosphat-Methylisobutylketon abgetrennt (s. Abschnitt 6.5.1). Aus der organischen Schicht wird das Uran mit heißem Wasser rückextrahiert und die Uranbestimmung in der üblichen Weise durch Titration mit Kaliumdichromatlösung ausgeführt.

XI. Zur raschen Bestimmung des Urans(IV) im Uran(IV)-fluorid wird von *Motojima, Hashitani* und *Katsuyama* eine andere indirekte Methode angewendet. Das Uran(IV) wird zuerst durch Zugabe einer überschüssigen 0,1 n Kaliumdichromatlösung zum Uran(VI) oxydiert, die Lösung nach Zusatz von 6 m Schwefelsäure und 0,2 m Aluminiumsulfatlösung auf etwa 80 °C erhitzt und nach dem Abkühlen das überschüssige Dichromat mit einer 0,1 n Eisen(II)-sulfatlösung *zurücktitriert* (Diphenylaminsulfonat als Indikator).[3]

2.3.1.3.2 Elektrometrische Endpunktsanzeige, potentiometrische Titration

Methoden zur potentiometrischen Titration des Urans(IV) mittels Kaliumdichromatlösungen wurden von mehreren Autoren beschrieben (*Richmond* und *Rodden*; *Martens* und *Winters*; *Gantz, Hunt* und *Mellon*; *Kosinová*; *Weiss*; *Amos* und *Brown*; *Nakashima* und *Sakai*; *Gopala Rao* und *Kanta Rao*; *Toni*; *Gopala Rao, Kanta Rao* und *Rahman*; *U.K.A.E.A*).[4]

Eine *Genauigkeit* von 1 Teil auf 300 Teile kann nach irgendeiner der beiden potentiometrischen Arbeitsvorschriften, die für präzise Messungen entwickelt wurden, erzielt werden (*Richmond und Rodden*; *Martens* und *Winters*). Nach der einen Arbeitsvorschrift wird ein geringer Überschuß festen Dichromats mit einer Genauigkeit von 0,03 mg ausgewogen, zur Uran(IV)-lösung zugefügt und, nachdem diese mindestens

---

[1] oder Titan(III)-chlorid (*de Miranda, C. F.*: Radiochem. Radioanal. Lett. **4**, 113 (1970).

[2] *Walker, C. R.*, u. *Vita, O. A.*: Anal. Chim. Acta **49**, 391 (1970); *Eberle, A. R., Lerner, M. W., Goldbeck, C. G.*, u. *Rodden, C. J.*: U. S. A. E. C., Report NBL-252, Juli 1970.

[3] Eine ähnliche Methode zur Analyse von Uranfluoriden wurde von *O'Donnell* und *Wilson* beschrieben [*O'Donnell, T. A.* und *Wilson, P. W.*, Analyt. Chem. **39**, 246 (1967)].

[4] *Engelsman, J. J., Knaape, J.*, und *Visser, J.*: Talanta **15**, 171 (1968).

15 Min. gestanden ist, mit 0,01 n Eisen(II)-sulfatlösung zurücktitriert. Nach der anderen Vorschrift wird 0,1 n Kaliumdichromatlösung aus einer 35-ml-Bürette mit Mantel zugesetzt, die auf 0,005 ml genau abgelesen werden kann. Nachdem etwa $^5/_6$ des Urans(IV) oxydiert worden sind, wird durch Zugabe eines geringen Überschusses von Eisen(III)-alaun oxydiert, dann Dichromatlösung zugesetzt, bis das Eisen(II)-Ion oxydiert ist (*Gantz, Hunt* und *Mellon*; *Martens* und *Winters*).

Arbeitsvorschrift I nach *Richmond* und *Rodden*, National Bureau of Standards. Festes Kaliumdichromat ist auf 0,03 mg genau einzuwägen und der Lösung, die 0,65 bis 1,7 g Uran(IV) und 5 Vol.-% Schwefelsäure enthält, zuzufügen. Man gibt 3 mg mehr Dichromat zu, als zur quantitativen Oxydation des Urans nötig ist. Nach mindestens 15 Min. wird der Dichromatüberschuß mit etwa 0,01 n Eisen(II)-sulfatlösung [3,92 g $FeSO_4 \cdot (NH_4)_2SO_4 \cdot 6 H_2O$ in 1 l kalter Schwefelsäure (1 + 19) (etwa 1 m)] aus einer 10 ml-Bürette, die in 0,05 ml unterteilt ist, titriert. Den Endpunkt ermittelt man mit Hilfe einer Platin-Kalomelelektrode (gesättigt) in Verbindung mit einem Vakuumröhrenvoltmeter (*Garman* und *Droz*). Die Eisen(II)-sulfatlösung ist jeden Tag gegen eingewogenes Dichromat einzustellen.

Arbeitsvorschrift II nach *Gantz, Hunt* und *Mellon*. Die Probelösung soll 300 bis 420 mg reduziertes Uran in n Schwefelsäure und keine organischen Substanzen, Nitrat- oder Eisen-Ionen enthalten. Mäßige Mengen (100 mg) von Cr^{3+}, Cu^{2+}, Ni^{2+} oder Cl^- stören nicht. Eine Platin-Elektrode und eine 0,5 m Kaliumsulfat-Quecksilbersulfat-Halbzelle werden in die Lösung gestellt und mit einem Potentiometer verbunden. Die Lösung rührt man um und leitet langsam Luft durch, bis die Uran(III)/(IV)-Stufe angezeigt wird. Zu diesem Zeitpunkt ist die Luft sofort durch Stickstoff zu ersetzen. Etwa 25 ml 0,1 n Kaliumdichromatlösung (in n Schwefelsäure) läßt man aus einer wassergekühlten, kalibrierten 35-ml-Kammerbürette zufließen. 5 ml etwa 0,1 n Eisen(III)-alaunlösung [durch Auflösen von 48,5 g Eisen(III)-ammoniumalaun und Verdünnen auf 1 l mit n Schwefelsäure hergestellt] und 2 Tropfen Bariumdiphenylaminsulfonat (0,2%; m/v) werden zugegeben, die Lösung 3 Min. umgerührt und die Temperatur der Bürette kontrolliert. Die Titration ist vorsichtig fortzusetzen, bis der Indikator das Herannahen des Endpunktes anzeigt, und dann potentiometrisch zu beenden. Das Volumen des Dichromats wird mit Hilfe des zweiten Differentialquotienten des Potentials nach dem Volumen auf die nächsten 0,005 ml berechnet. Den Urangehalt errechnet man nach Abziehen des Reagensblindwertes und nach Anbringen der gewöhnlichen Temperaturkorrekturen.

Bemerkungen. a) Methoden zur potentiometrischen Titration des Urans mit Kaliumdichromat wurden angewendet nach vorangehender Reduktion des Urans zur vierwertigen Oxydationsstufe mittels *Bleireduktoren* (*Toni*; *Amos* und *Brown*) (s. Abschnitt 2.2.1.3), *Jones*-Reduktoren (*Weiss*) (s. Abschnitt 2.2.1.1.2.1), *flüssigem Zinkamalgam* (*Kosinová*) (s. Abschnitt 2.2.1.1.2.2), *Titan(III)-Ionen* (*Nakashima* und *Sakai* (s. Abschnitt 2.2.2.2) und Aluminiummetall in Gegenwart von Cd-Ionen (*Pszonicki*) (s. Abschnitt 2.2.1.6.1). Ein ähnliches Verfahren wurde zur coulometrischen Titration des Urans benützt (*Malinowski*).[1]

b) Nach Angaben von *Gopala Rao* und *Kanta Rao* läßt sich Uran(IV) allein oder in Gegenwart von Eisen(II), Mangan(II), Cer(III) oder Vanadium(IV) in stark phosphorsaurer Lösung potentiometrisch mit Kaliumdichromatlösung titrieren.

c) Uran läßt sich auch auf indirekte Weise potentiometrisch bestimmen. Der Uran(IV)-lösung wird *überschüssiges* Kaliumdichromat zugesetzt und der Überschuß an diesem Oxydationsmittel dann potentiometrisch mit Eisen(II)-lösung titriert. Dieses Prinzip wurde zur Analyse von Uranmetall herangezogen (*Duckitt* und *Goody*). Die Titration erfolgt in Schwefelsäure und Phosphorsäurelösung.

---

[1] Eine coulometrische Methode wurde auch von *Viguie* und *Chabert* beschrieben [*Viguie, J. C.,* und *Chabert, J. P.:* Anal. Chim. Acta **48**, 367 (1969)].

Literatur

Amos, W. R., u. *Brown, W. B.:* Anal. Chem. **35**, 309 (1963).

Casto, C. C., Korach, M., Nessle, G., u. *Orlemann, E. F.:* Rep. CD 2228, 26. Februar 1945, S. 2 u. 15. – *Cooke, W. D., Hazel, F.,* u. *McNabb, W. M.:* Anal. chim. Acta **3**, 656 (1949); Anal. Chem. **22**, 654 (1950).

Davies, W., u. *Gray, W.:* Talanta **11**, 1203 (1964). – *Duckitt, J. A.,* u. *Goody, G. C.:* Analyst **87**, 121 (1962). – *Dufour, R. F.,* u. *Articolo, O. J.:* U. S. A. E. C., Rep. KAPL-M-RFD-2, 4. August 1958. – *Dunleavy, R. A., Bartruff, A. M.,* u. *Menke, M. R.:* U. S. A. E. C., Rep. APEX-169 (1961).

Gantz, E. S., Hunt, H., u. *Mellon, M. C.:* Rep. A-2701, 2. Oktober 1945, S. 5. – *Garman, R. L.,* u. *Droz, M. E.:* Anal. Chem. **11**, 398 (1939). – *Gopala Rao, G.,* u. *Kanta Rao, P.:* Talanta **11**, 1031 (1964). – *Gopala Rao, G.,* u. *Sastri, T. P.:* Fr. **172**, 28 (1960). – *Gopala Rao, G., Kanta Rao, P.,* u. *Rahman, M. A.:* Talanta **12**, 953 (1965).

Kennedy, J. H.: Anal. Chem. **32**, 150 (1960). – *Kern, E. F.:* Am. Soc. **23**, 605 (1901); durch Anal. Chem. **26**, 1509 (1954). – *Kolthoff, I. M.,* u. *Lingane, J. J.:* Am. Soc. **55**, 1871 (1933). – *Kosinová, L.:* Zvlastni otisk ze sborniku statniho geologickeho ustavu československe republiky **16**, 445 (1949). – *Kraus, C. A.:* Rep. BT-10 (A-360); Oktober 1942, S. 3.

Main, A. R.: Anal. Chem. **26**, 1507 (1954). – *Malinowski, J.:* Talanta **14**, 263 (1967). – *Martens, J. H.,* u. *Winters, G. E.:* Rep. M-2315, 9. Januar 1946. – *Motojima, K., Hashitani, H.,* u. *Katsuyama, K.:* J. Atomic Energy Soc. Japan **3**, 855 (1961).

Nakashima, F., u. *Sakai, K.:* J. chem. Soc. Japan, Pure Chem. Sect., **85**, 40 (1964).

Palei, P. N., u. *Karalova, Z. K.:* Zhur. Anal. Khim. (russ.) **17**, 528 (1962). – *Panduranga Rao, V., Murty, B. V. S. R.* u. *Gopala Rao, G.:* Fr. **147**, 99 (1955). – *Price, T. D., West, L. E., Salminen, W. M., Hendrickson, A. V., Smellie, R. H., jr.,* u. *Eley, N.:* Editors Rep. CD-3801; April 1945, S. 1 bis 45. – *Pszonicki, L.:* Talanta **13**, 403 (1966).

Reavy, W. A.: U. S. A. E. C., Rep. NEL-143, 55 (1958). – *Richmond, M. S.,* u. *Rodden, C. J.:* Rep. CJR-RM No. 639, 17. Oktober 1945.

Sarver, L. A., u. *Kolthoff, I. M.:* Am. Soc. **53**, 2902 (1931). – *Sastry, T. P., Sastry, P. S.,* u. *Reddy, K. A. N.:* Chemist – Analyst **55**, 39 (1966). – *Sastry, T. P., Sastry, P. S., Dayanand, E. L. R.,* u. *Reddy, K. A. N.:* Chemist – Analyst **56**, 66 (1967). – *Schreyer, J. M.,* u. *Baes, G. F., jr.:* Anal. Chem. **25**, 644 (1953). – *Someya, K.:* Z. anorg. Ch. **152**, 368 (1926). – *Steele, T. W.:* Analyst **85**, 55 (1960). – *Steuer, H.:* Fr. **118**, 386 (1939/40).

Toni, J. E. A.: Anal. Chem. **34**, 99 (1962). – *Treadwell, F. P.,* u. *Hall, W. T.:* Analytical Chemistry, Vol. II, 9. English Edition, S. 578; New York 1942. – *Tregoning, J. J.:* Rep. A-2912, Vol. I., Januar 1946, S. 2.

U. K. A. E. A.: Rep. PG 720 (S), 1966.

Weiner, R., u. *Boriss, P.:* Fr. **168**, 195 (1959). – *Weiss, G.:* B. **1947**, 735. – *Willard, H. H.,* u. *Young, P.:* Am. Soc. **55**, 3260 (1933).

2.3.1.4 Titration mit Vanadat-Ionen

Vanadat-Ion in Form von Ammonium-, Natrium- oder Kaliumvanadatlösungen wird in zunehmendem Maß zur titrimetrischen Bestimmung des Urans(IV) herangezogen. Das Redoxnormalpotential des V(V)/(IV)-Systems nimmt mit ansteigender Säurekonzentration stark zu und erreicht in 27n Schwefelsäure $+1{,}45$ V (*Syrokomskii*).

2.3.1.4.1 Visuelle Endpunktsanzeige

Uran(IV)-Ionen können in schwefelsauren Lösungen mit Standard-Vanadatlösungen direkt unter Anwendung von Redoxindikatoren titriert werden. Als Indikatoren wurden vorgeschlagen: N-Phenylanthranilsäure (*Syrokomskii* und *Klimenko; Palei; Panduranga Rao, Murty* und *Gopala Rao; Gopala Rao, Panduranga Rao* und *Venkatamma; Gopala Rao, Panduranga Rao* und *Rama Rao; Zvenigorodskaja* (*Zvenigorodskaya*) und *Rjaničeva* (*Rjanicheva*); *Pinto, Moysés* und *Ribeiro Teixetra; Nemodruk* und *Bezrogova*); Diphenylbenzidin (*Sastri* und *Gopala Rao; Panduranga Rao, Murty* und *Gopala Rao; Gopala Rao, Panduranga Rao* und *Venkatamma; Gopala Rao, Panduranga Rao* und *Rama Rao; Veereswara Rao*); Diphenylaminsulfat (*Gopala Rao, Panduranga Rao* und *Rama Rao*), Kupfer-Phthalocyanintetrasulfonsäure (*Gopala Rao* und *Sastri*) und Promethazinhydrochlorid [*Sanke Gowda, H., Shakunthala, R.,* und *Ramappa, P. G.:* Talanta **15**, 266 (1968)].
Unter Anwendung des am häufigsten benutzten Indikators N-Phenylanthranil-

säure wird bei der Titration geringer Uran(IV)-mengen (in der Größenordnung von 0,1 mg) mit Ammoniumvanadat in Lösungen, die 33% Schwefelsäure (v/v) enthalten, ein scharfer Farbumschlag erzielt (*Palei*). Ein ebenso scharfer Endpunkt wird erhalten, wenn die Titration mit sehr verdünnten Ammoniumvanadatlösungen ausgeführt wird. So ist bei der Titration von 15 bis 20 ml einer Uran(IV)-lösung mit einer 0,0004n Ammoniumvanadatlösung in Gegenwart von 1 oder 2 Tropfen einer 0,2%-igen N-Phenylanthranilsäurelösung (m/v) der Farbumschlag im Endpunkt noch deutlich erkennbar. Bei der Titration von Uran(IV) mit Natriumvanadatlösungen in Gegenwart dieses Indikators kann die erforderliche Schärfe des Farbumschlages im Endpunkt selbst in 4n schwefelsauren Lösungen erzielt werden, wenn der zu titrierenden Lösung Oxalsäure als Katalysator zugesetzt wird (*Panduranga Rao, Murty* und *Gopala Rao*).

Zur *Herstellung* von Standard-Ammoniumvanadatlösungen wird die erforderliche Menge des Salzes in 250 ml Schwefelsäure (1 + 1) (etwa 9,3m) gelöst und die Lösung mit Wasser auf 1 l verdünnt. Eine Natriumvanadatlösung läßt sich durch Umsatz von Ammoniummetavanadat mit Natriumcarbonat herstellen (*Veereswara Rao*).

Anwendungsbeispiele zur visuellen Endpunktsanzeige

Zur vanadometrischen Bestimmung des Urans wird es nach Angaben von *Syrokomskii(j)* und *Klimenko* zuerst mit Zinkamalgam zum Uran(IV) reduziert (s. Abschnitt 2.2.1.1.2) und dann mit Vanadat-Ion in Anwesenheit von Phenylanthranilsäure titriert, bis die Farbe des Indikators von grün nach violett umschlägt. Später haben *Sastri* und *Gopala Rao* das Uran vanadometrisch derart bestimmt, daß sie zuerst einen Überschuß an Eisen(III)-alaun zusetzten und dann die Titration unter Verwendung von Diphenylbenzidin als Indikator ausführten.

Wird eine saure Uranylsulfatlösung mittels des *Jones*-Reduktors (s. Abschnitt 2.2.1.1.2.1) reduziert und das in geringer Menge gebildete Uran(III) durch Luftsauerstoff auf die übliche Weise in Uran(IV) übergeführt (s. Abschnitt 2.3), so läßt sich das Uran mit einer Natriumvanadatlösung unmittelbar titrieren (*Panduranga Rao, Murty* und *Gopala Rao*), und zwar in Gegenwart oder Abwesenheit von Oxalsäure, die die Farbänderung der Redoxindikatoren Phenylanthranilsäure und Diphenylbenzidin katalysiert.

Arbeitsvorschrift nach *Panduranga Rao, Murty* und *Gopala Rao*.

I. Die Probe [10 bis 25 ml einer 0,05n Uran(IV)-lösung] ist mit 10 ml 10n Schwefelsäure, 2 ml m Oxalsäure, 5 ml sirupöser Phosphorsäure sowie 0,5 ml Diphenylbenzidinlösung (0,1%; m/v) zu versetzen und nach dem Verdünnen auf 100 ml mit einer Standard-Natriumvanadatlösung (0,05n) zu titrieren.

II. Die Probelösung ist mit 50 ml 10n Schwefelsäure zu vermischen, 2 Tropfen Phenylanthranilsäurelösung (0,1%; m/v) zuzusetzen, auf 100 ml zu verdünnen und dann zu titrieren.

III. Die Probe wird mit 40 ml 10n Schwefelsäure, 2 ml m Oxalsäure und 1 bis 2 Tropfen einer N-Phenylanthranilsäurelösung (0,1%; m/v) vermischt und mit Wasser auf 100 ml verdünnt. Die Titration ist mit einer Standard-Natriumvanadatlösung (0,05n) auszuführen.

Bemerkungen. a) Die mittels dieser Methoden erzielbaren Resultate sind bis auf ± 0,1% *genau.*

b) Von *Gopala Rao, Panduranga Rao* und *Venkatamma* wird eine Methode zur vanadometrischen Bestimmung des Urans(IV) beschrieben, nachdem dieses durch *photochemische Reduktion* mit Äthanol aus Uranyl-Ionen gebildet worden ist (s. Arbeitsvorschrift 2.2.3). Ein ähnliches Verfahren wird von *Nemodruk* und *Bezrogova* angegeben. Die Rückoxydation zum Uran(VI) muß durch Titration mit einer Standard-Natriumvanadatlösung ausgeführt werden, da alle anderen Oxydationsmittel das überschüssige Äthanol oxydieren.

c) Fluoride und Phosphate *stören nicht*, vorausgesetzt, daß die Schwefelsäurekonzentration nicht zu gering ist (damit die Reduktion rasch eintritt, muß die Lösung mindestens 1n an Schwefelsäure sein). An Stelle von Schwefelsäure kann man auch Perchlor- oder Phosphorsäure (in Konzentrationen größer als 4n) verwenden. Das benutzte Äthanol muß aldehydfrei gemacht werden. Zu diesem Zweck wird es mit Pottasche einige Zeit gekocht, abdestilliert und noch einmal destilliert.

d) Anstelle von Äthanol können auch *Milchsäure* (*Gopala Rao, Panduranga Rao* und *Rama Rao*) und Diäthyläther (*Panduranga Rao* und *Gopala Rao*) zur Reduktion des Urans benützt werden (s. Abschnitt 2.2.3). Auch in diesen Fällen wird das entstandene Uran(IV) mit Natriumvanadatlösung in Gegenwart von Redoxindikatoren wie N-Phenylanthranilsäure, Diphenylbenzidin oder Diphenylaminsulfat in schwefelsaurer Lösung titriert.

e) Von *Veereswara Rao* wird eine Methode zur vanadometrischen Bestimmung des Urans in Anwesenheit *organischer Lösungsmittel* wie z. B. Tributylphosphat (30%ig; v/v), Methylisobutylketon, Äthylacetat und Dodecylphosphorsäure (10%ig; v/v) in Kerosin beschrieben. Uranylsulfat wurde mittels dieser Lösungsmittel unter Verwendung von Natriumchlorid als Aussalzmittel extrahiert. Das Uran wurde dann aus einem aliquoten Teil der organischen Phase rückextrahiert und die rückextrahierte Lösung in zwei Teile geteilt. In der einen Hälfte wurde Uran unmittelbar nach seiner Reduktion mit Vanadat-Ion titriert, während die andere Hälfte zur Trockne eingedampft wurde. Der erhaltene Trockenrückstand wurde nach Zerstörung der organischen Substanz entweder in Sulfate oder Chloride umgewandelt. Die auf diese Weise erhaltene Lösung wurde in einem Cadmiumreduktor (s. Abschnitt 2.2.1.4) reduziert und Uran(IV) in 1n salz- oder schwefelsaurer Lösung durch Titration mit Natriumvanadat und Diphenylbenzidin als Indikator in Gegenwart von Oxalsäure bestimmt. Dabei stellte sich heraus, daß in beiden Fällen völlig übereinstimmende Resultate erzielt wurden.

f) Uran kann in Gegenwart von Fe, V, Mo und Ti nach *Zvenigorodskaja* und *Rjaničeva* titrimetrisch mit Vanadatlösung bestimmt werden. Uran(VI) wird mit Eisen(II)-Ionen in Gegenwart von Flußsäure zum Uran(IV) reduziert (s. Abschnitt 2.2.2.4.2), das dann als $NaUF_5$ *ausgefällt* und vanadometrisch bestimmt wird. Von den Begleitelementen bleiben Nb, Ta, Mo, Ti u. a. bei der Fluoridfällung in Lösung; andere wie Fe^{3+}, Al, Ca und die seltenen Erdmetalle fallen mit aus (s. Abschnitt 1.1.4), stören aber die oxydimetrische Titration nicht.

g) *Pinto, Moysés* und *Ribeiro Teixetra* beschreiben eine Methode zur Bestimmung des Urans in *Mineralen* nach der Phosphat-Vanadatmethode. Diese beruht darauf, daß das Uran(IV) zuerst in saurer Lösung mit Natriumphosphat ausgefällt und dann in konz. schwefelsaurer Lösung mit Vanadat-Ion titriert wird. Bei der Fällung des Urans(IV) mit Phosphat-Ion werden alle Fremd-Ionen mit Ausnahme der Elemente Zr, Ti und Th, die bei der Titration nicht stören, vom Uran abgetrennt (s. Abschnitt 1.1.2.2.2). Bei der von den obigen Autoren beschriebenen Ausführungsart wird das Erz mit Salzsäure ausgelaugt und Uran als Phosphat gefällt. Der Niederschlag wird in Schwefelsäure gelöst und das Uran(IV) mit einer eingestellten Ammoniumvanadatlösung unter Verwendung von N-Phenylanthranilsäure als Indikator titriert. Die auf diese Weise erhaltenen Resultate zeigten, daß diese Methode zur einfachen und genauen Bestimmung geringer Uranmengen in Mineralen und Erzen herangezogen werden kann.

2.3.1.4.2 Elektrometrische Endpunktsanzeige

2.3.1.4.2.1 Potentiometrische Titration

Ammoniumvanadatlösungen können zur potentiometrischen Titration des Urans(IV) benützt werden (*Palei*). Vanadium(IV) stört nicht. Die Reaktion wird durch Zugabe von Phosphorsäure beschleunigt, so daß das Gleichgewicht innerhalb von etwa 30 Sek. erreicht wird (*Urański*). Die bei der potentiometrischen Titration von Milligrammengen Urans erzielbaren Resultate sind *genau* und *reproduzierbar*. Ferner erfordert die potentiometrische Titration mit Vanadat-Ion keinen größeren Zeitaufwand als die Titrationen mit visueller Endpunktsanzeige (s. Abschnitt 2.3.1.4.1); auch sind keine Blindbestimmungen und hohen Aciditäten der Lösungen erforderlich.

Zur direkten Bestimmung des Urans in organischen Lösungsmitteln (30 μM bis 0,1 M Uran in HDEHP, TBP, TOPO und TOA) wird dieses zuerst in Gegenwart von Orthophosphorsäure mit $(NH_4)_2SO_4 \cdot FeSO_4 \cdot 6 H_2O$ zu Uran(IV)-Ion reduziert, dieses dann potentiometrisch mit 0,005m Ammoniumvanadatlösung titriert (*Bakos* und *Andras*). Der Fehler der Methode ist nicht größer als $\pm 5\%$. Acetylaceton stört die Uranbestimmung.

2.3.1.4.2.2 Amperometrische Titration

Morachevskii und *Tserkovnitskaya* beschreiben eine Methode zur amperometrischen Titration des Urans mit Ammoniummetavanadatlösung. Die Titration des Urans(IV) erfolgt beim Null-Potential oder bei 0,1 V in schwefelsaurer Lösung unter Anwendung einer 0,006n Ammoniummetavanadatlösung. Sie kann auch in 0,1 bis 1,0m salz- oder perchlorsauren Lösungen ausgeführt werden. Die Urankonzentration soll 2,5 μg/ml nicht übersteigen, wenn eine 0,005n Ammoniummetavanadatlösung als Titrationsmittel verwendet wird. Der durchschnittliche relative *Fehler* beträgt 1 bis 3%. Die Titration mit noch verdünnteren Ammoniummetavanadatlösungen führt zu ungenauen Ergebnissen. Zur Bestimmung des Urans in Gegenwart von Fe, Cr, Ni, Pb und Bi wird die Lösung, die Uranyl- und Eisen(III)-sulfat (U:Fe = 1:25) enthält, mit flüssigem Zinkamalgam in schwefelsaurer Lösung reduziert (s. Abschnitt 2.2.1.1.2.2). Dann werden etwa 10 mg 1,10-Phenanthrolin [dieses bildet mit Fe^{2+} einen stabilen Komplex, d. h. Ferroin (s. Abschnitt 2.3.1.1.1)], und ÄDTA (25 bis 100 g) (um Pb, Ni, Bi und Cr zu maskieren) zugesetzt. Anschließend wird diese Lösung, deren Schwefelsäurekonzentration 0,1n ist, mit Vanadatlösung titriert. In Gegenwart von *Eisen* beträgt der mittlere relative *Fehler* 3 bis 6%.

Eine andere Methode zur amperometrischen Titration von Uran mit Ammoniumvanadat wurde zur Bestimmung des Urans in Erzen vorgeschlagen (*Eskevič* und *Komarova*). Dieses Verfahren gestattet, sehr kleine Urankonzentrationen (bis herab zu 1 μg Uran/l) mit einer *Genauigkeit* von 2 bis 3% zu bestimmen.

Arbeitsvorschrift nach *Eskevič* und *Komarova*. Die Probeneinwaage und die Normalität der Ammoniumvanadatlösung richten sich nach dem Urangehalt (bei 1 bis 0,01% Uran 0,2 bis 1 g einwägen und mit 0,01n Vanadatlösung titrieren; bei 0,01 bis 0,0005% Uran 1 g einwägen und mit 0,0002n Vanadatlösung titrieren). Nach Aufschluß der Probe und Entfernung des unlöslichen Anteils wird das Uran unter gleichzeitiger Reduktion mit Natriumdithionit (s. Abschnitt 2.2.2.4.1) als Phosphat gefällt, wobei Thorium- oder Chrom(III)-phosphat als Kollektor dient (s. Abschnitt 1.1.2). Dazu ist die saure Lösung mit Ammoniak bis pH = 2,3 zu neutralisieren (Methanilgelb als Indikator), mit 3 ml konz. Salzsäure zu versetzen und auf 200 ml zu verdünnen. Danach werden zur Lösung 10 ml Mononatriumphosphatlösung (10%; m/v), Natriumdithionit (1 g auf 1 g Einwaage), 3 bis 4 ml Thoriumchloridlösung (5 mg Thorium/ml) und etwas Filterschleim zugefügt. Das ausgefallene Uran(IV)-phosphat wird unter Saugen in einen Filtertiegel Nr. 3 oder in einen *Büchner*-Trichter (mit Blau- oder Weißbandfilter) filtriert und dann in 8 bis 16n Schwefelsäure (30 bis 60 ml) gelöst. Bei dem Chromverfahren sind der Lösung nach dem Phosphatzusatz 0,5 bis 15 g festes Ammoniumthiocyanat (2,5 g auf 0,1 g Eisen) zuzufügen, außerdem 0,5n $CrCl_3$-Lösung, bis die rote Eisenthiocyanat-Färbung verschwindet, und noch 3 ml davon im Überschuß. Weiter wird wie oben verfahren. Die erhaltenen Lösungen sind nach Eintauchen der Elektroden in der üblichen Art mit Ammoniummetavanadatlösung amperometrisch zu titrieren.

Bemerkungen. I. Als Indikatorelektrode dient ein in ein Glasrohr eingeschmolzener Platindraht von 15 mm Länge und 0,5 mm Durchmesser, der mit 750 U/Min. rotiert. Referenzelektrode ist ein *Wismutstab*, der in 12n Schwefelsäure eintaucht. Eine Glasfritte bildet die Verbindung mit der zu titrierenden Lösung. Die Reaktion, deren Potential bei $+1,22$ V liegt, verläuft in 12n Schwefelsäure schnell. Da die hierbei auftretenden Diffusionsströme groß sind, kann auf das Anlegen einer äußeren Spannung verzichtet werden. II. Die *Titrationskurven* haben ⎍-Form. III. Eine Methode zur amperometrischen Titration von Uranylion mit Natriumvanadatlösung wurde von *Mittal* und *Saxena* beschrieben.

Literatur

Bakos, L., u. *Andras, L.:* Zh. analit. Khim. **20**, 820 (1965).

Eskevič, V. F., u. *Komarova, L. A.:* Ž. anal. Chim. (russ.) **15**, 84 (1960); durch Fr. **178**, 209 (1960/61).

Gopala Rao, G., Panduranga Rao, V., u. *Rama Rao, M. V.:* Anal chim. Acta **15**, 97 (1956). – *Gopala Rao, G., Panduranga Rao, V.,* u. *Venkatamma, N. C.:* Fr. **150**, 178 (1956). – *Gopala Rao, G.,* u. *Sastri, T. P.:* Fr. **167**, 1 (1959).

Mittal, M. L., u. *Saxena, R. S.:* Experientia **21**, 481 (1965).

Morachevskii, Yu. V., u. *Tserkovnitskaya, I. A.:* Ž. anal. Chim. (russ.) **13**, 337 (1958).

Nemodruk, A. A., u. *Bezrogova, E. V.:* Zh. analit. Khim. **21**, 1210 (1966); **22**, 366 (1967).

Palei, P. N.: Proc. Intern. Conf. Peaceful Uses Atomic Energy, Geneva 1955, Vol. **8**, U. N. (Washington) 1956. – *Panduranga Rao, V.,* u. *Gopala Rao, G.:* Fr. **160**, 190 (1958). – *Panduranga Rao, V., Murty, B. V. S. R.,* u. *Gopala Rao, G.:* Fr. **147**, 161 (1955). – *Pinto, M., Moysés, E.,* u. *Ribeiro Teixetra, E. R.:* Fóton **1**, 13 (1959).

Sastri, M. N., u. *Gopala Rao, G.:* Current Sci. **18**, 402 (1949). – *Syrokomskii, V. S.:* Betriebslab. (russ.) **16**, 14 (1950). – *Syrokomskii, V. S.,* u. *Klimenko, Yu. V.:* Betriebslab. (russ.) **9**, 1077 (1940); durch Fr. **147**, 173 (1955); Chem. Abstr. **1941**, 1344.

Urbański, T. S.: Chem. Anal. (Warszawa) **5**, 687 (1960).

Veereswara Rao, U.: Fr. **177**, 190 (1960).

Zvenigorodskaja, V. M., u. *Rjaničeva, M. I.:* Ž. anal. Khim. (russ.) **14**, 457 (1959); durch Fr. **175**, 373 (1960).

2.3.1.5 Titration mit Eisen(III)-Lösungen

Eisen(III)-Titrationen von Uran(IV)-lösungen werden gewöhnlich bei erhöhter Temperatur ausgeführt, um die Reaktion zu beschleunigen. Für ganz genaue Ergebnisse muß die Luft vollständig ausgeschlossen werden; doch ist bei einigen Routinearbeiten eine rasche Titration der einzige Schutz gegen Luftoxydation.

2.3.1.5.1 Visuelle Endpunktsanzeige

Titrationsverfahren zur Bestimmung des Urans(IV) durch Titration mit Eisen(III)-lösungen unter Anwendung innerer Indikatoren werden nur selten verwendet. Als Indikatoren wurden vorgeschlagen: Thiocyanat (*Orlemann*), Rhodamin 6G (C. I. Basic Red 1) [*Sagi* und *Gopala Rao* (a)], Methylenblau, Thionin und Variaminblau [*Sagi* und *Gopala Rao* (b)].

Wenn Thiocyanat-Ion als innerer Indikator verwendet wird, muß die Titration mit Eisen(III)-chlorid bei Temperaturen unter 90 °C ausgeführt werden, um eine Zersetzung des roten Eisen(III)-thiocyanat-Komplexes zu vermeiden (*Orlemann*).

Bei Anwendung des Fluorescenzindikators Rhodamin 6G kann Uran(IV) mit 0,05n $(NH_4)_2SO_4 \cdot Fe_2(SO_4)_3$-Lösung in 2 bis 3n Salzsäure bei 98 °C titriert werden [*Sagi* und *Gopala Rao*(a)]. Im Endpunkt tritt eine Fluorescenzlöschung auf, die in einer speziell konstruierten UV-Bestrahlungskammer beobachtet wird. Zur Reduktion des Urans wurde ein *Jones*-Reduktor benützt (s. Abschnitt 2.2.1.1.2.1). Bei Anwendung dieser Titrationsmethode ist für Uranmengen von etwa 1 Millimol der *Fehler* geringer als 0,5%. Zink bis zu 1 g und Chrom bis zu 0,04 g stören nicht, aber Vanadium und Molybdän, die zusammen mit den Uranyl-Ionen reduziert werden, müssen abwesend sein.

Werden Methylenblau, Thionin und Variaminblau als Redoxindikatoren benützt, so läßt sich Uran(IV) mit einer Eisen(III)-lösung in einer inerten Atmosphäre bei 98 bis 100 °C titrieren [*Sagi* und *Gopala Rao* (b)]. Die mit dieser Methode erzielbaren Ergebnisse sollen innerhalb von ± 0,4% genau sein. Geringe Mengen an Vanadium(IV) und Chrom(III) *stören* nicht, dagegen *größere* Mengen dieser Ionen. Auch zweiwertiges Eisen stört nicht; doch Molybdän(V) muß abwesend sein. Methylenblau und Thionin sind geeignetere Indikatoren als Variaminblau, insbesondere in salzsauren Lösungen.

2.3.1.5.2 *Spektrophotometrische Endpunktsanzeige*

Eine Methode zur titrimetrischen Bestimmung des Urans(IV) unter Anwendung von Eisen(III)-sulfat als Titrationsmittel und mit spektrophotometrischer Endpunktsanzeige wird von *Florence* beschrieben. Nach der Reduktion der Uranyl-Ionen zu vierwertigem Uran mit Wismutamalgam in perchlor- und schwefelsaurer Lösung (s. Abschnitt 2.2.1.5) und in einer Stickstoffatmosphäre wird die Titration in einem Spektrophotometer bei 650 nm ausgeführt. Titriert wird mit einer $(NH_4)_2SO_4 \cdot Fe_2(SO_4)_3$-Lösung. Kupfer, Molybdän und Vanadium *stören*.

2.3.1.5.3 *Elektrometrische Endpunktsanzeige*

2.3.1.5.3.1 Potentiometrische Titration

Die genaueste Eisen(III)-Methode ist die potentiometrische Titration des Urans(IV) mit Eisen(III)-sulfat in 4 bis 6%iger Schwefelsäure (v/v) bei 90 bis 95 °C unter einer CO_2-Atmosphäre [*Price, West, Salminen, Hendrickson* und *Smellie* (b); *Orlemann*]. Die *Genauigkeit* ist ± 0,1% oder noch besser (*Martens* und *Winters*) bei Forschungsarbeiten und ± 0,3% bei Routineanalysen [*Price, West, Salminen, Hendrickson* und *Smellie* (b)]. Die Genauigkeit ist bei Verwendung von 3 bis 10 vol.-% bis 70%iger Perchlorsäure ähnlich (*Korach, Nessle, Sinclair* und *Casto*), aber bei Verwendung von 0,1n Eisen(III)-chlorid in salzsaurer Lösung etwas niedriger (*Korach, Nessle, Casto* und *Orlemann* sowie *Casto, Nessle, Korach* und *Orlemann*). Die optimale Salzsäurekonzentration ist 15 bis 30 Vol.-%.

Chloride scheinen die Einstellung des Elektrodenpotentials zu *stören* (*Casto, Korach, Nessle* und *Orlemann*). Nitrate und Fluoride sollen abwesend sein (*Korach, Nessle, Sinclair* und *Casto*), Kupfer (*Korach, Nessle, Sinclair* und *Casto*), Wolfram, Molybdän und Vanadium (*Korach, Nessle, Casto* und *Orlemann*) stören sehr. Geringe Mengen Zinns bewirken einen leicht positiven Fehler (*Korach, Nessle, Sinclair* und *Casto*). Sehr große Mengen Zinks oder Chroms setzen die Empfindlichkeit der Indikatorelektrode (Platin) während der Titration herab (*Korach, Nessle, Sinclair, Casto* und *Orlemann*). Große Mengen Eisens oder Cadmiums (*Korach, Nessle, Sinclair, Casto* und *Orlemann*) und mäßige Mengen Cr, Mn, Ni, Al oder Pb stören nicht, obwohl große Mengen Fe die Uran(IV)/(VI)-Stufe erniedrigen (*Casto, Korach, Nessle* und *Orlemann*).

Die Uran(III)/(IV)-Stufe ergibt häufig einen unbefriedigenden Endpunkt. *Genauere* Endpunkte werden durch den Ersatz dieser Stufe durch die Chrom(II)/(III)-Stufe oder die Titan(III)/(IV)-Stufe erhalten (*Casto, Korach, Nessle* und *Orlemann*). Das Uran(III)/(IV)-System ergibt einen Endpunkt bei 0,5 V. Die Zugabe von Ti(IV) ersetzt das Uransystem durch das Titansystem, das einen gut reproduzierbaren Endpunkt bei 0,1 V ergibt. Der Betrag des Titrationsmittels, der zwischen Titan(III)/(IV) und Uran(IV)/(VI) verbraucht wird, bezieht sich auf den Uran(IV)/(VI)-Gehalt. Doch ist bei Anwesenheit von Titan der Endpunkt Uran(IV)/(VI) schwieriger beobachtbar, denn die Potentiale scheinen sich sehr langsam einzustellen. Die Zugabe von Chrom(III) und die sich daraus ergebende Substitution des Chrom(II)/(III)-Systems, das einen Endpunkt bei 0,4 V liefert,bewirkt scharfe Endpunkte und schnell sich einstellende Potentiale während der ganzen Titration. Zur Endpunktsbestimmung muß ein Potentiometer verwendet werden [*Orlemann* (a,b)].

Die Geschwindigkeit der Oxydation von Uran(IV) durch Eisen(III) in Schwefelsäure (5%; v/v) wurde mit Hilfe des Absorptionsmaximums des Urans(IV) bei 650 nm studiert. Da gefunden wurde, daß die Geschwindigkeit der Oxydation schneller ist als die Zeit der Zugabe und der Absorptionsmessungen (etwa 1 Min.), scheint es, daß die Titration bei Zimmertemperatur leichter möglich wäre, wenn irgend ein Weg gefunden werden könnte, um die Geschwindigkeit der Potentialeinstellung an den Elektroden zu beschleunigen (*Korach, Nessle, Sinclair* und *Casto*).

Anwendungsbeispiele zur Titration des Urans(IV) mit Eisen(III)-lösungen

Zur potentiometrischen Titration von Uran(IV) mit Eisen(III)-sulfatlösung wird von *Price, West, Salminen, Hendrickson* und *Smellie jr.*, sowie von *Casto* folgende

Arbeitsvorschrift empfohlen (eine weitere Methode s. Abschnitt 2.2.2.1): Die Lösung (300 bis 500 mg drei- und vierwertiges Uran), die kein Nitrat-Ion oder dessen Reduktionsprodukte, ebensowenig Chloride, Cu, W, Mo oder V, in etwa 225 ml Schwefelsäure (5%; v/v) enthält, wird in ein Becherglas gebracht. Das Becherglas ist sofort in das Potentiometer einzuführen und ein CO_2-Strom über die Oberfläche der Lösung mit einer Geschwindigkeit von 500 ml/Min. zu leiten. 10 ml Chrom(II)-sulfatlösung, die 0,1 g Cr enthält, werden zugegeben, die Probe gerührt und auf 90 bis 95 °C erhitzt. Die Lösung ist mit 0,1n Eisen(III)-sulfatlösung in Schwefelsäure (5%; v/v) potentiometrisch zu titrieren. Die Menge des durch den Chrom(II)/(III)- und den Uran(IV)/(VI)-Potentialsprung verbrauchten Titrationsmittels entspricht dem Urangehalt.

Bemerkungen. I. Von den Autoren wurde ein *Leeds-Northrup*-Potentiometer mit einer *Hochtemperatur*-Kalomelelektrode und einer Platindrahtelektrode (*Korach, Nessle, Sinclair* und *Casto*) verwendet. Die Platinelektrode ist nach jeder Titration mit heißer Chromsäurelösung zu reinigen, um ein zufriedenstellendes Arbeiten zu ermöglichen (*Casto, Korach, Nessle* und *Orlemann*).

II. Von *Weiss* und *Blum* wird ebenfalls eine Methode zur potentiometrischen Titration des Urans mit einer Eisen(III)-sulfatlösung beschrieben. Ein ähnliches Verfahren wurde von *Whiteker* und *Murphy* entwickelt. Die uranhaltige Lösung, die entweder 0,5n an Schwefelsäure oder 0,4n an Salzsäure ist, läßt man durch einen *Jones*-Reduktor (s. Abschnitt 2.2.1.1.2.1) fließen und führt anschließend das neben Uran(IV) entstehende Uran(III) durch Durchleiten von Luft auf die übliche Weise (s. Abschnitt 2.3) in Uran(IV) über. Hierauf wird das Uran mit 0,1n Eisen(III)-sulfatlösung in einer CO_2-Atmosphäre potentiometrisch titriert. Angewendet werden Platin- und Kalomelelektroden bei einer Titrationstemperatur, die 70 °C *nicht übersteigt*. Ist in der ursprünglichen Lösung Eisen vorhanden (das Verhältnis Eisen: Uran darf bis 100:1 betragen), so müssen vor der Reduktion 2 bis 3 g Ammoniumsulfat zugesetzt werden. Außerdem muß Ammoniumthiocyanat anwesend sein, das das Potential des Systems nicht beeinflußt, wohl aber als Katalysator wirksam ist.

III. Auch *Cellini* und *Lopez* bestimmen Uran durch potentiometrische Titration mit einer Eisen(III)-sulfatlösung. Das Uran (etwa 5 mg), vorliegend als wäßrige Uranylsulfatlösung, wird in einer mit *Cadmiumschwamm* gefüllten Säule reduziert (s. Abschnitt 2.2.1.4) und dann potentiometrisch mit Eisen(III)-sulfatlösung in 0,1n schwefelsaurem Medium titriert. Die Titration erfolgt in inerter Atmosphäre (Stickstoff) bei Zimmertemperatur. Von den Autoren wird eine dazu geeignete Apparatur beschrieben; diesbezüglich muß auf die Originalliteratur verwiesen werden.

7*

Diese Methode ist auf Uranminerale anwendbar, vorausgesetzt, daß gegebenenfalls vorhandene Phosphorsäure vorher abgetrennt wird. Dies läßt sich auf Grund früherer, von *Cellini* und *Palomino* durchgeführter Untersuchungen leicht durch Verwendung des stark sauren Kationenaustauschers Amberlite IR-120 ausführen. Das Uran und gegebenenfalls auch noch andere anwesende Kationen werden auf dem Harz aus schwach saurer Lösung festgehalten und auf diese Weise von Phosphorsäure getrennt. Nach der Elution des Urans mit 4n Salzsäure läßt sich dieses nach Eindampfen der Lösung und nach Überführen in das Sulfat potentiometrisch titrieren.

2.3.1.5.3.2 Amperometrische Titration

Amperometrische Titrationen des Urans(IV) mit Eisen(III) können bei Zimmertemperatur unter einer Stickstoffatmosphäre [*Kwiatkowski, Owens, Friess, Grimes* und *Casto* (a); *Kwiatkowski, Owens, Grimes* und *Orlemann; Nessle, Sinclair* und *Casto*] durchgeführt werden. In der von *Kwiatkowski, Owens, Friess, Grimes* und *Casto* angegebenen Arbeitsvorschrift wird das Uran mit einer Chrom(II)-Lösung reduziert und in Schwefelsäure (5%; m/v) unter Verwendung eines großen, hochtemperaturgesättigten Kalomel-Hg-Tropfelektrodensystems in Zusammenhang mit einem nebengeschlossenen Galvanometer titriert (*Kwiatkowski, Owens, Fries, Grimes* und *Casto; Kwiatkowski, Owens, Grimes* und *Orlemann*). Die Titrationen werden bei Zimmertemperatur in einer Stickstoffatmosphäre ausgeführt und die Probe nach jeder Eisen(III)-Zugabe umgerührt. Die Verwendung einer Quecksilberanode ist nicht praktisch, da das Quecksilber das Eisen langsam reduziert, und die Elektrode müßte z. B. mit Hilfe einer Schicht redestillierten Chloroforms geschützt werden. Nitrate (*Kwiatkowski, Owens, Friess, Grimes* und *Casto*), Cu und V stören die Titration, Mo und Ti offensichtlich nicht.

Resultate, die bei Makrotitrationen von 200 bis 500 mg Uran erzielt wurden, waren beständig zu hoch (um etwa 0,3 bis 0,8%). Diese Überwerte können durch die unvollständige Einstellung des chemischen Gleichgewichtes verursacht worden sein. Fehler von $+1,8$ bis 2,8% wurden bei 5 bis 50 mg Uran erhalten. Bei 0,5 bis 4,0 mg Uran stiegen die Fehler bis auf 16%. Sie wurden sogar *weiter erhöht*, und zwar bei Verwendung einer 0,01n Eisen(III)-lösung, was auf die erhöhte Unsicherheit der Endpunktserkennung zurückzuführen ist (*Kwiatkowski, Owens, Friess, Grimes* und *Casto*).

Eine amperometrische Titration des Urans(IV) mit Eisen(III) kann auch ausgeführt werden, wenn der Endpunkt mittels einer rotierenden Platinelektrode angezeigt wird (*Sympson, Larsen, Meyer* und *Oldham*). Das Uran(VI) wird im *Jones*-Reduktor (s. Abschnitt 2.2.1.1.2.1) zum Uran(IV) reduziert und dann in 0,3n Schwefelsäure mit $(NH_4)_2SO_4 \cdot Fe_2(SO_4)_3$-Lösung zuerst bis zum Uran(III)/(IV)- und dann zum Uran(IV)/(VI)-Endpunkt titriert. In Gegenwart von 200 oder 20 mg Uran beträgt die mittlere Abweichung 0,1 bzw. 0,3%. Vanadium und Molybdän *stören*.

Literatur

Casto, C. C.: Rep. CD-2242, 27. März 1945. – *Casto, C. C., Korach, M., Nessle, G.,* u. *Orlemann, E. F.:* Rep. CD-2228, 26. Februar 1945, S. 2, 15. – *Casto, C. C., Nessle, G., Korach, M.,* u. *Orlemann, E. F.:* Rep. CD-2270, 26. Mai 1945, S. 6. – *Cellini, R. F.,* u. *Lopez, J. A.:* An. Españ., Serie B, **3**, 163 (1956). – *Cellini, R. F.,* u. *Palomino, J. V.:* Las Ciencias, 2, añ XIX, 323 (Madrid). *Florence, T. M.:* Anal. chim. Acta **23**, 282 (1960).

Korach, M., Nessle, G., Casto, C. C., u. *Orlemann, E. F.:* Rep. C-4,360,1, 14. Juli 1945, S. 9a – *Korach, M., Nessle, G., Sinclair, E. E.,* u. *Casto, C. C.:* (a) Rep. C-4, 100, 19, 11. August 1945, S. 2; (b) Rep. C-4,100,21, 6. Oktober 1945, S. 2. – *Korach, M., Nessle, G., Sinclair, E. E., Casto, C. C.,* u. *Orlemann, E. F.:* Rep. C-4, 100, 20, 8. September 1945, S. 2. – *Kwiatkowski, S., Owens, J., Friess, S., Grimes, W. R.,* u. *Casto, C. C.:* (a) Rep. C-4, 100, 21, 6. Oktober 1945, S. 14; (b) Rep. C-4,100,22, 3. November 1945, S. 13; (c) Rep. C-4, 100,23, 1. Dezember 1945, S. 10. – *Kwiat-*

kowski, S., Owens, J., Grimes, W. R., u. *Orlemann, E. F.:* Rep. C-4, 1000,20, 8. September 1945, S. 16.

Martens, J. H., u. *Winters, C. E.:* Rep. M-2315, 9. Januar 1946.

Nessle, G., Sinclair, E. E., u. *Casto, C. C.:* Rep. C-4, 100,23, Dezember 1945, S. 3.

Orlemann, E. F.: (a) Rep. CD-2220, 26. Dezember 1944, S. 10; (b) Rep. CD-2213, 26. Januar 1945, S. 20.

Price, T. D., West, L. E., Salminen, W. M., Hendrickson, A. V., u. *Smellie jr., R. H.:* (a) Editors Rep. CD-3801, April 1945, S. 1 bis 53; (b) S. 1 bis 56; (c) 1 bis 71.

Sagi, S. R., u. *Gopala Rao, G.:* (a) Talanta **5**, 154 (1960); (b) Fr. **192**, 297 (1963). – *Sympson, R. F., Larsen, R. P., Meyer, R. J.,* u. *Oldham, R. D.:* Anal. Chem. **37**, 58 (1965).

Weiss, G., u. *Blum, P.:* Bl. **1947**, 735.

Whiteker, R. A., u. *Murphy, D. W.:* Anal. Chem., **39**, 230 (1967).

2.3.1.6 Titration mit weniger bedeutsamen Oxydationsmitteln

2.3.1.6.1 Jod

Uran(IV) kann durch Oxydation mit Eisen(III), mit anschließender jodometrischer Titration des Eisen(III)-Überschusses, bestimmt werden (*Mohr*). Diese Methode ist jedoch nur von *geringer* Genauigkeit, da die Menge des in Freiheit gesetzten Jods [bei Zugabe von Kaliumjodid zu der mit überschüssiger Eisen(III)-lösung versetzten uran(IV)-haltigen Lösung] u. a. sehr von der Acidität der Lösung und der Kaliumjodidkonzentration abhängt. Die Anwendbarkeit dieses Verfahrens kann jedoch wesentlich verbessert werden, wenn Osmium(VIII)-oxid als Katalysator verwendet wird (*Desai* und *Murthy*). Dieses beschleunigt beträchtlich die Reaktion der Jodid-Ionen mit den überschüssigen Eisen(III)-Ionen. Der Hauptvorteil dieser Methode ist derjenige, daß sich Uran in Gegenwart großer Eisenmengen bestimmen läßt. Eine Änderung der Acidität der Lösung von 0,5 bis 5n hat keinen Einfluß auf die Titrationsergebnisse. Bis zu 500 mg Phosphate (als P_2O_5 berechnet) stören nicht, aber in diesem Fall soll die Titration in wenigstens 2n mineralsauren Lösungen ausgeführt werden, damit kein schwerlösliches Uran(IV)-phosphat ausfällt (s. Abschnitt 1.1.2).

Arbeitsvorschrift nach *Desai* und *Murthy.* Zur Uranylsulfatlösung, die etwa 100 mg U_3O_8 enthält, 2,5 ml konz. Schwefelsäure zusetzen und mit Wasser auf 50 ml verdünnen. Die Lösung abkühlen und durch einen *Jones*-Reduktor (s. Abschnitt 2.2.1.1.2.1) fließen lassen; den Reduktor viermal mit 25 ml-Anteilen Schwefelsäure (5%; v/v) waschen. Durch die auf diese Weise erhaltene Uran(IV)-lösung Luft durchleiten. Hierauf der Lösung ein bekanntes Volumen einer etwa 0,05 m Ammoniumeisen(III)-sulfatlösung in Schwefelsäure (5%; v/v) zusetzen, die Lösung 5 Min. stehen lassen und dann den Überschuß an Eisen(III)-Ion jodometrisch titrieren. Zu diesem Zweck der Lösung ungefähr 1 g Natriumcarbonat zusetzen und den Kolben lose verschließen. Sobald sich das gesamte Carbonat aufgelöst hat, der Lösung 10 g festes Kaliumjodid und 2 Tropfen Osmium(VIII)-oxidlösung [250 g Osmium(VIII)-oxid, gelöst in 100 ml Schwefelsäure (5%; v/v)] zusetzen, den Kolben verschließen und so lange schütteln, bis sich das Jodid aufgelöst hat. Das in Freiheit gesetzte Jod dann mit einer etwa 0,05n Natriumthiosulfatlösung, die gegen Kaliumdichromat eingestellt worden ist, titrieren. Als Indikator Stärke verwenden. Aus der so ermittelten, zur Oxydation des Urans(IV) benötigten Eisen(III)-menge den Urangehalt der Lösung berechnen.

Bemerkungen. I. Diese Methode wurde von *Britten* zur Bestimmung des Urans in *Mineralen* herangezogen.

II. Anstelle von Eisen(III)- können zur Oxydation des Urans(IV) auch Hexacyanoferrat(III)-Ionen benützt werden [*Deshmukh* und *Joshi* (a)]. Bei dieser Methode wird das Uran(VI) zuerst mit metallischem *Aluminium* reduziert (s. Abschnitt 2.2.1.6.1) und dann ein Überschuß an Hexacyanoferrat(III) zugesetzt. Damit die Oxydation des Urans(IV) zum Uran(VI) vollständig ist, wird die Lösung alkalisch gemacht, erneut mit 2n Schwefelsäure angesäuert und mit Kaliumjodid versetzt. Das in Freiheit gesetzte Jod wird mit einer Natriumthiosulfat- oder -arsenitlösung mit Stärke als Indikator titriert. Bei der Bestimmung von 25 bis 300 mg Uran ist der *Fehler* nicht größer als 1% (s. auch Abschnitt 2.3.1.1.1).

III. Die Oxydation des Urans(IV) zum Uran(VI) kann auch mit einer *alkalischen* Jodlösung bewirkt werden [*Deshmukh* und *Joshi* (b)]. Nach Reduktion des Urans(VI) mit Zink-Schwefelsäure (s. Abschnitt 2.2.1.1.1) wird zuerst überschüssige Jodstandardlösung und dann so lange 3n Natriumhydroxidlösung zugegeben, bis ein Niederschlag auftritt (diese Operationen sind in einer Stickstoffatmosphäre auszuführen). Das überschüssige Jod wird unter Verwendung von Stärke als Indikator mit Natriumthiosulfatlösung titriert.

IV. Uran(IV) kann auch mit *Kaliumperjodat* oxydiert und das überschüssige Perjodat mit Kaliumjodid reduziert werden. Das in Freiheit gesetzte Jod kann man dann mit Natriumthiosulfat- oder -arsenitlösung titrieren.

V. Mit seleniger Säure als Oxydationsmittel wird Uran(IV) beim Erhitzen unter Stickstoff zum Uran(VI) oxydiert, wobei sich metallisches Selen bildet [*Deshmukh* und *Joshi* (a)]. Das niedergeschlagene Selen kann ausgewogen (s. Abschnitt 1.1.10.3) oder der Überschuß an Oxydationsmittel jodometrisch titriert werden. Die Uran(IV)-lösung wurde durch Reduktion von Uranyl-Ionen mit Zink hergestellt (s. Abschnitt 2.2.1.1.1).

2.3.1.6.2 Kaliumbromat und Brom

2.3.1.6.2.1 Kaliumbromat

Die direkte Titration des vierwertigen Urans in salzsaurer Lösung mit Kaliumbromat unter Verwendung der Entfärbung von Methylorange als Indikator erfolgt nach folgenden Reaktionen:

$$3\,U^{4+} + BrO_3^- + 3\,H_2O \rightleftharpoons 3\,UO_2^{2+} + Br^- + 6\,H^+;$$

$$BrO_3^- + 5\,Br^- + 6\,H^+ \rightleftharpoons 3\,Br_2 + 3\,H_2O.$$

Da die erste Reaktion sehr langsam verläuft und die Geschwindigkeiten der beiden Reaktionen sich voneinander nicht sehr unterscheiden, wird ein vorzeitiger Endpunkt erreicht. Die erste Reaktion wird nicht durch Zugabe von Kupfer(II)-chlorid, Ammoniummolybdat, Jodmonochlorid oder verschiedener Konzentrationen an Salz- oder Schwefelsäure katalysiert. Die Zugabe von überschüssigem Bromat und — nach Stehenlassen — die Zugabe von überschüssigem Kaliumjodid und Titration des in Freiheit gesetzten Jods liefert auch unbefriedigende Ergebnisse (*Casto*, *Nessle*, *Korach* und *Orlemann*). Wenn jedoch eine Eisen(III)- zur Uran(IV)-salzlösung zugegeben wird, die vorher derart bereitet wurde, daß sie 20% Salzsäure und außerdem Kupfer(II)-chlorid als Katalysator enthält, kann das reduzierte Eisen mit Kaliumbromat titriert werden. Ni, große Mengen Cu und reduzierte Substanzen wie Fe, V, Mo, die titriert werden könnten, müssen abwesend sein. Die Resultate sind in der Regel zu hoch, wahrscheinlich wegen des Verlustes an Brom. Fehler bis zu 0,4% werden erhalten, können aber durch häufiges Schütteln auf ein Minimum verringert werden.

Arbeitsvorschrift nach *Chorney* und *Furman*. Die Lösung, die 90 bis 450 mg Uran(IV) in etwa 200 ml Schwefelsäure (2%; v/v) enthält, wird auf 10 °C abgekühlt. Nach Zugabe von 10 ml 0,5 m Lösung von Eisen(III)-ammoniumsulfat, 75 ml kalter, konz. Salzsäure, 2 ml $CuCl_2 \cdot 2\,H_2O$-Lösung (10%; m/v) und 2 Tropfen Methylorangelösung (0,1 %; m/v) wird die Lösung mit 0,1 n Kaliumbromat titriert, bis die rote Farbe plötzlich nach gelb oder gelb-orange umschlägt. Beim Auftreten eines Geruches nach Brom während der Titration ist die Flasche zu schließen und umzuschütteln, um das Brom zu lösen.

Bemerkungen. I. Gewöhnlich verblaßt die rote Farbe mehr oder weniger *während* der Titration. Wenn das geschieht, muß man zusätzlichen Indikator (immer 2 Tropfen) zusetzen und die Titration bis zu einem scharfen Farbumschlag weiterführen.

II. Am Endpunkt wird die Zugabe *eines* Tropfens Methylorangelösung von einem *sofortigen* Verblassen der roten Farbe begleitet.

2.3.1.6.2.2 Brom

Nach Angaben von *Carson* kann Uran(IV) mit Brom auf coulometrischem Wege titriert werden. Dazu wird in Bromwasserstoffsäure gelöstes Uran(VI) zuerst in einem Bleireduktor (s. Abschnitt 2.2.1.3) zum Uran(IV) reduziert und dann wieder quantitativ durch elektrolytisch gebildetes Brom zum Uran(VI) oxidiert, und zwar in Anwesenheit von Eisen(III)-Ionen. Bei der Elektrolyse wird nämlich gleichzeitig eine äquivalente Menge Broms in Freiheit gesetzt, so daß die Menge an verbrauchtem Strom dem Titerverbrauch entspricht. Die Titration wird in einer inerten Atmosphäre bei 91 °C vorgenommen und kann automatisch für Proben mit einem Urangehalt von 0,01 bis 7 mg durchgeführt werden. Manuell lassen sich dagegen noch Mengen von etwa 2 μg bestimmen. Die *Genauigkeit* der Methode bewegt sich von $\pm$ 0,3 % für 7 mg- bis $\pm$ 6 % für 0,03 mg-Proben.

2.3.1.6.3 Blei(IV)-acetat

In einem *Jones*-Reduktor (s. Abschnitt 2.2.1.1.2.1) hergestellte Uran(IV)-Ionen lassen sich mit Blei(IV)-acetatlösung unter potentiometrischer Endpunktsanzeige titrieren (*Berka, Doležal, Němec* und *Zýka*). Bei der direkten Titration werden keine guten Ergebnisse erzielt. Wird dagegen das Uran(IV) zuerst durch Zugabe einer überschüssigen Eisen(III)-chloridlösung oxidiert, so lassen sich die erzeugten Eisen(II)-Ionen quantitativ mit einer 0,1 n Blei(IV)-acetatlösung potentiometrisch titrieren. Diese Methode kann auch zur Bestimmung von Mikrogrammengen Urans benutzt werden. Für 20,6 bis 206 μg Uran(IV) betragen die *Fehler* −1,07 bis +5,88 %.

2.3.1.6.4 Kaliumhexaxyanoferrat(III)

Uran(IV) läßt sich in alkalischer Lösung mit Kaliumhexacyanoferrat(III)-Maßlösung direkt potentiometrisch titrieren (*Simon* und *Připlatová; Tomiček*). Diese Titration wird in natriumhydrogencarbonatalkalischer Lösung mit einer 0,1 n Lösung jenes Oxydationsmittels ausgeführt. Die besten Ergebnisse werden erzielt, wenn die Lösung des Uran(IV)-salzes neben Hydrogencarbonat- noch Cyanid-Ionen und Ammoniumchlorid enthält. Das Uran wird vor der Titration mit flüssigem Zinkamalgam reduziert (s. Abschnitt 2.2.1.1.2.2). Die Titration kann in Anwesenheit von Pb, Bi, Cu^{2+}, $Sn^{2+,4+}$, As(III, V), Sb(III, V), Zn, Ni, Co, Cr^{3+}, Ca, Mg, Th, Be, Wolframat-Ionen und beträchtlichen Phosphatmengen zuverlässig durchgeführt werden. Kleinere Mengen Ti, Fe^{3+} und Al stören nicht. Der störende Einfluß des Eisens läßt sich leicht durch Zusatz von Weinsäure, Citronensäure oder Fluorid-Ionen eliminieren. Unter den Metallen der Schwefelwasserstoffgruppe beeinflussen Silber und Cadmium die Uranbestimmung etwas ungünstig; da sie mit dem Cyanid-Ion gut lösliche, oxydationsbeständige Komplexe liefern, verursachen sie Fehler bis zu 10 %. Durch Hexacyanoferrat(III) lassen sich ebenfalls Mn, V und Ce oxidieren, so daß sie vorher abgetrennt werden müssen. Diese Methode kann zur Bestimmung des Urans in Erzen benutzt werden (*Simon* und *Připlatová*).

Literatur

Berka, A., Doležal, J., Němec, I, u. *Zýka, J.:* Anal. chim. Acta **26,** 148 (1962). – *Britten, H.:* Trans. Commonw. Min. Metall. Congr. **3,** 1005 (1961).

Carson, W. N.: Anal. Chem. **25,** 226, 466 (1953). – *Casto, C. C., Nessle, G., Korach, M.,* u. *Orlemann, E. F.:* Report CD-2244, 26. März 1945, S. 22. – *Chorney, W.,* u. *Furman, N. H.:* Report A-1076, Sec. 1, 31. März 1945.

Desai, M. W., u. *Murthy, T. K. S.:* Analyst **83,** 126 (1958). – *Deshmukh, G. S.,* u. *Joshi, M. K.:* (a) B. **87,** 1446 (1954); (b) Bl. chem. Soc. Japan **28,** 449 (1955); durch Fr. **152,** 363 (1956).

Mohr, C.: Ann. Chem. Pharm. **53,** 105 (1858); Fr. **19,** 150 (1880).

Simon, V., u. *Připlatová, E.:* Chem. Listy **50,** 907 (1956).

Tomiček, O.: Chem. Listy **32,** 442 (1938).

2.3.2 Komplexometrische Titration des Urans(IV)

Uran(IV) kann auf komplexometrischem Wege entweder direkt oder indirekt titriert werden. Als Titrationsmittel wird ÄDTA (Dinatriumsalz der Äthylendiamintetraessigsäure) verwendet. Die Endpunktsanzeige der direkten Titrationen erfolgt unter Anwendung von Metallochromindikatoren wie z. B. Solochromschwarz 6 BN (*Korkisch*), Arsenazo I (*Klygin, Nikol'skaya, Kolyada* und *Zavrazhnova*; *Palei* und *Karalova*) und Thoron (*Palei* und *Li-Yüan Hsü*).

Die indirekten Titrationen des Urans(IV) werden derart durchgeführt, daß der uran(IV)-haltigen Lösung überschüssige ÄDTA-Lösung zugesetzt und der Überschuß des Komplexierungsmittels mit Thoriummaßlösung zurücktitriert wird (*Kinnunen* und *Wennerstrand*; *Budešinský, Bezděková* und *Vrzalová*). Dabei kann Xylenolorange als Indikator verwendet werden (*Kinnunen* und *Wennerstrand*; *De Heer, Van der Plas* und *Hermans*). Mikrogrammengen Urans(IV) lassen sich auch amperometrisch titrieren (*Rozhdestvénskaya, Songina* und *Barikov*). Nach der Reduktion des Urans(VI) zur vierwertigen Oxydationsstufe mit Aminoiminomethansulfinsäure (s. Abschnitt 2.2.2.4.3) wird überschüssige Quecksilber(II)-nitratlösung zugesetzt und der Überschuß dieses Reagenses unter Anwendung einer Quecksilber(I)-jodid-Elektrode amperometrisch mit ÄDTA-Maßlösung titriert. Die Quecksilber(II)-Ionen bilden mit ÄDTA einen schwächeren Komplex als die Uran(IV)-Ionen.

Anwendungsbeispiele zur direkten komplexometrischen Titration des Urans(IV)

Nach *Korkisch* können Milli- und Submilligrammengen Uran(IV) mit ÄDTA unter Anwendung des Azofarbstoffes Solochromschwarz 6 BN (Solochrome Black 6 BN) [2-(1-Hydroxy-1-naphthylazo)-2-naphthol-4-sulfonsäure] in 0,01 bis 0,2n salzsauren Lösungen titriert werden. Unter diesen Aciditätsbedingungen bildet Uran(IV) mit dem genannten Farbstoff einen blauen Komplex, der durch Zugabe einer ÄDTA-Lösung im Endpunkt der Titration die rote Farbe der Blindlösung annimmt. Der prozentuelle Titrationsfehler bewegt sich je nach der eingesetzten Uranmenge im Milligrammbereich zwischen $\pm$ 0,1 bis $\pm$ 1,0%. Im Submilligrammbereich können schon Fehler bis zu 10% auftreten, so daß diese Methode vor allem zur Bestimmung von Milligrammengen Uran anwendbar ist, d. h. dieses Verfahren eignet sich gut zur Uranbestimmung in relativ uranreichen Materialien sowie zur Ermittlung des Uran(IV)-Gehaltes von Lösungen, die außerdem noch Uran(VI)-Ionen enthalten. Die Urantitration wird *nicht gestört* durch folgende Ionen: Alkali-Ionen, Erdalkali-Ionen, ferner Al, Pb, Zn, Cd, Hg^{2+}, UO_2^{2+}, Co, Mn^{2+}, Ag, Chlorid- und Sulfat-Ionen. Folgende störende Ionen bilden analog zum Uran(IV) unter den gewählten Bedingungen (s. Arbeitsvorschrift) mit dem Farbstoff blaue oder violette Komplexverbindungen: Sn^{2+}, Bi^{3+}, Cu^{2+}, Zr, Hf und Th. In Anwesenheit dieser störenden Ionen ist es daher nötig, Uran vor seiner Reduktion mit Zink (s. Abschnitt 2.2.1.1.1) und Titration abzutrennen. Zu diesem Zweck eignen sich vor allem Extraktions- und Ionenaustauschverfahren (s. Abschnitt 6.5.1). In beiden Fällen wird schließlich reinstes Uranylchlorid erhalten, das nach erfolgter Reduktion titriert werden kann.

Arbeitsvorschrift nach *Korkisch*. Die uranhaltige Probe (reines Uranylchlorid) wird mit insgesamt 10 ml 10 n Salzsäure in einen 100 ml-Meßkolben pipettiert. Zur Reduktion des Urans(VI) zum Uran(IV) setzt man 2 oder 3 Zinkgranalien p. a. zu. Nach Ablauf der stürmisch verlaufenden Reduktion ist der unverschlossene Kolben zwecks Oxydation der gebildeten Uran(III)-Ionen so lange umzuschwenken, bis die rein grüne Farbe der Uran(IV)-Ionen sichtbar wird (1 bis 2 Min.). Der mit Wasser aufgefüllten Probe wird ein aliquoter Teil entnommen und derart verdünnt, daß die Salzsäurekonzentration der Lösung 0,01 bis 0,2n ist und die entstehende Lösung nicht mehr als 1 mg Uran/ml enthält. Hierauf fügt man auf je 10 ml Lösung 1 ml Farbstofflösung (0,5%; m/v in Methanol) zu (dieser Farbstoff ist erhältlich von den Imperial Chemical Indus. Ltd., Hexagon House, Blackely, Manchester, England); die Titration wird je nach der zu erwartenden Uranmenge mit 0,1, 0,01 oder 0,001 m ÄDTA-Lösung gegenüber einer analog hergestellten Blindlösung ausgeführt; dabei ist vor dem Erreichen des Endpunktes die Lösung im kochenden Wasserbad zu erwärmen. Bei Fortsetzung der Titration erfolgt im Endpunkt ein scharfer Umschlag von Blau nach Rot.

Bemerkungen. I. Wird *wenig* Uran in der Probe erwartet, ist die Reduktion gegebenenfalls unter Verwendung von entsprechend weniger 10n Salzsäure in 10, 20, oder 50-ml-Meßkolben auszuführen bzw. ein Mikroreduktor, z. B. Mikrobleireduktor (s. Abschnitt 2.2.1.3) zu verwenden.

II. *Berechnung.* 1 ml 0,001 m ÄDTA-Lösung = 238 μg Uran.

III. Bei der Benutzung von *Arsenazo I* als Indikator lassen sich 2 bis 115 mg Uran nach dessen Reduktion zum Uran(IV) mittels Aminoiminomethansulfinsäure (s. Abschnitt 2.2.2.4.3) ebenfalls direkt mit ÄDTA-Maßlösung titrieren (*Klȳgin, Nikol'skaya, Kolyada* und *Zavrazhnova*). Die Titration erfolgt am besten bei pH = 1,7 mit einer $5 \cdot 10^{-2}$ m ÄDTA-Lösung; im Endpunkt tritt ein Farbumschlag von blau nach rosa auf.

IV. Diese Methode ist zur Bestimmung des Urans in seinen Salzen, Legierungen, Oxiden und organischen Extrakten wie z. B. *Tributylphosphat* geeignet.

V. In Gegenwart von *Fluorid-Ionen* bildet Arsenazo I keinen Komplex mit Uran(IV)-Ionen (*Palei* und *Karalova*). Ist jedoch ein achtfacher Überschuß eines Berylliumsalzes anwesend, so kann das Uran(IV) nach dieser Methode bestimmt werden, und zwar selbst dann noch, wenn das Verhältnis von Uran(IV): Fluorid = 1:1 ist (der *relative Fehler* einer Einzelbestimmung beträgt 1,5%). Liegt Fluorid-Ion in noch höherer Konzentration vor, so muß es vor der Reduktion des Urans durch Abrauchen mit konz. Schwefelsäure entfernt werden. Nach *Palei* und *Karalova* ist dieses Titrationsverfahren nur dann anwendbar, wenn zur Titration mindestens 30 mg Uran zu Verfügung stehen.

VI. Eine komplexometrische Titration des Urans(IV) mit ÄDTA bei pH = 1,0 bis 1,8 unter Anwendung von Thoron (s. Abschnitt 3.1) als Indikator ist möglich in Gegenwart der folgenden Elemente (Ionen) und Salze: Al, La, Cd, Zn, Ce^{3+}, Mn^{2+}, Mg, Ca, Cr^{3+}, Ti^{4+}, Ni, Pb, NaCl, $NaNO_3$ und Na_2SO_4 (*Palei* und *Li-Yüan-Hsü*). Die Titration wird gestört durch Th, Ce^{4+}, Fe^{2+}, Co, Cu, Bi, Hg^{2+}, V und Fluorid-Ion. Der Farbumschlag im Endpunkt erfolgt von rosa nach orangegelb. Diese Methode wurde zur Bestimmung des Urans in Uran(IV)-fluorid herangezogen. Damit *Fluorid-Ionen* die Titration nicht stören, werden sie durch Zugabe von Aluminiumchlorid maskiert.

Zur aufeinanderfolgenden Bestimmung von Thorium und Uran durch ÄDTA-Titration unter Anwendung von Xylenolorange als Indikator wurde folgende Methode angegeben (*De Heer, Van der Plas* und *Hermans*).

Arbeitsvorschrift. Ein geeignetes Aliquot der Probelösung wird bis auf eine Metallionenkonzentration von 0,001 m verdünnt und das pH der Lösung genau auf

3,5 eingestellt. Nach Zugabe von 6 Tropfen einer Xylenolorange-Indikatorlösung wird das Thorium mit einer eingestellten ÄDTA-Lösung (z. B. 0,05m) bis zum Farbumschlag von rot nach gelb titriert. Danach wird ein 100%iger ÄDTA-Überschuß (in Beziehung auf Uran) zugesetzt und durch Zugabe von etwa 10 Tropfen einer 35%igen (v/v) Formaldehydlösung und etwa 100 mg festem Natriumdithionit das Uran(VI) zu Uran(IV) reduziert. Anschließend wird solange gewartet, bis die Farbe der Lösung von braun nach grün umschlägt, worauf weitere 6 Tropfen der Indikatorlösung zugesetzt werden. Nach Einstellung des pH auf 3,5—4 wird mit einer Thoriumstandardlösung bis zum Farbumschlag von gelb nach rot titriert.

Bemerkungen. Dieses Verfahren wurde zur Bestimmung von Thorium und Uran in UO_2-ThO_2-Mischkristallen, in Nitratlösungen und zur Bestimmung von Uran(IV) in Uran(VI)-lösungen verwendet, die mittels anderer Reagentien reduziert wurden oder Chloride und Acetate als Anionen enthielten. Störungen treten in Gegenwart von Phosphat- und Sulfationen auf.

Literatur

Budĕšinský, B., Bezdĕková, A., u. *Vrzalová, D.:* Coll. Czechoslov. Chem. Com. **27,** 1528 (1962).

De Heer, B. H. J., Van der Plas, Th., u. *Hermans, M. E. A.:* Anal. Chim. Acta, **32,** 292 (1965).

Kinnunen, J., u. *Wennerstrand, B.:* Chemist-Analyst **46,** 92 (1957). – *Klȳgin, A. E., Nikol'skaya, N. A., Kolyada, N. S.,* u. *Zavrazhnova, D. M.:* Zhur. Anal. Khim. (russ.) **16,** 110 (1961). – *Korkisch, J.:* Anal. chim. Acta **24,** 306 (1961).

Palei, P. N., u. *Karalova, Z. K.:* Zhur. Anal. Khim. (russ.) **17,** 528 (1962). – *Palei, P. N.,* u. *Li-Yüan Hsü:* Zhur. Anal. Khim. (russ.) **16,** 51 (1961).

Rozhdestveńskaya, Z. B., Songina, O. A., u. *Barikov, V. G.:* Betriebslab. (russ.) **29,** 30 (1963).

2.4 Titration von Uran(VI)-Lösungen

In den nun folgenden Abschnitten werden Methoden zur titrimetrischen Uran-Bestimmung beschrieben, die auf der direkten Titration des Urans(VI), d. h. ohne vorangehende Reduktion zum Uran(IV), beruhen. Diese Verfahren wurden in zwei Gruppen unterteilt, und zwar in solche, in denen die Titration des Urans(VI) unter gleichzeitiger Reduktion zum Uran(IV) vor sich geht, und in Methoden, in denen der sechswertige Oxydationszustand des Urans während der Titration keine Änderung erfährt.

Bei den Methoden der ersten Gruppe erfolgt die Titration der Uranyl-Ionen mit starken Reduktionsmitteln wie z. B. Chrom(II)- und Titan(III)-Maßlösungen und in den meisten Fällen wird der Endpunkt auf elektrometrischem Wege angezeigt. Ein Nachteil dieser Verfahren ist derjenige, daß die Lösungen dieser Reduktionsmittel nicht sehr titerbeständig sind.

Die zur zweiten Gruppe zählenden Methoden beruhen auf direkten und indirekten Fällungstitrationen sowie auf der komplexometrischen Bestimmung des Urans(VI). In den direkten Fällungstitrationen ist der Endpunkt durch die quantitative Ausfällung einer schwerlöslichen Verbindung wie z. B. von Uranylphosphat gegeben. Dagegen gründen sich die indirekten Fällungstitrationen darauf, daß das Uran mit einem Überschuß eines Reagenses quantitativ gefällt wird und dann ein Bestandteil des Niederschlages oder ein bei der Fällungsreaktion entstehendes Reaktionsprodukt titrimetrisch bestimmt wird. Ferner ist es möglich, den Überschuß an zugesetztem Fällungsmittel maßanalytisch zurückzutitrieren. Zum Unterschied von diesen indirekten, titrimetrischen Methoden zur Uranbestimmung gestatten es die komplexometrischen Verfahren, von denen leider bis jetzt nur sehr wenige bekannt sind, das Uran(VI) direkt zu bestimmen.

2.4.1 Titration unter gleichzeitiger Reduktion

2.4.1.1 Titration mit Chrom(II)-Lösung

Wie bereits im Abschnitt 2.2.2.1 gezeigt wurde, wird Uran(VI) rasch und quantitativ durch Chrom(II)-salze reduziert. Deshalb wird dieses Reduktionsmittel nicht nur zur Reduktion des Urans vor dessen oxydimetrischer Bestimmung (s. Abschnitt 2.2.2.1), sondern auch zur direkten Titration von Uranyllösungen verwendet. Die Uranylsalzlösung wird in einer inerten Gasatmosphäre mit einer Lösung eines Chrom(II)-salzes wie z. B. des Sulfats oder Chlorids titriert. Die Endpunktsanzeige kann visuell mit Hilfe von Neutralrot, Phenosafranin, Methylrot oder p-Äthoxychrysoidin (*Tandon* und *Mehrotra*) erfolgen oder der Endpunkt der Titrationen wird mittels potentiometrischer oder amperometrischer Verfahren ermittelt.[1] Gleichzeitig muß der Titer der verwendeten Chrom(II)-salzlösung unter identischen Versuchsbedingungen bestimmt werden. Zur Titerstellung kann Kaliumdichromat oder ein Uranylsalz verwendet werden. Diese Titerstellung soll 2 bis 3 mal im Tag ausgeführt werden, da sich der Titer der Chrom(II)-lösungen ständig ändert, d. h. mit der Zeit abnimmt. Chrom(II)-salzlösungen werden, wie bereits erwähnt wurde (s. Abschnitt 2.2.2.1), unter einer inerten Atmosphäre und in dunklen Glasflaschen aufbewahrt.

Unter den bis jetzt bekannt gewordenen Methoden zur direkten Titration von Uran(VI) mit Chrom(II)-lösungen sind jene am wichtigsten, bei denen die Endpunktsanzeige auf potentiometrischem Weg erfolgt. So empfehlen *Lafferty* und *Winget* die Verwendung der Chromtitration nach *Flatt* und *Sommers*, um die Reduktion der Uranyl-lösungen vor der Titration zu umgehen, wodurch der Einfluß von Fluorid-Ion beseitigt wird. Die *Fehler*, die in 28 Bestimmungen von 100 bis 500 mg Uran nach der folgenden Arbeitsvorschrift erhalten wurden, reichten von $-0{,}8$ bis $+1{,}2\%$ mit einem Durchschnitt von $+0{,}3\%$.

Arbeitsvorschrift nach *Lafferty* und *Winget*. Eine 0,1n Chrom(II)-sulfatlösung wird bereitet (s. Abschnitt 2.2.2.1) und unter einer CO_2-Atmosphäre aufbewahrt, wie von *Stone* und *Beeson* beschrieben. Eine Probe, die 100 bis 500 mg Uran, kein Fe, Cu, Hg, Nitrat- oder andere Ionen enthält, die Chrom(II) oxydieren, wird in 100 ml Wasser und 10 ml konz. Schwefelsäure gelöst. Bei Zweifel an der vorliegenden Wertigkeitsstufe des Urans ist die Lösung mit Bromwasser zu kochen, bis das ganze Brom vertrieben ist. Ein Rührer und die Elektroden eines *Serfass*-Titrators (*Serfass*) sind in der Lösung anzubringen, diese auf 70 °C zu erwärmen und ein langsamer Strom von CO_2 über das Becherglas zu leiten. Die Empfindlichkeitskontrolle des Titrators ist auf 3 zu stellen und das elektrische Auge zu schließen, Chrom(II)-sulfatlösung von bekanntem Titer langsam zuzugeben, und zwar so lange, bis 1 Tropfen das elektrische Auge vollständig öffnet.

Bemerkungen. I. Nach Angaben von *Flatt* und *Sommer, El-Shamy* und *Zayan* kann diese potentiometrische Titration des Urans mit Chrom(II) nicht nur in schwefelsaurer Lösung (1 bis 6n), sondern auch in *heißer* 2 bis 8n Salzsäure unter Anwendung von 0,1m Chrom(II)-chlorid als Titrationsmittel durchgeführt werden. Zusatz einer Spur von Eisen(II)-salz beschleunigt die Potentialeinstellung. Das Gleichgewicht wird auch bei Zimmertemperatur rasch erreicht; aber die Knicke der Titrationskurve sind bei höheren Temperaturen steiler als bei Zimmertemperatur (*El-Shamy* und *Zayan*). Der Potentialabfall in der Nähe des Äquivalenzpunktes nimmt mit der Acidität zu und erreicht ein Maximum in 8n Salzsäure. In Anwesenheit von 8n Salzsäure und von Komplexbildnern, insbesondere Weinsäure, werden die Gleich-

---

[1] Mit einer durch ÄDTA stabilisierten Cr(III)-Lösung vom pH 10—11 als Titrationsmittel kann die Endpunktsanzeige auch auf photometrischem Wege erfolgen [*Groeneveld, E. R.*, u. *den Boef, G.*: Fr. **237**, 85 (1968)].

gewichte sofort erreicht. Zugabe von Kaliumchlorid erwies sich als geeignet und verbesserte die Titrationskurven selbst dann, wenn 0,1 n Salzsäure bei Zimmertemperatur anwesend war; die Ergebnisse waren bedeutend besser, wenn die Temperatur 90 °C betrug (*El-Shamy* und *Zayan*).

II. Von *Minczewski* und *Kolyga* wird eine potentiometrische Bestimmungsmethode des Urans(VI) in Gegenwart von *Vanadium, Chrom* und *Eisen* mit Chrom(II)-salz beschrieben. Zur Titration wird eine 0,1 n Lösung von Chrom(II)-sulfat verwendet. Diese Methode ermöglicht die direkte Bestimmung von Chrom, Eisen und Vanadium sowie die indirekte Bestimmung des Urans und wurde zur Bestimmung dieser Elemente in Erzen verwendet.

III. Eine potentiometrische Titration des Urans(VI) mit Chrom(II)-acetat als Titrationsmittel ist auch in *organischen* Lösungsmitteln möglich (*Minczewski, Kolyga* und *Wodkiewicz*) Uranylnitratlösungen, die 10 mg Uran in 30 ml Äthanol enthalten, werden mit 0,5 ml konz. Schwefelsäure angesäuert und mit einer 0,02 n Chrom(II)-acetat-lösung in Dioxan potentiometrisch in einer Stickstoffatmosphäre titriert. Als Lösungsmittel sind auch Tributylphosphat oder Äthylacetat verwendbar.

IV. Uran(VI) kann auch in Gegenwart von *Phosphorsäure* potentiometrisch mit Chrom(II)-sulfatlösung titriert werden (*Singer*).

Arbeitsvorschrift. Die Probelösung, die 10 bis 100 mg Uran(VI) enthält, wird 3 bis 8 n an Schwefelsäure gemacht, mit 5 ml 85%iger Phosphorsäure oder 5 g Natriumdihydrogenphosphat versetzt und mit Wasser auf 80 ml verdünnt. In Gegenwart von *Eisen* (Verhältnis von Uran:Eisen = 2:3) wird die Lösung 3 n an Schwefelsäure gemacht, mit Wasser auf 75 ml verdünnt, mit einigen Tropfen einer 10%igen Ammoniumthiocyanatlösung (m/v) und so lange mit 1%iger Ascorbinsäurelösung (m/v) versetzt, bis die rote Farbe verschwunden ist; dann erst wird die Phosphorsäure zugegeben. Nach Durchleiten von Stickstoff oder CO_2 wird das Uran potentiometrisch mit 0,1 n Chrom(II)-sulfatlösung titriert. Diese Methode gestattet, das Uran in Gegenwart von Mn(VII), Ce^{4+}, Cr(VI), Ti, Ni oder Co zu bestimmen. Es stören Ag, Cu, Mo und Se.

V. Eine direkte, *amperometrische* Titration des Urans(VI) unter Anwendung von Chrom(II)-chlorid oder -sulfat ist in 4 n Salzsäure bzw. 4 n Schwefelsäure möglich (*Gallei* und *Kalenchuk*). Die Bestimmung erfolgt unter Anwendung vibrierender und rotierender Platinmikroelektroden. Größere Mengen an Blei, Zirkonium und Thorium *stören nicht*.

2.4.1.2 Titration mit Titan(III)-Lösung

Die Titration von Uranyl-Ionen mit Titan(III)-lösungen wird ebenso ausgeführt wie mit Chrom(II)-salzlösungen (s. Abschnitt 2.4.1.1), jedoch mit dem Unterschied, daß sie infolge der geringeren, reduzierenden Eigenschaften der Titan(III)-Ionen bei relativ hoher Temperatur (100 °C) ausgeführt werden muß.

Bei der visuellen Titration können nach *Khlopin* und *Kaufman* (a, b) Neublau G(C), Natriumwolframat oder Safranin als innere Indikatoren verwendet werden. Wie bei der Titration mit Chrom(II)-salzen werden auch hier neben den Uranyl-Ionen andere Oxydationsmittel mittitriert, wie z. B. Fe^{3+}, V(V), Cu^{2+}, W(VI) und Mo(VI). Auf visuellem Wege kann Uran(VI) auch mit Hilfe einer Differenzmethode bestimmt werden. Dazu wird die mit einem Überschuß von Titan(III)-chlorid reduzierte Uranylsalzlösung mit Eisen(III)-salzlösung und Kaliumthiocyanat als Indikator zurücktitriert.

Wie im Falle der Titration von Uran(VI) mit Chrom(II)-salzlösungen werden auch bei dessen titanometrischer Bestimmung vor allem Methoden angewendet, in denen der Endpunkt auf elektrometrischem Wege angezeigt wird. Unter diesen Verfahren werden am häufigsten potentiometrische und coulometrische benutzt.

Bei der potentiometrischen Titration erfolgt die Reduktion des Urans(VI) in salzsauren Lösungen bei um so höheren Potentialwerten, je größer die Salzsäurekonzentration ist (*Tomiček*). Die Potentialeinstellung verläuft aber bei hoher Salzsäurekonzentration langsam) und es treten Polarisationseffekte auf, so daß man besser eine Konzentration von 2% nicht überschreitet. In ganz schwach saurer, tartrathaltiger Lösung ist der Potentialsprung viel größer als in stärker saurer Lösung; unter solchen Bedingungen zu arbeiten, ist empfehlenswert, setzt aber voraus, daß jeglicher Luftzutritt besonders sorgfältig verhindert wird.

Arbeitsvorschriften nach *Tomiček*. I. Die weniger als 2% Salzsäure enthaltende Probelösung ist unter CO_2 auszukochen und bei 55 bis 65 °C bis zum Potentialsprung von etwa 0,05 V zu titrieren, dessen Lage sehr stark von der Acidität der Lösung abhängt.

II. Die schwach saure Probelösung ist auf 100 ml zu verdünnen, mit 6 g Kaliumnatriumtartrat (Seignettesalz) zu versetzen, aufzukochen und wie oben zu titrieren. Der Potentialsprung beträgt etwa 0,2 V und liegt bei negativeren Werten als bei der Titration unter den oben angegebenen Bedingungen. Das Kohlendioxid muß völlig sauerstofffrei sein; andernfalls werden zu hohe Resultate erhalten. Bei sorgfältiger Ausführung liegt der Fehler unter 2%.

Bemerkungen. a) Diese Methode kann auch in Gegenwart von *Eisen* angewendet werden. Es wird zunächst in saurer Lösung bis zum Potentialsprung, der der vollständigen Reduktion des Eisens entspricht, und dann nach Zusatz einer größeren Menge von Kaliumnatriumtartrat wie unter II. titriert. Für Eisen wie für Uran werden nach Angabe des Autors gute Ergebnisse erhalten.

b) Ähnliche Methoden zur potentiometrischen Titration des Urans(VI) mit Titan(III)-Maßlösungen wurden zu dessen Bestimmung in Pechblende (*Matula*), Uran(IV)-oxid (*Minczewski*, *Przytycka* und *Kohman*), Uranmischoxiden (UO_3, U_3O_8, UO_2) (*Stonhill*) und Uranylsalzlösungen (*Steuer*) verwendet.

c) Zur *coulometrischen* Titration des Urans(VI) mit Titan(III)-Ionen wurden Methoden von *Lingane* und *Iwamoto* sowie *Kennedy* und *Lingane* beschrieben. α) Nach der Methode von *Lingane* und *Iwamoto* wird Titan(III) durch Reduktion einer 0,08 m Titan(IV)-lösung an einer Quecksilberkathode erzeugt. Als Anode dient ein Cadmiumstab; als Indikatorelektrode wird eine blanke Platinfolie verwendet. Die Titration wird bei 85 °C in 75 ml einer Lösung ausgeführt, die an Citrat-Ion 0,25 bis 1 m und auf einen pH-Wert von 0,5 bis 1,5 eingestellt ist. Der Endpunkt wird mittels eines Potentiometers ermittelt. Der mittlere *Fehler* beträgt —0,02%, wenn 28 bis 112 mg Uran zur Titration angewendet werden. Metall-Ionen, die mit Titan(III) reduzierbar sind, müssen selbstverständlich abwesend sein. β) *Kennedy* und *Lingane* verwendeten als Elektrolyt 100 ml 0,6 m Titan(IV)-sulfatlösung, die 8 m an Schwefelsäure ist. Diese Lösung ist außerdem noch 0,0002 bis 0,0003 m an Eisen(II), das als Katalysator bei der zweiten Reduktionsstufe, nämlich:

$$U(V) + Ti(III) \rightarrow U(IV) + Ti(IV),$$

wirksam ist. Ein ähnliches Verfahren kann auch zur Bestimmung von Uran und *Vanadium(V)* in einer und derselben Lösung angewendet werden. Nachdem der Endpunkt der Reduktion von Vanadium(V) zu Vanadium(IV) erreicht ist, wird der Eisen(II)-Katalysator zugesetzt, und der zweite Teil der Titration besteht darin, daß gleichzeitig Vanadium(IV) und Uran(VI) in die drei- bzw. vierwertigen Oxydationsstufen überführt werden.

2.4.1.3 Titration mit Eisen(II)- und Vanadium(II)-lösungen

Wie schon im Abschnitt 2.2.2.4.2 erwähnt wurde, läßt sich Uran(VI) in stark phosphorsaurer Lösung (11 bis 13,5 m) bei Zimmertemperatur entweder visuell unter Anwendung von Methylenblau oder Thionin als inneren Indikator oder potentiometrisch mittels einer Eisen(II)-lösung direkt titrieren (*Gopala Rao* und *Sagi*). Diese Titration ist deshalb möglich, weil das Redoxpotential des Fe^{3+}/Fe^{2+}-Systems mit zunehmender Phosphorsäurekonzentration stark abnimmt. Ab einer bestimmten Konzentration der Lösung an dieser Säure ist der Unterschied zwischen den Uran(VI)/(IV)- und $Fe^{3+/2+}$-Systemen ausreichend hoch, so daß die Eisen(II)-Ionen das Uran(VI) selbst bei Zimmertemperatur reduzieren können. Dies ist die Umkehr der normalen Redoxreaktion (s. Abschnitt 2.3.1.5). Diese Methode kann zur Bestimmung des Urans(VI) in Gegenwart von Fe^{3+} und W(VI) mit potentiometrischer Endpunktsanzeige verwendet werden. Störungen werden durch V(V); Mo(VI) und Cr(VI) hervorgerufen.

Nach Angaben von *Mittal, Tandon* und *Mehrotra* kann Uran in Mengen von der Größenordnung von 100 mg mit einer Vanadium(II)-lösung in Gegenwart von p-Äthoxychrysoidin als innerer Indikator titriert werden.

Literatur

El-Shamy, H. K., u. *El-Din Zayan, S.:* Analyst **80**, 65 (1955).

Flatt, R., u. *Sommers, F.:* Helv. **27**, 1518 (1944); **25**, 684 (1942).

Gallai, Z. A., u. *Kalenchuk, G. E.:* Zhur. Anal. Khim. (russ.) **16**, 63 (1961). – *Gopala Rao, G.,* u. *Sagi, S. R.:* Talanta **9**, 715 (1962).

Kennedy, J. H., u. *Lingane, J. J.:* Anal. chim. Acta **18**, 240 (1958). – *Khlopin, V. G.,* u. *Kaufman, L. E.:* (a) Trudy Radievogo Instituta AN SSSR **6**, 86 (1934); (b) Zhur. Priklad. Khim. (russ.) **2**, 91 (1929); durch Fr. **88**, 216 (1932).

Lafferty jr., R. H., u. *Winget jr., R.:* Rep. D-23, 1. April 1946. – *Lingane, J. J.,* u. *Iwamoto, R. T.:* Anal. chim. Acta **13**, 465 (1955).

Matula, V. A.: Chem. Obzor **6**, 124 (1931).– *Minczewski, J.,* u. *Kolyga, S.:* Chem. Anal. (Warsaw) **3**, 467 (1958). – *Minczewski, J., Kolyga, S.,* u. *Wodkiewicz, I.:* Nukleonika **3**, 62 (1958). – *Minczewski, J., Przytycka, R.,* u. *Kohman, L.:* Chem. Anal. (Warsaw) **3**, 27 (1958). – *Mittal, R. K., Tandon, J. P.,* u. *Mehrotra, R. C.:* Fr. **189**, 406 (1962).

Serfass, E. J.: Anal. Chem. **12**, 536 (1940). – *Singer, E.:* Przemysl Chem. **12**, 307 (1962). – *Stone, H. W.,* u. *Beeson, C.:* Anal. Chem. **8**, 188 (1936). – *Steuer, H.:* Fr. **118**, 386 (1939/40). – *Stonhill, L. G.:* Canad. J. Chem. **36**, 1487 (1958).

Tandon, J. P., u. *Mehrotra, R. C.:* Fr. **164**, 314 (1958). – *Tomiček, O.:* R. **43**, 798, 808 (1924).

2.4.2 Titration ohne Änderung des Oxydationszustandes

2.4.2.1 Direkte Fällungstitrationen

2.4.2.1.1 Titration mit Phosphatlösung[1]

Uranyl-Ionen können unter Anwendung von Kaliumhexacyanoferrat(II), Natriumsalicylat oder Natrium-2-hydroxy-5-methylbenzoat (2,5-Kresoat) (*Repman*) als äußere Indikatoren mit Phosphaten titriert werden (*Mellor* und *Thompson*; *Sutton* und *Mitchell*; *Myers*). Es fällt ein Uranylphosphat der Type UO_2MPO_4 aus, wobei M für ein einwertiges Kation steht (s. Abschnitt 1). Die Methode zeichnet sich nicht durch große Genauigkeit aus, ist aber schnell ausführbar und kann verwendet werden, wenn rohe Resultate genügen. Bei dieser Titration ist es wichtig, die Phosphatlösung unter den gleichen Bedingungen zu standardisieren wie bei der nachfolgenden Titration; denn verschiedene Ionen, wie die Alkali-, Erdalkali-, Aluminium-, Acetat- und Citrat-Ionen, beeinflussen den Endpunkt. Schwach saure Uranylacetatlösungen werden bei 80 bis 90 °C titriert. Alle Kationen, die unter den Bedingungen der Titration (s. Arbeitsvorschrift) unlösliche Phosphate bilden (s. Abschnitt 1), stören diese fällungsanalytische Titration des Urans.

---

[1] Auch durch direkte Titration mit Natriumvanadatlösung läßt sich das Uran(VI)-Ion amperometrisch bestimmen (*Mittal, M. L.,* u. *Saxena, R. S.:* Experientia **21**, 481 (1965)).

Arbeitsvorschrift nach *Myers*. Eine Lösung von Kaliumdihydrogenphosphat (etwa 0,1 m) wird gegen eine Standard-Uranylnitratlösung unter denselben Bedingungen eingestellt wie bei der Titration selbst. Die zu titrierende Uranyllösung, die 50 bis 400 mg Uran(VI) und kein Kupfer enthalten soll, wird mit verd. Ammoniak so lange behandelt, bis gerade ein dauernder Niederschlag auftritt. Dann wird gerade genug Essigsäure zugesetzt, um ihn wieder aufzulösen. Ein größerer Überschuß an Essigsäure ist zu vermeiden. Die Lösung ist je nach dem Urangehalt auf 50 bis 200 ml zu verdünnen, auf 90 °C zu erwärmen und unter Umrühren vorsichtig mit der Kaliumdihydrogenphosphatlösung zu titrieren. Die Titration wird so lange fortgesetzt, bis ein Tropfen der Lösung keine positive Reaktion mit etwas gepulvertem Kaliumhexacyanoferrat(II) auf der Tüpfelplatte ergibt. Man führt mehrere Titrationen aus (zur Erreichung annehmbarer Resultate gehört etwas Übung).

Bemerkung. Nach Angaben von *Bobtelsky* und *Halpern* (a) läßt sich diese Fällungstitration auch auf *heterometrischem* Wege durchführen. Die Titration wird in schwach essigsaurer Lösung (etwa 0,1 m) in Gegenwart von Ammoniumchlorid oder noch besser von Pyridin, Chinolin oder Chinin ausgeführt. Der erste Punkt der maximalen, optischen Dichte der Lösung entspricht dem Endpunkt der Titration. Alle Einzelheiten hinsichtlich des von den Autoren verwendeten Heterometers sowie über die heterometrische Titration sind aus den von *Bobtelsky* und Mitarbeitern veröffentlichten Arbeiten ersichtlich.

2.4.2.1.2 Titration mit Natriumhydroxidlösung

Durch Zugabe von Natriumhydroxidlösung zu Uran(VI)-lösungen werden schwerlösliche Uranate wechselnder Zusammensetzung gefällt (s. Abschnitt 1). Daher kann das Uran nur unter Verwendung eines empirischen Faktors durch potentiometrische Titration mit Natronlauge bestimmt werden (*Kunin*; *Kunin* und *Mayer*). Das Uran muß als Uran(VI) vorliegen, und irgendwelche Ionen, die mit Natronlauge unlösliche Niederschläge bilden, müssen abwesend sein. Demzufolge ist diese Methode nur von geringer Selektivität. Die Anwesenheit von Säuren stört nicht, da zwei verschiedene Umschlagspunkte, der eine für die Säure und der andere für das Uran, erhalten werden. Der Betrag der Säure kann also bei derselben Titration ermittelt werden.

Diese Methode ist für Routineanalysen brauchbar, und Lösungen wie diejenigen von UF_6 in Wasser, Uranylnitrat in Salpetersäure und Uranylsulfat in Schwefelsäure lassen sich auf diese Weise titrieren. *Powell* und *Newton* berichten, daß UBr_4-lösungen auch mit Natriumhydroxidlösungen titriert werden können.

Harris gibt an, daß die elektrometrischen Titrationen von Uranylchlorid mit Natronlauge keine glatten Kurven ergeben und stark durch die Urankonzentration und durch die Zeit, während der man die Lösung stehen läßt, beeinflußt werden. Er stellt fest, daß basische Salze wie $UO_2(OH)_{1,1}Cl_{0,9}$ ausfallen (s. Abschnitt 1). Wird eine Uranylacetatlösung potentiometrisch mit einer Natriumhydroxidlösung titriert, so tritt der erste Knickpunkt bei pH = 6,8 infolge Bildung von $UO_2(OH)_2$ auf. Bei pH = 9,3 bis 9,9 liegt der zweite Knickpunkt, entsprechend der Bildung von $Na_2O \cdot 8\,UO_3$ (*Guiter*).

Arbeitsvorschrift[1] nach *Kunin* und *Mayer*. Eine Probe, die 30 bis 500 mg Uran enthält, wird in 100 ml Wasser gelöst und in einen mit Rührer, Kalomel- und Glaselektrode versehenen Titrationskolben übergeführt. Die Titration wird mit 0,1 n NaOH ausgeführt und die pH-Ablesung nach jeder Zugabe sofort vorgenommen. Der Wendepunkt in der Titrationskurve, der der Neutralisation der Säure entspricht, erscheint zwischen pH = 5 und 7, abhängig vom Verhältnis der Menge an Uranyl-

---

[1] Weitere Verfahren zur potentiometrischen Titration des Urans mit NaOH-Lösungen werden in der Literatur beschrieben: (*Tsuji, N.,* u. *Yokoyama, Y.:* Japan Analyst **17**, 929 (1968); *Emura, S., Okazaki, S.,* u. *Kono, N.:* Japan Analyst **18**, 976 (1969)).

Ionen zur Säure. Der Wendepunkt, der der Reaktion zwischen UO_2^{2+} und dem Natriumhydroxid entspricht, tritt bei pH = 9,0 bis 9,1 auf. Die Menge des anwesenden Urans aus der Menge NaOH, die zwischen den 2 Wendepunkten verwendet wird, ist unter der Voraussetzung zu berechnen, daß 2,22 Mol NaOH für 1 Mol Uran benötigt werden. Es wurde gefunden, daß das Äquivalentgewicht: U/2,22 über einen weiten Bereich der Uran- und Säurekonzentrationen konstant ist.

2.4.2.1.3 Titration mit Kaliumhexacyanoferrat(II)-lösung

Wie bereits im Abschnitt 1 gezeigt wurde, werden Uranyl-Ionen durch Kaliumhexacyanoferrat(II) aus schwach sauren Lösungen gefällt. Diese Fällungsreaktion kann auch zur direkten titrimetrischen Bestimmung des Urans(VI) herangezogen werden. Dabei kann man, wie im Abschnitt 2.4.2.1.1 gezeigt wurde (s. Arbeitsvorschrift), den Endpunkt durch Tüpfeln oder auf heterometrischem Wege feststellen. Er ist ferner amperometrisch ermittelbar.[1]

Bei der *heterometrischen* Titration wird die zuerst mit Ammoniak behandelte Uranyllösung mit Essigsäure auf 0,1 n eingestellt und dann mit 0,002 m Kaliumhexacyanoferrat(II)-lösung titriert [*Bobtelsky* und *Halpern* (b)]. Der erste Punkt der ersten maximalen, optischen Dichte, der dem Endpunkt entspricht, wird durch Extrapolation aus einer Kurve erhalten, indem eine Linie durch die erhaltenen Maximalwerte gezogen wird. Die Ablesungen am Galvanometer zeichnet man auf, wenn sie konstant sind. Alle Einzelheiten bezüglich der für die heterometrische Titration benötigten Apparate usw. sind aus der Originalliteratur ersichtlich.

Auf *amperometrischem* Wege läßt sich Uran(VI) in sehr schwach salzsaurer Kaliumchloridlösung mit Kaliumhexacyanoferrat(II)-lösung titrieren [*Kleibs* (a, b)].[2] Dabei fällt ein Niederschlag folgender Zusammensetzung aus: $5 (UO_2)_2[Fe(CN)_6] \cdot 3 K_4[Fe(CN)_6]$. Nach Angaben von *Sochevanov, Shmakova* und *Volkova* läßt sich diese amperometrische Titration auch in m Kaliumnitratlösung bei pH = 3 bis 5 unter Anwendung einer rotierenden Platin-Mikroelektrode (0,5 mm Durchmesser) vornehmen. Der Endpunkt wird aus dem Anodenstrom der Oxydation des Hexacyanoferrats(II) ermittelt. Diese Titration wird am besten bei + 0,6 V (gegenüber der Standardkalomelelektrode gemessen) und bei Temperaturen zwischen 40 und 60 °C ausgeführt. Die *Genauigkeit* ist vergleichbar mit derjenigen der gravimetrischen Methode (s. Abschnitt 1), selbst wenn das Uran in Mengen von 0,5 bis 10 mg vorliegt.

2.4.2.1.4 Titration mit m-Nitrophenylarsonsäure

m-Nitrophenylarsonsäure reagiert mit Uranyl-Ionen unter Bildung eines schwerlöslichen Niederschlags der Zusammensetzung:

$$UO_2C_6H_4 \cdot NO_2AsO_3$$

Diese Tatsache wurde von *Kolthoff* und *Johnson* zur direkten Fällungstitration des Urans(VI) mit amperometrischer Endpunktsanzeige ausgenützt. Da sowohl die Uranyl-Ionen wie auch das Reagens Diffusionsströme erzeugen, weisen die Titrationskurven eine geeignete Form auf, die eine Feststellung des Endpunktes ermöglicht. Die Titration wird in einer Acetatpufferlösung in Gegenwart von Natriumchlorid und etwas Gelatine bei 0,55 V ausgeführt.

---

[1] Wird überschüssiges $K_4Fe(CN)_6$ zugesetzt, so kann bei der darauffolgenden Titration des Überschusses mit Ce(IV)-Sulfatlösung der Endpunkt visuell ermittelt werden (*Saxena, O. C.*: Mikrochim. Acta **1968**, (2), 448).

[2] Ein ähnliches Verfahren wurde von *Almagro Huertas* beschrieben (*Almagro Huertas, V.*: An. R. Soc. esp. Fís. Quím., B **65**, 405 (1969)).

Literatur

Bobtelsky, M., u. *Bar-Gadda, I.:* (a) Anal. Chim. Acta **9**, 168, 446, 525 (1953); (b) Bl. **1953**, 382, 687, 819. – *Bobtelsky, M.,* u. *Bihler, M. I.:* Anal. chim. Acta **10**, 260 (1954). – *Bobtelsky, M.,* u. *Graus, B.:* (a) Anal. chim. Acta **9**, 163 (1953); (b) Am. Soc. **75**, 4172 (1953); (c) Bl. Res. Counc. Israel **1953**, 82; (d) Am. Soc. **76**, 1536 (1954); durch Anal. chim. Acta **11**, 191 (1954). – *Bobtelsky, M.,* u. *Halpern, M.:* (a) Anal. chim. Acta **11**, 188 (1954); (b) **11**, 84 (1954). – *Bobtelsky, M.,* u. *Welwart, Y.:* Anal. chim. Acta **9**, 281, 374 (1953); **10**, 151, 156 (1954).

Guiter, H.: Bl. **1947**, 275.

Harris, W. E.: The Polarography of Uranium. Dissertation, Minnesota 1944.

Kleibs, G. A.: (a) Zhur. Neogr. Khim. (russ.) **1**, 2177, 2198 (1956); (b) **3**, 2621 (1958). – *Kolthoff, I. M.,* u. *Johnson, R. A.:* J. Elektrochem. Soc. **98**, 138 (1951). – *Kunin, R.:* Rep. A-3254, 8. Mai 1945. – *Kunin, R.,* u. *Mayer, S.:* Rep. A-3801, 15. August 1945, S. 32.

Mellor, J. W., u. *Thompson, H. V.:* Quantitative Analysis, 2nd Edition, London 1938. – *Myers, L., jr.:* Rep. CC-981, 8. September 1943.

Powell, J., u. *Newton, A.:* Rep. CC-1778 (A-260), 10. Juli 1944, S. 8.

Repman, B. R.: Lab. Prakt. U. S. S. R. **16**, 27 (1941).

Sochevanov, I., Shmakova, I. V., u. *Volkova, G. A.:* Zhur. Neorg. Khim. (russ.) **2**, 2047 (1957). – *Sutton, F.,* u. *Mitchell, A. D.:* Volumetric Analysis, S. 311; London 1935.

2.4.2.2 Indirekte Fällungstitrationen

2.4.2.2.1 Hydroxid- und Diuranat-Fällung

Nach Angaben von *Deshmukh* und *Joshi* läßt sich der Urangehalt von 5 bis 40 ml Uranylsulfat- oder -chloridlösungen genau bestimmen, indem die uranhaltige Lösung 20 Min. bei 60 bis 70 °C mit 0,033n Natriumhydroxidlösung (damit ein pH von 4,2 bis 4,3 entsteht) unter Rückflußkühlung erhitzt wird. Hierauf werden ein Überschuß an 0,1n Kaliumjodatlösung, 3 bis 5 g Kaliumjodid sowie 5 bis 10 ml Tetrachlorkohlenstoff zugegeben und die Titration des freigesetzten Jods mit 0,1n Thiosulfat- oder Arsen(III)-oxidlösung vorgenommen, wobei ein Borax-Borsäurepuffer benützt wird. Andererseits läßt sich das in Freiheit gesetzte Jod durch Erwärmen mit überschüssigem Thiosulfat entfernen. Die Lösung wird dann filtriert, der Rückstand gewaschen, verascht und das Uran als U_3O_8 ausgewogen (s. Abschnitt 1).

Die im pH-Bereich von 4,2 bis 4,3 erhaltenen Ergebnisse stimmen mit jenen nach der Oxinatmethode (s. Abschnitt 1) überein. Bestimmungen, die bei den pH-Werten 3,8, 4,0, 4,4 und 4,6 ausgeführt werden, sind mit großen Fehlern behaftet. Die Hydrolyse der Uranylsalze mit Hilfe von Kaliumjodid-Kaliumjodatlösungen ist daher im pH-Bereich von 4,2 bis 4,3 quantitativ.

Bei der Hydrolyse tritt folgende Reaktion auf:

$$3\,UO_2(NO_3)_2 + 5\,KJ + KJO_3 + 3\,H_2O \rightarrow 3\,UO_2(OH)_2\downarrow + 6\,KNO_3 + 3\,J_2.$$

Eine *indirekte* Titration des Urans nach einer Hydrolysenfällung als Uranylhydroxid läßt sich nach *Sawaya* auch folgendermaßen durchführen: Die Uranylnitratlösung wird mit einer Kaliumhydroxidlösung unter Verwendung von Bromthymolblau genau neutralisiert und erhitzt. Dann wird eine Kaliumfluoridlösung sowie ein Überschuß einer Standardsalzsäurelösung zugegeben, bis sich der Uranylhydroxidniederschlag aufgelöst hat, wobei folgende Reaktion eintritt:

$$UO_2(OH)_2\downarrow + 2\,HCl + 5\,KF \rightarrow K_3UO_2F_5 + 2\,KCl + 2\,H_2O.$$

Der Überschuß an Salzsäure wird dann mit einer Standardkaliumhydroxidlösung zurücktitriert und der Urangehalt der ursprünglichen Lösung berechnet.

Wird einer Uranylsalzlösung Ammoniak zugesetzt, so fällt das Uran als Ammoniumdiuranat aus (s. Abschnitt 1). Dieser Niederschlag enthält NH_4 und U im Verhältnis 1:1. Es ist daher möglich, durch Bestimmung des Ammoniaks in dieser Verbindung auf indirekte Weise den Urangehalt zu ermitteln (*Sekerka* und *Vorliček*).

Das Uran wird in Gegenwart von ÄDTA mit Ammoniak gefällt (s. Abschnitt 1), der Niederschlag mit Äthanol gewaschen und in einer Natriumcarbonatlösung gelöst (s. Abschnitt 1). Nach Zugabe von Kaliumbromid wird mit einer Calciumhypochloritlösung, $Ca(OCl)_2$, entweder potentiometrisch oder amperometrisch titriert. Bei dieser Titration bildet sich nascierendes Hypobromit-Ion, das den Stickstoff des Ammonium-Ions zu elementarem Stickstoff oxydiert. Be und Ti stören nicht; Vanadium liefert zu hohe Resultate. Diese Methode gestattet, das Uran in Gegenwart von Phosphat-Ionen zu bestimmen; allerdings muß in diesem Fall Beryllium abwesend sein.

2.4.2.2.2 Peruransäure-Fällung

Uran(VI) wird durch Zugabe von Wasserstoffperoxid zu schwach sauren Uranylsalzlösungen (pH = 2 bis 5) als Uranylsalz der Peruransäure ausgefällt (s. Abschnitt 1). Der Niederschlag kann nach dem Abfiltrieren und Auswaschen in verd. Schwefelsäure gelöst und das in Freiheit gesetzte Wasserstoffperoxid mit einer Kaliumpermanganatlösung titriert werden (*Alexa*). Diese Methode wird durch alle jene Ionen gestört, die zusammen mit dem Uran gefällt werden (s. Abschnitt 1). Der Einfluß einiger störender Ionen, besonders Anionen, wird teilweise durch Abtrennung des Urans als Natriumdiuranat (s. Abschnitt 1) vor der Zugabe von Wasserstoffperoxid eliminiert. Starke Störungen werden hervorgerufen durch Ni, Cd, Sn, Sb, Fe, Co, Cr, Th, Fluorid-, Phosphat- und Vanadat-Ionen.

Diese Methode kann auch zur Bestimmung von Uranylnitrat durch acidimetrische Titration in Anwesenheit freier Salpetersäure herangezogen werden (*Čepelák, Malý* und *Veselý*). Die Salpetersäure, die bei der Reaktion frei wird, wird ohne Entfernung des Uranperoxids mit Natriumhydroxid bei potentiometrischer oder visueller Indikation des Endpunktes titriert.

Ein ähnliches Verfahren wird von *Motojima* und *Izawa* beschrieben. Die freie Säure der Uranylsalzlösung wird zuerst potentiometrisch mit 0,2n Natriumhydroxidlösung titriert, nachdem das anwesende Uran mit Ammoniumsulfat komplexiert worden ist. Nach Erreichen des Endpunktes wird Perhydrol zugesetzt, wodurch Peruransäure ausfällt. Die dabei in Freiheit gesetzte Säure (s. Abschnitt 1) wird dann mit der Natriumhydroxidlösung potentiometrisch titriert. Diese Methode ermöglicht, 25 mg bis 2 g Uran in salz-, salpeter- und schwefelsauren Lösungen zu bestimmen, und kann auch zur Bestimmung des Urans in Tributylphosphat-Kerosinlösungen herangezogen werden.

2.4.2.2.3 Oxinat-Fällung

Unter den indirekten Fällungstitrationsmethoden ergibt die Titration des Uranyloxinats mit Bromid-Bromatlösung noch die genauesten Resultate. Bei der Bestimmung von 5 mg Uran beträgt der relative *Fehler* etwa 1% (*Flagg* und *Lobene*). Ferner weist diese Methode den Vorteil auf, daß die Oxinatfällung des Urans(VI) in Gegenwart von ÄDTA (s. Abschnitt 1) eine Trennung von vielen Elementen gestattet.

Arbeitsvorschrift nach *Flagg* und *Lobene*. Den Uranyloxinatniederschlag (s. Abschnitt 1) löst man in etwa 2n Salzsäure, wäscht das Filter und führt die Lösung und das Waschwasser in einen verschließbaren Kolben über. Man verdünnt mit 2n Salzsäure auf 50 bis 75 ml und setzt 1 g Kaliumbromid sowie 2 bis 4 Tropfen einer Methylrotlösung (Natriumsalz: 0,1%; m/v) zu. Die Lösung wird mit 0,1n Kaliumbromatlösung langsam titriert, bis die Farbe von orange nach gelb umschlägt. Dann gibt man noch 2 oder 3 ml Kaliumbromatlösung zu und läßt die Mischung wenige Minuten im verschlossenen Kolben stehen. Nach Zufügen von 1 g Kaliumjodid wird das ausgeschiedene Jod mit 0,1n Natriumthiosulfatlösung titriert. Anstelle der Titration mit Kaliumbromatlösung kann sofort ein gemessener Überschuß davon pipettiert und der Überschuß wie üblich zurücktitriert werden.

Bemerkung. Diese Methode wurde von *Kiyosi, Yoshio* und *Chiyeko* in *modifizierter* Form zur Bestimmung von 10 bis 200 μg Uran verwendet.

2.4.2.2.4 Phosphat-, Arsenat- und Perjodat-Fällung

Nach Angaben von *Kraus* kann die Fällung des Urans(VI) als Uranylphosphat zur indirekten, titrimetrischen Bestimmung jenes Elementes herangezogen werden. Das Uran wird durch Zugabe einer Diammoniumphosphatlösung aus heißer, abgepufferter, essigsaurer Lösung gefällt (s. Abschnitt 1) und der Niederschlag mit einer heißen Ammoniumacetatlösung gewaschen. Der Überschuß an Phosphat-Ionen wird dann wie üblich mit Zink-Ionen titriert und aus dem Verbrauch der Urangehalt der Lösung berechnet.

Eine Methode zur indirekten, jodometrischen Titration des Urans wird von *Mamedov* und *Émirdzhanova* beschrieben. Sie beruht darauf, daß das Uran zuerst als schwerlösliches Uranylammoniumarsenat aus ÄDTA- und tartrathaltiger Lösung durch Zugabe von Ammoniak gefällt (s. Abschnitt 1) und der Niederschlag in Schwefelsäure gelöst wird. Danach werden Kaliumjodid und Benzol oder Chloroform zugefügt und das in Freiheit gesetzte Jod mit Thiosulfatlösung titriert. Diese Methode wird nur durch sehr wenige Elemente gestört, da zahlreiche Metall-Ionen durch die zugesetzten Komplexbildner in Lösungen gehalten werden und demzufolge nicht mit dem Uran mitfallen können.

Zur jodometrischen Titration des Uranylperjodatniederschlags, der aus Acetatlösungen ausfällt (s. Abschnitt 1), wird dieser in Salzsäure gelöst, Kaliumjodid zugesetzt und das in Freiheit gesetzte Jod mit Thiosulfatlösung titriert (*Burriel* und *Barcia*).

2.4.2.2.5 Selenit-Fällung[1]

Nach Angaben von *Joshi* wird Uranylselenit durch Zugabe von wäßriger seleniger Säure zur Lösung eines Uranylsalzes in 50% Äthanol bei pH = 4 bis 5 quantitativ ausgefällt (s. Abschnitt 1). Der Niederschlag ist in konz. Salzsäure löslich.

Arbeitsvorschrift. Zur titrimetrischen Bestimmung des Urans ist die Uranyl-Lösung mit einem 1,5 bis 2fachen Überschuß 0,1n seleniger Säure und ausreichend Äthanol zu mischen, so daß die Lösung 50%ig an Äthanol ist. Dann wird so viel Ammoniumacetatlösung (5%; m/v) zugefügt, daß pH = 4 bis 5 wird. Nach Ablauf von 1 Std. wird der Niederschlag abfiltriert und mit Äthanol gewaschen. Den Niederschlag löst man dann in konz. Salzsäure und bestimmt die selenige Säure jodometrisch.

Literatur

Alexa, J.: Chem. Listy **51**, 2254 (1957).

Burriel, M. F., u. *Barcia, G. C.:* An. Real. Soc. española, fís. quím. **50**, 281 (1954).

Čepelák, J., Malý, J., u. *Veselý, V.:* Chem. Listy **52**, 547 (1958); durch Anal. Abstr. **1959**, 150.

Deshmukh, G. S., u. *Joshi, K. M.:* B. **87**, 1446 (1954).

Flagg, J. F., u. *Lobene, R.:* Rep. M-1768; September 1945.

Joshi, M. K.: Zhur. Anal. Khim. (russ.) **11**, 495 (1956); durch Anal. Abstr. **1957**, 1532.

Kiyosi, T., Yoshio, T., u. *Chiyeko, T.:* J. pharm. Soc. Japan **75**, 724 (1955). – *Kraus, C. A.:* Report BT-10 (A-360); Oktober 1942, S. 3.

Mamedov, I. A., u. *Émirdzhanova, A. A.:* Azerb. Neft. Khoz. **11**, 40 (1962); durch Zhur. Khim., 19GDE, 1963, (11) Abstr. No. 11G124. – *Motojima, K.,* u. *Izawa, K.:* Anal. Chem. **36**, 733 (1964).

Sawaya, T.: Technol. Rep. Tôhoku Univ. **17**, 50 (1953); durch Chem. Abstr. **1953**, 9851. – *Sekerka, I.,* u. *Vorlíček, J.:* Chem. Listy **47**, 512 (1953).

---

[1] Mit einer Lösung von Natriumtellurit als Titrationsmittel läßt sich Uran(VI) amperometrisch bestimmen [*Deshmukh, G. S.,* u. *Sankara Rao, V. S.:* Curr. Sci. (India) **39**, 181 (1970)].

2.4.2.3 Komplexometrische Titration[1]

Nach Angaben von *Lassner* und *Scharf* ist Uran(VI)[2] mit ÄDTA titrierbar, wenn man der wäßrigen Lösung das Doppelte ihres Volumens an Isopropanol zusetzt. Als Indikator dient PAN [1-(2-Pyridylazo)-2-naphthol], das mit Uranyl-Ionen eine intensiv rote Verbindung bildet (s. Abschnitt 1). Als optimaler pH-Bereich für die Bestimmung wurde 4,4 bis 4,6 festgestellt (pH-Wert der Lösung vor Zusatz von Isopropanol). Der absolute *Fehler* ist bei Verwendung von 0,05m ÄDTA-Lösung $\pm 0{,}3$ mg Uran, bei Verwendung verdünnterer Maßlösung entsprechend geringer, da er durch den Tropfenfehler bedingt wird. Es ist vorteilhaft, in möglichst verdünnten Lösungen zu arbeiten, da die Eigenfarbe des Uranyl-Ions sonst den Indikatorumschlag schlecht erkennen läßt. Die obere Konzentrationsgrenze liegt bei 100 mg Uran/300 ml Lösung.

Arbeitsvorschriften. I. Die Uranylsalzlösung ist mit verd. Salpetersäure auf pH = 2 bis 3 einzustellen und dann mit Urotropin auf pH = 4,4 abzupuffern. Man versetzt mit dem doppelten Volumen Isopropanol, erwärmt auf 80 bis 90 °C, setzt so viel Indikatorlösung zu, daß eine deutliche Rotfärbung entsteht, und titriert mit 0,05m ÄDTA-Lösung. Knapp vor dem Erreichen des Endpunktes beginnt die rote Farbe zu verblassen. Man titriert so lange, bis die Lösung rein gelb ist bzw. ein einfallender Tropfen keine Farbänderung mehr hervorruft.

II. Für die Rücktitration gilt die gleiche Vorbehandlung der Lösung wie für die direkte Titration. Ein gemessener Überschuß an ÄDTA-Maßlösung wird zugegeben, die Lösung auf etwa 90 °C erwärmt und nach Indikatorzugabe mit Zinkmaßlösung bis zum Auftreten einer Rotfärbung titriert. Sodann wird die Farbe der Lösung mit 1 bis 2 Tropfen ÄDTA-Lösung auf reines Gelb gebracht.

III. Sind unter anderem Kupfer und Nickel in der Probelösung anwesend, verfährt man zuerst nach I. und titriert die Lösung auf rein gelb. Dann fällt man mit genügend Natriumphosphatlösung alles Uranyl-Ion aus. Die Lösung wird samt Niederschlag bis zum Umschlag nach Violett mit Kupfermaßlösung titriert. Der Verbrauch an Kupferlösung, umgerechnet auf ÄDTA, entspricht dem Urangehalt.

Bemerkungen. a) Eine ähnliche Methode wurde von *Brück* und *Lauer* beschrieben. Bei diesem Verfahren wird das Uran mit ÄDTA in Gegenwart oder Abwesenheit von PAN spektrophotometrisch bei 555 nm bzw. 320 nm titriert.

b) Von *Hara* und *West* wird gezeigt, daß die Äthylendiamintetraessigsäure mit dem Uranyl-Ion ein *beständiges* Salz bildet, und zwar bei pH-Werten zwischen 3,5 und 4.

c) Eine *Hochfrequenztitration*, die das Trinatriumsalz dieser Aminopolyessigsäure anwendet, wird zur Bestimmung des Uranyl-Ions vorgeschlagen (*Frausto* da *Silva* und *Lourdes Sadler Simoes*).

Literatur

Brück, A., u. *Lauer, F.*: Anal. Chim. Acta **37**, 325 (1967).

Frausto da Silva, J. J. R., u. *Lourdes Sadler Simoes, M.*: Talanta **15**, 609 (1968).

Hara, R., u. *West, P. W.*: Anal. chim. Acta **12**, 285 (1955).

Lassner, E., u. *Scharf, R.*: Fr. **164**, 398 (1958).

---

[1] Weitere Methoden zur komplexometrischen Titration von Uran(VI) werden in der Literatur beschrieben: *Vinogradov, A. V., Apirina, R. M.*, u. *Pavlova, I. V.*: Zh. analit. Khim. (russ.) **22**, 1323 (1967). Auch 2′, 3′, 4′-Trihydroxychalcon [*Syamsundar, K.*: Curr. Sci. **36**, 607 (1967)] und Eriochrom Blauschwarz R [*Silver, G. L.*, u. *Bowman, R. C.*: Talanta **14**, 893 (1967)] wurden zur direkten Titration des Urans(VI) benutzt.

[2] Die Zusammensetzung der Komplexe des Uranylions mit ÄDTA wurde kürzlich potentiometrisch untersucht (*Frausto da Silva* und *Lourdes Sadler Simoes*).

3 Photometrische Methoden [1]

3.1 Colorimetrische und spektrophotometrische Methoden

Einleitung

Zur colorimetrischen und spektrophotometrischen Bestimmung des Urans wurden sehr viele Methoden beschrieben, von denen jedoch nur relativ wenige einen ausgedehnten Anwendungsbereich gefunden haben. Die Gründe hierfür sind, daß die meisten der vorgeschlagenen Reagenzien zur Uranbestimmung entweder zu unempfindlich sind, sodaß damit nur verhältnismäßig große Uranmengen bestimmt werden können, oder daß die Bestimmungen sehr stark durch Fremd-Ionen gestört werden.

Wie aus der in Tab. 1 (S. 118) gezeigten Aufstellung der wichtigsten, zur Uranbestimmung vorgeschlagenen Systeme hervorgeht, wird in der Regel mit organischen Reagenzien eine wesentlich höhere Empfindlichkeit erzielt als durch Messung der Eigenfarbe der Uran-Ionen oder mit Hilfe von anderen anorganischen Verbindungen (als Maß für die Empfindlichkeit einer Methode dient der molare Extinktionskoeffizient; sie ist umso höher, je größer der Wert dieses Koeffizienten ist). Demnach wird im Uran(IV)-arsenazo-III-System die höchste Empfindlichkeit aller bis jetzt bekanntgewordenen Methoden erreicht. Im Vergleich zu den in Abschnitt 3.2 beschriebenen, fluorometrischen Methoden ist diese jedoch auch noch relativ gering.

Ein weiterer, entscheidender Faktor, der die Anwendbarkeit eines Reagenses zur colorimetrischen oder spektrophotometrischen Uranbestimmung regelt, ist die Störanfälligkeit der unter Verwendung dieser Verbindung benützten Methode. Mit Ausnahme des oben erwähnten Systems Uran(IV)-arsenazo III und einiger weniger anderer ähnlicher Systeme werden die auf der Anwendung organischer Reagenzien beruhenden Methoden durch Fremd-Ionen stärker gestört als jene, bei denen anorganische Verbindungen zur Farbentwicklung herangezogen werden. Die letztgenannten sind jedoch, wie erwähnt, für die Uranbestimmung weniger empfindlich.

Um daher diese empfindlichen, organischen Reagenzien zur Bestimmung des Urans auch in komplex zusammengesetzten Materialien ausnützen zu können, ist es in den meisten Fällen erforderlich, das Uran vor seiner Bestimmung abzutrennen. Dazu eignen sich, wie in den folgenden Abschnitten eingehend beschrieben wird, vor allem Trennungsmethoden, die auf Lösungsmittelextraktion und Ionenaustausch oder anderen chromatographischen Prinzipien beruhen.

Eine Erhöhung der Selektivität der colorimetrischen und spektrophotometrischen Methoden läßt sich auch durch Anwendung von Komplexbildnern wie z. B. ÄDTA oder durch Extraktion des Uran-Reagenskomplexes mit organischen Lösungsmitteln erzielen.

Auch bei Anwendung der anorganischen Reagenzien ist es in den meisten Fällen erforderlich, das Uran vor seiner Bestimmung abzutrennen oder die Fremd-Ionen zu maskieren.

Daher ist die *Genauigkeit* einer Uranbestimmung mittels der in der Tabelle 1 gezeigten Reagenzien und der in den folgenden Abschnitten besprochenen, colori-

---

[1] Es wurde auch eine Methode beschrieben, die auf der refraktometrischen Bestimmung des Urans in wäßriger oder TBP-Lösung beruht (*Joon, K.*, und *Deurloo, P. A.*: Report Inst. Atomenergi, Kjeller, KR-108, 1966).

Tabelle 1. *Daten einiger wichtiger zur Uranbestimmung angewendeter Systeme*

System	Formel des Reagenses	Wellen-länge nm	Molarer Extinktions-koeffizient (dekadisch)	Abschnitt, in dem das System behandelt wird
Uranylsulfat	H_2SO_4	430	14,3 (in 3,6 m H_2SO_4)	3.1.1.1.2
Uranylperchlorat	$HClO_4$	415 bis 420	7,0 (in 2 bis 65 %iger $HClO_4$; m/v)	3.1.1.1.3
Uranylnitrat	NO_3^-	250	2400 (in TBP-Isooctan)	3.1.1.2.1
Uranylperoxid	H_2O_2	400	~ 270	3.1.2.1
Uranylthiocyanat	SCN^-	365	~ 3031	3.1.2.2
Uranylhexacyano-ferrat(II)	$[Fe(CN)_6]^{4-}$	480	~ 3800	3.1.2.3
Uranyldibenzoyl-methan	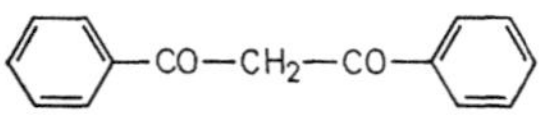 ⟨C₆H₅⟩—CO—CH₂—CO—⟨C₆H₅⟩	375 bis 425	~ 17800 (in Äthanol)	3.1.3.1.1
UO_2-PAN	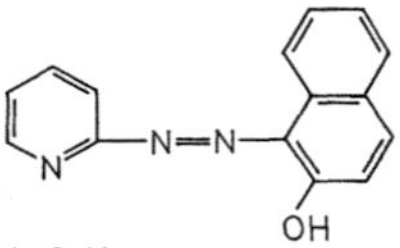 [Pyridyl—N=N—Naphthyl(OH)]	570	23000 (in o-Dichlorbenzol)	3.1.3.2.1
Uranyl-arsenazo I	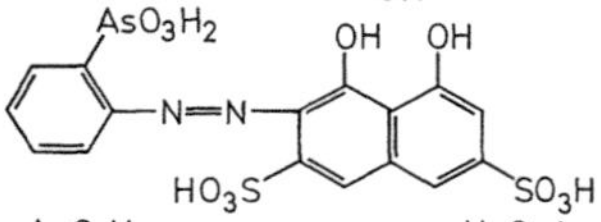 [AsO_3H_2-Phenyl—N=N—Naphthalindiol-disulfosäure]	596	22900	3.1.3.3.2
Uran(IV)- und Uranyl-arsenazo III	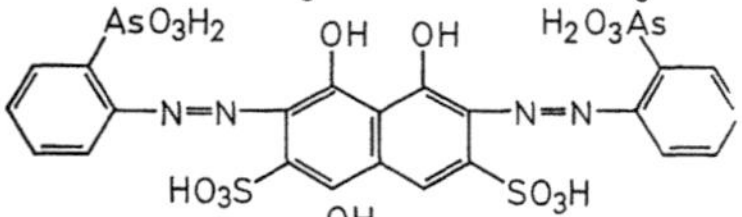 [Bis(o-arsono-phenylazo)-Naphthalindiol-disulfosäure]	665 / 655	127000 / 53000	3.1.3.3.4
UO_2-Morin	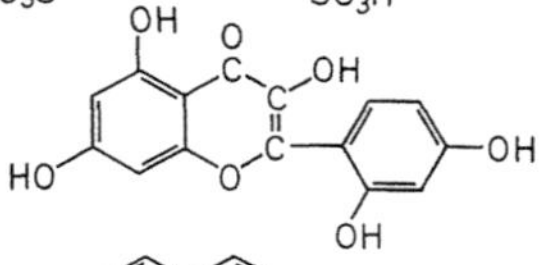 [Morin-Struktur]	470	8950	3.1.3.5.1
Uranyl-oxinat	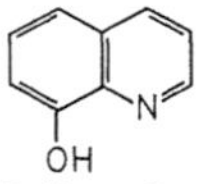 [8-Hydroxychinolin]	380 bis 500	~ 4000	3.1.3.7
Uranyldiäthyl-dithiocarbaminat	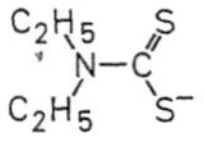 $(C_2H_5)_2N$—C(=S)—S^-	380	4560	3.1.3.8
Uranylascorbinat	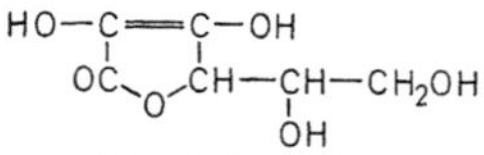 HO—C=C—OH / OC⟨O⟩CH—CH(OH)—CH₂OH	410	~ 1680	3.1.3.9
Uranyl-Ammo-niumthioglycolat	HS—$CH_2\cdot COONH_4$	380	2020	3.1.3.10

metrischen und spektrophotometrischen Methoden weitestgehend von der Wirksamkeit der der Bestimmung vorangehenden Trennungs- und/oder Maskierungsmethoden abhängig.

Die Messung der Farbintensität bzw. der Extinktion der Uran-Reagensverbindung erfolgt meistens im sichtbaren Bereich des Spektrums im Spektrophotometer oder photoelektrischen Colorimeter bei einer geeigneten Wellenlänge oder unter Anwendung eines entsprechenden Filters. Die zur Auswertung der Extinktionsmessungen erforderlichen Eichkurven werden unter denselben Versuchungsbedingungen wie die eigentlichen Messungen selbst aufgestellt, und zwar im Gültigkeitsbereich des *Lambert-Beer*schen Gesetzes, d. h. in jenem Konzentrationsbereich, in dem die Extinktion proportional der Urankonzentration der Meßlösungen ist. In diesem Bereich werden dann auch die Lösungen mit unbekannter Urankonzentration gegenüber Reagensblindlösungen gemessen und die Meßwerte zur Ermittlung des Urangehaltes mit der analog aufgestellten Eichkurve verglichen. Da dieses Prinzip auf praktisch alle colorimetrischen und spektrophotometrischen Methoden zutrifft, wird darauf bei den in den folgenden Abschnitten beschriebenen Arbeitsmethoden nicht näher eingegangen.

3.1.1 Methoden, die auf der Messung der Eigenfarbe der Uran-Ionen beruhen

Den verschiedenen Oxydationszuständen des Urans entsprechen ganz charakteristische Absorptionsbanden mit hohen Absorptionskoeffizienten. Sowohl das Uran(IV)- als auch das Uran(VI)-Ion absorbieren im sichtbaren Bereich des Spektrums (das zweite auch stark im UV-Bereich), wobei unter bestimmten Versuchsbedingungen das *Lambert-Beer*sche Gesetz Gültigkeit besitzt.

Die Bestimmungsmethoden für Uran(VI), die auf Messungen der Eigenfarbe der Uranyl-Ionen beruhen, sind in der Regel von geringerer Empfindlichkeit als jene Verfahren, mittels derer die Extinktion anorganischer oder organischer Komplexe des Urans gemessen wird (s. Abschnitt 3.1.2 und 3.1.3). Ihre Empfindlichkeit und auch Selektivität lassen sich erhöhen, wenn die Messung der Eigenfarbe in organischen Lösungsmitteln nach vorangehender Lösungsmittelextraktion des Urans mit geeigneten Extraktionsmitteln (s. Abschnitt 6) ausgeführt wird. In rein wäßrigen Lösungen ist die Selektivität nur gering, da die meisten das Uran begleitenden Elemente im gleichen Spektralgebiet wie dieses absorbieren. Aus diesem Grund wird das Uran(VI) vor der Bestimmung auch manchmal zum Uran(IV) reduziert, dessen Eigenfarbe dann photometrisch gemessen wird (s. Abschnitt 3.1.1.1.1).
Ganz allgemein gesehen sind die Methoden, die sich auf Messung der Eigenfarbe der Uran-Ionen gründen, am besten zur Bestimmung von Milligrammengen Urans geeignet und können nur in den seltensten Fällen auf den Mikrogrammbereich ausgedehnt werden.

3.1.1.1 Wäßrige Lösungen

3.1.1.1.1 Bestimmung in phosphorsauren Lösungen

Bei der Bestimmung des Urans(IV) in phosphorsauren Lösungen treten nicht so leicht wie in salz- oder schwefelsauren Medien Verschiebungen der Absorptionsspektren infolge Änderungen in der Säurekonzentration auf. Die Farbintensität des stabilen, graublauen Komplexes des Uran(IV)-Ions mit Phosphorsäure kann bei den Wellenlängen 660 nm (*Canning* und *Dixon*) und 625 nm (*Lovasi*) gemessen werden.

Wird das Uran mit Eisen(II)-sulfat in phosphorsaurer Lösung (40%; v/v) zur vierwertigen Oxydationsstufe reduziert (*Canning* und *Dixon*), so wird die Uranbestimmung durch jene Elemente gestört, die unter diesen Reduktionsbedingungen ebenfalls in andere Oxydationszustände übergehen. Zu diesen gehört Molybdän. Eine Molybdänkonzentration von 1 g je Liter verursacht einen positiven Fehler, der äquivalent zu 0,2 g Uranoxid je Liter ist. Kupfer stört auf indirekte Weise (wenn gleichzeitig Chlorid-Ionen anwesend sind), indem sich bei der Reduktion des Urans ein Niederschlag von Kupfer(I)-chlorid bildet. Abfiltrieren dieses Niederschlags ist unzweckmäßig, weil dadurch das Kupfer wohl aus der reduzierten Lösung entfernt wird, aber eine äquivalente Kupfermenge in der Bezugslösung verbleibt. Diese verursacht einen negativen Fehler. Wenn mehr als Spuren Kupfer- und Chlorid-Ionen gleichzeitig anwesend sind, kann diese Störung dadurch ausgeschaltet werden, daß man das Kupfer aus der Lösung durch vorangehende Behandlung mit Aluminium-pulver ausscheidet und abfiltriert. In Gegenwart größerer Titanmengen fällt durch Zusatz von Phosphorsäure unlösliches Titanphosphat aus. Diese Störung ist durch Verwendung einer geringeren Menge Probelösung vermeidbar, so daß das gesamte Titan in Lösung bleibt.

Nitrate *stören* ebenfalls, da sie in der reduzierten Lösung eine farbige Verbindung bilden, die eine hohe Absorption aufweist.

Keine Störungen werden hervorgerufen durch die Anwesenheit von Ni, Co, Bi, Mn und Cr.

Wird das Uran elektrolytisch zum vierwertigen Oxydationszustand reduziert, so treten bei der Messung in phosphorsaurer Lösung keine Störungen in Anwesenheit von $Fe^{2+,3+}$, Mn^{2+}, Chlorid- und Sulfat-Ion auf (*Lovasi*).

Anwendungsbeispiele zur Bestimmung des Urans in phosphorsauren Lösungen

Eine rasche, direkte Methode zur Bestimmung des Urans in Lösungen, die auch Vanadium, Chrom und die seltenen Erdmetalle in Konzentrationen von 1 bis 2 g der entsprechenden Oxide je Liter sowie bis zu 10 g Titan je Liter und Eisen (II oder III) bis zu 40 g je Liter enthalten, wird von *Canning* und *Dixon* beschrieben. Die Re-duktion des Urans zur vierwertigen Oxydationsstufe erfolgt mit Eisen(II)-sulfat in Phosphorsäure (40%; v/v). Die Bestimmung kann innerhalb 1 Std. mit einer Stan-dardabweichung der Genauigkeit von 1,1% durchgeführt werden (*Hilger*-Uvispec-Spektrophotometer). Für Urankonzentrationen von mehr als 0,5 g Uranoxid je Liter beträgt die Standardabweichung weniger als 2%. Gleichzeitig mit Uran läßt sich auch Vanadium, allerdings mit geringerer Genauigkeit, bestimmen.

Arbeitsvorschrift. Ein Probevolumen von 20 ml oder weniger verwenden, das etwa 10 bis 50 mg Uranoxid enthalten soll. Diese Uranmenge gibt bei Verwendung von 4-cm-Zellen Extinktionsablesungen zwischen 0,1 und 0,6. Zwei Proben wenn nötig mit Wasser auf 20 ml verdünnen. Dann zu jeder Lösung 20 ml Phosphorsäure sowie 0,5 ml Perhydrol zufügen und etwa 10 Min. oder so lange, bis keine Sauerstoffent-wicklung mehr auftritt, kochen. Die Lösungen dann teilweise abkühlen und mit etwa 0,1 g Natriumsulfit versetzen. Hierauf zur einen Lösung 10 ml n Schwefelsäure zu-fügen, zur anderen 10 ml 0,5 m Eisen(II)-sulfatlösung in n Schwefelsäure. Die Lösun-gen etwa 5 Min. kochen, damit in der einen Lösung vollständige Reduktion des Urans und des Vanadiums eintritt. Nach Abkühlen die Lösungen in 50 ml-Meßkolben zur Marke auffüllen und nach der Filtration messen. Die Absorption der reduzierten Lösung gegen diejenige der nicht reduzierten Lösung als Standard bei Wellenlängen von 660 und 700 nm unter Benutzung von 4-cm-Zellen messen. (Bei Lösungen mit höherem Urangehalt 1-cm-Zellen verwenden.) Die Urankonzentration in Anwesenheit von Vanadium ist aus folgender Gleichung berechenbar:

$$C_x = \frac{a_{y1} \cdot A_2 - a_{y2} \cdot A_1}{a_{y1} \cdot a_{x2} - a_{y2} \cdot a_{x1}};$$

C_x = Konzentration des gesuchten Bestandteiles in mol/l
x,y = Komponenten
a = Extinktionskoeffizienten der Komponente bei einer bestimmten Wellenlänge
$1, 2$ = die verwendeten Wellenlängen
A = bei einer bestimmten Wellenlänge gemessene Extinktion (optische Dichte).

Bemerkungen I. Die auf den *Reagensblindwert* zurückzuführende Extinktion wird als Konstante berücksichtigt.

II. Ein ähnliches Verfahren wird auch zur *raschen* Bestimmung elektrolytisch reduzierter Uran(IV)-Ionen benützt (*Lovasi*). Die reduzierte Probelösung wird mit dem gleichen Volumen Phosphorsäure (Dichte = 1,67) versetzt und die Extinktion der Lösung in einer 1-cm-Zelle bei 625 nm bei Zimmertemperatur gemessen. Der Urangehalt wird dann mittels einer Eichkurve ermittelt. Der *Fehler* dieser Methode ist geringer als 5% und der Uran(IV)-Gehalt von 10 Proben kann in 15 Min. bestimmt werden.

III. Die Bestimmung von Uran(IV) und Uran(VI) *nebeneinander* in Lösungen von Verbindungen sowie in gewöhnlichem Uranoxid wird durch die Tatsache beeinflußt, daß Uran(IV) über den ganzen Wellenlängenbereich, bei dem die Uran(VI)-Absorption gemessen werden kann, absorbiert. Das Uran(VI)-Ion jedoch zeigt bei 630 nm keine Absorption. Daher kann Uran(IV) ohne Störung in phosphorsauren Mischungen beider Ionen bestimmt werden. Um die Uran(VI)-konzentration zu bestimmen, wird die Extinktion der Lösung beider Ionen bei 410 nm gemessen und die Störung durch Uran(IV) durch eine Korrektur ausgeschaltet (*Andrews, Schaap* und *Gates, jr.*) (*differentielle* Spektrophotometrie).

3.1.1.1.2 Bestimmung in schwefelsauren Lösungen

Methoden, die auf der Messung der Uran(VI)-Extinktion in schwefelsauren Medien beruhen, wurden von mehreren Autoren beschrieben [*Banks, Burke, O'Laughlin* und *Thompson*; *Bacon* und *Milner* (a, b); *Susano, Menis* und *Talbott*]. Nach Angaben von *Banks, Burke, O'Laughlin* und *Thompson* wird die Messung der Extinktion des Urans(VI) in Schwefelsäure (50%; v/v) bei 420 nm ausgeführt. Die Säurekonzentration muß nicht sehr genau eingehalten werden. Ein Fehler von ± 3% in der Säurekonzentration ändert die Uranabsorption nur um 0,002 Extinktionseinheiten. Anwesendes *Niob* ruft *keine Störung* hervor, so daß diese Methode zur differentiellen, spektrophotometrischen Bestimmung des Urans und auch des Niobs in binären Legierungen dieser beiden Metalle herangezogen werden kann.

In 3,6 m schwefelsaurer Lösung kann die Uranextinktion bei einer Wellenlänge von 430 nm gemessen werden [*Bacon* und *Milner* (a, b)]. Ist Niob zugegen, muß die Lösung auch 0,2 m an Oxalsäure sein, damit keine Hydrolyse eintritt. Diese Methode kann zur raschen Bestimmung des Urans in relativ uranarmen Proben, Uranmetall und in seinen binären und ternären Legierungen mit Zirkonium, Molybdän, Titan und Niob herangezogen werden. Jede Bestimmung wird differentiell unter Verwendung einer Anzahl Standardlösungen und Korrektur der Extinktion der in der Legierung vorhandenen Elemente ausgeführt. Wird diese Methode auf Legierungen, die mehr als 40% Uran enthalten, angewendet, so weisen die Ergebnisse eine Standardabweichung von ±0,1% auf. Bei relativ reinen U_3O_8-Proben und Uranmetall wird eine *Genauigkeit* (precision, 1 σ) von ±0,04% erzielt. Eine genaue Kontrolle der Acidität und Temperatur macht dieses Verfahren für Routineanalysen geeignet.

Arbeitsvorschriften [nach *Bacon* und *Milner* (a, b)]

I. Relativ uranarme Proben und Uranmetall. Die geglühte Probe in Salpetersäure lösen, mit Schwefelsäure abrauchen und bei einer Temperatur von 23 °C (Thermostat) auf ein geeignetes Volumen verdünnen (Schwefelsäurekonzentration der Lösung = 3,6 m). Die Extinktion bei 430 nm gegen eine Bezugslösung mit genau bekanntem Urangehalt messen.

II. Uran-Titanlegierung. 1 g Probe in 20 ml 40%iger Schwefelsäure (v/v) und 20 ml Wasser lösen, Wasserstoffperoxidlösung zugeben, die Lösung abrauchen, abkühlen und mit Wasser auf 50 ml verdünnen, die Schwefelsäurekonzentration auf 3,6 m einstellen und die Extinktion bei 430 nm messen.

III. Uran-Molybdänlegierung. 1 g Probe in 20 ml 40%iger Salpetersäure (v/v) lösen, 20 ml 50%ige Schwefelsäure (v/v) zugeben und die Lösung bis zum Auftreten von SO_3-Nebeln eindampfen. Die Lösung abkühlen, 25 ml Wasser zufügen und erneut eindampfen. Die Schwefelsäurekonzentration auf 3,6 m einstellen und die Extinktion bei 430 nm messen.

IV. Uran-Molybdän-Nioblegierung. Die Extinktionsmessung in 3,4 m schwefelsaurer Lösung, die 0,2 m an Oxalsäure ist, bei 430 nm ausführen.

Bemerkungen. a) Eine Methode zur *differentiellen,* spektrophotometrischen Bestimmung des Urans in schwefelsaurer Lösung mit einer den konventionellen, titrimetrischen oder gravimetrischen Methoden gleichkommenden *Genauigkeit* wird von *Susano, Menis* und *Talbott* beschrieben. Die relative Extinktion des Uranyl-Ions wird bei einer Wellenlänge von 418 nm gegenüber einem stark absorbierenden Bezugsstandard gemessen. Aus der Extinktionsdifferenz wird die Konzentration des Überschusses an Uranyl-Ionen in Beziehung auf die Bezugsstandardlösung bestimmt. Im optimalen Konzentrationsbereich von 20 bis 60 mg Uran/ml beträgt die Genauigkeit 0,3%.

b) In Anwesenheit von Mikrogrammengen Verunreinigungen wie Chromat-, Eisen(III)-, Nickel- und Permanganat-Ionen treten *keine* wesentlichen *Fehler* auf.

c) Die Methode erweist sich zur Bestimmung des Urans in Lösungen geeignet, die keine Substanzen enthalten, die starke Absorptionen bei der zur Messung der Uranextinktion verwendeten Wellenlängen von 418 *nm* zeigen.

3.1.1.1.3 Bestimmung in perchlorsauren Lösungen

In perchlorsauren Lösungen (2 bis 65%ig; v/v) ist die Extinktion des Urans(VI) im Wellenlängenbereich von 415 bis 420 nm proportional seiner Konzentration (*Silverman* und *Moudy*). Ist mehr als 65% Perchlorsäure anwesend, so treten Abweichungen vom *Lambert-Beer*schen Gesetz auf. Liegt Uran in Konzentrationen von 10 bis 70 mg/ml vor, so ist die *Genauigkeit* der Extinktionsmessung zu jener titrimetrischer oder auch anderer photometrischer Verfahren äquivalent. Da Perchloratlösungen von Al, Cd, Pb, Fe, Th und Zr nicht im angegebenen Wellenlängenbereich absorbieren, rufen diese Elemente keine Störung der Uranbestimmung hervor. Bei 420 nm stören Co, Ni, V, Au, Cr(III und VI) (*Steele*). Die stärkste *Störung* wird durch Chrom verursacht, so daß bei Chromkonzentrationen von nur 0,00065% Cr(VI) und 0,006% Cr(III) ein relativer *Fehler* von 0,1% auftritt. Unter den Anionen stören Sulfat, Phosphat, Chlorid, Fluorid und Carbonat-Ionen (*Silverman* und *Moudy*; *Steele*).

Diese Methode kann direkt zur Uranbestimmung in $UO_3 \cdot xH_2O$ (gelb) und schwarzem Oxid U_3O_8 benutzt werden, die unmittelbar in einer Mischung von Perchlor- und Salpetersäure löslich sind. Mäßige Uranmengen lassen sich von Si, Nb, Ta, W und Sn (geringe Mengen) durch einfache Filtration der perchlorsauren Lösung trennen; das Filtrat ist dann zur Extinktionsmessung vorbereitet. Störende Ionen wie z. B. Fluorid-, Chlorid- und Carbonat-Ionen werden schon während des Eindampfens der Lösung mit Perchlorsäure entfernt.

Arbeitsvorschrift nach *Silverman* und *Moudy*. Zur Uranlösung 5 ml konz. Salpetersäure und 15 ml konz. Perchlorsäure zugeben und die Lösung so lange eindampfen, bis sich starke Perchlorsäuredämpfe entwickeln. Dann abkühlen, Wasser zufügen und die Lösung 15 Min. auf einem Wasserbad erwärmen, um das freie Chlor auszutreiben. Die Lösung in einen 25-ml-Meßkolben überführen, mit Wasser zur Marke auffüllen, danach in einem Thermostat auf (25 ± 0,3) °C bringen und die Extinktion im Wellenlängenbereich von 415 bis 420 nm gegen Wasser als Blindlösung messen (*Beckman*-Spektrophotometer DU; 1-cm-Zellen).

Bemerkung. Eine ähnliche Methode wurde von *Steele* zur *differentiellen,* photometrischen Bestimmung des Urans in einem perchlorsauren Medium benützt.

3.1.1.1.4 Bestimmung in verschiedenen, anderen wäßrigen Lösungen

3.1.1.1.4.1 Gemischt schwefel-, salpeter-, perchlorsaures Medium

Eine einfache Methode zur Bestimmung des Urans im Graphit durch direkte Colorimetrie des Urans wird von *Rogers* beschrieben. Die 0,05 bis 0,5 g enthaltende Probe wird durch 3stündiges Digerieren mit 25 ml einer aus gleichen Volumina konz. Schwefel-, Salpeter- und Perchlorsäure bestehenden Mischung aufgeschlossen. (Perchlorsäure kann, wenn nötig, immer wieder zugesetzt werden.) Die Lösung läßt man abkühlen und mißt das Uran unmittelbar bei 420 nm photometrisch gegenüber Standardkurven für 10^{-4} bis $2 \cdot 10^{-3}$ m Uranlösungen. Die *Genauigkeit* dieser Methode soll groß sein und hängt hauptsächlich vom Grad der Einheitlichkeit der Graphitstücke ab. Sie ist für Serienanalysen von Graphitbrennstoffelementen und „green mixes" (Koks, Pech und C) geeignet.

3.1.1.1.4.2 Sulfat- und Carbonatlösungen

Von *Wessling* und *De Sesa* wird eine spektrophotometrische Methode zur Uranbestimmung beschrieben, die auf Absorption von UV-Licht, und zwar durch Lösungen von Uranylsulfat- und -carbonat-Komplexen, zurückgeht. Die Methode wurde zur raschen Analyse uranhaltiger Lösungen benutzt, die bei Untersuchungen hinsichtlich des Ionenaustauschverhaltens des Urans (s. Abschnitt 5.1) verwendet werden. Nach Angaben der Autoren soll sie *genaue* Resultate liefern. Sie ist sowohl zur Uranbestimmung in sauren Sulfat- wie auch in basischen Carbonat- und Hydrogencarbonatlösungen geeignet.[1]

3.1.1.1.4.3 Konz. Salzsäure

In konz. Salzsäure können 4 bis 40 ppm Uran(VI) durch Messung der Extinktion des Uranylchlorid-Komplexes bei 246 nm (UV-Bereich) bestimmt werden (*Callahan*). Das *Lambert-Beer*sche Gesetz gilt im Konzentrationsbereich von 1 bis 60 ppm Uran. Störende Ionen können durch Extraktion des Uranylnitrats mit Äthylacetat (s. Abschnitt 6), in Gegenwart von Aluminiumnitrat als Aussalzmittel, abgetrennt werden. Der *Fehler* im 20 ppm-Bereich ist geringer als 2%.

3.1.1.1.4.4 Dichloracetatmedium[2]

Die Messung der Extinktion der Eigenfarbe des Dichloracetatkomplexes des Uranyl-Ions wurde von *Spacu* und *Popea* zur direkten, spektrophotometrischen Bestimmung des Urans in Gegenwart von Y, Ce und Th benützt. Die salpetersaure Lösung, die etwa 2 bis 88 mg Uran enthält, wird mit 2 ml einer 0,1 m-Dichloressigsäure-0,1 m-Natriumdichloracetat-Lösung (1 + 1) versetzt und auf 10 ml verdünnt. Nach 10 bis 40 Min. langem Durchmischen wird die Extinktion der Lösung bei 420 nm (3-cm-Zelle) gegenüber einer Reagensblindlösung gemessen. In Gegenwart einer gleichen Menge Thoriums, eines 5fachen Überschusses an Yttrium oder eines 10fachen an Cer treten *keine Störungen* auf.

3.1.1.2 Organische Lösungsmittel

3.1.1.2.1 Tributylphosphat-Isooctan[3]

Die UV-Absorption des Uran(VI)-nitrat-Tributylphosphat-Komplexes kann zur spektrophotometrischen Bestimmung des Urans in Tributylphosphat-Extrakten

---

[1] Die Uranbestimmung in Carbonatlösung wird nach *Thiemann, Kiessling* und *Jansen* bei einer Wellenlänge von 448 nm ausgeführt [*Thiemann, A., Kiessling, S.,* u. *Jansen, F.:* Fr. **208**, 332 (1965)].

[2] Anstelle von Dichloressigsäure können auch Monochloressigsäure oder die entsprechenden Brom- oder Jodverbindungen herangezogen werden [*Spacu, P., Popea, F.,* u. *Tohaneanu, C.:* Fr.: **214**, 338 (1965)].

[3] Eine direkte Bestimmung des Urans ist auch möglich in 30% TBP in Shellsol T (*Markl, P., Humblet, L., Wichmann, H.,* u. *Eschrich, H.:* Tech. Rep. Eurochemic Co., No. ETR-221, 1966).

herangezogen werden (*Paige, Elliott* und *Rein*). Dieser Komplex bildet sich bei der Extraktion des Urans(VI) aus einer wäßrigen 6 m Natriumnitratlösung vom pH = 3,0 mittels einer Lösung von Tributylphosphat (25%; v/v), das in einem inerten Verdünnungsmittel (Isooctan) gelöst ist (s. Abschnitt 6). Diese Extraktion ermöglicht die Trennung des Urans von verschiedenen anderen Elementen (s. Abschnitt 6), die die Extinktionsmessung stören würden. Die Toleranzgrenzen verschiedener Ionen sind folgende:

Je 0,5 mg/ml der Elemente und Ionen Al, Ba, Bi, Cd, Cr^{3+}, Co, Cu, Fe^{2+}, Pb, Li, Mg, Ni, Ag, Na und Zn. Je 0,05 mg/ml von Be, Fe^{3+}, Mn^{2+}, Hg^{2+}; von Ce^{3+}, Ru^{2+} und Ti^{3+} können je 0,005 mg/ml anwesend sein. Ferner stören nicht je 0,5 mg/ml Acetat-, Chlorid-, Chromat-, Perchlorat- und Sulfat-Ion, 0,05 mg/ml Fluorid- und Citrat-Ion und weniger als je 0,005 mg/ml Oxalat-, Phosphat-, Arsenat-, Molybdat-, Wolframat-, Vanadat- und Permanganat-Ion.

Diese in den ursprünglichen, wäßrigen Lösungen vorliegenden Konzentrationen rufen keine Störung der Methode hervor. Die größte *Störung* bewirken jene Anionen, die das Uran komplex binden und auf diese Weise die Extraktion in die Tributylphosphat-Isooctanphase verhindern. Einige kationische Störungen können durch Valenzänderungen vermieden werden, wie z. B. Reduktion von Eisen(III) zum Eisen(II). Bestimmte andere Ionen wie z. B. Fluorid-Ionen sind durch Zusatz von Aluminium maskierbar. Quecksilber läßt sich durch Abscheiden auf Kupferspänen vor der Extraktion des Urans entfernen.

Um bei der UV-Absorptionsmessung des Uran(VI)-Komplexes, die bei 250 nm ausgeführt wird, genaue Resultate zu erzielen, muß dieser aus Lösungen extrahiert werden, die 0,002 bis 5,0 mg Uran/ml enthalten. Bei Verwendung von 0,05 mg Uran/ml organische Phase (Messung in 1-cm-Zellen) beträgt die Standardabweichung 0,6%, bei Verwendung von nur 0,01 mg unter den gleichen Bedingungen 6,5%. Bei Anwendung von 0,005 mg Uran/ml organische Phase (Messung in 5-cm-Zellen) ist sie 0,4%.

Arbeitsvorschriften nach *Paige, Elliott* und *Rein*.

I. Für Proben, die 0,01 bis 0,1 mg Uran/ml enthalten. In 10 ml Probelösung sind 5,1 g Natriumnitrat vollständig aufzulösen. Die Probelösung und eine Blindlösung (= 10 ml 6 m Natriumnitratlösung) werden durch Zugabe von Salpetersäure und/oder Natriumhydroxidlösung auf pH = 3,0 eingestellt und das Uran mit 10 ml Tributylphosphat-Isooctanlösung [25% (v/v) Tributylphosphat in spektralreinem Isooctan; Isooctan, das nicht völlig spektralrein ist, kann mittels Durchfließenlassens durch eine Silicagel-Säule gereinigt werden] 4 Min. extrahiert (die Blindlösung wird analog behandelt). In einem aliquoten Teil der organischen Phase wird die Extinktion bei 250 nm (1-cm-Quarzzelle) gegen die analog hergestellte Blindlösung gemessen (*Beckman*-Spektrophotometer, Modell DU, mit UV- und Photomultiplierzusatz).

II. Für Proben mit mehr als 0,1 mg Uran/ml. Bei aliquoten Teilen der Probe mit kleinerem Volumen wird 6 m Natriumnitratlösung als Aussalzmittel verwendet. Zur Extraktion wendet man ein Verhältnis der wäßrigen zur organischen Phase von 1:1 an und wählt den aliquoten Teil der Probelösung derart aus, daß in der organischen Phase die Urankonzentration 0,01 bis 0,1 mg/ml wird. Das sonstige Verfahren ist dem unter I beschriebenen gleich.

III. Für Proben mit 0,002 bis 0,01 mg Uran/ml. Beide angegebenen Modifikationen (I oder II) sind anwendbar. Das Verhältnis der wäßrigen zur organischen Phase kann auch auf mehr als 1:1 erhöht werden; oder man verwendet 5-cm-Zellen. Quantitative Extraktion ist noch bei Verhältnis der wäßrigen zur organischen Phase 4:11 als praktische Grenze möglich. Die untere Grenze ist daher eine Urankonzentration von 0,0025 mg Uran/ml in der wäßrigen Probe. 10,2 g festes Natriumnitrat werden zu 20-ml-Proben gegeben, mit 5 ml Tributylphosphatlösung extrahiert und die Extinktion in 1-cm-Zellen gemessen. Bei Verwendung von 5-cm-Zellen und einem

Verhältnis der wäßrigen zur organischen Phase von 1:1 können noch 0,002 mg Uran/ml bestimmt werden. Bei Anwendung dieser Zellen ist die Tributylphosphatkonzentration auf 5% zu verringern, da die starke Eigenabsorption von 25%iger Tributylphosphatlösung eine große Spaltbreite erfordert (Verminderung der Verläßlichkeit der Bestimmung). Eine Tributylphosphat-Konzentration von 5% ermöglicht die quantitative Extraktion derart geringer Urankonzentrationen aus 6 m Natriumnitratlösung. Um zur Füllung der 5-cm-Zellen genug organische Phase zur Verfügung zu haben, wird eine 20-ml-Probe mit gleichem Volumen Tributylphosphatlösung extrahiert und als Aussalzmittel festes Natriumnitrat verwendet.

3.1.1.2.2 Hexon (Methylisobutylketon)

Uran(VI) läßt sich als Tetrapropylammoniumtrinitrat-Komplex von großen Mengen verschiedener Ionen durch Extraktion mit Hexon aus schwach sauren Aluminiumnitrat-Lösungen abtrennen (s. Abschnitt 6). Milligrammengen Urans können durch unmittelbare Absorptionsmessung des Komplexes in der organischen Phase bei einer Wellenlänge von 452 nm bestimmt werden (*Maeck, Booman, Elliott* und *Rein*). Der *Fehler* beträgt weniger als 10% im Bereich von 10 mg Uran [Mikrogrammengen Urans werden unter Anwendung der Dibenzoylmethanmethode (s. Abschnitt 3.1.3.1.1) nach Zusatz dieses Reagenses, gelöst in Äthanol-Pyridin-Mischung, zum Hexonextrakt durch Messung der Extinktion des gebildeten Chelats bei 415 nm bestimmt]. Außer Uran werden keine anderen Ionen extrahiert bzw. stören bei dieser Wellenlänge nicht. Die einzige *Störung* wird durch Cer(IV) und Thorium bewirkt, die durch das Tetrapropylammoniumnitrat-Reagens komplexiert werden und dabei eine bestimmte Menge dieser Verbindung verbrauchen. Diese Störung kann durch Erhöhung der Reagensmenge oder durch Verwendung eines kleineren, aliquoten Teiles der Probe ausgeschaltet werden.

Arbeitsvorschrift (nach *Maeck, Booman, Elliott* und *Rein*). Bei wäßrigen Lösungen von einem Volumen von 0,5 ml oder weniger, die 2 Millival Säure und 0,5 bis 12 mg Uran enthalten können, ist Uran aus einer Aussalzlösung, die 0,025m an Tetrapropylammoniumnitrat ist und 1 n-Säuredefizit aufweist, extrahierbar. Die Probe wird mit 4 ml Tetrapropylammoniumnitrat-Aussalzlösung (s. unten) versetzt und nach Zusatz von 2 ml Hexon das Uran 3 Min. extrahiert. Die Extinktion der organischen Phase wird in einer 1-cm-Zelle, die eine Tefloneinlage enthält, bei 452 nm gegenüber n Salpetersäure als Blindlösung gemessen (*Cary*-Modell 12-Spektrophotometer).

Herstellung der Tetrapropylammoniumnitrat-Aussalzlösung: 1050 g Aluminiumnitrat-9-hydrat ist mit Wasser auf 850 ml zu verdünnen. Dann wird bis zur Auflösung erhitzt, 67,5 ml konz. Ammoniaklösung zugesetzt, einige Minuten umgerührt, bis der entstandene Hydroxidniederschlag wieder gelöst ist. Es wird unter 50 °C abgekühlt, 50 ml Tetrapropylammoniumhydroxidlösung (10%; v/v) zugegeben; nach Umrühren, bis alles gelöst ist, wird die Lösung mit Wasser auf 1 l verdünnt.

3.1.1.2.3 Andere organische Lösungsmittel

3.1.1.2.3.1 Tri-(2-äthylhexyl)-phosphinoxid-Cyclohexan

Der Komplex des Urans(VI) mit Tri-(2-äthylhexyl)-phosphinoxid absorbiert im UV-Licht und kann zur quantitativen, photometrischen Bestimmung des Urans benützt werden (*Heyn* und *Banerjee*). Dieser Komplex bildet sich, wenn Uranylnitrat mit einer 0,1m Lösung des Phosphinoxids in Cyclohexan aus 6m Natriumnitratlösung vom pH-Wert 2,5 bis 3,0 extrahiert wird (s. Abschnitt 6). Diese Extraktion trennt das Uran von störenden Elementen. Die Methode kann zur Uranbestimmung wäßriger Lösungen verwendet werden, die 0,0025 bis 0,1 mg Uran/ml enthalten. Die Standardabweichung für 0,05 mg Uran/ml organischer Phase (in

1-cm-Zellen) und für 0,005 mg Uran/ml organischer Phase (in 5-cm-Zellen) ist kleiner
als 1%.

3.1.1.2.3.2 Diäthylcellosolve[1]

Eine Bestimmung des Urans in einer Lösung, die viele stark farbige Ionen wie
Fe, Cu, Ni und Cr enthält, ist möglich, indem man Diäthylcellosolve zur Extraktion
des Urans(VI) aus einer gesättigten Ammoniumnitratlösung verwendet (s. Abschnitt 6). Die Extinktion der Diäthylcellosolvelösung wird bei einer Wellenlänge
von 430 nm gemessen (*Price, Ernsberger* und *Ballard*). Chloride stören, denn Ei-
sen(III)-chlorid wird mitextrahiert. Auch Sulfate *stören*. Bei Uranmengen von mehr
als 100 mg/10ml Probelösung wird eine *Genauigkeit* der Methode von 5% erreicht. Der
Anstieg der Kurve ,,Extinktion gegen Konzentration'' ist flach, sodaß die Methode
nur ein Näherungsverfahren darstellt.

3.1.1.2.3.3 Methanol

Das zu bestimmende Uranoxyfluorid ist in Methanol löslich, nicht aber Uran(IV)-
fluorid. Die methanolische Lösung hat ein Extinktionsmaximum bei 420 nm und
gehorcht dem *Lambert-Beer*schen Gesetz. Es ist nötig, das käufliche Salz UF_4 zu
mahlen, um das möglicherweise eingeschlossene Uranoxyfluorid freizusetzen. Die
Methode ist nach Angaben der Autoren (*Eberle* und *Rodden*) auf 1 bis 2% genau. Der
Anstieg der Extinktions-Konzentrationskurve ist so flach wie in Diäthylcellosolve
(s. oben). Die verwendeten Mengen lagen zwischen 10 bis 130 μg Uranoxyfluorid.

Literatur

Andrews, L. J., Schaap W. B., u. *Gates jr., J. W.:* Report CD-4014, 11. April 1945.

Bacon, A., u. *Milner G. W. C.:* (a) Analyst **81**, 456 (1956); (b) A. E. R. E Report C/R 1749 (1955);
durch Anal. Chem. **28**, 1075 (1956). – *Banks, Ch. V., Burke, K. E., O'Laughlin, J. W.,* u. *Thompson, J. A.:* Anal. Chem. **29**, 995 (1957).

Callahan, C. M.: Anal. Chem. **33**, 1660 (1961). – *Canning, R. G.,* u. *Dixon, P.:* Anal. Chem. **27**,
877 (1955).

Eberle, A. R., u. *Rodden, C. J.:* Report A-1018, Sect. 2C; November 1943.

Heyn, A. H. A., u. *Banerjee, G.:* U. S. A. E. C., Rep. NYO-7568, November 1959.

Lovasi, J.: Magyar Kém. Lap. **19**, 499 (1964).

Maeck, W. J., Booman, G. L., Elliott, M. C., u. *Rein, J. E.:* Anal. Chem. **30**, 1902 (1958); **31**, 1130
(1959); U. S. A. E. C., Report IDO-14438 (1958).

Paige, B. E., Elliott, M. C., u. *Rein, J. E.:* Anal. Chem. **29**, 1029 (1957). – *Price, T. D., Ernsberger, F. M.,* u. *Ballard, A. E.:* Report CD-B-S-518; 28. Juli 1944.

Rogers, R. N.: Anal. Chem. **31**, 2071 (1959).

Silverman, L., u. *Moudy, L.:* Anal. Chem. **28**, 45 (1956). – *Spacu, P.,* u. *Popea, F.:* Acad. R. P. R.,
Stud. Cercet. Chim. **11**, 261 (1963). – *Steele, T. W.:* Analyst **83**, 414 (1958). – *Susano, C. D.,
Menis, O.,* u. *Talbott, C. K.:* Anal. Chem. **28**, 1072 (1956).

Wessling, B. W., u. *De Sesa, M. A.:* U. S. A. E. C. Report WIN-43 (1956).

3.1.2 Anorganische Reagenzien

3.1.2.1 Wasserstoffperoxid (Peroxidmethode)

In alkalischen Lösungen reagiert Uranyl-Ion mit Wasserstoffperoxid unter
Bildung einer gelben Lösung, deren Farbintensität direkt proportional dem Uran-
gehalt ist. Demzufolge kann diese Reaktion zur photometrischen Bestimmung des
Urans benützt werden (*Arnold* und *Pray*; *Baker*; *Cassidy*; *Coleman, Grotta, Wiberley*
und *Orlemann*; *Fleischer, Foster, Grimaldi* und *Stevens*; *Goldbeck, Petretic, Minthorn* und
Rodden; *Goldbeck* und *Rodden*; *Greenspan, Carlson, Julian* und *Schuler*; ebenso wie:

---

[1] ,,Cellosolve'' = Äthylenglykolmonoäthyläther.

Guest und *Zimmerman*; *Hackl*; *Inghram*; *Kurama, Ishihara, Kominami, Ishikawa* und *Ito*; *Rasin-Streden*; *Rider, John* und *Mellon*; *Rosenheim* und *Daehr*; *Sandell*; *Scott*; *Smales*; *Stewart, Widmer* und *Gates, jr.*; *Weaver, Wick, Woodard* und *Gates, jr.*; *Wiberley, Coleman* und *Smales*; *U. K. A. E. A.* (a, b, c, d, f, g, h); *Ahrland*; *Smith* und *Drewry*; *Boirie* und *Platzer*; *Ferraro* und *Czyrklis*; *Pollock* und *White*; *Usoni* und *Marabini*; *Petit, McCall* und *Kienberger*; *Blay*; *Seim, Morris* und *Frew*; *Murthy*; *Banerjee* und *Heyn*; *Vita, Trivisonno* und *Phipps*; *Marabini*; *Green*). Bei dieser Reaktion reagiert ein Mol Uran(VI) mit einem Mol Wasserstoffperoxid, und die entstandene Verbindung weist eine Hydroperoxidstruktur auf.

Als alkalische Systeme werden Natriumhydroxid-, Natriumcarbonat-, Ammoniumcarbonat- und Ammoniaklösungen oder auch Medien verwendet, die Gemische dieser Verbindungen enthalten. Zur Farbentwicklung kann diesen uranhaltigen, alkalischen Lösungen entweder Wasserstoffperoxid oder Natriumperoxid zugesetzt werden.

Bei der Verwendung von Natriumhydroxidlösung und Natriumperoxid (Natronlauge-Natriumperoxid-System) (s. Arbeitsvorschrift I, S. 130) (*Baker*; *Fleischer, Foster, Grimaldi* und *Stevens*; *Weaver, Wick, Woodard* und *Gates*; *Greenspan, Carlson, Julian* und *Schuler*; *Goldbeck, Petretic, Minthorn* und *Rodden*; *Goldbeck* und *Rodden*) liegen besser reproduzierbare Bedingungen vor, und auch die Störung durch Vanadium kann ausgeschaltet werden (*Goldbeck, Petretic, Minthorn* und *Rodden*). In diesem System wird die höchste Empfindlichkeit der Uranbestimmung durch Messung der Extinktion bei einer Wellenlänge von 340 nm erreicht (*Goldbeck* und *Rodden*). Die Messung bei dieser Wellenlänge wird jedoch durch eine Reihe von Faktoren beeinflußt, von denen der wichtigste die Peroxidkonzentration ist (*Wiberley, Coleman* und *Smales*; *Coleman, Grotta, Wiberley* und *Orlemann*). So wurde festgestellt, daß Wasserstoffperoxid- und Natriumhydroxidlösungen bei allen verwendeten Konzentrationen eine geringe Absorption zeigen, die sich wesentlich erhöht, wenn diese beiden Lösungen vermischt werden. Die Absorption einer Natriumperoxidlösung ist ähnlich derjenigen einer Mischung mit Natriumhydroxidlösung. Genaue Messungen bei 340 nm würden daher eine genaue Kontrolle der Peroxidkonzentration erfordern, so daß aus diesem Grund die Extinktionsmessungen der Lösungen meist bei Wellenlängen zwischen 400 und 440 nm ausgeführt werden (s. Arbeitsvorschriften I und II, S. 130), wo die Peroxidkonzentration keinen Einfluß auf die Extinktion zeigt, obwohl hier die Empfindlichkeit geringer ist. Ferner liegt dieses Wellenlängengebiet derart, daß auch ein Filterphotometer verwendet werden kann (s. Arbeitsvorschrift III, S. 131), und außerdem ist in diesem Bereich die Farbe der Lösung mindestens 12 Std. stabil (*Smales*).

Analoge Ergebnisse werden erhalten, wenn man Natronlauge und Natriumperoxid oder Wasserstoffperoxid einer Natriumcarbonatlösung des Probematerials zusetzt (*Wiberley, Coleman* und *Smales*). In diesem Natriumcarbonat-Natronlauge-Wasserstoffperoxid-System (s. Arbeitsvorschrift II, S. 130) wird die Messung im gleichen Wellenlängenbereich wie beim Natronlauge-Natriumperoxid-System durchgeführt.

Wie bei den beiden oben erwähnten Systemen liegt in wasserstoffperoxidhaltigen Natriumcarbonatlösungen (Natriumcarbonat-Peroxid-System) die Wellenlänge der maximalen Extinktion bei 340 nm (*Goldbeck* und *Rodden*). Die Farbintensität nimmt mit steigender Alkalität zu, und die Farbe wird nach Rot verschoben (*Cassidy*), d. h. die Natriumcarbonatkonzentration beeinflußt die Absorption des Komplexes. Die Extinktion ändert sich jedoch nicht weiter, sobald der pH-Wert der Natriumcarbonatlösung durch Zugabe von Natriumhydroxidlösung auf 12 erhöht wird. Zu ihrer Messung kann ein Blaufilter verwendet werden (*Sandell*) (s. Arbeitsvorschrift III, S. 131).

Wenn man Ammoniumcarbonat als alkalisches Reagens benützt (Ammoniumcarbonat-Peroxid-System) (*Rosenheim* und *Daehr*; *Hackl*; *Smales*; *Arnold* und *Pray*;

Wiberley, Coleman und *Smales*), so ist die Farbe des Uranperoxid-Komplexes genau so lange beständig wie im Natronlauge-Natriumperoxid-System. Auch in einer ammoniakalischen Peroxidlösung kann die Farbe des Uranylperoxid-Komplexes entwickelt werden (*Stewart, Widmer* und *Gates*).

Für die allgemeine Verwendung wird das Natronlauge-Natriumperoxid-System oder das Natriumcarbonat-Natronlauge-Wasserstoffperoxid-System mit Extinktionsmessungen bei 400 bis 440 nm vorgezogen, da sie weniger den Störungen unterliegen. Ferner müssen die Versuchsbedingungen nicht so genau eingehalten werden wie beim Natriumcarbonat-Peroxid-System. Für besondere Zwecke wird gelegentlich das Ammoniumcarbonat-Peroxid- oder das Ammoniak-Peroxid-System verwendet.

Die Bestimmung des Urans mittels der Peroxidmethode wird durch die Anwesenheit einer Reihe von Kationen und Anionen *gestört*.

Unter den Metall-Ionen ruft Chrom, vorliegend als Chrom(VI), die stärkste Störung hervor, da dessen spektrale Absorption diejenige des Urans in alkalischen Peroxidlösungen (gleichgültig, ob Natriumcarbonat, Natronlauge oder Ammoniak als alkalisches Medium verwendet wird) überlappt. Die Korrektur für Chrom durch Zugabe bekannter Mengen dieses Elements zu Standards erwies sich als nicht zufriedenstellend. *Sandell* gibt an, daß der Effekt des Chroms(VI) durch Verwendung eines aliquoten Teiles der Probelösung in der Vergleichszelle eines lichtelektrischen Photometers kompensiert werden kann. Der störende Einfluß des Chroms kann auch ausgeschaltet werden, indem man die Messungen bei zwei Wellenlängen und eine einfache Rechnung ausführt (*Pollock* und *White*) (s. S. 131). In vielen Fällen ist es jedoch am besten, das Chrom vor der Bestimmung des Urans abzutrennen. Geeignete Trennungsmethoden dafür sind u. a. die zweifache Fällung des Urans mit Ammoniak (s. Abschnitt 1.1.1.1) nach Oxydation des Chroms zum sechswertigen Oxydationszustand, die Extraktion des Urans mit organischen Lösungsmitteln (s. Abschnitt 6), Ionenaustauschverfahren (s. Abschnitt 5.1) oder Elektrolyse an einer Quecksilberkathode (s. Abschnitt 1). Eine Abtrennung des Chroms durch Verflüchtigung als Chromylchlorid wurde ebenfalls vorgeschlagen (*Fleischer, Foster, Grimaldi* und *Stevens*).

Vanadium(V) ergibt eine gelbe Färbung mit Wasserstoffperoxid, die weniger intensiv ist als diejenige des Urans. Demzufolge stört dieses Element bei der gewöhnlichen Durchführung der Peroxidmethode. Diese Störung kann nicht kompensiert werden, da nach Zugabe bekannter Mengen Vanadium zu Standards die Farbentwicklung mit Alkaliperoxid von der Temperatur abhängig ist. Wird jedoch ein Natronlauge-Natriumperoxid-System von hoher Basizität verwendet und die Lösung vor der photometrischen Messung aufgekocht und dann abgekühlt, so wird die Störung durch Vanadium ausgeschaltet (s. Arbeitsvorschrift I, S. 130) (*Goldbeck, Petretic, Minthorn* und *Rodden*). Vanadium ist nicht durch Ätherextraktion des Urans (s. Abschnitt 6) vollständig entfernbar und begleitet das Uran bei Trennungen mit Alkali-Ionen (s. Abschnitt 1.1.1.3) merklich.

Analog zum Vanadium(V) reagieren Molybdän(VI) und Wolfram(VI) in alkalischen Lösungen mit Wasserstoffperoxid unter Bildung gelber Verbindungen, deren Farbe ebenfalls weniger intensiv ist als jene mit Uran. Die Störung durch Molybdän und Wolfram kann durch 2stündiges Stehenlassen der Lösung eliminiert werden (*Wiberley, Coleman* und *Smales*; *Rasin-Streden*).

Starke Störungen werden durch Mangan-Ionen hervorgerufen. Das in alkalischer Lösung ausfallende Mangan(IV)-oxidhydrat ruft eine Mitfällung des Urans hervor (s. Abschnitt 1.3); ferner bewirkt es eine katalytische Zersetzung des Peroxids (*Wiberley, Coleman* und *Smales*).

Eisen stört durch katalytische Zersetzung des Peroxids, wenn es in großen Mengen vorliegt, und auch durch Mitfällung des Urans, wenn es durch Filtration abgetrennt wird (s. Abschnitt 1.3). Kleine Eisen(III)-mengen stören nicht im

Natronlauge-Natriumperoxid-System, wenn man die Lösung zum Koagulieren des Eisen(III)-oxidhydrat-Niederschlags vor der Filtration stehen läßt. Um Eisen komplex in Lösung zu halten, kann man Komplexbildner wie z. B. Tartrat-Ion (*Stewart, Widmer* und *Gates*; *Pollock* und *White*) benützen.

Kupfer(II) und Nickel(II) stören durch die intensive Farbe ihrer Amminkomplexe im Ammoniak-Ammoniumcarbonat-System (*Smales*). Geringe Mengen stören aber nicht beim Natriumcarbonat-Natronlauge-Wasserstoffperoxid-System (*Wiberley, Coleman* und *Smales*; *Rasin-Streden*). Große Mengen ergeben niedrigere Resultate, wahrscheinlich durch Mitfällung des Urans mit dem Hydroxidniederschlag.

Cer(III, IV)-Ionen bilden eine stark gelbe Verbindung mit Wasserstoffperoxid in carbonathaltiger Lösung (*Sandell*).

Aluminium stört nicht, wenn es in geringen Mengen vorhanden ist (*Rasin-Streden*).

Titan bewirkt in alkalischer Lösung keine Gelbfärbung mit Wasserstoffperoxid und kann mittels einer Natriumcarbonatfällung entfernt werden (*Rasin-Streden*).

Störungen durch Calcium und Magnesium wurden berichtet (*Weaver, Wick, Woodard* und *Gates*); diese Elemente sind aber durch Filtration der alkalischen Lösung entfernbar. Daher konnte Calcium als Kollektor (s. Abschnitt 1.3) für das Uran vor dessen colorimetrischer Bestimmung ohne Störung im Natronlauge-Natriumperoxid-System verwendet werden (*Goldbeck* und *Rodden*).

Unter den Anionen stören Phosphate nicht bis zu 140 mg PO_4^{3-}/100 ml. Höhere Konzentrationen zeigen Bleichwirkung auf die Uranfärbung (*Rasin-Streden*).

Fluoride bis zu einer Konzentration von 10 mg Fluorid-Ion/100 ml stören nicht. 10 bis 15 mg Fluorid-Ion/100 ml üben einen schwach bleichenden Effekt aus, bei mehr als 50 mg Fluorid-Ion nimmt die Farbe der Lösung rasch ab (*Rasin-Streden*; *Sandell*).

Chlorid-, Nitrat- und Acetat-Ionen üben praktisch keinen Einfluß auf die Uranbestimmung nach der Peroxidmethode (*Wiberley, Coleman* und *Smales*) aus.

Bis zu 60 mg SiO_2/100 ml in Form löslicher Silicate stören nicht. Ist ihre Konzentration jedoch höher, so nimmt die Farbintensität rasch ab (*Rasin-Streden*).

In Gegenwart von Hydrogencarbonat-Ionen ist die Extinktion geringer, wenn die Messungen im Wellenlängenbereich von 350 bis 400 nm ausgeführt werden (*Scott*), als in Abwesenheit dieser Ionen. Dieser Effekt tritt weniger zu Tage, wenn bei längeren Wellen gemessen wird, und verschwindet völlig im Bereich von 440 bis 450 nm. Da der durch die Anwesenheit von Hydrogencarbonat hervorgerufene Fehler sich mit der Konzentration an Natriumcarbonat ändert, sind die Messungen nicht leicht korrigierbar; es muß daher darauf geachtet werden, daß die Meßlösung keine wesentliche Menge Hydrogencarbonat-Ionen enthält. Eine Entfernung des Hydrogencarbonats kann nicht einfach durch Kochen der Lösung bewirkt werden, da die Anwesenheit eines Überschusses an Natriumcarbonat die Zerfallsgeschwindigkeit des Hydrogencarbonats merklich verringert und beträchtliche Mengen davon selbst nach einstündigem Kochen noch in der Lösung vorhanden sind. Die verläßlichste Methode (*Scott*) ist, eine Bildung von Hydrogencarbonat überhaupt schon bei der Neutralisation der sauren Lösung zu verhindern, indem diese mit Natriumhydroxid neutralisiert wird (s. Arbeitsvorschriften I und II, S. 130). Die neutrale Lösung wird dann mit Natriumcarbonat behandelt und hierauf mit Wasserstoffperoxid versetzt. Der Effekt des Hydrogencarbonats kann auch durch Zugabe von Natriumhydroxid bis zum Erreichen eines pH-Wertes von 12,9 ausgeschaltet werden. Störende, organische Verbindungen lassen sich durch Oxydation mit Kaliumpermanganat in natriumcarbonathaltiger Lösung zerstören (*Upor, Görbicz* und *Novák*).

Eine sehr wirksame Methode zur gleichzeitigen Entfernung fast aller die Peroxidmethode störenden Ionen (s. oben) ist eine Ätherextraktion des Uranylnitrats

(*Stewart, Widmer* und *Gates*; *Goldbeck* und *Rodden*) (s. Abschnitt 6). Dabei wurde beobachtet (*Goldbeck* und *Rodden*), daß auch organische Substanzen durch die Ätherextraktion abgetrennt werden, die bei der Zugabe von Natronlauge und Natriumperoxid eine Färbung liefern. Es ist daher nötig, organische Verbindungen nach Entfernung des Äthers durch Abrauchen mit einer Mischung aus Salpeter-, Perchlor- und Schwefelsäure zu entfernen (s. auch S. 131).

Die untere Grenze der Empfindlichkeit der Peroxidmethode liegt nach *Sandell* bei etwa 0,01% Uran, während sie von *Hackl* mit 0,02% angegeben wird. Die Empfindlichkeit hängt vor allem vom Meßinstrument ab. Eine optische Durchlässigkeit von 60% wurde für 325 nm bei Verwendung von 10-cm-Küvetten und einer U_3O_8-Konzentration von 2 μg/ml beobachtet (*Goldbeck, Petretic, Minthorn* und *Rodden*). Bei Verwendung eines gewöhnlichen Filterphotometers oder bei der visuellen Bestimmung ist die Empfindlichkeit natürlich wesentlich geringer als bei Anwendung eines Spektrophotometers. Der Wert der Extinktion für eine gegebene Urankonzentration in Anwesenheit eines Überschusses an Peroxid hängt auch vom endgültigen pH-Wert der Lösung und der Art des verwendeten Alkalis (oder in einer Mischung verschiedener Alkalien von deren relativen Mengen) ab. So können Natriumcarbonat und Natriumhydroxid verschiedene Resultate ergeben, selbst wenn in beiden Fällen die Lösung denselben pH-Wert aufweist (*Scott*).

Wenn Spektrophotometer mit großen Bandbreiten verwendet werden, tritt bis zu einer Bandbreite von 35 nm keine Abweichung vom *Lambert-Beer*schen Gesetz auf (*Goldbeck* und *Rodden*). In Filterphotometern können Abweichungen von der Linearität auftreten, was auf die verwendete große Bandbreite zurückzuführen ist.

Die *Genauigkeit* der Peroxidmethode liegt bei reinen Uranyllösungen innerhalb der Fehlergrenze der photometrischen Messungen, die vom verwendeten Instrument abhängt (*Wiberley, Coleman* und *Smales*). Beim *Beckman*-Spektrophotometer ist die Genauigkeit 1%.

Nach *Rasin-Streden* ist der mittlere *Fehler* der Methode nicht größer als 2 bis 3%.

Anwendungsbeispiele zur Peroxidmethode

Zur Verdeutlichung der in den verschiedenen, alkalischen Systemen angewendeten Arbeitsmethoden zur Bestimmung des Urans nach der Peroxidmethode werden 3 Arbeitsvorschriften (s. unten) angegeben, die die am häufigsten verwendeten Systeme beschreiben.

Arbeitsvorschrift I. (Natronlauge-Natriumperoxid-System nach *Goldbeck* und *Rodden*). Die Lösung, die 1 bis 25 mg U_3O_8 und keine störenden Substanzen enthält, ist mit Natronlauge (1 + 1) (etwa 19m) zu neutralisieren, etwa 1 g Natriumperoxid zuzusetzen, ein Überschuß von Natronlauge (1 + 1) im Betrag von 10% des Endvolumens zuzugeben und die Lösung auf das Endvolumen zu verdünnen. Nach Filtrieren durch ein doppeltes Filter wird die Extinktion bei 425 nm gegen Wasser als Blindlösung gemessen. In Anwesenheit von Vanadium sind nach Neutralisation der Lösung 20 ml Natronlauge (1 + 1) zuzugeben und die Lösung auf 100 ml zu verdünnen. Etwa 1 g Natriumperoxid wird zugefügt und die Lösung durch ein doppeltes Filter filtriert. Die Lösung wird aufgekocht, dann abkühlen gelassen und die Extinktion bei 425 nm gegen Wasser gemessen. Wenn Uranspuren bestimmt werden sollen, ist die Extinktion bei 370 nm gegen eine Reagensblindlösung zu messen.

Arbeitsvorschrift. II. (Natriumcarbonat-Natronlauge-Wasserstoffperoxid-System nach *Wiberley, Coleman* und *Smales*). Nach Entfernung störender Elemente wird die Lösung mit Natronlauge (25%ig; m/v) neutralisiert, 5 ml Natriumcarbonatlösung (20%ig; m/v) und hierauf 5 ml Natronlauge (10%ig; m/v) zugefügt; die Lösung wird gekocht, abgekühlt und nach Zugabe von 1 ml Wasserstoffperoxid (30%ig; m/v) die

Extinktion bei 400 nm gegenüber einer Reagensblindlösung gemessen. Falls nötig ist die Lösung vor der Messung zu filtrieren.

Arbeitsvorschrift. III. (Natriumcarbonat-Peroxid-System nach *Sandell*). 5 ml Natriumcarbonatlösung (10%ig; m/v) und 2 ml Wasserstoffperoxidlösung (3%ig; m/v) werden zu einer fast neutralen Uranlösung zugesetzt, die geeignete Mengen Uran enthält; die Lösung ist mit Wasser auf 25 ml zu verdünnen. Zur Messung der Extinktion dieser Lösung wird ein Blaufilter (450 nm) verwendet.

Bemerkungen. a) Die Peroxidmethode kann unter Anwendung der in den Arbeitsvorschriften I bis III beschriebenen Form nur in wenigen Fällen zur Bestimmung des Urans *ohne* dessen vorangehende Trennung von Fremd-Ionen benützt werden. Sie ist allerdings anwendbar, wenn Uran in reinen Uranlösungen bestimmt werden soll [*U. K. A. E. A.* (b)]. Zu diesem Zweck wird die Lösung, die zwischen 1 und 40 mg Uran enthält, zur Trockne eingedampft, der Rückstand in Schwefelsäure (1 + 17) (etwa 1,05 m) gelöst und dann die Lösung neutralisiert, worauf man Natriumcarbonat, Natriumpyrophosphat und Wasserstoffperoxid zusetzt und die Extinktion mißt.

b) Eine ähnliche Methode kann auch zur Bestimmung von *Uranylfluorid* im Uran(IV)-fluorid verwendet werden [*U. K. A. E. A.* (c)]. Die Probe wird mit einer gesättigten Natriumfluoridlösung behandelt, das unlösliche Uran(IV)-fluorid (s. Abschnitt 1.1.4) abfiltriert und das im Filtrat befindliche Uran(VI) nach der Peroxidmethode bestimmt.

c) Zur Bestimmung des Urans in Uran-Zirkonium-Legierungen, ohne vorangehende Abtrennung des Eisens, Nickels oder Vanadiums, wurde von *Pollock* und *White* eine modifizierte Form der Peroxidmethode verwendet. Der störende Einfluß des Chroms wird ausgeschaltet, indem man die Messungen bei zwei Wellenlängen und eine einfache Rechnung ausführt. Der Probelösung, die 5 bis 15 mg Uran enthält, werden 10 ml 20%ige Weinsäurelösung (m/v), 5 ml 20%ige Triäthanolaminlösung (v/v), 1 ml Perhydrol und 25 ml 20%ige Natriumhydroxidlösung (m/v) zugesetzt, die Lösung auf 100 ml verdünnt und deren Extinktion bei 400 und 445 nm gemessen (in 1- bzw. 5-cm-Zellen). Zwei Blindlösungen (die eine mit 10 mg zugesetztem Uran und die andere mit 1 mg zugesetztem Chrom) werden analog behandelt.

d) Mit Ausnahme dieser Beispiele ist es jedoch in den meisten Fällen nötig, das Uran *vor* dessen Bestimmung mittels der Peroxidmethode unter Anwendung geeigneter Methoden von den störenden Fremd-Ionen abzutrennen. Als solche wurden Verfahren benützt, die auf Lösungsmittelextraktion, Chromatographie und Fällung beruhen.

e) *Bestimmung nach Extraktion mit organischen Lösungsmitteln.*

α) Diäthyläther. Wie bereits erwähnt (s. S. 129) ist die Extraktion des Uranylnitrats mit Diäthyläther (s. Abschnitt 6) eine der geeignetsten Methoden zur Abtrennung des Urans vor der Bestimmung nach der Peroxidmethode. Diese Arbeitsmethode wurde zur Bestimmung des Urans in den verschiedenartigsten Materialien herangezogen [*U. K. A. E. A.* (a, d, e, f, g)].

Zur Bestimmung des Urans in den nach der Auflösung von Erzen verbleibenden, festen Rückständen werden 2 g Probe mit Flußsäure und Salpetersäure behandelt und das Uran mit Äther extrahiert. Nach Zerstörung organischer Substanzen (s. S. 130) mit einem Perchlorsäure-Salpetersäuregemisch wird das Uran in einer wasserstoffperoxid- und natriumpyrophosphathaltigen Natriumcarbonatlösung photometrisch bestimmt [*U. K. A. E. A.* (a)]. Ähnliche Methoden wurden auch zur Bestimmung des Urans in unreinen Lösungen, die weniger als 2% Uran enthalten [*U. K. A. E. A.* (d)], in Springfields-Effluenten und sonstigen Abwässern [*U. K. A. E. A.* (e)] und in Gras [*U. K. A. E. A.* (f)] verwendet. Im letzten Fall wird die Probe mittels einer Schwefel-Salpetersäuremischung naß verascht, der Rückstand nach Entfernung der Kieselsäure mittels Flußsäure in Salpetersäure gelöst und das

9*

Uran mit Eisen(III)-hydroxid als Kollektor mitgefällt (s. Abschnitt 1.3). Das Uran wird dann durch Ätherextraktion vom Eisen(III) getrennt und nach Zerstörung organischer Substanzen mit Salpetersäure- und Perchlorsäuremischung nach der Peroxidmethode bestimmt. Ein analoges Verfahren wird zur Bestimmung des Urans in Rückständen, die im wesentlichen aus Magnesiumfluorid bestehen, angewendet [*U. K. A. E. A.* (g)]. Auch hier wird nach Entfernung der Fluorid-Ionen durch Abrauchen mit Schwefelsäure das Uran mit Eisen(III)-hydroxid mitgefällt und dann eine Ätherextraktion ausgeführt.

β) **Trioctylamin und Trilaurylamin.** Zur Bestimmung des Urans in Mineralen wird nach Angaben von *Boirie* und *Platzer* die Probe in Schwefelsäure gelöst und das Uran mit einer Lösung von Trioctylamin in Benzol extrahiert (s. Abschnitt 6.1). Nach der Rückextraktion mit 0,5m Natriumcarbonatlösung wird dieser Lösung 3%ige Wasserstoffperoxidlösung zugesetzt und ihre Extinktion bei 370 nm gemessen. Der *Fehler* dieser Methode übersteigt nicht $\pm5\%$. Ein ähnliches Verfahren kann zur Bestimmung des Urans in Gußeisen dienen (*Green*). Die Extraktion erfolgt aus schwefelsaurer Lösung unter Anwendung von Amberlite LA-1 (Trilaurylamin), gelöst in Chloroform. Aus dem organischen Extrakt wird das Uran mit einer 10%igen Natriumcarbonatlösung (m/v) rückextrahiert und nach Zugabe von Wasserstoffperoxid die Extinktion der alkalischen Lösung bei 410 nm gemessen. Für Urangehalte von 10 bis 100 mg beträgt der *absolute* Fehler etwa $\pm$ 1,5 mg.

γ) **Trioctylphosphinoxid.** Zur Bestimmung des Urans im Aluminium wird die Probe in Salzsäure gelöst und das Uran mit einer Trioctylphosphinoxid-Benzollösung extrahiert (*Petit, McCall* und *Kienberger*) (s. Abschnitt 3.1.1.2.3.1). Das Uran wird mit Ammoniumoxalatlösung rückextrahiert und nach Zugabe von Ammoniak und Wasserstoffperoxid die Extinktion dieser Lösung bei 410 nm gemessen. Eine Analyse kann in 1,5 Std. durchgeführt werden; ihre *Genauigkeit* beträgt $\pm8\%$, wenn 100 bis 500 ppm Uran anwesend sind.

δ) **Alkylhydrogenphosphat.** Vor der colorimetrischen Bestimmung des Urans in Phosphaten wird nach *Smith* und *Drewry* die Probe in Gegenwart von Kaliumchlorat in 6n Salzsäure gelöst, das Eisen durch Cupferron-Chloroform-Extraktion entfernt und dann das Uran aus einer Lösung, die Hydroxylammoniumchlorid, Natriumchlorid und Äthanol enthält, mittels einer 0,1m Lösung von saurem Laurylphosphat in Leichtbenzin extrahiert. Der organische Extrakt wird eingedampft, die organischen Substanzen durch Erhitzen mit einer Mischung aus Schwefelsäure und Salpetersäure zerstört und das Uran nach der Peroxidmethode bestimmt.

ε) **Äthylacetat.** Zur Bestimmung des Urans in Konzentraten wird es nach *Guest* und *Zimmerman* zuerst aus einer salpetersauren Lösung der Probe mit Äthylacetat in Gegenwart von Aluminiumnitrat als Aussalzmittel extrahiert (s. Abschnitt 6) und dann nach der Peroxidmethode colorimetrisch bestimmt.

f) *Bestimmung nach Durchführung chromatographischer Trennverfahren.*

α) **Cellulosesäule.** Zur Bestimmung des Urans in uranarmen Erzen wird von *Kurama, Ishihara, Kominami, Ishikawa* und *Ito* ein Verfahren beschrieben, das darauf beruht, daß das Uran zuerst nach der Cellulosesäule-Salpetersäure-Diäthyläthermethode (s. Abschnitt 5.2.1.1) von störenden Fremd-Ionen getrennt und dann im Eluat colorimetrisch oder photometrisch nach der Peroxidmethode bestimmt wird, wobei die Messungen bei 420 nm ausgeführt werden. Eine ähnliche Methode kann zur Bestimmung des Urans in Rückständen, die in Salpetersäure unlösliches Uran enthalten, verwendet werden [*U. K. A. E. A.* (h)].

β) **Ionenaustausch.** Die Peroxidmethode wurde nach der Abtrennung des Urans auf aa) stark basischen *Anionenaustauschern* verwendet, auf denen es als anionischer Sulfat- (*Seim, Morris* und *Frew*; *Banerjee* und *Heyn*; *Marabini*) (s. Abschnitt 5.1), Nitrat- (*Ferraro* und *Czyrklis*; *Vita, Trivisonno* und *Phipps*) (s. Abschnitt 5.1.2.1.3) oder Carbonatkomplex (*Murthy*) (s. Abschnitt 5.1.2.1.4.1) festgehalten wird. Eines dieser Verfahren (*Ferraro* und *Czyrklis*) kann zur Bestimmung des Urans in Stahl benützt werden.

bb) Auf einer *Kationenaustauschersäule* kann Uran(VI) durch Elution mit einer Schwefel- und Phosphorsäuremischung vom Uran(IV), $Fe^{2+,3+}$, V(III, IV, V), Mo(IV, VI) und Cu^{2+} getrennt und im Eluat photometrisch nach der Peroxidmethode bestimmt werden (*Blay*). Diese Methode ist zur Analyse von Lösungen geeignet, die nach dem Auslaugen von Uranmineralen erhalten werden.

g) *Anwendung der Carbonatmethode.* Nach Abtrennung des Urans mittels der Carbonatmethode (s. Abschnitt 1.1.1.3) kann das Uran in Silicatgesteinen (*Hackl*), Erzen, Sanden, Urankonzentraten, Ab- und Waschwässern der Diuranatfällung (s. Abschnitt 1) und anderen Materialien nach der Peroxidmethode bestimmt werden (*Rasin-Streden*).

Literatur

Ahrland, S.: Svensk Kem. Tidsskr. **72**, 757 (1960). – *Arnold, E. A.,* u. *Pray, A. R.:* Anal. Chem. **15**, 294 (1943).

Baker, R.: Colorado Area Progress Report, 22. November 1944. – *Banerjee, G.,* u. *Heyn, A. H. A.:* Anal. Chem. **30**, 1795 (1958). – *Blay, J. A.:* An. Argentina **48**, 188 (1960). – *Boirie, C.,* u. *Platzer, R.:* Acta Chim. Acad. Sci. Hung. **33**, 275 (1962).

Cassidy, H. G.: Report A-337, 2. November 1942. – *Coleman, C. F., Grotta, H., Wiberley, S. E.,* u. *Orlemann, E. F.:* Report C-4. 360. 1; 14. Juli 1945.

Ferraro, T. A., u. *Czyrklis, W. F.:* Watertown Arsenal, Techn. Report No. WAL-TR-823/3, 1962. – *Fleischer, M., Foster, M. D., Grimaldi, F. S.,* u. *Stevens, R. E.:* Report A-1064; 1.Januar 1945; Report A-2912, Vol. 1. Januar 1946, S. 18.

Goldbeck, C. G., Petretic, G. J., Minthorn, M. L., u. *Rodden, C. J.:* Report A-1074; Januar 1945. – *Goldbeck, C. G.,* u. *Rodden, C. J.:* N. B. S., A. C. M. P. Collected Papers, No. 38. – *Green, H.:* B. C. I. R. A. Jl. **12**, 632 (1964). – *Greenspan, J., Carlson, A. S., Julian, E. C.,* u. *Schuler, M. J.:* Report XAC-S-1340; 11. Mai 1945. – *Guest, R. J.,* u. *Zimmerman, J. B.:* Anal. Chem. **27**, 931 (1955).

Hackl, O.: Fr. **119**, 321 (1940).

Inghram, W. W.: Report A-1060, Sect. 2F; October 1944.

Kurama, H., Ishihara, Y., Kominami, B., Ishikawa, T., u. *Ito, J.:* Japan Analyst **6**, 3 (1957).

Marabini, A. M.: Ric. Sci., R. C. A. **3**, 919 (1963). – *Murthy, T. K. S.:* Anal. chim. Acta **16**, 25 (1957).

Petit, G. S., McCall, J. E., u. *Kienberger, C. A.:* U. S. A. E. C., Report K-1524, 1964. – *Pollock, E. N.,* u. *White, L. F.:* Chemist-Analyst **52**, 70 (1963).

Rasin-Streden, R.: Anal. chim. Acta **4**, 94 (1950). – *Rider, B. F., John, C. V. St.,* u. *Mellon, M. G.:* Report A-2748; März 1946. – *Rosenheim, A.,* u. *Daehr, H.:* Z. anorg. Ch. **181**, 177 (1929).

Sandell, E. B.: Colorimetric Determination of Traces of Metals. New York 1944. – *Scott, T. R.:* Analyst **75**, 100 (1950). – *Seim, H. J., Morris, R. J.,* u. *Frew, D. W.:* Anal. Chem. **29**, 443 (1957). – *Smales, A. A.:* Report BR-526; 7. November 1944. – *Smith, W. B.,* u. *Drewry, J.:* Analyst **86**, 178 (1961). – *Stewart, G. M., Widmer, J. A.,* u. *Gates, jr., J. W.:* Report CD-4019; 20. April 1945.

U. K. A. E. A.: (a) Report PG 131 (S), 1960; (b) Report PG 218 (S), 1961; (c) Report PG 323 (S), 1962; (d) Report PG 132 (S), 1960; (e) Report PG 130 (S) 1960; (f) Report PG 142 (S), 1960; (g) Report PG 215 (S) 1961; (h) Report PG 263 (S), 1961. – *Upor, E., Görbicz, L.,* u. *Novák, G.:* Magyar Kém. Lap. **21**, 487 (1966).

Usoni, L., u. *Marabini, A. M.:* Ric. sci., Rc., A **6**, 721 (1964).

Vita, O. A., Trivisonno, C. F., u. *Phipps, C. W.:* U. S. A. E. C. Report GAT-283, 1959.

Weaver, B. S., Wick, L. B., Woodard, R. W., u. *Gates, jr., J. W.:* Report CD-4020; 24. April 1945. – *Wiberley, S. E., Coleman, C. F.,* u. *Smales, A. A.:* Report C-4, 360. 7; 19. September 1945.

3.1.2.2 Thiocyanat-Ion (Thiocyanatmethode)

Thiocyanat-Ion reagiert mit Uranyl-Ion in saurer Lösung unter Bildung eines gelben Komplexes, dessen Absorption zur quantitativen, photometrischen Bestimmung des Urans benützt werden kann. Dieser Komplex ist in einem relativ weiten Aciditätsbereich (von etwa 0,1 bis 2,0 n Salz- oder Salpetersäure) beständig und bildet sich sowohl in sauren, rein wäßrigen Systemen als auch in solchen, die hohe Konzentrationen an organischen Lösungsmitteln wie Aceton oder anderen Ketonen, aliphatischen Alkoholen, Äther, Ätheralkoholen oder Estern enthalten. Demzufolge kann die photometrische Bestimmung des Urans auch nach dessen Extraktion (als Thiocyanat- oder Nitrat-Komplex) mittels mit Wasser nicht mischbarer, organischer Lösungsmittel unmittelbar in der organischen Phase ausgeführt werden.

Ganz allgemein gesehen ist die Empfindlichkeit dieser Thiocyanatmethode größer als diejenige der meisten Methoden, in denen anorganische Reagenzien benutzt werden (s. Abschnitt 3.1.2). Die geringste Urankonzentration, die sich dabei noch mit ausreichender *Genauigkeit* bestimmen läßt, beträgt etwa 20 μg/ml.

In den nun folgenden Abschnitten werden Methoden zur Bestimmung des Urans(VI) mit Thiocyanat-Ion als Farbreagens beschrieben, und zwar wurde die Einteilung danach getroffen, ob die Extinktionsmessung in rein wäßriger Lösung erfolgt oder in Systemen durchgeführt wird, die die oben erwähnten organischen Lösungsmittel enthalten.

3.1.2.2.1 Rein wäßrige Lösung

Methoden zur quantitativen Bestimmung des Urans(VI) durch Messung der Extinktion des Uranyl-thiocyanat-Komplexes in rein wäßrigen, sauren Systemen wurden von einer Anzahl von Autoren beschrieben (*Crouthamel* und *Johnson*; *Currah* und *Beamish*; *Gerhold* und *Hecht*; *Habashi*; *Jovanović* und *Zuker*; *Marcus*; *Nelson* und *Hume*; *Sandell*; *Skey*; *Steele*; *Tillu, Bhatnagar* und *Murthy*; *Tucker*; *U. K. A. E. A.*; *Ahrland*; *Moiseeva* und *Tumanov*; *Usoni* und *Marabini*; *Bisby, Brown* und *Chapman*; *Tabushi*).[1] Die Extinktion des Komplexes wächst schnell mit fallender Wellenlänge unterhalb 400 nm und wird meistens bei 365 nm gemessen. Das Reagens selbst absorbiert knapp unterhalb 360 nm.

Zur Einstellung des für die maximale Farbentwicklung nötigen pH-Bereiches von 0,2 bis 1,0 (*Currah* und *Beamish*; *Nelson* und *Hume*) werden meistens verd. Salz- oder auch Salpetersäure benutzt. [Zur Einstellung des pH-Wertes wurde auch eine Ameisensäure-Natriumformiatpufferlösung von pH = 2,5 empfohlen (*Moiseeva* und *Tumanov*)]. Es konnte gezeigt werden (*Jovanović* und *Zuker*), daß ein Zusatz an Salz-, Salpeter- und Schwefelsäure sehr unterschiedliche Einflüsse ausübt. Bei Verwendung von Salpeter- oder Salzsäure nimmt die Farbintensität mit ansteigenden Mengen an Säure zu; allerdings ist diese Zunahme nur scheinbar. Größere Säuremengen verringern die Farbintensität des Thiocyanat-Komplexes. Die Absorptionszunahme wird durch Zerfall des Thiocyanats verursacht. Nach *Gerhold* und *Hecht* tritt die maximale Farbintensität bei Verwendung von 15 bis 35 ml konz. Salzsäure auf 100 ml Meßvolumen auf. In Anwesenheit von Schwefelsäure wird die Farbintensität des Thiocyanat-Komplexes herabgesetzt, da das Uranyl-Ion mit dem Sulfat-Ion komplexe Verbindungen bildet.

Als Reagens wird meistens eine Ammonium- oder Kaliumthiocyanat-Lösung verwendet. Nach Erreichen des Extinktionsmaximums bei 20 ml 3 n Kaliumthiocyanat-Lösung in 100 ml Gesamtvolumen besitzt die Farbintensität einen konstanten Wert (*Gerhold* und *Hecht*). Trotzdem ist es günstig, größere Thiocyanatkonzentrationen anzuwenden, da ein Überschuß an Thiocyanat-Ion die Stabilität der Farbe begünstigt. So wurden z. B. empfohlen: 10 ml 8 m Ammoniumthiocyanat-Lösung auf 25 ml Meßlösung (*Currah* und *Beamish*).

Die Zeitdauer der maximalen Farbintensität des Uranylthiocyanats ist für die Bestimmung des Urans von erheblicher Bedeutung. Sie tritt in salzsaurer Lösung

---

[1] Weitere Literatur: *Cook, E. B. T.*, u. *Steele, T. W.*: Report NIM-503, 29 Mai 1969; *Prall, J. R.*: Report NLCO-1062, Juli 1970.

ungefähr 1 Min. nach der Säurezugabe auf und bleibt während 30 bis 40 Min. konstant (*Gerhold* und *Hecht*). Erst nach 10 bis 12 Std. wird ein merkliches Verblassen beobachtet. In schwach salpetersauren Lösungen beträgt der *Fehler* 2,6 oder 2%, wenn die Messungen innerhalb von 5 bis 20 Min. nach Bereitung der Meßlösungen durchgeführt werden (*Jovanović* und *Zuker*). Die Farbänderungen innerhalb der ersten 10 Min. sind äußerst gering.

Die Bestimmung des Urans mit Thiocyanat-Ion wird durch farbige Ionen und alle jene Elemente *gestört*, die mit diesem Reagens farbige Thiocyanat-Komplexe bilden. Dazu gehören Fe^{3+} und die Elemente Mo, W, Ru, Re, Ti u. a., deren Thiocyanat-Komplexe sich allerdings oft erst dann bilden, wenn ein Reduktionsmittel anwesend ist. Dies ist bei allen beschriebenen Methoden zur Uranbestimmung mit Thiocyanat-Ion der Fall, da nur durch die Verwendung eines Reduktionsmittels der störende Einfluß der meistens im Überschuß anwesenden Eisen(III)-Ionen ausgeschaltet werden kann. Als Reduktionsmittel wird dazu am häufigsten Zinn(II)-chlorid, gelöst in Salzsäure (frisch bereitete Lösung), verwendet. Dieses reduziert Eisen(III) zum Eisen(II), das mit Thiocyanat-Ionen *nicht* unter Bildung eines roten Komplexes reagiert. Diese Methode führt jedoch nur in Abwesenheit der oben angegebenen Elemente Mo, W usw. zum Ziel. So bilden z. B. Wolfram und Molybdän nach der Reduktion die bekannten, gelben bzw. orangefarbenen Komplexe, die die Grundlage einer photometrischen Bestimmung dieser Elemente bilden. Ebenso *stört* vorhandenes Vanadium. Hingegen ist die Uranbestimmung in Anwesenheit der beinahe 800-fachen Thoriummenge ausführbar. Erst in Anwesenheit noch größerer Thoriummengen wird die Absorption des Uranylthiocyanat-Komplexes verringert. Diese Abnahme der Gelbfärbung in Anwesenheit großer Thoriummengen ist möglicherweise auf die Bildung eines Thoriumthiocyanat-Komplexes zurückzuführen, der die zur Entwicklung der Uranylthiocyanatfarbe verfügbare Menge Thiocyanats herabsetzt (*Currah* und *Beamish*). Diese Störung läßt sich durch Zugabe eines entsprechend großen Überschusses an Thiocyanat-Ionen beseitigen (*Gerhold* und *Hecht*).

Kupfer bildet nach Reduktion der Lösung mit Zinn(II)-chlorid unlösliches Kupfer(I)-thiocyanat, wenn es in größerer Konzentration als 80 mg Cu/100 ml Gesamtlösung vorhanden ist (*Gerhold* und *Hecht*). Wird der Kupfer(I)-thiocyanat-Niederschlag abgetrennt, so soll die Extinktion der Lösung gleich groß sein wie in Abwesenheit von Kupfer (*Currah* und *Beamish*).

Größere Mengen Blei stören gleichfalls; doch kann es z. B. durch Fällung als Bleisulfat entfernt werden.

Viel Sulfat-Ion ist aus dem oben (s. S. 134) angegebenen Grund nicht tolerierbar. In Gegenwart von Phosphorsäure nimmt die Farbintensität mit zunehmender Phosphorsäurekonzentration ab (*Habashi*). Außerdem erweist sich die Farbe bei den höheren Phosphorsäurekonzentrationen als sehr unbeständig; schon nach kurzer Zeit tritt ein rötlicher Ton auf. Blindlösungen, die kein Uran enthalten, zeigen ebenfalls bei höheren Phosphorsäure-Konzentrationen einen rötlichen Ton, wenn sie gegen Wasser gemessen werden. Die von *Crouthamel* und *Johnson* (s. Abschnitt 3.1.2.2.3) eingeführte Modifikation der Thiocyanat-Methode, d. h. die Benutzung eines acetonischen Mediums, erlaubt die genaue, colorimetrische Bestimmung des Urans neben bis zu 0,75 m Phosphorsäure (*Marcus*). Der Erfolg dieses Verfahrens geht wahrscheinlich auf die Tatsache zurück, daß, während Phosphorsäure nicht so stark in dem verwendeten Schwefelsäure-Aceton-Medium dissoziiert ist, Thiocyansäure ein starker Elektrolyt bleibt und erfolgreich den Wettbewerb mit dem Phosphat-Ion unter Bildung des gelben Uranyl-thiocyanat-Komplexes besteht. In Fällen, wo die Phosphorsäure-Konzentrationen größer als 0,75 m sind, können die Lösungen gewöhnlich verdünnt werden, da die Methode bis zu 10^{-6} m Urankonzentration abwärts empfindlich ist, wenn 10-cm-Küvetten verwendet werden. Auf diese Weise ist die Entfernung der Phosphorsäure vor der photometrischen Bestimmung unnötig.

Wird zur Reduktion des Eisens(III) nicht Zinn(II)-chlorid, sondern die schwächer reduzierende Ascorbinsäure angewandt, so können manche Schwierigkeiten, die bei der Verwendung von Zinn(II)-chlorid auftreten (s. S. 135), vermieden werden (*Tucker*; *Moiseeva* und *Tumanov*). (Eine starke Störung wird jedoch auch hier durch Mo, V, Ti, Cr, Os und Ru verursacht.) Außerdem können größere Mengen an Eisen(III)-Ionen reduziert werden, wobei die Reaktion wie mit Zinn(II)-chlorid fast sofort erfolgt. Die Konzentration an Salz- oder auch Schwefelsäure in der Probe hat keinen merklichen Einfluß auf die Farbintensität des Uranylthiocyanat-Komplexes im pH-Bereich von 0,5 bis 2,5. Es können bei dieser Methode sowohl Chloride als auch Sulfate verwendet werden.

Wird der Uranylthiocyanat-Komplex einer γ-Strahlung ausgesetzt, so nimmt seine Extinktion in wäßriger Lösung und in Gegenwart von Zinn(II)-chlorid mit steigender Strahlendosis ab, bis das Auftreten von radiolytischem elementaren Schwefel ein scheinbares Ansteigen verursacht. In Abwesenheit von Zinn(II)-chlorid wird eine Zunahme der Extinktion durch die Trübung durch Schwefel über einen weiten Dosisbereich festgestellt. In Aceton-Wassermischungen treten ähnliche, aber bei weitem stärkere Effekte auf (*Zittel* und *Scroggie*).

Anwendungsbeispiele zur Bestimmung des Urans in rein wäßriger Lösung unter Anwendung der Thiocyanatmethode.

Zur spektrophotometrischen Bestimmung des Urans nach der Thiocyanatmethode unter Anwendung von *Ascorbinsäure* als Reduktionsmittel für Eisen(III)-Ionen wird von *Tucker* die folgende

Arbeitsvorschrift empfohlen. Die Probelösung (salz- oder schwefelsauer), die etwa 1 mg Uran enthält, wird in einen 25-ml-Meßkolben gebracht und 5 ml Ascorbinsäurelösung (20 g Ascorbinsäure in 1 l Lösung; frisch bereiten!) oder wenn erforderlich, mehr zur Lösung zugegeben. Nach Durchmischen werden 7 ml Ammoniumthiocyanat-Lösung (500 g Ammoniumthiocyanat in 1 l Lösung) zugegeben und die Lösung mit Wasser zur Marke aufgefüllt (es soll ein pH-Wert von 0,5 bis 2,5 erreicht werden). In gleicher Weise ist eine Reagensblindlösung herzustellen. Die Extinktion wird in 1-cm-Zellen bei einer Wellenlänge von 365 nm gegen die Blindlösung in der Bezugszelle gemessen. Wegen des Nachlassens der Farbintensität als Funktion der Zeit (s. S. 134) sind die Messungen innerhalb 1 Std. nach der Farbentwicklung durchzuführen. Der Urangehalt unbekannter Lösungen wird durch Vergleich mit einer analog aufgestellten *Eichkurve* ermittelt.

Bemerkungen. I. Ähnliche Methoden, nur unter Anwendung von *Zinn(II)-chlorid* als Reduktionsmittel, wurden von verschiedenen Autoren zur absorptiometrischen Bestimmung des Urans herangezogen. Die Messung der Extinktion kann auch unter Verwendung von Blaufiltern, wie z. B. des Dunkelblaufilters BG5 in Photometern wie etwa dem „Lange-Colorimeter" (*Gerhold* und *Hecht*), durchgeführt werden.

II. So wurde von *Currah* und *Beamish* ein Verfahren zur Bestimmung *geringer* Uran(VI)-Mengen in Anwesenheit relativ großer Thorium- und geringer Eisen- und Kupfermengen nach der Thiocyanatmethode entwickelt. Danach ist die Bestimmung von 0,05 bis 0,8 mg Uran in Anwesenheit von 1,25 g Th, 2 mg Fe und 50 mg Cu in 25 ml Lösung möglich.

III. *U. K. A. E. A.* beschreibt eine colorimetrische Methode zur Bestimmung des Urans in Lösungen aus *Reaktorbrennstoff*-Aufarbeitungsanlagen. Proben, die große Mengen Chrom und Eisen enthalten, werden mit Äther extrahiert (s. Abschnitt 6) und dann das Uran nach der Thiocyanatmethode bestimmt. Andere Proben werden unmittelbar durch Anwendung dieser Methode, mit oder ohne vorangehende Oxydation organischer Substanz mittels Salpeter- und Salzsäure, analysiert. Diese Methode ist auf Lösungen anwendbar, die weniger als einen 100fachen Überschuß an

Eisen und Chrom enthalten. Plutonium *stört*, wenn es in größerer Konzentration als Uran vorhanden ist.

IV. Zur Bestimmung des Urans mittels der Thiocyanatmethode in Mineralen, besonders in *Monazitkonzentraten*, wird nach *Tillu*, *Bhatnagar* und *Murthy* die Probe zuerst mit konz. Schwefelsäure aufgeschlossen und in einem aliquoten Teil ihrer Lösung das Eisen(III) mit Zinn(II)-chlorid reduziert. Nach Zusatz von Ammoniumthiocyanat wird dann die Extinktion bei 365 nm gemessen.

V. Die Thiocyanatmethode unter Anwendung von Zinn(II)-chlorid als Reduktionsmittel wurde fernerhin nach der Lösungsmittelextraktion des Urans als *Acetylacetonat* mit Chloroform verwendet (*Tabushi*).

3.1.2.2.2 Tributylphosphat-Tetrachlorkohlenstoff[1]

Die direkte spektrophotometrische Bestimmung des Urans ist möglich nach seiner Extraktion als Thiocyanat-Komplex mittels 32,5%igen (v/v) Tributylphosphats, gelöst in Tetrachlorkohlenstoff, aus einer Thiocyanat-Ion- und ÄDTA enthaltenden Lösung von pH = 3,5 bis 3,9 (*Clinch* und *Guy*). Die Extinktion des getrockneten, organischen Extraktes wird mit analog hergestellten Leerextrakten, d. h. Extrakten, die kein Uran enthalten, bei 350 nm in einem Spektrophotometer verglichen. Der mittlere *Fehler* der Methode beträgt 0,6%. Sie ist zur Bestimmung des Urans in uranarmen Erzen und Thoriumoxid geeignet.

Die folgenden Metall-Ionen in den angegebenen Oxydationszuständen ergeben bei pH = 3,8, selbst wenn davon bis zu 200 mg anwesend sind, überhaupt *keine Störung*: Tl^+, Ag^+, Cu^{2+}, Ni^{2+}, Mn^{2+}, Cd, Pb, Sn^{2+}, Bi^{3+}, Fe^{3+}, Cr^{3+}, Sb^{3+}, Sc^{3+}, Ti^{4+} (100 mg war die größte von den Autoren verwendete Menge), Th, V(V) und Re(VII).

Molybdän stört beträchtlich bei pH-Werten unter 3,6. Bei pH = 3,85 ergeben 700 mg Mo in Abwesenheit des Urans eine Extinktion von 0,032. In Anwesenheit von Uran vermindert Molybdän die Extinktion beträchtlich. Wolfram stört auf ähnliche Weise; aber sein Effekt ist etwas weniger ausgeprägt. Molybdän sollte daher abwesend sein; aber Wolfram kann in Mengen bis zu 10 mg toleriert werden.

Obgleich Kobalt durch ÄDTA komplexiert wird, wird doch etwas davon extrahiert, und mit zunehmendem Kobaltgehalt der Lösung werden die TBP-Schichten etwas blau gefärbt. Geringe Kobaltmengen können toleriert werden, während Mengen von mehr als 10 mg abwesend sein müssen.

Zirkonium, Zinn(IV) und Cer(IV) werden in Anwesenheit von ÄDTA bei pH-Werten von 3,8 ausgefällt und einiges Uran mitgefällt. [Zinn(II) und Ce(III) stören nicht.]

Gold wird als Chlorogoldsäure praktisch quantitativ zusammen mit dem Uran extrahiert und färbt die organische Schicht tief orange. Dieser Einfluß des Goldes kann durch Zugabe einer Kaliumcyanid-Lösung unterdrückt werden. Platin stört ähnlich; diese Störung kann aber nicht vollständig mit Cyanid-Ion aufgehoben werden. Quecksilber (I und II)-Ionen werden extrahiert und absorbieren stark in Anwesenheit und Abwesenheit des Urans.

Unter den Anionen stören alle jene, die mit Uran starke Komplexe bzw. Niederschläge bilden können. Dazu gehören Fluorid- und Phosphat-Ionen sowie organische Säuren.

Arbeitsvorschrift nach *Clinch* und *Guy*. Uran darf als Nitrat, Chlorid, Sulfat oder in perchlorsaurer Lösung vorliegen. Zur Lösung werden 20 ml einer 10%igen ÄDTA-Lösung (m/v) zugegeben und der pH-Wert mit m Ammoniaklösung oder n Salzsäure zwischen 3,5 und 3,9 eingestellt. Dann sind 10 ml Ammoniumthiocyanatlösung

---

[1] Nach einem anderen Verfahren wird das Uran als Thiocyanat in Lösungen von TBP in Kerosin und Benzol bestimmt (*Derberdeeva, R. Yu., Nemodruk, A. A., u. Palei, P. N.:* Radiokhimiya **7**, 271 (1965)).

(50%; m/v) zuzufügen, gut durchzumischen, der pH-Wert erneut zu messen, die Lösung auf 50 ml zu verdünnen und der Uranylthiocyanat-Komplex 30 Sek. mit 10 ml Tributylphosphat (32,5%; v/v; gelöst in Tetrachlorkohlenstoff) zu extrahieren. Die organische Phase wird mit 0,5 g wasserfreiem Natriumsulfat getrocknet und die Extinktion der Lösung in einer 1-cm-Zelle gegen eine analog hergestellte Blindlösung bei 350 nm gemessen.

Bemerkungen. I. Zur Bestimmung des Urans in *Erzen* unter Anwendung der obigen Methode wird das Uran zuerst durch Chromatographie auf einer Cellulosesäule (s. Abschnitt 5.2.1) angereichert. Im Falle der Analyse von Thoriumoxid wird das Uran vor seiner Bestimmung mit Diäthyläther in Gegenwart von Ammoniumnitrat als Aussalzmittel extrahiert (s. Abschnitt 5.2.1.1).

II. Eine Methode, die ebenfalls auf der Extraktion des Uranylthiocyanat-Komplexes mit einem Gemisch aus Tributylphosphat und Tetrachlorkohlenstoff beruht, wurde von *Koppikar, Korgaonkar* und *Murthy* beschrieben. Hier wird der Uranthiocyanat-Komplex bei pH = 1,5 in Abwesenheit von ÄDTA, aber in Gegenwart von *Ascorbinsäure* extrahiert. Dieses Verfahren kann zum Unterschied von demjenigen nach *Clinch* und *Guy* (s. oben) unmittelbar, d. h. ohne vorangehende Anreicherung des Urans, zur Analyse von Monazitkonzentraten angewendet werden.

III. Eine *Modifikation* der von *Clinch* und *Guy* beschriebenen Methode wurde von *Vogliotti* zur Bestimmung des Urans in Erzen verwendet. Bei diesem Verfahren wird das Uran mittels einer (1 + 1)-Mischung an Tributylphosphat-Benzol aus einer Kaliumthiocyanat, Calciumnitrat und ÄDTA enthaltenden Lösung mit einem pH-Wert zwischen 1,3 und 1,8 extrahiert. Nach dem Waschen des Extrakts mit einer Acetatpufferlösung, die Kaliumthiocyanat, ÄDTA und Thioglykolsäure enthält, wird die Extinktion der organischen Phase bei 421 nm gemessen.

3.1.2.2.3 Aceton-Wasser-Medium

In acetonhaltigem, wäßrigem Medium können die meisten Störungen durch Anionen, die bei der Thiocyanatmethode in wäßriger Lösung (s. Abschnitt 3.1.2.2.1) einwirken, ausgeschaltet werden (*Crouthamel* und *Johnson*). Außerdem nehmen Empfindlichkeit sowie Stabilität der Farbe zu, und die Farbentwicklung wird im sauren Bereich unabhängig vom pH-Wert. Die Standardabweichungen betragen durchschnittlich $\pm 0,5\%$. Mit dieser Methode wird es möglich, Proben zu analysieren, die Sulfate, Citrate, Phosphate, Fluosilicate, Fluoride, Cu, Zr, Fe, Sn, Hg, Ni und Mn enthalten. Von den von *Crouthamel* und *Johnson* untersuchten Fremd-Ionen Hg, Fe^{3+}, Ni, Cr^{3+}, Mn, Cu, Zr, Al, Pb, Co und Sn^{4+} war Zirkonium das einzige Element, das eine starke Abweichung vom *Lambert-Beer*schen Gesetz hervorrief. Viele Thiocyanat-Komplexe verschiedener Kationen fluorescieren bei einer Wellenlänge von 350 nm oder weniger und können *negative* Fehler hervorrufen, wenn die Messungen bei kleineren Wellenlängen durchgeführt werden. Auch zeigen alternde Thiocyanat-Lösungen eine erhöhte Fluorescenz.

Arbeitsvorschrift nach *Crouthamel* und *Johnson*. Man wählt eine geeignete Probemenge aus, damit eine endgültige Urankonzentration von $1,5 \cdot 10^{-4}$m (0,9 mg Uran/ 25 ml) erreicht wird. Diese Konzentration bewirkt, in 1-cm-Zellen gemessen, eine Extinktion von 0,60. Die Probe ist mit 1 ml konz. Salzsäure und 0,5 ml konz. Schwefelsäure zu versetzen, auf dem Sandbad bis zum Auftreten dichter, weißer SO_3-Nebel zu erhitzen, abkühlen zu lassen, mit wenigen Millilitern Wasser zu verdünnen und in einen 25-ml-Meßkolben zu bringen. (Der pH-Wert braucht nicht eingestellt zu werden.) Hierauf werden 20 Tropfen (etwa 1,0 ml) einer Zinn(II)-chloridlösung (10%; m/v) zugegeben, ferner 15 ml Aceton, gesättigt mit Ammoniumthiocyanat (3,25 bis 3,5m). Die Lösungen sind nach jeder Zugabe gut durchzumischen, die Endlösung mit Wasser auf 25 ml aufzufüllen. Bei der Zugabe von Aceton bemerkt man oft das Auftreten von Niederschlägen, die sich aber in allen Fällen wieder bei Zugabe von Wasser auflösen. Man vermeidet diese Niederschlagsbildung, wenn man das Volumen der wäßrigen Lösung auf 10 ml einstellt, bevor die Acetonlösung zugesetzt wird. Die Entwicklung der vollen Farbintensität erfolgt sehr rasch. Die Messungen sind innerhalb weniger Minuten möglich und können mittels eines Spektrophotometers bei 375 nm ausgeführt werden. Als *Blindlösung* verwendet man eine Lösung, die aus 0,5 ml konz. Schwefelsäure, 20 Tropfen Zinn(II)-chloridlösung (10%; m/v) und 15 ml Ammoniumthiocyanat-Lösung nach Auffüllung mit Wasser auf 25 ml hergestellt wird.

Bemerkungen. I. Diese Methode wurde von *Feinstein* zur Bestimmung des Urans in *Erzen* benutzt. Nach Aufschluß der Erzproben wird das Uran zuerst in Gegenwart von Aluminiumnitrat als Aussalzmittel mit Äthylacetat extrahiert (s. Abschnitt 6.4) und nach seiner Rückextraktion mit Wasser spektrophotometrisch bestimmt. Der Autor fand, daß die Verwendung von je 5 mg der Elemente Vanadium, Chrom und Thorium nach der Extraktion die Bestimmung des Urans überhaupt nicht stört, während Zirkonium ein wenig, Molybdän hingegen *sehr stört*, da sie teilweise mitextrahiert werden.

Diese Methode gestattet also auch die Bestimmung des Urans in vanadiumhaltigen Erzen, Mineralen und Gesteinen, und ihre *Genauigkeit* wird mit $\pm 2\%$ angegeben.

II. Von *Kimball* und *Rein* wurde die oben beschriebene Methode von *Crouthamel* und *Johnson modifiziert*, indem das Uran zuerst mit Tributylphosphat (5%; v/v) in Tetrachlorkohlenstoff extrahiert und das Aceton durch Äthanol (95%ig) ersetzt wurde. Diese Änderungen verbesserten die Stabilität und machten auch eine Rückextraktion des Urans aus der TBP-Phase überflüssig. Für 34 Elemente wurden die ungefähren Toleranzgrenzen bestimmt. Im Vergleich zum Verfahren von *Crouthamel* und *Johnson* zeigt diese Methode eine genau so hohe bzw. höhere Toleranz für die meisten Kationen und viele Anionen. Dagegen *stören* Anionen, die leicht mit Uran(VI) Komplexe bilden, die quantitative Extraktion des Urans.

3.1.2.2.4 Butylcellosolve-Hexon-Wasser-Medium

Wird Uran(VI)-nitrat mit Hexon (Methylisobutylketon) unter Verwendung von Aluminiumnitrat als Aussalzmittel extrahiert (s. Abschnitt 6.3.1) und dann der Extrakt mit einer ammoniumthiocyanat- und ascorbinsäurehaltigen, wäßrigen Butylcellosolvelösung versetzt, so bildet sich der gelbe Uranylthiocyanat-Komplex sofort aus, und die Farbe ist 48 Std. stabil (*Nietzel* und *De Sesa*). Der optimale Konzentrationsbereich des Urans bei einer Wellenlänge von 375 nm beträgt 0,4 bis 2,0 mg U_3O_8 im entsprechend verwendeten, aliquoten Teil. Der Fehler der Methode beträgt durchschnittlich 0,34%. Titan ist das am stärksten störende Element; es verursacht infolge Mitfällung von Uran negative Resultate. Die Anwesenheit von höchstens 5 mg Titan im aliquoten Teil der Probe kann toleriert werden, und zwar mit einem äquivalenten, maximalen, negativen Fehler von 0,02 mg Uranoxid, entweder durch Zufügen von 1 ml einer 3m Weinsäurelösung vom pH = 1 zum aliquoten Teil der Lösung vor Zugabe des Aussalzmittels oder durch Verwendung einer Aluminiumnitrat-Weinsäuremischung. 40 mg Zirkonium verursachen einen negativen Fehler, äquivalent zu 0,01 mg Uranoxid. Die Anwesenheit von 20 mg Vanadium(IV) ruft einen positiven Fehler, äquivalent zu 0,02 mg Uranoxid hervor.

Anstelle von Butylcellosolve kann dem Hexonextrakt natürlich auch eine Acetonlösung des Reagenses und des Reduktionsmittels zugesetzt werden(*Palei*). Für dieses Verfahren werden jedoch 2 Extraktionen benötigt, und die Messung muß innerhalb von 30 Min. ausgeführt werden. Ferner vermindert ein Ersatz des Acetons durch Butylcellosolve die Flüchtigkeit der Meßlösung und das Kriechen in den Meßzellen (*Nietzel* und *De Sesa*). Auch ist wie oben erwähnt die Farbe längere Zeit stabil.

Arbeitsvorschrift nach *Nietzel* und *De Sesa*. *Wäßrige* Proben werden so verdünnt, daß sie eine Urankonzentration von 0,2 bis 2,0 mg U_3O_8 im Probevolumen aufweisen, wenn die Extinktionsmessungen bei 375 nm ausgeführt werden sollen, oder unverdünnt analysiert, falls die Messungen bei längeren Wellenlängen auszuführen sind. Proben, die *organische* Lösungsmittel enthalten, sind vor dem Verdünnen durch Rückextraktion des Urans mit wäßrigen Carbonatlösungen zu behandeln. *Erze* und *Konzentrate* muß man nach geeigneten Methoden aufschließen und nach Neutralisation gegebenenfalls anwesender, großer Mengen Alkalien oder Säuren auf ein geeignetes Volumen verdünnen. Einen aliquoten Teil der Probe, der nicht mehr als 3 ml betragen soll, stellt man durch tropfenweisen Zusatz von Salpetersäure oder konz. Natriumhydroxidlösung auf pH = 0,3 ein. Hierauf sind 15 ml Aluminiumnitratlösung (s. unten) und schließlich 20 ml Hexon zuzusetzen. Nach 2 Min. langer Extraktion werden 10 ml der organischen Phase mit 15 ml Reagenslösung (s. unten) versetzt, gut durchgeschüttelt und die Extinktion der Lösung gegen eine auf analoge Weise hergestellte Reagensleerlösung bei 375 nm oder, wenn die Extinktion größer als 1,0 ist, bei 420 nm gemessen.

Aussalzlösung. 1880 g Aluminiumnitrat-9-hydrat sind in 500 ml Wasser unter langsamem Erwärmen zu lösen, die Lösung abzukühlen, 200 ml Ammoniak (1 + 1) (etwa 8,8m) langsam zuzugeben und die Mischung so lange umzurühren, bis sich der Niederschlag wieder aufgelöst hat. Nach dem Abkühlen auf Zimmertemperatur wird die Lösung mit Wasser auf 2 l verdünnt. Für *titanhaltige* Proben ist das Aussalzmittel auf ähnliche Art und Weise herzustellen; doch vor dem Verdünnen sind 60 g Weinsäure in der Mischung aufzulösen. Dann werden 60 ml oder mehr Ammoniak (1 + 1) (etwa 8,8m) zugegeben und die Mischung so lange umgerührt, bis sich der Niederschlag auflöst.

Reagenslösung. 75 ml einer Mischung, die aus 11 Teilen Butylcellosolve und 4 Teilen Wasser besteht, werden mit 2,0 g Ascorbinsäure und danach 46 g Ammoniumthiocyanat versetzt und mit der reinen Butylcellosolve-Wassermischung (dieselbe Zusammensetzung) auf 150 ml verdünnt, was ein in Beziehung auf Ammoniumthiocyanat bei Zimmertemperatur gesättigtes Reagens ergibt. Da während des Auflösungsprozesses Wärme absorbiert wird, ist das Auflösen durch Erwärmen mit warmem Wasser zu beschleunigen.

3.1.2.2.5 Methyläthylketon

Der Uranylthiocyanat-Komplex läßt sich mit Methyläthylketon (*Sinjakova* und *Klassova*) mit einem Verteilungskoeffizienten von 2000 aus einer Lösung extrahieren, die 60%ig an Ammoniumnitrat und 3%ig an Ammoniumthiocyanat ist. Auf Grund dieser Tatsache wurde von den Autoren eine Methode entwickelt, die darauf beruht, daß das Uran zuerst mittels dieses Extraktionsmittels extrahiert und dann nach Zugabe einer gesättigten Ammoniumthiocyanatlösung in Aceton zum Extrakt spektrophotometrisch bestimmt wird. Dieses Verfahren gestattet die Bestimmung von 0,01 bis 1,0% Uran in Erzen und anderen Materialien, die Fe, Cu, Co, V, Mo und andere Elemente enthalten. Der relative *Fehler* beträgt nach Angaben von *Sinjakova* und *Klassova* ±2 bis 3%. Das *Lambert-Beer*sche Gesetz ist im untersuchten Konzentrationsbereich von $4,2 \cdot 10^{-5}$ bis $6,3 \cdot 10^{-4}$m Uran gültig. Die Autorinnen empfehlen folgende

Arbeitsvorschriften. I. Bestimmung des Urans in Abwesenheit von Mo, V, Ti und Bi in Gegenwart von Fe, Cu, Co und anderen Elementen. In diesem Falle wird das Uran aus mit Ammoniumnitrat gesättigter Lösung als Uranylnitrat mit Methyläthylketon extrahiert (s. Abschnitt 6.3.2), mit gesättigter Ammoniumthiocyanatlösung in Aceton in den Thiocyanat-Komplex übergeführt und zwecks Reduktion vor allem des Eisens mit einigen Kriställchen Ascorbinsäure versetzt. Hierauf werden die Lösungen bei Wellenlängen von 350, 375 und 400nm photometriert. Die Dauer dieses Verfahrens

(ohne Aufschluß) beträgt 20 bis 30 Min. und weist eine *Genauigkeit* von 1 bis 2%
auf.

II. Zur Bestimmung des Urans in Gegenwart von Mo, Fe, Co, Cu und anderen
Elementen, in Abwesenheit von Ti und V, wird vor der Extraktion 1 ml *Milchsäure-
lösung* (40%; v/v) zugesetzt und wie oben beschrieben weiter verfahren.

III. Soll die Bestimmung in Gegenwart von V, Fe, Cu, Co und anderen Elementen
in Abwesenheit von Mo durchgeführt werden, wird der betreffenden, uranhaltigen
Lösung vor der Extraktion 1 ml Zirkoniumnitratlösung (4,7%; m/v) zwecks Bindung
des *Vanadiums* zugesetzt. Hierauf wird wie bei I beschrieben weiter verfahren. Infolge
des Zirkoniumeinflusses dürfen die Messungen hier nur bei 375 oder 400 nm ausgeführt werden.

IV. Zur Bestimmung des Urans in Gegenwart von Fe, Cu, Co, V, Mo und anderen
Elementen wird es zuerst in Gegenwart von Milchsäure mit Methyläthylketon
extrahiert, 3mal mit je 5 ml Ammoniumcarbonatlösung (2%; m/v) rückextrahiert
und schließlich der Extrakt zur Trockne eingedampft. Der erhaltene Rückstand wird
auf eine Temperatur von 500 bis 600 °C erhitzt. Anschließend wird der Rückstand
mit 2 bis 3 ml konz. Salpetersäure aufgenommen, die Lösung mit Ammoniumtartrat
gesättigt und, wie unter III beschrieben wurde, mit Zirkoniumnitratlösung versetzt.
Dann wird Uran mit Methyläthylketon extrahiert und wie unter I beschrieben
weiter verfahren. Die Dauer der Bestimmung beträgt 3 bis 4 Std.; ihre *Genauigkeit*
wird mit 1,5 bis 2% angegeben.

3.1.2.2.6 *Dibutyläther des Äthyenglykols (Dibutylcellosolve)*.

Zur photometrischen Bestimmung des Urans im Thorium verwenden *Silverman*
und *Moudy* folgende

Arbeitsvorschrift. Die Probe wird auf 40 ml verdünnt und konz. Salzsäure
zugegeben, damit deren Konzentration in der Lösung 10 Vol.-% beträgt. 8 g Kaliumthiocyanat sind zuzufügen und die Lösung durchzumischen. Zinn(II)-chlorid-Reagens
[35 g Zinn(II)-chlorid in 100 ml Salzsäure (20%; m/v)] werden tropfenweise bis zur
Entfernung der Rotfärbung und dann noch 1 weiterer Tropfen zugegeben. Der
pH-Wert der Lösung ist mit Kaliumhydroxid-Lösung (30%; m/v) auf 1,5 einzustellen, 21 ml Dibutylcellosolve und 2 ml Zinn(II)-chlorid-Reagens zuzusetzen, wenn
der Urangehalt der Lösung 0,1 bis 3,5 mg beträgt, oder 9 ml Dibutylcellosolve und
1 ml des Zinn(II)-chlorid-Reagens, wenn der Urangehalt 0,02 bis 0,1 mg beträgt.
4 ml Dibutylcellosolve und 1 ml Reagens können für *Mikrogrammengen* verwendet
werden. Die Lösung ist 30 Sek. zu schütteln, die organische Schicht durch ein
trockenes Filter zu filtrieren, das Filtrat mit Dibutylcellosolve zu verdünnen und
nach Ablauf von 2 Std. bei 25 °C die Extinktion der Lösung bei 420 bis 360 nm zu
messen. Eisenmengen über 2 mg *stören*.

Literatur

Ahrland, S.: Svensk Kem. Tidskr. **72**, 757 (1960).

Bisby, H., Brown, L. H., u. *Chapman, D. R.:* J. Sci. Instrum. **33**, 467 (1956).

Clinch, J., u. *Guy, M. J.:* Analyst **82**, 800 (1957). − *Crouthamel, C. E.,* u. *Johnson, C. E.:* Anal.
Chem. **24**, 1780 (1952). − *Currah, J. E.,* u. *Beamish, F. E.:* Anal. Chem. **19**, 609 (1947); Report
MX-149; 6. Juni 1945.

Feinstein, H. I.: U. S. A. E. C. Report TEI-555, 1955.

Gerhold, M., u. *Hecht, F.:* Mikrochemie **36/37**, 1100 (1951).

Habashi, F.: Talanta **2**, 380 (1959).

Jovanović, V. S., u. *Zuker, E. F.:* Bl. Inst. Nucl. Sci. „Boris Kidrich" (Belgrad) **4**, 111 (1954).

Kimball, R. B., u. *Rein, J. E.:* U. S. A. E. C. Report. IDO-14380, 1956; Anal. Chem. **30**, 284
(1958). − *Koppikar, K. S., Korgaonkar, V. G.,* u. *Murthy, T. K. S.:* Anal. chim. Acta **20**, 366
(1959).

Marcus, Y.: Proc. 2nd Int. Conf. Peaceful Uses Atomic Energy, Geneva 1958, Vol. **3**, 465. New York; United Nations, 1959. – *Moiseeva, L. M.,* u. *Tumanov, Yu. N.:* Zhur. Anal. Khim. (russ.) **17**, 595 (1962).

Nelson, C. M., u. *Hume, D. N.:* Report MonC-28; 9. November 1945. – *Nietzel, O. A.,* u. *De Sesa, M. A.:* Anal. Chem. **29**, 756 (1957).

Palei, P. N.: Proc. Int. Conf. Peaceful Uses Atomic Energy, Geneva 1955, Vol. **8**, S. 629. New York; United Nations, 1955.

Sandell, E. B.: Colorimetric Determination of Traces of Metals; New York 1944, S.330. – *Silverman, L.,* u. *Moudy, L.:* Nucleonics **12** (9), 60 (1954); durch Anal. chim. Acta **20**, 371 (1959). – *Sinjakova, S. I.,* u. *Klassova, N. S.:* Ž. anal. Chim. (russ.) **14**, 451 (1959); durch Fr. **175**, 53 (1960). – *Skey, W.:* Chem. N. **15**, 201 (1867). – *Steele, W.:* Assay Practice on the Witwatersrand (Transvaal and Orange Free State Chamber of Mines; Johannesburg) 1955.

Tabushi, M.: Bl. Inst. chem. Res. Kyoto Univ. **37**, 226 (1959). – *Tillu, M. M., Bhatnagar, D. V.,* u. *Murthy, T. K. S.:* Pr. Indian Acad. Sci. A, **42**, 28 (1955); durch Anal. Abstr. **1956**, 399. – *Tucker, H. T.:* Analyst **82**, 529 (1957).

U. K. A. E. A.: PG Report 66(W); 1960. – *Usoni, L.,* u. *Marabini, A. M.:* Ric. sci. A **6**, 721 (1964).

Vogliotti, F.: Energia Nucleare **7**, 169 (1960).

Zittel, H. E., u. *Scroggie, L. E.:* Anal. Chim. Acta **40**, 277 (1968).

3.1.2.3 Hexacyanoferrat(II)-Ion

Wie bereits früher beschrieben, reagiert Hexacyanoferrat(II)- mit Uranyl-Ionen unter Bildung eines schwer löslichen Niederschlags. Auf Grund dieser Tatsache kann das Uran(VI) mittels dieses Reagenses gravimetrisch (s. Abschnitt 1.1.9) und auch titrimetrisch (s. Abschnitt 2.4.2.1.3) bestimmt werden. Ferner bildet Hexacyanoferrat(II) in verdünnten, sauren Lösungen mit Uran(VI) eine rötlichbraun gefärbte Lösung, die für die colorimetrische Uranbestimmung verwendet werden kann (*Ahrland*; *Barrenscheen* und *Messiner*; *Bruttini*; *Cohenauer, Weil* und *Stockinger*; *Engel* und *Rohoska*; *Lafferty, jr., McCormick* und *Myers*; *Muntz*; *Noyes* und *Bray*; *Sandell*; *Smales* und *Wilson*; *Templeton*; *Tissier* und *Bernard*; *Tschernichow* und *Guldina*; *Ujhelyi*; *Umemoto, Ishikawa* und *Watanabe*; *Petrov, Korshunov* und *Sidorov*; *Szonntagh, Farády* und *Jánosi*; *Dizdar* und *Obrenovic*; *Palei*; *Jain* und *Rao*; *Koppikar, Korgaonkar* und *Murthy*). Bei dieser Reaktion können sich unter Umständen kolloide Lösungen bilden, so daß das *Lambert-Beer*sche Gesetz nur unter ganz bestimmten Versuchsbedingungen Gültigkeit besitzt (*Koppikar, Korgaonkar* und *Murthy*).

Die Bildung der Farbe hängt vom pH-Wert der Lösung, von der Konzentration des Kaliumhexacyanoferrats(II) und der Entwicklungszeit ab. Von diesen drei Faktoren ist der pH-Wert der wichtigste.

In basischen Lösungen bildet sich keine farbige Lösung, sondern es fällt das Uran als Diuranat aus (s. Abschnitt 1.1.1.1) [das Hexacyanoferrat(II)-Ion hat keinen hemmenden Einfluß auf diese Fällung].

Wenn eine Lösung von Uranyl- und Hexacyanoferrat(II)-Ionen angesäuert wird, erreicht die Farbe ein Maximum und verblaßt bei pH = 1 zu einem sehr schwachen Gelb. Die intensivste Farbe entsteht zwischen pH = 4 und 6 mit dem wahrscheinlichsten Optimalwert pH = 5. Zur Einstellung des für die Farbentwicklung geeignetsten pH-Bereiches können Pufferlösungen oder sehr verdünnte Mineralsäuren verwendet werden. Von den untersuchten Puffersystemen wie Formiat-, Acetat-, Tartrat-, Citrat-Ionen u. a. erwies sich ein Natriumformiat-Ameisensäure-Puffer am geeignetsten (*Lafferty, McCormick* und *Myers*). Die anderen erwähnten Puffersysteme, so vor allem Acetate und auch hohe Konzentrationen anderer Salze, verzögern die Farbentwicklung und üben auch einen bleichenden Einfluß auf die Farbe aus (*Lafferty, McCormick* und *Myers*; *Sandell*). Dennoch ist es möglich, die Farbe auch in sehr verdünnt essigsauren Systemen wie z. B. in 0,056n Essigsäure zu entwickeln (*Cohenauer, Weil* und *Stockinger*; *Tissier* und *Bernard*; *Muntz*).

Als mineralsaure Systeme werden solche empfohlen, die entweder eine sehr geringe Konzentration an Schwefelsäure (*Smales* und *Wilson*) oder Salpetersäure (*Templeton*) aufweisen. Dabei soll nach *Sandell* die Konzentration der Mineralsäure nicht höher als 0,02 n sein. *Templeton* zeigte jedoch, daß die Acidität in salpetersauren Lösungen kleiner als 0,1 n sein muß, daß aber im Bereich von 0,01 bis 0,1 n die Farbe nicht stark von der Acidität abhängt. Bei 480 nm gehorcht die Extinktion innerhalb eines Bereiches von 8 bis 40 μg/ml mit großer *Genauigkeit* dem *Lambert-Beer*schen Gesetz. So ist z. B. in 0,05 n Salpetersäure und in Gegenwart von 0,02 m Hexacyanoferrat(II)-Lösung die Extinktion gerade proportional der Urankonzentration (*Palei*). Bei niedrigeren Wellenlängen zeigen sich beträchtliche Abweichungen von diesem Gesetz, und die Reagenzien beginnen merklich Licht zu absorbieren. Bei Salpetersäurekonzentrationen von etwa 1,0 n tritt die rotbraune Farbe nicht auf, und die gelbe Lösung ist bis 480 nm hinunter optisch sehr durchlässig. Unterhalb von 450 nm ist die Lösung für Licht sehr undurchlässig. In salpetersauren Lösungen, die weniger als 6 μg Uran/ml enthalten, gilt das *Lambert-Beer*sche Gesetz nicht, und die Farbe ist eher gelb als rot. Ein ähnliches Verhalten wurde auch in essigsauren (*Cohenauer*, *Weil* und *Stockinger*), aber nicht in mit Formiat abgepufferten Lösungen (*Lafferty*, *McCormick* und *Myers*) beobachtet.

Die Menge der zur Uranyl-Lösung zugesetzten Hexacyanoferrat(II)-Lösung hat einen ausgeprägten Einfluß auf die Farbintensität. Als allgemeine Regel kann genannt werden, daß die Farbe umso tiefer ist, je mehr Reagens zugesetzt wird. Es wurde gefunden (*Lafferty*, *McCormick* und *Myers*), daß etwa 25 ml Hexacyanoferrat(II)-Lösung (10%; m/v) zur Hervorrufung der maximalen Farbe in 100 ml Lösung genügen, da der Anstieg der Farbe bei Zusatz von mehr Reagens nach diesem Punkt äußerst flach wird. [Nach Angaben von *Sandell* soll die Meßlösung eine endgültige Konzentration von 2% (m/v) an Kaliumhexacyanoferrat(II) aufweisen.] Unter 0,5 mg Uran/100 ml wird der mit der Zeit auftretende Farbwechsel durch die Verwendung eines Formiatpuffers eliminiert. Lösungen in diesem Konzentrationsbereich, die mit diesem Puffer versetzt sind, kann man 24 Std. stehen lassen, ohne daß ein Farbwechsel auftritt. Sind mehr als 0,5 mg Uran/100 ml anwesend, so wird die Lösung beim Stehen immer dunkler. Bis zu einer Konzentration von 1,1 mg Uran/100 ml findet in den ersten 15 Min. nach der Bereitung nur eine schwache Farbänderung statt.

Da in dieser Zeit auch in mineralsauren Lösungen geeigneter Normalität (s. oben) praktisch keine Farbänderung auftritt, so ist es angezeigt, auch in solchen Medien die Extinktionen der Lösungen innerhalb 15 Min. zu messen (*Sandell*; *Templeton*; *Lafferty*, *McCormick* und *Myers*).

Zur Erhöhung der Stabilität des Hexacyanoferrat(II)-Reagenses können zu dessen Lösungen Sulfit- (*Tschernichow* und *Guldina*; *Sandell*) oder Sulfid-Ionen (*Szonntagh*, *Farády* und *Jánosi*) zugesetzt werden. So enthält die von diesen Autoren zur Farbentwicklung benutzte 10%ige Kaliumhexacyanoferrat(II)-Lösung (m/v) entweder 1 Gew.-% Natriumsulfit oder Dinatriumsulfid.

Metall-Ionen, die mit Hexacyanoferrat(II)-Ion farbige oder unlösliche Verbindungen bilden, verursachen eine positive Störung. Die wichtigsten Ionen dieser Gruppe sind Eisen(III), Kupfer und Nickel. Fluorid-Ion in einem Molverhältnis zum Uranyl-Ion, das größer als 3:1 ist, verursacht eine negative Störung. Diese Störung wird durch Abrauchen zur Trockne mit Schwefelsäure eliminiert. Sulfat-Ion stört, wenn das Molverhältnis von Sulfat- zum Uranyl-Ion größer als 100:1 ist. Vollständiges Abrauchen zur Trockne mit Schwefelsäure ist nicht nötig beim Verhältnis 1:1, wenn keine Metall-Ionen außer Uranyl-Ion vorhanden sind. Sind solche Metall-Ionen in genügenden Mengen vorhanden, kann die Störung durch Fluorid-Ion nicht durch diese Methode umgangen werden. Anionen wie Tartrat-, Citrat-, Acetat- und Carbonat-Ionen, die mit Uranyl-Ionen Komplexe bilden, bleichen, wie bereits erwähnt wurde, die Farbe. Auch diese Ionen werden durch Abrauchen zur Trockne mit Schwefelsäure entfernt.

Anwendungsbeispiele zur Bestimmung mit Hexacyanoferrat(II)-Ionen.

Von *Templeton* wird folgende

Arbeitsvorschrift empfohlen. Eine Probe von 0,2 bis 1 mg Uran (wenn kein anderes Metall-Ion in der mineralsauren Lösung zugegen ist) wird in einen 25-ml-Meßkolben gebracht und die Lösung auf etwa 15 ml verdünnt. 1 Tropfen Phenolphthaleinlösung wird zugegeben, die Lösung mit Ammoniak-Lösung neutralisiert, die tropfenweise bis zur ersten Rosafärbung zugefügt wird. Hierauf werden 3 Tropfen Salpetersäure zugesetzt. Die Farbe sollte beim ersten Tropfen wechseln. 1 ml Hexacyanoferrat(II)-Lösung (3%; m/v) werden zugesetzt, die Lösung auf 25 ml verdünnt, gut durchgemischt und wenige Minuten stehengelassen. Die Extinktion ist bei 480 nm mit einem Spektrophotometer unter Verwendung von 1-cm-Cüvetten gegen Wasser zu messen.

Bemerkungen. I. An Stelle eines Spektrophotometers kann auch ein *photoelektrisches* Colorimeter, ausgestattet mit einem Blau- (*Sandell*) oder Grünfilter (*Palei*), verwendet werden.

II. Prinzipiell ähnliche Arbeitsmethoden werden von *Sandell* sowie *Lafferty, McCormick* und *Myers* und anderen Autoren empfohlen. Sie unterscheiden sich voneinander im wesentlichen nur durch die Art, mit der der pH-Wert der Meßlösung eingestellt wird, und durch die *Messung* ihrer Extinktion.

III. Von *Tschernichow* und *Guldina* wurde diese Methode zur Bestimmung des Urans in *Erzen* herangezogen, die 0,005 bis 2% U_3O_8 enthalten. Nach Aufschluß des Erzes mit einem Schwefel- und Salzsäuregemisch wird das Uran zusammen mit anderen Elementen mit Ammoniak gefällt (s. Abschnitt 1.1.1.1) und nach Auflösen des Niederschlags in verd. Schwefelsäure das Eisen(III) elektrolytisch an einer Quecksilberkathode vom Uran getrennt. Aus der eisenfreien Lösung wird das Uran erneut mit Ammoniak gefällt, wobei dieses hauptsächlich als Uranylvanadat ausfällt. Zwecks Trennung des Urans vom Vanadium wird das Uran als Phosphat gefällt (s. Abschnitt 1) (im Falle vanadiumfreier Erze ist natürlich die Phosphatfällung überflüssig). Der Uranylphosphatniederschlag wird in verd. Schwefelsäure gelöst und das Uran colorimetrisch bestimmt.

IV. Nach Abtrennung des Urans von Begleitelementen nach der Carbonatmethode (s. Abschnitt 1.1.1.3) oder durch Extraktion mit Diäthyläther (s. Abschnitt 6) sowie Durchführung eines papierchromatographischen Verfahrens (s. Abschnitt 5.2.1.2) kann diese Bestimmungsmethode mit Kaliumhexacyanoferrat(II) zur Uranbestimmung in *Kohlenaschen* benützt werden (*Ujhelyi*; *Szonntagh, Farády* und *Jánosi*). Ferner wurde sie auch dazu verwendet, den Urangehalt von Äthylacetat(*Umemoto, Ishikawa* und *Watanabe*) und Tributylphosphatextrakten (*Dizdar* und *Obrenovic*) zu ermitteln. Sie diente auch dazu, das Uran nach dessen Trennung vom Thorium mittels Kationenaustausches (s. Abschnitt 5.1.3) quantitativ zu bestimmen (*Petrov, Korshunov* und *Sidorov*).

Literatur

Ahrland, S.: Svensk Kem. Tidskr. **61**, 197 (1949).

Barrenscheen, H. K., u. *Messiner, L.:* Bio. Z. **189**, 308 (1927); durch Fr. **87**, 39 (1932). – *Bruttini, A.:* G. **23**, 251 (1893); durch Fr. **44**, 432 (1905).

Cohenauer, L. B., Weil, C. S., u. *Stockinger, H. E.:* Report M-1569; 15. Januar 1944.

Dizdar, Z. I., u. *Obrenovic, I. D.:* Proc. 2nd Intern. Conf. Peaceful Uses Atomic Energy, Geneva 1958, R/471. New York; United Nations, 1959.

Engel, M., u. *Rohoska, M.:* Kem. Lapja **4**, 154 (1943); durch Chem. Abstr. 1948, 2888.

Jain, P. C., u. *Rao, G. S.:* Anal. chim. Acta **20**, 171 (1959).

Koppikar, K. S., Korgaonkar, V. G., u. *Murthy, T. K. S.:* Anal. chim. Acta **20**, 366 (1959).

Lafferty, jr., R. H., McCormick, T. J., u. *Myers, H.:* Report XAC-S-1348; 1. April 1946.

Muntz, J. A.: Report MUC-JIW-599.

Noyes, A. A., u. *Bray, W. C.:* A System of Qualitative Analysis for the Rare Elements; New York 1927.

Palei, P. N.: Proc. Intern. Conf. Peaceful Uses Atomic Energy, Geneva 1955, Vol. **8**, S. 629; New York; United Nations, 1959. – *Petrov, A. M., Korshunov, I. A.,* u. *Sidorov, V. A.:* Tr. Khim. i Khim. Tekhnol. (Gor'kii) **1**, 24 (1960); durch Zhur. Khim. **1961** (6), Abstr. No. 6D54.

Sandell, E. B.: Colorimetric Determination of Traces of Metals, New York 1944. – *Smales, A. A.,* u. *Wilson, H. N.:* Report BR-150; 22. Februar 1943; Report BR-292; 17. September 1943. – *Szonntagh, J., Farády, L.,* u. *Jánosi, A.:* Magyar Chem. Folyóirat **61**, 312 (1955).

Templeton, D. H.: Report CC-3396; 4. Januar 1946. – *Tissier, M.,* u. *Bernard, H.:* C. r. Soc. Biol. **99**, 1144 (1928). – *Tschernichow, J.,* u. *Guldina, E.:* Fr. **96**, 257 (1934).

Ujhelyi, C.: Magyar Chem. Folyóirat **61**, 437 (1955). – *Umemoto, S., Ishikawa, M.,* u. *Watanabe, S.:* Japan Analyst **7**, 228 (1958).

3.1.2.4 Azid-Ion

Infolge der gleichen Elektronenanordnung im Thiocyanat- und Azid-Anion reagiert Azid- analog zum Thiocyanat-Ion mit Uran(VI) (Uranyl-Ion) unter Bildung eines gelben Komplexes und kann daher als spektrophotometrisches Reagens zur Uranbestimmung benutzt werden (*Feinstein*; *Sherif* und *Awad*). Die Extinktion der Farbe ist gerade proportional der Urankonzentration im Bereich von 2 bis 180 ppm Uran (*Sherif* und *Awad*). Die Extinktion einer Lösung, die 1 mg Uran/25 ml enthält, beträgt unter vergleichbaren Versuchsbedingungen bei 375 nm 0,750 für das Uranazid-System, 0,62 für das Uranthiocyanat-System in Aceton-Wasser (3 + 2) (*Crouthamel* und *Johnson*) und 0,84 für Uranthiocyanat in Äthylacetat-Aceton-Wasser (*De Sesa* und *Nietzel*). Daraus geht hervor, daß die Uranazid-Reaktion empfindlicher ist als die Uranthiocyanat-Reaktion in Aceton-Wasser, aber nicht so empfindlich wie die Uranthiocyanat-Reaktion in Äthylacetat-Aceton-Wasser bei 375 nm. Außerdem ist eine wäßrige Lösung des Azid-Reagenses wesentlich stabiler als die Acetonlösung des Thiocyanat-Ions, die gewöhnlich benutzt wird (s. Abschnitt 3.1.2.2.3). Ein weiterer Vorteil der Azidmethode ist die größere Stabilität des Uranazid-Komplexes.

Der molare Extinktionskoeffizient des Uranazid-Systems beträgt 5300 bei 360 nm und 4450 bei 375 nm (*Feinstein*). Nach Angaben von *Sherif* und *Awad* liegt das Extinktionsmaximum bei 420 nm.

Die Extinktion variiert stark mit dem pH-Wert der Meßlösung und weist ihren optimalen Wert bei 5 bis 5,5 auf (*Sherif* und *Awad*). Zur pH-Einstellung können keine Pufferlösungen wie z. B. Acetat- oder Phosphatlösungen verwendet werden, da diese Substanzen mit Uran Komplexe bilden. Dagegen kann die Farbe des Uranazid-Komplexes in sehr verdünnt salpetersaurer Lösung entwickelt werden (*Feinstein*).

Als optimale Azidkonzentration wird 0,8 m angegeben (*Sherif* und *Awad*).

Organische Lösungsmittel wie Aceton, Äthanol, Dioxan oder Isopropanol erhöhen die Farbintensität; doch ist der Uranazid-Komplex mittels mit Wasser nicht mischbarer Lösungsmittel nicht extrahierbar (*Sherif* und *Awad*).

Störungen der Methode werden durch eine Reihe von Metall-Ionen, insbesondere Eisen(III), Pb, Cu und Ag, hervorgerufen. Die letzten drei genannten Elemente bilden mit Azid-Ion explosive Salze. Die Störung durch Eisen kann durch Zusatz von ÄDTA ausgeschaltet werden (*Sherif* und *Awad*).

Arbeitsvorschrift nach *Feinstein*. Die uranhaltige Lösung, die keine störenden Elemente und vorzugsweise 1 mg Uran in salpetersaurer Lösung enthält, ist zur Trockne einzudampfen. Der Rückstand wird in 5 ml Salpetersäurelösung (7%; v/v) aufgelöst, die Lösung in einen 25-ml-Meßkolben übergeführt, und mit 3 m Natriumazidlösung zur Marke aufgefüllt. Die Extinktion dieser Lösung wird in einem Spektrophotometer unter Verwendung einer 1-cm-Zelle und Wasser als Bezugslösung bei 360 nm gemessen. Auf analoge Weise ist unter Verwendung bekannter Uranmengen eine *Eichkurve* aufzustellen.

Literatur

Crouthamel, C. E., u. *Johnson, C. E.:* Anal. Chem. **24**, 1780 (1952).

DeSesa, M. A., u. *Nietzel, O. A.:* U. S. A. E. C. Report ACCO, 54 (1954).

Feinstein, H. I.: Anal. chim. Acta **15**, 288 (1956).

Sherif, F. G., u. *Awad, A. M.:* Anal. chim. Acta **26**, 235 (1962).

3.1.3 Organische Reagenzien

3.1.3.1 β-Diketone

Eine Anzahl von β-Diketonen reagiert in Form ihrer Enole mit Uran(VI)-Ionen unter Bildung stabiler, gelber Chelatkomplexe, deren Farbintensität zur photometrischen Bestimmung des Urans benutzt werden kann. Zur quantitativen Bestimmung des Urans wurden folgende β-Diketone vorgeschlagen: Dibenzoylmethan [*Yoe, Will, III* und *Black*; *Přibil* und *Jelinek*; *Francois*; *Long* und *Grill*; *Blanquet*; *Booman, Maeck, Elliott* und *Rein*; *Shigematsu* und *Tabushi* (a); *U. K. A. E. A.* (a, b, c,)*; Vera Palomino, Palomares Delgardo, Petrement Eguiluz* und *Fernándes Cellini*; *Umezaki*; *Smith* und *Chandler*; *Horton* und *White*; *Moučka* und *Starý*; *Wood* und *McKenna*; *Shigematsu, Tabishu* und *Tarumoto*; *Schweitzer* und *Mottern*; *Athavale, Patkar* und *Rao*; *Seim, Morris* und *Pastorino*; *Maeck, Booman, Elliott* und *Rein*; *Yamane*; *Adams* und *Maeck*],[1] Acetylaceton [*Shigematsu* und *Tabushi* (b); *Tabushi*; *Ishibashi, Shigematsu* und *Tabushi*], 2-Thenoyltrifluoraceton (*TTA*) [*Feinstein*; *De* und *Khopkar*; *Khopkar* und *De* (a, b)], 2-Acetoacetylpyridin [*Hara* (a, b)], Benzoyltrifluoraceton (*Shigematsu, Tabushi* und *Matsui*), 2-Thenoylperfluorobutyrylmethan (*Feinstein*), 2-Furoyltrifluoraceton (*Feinstein*), 2-Furoylperfluorobutyrylmethan (*Feinstein*), Di-2-thenoylmethan (*Purushottam* und *Atchaiah*), 5-Benzoylacetyl-4-methoxybenzofuran (*Purushottam* und *Atchaiah*), p-Carboxydibenzoylmethan (*Yamane* und *Yoshida*), Benzoylaceton (*Yamane*), Benzoyl-2-furoylmethan (*Yamane*), Benzoylisonicotinoylmethan (*Yamane*) und o-, m- und p-Methoxydibenzoylmethan (*Yamane*).

3.1.3.1.1 Dibenzoylmethan

Dieses Reagens (Formel s. Tabelle 1) bildet mit Uran(VI)-Ion im pH-Bereich von 5,6 bis 8,5 (s. Tabelle 2, S. 147) einen gelben Komplex, dessen maximale Extinktion, je nachdem, in welchem Medium die Messung ausgeführt wird, im Bereich von 375 bis 425 nm liegt (s. die Tabelle 2). Da sowohl Dibenzoylmethan als auch das Uranchelat in Wasser unlöslich sind, wird die Messung der Extinktion meistens in Gegenwart organischer Lösungsmittel wie z. B. Methanol, Äthanol und Aceton entweder im Gemisch mit Wasser oder mit — an und für sich mit Wasser nicht mischbaren — organischen Lösungsmitteln wie Tributylphosphat (gelöst in Isooctan), Tri-n-octylphosphinoxid (gelöst in Cyclohexan), Hexon, Butylacetat, Äthylacetat und Tetrachlorkohlenstoff ausgeführt (s. die Tabelle 2). In vielen Fällen wird solchen Mischungen Pyridin zwecks Einstellung des für die Farbentwicklung günstigsten pH-Wertes zugesetzt. Diese Lösungsmittelkombinationen sind vor allem dann von großer Bedeutung, wenn das Uran vor seiner Bestimmung mit diesem Reagens von störenden Fremd-Ionen wie z. B. durch Extraktion mit Tributyl-

---

[1] Weitere Literatur: *Shigematsu, T., Tabushi, M., Matsui, M.,* u. *Munkata, M.:* Bull. Chem. Soc. Japan **41**, 1610 (1968); *Fremeaux, E.,* u. *Cattin, G.:* Chim. analyt. **50**, 34 (1968).

Tabelle 2. *Methoden zur Bestimmung des Urans(VI) mit β-Diketonen*

Methode (Autoren)	β-Diketon	Medium (Zusammensetzung der Meßlösung)	pH	Wellenlänge der maximalen Extinktion in nm
Yoe, Will, III und *Black* (s. Arbeitsvorschrift, S. 154)	Dibenzoyl-methan	57 Vol.-% Äthanol	6,5 bis 8,5	395
Yamane	„	Äthanol-H_2O ($\sim 1 + 1$)	5,6 bis 7,6	375
Seim, Morris und *Pastorino* (s. Arbeitsvorschrift, S. 155)	„	Äthanol-H_2O	7,0 bis 7,5	400
Blanquet	„	Pyridin-H_2O ($\sim 2 + 3$) + ÄDTA + Weinsäure	$\sim 7,0$	415
Long und *Grill* (s. Arbeitsvorschrift, S. 149)	„	Tributylphosphat-Äthanol-wäßrige Tri(hydroxymethyl)-methylaminpufferlösung (5 + 16 + 8)	6,8 bis 7,2	405
Francois (s. Arbeitsvorschrift, S. 150)	„	10% Tributylphosphat in Isooctan-Aceton-Pyridin-H_2O	1,2 bis 2,8 (vor Extraktion)	410
U. K. A. E. A. (a, b, c)	„	Tributylphosphat in Isooctan-Aceton-Pyridin-H_2O Verhältnis Pyridin + H_2O + Aceton = 2 + 3 + 18	1,2 bis 2,8 (vor Extraktion)	Whatman No. 2-Filter
Vera Palomino, Palomares Delgardo, Petrement Eguiluz und *Fernández Cellini* (s. Arbeitsvorschrift, S. 151)	„	Tributylphosphat-Hexon (1 + 10)-Äthanol	1,2 bis 2,8 (vor Extraktion)	410
Wood und *McKenna*	„	Tributylphosphat in Isooctan-Aceton	$\sim 7,0$	410
Umezaki (s. Arbeitsvorschrift, S. 151)	„	Tributylphosphat-Äthanol-Pyridin (2 + 1 + 5)	$\sim 7,0$	410 bis 425
Horton und *White* (s. Arbeitsvorschrift, S. 152)	„	0,1 m Tri-n-octylphosphinoxid in Cyclohexan-Äthanol-Pyridin	$\sim 7,0$	405
Booman, Maeck, Elliott und *Rein; Maeck, Booman, Elliott* und *Rein* (s. Arbeitsvorschrift, S. 153)	„	Hexon-5 Vol.-% Äthanol in Pyridin (1 oder 2 + 15)	1,2 bis 2,8 (vor Extraktion)	415
Shigematsu und *Tabushi* (a); *Shigematsu, Tabushi* und *Tarumoto*	„	Butylacetat oder Chloroform	6,0 bis 7,0	400
Přibil und *Jelinek* (s. Arbeitsvorschrift, S. 154)	„	Äthylacetat + einige Tropfen Äthanols	7,0	410
Adams und *Maeck*	„	Äthylacetat-Aceton	$\sim 7,0$	400
Athavale, Patkar und *Rao*	„	Tetrachlorkohlenstoff-Methanol	$\sim 7,0$	410
Shigematsu und *Tabushi* (b); *Tabushi; Ishibashi, Shigematsu* und *Tabushi* (s. Arbeitsvorschrift, S. 156)	Acetylaceton	Butylacetat	6,5 bis 7,5	350 bis 370

10*

Tabelle 2 (Fortsetzung)

Methode (Autoren)	β-Diketon	Medium (Zusammensetzung der Meßlösung)	pH	Wellenlänge der maximalen Extinktion in nm
Feinstein	2-Thenoyltrifluoraceton (TTA)	Äthanol-H_2O (~ 5+4)	5,5	380
Khopkar und *De* (a, b) (s. Arbeitsvorschrift, S. 156)	„	Benzol	6,0	430
Hara (a) (s. Arbeitsvorschrift, S. 157)	2-Acetoacetylpyridin	Butylacetat	5,0 bis 6,5	382,5
Shigematsu, Tabushi und *Matsui* (s. Arbeitsvorschrift, S. 157)	Benzoyltrifluoraceton	Butylacetat	5,5 bis 6,0	385 oder 400
Feinstein	2-Thenoylperfluorbutyrylmethan	Äthanol-H_2O (~ 5+4)	6,5	385
Feinstein	2-Furoyltrifluoraceton	„	4,5	330
Feinstein	2-Furoylperfluorbutyrylmethan	„	6,0	385
Yamane und *Yoshida* (s. Arbeitsvorschrift, S. 158)	p-Carboxydibenzoylmethan	Boratpufferlösung	7,3 bis 7,5	400
Yamane	Benzoylaceton, Benzoyl-2-furoylmethan, Benzoyl-isonicotinoylmethan, und o-, m- und p-Methoxydibenzoylmethan	Äthanol-H_2O (~ 1+1)	5,6 bis 7,6	400 400 404 403

phosphat (s. S. 149) getrennt werden muß. Der uranhaltige Extrakt wird dann ganz einfach mit einer Lösung des Reagens z. B. in Aceton-Pyridin verdünnt und die Extinktion bei der geeigneten Wellenlänge gemessen. Werden keine Lösungsmittelkombinationen verwendet, so kann das Uran entweder in rein wäßriger oder stark äthanolischer Lösung nach Zusatz des Reagens bestimmt werden. Ferner ist es auch möglich, das Uran nach seiner Extraktion mittels einer Lösung von Dibenzoylmethan in einem mit Wasser nicht mischbaren, organischen Lösungsmittel wie z. B. Äthyl- oder Butylacetat zu bestimmen.

Das Molverhältnis des Reagenses zum Uranyl-Ion beträgt 2:1 (*Yoe, Will, III* und *Black*). Die Farbreaktion entspricht dem *Lambert-Beer*schen Gesetz und hat eine praktische Empfindlichkeit von 0,05 ppm Uran, wenn die Extinktionsmessungen in 1-cm-Zellen ausgeführt werden.

Cd, Zn, Mg, Ba, Ca und Sr *stören* die Dibenzoylmethanmethode selbst in Abwesenheit von ÄDTA nicht; dagegen wird sie durch Eisen(III)-Ion sehr stark beeinflußt. Ist dieser Komplexbildner anwesend, so rufen geringe Mengen an Cu, Fe, Ni und Co keine Störungen hervor, wohl aber Mo, W, V, Ti, Cr^{3+}, sowie auch Carbonat-, Arsenat-, Phosphat-, Tartrat- und Citrat-Ionen (*Přibil* und *Jelinek*). Um diese Störungen vor der Uranbestimmung zu beseitigen, wird das Uran vor seiner Bestimmung meistens durch eine Lösungsmittelextraktion abgetrennt. In den folgenden Abschnitten wird daher vor allem näher auf jene Methoden eingegangen werden, in denen die Uranbestimmung nach Anwendung eines geeigneten Extraktionsverfahrens erfolgt.

Anwendungsbeispiele zur Bestimmung des Urans mittels der Dibenzoylmethanmethode.

A. Bestimmungsmethoden nach Lösungsmittelextraktionen.

   I. *Extraktion mit Tributylphosphat.*

Verfahren, die auf der Extraktion des Uran(VI)-Ions mit Tributylphosphat, gelöst in einem inerten Verdünnungsmittel wie Isooctan, beruhen, werden häufig vor der spektrophotometrischen Bestimmung des Urans unter Anwendung von Dibenzoylmethan als Farbreagens verwendet [*Wood* und *McKenna*; *Umezaki*; *Vera Palomino, Palomares Delgardo, Petrement Eguiluz* und *Fernándes Cellini*; *U. K. A. E. A. (a, b, c)*; *Francois*; *Long* und *Grill*]. Wie aus Tabelle 2 (s. S. 147) ersichtlich ist, wird bei diesen Methoden die Endbestimmung des Urans direkt im Tributylphosphatextrakt in Gegenwart von Äthanol oder Aceton und einer organischen Base wie z. B. Pyridin ausgeführt. Die Anwesenheit hydrophiler, organischer Lösungsmittel wie Äthanol oder Aceton ist unbedingt erforderlich, damit eine homogene Meßlösung entsteht, d. h. daß sich der Tributylphosphatextrakt auflöst und ferner das Uranchelat mit Dibenzoylmethan in Lösung bleibt.

Zur raschen Bestimmung von Mikrogrammengen Urans in Gegenwart von Milligrammengen störender Ionen wird von *Long* und *Grill* folgende

Arbeitsvorschrift empfohlen. Die 5n salpetersaure Lösung, die 25 bis 350 μg Uran enthält, wird mit 5 ml Tributylphosphat (100%ig) 30 bis 60 Sek. extrahiert und die organische Phase durch 30 Sek. langes Durchschütteln mit 25 ml 5n Salpetersäure gewaschen (das Waschen ist zu wiederholen, wenn große Mengen Verunreinigungen in der wäßrigen Lösung vorhanden sind). Dem organischen Extrakt werden 8 ml Pufferlösung [100 g Tris-(hydroxymethyl)-aminomethan in 200 ml Wasser] zugesetzt, um den scheinbaren pH-Wert auf 6,8 bis 7,2 einzustellen. Anschließend ist eine ausreichende Menge Äthanol (95% v/v) zuzugeben, so daß die Summe der Volumina an Pufferlösung und Äthanol 24 ml entspricht. Nach Zusatz von 1 ml Dibenzoylmethanreagens (1 g der Verbindung in 100 ml 95%igem Äthanol) wird die Extinktion dieser Lösung in einer 1-cm-Zelle bei 405 nm gegen eine Reagensblindlösung gemessen, die nach gleichartiger Durchführung obiger Operationen erhalten wurde.

Bemerkungen. a) Die *Standardabweichung* dieser Methode beträgt 1%.

b) Bei *genauer* Befolgung der Arbeitsvorschrift läßt sich die Störung durch Eisen(III) und Zinn(II) ausschalten. Eine Störung durch Cer ist durch Reduktion des Cers(IV) zum Cer(III) mit Natriumsulfit zu verhindern. Thorium *stört*, da es mit Uran mitextrahiert wird und dann bei Zugabe der Pufferlösung ausfällt. Phosphat- und Citrat-Ionen stören, da sie eine vollständige Extraktion des Urans in die Tributylphosphatphase verhindern. Sulfat-, Tartrat-, Fluorid-, Thiocyanat- und Carbonat-Ionen in 500-mg-Mengen stören nicht, wenn Uran wie angegeben extrahiert wird.

c) Weit häufiger als die oben beschriebene Arbeitsmethode werden Verfahren benutzt, nach denen das Uran mit Tributylphosphat, gelöst in Isooctan oder anderen inerten Verdünnungsmitteln sowie auch Hexon, aus *sehr schwach salpetersaurer* Lösung, die Aluminiumnitrat als Aussalzmittel enthält, extrahiert wird. Unter diesen Bedingungen werden nach Angaben von *Francois* von den folgenden Ionen: Ag^+, AsO_4^{3-}, Au^{3+}, BO_3^{3-}, Ba^{2+}, Bi^{3+}, Ca^{2+}, Cd^{2+}, Ce^{4+}, Ce^{3+}, Cr^{3+}, Cu^{2+}, $Fe^{2+,3+}$, Ge^{4+}, Hg^{2+}, K^+, Mg^{2+}, MnO_4^-, Mn^{2+}, $Mo(VI)$, Na^+, Ni^{2+}, Pb^{2+}, SiO_4^{4-}, $Sn^{3+,4+}$, Sr^{2+}, Th^{4+}, Ti^{4+}, $V(V)$, $W(VI)$, Zn^{2+} und Zr^{4+} nur Bi^{3+}, Ce^{4+} und Th^{4+} in störenden Mengen zusammen mit Uran extrahiert. Die Extraktion des *Wismuts* kann verhindert werden, indem man es mit ÄDTA komplexiert, ebenso diejenige des *Cers(IV)*, wenn es vor der Extraktion, wie bereits oben erwähnt wurde, zum Cer(III) reduziert wird. *Thorium stört sehr,* indem es einen Komplex mit Dibenzoylmethan bildet, der im Wellenlängenbereich des Uranyl-Komplexes absorbiert. Ebenso bindet Thorium sehr viel Dibenzoylmethan, so daß eine vollständige Farbentwicklung des Uranylchelats verhindert wird. Durch Zugabe von Acetat-Ionen zur wäßrigen Phase vor der Extraktion des Urans wird ein Teil des Thoriums komplex gebunden, wodurch die Extraktion dieses Metalls etwas verringert wird. Mitextrahiertes Thorium kann durch Verwendung einer höheren Pyridinkonzentration im chromogenen Reagens daran gehindert werden (allerdings nur zum Teil), mit dem Dibenzoylmethan zu reagieren. Indem die Messungen bei 410 nm durchgeführt werden, kann ebenfalls die Störung durch Thorium herabgesetzt werden.

d) Die 4wertigen Kationen: Zinn-, Titan- und Zirkonium-Ionen werden in genügender Menge extrahiert, um eine Absorption bei 400 nm hervorzurufen, obgleich sie nicht stören, wenn die Messungen bei 410 nm ausgeführt werden. Die Anwesenheit *großer* Konzentrationen dieser Elemente in der wäßrigen Phase verursacht Niederschlagsbildung, die unter Umständen zu einer mechanischen Entfernung des Urans während der pH-Einstellung vor der Extraktion führen kann. Titan und Zirkonium können während des Neutralisationsvorganges in Lösung gehalten werden, indem 50 mg Natriumfluorid in der wäßrigen Phase aufgelöst werden. Ein Zinn(IV)-oxid-Niederschlag reißt kein Uran mit, wenn die Zinnkonzentration je Probe 8 mg nicht übersteigt.

e) Auch *Plutonium* wird zusammen mit dem Uran extrahiert.

f) Die *Anionen*: Sulfat-,Phosphat-, Chlorid- und Fluorid-Ionen können in Mengen bis zu 100 mg je Analyse vorhanden sein. Cyanid-,Oxalat-, Acetat-, Carbonat-, Thiosulfat-, Perchlorat-, Chlorat-, Sulfit-Ionen und Hydroxylamin in Mengen von 50 mg verringern die Uranextraktion fast gar nicht. In Anwesenheit von Nitrit-Ion treten manchmal positive Fehler auf, da die unter bestimmten Bedingungen in Freiheit gesetzten nitrosen Gase bis zu einem bestimmten Betrag in der Tributylphosphatphase gelöst werden. Thiocyanat-, Pyrophosphat-, Tartrat- und Citrat-Ionen sowie Peroxide müssen infolge ihrer komplexbildenden Wirkung auf Uranyl-Ionen abwesend sein.

g) Zur Extraktion des Urans(VI) mit Tributylphosphat, gelöst in *Isooctan*, aus stark aluminiumnitrathaltiger Lösung und darauffolgenden Bestimmung des Urans nach der Dibenzoylmethanmethode kann die unten beschriebene Arbeitstechnik verwendet werden. Die *Genauigkeit* dieser Methode liegt innerhalb 2% bei Bestimmung von Uran im Mengenbereich von 0,05 bis 0,5 mg. Die Analysengeschwindigkeit ist vergleichbar mit derjenigen fluorimetrischer Verfahren (s. Abschnitt 3.2).

Arbeitsvorschrift nach *Francois*. In 5 ml wäßriger Probelösung, die zwischen 0,05 und 0,5 mg Uran(VI) enthält, ist gegebenenfalls anwesendes Cer(IV) durch Zugabe von 1 bis 3 Tropfen Natriumsulfitlösung (5%; m/v) zu reduzieren. Hierauf wird ein Tropfen m-Kresolpurpurindikatorlösung zugesetzt und durch tropfenweise Zugabe von Ammoniaklösung oder Salpetersäure der pH-Wert auf die gelbe Farbe des Indikators (Umschlagsbereich: pH = 1,2 bis 2,8) oder auf den Punkt, bei dem eine Fällung der Metall-Ionen eintritt, eingestellt. Sollten während dieser pH-Einstellung Titan oder Zirkonium ausfallen, sind zur Komplexierung dieser Kationen etwa 50 mg Natriumfluorid zuzusetzen. In Anwesenheit von *Thorium* muß man auch einen Tropfen Eisessig zugeben. Dann werden 8 ml Aluminiumnitrat-Aussalzlösung (900 g Aluminiumnitrat-9-hydrat in 1 l wäßriger Lösung) zugesetzt und das Uran 30 Sek. mit 3 ml 10 vol.-%iger Lösung von Tributylphosphat in Isooctan extrahiert. 2 ml des organischen Extrakts bringt man in einen 25-ml-Meßkolben, füllt mit dem chromogenen Reagens [17,5 ml Dibenzoylmethanlösung in Aceton (1%; m/v), 809 ml Aceton, 43,5 ml Pyridin und auf 1 l, fehlender Rest an Wasser] zur Marke auf (bei Proben, die Thorium enthalten, sind zum Extrakt 1 ml Pyridin zuzusetzen; dann erst ist mit dem chromogenen Reagens zur Marke aufzufüllen); nach 1 Std. z. B. im

Beckman-Spektrophotometer DU wird in einer 1-cm-Zelle die Extinktion bei 410 nm gegen eine auf analoge Art hergestellte Blindlösung gemessen.

h) Analoge Methoden wie das oben beschriebene Verfahren (s. auch Tabelle 2) werden von *U. K. A. E. A.* zur Bestimmung des Urans in *wäßrigen Effluenten* [*U. K. A. E. A. (a)*], *Milch* [*U. K. A. E. A. (b)*] und in *grünen Pflanzen*, [*U. K. A. E. A. (c)*] herangezogen. Zur Analyse von Effluenten wird die Probelösung, die nicht mehr als 50 μg Uran enthält, zusammen mit einigen Tropfen Salpetersäure auf 1 bis 2 ml eingedampft und dann wie oben angegeben weiter verfahren. Bei einer Milchprobe werden 100 ml mit einigen Tropfen Salpetersäure angesäuert, die Mischung zur Trockne eingedampft und der Rückstand bei 600 °C verascht. Die Asche wird in 2 n Salpetersäure gelöst, der pH-Wert eingestellt usw. [s. Arbeitsvorschrift (*Francois*) auf S. 150].

Von grünen Pflanzen wird die Probe getrocknet, eine 50-g-Menge bei 750 °C verascht und die Asche mit 2 n Salpetersäure zwecks Auslaugung des Urans behandelt. In der Auslaugelösung wird dann das Uran unter Anwendung des oben beschriebenen Analysenprinzips bestimmt.

i) Diese Arbeitsmethode wird auch von *Wood* und *McKenna* zur Bestimmung von 10 bis 150 ppm Uran in *Hafnium, Zirkonium* und *Zircaloy-2* herangezogen.

j) Eine Modifikation der oben beschriebenen Methode nach *Francois* wird von *Vera Palomino, Delgardo, Eguiluz* und *Cellini* zur spektrophotometrischen Bestimmung von *Mikrogrammengen* Urans herangezogen. Für Lösungen, die 176 bis 284 μg U_3O_8/ml enthalten, beträgt die Standardabweichung 2,44 μg. Diese Methode wird zur Analyse von Mineralen *empfohlen*.

Arbeitsvorschrift nach *Vera Palomino, Palomares Delgardo, Petrement Eguiluz* und *Fernández Cellini*. Zu nicht mehr als 2,5 ml Probelösung, die 20 bis 700 μg U_3O_8 enthält, werden 1 Tropfen m-Kresolpurpurlösung, 2 Tropfen 3%iger ÄDTA-Lösung (m/v), 1 Tropfen Eisessig, 2 Tropfen 20%iger Weinsäurelösung (m/v) und 1 Tropfen 5%iger Natriumsulfitlösung (m/v) zugegeben und der pH-Wert derart eingestellt, daß die Farbe des Indikators nach gelb umschlägt. Diese Lösung ist auf 3 ml zu verdünnen, 3 ml einer Aluminiumnitratlösung (1 g je ml) zuzugeben und das Uran mit 2 ml Hexon-Tributylphosphat (10 + 1) zu extrahieren. Den Extrakt verdünnt man mit 10 ml Dibenzoylmethanlösung (s. Arbeitsvorschrift nach *Francois* auf S. 150) und mißt die Extinktion der Lösung bei 410 nm.

k) Eine andere Modifikation der Methode von *Francois* (s. S. 150) wird von *Umezaki* zur Bestimmung des Urans in Sedimenten und Monazitproben herangezogen. Bei diesem Verfahren wird das Uran mit unverdünntem Tributylphosphat in Gegenwart von Aluminiumnitrat als Aussalzmittel extrahiert und dann der Urankomplex mit Dibenzoylmethan direkt im Extrakt, nach Zugabe einer äthanolischen und pyridinhaltigen Lösung des Reagenses, entwickelt. Das *Lambert-Beers*che Gesetz gilt bis zu 240 μg Uran.

Arbeitsvorschrift nach *Umezaki*. Zu 5 ml der n salpetersauren, uranhaltigen Lösung [wenn Cer(IV) oder Chrom(VI) anwesend sind] sind etwa 1 ml 10%ige Natriumnitritlösung (m/v) zuzugeben und die Lösung zur Entfernung nitroser Gase zu erwärmen. Ist Th oder Zr anwesend, sind der Lösung 3 bis 5 ml m Kaliumfluoridlösung zuzusetzen. Die Lösung wird dann mit mindestens 5 ml einer Aluminiumnitratlösung (500 g Aluminiumnitrat-9-hydrat und 70 ml konz. Salpetersäure, gelöst zu 1 l wäßriger Lösung) versetzt und das Uran mit 3 ml Tributylphosphat (100%) extrahiert. 2 ml des organischen Extrakts werden mit 1 ml 1%iger Dibenzoylmethanlösung (m/v) in Äthanol und 5 ml Pyridin verdünnt. Nach dem Auffüllen dieser Lösung mit Äthanol auf 10 ml wird ihre Extinktion bei 410 bis 425 nm gemessen.

Bemerkungen. α) Eine Störung durch *Eisen* kann verringert werden, wenn der Tributylphosphatextrakt mit 2 bis 3 ml 10%iger Natriumnitratlösung (m/v) gewaschen wird.

β) Wird die Messung bei den niederen Wellenlängen des angegebenen Bereiches ausgeführt, so wird die Bestimmung durch *Wismut* gestört.

II. Extraktion mit Tri-n-octylphosphinoxid. Die Bestimmung des Urans(VI) nach seiner Extraktion mit Tri-n-octylphosphinoxid (kurz TOPO genannt) wird von *Horton* und *White* beschrieben. Nach der Extraktion mit 0,1 m TOPO, gelöst in Cyclohexan, aus salpetersaurer Lösung wird in einem aliquoten Teil des organischen Extrakts durch Zugabe von Dibenzoylmethan und Pyridin, gelöst in Äthanol, die Farbe des Urankomplexes entwickelt, die dann bei 405 nm gemessen wird. Diese Methode kann im Konzentrationsbereich von 20 bis 300 μg Uran angewendet werden, wobei die *Standardabweichung* $\pm 2\%$ beträgt, und ist empfindlicher als die auf S. 150 beschriebene Methode von *Francois*. Folgende Elemente und Ionen stören nicht in Mengen bis zu 80 mg: Ca, Cd, Co, Cr^{3+}, Cu^{2+}, Al, Y, La, Fe^{2+}, V(IV), Sulfat-, Perchlorat-, Nitrat-, Acetat-, Formiat-, Citrat- und Tartrat-Ionen.

Die meisten störenden Elemente rufen einen positiven *Fehler* hervor. Die Störung durch Fe^{3+}, Zr, Th und Ti (werden zusammen mit Uran extrahiert) wird durch Zusatz von Fluorid-Ionen zur wäßrigen Lösung vor der Extraktion wesentlich verringert. Enthält die Probe jedoch beträchtliche Mengen an Aluminium oder möglicherweise Beryllium oder Scandium, so ist die Wirksamkeit der Komplexierung mit Fluorid-Ionen natürlich wesentlich verringert. Die Bildung von Fluorid-Komplexen der 4wertigen Metalle und des Eisens(III) reduziert oder verhindert völlig die Extraktion mit TOPO. In Abwesenheit anderer Fluorid-Komplexe hat Fluorid-Ion bis zu 2,5 Millimol keinen Einfluß auf die Uranextraktion aus 3 n Salpetersäure mittels 0,1 m TOPO in Cyclohexan. Höhere Fluorid-Konzentrationen verringern die Menge des extrahierten Urans. Sind Metalle wie Zr, Th und Al, die Fluoride stark komplex binden, vorhanden, so kann eine höhere Fluorid-Ionen-Konzentration toleriert und das Uran quantitativ extrahiert werden. Im Falle des Thoriums fällt eine geringe Menge von Thoriumfluorid aus. Dies stört jedoch nicht die Extraktion oder die photometrische Bestimmung des Urans.

Die Absorptionsspektren der Zirkonium- und Thorium-Dibenzoylmethan-Komplexe im Pyridin-Äthanol-Medium sind ähnlich denjenigen des Urankomplexes mit der Ausnahme, daß die Absorption der Zirkonium- und Thoriumkomplexe bei Wellenlängen über 405 nm stärker abnimmt. Die Störung durch Vanadium(IV) und Titan wird fast bis auf die Hälfte reduziert, jene durch Zirkonium auf ein Fünftel und diese durch Thorium auf ein Zehntel, wenn die Absorption nicht bei 405 nm, sondern bei 416 nm gemessen wird. Allerdings ist die Uranempfindlichkeit bei 416 nm nur 2/3 jener bei 405 nm.

Die Störung durch Chrom, Vanadium und Eisen wird durch ihre selektive Reduktion mit Natriumbisulfit vor der Extraktion ausgeschaltet.

Chloride stören die Methode empfindlich, da sie die Extraktion mehrerer Ionen wie z. B. des Eisens fördern.

Die Störung durch Phosphat- oder auch Fluorid-Ionen kann durch Zufügen von Aluminiumnitrat beseitigt werden.

Eine Zugabe von ÄDTA verringert die Extraktion störender Ionen nur unwesentlich. Der Zusatz von Essig-, Wein- oder Citronensäure vermindert den Einfluß der störenden Ionen ebenfalls nicht genügend.

Arbeitsvorschriften nach *Horton* und *White*. a) *Proben, die keine störenden Elemente enthalten.* 0,5 bis 8 ml einer salpeter-, perchlor- oder schwefelsauren Lösung, die etwa 15 bis 2500 μg Uran(VI) enthält, sind derart mit 10 m Natriumhydroxid, Salpetersäure oder Natriumnitrat zu behandeln, daß das Endvolumen von 10 ml an Säure 1 bis 3 n und an Nitrat-Ionen 2 bis 4 m ist. Dann ist das Uran mit 0,1 m TOPO in Cyclohexan 10 Min. zu extrahieren (für Uranmengen unter etwa 1400 μg 5 ml und für Mengen von 1400 bis 3000 μg 10 ml dieser TOPO-Cyclohexanlösung verwenden); 1, 2 oder 3-ml des organischen Extraktes werden in einen 10-ml- oder 25-ml-Meßkolben gebracht, so daß die Endlösung zwischen 0,5 und 10 μg Uran/ml enthält. Bei Verwendung eines 10-ml-Meßkolbens fügt man zur Lösung 1 ml Pyridin (50%; v/v) in Äthanol, 2 ml Dibenzoylmethanlösung (2%; m/v) in Äthanol zu und füllt mit 95%igen Äthanol zur Marke auf. Bei Gebrauch von 25-ml-Meßkolben verwendet man 2,5 ml Pyridin und 5 ml Dibenzoylmethanlösung. Nach Ablauf von 5 Min. wird die Extinktion bei 405nm in 1-cm-Küvetten unter Benutzung von 95%igem Äthanol als Referenzlösung gemessen.

b) *Proben, die störende Elemente enthalten.* Sind Fe^{3+}, Cr(VI) oder V(V) anwesend, werden 0,5 bis 6 ml der verdünnt schwefel- oder perchlorsauren Lösung, die 15 bis 2500 μg Uran(VI) enthält, mit Natriumbisulfit reduziert, SO_2 durch Kochen der Lösung entfernt und wie unter a) beschrieben weiter verfahren.

In Gegenwart von Ti, Th, Hf, Zr oder Fe^{3+} und Spuren Al wie unter a) angegeben ist die Lösung 1 bis 3n an Salpetersäure und 2,4m an Nitrat-Ion zu machen (Gesamtvolumen der so hergestellten Lösung = 8 ml) und mit maximal 2,5 ml m Kaliumfluorid-Lösung zu versetzen, wenn die Konzentrationen der störenden Ionen unbekannt sind. Sind die Konzentrationen dieser Ionen sehr hoch, so können noch höhere Fluoridmengen toleriert werden. Analog wird bei Proben, die sehr große Mengen an Fluorid und Phosphat enthalten, die Säure- und Nitrat-Konzentration eingestellt. Hierauf fügt man eine ausreichende Menge Aluminiumnitrat zu, um die Fluorid- und Phosphat-Ionen zu komplexieren. Das gesamte Volumen soll höchstens 12 ml betragen. Bei Proben, die Ti, Th, Hf, Zr usw. enthalten, wird nach der Extraktion des Urans die Extinktion auch bei 416nm gemessen.

III. Extraktion mit Hexon. Wie im Abschnitt 3.1.1.2.2 beschrieben wurde, können Milligrammengen Urans(VI), vorliegend als in Hexon gelöster Tetrapropylammoniumtrinitrat-Komplex durch photometrische Messung der Eigenfarbe dieses Komplexes bestimmt werden (*Maeck, Booman, Elliott* und *Rein*; *Booman, Maeck, Elliott* und *Rein*). Die Empfindlichkeit dieser Methode reicht jedoch zur Bestimmung von Mikrogrammengen dieses Elements nicht aus, so daß dazu die Dibenzoylmethanmethode verwendet wird. Zu diesem Zweck dient die folgende

Arbeitsvorschrift nach *Maeck, Booman, Elliott* und *Rein*. Aliquote Teile der wäßrigen Lösung, die bis zu 2 mg Uran enthalten und bis 8n an Säure sind, können aus an Tetrapropylammoniumnitrat 0,005 molaren Aussalzlösungen extrahiert werden. Proben mit höherer Acidität vor der Extraktion weniger als 8n machen.

a) *Proben ohne Cer(IV) und Thorium.* 0,5 ml Probe (oder weniger), die 0,8 bis 75 μg Uran enthält, sind mit 5 ml Aussalzlösung [s. Abschnitt 3.1.1.2.2; die hier verwendete Lösung enthält nicht 50, sondern 10 ml Tetrapropylammoniumhydroxid-Lösung (10%)] zu versetzen und das Uran mit 2 ml Hexon 3 Min. zu extrahieren. 1 ml organische Phase bringt man in einen 25-ml-Meßkolben und gibt 15 ml Dibenzoylmethan-Pyridinreagenslösung (0,114 g Dibenzoylmethan in 500 ml einer 5 vol.-%igen Lösung von Äthanol in Pyridin lösen) zu. Nach 15 Min. wird in einer 5-cm-Zelle die Extinktion bei 415nm gegen n Salpetersäure als Blindlösung gemessen.

b) *Proben, die Cer(IV) oder Thorium enthalten.* Zur Probelösung (s. unter a) setzt man 5 ml Aussalzlösung (zusammengesetzt wie in Abschnitt 3.1.1.2.2 beschrieben, jedoch kein Tetrapropylammoniumhydroxid enthaltend) zu und extrahiert das Uran 3 Min. mit 4 ml Hexon. Soviel Milliliter des organischen Extrakts als nur möglich werden mit 0,5 ml einer Waschlösung (154 g Ammoniumacetat und 20 g Natriumdiäthyldithiocarbaminat in 900 ml Wasser lösen, den pH-Wert auf 7 einstellen, filtrieren und mit Wasser auf 1 l verdünnen) 20 Min. durchmischt und danach mindestens 3 ml des organischen Extrakts mit 5 ml der obigen Aussalzlösung versetzt. Dann werden 0,5 ml einer Waschlösung [0,063 g Quecksilber(II)-nitrat in 90 ml n Salpetersäure lösen und mit n Salpetersäure auf 100 ml auffüllen] zugefügt und die Mischung 10 Min. durchgeschüttelt. Der organischen Phase wird ein aliquoter

Teil von 2 ml entnommen, in einen 25-ml-Kolben gebracht und wie unter a) beschrieben weiter verfahren.

Die Empfindlichkeitsgrenze der oben beschriebenen Methode beträgt 0,8 μg Uran.

IV. Extraktion mit Diäthyläther. Von *Yoe, Will, III* und *Black* wird folgende **Arbeitsvorschrift** empfohlen. Zu 5 ml einer Lösung, die 2,5 bis 9 mg Uran (als Uranylnitrat) enthält und n an Salpetersäure ist, setzt man 10 g Ammoniumnitrat zu. Hierauf gibt man ein gleiches oder etwas größeres Volumen Diäthyläther zu und extrahiert das Uran 1 Min. Diese Extraktion ist viermal zu wiederholen, und zwar sind vor jeder Extraktion 0,3 ml Salpetersäure zuzusetzen. Die vereinigten Ätherextrakte hat man vorsichtig abzudunsten und gegebenenfalls noch anwesendes Eisen(III) nach der Carbonatmethode (s. Abschnitt 1.1.1.3) abzutrennen. Dem carbonathaltigen Filtrat entnimmt man einen aliquoten Teil von 5 bis 10 ml und stellt nach Zusatz von 28 ml Äthanol (95%) und nach Verdünnen mit Wasser den pH-Wert auf 5 bis 5,5 ein. Dann gibt man 1 ml Reagenslösung (1%; m/v) in 95%igem Äthanol zu, mischt gut durch, stellt den pH-Wert auf 7 ein und verdünnt mit Wasser auf 50 ml. Die Lösung weist danach eine Reagenskonzentration von 0,02% und eine Äthanol-Konzentration von 57 Vol.-% auf. Die Extinktion der Lösung wird bei 395 nm gegen eine Blindlösung gemessen (s. die Tabelle 2). Bei Anwendung dieser Methode (1-cm-Zellen; *Beckman*-Spektrophotometer, Modell DU) hat die Uran-dibenzoylmethan-Reaktion bei einer Extinktionsablesung von 0,01 eine Empfindlichkeit von 0,013 ppm Uran. Es wird damit eine 5 bis 6fache höhere Empfindlichkeit erreicht als bei der Reaktion des Uranyl-Ions mit Thiocyanat-Ion (s. Abschnitt 3.1.2.2).

V. Extraktion mit Äthylacetat, Butylacetat, Chloroform und Tetrachlorkohlenstoff. Nach Angaben von *Přibil* und *Jelinek* kann das Uran photometrisch bestimmt werden, nachdem es mit dibenzoylmethanhaltigem Äthylacetat extrahiert wurde. Die Extraktion wird am besten aus einer Lösung von pH = 7 ausgeführt (s. die Tabelle 2). Anionen, die Komplexe oder unlösliche Niederschläge mit dem Uran bilden, wie z. B. Oxalat-, Tartrat-, Citrat-, Carbonat- und Phosphat-Ion, müssen abwesend sein.

Arbeitsvorschrift nach *Přibil* und *Jelinek*. 20 ml Probelösung, die 0,05 bis 0,5 mg Uran enthält, werden 5 Min. mit 10 ml einer Lösung von Dibenzoylmethan in Äthylacetat (0,5%; m/v) extrahiert. Die wäßrige Schicht ist mit 15 ml Reagens weitere 10 Min. erneut zu extrahieren. Die vereinigten Extrakte versetzt man mit einigen Tropfen Äthanol, verdünnt mit Äthylacetat auf 25 ml und mißt die Extinktion der Lösung bei 410 nm gegen eine Reagensblindlösung [Lösung von Dibenzoylmethan in Äthylacetat (0,5%; m/v)]. Sind andere Kationen anwesend, behandelt man vor der Extraktion die schwach saure Probelösung, die weniger als 0,5 mg Uran enthält, mit einer ÄDTA-Lösung (5%; m/v) und bindet den Überschuß an ÄDTA mit wäßriger Calciumnitratlösung (1%; m/v). Hierauf ist mit Ammoniaklösung pH = 7 einzustellen und die Lösung mit 3 Anteilen (5, 10 und 10 ml) der Reagenslösung (jeweils 10 Min.) zu extrahieren.

Bemerkungen. a) Eine Methode zur Extraktion des Urans mit Äthylacetat mit darauffolgender Bestimmung unter Anwendung der Dibenzoylmethanmethode wurde auch von *Adams* und *Maeck* beschrieben und zur photometrischen Bestimmung des Urans in Gesteinen und *Mineralen* verwendet. Der erhaltene Äthylacetatextrakt wird mit einer äthanolischen Lösung des Reagenses behandelt und die Extinktion bei 400 nm gemessen.

b) Anstelle von Äthylacetat läßt sich der mit Dibenzoylmethan entstehende Urankomplex auch mit *Butylacetat* (*Shigematsu, Tabushi* und *Tarumoto*), *Chloroform* (*Shigematsu, Tabushi* und *Tarumoto*) oder *Tetrachlorkohlenstoff* (*Athavale, Patkar* und *Rao; Smith* und *Chandler*) extrahieren (s. auch Tabelle 2, S. 147).

α) Die Extraktion des Komplexes mit Butylacetat oder Chloroform erfolgt am besten aus einer wäßrigen Lösung von pH = 6 bis 7 in Gegenwart von ÄDTA, die Messung der Extinktion bei 400 nm. Das *Lambert-Beer*sche Gesetz gilt bis zu 10 ppm Uran. Starke Störungen werden in Anwesenheit von Cr^{3+}, Cu^{2+}, Mn^{2+}, Ti^{4+} und Fe^{3+} hervorgerufen (*Shigematsu*, *Tabushi* und *Tarumoto*). Vor der Extraktion muß überschüssiges ÄDTA durch Zugabe von Calcium-Ion entfernt werden (s. Arbeitsvorschrift nach *Přibil* und *Jelinek*). Diese Methode ist zur Trennung des Urans von Spaltungsprodukten geeignet [*Shigematsu* und *Tabushi* (a)].

β) Die Extraktion des Uranyldibenzoylmethankomplexes bei pH = 6 mit Tetrachlorkohlenstoff wurde von *Smith* und *Chandler* zur Bestimmung des Urans in natürlichen Wässern benutzt. Vor der Extraktion wird der Wasserprobe eine 0,5%ige (m/v) Dibenzoylmethanlösung in einer (1 + 1)-Pyridin-Wasser-Mischung (v/v), die 0,6%ig an ÄDTA (m/v) ist, zugesetzt. Damit keine Störung durch Eisen(III)-Ion auftritt, wird dieses vorher mit Ascorbinsäure zum Eisen(II) reduziert. Um vor Zugabe des Dibenzoylmethanreagenses störende organische Stoffe aus der Wasserprobe zu entfernen, wird diese angesäuert, mit aktiver Holzkohle behandelt, filtriert und vor Zusatz des Reagenses mit Alkalihydroxid neutralisiert.

γ) Eine weitere Methode zur Bestimmung des Urans nach der Dibenzoylmethanmethode unter Anwendung von Tetrachlorkohlenstoff als Extraktionsmittel wurde von *Athavale*, *Patkar* und *Rao* beschrieben. Dieses Verfahren kann zur Uranbestimmung in uranarmen Erzen nach Abtrennung des Urans mittels der Cellulosesäule-Salpetersäure-Diäthyläthermethode (s. Abschnitt 5.2.1.1) herangezogen werden. Nach Entfernung des Äthers wird das Eluat zur Trockne eingedampft; organische Substanzen werden bei 600 °C verglüht und der Rückstand in 1 ml n Salpetersäure gelöst. Nach Zugabe von 0,5 ml 10%iger ÄDTA-lösung (m/v), 1 ml Pyridin und 10 ml Dibenzoylmethanlösung [0,5%(m/v) in 50% Pyridin (v/v)] wird das Uran nach 10 Min. mit 10 ml Chloroform extrahiert, der Extrakt mit 2 ml Chloroform versetzt, die Lösung mit Methanol auf 25 ml verdünnt und nach Ablauf von weiteren 10 Min. die Extinktion der Lösung bei 410 nm gemessen.

B. Bestimmungsmethoden nach Ionenaustausch.

Nach der Anreicherung als anionischer Sulfatkomplex auf einem stark basischen Anionenaustauscher (s. Abschnitt 5.1.2.1.1) und darauffolgender Elution mit Perchlorsäurelösung kann das Uran(VI) in äthanolischer Lösung mit Dibenzoylmethan komplexiert und durch Messung der Extinktion der Lösung bei 400 nm photometrisch bestimmt werden (*Seim*, *Morris* und *Pastorino*). Diese Methode ist zur serienmäßigen Bestimmung des Urans in Erzen geeignet, wobei die Störung durch Thorium und Calciumphosphat durch eine doppelte Säulenoperation auf ein Minimum verringert wird. Für Urangehalte von 0,01 bis 0,1% beträgt die mittlere Abweichung 0,002%.

Arbeitsvorschrift nach *Seim*, *Morris* und *Pastorino*. Das perchlorsaure, uranhaltige Eluat ist zur Trockne einzudampfen und bei 250 °C 10 bis 20 Min. zu erhitzen, damit die Perchlorsäure gänzlich entfernt wird. Nach Abkühlen werden 10 ml Wasser, 25 ml Äthanol (95%; v/v) und 1 ml äthanolische Dibenzoylmethanlösung (1%; m/v) zugesetzt. Mit 0,005 m Natriumhydroxidlösung oder Schwefelsäure wird auf pH = 7 bis 7,5 eingestellt, mit Äthanol (95%; v/v) auf 50 ml verdünnt, die Lösung filtriert und ihre Extinktion bei 400 nm gegen eine Blindlösung, bestehend aus 1 ml Reagenslösung in 50 ml Äthanol (80%; v/v) gemessen.

C. Bestimmungsmethoden nach Anwendung der Carbonatmethode

Wie aus der Tabelle 2 auf S. 147 hervorgeht, kann das Uran nach der Dibenzoylmethanmethode auch in wäßrigem Pyridin in Gegenwart von ÄDTA und Weinsäure bestimmt werden (*Blanquet*). Die Extinktionsmessung erfolgt am besten bei einer Wellenlänge von 415 nm. Diese Methode wurde nach Abtrennung mittels der

Carbonatmethode (s. Abschnitt 1.1.1.3) zur Bestimmung des Urans in Pechblende, Autunit, Thorianit, Columbit, Uranothorit, Tantalit und Carnotit mit Urangehalten von 0,05 bis 25% angewendet. Im Gültigkeitsbereich des *Lambert-Beer*schen Gesetzes sind noch etwa 0,005% Uran in diesen Mineralen bestimmbar. Nach Angabe des Autors stört kein einziges Element die Bestimmung bei Urangehalten, die höher sind als 5%. Bei Urangehalten unter 0,5% beträgt der absolute *Fehler* nur in Gegenwart von 1% Au, 2% Pt oder 10% löslichem Sr mehr als 0,02%.

3.1.3.1.2 Acetylaceton

Wie Dibenzoylmethan (s. Abschnitt 3.1.3.1.1) reagiert Acetylaceton mit Uranyl-Ionen in sehr schwach saurer, neutraler oder sehr schwach basischer Lösung (pH-Bereich von 6,5 bis 7,5) unter Bildung eines gelben Chelatkomplexes, dessen Farbintensität zur photometrischen Bestimmung des Urans im Wellenlängenbereich von 350 bis 370 nm benützt werden kann [*Shigematsu* und *Tabushi (b)*; *Tabushi*; *Ishibashi, Shigematsu* und *Tabushi*] (s. Tabelle 2 auf S. 147). Zur Extraktion des Komplexes wird Butylacetat verwendet. Störungen werden u. a. verursacht durch die Anwesenheit von Bi, Cr, Cu, Fe, Pb, Ti, Mn, V und W. Einige dieser wie auch andere Elemente können durch ÄDTA maskiert werden und stören danach die Uranbestimmung nicht. Zu diesen gehören Wismut und Blei. Überschüssiges ÄDTA muß *vor* der Extraktion des Urans mit Hilfe von Calcium-Ion unschädlich gemacht werden (s. auch S. 157).

Die Farbe des Uranylacetylacetonkomplexes ist wenigstens 24 Std. stabil, und das *Lambert-Beer*sche Gesetz besitzt bis zu einer Konzentration von 70 ppm Uran Gültigkeit.

Arbeitsvorschrift (nach *Tabushi*). Der Probelösung, die 200 bis 1500 μg Uran enthält, sind 2 ml 10%ige ÄDTA-Lösung (v/m) und eine äquivalente Menge einer Calciumchloridlösung zuzusetzen. Den pH-Wert stellt man auf etwa 7 ein, fügt 2 ml einer 5%igen wäßrigen Acetylacetonlösung (v/v) zu, stellt den pH-Wert auf 6,5 bis 7 ein und verdünnt die Lösung mit Wasser auf etwa 50 ml. Mit 20 ml Butylacetat wird extrahiert, der Extrakt mit wasserfreiem Natriumsulfat getrocknet und die Extinktion bei 360 oder 365 nm gegen eine Reagensblindlösung gemessen.

3.1.3.1.3 2-Thenoyltrifluoraceton (TTA).

Zum Unterschied von Dibenzoylmethan (s. Abschnitt 3.1.3.1.1) und auch Acetylaceton (s. Abschnitt 3.1.3.1.2) bildet TTA mit Uran(VI) bei etwas niedrigeren pH-Werten ein Chelat [*Feinstein*; *De* und *Khopkar*; *Khopkar* und *De* (b)]. Der optimale pH-Wert für die Komplexbildung wird mit 5,5 (*Feinstein*) und 6,0 [*Khopkar* und *De* (a, b)] angegeben (s. auch die Tabelle 2 auf S. 148). Die Entwicklung der gelben Farbe des Komplexes kann in Äthanol-Wassermischung (ungefähres Verhältnis 5 + 4) erfolgen, oder er wird mit einer TTA-Lösung in Benzol extrahiert und die Extinktion des Extrakts bei einer Wellenlänge von 430 nm gemessen.

In Gegenwart von ÄDTA stören 100-mg-Mengen an Pb, Hg^{2+} oder Ba nicht. Eine starke Störung wird verursacht in Gegenwart von Oxalat-, Citrat-, Tartrat- und Carbonat-Ion.

Arbeitsvorschrift nach *Khopkar* und *De* (b). Die Probelösung, die etwa 0,2 bis 1,2 mg Uran enthält, ist mit 10 ml einer Essigsäure-Ammoniumacetatpufferlösung von pH = 6 zu versetzen und, wenn andere Kationen wie z. B. Ag^+, Th^{4+}, Zr^{4+}, Cu^{2+} oder Fe^{3+} zugegen sind, noch 2 ml 0,1 m ÄDTA-lösung zuzugeben. Diese Lösung ist mit 10 ml von etwa 0,15 m TTA in Benzol zu extrahieren und nach geeigneter Verdünnung des Extrakts mit Benzol dessen Extinktion gegenüber einer analog hergestellten Reagensblindlösung bei 430 nm zu messen.

Bemerkungen. Eine direkte spektrophotometrische Bestimmung von Uran in TBP-Extrakten wird ermöglicht durch Messung der Extinktion eines gemischten Ligandenkomplexes[1] des Urans mit TTA und TBP in Toluollösung (*Obrenović-Paligorić*, *Gal* und *Vajgand*). Zu diesem Zweck werden 10 bis 200 μl des Extrakts (die 10 bis 90 μg Uran enthalten) mit Toluol, das $2{,}5 \cdot 10^{-3}$m an TTA und $5{,}0 \cdot 10^{-2}$m an TBP ist, auf 10 ml verdünnt und die Extinktion wird in einer 1-cm-Zelle bei 395 nm gegenüber einer Reagensblindlösung gemessen. Diese Methode ist zur Bestimmung von $0 \cdot 05$ bis 9 g Uran/l TBP-Extrakt geeignet. Der Standardfehler liegt unter $\pm 5\%$.

3.1.3.1.4 2-Acetoacetylpyridin

Der gelbe Uranylkomplex dieses β-Diketons läßt sich aus acetathaltiger Lösung im pH-Bereich von 5,0 bis 6,5 mit Butylacetat extrahieren; seine Extinktion kann direkt im organischen Extrakt bei 382,5 nm gemessen werden [*Hara* (a)] (s. auch die Tabelle 2 auf S. 148). Die Farbreaktion folgt dem *Lambert-Beer*schen Gesetz. Die Extinktion von 100 μg Uran beträgt etwa 0,40, wenn 1-cm-Küvetten für die Messung verwendet werden. Die Bestimmung wird gestört durch: 2000 mg $NaNO_3$, 200 mg NaCl, 100 μg Fe^{3+}, 50 μg Cu, 50 μg Al, 20 μg Ti und 20 μg V. Ferner treten Störungen auf in Gegenwart von Carbonat-, Phosphat- und Borat-Ionen. Vor Anwendung dieser Methode ist es daher nötig, das Uran von den störenden Fremd-Ionen abzutrennen, wozu vom Autor [*Hara* (b)] die im Abschnitt 5.2.2 beschriebene Silicagel-Salpetersäure-Diäthyläthermethode verwendet wird.

Arbeitsvorschrift nach *Hara* (a). 15 ml Lösung, die 25 bis 300 μg Uran und keine störenden Fremd-Ionen enthält, sind durch Zugabe von 0,2 m Natriumhydroxid-Lösung und 0,2 m Essigsäure auf pH = 5 bis 6,5 einzustellen. Diese Lösung wird mit Wasser auf 50 ml verdünnt und das Uran 2 Min. mit 10 ml einer 2-Acetoacetylpyridin-Lösung in Butylacetat (0,12%; v/v) extrahiert. Die Extinktion der Butylacetat-schicht bei 382,2 nm wird gegen eine Reagensblindlösung gemessen. Relativer *Fehler* der Messung für 100 μg Uran: $\pm 1\%$.

3.1.3.1.5 Benzoyltrifluoraceton

Wie aus Tabelle 2 auf S. 148 ersichtlich ist, läßt sich Uran(VI) im pH-Bereich von 5,5 bis 6,0 mit Butylacetat als Komplex mit Benzoyltrifluoraceton extrahieren und durch Messung seiner Extinktion bei 385 oder 400 nm bestimmen (*Shigematsu*, *Tabushi* und *Matsui*). *Störungen* werden u. a. verursacht in Gegenwart von Ag, Cr^{3+}, Fe^{3+}, Sn^{4+}, Ti^{4+}, Al, Cu^{2+}, W(VI) und V(V). Bei der Extraktion lassen sich nicht weniger als 99,9% des Urans aus der wäßrigen Phase isolieren. Diese Methode kann zur Abtrennung des Urans von den seltenen Erdmetallen, Zirkonium und aus Spaltungsproduktmischungen herangezogen werden.

Arbeitsvorschrift nach *Shigematsu*, *Tabushi* und *Matsui*. Der Probelösung, die 5 bis 150 μg Uran enthält, ist 1 ml m Essigsäure-0,2 m ÄDTA (Ca-Salz)-Lösung zuzugeben und auf etwa 10 ml zu verdünnen. Der pH-Wert ist auf 5,5 bis 6,0 einzustellen und 0,1 ml einer m Benzoyltrifluoraceton-Lösung in Aceton zuzusetzen. Nach 10 bis 15 Min. extrahiert man mit 10 ml Butylacetat und mißt die Extinktion des Extrakts entweder bei 385 oder bei 400 nm in einer 1-cm-Zelle gegen eine Reagensblindlösung.

3.1.3.1.6 p-Carboxydibenzoylmethan

Analog zu Dibenzoylmethan (s. Abschnitt 3.1.3.1.1) reagiert dieses β-Diketon im pH-Bereich von 7,3 bis 7,5 mit Uran(VI) unter Bildung eines gelben Komplexes, dessen Extinktion bei 400 nm gemessen werden kann (*Yamane* und *Yoshida*) (s. auch Tabelle 2 auf S. 148). In diesem pH-Bereich gilt das *Lambert-Beer*sche Gesetz. Störungen durch Ni, Ag, Co, Cu, Cd, Zn, Fe, Al, Mn, Hg, Pb und Mg (weniger als

---

[1] Gemischte Ligandenkomplexe des Uran(VI) mit TTA und Rhodamin B [*Burtnenko, L. M.*, *Poluektov, N. S.*, u. *Kononenko, L. I.*: Zh. analit. Khim. (russ.) **23**, 1647 (1968)] können ebenfalls zur spektrophotometrischen Bestimmung des Urans verwendet werden.

je 5 μg) sowie Ca, Cr und Ba können durch Zusatz von Kaliumcyanid und ÄDTA ausgeschaltet werden. Stark *stören* Thorium- und Phosphat-Ionen. Nach der unten angegebenen Arbeitsmethode können 5 μg Uran neben 1 bis 5 μg/ml anderer Metalle ohne vorherige Abtrennung des Urans bestimmt werden.

Arbeitsvorschrift nach *Yamane* und *Yoshida*. Zu 10 ml neutralisierter Probelösung, die 1 bis 11 μg Uran/ml enthält, fügt man im 25-ml-Meßkolben je 1 ml einer Kaliumcyanidlösung (0,1%; m/v) und einer 0,01 m ÄDTA-Lösung zu; es sind 10 ml Reagenslösung (0,05%; m/v) in einer Borax-Borsäure-Pufferlösung vom pH = 7,5 zuzusetzen. Nach Auffüllen mit Wasser zur Marke ist 10 Min. auf 50 °C zu erwärmen und die Extinktion der Lösung bei 400 oder 410 nm gegen eine Blindlösung zu messen.

3.1.3.1.7 Andere β-Diketone

Neben den in den vorangegangenen Abschnitten näher beschriebenen Methoden zur Bestimmung des Urans mittels einer Reihe von β-Diketonen wurden noch einige ähnlich zusammengesetzte Ketone als Reagenzien benutzt, und zwar 2-Thenoylperfluorobutyrylmethan (*Feinstein*), 2-Furoyltrifluoraceton (*Feinstein*), 2-Furoylperfluorobutyrylmethan (*Feinstein*), Di-2-thenoylmethan (*Purushottam* und *Atchaiah*), 5-Benzoylacetyl-4-methoxybenzofuran (*Purushottam* und *Atchaiah*), Benzoylaceton (*Yamane*), Benzoyl-2-furoylmethan (*Yamane*), Benzoylisonicotinoylmethan (*Yamane*) und o-, m- und p-Methoxydibenzoylmethan (*Yamane*). Die Versuchsbedingungen, unter denen diese Verbindungen mit Uran(VI)-Ion Chelate bilden können und auch zur quantitativen Bestimmung dieses Elements verwendbar sind, werden in der Tabelle 2 auf S. 148 gezeigt. Da sie als analytische Reganzien gegenüber den anderen in den vorangegangenen Abschnitten besprochenen β-Diketonen keine Vorteile aufweisen, wird hier nicht näher auf ihre Anwendung zur Uranbestimmung eingegangen.

Literatur

Adams, J. A. S., u. *Maeck, W. J.:* Anal. Chem. **26**, 1635 (1954). – *Athavale, V. T., Patkar, A. J.,* u. *Rao, B. L.:* J. Sci. Ind. Res. (India) B **21**, 231 (1962).

Blanquet, P.: Chim. Anal. **41**, 247 (1959); Anal. chim. Acta **16**, 44 (1957). – *Booman, G. L., Maeck, W. J., Elliott, M. C.,* u. *Rein, J. E.:* U. S. A. E. C., Report IDO-14437, 1958.

De, A. K., u. *Khopkar, S. M.:* Chem. Ind. **26**, 854 (1959).

Feinstein, H. I.: Microchem. J. **1**, 237 (1957). – *Francois, C. A.:* Anal. Chem. **30**, 50 (1958); U. S. A. E. C. Report DOW-150, 1956.

Hara, T.: (a) J. chem. Soc. Japan, Pure Chem. Sect. **78**, 333 (1957); (b) **78**, 337 (1957). – *Horton, C. A.,* u. *White, J. C.:* Anal. Chem. **30**, 1779 (1958).

Ishibashi, M., Shigematsu, T., u. *Tabushi, M.:* J. chem. Soc. Japan, Pure Chem. Sect., **80**, 1018 (1959).

Khopkar, S. M., u. *De, A. K.:* (a) Chem. Ind. **9**, 291 (1959); (b) Analyst **85**, 376 (1960).

Long, J. L., u. *Grill, L. F.:* U. S. A. E. C., Report RFP-78, 1957.

Maeck, W. J., Booman, G. K., Elliott, M. C., u. *Rein, J. E.:* Anal. Chem. **31**, 1130 (1959). – *Moučka, V.,* u. *Starý, J.:* Coll. Czechoslov. Chem. Comm. **26**, 763 (1961).

Obrenović-Paligorić, I., Gal, I. J., u. *Vajgand, V.:* Anal. Chim. Acta, **40**, 534 (1968).

Přibil, R., u. *Jelinek, M.:* Chem. Listy **47**, 1326 (1953). – *Purushottam, D.,* u. *Atchaiah, M.:* Fr. **196**, 85 (1963).

Schweitzer, G. K., u. *Mottern, J. L.:* Anal. chim. Acta **26**, 120 (1962). – *Seim, H. J., Morris, R. J.,* u. *Pastorino, R. G.:* Anal. Chem. **31**, 957 (1959). – *Shigematsu, T.,* u. *Tabushi, M.:* (a) J. chem. Soc. Japan, Pure Chem. Sect., **81**, 265 (1960); (b) Japan Analyst **8**, 253 (1959). – *Shigematsu, T., Tabushi, M.,* u. *Matsui, M.:* Bl. chem. Soc. Japan **37**, 1333 (1964). – *Shigematsu, T., Tabushi, M.,* u. *Tarumoto, T.:* Bl. Inst. chem. Res. Kyoto Univ. **40**, 388 (1962). – *Smith, G. H.,* u. *Chandler, T. R. D.:* 2nd U. N. Intern. Conf. Peaceful Uses of Atomic Energy, Geneva 1958, Report A/CONF. 15/P/298.

Tabushi, M.: Bl. Inst. chem. Res. Kyoto Univ. **37**, 237 (1959).

U. K. A. E. A.: (a) Report PG 186 (CA), 1962; (b) Report PG 187 (CA), 1962; (c) Report PG 188 (CA), 1962. – *Umezaki, Y.:* Bl. chem. Soc. Japan **36**, 769 (1963).

Vera Palomino, J., Palomares Delgardo, F., Petrement Eguiluz, J. C., u. *Fernández Cellini, R.:* An. Real. Soc. Esp. Fís. Quím. B **59**, 285 (1963).

Wood, D. F., u. *McKenna, R. H.:* Anal. chim. Acta **27**, 446 (1962).

Yamane, Y.: J. pharm. Soc. Japan **77**, 400 (1957). – *Yamane, Y.,* u. *Yoshida, T.:* Japan Analyst **9**, 763 (1960). – *Yoe, J. H., Will, III, F.,* u. *Black, R. A.:* Anal. Chem. **25**, 1200 (1953).

3.1.3.2 Azoverbindungen

Azofarbstoffe bestimmter chemischer Konstitution reagieren mit Uran in schwach saurer, neutraler oder schwach basischer Lösung unter Bildung intensiv farbiger Komplexverbindungen, deren Lichtabsorption zur photometrischen Bestimmung dieses Elements benutzt werden kann. Zur Bestimmung des Uran(VI)- und auch des Uran(IV)-Ions wurden folgende Azoverbindungen herangezogen: PAN [1-(2-Pyridyl-azo)-2-naphthol] [*Cheng* (a, b); *Gill, Rolf* und *Armstrong; Shibata; Spinner* und *Miller; Hayes* und *Wright; Baltisberger; Zolotov, Alimarin* und *Bagreev; U.K.A.E.A.; Camera*], PAR [4-(2-Pyridylazo)-resorcin] (*Pollard, Hanson* und *Geary; Florence* und *Farrar; Busev* und *Ivanov*), Solochrome Fast Red 3G (6-Amino-4-chloro-1-phenol-2-sulfonsäure-3-methyl-1-phenyl-5-pyrazolon) [*Korkisch* und *Janauer* (a); *Janauer* und *Korkisch*], Solochrome Fast Grey R.A.S. [4-(3-Hydroxy-3-nitro-5-sulfophenylazo)-2-naphthol] [*Korkisch* und *Janauer* (b)], Monochrome Black Blue G (C. I. Mordant Black 38) [*Korkisch* und *Janauer* (c); *Shibata, Matsumae, Niimi* und *Dono*], Solochrome Black 6BN [1-(2-Hydroxy-1-naphthylazo)-2-naphthol-4-sulfon-säure] [*Korkisch* und *Janauer* (d)], Eriochrome Black T (*Krishnamoorthy* und *Murthy*), 4-(3-Carboxy-4-hydroxyphenylazo)-3-methyl-1-phenylpyrazol-5-on (*Baiulescu* und *Ciurea*), TAM [2-(2-Thiazolylazo)-5-dimethylaminophenol (*Sörensen*), 5-Dimethyl-amino-2-(2-thiazolylazo)phenol (*Kasiura* und *Minczewski*) und Chrome Azurol S (C. I. Mordant Blue 29) (*Sinha* und *De*).[1] Von diesen Azoverbindungen wird PAN am häufigsten zur photometrischen Bestimmung von Mikrogrammengen Urans benutzt. Im Vergleich zu den in den Abschnitten 3.1.1.3.3 und 3.1.1.3.4 beschriebenen Bestimmungsmethoden mittels Arsenazo- und Chlorophosphonazoverbindungen sind die mit den Azoverbindungen erzielbaren Selektivitäten oft geringer, was dadurch bedingt ist, daß sich die Komplexe des Urans(VI) mit den Azofarbstoffen nur bei verhältnismäßig hohen pH-Werten bilden, wo viele andere Metall-Ionen ebenfalls unter Bildung farbiger Komplexe reagieren.

Auch noch andere orthosubstituierte heterozyklische Azofarbstoffe wie z. B. 2-(2-Thiazolyl)-4-methoxyphenol (TAMH), 2-(2-Thiazolylazo)-5-methoxyphenol (TAMR) und 4-(2-Thiazolylazo)-resorcin (TAR) können zur Uranbestimmung benutzt werden (*Sommer, Šepel* und *Ivanov; Sommer* und *Ivanov*). Die Urankomplexe mit TAMH und TAMR weisen kleinere molare Extinktionskoeffizienten auf als die Komplexe mit PAR und TAR, sind aber für die Uranbestimmung trotzdem nützlich. Das Uranchelat mit TAMH kann mit Hexon extrahiert werden.

---

[1] Weitere sich zur spektrophotometrischen Uranbestimmung eignende Azofarbstoffe sind: 4-(2-Thiazolylazo)-resorcin [*Sommer, L.,* u. *Ivanov, V. M.:* Talanta **14**, 171 (1967); *Busev, A. I.,* u. *Ivanov, V. M.:* Vest. mosk. gos. Univ., Ser. Khim. **1**, 103 (1969)], 5-Dimethylamino-2-(2-thiazolylazo)-phenol [*Kasiura, K., Minczewski, J.* Nukleonika **11**, 399 (1966)], 4-Methoxy-2-(2-thiazolylazo)-phenol und 5-Methoxy-2-(2-thiazolylazo)-phenol [*Sommer, L., Sepel, T.,* u. *Ivanov, V. M.:* Talanta **15**, 949 (1968)], 5-Diäthyl-amino-2-(2-pyridylazo)-phenol [*Florence, T. M., Johnson, D. A.,* u. *Farrar, Y. J.,* Analyt. Chem. **41**, 1652 (1969); *Florence, T. M.,* u. *Farrar, Y. J.:* Analyt. Chem. **42**, 271 (1970)], N-Methylanabasin-α-azo-6-m-aminophenol [*Turakhanova, N. T., Kamaeva, G., Dzhiyanbaeva, R. Kh.,* u. *Talipov, Sh. T.:* Uzbek. khim. Zh. **4**, 67 (1968)], N-Methylanabasin-α'-azoheptylresorcin [*Shesterova, I. P., Kostylev, N. F., Talipov, Sh. T.,* u. *Dzhiyanbaeva, R. Kh.:* Uzbek. khim. Zh. **6**, 7 (1966)], N-Methylanabasin-α'-azo-1-naphthol [(*Podgornaova, V. S., Talipov, Sh. T.,* u. *Yangaeva, L.:* Trudy tashkent. gos. Univ. **323**, 58 (1968)] und Salicylazochromotropsäure [*Baiulescu, Gh., Marinescu, D.,* u. *Greff, C.:* Analyst **95**, 661 (1970)].

3.1.3.2.1 PAN [1-(2-Pyridylazo)-2-naphthol]

Uran(VI)-Ion bildet mit PAN (Formel s. Tabelle 1) in einer ammoniakalischen Lösung vom pH = 9,2 bis 10 einen roten, fein verteilten Niederschlag des Naphthol-Komplexes [Cheng (a, b); Shibata; Camera]. Auf dieser Fällung beruht eine indirekte Methode zur Bestimmung des Urans mit PAN (s. Abschnitt 3.1.4 und S. 163). Dabei wird das Uran(VI) als PAN-Komplex ausgefällt, der Niederschlag abgetrennt, in Salzsäure gelöst und die Farbintensität des in Freiheit gesetzten PAN bei 440 nm gemessen (U.K.A.E.A.; Hayes und Wright).

Weit häufiger werden jedoch die direkten Methoden zur Bestimmung des Urans mit PAN benützt.

Der Farbstoff selbst ist in Wasser bei hohen oder niederen pH-Werten löslich, dagegen nicht in neutralen oder schwach alkalischen Lösungen [Cheng (a)]. Er ist aber in den meisten organischen Lösungsmitteln löslich. Da sich wie bereits oben erwähnt der Uran-PAN-Komplex nur in schwach alkalischen Lösungen bildet, ist es erforderlich, die Messung seiner Extinktion zusammen mit dem im Überschuß zugesetzten PAN in Gegenwart eines organischen Lösungsmittels auszuführen, in dem sowohl das Uranchelat als auch das freie PAN gut löslich sind. Dazu geeignete organische Lösungsmittel und Lösungsmittelgemische sind o-Dichlorbenzol [Cheng (a); Camera; Spinner und Miller], Chloroform (Shibata; Zolotov, Alimarin und Bagreev), Chloroform-Tributylphosphat (Cook, E. B. T., und Steele, T. W.; Report NIM-470, Februar 1969); Chloroform-Tributylphosphat in Gegenwart von Pyridin (Gill, Rolf und Armstrong) und Cyclohexan-Trioctylphosphinoxid (TOPO) (Baltisberger). Vor der Messung der Extinktion des PAN-Komplexes in diesen organischen Systemen wird im Falle der Anwendung von reinem o-Dichlorbenzol oder Chloroform derart vorgegangen, daß der Uranyl-PAN-Komplex zuerst in rein wäßriger, schwach alkalischer Lösung gebildet und dann mit diesen organischen Lösungsmitteln extrahiert wird. Vor der Extinktionsmessung in den erwähnten Lösungsmittelgemischen wird das Uran zuerst als Uranylnitrat extrahiert und dann die Farbentwicklung direkt im organischen Extrakt nach Zusatz des PAN-Reagenses durchgeführt. (Dieses Analysenprinzip wird am häufigsten bei der Dibenzoylmethanmethode, s. Abschnitt 3.1.3.1.1, angewendet.)

In o-Dichlorbenzol weist der Uranyl-PAN-Komplex die maximale Extinktion bei 570 nm auf [Cheng (a); Spinner und Miller]. Nach Angaben von Camera soll diese jedoch bei 560 nm liegen. Die Farbe ist stabil und gehorcht dem Lambert-Beerschen Gesetz im Konzentrationsbereich von 0,1 bis $5 \cdot 10^{-4}$ Millimol Uran/ 10 ml o-Dichlorbenzol [Cheng (a)].

In Chloroform sowie in Chloroform-Tributylphosphat bei Anwesenheit von Pyridin liegt die maximale Extinktion des Komplexes bei 560 nm (Shibata; Gill, Rolf und Armstrong). Bei der Extraktion mit reinem Chloroform ist die Anwesenheit von 1 g Natriumchlorid oder Natriumsulfat erforderlich, damit diese quantitativ verläuft (Shibata). Wird die Konzentration an diesen Salzen noch wesentlich weiter erhöht, so nimmt die Extrahierbarkeit des Uranyl-PAN-Komplexes ab (Zolotov, Alimarin und Bagreev).

In der Chloroformphase gilt das Lambert-Beersche Gesetz im Konzentrationsbereich von 1 bis 10 ppm.

Im Lösungsmittelgemisch Cyclohexan-TOPO weist der Uranyl-PAN-Komplex die maximale Extinktion bei 550 nm auf (Baltisberger). Das Lambert-Beersche Gesetz gilt von 1 bis 20 ppm Uran.

Wie mit Uran(VI) reagiert PAN auch mit vielen anderen Metall-Ionen wie z. B. mit Cu^{2+}, Ni^{2+}, Hg^{2+}, Zn^{2+}, Mn^{2+}, Fe^{3+}, Bi^{3+}, Zr^{4+}, Th^{4+}, Al^{3+} und Sn^{4+} [Cheng (a); Shibata] ebenfalls unter Bildung roter Komplexe, so daß alle diese Ionen die Uranbestimmung stören. Eine Selektivitätserhöhung kann jedoch in Gegenwart von

Komplexbildnern wie ÄDTA, Nitrilotriessigsäure (NTA), Cyanid-Ion usw. erzielt werden. Von den oben erwähnten störenden Elementen können Cu, Ni und Hg mit Cyanid-Ion und der Rest mit Ausnahme von Al und Sn mit ÄDTA oder NTA maskiert werden [*Cheng* (a); *Spinner* und *Miller*]. Ist jedoch Thorium in mehr als 40fachem Überschuß anwesend, so ist selbst in Anwesenheit von ÄDTA bei der Uranbestimmung mit einem positiven *Fehler* von weniger als 4% zu rechnen (*Shibata*). Keinen Einfluß auf die Farbentwicklung hat NTA; dagegen stört ÄDTA ein wenig. Ist ÄDTA in geringem Überschuß vorhanden, so kann dessen Einfluß durch Zugabe von mehr Farbstoff verhindert werden [*Cheng* (a); *Shibata*].

Von den Anionen *stören* Chlorid-, Bromid-, Jodid-, Sulfat-, Nitrat-, Carbonat-, Thiosulfat-, Acetat-, Sulfit- und Fluorid-Ionen die Uranbestimmung *nicht* [*Cheng* (a)]. Dagegen stört Phosphat-Ion, wobei Uranylphosphat ausfällt.

Wasserstoffperoxid verhindert die Farbreaktion, und Jod ergibt einen dunkelfarbigen Niederschlag mit dem Farbstoff [*Cheng* (a)].

Anwendungsbeispiele zur Bestimmung mit PAN

A. Extraktion mit o-Dichlorbenzol

Zur Uranbestimmung unter Anwendung von o-Dichlorbenzol als Extraktionsmittel und Meßmedium für den Uranyl-PAN-Komplex wird die folgende **Arbeitsvorschrift** [nach *Cheng* (a)] empfohlen. Die schwach saure oder neutrale Lösung, die 2 bis 100 μg Uran enthält, ist mit 1 ml Pufferlösung (60 g Ammoniumchlorid und 750 ml konz. Ammoniak in 1 l Lösung; pH = 10) zu vermischen, auf 20 ml zu verdünnen und 1 ml Kaliumcyanidlösung (1%; m/v) zuzugeben. Der pH-Wert ist wenn nötig mit Ammoniaklösung auf 10 einzustellen, 2 ml einer methanolischen PAN-Lösung (0,1%; m/v) zuzusetzen und die Lösung 10 bis 15 Min. stehenzulassen. Anschließend hat man den Uranyl-PAN-Komplex 30 bis 60 Sek. mit 10 ml o-Dichlorbenzol zu extrahieren, den Extrakt zu centrifugieren und seine Extinktion bei 570 nm unter Verwendung einer Reagensblindlösung zu messen (*Beckman*-Spektrophotometer, Modell B; 1-cm-Zelle). Den Urangehalt ermittelt man aus einer auf analoge Weise hergestellten *Eichkurve*.

Bemerkungen. I. Diese Methode wird von *Cheng* (b) zur Bestimmung des Urans in *Calciumfluorid-Lasermaterial* verwendet. Zwecks Maskierung des Calciums wird der Lösung vor der Extraktion ein geringer Überschuß an 1,2-Diaminocyclohexan-NNN′N′-Tetraessigsäure zugesetzt, die für diesen Zweck besser geeignet ist als ÄDTA. Fluorid-Ion wird vorher durch Abrauchen mit Perchlorsäure entfernt. Dieses Verfahren ermöglicht die Bestimmung von 10 bis 100 μg Uran in 0,1 g Calciumfluorid.

II. Die Methode von *Cheng* wurde auch von *Spinner* und *Miller* zur Bestimmung des Urans in *Thoriumaufarbeitungslösungen* benutzt. Die Komplexierung des Thoriums erfolgt mit ÄDTA.

III. Die oben beschriebene Methode von *Cheng* (a) wurde von *Camera modifiziert*.

Arbeitsvorschrift nach *Camera*. Die Lösung, die nur geringe Mengen an störenden mehrwertigen Kationen und auch keine organischen Substanzen enthält, wird mit Ammoniak auf pH = 9,2 $\pm$ 0,1 eingestellt, und zwar nach Zusatz von 1% Essigsäure (v/v) und 1% ÄDTA-Lösung (m/v). Nach Zugabe von 0,01%iger methanolischer PAN-Lösung (m/v) wird mit o-Dichlorbenzol extrahiert und die Extinktion des Extrakts bei 560 nm gemessen. Unter diesen Bedingungen gilt das *Lambert-Beer*sche Gesetz im Konzentrationsbereich von 2 bis 40 μg Uran/5 ml.

B. Extraktion mit Chloroform

Zur Extraktion des Uran-PAN-Komplexes mit Chloroform und darauffolgenden Bestimmung des Urans im organischen Extrakt wird folgende

Arbeitsvorschrift nach *Shibata* angegeben. Die uranhaltige Lösung ist wie bei der Methode von *Cheng* (a) abzupuffern und 2 ml einer 0,1 m ÄDTA-Lösung sowie 2 g Natriumchlorid zuzusetzen. Nach dem Verdünnen auf 20 ml wird der pH-Wert wenn erforderlich auf 9,5 bis 10 eingestellt. 2 ml methanolische PAN-Lösung (0,1 %; m/v) werden zugefügt und nach 5 Min. das Uran 1 bis 2 Min. mit 10 ml Chloroform extrahiert. Der Chloroformextrakt ist zu centrifugieren und seine Extinktion bei 560 nm gegen eine Reagensblindlösung zu messen.

C. Extraktion mit Tributylphosphat-Chloroform

Zur Bestimmung des Urans in Erzen, Legierungen und zur organischen Extraktion mittels der PAN-Methode wird folgende

Arbeitsvorschrift nach *Gill, Rolf* und *Armstrong* benutzt. Wenn weder Cer(IV) noch Thorium anwesend sind, werden 1 bis 10 ml Probelösung, die 40 bis 400 μg Uran enthält, mit 0,2 g Kaliumfluorid und 0,2 g ÄDTA versetzt, auf 10 ml verdünnt, 2 Tropfen Methylorangelösung zugesetzt und die Lösung mit Ammoniak oder Salpetersäure bis zur Neutralisation oder aber so lange versetzt, bis sich ein bleibender Niederschlag ausbildet, wenn Aluminium oder Eisen anwesend sind. 20 ml Aluminiumnitrat-Aussalzlösung werden zugegeben und das Uran 2 Min. mit 10 ml Tributylphosphat-Chloroformlösung (10 ml Tri-n-butylphosphat mit 100 ml Chloroform verdünnen) extrahiert. Den organischen Extrakt filtriert man über Adsorptions-Watte in einen 25-ml-Meßkolben. Die Extraktion ist unter Verwendung von 5 ml Tributylphosphat-Chloroformlösung zu wiederholen und die wäßrige Phase mit 3 ml Chloroform zu waschen. Zu den vereinigten, filtrierten Extrakten gibt man 5 ml PAN-Lösung (0,05 %; m/v, in Chloroform) sowie 0,5 ml Pyridin und füllt mit Chloroform zur Marke auf. Nach 15 Minuten ist die Extinktion dieser Lösung bei 560 nm unter Verwendung einer Reagensblindlösung zu messen (*Beckman*-Spektrophotometer; Modell B; 1-cm-Zellen). Die Urankonzentration ermittelt man mittels einer analog aufgestellten *Eichkurve*.

Bemerkungen. I. *Aussalzlösung.* 1800 g Aluminiumnitrat-9-hydrat in 920 ml Wasser; wenn 20 ml dieser Lösung mit 10 ml Wasser verdünnt werden, soll sie einen scheinbaren pH-Wert von 0 bis 0,3 aufweisen. Anderenfalls muß die Lösung mit Salpetersäure oder Ammoniak auf diesen Wert gebracht werden.

II. Ist *Cer(IV)* anwesend, das bei der obigen Extraktion zusammen mit dem Uran extrahiert wird und auch mit PAN einen Farbkomplex bildet, so muß es vor der Extraktion mit Eisen(II)-sulfatlösung reduziert werden. Zu diesem Zweck wird der angesäuerten Probelösung 1 ml 0,1 m Eisen(II)-sulfatlösung zugesetzt, wodurch etwa 14 mg Cer(IV) reduziert werden. Hierauf wird wie oben beschrieben weiter verfahren.

III. Gegebenenfalls anwesendes *Thorium* wird vor der Extraktion durch Fällung als Thoriumoxalat entfernt.

IV. Ein ähnliches Extraktionsverfahren wie das oben beschriebene (s. Arbeitsvorschrift nach *Gill, Rolf* und *Armstrong*) wird von *Camera* zur Bestimmung des Urans in anorganischen und auch organischen Materialien verwendet. Bei dieser Methode erfolgt die Messung der Extinktion des Uranyl-PAN-Komplexes jedoch nicht in einer Tributylphosphat-Chloroformlösung, sondern in o-Dichlorbenzol. Zu diesem Zweck wird das Uran nach seiner Extraktion mit Tributylphosphat-Chloroform, zusammen mit mitextrahiertem Cer(IV) aus der organischen Phase mittels 2%iger Essigsäure (v/v) *rückextrahiert* und dann, wie oben beschrieben wurde, die photometrische Bestimmung ausgeführt.

D. Extraktion mit Trioctylphosphinoxid-Cyclohexan

Nach Angaben von *Baltisberger* können 10 bis 100 μg Uran von einem 1000fachen Überschuß Plutonium rasch und einfach getrennt werden, wenn das Uran mit

0,05 m Trioctylphosphinoxid (s. Abschnitt 6.5.2), gelöst in Cyclohexan, aus 2 n salpetersaurer Lösung, die je 50 mg Sulfaminsäure, Natriumfluorid und Mohrsches Salz $[(NH_4)_2SO_4 \cdot FeSO_4 \cdot 6 H_2O]$ enthält, extrahiert wird. Diese Zusätze verhindern, daß Pu^{3+}, Np^{4+}, Th^{4+}, Ce^{4+} und Zr^{4+} mitextrahiert werden. In einem aliquoten Teil des Extrakts wird Uran nach Zusatz von PAN spektrophotometrisch bei 555 nm bestimmt.

E. Indirekte Methode

Wie bereits auf S. 160 erwähnt wurde, ist es möglich, Uran auch indirekt mit PAN zu bestimmen (*U. K. A. E. A.*; *Hayes* und *Wright*). Diese Methode wird zur Bestimmung von Uranspuren wie z. B. in unreinen Uranlaugelösungen herangezogen. Zu diesem Zweck wird die Probe, die etwa 20 bis 180 μg Uran enthält, mit Salpeter- und Perchlorsäure versetzt, zur Trockne eingedampft und der Rückstand in verd. Salpetersäure gelöst. Aus dieser Lösung werden *störende* Fremd-Ionen durch Extraktionschromatographie (s. Abschnitt 5.2.3) auf einer Kel-F-Säule, die als stationäre Phase Tributylphosphat enthält, abgetrennt. Dabei wird Uran festgehalten, während die Verunreinigungen mit verd. Salpetersäure ausgewaschen werden. Nach der Elution des Urans mit Wasser und Eindampfen des Eluats zur Trockne wird der Rückstand in verd. Salzsäure gelöst und der Uran-PAN-Komplex aus acetonhaltiger Lösung bei pH = 9 auf faserigem Asbest niedergeschlagen. Der Niederschlag wird in Salzsäure gelöst und die Extinktion des in Freiheit gesetzten PAN bei 440 nm gemessen.

3.1.3.2.2 *PAR* [*4-(2-Pyridylazo)-resorcin*]

Wie PAN (s. Abschnitt 3.1.3.2.1) bildet PAR mit Uran(VI) in schwach alkalischer Lösung von pH = 7 bis 8 eine rote Chelatverbindung, worin das Molverhältnis Uran:PAR = 1:1 (*Pollard, Hanson* und *Geary*; *Busev* und *Ivanov*; *Sommer, Ivanov* und *Novotná*) ist. Bei pH = 8 liegt die maximale Extinktion dieses Komplexes bei 530 nm (*Pollard, Hanson* und *Geary*; *Florence* und *Farrar*). Das *Lambert-Beer*sche Gesetz gilt im Konzentrationsbereich von 0 bis 7 μg Uran/ml.

Die Bestimmung des Urans mit PAR wird durch eine Anzahl Metall-Ionen gestört. So bilden Cu, Cr, Sn, Bi^{3+}, Hg^{2+}, Sb^{3+}, Sb(V), $Fe^{2+,3+}$, La und größere Mengen an Thorium Niederschläge. Dem Uranyl-PAR-Komplex analoge Chelate bilden Co, Pb, Ni, Mn, Zr, Zn und geringe Mengen an Th, so daß diese Elemente ebenfalls stören. Der größte Teil dieser störenden Metall-Ionen kann nach Angaben von *Florence* und *Farrar* derart entfernt werden, daß man der Probelösung 1,2-Diaminocyclohexan-NNN′N′-tetraessigsäure zusetzt und nach Einstellung des pH-Wertes auf 3 diese Lösung durch eine kurze Säule, gefüllt mit dem Kationenaustauscher Dowex A1 (Chelatharz mit Iminodiessigsäuregruppen als Fest-Ionen), fließen läßt. Die Verunreinigungen gehen in den Effluenten über, während Uran festgehalten wird (s. Abschnitt 5.1). Nach Elution mit 5 n Salzsäure wird dann das Uran mit PAR bei pH = 8 und einer Wellenlänge von 530 nm photometrisch bestimmt.

Zur Maskierung des *Thoriums* und geringer Konzentrationen der oben erwähnten Metall-Ionen können 1,2-Diaminocyclohexan-NNN′-N′-tetraessigsäure, Sulfosalicylsäure und Natriumfluorid verwendet werden. Zirkonium kann mit Mesoweinsäure komplex gebunden werden; aber Vanadium(V), das sehr stark stört, muß vorher mit Ascorbinsäure zur vierwertigen Oxydationsstufe reduziert werden (*Florence* und *Farrar*).

Sind mehr als 200 μg *Eisen* anwesend, so muß die Extinktion der Meßlösung innerhalb von 10 bis 15 Min. gemessen werden.,

Arbeitsvorschrift (nach *Busev* und *Ivanov*). Die uranhaltige Lösung, die bis zu 2000 μg Uran enthalten kann, ist mit Wasser auf 20 bis 25 ml zu verdünnen und der pH-Wert auf 7 bis 8 einzustellen. 3 ml einer 0,05%igen PAR-Lösung (m/v) werden

11*

zugegeben, die Lösung auf 50 ml verdünnt und ihre Extinktion bei 530 nm gemessen.

Bemerkung. Diese Methode kann unter Anwendung der oben erwähnten Komplexbildner bzw. nach Durchführung der Kationenaustauschoperation dazu benutzt werden, das Uran in *Erzen, Uran-Aluminiumlegierungen* und *Brennstoffelementen* zu bestimmen (*Florence* und *Farrar*).

3.1.3.2.3 Solochrome Fast Red 3G

Dieser Farbstoff bildet mit Uranyl-Ion in acetatgepufferter, methanolischer Lösung einen orange-braunen Komplex, dessen maximale Extinktion bei 490 nm liegt [*Korkisch* und *Janauer* (a)]. Das *Lambert-Beer*sche Gesetz gilt im Konzentrationsbereich von 0 bis 300 μg Uran/10 ml Meßlösung. Die Empfindlichkeit der Methode beträgt 0,33 ppm, die Wiederholungsstreuung $\pm 3\%$ (relativ) im Konzentrationsbereich von 10 bis 300 μg Uran/10 ml bis $\pm 10\%$ (relativ) unter 10 μg Uran/10 ml.

In Gegenwart von ÄDTA *stören*: Mg (schwach), Ca (schwach), Al (stark), Y, Ce, Pr, Nd, La, Ti, Zr, Th, V(V), Pd^{2+} (alle stark), Bi^{3+} (schwach), Cr^{3+} (schwach), Eisen(III) und Kupfer(II) (beide stark). Keine Störung wird hervorgerufen durch die Anwesenheit von Sr, Ba, Zn, Cd, Hg^{2+}, Co, Ni, Sn^{2+}, Pb^{2+}, Mo(VI), W(VI), Mn^{2+} usw.

Von den Anionen stören nur Sulfat-, Bromid- und Fluorid-Ion (das letzte schwach).

Durch Zugabe von 10 Vol.-% einer 0,1 m Kaliumcitrat-Lösung/10 ml können 1-mg-Mengen der Elemente Th, La, Ce, Y, Nd und Pr maskiert werden. Bis zu 100 μg Cu^{2+} und Fe^{3+} stören die Bestimmung nicht.

Die Extinktion der Meßlösungen bleibt 24 Std. konstant.

Arbeitsvorschrift nach *Korkisch* und *Janauer* (a). Die uran(VI)-haltige Lösung (meist ein Eluat nach einer Ionenaustauschoperation, s. Abschnitt 5.1) bringt man in einer Quarzschale zur Trockne, glüht den Rückstand kurz und dampft mit einigen Millilitern 6 n Salzsäure auf dem Wasserbad ein. Das Uranylchlorid wird in 1 ml n Salzsäure in der Schale 15 Min. unter gelegentlichem Umschwenken digeriert. Nach Zusatz von 0,1 ml 0,1 m ÄDTA-Lösung wird der Inhalt der Schale mit insgesamt 6 ml Methanol in einen 10-ml-Meßkolben gespült. Dieser Lösung sind 1 ml 0,5%ige methanolische Farbstofflösung (m/v) und 1 ml 2,5 m Natriumacetatlösung zuzusetzen und mit Methanol zur Marke aufzufüllen. Die Extinktion der Lösung wird bei 490 nm gegen eine Reagensblindlösung gemessen und der Meßwert mit einer analog aufgestellten *Eichkurve* verglichen.

Bemerkung. Diese Methode wurde von den Autoren dazu verwendet, den Urangehalt von Meeressedimenten, insbesondere von Manganknollen, zu ermitteln. Dabei wurden die *störenden* Fremd-Ionen vor der Uranbestimmung mit Solochrome Fast Red unter Anwendung von Anionenaustauschverfahren abgetrennt (s. Abschnitt 5.1.2.1.2).

3.1.3.2.4 Solochrome Fast Grey R.A.S.

In einer methanolischen Acetatpufferlösung bildet dieser Azofarbstoff mit Uran(IV)-Ion einen roten Chelatkomplex, dessen Extinktionsmaximum bei 550 nm liegt [*Korkisch* und *Janauer* (b)]. Das *Lambert-Beer*sche Gesetz gilt im Konzentrationsbereich von 0 bis 150 μg Uran(IV)/10 ml Meßlösung. Die Empfindlichkeit beträgt 0,3 ppm; doch liegt die Wiederholstreuung für die Messung kleinerer Konzentrationen als 20 μg Uran/10 ml Meßlösung über $\pm 10\%$ (relativ), weshalb in diesem Bereich nicht gemessen werden sollte. Im Konzentrationsbereich von 20 bis 150 μg Uran beträgt die Wiederholstreuung ± 7 bis 8% (relativ).

Wird die Extinktionsmessung bei der Wellenlänge von 550 nm ausgeführt, so wird diese durch die folgenden Elemente bzw. Ionen nicht gestört: Mg, Ca, Sr, Ba,

Zn, Cd, Hg^{2+}, Sn^{2+}, Pb, Cr^{3+}, U(VI), Mn^{2+}, Ni, Co sowie Nitrat-, Jodid- und Thiocyanat-Ion wie auch Ascorbinsäure.

Die Extinktion der Meßlösung bleibt nur 10 Min. konstant und nimmt dann rasch ab.

Arbeitsvorschrift nach *Korkisch* und *Janauer* (b). 1 ml einer n salzsauren Uran(IV)-Lösung [die Reduktion des Urans(VI) zum Uran(IV) kann mit metallischem Zink in stark salzsaurer Lösung durchgeführt werden (s. Abschnitt 2.2.1.1.1)], die 20 bis 150 μg Uran enthält, sind in einen 10-ml-Meßkolben zu bringen. Dann werden 0,2 ml 2,5m Natriumacetatlösung und 1 ml 0,5%ige Farbstofflösung (m/v) in Methanol zugegeben. Man füllt mit Methanol zur Marke auf und mißt sofort nach dem Umschütteln die Extinktion bei 550 nm gegen eine Reagensblindlösung.

3.1.3.2.5 Monochrome Black Blue G

Dieser Azofarbstoff, der auch Metachromschwarzblau oder Omega Chrome Black Blue genannt wird, reagiert mit Uran(VI)-Ion in acetathaltiger, methanolischer Lösung unter Bildung eines violetten (1:2)-Komplexes, dessen Farbintensität zur spektrophotometrischen Bestimmung des Urans benutzt werden kann [*Korkisch* und *Janauer* (c); *Shibata, Matsumae, Niimi* und *Dono*]. Das Maximum der Extinktion des Chelats liegt bei einer Wellenlänge von 590 bis 595 nm. Die Empfindlichkeit der Methode beträgt 0,3 ppm. Die Wiederholstreuung im Konzentrationsbereich von 20 bis 200 μg/10 ml Meßlösung, in dem das *Lambert-Beer*sche Gesetz Gültigkeit besitzt, weist einen Wert von $\pm$ 3% (relativ) auf. Im Bereich von 5 bis 20 μg Uran/ 10 ml beträgt die Wiederholstreuung $\pm$ 6% (relativ).

Die Uranbestimmung mittels dieses Azofarbstoffes wird durch folgende Elemente bzw. Ionen *nicht gestört*: Sr, Ba, Zn, Cd; Hg^{2+}, Bi^{3+}, Ce, Sn^{2+}, Pb^{2+}, Mo(VI), Co^{2+} sowie Nitrat- und Thiocyanat-Ion.

Es stören schwach: Mg, Ca, Th, U^{4+}, Cr^{3+} und Mn^{2+}. Diese Kationen sind in Anwesenheit von ÄDTA bis zu 500 μg tolerierbar.

Alle anderen Fremd-Ionen mit Ausnahme der Alkalimetall-Ionen stören stark, jedoch auch Chloride in größeren Mengen (größer als 50 mg Natriumchlorid/10 ml Meßlösung). Die Störung durch Cu^{2+} und Fe^{3+} kann bis zu je 500 μg dieser beiden Kationen durch Zugabe von 0,1 ml 2m Ammoniumthiocyanat-Lösung/10 ml Meßlösung ausgeschaltet werden.

Arbeitsvorschrift nach *Korkisch* und *Janauer* (c). Die uranhaltige Lösung, die 0,1 bis 200 μg Uran(VI) enthält, ist auf dem Wasserbad zur Trockne einzudampfen [war die ursprüngliche Uranlösung ein Eluat nach einer Anionenaustauschoperation (s. Abschnitt 5.1.2.1.2), so wird sie vorerst so behandelt, wie im Abschnitt 3.1.3.2.3 bezüglich Solochrome Fast Red angegeben]. Den Rückstand nimmt man mit 1 ml n Salzsäure auf und setzt nach 20 Min. 1 ml 2,5m Natriumacetatlösung, 0,1 ml 0,1m ÄDTA-Lösung und 0,1 ml 2m Ammoniumthiocyanat-Lösung zu. Die Mischung bringt man in einen 10-ml-Meßkolben, gibt 2 ml 0,25%ige methanolische Farbstofflösung (m/v) zu und füllt mit Methanol zur Marke auf. Nach 10 bis 15 Min. wird die Extinktion der Lösung bei 590 nm gegen eine Reagensblindlösung gemessen.

Bemerkung. Die Extinktion erreicht nach 10 bis 15 Min. den *Maximalwert* und bleibt dann 12 Std. konstant.

3.1.3.2.6 Solochrome Black 6 BN

Dieser Azofarbstoff kann zur spektrophotometrischen Bestimmung von Uran(IV) und Uran(VI) benutzt werden [*Korkisch* und *Janauer* (d)]. In acetatgepufferten Lösungen, die organische Lösungsmittel enthalten, reagiert er mit Uran unter Bildung eines blauvioletten Komplexes, zu dessen Ausbildung es im Falle der Anwesenheit von Uranyl-Ionen allerdings nur dann kommt. wenn die Lösung eine beträchtliche Menge an Zink-Ionen enthält. Unter diesen Bedingungen bildet das Uran(VI)-

Ion wahrscheinlich zuerst einen Zinkuranylacetat-Komplex, der dann mit dem Farbstoff unter Bildung eines Komplexes höherer Ordnung reagiert. Die Messungen können in mit Acetat abgepufferten, methanolischen Lösungen oder in solchen, die Äthylenglykol als organische Komponente enthalten, ausgeführt werden.

Wird die Extinktionsmessung des Uran(IV)-Farbstoffkomplexes bei einer Wellenlänge von 640 nm ausgeführt, so gilt das *Lambert-Beer*sche Gesetz im Bereich von 50 bis 1000 μg Uran(IV)/10 ml Meßlösung. Die Empfindlichkeit der Methode beträgt 1 ppm; doch ist die Bestimmung von weniger als 50 μg Uran/10 ml Meßlösung nicht zu empfehlen, da in diesem Gebiet starke Abweichungen von der Linearität auftreten. Im Konzentrationsbereich von 50 bis 1000 μg Uran(IV)/10 ml Meßlösung beträgt die Wiederholstreuung $\pm$ 3 bis 5% (relativ).

Die Bestimmung des Urans(IV) mit Solochrome Black wird *nicht gestört* durch: Mg, Ca, Sr, Ba, Cd, Pb, La, Pr, Nd, Chlorid-, Jodid-, Fluorid- und Sulfat-Ionen sowie Ascorbinsäure. Viele andere Ionen stören stark und müssen daher vor der photometrischen Bestimmung des Urans abgetrennt werden, wozu man sich einer Ionenaustauschoperation (s. Abschnitt 5.1.2.1.2) bedienen kann.

Die Bestimmung des Urans(VI) mittels dieses Farbstoffes stören dieselben Ionen; doch kann man Zirkonium und Thorium mit ÄDTA maskieren. Wird die Extinktion des Uran(VI)-Komplexes bei 640 nm gemessen, so gilt das *Lambert-Beer*sche Gesetz von 0 bis 100 μg Uran(VI)/10 ml Meßlösung. Die Empfindlichkeit dieser Methode ist 0,4 ppm; die Wiederholstreuung im Konzentrationsbereich von 10 bis 100 μg Uran(VI) beträgt maximal $\pm$ 5% (relativ). Bei kleineren Konzentrationen streuen die Ergebnisse bis zu mehr als $\pm$ 10% (relativ).

Sowohl bei der Bestimmung des Urans(IV) als auch Urans(VI) bleibt die Extinktion der Meßlösungen 24 Std. konstant. Im Falle der Bestimmung des Urans(VI) muß die Reihenfolge der Reagenzienzugabe *genau* eingehalten werden.

Arbeitsvorschriften nach *Korkisch* und *Janauer* (d). I. 1 ml einer n salzsauren *Uran(IV)*-Lösung [die Reduktion des Urans(VI) zum Uran(IV) kann mit metallischem Zink in stark salzsaurer Lösung durchgeführt werden (s. Abschnitt 2.2.1.1.1)], die 50 bis 1000 μg Uran enthält, ist in einen 10-ml-Meßkolben zu bringen. Nach Zugabe von 2 ml 2,5 m Natriumacetatlösung und 2 ml 0,35%iger methanolischer Farbstofflösung (m/v) ist mit Methanol zur Marke aufzufüllen und die Extinktion der Lösung bei 640 nm gegen eine Reagensblindlösung zu messen.

II. Zur Bestimmung des *Urans(VI)* wird 1 ml n salzsaure Uranyl-Lösung in einem 10-ml-Meßkolben mit 5 ml Methanol verdünnt, dann 1,5 ml einer 10%igen methanolischen Farbstofflösung (m/v) zugegeben. Nach dem Auffüllen zur Marke mit Methanol wird die Extinktion der Lösung gegen eine analog bereitete Reagensblindlösung bei 640 nm gemessen.

3.1.3.2.7 *Eriochrome Black T*

Dieser Azofarbstoff wurde zur Uranbestimmung in den nach dem Auslaugen uranarmer Erze mit verd. Schwefelsäure erhaltenen Laugelösungen benützt (*Krishnamoorthy* und *Murthy*). Der *Fehler* dieser Methode ist nicht größer als $\pm$ 2% in Abwesenheit von Cer(III) und Thorium(IV), die die Bestimmung sehr stören.

Arbeitsvorschrift nach *Krishnamoorthy* und *Murthy*. 5 ml Probelösung, die nicht mehr als 0,25 mg U_3O_8 enthalten, werden mit 4 m Ammoniaklösung neutralisiert und ein dabei unter Umständen auftretender Niederschlag durch Zugabe einiger weniger Tropfen 4 n Salpetersäure wieder aufgelöst. Nach Zugabe von 15 ml einer gesättigten Aluminiumnitratlösung wird das Uran 2 Min. mit 10 ml Äthylacetat extrahiert und der Extrakt zur Trockne eingedampft. Der Rückstand ist mit 2,5 ml 10%iger ÄDTA-Lösung (m/v) aufzunehmen und nach Zusatz von 5 ml Eriochrome Black T-Lösung (0,05%ig; m/v) und 5 ml einer Ammoniak-Ammoniumchloridpufferlösung vom pH = 9 auf 50 ml zu verdünnen. Nach Ablauf von 10 Min. ist die Extinktion der Lösung bei 620 nm gegen eine Reagensblindlösung zu messen.

3.1.3.2.8 TAM

2-(2-Thiazolylazo)-5-dimethylaminophenol (TAM) wurde von *Sörensen* zur spektrophotometrischen Bestimmung des Urans in Gesteinen und Lösungen mit geringem Urangehalt nach dessen Extraktion mit Hexon in Gegenwart von Aluminiumnitrat als Aussalzmittel (s. Abschnitt 6.3.1) verwendet. Wird die Extinktion dieses Uranylazofarbstoff-Komplexes bei einer Wellenlänge von 575 nm gemessen, so beträgt die Empfindlichkeit dieser Methode 0,1 μg im Konzentrationsbereich von 1 bis 5 μg Uran/ml Meßlösung.

Arbeitsvorschrift nach *Sörensen*. Die Gesteinsprobe wird mit einer Flußsäure-Perchlorsäuremischung und wenn erforderlich auch mit einer Natriumhydrogensulfatschmelze aufgeschlossen. Die so erhaltene Probelösung ist mit 2 Tropfen Wasserstoffperoxidlösung (6%; v/v) zu oxydieren und dann mit einer Ammoniaklösung zu neutralisieren. Zu 1 ml dieser Lösung gibt man 0,025 ml 12 m Ammoniak und 2 ml Aluminiumnitratlösung (1 kg Aluminiumnitrat-9-hydrat und 100 ml Wasser bei 100 °C, um ein Auskristallisieren des Nitrats zu vermeiden) zu. Dann wird das Uran mit 0,3 bis 1 ml Hexon je Mikrogramm erwartetes Uran zweimal 2 Min. extrahiert und dabei jede Extraktion mit genau der Hälfte des verwendeten Hexonvolumens durchgeführt. Gleiche Volumina der beiden Extrakte werden vereinigt und 2 Min. mit einer Waschlösung (5,4 g Kaliumjodat und 350 g Aluminiumnitrat-9-hydrat in 250 ml Wasser) gewaschen. 2,5 ml organische Phase sind durch 5 Min. langes Schütteln mit dem gleichen Volumen Reagenslösung (31 mg TAM in 80 ml Pyridin lösen, 150 ml Wasser zugeben, abkühlen, 10,4 ml Salzsäure hinzufügen und mit Wasser auf 250 ml verdünnen) umzusetzen und nach dem Centrifugieren die Extinktion in einer 1-cm-Zelle bei 575 nm gegen eine Reagensblindlösung zu messen.

Bemerkung. Diese Azoverbindung wurde auch von *Jensen* zur Uranbestimmung benutzt.

3.1.3.2.9 Andere Azoverbindungen

Nach Angaben von *Sinha* und *De* bildet Chrome Azurol S (C. I. Mordant Blue 29) einen blauen (1:1)-Komplex mit Uranyl-Ion, der im pH-Bereich von 4,2 bis 6,2 und bis zu einer Temperatur von 98 °C stabil ist. Die maximale Extinktion dieses Komplexes liegt bei 585 nm, und das *Lambert-Beer*sche Gesetz gilt im Konzentrationsbereich von 0,19 bis 17,2 ppm Uran.[1] Die Empfindlichkeit der Methode beträgt 0,238 μg/ml; sie wird u. a. gestört durch Cu^{2+}, Be, Al, Fe^{3+}, Th, Zr, Carbonat-, Borat-, Citrat-, Tartrat- und Oxalat-Ionen.

4-(3-Carboxy-4-hydrophenylazo)-3-methyl-1-phenylpyrazol-5-on, gelöst in Äthanol, kann als photometrisches Reagens zur Bestimmung des Urans(VI) im Konzentrationsbereich von 1,7 bis 41 μg Uran/ml verwendet werden (*Baiulescu* und *Ciurea*). Die Bildung des Uran-Farbstoffkomplexes erfolgt am besten im pH-Bereich von 5 bis 6.

Literatur

Baiulescu, G., u. *Ciurea, I. C.*: Anal. chim. Acta **24**, 152 (1961). – *Baltisberger, R. J.*: Anal. Chem. **36**, 2369 (1964). – *Busev, A. I.*, u. *Ivanov, V. M.*: Vestn. Moskov. Univ., Ser. Khim., russ., **3**, 52 (1960).

Camera, V.: Med. d. Lavoro **52**, 59 (1961). – *Cheng, K. L.*: (a) Anal. Chem. **30**, 1027 (1958); (b) Talanta **9**, 739 (1962).

Florence, T. M., u. *Farrar, Y. J.*: Anal. Chem. **35**, 1613 (1963).

---

[1] Die Uranbestimmung läßt sich auch in Gegenwart von Polyvinylalkohol durchführen [*Skrdlik, M., Havel, J.*, u. *Sommer, L.*: Chemicke Listy **63**, 939 (1969)].

Gill, H. H., Rolf, R. F., u. *Armstrong, G. W.:* Anal. Chem. **30**, 1788 (1958).

Hayes, M. R., u. *Wright, J. S.:* Talanta **11**, 607 (1964).

Janauer, G. E., u. *Korkisch, J.:* Talanta **9**, 427 (1962).

Jensen, B. S.: Acta Chem. Scand., **14**, 927 (1960).

Kasiura, K., u. *Minzewski, J.:* Nukleonika **11**, 399 (1966). – *Korkisch, J.*, u. *Janauer, G. E.:* (a) Anal. chim. Acta **25**, 463 (1961); (b) Fr. **182**, 26 (1961); (c) Fr. **183**, 85 (1961); (d) Mikrochim. A. **1961**, 537. – *Krishnamoorthy, L. G.*, u. *Murthy, T. K. S.:* Indian J. Chem. **2**, 51 (1964).

Pollard, F. H., Hanson, P., u. *Geary, W. J.:* Anal. chim. Acta **20**, 26 (1959).

Shibata, S.: Anal. chim. Acta **22**, 479 (1960). – *Shibata, S., Matsumae, T., Niimi, Y.*, u. *Dono, T.:* Report Gov. Ind. Res. Inst., Kita-ku, Nagoya **11**, 160 (1962). – *Sinha, S. N.*, u. *De, A. K.:* Indian J. Chem. **1**, 70 (1963). – *Sörensen, E.:* Acta Chem. Scand. **14**, 965 (1960). – *Sommer, L.*, u. *Ivanov, V. M.:* Talanta **14**, 171 (1967). – *Sommer, L., Ivanov, V. M.*, u. *Novotná, H.:* Talanta **14**, 329 (1967). – *Sommer, L., Šepel, T.*, u. *Ivanov, V. M.:* Talanta **15**, 949 (1968). – *Spinner, I. H.*, u. *Miller, F. C.:* Report CRDC-837, Atomic Energy of Canada, 1959.

U. K. A. E. A.: Report PG 436 (S), 1963.

Zolotov, Yu. A., Alimarin, I. P., u. *Bagreev, V. V.:* Trudy Kom. analit. Khim. **15**, 59 (1965); durch Zhur. Khim. russ., 19GDE, 1965, (16), Abstr. No. 16G14.

3.1.3.3 Arsenazoverbindungen

Zur photometrischen Bestimmung des Urans wurden folgende Arsenazoverbindungen verwendet: Thoronol (= Thoron = Thorin) [1-(o-Arsenophenylazo)-2-naphthol-3,6-disulfonsäure] (*Foreman, Riley* und *Smith; Milner* und *Edwards*); Arsenazo I (= Arsenazo = Neothoron = Neothorin) [3-(2-Arsenophenylazo)-4,5-dihydroxynaphthalin-2,7-disulfonsäure bzw. o-(1,8-Dihydroxy-3,6-disulfo-2-naphthylazo)-benzolarsonsäure oder o-Arsenophenylazochromotropsäure] [*Matsuyama, Hara* und *Koyama; Shibata* und *Matsumae* (a, b); *Fritz* und *Johnson-Richard; Kuznetsov* und *Nikol'skaya; Kuznetsov* und *Kukisheva; Holcomb* und *Yoe* (a,b); *Titov* und *Osiko; Hues* und *Henicksman* (a, b); *Palomares Delgado, Vera Palomino* und *Petrement Eguiluz; Kuznetsov* und *Savvin; Hayashi* und *Kotsuji; Luk'yanov, Moiseeva* und *Kuznetsova; Moiseeva, Kuznetsova, Luk'yanov* und *Sel'manova*]; Arsenazo II [3,3'-Di-(1,8-dihydroxy-3,6-disulfo-2-naphthylazo)-diphenyl-4,4'-diarsonsäure] [*Kuznetsov* und *Savvin* (b)], Arsenazo III [2,2'-(1,8-Dihydroxy-3,6-disulfo-2,7-naphthylenbisazo)-diphenylarsonsäure] [*Kuznetsov* und *Savvin* (c); *Nemodruk* und *Palei; Luk'yanov, Savvin* und *Nikol'skaya; Palei, Nemodruk* und *Davýdov* (a, b); *Singer* und *Matucha; Palei, Nemodruk* und *Deberdeeva; Savvin*]; Thoron I [o-(2-Hydroxy-3,6-disulfo-1-naphthylazo)-phenylarsonsäure] (*Sangal*). Von diesen Reagenzien werden am häufigsten Arsenazo I und Arsenazo III benutzt, um Mikrogrammengen Urans zu bestimmen.

3.1.3.3.1 Thoronol

Dieser Arsenazofarbstoff bildet in verdünnt sauren Lösungen mit Uran(IV)-Ionen einen roten Komplex, der in wäßrigem Aceton stabil ist (*Foreman, Riley* und *Smith*). Vor Zusatz dieses Reagenses wird das Uran am besten mit metallischem Blei zur vierwertigen Oxydationsstufe reduziert, wozu ein Mikrobleireduktor (s. Abschnitt 2.2.1.3) verwendet werden kann (*Milner* und *Edwards*). Diese Reduktion kann z. B. auch mit Jodid-Ion durchgeführt werden. Die Farbentwicklung erfolgt am besten in schwach salzsaurer Lösung, deren Acidität etwa 0,2n oder darunter beträgt und die 80 vol.-%ig an Aceton ist.

Komplexbildende Anionen wie z. B. Sulfat-, Fluorid-, Phosphat- und Oxalat-Ionen *stören* am stärksten. Außerdem rufen Fe, Cr, V, Zr, Cu, Hg, Mn, Ce und besonders Mo Störungen hervor. Hingegen stören Sr, Al und Ni nicht. In den meisten Fällen ist es daher erforderlich, das Uran vor der Bestimmung mit Thoronol von den störenden Metall-Ionen abzutrennen. Dazu wird nach *Foreman, Riley* und *Smith* das

Uran als Diäthyldithiocarbaminat-Komplex mit Chloroform extrahiert (s. auch Abschnitt 3.1.3.8). Zur Entfernung und Komplexierung der Verunreinigungen werden außerdem noch Cupferron und ÄDTA angewendet.

Arbeitsvorschrift nach *Foreman, Riley* und *Smith.* 1 ml verdünnt salz- oder salpetersaure Lösung wird mit n Salzsäure auf 5 ml verdünnt, 2 ml wäßrige Cupferronlösung (5%ig; m/v) zugesetzt und mit 15 ml Chloroform extrahiert. Hierauf sind weitere 2 ml Cupferronlösung zuzugeben und erneut mit Chloroform zu extrahieren. Der wäßrigen Phase sind ein Tropfen Phenolphthaleinlösung und 20 ml gesättigte ÄDTA-Lösung zuzufügen, mit Natriumhydroxidlösung gerade alkalisch zu machen, 2 ml Natriumacetat-Lösung (20%ig; m/v) zuzusetzen und mit 0,5 ml einer Essigsäurelösung (20%ig; v/v) auf pH = 6 abzupuffern. 5 ml wäßrige Natriumdiäthyldithiocarbaminat-Lösung (5%ig; m/v) und anschließend 20 ml 0,3 m Calciumnitratlösung werden zugesetzt (wenn größere Mengen Oxalats anwesend sind, Magnesiumnitrat verwenden), um den Überschuß an ÄDTA zu binden. Dann sind, wenn nötig, wie oben beschrieben, der pH-Wert wieder auf 6 einzustellen, der Uranyldithiocarbaminat-Komplex 3 mal mit 15 ml Anteilen Chloroform zu extrahieren und die vereinigten Chloroformextrakte einmal mit Wasser zu waschen, das 1 ml Natriumdiäthyldithiocarbaminat-Lösung (5%ig; m/v) enthält, die wie oben beschrieben mit Acetat-Ion auf pH = 6 abgepuffert wurde und 0,05 m an Calcium-ÄDTA ist. Das Uran ist mit 2,5-ml-Anteilen Ammoniumcarbonat-Lösung (10%ig; m/v) rückzuextrahieren und die Lösung zur Trockne einzudampfen. Der Rückstand ist $^1/_2$ Min. zu erhitzen (Bunsenbrenner), in 2 ml konz. Salzsäure aufzunehmen und die Lösung zur Trockne einzudampfen. Den Rückstand löst man in 1 ml 3n Salzsäure und führt die Lösung zusammen mit noch 1 ml Säure in einen 10-ml-Kolben über, der 15 g frisch gereinigtes Bleischrot enthält (Bleischrot wird zuerst mit konz. Salzsäure und dann mit 3 n Salzsäure geschüttelt, bis das Blei einen stark metallischen Glanz aufweist; der so gereinigte Bleischrot wird unter 3n Salzsäure aufbewahrt). Hierauf ist 1 Min. umzuschütteln und die Lösung in einen 25-ml-Meßkolben zu bringen, anschließend 20 ml Aceton und 1 ml wäßrige Thoronollösung (0,5%ig; m/v) zuzusetzen. Mit Wasser wird zur Marke aufgefüllt und die Extinktion der Lösung gegen eine analog hergestellte Blindlösung unter Verwendung von 4-cm-Küvetten und Ilford Nr. 605-Filter gemessen.

Bemerkung. Eine ähnliche Methode zur Bestimmung des Urans mit Thoronol wurde von *Milner* und *Edwards* zur Analyse von *Uran-Wismutlegierungen* benutzt. Das störende Wismut wurde zuerst vom Uran durch Anionenaustausch in einem salzsauren Medium abgetrennt (s. Abschnitt 5.1.2.1.2).

3.1.3.3.2 Arsenazo I

In schwach alkalischen Lösungen mit pH-Werten von 7,5 (*Fritz* und *Johnson-Richard*) oder 8,6 [*Holcomb* und *Yoe* (b)] reagiert Arsenazo I (Formel s. Tabelle 1) mit Uranyl-Ionen unter Bildung eines stabilen blauen Komplexes, dessen Extinktionsmaximum bei 596 nm liegt. Diese Reaktion weist eine Empfindlichkeit von 1 in $3 \cdot 10^7$ auf [*Holcomb* und *Yoe* (b)], und das *Lambert-Beer*sche Gesetz gilt im Konzentrationsbereich von 0,5 bis 10 ppm Uran(VI) [*Holcomb* und *Yoe* (b)]. Die Farbintensität ist bei einer Temperatur zwischen 15 und 35 °C konstant (*Holcomb* und *Yoe*). Das Verhältnis des Urans zum Arsenazo im Komplex beträgt 1:1 (*Fritz* und *Johnson-Richard*; *Shibata* und *Matsumae*). Bei den oben angegebenen pH-Werten reagieren auch viele andere Metall-Ionen mit diesem Farbstoff. So *stören* u. a. Cu, Al, Ni, Co, Fe, Sb, Bi, Mo, W, Th, Ti, die seltenen Erdmetalle und Sulfat-Ion (*Matsuyama, Hara* und *Koyama*). In Anwesenheit von 0,2 m Sulfat-Ion werden um 2,4% niedrigere Resultate erzielt (*Fritz* und *Johnson-Richard*). Auch Phosphat-Ionen rufen eine Störung hervor. Die Störung einer Anzahl von Metall-Ionen kann jedoch durch Zugabe von ÄDTA im Überschuß [*Hues* und *Henicksman* (a)], der allerdings nicht 0,005 Millimol/50 ml überschreiten soll (*Fritz* und *Johnson-Richard*), ausgeschaltet werden. Zur Maskierung von Mo(VI), W(VI) und Titan kann Weinsäure [*Fritz* und *Johnson-Richard*; *Hues* und *Henicksman* (a)], für Aluminium Sulfosalicylsäure und für Sb, Bi und Cu 3-Mercaptopropan-1,2-diol verwendet werden (*Fritz* und *Johnson-Richard*). Eine Störung durch Eisen(III)-Ion kann durch Reduktion zum Eisen(II) mittels Hydroxylammoniumchlorids und Bildung des Ferroin-Komplexes (s. Abschnitt 2.3.1.1.1) ausgeschaltet werden (*Palomares Delgado, Vera Palomino* und *Petrement Eguiluz*). Wird Natriumcyanid als zusätzliches Maskierungsmittel (neben ÄDTA) benutzt, so wird die Störung durch Ionen von Cd, Co, Cu, Au, Fe, Hg, Ni, Ru und Zn wesentlich herabgesetzt [*Hues* und *Henicksman* (b)]. Unter ähnlichen Bedingungen ruft auch Molybdän keine Störung hervor.

Arsenazo I reagiert auch mit Uran(IV)-Ion unter Bildung eines blauvioletten Komplexes (*Kuznetsov* und *Nikol'skaya*), der bei niedrigeren pH-Werten beständiger ist als der Komplex mit Uranyl-Ion. So bildet sich der Uran(IV)-arsenazo-Komplex bereits in etwa 0,03n salzsaurer Lösung. Zur Reduktion des Urans zum vierwertigen Oxydationszustand wird Kaliumjodid empfohlen. Die Farbintensität des Uran(IV)-Komplexes bleibt in reinen Lösungen 1 Std. konstant; seine Stabilität ist jedoch in Gegenwart von Mo, V, Cu und anderen Metall-Ionen geringer. Bei pH = 1,5 bis 1,8 liegt das Extinktionsmaximum des Komplexes bei 555nm. Da auch hier wie im Falle der Reaktion des Uranyl-Ions mit Arsenazo I viele Metall-Ionen ebenfalls stören, kann die Selektivität der Methode nur durch vorangehende Abtrennung des Urans wie z. B. durch Mitfällung des Uran-(VI)-thiocyanat-Komplexes mit Krystallviolett (*Kuznetsov* und *Nikol'skaya*), erhöht werden (s. S. 172) (s. auch Abschnitt 1.3.6).

Ganz allgemein gesehen ist es in den meisten Fällen erforderlich, das Uran vor seiner Bestimmung mit Arsenazo I mittels geeigneter Methoden abzutrennen, und zwar unabhängig davon, ob die Reaktion dieses Arsenazofarbstoffes mit Uran(VI) oder Uran(IV) benutzt wird. Hierfür geeignete Verfahren sind die Extraktion des Uran(VI)-nitrats mit Mesityloxid [*Holcomb* und *Yoe* (a)] (s. Abschnitt 6.3.2), Äthylmethylketon (*Kuznetsov* und *Kukisheva*) (s. Abschnitt 6.3.2), Diäthyläther [*Holcomb* und *Yoe* (b)] und Tributylphosphat, gelöst in Hexon (*Palomares Delgado, Vera Palomino* und *Petrement Eguiluz*). Ferner ist es z. B. möglich, das Uran auch durch Chloroformextraktion als Diäthyldithiocarbaminat-Komplex (*Fritz* und *Johnson-Richard*) abzutrennen (s. Abschnitt 3.1.3.8). Die Trennung kann auch unter Anwendung chromatographischer Verfahren wie z. B. der Silicagel-Salpetersäure-Diäthyläthermethode (*Matsuyama, Hara* und *Koyama*; *Luk'yanov, Moiseeva* und *Kuznetsova*) (s. Abschnitt 5.2.1.1), papierchromatographisch (*Hayashi* und *Kotsuji*) oder nach vorangehendem Kationen – (*Luk'yanov, Moiseeva* und *Kuznetsova*) oder Anionenaustausch (*Moiseeva, Kuznetsova, Lu'kyanov* und *Sel'manova*) erfolgen. Auch nach einer gravimetrischen Fällung sowie der erwähnten Mitfällungsreaktion läßt sich Uran mit Arsenazo I bestimmen (s. S. 172).

Anwendungsbeispiele zur Bestimmung mit Arsenazo I

A. Bestimmungsmethoden nach Lösungsmittelextraktion

I. Extraktion mit Mesityloxid und Diäthyläther. Eine von *Holcomb* und *Yoe* (a) beschriebene Methode gestattet die gleichzeitige Bestimmung des Urans und Thoriums nach deren Extraktion mit Mesityloxid aus lithiumnitrathaltiger Lösung. Sie beruht darauf, daß die Farbe des Thorium-Arsenazo-Komplexes bereits bei pH-Werten unter 2 entsteht, unter welchen Bedingungen sich der entsprechende Uran(VI)-Komplex noch nicht ausbildet. In diesem pH-Bereich *stört* Uran die Thoriumbestimmung *nicht*, wenn seine Konzentration nicht 20 mal größer ist als diejenige des Thoriums. Bei pH = 8 bilden sich die Arsenazo-Komplexe beider Elemente, deren Extinktionen sich additiv verhalten, obwohl sie voneinander verschiedene Extinktionsmaxima aufweisen. Nachdem das Thorium bei pH = 1 bis 2 bei 565 nm bestimmt wurde, kann seine Extinktion bei pH = 8,5 und 596 nm [Maximum der Extinktion des Uran(VI)-arsenazo-Komplexes] aus der *Eichkurve* der Thoriumbestimmung berechnet werden.

Arbeitsvorschrift nach *Holcomb* und *Yoe* (a). Zu 10 ml n salpetersaurer Lösung, die 2 bis 7 mg Uran und Thorium als Nitrate enthält, sind 8 g Lithiumnitrat zuzusetzen, mit 13 ml Mesityloxid zu extrahieren und die organische Phase dreimal mit je 10 ml n Salpetersäure, die mit Lithiumnitrat gesättigt ist, zu waschen. Uran und Thorium werden 3 mal mit Wasser rückextrahiert und der Extrakt mit Wasser auf 100 ml verdünnt. Zur Bestimmung des Urans bringt man einen aliquoten Teil dieser Lösung auf pH = 2,5 bis 5,5, setzt 10 ml 2,14·10⁻³m Arsenazolösung zu und verdünnt mit 10 ml einer Boratpufferlösung vom pH = 8,6. Nach dem Verdünnen auf 50 ml wird die Extinktion der Lösung bei 596 nm gegen eine Reagensblindlösung gemessen.

Bemerkungen. a) Diese Extraktion mit Mesityloxid entfernt alle *störenden* Ionen mit Ausnahme von Zirkonium und Eisen.

b) Die *Standardabweichung* für Uran beträgt 2,04%.

c) Ein ähnliches Verfahren wurde von *Holcomb* und *Yoe* (b) auch zur Bestimmung des Urans nach dessen Extraktion mit *Diäthyläther* verwendet.

II. Extraktion mit Äthylmethylketon. Zur Bestimmung des Urans in Erzen, gemischten Oxiden des Urans und Berylliums sowie auch in Wismut-Blei-Legierungen mittels der Arsenazomethode wird von *Kuznetsov* und *Kukisheva* folgende

Arbeitsvorschrift empfohlen. Die Probe, die 0,5 bis 5 mg Uran enthält, wird mit Mineralsäuren aufgeschlossen und die Lösung zur Trockne eingedampft. Der Rückstand ist mit 2 ml Salpetersäure und 20 ml gesättigter Calciumnitratlösung 2 bis 3 Min. zu erhitzen und die Lösung mit der Calciumnitratlösung auf 50 ml zu verdünnen. Nach Filtration werden 10 ml Filtrat mit 5 ml ÄDTA-Lösung (5%ig; m/v) vermischt und das Uran mit 10 ml Äthylmethylketon extrahiert. 1 bis 2 ml organische Phase bringt man in einen 50-ml-Meßkolben, der 25 ml Wasser, 2 ml 0,1%ige wäßrige Arsenazolösung (m/v) und 2 ml Urotropin-Lösung (25%ig; m/v) enthält. Nach dem Verdünnen mit Wasser auf 50 ml wird die Extinktion der Lösung unter Anwendung eines Rotfilters (oder bei 640 nm) gemessen. Die Lösung in der Meßzelle vermischt man mit 6 Tropfen Perhydrol und mißt nach 30 bis 40 Sek. die Extinktion erneut. Die Extinktionsdifferenz entspricht dem Urangehalt. Ist diese größer als 0,050, muß die Extraktion wiederholt werden.

III. Chloroformextraktion des Diäthyldithiocarbaminat-Komplexes (s. auch Abschnitt 3.1.3.8) wird von *Fritz* und *Johnson-Richard* vor allem dazu benutzt, Uran von dem die Arsenazomethode störenden Thorium abzutrennen. Dazu wird folgende

Arbeitsvorschrift empfohlen: Zu einer Probe, die nicht mehr als 0,08 Millimol Fremd-Ionen enthält, sind 2 ml 0,05m ÄDTA-Lösung und etwa 1 ml Pyridin zuzusetzen. Nach Verdünnen auf etwa 20 ml werden 3 ml einer 2%igen Diäthyldithiocarbaminat-Lösung (m/v) zugegeben und der pH-Wert auf 7 bis 8 eingestellt (ist Thorium anwesend, die Lösung 15 bis 30 Min. bei pH = 7 bis 8 stehen lassen, bevor die Diäthyldithiocarbaminat-Lösung zugegeben wird). Dann ist der Urandiäthyldithiocarbaminat-Komplex mit 25 ml Chloroform zu extrahieren und zur Klärung der Schichten einige Milliliter gesättigter Natriumnitratlösung zuzugeben. Die wäßrige Phase wird nach Zugabe von 1 ml Diäthyldithiocarbaminat-Lösung erneut mit 15 ml Chloroform extrahiert und nach Vereinigung der Chloroformextrakte das Uran 30 Sek. mit 50 ml Natriumcarbonatlösung (0,02%ig; m/v) rückextrahiert. Diese Rückextraktion ist mit weiteren 25 ml Natriumcarbonatlösung zu wiederholen. Zu den vereinigten Carbonatlösungen wird 1 ml konz. Perchlorsäure zugegeben. Hierauf setzt man 5 ml Triäthanolamin-Pufferlösung (gleiche Volumina 1m Triäthanolamin und 0,5n Salpetersäure) sowie 5 ml 0,001m Arsenazolösung (wäßrig) zu und stellt den pH-Wert auf 7,5 ein. Nach dem Verdünnen mit Wasser auf 200 ml wird die Farbintensität bei 595 nm gemessen (1-cm-Küvette).

Bemerkungen. a) Ist *Thorium* abwesend, so kann die der Bestimmung vorangehende Extraktion des Urans als Diäthyldithiocarbaminat-Komplex unterbleiben und folgende vereinfachte

Arbeitsvorschrift angewendet werden.

Ein aliquoter Teil der Lösung, der 5 bis 500 μg Uran enthält, wird mit Natriumhydroxid- oder Ammoniaklösung auf pH von 2 bis 3 gebracht. Hierauf wird eine ausreichende Menge an 0,01 m ÄDTA zugesetzt, um alle Fremd-Ionen, die mit ÄDTA reagieren, komplex zu binden. Dabei ist darauf zu achten, daß nicht mehr als ein Überschuß von 0,5 ml ÄDTA-Lösung zugegeben wird. Ist die Menge anwesender Fremd-Ionen sehr gering, werden nur 0,05 ml einer 0,01 ml ÄDTA-Lösung zugesetzt. Hierauf sind 2 ml Arsenazolösung zuzugeben, 5 ml Triäthanolamin-Pufferlösung zuzufügen und die Lösung auf etwa 40 ml zu verdünnen. Den pH-Wert dieser Lösung stellt man mit verd. Salpetersäure oder Ammoniak auf 7,5 ein, führt die Lösung in einen 50-ml-Meßkolben über, füllt mit Wasser zur Marke auf und mißt wie oben beschrieben gegen eine Reagensblindlösung.

b) Bei gegebenenfalls anwesendem *Aluminium* ist es ratsam, die Lösung nach Zugabe von ÄDTA zum Sieden zu erhitzen.

c) In Anwesenheit von Mo(VI), W(VI) oder Ti, die durch ÄDTA unter den angegebenen Bedingungen nicht komplexiert werden, fügt man 1 ml 0,1 m Weinsäure zur sauren Probe zu.

B. Bestimmungsmethoden nach Mitfällung und Fällung

Zur Bestimmung des Urans in Mineralen nach dessen Mitfällung als Uran(VI)$_3$thiocyanat-Komplex mit Kristallviolett wird von *Kuznetsov* und *Nikol'skaya* folgende

Arbeitsvorschrift benutzt: 0,3 bis 1,0 g Probe, die nicht weniger als 0,003% Uran enthält, sind zwecks Zerstörung organischer Substanzen auf 500 bis 550 °C zu erhitzen, mit einer Flußsäure-Perchlorsäuremischung aufzuschließen und die Lösung zur Trockne einzudampfen. Den Rückstand löst man in 2 bis 3 ml konz. Salzsäure, verdünnt die Lösung etwas mit Wasser und erhitzt nach Zugabe von 5 mg Ammoniumnitrat fast zum Sieden. Das Uran wird zusammen mit anderen Elementen mit carbonatfreiem Ammoniak gefällt (s. Abschnitt 1.1.1.1), der Niederschlag in 10 bis 20 ml 2n Salzsäure gelöst und zur Lösung 20 ml 5%ige ÄDTA-Lösung (m/v) und 5 ml 40%ige Ammoniumthiocyanat-Lösung (m/v) zugegeben. Nach dem Verdünnen auf 250 ml ist der pH-Wert mit Ammoniak auf 5 einzustellen und 2,5 ml 6n Salzsäure zuzugeben. Danach werden 25 ml gesättigte, wäßrige Kristallviolettlösung tropfenweise unter Rühren zugesetzt, der Niederschlag nach 1 Std. abfiltriert und 5 mal mit einer Lösung, die 8 ml konz. Salzsäure, 4 ml 40%ige Ammoniumthiocyanat-Lösung (m/v) und 5 ml der Kristallviolettlösung in 1 l Lösung enthält, gewaschen. Den Niederschlag verglüht man bei 500 bis 600 °C und erhitzt den Rückstand mit 4 bis 5 ml konz. Salzsäure. Unlösliche Bestandteile sind abzufiltrieren, diese mit salzsäurehaltigem, heißem Wasser zu waschen, zwecks Reduktion des Urans zum vierwertigen Oxydationszustand mit 0,8 ml einer 10%igen Kaliumjodidlösung (m/v) zu versetzen und die Lösung zur Trockne einzudampfen. Den Rückstand löst man in 10 ml 0,1n Salzsäure und reduziert in Freiheit gesetztes Jod durch tropfenweisen Zusatz einer 0,002%igen Natriumthiosulfatlösung (m/v) zum Jodid-Ion. Hierauf gibt man 2 ml 0,05%ige Arsenazolösung (m/v) zu, verdünnt die Lösung mit einer 2%igen Hydroxylammoniumchloridlösung (m/v) auf 25 ml und mißt deren Extinktion unter Anwendung eines Rotfilters.

Bemerkung. Auch zur Bestimmung des Urans in *Gesteinen* ist eine von *Titov* und *Osiko* beschriebene Methode geeignet. Sie beruht darauf, daß das Uran(VI) zusammen mit Eisen zuerst in Gegenwart von ÄDTA durch Fällung mit α-Nitroso-β-naphthol isoliert (s. Abschnitt 1.2.8.2) und nach seiner Trennung mittels der Carbonatmethode (s. Abschnitt 1.1.1.3) mit Arsenazo I bestimmt wird.

C. Bestimmungsmethoden nach chromatographischer Abtrennung

Nach der chromatographischen Abtrennung des Urans mittels der Silicagel-Salpetersäure-Diäthyläthermethode (s. Abschnitt 5.2.1.1) wird zur Uranbestimmung folgende

Arbeitsvorschrift nach *Matsuyama*, *Hara* und *Koyama* vorgeschlagen. Einen aliquoten Teil der Probe, der 2 bis 10 μg Uran/ml enthält, bringt man in einen 25-ml-Meßkolben. Hierauf werden 1 ml Arsenazolösung (0,2%ig; m/v) und 5 ml Pufferlösung vom pH = 6,0 (Natriumacetat-Essigsäurepuffer) zugegeben, die Lösung mit Wasser auf 25 ml verdünnt und 5 Min. stehengelassen. Die Extinktion der Lösung ist bei 600 nm gegen eine Blindlösung zu messen.

Bemerkungen. I. Eine ähnliche Methode, ebenfalls unter Anwendung des obengenannten Trennverfahrens, wurde von *Luk'yanov*, *Moiseeva* und *Kuznetsova* zur Bestimmung des Urans in *Erzen* und deren Aufbereitungsprodukten verwendet. Die Endbestimmung des Urans erfolgte nach der auf S. 171 beschriebenen Methode nach *Kuznetsov* und *Kukisheva*.

II. Auch nach der *papierchromatographischen* Trennung vom Eisen und Thorium (s. Abschnitt 5.2.1.2) wurde das Uran mit Arsenazo I in einer Acetatpufferlösung von pH = 5,8 bis 6,2 photometrisch bei 600 nm bestimmt (*Hayashi* und *Kotsuji*).

III. Andere chromatographische Verfahren zur Abtrennung des Urans vor der Bestimmung mit Arsenazo I beruhen auf Kationen- und Anionen-*Austausch* (*Luk'yanov*, *Moiseeva* und *Kuznetsova*; *Moiseeva*, *Kuznetsova*, *Luk'yanov* und *Sel'manova*). Diese Trennverfahren werden in den Abschnitten 5.1.2 und 5.1.3 genau beschrieben, so daß hier nicht näher auf sie eingegangen werden soll. Die photometrische Endbestimmung des Urans mit Arsenazo I kann mittels einer der oben beschriebenen Methoden ausgeführt werden.

3.1.3.3.3 Arsenazo II

Dieser Arsenazofarbstoff kann als doppeltes Arsenazo I angesehen werden und reagiert ähnlich wie dieses mit Uran(VI) in sehr schwach saurer Lösung unter Bildung eines blauen Komplexes mit dem Extinktionsmaximum bei 620 nm [*Kuznetsov* und *Savvin* (b)]. Unter diesen Bedingungen bilden u. a. auch Al, In, Ga, Cu und Be Komplexe mit diesem Farbstoff, die stabiler sind als jene mit Arsenazo I [auch der Uran(VI)-Komplex ist stabiler]. Phosphat-, Fluorid- und Sulfat-Ionen *stören* in geringerem Ausmaß, so daß sich das Uran in Lösungen bestimmen läßt, die 5 bis 6 mg Phosphate (als Phosphor gerechnet)/ml enthalten. Auch hier läßt sich die Selektivität der Methode erhöhen, wenn gleichzeitig Komplexbildner wie z. B. ÄDTA anwesend sind. Soll das Uran in Gegenwart großer Mengen von Fremd-Ionen bestimmt werden wie z. B. in Erzen oder in ihren Aufarbeitungsprodukten, so kann es *vor* der Bestimmung durch Extraktion mittels sogenannter „tiefschmelzender Extraktionsmittel" abgetrennt werden (*Kuznetsov* und *Seriakova*). Diese werden durch Mischen oder Zusammenschmelzen der üblicherweise angewendeten Extraktionsmittel mit bei Zimmertemperatur festen, organischen Substanzen wie z. B. Paraffin erhalten. Die Anwendung solcher Mischungen soll eine wesentliche Verkürzung der Extraktionsdauer bewirken (s. Arbeitsvorschrift unten).

In *mineralsaurem* Medium reagiert Arsenazo II analog zu Arsenazo I auch mit Uran(IV) sowie mit Zr, Hf, Ti, Th und Fe^{3+} [*Kuznetsov* und *Savvin* (b)].

Zur Bestimmung des Urans mit Arsenazo II in Erzen und deren Aufbereitungsprodukten unter Anwendung einer Extraktion des Urans mit einem „tiefschmelzenden Extraktionsmittel" wird von *Kuznetsov* und *Seriakova* folgende

Arbeitsvorschrift empfohlen: 100 bis 200 mg Probe, die etwa 20 bis 200 μg Uran enthält, sind durch Kochen mit wasserstoffperoxidhaltiger Salzsäure aufzuschließen, die Lösung fast zur Trockne einzudampfen und 2 ml Salpetersäure $(1 + 3)$ (etwa 3,5 m) zuzugeben. Dann werden 6- bis 7-ml gesättigte Calciumnitrat-Lösung (300 g Calciumnitrat-4-hydrat in 100 ml Wasser), sowie 0,5 bis 1,0 g ÄDTA zugefügt und erhitzt. Nach Zusatz von 0,5 bis 1,0 g Paraffin und 5 ml Cyclohexanon erhitzt man, bis das Paraffin schmilzt, und extrahiert mit dieser Mischung das Uran. Nach der Extraktion wird abgekühlt, das Uran enthaltende, nun feste, organische Extraktionsgemisch abgetrennt, geschmolzen, mit einer gesättigten Calciumnitrat-lösung gewaschen und das Uran 2 mal mit 5- bis 7-ml-Anteilen Wasser rückextrahiert. Den wäßrigen Extrakt filtriert man durch ein mit Wasser befeuchtetes Filterpapier in einen 25-ml-Meßkolben und neutralisiert das Filtrat mit einer 25%igen Urotropinlösung (m/v). Dann werden 10 ml einer Lösung zugegeben, die 9 g Calciumnitrat-4-hydrat, 4,3 g ÄDTA und 20 g Urotropin in 250 ml Wasser enthält und einen pH-Wert von 4,4 bis 4,6 aufweist. Nach Zugabe von 1 ml einer 0,1%igen Arsenazo-II-Lösung (m/v) wird mit Wasser zur Marke aufgefüllt und die Extinktion der Lösung bei 620 nm oder unter Anwendung eines Rotfilters, gegen Wasser als Bezugslösung, gemessen.

3.1.3.3.4 Arsenazo III

3.1.3.3.4.1 Uran(IV)

Uran(IV)-Ion reagiert mit Arsenazo III (Formel s. Tabelle 1) in stark salzsaurer Lösung unter Bildung eines grünen Komplexes, dessen Farbintensität zur photometrischen Bestimmung des Urans benutzt werden kann (*Savvin*). In Gegenwart eines Überschusses des Reagenses weist die Lösung einen violetten Farbton auf. Je nach der Salzsäurekonzentration werden zwei Reihen von Komplexen gebildet. In etwa 0,1n Salzsäure ist das Verhältnis von Uran(IV) zum Reagens 1:1 oder 1:2, während in 6 bis 8n salzsauren Lösungen Verhältnisse von 1:1, 1:2 und 1:3 festgestellt wurden (*Nemodruk* und *Palei*). Nach Angaben von *Luk'yanov, Savvin* und *Nikol'skaya* nimmt die Farbintensität des Uran(IV)-arsenazo-III-Komplexes mit steigender Salzsäurekonzentration bis zu 4n ständig zu und bleibt dann bei höheren Normalitäten dieser Säure konstant. Die größte Empfindlichkeit der Methode wird in 6 bis 8n Salzsäure erreicht, und zwar in Gegenwart eines mindestens dreifachen Reagensüberschusses. Unter diesen Bedingungen weist der molare Extinktionskoeffizient bei 665 nm einen Wert von 127 000 auf (*Nemodruk* und *Palei*). Wird die Messung unter Anwendung eines Rotfilters in einer 2-cm-Zelle ausgeführt, so ist die Extinktion = 0,030, wenn die Urankonzentration 0,04 μg/ml beträgt (*Luk'yanov, Savvin* und *Nikol'skaya*). Beträgt das Volumen der Meßlösung 5 ml, so lassen sich noch 0,2 μg Uran bestimmen. Die Farbintensität der Lösungen ändert sich innerhalb 2 Std. praktisch nicht.

Da diese Methode eine Bestimmung des Urans in sehr stark saurer Lösung ermöglicht, ist der störende Einfluß von Anionen nur sehr gering. So ist z. B. bei Verhältnissen von Uran(IV)- zu Fluorid-, Phosphat- und Sulfat-Ionen von 1:25, $1:10^4$ und $1:5 \cdot 10^4$ der relative *Fehler* geringer als 5% (*Luk'yanov, Savvin* und *Nikol'skaya*).

Zum Unterschied von den in den vorangegangenen Abschnitten beschriebenen Arsenazofarbstoffen wird die Bestimmung des Urans mit Arsenazo III nur durch sehr wenige Kationen *gestört*, selbst dann *nicht*, wenn diese im tausend- oder zehntausendfachen Überschuß vorhanden sind.

Eine Störung der Methode wird verursacht, wenn die Lösung mehr als einen 60fachen Überschuß an seltenen Erdmetall-Ionen enthält. Ferner *stören* Titan, Zirkonium und Thorium.

Obwohl Titan mit dem Reagens nur einen schwach gefärbten Komplex bildet, werden in Anwesenheit dieses Elements oft zu niedrige Resultate erhalten. Beträgt das Gewichtsverhältnis Uran:Titan = 1:9, so ist der relative Fehler nicht größer als 5%. Da in Gegenwart von Titan während der Reduktion des Urans zum vierwertigen Oxydationszustand Titan(III)-Ion gebildet wird, das das Reagens reduktiv zerstören kann, muß das dreiwertige Titan vor der Zugabe der Arsenazo III-Lösung z. B. mit Hydroxylammoniumchlorid oxydiert werden (*Luk'yanov*, *Savvin* und *Nikol'skaya*). Sind große Titanmengen anwesend, so muß das Titan vor der Uranbestimmung mit Tributylphosphat extrahiert werden (*Mohai*, *Upor* und *Jurcsik*)

Zirkonium reagiert mit Arsenazo III wie das Uran(IV)-Ion. Der störende Einfluß jenes Metall-Ions kann in Gegenwart von Oxalsäure, die das Zirkonium stärker maskiert als Uran(IV), praktisch ausgeschaltet werden. Dadurch ist es möglich, das Uran selbst in Anwesenheit großer Zirkoniummengen zu bestimmen *Luk'yanov*, *Savvin* und *Nikol'skaya*; *Trofimova* und *Syromyatnikov*).

Die *größte Störung* wird durch Thorium-Ion hervorgerufen, das wie Uran(IV) unter denselben Bedingungen mit Arsenazo III einen grünen, stabilen Komplex bildet. Vor der Uranbestimmung ist es daher in den meisten Fällen nötig, das Uran vom Thorium mittels geeigneter Methoden wie z. B. durch Ionenaustausch oder Lösungsmittelextraktion abzutrennen. Beträgt das Verhältnis von Uran zu Thorium 1:1, so ist es möglich, das Thorium *vor* der Reduktion des Urans zu bestimmen und hierauf nach der Reduktion die Summe an Uran(IV) und Thorium zu ermitteln. Aus der Differenz der Extinktionen wird dann der Urangehalt der Probe erhalten (*Luk'yanov*, *Savvin* und *Nikol'skaya*).

Die Reduktion des Urans zur vierwertigen Oxydationsstufe kann in salzsaurer Lösung mit metallischem Zink (*Luk'yanov*, *Savvin* und *Niko'lskaya*[1]) (s. Abschnitt 2.2.1.1.1), Zinkamalgam (*Kammori*, *Taguchi* und *Yoshikawa*)[2] oder mittels eines Wismutreduktors (*Singer* und *Matucha*) (s. Abschnitt 2.2.1.5) erfolgen. Nach Angaben von *Mukashev* und *Syromyatnikov* soll die Reduktion mit Zink in Gegenwart von mehr als 5 mg Eisen oder mehr als 250 mg Titan eine Zerstörung des Uran-Arsenazo III-Komplexes zur Folge haben. Die Reduktion mit Zink soll in Gegenwert von Ascorbinsäure und Oxalsäure durchgeführt werden. Auch Zink zusammen mit Ascorbinsäure sind geeignete Reduktionsmittel (*Zsoldos* und *Csővári*).

Zur Bestimmung des Urans in *Erzen* und *Gesteinen* wird von *Singer* und *Matucha* folgende

Arbeitsvorschrift beschrieben. Zu nicht mehr als 2 g Probe sind 20 bis 30 ml konz. Salzsäure und 2 oder 3 Tropfen Perhydrol zuzugeben und die Mischung 30 bis 40 Min. zu kochen. Die Lösung wird nach Verdünnen mit Wasser auf das doppelte Volumen filtriert und der Rückstand mit heißem Wasser gewaschen. Das Filtrat verdünnt man und stellt die Salzsäurekonzentration auf 2 bis 3n ein (diese Lösung soll 0,5 bis 10 mg Uran/l enthalten). Zu 2 bis 5 ml dieser Lösung ist so lange Ascorbinsäure zuzusetzen, bis die durch Eisen(III)-Ionen hervorgerufene Farbe verschwunden ist; dann ist die Lösung durch eine 5-cm-Säule eines Wismutreduktors (s. Abschnitt 2.2.1.5), der vorher mit 2,5n Salzsäure gewaschen worden ist, fließen zu lassen (Fließgeschwindigkeit = 1 oder 2 Tropfen/Sek.). Die aus dem Reduktor ausfließende, reduzierte Lösung wird unmittelbar in eine Mischung, bestehend aus 5 ml konz. Salzsäure und 1 ml 0,15%iger wäßriger Arsenazo III-Lösung (m/v), einfließen gelassen. Den Wismutreduktor wäscht man mit Salzsäure (1 + 4) (etwa 2,5m) so lange, bis das Volumen der gesamten Lösung 25 ml beträgt. Die Extinktion dieser Lösung wird bei 665 nm gemessen.

Bemerkungen. I. Das *Lambert-Beer*sche Gesetz *gilt* bis zu einer Konzentration von 20 µg Uran/25 ml.

---

[1] *Onishi, H.*, u. *Toita, Y.*: Japan Analyst **18**, 1134 (1969).
[2] Äthanol (photochemische Reduktion) (*Nemodruk, A. A.*, u. *Bezrogova, E. V.*: Zh. analit. Khim. **22**, 881 (1967)).

II. Die *Standardabweichung* dieser Methode beträgt 2,6%.

III. Kupfer(II) *stört nicht*, wenn die Extinktionsmessung innerhalb von 10 Min. ausgeführt wird.

3.1.3.3.4.2 Uran(VI)

Arsenazo III reagiert mit Uran(VI)[1] in schwach saurer Lösung unter Bildung eines grün-violetten Komplexes, dessen Farbintensität wie im Fall des Uran(IV)-arsenazo III-Komplexes zur photometrischen Bestimmung von Mikrogrammengen Urans dienen kann [*Palei*, *Nemodruk* und *Davydov* (a); *Palei*, *Nemodruk* und *Deberdeeva*; *Nemodruk* und *Palei*][2]. Die Messung erfolgt am besten bei einem pH-Wert um 3 und bei einer Wellenlänge von 655 oder 656 nm bzw. unter Anwendung eines Rotfilters.

Keine Störungen werden verursacht durch Ni, Co, Cu, Cr^{3+}, Al, Ca, Zn, Na, Chlorid-, Sulfat- und Acetat-Ionen, selbst wenn sie im mehr als tausendfachen Überschuß vorhanden sind. Fe^{3+}, Th, V, Mo und Fluorid-Ionen stören nicht bis zu einem etwa 100fachen Überschuß [*Palei*, *Nemodruk* und *Davydov* (a)]. Cer(IV) stört ebenfalls nicht, wenn es in einer Menge vorliegt, die derjenigen des Urans äquivalent ist. Eine Störung der Uranbestimmung wird durch Blei verursacht, das jedoch vorher durch elektrolytische Abscheidung entfernt werden kann (*Starodubskaya*, *Kovalenko* und *Bagdasarov*).

Andere *störende* Elemente wie z. B. Thorium und Zirkonium werden am besten durch vorangehende Abtrennung des Urans durch Lösungsmittelextraktion wie z. B. mit Tributylphosphat aus einer abgepufferten, ÄDTA enthaltenden Lösung entfernt. Zu diesem Zweck wird von *Palei*, *Nemodruk* und *Davydov* (a) folgende

Arbeitsvorschrift empfohlen: 1 bis 5 ml Probelösung, die 5 bis 50 μg Uran(VI) enthält, sind mit einer 60%igen Ammoniumnitratlösung (m/v), die 0,25%ig an ÄDTA (m/v) ist, auf 25 ml zu verdünnen. Der pH-Wert der Lösung wird mit Ammoniaklösung oder Salpetersäure auf 2,5 bis 3,0 eingestellt und das Uran mit zwei 10-ml-Anteilen einer 20%igen Lösung von Tributylphosphat in Tetrachlorkohlenstoff (v/v) extrahiert. Zwecks Rückextraktion des Urans ist die organische Phase 1 Min. mit 15 ml 0,06%iger Arsenazo III-Lösung (m/v) in einem Acetatpuffer vom pH = 3 zu schütteln und die Extinktion der farbigen, wäßrigen Lösung bei 655 nm oder unter Anwendung eines Rotfilters gegen eine Reagensblindlösung zu messen. *Acetatpuffer* = 10 g Monochloressigsäure und 25 g Natriummonochloracetat in 1 l Lösung.

Bemerkungen. I. Sind *große* Mengen an Fluorid- und Phosphat-Ion anwesend, wird die Extraktion in Gegenwart von 40%iger Aluminiumnitratlösung (m/v) aus einer Lösung, die die obige Aussalzlösung nicht enthält, ausgeführt und der Extrakt mit 20 ml einer 50%igen Ammoniumnitratlösung (m/v), die mit ÄDTA gesättigt ist und einen pH-Wert von 3 aufweist, gewaschen.

II. Diese Methode kann zur Bestimmung des Urans in Erzen, Mineralen und Lösungen *komplizierter* Zusammensetzung verwendet werden. Der *Fehler* beträgt etwa ± 5%.

III. Sehr ähnliche Verfahren wie das oben beschriebene wurden zur *automatischen*, extraktions-photometrischen Uranbestimmung [*Palei*, *Nemodruk* und *Davydov* (b)], zur Bestimmung des Urans in Urin (*Novikov* und *Abramova*) und zur Bestimmung

---

[1] Auf Grund neuerer Untersuchungen reagiert nicht $UO_2(II)$-Ion, sondern das $UO(IV)$-Ion mit Arsenazo III (*Muk* und *Radosavljević*). Es wird auch angenommen, daß sich je nach der Acidität der Lösung zwei Komplexe des Typs ML bilden [*Borak, J., Slovak, Z.,* u. *Fischer, J.:* Talanta **17**, 215 (1970)].

[2] Weitere Literatur: *Onishi, H.,* u. *Toita, Y.:* Japan Analyst **18**, 592 (1969); *Nemodruk, A. A.,* u. *Glukhova, L. P.:* Zh. analit. Khim. **23**, 552 (1968); *Nemodruk, A. A., Palei, P. N.,* u. *Glukhova, L. P.:* Zh. analit. Khim. **23**, 214 (1968); *Emura, S.:* Japan Analyst **19**, 637 (1970).

des Urans in Fluorid-Chlorid-Lösung (*Palei, Nemodruk* und *Deberdeeva*) benutzt.[1] Beim letztgenannten Verfahren wird das Uran nicht mehr mit einer wäßrigen Arsenazo III-Pufferlösung, sondern mit 10 ml 5%iger *Natriumtartrat-Lösung* (m/v) rückextrahiert. Zu 4 ml dieses Extrakts werden 5 ml konz. Salpetersäure, die Harnstoff enthält (1 l konz. Salpetersäure und 10 g Harnstoff), sowie 1 ml 0,25%iger Arsenazo III-Lösung (m/v) zugesetzt und die Extinktion bei 656 nm (oder Rotfilter) gegen Wasser als Blindlösung gemessen.

IV. Eine kombinierte, extraktions-photometrische Methode zur Bestimmung des Urans mit Arsenazo III wird von *Kuznetsov* und *Savvin* (c) beschrieben. Dieses Verfahren beruht auf der Extraktion des Uran(VI)-Arsenazo III-Komplexes mittels eines organischen Lösungsmittels in Gegenwart von *Diphenylguanidin*. Die ionisierten Sulfonsäuregruppen der Arsenazo III-Verbindung bewirken, daß der Uranyl-Komplex ein hydrophiles Ion darstellt, das mit organischen Lösungsmitteln nicht extrahierbar ist; aber Diphenylguanidin, das das Diphenylguanidinium-Kation $(C_6H_5NH)_2CNH_2^+$ bildet, maskiert (neutralisiert) die hydrophile Natur dieser Gruppen. (Es bildet sich wahrscheinlich ein schwach dissoziierter Ionenassociations-Komplex zwischen dem Uranyl-Arsenazo III-Komplex und Diphenylguanidin aus, der in organischen Lösungsmitteln löslich ist.) In Gegenwart von Diphenylguanidin ist es daher möglich, den Uran-Arsenazo III-Komplex mit einem organischen Lösungsmittel wie z. B. Butyl- oder Amylalkohol zu extrahieren und auf diese Weise die Bestimmung von Mikrogrammengen Urans mit seiner gleichzeitigen Trennung von vielen Elementen zu kombinieren.

Arbeitsvorschrift nach *Kuznetsov* und *Savvin* (c). Zu 2 ml 0,05 n salzsaurer Probelösung, die 1 bis 50 μg Uran(VI) enthält, werden 2,5 ml 5%ige ÄDTA-Lösung (m/v), 1 ml 0,05%ige wäßrige Arsenazo III-Lösung (m/v), 0,5 ml 20%ige Diphenylguanidiniumchlorid-Lösung (m/v) und 5 ml Butanol zugegeben. Nach gründlichem Durchschütteln bringt man einen Teil des farbigen, organischen Extrakts in eine 1-cm-Zelle und mißt die Extinktion gegen Wasser bei 660 nm.

Bemerkungen. a) Diese Methode wird sehr *gestört*, wenn *Thorium* anwesend ist. Diese Störung kann verringert werden, wenn je 5 ml der Lösung 5 μg Kaliumfluorid zugesetzt werden.

b) *Anionen* wie Chloride oder Nitrate *stören nicht*; ebenso wird durch Fluorid-Ion bis zu Konzentrationen von 1 mg/ml keine Störung verursacht. Sulfat- oder Phosphat-Ionen werden durch Diphenylguanidin gefällt, können aber aus gesättigter Lösung durch Flotation abgetrennt werden.

c) Eine ähnliche Methode wurde zur Bestimmung von Mikrogramm-Mengen Uran in Aluminiumproben benutzt (*Kuroha, Sakakibara, Sibuya* und *Ogura*).

3.1.3.3.5 Thoron I

Analog zu Arsenazo III reagiert *Thoron I* mit Uranyl-Ion bei pH = 3,0 unter Bildung eines farbigen Komplexes, dessen Extinktion bei 545 nm gemessen werden kann (*Sangal*). Diese Methode hat eine Empfindlichkeit von 0,16 μg Uran/ml. Nur geringe Mengen an Li, Be, Au, Mo, W, Pt und Borat-Ion dürfen anwesend sein, ohne die Bestimmung des Urans mit Thoron I zu stören. Starke *Störungen* werden durch folgende Ionen hervorgerufen: Sc, Y, La, Ce und andere seltene Erdmetalle, Ti, Zr, Hf, Th, Fe, Pd, Phosphat-, Acetat-, Oxalat-, Tartrat- und Citrat-Ionen.

---

[1] Weitere Methoden, bei denen auch TBP zur Abtrennung des Urans benützt wurde, fanden Anwendung zur spektrophotometrischen Bestimmung des Urans(VI) mit Arsenazo III in natürlichen Wässern [*Nemodruk, A. A.,* u. *Deberdeeva, R. Yu.*: Radiokhimiya **8**, 248 (1966)], Bodenproben, Gesteinen, Mineralen, biologischen Materialien (wie z. B. Milch und pflanzlichem Material) [*Nemodruk, A. A.,* u. *Glukhova, L. P.*: Zh. analit. Khim. (russ.) **21**, 688 (1966); *Prister, B. S.,* u. *Zubach, S. S.*: Radiokhimiya **10**, 743 (1968)] und in Gegenwart großer Mengen von Uran(IV) [*Nemodruk, A. A., Palei, P. N.,* u. *Glukhova, L. P.*: Radiokhimiya **7**, 372 (1965)].

Literatur

Foreman, J. K., Riley, C. J., u. *Smith, T. D.:* Analyst **82**, 89 (1957). – *Fritz, J. S.,* u. *Johnson-Richard, M.:* Anal. chim. Acta **20**, 164 (1959).

Hayashi, S., u. *Kotsuji, K.:* Japan Analyst **10**, 392 (1961). – *Holcomb, H. P.,* u. *Yoe, J. H.:* (a) Microchem. J. **4**, 463 (1960); (b) Anal. Chem. **32**, 612 (1960). – *Hues, A. D.,* u. *Henicksman, A. L.:* (a) U. S. A. E. C., Report LA-2844, 1962; (b) U. S. A. E. C., Report LA-3226, 1965.

Kammori, O., Taguchi, I., u. *Yoshikawa, K.:* Japan Analyst **14**, 111 (1965). – *Kuroha, T., Sakakibara, M., Sibuya, S.,* u. *Ogura, M.:* Japan Analyst **15**, 569 (1966). – *Kuznetsov, V. I.,* u. *Kukisheva, T. N.:* Betriebslab. (russ.) **26**, 1344 (1960). – *Kuznetsov, V. I.,* u. *Nikol'skaya, I. V.:* Betriebslab. (russ.) **26**, 266 (1960). – *Kuznetsov, V. I.,* u. *Savvin, S. B.:* (a) Radiokhimiya **1**, 589 (1959); durch Zhur. Khim. (russ.) **1960** (8), Abstr. No. 30488; (b) Radiokhimiya **2**, 682 (1960); durch Zhur. Khim. (russ.) **1961**, (10), Abstr. No. 10D95; (c) Doklady Akad. Nauk SSSR **140**, 125 (1961); durch Zhur. Khim. (russ.) **1962**, (3), Abstr. No. 3D13. – *Kuznetsov, V. I.,* u. *Seriyakova, L. V.:* Betriebslab. (russ.) **23**, 1176 (1957).

Luk'yanov, V. F., Moiseeva, L. M., u. *Kuznetsova, N. M.:* Zhur. Anal. Khim. (russ.) **16**, 448 (1961). – *Luk'yanov, V. F., Savvin, S. B.,* u. *Nikol'skaya, I. V.:* Zhur. Anal. Khim. (russ.) **15**, 311 (1960); durch Zhur. Khim. (russ.) **1961**, (2), Abstr. No. 2D68.

Matsuyama, H., Hara, T., u. *Koyama, K.:* J. chem. Soc. Japan, Pure Chem. Sect., **79**, 958 (1958). – *Milner, G. W. C.,* u. *Edwards, J. W.:* Anal. chim. Acta **17**, 259 (1957). – *Mohai, M. F., Upor, E.,* u. *Jurcsik, I.:* Magyar Kém. Foly. **71**, 334 (1965). – *Moiseeva, L. M., Kuznetsova, N. M., Luk'yanov, V. F.,* u. *Sel'manova, G. L.:* Zhur. Anal. Khim. (russ.) **16**, 585 (1961). – *Muk, A.,* u. *Radoslavjević, R.:* Croat. chem. Acta **39**, 1 (1967). – *Mukashev, F. A.,* u. *Syromyatnikov, N. G.:* Zavod. Lab. **31**, 806 (1965).

Nemodruk, A. A., u. *Palei, P. N.:* Zhur. Anal. Khim. (russ.) **18**, 480 (1963). – *Novikov, Yu. V.,* u. *Abramova, L. N.:* Gig. i Sanit. **31**, 57 (1966); durch Fr. **230**, 455 (1967).

Palei, P. N., Nemodruk, A. A., u. *Davydov, A. V.:* (a) Radiokhimiya **3**, 181 (1961); durch Zhur. Khim. (russ.) **1961**, (23), Abstr. No. 23D64; (b) Tr. Komiss. Anal. Khim. Akad. Nauk SSSR **14**, 281 (1963); durch Zhur. Khim. 19GDE, **1964** (2), Abstr. No. 2G92. – *Palei, P. N., Nemodruk, A. A.,* u. *Deberdeeva, R. Yu.:* Radiokhimiya **6**, 459 (1964); durch Zhur. Khim. (russ.) 19GDE, **1965** (1), Abstr. No. 1G89. – *Palomares Delgado, F., Vera Palomino, J.,* u. *Petrement Eguiluz, J. C.:* Junta de Energia Nuclear, Report JEN-139-DQ/I-43, 1964; An. R. Soc. esp. Fís. Quím., B, **62**, 275 (1966).

Sangal, S. P.: Microchem. J. **7**, 311 (1963). – *Savvin, S. B.:* Doklady Akad. Nauk SSSR **127**, 1231 (1959); durch Fr. **174**, 439 (1960); Talanta **11**, 1 (1964); **8**, 673 (1961). – *Shibata, S.,* u. *Matsumae, T.:* (a) Bl. chem. Soc. Japan **31**, 377 (1958); (b) **32**, 279 (1959). – *Singer, E.,* u. *Matucha, M.:* Fr. **191**, 248 (1962). – *Starodubskaya, A. A., Kovalenko, P. N.,* u. *Bagdasarov, K. N.:* Zhur. Anal. Khim. (russ.) **21**, 663 (1966); durch Fr. **231**, 216 (1967).

Titov, V. I., u. *Osiko, E. P.:* Zhur. Anal. Khim. (russ.) **17**, 129 (1962). – *Trofimova, L. A.,* u. *Syromyatnikov, N. G.:* Zav. Lab. **31**, 1325 (1965).

Zsoldos, T., u. *Csövári, S.:* Magyar Kém. Foly. **73**, 228 (1967).

3.1.3.4 Chlorophosphonazoverbindungen

Reagenzien des Chlorophosphonazotyps unterscheiden sich von den Arsenazoverbindungen (s. Abschnitt 3.1.1.3.3) dadurch, daß sie anstelle der Gruppierung —AsO_3H_2 eine —PO_3H_2-Gruppe besitzen und außerdem kernständiges Chlor in p-Stellung zur Azogruppe bzw. in m-Stellung zur Phosphongruppe enthalten. Sie bilden mit Uran-Ion stabilere Komplexe als die Arsenazoverbindungen; ferner können sich diese Komplexe in noch saureren Lösungen ausbilden. Zur Bestimmung des Urans wurden vorgeschlagen: Chlorophosphonazo I [3-(4-Chloro-2-Phosphono-phenylazo)-4,5-dihydroxynaphthalin-2,7-disulfonsäure] [*Nemodruk, Novikov, Lukin* und *Kalinina* (a)] und Chlorophosphonazo III [3,6-Bis-(4-chloro-2-phosphonophenyl-azo)-4,5-dihydroxynaphthalin-2,7-disulfonsäure] [*Nemodruk, Novikov, Lukin* und *Kalinina* (b); *Nemodruk*].

Zur Bestimmung des Urans(IV) mit Chlorophosphonazo I wird folgende

Arbeitsvorschrift nach *Nemodruk, Novikov, Lukin* und *Kalinina* (a) empfohlen: 1 bis 5ml Lösung sind mit 25 ml 60%iger Ammoniumnitratlösung (m/v), die 0,25%ig an ÄDTA (m/v) ist, zu versetzen und der pH-Wert mit (1 + 1)-Ammoniak (etwa

7—8 m) auf 2,5 bis 3,0 einzustellen. Das Uran wird mit 15 ml 20%igem Tributylphosphat, gelöst in Tetrachlorkohlenstoff (v/v), extrahiert, die organische Phase über ein trockenes Filter filtriert und die wäßrige Phase mit weiteren 10 ml der Tributylphosphatlösung extrahiert. Die vereinigten, organischen Extrakte werden mit 25 ml 60%iger Ammoniumnitratlösung (m/v) gewaschen und das Uran aus der organischen Schicht mit 15 ml einer 0,005%igen Chlorophosphonazo I-Pufferlösung (m/v) vom pH = 5,2 (25 g Natriumacetat und 5 ml Eisessig in 1 l Lösung) rückextrahiert. Die Extinktion dieses Rückextrakts wird in einer 1-cm-Zelle bei 605 nm gegen die Reagenspufferlösung gemessen.

Bemerkungen. I. Der *Fehler* dieser Methode ist nach Angabe der Autoren nicht größer als $\pm$ 1,5%.

II. Fe, Be und Al im 500-, 1500- bzw. 5000fachen Überschuß *stören nicht.*

III. Wird Uran(VI) mit Chlorophosphonazo III als Farbreagens bestimmt, so stören *Anionen* praktisch überhaupt nicht. So wird keine Störung hervorgerufen durch Oxalat-, Fluorid- und Phosphat-Ionen, wenn diese in 50-, 100- und 5000-fachem Überschuß anwesend sind.

IV. Am stärksten *stören* Th, Zr, Hf, Ce^{4+} und Ti^{4+}. Ihre Störung kann jedoch in Gegenwart von Maskierungsmitteln, wie z. B. Ammoniumfluorid für Zirkonium und Hafnium, Wasserstoffperoxid für Titan oder durch Reduktion zu einer niedrigeren Wertigkeitsstufe wie z. B. Ce^{4+} zu Ce^{3+} [oder auch Fe^{3+} zu Fe^{2+}] ausgeschaltet werden.

V. Zur Bestimmung des Urans in Uran-Zirkoniumlegierungen unter Anwendung von *Chlorophosphonazo III* wird folgende

Arbeitsvorschrift nach *Nemodruk, Novikov, Lukin* und *Kalinina* (b) empfohlen: 0,1 g Probe sind in 10 ml 6n Salzsäure in Gegenwart von 0,5 g Ammoniumfluorid zu lösen, 20 ml 0,1 m Natriummetasilicatlösung zuzugeben und die Lösung auf 250 ml zu verdünnen. Zu 1 ml dieser Lösung werden 5 ml einer Pufferlösung (10 g Natriummonochloracetat und 20 g Monochloressigsäure in 1 l Lösung), 2,5 ml 0,1 m Natriummetasilicatlösung, 12,5 ml 0,1 m Ammoniumfluoridlösung und 2 ml 0,001 m Chlorophosphonazo III-Lösung zugegeben. Nach dem Verdünnen auf 100 ml wird die Extinktion der Lösung bei 670 nm in einer 1-cm-Zelle gegen eine Reagensblindlösung gemessen.

Bemerkungen. a) Der *Fehler* dieser Methode übersteigt nicht 2% (relativ). b) Die zur Bestimmung erforderliche *Zeit* beträgt etwa 15 Min.

c) Diese Bestimmungsmethode wurde auch nach Extraktion des Urans als Uranylacetat mit *Anilin*, gelöst in Cyclohexanon, verwendet (*Nemodruk*) (s. Abschnitt 6.7.3).

Literatur

Nemodruk, A. A.: Tr. Komiss. Anal. Khim. Akad. Nauk SSSR **14**, 141 (1963); durch Zhur. Khim. (russ.) 19 GDE, **1964**, (3), Abstr. No. 3G22. – *Nemodruk, A. A., Novikov, Yu. P., Lukin, A. M.,* u. *Kalinina, I. D.:* (a) Zhur. Anal. Khim. (russ.) **16**, 292 (1961); (b) **16**, 180 (1961).

3.1.3.5 Flavonderivate

Eine Anzahl Flavonderivate reagiert mit dem Uranyl-Ion in schwach saurer, neutraler oder schwach basischer Lösung unter Bildung gelber bis brauner oder rötlicher Komplexe, deren Extinktionen zur quantitativen Bestimmung des Urans benutzt werden können. Zur Uranbestimmung vorgeschlagen wurden folgende Flavonderivate: Morin [*Beck* und *Hantos* (a, b); *Almássy, Nagy* und *Straub*; *Orsós*; *Kiss* und *Almássy*; *Cerrai* und *Testa*], Quercetin (*Komenda*), Quercetin-6-sulfonsäure [*Kanno* (a)], Rutin (Quercetin-3-rutinosid) [*Dev* und *Jain* (a)], Hämatein (*Srinivasulu, Purushottam* und *Raghava Rao*), 3-Hydroxyflavon [*Kanno* (b)], Galangin

(*Kytal* und *Singh* (a)], Norwogonin (*Kytal* und *Singh* (b)], 5-Hydroxyflavon und 5-Hydroxy-7-methoxyflavon [*Dev* und *Jain* (b)].

3.1.3.5.1 Morin

Das am häufigsten verwendete Flavonderivat ist Morin (3,5,7,2′,4′-Pentahydroxy-flavon) (Formel s. Tabelle 1). Der Uranylkomplex des Morins weist eine braune Farbe in einem alkalischen Medium vom pH= 8 bis 10 auf und ist relativ stabil, zersetzt sich aber, wenn der pH-Wert weiter erhöht oder die Lösung erhitzt wird. In alkalischer Lösung beträgt das Verhältnis des Urans zum Morin im Komplex 1:1. Bei pH-Werten von 4 bis 7 bildet sich ein Komplex, in dem das Verhältnis 1:2 beträgt [*Beck* und *Hantos* (a, b)].

Nach Angaben von *Beck* und *Hantos* beträgt die *Erfassungsgrenze* der Uranbestimmung mit Morin 0,1 μg (bei spektrophotometrischer Messung) und 1,0 μg Uran/ml (bei colorimetrischer Messung). Die Fehlergrenze wird mit $\pm 3\%$ angegeben.

Die Extinktionsmessungen können bei Wellenlängen von 470 nm (*Orsós*) oder 430 nm (*Beck* und *Hantos*) ausgeführt werden.

Viele Fremd-Ionen wie z. B. Fe^{3+}, ferner Al, Ca, Mg, Zr, Mo, V, Cu und Ti *stören*, selbst wenn sie nur in Spuren anwesend sind, die Uranbestimmung mit Morin und auch mit den anderen Flavonderivaten, so daß diese Reagenzien nur dann angewendet werden können, wenn reine Uranlösungen vorliegen bzw. das Uran vorher von den störenden Ionen getrennt wird. Bei Anwendung von ÄDTA als Komplexierungs-mittel kann der Anwendungsbereich der Morinmethode erhöht werden; aber in den meisten Fällen muß das Uran dennoch *vor* der Bestimmung von den Fremd-Ionen getrennt werden. Nicht störend wirkt sich die Anwesenheit eines 3fachen Überschus-ses an Nickel und Kobalt aus. *Keine* Störung wird auch durch einen 1000fachen Überschuß an Nitrat- und einen 10fachen Überschuß an Fluorid- und Phosphat-Ionen hervorgerufen. In Anwesenheit von Vanadium (V) werden zu niedrige Resul-tate erhalten, da dieses das Morin und aller Wahrscheinlichkeit nach auch die anderen Flavonderivate oxydiert. Das Vanadium kann in n Salzsäure durch Zusatz von Natriumsulfit reduziert werden, das dann im reduzierten Zustand durch ÄDTA komplexiert wird. In diesem Fall stört ein 10facher Überschuß dieses Elements die Uranbestimmung mit Morin nicht. Thorium stört nicht, falls dessen Konzentration 100 mg/25 ml Lösung nicht überschreitet (*Orsós*).

Anwendungsbeispiele zur Bestimmung mit Morin

Die Morinmethode wurde zur Bestimmung des Urans in *reinen* Uranylsalz-Lösun-gen (*Beck* und *Hantos*; *Almássy*, *Nagy* und *Straub*; *Orsós*) sowie nach seiner Abtren-nung durch Extraktion mit Diäthyläther (*Almássy*, *Nagy* und *Straub*), Tributyl-phosphat (*Kiss* und *Almássy*; *Almássy*, *Ördögh* und *Schneer*) und Trioctylamin (*Cerrai* und *Testa*) verwendet. Ferner kann die Morinmethode auch nach der papier-chromatographischen Trennung des Urans von Elementen der dritten Gruppe des Periodensystems angewendet werden [*Beck* und *Hantos* (b)].

A. Bestimmung in reinen Uranylsalz-Lösungen

Arbeitsvorschrift nach *Almássy*, *Nagy* und *Straub*. Die neutrale, uranhaltige Lösung, die höchstens 50 bis 400 μg Uran in nicht mehr als 18 ml enthält, ist in einen 25-ml-Meßkolben zu bringen und mit folgenden Reagenzien zu versetzen: 0,5 ml 1,0 n Salzsäure, 2 ml Ammoniumchloridlösung (25%ig; m/v), 2 ml ÄDTA-Lösung (1,5%ig; m/v), 0,6 ml äthanolische Morinlösung (0,33%ig; m/v). Die Lösung wird 5 Min. stehen gelassen, mit 1 ml konz. Ammoniak versetzt und mit Wasser zur Marke aufgefüllt. Nach 10 Min. wird im Pulfrich-Photometer mit Filter S 47 und in 2-cm-Cüvetten (im Falle konzentrierter Lösung 1-cm-Cüvetten) gemessen. Die Farbintensität bleibt während 30 Min. stabil. Als Bezugslösung eine Reagensblindlösung verwenden und die Messungen bei konstanter Temperatur ausführen.

B. Bestimmung nach Extraktion mit Diäthyläther

Arbeitsvorschrift nach *Almássy, Nagy* und *Straub*. Die Uran(VI) und Fremd-Ionen enthaltende Lösung ist zur Trockne einzudampfen, der Rückstand 4 mal mit je 5 ml konz. Salpetersäure abzudampfen und mit 20 ml 7,0 n Salpetersäure aufzunehmen. Das Uran wird dreimal mit je 30 ml Diäthyläther extrahiert (s. Abschnitt 6.2.1), der Äther abgedampft, der trockene Rückstand in 0,5 ml n Salzsäure gelöst und diese Lösung zusammen mit einigen Millilitern Wasser als Spülflüssigkeit in einen 25-ml-Meßkolben übergeführt. Dann ist die Bestimmung des Urans, wie oben für reine Uranylsalz-Lösungen angegeben, durchzuführen. Der *Fehler* dieser Methode beträgt —5,0 bis +3,12%.

C. Bestimmung nach Extraktion mit Tributylphosphat

Arbeitsvorschrift nach *Almássy, Ördögh* und *Schneer*. Den nach einer Tributyl-phosphat-Extraktion (s. Abschnitt 6.5.1) erhaltenen, trockenen Rückstand mit 15 ml Äthanol, gefolgt von 1 ml Wasser, bringt man in einen 25-ml-Meßkolben und setzt folgende Reagenzien zu: 2 ml 0,1 n Salzsäure, 0,5 ml ÄDTA (1,5%ig; m/v), 3 ml Ammoniumnitratlösung (50%ig; m/v) und 1 ml äthanolische Morinlösung (0,33%ig; m/v). Den Kolben füllt man mit Wasser bis zur Marke auf und mißt die Extinktion der Lösung in einem Pulfrich-Photometer in einer 5-cm-Zelle bei 340 nm.

D. Bestimmung nach Extraktion mit Trioctylamin

Arbeitsvorschrift nach *Cerrai* und *Testa*. 5 bis 300 μg Uran, gelöst in 10 ml 8 n Salzsäure oder 10 m Ammoniumnitratlösung, werden mit einer 0,1 m oder 0,2 m Lösung von Trioctylamin in Benzol (s. Abschnitt 6.7) extrahiert und 3 ml Extrakt in einen 25-ml-Meßkolben übergeführt. 5 ml einer 0,1%igen äthanolischen Morin-lösung (m/v) und 10 ml einer 2,5%igen äthanolischen Pyridinlösung (v/v) werden zugefügt. Der Kolben wird mit Äthanol zur Marke aufgefüllt und die Extinktion der Lösung bei 425 nm gemessen. Die *Eichkurve* ist bis zu einer Urankonzentration von 7 μg/ml linear; die Reproduzierbarkeit liegt innerhalb ± 4%.

3.1.3.5.2 Quercetin

Die Reaktion des Quercetins (3,5,7,3',4'-Pentahydroxyflavon) mit Uran weist eine hohe Empfindlichkeit sowie Beständigkeit der rotbraunen Farbe auf. Daher ermöglicht Quercetin die photometrische Bestimmung kleiner Uranmengen (*Komenda*). Danach ist es möglich, Uran in Mengen von 0,005 bis 0,8 mg in einem Gesamtvolumen von 25 bis 27 ml mit einer *Genauigkeit* von ± 2% zu bestimmen. Einen großen Einfluß auf den Verlauf der Reaktion übt der pH-Wert der Lösung aus. Die größte Empfindlichkeit erreicht man in genau neutraler Lösung. Bei den pH-Werten 6 und 8 ist die Farbintensität bedeutend schwächer, bei pH = 4,4 und im alkalischen Medium erfolgt die Reaktion nicht mehr. Die Lösungen lassen sich mit Borsäure-puffer nicht einstellen, da Borsäure mit Quercetin unter Bildung eines gelben Farb-stoffes reagiert. Auch Phosphat- und Hydrogencarbonat-Puffer sind nicht verwend-bar, da diese Anionen mit Uran komplexe Verbindungen bilden. Am günstigsten für den pH-Wert erwiesen sich die direkte Neutralisation der Lösung und anschlie-ßend ein Zusatz einer Ammoniumacetatlösung desselben pH-Wertes. Quercetin ist wasserunlöslich und deshalb ein vorheriger Zusatz von Äthanol unbedingt notwendig, damit das Reagens nicht aus der Lösung niedergeschlagen wird.

Die Maximalextinktion wird am besten mit einem Blaufilter bei einem optischen Schwerpunkt bei 480 nm gemessen.

Für Uranmengen bis zu 300 μg genügt ein Zusatz von 0,5 ml Quercetinlösung (0,1%ig, m/v). Für größere Uranmengen ist eine größere Menge nötig. Es ist ungünstig, einen großen Überschuß zuzusetzen, da durch die Eigenfarbe des Quercetins die Extinktion der Blindlösung erhöht wird.

Die entstehende Farbintensität erreicht ihr Maximum nach 10 Min.; dann bleibt sie selbst während 5 Std. konstant.

Temperaturänderungen (im Bereich von 15 bis 25 °C) beeinflussen die Ergebnisse nicht. *Störend* wirken jedoch Ionen, die selbst mit Quercetin oder Morin (s. Abschnitt 3.1.3.5.1) unter Farbbildung reagieren, sowie Anionen, die das Uran in nicht mehr reagierende Komplexe überführen. So stört wie bei der Morinmethode Fe^{3+} sehr stark.

Arbeitsvorschrift nach *Komenda*. Für Mengen von 5 bis 300 μg Uran pipettiert man in einen Meßkolben für 27 ml (25 ml genügen nicht zum Füllen der vom Autor verwendeten Cüvetten) 10 ml 0,1 m Ammoniumacetatlösung von pH = 7 ± 0,1. 10 ml Äthanol (96%ig; v/v) werden zugefügt und gut durchgemischt. Höchstens 5 ml wäßrige Probelösung, enthaltend 5 bis 300 μg Uran und keine störenden Ionen, sind auf pH = 7 zu neutralisieren und 0,5 ml äthanolische Quercetinlösung (0,1%ig; m/v) zuzusetzen. Mit Wasser wird bis zur Marke aufgefüllt und durchgemischt. Nach 10 Min. oder später mißt man, und zwar bei Mengen bis zu 100 μg in 5-cm-Cüvetten, bei Mengen von 100 bis 300 μg in 1-cm-Cüvetten, gegen eine mit Wasser gefüllte Cüvette bzw. gegen eine analog bereitete Blindlösung ohne Quercetinzusatz, wenn die Proben eine Eigenfärbung zeigen sollten.

3.1.3.5.3 Quercetinsulfonsäure

Die spektrophotometrische Bestimmung des Urans mit Quercetinsulfonsäure beschreibt *Kanno* (a). Dieses wasserlösliche Reagens bildet in neutraler Lösung mit Uran(VI) einen braunen wasserlöslichen Komplex, dessen Absorptionsmaximum bei 460 nm liegt. Da die Absorption der Reagenslösung oberhalb von pH = 6,5 stark zunimmt, muß der pH-Wert der Meßlösung zwischen 6,0 und 6,5 liegen und die Reagenskonzentration $4,8 \cdot 10^{-4}$ Mol/l betragen. Das *Lambert-Beer*sche Gesetz ist zwischen 1 bis 12,5 μg Uran/ml im Bereich von 460 bis 490 nm erfüllt. Der molare Extinktionskoeffizient ist 17600. Gute Ergebnisse werden erzielt, wenn das Uran aus ammoniumnitrathaltiger Lösung mit Tributylphosphat extrahiert und dann mit Quercetinsulfonsäure bestimmt wird. Dann stören nicht 250 μg Al und Fe, 150 mg Ca, 50 mg Ba, 10 mg V und W, 6 mg Zn, Ni, Co, Cu, Mn, 4,5 mg Pb und Sr, 1 mg Mo, Sn und Sb. Thoriummengen bis zu 250 μg können durch Zugabe von ÄDTA (bei einer Konzentration von 0,005%) maskiert werden. Größere Thoriumgehalte (5 mg) können neben den oben angeführten Elementen aus 7n salzsaurer Lösung mit Tributyl-phosphat extrahiert werden (s. S. 317) und stören die Bestimmung nicht.

3.1.3.5.4 Rutin

Uranyl-Ionen reagieren mit Rutin (Quercetin-3-rutinosid) unter Bildung eines wasserlöslichen, orangeroten Komplexes, dessen Absorptionsmaximum bei 445 nm liegt [*Dev* und *Jain* (a)]. Das *Lambert-Beer*sche Gesetz gilt im Konzentrationsbereich von 1,2 bis 23,8 ppm Uran. Die Farbintensität ist im pH-Bereich von 4,8 bis 7,0 konstant. Selbst Spuren an Cu, Al, Fe, Th, Ti, V, Zr, Mo, Ce^{4+}, Fluorid-, Oxalat- und Tartrat-Ionen *stören* die Uranbestimmung. Keine starke Störung tritt in Gegenwart von Ni, Pb, Co, Mn, La, Be, Ce^{3+}, Chlorid-, Bromid-, Jodid-, Sulfat-, Phosphat-, Borat-, Acetat- und Citrat-Ionen auf.

3.1.3.5.5 Hämatein

Nach *Srinivasulu, Purushottam* und *Raghava Rao* ergibt Hämatein rote Komplexe mit Uran und Thorium, einen orangefarbenen mit Zirkonium, und zwar mit den respektiven stöchiometrischen Verhältnissen 1:6, 1:3 und 1:1. Das Extinktionsmaximum des Urankomplexes liegt zwischen 520 und 540 nm. Es lassen sich noch 0,029 mg U_3O_8 mit einem *Fehler* bestimmen, der innerhalb von $\pm$ 5% liegt.

3.1.3.5.6 3-Hydroxyflavon

Dieses Reagens bildet mit Uranyl-Ion einen gelben Komplex, der in verschiedenen organischen Lösungsmitteln schwer löslich ist, jedoch leicht löslich in Tri-n-butyl-phosphat [*Kanno* (b)]. Die Tributylphosphatlösung des Komplexes hat ein flaches Extinktionsmaximum bei einer Wellenlänge von 400 bis 450 nm. Das Maximum der optimalen Extinktion wird bei einem pH-Wert der wäßrigen Lösung von 6 bis 7 und einer Flavonolkonzentration in Tributylphosphat-n-Hexan $(1 + 1)$ von größer als $8{,}4 \cdot 10^{-4}$ m beobachtet. Es wird daher die Flavonolkonzentration mit $1{,}3 \cdot 10^{-3}$ m $(0{,}03\%)$ für die Uranbestimmung festgelegt. Die *Eichkurve* folgt dem *Lambert-Beer*schen Gesetz bis zu 12 μg Uran/ml. Der molare Extinktionskoeffizient beträgt 28700 bei 410 nm.

3.1.3.5.7 Galangin

Mit Uran(VI)-Ion bildet Galangin [(3,5,7-Trihydroxyflavon) einen stabilen, tieforangenen, wasserlöslichen Komplex, der im pH-Bereich von 4,5 bis 8,0 ein Extinktionsmaximum bei 450 nm aufweist [*Kytal* und *Singh* (a)].

In diesem Komplex beträgt das Verhältnis Uran:Galangin = 1:1, und mit diesem Reagens lassen sich 1 bis 10 ppm Uran spektrophotometrisch bestimmen. Es *stören nicht*: Borat-, Thiosulfat-, Acetat- und Chlorid-Ionen. Störungen werden hervorgerufen in Anwesenheit von Bromat-, Chlorat-, Sulfit-, Sulfat-, Peroxidisulfat-, Citrat- und Oxalat-Ionen.

3.1.3.5.8 Norwogonin

Dieses Flavonderivat (5,7,8-Trihydroxyflavon) bildet mit Uran(VI)-Ionen orangefarbene Komplexe, die in 40%igem Äthanol (v/v) löslich sind und bei 415 und 430 nm maximale Extinktionen aufweisen [*Kytal* und *Singh* (b)]. Das *Lambert-Beer*sche Gesetz gilt im Konzentrationsbereich von 4 bis 20 ppm bei pH = 2,7 bis 5,0. Das Molverhältnis des Reagenses zum Uran beträgt 2:1. *Starke* Störungen werden hervorgerufen durch Oxalat-, Tartrat-, Thiosulfat- und Phosphat-Ionen.

3.1.3.5.9 5-Hydroxyflavon und 5-Hydroxy-7-methoxyflavon

Diese beiden Verbindungen ergeben gelborangene Komplexe in 50%igem Äthanol [*Dev* und *Jain* (b)]. Der Urankomplex mit 5-Hydroxyflavon zeigt ein Extinktions-maximum bei 435 nm, und im pH-Bereich von 6,0 bis 8,5 gilt das *Lambert-Beer*sche Gesetz, wenn 1,2 bis 24 ppm Uran anwesend sind. Der Komplex mit 5-Hydroxy-7-methoxyflavon bildet sich am besten im pH-Bereich von 5,5 bis 9,5 und hat das Extinktionsmaximum bei 405 nm. Unter diesen Bedingungen gilt das *Lambert-Beer*sche Gesetz im Konzentrationsbereich von 2,4 bis 48 ppm.

Literatur

Almássy, G., Nagy, Z., u. *Straub, J.:* Magyar Tudomanyos Akad. Kem. Tudomanyok Ostalyanak Kozlemenyei **5**, 257 (1954); Acta Chim. Acad. Sci. Hung. **7**, 317 (1955). – *Almássy, G., Ördögh, M.,* u. *Schneer, A.:* Proc. Internat. Conf. Peaceful Uses Atomic Energy, Geneva 1955. Conf. 15/P/1718. United Nations, New York 1956.

Beck, M. T., u. *Hantos, E.:* (a) Magyar Chem. Folyóirat **60**, 244 (1954); (b) Acta Chim. Acad. Sci. Hung. **8**, 233 (1955).

Cerrai, E., u. *Testa, C.:* Energia Nucleare **8**, 737 (1961).

Dev, G., u. *Jain, B. D.:* (a) J. Indian chem. Soc. **40**, 269 (1963); (b) Fr. **196**, 178 (1963).

Kanno, T.: (a) Japan Analyst **8**, 633 (1959); durch Fr. **175**, 372 (1960); (b) Japan Analyst **8**, 714 (1959); durch Fr. **175**, 441 (1960). – *Kiss, A.,* u. *Almássy, G.:* Magyar Chem. Folyóirat **64**,

332 (1958). – *Komenda, J.:* Chem. Listy **47**, 531 (1953). – *Kytal, M.,* u. *Singh, R. P.:* (a) J. Indian chem. Soc. **39**, 585 (1962); (b) **40**, 191 (1963).

Orsós, S.: Nehezvegyipari Kutato Intezet Közlemenvei **1**, 321 (1959).

Srinivasulu, K., Purushottam, D., u. *Raghava Rao, Bh. S. V.:* Fr. **159**, 406 (1957/58).

3.1.3.6 Salicylderivate

Zur photometrischen Bestimmung des Urans(VI) wurden folgende Salicylderivate vorgeschlagen: Salicylsäure (*Müller; Thomason, Nutting, Koskela* und *Byerly; Kennedy* und *Segrè; Gruen, Widmer* und *Gates, jr.; Hammond, Richards* und *Moran*), Sulfosalicylsäure (*Roth, Smales* und *Orlemann*),[1] Salicylhydroxamsäure (*Bhaduri* und *Rây*), 3-Hydroxyiminomethylsalicylsäure (*Ray* und *Rây*), Salicylamid (*Sen* und *Rây*), Salicylamidoxim (*Banerjee* und *Rây*), Salicylaldoxim (*Ripan, Kiss* und *Székely*).[2] Diese Reagenzien bilden mit Uran gelbe Komplexe, deren Farbintensität zur Bestimmung dieses Elements benützt werden kann. Das am genauesten untersuchte Salicylderivat ist Salicylsäure, die in Form ihres Natrium- oder Ammoniumsalzes angewendet wird.

3.1.3.6.1 Salicylsäure

Wird Salicylat-Ion einer uranylionenhaltigen, neutralen oder schwach alkalischen Lösung zugesetzt, so entsteht ein gelber Komplex, dessen Extinktion bei 380 nm gemessen werden kann (*Thomason, Nutting, Koskela* und *Byerly*). Bei pH = 8 ist die Farbintensität gerade proportional der Urankonzentration, und es lassen sich 5 bis 1800 μg Uran mit einer *Genauigkeit* von 3 bis 5 % bestimmen. Als Reagens kann man Lösungen von Natrium- (*Thomason, Nutting, Koskela* und *Byerly; Gruen, Widmer* und *Gates, jr.; Hammond, Richards* und *Moran*) oder Ammoniumsalicylat (*Kennedy* und *Segrè*) verwenden. Die zugesetzten Reagensmengen müssen nicht ganz genau eingehalten werden; die Farbe ist einen Tag lang stabil (*Thomason, Nutting, Koskela* und *Byerly*).

Die Methode wird durch Eisen und Thorium am *stärksten* gestört; dagegen kann die Anwesenheit geringer Mengen an Blei und Aluminium toleriert werden. Der störende Einfluß des Eisens ist durch Zugabe eines Komplexierungsmittels wie z. B. Triäthanolamin ausschaltbar (*Gruen, Widmer* und *Gates, jr.*). Wird das Eisen(III) mit Triäthanolamin komplexiert, so wird der Uranylsalicylat-Komplex am besten bei pH = 12,3 entwickelt.

Anionen mit Ausnahme von Phosphat-Ionen verursachen *keine* Störung. Peroxide und Carbonate stören, können aber leicht durch Eindampfen der Probelösung mit Mineralsäure entfernt werden. Ruthenium, organische Säuren und Lösungsmittel sind durch Behandeln mit Salpetersäure und Perchlorsäure entfernbar.

Zur Einstellung der zur Farbentwicklung geeignetsten pH-Werte werden Acetatpuffer-Lösungen empfohlen (*Thomason, Nutting, Koskela* und *Byerly; Hammond, Richards* und *Moran*).

Arbeitsvorschrift nach *Thomason, Nutting, Koskela* und *Byerly.* Die Probelösung, die 50 bis 1800 μg Uran enthält, ist in einem 25-ml-Meßkolben mit 2 ml Pufferlösung (140 g Ammoniumacetat und 5 ml konz. Ammoniak in 1 l Lösung; pH = 7,5 bis 8,0) und 5 ml Natriumsalicylatlösung (10%ig; m/v) zu versetzen. Nach Verdünnen mit Wasser ist der pH-Wert der Lösung mit Ammoniaklösung auf etwa 8 einzustellen und zur Marke aufzufüllen. Die Extinktion der Lösung wird bei 380 nm gegen eine Reagensblindlösung gemessen (Coleman-Spectrophotometer, Modell 11; 5-cm-Zellen).

---

[1] Weitere Literatur: *Havel, J.,* u. *Sommer, L.:* Coll. Czech. Chem. Commun. **33**, 529 (1968)).

[2] 5-Nitrosalicylsäure [*Khadikar, P. V.,* u. *Sarwate, A. G.:* Analyst **38**, 511 (1969)], 2,4,6-Trihydroxybenzoesäure [*Horak, J.,* u. *Kratka, M.:* Coll. Czech. Chem. Commun. **34**, 395 (1969)] und 5-Chlorsalicylsäure [*Havel, J.,* u. *Sommer, L.:* Coll. Czech. Chem. Commun. **35**, 45 (1970)].

3.1.3.6.2 Sulfosalicylsäure

Dieses Reagens bildet mit Uranyl-Ion in schwach sauren Lösungen einen gelben Komplex, dessen maximale Extinktion bei einer Wellenlänge von etwa 340 nm liegt (*Roth, Smales* und *Orlemann*). Die entwickelte Farbe hängt stark von der Acidität der Lösung ab; das pH-Optimum liegt bei 3,6 bis 4,4, und die maximale Farbintensität wird 15 Min. nach Zusatz des Reagenses erreicht. Die Farbe ist etwa 1 Std. stabil. Wird die Messung der Extinktion bei 375 nm und einem pH-Wert von 3,6 ausgeführt, so lassen sich 0,35 bis 20 mg Uran/25 ml Meßlösung bestimmen. In diesem Konzentrationsbereich gilt das *Lambert-Beer*sche Gesetz.

Störungen der Methode werden in Gegenwart vieler Metall-Ionen wie z. B. Fe, Cu, Mo und Mn verursacht.

3.1.3.6.3 Salicylhydroxamsäure und 3-Hydroxyiminomethylsalicylsäure

Nach Angaben von *Bhaduri* und *Rây* ist Salicylhydroxamsäure zur photometrischen Bestimmung des Urans und auch des Vanadiums, Molybdäns und Eisens verwendbar. Die *Empfindlichkeit* der Uranbestimmung beträgt 0,1 μg. Das Uran kann in Gegenwart von Molybdän oder Vanadium nicht bestimmt werden.

Uran(IV)-Ion reagiert mit 3-Hydroxyiminomethylsalicylsäure unter Bildung eines orangeroten (1 + 1)-Komplexes, dessen Extinktion bei 400 nm gemessen wird (*Ray* und *Rây*). Die Farbentwicklung erfolgt am besten in Lösungen, die einen pH-Wert von 6,7 bis 9,3 aufweisen und einen 5 bis 6fachen molaren Reagensüberschuß enthalten. Die Farbe ist bei Zimmertemperatur oder darunter stabil und das *Lambert-Beer*sche Gesetz gilt im Konzentrationsbereich von 7 bis 119 ppm Uran. Die Empfindlichkeit der Methode beträgt 0,12 μg Uran/ml Meßlösung. *Störungen* treten in Anwesenheit der meisten Kationen und Anionen auf.

3.1.3.6.4 Salicylamid, Salicylamidoxim und Salicylaldoxim

Salicylamid, das Amid der Salicylsäure, bildet mit Uranyl-Ion einen gelben Komplex, dessen Farbintensität zur quantitativen Bestimmung des Urans benützt werden kann (*Sen* und *Rây*). Die Reaktion ist sehr empfindlich. Es können damit noch 2μg Uran bestimmt werden. Im Wellenlängenbereich von 430 bis 440 nm zeigt der Komplex bei pH = 6,6 bis 7,2 maximale Extinktion. Das *Lambert-Beer*sche Gesetz gilt im Konzentrationsbereich von 10 bis 1500 ppm Uran. Die Farbintensität ist mehr als 2 Tage stabil, verringert sich aber bei Temperaturen über 35 °C. Die Methode wird durch Th, Ce^{3+}, Zn, Al, Pb, Mo(VI) und V(V) sowie durch Acetat-, Tartrat-, Citrat-, Oxalat- und Fluorid-Ion gestört.

Uranyl-Ion liefert mit *Salicylamidoxim* einen orangegelben Komplex, der im pH-Bereich von 7,9 bis 9,1 die maximale Extinktion bei 400 nm aufweist (*Banerjee* und *Rây*). Die Farbe ist bei Zimmertemperatur stabil und ihre Intensität zwischen 20 und 25 °C unabhängig von der Temperatur. Das *Lambert-Beer*sche Gesetz gilt im Konzentrationsbereich von 12 bis 145 ppm Uran. Die meisten Kationen und Anionen stören die Uranbestimmung. Die *stärkste* Störung wird durch Eisen(III)-Ion verursacht. Einige wenige Anionen wie Nitrat-. Chlorid- und Sulfat-Ionen stören *nicht*, selbst wenn sie in großen Mengen anwesend sind. Die Störung durch Kationen wird entweder dadurch verursacht, daß sie mit dem Reagens farbige Komplexe bilden oder daß unlösliche Komplexe ausfallen.

Auch mit *Salicylaldoxim* bildet Uranyl-Ion einen orangefarbenen (1 + 1)-Komplex, dessen maximale Extinktion bei 400 nm liegt (*Ripan, Kiss* und *Székely*). Die Ausbildung dieses Komplexes erfolgt am besten in Lösungen, deren pH-Wert mittels einer 0,05 m Boraxlösung auf 8,5 bis 9,5 eingestellt wird. Bei 400 nm gilt das *Lambert-Beer*sche Gesetz im Konzentrationsbereich von 10 bis 60 μg Uran/ml Meßlösung. Damit die maximale Farbintensität erreicht wird, muß das Reagens in wenigstens 20fachem Überschuß angewendet werden.

Literatur

Banerjee, D., u. *Rây, P:* Sci. and Cult. **19**, 466 (1954). – *Bhaduri, A. S.*, u. *Rây, P.:* Fr. **154**, 103 (1957).

Gruen, D. M., *Widmer, J. A.*, u. *Gates, jr., J. W.:* Report CD-4009; 19. März 1945.

Hammond, C. W., *Richards, R. W.*, u. *Moran, J. N.:* Report CN-2008; 15. August 1944.

Kennedy, J. W., u. *Segrè, E.:* Report CC-49; 20. April 1942.

Müller, A.: Ch. Z. **43**, 740 (1919).

Ray, A. K., u. *Rây, P.:* J. Indian chem. Soc. **37**, 141 (1960). – *Ripan, R.*, *Kiss, G.*, u. *Székely, Z.:* Stud. Cercet. Chim. Cluj. **11**, 259 (1960). – *Roth, J.*, *Smales, A. A.*, u. *Orlemann, E. F.:* Report CD-2228; 26. Februar 1945; Report CD-2244; 26. März 1945.

Sen, A. K. C., u. *Rây, P.:* J. Indian chem. Soc. **30**, 491 (1953).

Thomason, P. F., *Nutting, L. A.*, *Koskela, U.*, u. *Byerly, W. M.:* U. S. A. E. C., Report ORNL-1641, 1955.

3.1.3.7 8-Hydroxychinolin (Oxin)

Wie bereits in Abschnitt 1.2.1 beschrieben wurde, reagieren Uranyl-Ionen mit 8-Hydroxychinolin (Formel s. Tabelle 1) in schwach saurer, neutraler oder schwach basischer Lösung unter Bildung eines schwer löslichen Niederschlages, der zur gravimetrischen Bestimmung und Abtrennung sowie auch zur indirekten, titrimetrischen Bestimmung des Urans (s. Abschnitt 2.4.2.2.3) benutzt werden kann. Ist sehr wenig Uran anwesend, so bildet sich nur eine orangegelbe Lösung des Uran-Oxin-Komplexes, der mittels mit Wasser nicht mischbarer, organischer Lösungsmittel extrahiert und dessen Extinktion dann in der organischen Phase gemessen werden kann. Die Farbintensität[1] gehorcht dem *Lambert-Beer*schen Gesetz bis zu 2 mg Uran/25 ml Chloroform (*Smales* und *Wilson*). Die Durchschnittsabweichung für 0,3 mg Uran beträgt $\pm$ 0,05 mg (*Hök*).

Als Extraktionsmittel wird am häufigsten Chloroform verwendet (*Eberle* und *Lerner*; *Silverman*, *Moudy* und *Hawley*; *Kirby* und *Crawley*; *Motojima*, *Yoshida* und *Izawa*; *Füredi*; *Motojima*, *Yoshida* und *Imahashi*; *Rulfs*, *De*, *Lakritz* und *Elving*; *Hök*; *Smales* und *Wilson*; *Grimes*, *Smales*, *Smith* und *Orlemann*).

In Tabelle 3 auf S.187 werden einige von verschiedenen Autoren angegebene Versuchsbedingungen zur quantitativen Extraktion und Messung des extrahierten Uranyloxinat-Komplexes gezeigt. Wie aus dieser Aufstellung ersichtlich ist, kann die Extraktion des Komplexes aus Ammoniumacetat- und Ammoniumchlorid-Ammoniak-Pufferlösungen in Gegenwart oder in Abwesenheit von ÄDTA sowie aus verdünnt perchlorsauren bzw. Perchlorat-Lösungen und Natriumhydroxyd-Lösungen im pH-Bereich von 3,0 bis 9 erfolgen. Die Messung der Extinktion des extrahierten Uranyloxinat-Komplexes erfolgt bei Wellenlängen im Bereich von 380 bis 500 nm.

Die Zugabe des Oxins zur abgepufferten uranhaltigen Lösung erfolgt manchmal in Form von Chloroformlösungen des Reagenses, d. h., der Komplex wird erst während der Extraktion gebildet. Vorgeschlagen wurden Chloroformlösungen, die folgende Oxin-Konzentrationen aufwiesen: 0,1 m (*Hök*), 0,2 %; (m/v) (*Rulfs*, *De*, *Lakritz* und *Elving*) und 1 % (m/v) (*Eberle* und *Lerner*). Die Extraktion des Uranyloxinat-Komplexes mit Chloroform wird in einigen Fällen erst nach Zusatz von Oxinlösungen zu den zu extrahierenden Lösungen ausgeführt. Als Reagenslösungen wurden empfohlen: 1 % Oxin (m/v) in 70 %igem Äthanol (*Smales* und *Wilson*), 5 % Oxin (m/v) in Äthanol (*Kirby* und *Crawley*) und 1, 2 und 3 % Oxin (m/v) in 2 %iger (v/v) Schwefelsäure (*Motojima*, *Yoshida* und *Izawa*; *Motojima*, *Yoshida* und *Imahashi*).

---

[1] Zugabe einer Base wie Pyridin erhöht die Farbintensität des Uranoxinkomplexes in acetonischem Medium (*Koppiker, K. S.*, u. *Gajankush, K. B.:* Report Atom. Energy Comm. India, AEET-225, 1965).

Tabelle 3. *Methoden zur Extraktion des Uranyloxinats mit Chloroform*

Methode (Autoren)	Medium	pH	Wellenlänge in nm
Eberle und *Lerner*	Ammoniumacetat-Lösung	7,6	470 oder 500
Kirby und *Crawley*	Ammoniumacetat-Lösung + ÄDTA	7,0	400
Motojima, Yoshida und *Izawa*	Ammoniumchlorid-Ammoniaklösung + ÄDTA	6,5 bis 9,0	380
Motojima, Yoshida und *Imahashi*	Ammoniumchlorid-Ammoniaklösung + ÄDTA	7,8 bis 8,5	380
Füredi	verd. perchlorsaure Lösung	3,0	425 bis 450
Hök	Perchlorat-Lösung	4,0 bis 9,0	425
Smales und *Wilson*	verd. Natriumhydroxid-Lösung	7,0 bis 9,0	425

Da viele Metall-Ionen im pH-Bereich, in dem der Uranyloxinat-Komplex quantitativ extrahiert wird, ebenfalls Komplexe mit diesem Reagens bilden, die mit Chloroform extrahierbar sind und auch im Wellenlängenbereich von 380 bis 500 nm absorbieren, ist eine genaue Uranbestimmung nur dann möglich, wenn diese *vor* Extraktion des Urans maskiert oder abgetrennt werden. Unter anderen stören Fe^{3+}, Al, Zr, Th, Bi und Cr^{3+}. Wird den zu extrahierenden Lösungen ÄDTA als Komplexbildner zugesetzt, so erweitert sich der Anwendungsbereich der Oxinmethode wesentlich. Mittels dieses Komplexbildners werden z. B. Fe, Zr, Mg, Bi, Mn, Ni, Th und die seltenen Erdmetalle so stark maskiert, daß sie die Methode nicht stören (*Kirby* und *Crawley*; *Motojima, Yoshida* und *Izawa*; *Motojima, Yoshida* und *Imahashi*). In vielen Fällen ist es jedoch erforderlich, selbst bei Anwendung von ÄDTA störende Fremd-Ionen (vor allem jene, die mit ÄDTA nicht maskierbar sind) vor der Extraktion des Urans mittels geeigneter Methoden abzutrennen. Dazu können Verfahren verwendet werden, die auf Lösungsmittelextraktion, Ionenaustausch, Fällung usw. beruhen. Die am häufigsten angewendete Trennungsmethode ist die Lösungsmittelextraktion.

Anstelle von Oxin können auch *Derivate* dieser Verbindungen zur Bestimmung des Urans benutzt werden. Vorgeschlagen wurden: 5,7-Dichlor-8-hydroxychinolin und 5,7-Dibrom-8-hydroxychinolin (*Rulfs, De, Lakritz* und *Elving*), Oxin-N-oxid (*Bhat* und *Jain*).[1] Bei Anwendung von Dichloroxin und Dibromoxin erfolgt die Chloroformextraktion ihrer Uranyl-Komplexe am besten in den pH-Bereichen von 5,4 bis 7,2 bzw. 5,6 bis 7,3 und die Messung ihrer Extinktion bei der Wellenlänge von 420 nm. Oxin-N-oxid bildet mit Uran(VI) im pH-Bereich von 4,5 bis 4,7 einen stabilen Komplex, dessen Extinktion bei 435 nm gemessen werden kann.

In Gegenwart von Oxin kann Uran auch in äthanolischer Lösung ohne vorangehende Extraktion mit Chloroform bestimmt werden (*Greenspan, Schuler, Goldenberg, Taub* und *Carlson*). Das Uranyloxinat wird dabei in gepufferter, äthanolischer Lösung gebildet und die Extinktion bei 500 nm gemessen. Eine andere Anwendungsmöglichkeit des Oxins zur Bestimmung des Urans im Bereich von 10 bis 100 μg wurde von *Hubbard* beschrieben. Nach diesem Verfahren wird der Uranyloxinat-Komplex gefällt, abcentrifugiert und in Äther-Salzsäure wieder aufgelöst. Das Oxin wird durch Diazotierung mit Sulfanilsäure gekuppelt und die Extinktion des entstandenen Farbstoffs bei 490 nm gemessen. Diese Methoden sowie auch die Farbentwicklung mit den oben erwähnten Oxinderivaten haben jedoch in der analytischen Chemie nur eine sehr beschränkte Anwendung gefunden.

---

[1] 5,7-Dibrom-8-hydroxychinolin-N-oxid [*Bhat, A. N., Gupta, R. D.,* u. *Jain, B. D.:* Indian J. appl. Chem. **30**, 110 (1967)] und 8-Hydroxy-7-jodchinolin-5-sulfonsäure [*Isvoranu-Panait, C., Negoiu, M.,* u. *Marica, M.:* Anal. Univ. Buc., Ser. Stiint. nat. Chim. **12**, 22 (1963)].

Anwendungsbeispiele zur Bestimmung nach der Oxinchloroformmethode

Die Oxinmethode wurde zur Bestimmung des Urans in Erzen (*Eberle* und *Lerner*; *Motojima, Yoshida* und *Imahashi*), in Wismutlegierungen (*Kirby* und *Crawley*), in Gegenwart eines großen Überschusses von Chloriden der Erdalkalimetalle und des Magnesiums (*Füredi*) sowie in reinen Uranylsalz-Lösungen (*Silverman, Moudy* und *Hawley*; *Motojima, Yoshida* und *Izawa*; *Rulfs, De, Lakritz* und *Elving*; *Hök*; *Smales* und *Wilson*; *Grimes, Smales, Smith* und *Orlemann*) verwendet.

Zur Bestimmung des Urans in *Erzen* wird von *Motojima, Yoshida* und *Imahashi* folgende

Arbeitsvorschrift benutzt. 1 g Erzprobe, die etwa 0,005% Uran enthält, wird mit 20 ml Königswasser zur Trockne eingedampft, der Rückstand in n Salpetersäure gelöst, die Lösung filtriert und mit n Salpetersäure auf 100 ml verdünnt. Zu einem aliquoten Teil dieser Lösung, der etwa 100 bis 600 μg Uran in 30 ml n Salpetersäure enthält, sind 5 g Natriumnitrat zuzugeben und das Uran 3 Min. mit 30 ml einer Tributylphosphat-Kerosin-Lösung (1 + 1) zu extrahieren. Das Uran wird aus der organischen Phase mit 20 ml 10%iger Natriumcarbonat-Lösung (m/v) und 1 ml 30%iger Natriumhydroxid-Lösung (m/v) rückextrahiert. Die uranhaltige Lösung wird mit Salzsäure angesäuert, aufgekocht, auf 70 ml verdünnt und 3 ml einer 3%igen Oxinlösung (m/v) in 2%iger Schwefelsäure (v/v) sowie 5 ml einer 5%igen ÄDTA-Lösung (m/v) zugesetzt. Der pH-Wert ist mit Ammoniaklösung auf 7,8 bis 8,5 einzustellen, die Lösung auf 100 ml zu verdünnen und das Uranyloxinat mit 20 ml Chloroform zu extrahieren. 10 ml Extrakt werden mit wasserfreiem Natriumsulfat getrocknet und seine Extinktion bei 380 nm gegenüber einer Blindlösung gemessen. Die Blindlösung ist Chloroform, das mit einer frisch bereiteten 5%igen Ammoniumcarbonatlösung (m/v), die 2,5% Ammoniumchlorid (m/v) enthält, geschüttelt worden ist.

Bemerkungen I. *Vor* dem Durchschütteln mit Chloroform werden aus dieser Ammoniumcarbonatlösung gegebenenfalls anwesende Metall-Ionen durch Extraktion mit Tributylphosphat, gelöst in Chloroform, entfernt.

II. Eine ähnliche Methode wurde von *Eberle* und *Lerner* benutzt. Sie extrahieren das Uran aus 4,7 n Salpetersäure mit *Tributylphosphat-Äther*. Nach der Rückextraktion mit Ammoniumacetat-Lösung wird das Uran in Abwesenheit von ÄDTA als Oxinat mit Chloroform extrahiert und die Extinktion des Extrakts bei 470 oder 500 nm gemessen.

III. Zur Bestimmung des Urans in *Thorium-* und *Monaziterzen* wird das Uran zuerst aus 7 n Salzsäure mit Hexon extrahiert und dann wie oben erwähnt weiter verfahren.

IV. Nach Angaben von *Kirby* und *Crawley* kann der Urangehalt von *Wismutlegierungen* gemäß folgender

Arbeitsvorschrift ermittelt werden. 0,2 g Probe werden in 2 ml Salpetersäure gelöst und die Lösung so lange eingedampft, bis Salze auskristallisieren. Nun werden 1 ml konz. Salzsäure zugefügt, die Lösung verdünnt und 2,5 g ÄDTA und ein Überschuß verd. Ammoniaks zugesetzt. Nachdem sich das ÄDTA vollständig aufgelöst hat, wird der pH-Wert der Lösung durch Zusatz von verd. Essigsäure auf 7,0 eingestellt (Volumen der Lösung um 50 ml). Zur Lösung gibt man 2 ml äthanolische Oxinlösung (5%ig; m/v) zu und extrahiert den Uranoxinat-Komplex mit 5 ml Chloroform. Nach Abtrennung der Chloroformschicht sind noch einmal 2 ml Oxinlösung (5%; m/v) zur wäßrigen Phase zuzufügen und die Extraktion zu wiederholen. Schließlich wird endgültig mit 5 ml Chloroform extrahiert. Die vereinigten Chloroformextrakte sind in einem 20-ml-Meßkolben zu sammeln und mit Chloroform zur Marke aufzufüllen. Die Extinktionsmessungen wurden unter Verwendung eines *Uvispek*-Spektrophotometers bei 400 nm in einer 4-cm-Cüvette ausgeführt. Auf diese Weise läßt sich Uran im Konzentrationsbereich von 20 bis 1000 ppm bestimmen. Als *Blindlösung* wird eine Lösung verwendet, die alle obigen Reagenzien enthält.

V. Die Oxinchloroformmethode wurde auch nach vorangehender Extraktion des Urans mit Triphenylarsinoxyd angewendet (*Keil*).

Literatur

Bhat, A. N., u. *Jain, B. D.:* J. Sci. Ind. Res. (India) B **19**, 16 (1960).

Eberle, A. R., u. *Lerner, M. W.:* Anal. Chem. **29**, 1134 (1957).

Füredi, H.: Croat. Chem. Acta **34**, 109 (1962).

Greenspan, J., Schuler, M. J., Goldenberg, H., Taub, D., u. *Carlson, A. S.:* Report D-12; 1. April 1946. – *Grimes, W. R., Smales, A. A., Smith, E. G.*, u. *Orlemann, E. F.:* Report CD-2213; Januar 1945.

Hök, B.: Svensk Kem. Tidskr. **65**, 106 (1953); durch Chem. Abstr. **1953**, 12117. – *Hubbard, B.:* Report CC-2134; 15. September 1944.

Keil, R.: Fr. **244**, 165 (1969). – *Kirby, K. W.*, u. *Crawley, R. H. A.:* Anal. chim. Acta **19**, 363 (1958).

Motojima, K., Yoshida, H., u. *Imahashi, T.:* Japan Analyst **11**, 1028 (1962). – *Motojima, K., Yoshida, H.*, u. *Izawa, K.:* Anal. Chem. **32**, 1083 (1960).

Rulfs, C. L., De, A. K., Lakritz, J., u. *Elving, P. J.:* Anal. Chem. **27**, 1802 (1955).

Silverman, L., Moudy, L., u. *Hawley, D. W.:* Anal. Chem. **25**, 1369 (1953). – *Smales, A. A.*, u. *Wilson, H. N.:* Report BR-150; 22. Februar 1943.

3.1.3.8 Diäthyldithiocarbaminat[1]

Im pH-Bereich von 2 bis 7 reagiert Diäthyldithiocarbaminat (DETC) als Natriumsalz (Formel s. Tabelle 1) mit Uranyl-Ion unter Bildung eines gelborangefarbenen Komplexes, dessen Farbintensität zur photometrischen Bestimmung des Urans benutzt wurde (*Haddock; Jones* und *Orlemann; Rothenberger, Grimes, Sinclair* und *Casto; Wiberley, Coleman, Korach, Sinclair* und *Casto; Nessle; Sandell; Milner* und *Edwards; Agarwal, Sangal* und *Dey* (a, b); *Palei; Chernikhov* und *Dobkina; Bode; Callan* und *Henderson; Delepine; Tschernichow* und *Guldina*).

Der Uranyl-DETC-Komplex ist in einer Anzahl organischer Lösungsmittel löslich, und zwar u. a. in Diäthyläther, Äthylacetat (*Haddock*), Äthylmethylketon [*Agarwal, Sangal* und *Dey* (b)], Butanol [*Agarwal, Sangal* und *Dey* (a)] und vor allem in Chloroform (*Milner* und *Edwards; Jones* und *Orlemann; Wiberley, Coleman, Korach, Sinclair* und *Casto*). Dagegen ist er in Tetrachlorkohlenstoff unlöslich (*Haddock; Jones* und *Orlemann*).

Auf Grund dieser Eigenschaft ist es möglich, den Komplex mit den genannten organischen Lösungsmitteln zu extrahieren und gleichzeitig eine Trennung des Urans von Elementen durchzuführen, deren DETC-Komplexe in der organischen Phase unlöslich sind. Nach erfolgter Extraktion kann die Messung der Farbintensität des Uranyl-Komplexes direkt in der organischen Phase erfolgen oder das Uran kann nach vorangehender Rückextraktion mit Natriumcarbonatlösung (s. Abschnitt 3.1.1.3.3.2) oder Abdampfen des organischen Lösungsmittels bestimmt werden.

Die oben erwähnte Tatsache, daß der Komplex in Tetrachlorkohlenstoff unlöslich ist, während jedoch viele störende Elemente als DETC-Komplexe in diesem organischen Lösungsmittel löslich sind, bietet die Möglichkeit einer Abtrennung des Urans vor seiner Bestimmung (s. die auf S. 190 beschriebene Arbeitsvorschrift nach *Jones* und *Orlemann*).

Vor der Extraktion des Uranyl-DETC-Komplexes mit Chloroform muß der pH-Wert der zu extrahierenden Lösung auf etwa 6,5 bis 7,2 eingestellt werden, und

---

[1] Auch Dimethyl- und Diäthyldiselenocarbamate wurden als Reagenzien zur Uranbestimmung vorgeschlagen [*Kirspuu, Kh. K.*, u. *Busev, A. I.:* Zh. anal. Khim. **23**, 354 (1968)].

die Extinktion des Chloroformextrakts wird bei 380 nm gemessen (*Jones* und *Orlemann*; *Wiberley, Coleman, Korach, Sinclair* und *Casto*). In der Chloroformphase bleibt die Farbe mindestens 2 Std. stabil. Werden *störende* Elemente wie z. B. Fe, Cu, Ni, Co usw. vor der Extraktion des Uran-DETC-Komplexes mit Chloroform durch Extraktion ihrer DETC-Komplexe mit Tetrachlorkohlenstoff (*Jones* und *Orlemann*) entfernt, so stören Mn, V, Sn und Ti bei diesem Reinigungsprozeß. Nachteilig ist u. a. auch, daß z. B. die maximale Eisenmenge, die von 2 mg Uran in 25 ml Volumen durch eine nicht zu große Anzahl von Extraktionen getrennt werden kann, nur etwa 10 mg beträgt. Chlorid-, Nitrat- oder Sulfat-Ionen stören nicht; Phosphat-Ion jedoch bewirkt eine Ausfällung des Urans.

Will man eine vorangehende Extraktion der störenden Elemente mit Tetrachlorkohlenstoff vermeiden, so besteht die Möglichkeit, diese vor der Extraktion des Urankomplexes mit Chloroform als ÄDTA-Komplexe an der Reaktion mit DETC zu hindern. Auf diese Weise ist es möglich, Uran von Fe^{3+}, Zn, Cd, Ga, Ni, Co, Pb, Mn, V, In, Nb und Sn zu trennen. Diese Metall-Ionen werden stark durch ÄDTA maskiert, während Uran den DETC-Komplex ausbilden kann und als solcher mit Chloroform extrahierbar ist [*Bode* (a)].

Weitere Möglichkeiten, Störungen durch andere Elemente auszuschließen, sind die Chloroformextraktion der DETC-Komplexe bestimmter Elemente wie z. B. des Wismuts (*Milner* und *Edwards*) aus stark sauren Lösungen, unter welchen Bedingungen das Uran mit DETC keinen Komplex bildet, sowie die Abtrennung des Urans durch Extraktion des Uranylnitrats mit organischen Lösungsmitteln wie z. B. Tributylphosphat, Hexon, Diäthyläther usw. (Kapitel 6) oder Ionenaustauschverfahren (s. Abschnitt 5.1).

Wird der Uran-DETC-Komplex aus einer Lösung vom pH = 2 mit Butanol extrahiert, so erfolgt die Messung der Extinktion der organischen Phase am besten bei 385 nm [*Agarwal, Sangal* und *Dey* (a)]. Unter diesen Extraktionsbedingungen können Milligrammengen Urans von vergleichbaren oder größeren Mengen der Elemente Ti, Zr und Th getrennt werden. *Störungen* werden verursacht durch Cu^{2+}, $Fe^{2+,3+}$, Co, Ni, Bi, Cr(VI), Mo(VI), W(VI), Te(IV), Se(IV), Ag, As(III), Zn, Cd, Hg^{2+}, Pb, Sn^{4+}, Mn^{2+}, V(V), In, Tl^{+}, Os(VIII) und Nb(V).

Auf ähnliche Weise ist eine Trennung von ebenfalls Milligrammengen Urans von vergleichbaren Mengen Ti, Zr, Th, La und Ce möglich, wenn der Uran-DETC-Komplex aus einer wäßrigen Lösung von pH = 2 bis 3,5 mit Äthylmethylketon extrahiert wird. In der organischen Phase läßt sich dann die Extinktion des Uran-Komplexes bei einer Wellenlänge von 420 nm messen [*Agarwal, Sangal* und *Dey* (b)].

Anwendungsbeispiele zur Bestimmung mit Diäthyldithiocarbaminat

Zur Bestimmung des Urans in fast reinen Uranyl-Lösungen wird folgende **Arbeitsvorschrift** nach *Jones* und *Orlemann* empfohlen. Zu 20 ml wäßriger Uranylsalz-Lösung, die 2 mg Uran enthält, sind 5 ml Ammoniumacetatlösung (20%ig; m/v) und 6 ml Natriumdiäthyldithiocarbaminat-Lösung (2%ig; m/v) zuzusetzen. Nach Einstellung des pH-Wertes auf 6,8 ist die Lösung 4mal mit insgesamt 30 ml Tetrachlorkohlenstoff zu extrahieren; die organischen Extrakte werden verworfen. Die wäßrige Phase ist dreimal mit je 10 ml Chloroform zu extrahieren, die Extrakte in einen 50-ml-Meßkolben zu filtrieren und mit Chloroform zur Marke aufzufüllen. Die Extinktion dieser Lösung wird bei 380 nm gegen eine in gleicher Weise bereitete Blindlösung gemessen.

Bemerkung. Soll das Uran nach der DETC-Methode in *Wismutlegierungen* bestimmt werden, so kann die folgende **Arbeitsvorschrift** nach *Milner* und *Edwards* benutzt werden. Eine geeignete Einwaage der Probe wird in Salpetersäure (25%ig; v/v) gelöst; nach vollständigem Auflösen wird 2 bis 3 Min. zwecks Austreibung nitroser Gase gekocht. Die Lösung wird abgekühlt und auf ein geeignetes Volumen verdünnt. Man setzt nun etwas Salpetersäure zu, um die Endlösung etwa 1 n an dieser Säure zu machen. Ein aliquoter Teil dieser Lösung, der bis zu 1 g Probe in 25 ml enthält, wird mit n Salpetersäure auf 25 ml verdünnt (wenn nötig) und das Wismut mit 50 ml DETC-Lösung (5%ig; m/v) (50 g Ammoniumdiäthyldithiocarbaminat in 1 l Chloroform lösen und in einer dunklen Flasche aufbewahren) 30 Sek. extrahiert. Diese Extraktion ist mit 5-ml-Anteilen der DETC-Lösung so lange zu wiederholen, bis die Chloroformschicht farblos ist (Entfernung des gesamten Wismuts). Die wäßrige Lösung wird mit 20 ml Chloroform extrahiert und die Chloroformschicht verworfen. Der wäßrigen Lösung setzt man 10 ml Ammoniumacetat-Lösung (20%ig; m/v) zu, hierauf tropfenweise 0,88 n Ammoniaklösung, bis die Lösung einen pH-Wert von 5,5 bis 6 aufweist. Das Uran wird mit 25 ml DETC-Lösung (0,5%ig, m/v; man verwende jedoch 1%ige DETC-Lösung, wenn mehr als 20 mg Uran anwesend sind) extrahiert. Die Extraktion wird zuerst mit 15, dann mit 10 ml DETC-Lösung wiederholt und die vereinigten Chloroformextrakte mit Chloroform auf 100 ml verdünnt (enthält die Lösung mehr als 6 mg Uran/100ml, wird ein geeigneter, aliquoter Teil entnommen und mit Chloroform verdünnt). Die Extinktion der Lösung wird in einer 1-cm-Zelle in einem *Spekker*-Absorptiometer, das mit Ilford 601-Filtern ausgestattet ist, gemessen.

Literatur

Agarwal, B. V., Sangal, S. P., u. *Dey, A. K.:* (a) J. Indian chem. Soc. **41**, 119 (1964); (b) Fr. **207**, 256 (1965).

Bode, H.: (a) Fr. **143**, 182 (1954); (b) **144**, 165 (1955).

Callan, T., u. *Henderson, J. A. R.:* Analyst **54**, 650 (1929); durch Fr. **81**, 138 (1930). — *Chernikhov, Yu. A.,* u. *Dobkina, B. M.:* Betriebslab. (russ.) **15**, 906, 1143 (1949).

Delepine, M.: C. r. **44**, 21 (1907).

Haddock, L. A.: Dissertation London 1934.

Jones, A. G., u. *Orlemann, E. F.:* Report C-4.360.9; 7. September 1945.

Milner, G. W. C., u. *Edwards, J. W.:* Anal. chim. Acta **18**, 513 (1958).

Nessle, G. J.: Report H-4.100.38; Januar 1947.

Palei, P. N.: Proc. Intern. Conf. Peaceful Uses Atomic Energy, Geneva 1955, Vol. **8**, United Nations, New York 1956.

Rothenberger, C. D., Grimes, W. R., Sinclair, E. E., u. *Casto, C. C.:* Report C-4.100.22; 6. Oktober 1945.

Sandell, E. B.: Colorimetric Determination of Traces of Metals; New York 1950.

Tschernichow, J., u. *Guldina, E.:* Fr. **96**, 17 (1935).

Wiberley, S., Coleman, C., Korach, M., Sinclair, E. E., u. *Casto, C. C.:* Report C-4.100.22; 3. November 1945.

3.1.3.9 Ascorbinsäure

In Gegenwart eines Überschusses an Ascorbinsäure (Formel s. Tabelle 1) bilden Uran(VI)-Ionen einen rotbraunen anionischen Komplex (s. Abschnitt 5.1.2.2.2), der zur photometrischen Bestimmung des Urans benützt werden kann (*Palei; Dizdar* und *Obrenović; Ripan, Eger* und *Bojan; Grimes, Smales* und *Orlemann*).[1] Bei Verwendung von monochromatischem Licht gilt das *Lambert-Beer*sche Gesetz in einem großen Konzentrationsbereich. Die in stark basischem Medium gebildete Farbe ist intensiver als die in saurem Medium; doch ist die Farbe im alkalischen Medium instabil.

Die optimalen Bedingungen der Farbentwicklung liegen um pH $\cong$ 4,6. Die entstandene Farbe ist vom pH-Wert zwischen 4,3 und 4,8 unabhängig. Der pH-Wert

---

[1] Weitere Literatur: *Stolyarov, K. P.,* u. *Amantova, I. A.:* Talanta **14**, 1237 (1967).

wird meist unter Anwendung einer Acetatpuffer-Lösung eingestellt (*Grimes, Smales* und *Orlemann*; *Ripan, Eger* und *Bojan*), wobei γ-Dinitrophenol als Indikator benutzt werden kann (seine Farbe verschwindet bei pH = 4,5) (*Palei*).

Die Ascorbinsäurekonzentration hat einen Einfluß auf die Farbintensität, ebenso die Konzentration des verwendeten Acetatpuffers. In Fällen, wo kein Puffer angewendet wird, ist die Farbe intensiver, aber nicht stabil. Sie wird jedoch über einige Stunden stabilisiert, wenn auch nur 1 ml einer Acetatpuffer-Lösung zugesetzt wird. Zur Messung der Extinktion einer Lösung, die 15 μg Uran/ml enthält, werden für 50 ml Meßlösung 0,4 g Ascorbinsäure benötigt (*Palei*).

Die *Empfindlichkeit* der Methode beträgt 5 μg Uran/ml bei pH = 4,4 bis 4,5 (*Palei*). Die Extinktion kann mit Blaufilter (*Ripan, Eger* und *Bojan*), Violettfilter (*Palei*) oder bei 410 nm (*Grimes, Smales* und *Orlemann*) mittels eines Spektrophotometers gemessen werden.

Keine Störungen werden durch geringe Mengen an Eisen(III), Chrom(III), Aluminium-, Mangan- und Blei-Ionen verursacht (*Coleman, Wiberley* und *Orlemann*; *Grimes, Smith, Smales* und *Orlemann*; *Greenspan, Schuler* und *Carlson*; *Rothenberger*; *Palei*; *Ripan, Eger* und *Bojan*). *Stark stören* Titan, Vanadium, Molybdän und Metall-Ionen, die mit Ascorbinsäure farbige Komplexe bilden (s. Abschnitt 5.1.2.2.2). Ferner rufen auch Kupfer-Ionen eine starke Störung hervor. Dieser Einfluß des Kupfers kann durch Komplexierung mit Pyridin (*Grimes, Smales* und *Orlemann*; *Grimes, Smales, Smith* und *Orlemann*) oder mit Natriumthiosulfat (*Palei*) ausgeschaltet werden. Unter den *Anionen* stören Sulfat-, Fluorid- und Phosphat-Ionen.

In Anwesenheit der genannten störenden Elemente ist es daher nötig, das Uran *vor* der Bestimmung mit Ascorbinsäure abzutrennen. Zur Abtrennung kann u. a. die Carbonatmethode (s. Abschnitt 1.1.1.3) (*Palei*), die Ätherextraktion des Uranylnitrats (s. Abschnitt 6.2.1) (s. Arbeitsvorschrift, unten) und eine Extraktion mit Tributylphosphat (*Dizdar* und *Obrenović*) dienen.

Arbeitsvorschrift nach *Grimes, Smales* und *Orlemann*. Nach Extraktion des Urans mit Diäthyläther (s. Abschnitt 6.2.1) wird die Ätherschicht verdampft und die wäßrige Schicht mit 8 ml Pufferlösung (160 ml m Ammoniumacetat + 10 ml 5 m Essigsäure + 180 ml Wasser) versetzt. Dann werden 2 ml Pyridinlösung (10%ig; v/v) und 10 ml l-Ascorbinsäure (12%ig; m/v; frisch bereitet!) zugesetzt. Der pH-Wert wird mit Ammoniak oder Salzsäure auf 4,6 $\pm$ 0,1 eingestellt und die Probe auf 50 ml verdünnt. Die Extinktion ist bei 410 nm gegen einen Reagensblindwert zu messen. Die Urankonzentration liest man aus einer *Eichkurve* ab, die aus bekannten Mengen Urans unter gleichartigen Bedingungen aufgestellt wurde.

Bemerkungen. I. In Gegenwart von *Eisen(III)* ist es günstig, eine Acetatpuffer-Lösung, die bereits Ascorbinsäure gelöst enthält, der uranhaltigen Lösung zuzusetzen. Nach Angaben von *Ripan, Eger* und *Bojan* wird Uran in Gegenwart von Eisen derart bestimmt, daß der Lösung, die die Nitrate dieser Elemente enthält, 10 ml einer Pufferlösung von pH = 4,5 bis 5 (13 g Eisessig und 27 g Natriumacetat in 1 l Lösung), die 0,4 g Ascorbinsäure enthalten, zugesetzt wird, wodurch Eisen(III) reduziert und gleichzeitig der Uranylascorbinat-Komplex gebildet wird. Nach dem Verdünnen der Lösung auf 25 ml wird die Extinktion in einer 1-cm-Zelle unter Anwendung eines Blaufilters gemessen. Mittels dieser Methode ist es möglich, Uran in Lösungen zu bestimmen, in denen das Verhältnis von Eisen zu Uran bis zu 40:1 beträgt.

II. Zur Bestimmung des Urans in Tributylphosphat, gelöst in einem *inerten* Verdünnungsmittel, wird der organische Extrakt mit einer wäßrigen Ascorbinsäurelösung vom pH = 4,6 behandelt und das rückextrahierte Uran photometrisch bestimmt (*Dizdar* und *Obrenović*).

Literatur

Coleman, C. F., Wiberley, S. E., u. *Orlemann, E. F.:* Report C-4.100.20; 8. September 1945.

Dizdar, Z. I., u. *Obrenović, I. D.:* Proc. 2nd Intern. Conf. Peaceful Uses Atomic Energy, Geneva 1958, Vol. **28**, S. 543; United Nations: New York 1958.

Greenspan, J., Schuler, M. J., u. *Carlson, A. S.:* Report XAC-S-1337; 1. April 1946. – *Grimes, W. R., Smales, A. A.,* u. *Orlemann, E. F.:* Report C-4,360.11; 11. August 1945. – *Grimes, W. R., Smales, A. A., Smith, G. G.,* u. *Orlemann, E. F.:* Report, CD-2244; 26. März 1945. – *Grimes, W. R., Smith, G. G., Smales, A. A.,* u. *Orlemann, E. F.:* Report, CD-2253; 26. April 1945. –

Palei, P. N.: Proc. Intern. Conf. Peaceful Uses Atomic Energy, Geneva 1955, Vol. **8**; United Nations: New York 1956.

Ripan, R., Eger, I., u. *Bojan, N.:* Studii Cerc. Chim. **13**, 873 (1964). – *Rothenberger, C. D.:* Report C. 4.100; 29. Mai 1946; Report C-4.100.34; Oktober 1946; Report C-4.00; 28. April 1946.

3.1.3.10 Ammoniumthioglycolat

Im pH-Bereich von 7 bis 11 bildet Uran(VI)-Ion mit Ammoniumthioglycolat (Formel s. Tabelle 1) einen orangefarbenen Komplex, dessen Farbintensität zur photometrischen Bestimmung des Urans herangezogen werden kann (*Swank* und *Mellon*; *Davenport* und *Thomason*; *Dizdar* und *Obrenović*; *Mason, Sanderson* und *Mason*; *Bhuchar*; *Woodman, Clinton, Fletcher* und *Welch*). Die Reaktion kann zur Bestimmung von 0,1 mg Uran/25 ml Lösung verwendet werden (*Davenport* und *Thomason*). Wird die Extinktion des Komplexes bei 380 nm gemessen, so eignet sich dieses Verfahren zur *genauen* Bestimmung des Urans im Konzentrationsbereich von 0,1 bis 1,6 mg (*Davenport* und *Thomason*).

Die Methode wird durch viele Fremd-Ionen *gestört*. Fe, Cu, Ni, Pb und Co erhöhen die Farbintensität. Al, Th, Cr, Ti, Zr und Mg fallen in ammoniakalischer Lösung aus. Wenn viel Cadmium anwesend ist, verursacht dieses eine 4%ige Farbverminderung in Anwesenheit von 0,53 mg Uran. Die Störung durch einige Elemente läßt sich ausschalten, und zwar können Al, Th, Ti und Zr durch Zugabe von Weinsäure maskiert und die Fällung des Magnesiums in Gegenwart von Ammoniumchlorid im Überschuß verhindert werden.

Da der Uranylthioglycolat-Komplex in vielen organischen Lösungsmitteln, vor allem in jenen, die üblicherweise zur Extraktion des Uranylnitrats (s. Abschnitt 6) herangezogen werden, unlöslich ist, kann eine wäßrige Lösung dieses Reagenses von geeignetem pH-Wert dazu benützt werden, das Uran aus organischen Extrakten rückzuextrahieren (*Dizdar* und *Obrenović*; *Mason, Sanderson* und *Mason*; *Woodman, Clinton, Fletcher* und *Welch*). Im Rückextrakt wird dann das Uran direkt durch Messung der Extinktion des Thioglycolat-Komplexes photometrisch bestimmt.

Arbeitsvorschrift nach *Davenport* und *Thomason*. Ein geeignetes Volumen der uranhaltigen Lösung mit 2 ml Reagenslösung [10 ml Thioglycolsäure mit etwa 50 ml Wasser verdünnen, mit Ammoniak (1 + 1) (etwa 7—8 m) neutralisieren und auf 100 ml auffüllen] versetzen, die Lösung mit Ammoniak neutralisieren und einen Überschuß von 2 ml 7,5 n Ammoniak zugeben. Nach dem Auffüllen auf ein geeignetes Volumen die Extinktion bei 380 nm messen (*Beckman*-Spektrophotometer; 1-cm-Zellen).

Bemerkung. Zur Bestimmung des Urans in *organischen Lösungsmittelextrakten,* wie z. B. in Diäthyläther, Äthylacetat, Hexon, Tributylphosphat und anderen, wird von *Dizdar* und *Obrenović* folgende

Arbeitsvorschrift empfohlen. Ein aliquoter Teil des uranhaltigen, organischen Extraktes ist in einen 25-ml-Meßkolben zu bringen. Dann setzt man 2 ml Ammoniaklösung (1 + 1) (etwa 7—8 m) und 2 ml Reagenslösung (s. Arbeitsvorschrift nach *Davenport* und *Thomason*) zu. Das Uran wird durch gutes Umschütteln rückextrahiert und nach Phasentrennung die Extinktion der wäßrigen Phase bei 380 nm gemessen.

Bemerkung. Ein analoges Verfahren wird zur *automatischen* Bestimmung des Urans in Abwässern komplexer Zusammensetzung, die 2 bis 100 mg Uran je Liter enthalten, verwendet (*Woodman, Clinton, Fletcher* und *Welch*). Das Uran wird zuerst mit Tributylphosphat, gelöst in Kerosin, extrahiert (s. Abschnitt 6.5.1) und dann ähnlich wie oben beschrieben mit einer ammoniakalischen Thioglycolat-Lösung rückextrahiert und photometrisch bestimmt.

Literatur

Bhuchar, V. M.: Nature **191**, 489 (1961).

Davenport, W. H., jr., u. *Thomason, P. F.:* Anal. Chem. **21**, 1093 (1949). – *Dizdar, Z. I.,* u. *Obrenović, I. D.:* Analyst **83**, 177 (1958).

Mason, H., Sanderson, J. R., u. *Mason, T.:* Brit. Pat. 868137; 31. 10. 1957.

Swank, H. W., u. *Mellon, M. G.:* Ind. eng. Chem. Anal. Edit. **10**, 7 (1938).

Woodman, F. J., Clinton, T. G., Fletcher, W., u. *Welch, G. A.:* Proc. 2nd Intern. Conf. Peaceful Uses Atomic Energy, Geneva 1958. A/CONF. 15/P/1453; United Nations: New York 1959.

3.1.3.11 Weniger bedeutsame organische Reagenzien

3.1.3.11.1 Alizarinrot S

Im pH-Bereich von 4,2 bis 8,1 reagiert Alizarinrot S (Natriumalizarin-3-sulfonat) mit Uran(VI)-Ion unter Bildung eines blauvioletten $(1 + 1)$-Chelats, dessen Farbintensität bei 500 nm [*Mukherji* und *Dey* (a)] gemessen werden kann. Die Wellenlänge der maximalen Extinktion des Komplexes liegt bei 570 nm, während seine größte Stabilität beim pH 8,1 zu verzeichnen ist (*Venkateswarlu* und *Raghava Rao*). Im Konzentrationsbereich von 20 bis 250 ppm Uran gilt das *Lambert-Beer*sche Gesetz und die Empfindlichkeit der Methode beträgt 10 ppm Uran [*Mukherji* und *Dey* (a)]. Nach Angaben dieser Autoren erfolgt die Farbentwicklung am besten bei einem pH-Wert von $5 \pm 0,5$ und einer Temperatur zwischen 20 und 30 °C in Gegenwart eines 20fachen Überschusses des Reagenses.

Im folgenden werden die von *Mukherji* und *Dey* (a) untersuchten Fremd-Ionen angegeben und nach jedem Elementsymbol die Toleranzgrenze, ausgedrückt in ppm, beigefügt: Ag (32), Tl^+ (32), Pb (3), Hg_2^{2+} (2), Cu (0), Cd (8), As(III) (20), $Fe^{2+,3+}$ (0), Al (0), Cr^{3+} (10), Mn^{2+} (10), Zn (5), Ni (4), Co (20), Ba (0), Sr (10), Ca (10), Mg (10), Be (3), Th (5), Zr (0), Ce^{3+} (5), Ce^{4+} (2), W(VI) (0) und Mo(VI) (0).

Dieses Reagens reagiert auch mit Uran(IV)-Ion; doch ist die Farbe instabil, so daß die Extinktion *sofort* nach Zugabe der Reagenzien gemessen werden muß (*Sayre* und *Mitchell*). Die rote Farbe des Komplexes ist im pH-Bereich von 2,2 bis 4,0 konstant; seine maximale Extinktion liegt bei 525 nm, wobei auch das *Lambert-Beer*sche Gesetz gilt, wenn die Messungen sofort nach Zusatz des Reagenses ausgeführt werden. Es ist vorteilhaft, die Farbe bei der größtmöglichen Acidität zu messen, um eine Störung durch andere Ionen auf ein Minimum zu verringern. Beträchtliche negative *Fehler* werden durch Fluorid-, Oxalat-, Phosphat-, Kupfer- und Eisen(II)-Ionen verursacht. Al, Cr und Co rufen große positive Fehler hervor.

Arbeitsvorschrift nach *Sayre* und *Mitchell*. Nach Reduktion des Urans(VI) zum vierwertigen Oxydationszustand mit Zink und Salzsäure (s. Abschnitt 2.2.1.1.1) ist die Lösung fast bis zur Trockne einzudampfen und abzukühlen. 5 ml Pufferlösung (3n an Ameisensäure und 0,6n an Natriumformiat) und 10 ml wäßrige Alizarinrot S-Lösung (0,05%ig; m/v) werden zugegeben. Die Lösung ist mit Wasser auf ein geeignetes Volumen zu verdünnen und ihre Extinktion sofort bei 525 nm gegen eine Reagensblindlösung zu messen.

3.1.3.11.2 Chromotropsäure

Dieses Reagens (1,8-Dihydroxy-naphthalin-3,6-disulfonsäure) bildet mit Uran(VI)-Ion ein $(1 + 1)$-Chelat, dessen Farbintensität zur photometrischen Bestimmung des

Urans benutzt werden kann [*Mason* und *Furman*; *Mukherji* und *Dey* (b)]. Die Farbe dieses Komplexes kann bei irgendeiner Wellenlänge im Bereich von 400 bis 600 nm gemessen werden und ist länger als 36 Std. stabil. Das *Lambert-Beer*sche Gesetz ist im Konzentrationsbereich von 50 bis 200 ppm Uran gültig und die Empfindlichkeit der Methode beträgt 30 ppm Uran [*Mukherji* und *Dey* (b)]. Nach Angaben dieser Autoren soll die molare Konzentration des Reagenses 30 mal größer sein als jene des Urans; das pH der Meßlösung soll 4 ± 0,5 betragen. Dagegen wird nach *Mason* und *Furman* die Chelatbildung am besten bei pH = 10,3 vorgenommen.

Eine große Anzahl Kationen *stört* die Methode. Chlorid-, Nitrat- und Perchlorat-Ionen stören nicht; doch verhindern Phosphat-, Carbonat- und Metavanadat-Ionen die Farbentwicklung. Die Methode ist daher nur für reine Uranlösungen anwendbar.

Arbeitsvorschrift nach *Mason* und *Furman*. Die schwach saure Lösung, die 0,05 bis 2,5 mg Uranyl-Ion enthält, ist mit kohlendioxidfreiem Wasser in einen 25-ml-Meßkolben überzuführen. Dann gibt man 5 ml Chromotropsäurelösung (1 g Säure und 2 g Natriumsulfit in 50 ml kohlendioxidfreier, wäßriger Lösung) und 5 ml Pufferlösung zu. Nach dem Auffüllen mit Wasser zur Marke wird nach 20 Min. die Extinktion der Lösung bei 460 nm gegen eine Reagensblindlösung gemessen.

Pufferlösung. 10 ml konz. Salzsäure werden mit kohlendioxidfreiem Wasser auf 50 ml verdünnt; davon sind zunächst 12,5 ml beiseite zu stellen. Den Überschuß kühlt man in einem Eisbad und sättigt mit gasförmigem Ammoniak. Nunmehr werden die vorher entfernten 12,5 ml zugefügt, die Lösung sorgfältig durchgemischt und innerhalb 1 Std. nach Bereitung verwendet.

Bemerkung. Anstelle von Chromotropsäure kann auch 6,7-Dihydroxy-naphthalin-2-sulfonsäure verwendet werden (*Sommer*, *Šepel* und *Kuřilová*). Der Urankomplex mit dieser Sulfonsäure wird bei einer Reagenskonzentration von 0,06 m und bei einem pH ≃ 8 gebildet und seine Extinktion bei 420 nm gemessen. In Gegenwart von Weinsäure, Ascorbinsäure und Fluorid-Ion ist dieses Reagens fast spezifisch für Uran.

3.1.3.11.3 Glyoxal-bis(2-hydroxyanil)

Nach Angaben von *Bayer* und *Möllinger* läßt sich bis zu 1 μg Uran/ml unter Verwendung dieser Verbindung (*Schiff*sche Base) photometrisch als rotviolettes Dioxo-glyoxal-bis(2-hydroxyanil)-Uran(VI) bestimmen. Das Extinktionsmaximum dieser Verbindung liegt bei 565 nm. Die Bestimmung wird durch Anwesenheit selbst großer Mengen Alkali- und Erdalkali-Ionen *nicht gestört*. Co, Ni, Zn und Cd rufen ebenfalls keine Störung hervor, selbst wenn sie in 10000fachem Überschuß anwesend sind. Auch Kupfer stört nicht, wenn dessen Konzentration nicht höher als die Urankonzentration ist. Ferner stören auch Eisen(III) und Vanadium(V) nicht, sofern der Gehalt an diesen Metallen nicht 5mal größer ist als die vorhandene Uranmenge.

Die maximale Farbintensität tritt in einer Acetatpufferlösung im pH-Bereich von 3,4 bis 5,0 auf.

Arbeitsvorschrift nach *Bayer* und *Möllinger*. 0,1 bis 4 ml schwach mineralsaure Probelösung, die 5 bis 200 μg Uran enthält, sind mit 3 ml Reagenslösung (100 mg der Verbindung in 100 ml Methanol von 50 °C gelöst, auf Zimmertemperatur abgekühlt und filtriert; die Lösung ist nicht länger als 2 Tage aufzubewahren), und 0,7 ml Acetatpuffer-Lösung (Standardacetatpuffer, pH = 4,62) zu versetzen und bei 90 bis 95 °C 10 Min. zu erhitzen. Nach dem Abkühlen wird die Lösung mit Methanol auf 10 ml verdünnt. Innerhalb von 3 Std. wird die Extinktion dieser Lösung bei 565 nm gemessen.

3.1.3.11.4 Pyrazolinonderivate

Uranyl-Ion reagiert mit einer Reihe von Pyrazolinonderivaten unter Bildung farbiger Chelate, deren Farbintensitäten zur photometrischen Bestimmung des

13*

Urans herangezogen werden können (*Tumanov* und *Ovrachenko*). Als solche wurden untersucht die Kondensationsprodukte des Phenazons mit Salicylaldehyd in Gegenwart von Ammoniumthiocyanat, mit Diantipyrinyl-p-dimethylaminophenylmethan und Ammoniumthiocyanat und mit 1-(Di-antipyrinyl)-methyl-4-hydroxyphenyl-3-methoxymethan und Kaliumbromid. Die erstgenannte Reaktion kann zur photometrischen Bestimmung des Urans in Mineralen wie z. B. Samarskit, Carnotit und Eschynit herangezogen werden.

Arbeitsvorschrift nach *Tumanov* und *Ovrachenko*. Das Mineral ist mit konz. Salpetersäure und dann mit (1 + 1)-Schwefelsäure (etwa 9,3m) zum Sieden zu erhitzen. Die Lösung wird fast zur Trockne eingedampft, der Rückstand durch Kochen mit 15 bis 20 ml verd. Salzsäure in Lösung gebracht und die Lösung durch Zusatz von Ammoniak so lange neutralisiert, bis eine dauernde Trübe entsteht. Diese ist durch Zugabe von 0,5 ml konz. Salzsäure zum Verschwinden zu bringen und die Lösung zu filtrieren. Dem Filtrat setzt man 5 ml äthanolische Reagenslösung (0,75%ig; m/v), 0,75 ml Ammoniumthiocyanat-Lösung (1%ig; m/v) und 5,5 ml einer Acetatpuffer-Lösung vom pH = 2,5 zu. Nach dem Verdünnen auf 50 ml wird die Extinktion der Lösung in einer 5-cm-Zelle unter Anwendung eines Blaufilters gemessen.

3.1.3.11.5 *R-Salz, Nitroso-R-Salz und 2-Naphthol-1-sulfonsäure*

R-Salz (2-Naphthol-3,6-disulfonsäure) bildet mit Uranyl-Ionen bei pH = 4,2 einen roten (1 + 1)-Komplex, dessen Extinktion bei 400 bis 440 nm gemessen werden kann [*Nageswara Rao* und *Raghava Rao* (a)]. Für den Bereich bis zu 0,24 mg Uran/ml Meßlösung werden 12 mg Reagens benötigt. Das *Lambert-Beer*sche Gesetz gilt im Konzentrationsbereich von 0 bis 0,96 mg Uran/ml Meßlösung. Ca, Ba oder Sn rufen *keine Störung* hervor und können daher in großem Überschuß vorhanden sein. In Anwesenheit von Zink oder Eisen(III) tritt eine Niederschlagsbildung auf, so daß auch kleine Mengen stören. Thorium bewirkt keine Behinderung, wenn es nur zur Hälfte der Menge des vorhandenen Urans in 50 ml Lösung vorliegt. Oberhalb dieser Grenze tritt eine Trübung auf. Vanadium verursacht keine Störung, wenn 0,1 mg V_2O_5 auf 0,24 mg Uranyl-Ion in 50 ml Lösung vorhanden ist. Oberhalb dieser Grenze wird Vanadium gefällt. Beryllium ruft bis zu 0,02 mg BeO auf 0,24 mg UO_2^{2+} in 50 ml Lösung keine Störung hervor.

Nitroso-R-Salz (1-Nitroso-2-naphthol-3,6-disulfonsäure) erzeugt mit Uran(VI) einen orangefarbenen (3 + 2)-Komplex, dessen Farbintensität bei 465 nm gemessen wird [*Nageswara Rao* und *Raghava Rao* (a); *Sangal*]. Das *Lambert-Beer*sche Gesetz gilt bis zu 9,6 mg UO_2^{2+}/50 ml. 0,68 mg Thorium(IV)-oxid auf 0,24 mg Uranyl-Ion stören nicht, ebenso nicht weniger als 0,04 mg Eisen(III) auf die gleiche Uranmenge; etwas größere Mengen Eisen *stören* jedoch. Kobalt *darf nicht* zugegen sein, da auch sehr kleine Mengen behindernd wirken. Zirkonium und Vanadium werden von dem Reagens gefällt.

Bei Anwendung von *2-Naphthol-1-sulfonsäure* wird bei pH = 4,2 ein Komplex gebildet, dessen maximale Extinktion bei 440 nm liegt [*Nageswara Rao* und *Raghava Rao* (b)]. Das *Lambert-Beer*sche Gesetz ist bis zu 11,7 mg Uran/50 ml Meßlösung gültig. Beryllium *stört* in geringen Mengen *nicht*. Weniger als 32 mg Thorium neben 7,4 mg UO_2^{2+} stören gleichfalls nicht. Calcium stört nicht, dagegen jedoch *Vanadium* selbst in sehr kleinen Mengen.

3.1.3.11.6 *1-Nitroso-2-hydroxy-3-naphthoesäure*

Wie bereits im Abschnitt 1.2.8.2 gezeigt wurde, wird Uran(VI) durch dieses Reagens im pH-Bereich von 3,4 bis 4,5 quantitativ gefällt. Der Niederschlag kann in 3n Ammoniak gelöst und die Extinktion dieser Lösung bei einer Wellenlänge von 430 nm gemessen werden (*Datta*). Auf diese Weise läßt sich das Uran indirekt bestimmen, und zwar ist im pH-Bereich von 8 bis 11 und bei Urankonzentrationen von 2 bis 80 mg Uran/l das *Lambert-Beer*sche Gesetz gültig. Der Komplex des Urans mit dem Reagens wird durch die Ammoniaklösung nicht zerstört und ist etwa 1 Woche stabil. Die praktische Grenze der Empfindlichkeit der Farbreaktion beträgt 0,5 μg Uran/ml. Da der Urankomplex zuerst aus schwach saurer Lösung mit dem Reagens gefällt wird, ist eine Trennung von einer Reihe von Elementen möglich (s. Abschnitt 1.2.8.2).

3.1.3.11.7 *p-Cresotinsäure und Natriumcresotat*

Nach *Sant* und *Joshi* reagiert *p-Cresotinsäure* mit Uran(VI) unter Bildung eines intensiv roten Komplexes. Diese Reaktion unter Anwendung einer 2%igen Reagenslösung (m/v) in Äthanol (80%ig; v/v) ist bis zu einer Verdünnung von $1:(2\cdot10^3)$ empfindlich. In verd. Lösungen ist die Farbintensität direkt proportional der Urankonzentration, so daß dieses Reagens zur photometrischen Uranbestimmung verwendet werden kann. Freie Säure, Eisen(III), Cer(IV), Thorium, Phosphat-, Oxalat-, Wolframat-Ionen und hohe Konzentrationen an Cu, Co, Ni und Sulfat-Ion *stören*.

Natriumcresotat wurde von *Priest* und *Priest* zur Uranbestimmung vorgeschlagen, weil sie besser als jene mit Natriumsalicylat (s. Abschnitt 3.1.3.6.1) als Reagens sein soll. *Störungen* werden hervorgerufen durch Eisen und Kupfer. Die Orangefarbe, die dieses Reagens mit Uranyl-Ion bildet, ist stabil und gehorcht dem *Lambert-Beer*schen Gesetz. Der pH-Wert muß sorgfältig kontrolliert werden und soll etwa 2,6 betragen.

3.1.3.11.8 *Benzolhydroxamsäure*

Bei pH = 6,2 bildet dieses Reagens mit Uran(VI)-Ion einen Komplex, der mit n-Hexanol extrahierbar ist (*Meloan, Holkeboer* und *Brandt*). Das *Lambert-Beer*sche Gesetz gilt im Konzentrationsbereich von $7\cdot10^{-7}$ bis $2\cdot10^{-5}$ Mol Uran in 10 ml organischer Phase. Die Extinktionsmessung erfolgt am besten bei einer Wellenlänge von 380 nm. Diese Methode ist empfindlich und genau, aber starke Oxydations- und Reduktionsmittel sowie auch Al, Sn^{4+}, Zr und Ti stören. Durch Erhöhung der Reagenskonzentration kann eine Störung durch Th, Ce^{4+}, W und Mo ausgeschaltet bzw. verringert werden.

Arbeitsvorschrift nach *Meloan, Holkeboer* und *Brandt*. Die Probelösung, die nicht mehr als $5\cdot10^{-5}$ Mol Uran(VI) enthält, ist mit 10 ml 0,1 m Benzolhydroxamsäure zu versetzen und mit Wasser auf 50 bis 100 ml zu verdünnen. Der pH-Wert der Lösung wird mit 0,3 m Natriumhydroxidlösung auf $6,2\pm0,1$ eingestellt, der Komplex mit 25 ml n-Hexanol extrahiert, die Extinktion des organischen Extrakts bei 380 nm in einer 1-cm-Zelle gemessen.

3.1.3.11.9 *Nicotinamidoxim und Nicotinhydroxamsäure*

Uran(VI) bildet mit *Nicotinamidoxim* im pH-Bereich von 10,9 bis 11,5 einen gelben Komplex (*Tripathi* und *Banerjea*). Seine Farbe ist wenigstens 1 Std. konstant, und das *Lambert-Beer*sche Gesetz gilt im Konzentrationsbereich von 5 bis 40 ppm. Die Empfindlichkeit beträgt 0,045 μg Uran/ml. Die üblichen Anionen *stören nicht* mit Ausnahme von Phosphat-, Carbonat- und Cyanid-Ionen, die starke Störungen verursachen. Der störende Einfluß von Kationen kann durch Zusatz von Tartrat-Ionen oder ÄDTA unterdrückt werden; jedoch müssen Kupfer-, Eisen- und Vanadium-Ionen abwesend sein.

Mit *Nicotinhydroxamsäure* bildet Uran(VI)-Ion im pH-Bereich von 3 bis 11 einen ebenfalls gelben Komplex, dessen maximale Extinktion in Lösungen von pH = 6 bis 8 bei 380 nm liegt (*Rowland* und *Meloan*).

3.1.3.11.10 Tropolon-5-sulfonsäure und β-Isopropyltropolon

Das Reagens (4-Hydroxy-5-oxocyclohepta-1,3,6-trien-1-sulfonsäure) bildet mit Uran(VI)-Ion im pH-Bereich von 1,1 bis 3,1 ein gelbes (1 + 1)-Chelat, dessen maximale Extinktion bei 395 nm liegt (*Oka*, *Yamamoto* und *Katagiri*). Diese Farbreaktion gestattet die spektrophotometrische Bestimmung von noch 1 μg Uran/ml Meßlösung. Im pH-Bereich von 3,4 bis 4,2 bildet sich ein (2 + 1)-Komplex mit der maximalen Extinktion bei 396 nm.

Auch *β-Isopropyltropolon* kann zur spektrophotometrischen Bestimmung des Urans benutzt werden (*Dyrssen* und *Ekberg*). Der Urankomplex mit dieser Verbindung absorbiert bei 405 nm. Die Messungen werden am besten in Lösungen ausgeführt, die 0,05 m an diesem Reagens und 1 m an Pyridin in Aceton sind.

3.1.3.11.11 Chinalizarin

bildet mit Uran(VI)-Ionen in äthanolischer, neutraler bis sehr schwach alkalischer Lösung (etwa pH = 7,2) einen blauen Komplex, der bei 630 nm maximale Extinktion zeigt (*Majumdar*; *Pino Péréz* und *Chabannes*; *Ramirez de Verger* und *Pino Péréz*). Dieses Chelat bildet sich nicht in sauren Lösungen aus, und die Neutralisation der sauren, uranhaltigen Lösungen wird am besten derart ausgeführt, daß diesen ein geringer Überschuß an Calciumcarbonat zugesetzt wird. Da bei 630 nm das Reagens selbst etwas absorbiert, wird die Messung der Farbintensität des Chinalizarin-Uran-Komplexes am besten bei 660 nm ausgeführt. Die Farbe ist 2 Std. stabil, und das *Lambert-Beer*sche Gesetz gilt im Konzentrationsbereich von 20 bis 160 μg Uran/ 10 ml.

3.1.3.11.12 Aluminon

Diese Verbindung (Aurintricarboxylat) bildet mit Uranyl-Ionen ein rotviolettes (1 + 1)-Chelat, dessen maximale Extinktion bei 535 bis 540 nm liegt [*Mukherji* und *Dey* (c); *Lai* und *Chang*]. Als der für die Bildung dieses Komplexes geeignetste pH-Bereich wird von *Lai* und *Chang* 4,0 bis 4,8 angegeben, während *Mukherji* und *Dey* (c) einen pH-Wert von 5,5 $\pm$ 0,5 bei einer Temperatur von 20 bis 30 °C und einen 50fachen Reagensüberschuß empfehlen. Das *Lambert-Beer*sche Gesetz gilt im Konzentrationsbereich von 10^{-5} bis 10^{-3} Mol Uran, und die Empfindlichkeit beträgt 10 ppm Uran [*Mukherji* und *Dey* (c)]. Die Methode wird *stark gestört* durch Th, Al, $Fe^{2+,3+}$, Cr, Sb, Be, Zr, Ce, Wolframat-, Molybdat- und Vanadat-Ionen.

3.1.3.11.13 Rhodamin B

Silva und *de Moura* bestimmen geringe Mengen Urans(VI), indem sie die Unterdrückung der Lactonform von Rhodamin B (C. I. Basic Violet 10) zugunsten der Chinonform durch Einwirkung von Uranylsalzen in Benzollösung benutzen. Die Farbe wird spektrophotometrisch gemessen, und das *Lambert-Beer*sche Gesetz gilt im Konzentrationsbereich von 5 bis 80 μg U_3O_8/ml. Die Bestimmung wird *gestört* durch Fe, Sn, Mn, Sb und Tl. Da Cu und Al nicht stören, kann eine klassische Trennungsmethode angewendet werden. Die Autoren geben Resultate von *Mineralanalysen* an.

Nach Angaben von *Moeken* und *Van Neste* wird der Uran(VI)-Komplex mit Rhodamin B aus einer Benzoesäure-Natriumbenzoatpufferlösung von pH 4,5 in eine Benzol-Äthyläther-Hexonmischung extrahiert und die Extinktion des Extrakts bei 555 nm gemessen. Zur Maskierung von Eisen und anderen störenden Elementen wird ÄDTA verwendet. Diese Methode ermöglicht die Bestimmung von 0,02 bis 3 μg Uran/ml. Der molare Extinktionskoeffizient des Komplexes ist 102700.

3.1.3.11.14 Xylenolorange

Vierwertiges Uran reagiert beim pH-Wert $3,6 \pm 0,1$ mit diesem Farbstoff unter Bildung eines $(1 + 2)$-Komplexes, dessen maximale Extinktion bei 568 nm liegt (*Otomo*). *Störungen* werden verursacht in Gegenwart von Al, Bi, Cr^{3+}, Cu, Fe^{3+}, Pd^{2+}, Th, Ti, V(IV) und Zr sowie durch Phosphat-, Fluorid-, Tartrat-, Citrat- und Oxalat-Ionen. Ferner müssen ÄDTA und Nitrilotriessigsäure abwesend sein.

3.1.3.11.15 Natrium-2'', 6''-dichlor-4'-hydroxy-3,3'-dimethyl-fuchson-5,5'-dicarboxylat

Diese Verbindung bildet mit Uran(VI)-Ion einen Komplex, dessen Extinktion bei 610 nm gemessen werden kann (*Katsube, Uesugi* und *Yoe*). Das *Lambert-Beer*sche Gesetz gilt im Konzentrationsbereich von 0 bis 9 μg Uran/ml. Al, Be, Cu, Fe, Ga, Gd, Nd, Ni, Pr, Sc und Y *stören*, können aber durch eine Anionenaustauschoperation (s. Abschnitt 5.1.2.1.2) vorher vom Uran getrennt werden.

3.1.3.11.16 Mercaptobernsteinsäure

Im pH-Bereich von 8,5 bis 10,5 bildet Mercaptobernsteinsäure mit Uranyl-Ionen einen Komplex, dessen Farbintensität bei etwa 430 nm gemessen wird (*Martinez* und *Mouriño*). Das *Lambert-Beer*sche Gesetz gilt im Konzentrationsbereich von 5 bis 110 μg Uran/ml Meßlösung. Die Farbe bildet sich sofort aus, ist mehrere Stunden konstant und auch von der zugesetzten Reagensmenge weitgehend unabhängig. Durch *Eisen* wird eine starke Störung der Methode verursacht, die auch in Gegenwart von Weinsäure nicht eliminiert werden kann.

3.1.3.11.17 Tiron

Diese Verbindung (Brenzcatechin-5-sulfonsäure) bildet bei pH = 3 mit Uranyl-Ion einen Komplex, dessen Extinktion bei 373 nm gemessen wird (*Sarma* und *Savariar*). Das *Lambert-Beer*sche Gesetz gilt bis zu 400 ppm Uran.

Arbeitsvorschrift nach *Sarma* und *Savariar*. Die uranhaltige Lösung wird in einen 25-ml-Meßkolben gebracht und mit 5 ml wäßriger Tironlösung (5%ig; m/v) versetzt. 5 ml Natriumacetat-Lösung (10%ig; m/v) werden zugefügt, pH auf 3 eingestellt, die Lösung mit Wasser zur Marke aufgefüllt und die Extinktion bei 373 nm gemessen.

3.1.3.11.18 Resorcin

Uranylacetat ergibt mit Resorcin bei pH = 4,72 einen orangeroten $(1 + 2)$-Komplex, der seine maximale Extinktion im Wellenlängenbereich von 400 bis 450 nm aufweist (*Jain* und *Rao*). Die Extinktion bleibt etwa 48 Std. konstant, und das *Lambert-Beer*sche Gesetz gilt im Konzentrationsbereich von $0,125 \cdot 10^{-3}$ bis $1,25 \cdot 10^{-3}$ m Uran.

3.1.3.11.19 Resacetophenonoxim

Nach Angaben von *Urs* und *Neelakantam* bildet diese Verbindung mit Uranyl-Ion einen braunen Farbstoff, dessen maximale Intensität in ammoniumacetathaltiger Lösung bei pH = 5,6 auftritt. Bei 420 nm ist die Extinktion proportional der Urankonzentration und in reinen Lösungen beträgt die Nachweisgrenze für Uran $1 : (2 \cdot 10^{-5})$.

3.1.3.11.20 Morellin

ermöglicht eine Uranbestimmung in Anwesenheit seltener Erdmetalle (*Saxena* und *Seshadri*). Sie muß bei pH-Werten unter 7,0 ausgeführt werden, da *Yttrium* und die seltenen Erdmetalle *Cer* und *Lanthan* bei pH-Werten nahe 7,0 stören, wenn ihre Konzentrationen größer sind als jene des Urans. Bei niedrigeren pH-Werten (z. B. 6,3) stören selbst höhere Verhältnisse (4 mg Ceriterden und 1 mg Uran) nicht. Unter diesen Bedingungen kann Uran *genau* bestimmt werden, während in Gegenwart von nur 0,1 mg Uran die Menge der anwesenden Ceriterden nicht 0,2 mg übersteigen darf. Eine Verdünnung der Lösung hat einen merklichen Einfluß auf die Meßergebnisse.

3.1.3.11.21 Gossypol und Gossypolisonicotinoylhydrazon

Die Uran(VI)-Komplexe dieser beiden Verbindungen bilden sich am besten bei pH = 3, sind in Wasser unlöslich, können aber mit Chloroform extrahiert werden (*Asamov, Talipov* und *Dzhiyanbaeva*). Im Chloroformextrakt weisen sie die maximalen Extinktionen bei 420 und 440 nm auf. Wird *Gossypol* als Reagens benützt, so gilt das *Lambert-Beer*sche Gesetz im Konzentrationsbereich von 5 bis 24 μg Uran/ml, während bei Anwendung seines *Isonicotinoylhydrazons* dieses Gesetz im Bereich von 3 bis 12 μg Uran/ml Gültigkeit besitzt. *Störungen* werden verursacht durch Th, Cu, Co, Ni, Zn, Mn, In, Tl, Ge und Cr.

3.1.3.11.22 7,8-Dihydroxy-3-phenylcumarin

reagiert in äthanolischer Lösung mit Uranyl-Ion unter Bildung eines orangegelben (1 + 1)-Komplexes, dessen Farbintensität bei 430 nm gemessen wird (*Jain* und *Kumar*). Das Extinktionsmaximum liegt im pH-Bereich von 5,4 bis 6,0, in dem auch das *Lambert-Beer*sche Gesetz im Konzentrationsbereich von 0 bis 9 ppm Uran *Gültigkeit* besitzt.

3.1.3.11.23 Cacothelin

wurde zur Bestimmung von Mikrogrammengen Urans vorgeschlagen (*Grimes, Rothenberger, Smales* und *Orlemann*; *Grimes, Smales* und *Orlemann*; *Jones*). Dabei entsteht durch eine reduzierte Form des Cacothelins eine Amethystfarbe. Obwohl die Reaktion in Lösungen, die reines Uran enthalten, gut reproduzierbare Resultate liefert, wird sie *sehr gestört* in Gegenwart von Cu, Fe, Ni, Cr und Ca.

3.1.3.11.24 Furil-α-dioxim

reagiert mit Uran(VI)-Ion im pH-Bereich von 6 bis 8,6 unter Bildung eines Komplexes, dessen Extinktion bei 428 nm gemessen wird (*Spacu* und *Popea*). Die Farbe ist 6 Std. stabil, und das *Lambert-Beer*sche Gesetz gilt im Konzentrationsbereich von 25 bis 400 μg Uran/10 ml Meßlösung. Der für die Farbentwicklung geeignetste pH-Bereich wird am besten durch Zugabe von Pyridin eingestellt. Die Methode wird nicht gestört durch Pb, Th, Fe^{3+} und V(V).

3.1.3.11.25 o-Hydroxyacetophenonoxim

bildet mit Uran(VI)-Ion im pH-Bereich von 9,7 bis 11,1 einen intensiv orange-gelben Komplex, der bei 420 nm maximale Extinktion aufweist (*Poddar*). Das *Lambert-Beer*sche Gesetz gilt im Konzentrationsbereich von 0 bis 120 ppm Uran. *Störungen* werden verursacht durch Schwermetall-, Vanadat- und Phosphat-Ionen; dagegen stören nicht andere Anionen sowie die Ionen der Alkali- und Erdalkali-metalle.

3.1.3.11.26 Gallus-, Tannin-, Resorcyl-, Pyrogallolcarbon- und Meconsäure

Nach Angabe von *Das Gupta* geben Uranyl-Ionen in natriumacetathaltiger Lösung in Gegenwart von Gallus-, Tannin- oder Resorcylsäure farbige Komplexe, deren Farbintensität zur photometrischen Uranbestimmung herangezogen werden kann. Es lassen sich unter Anwendung von *Gallussäure* in 10 ml Lösung 23 mg Uran/l nachweisen. Der Komplex des Urans mit *Tanninsäure* bildet sich bei pH = 6,8 und seine Extinktion kann bei 400 nm gemessen werden (*Kiboku* und *Yoshimura*). Der Überschuß an Tanninsäure kann durch Extraktion mit Isoamylalkohol entfernt werden.

Auch *Kojisäure*, *Pyrogallolcarbonsäure* und *Meconsäure* können als photometrische
Reagenzien zur Uranbestimmung benutzt werden (*Okáč* und *Sommer*; *Sommer*,
Kuřilová-Navrátilová und *Šepel*). Zur Bestimmung am geeignetsten ist der Komplex
mit Kojisäure.

3.1.3.11.27 Andere Reagenzien

Zur spektrophotometrischen Uranbestimmung wurden außer den oben erwähnten
Verbindungen auch folgende Reagenzien vorgeschlagen: Natriumbenzoat-Kristall-
violett (*Kovalenko*, *Shchemeleva* und *Sokolova*),[1] Pongamol [1-(4-Methoxy-5-benzo-
furanyl)-3-phenylpropan-1,3-dion] (*Jain* und *Purushottam*), Benzilsäure (*Gupta* und
Mukerjee), 2-Hydroxy-3,5-dinitrobenzoesäure (*Srivastava* und *Banerji*) und α-
Merkaptopropionsäure (*Baykut* und *Güran*).[2]

Literatur

Asamov, K. A., *Talipov, Sh. T.*, u. *Dzhiyanbaeva:* Doklady Akad. Nauk SSSR **6**, 32 (1963); durch
Zhur. Khim. (russ.) 19GDE, **1964**, (4), Abstr. No. 4G16.

Bayer, E., u. *Möllinger, H.:* Angew. Ch. **71**, 426 (1959). – *Baykut, F.*, u. *Güran, A.:* Istanbul
Univ. Fen Fek. Mecmuasi, Ser. C, **29**, 153 (1964); durch Fr. **219**, 441 (1966).

Das Gupta, P. N.: J. Indian chem. Soc. **6**, 763 (1929). – *Datta, S. K.:* Fr. **163**, 403 (1958). –
Dyrssen, D., u. *Ekberg, S.:* Acta chem. Scand. **16**, 785 (1962).

Grimes, W. R., *Rothenberger, C. D.*, *Smales, A. A.*, u. *Orlemann, E. F.:* Report CD-2270; Mai
1945. – *Grimes, W. R.*, *Smales, A. A.*, u. *Orlemann, E. F.:* Report C-4,360.1; 24. Juli 1945. –
Gupta, S. S., u. *Mukerjee, D.:* Mikrochim. Acta **1967**, 673.

Jain, B. D., u. *Kumar, R.:* Pr. Indian Acad. Sci. A **59**, 185 (1964); Curr. Sci. **35**, 173 (1966). –
Jain, P. C., u. *Rao, G. S.:* Anal. chim. Acta **20**, 171 (1959); Current Sci. **27**, 340 (1958). – *Jain,
B. D.*, u. *Purushottam, K. V.:* Proc. Indian Acad. Sci., A. **64**, 245 (1966). – *Jones, A. G.:* Re-
port R/GC/1073; 21. Mai 1942.

Katsube, Y., *Uesugi, K.*, u. *Yoe, J. H.:* Bl. chem. Soc. Japan **34**, 826 (1961). – *Kiboku, M.*, u.
Yoshimura, C.: Japan Analyst **7**, 488 (1958); durch Fr. **168**, 202 (1959). – *Kovalenko, P. N.*,
Shchemeleva, G. G., u. *Sokolova, L. S.:* Zavod. Lab. **33**, 287 (1967).

Lai, T. T., u. *Chang, T. L.:* J. Chinese chem. Soc. Formosa **6**, 106 (1960).

Majumdar, A. N.: Sci. and Cult. **13**, 468 (1948). – *Martinez, F. B.*, u. *Mouriño, M. del C. M.:*
Inf. Quím. Anal. **18**, 78 (1964). – *Mason, W. B.*, u. *Furman, N. H.:* Report A-1057, Sect. 2E;
30. September 1944. – *Meloan, C. E.*, *Holkeboer, P.*, u. *Brandt, W. W.:* Anal. Chem. **32**, 791
(1960). – *Moeken, H. H. P.*, u. *van Neste, W. A. H.:* Anal. Chim. Acta **37**, 480 (1967). – *Mukherji, A, K.*, u. *Dey, A. K.:* (a) Fr. **160**, 98 (1958); (b) J. Indian chem. Soc. **35**, 113 (1958); (c)
Mikrochim. A. **1958**, 736; Fr. **152**, 424 (1956).

Nageswara Rao, M., u. *Raghava Rao, Bh. S. V.:* (a) Fr. **142**, 161 (1954); (b) **159**, 356 (1958).

Oka, Y., *Yamamoto, K.*, u. *Katagiri, M.:* J. chem. Soc. Japan, Pure Chem. Sect., **84**, 259 (1963). –
Okáč, A., u. *Sommer, L.:* Chem. Listy **49**, 1093 (1955); durch Fr. **151**, 430 (1956). – *Otomo, M.:*
Bl. chem. Soc. Japan **36**, 140 (1963).

Pino Péréz, F., u. *Chabannes, J.:* Anales edafol. fisiol. vegetal. (Madrid) **10**, 595 (1951); durch
Chem. Abstr. **1953**, 443. – *Poddar, S. N.:* Indian J. Appl. Chem. **27**, 67 (1964). – *Priest, H. L.*,
u. *Priest, G. L.:* Report A-746; 30. Juni 1943.

---

[1] *Kovalenko, P. N.*, *Shchemeleva, G. G.*, u. *Sokolova, L. S.:* Zh. analit. Khim. (russ.) **22**, 1845
(1967); *Sokolova, L. S.*, *Kovalenko, P. N.*, u. *Shchemeleva, G. G.:* Izv. vyssh. ucheb. Zaved. Khim.
Khim. Tekhnol. **12**, 875 (1969).

[2] Andere weniger bedeutsame organische Reagenzien sind:
Methylthymolblau [*Srivastava, K. C.*, u. *Banerji, S. K.:* Microchem. J. **13**, 699 (1968)], Phenosafranin [*Klygin, A. E.*, *Zhuravlev, G. I.*, u. *Kolyada, N. S.:* Zh. analit. Khim. (russ.) **22**, 317
(1967)] Alizarinfluorinblau (Alizarinkomplexan) [*Leonard, M. A.*, u. *Nagi, F. I.:* Analyt. Lett. **2**, 15
(1969)], Barbitursäure und 2-Thiobarbitursäure [*Popea, F.*, u. *Pârlog, C.:* Revue roum. Chim. **13**,
473 (1968)], Morpholiniummorpholin-4-carbodithioat [*Likussar, W.*, *Beyer, W.*, u. *Wawschinek, O.:*
Mikrochim. Acta **1969**, 974], 4,4'-Äthylidenbis-(3-methylisooxazolin-5-on) [*Hashmi, M. H.*,
Abdur Rashid, *Shaukat Ali*, u. *Ehsan, A.:* Mikrochim. Acta **1968**, 608)], 2-Hydroxy-1-
naphthaldoxim [*Raja Reddy, G.*, Curr. Sci. **38**, 137 (1969)], 2,3,4-Trihydroxybenzolsulfonsäure
[*Horák, J.*, u. *Okáč, A.:* Coll. Czechoslov. Chem. Commun. **33**, 304 (1968)], Dihydroxymaleinsäure
[*Popea, F.*, u. *Mavrodin, M.:* Revue roum. Chim. **13**, 591 (1968)], Eriochromcyanin R und Pyro-
gallolrot AS [*Prakash, O.*, *Verma, J. R.*, u. *Mushran, S. P.:* Chim. Anal. (Paris) **52**, 655 (1970)].

Ramirez de Verger, J. M., u. *Pino Pérez, F.:* Inf. Quím. Anal. **17**, 39 (1963). – *Rowland, R.*, u. *Meloan, C. E.:* Anal. Chem. **36**, 2376 (1964).

Sangal, S. P.: Chim. analyt. **48**, 351 (1966). – *Sant, B. R.*, u. *Joshi, M. K.:* Naturwiss. **44**, 536 (1957). – *Sarma, B.*, u. *Savariar, C. P.:* J. Sci. Ind. Res. (India) B **16**, 80 (1957). – *Saxena, G. M.*, u. *Seshadri, T. R.:* J. Sci. Ind. Res. (India) B **15**, 480 (1956). – *Sayre, E. V.*, u. *Mitchell, A. M.:* Report A-3205; 26. Februar 1945. – *Silva, da, F.*, u. *Moura, L. de:* Proc. 2nd Intern. Conf. Peaceful Uses Atomic Energy, Geneva 1958. 15/P/1814; United Nations: New York 1959. – *Sommer, L., Šepel, T.*, u. *Kuřilová, L.:* Coll. Czechoslov. Chem. Commun. **30**, 3426 (1965). – *Sommer, L., Kuřilová-Navrátilová, L.*, u. *Šepel, T.:* Colln. Czechoslov. Chem. Commun. **31**, 1288 (1966). – *Spacu, P.*, u. *Popea, F.:* Acad. R. P. R., Stud. Cercet. Chim. **9**, 139 (1961). – *Srivastava, K. C.*, u. *Banerji, S. K.:* Chem. Age India **18**, 295 (1967).

Tripathi, K. K., u. *Banerjea, D.:* Fr. **168**, 326 (1959). – *Tumanov, A. A.*, u. *Ovrachenko, G. I.:* Trudy Khim. Khim. Tekhnol. (Gor'kii), **3**, 589 (1960); durch Zhur. Khim. (russ.) **1961**, (15)m, Abstr. No. 15D77.

Urs, M. K., u. *Neelakantam, K.:* J. Sci. Ind. Res. (India) **11**B, 79 (1952).

Venkateswarlu, K. S., u. *Raghava Rao, B. S. V.:* Anal. chim. Acta **13**, 79 (1955).

3.1.4 Indirekte Methoden

Wie bereits früher beschrieben wurde, kann das Uran photometrisch auch auf indirektem Wege bestimmt werden, und zwar nach seiner Fällung mit einem Reagens, das durch Auflösen des Niederschlags in äquivalenter Menge in Freiheit gesetzt wird und dessen Menge dann photometrisch bestimmt werden kann (s. Abschnitt 3.1.3.2.1). Oder der Niederschlag wird, ohne daß dabei der Komplex zerstört wird, in einem geeigneten Medium gelöst und die Extinktion der Lösung gemessen (s. Abschnitt 3.1.3.11.6). Eine häufiger angewendete Methode zur indirekten Bestimmung des Urans beruht jedoch darauf, daß Uran(IV) mit Eisen(III)-Ion zum Uran(VI) oxydiert und die dabei entstehende äquivalente Menge an Eisen(II) mit einer geeigneten Verbindung, die eine starke Färbung mit diesem Ion ergibt, umgesetzt wird. Die Intensität dieser Färbung wird dann photometrisch gemessen und der Urangehalt der Lösung errechnet. Diese Methoden indirekter Uranbestimmungen werden auch als aktivierte Reaktionen bezeichnet.[1]

Als photometrische Reagenzien zur Bestimmung des bei der aktivierten Reaktion gebildeten Eisen(II)-Ions werden 2,2'-Dipyridyl (*Almássy* und *Kiss*; *Almássy, Ördögh* und *Schneer*) und 1,10-Phenanthrolin (*Streeton* und *Jenkins*; *Vydra* und *Přibil*) verwendet.

Zur Bestimmung des Urans unter Anwendung von 2,2'-Dipyridyl als Reagens auf Eisen(II)-Ion wird folgende

Arbeitsvorschrift nach *Almássy* und *Kiss* empfohlen. 5 ml uranhaltige Lösung, die 1 mg Uran enthalten, werden mit 3 ml 50%iger Schwefelsäure (v/v) angesäuert und das Uran im Wismutreduktor (s. Abschnitt 2.2.1.5) zur vierwertigen Oxydationsstufe reduziert. Die reduzierte Lösung wird mit Wasser auf 25 ml verdünnt. Zu einem 2,5 ml-Aliquot gibt man 0,5 ml Eisen(III)-chloridlösung [12 g Eisen(III)-chlorid-6-hydrat in 10 ml konz. Salzsäure lösen, die Lösung mit Wasser auf 100 ml verdünnen] und 1 Tropfen Bromphenolblaulösung (0,05 g in 100 ml Lösung). Das pH der Lösung wird mit Natriumacetat-Lösung (15%ig; m/v) auf 4,7 eingestellt und 0,5 ml wäßrige 2,2'-Dipyridyl-Lösung (0,56%ig; m/v) zugegeben. Nach dem Verdünnen mit Wasser auf 25 ml ist sofort die Extinktion bei 500 nm zu messen.

Bemerkungen. I. Die *Empfindlichkeit* dieser Methode beträgt etwa 0,2 μg Uran/ml.

---

[1] Eine andere Art indirekter Methoden beruht auf photochemischen Reaktionen. So läßt sich z. B. das Uran durch Photoreduktion von Methylenblau [*Nemodruk, A. A.*, u. *Bezrogova, E. V.:* Zh. analit. Khim. (russ.) **24**, 859 (1969)] oder durch Messung des bei der Photooxydation von Äthanol gebildeten Acetaldehyds [*Nemodruk, A. A.*, u. *Bezrogova, E. V.:* Zh. analit. Khim. (russ.) **23**, 388 (1968)] quantitativ bestimmen.

II. Sie wird *gestört* durch Kationen, die im Reduktor reduzierbar und durch die zugesetzten Eisen(III)-Ionen wieder oxydierbar sind. Sind solche Ionen anwesend, so müssen sie *vor* der Reduktion des Urans abgetrennt werden, wozu von *Almássy* und *Kiss* die Tributylphosphat-Extraktion des Uranylnitrates herangezogen wird.

Arbeitsvorschrift. Das Nitratgemisch wird in 25 ml 0,1 n Salpetersäure, die 6 m an Ammoniumnitrat ist, gelöst und das Uran mit Tributylphosphatlösung in Benzol (24%ig; v/v) extrahiert. Hierauf wird es mit 0,2 m Ammoniumcarbonatlösung rückextrahiert, die Lösung zur Trockne eingedampft und der Rückstand in einer Mischung, bestehend aus 2 ml Äthanol, 3 ml Wasser und 2 ml Schwefelsäure (1 + 1) (etwa 9,3 m) gelöst. Diese Lösung läßt man durch den Wismutreduktor fließen und führt die Bestimmung wie oben beschrieben aus.

III. Wird *1,10-Phenanthrolin* als Eisen(II)-Reagens benutzt, so kann zur Uranbestimmung die folgende

Arbeitsvorschrift nach *Vydra* und *Přibil* verwendet werden. Die 3 n salzsaure, uran(VI)-haltige Lösung wird im Bleireduktor (s. Abschnitt 2.2.1.3) reduziert und die reduzierte Lösung unter ständigem Umrühren auf pH = 0,5 bis 1,0 eingestellt. Sofort danach werden 1 ml 0,01 m Eisen(III)-chloridlösung und 1 ml 0,1 m 1,10-Phenanthrolin zugegeben. Den pH-Wert der Lösung stellt man etwa auf 2 ein, gibt 5 ml einer m Ammoniumacetatpuffer-Lösung von pH = 2,0 zu und mißt die Extinktion bei 500 bis 510 nm gegen eine Reagensblindlösung.

Bemerkungen. a) Unter diesen Versuchsbedingungen *gilt* das *Lambert-Beer*sche Gesetz im Konzentrationsbereich von 0 bis 0,45 mg Uran/50 ml.

b) Die Methode wird *gestört* durch Fe^{2+}, Co, Sn^{2+}, Mo^{3+}, W^{3+}, Cd, Ag, Hg_2^{2+} und Perchlorat-Ion. Eine Störung durch Cu, Zn und Ni kann vermieden werden, wenn ein Überschuß an 1,10-Phenanthrolin verwendet wird.

c) Eine ähnliche Methode wurde von *Streeton* und *Jenkins* zur Analyse von Uran(IV)-nitrat-Lösungen in Gegenwart von *Hydrazin* verwendet. Bei diesem Verfahren wird der 1,10-Phenanthrolinkomplex des Eisens(II) im pH-Bereich von 3 bis 5 gebildet und seine Farbintensität bei 560 nm gemessen.

Literatur

Almássy, G., u. *Kiss, A.:* Magyar Chem. Folyóirat **64**, 170 (1958). – *Almássy, G., Ördögh, M.,* u. *Schneer, A.:* Proc. 2nd Intern. Conf. Peaceful Uses Atomic Energy, Geneva 1958. Report A/CONF. 15/P1718; United Nations: New York 1959.

Streeton, R. J. W., u. *Jenkins, E. N.:* AERE Report AERE-3938, 1962.

Vydra, F., u. *Přibil, R.:* Talanta **9**, 1009 (1962).

3.2 Fluorometrische Methoden

3.2.1 Einleitung

Schon 1926 wurde von *Nichols* und *Slattery* festgestellt, daß uranhaltiges Natriumfluorid eine starke gelbgrüne Fluorescenz zeigt, wenn es mit ultravioletter Strahlung bestrahlt wird [wahrscheinlich ist das im Natriumfluorid befindliche Uran als Uranyl-Ion vorhanden]. Diese Tatsache kann zur Bestimmung des Urans, vor allem, wenn dieses in Spurenmengen vorliegt, verwendet werden. Die Eignung dieser Fluorescenzerscheinung als Grundlage einer quantitativen Bestimmungsmethode für kleinste Uranmengen wurde zuerst von *Hernegger* und *Karlik* erkannt und erprobt; seitdem das Uran als spaltbares Material Bedeutung erlangt hat, findet die fluorometrische Methode wachsende Anwendung in der analytischen Chemie dieses Elements. Das Prinzip der Methode besteht in der Messung der Fluorescenzintensität, die bei der

Bestrahlung einer Uran-Natriumfluorid enthaltenden Schmelzprobe (in Form einer Schmelzpille (*Sámsoni*) oder eines Schmelzscheibchens) mit ultraviolettem Licht auftritt. Die Fluorescenzintensität ist, wie *Hernegger* und *Karlik* bereits feststellten, der Uranmenge in der Schmelzprobe proportional. Die quantitative Uranbestimmung erfolgt also letzten Endes durch den Vergleich der Fluorescenzintensität einer unbekannten Probe mit derjenigen eines Standards. Der Vergleich wird im einfachsten Fall visuell vorgenommen, wobei allerdings nur die Größenordnung abgeschätzt werden kann (*Hoffman*). Für präzise Bestimmungen wird die Fluorescenzintensität mit Photozellen oder mit Sekundärelektronenvervielfachern (*Zimmerman*) gemessen. Ein zur Messung der Uranfluorescenz geeignetes Gerät ist z. B. das photoelektrische Fluorometer vom Typ „Galvanek-Morrison" (*Galvanek* und *Morrison*).

Die Maxima der vier Fluorescenzbanden liegen bei 535,8, 555,0, 577,7 und 602,2 nm (*Price, Ferretti* und *Schwartz*), wovon die stärkste Bande jene bei 555,0 nm ist. Die stärkste UV-Anregungslinie liegt bei 365,0 nm mit leichtem Abfall bei 334,0 nm. Bei größeren Wellenlängen, z. B. den Hg-Linien 405,0 und 436,0 nm, wird die Abschwächung der Anregung sehr bedeutend. Die Anregungswellenlänge 365,0 nm mit der Fluorescenzbande bei 555,0 nm ist für Uran charakteristisch. Kein anderes Element einschließlich der Aktiniden fluoresciert unter diesen Wellenlängenbedingungen in einem Schmelzfluß, der mehr als 90% Natriumfluorid enthält.

Von wesentlich geringerer Bedeutung für die fluorometrische Uranbestimmung sind jene Methoden, bei denen die Fluorescenz von in wäßrigen Lösungen gelösten Uranverbindungen zur Bestimmung dieses Elements benutzt wird.

3.2.2 Bestimmung in Schmelzflüssen[1]

Zur fluorometrischen Uranbestimmung werden Schmelzflüsse verschiedener Zusammensetzung verwendet, neben reinem Natriumfluorid, bzw. Natriumfluorid mit geringen Zusätzen anderer Salze, vor allem Gemische aus Lithiumfluorid [bei Zusatz von Lithiumfluorid (weniger als 10%) werden die Platinschälchen nicht merklich angegriffen (*DeSesa*)] oder Alkalicarbonaten mit Natriumfluorid. Einige typische Schmelzflußzusammensetzungen sind: 98% Natriumfluorid nebst 2% Lithiumfluorid (*Centanni, Ross* und *DeSesa*; *Schönfeld, ElGarhy, Friedmann* und *Veselsky*) und 10% Natriumfluorid, 45% Natriumcarbonat nebst 45% Kaliumcarbonat (*Brooks*; *Tomić, Ladenbauer* und *Pollak*). Die erste Mischung besitzt gegenüber reinem Natriumfluorid den Vorteil eines niedrigeren Schmelzpunktes, leichter Entfernbarkeit aus den Platinschälchen, in denen durchgeschmolzen wird, und besserer Reproduzierbarkeit der Fluorescenzintensität. Schmelzflüsse mit hohem Carbonatgehalt besitzen zwar einen wesentlich niedrigeren Schmelzpunkt als Schmelzflüsse mit hohem Fluoridgehalt, sind diesen jedoch hinsichtlich der Fluorescenzblindwerte und damit der erreichbaren Nachweisgrenze unterlegen. Auch sind sie hygroskopisch, und die Uranfluorescenz wird in ihnen von einigen Elementen stärker gelöscht als in hochfluoridhaltigen Schmelzen (*Price, Ferretti* und *Schwartz*; *Centanni, Ross* und *DeSesa*; *Thatcher* und *Barker*).

Arbeitsvorschrift. Zur *Herstellung* der Schmelzen wird eine bestimmte Menge der zu bestimmenden Uranprobe oder der Uranstandardlösung in kleine Platinschälchen (z. B. 18 mm Durchmesser), die aus etwa 0,3 bis 0,5 mm dickem Platinblech hergestellt werden, pipettiert. Die Lösung wird vorsichtig unter Verwendung einer Heizlampe eingedampft; gegebenenfalls anwesende organische Bestandteile werden

---

[1] Diese Methode wird von den Autoren dieses Handbuchbandes und ihren Mitarbeitern seit vielen Jahren im Analytischen Institut der Universität Wien sehr erfolgreich zur Bestimmung geringster Uranmengen in den verschiedenartigsten Materialien benützt.

thermisch zerstört. Das Fluorid- oder Carbonatgemisch wird gewogen oder mit einem Dosierer abgemessen und in die Schalen gebracht, worauf die Proben geschmolzen und ihre Fluorescenzintensität eine bestimmte Zeit nach Beenden des Schmelzens gemessen wird.

Bemerkungen. I. Die Zugabe des Schmelzgemisches kann auch derart erfolgen, daß man dieses in Form von *Pillen* bestimmter Größe und Gewichts verwendet. In diesem Fall wird die Pille in das Platinschälchen gelegt und ihr ein kleines Volumen der uranhaltigen Lösung zugesetzt, wonach unter der Heizlampe getrocknet wird, usw. Diese Pillen können mit einer Tablettenpresse hergestellt werden; ihr Gewicht kann z. B. 0,36 bis 0,44 g (*Schönfeld, ElGarhy, Friedmann* und *Veselsky*) oder auch 0,5 g betragen.

II. Die Fluorescenzintensität hängt in komplizierter Weise von den Schmelzbedingungen ab. Diese müssen deshalb gut *reproduzierbar* sein.

III. Nach Angaben von *Schönfeld, ElGarhy, Friedmann* und *Veselsky* wird das das Schmelzgemisch und das Uran enthaltende Platinschälchen auf eine „Gabel" aus Platin- oder Chromnickeldraht gestellt und mit dieser Gabel in die *Mekerbrennerflamme* (Durchmesser am Brenner = 28 mm) — etwa 1,5 bis 2 cm über dem Brennernetz — gebracht. Nach etwa 1,5 Min. schmilzt die im Schälchen befindliche Pille durch. Während dieser Zeit muß sich das Platinschälchen in der Mitte der Flamme befinden; sonst kann sich die Schmelze über den Rand des Schälchens ausbreiten. Nach dem Durchschmelzen der Pille wird das Schälchen langsam und unter vorsichtigem Umschwenken der Schmelze bis knapp unterhalb der Spitze des äußeren Flammenkegels gehoben, wo man es etwa 20 Sek. hält. Dann bringt man es wieder in die ursprüngliche Lage zurück. Hierauf wird das Schälchen aus der Flamme entfernt. Zur Entfernung gegebenenfalls anwesender Luftblasen wird hierbei vorsichtig umgeschwenkt. Man läßt das Schälchen 1 Min. auf der Drahtgabel auskühlen, bringt es dann auf eine Asbestunterlage an einen gegen Luftzug geschützten Platz und beläßt es dort 10 bis 12 Min. Der Schmelzkuchen kann nun leicht aus dem Schälchen entfernt werden, indem man dieses mit dem Kuchen nach unten über ein kleines Glasschälchen hält und auf die Rückseite mit einem flachen Metallgegenstand klopft.

IV. Nach der Methode von *Sommer* wird das Schmelzen mittels eines *Propangas-Hochdruckbrenners* ausgeführt, bei dem die Flammentemperatur durch Änderung der Gaszufuhr geregelt werden kann. Die Schmelztemperatur wird derart gewählt, daß für das Durchschmelzen der Probe 1 Min. benötigt wird. Danach wird noch 30 Sek. weitergeschmolzen.

V. In elektrischen Öfen verfärben sich die Natriumfluoridschmelzen unabhängig von Temperatur und Erhitzungszeit sowie Abkühlungsgeschwindigkeit mit brauner Farbe. Dadurch wird die Fluorescenz erniedrigt und *unreproduzierbar*. Ursache der Verfärbung und der Fluorescenzerniedrigung ist gelöstes Platin, das wahrscheinlich durch Sauerstoff in der größten Hitze des elektrischen Ofens in die Schmelze eingebracht wird. Im Gasbrenner hingegen herrscht kein solcher Sauerstoffüberschuß vor.

VI. Die Fluorescenz wird auch beim Schmelzen von reinem Natriumfluorid in einer *CO_2-Atmosphäre* unterdrückt. Helium, Argon und Stickstoff verringern die Fluorescenz nicht.

VII. Der Schmelzvorgang muß so lange unterhalten werden, bis die Probe sich in der klaren Schmelze völlig *gleichmäßig* verteilt und aufgelöst hat. Eine Grenze für die Dauer des Schmelzens ergibt sich aus dem Angriff der Schmelze auf Platin und dem daraus entstehenden Löscheffekt. Carbonatreiche Schmelzen erfordern längere Schmelzzeiten als fluoridreiche Schmelzen.

VIII. Wie erwähnt müssen eine zu hohe Schmelztemperatur und lange Schmelzzeiten *vermieden* werden, da sonst Platin aus den Schälchen gelöst und dadurch die Uranfluorescenz teilweise gelöscht wird. Allerdings ist der Einfluß des Platins relativ gering. So wurde von *Singer* und *Cifková* gezeigt, daß zu einer Fluorescenzverminderung von 20% 5 mg Platin in einer Tablette von 0,5 g vorhanden sein müßten. Eine so starke Korrosion des Schälchens wurde aber selbst bei 35 Min. langem Schmelzen bei 900 °C nicht beobachtet. Auch ist während des Schmelzens bei 600°C keine Abnahme der Fluorescenz mit der Zeit zu beobachten. Die beim Schmelzen auftretenden *Fehler* sind daher viel eher auf verschieden lange und verschieden hohe Erhitzung zurückzuführen.

IX. Nach dem Erkalten der Schmelze und Ablauf einer bestimmten Zeit wie z. B. 30 Min. wird ihre Fluorescenzintensität gemessen. Die quantitative Bestimmung des Urans erfolgt durch den *Vergleich* der Fluorescenzintensität der Probe mit der eines inneren oder äußeren Standards:

a) Bei der Methode des *äußeren* Standards ist es erforderlich, daß keine störenden Substanzen, die die Fluorescenzintensität erhöhen oder erniedrigen, in der Schmelzprobe enthalten sind. Ihre Anwendung in der Analytik setzt deshalb eine vollständige Abtrennung des Urans von den störenden Stoffen oder eine Verdünnung bis zu deren Wirkungslosigkeit (Verdünnungsverfahren) voraus. Solche Störungen können auf verschiedene Weise ausgeschaltet werden, so z. B. durch Abtrennung des Urans mittels der in den Kapiteln 5 und 6 beschriebenen Methoden, beruhend auf Lösungsmittelextraktion und Ionenaustausch.

b) Ist ein Vergleich mit äußeren Standards, also mit Hilfe einer analog aufgestellten Eichkurve, nicht einfach realisierbar, so wendet man den Vergleich mit einem *inneren* Standard an. Dieser wird zur Schmelzprobe gegeben (Zugabeverfahren; ,,spiking‘‘), nachdem die Fluorescenzintensität der unbekannten Uranmenge in ihr bereits gemessen wurde. Er unterliegt denselben Veränderungen durch die Begleitsubstanzen wie die unbekannte Uranmenge. Die unbekannte Uranmenge x errechnet sich daraus aus:

$$x = \frac{F \cdot U}{S - F},$$

wobei: F = Fluorescenzintensität der Probe,
U = Menge des Standard-Urans in g,
S = Fluorescenzintensität des Standards (s. oben) + Probe

Wird aber die Methode des äußeren Standards angewendet, so gilt die folgende Beziehung:

$$x = \frac{F \cdot U}{S_a} \qquad (S_a = \text{Fluorescenzintensität des äußeren Standards}).$$

X. Hinsichtlich der *Empfindlichkeit* der fluorometrischen Uranbestimmung ist zu sagen, daß sich mit diesem Verfahren noch $5 \cdot 10^{-10}$ g bestimmen lassen. Sie ist demnach die empfindlichste bis jetzt bekanntgewordene Methode. Diese Empfindlichkeit wird in dem Natriumfluorid-Lithiumfluoridgemisch erzielt, während mit dem Carbonatgemisch 10^{-9} g Uran je Schmelzprobe nachgewiesen werden (*Sommer*).

XI. Beim Arbeiten mit derartig kleinen Uranmengen sind spezielle *Reinheitserfordernisse* gegeben. Atmosphärischer Staub ist fernzuhalten. Wenn in der Nähe mit Uran gearbeitet wird, soll ein Luftfiltersystem verwendet werden. Die Schälchen dürfen vom Zeitpunkt des letzten Waschens bis nach der Ablesung und Entfernung der Scheibchen nicht mit den Fingern angegriffen werden. In den meisten Analysen müssen Blindproben eingeschaltet werden, um Verunreinigungen feststellen zu können. *Extrem uranarme* Proben sollen von uranreichen Proben getrennt werden, weshalb Schälchen mit sehr verschiedenem Urangehalt nicht nacheinander bearbeitet werden sollen. Nach dem Gebrauch sind die Schälchen durch Waschen mit Mineralsäuren zu reinigen. In hartnäckigen Fällen oder beim Vorhandensein von Flecken infolge Legierungsbildung mit Fremdmetallen sind die Schälchen mit Seesand oder Stahlwolle zu behandeln oder einer Schmelze mit Natriumfluorid und Natrium-Kaliumcarbonat zu unterziehen (*Price, Ferretti* und *Schwartz*).

XII. Viele Ionen *unterdrücken* merklich die Fluorescenz des Urans in der verwendeten Schmelze (Löscheffekt; engl. „Quenching"). Der Einfluß macht sich bei jedem Element von einer bestimmten Konzentration an bemerkbar. Er ist auch bei höheren Konzentrationen von ihr abhängig. Der Wert für den „Auslöschungsgrad" Q (= % Löschung; Löschungsquotient) ist durch folgende Gleichung gegeben:

$$Q = 100\left(1 - \frac{F}{F_0}\right) = 100\,(1 - \Phi)\,.$$

Φ ist die sogenannte „relative Auslöschungswirksamkeit" (relative Helligkeit) des betreffenden Elements (Quencher). In dem Bruch F/F_0 ist F die Fluorescenz der Schmelze mit einer bestimmten Urankonzentration in Gegenwart der Verunreinigung, d. h. des Quenchers, und F_0 die Fluorescenz der reinen Schmelze mit der gleichen Konzentration an Uran. Es ist interessant, daß der Auslöschungsgrad Q in weiten Grenzen von dem Verhältnis der Verunreinigungen zum Uran unabhängig ist (*Rodden*) und nur mit der Konzentration der Verunreinigung in der Schmelze zusammenhängt.

Auf dieser Tatsache beruht die erwähnte Verdünnungsmethode. Die Löschung bleibt also in vielen Fällen auch dann konstant, wenn die Konzentration des Löschers (Quenchers) konstant ist, hingegen die Urankonzentration um einen Faktor von beinahe 1000 variiert. Wenn die Konzentration des Löschers abnimmt, nähert sich Φ dem Wert 1. Andererseits ist bei 100%iger Löschung $\Phi = 0$. Man kann daher die Löschung verschwindend klein gestalten, wenn man eine ausreichend kleine, aliquote Probe für die Analyse verwendet, aber die übliche Menge Schmelzmittel benutzt. Diese Verdünnungstechnik ist jedoch auf Lösungen beschränkt, in denen das Konzentrationsverhältnis von Löscher:Uran nicht größer ist als $10^3:1$. Voraussetzung ist ferner die Benutzung eines Meßinstrumentes sehr großer Empfindlichkeit, da dabei unter Umständen außerordentlich kleine Uranmengen (10^{-9} g oder noch weniger) gemessen werden müssen.

In der Tabelle 4 sind einige von *Singer* und *Cífková* ermittelte Werte für die relativen Auslöschungswirksamkeiten untersuchter Elemente in der von ihnen verwendeten Schmelze (45,5 Teile Natriumcarbonat, 45,5 Teile Kaliumcarbonat und 9 Teile Natriumfluorid; Schmelzmittel nach *Grimaldi*, *May* und *Fletcher*) angegeben.

Auf Grund der in Tabelle 4 gezeigten Daten ist es möglich, eine Einteilung der Elemente hinsichtlich ihres Einflusses auf die Uranfluorescenz zu treffen. Diesbezügliche Angaben werden in Tabelle 4 gegeben.

Die Fluorescenz wird auch stark verringert oder unterdrückt, wenn das Verhältnis von Uran zu Natriumfluorid zu groß wird; d. h. die Abhängigkeit der Fluorescenz von der Urankonzentration entspricht dann nicht mehr einer linearen Funktion. Linearität besteht nur bis zum Konzentrationsverhältnis von $10^{-3,5}$ Mol Uran/Mol NaF. Auch bei Anwendung von Natriumfluorid mit Natrium-Kaliumcarbonat wurde etwa das gleiche Verhältnis gefunden.

XIII. Als *fluorescenzverstärkende* Elemente wirken in Natriumfluoridschmelzen Niob und Tantal. 500 μg Niob sind 0,3 μg Uran äquivalent; 50 μg Tantal sind 0,6 μg Uran äquivalent. Es wurde jedoch der Verdacht geäußert, daß diese Fluorescenz durch spurenhafte Beimengungen an Uran vorgetäuscht wurde.

XIV. Die in den Tabellen 4 und 5 angegebenen Werte stehen in *guter* Übereinstimmung zu den in anders zusammengesetzten Schmelzen erhaltenen (*Rodden*; *Starik, Starik, Atrašenok, Kostyrev* und *Kocjakov*). Diese relativen Auslöschungswirksamkeiten haben aber nur begrenzte Bedeutung, da man in Anwesenheit mehrerer Verunreinigungen in praktischen Analysen die Gesamtwirkung nicht vorher abschätzen kann. Demzufolge ist es in vielen Fällen erforderlich, das Uran *vor* seiner fluorometrischen Endbestimmung von den störenden Elementen abzutrennen. Wie bereits erwähnt wurde, können dazu chromatographische oder extraktive

Tabelle 4. *Die relative Auslöschungswirksamkeit einiger Elemente*

Element (Quencher)	Abhängigkeit von Φ von der Konzentration[1] des Elements (Quencher) in der Schmelze						
	10^0	10^{-1}	10^{-2}	10^{-3}	10^{-4}	10^{-5}	10^{-6}
Fe	0,26	0,77	0,93	1,0	1,0	1,0	1,0
Pb	—	—	0,45	0,83	1,0	1,0	1,0
Ag	—	0,34	0,65	0,93	1,0	1,0	1,0
Bi	—	—	0,53	0,93	1,0	1,0	1,0
Co	—	—	0,27	0,56	0,73	0,9	1,0
Ni	—	—	0,48	0,90	1,0	1,0	1,0
Cr	—	—	0,18	0,59	0,93	1,0	1,0
Cu	0,18	0,46	0,64	0,79	1,0	1,0	1,0
Mn	—	—	0,15	0,69	1,0	1,0	1,0
P	1,0	1,0	1,0	1,0	1,0	1,0	1,0
Mg	0,22	0,81	1,0	1,0	1,0	1,0	1,0
Ca	0,18	0,60	1,0	1,0	1,0	1,0	1,0
Al	—	0,11	0,86	1,0	1,0	1,0	1,0
Zn	0,33	0,47	0,83	1,0	1,0	1,0	1,0
Mo	0,74	0,93	1,0	1,0	1,0	1,0	1,0
Sn	0,14	1,0	1,0	1,0	1,0	1,0	1,0
Hg[2]	0,12	0,48	1,0	1,0	1,0	1,0	1,0
Cd	0	0,29	0,56	0,83	1,0	1,0	1,0
V	0,53	0,95	1,0	1,0	1,0	1,0	1,0
SiO_2	0,19	0,77	0,92	1,0	1,0	1,0	1,0
Pt	0,78	0,84	0,94	0,98	1,0	1,0	1,0

[1] Die Konzentrationen der zugegebenen Elemente sind in Prozenten des Gewichtes der Schmelze angegeben.

[2] Quecksilber wurde vor dem Schmelzen als Quecksilber(II)-nitrat zugegeben. Sein wirklicher Gehalt in der Schmelze wurde nicht festgestellt.

Tabelle 5. *Einteilung der Elemente hinsichtlich ihres Einflusses auf die Uranfluorescenz*

Höchst zulässige Konzentration in Prozent des Gewichtes der Schmelze		Element
Sehr starke „Auslöschmittel"	$\begin{cases} 10^{-6} \\ 10^{-5} \end{cases}$	Co Cr
Starke „Auslöschmittel"	10^{-4}	Ag, Bi, Ni, Cu, Mn, Pb, Cd
„Auslöschmittel"	10^{-3}	Fe,[1] Al, Zn, SiO_2, Pt
Schwache „Auslöschmittel"	10^{-2}	Mg, Ca, Mo, Hg, V
Sehr schwache „Auslöschmittel"	$\begin{cases} 10^{-1} \\ 1 \end{cases}$	Sn P

[1] Der Einfluß des Eisens wurde sehr genau von *Osipov* untersucht.

Trennungsverfahren herangezogen werden. Das am häufigsten angewendete Verfahren beruht auf der selektiven Extraktion des Urans mit Äthylacetat aus stark nitrathaltiger Lösung (meist Aluminiumnitrat; s. auch Abschnitt 6) [*Centanni, Ross* und *DeSesa*; *Cuttitta* und *Daniels*; *Grimaldi* und *Levine*; *Kosta* (a, b); *Schönfeld, ElGarhy, Friedmann* und *Veselsky*; *Getoff*; *Vozzella, Powell, Gale* und *Kelly*; *Wódkiewicz*]. Als Beispiel sei hier die von *Schönfeld, ElGarhy, Friedmann* und *Veselsky* angegebene Arbeitstechnik zur Bestimmung des Urans in Kohleaschen und Gesteinen beschrieben.

Arbeitsvorschrift. Die uranhaltige Probe ist durch geeignete Behandlung in salpetersaure Lösung zu bringen (etwa 8% Salpetersäure; v/v) und einem aliquoten

Teil dieser Lösung (meist 2 ml) eine beinahe gesättigte Aluminiumnitratlösung [10 ml mit einem Gehalt von 0,9 g $Al(NO_3)_3 \cdot 9H_2O$/ml] zuzusetzen. Das Uran wird durch Schütteln mit 10 ml Äthylacetat extrahiert (Extraktionsausbeute bei Kontrollversuchen mit Kohlenaschen mehr als 97%). Aliquote Teile (meist 0,2 ml) der auf diese Weise erhaltenen Äthylacetatlösung bringt man auf vorgepreßte Fluoridpillen (98% Natriumfluorid, 2% Lithiumfluorid; Gewicht 0,4 g), die sich auf einem Platinschälchen befinden. Die Pillen sind unter einer Infrarotlampe zu trocknen und im Flammenkegel eines Mekerbrenners durchzuschmelzen (s. Seite 205). Die erstarrten Schmelzen werden aus den Platinschälchen entfernt und ihre Fluorescenz mit Hilfe eines photoelektrischen Fluorometers (z. B. der Type „*Galvanek-Morrison*"; Reflexions-Fluorometer, hergestellt von der Jarrel-Ash Co., USA) ermittelt. Den Pillen setzt man dann eine bekannte Uranmenge zu und mißt ihre Fluorescenz nach abermaligem Durchschmelzen im Platinschälchen neuerlich (Zugabeverfahren, vgl. S. 206).

XV. Beispiele für andere Extraktionsmittel, die zur Abtrennung des Urans vor dessen fluorometrischer Endbestimmung benutzt wurden, sind *Diäthyläther* (*Smith, Wilson* und *Goward*; *Hahofer* und *Hecht*; *Nikolov* und *Mikhailova*; *Purkayastha* und *Ganguly*) und *Tri-n-butylphosphat* (TBP) (*Singer* und *Cífková*). Die Extraktion mit TBP kann zur Bestimmung des Urans im Urin herangezogen werden, wozu die folgende

Arbeitsvorschrift. (*Singer* und *Cífková*) empfohlen wird. In eine Porzellanschale mit unverletzter Glasur sind 5 bis 10 ml Harn zu bringen und nach Zugabe von 3 bis 4 Tropfen 30%iger Wasserstoffperoxidlösung und 3 ml konz. Salpetersäure auf dem Wasserbad zur Trockne einzudampfen. Dieser Vorgang ist zweimal mit je 1 bis 2 ml konz. Salpetersäure zu wiederholen. Beim letzten Abdampfen soll der Rückstand feucht bleiben. Dieser wird mit möglichst wenig Wasser in einen Scheidetrichter (Volumen nicht über 5 ml) übergeführt, 1 Tropfen m-Kresolpurpurlösung (0,1%ige wäßrige Lösung; m/v) zugegeben und die Lösung mit (1 + 3)-Ammoniak (etwa 4,5m) bzw. Salpetersäure bis zum Farbumschlag des Indikators von Gelb nach Rot (sauer) neutralisiert. Dieser Lösung fügt man 10 ml einer Aluminiumnitratlösung [900 g $Al(NO_3)_3 \cdot 9H_2O$ je Liter Lösung] und genau 2 ml einer TBP-Lösung (10 Vol.% TBP in n-Hexan) zu, schüttelt 30 bis 40 Sek. kräftig durch und läßt nach 3 bis 4 Min. die wäßrige Phase ab. Der organischen Phase sind vorsichtig (Vermeidung von Verunreinigungen durch die wäßrige Phase) 0,7 ml zu entnehmen, auf ein Platinschälchen zu bringen und dort unter der Infrarotlampe zur Trockne einzudampfen. Dann werden 0,5 g der Schmelze [45,5 Gewichtsteile Natriumcarbonat, 45,5 Gewichtsteile Kaliumcarbonat und 9 Gewichtsteile Natriumfluorid bei der niedrigst möglichen Temperatur (etwa 600 °C) in einer Platinschale schmelzen; die kalte Schmelze zu einem feinen Pulver zerkleinern und bis zur Verwendung in einer dichtschließenden Flasche aufbewahren] hinzugegeben und 20 Min. bei 600 °C geschmolzen. Nach dem vollständigen Abkühlen der Tabletten wird die Fluorescenz gemessen und der Urangehalt mittels einer analog aufgestellten Eichkurve bestimmt. Zwecks Vermeidung von Fehlern verwendet man zur Herstellung der Vergleichslösungen uranfreien Harn, dem die entsprechenden Uranmengen zugesetzt werden.

Diese Methode gestattet die Bestimmung von bis zu 10^{-6} g Uran/l Harn.

XVI. Ähnliche Verfahren zur fluorometrischen Uranbestimmung nach oder ohne vorangehende Abtrennung des Urans wurden auch zur Bestimmung *geringer* Mengen dieses Elements in den verschiedenartigsten Materialien herangezogen. Eine Aufstellung darüber wird in Tabelle 6 gezeigt.

3.2.3 Bestimmung in wäßrigen Lösungen

Wie schon im Abschnitt 3.2.1 erwähnt wurde, sind Methoden, die auf der Fluorescenzmessung von in wäßrigen Medien gelösten Uranverbindungen beruhen, von wesentlich geringerer analytischer Bedeutung (da unempfindlicher) als die Uran-

Tabelle 6. *Fluorometrische Uranbestimmung in verschiedenen Materialien*[1]

Material	Literaturhinweis
Minerale und Gesteine	*Grimaldi, Ward* und *Kreher*; *Zimmerman, Rabbitts* und *Kornelson*; *Getoff*; *Starik, Atrashenok* und *Krȳlov*; *Nakanishi* (a); *Atrashenok, Voloshenko* und *Krȳlov*; *Leonova*; *Fioletova*; *Unkovskaya*; *Schönfeld, ElGarhy, Friedmann* und *Veselsky*; *Strelyanov*.
Erze	*Zimmerman*; *Grimaldi* und *Levine*; *DeSesa*; *Draganić*; *Grigorev, Lukyanov* und *Duderova*; *Kosta* (b)
Tiefseebohrkerne (Meeres-sedimente)	*Hahofer* und *Hecht*; *Hazan, Korkisch* und *Arrhenius*
Atmosphärischer Staub	*U. K. A. E. A.* (a); *Smirnov* und *Kononova*
Zirkonium und dessen Legierungen	*Smith, Wilson* und *Goward*; *Vozzella, Powell, Gale* und *Kelly*
Zirkonmineral	*Cuttitta* und *Daniels*
Hafnium	*Vozzella, Powell, Gale* und *Kelly*
Eisen und Stahl	*Korkisch* und *Hazan*; *Kosta* (a)
natürliche Wässer, z. B. Meer-wasser	*Hazan, Korkisch* und *Arrhenius*; *Nakanishi* (b); *Thatcher* und *Barker*; *Purkayastha* und *Ganguly*
Laugelösungen	*DeSesa*; *Petri, H.,* und *Stöppler, M.:* Report JUL-646-CA, Februar 1970.
Biologische Materialien wie z. B. Urin	*U. K. A. E. A.* (b) (c); *Wódkiewicz*; *Sommer*; *Hoffman*; *Neuman, Fleming, Carlson* und *Glover*; *Sadikova, N. M., Polonskaya, E. K.,* und *Golutvina, M. M.: Med. Radiol.* **15**, 65 (1970).
Mischungen, in denen das Verhältnis Ü:Pu bis zu 1:20 beträgt	*Jaroszeski* und *Gregg*

bestimmung in Schmelzflüssen (s. Abschnitt 3.2.2). Von diesen Methoden sind jene zu erwähnen, die auf der Messung der Fluorescenzintensität anorganischer Uranyl-verbindungen wie z. B. des Sulfats, Nitrats, Fluorids oder Phosphats, gelöst in wäßriger Lösung, beruhen [*Novak*; *Dobrolyubskaya* (a) (b) (c); *Rodden*; *Dobrolyub-skaya, Davȳdov* und *Nemodruk*; *Alberti* und *Saini*].

Auch die Komplexbildung des Urans mit organischen Reagenzien wurde zu seiner fluorometrischen Bestimmung herangezogen. So lassen sich Mikrogrammengen Urans mit reinstem Morin bestimmen (*Tomić* und *Hecht*). Die Methode beruht darauf, daß die Fluorescenz dieses Flavonderivats (s. Abschnitt 3.2.2) durch an-wesendes Uran unterdrückt wird, wobei diese Fluorescenzlöschung gerade pro-portional dem Urangehalt der Lösung ist. Da die Methode von vielen Elementen gestört wird, müssen diese vorher durch Ätherextraktion (s. Abschnitt 6) vom Uran getrennt werden. Die *Genauigkeit* des Verfahrens liegt zwischen $\pm 5\%$ für Uran-konzentrationen von 0,5 bis 10 μg je 10 ml Meßlösung. Bei einem anderen Verfahren zur fluorometrischen Bestimmung des Urans wird Rhodamin B als Komplexbildner verwendet. Diese Methode beruht auf der Bildung eines Uranylbenzoesäure-Kom-

---

[1] Folgende Materialien wurden ebenfalls fluorometrisch auf ihren Urangehalt untersucht: Pflanzenaschen [*Huffman, C.,* u. *Riley, L. B.:* U. S. Geol. Surv. Prof. Paper 700-B, 181 (1970); *Whitehead, W. E.,* u. *Brooks, R. R.:* Econ. Geol. **64**, 50 (1969)], Phosphorite [*Tarantsova, M. I.,* u. *Nikol'skaya, Yu. P.:* Izv. Sib. Otdel. Akad. Nauk SSSR 1968, (12), Ser. khim. Nauk, (5), 48)), Thoriumnitrat (*Desai, S. R.,* u. *Kum K. Sudhalatha:* Analyst **94**, 699 (1969)], Extrakte aus Natriumnitratlösungen [*Dobrolyubskaya, T. S.,* u. *Anikina, L. I.:* Zh. analit. Khim. (russ.) **22**, 1841 (1967)].

plexes bei pH = 5 und dessen gleichzeitiger Extraktion mit Rhodamin B enthaltendem Benzol (*Andersen* und *Hercules*). Die Uranbestimmung erfolgt durch Messung der leuchtend roten Fluorescenz des organischen Extrakts. Starke Störungen werden durch Eisen(III), Thorium und Silicat-Ionen hervorgerufen.

Literatur

Alberti, G., u. *Saini, A.:* Anal. chim. Acta **28**, 536 (1963). − *Andersen, N. R.*, u. *Hercules, D. M.:* Anal. Chem. **36**, 2138 (1964). − *Atrashenok, L. Ya.*, *Voloshenko, L. L.*, u. *Krylov, A. Ya.:* Tr. Radiev. Inst. Akad. Nauk UdSSR **7**, 126 (1956); durch Zhur. Khim. **1957**, Abstr. Nr. 48, 294.

Brooks, R. O. R.: AERE, Rept. AM-60, 1960.

Centanni, F. A., *Ross, A. M.*, u. *DeSesa, M. A.:* Anal. Chem. **28**, 1651 (1956). − *Cuttitta, F.*, u. *Daniels, G. J.:* Anal. chim. Acta **20**, 430 (1959).

DeSesa, M. A.: USAEC, Rept. TID 7555 (1958). − *Dobrolyubskaya, T. S.:* (a) Zhur. Anal. Khim. (russ.) **18**, 486 (1963); (b) **17**, 486 (1962); (c) **20**, 470 (1965). − *Dobrolyubskaya, T. S.*, *Davydov, A. V.*, u. *Nemodruk, A. A.:* Zhur. Anal. Khim. (russ.) **17**, 70 (1962). − *Draganić, I.:* Rec. trav. inst. recherches structure matière (Belgrad) **1**, 89 (1952).

Fioletova, A. F.: Zhur. Anal. Khim. (russ.) **12**, 718 (1957).

Galvanek, P., u. *Morrison, T. J.:* USAEC Rept. ACCO-47, 1954. − *Getoff, N.:* Atompraxis **6**, 41 (1960); durch Fr. **177**, 66 (1960). − *Grigorev, V. F.*, *Lukyanov, V. F.*, u. *Duderova, E. P.:* Zhur. Anal. Khim. (russ.) **15**, 184 (1960). − *Grimaldi, F. S.*, u. *Levine, H.:* USAEC, Rept. AECD-2824, 11. April 1950. − *Grimaldi, F. S.*, *May, I.*, u. *Fletcher, M. H.:* U. S. Geol. Survey Circular 199 (1952). − *Grimaldi, F. S.*, *Ward, F. N.*, u. *Kreher, R.:* USAEC, Rept. AECD-2825, 12. April 1950.

Hahofer, E., u. *Hecht, F.:* Mikrochim. A. **1954**, 417. − *Hazan, I.*, *Korkisch, J.*, u. *Arrhenius, G.:* Fr. **213**, 182 (1965). − *Hernegger, F.*, u. *Karlik, B.:* Ber. Wien. Akad., math.-naturw. Klasse, Abt. II a **144**, 217 (1935). − *Hoffman, J.:* Bio. Z. **315**, 26 (1943).

Jaroszeski, R. A., u. *Gregg, C. C.:* Anal. Chem. **37**, 766 (1965).

Korkisch, J., u. *Hazan, I.:* Anal. Chem. **36**, 2464 (1964). − *Kosta, L.:* (a) Rept. J. Stefan Inst. (Ljubljana) **2**, 7 (1955); (b) Bull. sci. Conseil acad. RPF Yugoslav. **1**, 41 (1953).

Leonova, L. L.: Geokhimiya **8**, 47 (1956); durch Zhur. Khim. **1957**, Abstr. Nr. 57, 813.

Nakanishi, M.: (a) Bl. chem. Soc. Japan **24**, 33 (1951); (b) **24**, 36 (1951). − *Neuman, W. F.*, *Fleming, R. W.*, *Carlson, A. B.*, u. *Glover, N.:* J. biol. Chem. **173**, 41 (1948); durch Anal. Chem. **25**, 331 (1953). − *Nichols, E. L.*, u. *Slattery, M. K.:* J. opt. Soc. Am. **12**, 449 (1926); durch Anal. Chem. **25**, 331 (1953). − *Nikolov, K.*, u. *Mikhailova, V.:* Priroda (Bulgaria) **10**, 59 (1961); durch Zhur. Khim. **1962** (6), Abstr. Nr. 6D107. − *Novak, M.:* Jaderna Energie **3**, 44 (1957).

Osipov, B. S.: Zh. analit. Khim. (russ.) **21**, 70 (1966).

Price, G. R., *Ferretti, R. J.*, u. *Schwartz, S.:* Anal. Chem. **25**, 322 (1953). − *Purkayastha, B. C.*, u. *Ganguly, M.:* Indian J. appl. Chem. **22**, 23 (1959); durch Fr. **175**, 136 (1960).

Rodden, C. J.: Analytical Chemistry of the Manhattan Project, Nat. Nuclear Energy Ser., Div. VIII, Vol. 1.; New York 1950.

Sámsoni, Z.: Mikrochim. Acta **1967**, 88. − *Schönfeld, T.*, *ElGarhy, M.*, *Friedmann, C.*, u. *Veselsky, J.:* Mikrochim. A. **1960**, 883. − *Singer, E.*, u. *Čifková, D.:* Fr. **202**, 401 (1964). − *Smirnov, L. E.*, u. *Kononova, L. N.:* Geokhimiya **9**, 1126 (1966). − *Smith, D. L.*, *Wilson, H. R.*, u. *Goward, G. W.:* USAEC, Rept. WAPD-CTA (GLA)-431, August 1959. − *Sommer, J.:* Chem. Techn. **15**, 38. (1963). − *Starik, I. E.*, *Atrashenok, L. Ya.*, u. *Krylov, A. Ya.:* Geokhimiya **8**, 39 (1956); durch Zhur. Khim. **1957**, Abstr. Nr. 66, 414. − *Starik, I. E.*, *Starik, F. E.*, *Atrašenok, L. Ya.*, *Kostyrev, B. B.*, u. *Kocjakov, B. N.:* Trudy radievogo Inst. im Chlopkina **7**, 114 (1956). − *Strelyanov, N. P.:* Izv. Vyssh. Ucheb. Zavedenii, Geol. i Razvedka **12**, 73 (1962); durch Zhur. Khim. 19GDE, **1963** (19), Abstr. No. 19G110.

Thatcher, L. L., u. *Barker, F. B.:* Anal. Chem. **29**, 1575 (1957). − *Tomić, E.*, u. *Hecht, F.:* Mikrochim. A. **1955**, 896. − *Tomić, E.*, *Ladenbauer, I.-M.*, u. *Pollak, M.:* Fr. **161**, 28 (1958).

U. K. A. E. A.: (a) Rept. PG 224 (CA), 1961; (b) Rept. PG 57 (S), 1960; (c) Rept. PG 68 (W), 1959. − *Unkovskaya, V. A.:* Trudy Radiev. Inst., Akad. Nauk USSR **5**, 117 (1957); durch Zhur. Khim. **1957**, Abstr. No. 66, 412.

Vozzella, P. A., *Powell, A. S.*, *Gale, R. H.*, u. *Kelly, J. E.:* Anal. Chem. **32**, 1430 (1960).

Wódkiewicz, L.: Chem. Anal. (Warszawa) **5**, 985 (1960).

Zimmerman, J. B.: Can. Dept. Mines Tech. Surveys Mines Branch, Mem. Ser. Nr. **114**, 1951. − *Zimmerman, J. B.*, *Rabbitts, F. T.*, u. *Kornelson, E. D.:* Can. Dept. Mines Tech. Surveys Mines Branch, Techn. Paper Nr. **6** (1953).

3.3 Röntgen-Strahlen-Absorption

Die Anwendung der Röntgenstrahlen-Absorption auf die Bestimmung des Urans scheint auf *Lambert* (1950) zurückzugehen. Auch *Bartlett* führte solche Uran-Bestimmungen in Lösungen aus und benutzte dazu ein General Electric Model 5328350G1-Röntgenstrahlen-Photometer, das im Prinzip denjenigen nach *Michel* und *Rich* sowie *Vollmar, Petterson* und *Petruzelli* ähnelt. Das Gerät erzeugt eine polychromatische Strahlung aus einer Wolfram-Röntgen-Röhre. Der Strahl wird in zwei Teile zerlegt. Zur Schwächung des einen Strahls dient eine Al-Scheibe vom Keil-Typus. Damit konnte die Absorption jener angeglichen werden, die von der Probe im zweiten Strahlengang verursacht war. Die Wandstärken der Plexiglas-Zellen waren 0,125 inch = 0,32 cm. Die Volumina der Absorptionszellen betrugen 30 und 70 ml mit Schicht-Dicken von 19 bzw. 38 mm.

Die Konzentration der wäßrigen Standardlösungen von $UO_2(NO_3)_2 \cdot 6H_2O$ wurde nach Reduktion durch Titration mit Cer(IV)-sulfat überprüft. Auf der Seite der Al-Abschwächungsscheibe wurde eine Absorptionszelle mit dest. Wasser eingesetzt. Die *Eichung* des Instruments mußte oft wiederholt werden, um Schwankungen auszugleichen.

Zur Auswertung der scheinbaren Uranäquivalente von Fremdsubstanzen wurden 22 verschiedene 1%ige (m/v) Test-Lösungen hergestellt mit Atomnummern von 9 (Fluor) bis 90 (Thorium). Sehr geringe Uranäquivalente ergaben NH_4^+-, Fluorid-, Acetat-, Nitrat-, Citrat-, Carbonat-Ionen, ein wenig höhere Sulfat-, Phosphat- und Chlorid-Ionen. Kleine Absorptionszellen eignen sich zur Messung der Uran-Konzentrationen von 0,1 bis 90 g/l. (Hochkonzentrierte Uran-Lösungen sollten zweckmäßig auf ~20 g/l verdünnt werden.) Das scheinbare Uran-Äquivalent stieg rasch mit der Atomnummer an bis zu 42 (Mo) und oberhalb von 53 (J). Es ergab sich, daß die „effektive" Wellenlänge der verwendeten Röntgenstrahlung am ehesten ~0,5 Å entsprach. Beträchtliche Störungen im Wert der Uran-Äquivalente zwischen ~1,5 und 10 fanden sich bei Ca bis Th. In solchen Fällen ist die Isolierung des Urans durch Äther-Extraktion empfehlenswert, bevor es röntgenabsorptiometrisch bestimmt wird.

Schneider beschreibt eine Uranbestimmung in fast reinen $UO_2(NO_3)_2$-Lösungen aus der Auflösung bestrahlter Kern-Brennstoffe. Die Methode kann nicht benutzt werden in Gegenwart beträchtlicher Konzentrationen an Thorium oder anderen Schwermetallen, die mit Tributylphosphat extrahierbar sind. Das Verfahren ist auch für Uran-Lösungen, die mehr als 5% Pu enthalten, nicht empfehlenswert.

Das Uran wurde von störenden Begleitern durch Extraktion mit Tributylphosphat (TBP) nach *Moore* getrennt. Die organische Phase wurde durch Röntgenstrahlen-Absorption auf Uran analysiert, wobei ein Fluorescenz-Schirm-Röntgenstrahl-Photometer nach *Michel* und *Rich* verwendet wurde.

Dieses Photometer mißt die Röntgenstrahlen-Absorption in einer Lösung, indem ein Vergleichsstrahl von Röntgenstrahlen so lange geschwächt wird, bis seine Intensität genau gleich derjenigen eines gleichartigen Röntgenstrahles geworden ist, der eine fixierte Tiefe der Probe durchläuft. Die Schwächung des Vergleichsstrahls wird teilweise mit Hilfe einer Standard-Referenzlösung und teilweise durch die erforderliche Dicke einer keilförmig verlaufenden Al-Scheibe erreicht. Für die TBP-Extraktion (12,5%ig in Kerosin) wird Aluminiumnitrat als Aussalzmittel angewendet. Standard-Uranylnitrat-Lösungen werden hergestellt durch Einwägen von 4, 5, 10, 15 usw. bis 70 g U/l. Das dafür benutzte U_3O_8 löst man in 8n HNO_3 auf, wobei eine freie Säuremolarität von etwa 0,3m erreicht werden soll. Die folgende Reaktionsgleichung kann dazu benutzt werden:

$$U_3O_8 + 8\,HNO_3 \rightarrow 3\,UO_2(NO_3)_2 + 4\,H_2O + 2\,NO_2.$$

Das NO_2 wird durch Erwärmen der Lösung auf 50 bis 60 °C ausgetrieben.

Vorhandenes Pu wandelt man mit Eisen(II)-sulfamat-Lösung in das nicht mit TBP extrahierbare Pu(III) um. Dieses Reagens wird durch Auflösen von 35 g $FeSO_4 \cdot 7H_2O$ und 24 g Sulfaminsäure mit Wasser zu 100 ml hergestellt. Die radioaktiven Proben müssen unter Verwendung von Schutzmaßnahmen durch Abschirmung analysiert werden.

Die Methode eignet sich, da die Röntgenstrahlen-Absorption stark mit der Atomnummer steigt, nur zur Bestimmung eines einzigen Elements von verhältnismäßig hoher Atomnummer im Vergleich zu jenen der übrigen anwesenden Elemente, also im vorliegenden Fall zur Uranbestimmung in Lösungen, die Wasserstoff, Kohlenstoff, Stickstoff, Sauerstoff, Natrium und Aluminium enthalten. Deshalb ist eine Isolierung des Urans unter geeigneten Bedingungen mit TBP erforderlich. Wegen der Einwirkung der Gamma-Strahlung des in der Kern-Brennstoff-Auflösung befindlichen Urans auf die meisten Röntgenstrahlen-Photometer oder Gamma-Absorptiometer wird in der vorliegenden Arbeit ein spezielles Fluorescenz-Schirm-Röntgenstrahlen-Photometer verwendet (s. die Originalarbeit).

Literatur

Bartlett, T. W.: Anal. Chem. **23**, 705 (1951).

Lambert, M. C.: Pacific Northwest Regional Meeting. Am. Chem. Soc., Richland USA (Juni 1950).

Michel, P. C., u. *Rich, T. A.:* Gen. electr. Rev. **50**, 45 (1947). – *Moore, R. L.:* USAEC Rep. HW-15230 (1949).

Schneider, R. A., durch *Jones, R. C.* (ed.): Selected Measurement Methods for Plutonium and Uranium in the Nuclear Fuel Cycle. Method No. 1401. Div. Technical Information. USAEC (1963).

Vollmar, R. C., Petterson, E. E., u. *Petruzelli, P. A.:* Anal. Chem. **21**, 1491 (1949).

4 Polarographische, coulometrische und elektrolytische Methoden

4.1 Polarographische Methoden

4.1.1 Einleitung

Die Anwendung polarographischer Methoden zur Uranbestimmung ist im wesentlichen auf den Konzentrationsbereich 10^{-2} bis 10^{-4} m Uranyl-Ionen-Konzentration beschränkt, wenn die polarographischen Bestimmungen in schwach mineralsauren Lösungen ausgeführt werden. Wesentlich geringere Uran-Konzentrationen, und zwar 10^{-5} bis 10^{-8} m, können durch den katalytischen Einfluß der Uranyl-Ionen auf die Nitrat-Reduktionswelle bestimmt werden (s. Abschnitt 4.1.2.2).

Wie die colorimetrischen und spektrophotometrischen Methoden zur Uranbestimmung (s. Abschnitt 3) werden die polarographischen Verfahren stark durch anwesende Fremd-Ionen *gestört*, so daß es nur in wenigen Fällen möglich ist, mit ihnen das Uran ohne vorangehende Abtrennung der störenden Ionen zu bestimmen. Es wurden jedoch auch Methoden entwickelt, die das Uran auch in Gegenwart beträchtlicher Mengen an Fremd-Ionen zu bestimmen gestatten. Bei diesen Verfahren werden die störenden Metall-Ionen durch organische Verbindungen komplexiert und auf diese Weise ihre Reduktion an der Quecksilbertropfelektrode in jenem Spannungsbereich verhindert, in dem das Uran die zu seiner Bestimmung benutzte, polarographische Stufe bildet.

Zwecks Abtrennung des Urans von Fremd-Ionen vor der polarographischen Bestimmung werden am häufigsten Extraktions- und Ionenaustauschmethoden oder auch andere chromatographische Verfahren benutzt.

Die polarographische Bestimmung selbst wird heute fast ausschließlich in automatisch die Strom-Spannungskurven aufzeichnenden Polarographen ausgeführt. Als Bezugselektrode (Anode) wird oft die Standard-Kalomelelektrode (SKE) verwendet. Vor der Aufnahme des Polarogramms wird die das Leitsalz enthaltende uranhaltige Lösung zuerst von gelöstem Sauerstoff unter Durchleiten von gereinigtem Stickstoff oder Wasserstoff befreit. Dann wird bei konstanter Temperatur [meistens $25 \pm 0{,}1$ °C; Thermostat] die Strom-Spannungskurve in dem geeigneten Spannungsbereich aufgezeichnet. Zur Auswertung des Polarogramms, d. h. zur Feststellung des Urangehaltes der polarographierten Lösung, wird die erhaltene Uranstufe mit analog aufgestellten *Eichkurven* verglichen und auf Grund der Stufenhöhe die Urankonzentration der Lösung ermittelt.

Da bei praktisch allen polarographischen Verfahren dieses Meßprinzip angewendet wird, soll in den nun folgenden Abschnitten nicht näher darauf eingegangen werden.

4.1.2 Bestimmung in anorganischen Leitelektrolyten

4.1.2.1 Schwefelsaure Lösungen

Das polarographische Verhalten des Urans in schwefelsauren Lösungen wurde von vielen Autoren untersucht und auch mehrfach zur Uranbestimmung in den verschiedenartigsten Materialien herangezogen (*Bloche, Lévêque* und *Provisor*; *Borlera*; *Dounce, Voegtlin* und *Hodge*; *Elving* und *Olson*; *Issa, Issa* und *Shalaby*; *Kwiatowski, Owens* und *Casto*; *Legge*; *Lewis* und *Griffiths*; *Menke* und *Herrmann*; *Morachevskij* und *Sakharov*; *Motojima* und *Katsuyama*; *Porter II*; *Schiff*; *Sheel* und *Watters*;

Shalgosky; *Smith* und *Sullivan*; *Wilson* und *Ducksbury*; *Valić* und *Weber*; *Vouk*, *Branica* und *Weber*; *Verdingh* und *Lauer*). Als Leitelektrolyt wird am häufigsten 1 bis 2 n Schwefelsäure verwendet. Das Uran läßt sich also in schwefelsauren Lösungen bei wesentlich höheren Säurenormalitäten bestimmen, als es in salzsauren Lösungen (s. Abschnitt 4.1.2.4) der Fall ist. Da unter diesen Bedingungen viele Fremd-Ionen die polarographische Bestimmung des Urans *stören*, werden dem Leitelektrolyt zur Komplexierung dieser Metall-Ionen organische Verbindungen wie Oxal- oder Weinsäure (*Legge*; *Menke* und *Hermann*; *Shalgosky*), Citronensäure (*Borlera*) oder Salicylsäure (*Lewis* und *Griffith*; *Vouk*, *Branica* und *Weber*; *Valić* und *Weber*) zugesetzt.

Nach Angaben von *Issa*, *Issa* und *Shalaby* werden in 0,01 m Schwefelsäure 3 Wellen erhalten, entsprechend den folgenden Übergängen: Uran(VI) zu Uran(V), Uran(V) zu Uran(IV) und Uran(IV) zu Uran(III). Die zweite und dritte Welle überlappen einander, wenn die Schwefelsäurekonzentration auf 0,055 m erhöht wird oder wenn Natriumsulfat oder Sulfosalicylsäure zugegen sind. In 0,25 m Schwefelsäure oder in Anwesenheit von ÄDTA verschiebt sich die zweite Welle nach weniger negativen Potentialen und überlappt sich mit der ersten Welle, wodurch eine einzelne Welle entsteht, entsprechend einer Reduktion des Urans(VI), wobei sich eine Mischung aus Uran(V) und Uran(IV) bildet. Der bei —0,6 V gemessene Diffussionsstrom ist in 0,25 bis 0,6 m Schwefelsäure proportional der Uran(VI)-Konzentration. Dies ist nicht der Fall, wenn ÄDTA anwesend ist. Nach Mitteilung der genannten Autoren ist die Proportionalität bei niedriger Acidität besser als bei höherer.

Anwendungsbeispiele zur Bestimmung in schwefelsauren Lösungen

A. Bestimmung in Gegenwart von Oxalsäure

Wird die polarographische Bestimmung des Urans in Gegenwart von Oxalsäure ausgeführt, so werden mit Lösungen, die wenigstens 24 μg/ml enthalten, befriedigende Resultate mit ausreichender *Genauigkeit* erhalten (*Legge*). Die Methode der Standardzugabe gibt genauere Ergebnisse und wird besonders für Lösungen empfohlen, die weniger als 20 μg Uran/ml enthalten. Bei Verwendung einer *Eichkurve* werden jedoch die Ergebnisse rascher und mit einer Präzision von $\pm 5\%$ erhalten. Im allgemeinen reduzieren Kationen, die selbst wenig lösliche Oxalate bilden, die Stufenhöhe und verursachen eine Verschiebung des Halbstufenpotentials der Uranstufe. Dieser Effekt wurde bei Alkali- und Erdalkalimetallen, Mg, Al, Cd, Ni, Fe^{2+}, As und Cr beobachtet (*Legge*). Pb, Zn und Th ändern die *Empfindlichkeit* der Bestimmung *nicht*, während Co eine geringe Erhöhung der Stufe hervorruft. In keinem Falle ist der durch die Anwesenheit dieser Metalle verursachte *Fehler* größer als 1,5% des wirklichen Wertes. Vanadium und Fe^{3+} bewirken Wellen bei 0 V, die, wenn sie nicht zu groß sind, kompensiert werden können. Es treten aber keine Wellen auf, bis die Lösung etwa $5 \cdot 10^{-4}$ m an den betreffenden Ionen ist, und außerdem wird die Höhe der Uranstufe nicht beeinflußt. Cu und Bi erzeugen Wellen, die sich additiv mit der Uranstufe zusammensetzen. Sb und Mo liefern Stufen, die die Uranstufe stören, während Ti^{3+} und Sn^{2+} das Uranyl-Ion reduzieren und dessen Stufe völlig zum Verschwinden bringen. Die Anwesenheit von Chlorid-, Sulfat-, Nitrat- oder Perchlorat-Ionen innerhalb gewisser Grenzen hat keinerlei Einfluß auf die Uranstufe, während Phosphat-Ionen die Stufenhöhe um etwa 2% erniedrigen.

Zwecks Abtrennung der die polarographische Uranbestimmung im oxalsäurehaltigen, schwefelsauren System störenden Fremd-Ionen kann die Cellulosesäule-Salpetersäure-Diäthyläther-Methode (s. Abschnitt 5.2.1.1) (*Legge*) oder die Extraktion des Uranylnitrats mit Tributylphosphat, gelöst in Benzol (s. Abschnitt 6) (*Menke* und *Herrmann*), herangezogen werden. So ist es möglich, Uran in Erzen (*Legge*), phosphathaltigen Mineralien, Rohphosphaten (*Menke* und *Herrmann*) und verschiedenen anderen Materialien zu bestimmen.

Arbeitsvorschrift nach *Legge*. Das nach Durchführung der Cellulosesäule-Salpetersäure-Diäthyläther-Methode (s. Abschnitt 5.2.1.1) erhaltene, uranhaltige Eluat wird zur Trockne eingedampft, anwesende organische Substanzen unter Anwendung von Schwefel-, Salpeter- und Perchlorsäure naß verascht. Dann wird so lange erhitzt, bis fast die gesamte Schwefelsäure abgeraucht ist. Das danach zurückbleibende Volumen an Schwefelsäure soll 0,15 ml betragen. Es ist mit 2,85 ml 0,5 m Oxalsäure, die 0,1 % konzentrierte Salzsäure und 0,015 % Gelatine enthält, zu verdünnen (die so hergestellte Lösung ist 1,8 n an Schwefelsäure). 2 ml dieser Lösung werden durch Einleiten von Stickstoff bei einer Temperatur von $25 \pm 0,1$ °C von Sauerstoff befreit und das Polarogramm, beginnend mit 0 V bis $-0,5$ V, aufgenommen.

Bemerkungen. I. Dieses Verfahren kann, wie bereits erwähnt wurde, zur Bestimmung des Urans in *phosphor-* und phosphathaltigen Materialien verwendet werden. Zur Abtrennung störender Fremd-Ionen, vor allem der Phosphorsäure, wird das Uran mit Tri-n-butylphosphat aus salpetersaurer Lösung, die zwecks Komplexierung der Phosphat-Ionen einen Überschuß an Eisen(III)-nitrat enthält, extrahiert. Dazu wird folgende

Arbeitsvorschrift nach *Menke* und *Herrmann* empfohlen. Die Einwaage der Analysensubstanz wird so gewählt, daß 100 μg bis 1 mg Uran zu erwarten sind. Die Probe wird mit Königswasser abgeraucht (Monazitsande mit Natriumperoxid aufschließen), der Rückstand mit etwa 5 ml Salpetersäure aufgenommen und Ungelöstes entfernt. Die vereinigten Lösungen werden zur Trockne eingedampft und je nach der Menge der Probe mit 3 bis 10 ml 4 n Salpetersäure aufgenommen. Zu den Phosphaten ist so viel $Fe(NO_3)_3 \cdot 9\,H_2O$ zuzugeben, daß das Verhältnis $Fe^{3+}:PO_4^{3-}$ (berechnet für 35 % P_2O_5) etwa 1:2 beträgt. Die Fe^{3+}-Konzentration der Lösung der übrigen Proben ist je nach der Einwaage auf 0,2 bis 0,4 m einzustellen. Dann ist das Uran mit dem gleichen Volumen an Tributylphosphat-Benzol (30 + 70; Vol.-%) 2 Min. zu extrahieren, die organische Phase abzutrennen und 5 bis 10 Min. zu centrifugieren. Diese organische Phase wird mit dem vierfachen Volumen Benzols verdünnt und zweimal mit jedem halben Volumen (der jetzt vorliegenden organischen Phase) an Wasser das Uran rückextrahiert. Die Rückextrakte werden vereinigt, eingedampft und das Uran unter Anwendung der Arbeitsvorschrift nach *Legge* (s. oben) polarographisch bestimmt.

II. Ein der Methode von *Legge* ähnliches Verfahren kann auch zur Bestimmung des Urans in *Chrom-Uran-Legierungen* dienen (*Wilson* und *Ducksbury*).

B. Bestimmung in Gegenwart von Salicylsäure.

In einer wäßrigen Lösung, die 1,6 g Salicylsäure/l enthält und 0,4 %ig (v/v) an Schwefelsäure ist, wird ein Reststrom erhalten, der linear mit der angelegten Spannung zunimmt, so daß sich dieser Leitelektrolyt zur Uranbestimmung eignet (*Vouk, Branica* und *Weber*). Als Maximumunterdrücker kann Thymol in einer Konzentration von 0,009 % verwendet werden. Beträgt das Volumen der zu polarographierenden Lösung 2 ml und die Konzentration an Uran 5 μg/ml, so ist der Fehler der Methode $\pm 0,8\,\mu$g Uran. Dieses Verfahren wurde von *Valić* und *Weber* zur polarographischen Bestimmung des Urans im Blut benutzt. Nach der Naßveraschung der Blutprobe wird das Uran von störenden Elementen durch Extraktion mit *Tetrahydropyran* getrennt und dann unter Anwendung der obigen Leitsalzlösung polarographisch bestimmt. Eine Methode zur polarographischen Bestimmung des Urans im Serum wurde von *Dounce* beschrieben.

Arbeitsvorschrift nach *Valić* und *Weber*. 5 ml Blut werden durch mehrfaches Eindampfen mit konz. Salpetersäure und Perhydrol naß verascht. Der Rückstand wird in einer geringen Menge Wassers gelöst und die Lösung zusammen mit den unlöslichen Anteilen mit etwa 8 ml Tetrahydropyran 2 Std. in einem Mikroextraktor extrahiert. Harzartige Produkte, die sich während der Extraktion bilden, sind durch

Zugabe von Salpetersäure und Wasserstoffperoxid zu zerstören, nachdem das Tetrahydropyran *vollständig* entfernt wurde (wird dieses unvollständig abgetrennt, so können unter Umständen heftige Explosionen eintreten!). Der Uranextrakt wird zur Trockne eingedampft, der Rückstand auf Rotglut erhitzt, mit Schwefelsäure gelöst, die Lösung eingedampft und die Schwefelsäure so weitgehend abgeraucht, daß nach Zugabe des Leitelektrolyts (s. oben) die entstehende Lösung 0,4%ig (v/v) an dieser Säure ist. Diese Lösung soll ein Volumen von 500 μl aufweisen. Nach Zugabe der nötigen Menge Thymollösung und Entfernung des gelösten Sauerstoffs ist unter Durchleiten von gereinigtem Wasserstoff das Polarogramm bei 25 °C aufzunehmen.

C. Bestimmung in Gegenwart von Wein- oder Citronensäure

Ähnliche Ergebnisse wie nach der Methode von *Legge* (s. S. 216) lassen sich erzielen, wenn Weinsäure anstelle von Oxalsäure anwesend ist (*Shalgosky*). Dieses Verfahren kann ebenfalls zur Bestimmung des Urans in *Erzen* benutzt werden. Da nur die Molybdänwelle ganz in der Nähe der Uranwelle liegt und demzufolge alle Lösungen molybdänfrei gehalten werden müssen, ist eine Störung der polarographischen Welle des Urans durch Elemente, wie Bi, Cu und Pb, deren Wellen ebenfalls in der Nähe auftreten, nicht zu befürchten, da der Abstand noch groß genug ist, um eine *genaue* Uranbestimmung zu ermöglichen. Die Präzision bei 100 μg Uran beträgt etwa $\pm 1,5\%$, jedoch nur etwa $\pm 3\%$ in Anwesenheit von 10 μg Uran. Als Maximumunterdrücker kann eine Protease-Peptonlösung (0,1 g Pepton und 0,2 g Phenol in 100 ml Wasser gelöst) verwendet werden.

Arbeitsvorschrift nach *Shalgosky*. Uran soll in einer molybdänfreien, perchlorsauren Lösung vorliegen. Die Perchlorsäure ist bis auf 0,1 ml einzuengen und dann 0,4 ml Perchlorsäure (60%; v/v) zuzugeben. Die Lösung wird in einem 5-ml-Meßkolben mit 2 ml Wasser verdünnt und 0,5 ml Dinatriumtartrat-Lösung [12 g Dinatriumtartrat und 0,293 g Natriumchlorid in Wasser lösen, 10 ml einer 0,1%igen Protease-Peptonlösung (m/v) zusetzen und die Lösung mit Wasser auf 100 ml verdünnen] zugesetzt. Nach 2 Min. wird 1 ml 5 m Schwefelsäure zugefügt, mit Wasser zur Marke aufgefüllt, nach Entfernung des Sauerstoffs unter Durchleiten von Wasserstoff das Polarogramm im Spannungsbereich von 0 bis −0,6 V aufgenommen. Die Höhe der Uranwelle, die bei einem Halbwellenpotential von −0,35 V auftritt, wird unter Anwendung der Intersektionsmethode zur Stufenhöhenmessung bestimmt. Den Urangehalt ermittelt man durch Vergleich mit einer analog aufgestellten *Eichkurve*.

Bemerkungen. I. Zwecks Bestimmung des Urans in *Uranmineralien* kann nach *Borlera* auch in einer Citronensäure-Schwefelsäurelösung polarographiert werden. Infolge der Disproportionierung des Urans(V) wird die Höhe der Reduktionswelle des Urans(VI) von der Konzentration der beiden Säuren beeinflußt. Bei Verwendung von 2 m Citronensäure beeinflußt jedoch die Konzentration der Schwefelsäure den ersten Reduktionszustand nicht. *Borlera* beschreibt ein Verfahren zum Aufschluß eines Uranerzes sowie die Maßnahmen, die in Anwesenheit von *Eisen* und anderen Verunreinigungen getroffen werden müssen.

II. Im Falle *uranarmer* Erze hat der polarographischen Uranbestimmung eine *chromatographische* Trennung von den Elementen, die die Bestimmung stören, voranzugehen.

D. Bestimmung in Gegenwart von Ammoniumsulfat[1]

In schwefelsauren Ammoniumsulfatlösungen stört die Kupferstufe die Uranwelle nicht, deren Höhe eine Funktion der Ammoniumsulfat-Konzentration ist. Uran-

---

[1] Salpetersaure Ammoniumsulfatlösungen als Leitelektrolyten wurden zur Bestimmung des Urans in Abwässern (waste solutions) von Aufbereitungsanlagen für nukleare Brennstoffe benützt [*Motojima, K., Okashita, H.,* u. *Sakamoto, T.:* Japan Analyst **13**, 1097 (1964); *Emura, S.,* u. *Sugikawa, S.:* Japan Analyst **16**, 1345 (1967)].

stufen derartiger Lösungen von pH = 1 zeigen auch keine Störungen durch Eisen(II). Anwesendes Eisen(III) kann durch Reduktion mit Schwefeldioxid in die nicht störende, zweiwertige Oxydationsstufe übergeführt werden. Phosphate verzerren nur das Ende der Uranstufe. Ist viel Phosphorsäure anwesend, so kann diese durch Zugabe von Eisen(III)-Ion komplex gebunden werden. In Gegenwart einer 5fachen Kupfermenge (bezogen auf die Uranmenge) muß das Uran vorher abgetrennt werden (z. B. durch Fällung mit Ammoniak; s. Abschnitt 1.1.1.1). Dieses Verfahren wurde von *Bloche, Lévêque* und *Provisor* zur Bestimmung des Urans in *Mineralien* verwendet.

Arbeitsvorschrift nach *Bloche, Lévêque* und *Provisor.* 10 mg Mineral sind mit einem Gemisch aus Salpetersäure-Schwefelsäure aufzuschließen. Die Lösung wird filtriert und ein aliquoter Teil des Filtrats, der etwa 1,5 mg Uran/ml enthält, in Anwesenheit von Schwefelsäure zur Trockne eingedampft. Den neutralen Rückstand nimmt man mit einigen Tropfen von mit konz. Schwefelsäure versetztem Wasser auf (der endgültige pH-Wert der auf 10 ml eingeengten Lösung soll etwa 1 betragen). Nun wird zum Sieden erhitzt, wenn nötig filtriert und 5 ml Ammoniumsulfatlösung, (50%; m/v) zugefügt. Hierauf wird das Eisen(III) in der Kälte mit Schwefeldioxid, das etwa 10 Min. durchgeleitet wird, reduziert. Der Überschuß an Schwefeldioxid ist durch 2 bis 3 Min. langes Kochen der Lösung zu entfernen, die Lösung zu konzentrieren, damit ihr Volumen genau 10 ml beträgt, und die polarographische Messung auszuführen.

E. Bestimmung in Gegenwart organischer Lösungsmittel

Ein Verfahren zur polarographischen Uranbestimmung in Tributylphosphat-Kerosin-Lösungen (s. auch Abschnitt 4.1.4), die bei der Aufarbeitung von Kernbrennstoffen erhalten werden, wird von *Motojima* und *Katsuyama* angegeben. 1 g Extrakt wird mit der Leitelektrolytlösung (100 ml 2n Schwefelsäure, 90 ml Äthanol und 10 ml 0,4%ige *Tween*-Lösung in 80% Äthanol) vermischt, und nach Entfernung des Sauerstoffs mittels Stickstoffs wird das Polarogramm im Spannungsbereich von —0,6 bis —1,2 V aufgenommen. Der *Fehler* dieser Methode beträgt 3%, wenn 10 bis 80 mg Uran bestimmt werden. Keine Störung wird durch γ-Strahlen von 1,2 MeV bis zu einer Wirksamkeit von 10^7 Röntgen verursacht.

F. Bestimmung in Gegenwart von Kaliumchlorid

Zur polarographischen Bestimmung des Urans in Anwesenheit von *Vanadium* und *Eisen* wurden von *Morachevskij* und *Sakharov* zwei Methoden entwickelt.

I. Bei der ersten Methode wird Uran bei einer konstanten Konzentration an Vanadium(V) bestimmt. Das Vanadium und Eisen in der Lösung werden mit Schwefel(IV)-oxid reduziert, die Vanadiumkonzentration permanganometrisch ermittelt und seine Konzentration in der Lösung auf 0,01 m eingestellt. In einer derartigen Lösung, die 0,01 mval $VOSO_4$, 0,1 mval KCl und 0,1 mval Schwefelsäure enthält, können 0,01 bis 1 mg Uran mit *großer Genauigkeit* bestimmt werden.

II. Bei der zweiten Methode wird die zu analysierende Lösung zuerst unter Anwendung einer Quecksilberkathode *elektrolysiert* und das Uran mittels des Anoden-Kathodenstroms bestimmt. Die Uran(III)/(IV)-Stufe liegt bei einem Halbstufenpotential von —0,97 V. Dieses Verfahren ist zur Bestimmung *größerer* Uranmengen als 0,4 mg geeignet.

G. Soll Uran in Gegenwart von *Zirkonium* in rein schwefelsauren Lösungen polarographisch bestimmt werden, so kann die folgende

Arbeitsvorschrift nach *Elving* und *Olson* verwendet werden. Die schwefelsaure Probelösung, die ein Äquivalent von 10 ml konz. Schwefelsäure enthält, wird mit 10 ml Wasser verdünnt und zur noch heißen Lösung 0,001n Kaliumpermanganatlösung so lange zugesetzt, bis die Farbe des Permanganats bestehen bleibt. Hierauf fügt man 2 ml konz. Salzsäure zu, erhitzt die Lösung so lange, bis starke Schwefel(VI)-oxiddämpfe entwickelt werden, kühlt ab und verdünnt mit Wasser. Nach Zugabe von 1 ml 0,1%iger Gelatinelösung (m/v) wird mit Wasser auf 100 ml verdünnt und in einem aliquoten Teil dieser Lösung nach Entfernung des Sauerstoffes das Uran-Polarogramm zwischen 0,0 und −0,5 V (gegen SKE) aufgenommen.

Bemerkungen. I. Ein ähnliches Verfahren wurde von *Porter II* zur polarographischen Bestimmung des Urans in *Uran-Zirkonium*-Legierungen und in *Uran-Aluminiumoxid*-Keramik benutzt.

a) Zur Bestimmung des Urans in Uran-Zirkoniumlegierungen, die 3 bis 7% Uran enthalten, wird die Probe in einer Schwefel-Borfluorwasserstoff-Säure-Mischung gelöst und nach Oxydation des Urans mittels konz. Salpetersäure zur sechswertigen Stufe das Polarogramm aufgenommen. Als Maximumunterdrücker wird eine Bakto-Peptonlösung verwendet.

b) Zur Bestimmung des Urans im Aluminiumoxid wird dieses mit Kaliumpyrosulfat aufgeschlossen und die Schmelze in Wasser gelöst. Als Leitelektrolyt wird Schwefelsäure (5%; v/v) mit 0,005% Bakto-Pepton verwendet.

II. 2n Schwefelsäure als Leitelektrolyt wurde bei einer Methode zur Bestimmung des Urans in *atmosphärischem Staub* nach der Oxydation organischer Substanzen benutzt (*Smith* und *Sullivan*).

Literatur

Bloche, E., Lévêque, P., u. *Provisor, H.:* Bl. **1949**, 831. − *Borlera, M. L.:* Ric. Sci. **26**, 3097 (1956); durch Anal. Abstr. **1957**, 1820.

Dounce, A. L., durch *Voegtlin, C.,* u. *Hodge, H. C.:* Pharmacology and Toxicology of Uranium Compounds; New York 1949. S. 990.

Elving, P. J., u. *Olson, E. C.:* Anal. Chem. **28**, 338 (1956).

Issa, I. M., Issa, R. M., u. *Shalaby, L. A.:* Fr. **176**, 250 (1960).

Kwiatkowski, K., Owens, J., u. *Casto, C. C.:* Report CD-564 (CC-AN); 16. Januar 1945.

Legge, D. I.: Anal. Chem. **26**, 1617 (1954). − *Lewis, J. A.,* u. *Griffiths, J. M.:* Analyst **76**, 388 (1951).

Menke, H., u. *Herrmann, G.:* Fr. **175**, 324 (1960). − *Morachevskij, L.,* u. *Sakharov, A. A.:* Zhur. Anal. Khim. (russ.) **13**, 83 (1958); durch Chem. Abstr. **1958**, 9863. − *Motojima, K.,* u. *Katsuyama, K.:* Japan Analyst **12**, 358 (1963).

Porter II, J. T.: U. S. A. E. C. Report KAPL-M-JTP-3; 8/15 (1958); durch Chem. Abstr. **1953**, 4790.

Sheel, S. W., u. *Watters, J. I.;* durch *Rodden, C. J.:* Analytical Chemistry of the Manhattan Project; New York-Toronto-London 1950, S. 597, 599; durch Analyst **81**, 517 (1956). − *Schiff, E.:* Magyar Chem. Folyóirat **71**, 18 (1965). − *Shalgosky, H. I.:* Analyst **81**, 512 (1956). − *Smith, G. F.,* u. *Sullivan, R. V.:* Ind. eng. Chem. Anal. Edit. **7**, 301 (1935).

Valić, F., u. *Weber, O. A.:* Arkiv Kem. **27**, 53 (1955); durch Anal. Abstr. **1956**, 1442. − *Verdingh, V.,* u. *Lauer, K. F.:* Fr. **235**, 311 (1968). − *Vouk, V. B., Branica, M.,* u. *Weber, O. A.:* Arkiv Kem. **25**, 225 (1953); durch Chem. Abstr. **1954**, 12577.

Wilson, L., u. *Ducksbury, N. A.:* J. Polarographic Soc. **10**, 37 (1964).

4.1.2.2 Salpetersaure Lösungen (die katalytische Nitratwelle)

In Abwesenheit mehrwertiger Kationen zeigt das Nitrat-Ion keine polarographische Welle vor der Zersetzung des Grundelektrolyts, und zwar weder in neutraler noch alkalischer noch schwach saurer Lösung (*Tokuoka*; *Tokuoka* und *Ruzicka*). Bei gleichzeitiger Anwesenheit der Ionen der Erdalkalimetalle tritt eine polarographische Welle in der Nähe von −1,7 V gegen die SKE auf. Sind Ionen seltener Erdmetalle in der Lösung anwesend, so liegt eine ähnliche Welle in der Nähe von −1,2 V gegen die SKE. *Harris* sowie *Kolthoff, Harris* und *Matsuyama* entdeckten, daß die Anwesenheit des Uranyl-Ions ebenfalls die Reduktion des Nitrat-Ions katalysiert und bei Potentialwerten der zweiten Uranwelle eine katalytische Nitratwelle hervorruft. Obwohl sehr viele Vorschläge über den Mechanismus der dieser Welle zugrundeliegenden Reaktion gemacht wurden (*Kolthoff, Harris* und *Matsuyama*; *Keilin* und *Otvos*; *Meites*; *Kaufman, Cook* und *Davis*), konnten genauere Angaben über die Reaktionsprodukte und deren Mengenverhältnisse erst durch die Untersuchungen von *Collat* und *Lingane* erhalten werden. Das Nitrat-Ion wird ihren Untersuchungen zufolge in saurem Medium bei −1,9 V zum Nitrit-Ion reduziert. In Anwesenheit von Uranyl-Ionen entsteht dann eine zusätzliche Reduktionswelle bei −0,5 V, die durch die Reduktion des Urans(VI) zum Uran(III) zustande kommt. Das entstehende Uran(III) reduziert das Nitrat-Ion direkt an der Elektrodenoberfläche zu Hydroxylamin, wobei Uran(III) zum Uran(IV) oder Uran(V) oxydiert wird; die beiden letzten werden sofort wieder zum Uran(III) reduziert und bilden auf diese Weise einen katalytischen Kreisprozeß. Ein Vergleich mit der normalen Polarographie des Urans und des Nitrat-Ions ist in der Tabelle 7 dargestellt (*Habashi*).

Tabelle 7. *Polarographische Reduktion des Nitrat-Ions durch Uran(III)* (*Habashi*)

Normale Polarographie des Urans in saurer Lösung	Normale Polarographie des Nitrats	Polarographische Reduktion von Nitrat-Ionen in Anwesenheit von Uran
1. Welle bei −0,18 V: U(VI) → U(V)	Welle bei −1,9 V Nitrat → Nitrit	1. Welle bei −0,18 V: U(VI) → U(V)
2. Welle bei −0,92 V: U(V) → U(III)		2. Welle bei −1,05 V: (katalytische Nitratwelle): U(III) + Nitrat → U(IV) + Hydroxylamin U(IV) → U(III)

Die ersten Versuche, diese katalytische Welle zur Bestimmung geringer Uranmengen (1·10⁻⁸ m bis 5·10⁻⁵ m) zu benutzen, stammen von *Crompton, Tichenor* und *Young* sowie von *Harris* und *Kolthoff*. Diese Verfasser arbeiteten mit der folgenden *Grundlösung*: 1·10⁻³m Kaliumnitrat, 1·10⁻²m Salzsäure und 1·10⁻¹m Kaliumchlorid. Sie bestimmten den Diffusionsstrom bei −1,2 V gegen die SKE. Aus Untersuchungen der Autoren geht hervor, daß sehr viele Schwermetall-Ionen und eine Anzahl Anionen, die schwerlösliche Salze oder Komplexe bilden, störend, d. h. katalytisch, wirken. Polyvalente Kationen und Ionen, die Komplexe mit Uran bilden, *stören* besonders. Von *Antal* ausgeführte Untersuchungen zeigten, daß vor allem *Zinn*, selbst in sehr geringen Mengen, die katalytische Nitratwelle des Urans empfindlich stört, obwohl es in diesem Spannungsbereich keine katalytische Wirksamkeit ausübt, also nur als Promotor der Uranaktivität fungiert. Sehr geringe Wolfram-Mengen erhöhen ähnlich wie Zinn das Plateau des Diffusionsstromes; etwas größere bewirken dessen steileres Ansteigen, sodaß die Auswertung nur einen Bruchteil des tatsächlich vorhandenen Urans anzeigt bzw. überhaupt unmöglich wird. Die Vanadiumwelle ist derjenigen des Urans im wesentlichen nur überlagert; die Auswertung könnte nach der Vorstufenhöhe korrigiert werden; doch wurde diese Kurvenform sehr selten angetroffen. Auch in Anwesenheit von Molybdän darf nicht die übliche Auswertung vorgenommen werden, da es in geringen Mengen den Vorstrom senkt und auf diese Weise die Uranstufen erhöht. Die katalytische Nitratwelle des Urans wird auch durch Platinspuren stark gestört, so daß der saure Aufschluß des auf Uran zu analysierenden Materials am günstigsten in *Teflon- oder Quarzschalen* ausgeführt wird. Andere Ionen wie Fe³⁺, Cr³⁺, Co, Ni, Cu, Zn, Cd, Ti, Zr, Th übten in Konzentrationen unter 10 µg/ml Polarographierlösung keinen Einfluß auf die polarographische Uran-Bestimmung aus. Von den *Anionen* stören alle jene, die Komplexe mit Uran bilden. Fluoride und Oxalate unterdrücken die Welle vollständig. Phosphat- und

Perchlorat-Ionen vermindern die Stufenhöhe, während Sulfat-Ion sie erhöht (*Crompton, Tichenor* und *Young*). Auch *Jangg, Ochsenfeld* und *Habashi* untersuchten eingehendst den Einfluß von Fremd-Ionen auf die katalytische Nitratwelle des Urans. Die zur Polarographie verwendete Uranylnitrat-Lösung muß also praktisch von allen anderen Kationen und Anionen frei sein, um einwandfreie Ergebnisse zu gewährleisten. *Rodden* nahm daher früher an, daß diese Methode keinen praktischen Wert besitze, obwohl die katalytische Nitratwelle ungefähr 20 mal so groß wie die normale Uranwelle ist und ihre Stufenhöhe, wenn unter sonst gleichen Bedingungen gearbeitet wird, linear mit der Uran-Konzentration zunimmt.

Der Diffusionsstrom hängt außer von der Konzentration des Urans auch von der Nitrat- und Wasserstoff-Ionenkonzentration ab, so daß immer unter genau gleichen Verhältnissen gearbeitet werden muß. In Lösungen, die saurer sind als 0,1 n, *stört* die Wasserstoffwelle. Ist die Nitrat-Ionenkonzentration geringer als 0,02 m, so ist die Stufenhöhe proportional der Quadratwurzel der Nitrat-Konzentration und erreicht einen konstanten Wert bei pH = 2, wenn die Nitrat-Konzentration diesen Wert überschreitet [*Murata* (a)]. In Gegenwart von Chlorid-, Bromid- und Jodid-Ionen nimmt die Stufenhöhe zu und erreicht ein Maximum, wenn die Chlorid-Ionenkonzentration der Lösung gleich 0,005 m gewählt wird. In einer sauren Lösung, die 0,015 n an Salpetersäure, 0,015 m an Kaliumnitrat und 0,005 m an Kaliumchlorid ist und auch 0,0002 % Methylrot enthält, ist die Stufenhöhe proportional der Uran(VI)-Konzentration im Bereich von 10^{-8} bis 10^{-6} m [*Murata* (a)]. In einer Lösung, die Tributylphosphat und Nitrit-Ion sowie Äthanol enthält, ist die Stufenhöhe geringer, da sich ein Uranyl-Tributylphosphat-Komplex ausbildet. Ist die Äthanol-Konzentration größer als 40 Vol.-%, so tritt diese Störung nicht auf. Die Stufenhöhe der katalytischen Nitratwelle des Urans nimmt jedoch mit zunehmender Äthanol-Konzentration bis zu einem Minimum in 40 bis 50 Vol.-% Äthanol ab, um dann wieder anzusteigen [*Murata* (b)]. In einer Lösung, die 0,5 n an Salpetersäure und 50 vol.-%ig an Äthanol ist, stören geringe Mengen an Eisen, Quecksilber und Aluminium nicht. Der Einfluß der Nitratkonzentration in sehr verdünnt schwefelsauren Uranlösungen wurde von *Habashi* und *Thurston* untersucht.

Anwendungsbeispiele zur Bestimmung in salpetersauren Lösungen

Mit Verfahren, die die katalytische Nitratwelle des Urans benutzen, kann noch bis zu 0,01 ppm Uran in reinen Lösungen bestimmt werden. Die erste derartige Methode wurde von *Hecht, Korkisch, Patzak* und *Thiard* praktisch angewendet, nachdem es diesen Autoren gelungen war, Uranlösungen mit Hilfe von Anionenaustausch-Operationen genügend zu reinigen. Diese Methode wurde zur Bestimmung des Urans in Gesteinen [*Hecht, Korkisch, Patzak* und *Thiard*; *Korkisch, Zaky* und *Hecht*; *Korkisch, Farag* und *Hecht* (a, b); *Jangg, Ochsenfeld* und *Habashi*; *Korkisch, Antal* und *Hecht* (a); *Habashi*], Wässern [*Hecht, Korkisch, Patzak* und *Thiard*; *Korkisch, Thiard* und *Hecht*; *Korkisch, Antal* und *Hecht* (b)] und sonstigen Lösungen (*Tomić, Ladenbauer* und *Pollak*; *Tera* und *Korkisch*; *Korkisch* und *Tera*; *Urubay, Korkisch* und *Janauer*) nach vorangehender Abtrennung des Urans durch Anionenaustausch (s. Abschnitt 5.1.2) verwendet.

Wird das Uran durch vorangehenden Anionenaustausch unter Anwendung der Acetatmethode (s. Abschnitt 5.1.2.2.1) von störenden Fremdionen getrennt, so kann zu seiner polarographischen Bestimmung die unten angegebene

Arbeitsvorschrift nach *Hecht, Korkisch, Patzak* und *Thiard* verwendet werden. Das nach der Ionenaustauschoperation erhaltene Eluat wird in einer geeigneten Quarzschale auf dem Wasserbad zur Trockne eingedampft. Der Rückstand ist nach dem Erkalten mit 10 ml 0,01 n Salpetersäure (Leitelektrolyt) aufzunehmen und nach 10 bis 15 Min. langem Durchleiten von gereinigtem Stickstoff das Polarogramm, bei —0,5 V beginnend, mit 2,0 V Brückenspannung aufzunehmen. Als Anode ist eine

Silber-Silberchloridelektrode zu verwenden und die Messungen bei $(25 \pm 0{,}1)$ °C auszuführen.

Bemerkungen. I. Erfolgt die Abtrennung des Urans mittels der Nitratmethode (s. Abschnitt 5.1.2.1.3) (*Korkisch, Zaky* und *Hecht*), so muß nach dem Eindampfen des uranhaltigen Eluats zur Trockne anwesendes Ammoniumnitrat durch 10 Min. langes Erhitzen vollständig entfernt werden. Diese Hitzebehandlung des Rückstandes hat großen Einfluß auf die Resultate. Zu hohe Meßergebnisse werden erhalten, wenn der Rückstand des Ammoniumnitrats nicht genügend stark erhitzt wird. Die *Ursache* dafür beruht wahrscheinlich darauf, daß die letzten Spuren Ammoniumnitrat die Stufenhöhe der katalytischen Nitratwelle des Urans beeinflussen. Demzufolge muß man sicher sein, daß das Uran nicht mit Ammoniumnitrat verunreinigt ist. Der nach der Entfernung des Ammoniumnitrats erhaltene Rückstand wird in 5 bis 10 ml 6n Salzsäure gelöst, die Lösung auf dem Wasserbad zur Trockne eingedampft und dann wie oben beschrieben weiter verfahren.

II. Auch nach Abtrennung des Urans mittels der *Ascorbinatmethode* (s. Abschnitt 5.1.2.2.2) muß der polarographischen Bestimmung eine Hitzebehandlung des nach dem Eindampfen des Eluats erhaltenen Rückstandes, der in diesem Fall aus Ascorbinsäure besteht, vorangehen. Diese wird wie das Ammoniumnitrat durch Glühen vollständig entfernt. Danach wird zur Auflösung des entstandenen Uranoxids der Rückstand mit 5 bis 10 ml 6n Salzsäure auf dem Wasserbad eingedampft und die Bestimmung nach obiger Arbeitsvorschrift ausgeführt [*Korkisch, Antal* und *Hecht* (b); *Korkisch, Farag* und *Hecht* (b)]. Sollte nach dem Verglühen der Ascorbinsäure ein deutlich sichtbarer Rückstand bemerkbar sein, ist dies auf eines oder mehrere der mit dem Uran bei der Ionenaustausch-Operation mitadsorbierten Elemente (s. Abschnitt 5.1.2.2.2) zurückzuführen. In diesem Falle muß der Ionenaustauschoperation z. B. eine *Ätherextraktion* (s. Abschnitt 6) vorangehen, da die polarographische Messung unter diesen Umständen unzuverlässig ist.

III. Wird das Uran vor seiner polarographischen Bestimmung unter Anwendung der *Chloridmethode* (s. Abschnitt 5.1.2.1.2) abgetrennt, so müssen gegebenenfalls anwesende Ascorbinsäure oder sonstige organische Verbindungen ebenfalls durch Glühen des Eindampfrückstandes des Eluats entfernt werden [*Korkisch, Farag* und *Hecht* (a)]. Sonst wird analog wie oben angegeben verfahren.

IV. Erfolgt die Abtrennung des Urans unter Anwendung der *Sulfatmethode* (s. Abschnitt 5.1.2.1.1) (*Jangg, Ochsenfeld* und *Habashi*; *Habashi*), so muß die im uranhaltigen Eluat anwesende Schwefelsäure *vor* der polarographischen Bestimmung des Urans quantitativ durch Abrauchen entfernt werden.

V. Die zur polarographischen Messung herangezogenen Uranmengen sollen *nicht weniger* als 0,1 µg und *nicht mehr* als 10 µg/10 ml Leitelektrolyt betragen. Zeigt das Polarogramm der Welle ein starkes Maximum, so ist es günstig, die Probe mit einem genau bekannten Volumen dreifach dest. Wassers zu verdünnen und dadurch die Konzentration der Salpetersäure zu verringern oder aber die Bestimmung unter den gleichen Bedingungen mit einer kleineren Probe zu wiederholen. Eine *wiederholte* Überprüfung der analog aufgestellten Eichkurve wird empfohlen. Die Auswertung der Polarogramme erfolgt nach einer von *Korkisch* angegebenen Methode.

VI. Die oben beschriebene Arbeitsvorschrift (s. S. 221) zur Uranbestimmung mittels der katalytischen Nitratwelle wurde von *Pfeifer* und *Hecht* auch nach vorangehender Extraktion des Urans mit Tributylphosphat, gelöst in Cyclohexan (s. Abschnitt 6.5.1.1.), angewendet. Das Uran wurde mit m Oxalsäurelösung aus der organischen Phase rückextrahiert, der Extrakt zur Trockne eingedampft und der Rückstand mit einer (1 + 1)-Mischung an konz. Salzsäure und Salpetersäure eingedampft. Danach wurde die Uranbestimmung wie auf S. 221 angegeben ausgeführt.

VII. Nach Abtrennung des Urans von störenden Ionen mittels der *Silicagelsäulenmethode* (s. Abschnitt 5.2.2) kann dieses Element unter Anwendung eines

Grundelektrolyts, der 1 m an Ammoniumnitrat, 0,25 n an Salpetersäure und 0,05 m an Ascorbinsäure ist, bestimmt werden (*Lyubimova* und *Sochevanov*). Diese Methode wurde zur Bestimmung des Urans in *Erzen* und *Mineralen* herangezogen, die 0,01 bis 82% Uran enthielten.

Arbeitsvorschrift nach *Lyubimova* und *Sochevanov*. Zu etwa 40 ml des n salpetersauren Eluats werden 0,5 g Ascorbinsäure zugefügt und der pH-Wert der Lösung mit Ammoniak auf 3 bis 4 eingestellt. Dann wird 1 ml konz. Salpetersäure zugesetzt, und die Lösung mit Wasser auf 50 ml verdünnt. Nach 20 Min. wird das Polarogramm im Bereich von $+0,2$ bis $-0,4$ V aufgenommen.

Bemerkung. Ein ähnliches Verfahren wurde von *Marshall* und *Kendler* zur *direkten* polarographischen Bestimmung des Urans in salpetersauren Medien benutzt. Auch hier wird die Störung durch Fe^{3+}, Ce, W und Nitrit-Ion durch Zusatz von Ascorbinsäure ausgeschaltet.

Arbeitsvorschrift nach *Marshall* und *Kendler*. 5 bis 20 ml Lösung, die 0,1 bis 0,7 Millimol Uran enthält, vermischt man mit 20 ml von mit Tributylphosphat-Kerosin gesättigter 4 n Salpetersäure und setzt 0,5 g Ascorbinsäure zu. Nach dem Verdünnen auf 50 ml wird das Polarogramm aufgenommen (das Halbstufenpotential liegt bei 0,17 V gegen die SKE). Der Diffusionsstrom wird bei $-0,35$ V gemessen.

VIII. Polarographische Methoden zur Uranbestimmung in salpetersauren oder nitrathaltigen Leitelektrolyten wurden auch zur Analyse von Zwischenprodukten der *Kernbrennstoff*-Aufarbeitung [*Murata* (b)], von Lösungen radioaktiver (*Alkire, Koyama, Hahn* und *Michelson*) und hydrolysierter Systeme (*Baran* und *Tympl*) benutzt.[1]

Literatur

Alkire, G. J., Koyama, K., Hahn, K. J., u. *Michelson, C. E.:* Anal. Chem. **30**, 1912 (1958). – *Antal, P.:* Mikrochim. A. **1961**, 235.

Baran, V., u. *Tympl, M.:* Fr. **208**, 86 (1965).

Collat, J. W., u. *Lingane, J. J.:* Am. Soc. **76**, 4214 (1954). – *Crompton, C. E., Tichenor, R. T.,* u. *Young, H. A.:* Report CD-GS-35; 10. April 1945.

Habashi, F.: Mikrochim. A. **1959**, 932. – *Habashi, F.,* u. *Thurston, G. A.:* Anal. Chem. **39**, 242 (1967). – *Harris, W. E.:* Dissertation Minnesota 1945. – *Harris, W. E.,* u. *Kolthoff, I. M.:* Am. Soc. **67**, 1484 (1945). – *Hecht, F., Korkisch, J., Patzak, R.,* u. *Thiard, A.:* Mikrochim. A. **1956**, 1283.

Jangg, G., Ochsenfeld, W., u. *Habashi, F.:* Fr. **171**, 27 (1959/60).

Kaufman, F., Cook, H. H., u. *Davis, J. M.:* Am. Soc. **74**, 4997 (1952). – *Keilin, B.,* u. *Otvos, J. W.:* Am. Soc. **68**, 2665 (1946). – *Kolthoff, I. M., Harris, W. E.,* u. *Matsuyama, G.:* Am. Soc. **66**, 1782 (1944). – *Korkisch, J.:* Dissertation Wien 1957. – *Korkisch, J., Antal, P.,* u. *Hecht, F.:* (a) Fr. **172**, 401 (1960); (b) Mikrochim. A. **1959**, 693. – *Korkisch, J., Farag, A.,* u. *Hecht, F.:* (a) Fr. **161**, 92 (1958); (b) Mikrochem. A. **1958**, 415. – *Korkisch, J.,* u. *Tera, F.:* Fr. **186**, 290 (1962). – *Korkisch, J., Thiard, A.,* u. *Hecht, F.:* Mikrochim. A. **1956**, 1422. – *Korkisch, J., Zaky, M. R.,* u. *Hecht, F.:* Mikrochim. A. **1957**, 485.

Lyubimova, L. N., u. *Sochevanov, V. G.:* Radiokhimiya **4**, 701 (1962); durch Zhur. Khim. (russ.) 19GDE, **1963**, (21), Abstr. No. 21G119.

Marshall, J., u. *Kendler, J.:* Anal. chim. Acta **31**, 490 (1964). – *Meites, L.:* Am. Soc. **73**, 4115 (1951). – *Murata, T.:* (a) J. chem. Soc. Japan, Pure Chem. Sect., **81**, 1240 (1960); (b) **81**, 1244 (1960).

Pfeifer, V., u. *Hecht, F.:* Mikrochim. A. **1960**, 378.

Rodden, C. J.: Manhattan Project (s. S. 219), S. 609.

Tera, F., u. *Korkisch, J.:* Anal. chim. Acta **25**, 222 (1961). – *Tokuoka, M.:* Coll. Czechoslov. Chem. Comm. **4**, 444 (1932). – *Tokuoka, M.,* u. *Ruzicka, J.:* Coll. Czechoslov. Chem. Comm. **6**, 339 (1934). – *Tomić, E., Ladenbauer, I.-M.,* u. *Pollak, M.:* Fr. **161**, 28 (1958).

Urubay, S., Korkisch, J., u. *Janauer, G. E.:* Talanta **10**, 673 (1963).

---

[1] Die Methode wurde auch zur Bestimmung des Rest-Urans benützt, das in wäßrigen Lösungen anwesend ist, die vorher mit Tributylphosphat extrahiert wurden [*Palei, P. N., Sklyarenko, I. S., Gusev, N. I;* u. *Radionova, N. S.:* Zh. analit. Khim. **23**, 1355 (1968)].

4.1.2.3 Perchlorsaure Lösungen

Methoden zur polarographischen Bestimmung des Urans in perchlorsauren Lösungen sowie in Systemen, die neben Perchlorsäure noch Salze dieser Säure oder Mineralsäuren bzw. nur Perchlorate in Gegenwart organischer Verbindungen wie z. B. Tartrate enthalten, wurden von mehreren Autoren beschrieben (*Booth* und *Terry*; *Breyer* und *Beevers*; *Childs* und *Amis*; *Davis*; *Käärik*; *Milner* und *Nunn*; *Milner, Wilson, Barnett* und *Smales*; *Shinagawa, Murata* und *Okashita*; *Šulcek, Michal* und *Doležal*; *U. K. A. E. A.*). Als Leitelektrolyte wurden u. a. vorgeschlagen 0,05 m Perchlorsäure — 0,1 m Natriumperchlorat — 0,01 % Coffein (*Käärik*), 0,1 m Perchlorsäure — 0,1 m Natriumchlorat — 0,1 m Oxalsäure — 0,01 % Coffein (*Käärik*), 0,5 m Perchlorsäure (*Breyer* und *Beevers*; *Shinagawa, Murata* und *Okashita*), 1 m Perchlorsäure — 0,01 m Salzsäure (*Booth* und *Terry*), Perchlorsäure-Tartrat (*Milner* und *Nunn*; *Milner, Wilson, Barnett* und *Smales*), 1 m Natriumperchlorat — 0,1 m ÄDTA (*Davis*) und Hydrazoniumperchlorat (*U. K. A. E. A.*).

Wird das Polarogramm in 0,5 m Perchlorsäure aufgenommen, so tritt die erste Welle bei —0,18 V (gegen SKE) auf, und ihre Höhe ist streng proportional der Uran-Konzentration im Konzentrationsbereich von $4 \cdot 10^{-4}$ bis $2 \cdot 10^{-3}$ m Uran (*Breyer* und *Beevers*). Die zweite Welle soll für analytische Zwecke unbrauchbar sein. Die *Reproduzierbarkeit* dieser Methode beträgt $\pm 0,5 \%$. Vanadium *stört nicht*; aber Sb, Ti und Mo sowie auch Cu und Fe müssen abwesend sein, wenn die Verhältnisse dieser beiden Elemente zum Uran 1:1 bzw. 10:1 übersteigen.

Anwendungsbeispiele zur Bestimmung in perchlorsauren Lösungen.

Zur Bestimmung des Urans in Schiefern und Kolm wird nach *Käärik* das Uran zuerst mit Äther extrahiert (s. Abschnitt 6), und zwar aus einer Lösung, die eine hohe Konzentration an Salpetersäure, Ammonium-, Aluminium-, Eisen(III)- oder Calciumnitrat enthält. Dabei kann ein größerer Teil der Salpetersäure und der Nitrate durch Perchlorsäure und Perchlorat ersetzt werden, ohne daß die Extraktion des Urans dadurch beeinflußt wird. Nach erfolgter Extraktion und der Naßveraschung organischer Substanzen wird das Uran unter Anwendung der oben erwähnten Leitelektrolyte polarographisch bestimmt. Anstelle dieser kann auch 0,1 m Schwefelsäure — 0,1 m Oxalsäure — 0,05 m Natriumsulfat — 0,01 % Coffein als Leitelektrolyt verwendet werden.

Ohne vorangehende Ätherextraktion des Urans kann ein ähnliches Verfahren zur Bestimmung des Urans in *Erzen*, die mehr als 0,03 % U_3O_8 enthalten, benutzt werden (*Breyer* und *Beevers*). Nach dem Auflösen der Probe wird die Lösung 0,5 m an Perchlorsäure gemacht und das Uran polarographisch bestimmt. Dieser Leitelektrolyt wurde auch von *Shinagawa, Murata* und *Okashita* nach Abtrennung des Urans mittels Anionenaustausches in schwach schwefelsaurer Lösung (s. Abschnitt 5.1.2.1.1) zur polarographischen Uranbestimmung herangezogen. Nach Elution des Urans mit m Perchlorsäure wurde das Eluat mit dem gleichen Volumen Wasser, das 2 ml 0,1 %iges *Tween 80* als Maximumunterdrücker enthielt, verdünnt und das Polarogramm aufgenommen. Die beiden Uranwellen treten bei 0,51 und —1,43 (gegen SKE) auf, und im Gegensatz zu den von *Breyer* und *Beevers* gefundenen Ergebnissen ist die Höhe der zweiten Uranwelle der Urankonzentration bis 10^{-4} m proportional.

Zur Bestimmung *kleiner* Uranmengen in Mineralien wird das Uran zuerst mittels der *Silicagelsäulenmethode* (s. Abschnitt 5.2.2) angereichert und auf diese Weise von den störenden Fremd-Ionen getrennt. Danach wird folgende polarographische Methode angewendet.

Arbeitsvorschrift nach *Šulcek, Michal* und *Doležal*. Das stark salzsaure Eluat ist zur Trockne einzudampfen, der Rückstand mit 0,5 ml konz. Salzsäure aufzunehmen und die Lösung mit Wasser zu verdünnen. Nach Zusatz von 0,2 g Ascorbinsäure wird die Lösung mit Natriumhydroxid-Lösung neutralisiert. Dann werden 1,25 ml 70%ige Perchlorsäure (v/v) und 0,5 ml 0,075%ige Thymollösung (m/v) zugegeben. Nach dem Verdünnen mit Wasser auf 25 ml und nach Entfernung des Sauerstoffs mittels Stickstoffs kann das Uran polarographisch bestimmt werden.

Bemerkungen. I. Der *Fehler* dieser Methode beträgt —0,11 bis +0,05%.

II. Wird eine Lösung, die Perchlorsäure und Tartrat-Ionen enthält, als *Leitelektrolyt* verwendet, so wird die polarographische Bestimmung des Urans durch Zn, Ni, Cd, In, Co und Mn nicht gestört. Mo, V und Cr sowie auch Fe, Bi und Cu rufen *Störungen* hervor, wenn sie in relativ großen Mengen vorliegen. Diese Methode ermöglicht, das Uran in Konzentrationsbereich von 0,6 bis 50 μg Uran/ml zu bestimmen, und kann zur Analyse von Mineralien, die 0,02 bis 0,3% Uran enthalten, verwendet werden.

Arbeitsvorschrift nach *Milner* und *Nunn*. 100 mg Mineralprobe sind 20 Min. mit 1 g Natriumperoxid bei 480 °C aufzuschließen, die Schmelze in Wasser zu lösen und zur Lösung 10 ml konz. Salzsäure zuzugeben. Die Lösung ist zur Trockne einzudampfen, auf einer Heizplatte 20 Min. zu erhitzen und der Rückstand in 40 ml 6n Salzsäure zu lösen. Den Rückstand filtriert man ab, wäscht mit verd. Salzsäure und verdünnt das Filtrat auf 100 ml. Zu 5 ml dieser Lösung wird 1 ml 10m Perchlorsäure gegeben, die Lösung bis zum Auftreten von Perchlorsäuredämpfen erhitzt, abgekühlt und 0,5 ml einer Tartratlösung (120 g Natriumtartrat und 3 g Natriumchlorid in 1 l wäßriger Lösung) zugesetzt. Nach dem Verdünnen mit Wasser auf 5 ml und Entfernung des Sauerstoffs wird das Polarogramm im Spannungsbereich von —0,1 bis —0,6 V (gegen eine Quecksilberanode) aufgenommen.

III. Ein ähnliches Verfahren wurde von *Milner, Wilson, Barnett* und *Smales* zur Bestimmung des Urans im *Meerwasser* nach dessen Extraktion mit organischen Lösungsmitteln (s. Abschnitt 6) angewendet.

IV. Zur Bestimmung des Urans im *Plutoniummetall* sowie in dessen Verbindungen und seinen salpeter- oder salzsauren Lösungen wird die polarographische Messung in einer perchlorsauren Hydrazoniumperchloratlösung ausgeführt (*U. K. A. E. A.*).

V. Wird 1,0m Natriumperchlorat — 0,1m ÄDTA als Leitelektrolyt verwendet, so wird die polarographische Bestimmung des Urans bei pH = 5,5 durch 2 bis 4fache Mengen an Zn, Ni, Co, Al, Cd, Mg und Pb sowie durch Hydrogencarbonat-, Chlorid-, Nitrat- und Sulfat-Ionen *nicht gestört*. Cu und Phosphat-Ionen sollen abwesend sein.

VI. In Gegenwart von *Kupfer* ist es ratsam, das Uran *vor* der Bestimmung durch Lösungsmittelextraktion abzutrennen (s. Abschnitt 6.1) (*Davis*).

Die stöchiometrische Zusammensetzung von UO_2 wird gewöhnlich nach Auflösen des Oxids in Phosphorsäure durch nachfolgende Bestimmung von U(IV) ermittelt. Der Einfluß von γ-Strahlung des ^{60}Co auf belüftete und entlüftete Phosphorsäurelösungen von Uran(IV)-oxid UO_2 wurde von *Kochanny* (1965) als Funktion von Temperatur, Konzentration des UO_2 und Strahlendosis untersucht, wobei die radiolytische Ausbeute G des Uran(VI) als Maßstab diente. Für Lösungen mit anfänglich hoher UO_2-Konzentration ist G für die belüfteten Lösungen bei 25 °C am größten, für die entlüfteten Lösungen bei 140 °C am niedrigsten. In Lösungen mit anfangs niedriger UO_2-Konzentration ist G kleiner als für irgendeine der Lösungen mit zu Beginn hoher UO_2-Konzentration. Bei anfangs hoher UO_2-Konzentration war das G zu Beginn immer höher als bei den folgenden Werten. Der Autor führt diesen Einfluß auf die Entfernung des ursprünglich in der Lösung anwesenden Sauerstoffs zurück. Durch die γ-Strahlung entsteht in der Bestimmung der Stöchiometrie des UO_2 ein Fehler, der von der Größe der Strahlendosis abhängt. Diesen Fehler kann man durch Ausschluß des Sauerstoffes sowie eine möglichst geringe Anfangskonzentration an UO_2 verringern. — Die U(VI)-Bestimmung wurde polarographisch ausgeführt (ges. Kalomelelektrode als Referenzelektrode, ges. Lösung von KNO_3 als Salzbrücke).

Literatur

Booth, E., u. *Terry, E. A.:* Anal. chim. Acta **22**, 82 (1960). – *Breyer, B.,* u. *Beevers, J. R.:* J. Electroanal. Chem. **1**, 345 (1960).

Childs, W. V., u. *Amis, E. S.:* J. Polarographic Soc. **7**, 30 (1961).

Davis, D. G.: Anal. Chem. **33**, 492 (1961).

Käärik, K.: Suomen Kem. **B29**, 1 (1956). – *Kochanny, jr., G. L.:* Anal. Chim. Acta **33**, 76 (1965).

Milner, G. W. C., u. *Nunn, J. H.:* Anal. chim. Acta **21**, 266 (1959). – *Milner, G. W. C., Wilson, J. D., Barnett, G. A.,* u. *Smales, A. A.:* J. Electroanal. Chem. **2**, 25 (1961).

Shinagawa, M., Murata, T., u. *Okashita, H.:* Japan Analyst **8**, 356 (1959). – *Šulcek, Z., Michal, J.,* u. *Doležal, J.:* Coll. Czechoslov. Chem. Comm. **24**, 1815 (1959).

U. K. A. E. A.: Report PG 236 (W), 1961.

4.1.2.4 Salzsaure Lösungen

Das polarographische Verhalten des Urans in salzsauren Lösungen wurde von einer Reihe Autoren untersucht (*Carruthers*; *Deshmukh* und *Srivastava*; *Elving* und *Olson*; *Harris*; *Harris* und *Kolthoff*; *Kilner*). So empfahl *Harris* 0,2n Salzsäure als Leitelektrolyt, während *Carruthers* die polarographischen Bestimmungen in 0,5n Salzsäure ausführte, und zwar durch Messung des Diffusionsstromes bei —0,5 V (gegen SKE). Er erwähnt nur eine polarographische Reduktionswelle mit einem Halbstufenpotential von —0,22 bis —0,26 V (gegen SKE) und gibt an, daß der Diffusionsstrom der ersten Welle proportional der Uran-Konzentration ist. *Kilner* verwendete als Leitelektrolyt 2n Hydroxylammoniumchlorid in 0,1n Salzsäure.

Nach Angaben von *Harris* und *Kolthoff* ist in 0,01 bis 0,1n salzsauren Lösungen der Diffusionsstrom proportional der Uran-Konzentration. Obwohl der Diffusionsstrom bei —0,5 V viel kleiner ist als bei —1,2 V, wird er am besten bei diesem Potential gemessen, da hier der Einfluß von Störungen und die Gefahr einer Abscheidung von Wasserstoff wesentlich geringer ist. Die Uran-Konzentration kann um 2 Zehnerpotenzen variiert werden, ohne daß sich die Proportionalität zwischen Strom und Konzentration ändert. Zwischen Konzentrationen von $5 \cdot 10^{-4}$m und $4 \cdot 10^{-3}$m Uranylchlorid läßt sich Uran mit einer *Genauigkeit* von etwa 2% bestimmen.

Eines der am häufigsten *störenden* Elemente ist Eisen(III). Diese Störung kann ausgeschaltet werden, indem das Eisen durch Kochen mit Hydroxylammoniumchlorid zum Eisen(II) reduziert wird (*Strubl*). Dieses wird polarographisch nicht unterhalb der Potentiale von —1,3 V (gegen SKE) reduziert und stört daher nicht. *Harris* und *Kolthoff* konnten feststellen, daß bis zu einer Konzentration von wenigstens 2m Hydroxylammoniumchlorid der Diffusionsstrom des Urans proportional der Uran-Konzentration ist. Es zeigte sich außerdem, daß Kochen mit diesem Reduktionsmittel unnötig ist.

In stärker sauren Lösungen als 0,2n Salzsäure nimmt der Diffusionsstrom zu. In entweder zu sauren oder zu alkalischen Lösungen ist er *nicht* der Uran-Konzentration proportional.

Eine Anzahl von Stoffen ändert, obgleich sie bei —0,5 V (gegen die SKE) weder oxydierbar noch reduzierbar sind, die Charakteristika der ersten polarographischen Uranwelle und stört deren Auswertung. Unter diesen Stoffen befindet sich eine Reihe organischer Verbindungen, besonders Säuren, die sowohl den Diffusionsstrom wie auch das Halbstufenpotential ändern können. Es wird daher empfohlen, *vor* Beginn der polarographischen Messung die Probe zu veraschen, wenn sie organisches Material enthält.

Das als Maximumunterdrücker verwendete Thymol erniedrigt den Diffusionsstrom in schwach sauren Lösungen (*Harris* und *Kolthoff*). Scheinbar bildet Thymol mit Uran einen Komplex, der das Halbstufenpotential in das Gebiet negativer Potentiale verschiebt. Wenn nur 10^{-4}% Thymol anwesend sind (s. Arbeitsvorschrift

nach *Harris* und *Kolthoff*), ist der *Fehler* nur sehr gering und beträgt weniger als
0,01 μA. *Carruthers* verwendete Coffein als Maximumunterdrücker und konnte feststellen, daß es ebenfalls den Diffusionsstrom in 0,5 m Salzsäure verringert. *Harris*
und *Kolthoff* fanden, daß Coffein selbst in Mengen bis 1% keinen wesentlichen Einfluß auf den Diffusionsstrom bei —0,5 V in Lösungen, die 0,01 n an Salzsäure und
0,1 n an Kaliumchlorid sind, ausübt. Coffein ist daher dem Thymol als Maximumunterdrücker vorzuziehen.

In Anwesenheit von 0,1 m *Phosphorsäure* ist der Diffusionsstrom nicht proportional der Uran-Konzentration. Eine chemische Abtrennung der Phosphorsäure vor
der Uranbestimmung ist daher erforderlich.

Anwendungsbeispiele zur Bestimmung in salzsauren Lösungen

Zur Bestimmung des Urans im Konzentrationsbereich von 10^{-4} bis $5 \cdot 10^{-3}$ m
wird folgende
Arbeitsvorschrift nach *Harris* und *Kolthoff* benutzt. Ein geeignetes Volumen der
uranhaltigen Lösung (pH = 2 bis 3) ist in einen 50-ml-Meßkolben zu bringen und
10 ml einer Lösung zuzusetzen, die 0,5 m an Kaliumchlorid und 0,05 m an Salzsäure
ist. Hierauf ist eine ausreichende Menge Thymollösung (0,1%; m/v) zuzusetzen,
damit eine endgültige Konzentration von 10^{-4}% Thymol entsteht. Man füllt zur
Marke auf, bringt die Lösung in eine Polarographenzelle und mißt nach Entfernung
der Luft unter Durchleiten von Stickstoff den scheinbaren Diffusionsstrom bei 25 °C
bei einem Potential von —0,5 V (gegen SKE).

Bemerkungen. I. Von *Deshmukh* und *Srivastava* wird eine Methode zur polarographischen Uranbestimmung bei gleichzeitiger Anwesenheit von *Molybdän* beschrieben. Die beiden Autoren empfehlen folgende
Arbeitsvorschrift. Zur Analyse gemischter Lösungen, die unbekannte Mengen an
Uran und Molybdän enthalten, ist die Acidität der Lösung auf 3 bis 4 n Salzsäure
einzustellen und so lange mit geringen Mengen Hydraziniumchlorids zu versetzen,
bis die Lösung braunrot wird. Hierauf ist der Hydrazingehalt der Lösung auf etwa
0,16 m (an Hydraziniumchlorid) zu erhöhen und der pH-Wert der Lösung auf 1
einzustellen. Diese Lösung wird bei $(25 \pm 0,1)$ °C polarographiert und ihre Konzentration an Molybdän und Uran mittels *Eichkurven* bestimmt.

II. Polarographische Methoden zur Bestimmung des Urans in salzsauren Lösungen wurden auch zur Analyse von Mischungen aus *Uran, Niob* und *Zirkonium* (*Elving*
und *Olson*) sowie nach der Abtrennung des Urans mittels Anionenaustausches in
phosphorsaurer Lösung (s. Abschnitt 5.1.2.1.4.2) zur Uranbestimmung in *Phosphat-
erzen* (*Tourky, Issa* und *Shalaby*) herangezogen.

Literatur

Carruthers, C.: Ind. eng. Chem. Anal. Edit. **15**, 70 (1943).
Deshmukh, G. S., u. *Srivastava, J. P.:* Fr. **176**, 28 (1960).
Elving, P. J., u. *Olson, E. C.:* Anal. Chem. **28**, 338 (1956).
Harris, W. E.: Dissertation Univ. Minnesota 1945. – *Harris, W. E.,* u. *Kolthoff, I. M.:* Am.
Soc. **68**, 1175 (1946).
Kilner, S. B.: Report RL-4.6.9; November 1942.
Strubl, R.: Coll. Czechoslov. Chem. Comm. **10**, 466 (1938); durch Anal. Abstr. **1939**, 2066.
Tourky, A. R., Issa, I. M., u. *Shalaby, L. A.:* J. Chem. U. A. R. **5**, 53 (1965).

4.1.2.5 Phosphat-Lösungen

Das polarographische Verhalten des Urans in phosphorsauren Medien sowie in
Phosphat- und Polyphosphat-Lösungen wurde von einer Reihe von Autoren untersucht [*Tê-Yao Ch'i*; *Burd* und *Goward*; *Subbaraman, Joshi* und *Gupta* (a, b); *Naka-*

15*

shima; *Murata*; *Kubota*; *Issa, Issa* und *Shalaby*; *Sochevanov, Shmakova, Martynova* und *Volkova*; *Ryabchikov, Gokhstein* und *Ts'ai-Shêng Kao*; *Zittel* und *Dunlap*; *Takeuchi* und *Suzuki*; *Takani* und *Morimoto*; *Harris* und *Kolthoff*; *Meites*; *Kochanny*; *Kurbatov* und *Nikitina*; *Malik, Gupta* und *Sharma*).[1]

In phosphorsauren Lösungen mittlerer und hoher Konzentration wurden von *Tê-Yao Ch'i* sowie *Harris* und *Kolthoff* bei der Reduktion des Urans(VI) zwei Wellen beobachtet. So betragen in z. B. 7,5m o-Phosphorsäure die Halbstufenpotentiale dieser beiden Wellen —0,12 und 0,58 V. Im Gegensatz dazu wird in Gegenwart von Gelatine nur eine Welle entsprechend einer Reduktion des Urans(VI) zu Uran(IV) erhalten [*Issa, Issa* und *Shalaby*].

In Abwesenheit von Gelatine weist die Welle ein Maximum auf, das durch Gelatine bei Phosphorsäure-Konzentrationen von größer als 1 m unterdrückt werden kann. Wird die Phosphorsäure-Konzentration weiter erhöht, so verschiebt sich das Halbwellenpotential zu positiveren Werten, und in 10m Phosphorsäure beginnt die Reduktion bei 0 V. Der Charakter der Polarogramme der Uranyl-Ionen ändert sich stark mit der Konzentration an Phosphorsäure und Uranyl-Ion sowie in Gegenwart von Gelatine [*Issa, Issa* und *Shalaby*]. In 0,1m phosphorsaurer Lösung wird eine einzige Welle erhalten, die durch ein Minimum charakterisiert ist, das auf die Bildung von unlöslichem Uran(III)-phosphat zurückzuführen ist. In 0,6 und 1m phosphorsauren Lösungen werden zwei Wellen beobachtet. Diese beiden Wellen vereinigen sich zu einer einzigen Welle [entsprechend der Reduktion von Uran(VI) zu Uran(IV)], wenn entweder die Acidität des Mediums erhöht oder Gelatine zugesetzt wird. Der Diffusionskoeffizient des Phosphat-Komplexes ändert sich mit der Phosphorsäurekonzentration. Er besitzt einen Maximalwert von $6{,}25 \cdot 10^{-6}$ cm²/sec in 0,5m Phosphorsäure in Abwesenheit von Gelatine und von $5{,}59 \cdot 10^{-6}$ cm²/sec in Anwesenheit von 0,005% Gelatine.

Ein ebenfalls geeigneter Leitelektrolyt zur polarographischen Uran-Bestimmung ist 6m Phosphorsäure, die weniger als 0,5m an Schwefelsäure ist und 0,0125% (m/v) Gelatine enthält (*Tê-Yao Ch'i*). Ähnliche Phosphorsäure-Schwefelsäuresysteme wurden verwendet, um Uran(VI) in Uranoxiden (*Burd* und *Goward*; *Takeuchi* und *Suzuki*; *U. K. A. E. A.*) und Uran(IV)-fluorid zu bestimmen (*Takani* und *Morimoto*). Diese Bestimmungen sind möglich, da anwesendes Uran(IV) die polarographische Ermittlung des Uran(VI)-Gehaltes nicht stört (*Nakashima*). Auch in Phosphorsäure-Perchlorsäure-Leitelektrolyten kann Uran(VI) in Gegenwart von Uran(IV) bestimmt werden (*Kubota*). Bei allen diesen Verfahren wird das zu analysierende Uranoxid, z. B. Urandioxid, in heißer o-Phosphorsäure in Gegenwart einer inerten Atmosphäre gelöst und dann das Polarogramm entweder direkt in der phosphorsauren Lösung (*Nakashima*) oder nach Zusatz von Schwefel- oder Perchlorsäure aufgenommen.

Es konnte gezeigt werden (*Sochevanov, Shmakova, Martynova* und *Volkova*), daß in einem Leitelektrolyt, der 0,5n an Salzsäure, 1m an Chlorid-Ion, 10^{-3}m an Phosphorsäure sowie 0,08m an Vanadium ist und ferner 0,002% (m/v) Thymol enthält, die Form der polarographischen Welle des Urans, die durch Vanadium(IV) katalysiert wird, besser ist als in Abwesenheit von Phosphorsäure. Störende Ionen oder Elemente wie z. B. Fe^{3+}, Pb und Cu müssen *vor* der polarographischen Bestimmung des Urans abgetrennt werden.

Uran(VI) in einer alkalischen Lösung vom pH-Wert 9, die Natriumtriphosphat ($Na_5P_3O_{10}$) enthält, wird irreversibel und einelektronisch reduziert, und zwar bei einem Halbstufenpotential von —1,07 V (gegen die SKE) [*Subbaraman, Joshi* und *Gupta* (b)]. Indifferente Elektrolyte verschieben das Halbstufenpotential zu positi-

---

[1] Weitere Literatur: *Kochanny, G. L.*: Anal. Chim. Acta **33**, 76 (1965); *Yamauchi, S.*: Japan Analyst **15**, 466 (1966); *Sipos, L.*, u. *Branica, M.*: J. polarograph. Soc. **14**, 3 (1968).

veren Werten; capillaraktive Substanzen üben dagegen einen entgegengesetzten Einfluß aus. Eine gut ausgebildete Welle, brauchbar für analytische Zwecke, wird in Gegenwart von 0,01% Campher erhalten.

Wird Uran(VI) in einer Natriumtriphosphatlösung, die auch Ammoniumcarbonat enthält, polarographiert, so werden zwei Wellen entsprechend dessen Reduktion zum Uran(V) und Uran(IV) beobachtet (*Murata*). Die erste Welle ist nicht reversibel, hat aber eine geeignete Form und ist gut reproduzierbar. In einem Leitelektrolyt von pH = 9,6, der 0,1 m an Natriumtriphosphat und 0,1 m an Ammoniumcarbonat ist, ist die Stufenhöhe bei $-1,10$ V (gegenüber der SKE) der Urankonzentration im Bereich von 0,1 bis 1 Millimol proportional. Keine Störungen werden verursacht durch Mo, Cr, Co, Mn, Zn, V, Cu, Fe, Cd, Pb oder Zr. Die Nickelwelle überlappt die erste Uranwelle.

In einer 6%igen (m/v) Lösung von Natriumtriphosphat in 0,1 m Natriumsulfat vom pH-Wert 9 kann Uran(IV) polarographisch durch anodische Oxydation bestimmt werden (*Zittel* und *Dunlap*). Unter diesen Bedingungen beträgt das Halbstufenpotential $-0,19$ V (gegen die SKE). Der Diffusionsstrom ändert sich linear mit der Uran(IV)-Konzentration im Konzentrationsbereich von 22 bis 440 mg/l. *Störungen* werden verursacht durch Eisen(II)- und Fluorid-Ionen. Derselbe Grundelektrolyt kann auch zur Uran-Bestimmung durch kathodische Reduktion des Urans(VI) benutzt werden (Halbstufenpotential = $-1,1$ V), so daß beide Wertigkeitsstufen dieses Elements nebeneinander bestimmt werden können.

Zur Bestimmung des Urans in Mineralien wie z. B. Tantalniobaten und Monaziten kann als Leitelektrolyt eine 0,1 m Natriumtriphosphatlösung, die 1 m an Kaliumnitrat ist und 0,005% Campher enthält, verwendet werden [*Subbaraman, Joshi* und *Gupta* (b)]. In diesem Elektrolyt besteht eine lineare Beziehung zwischen dem Diffusionsstrom und der Uran-Konzentration im Konzentrationsbereich von $2 \cdot 10^{-4}$ bis $5 \cdot 10^{-3}$ m Uran. Unter diesen Bedingungen sind Molybdat- und Wolframat-Ionen polarographisch inaktiv; ferner *stören* Cr^{3+}, Co, Ni, Mn^{2+} und Zn die Bestimmung *nicht*, da sie mit dem Triphosphat Komplexe bilden, die erst bei stark negativen Potentialen reduziert werden. Pb und Bi rufen keine Störungen hervor, wenn sie in geringen Mengen vorliegen, da sie bei positiveren Potentialen als das Uran reduziert werden [Pb bei $-0,65$ V, Bi bei $-0,63$ V und UO_2^{2+} bei $-1,05$ V]. Vor der polarographischen Bestimmung wird das Uran durch Fällung als Uranylphosphat in Gegenwart von ÄDTA abgetrennt (s. Abschnitt 1.1.2.2.1). Die Proben sollen nicht weniger als 2 bis 3 mg Uran enthalten.

Arbeitsvorschrift nach *Subbaraman, Joshi* und *Gupta*. Die saure Probelösung wird mit Ammoniak alkalisch gemacht, 3 g ÄDTA zugegeben und die Lösung 5 Min. gekocht. Eine äquimolare Mischung Ammoniumacetats und Essigsäure wird als Puffer zugesetzt [falls geringe Uranmengen vorliegen, werden 10 mg Beryllium (als $BeCl_2$) als Kollektor (s. Abschnitt 1.3) zugefügt]. Hierauf werden 2 g Diammoniumhydrogenphosphat zugegeben, die Lösung 10 Min. gekocht, der Niederschlag nach 30 Min. abfiltriert und mit einer Mischung, bestehend aus einer 2%igen Ammoniumnitratlösung (m/v) und einer 1%igen ÄDTA-Lösung (m/v), gewaschen. Nach dem Auflösen des Niederschlags in (1 + 4)-Salpetersäure (etwa 3 m) wird die Lösung mit Ammoniak auf pH = 3 bis 5 eingestellt, 2 g wasserfreies $Na_5P_3O_{10}$ und 1 ml 0,25%ige Campherlösung (m/v) zugegeben, mit Wasser auf 50 ml verdünnt und das Polarogramm aufgenommen.

Literatur

Burd, R. M., u. *Goward, G. W.*: U. S. A. E. C. Report WAPD-205, 1959.
Harris, W. E., u. *Kolthoff, I. M.*: Am. Soc. **67**, 1484 (1945).
Issa, I. M., Issa, R. M., u. *Shalaby, L. A.*: Fr. **176**, 257 (1960).
Kochanny, G. L.: Anal. Chim. Acta **33**, 76 (1965). – *Kubota, H.*: Anal. Chem. **32**, 610 (1960). – *Kurbatov, D. I.*, u. *Nikitina, G. A.*: Trudy Inst. Khim. Sverdlovsk **14**, 155 (1967).

Malik, W. U., Gupta, H. O., u. *Sharma, C. L.:* J. elektroanalyt. Chem. **14**, 239 (1967). – *Meites, L.:* J. Am. Soc. **73**, 4115 (1951). – *Murata, T.:* J. chem. Soc. Japan, Pure Chem. Sect., **81**, 440 (1960).

Nakashima, F.: Japan Analyst **9**, 961 (1960).

Ryabchikov, D. I., Gokhstein, Ya, P., u. *Ts'ai-Shêng-Kao:* Zhur. Anal. Khim. (russ.) **16**, 709 (1961).

Sochevanov, B. G., Shmakova, N. V., Martÿnova, L. T., u. *Volkova, G. A.:* Zhur. Anal. Khim. (russ.) **16**, 362 (1961). – *Subbaraman, P. R., Joshi, N. R.*, u. *Gupta, J.:* (a) Anal. chim. Acta **20**, 89 (1959); (b) **20**, 190 (1959).

Takani, S., u. *Morimoto, Y.:* Japan Analyst **12**, 1189 (1963). – *Takeuchi, T.*, u. *Suzuki, M.:* Japan Analyst **11**, 1192 (1962). – *Tê-Yao Ch'i:* Acta Chim. Sinica **23**, 79 (1957).

U. K. A. E. A.: Report PG 586 (S), 1964.

Zittel, H. E., u. *Dunlap, L. B.:* Anal. Chem. **34**, 1757 (1962).

4.1.2.6 Andere anorganische Leitelektrolyte

4.1.2.6.1 Ammoniumcarbonat[1]

Gibt man in Abwesenheit von Sauerstoff eine Lösung von Ammoniumcarbonat zu einer Uranyl-Lösung und führt dann die polarographischen Messungen nach jeder einzelnen Zugabe der Carbonat-Lösung aus, so treten zwei deutliche polarographische Wellen auf, und zwar eine mit einem Halbstufenpotential bei —0,83 V [Reduktion von Uran(VI) zum Uran(IV)] und eine andere, deren Halbstufenpotential bei —1,45 V liegt [Reduktion des Urans(IV) zu Uran(III)]. Dieses Verhalten des Urans in hydrogencarbonat- und carbonatalkalischen Lösungen wurde von mehreren Autoren untersucht (*Neuman* und *Tishkoff*; *Kilner*; *Strubl*; *Přibil* und *Blažek*). In solchen Medien wird die Uran-Bestimmung am stärksten durch Eisen(III)-Ion gestört.

Strubl und auch *Kilner* schlagen in Anwesenheit größerer Eisenmengen 2 m Hydroxylammoniumchloridlösung unter Salzsäurezusatz vor. Wird das gesamte anwesende Eisen(III) zum Eisen(II) mittels einer salzsauren Lösung dieses Reduktionsmittels reduziert, so kann das Uran störungsfrei bestimmt werden. Diese Methode scheint nach Angabe von *Strubl* auch dazu geeignet zu sein, an Eisen(III)-oxidhydrat-Niederschlägen adsorbiertes Uran zu bestimmen.

In Gegenwart von ÄDTA können auch durch einige andere Elemente hervorgerufene Störungen eliminiert werden (*Přibil* und *Blažek*). Bei Durchführung der unten beschriebenen Arbeitsmethode stören Ni, Co, Mn, Zn, Cr, Al, Be und Ti die polarographische Uranbestimmung nicht, wohl aber Pb und *große* Mengen von Cu.

Arbeitsvorschrift. Die uranhaltige Probe ist mit 0,8 g Natriumcarbonat aufzuschließen, die Kieselsäure wie üblich zu entfernen und das Filtrat zur Trockne einzudampfen. Hierauf ist der Rückstand in 10 ml m Ammoniumcarbonatlösung zu lösen, die Lösung zu filtrieren und das Filtrat auf 25 ml zu verdünnen. Dieser Lösung werden 5 ml entnommen, mit 5 ml m Ammoniumcarbonatlösung und 0,1 g ÄDTA vermischt und die Lösung polarographiert.

Bemerkung. Ein ähnliches Verfahren in Abwesenheit von ÄDTA wurde nach einer *papierchromatographischen* Abtrennung des Urans (s. Abschnitt 5.2.1.2) angewendet (*Musakin* und *Puchkov*).

4.1.2.6.2 Natriumfluorid,[2] Hydroxylammoniumchlorid und Thiocyanat-Ion

Selbst in Gegenwart eines 400fachen Überschusses an Eisen(III)-Ion läßt sich Uran, wenn es in 10^{-3} bis 10^{-4} m Konzentrationen vorliegt, in einer etwa 0,75 m

---

[1] Auch Natriumcarbonatlösungen wurden angewendet [*Casadio, S.*, u. *Orlandini, F.:* J. Electroanal. Chem. **26**, 91 (1970)].

[2] Das polarographische Verhalten des Urans in wäßrigen Fluorwasserstofflösungen wurde ebenfalls untersucht [*Bond, A. M.*, u. *O'Donnell, T. A.:* Anal. Chem. **41**, 1801 (1969); *Raaen, H. P.:* Anal. Chim. Acta **48**, 427 (1969)].

Natriumfluorid-Lösung von einem pH-Wert, der größer ist als 6,5, polarographisch bestimmen (*Verbeek, Moelwyn-Hughes* und *Verdier*). Titan und Blei *stören*, dagegen nicht Kupfer und Mangan. Die *Genauigkeit* dieser Methode beträgt $\pm$ 4% (95% Vertrauensgrenze).

Wird 2 m *Hydroxylammoniumchlorid* als Leitelektrolyt verwendet, so läßt sich Uran in Gegenwart von Eisen und Plutonium bestimmen (*Smith*).[1] In dieser Lösung wird *Plutonium* selektiv zu Pu(III) reduziert, während Uran nicht reduziert wird.

In *Thiocyanat-Lösungen* ergeben Uranyl-Ionen zwei polarographische Wellen, entsprechend den Reduktionen von Uran(VI) zum Uran(IV) und des Urans(IV) zum Uran(III) (*Saraiya, Srinivasan* und *Sundaram*).

Literatur

Kilner, S. B.: Report RL-4.6.9; 30. November 1942.

Musakin, A. P., u. *Puchkov, L. V.:* Trudy Leningrad. Tekhnol. Inst. im. Lensoveta **55**, 137 (1961); durch Zhur. Khim. (russ.) **1962**, (3), Abstr. No. 3D92.

Neuman, W. F., u. *Tishkoff, G. H.:* Natl. Nuclear Energy Ser., Div. VI, Vol. 1: Pharmacology of Uranium Compounds, Book **3**, 1102 (1953); durch Chem. Abstr. **1953**, 10395.

Přibil, R., u. *Blažek A.:* Chem. Listy **45**, 432 (1951); Coll. Czechoslov. Chem. Comm. **16**, 567 (1953); durch Fr. **142**, 434 (1954).

Saraiya, S. C., Srinivasan, V. S., u. *Sundaram, A. K.:* Anal. chim. Acta **23**, 77 (1960). – *Smith, M. E.:* U. S. A. E. C. Report LA-1249, 1956. – *Strubl, R.:* Coll. Czechoslov. Chem. Comm. **10**, 466 (1938); durch Anal. Abstr. **1939**, 2066.

Verbeek, A. A., Moelwyn-Hughes, J. T., u. *Verdier, E. T.:* Anal. chim. Acta **22**, 570 (1960).

4.1.3 Bestimmung in Gegenwart organischer Verbindungen als Leitelektrolyte und Komplexbildner

Folgende organische Verbindungen wurden zur Untersuchung des polarographischen Verhaltens des Urans sowie zu seiner Bestimmung und zur Maskierung von Fremd-Ionen herangezogen: Oxalsäure (s. Abschnitt 4.1.2.1); Ascorbinsäure [*Šušić* (a); *Šušić, Gal* und *Cuker*; *Sobkowska*],[2] Ascorbinsäure-Citrat-Oxalat-ÄDTA-NaCl (*Florence*); Citronensäure (*Cirilli*) (s. Abschnitt 4.1.2.1); Tartrat-Ion (s. Abschnitt 4.1.2.1); Glycolat-Ion (*Tsai-Teh Lai, Shou-Nan Chen, Bi-Cheng Wang* und *Ching-Chiang Hsieh*); Malat-Ion (*Tsai-Teh Lai* und *Song-Jey Wey*); Lactat-Ion [*Saraiya* und *Sundaram; Sobkowska; Subbarayudu* und *Raghava Rao; Tsai-Teh Lai* und *Bi-Cheng Wang* (a)]; Itaconat-Ion [*Tsai-Teh Lai* und *Bi-Cheng Wang* (b)]; ÄDTA-Perchlorat-Ion (*Tsai-Teh Lai* und *Teh-Linang Chang*); Mordant-Blue 2R (*Ishibashi, Fujinaga* und *Izutsu*); Cupferron (*Elving* und *Krivis; Elving* und *Olson; Rulfs* und *Elving; Donoso, Santa Ana* und *Chadwick*); Phthalat-Ascorbinat-Ion [*Propst; Šušić* (b)]; Salicylsäure (s. Abschnitt 4.1.2.1); Tiron (*Doležal* und *Adam; Sambucetti* und *Gori*); Triäthanolamin (*Issa* und *Issa; Morales* und *Gonzáles*); Formiat-Ion (*McEwen* und *DeVries*); Acetat-Ion (*McEwen* und *DeVries; Čihalík, Šimek* und *Ružička*; weiteres auch noch *Heal; Sobkowska*); Acetat-ÄDTA (*Auerbach* und *Kissel*); Monochloracetat-Ion (*McEwen* und *DeVries*); Mannit (*Melent'ev* und *Gertseva*); Phenole (*Matysik*); Benzoat-Ion [*Šušić* (b)]; Benzolhydroxamsäure in Trioctylamin-Benzol-Äthanol-LiCl, Brompyrogallolrot und Arsenazo III (s. auch Abschnitt 3.1.3.3.4) (*Tserkovnitskaya* und *Bykhovtseva; Chapron, Graziani* und *François*); Malonsäure (*Plock* und *Miner; Tsai-Teh Lai* und *Hsieh*); β-Alamin (*Tsai-Teh Lai* und *Han-*

---

[1] Eine ähnliche Methode zur Bestimmung des Urans in Gegenwart von Plutonium wurde von *Plock* und *Vasquez* beschrieben (*Plock, C. E.,* u. *Vasquez, J.:* Anal. Chim. Acta **42**, 101 (1968)).

[2] Weitere Literatur: Ad Ascorbinsäure [*Hetman, J. S.:* Bull. Cent. Rech. Pau **2**, 465 (1968); *Soon Ick Chung:* J. Nucl. Sci. (Seoul) **9**, 1 (1970)].

Ton Lin).[1] Von diesen Verbindungen bzw. Systemen haben jedoch nur relativ wenige Anwendung in der analytischen Chemie gefunden bzw. wurden bereits in anderen Abschnitten besprochen, so daß in dem nun folgenden Abschnitt nur auf die wichtigsten Methoden eingegangen wird.

Anwendungsbeispiele

A. Ascorbinsäure

Wird l-Ascorbinsäure als Leitelektrolyt zur polarographischen Uran-Bestimmung verwendet, so können die Messungen in Anwesenheit einer Anzahl anderer Elemente ausgeführt werden [*Šušić* (a); *Šušić*, *Gal* und *Cuker*]. In einer 0,5m ascorbinsauren Lösung vom pH-Wert 3,5 bis 4,0 wird eine gut ausgeprägte Uranstufe, deren Halbstufenpotential —0,36 V (gegen SKE) beträgt, erhalten. Der Diffusionsstrom ist proportional der Uran-Konzentration. Bei höheren pH-Werten wird die Stufe zu negativeren Potentialen verschoben, wodurch angezeigt wird, daß der gelbe, anionische Uranylascorbinat-Komplex (s. Abschnitt 5.1.2.2.2) in sauren Lösungen teilweise dissoziiert ist.

Die besonderen polarographischen Eigenschaften der Ascorbinsäure als Leitelektrolyt beruhen auf ihren reduzierenden und komplexbildenden Eigenschaften. Die Ascorbinsäure reduziert z. B. Fe^{3+}, V(V) und Mo(VI), so daß diese die polarographische Bestimmung des Urans nicht weiter stören können. Mit Titan bildet sie einen roten anionischen Komplex, dessen Halbstufenpotential negativer als dasjenige des Uranyl-Ions ist, wodurch die beiden Wellen gut voneinander getrennt auftreten. Die Kupfer(II)-Stufe tritt ebenfalls getrennt von derjenigen des Urans bei —0,30 V auf, so daß auch Kupfer, vorausgesetzt, daß es nicht in großer Menge vorhanden ist, die Uranbestimmung nicht stört. Die polarographischen Stufen von Te, Tl und Pb verschmelzen mit derjenigen des Urans, und außerdem maskieren große Mengen Sb die Uranwelle. Diese Elemente stören daher die Uranbestimmung. Die durch die Anwesenheit von Te, Tl und Pb hervorgerufenen *Störungen* können durch Zugabe von Zinn(II)-chlorid, Filtration, Oxydation im Filtrat mit Kaliumpermanganat oder Kaliumchromat, oder durch Reduktion mit Cadmium ausgeschaltet werden.

Diese Ascorbinsäuremethode kann zur Analyse von Erzproben mit einem Urangehalt über 0,01% verwendet werden. Im Konzentrationsbereich von 0,01 bis 0,05% beträgt der relative *Fehler* einer Einzelbestimmung 5 bis 9%; über 0,05% ist dagegen die *Genauigkeit* wesentlich größer.

Arbeitsvorschrift nach *Šušić*, *Gal* und *Cuker*. Zur Analyse der Proben sind 1 bis 2 g Erz mit konz. Salpetersäure und Flußsäure (40%; m/v) aufzuschließen (es kann natürlich auch eine geeignete andere Aufschlußmethode verwendet werden). Nach dem Aufschluß der salpetersauren Lösung wird etwas Schwefelsäure zugegeben und die Lösung zur Trockne eingedampft. Den Rückstand nimmt man mit Wasser auf und setzt so viel feste Ascorbinsäure zu, daß eine Lösung entsteht, die 0,5m an dieser Säure ist. Anschließend wird durch tropfenweise Zugabe von Ammoniak ein pH-Wert zwischen 3,6 und 4,0 eingestellt, die Lösung in einen 25- oder 50-ml-Meßkolben übergeführt, 0,2 bis 0,4 ml Gelatinelösung (1%; m/v) zugesetzt und zur Marke aufgefüllt. Zu den polarographischen Messungen benutzt man 5 oder 10 ml betragende, aliquote Teile dieser Lösung. Vor Aufnahme des Polarogramms ist 15 Min. reiner Stickstoff durch die Lösung zu leiten. Die Methode der Standardzugabe wird benutzt.

---

[1] Ferner wurden angewendet: Ferron (8-Hydroxy-7-jodchinolin-5-sulfonsäure) [*Bertoglio Riolo, C., Fulle Soldi, T.,* u. *Spini, G.*: Annali Chim. **58**, 3 (1968)], N′-(2-Hydroxyäthyl)-äthylendiamin-NNN′-triessigsäure [*Tsai-Teh Lai* u. *Shi-Tsuen Lee*: Anal. Chem. **41**, 1316 (1969)], Diäthylentriaminpentaacetat [*Tsai-Teh Lai* u. *Chaur-shyong Wen*: J. Electrochem. Soc. **117**, 1122 (1970)] und Arsonoacetat [*Tsai-Teh Lai* u. *Tse-chuan Chou*: J. Chin. Chem. Soc. (Taiwan) **17**, 72 (1970)].

Um Änderungen des pH-Wertes bei der Zugabe zu vermeiden, dürfen nur 0,05 oder 0,1 ml einer Standard-Uranylsulfat-Lösung zugegeben werden. Die Polarogramme beginnt man bei —0,05 und —0,1 V (gegen SKE) und nimmt die Uranstufe im Bereich von —0,35 bis —0,45 V auf.

B. Ascorbinsäure-Oxalat-Ion-ÄDTA-NaCl

Zwecks Bestimmung des Urans in Erzen hat *Florence* zur Analyse mit einem Kathodenstrahlpolarographen nach vorheriger Abtrennung des Urans [elektrolytische Abscheidung von Fremd-Ionen an einer Quecksilberkathode (s. Abschnitt 4.3.2)] folgende

Arbeitsvorschrift angegeben. 1 g Erz wird mit 5 ml konz. Salpetersäure und 5 ml Flußsäure (50%; v/v) so oft zur Trockne eingedampft, bis vollständige Lösung erfolgt ist. Dann wird mit Perchlorsäure (72%; v/v) abgeraucht und derart aufgefüllt, daß eine 10^{-5} bis $2 \cdot 10^{-4}$n Uran-Lösung in etwa 0,1 n Perchlorsäure entsteht. 15 ml Lösung werden zwecks Entfernung von Fremd-Ionen in einer Zelle mit Boden-Quecksilber als Kathode gegen eine Platinspiralanode bei 6 bis 9 V (1,5 A) 40 bis 60 Min. elektrolysiert (s. Abschnitt 4.3.2). Unter diesen Bedingungen wird das Uran nicht reduziert, wohl aber Begleitelemente wie Cu, Fe, Mo und Sn abgeschieden. Zur Uranbestimmung (unter andauerndem Stromfluß) wird eine 5-ml-Probe entnommen und abgekühlt. Davon vermischt man 2 ml mit 2 ml m Ascorbinsäure-Lösung und einem Tropfen 5n Natronlauge, versetzt mit 5 ml Grundlösung (194 g Ammoniumtrihydrogencitrat, 84 g Citronensäurehydrat, 14,2 g Ammoniumoxalathydrat, 37 g Dinatrium-ÄDTA und 5,85 g Natriumchlorid im Liter, durch Elektrolyse über 5 Std. an der Quecksilberkathode bei —0,8 V gegen eine Silberchloridelektrode gereinigt) und füllt auf 10 ml auf. Durch diese Lösung oder einen aliquoten Teil wird 5 bis 10 Min. Stickstoff geleitet und polarographiert (0,3 V/sec; Spannungsdurchlauf 2 Sek. nach jeweils 5 Sek.). Der Spitzenstrom wird bei 0,28 V gegen die Quecksilberbodenelektrode gemessen, um den Grundstrom zu korrigieren, und mit einem *Eichpolarogramm* verglichen.

Bemerkungen. I. Der Spitzenstrom ist in $5 \cdot 10^{-7}$ bis $4 \cdot 10^{-5}$ m Uranyl-Lösungen der Konzentration *linear* proportional.

II. *Störungen* werden hervorgerufen durch Cr(VI), Cu, Fe^{3+}, Mo(VI), W, Sn und Tl.

III. Erze mit einem U_3O_8-Gehalt von 0,55% lassen sich nach dieser Methode mit einem *Standardfehler* von 1,9% analysieren. Bei U_3O_8-Gehalten unter 0,04% steigt die Abweichung der Ergebnisse im Vergleich zur fluorometrischen Bestimmung (s. Abschnitt 3.2) auf etwa 25%.

C. Phthalat-Ascorbinat-Ionen

Von *Propst* wurde eine polarographische Methode zur Bestimmung des Urans in phthalat-ascorbinathaltiger Lösung entwickelt. Dieses Verfahren kann zur Analyse radioaktiver Lösungen mit hoher Aluminiumkonzentration verwendet werden. Durch anwesendes Molybdän(VI), Quecksilber(II)- oder Eisen(III)-Ionen wird keine Störung verursacht. Die *Genauigkeit* der Analyse beträgt 2,5% und die zur Durchführung einer Doppelbestimmung erforderliche Zeit 1 Std.

Arbeitsvorschrift. Alle Proben sind mit Phthalat-Ascorbinat-Elektrolyt[1] im Verhältnis 1:200 zu verdünnen. (Radioaktive Proben werden auf die in der Radiochemie gebräuchliche Weise gehandhabt.) 50 µl dieser Lösung sind in einen 10-ml-Meßkolben zu bringen, der 9 ml des Elektrolyts mit pH = 6 und 100 µl m Kaliumascorbinatlösung enthält. Den Inhalt des Kolbens füllt man mit dem Elektrolyt auf 10 ml auf und rührt die Lösung 1 Min. magnetisch durch. Die Lösung wird in die Polaro-

---

[1] Der Elektrolyt wird unmittelbar vor seiner Verwendung durch Verdünnen einer m Kaliumascorbinat-Lösung mit Phthalatpuffer-Lösung (102 g Kaliumhydrogenphthalat und 10 g KOH in 1 l wäßriger Lösung = 0,5m Kaliumphthalat von pH = 6) im Verhältnis 1:50 hergestellt.

graphierzelle gefüllt, 10 Min. Stickstoff durchgeleitet und dann das Polarogramm
bei 25 °C und einer Spannung von 0,1 V je Min. im Spannungsbereich von 0,2 bis
0,8 V aufgenommen.

D. Acetat-ÄDTA.

Auerbach und *Kissel* beschreiben eine rasche Methode zur polarographischen
Bestimmung von *Mikrogrammengen* Urans in Gegenwart von 0,01 m Bi und/oder
Mo ohne vorangehende Abtrennung des Urans. Dieses Verfahren kann zur Analyse
von Uran-Wismut-Legierungen benutzt werden, wobei die *Genauigkeit* der Bestimmung ± 2% beträgt.

Arbeitsvorschrift. 6 bis 8 g Probe sind in überschüssiger Salpetersäure aufzulösen
und die Lösung mit Wasser auf 200 ml zu verdünnen. 5 ml dieser Lösung werden mit
10 ml m Acetatpuffer versetzt und überschüssige Salpetersäure mit n Natriumhydroxid-Lösung neutralisiert. Hierauf wird 0,1 m ÄDTA-Lösung (10 ml mehr, als
nötig ist, um den bei der Neutralisation gebildeten Niederschlag wieder aufzulösen)
zugegeben und die Lösung auf 100 ml verdünnt (diese Lösung soll einen pH-Wert
von 4,6 aufweisen). Nach dem Durchleiten von Stickstoff wird das Polarogramm aufgenommen.

E. Mordant-Blue 2R

Dieser Farbstoff [Natriumsalz des 2-(5-Chloro-3-sulfo-2-hydroxy-benzolazo)-5-sul-
fo-1-naphthols] liefert mit Uranyl-Ion in acetatgepufferter Lösung bei pH = 5,3
gut ausgebildete, polarographische Wellen (*Ishibashi*, *Fujinaga* und *Izutsu*). Dabei ist die Höhe der zweiten Welle porportional der Uran-Konzentration. Viele Anionen wie z. B. Sulfat-, Nitrat- und Chlorid-Ionen haben keinen Einfluß auf die Uranbestimmung, wenn ihre Konzentration 0,1 m nicht überschreitet. Die Phosphat-
Ionenkonzentration dagegen darf nicht höher als 0,05 m sein. *Störungen* werden
hervorgerufen in Gegenwart der Elemente Al, Fe, Co, Ni, Th, Ti, V, Pb, Cu und
Zr. Zur praktischen Anwendung der Methode ist es daher notwendig, diese Elemente
vom Uran abzutrennen. Die Autoren verwendeten für diesen Zweck die Extraktion
von Uranylnitrat mit Diäthyläther (s. Abschnitt 6.2.1).

Die *Genauigkeit* des Verfahrens beträgt ± 6% bei einer Uran-Konzentration von
$2 \cdot 10^{-6}$ m und ± 3% bei einer Uran-Konzentration von $6 \cdot 10^{-6}$ m. Außerdem ist diese
Methode auch anwendbar bis zu einer Uran-Konzentration von $2 \cdot 10^{-4}$ m.

Arbeitsvorschrift. Einen aliquoten Teil der Lösung, in der das Uran bestimmt
werden soll, bringt man in einen 25-ml-Meßkolben und setzt 1,5 ml 2 m Natriumacetat-Lösung zu. Hierauf gibt man 0,25 ml Triton-x-100-Lösung (0,1%; m/v) und
0,2 ml wäßrige $3,0 \cdot 10^{-3}$ m Mordant-Blue 2 R-Lösung (oder 2 ml derselben Lösung,
wenn mehr als 100 µg Uran anwesend sind) zu. Den pH-Wert der Lösung stellt man
mit Perchlorsäure oder Natriumhydroxid auf 5,3 ein und füllt die Lösung mit Wasser
zur Marke auf. Das Polarogramm wird bei 25 °C nach 20 Min. langem Durchleiten
von Stickstoff aufgenommen.

Literatur

Auerbach, C., u. *Kissel, G.:* Talanta **11**, 85 (1964).
Chapron, Y., Graziani, E., u. *François, H.:* Compt. Rend., Sér. C, **262**, 1247 (1966); durch Fr.
234, 289 (1968). — *Čihalík, J., Šimek, J.,* u. *Ružička, J.:* Chem. Listy **51**, 1663 (1957); Coll.
Czechoslov. Chem. Comm. **23**, 1037 (1958). — *Cirilli, V.:* Ric. Sci. **27**, 674 (1957).
Doležal, J., u. *Adam, J.:* Chem. Listy **48**, 32 (1954). — *Donoso, G. N., Santa Ana, M. A. V.,* u.
Chadwick, I. W.: Anal. Chim. Acta **42**, 109 (1968).
Elving, P. J., u. *Krivis, A. F.:* Anal. Chem. **29**, 1292 (1957). — *Elving, P. J.:* u. *Olson, E. C.:*
Anal. Chem. **26**, 1747 (1954).
Florence, T. M.: Anal. chim. Acta **21**, 418 (1959).
Heal, H. G.: Nature **157**, 225 (1946).

Ishibashi, M., Fujinaga, T., u. *Izutsu, K.:* J. Electroanal. Chem. **1**, 26 (1959); J. chem. Soc. Japan, Pure Chem. Sect., **79**, 441 (1958). – *Issa, I. M.,* u. *Issa, R. M.:* Fr. **174**, 254 (1960). *Matysik, J.:* Ann. Univ. Mariae Curie-Sklodowska, AA **16**, 37 (1963). – *McEwen, D. J.,* u. *De Vries, T.:* Anal. Chem. **31**, 1347 (1959). – *Melent'ev, B. P.,* u. *Gertseva, N. S.:* Trudy Inst. Metallurg., Akad. Nauk SSSR, **5**, 198 (1960); durch Zhur. Khim. (russ.) **1961** (1), Abstr. No. 1D106. – *Morales, A.,* u. *González, F. V.:* J. Electroanalyt. Chem. **13**, 418 (1967). *Plock, C. E.,* u. *Miner, F. J.:* Anal. Chim. Acta **38**, 553 (1967). – *Propst, R. C.:* U. S. A. E. C. Report DP-236, 1957. *Rulfs, C. L.,* u. *Elving, P. J.:* Am. Soc. **77**, 5502 (1955). *Sambucetti, C. J.,* u. *Gori, A.:* Proc. Second Intern. Conf. Peaceful Uses Atomic Energy, Geneva 1958. Vol. **28**, S. 549; U. N.: New York 1959. – *Saraiya, S. C.,* u. *Sundaram, A. K.:* Anal. chim. Acta **28**, 360 (1963). – *Sobkowska, A.:* Chemia analit. **12**, 487 (1967). – *Subbarayudu, G. V.,* u. *Raghava Rao, Bh. S. V.:* J. Sci. Ind. Res. (India) B **17**, 363 (1958). – *Šušić, M. V.:* (a) Bull. Inst. Nucl. Sci. Belgrad **4**, 59 (1954); (b) **4**, 57 (1954). – *Šušić, M. V., Gal, I.,* u. *Cuker, E.:* Anal. chim. Acta **11**, 586 (1954). *Tsai-Teh Lai* u. *Bi-Cheng Wang:* (a) Anal. Chem. **35**, 905 (1963); (b) **36**, 26 (1964). – *Tsai-Teh Lai, Shou-Nan Chen, Bi-Cheng Wang,* u. *Ching-Chiang Hsieh:* Anal. Chem. **35**, 1531 (1963). – *Tsai-Teh Lai,* u. *Teh-Liang Chang:* Anal. Chem. **33**, 1193 (1961). – *Tsai-Teh Lai,* u. *C. C. Hsieh:* J. Inorg. Nucl. Chem. **26**, 1215 (1964). – *Tsai-Teh Lai,* u. *Song-Jey Wey:* Anal. Chim. Acta **33**, 324 (1965); J. Elektrochem. Soc. **111**, 1283 (1964). – *Tsai-Teh Lai* u. *Han-Ton Lin:* J. Inorg. Nucl. Chem. **27**, 173 (1965). – *Tserkovnitskaya, I. A.,* u. *Bȳkhovtseva, T. T.:* Zhur. Anal. Khim. (russ.) **19**, 574 (1964); durch Fr. **239**, 418 (1968).

4.1.4 Nichtwäßrige Lösungsmittel

Nach der Extraktion von Uranylnitrat mit Tributylphosphat, gelöst in inerten Verdünnungsmitteln oder anderen organischen Lösungsmitteln (s. Abschnitt 6.5.1), ist es oft von Vorteil, das extrahierte Uran unmittelbar in der organischen Phase polarographisch bestimmen zu können. Dazu geeignete, organische Medien sind Tributylphosphat-Isopropyläther-Eisessig-0,25 m Lithiumperchlorat (*Fisher* und *Thomason*), Tributylphosphat-Benzol-Äthanol-Eisessig-Lithiumperchlorat oder -chlorid (*Menke* und *Herrmann*), Tributylphosphat-Tetrachlorkohlenstoff (*Abrão* und *Attalla*), Tributylphosphat-Kerosin-Äthanol [*Murata* (a); *Motojima* und *Katsuyama*) (s. Abschnitt 6.5.1)], Hexon-Äthanol-0,1 m Lithiumperchlorat [*Murata* (b)] und Trioctylamin-Benzol-Äthanol-Lithiumchlorid (*Tserkovnitskaya* und *Bȳkhovtseva*). Ferner können auch noch perchlorsaure äthanolische Systeme benutzt werden (*Childs* und *Amis*).[1]

Vor der polarographischen Bestimmung wird der uranylnitrathaltige Extrakt meistens mit wasserlöslichen, organischen Lösungsmitteln wie Eisessig und/oder Äthanol verdünnt und dann der Leitelektrolyt zugesetzt. Diese Verdünnung dient drei Zwecken: Erstens wird die Uran-Konzentration der zu polarographierenden Lösung auf einen Bereich erniedrigt, in dem die polarographische Messung durchgeführt werden kann [etwa 10 bis 100 μg/ml Endlösung (*Menke* und *Herrmann*)]; zweitens vergrößert die Zugabe dieser polaren Lösungsmittel die Ionisation und spez. Leitfähigkeit des Systems; drittens wird eine Verdünnung des Komplexbildners Tributylphosphat erzielt (*Fisher* und *Thomason*). Erfolgt die Verdünnung des Extrakts mit dem reinen, inerten Verdünnungsmittel wie z. B. Tetrachlorkohlenstoff (*Abrão* und *Attalla*), so weisen die Uranwellen geringere Stufenhöhen auf. Es hat sich auch gezeigt, daß die Anwesenheit geringer Mengen Wassers von Vorteil ist (*Fisher* und *Thomason*).

Nach Angaben von *Fisher* und *Thomason* werden gut ausgebildete Uranwellen bei einem scheinbaren Halbstufenpotential von $-0,2$ V (gegen SKE) erhalten, wenn die folgende

---

[1] Auch das polarographische Verhalten von Komplexen des Urans mit Oxin, Acetylaceton und Dibenzoylmethan wurde in einer Anzahl organischer Lösungsmittel wie Hexon, Propylencarbonat, Dimethylformamid, Dimethylacetamid und Dimethylsulfoxid untersucht [*Dagnall, R. M.,* u. *Hasanuddin, S. K.:* Talanta **15**, 1025 (1968); *Fleischer, H., Bildstein, H.,* u. *Gutmann, V.:* Mikrochim. Acta **1969**, 160].

Arbeitsvorschrift nach *Fisher* und *Thomason* angewendet wird. Den Tributyl-phosphat-Isopropyläther-Extrakt (5 bis 30 Vol.-% Tributylphosphat) des Urans verdünnt man mit Eisessig so, daß eine Uran-Konzentration von etwa 50 μg/ml erhalten wird. Diese Lösung wird 0,25m an Lithiumperchlorat (soll als festes Salz zugegeben werden) als Leitelektrolyt gemacht, der gelöste Sauerstoff durch 10 Min. langes Durchleiten von gereinigtem, mit den Dämpfen der in der Meßlösung anwesenden, organischen Lösungsmittel gesättigtem Stickstoff entfernt und das Polarogramm aufgenommen. (Diese Maßnahme verhindert die Verdampfung des Lösungsmittels in der Zelle, somit Konzentrationsänderungen, und kann mit einer die betreffenden Lösungsmittel enthaltenden Gaswaschflasche bewerkstelligt werden.)

Bemerkungen. Ein ähnliches Verfahren, nur unter Anwendung von Tetrachlorkohlenstoff als inertes Verdünnungsmittel für das Tributylphosphat und den uranhaltigen Extrakt, wurde von *Abrão* und *Attalla* zur Analyse uranhaltiger *Minerale* verwendet.

Literatur

Abrão, A., u. *Attalla, L. T.:* Inst. Energia Atomica (São Paulo), Rep. No. IEA-53, 1962.

Childs, W. V., u. *Amis, E. S.:* J. Polarographic Soc. **7**, 30 (1961).

Fisher, D. J., u. *Thomason, P. F.:* Anal. Chem. **28**, 1285 (1956).

Menke, H., u. *Herrmann, G.:* Fr. **175**, 324 (1960). – *Motojima, K.*, u. *Katsuyama, K.:* Japan Analyst **12**, 358 (1963). – *Murata, T.:* (a) J. chem. Soc. Japan, Pure Chem. Sect., **81**, 1408 (1960); (b) **81**, 1404 (1960).

Tserkovnitskaya, I. A., u. *Býkhovtseva, T. T.:* Zhur. Anal. Khim. (russ.) **19**, 574 (1964).

4.2 Coulometrische Methoden

4.2.1 Einleitung

Die hier beschriebenen, coulometrischen Methoden zur Uran-Bestimmung beruhen auf der elektrolytischen Reduktion des Urans(VI) zur vierwertigen Oxydationsstufe bei kontrolliertem Potential. Diese Reduktion erfolgt an einer Quecksilberkathode, deren Potential mittels elektronischer Meßgeräte genauestens kontrolliert wird; die zur Reduktion verbrauchte, d. h. erforderliche Elektrizitätsmenge wird in einem Präzisions-Stromintegrator gemessen. Auf Grund der *Faraday*schen Gesetze läßt sich dann aus der verbrauchten Elektrizitätsmenge die in der Elektrolytlösung anwesende Uranmenge berechnen. Zum Unterschied von den im Abschnitt 2.3.1.1.3.3 beschriebenen, coulometrischen Verfahren, nach denen das reduzierte Uran mit elektrolytisch erzeugten Oxydationsmitteln titriert wird, ist für coulometrische Verfahren, die bei kontrolliertem Potential arbeiten, kein Oxydationsmittel erforderlich (d. h. es liegt also keine titrimetrische Bestimmung vor). Auch der Endpunkt der elektrolytischen Reduktion braucht nicht speziell angezeigt zu werden; denn die Elektrolyse wird unterbrochen, sobald der Strom den für den Trägerelektrolyt entsprechenden Wert erreicht.

Vor der eigentlichen Reduktion wird oft eine Vorreduktion zwecks Beseitigung störender, leicht reduzierbarer Substanzen durchgeführt.

Da zu den Messungen relativ kompliziert gebaute und geschaltete Meßinstrumente verwendet werden, wird in den nun folgenden Abschnitten auf die in bestimmten Elektrolyten angewendeten, coulometrischen Uran-Bestimmungsmethoden nur im Prinzip eingegangen werden. Über die Einzelheiten der Meßvorgänge sowie der zur Messung verwendeten Apparaturen muß daher auf die Originalliteratur verwiesen werden.

4.2.2 Schwefelsaure Lösungen[1]

Coulometrische Bestimmungsmethoden des Urans in schwefelsauren Systemen wurden von einer Anzahl von Autoren beschrieben [*Booman, Holbrook* und *Rein; Farrar, Thomason* und *Kelley; Shults* und *Thomason; Milner* und *Edwards; Schmid, Humblet* und *Eschrich; Boyd* und *Menis; Stromatt* und *Connally; Shults* u. *Dunlap* (a, b)].

Untersuchungen von *Milner* und *Edwards* zeigten, daß Uran in n schwefelsaurer Lösung mit dem Potential einer Silbernetzelektrode bei + 0,150 V vorreduziert und danach die Elektrolyse bei —0,150 V (beide Spannungen gegen die SKE gemessen) fortgesetzt wird, bis der Strom auf 5 bis 10 μA abfällt. Die Standardabweichung der Methode beträgt bis zu 1,5 μg, wenn bis zu 2 mg Uran bestimmt werden. *Störungen* werden durch Wismut, Kupfer, Molybdän und Quecksilber hervorgerufen. Wismut und Kupfer können *vor* der coulometrischen Uranbestimmung elektrolytisch an einer Platinkathode abgetrennt werden.

Von *Farrar, Thomason* und *Kelley* wird eine Methode zur Bestimmung des Urans in Brennstoffen homogener Reaktoren angegeben. Diese Methode beruht auf der Reduktion des Urans(VI) bei einem Potential von —0,30 V in m schwefelsaurer Lösung und ist geeignet zur Bestimmung von 5-mg-Mengen Urans mit einem *Fehler* von $\pm$0,2% (relativ) in Gegenwart von bis zu 0,3 mg Cu^{2+}, 0,5 mg Mo(VI), 0,5 mg Cr(VI) und 1 mg Ni^{2+}. Die Störung durch Cu^{2+}, Fe^{3+}, Ag, Ce^{4+}, J_2, Rh und andere Elemente kann durch eine Vorreduktion bei einem Kathodenpotential von Null ausgeschaltet werden. Mo(VI) und Cr(VI), die ebenfalls stark stören würden, werden *vor* der Uranbestimmung durch Chloroformextraktion ihrer α-Benzoinoxim-Komplexe entfernt. Eine starke Störung des Verfahrens wird hervorgerufen durch Antimon(III)- und Fluorid-Ionen, wenn diese in größerer Menge als 200 μg vorliegen.

Arbeitsvorschrift nach *Farrar, Thomason* und *Kelley.* In die Elektrolysierzelle sind 5 ml n Schwefelsäure einzubringen, dann 15 Min. Stickstoff durchzuleiten. Hierauf ist beim höchsten Potential, das verwendet wird (in diesem Fall —0,30 V), so lange zu elektrolysieren, bis der Strom einen Wert (etwa 0,05 mA) erreicht, bei dem in Anwesenheit von 5 mg Uran(VI) 99,9% davon reduziert werden. Der Strom wird dann abgeschaltet und die Probe, die das Uran(VI) zusammen mit den Korrosions- und Spaltprodukten enthält, in die Zelle gebracht. Die Lösung wird hierauf 20 Min. mit einer gesättigten Lösung von α-Benzoinoxim in Chloroform extrahiert. Die Chloroformphase ist zu verwerfen und die in der Zelle zurückgebliebene, wäßrige Phase mit Chloroform zu waschen. Durch die Lösung leitet man 5 Min. Stickstoff. Beginnend bei 0,0 V bis zu einem Endstrom von 0,05 mA wird vorreduziert und hierauf bei —0,30 V so lange reduziert, bis ein Grundstrom von etwa 0,05 mA erhalten wird.

Bemerkungen. I. Diese Methode ist auch zur *gleichzeitigen* Bestimmung von *Uran* und *Kupfer* geeignet (*Shults* und *Thomason*). Zu diesem Zweck werden beide Elemente zuerst in n schwefelsaurer Lösung bei —0,3 V reduziert; dann wird das Kupfer durch Oxydation bei einem Potential von + 0,175 V bestimmt. Dieses Verfahren gestattet die Bestimmung von Milligrammengen Urans und Kupfers mit einem *relativen Fehler* von $\pm$ 0,1%.

II. Ähnliche Verfahren können auch zur Feststellung der Stöchiometrie des Urandioxids (*Stromatt* und *Connally*) sowie nach Extraktion des Urans mit Trioctyl-phosphinoxid, gelöst in Cyclohexan (s. Abschnitt 6) [*Shults* und *Dunlap* (a)], und zur Analyse von *Uran-Niob-Legierungen* [*Shults* und *Dunlap* (b)] benutzt werden.

---

[1] Es wurde auch eine Methode zur Bestimmung des Urans in salzsauren Lösungen als Leitelektrolyt beschrieben [*Lingane, J. J.:* Anal. Chim. Acta **50**, 1 (1970)].

4.2.3 Citrat-Lösungen

Zur coulometrischen Bestimmung des Urans in Proben, die weniger als 2 mg Uran enthalten, kann als Leitelektrolyt eine m Kaliumcitrat-0,1 m-Aluminiumsulfatlösung vom pH = 4,5 verwendet werden (*Booman, Holbrook* und *Rein*; *Booman* und *Holbrook*). Die Reduktion wird nach Vorreduktion bei —0,20 V bei einer Spannung von —0,60 V bzw. —0,25 V (gegen eine mit Kaliumchlorid gesättigte Silber-Silberchloridelektrode) gemessen.

Die Bestimmung kann in Anwesenheit eines Überschusses an Quecksilber(II)-Ionen und geringeren Mengen an Kupfer(II)- und Eisen(III)-Ionen ausgeführt werden. *Störungen* werden u. a. durch Molybdän und Ruthenium hervorgerufen. Zur Abtrennung störender Elemente wird das Uran nach *Booman* und *Holbrook* am besten als Tetrapropylammonium-Uranyltrinitrat-Komplex mit Hexon extrahiert (s. Abschnitt 3.1.1.2.2). Die einzigen, zusammen mit dem Uran extrahierbaren, die coulometrische Bestimmung störenden Elemente, nämlich Ruthenium und Technetium, werden durch Verflüchtigung mit Perchlorsäure entfernt.

Das gesamte Verfahren erfordert einen Zeitaufwand von etwa 2,5 Std. und kann zur *genauen* Analyse von Aluminium-Uran-Brennstoffelementen (mit 20% Abbrand) herangezogen werden.

Arbeitsvorschrift nach *Booman* und *Holbrook*. Dem Hexonextrakt (s. Abschnitt 3.1.1.2.2) sind etwa 2,5 ml zu entnehmen, 2 ml davon unmittelbar in eine Coulometerzelle zu übertragen und dort zur Trockne einzudampfen (unter Anwendung von heißer Luft). In die Zelle werden 0,55 g geschmolzenes Natriumhydrogensulfat und 0,20 ml 72%ige Perchlorsäure gebracht. Die Zelle wird in einen Muffelofen von weniger als 200 °C gestellt, rasch auf 600 °C erhitzt und 20 bis 30 Min. bei dieser Temperatur belassen. Nach Auflösen der Schmelze in 2 ml Wasser, bei schwachem Erwärmen und nach folgendem Abkühlen auf Zimmertemperatur, fügt man folgende *Reagenzien* zu: 0,5 ml 0,25 m Aluminiumsulfatlösung, gelöst in 0,25 m Schwefelsäure, 4 ml 1,2 m Kaliumcitratlösung vom pH = 4,6 und eine geeignete Menge frisch destillierten Quecksilbers. Hierauf ist die Probe unter die Elektrodenvorrichtung zu bringen und der gelöste Sauerstoff durch 15 Min. langes Durchleiten von Stickstoff zu entfernen. Dann wird bei —0,25 V 20 Min. vorreduziert und ausschließend 15 Min. bei —0,65 V reduziert.

Bemerkungen. I. Diese Methode kann zur *genauen* Bestimmung von 0,76 bis 0,0075 mg Uran verwendet werden.

II. Die mittlere *Abweichung* im Konzentrationsbereich von 0,76 bis 0,0075 mg Uran beträgt 1,3 bis 2,6%.

4.2.4 Natriumtriphosphat-Lösungen

Zur Bestimmung in Gegenwart von Molybdän wird das Uran(VI) in einer $Na_5P_3O_{10}$-Natriumsulfat-Lösung vom pH = 7,5 bis 9,5 bei einem Potential von —1,40 V (gemessen gegen die SKE) coulometrisch reduziert, während Molybdän(VI) dabei nicht reduziert wird (*Zittel, Dunlap* und *Thomason*; *Schmid* und *Eschrich*). Die Bestimmung des Urans erfolgt störungsfrei, wenn das Verhältnis von Molybdän zu Uran kleiner als 1:7 ist. Im Konzentrationsbereich von 1 bis 5 mg Uran beträgt der *Fehler* der Uran-Bestimmung 0,5%. In Gegenwart von Chrom(VI), Kupfer und Ruthenium(IV) treten Störungen auf. Als Elektrolytlösung wird von *Schmid* und *Eschrich* eine 0,1 m Natriumsulfat-0,16 m $Na_5P_3O_{10}$-Lösung empfohlen.

Zur coulometrischen Bestimmung von Uran(IV) und Uran(VI) wird von *Zittel* und *Dunlap* eine 6%ige Lösung des Triphosphats (m/v) vom pH = 7,5 bis 9,5 verwendet. Das Uran(VI) wird zuerst unmittelbar durch coulometrische Reduktion bei —1,35 V (SKE) bestimmt; dann wird das Gesamturan in demselben Aliquot durch coulometrische Oxydation bei $+0,1$ V (SKE) ermittelt, so daß sich aus der Differenz der Gehalt der Lösung an Uran(IV) ergibt. Der *Fehler* für Gesamturan beträgt etwa 1% für 2 bis 10 μg. Die Bestimmung wird schon durch geringe Mengen (1 bis 2 mg) Kupfer oder Eisen(III) und große Quantitäten Chlorid- oder Nitrat-Ionen *stark gestört*.

Literatur

Booman, G. L., u. *Holbrook, W. B.:* U. S. A. E. C., Report IDO-14435, 1958. − *Booman, G. L., Holbrook, W. B.,* u. *Rein, J. E.:* U. S. A. E. C., Report IDO-14369, 1956; Anal. Chem. **29**, 219 (1957). − *Boyd, C. M.,* u. *Menis, O.:* Anal. Chem. **33**, 1016 (1961).

Farrar, L. G., Thomason, P. F., u. *Kelley, M. T.:* Anal. Chem. **30**, 1511 (1958).

Milner, G. W. C., u. *Edwards, J. W.:* A. E. R. E.-Report 3951, 1962.

Schmid, E., u. *Eschrich, H.:* Centre d'Etude de l'Energie Nucléaire, Bruxelles, Report ETR-164, 1964. − *Schmid, E., Humblet, L.,* u. *Eschrich, H.:* Centre d'Etude de 'lEnergie Nucléaire, Bruxelles, Report ETR-162, 1964. − *Shults, W. D.,* u. *Dunlap, L. B.:* (a) Anal. chim. Acta **29**, 254 (1963); (b) Anal. Chem. **35**, 921 (1963). − *Shults, W. D.,* u. *Thomason, P. F.:* Anal. Chem. **31**, 492 (1959). − *Stromatt, E. W.,* u. *Connally, R. E.:* Anal. Chem. **33**, 345 (1961).

Zittel, H. E., u. *Dunlap, L. B.:* Anal. Chem. **35**, 125 (1963). − *Zittel, H. E., Dunlap, L. B.,* u. *Thomason, P. F.:* Anal. Chem. **33**, 1491 (1961).

4.3 Elektrolytische Methoden

4.3.1 Einleitung

Die in der analytischen Chemie des Urans benutzten Methoden zu seiner elektrolytischen Abtrennung kann man ganz allgemein in 2 Gruppen unterteilen, und zwar in Verfahren, nach denen die vom Uran zu trennenden Elemente elektrolytisch abgeschieden werden und das Uran im Elektrolyt zurückbleibt, und in Methoden, nach denen das Uran auf geeigneten Elektroden niedergeschlagen wird, wodurch ebenfalls seine Trennung von verschiedenen Elementen, die nicht abgeschieden werden, erzielt werden kann. Bei der erstgenannten Gruppe von Methoden erfolgt die Abscheidung der Metall-Ionen an einer Quecksilberkathode, und das in der Elektrolytlösung zurückbleibende, nicht abgeschiedene Uran wird dann mittels einer geeigneten Methode bestimmt. Dieses Verfahren ist für den analytischen Chemiker von größerer Bedeutung als die zweite Gruppe der elektrolytischen Methoden, nach denen wie erwähnt das Uran auf einer festen Elektrode entweder durch Anwendung eines äußeren Potentials oder durch innere Elektrolyse abgeschieden wird. *Dieses* Trennungsprinzip wird am häufigsten für präparative Zwecke benutzt und daher in den folgenden Abschnitten nur kurz besprochen.

4.3.2 Elektrolytische Verfahren unter Anwendung der Quecksilberkathode

4.3.2.1 Schwefelsaure Medien

Die optimalen Bedingungen zur elektrolytischen Reinigung und Abtrennung des Urans von den an einer Quecksilberkathode abscheidbaren Metall-Ionen unter Anwendung schwefelsaurer Elektrolyte liegen vor, wenn man 50 ml einer n schwefelsauren Lösung, die weniger als 0,25 g Uran enthält, bei einer Stromstärke von weniger als 10 A (in der Regel 5 A) elektrolysiert (*Gusev*). Als Anode dient eine Platinspirale oder ein Platinnetz, das gerade die Oberfläche des Elektrolyts berührt. Die Oberfläche der Quecksilberkathode wird in starker Bewegung gehalten und soll etwa 20 cm² betragen. Die Temperatur, bei der die Elektrolyse ausgeführt wird, soll zwischen 20 und 40 °C liegen. Die zur vollständigen Abtrennung des Urans von Begleitelementen erforderliche Elektrolysendauer hängt natürlich von den Konzentrationen dieser Elemente im schwefelsauren Elektrolyt ab. So ist z. B. bei einer Stromstärke von 5 A eine Elektrolysendauer von etwa 70 Min. erforderlich, um 1 g Eisen in Gegenwart von 0,25 g Uran quantitativ auf der Quecksilberkathode abzuscheiden. Sind größere Mengen anderer Kationen anwesend, die ebenfalls auf der Kathode niedergeschlagen werden, so kann die Elektrolysendauer 3 bis 4 Std. betragen.

Unter den oben angegebenen Bedingungen wird das Uran an der Quecksilberkathode zuerst zur vier- und dann zur dreiwertigen Oxydationsstufe reduziert während sich an der Anode Sauerstoff entwickelt. Andere Metall-Ionen wie z. B. Fe, Mn, Ni, Mo, Ce usw. werden auf der Kathode abgeschieden und auf diese Weise vom Uran getrennt.

Die Geschwindigkeit der elektrolytischen Trennung des Urans von diesen und vielen anderen Metall-Ionen hängt von mehreren Faktoren ab (*Gusev*). Bei höheren Schwefelsäurekonzentrationen ist eine wesentlich längere Elektrolysendauer erforderlich. Wird z. B. die Schwefelsäure-Konzentration von 1 auf 5n erhöht, so ist zur vollständigen Reduktion des Eisens(III) über Eisen(II) zu Eisen(0) die doppelte Zeit erforderlich. Auf ähnliche Weise nimmt die Geschwindigkeit der elektrolytischen Abscheidung der Elemente mit steigender Temperatur rasch ab. Ein ähnlicher Effekt tritt auf, wenn das Elektrolytvolumen und die Tiefe, mit der die Anode in die Elektrolytlösung eintaucht, vergrößert werden, oder auch, wenn das Quecksilber der Kathode von geringerem Reinheitsgrad ist. Ferner wird die Geschwindigkeit der elektrolytischen Abscheidung der Fremd-Ionen auch dann verringert, wenn der Anodenraum von der Hauptmenge der Elektrolytlösung durch eine poröse Scheidewand getrennt ist. Auch die Anwesenheit großer Uranmengen wie z. B. 2 bis 10 g im Elektrolyt verzögert die elektrolytische Abscheidung des Eisens und verhindert fast vollständig jene des Chroms und Molybdäns. Dies ist darauf zurückzuführen, daß die Reduktion des Urans zur vierwertigen Oxydationsstufe eine gewisse Zeit erfordert und das Uran außerdem als ein Oxydations-Reduktionspuffer wirksam ist.

Wird die Stromdichte (A/cm²) vergrößert, so wird die Geschwindigkeit, mit der sich Elemente wie z. B. Fe, Cr und Mo an der Quecksilberkathode abscheiden, ebenfalls erhöht. Wird jedoch die Stromstärke auf 10 A oder darüber gesteigert, so kommt es an der Anode zu starker Sauerstoffentwicklung, wodurch ein Verspritzen des Elektrolyts eintreten kann.

Eine Erhöhung der Eisen- und Chrom-Konzentrationen steigert die Geschwindigkeit der elektrolytischen Abscheidung dieser Elemente bis zu 20 g/l für Eisen und 10 g/l für Chrom bei einer Stromstärke von 3 bis 4 A unter sonst optimalen Bedingungen.

Mittels der Elektrolyse in schwefelsauren Medien kann das Uran quantitativ von folgenden Elementen getrennt werden: Bi, Cd, Cr, Co, Ga, Ge, Au, In, Ir, Fe, Hg, Mo, Ni, Pd, Pt, Po, Re, Rh, Ag, Tl, Sn und Zn. As, Pb, Os und Se werden ebenfalls quantitativ abgetrennt, treten aber nicht vollständig in die Quecksilberkathode ein. Unvollständig abgeschieden werden Sb, Mn und Ru; überhaupt nicht vom Uran trennbar sind die übrigen Elemente.

In Gegenwart von Uran werden Cr, Cu, Fe, Mo, Ni und Zn in der Reihenfolge ihrer zunehmenden Redoxpotentiale abgeschieden. Eine Ausnahme bildet Zink, das nur sehr langsam elektrolytisch niedergeschlagen wird.

Störungen werden verursacht in Gegenwart von Chlorid-, Nitrat- und Phosphat-Ionen.

Ein Nachteil dieser elektrolytischen Methode besteht darin, daß sie keine Trennung des Urans von Al, Ti und V ermöglicht, die sehr oft als Begleiter des Urans auftreten. Ferner sind lange Elektrolysierzeiten erforderlich, wenn große Mengen an Verunreinigungen vorliegen.

4.3.2.2 Perchlorsaure Medien

Wird anstelle von Schwefelsäure (s. Abschnitt 4.3.2.1) Perchlorsäure unter sonst
gleichen Versuchsbedingungen verwendet, so ist zur Abtrennung des Urans von Fe,
Cu, Ni, Cr und Zn eine längere Elektrolysendauer erforderlich. Diese Methode wurde
von *Kosta* zur Trennung sehr geringer Uran-Mengen von Fe, Cr und Mn (teilweise)
verwendet. Nach der elektrolytischen Abtrennung wurde das Uran durch Mitfällung
an Aluminiumhydroxid (s. Abschnitt 1.3) isoliert, der Niederschlag in Salpetersäure
gelöst, das Uran mit Äthylacetat extrahiert (s. Abschnitt 6.4) und schließlich in
schwefelsaurer Lösung fluorometrisch bestimmt (s. Abschnitt 3.2).

4.3.3 Elektrolytische, auf einer kathodischen Abscheidung des Urans beruhende Verfahren

4.3.3.1 Angelegtes äußeres Potential

Auf geeigneten Kathoden wie z. B. Platin kann das Uran aus schwach sauren,
neutralen oder alkalischen Elektrolytlösungen abgeschieden werden. Diese elektrolytischen Verfahren sind auf Milligramm- und Mikrogrammengen Urans anwendbar.

Zur Abscheidung von Mikrogrammengen Urans aus sehr schwach mineralsauren
Lösungen wie z. B. aus 200 ml 0,001 bis 0,01 n salpetersaurer Lösung sind bei einer
Stromdichte von 100 mA/cm² bei Zimmertemperatur 3 Std. erforderlich (*Samart-
seva*). Nach Angaben von *Sinitsina*, *Fadeev* und *Sukhodolov* beruht diese kathodische
Abscheidung des Urans auf der Bildung von Uranoxidhydraten, die in der Umgebung
der Kathode durch die bei der Elektrolyse gebildeten Hydroxyl-Ionen entstehen. Diese
Oxidhydrate werden an der Kathode reduziert und als teilweise dehydratisierte
Hydroxide veränderlicher Zusammensetzung niedergeschlagen. In einem stärker
sauren Medium muß mehr Alkali zugesetzt werden, wodurch eine höhere Stromdichte
erforderlich ist. Die Abscheidung des Urans ist vom Kathodenmaterial unabhängig
und findet nur dann statt, nachdem der zur Fällung des Hydroxids erforderliche
pH-Wert erreicht wird, und zwar unabhängig vom ursprünglichen pH-Wert der
Lösung.

Eine Abscheidung des Urans aus einer Ammoniumacetat-Lösung wurde von
Rogers und *Prather* zur Bestimmung von Uran und *Beryllium* in Fluoridschmelzen
benutzt. Damit lassen sich 10 mg oder weniger Uran und 4 mg oder weniger Beryllium von großen Mengen Natriums trennen. Die elektrolytische Abscheidung des
Urans wird *gestört* durch Pb, Cu, Sn, Bi, Ag und Chlorid-Ionen.

Arbeitsvorschrift nach *Rogers* und *Prather*. Zuerst werden die Fluorid-Ionen entfernt, was mittels einer Mischung von konz. Salpeter-, Bor- und konz. Schwefelsäure
bei 100 °C möglich ist. Die Lösung wird fast zur Trockne verdampft und der Eindampfrückstand mit Wasser auf etwa 275 ml verdünnt. Hierauf wird das Uran auf
einer Platinnetzelektrode aus einer Ammoniumacetat-Lösung vom pH = 4 bei 80
bis 85 °C elektrolytisch als wasserhaltiges Oxid vom Beryllium und Natrium getrennt.
Nach dem Glühen wägt man das Uran als U_3O_8 aus.

Bemerkungen. I. Auch als *Oxalat*-Lösungen läßt sich das Uran als feiner, kom-
pakter und einheitlicher Film auf einer Kathode abscheiden. Optimale Ergebnisse
sind nach Angaben von *Rulfs*, *De* und *Elving* erzielbar, wenn ein Ammoniumoxalat-
Medium verwendet wird. Die Elektrolyse wird bei 80 bis 85 °C zuerst in saurer und
dann in alkalischer Lösung ausgeführt. Wird ^{233}U als *Tracer* verwendet, so dient ein
Durchflußzähler mit eingebauter Platinscheibe als Kathode. Als Anode wird eine
Platinspirale verwendet. In Anwesenheit von 20 μg Uran als Träger und einem
Elektrolytvolumen von 25 ml betrug die Ausbeute, die durch α-Zählung ermittelt
wurde, (94 $\pm$ 3)% bei Verwendung von 0,03 bis 0,13 μg ^{233}U. Wird die Abscheidung
jedoch auf einem Nickelplättchen als Kathode vorgenommen, so ist die Ausbeute
um etwa 10% geringer.

II. Eine elektrolytische Abscheidung des Urans ist auch aus alkalischen Lösungen von *Peruranaten* (*Gurevich* und *Kolval'skaya-Yashchenko*; *Gurevich, Preobrazhenskaya* und *Osicheva*), Natriumfluoridlösungen (*Pfeifer*), Kaliumfluorid- und Ammoniumfluoridlösungen (*Pfeifer* und *Bildstein*) und Lösungen, die Flußsäure, Kaliumsulfat und Natriumsulfat enthalten, möglich. Auch eine Methode zur raschen und quantitativen Abscheidung des Urans als Nitrat wurde beschrieben (*Parker, Bildstein* und *Getoff*).

4.3.3.2 Innere Elektrolyse

Mit einem Zink- oder Cadmiumstab als Anode kann das Uran quantitativ auf einer Platinnetzkathode niedergeschlagen werden, wenn die innere Elektrolyse in einer Acetatpuffer-Lösung vom pH = 5 bis 5,2 erfolgt (*Morachevskii* und *Tserkovnitskaya*). Wird ÄDTA als Komplexbildner verwendet, so kann das Uran von Al, Ni, Co, V und Cr quantitativ getrennt werden.

Literatur

Gurevich, A. M., u. *Koval'skaya-Yashchenko, M. L.:* Trudȳ Radievogo Instituta AN SSSR **8**, 53 (1958). — *Gurevich, A. M., Preobrazhenskaya, L. D.*, u. *Osicheva, N. P.:* Trudȳ Radievogo Instituta AN SSSR **8**, 56 (1958). — *Gusev, N. I.:* Analytical Chemistry of Uranium; London 1963, S. 284.

Kosta, L.: J. Repts. „J. Stefan" Inst. **2**, 7 (1955).

Morachevskii, Yu. V., u. *Tserkovnitskaya, I. A.:* Vestn. Leningr. Univ. **16**, 127 (1957).

Parker, W., Bildstein, H., u. *Getoff, N.:* Nature **200**, 457 (1963); Nuclear Instruments and Methods **26**, 55 (1964). — *Pfeifer, V.:* Mikrochim. A. **1964**, 49. — *Pfeifer, V.*, u. *Bildstein, H.:* Mikrochim. Acta **1965**, 822.

Rogers, N. E., u. *Prather, W. D.:* U. S. A. E. C., Report MLM-1070, 3. April 1956; Anal. Chem. **31**, 1081 (1959). — *Rulfs, C. L., De, A. K.*, u. *Elving, P. J.:* J. Electrochem. Soc. **104**, 80 (1957).

Samartseva, A. G.: Atomnaya Energiya **8**, 324 (1960). — *Sinitsina, G. S., Fadeev, S. A.*, u. *Sukhodolov, G. M.:* Radiokhimiya **1**, 295 (1959).

5 Chromatographische Methoden

5.1 Ionenaustausch [1]

5.1.1 Einleitung

Unter den chromatographischen Verfahren sind am wichtigsten jene, mittels deren das Uran von praktisch allen Begleitelementen unter Anwendung einer einzigen Trennungsoperation isoliert werden kann. Dazu am besten geeignet sind Ionenaustauschmethoden, die es ermöglichen, nicht nur Mikrogramm-, sondern auch Milligrammengen Urans von geringen oder auch sehr großen Mengen an Begleitmetallen abzutrennen.

Für diesen Zweck haben sich besonders Anionenaustauschprozesse bestens bewährt (s. Abschnitt 5.1.2). Ihre Wirksamkeit beruht in allen Fällen darauf, daß das Uran unter geeigneten Aciditätsbedingungen als anionischer Komplex mit Mineralsäuren, wie z. B. Schwefel-, Salz- oder Salpetersäure, oder auch mit organischen Säuren, wie z. B. Essig- oder Ascorbinsäure, an stark basischen Anionenaustauschern des quartären Ammoniumtyps wie Dowex 1 oder Amberlite IRA-400 adsorbiert wird; jedoch werden die Begleitelemente nicht vom Austauscher festgehalten, und auf diese Weise vom Uran getrennt. Nach erfolgter Trennung wird das Uran mittels einer geeigneten Elutionslösung vom Harz eluiert und quantitativ bestimmt.

Von wesentlich geringerer Bedeutung sind Verfahren, nach denen das Uran von Fremd-Ionen unter Anwendung von Kationenaustauschern getrennt wird (s. Abschnitt 5.1.3). Der Grund hierfür beruht auf der geringeren Selektivität dieser Austauscher, wie z. B. der stark sauren Kationenaustauscher: Dowex 50, BioRad AG 50W oder Amberlite IR-120 vom Sulfonsäuretyp, gegenüber dem Uranyl-Ion.

5.1.2 Anionenaustausch

5.1.2.1 Anionenaustausch in Gegenwart anorganischer Komplexbildner

5.1.2.1.1 Abtrennung als anionischer Sulfat-Komplex [2]

In schwach schwefelsauren, rein wäßrigen Lösungen bildet Uranyl-Ion eine Reihe von anionischen Komplexen wie z. B. $[UO_2(SO_4)_2]^{2-}$ und $[UO_2(SO_4)_3]^{4-}$ (*Hollis* und *McArthur*; *Šušić*; *Arden* und *Rowley*; *Arden* und *Wood*; *Suner* und *Lagos*). Dabei ist der vorherrschende Komplex der vierfach negativ geladene Uranylsulfat-Komplex, der sehr intensiv von stark basischen Anionenaustauschern wie z. B. Dowex 1 in der Sulfatform aus verd. schwefelsauren Lösungen adsorbiert wird. Wie aus den in Tab. 8 gezeigten, bei verschiedenen Schwefelsäurenormalitäten gemessenen Werten für den Verteilungskoeffizienten des Urans hervorgeht, nimmt die Adsorption des Urans mit abnehmender Schwefelsäurekonzentration stark zu.

In diese Tabelle mitaufgenommen wurden die Verteilungskoeffizienten von Metall-Ionen, die ebenfalls von stark basischen Harzen aus schwefelsauren Lösungen festgehalten werden. Da die Adsorption und Trennung des Urans auf diesen Austauschern meistens bei Schwefelsäurenormalitäten um und unter 0,1n erfolgt, d. h. meistens

---

[1] Eine umfassende Darstellung des Ionenaustauschverhaltens von Uran und Thorium sowie deren Abtrennung aus Laugelösungen und reinen Lösungen wurde kürzlich publiziert [*Korkisch, J:* Atomic Energy Review **8** (3), 535 (1970)].

[2] Eine Übersicht der Literatur bis 1965 wurde von *Korkisch* zusammengestellt.

16*

im pH-Bereich von 1 bis 1,5, so werden diese Elemente teilweise oder ganz zusammen mit dem Uran festgehalten; sie können insbesondere dann, wenn sie in hohen Konzentrationen vorliegen, die Adsorption und auch die Endbestimmung des Urans nach dessen Elution *stören*.

Aus 0,1 bis 10 n schwefelsauren Lösungen werden u. a. Be, Mg, La, Ce^{3+} und andere seltene Erdmetalle, Alkalimetalle, V(IV), Mn^{2+}, Fe^{2+}, Co, Ni, Cu, Ag, Zn, Cd, Al, In, As(III), Sb^{3+}, Am^{2+}, Sr^{2+} und Y^{3+} nicht adsorbiert (*Danielsson*; *Korkisch* und *Ahluwalia*; *Šušić*; *Bunney, Ballou, Pascual* und *Foti*) (Verteilungskoeffizienten unter 1) und können daher, selbst wenn sie in großen Mengen vorliegen, quantitativ vom Uran getrennt werden.

Tabelle 8

Verteilungskoeffizienten des Urans(VI) und einiger anderer Elemente in rein wäßrigen, schwefelsauren Lösungen (Kraus und Nelson; Danielsson; Bunney, Ballou, Pascual und Foti)

Ion bzw. Element	Schwefelsäurenormalität			
	0,05	0,1	0,5	1,0
UO_2^{2+}	$\sim 10^4$	$> 10^3$	> 100	~ 50
Th^{4+}	~ 100	~ 50	< 10	~ 1
Ti^{4+}	< 10	~ 5	< 1	< 1
Zr^{4+}	$> 10^4$	$> 10^3$	$> 10^2$	~ 60
Mo(VI)	$\sim 10^4$	$> 10^3$	$\sim 10^3$	~ 600
V(V)	~ 50	~ 20	< 10	< 1
Fe^{3+}	~ 10	< 10	< 1	< 1
Bi^{3+}	~ 10	~ 10	< 10	< 1
Cr^{3+}	~ 5	> 1	< 1	< 1
As(V)	~ 10	< 10	> 1	> 1
Pa(V)	—	> 100	> 100	< 100
Nb(V)	—	$\sim 10^3$	> 100	~ 100
Ru^{4+}	—	~ 10	< 10	> 1

Die Coadsorption des Eisen(III)-Ions kann dadurch verhindert werden, daß man dieses vor Durchführung der Ionenaustauschtrennung zum nichtadsorbierbaren Eisen(II)-Ion reduziert. Diese Reduktion erfolgt am besten mittels schwefliger Säure (*Fisher* und *Kunin*; *Seim, Morris* und *Frew*; *Seim, Morris* und *Pastorino*; *Milner* und *Barnett*; *Welford* und *Sutton*; *Borlera*; *Jangg, Ochsenfeld* und *Habashi*; *Habashi*; *Marabini*) in Gegenwart eines Redoxindikators wie z. B. Methylenblau (*Fisher* und *Kunin*; *Seim, Morris* und *Frew*; *Marabini*) oder o-Phenanthrolin (*Milner* und *Barnett*), wodurch die Vollständigkeit der Reduktion angezeigt wird. Anstelle schwefliger Säure kann auch Natriumdithionit unter Anwendung der Sulfosalicylsäure als Indikator zur Reduktion benutzt werden (*Arnfelt*). Die Reduktion des Eisens wird dann durchgeführt, sobald die schwefelsaure, uranhaltige Lösung auf den zur Uran-Adsorption geeigneten pH-Bereich (d. h. meistens 1 bis 1,5) gebracht wurde (s. Arbeitsvorschrift nach *Seim, Morris* und *Frew*). In Gegenwart beträchtlicher Mengen an Phosphat-Ionen wird jedoch das Redoxpotential des Eisensystems infolge Bildung anionischer Eisen(III)-phosphat- oder Eisen(III)-sulfat-Komplexe herabgesetzt, so daß Eisen(III) nicht vollständig durch schwefelige Säure reduzierbar ist. Infolgedessen wird etwas Eisen zusammen mit Uran als anionischer Komplex adsorbiert und mit diesem eluiert (*Seim, Morris* und *Frew*; *Holroyd* und *Salmon*). Stärkere Reduktionsmittel wie hypophosphorige Säure reduzieren das Eisen(III)-Ion in Gegenwart von Phosphat-Ion vollständig; doch wird auch Uran teilweise zur 4-wertigen Oxydationsstufe, die nur schwach adsorbiert wird, reduziert, wodurch Uranverluste auftreten können. Wird die Reduktion des Urans mit schwefeliger Säure in heißer Lösung ausgeführt, so kann Eisen(III)-phosphat ausfallen und die Säule verstopfen.

Aus diesem Grund ist es oft nur schwer vermeidbar, daß *Eisen* zusammen mit dem Uran adsorbiert wird und schließlich bei der Elution des Urans in das Eluat gelangt, wo es je nach der zur Endbestimmung des Urans verwendeten Bestimmungsmethode mehr oder weniger *starke Störungen* verursacht. Diese Störung kann z. B. durch Maskierung des Eisens als Hexacyanoferrat(II) ausgeschaltet werden (*Arnfelt*) oder es wird, wenn zur Bestimmung des Urans die Peroxidmethode angewendet wird (s. Abschnitt 1.1.3.2), nach Zugabe von Natriumhydroxid und Wasserstoffperoxid durch Filtration als Hydroxid vom Uran getrennt. Ferner besteht auch die Möglichkeit, das miteluierte Eisen durch Elektrolyse an einer Quecksilberkathode (s. Abschnitt 4.3.2) oder durch Cupferronextraktion (s. Abschnitt 1.2.2) vom Uran zu trennen (*Welford* und *Sutton*).

Eine weitere Möglichkeit, das Eisen(III)-Ion und mitadsorbiertes Thorium (s. Tabelle 8) sowie auch Phosphorsäure vom Uran zu trennen, besteht in der Durchführung einer doppelten Säulenoperation, wie sie von *Seim, Morris* und *Pastorino* beschrieben wurde (s. Arbeitsvorschrift S. 248). Das Uran wird zuerst unter Anwendung der Chloridmethode (s. Abschnitt 5.1.2.1.2) aus 10n Salzsäure zusammen mit anderen Elementen wie z. B. Fe, Co und Cu auf einem stark basischen Anionenaustauscher adsorbiert und mit Säure derselben Normalität nachgewaschen, wodurch Phosphorsäure und Thorium abgetrennt werden. Nach der Elution des Urans mit verd. Salzsäure, wodurch die coadsorbierten Elemente zusammen mit dem Uran eluiert werden, wird das Eluat eingedampft und das Uran unter Anwendung der Sulfatmethode (s. S. 248) abgetrennt. Ebenfalls eine doppelte Säulenoperation wird von *Jangg, Ochsenfeld* und *Habashi* empfohlen, wenn das nach Anwendung der Sulfatmethode (s. S. 248) erhaltene, uranhaltige Eluat durch Eisen und andere Elemente stark verunreinigt ist. Zur Abtrennung dieser Verunreinigungen wird die im Abschnitt 5.1.2.2.1 beschriebene Acetatmethode benutzt.

Bei der oben besprochenen Reduktion des Eisen(III)-Ions mit schwefeliger Säure wird auch Vanadium(V) zur nichtadsorbierbaren, vierwertigen Oxydationsstufe reduziert. Ein anderes zur Reduktion des Vanadiums geeignetes Reduktionsmittel ist Hydraziniuminsulfat (*Moiseeva, Kuznetsova, Luk'yanov* und *Sel'manova*). Ebenso wird Molybdän(VI) durch schwefelige Säure oder auch Hydroxylammoniumsulfat (*Shinagawa, Murata* und *Okashita*) zu Wertigkeitsstufen reduziert, die mit Sulfat-Ion keine an stark basischen Austauschern adsorbierbaren Sulfatkomplexe bilden.

Analog zum Vanadium(V) und Molybdän(VI) (s. Tabelle 8) wird auch Wolfram(VI) zusammen mit dem Uran adsorbiert. Eine Trennung des Urans vom Wolfram kann jedoch nach erfolgter Adsorption beider Elemente derart durchgeführt werden, daß man das Wolframat-Ion mit 5%igem carbonatfreiem Ammoniak eluiert (*Jangg, Ochsenfeld* und *Habashi*). Unter diesen Bedingungen wird das Uran weiterhin vom Austauscher festgehalten.

Die Adsorption des Urans als anionischer Uranylsulfat-Komplex wird auch durch Metall-Ionen *gestört*, die mit Sulfat-Ion schwerlösliche Sulfate bilden. Zu diesen gehören das Calcium sowie vor allem Sr, Ba und Pb. In Gegenwart beträchtlicher Mengen Calciums fällt Calciumsulfat aus, das einen Teil des anwesenden Urans mitfällt (*Seim, Morris* und *Frew*; *Jangg, Ochsenfeld* und *Habashi*; *Habashi*). So wurde aus Proben, die 20% Calciumcarbonat und 0,2% Uranoxid enthielten, weniger als 0,01% Uranoxid mitgefällt (*Seim, Morris* und *Frew*). Auch *Habashi* konnte zeigen, daß in Anwesenheit von 40 μg Uran etwa 30% davon mit Calciumsulfat (0,2 g Calcium) mitfallen, wenn das Verhältnis Uran zu Calcium 1:5000 beträgt. Eine Möglichkeit, die Störung durch Calcium zu vermeiden, besteht darin, die Sorptionslösung so weitgehend zu verdünnen, bis sich alles Calciumsulfat aufgelöst hat (*Jangg, Ochsenfeld* und *Habashi*).[1]

Chlorid- und Nitrat-Ionen stören die Uran-Adsorption sehr *stark*, da sie den Uranylsulfat-Komplex vom Harz, insbesondere dann, wenn sie in größeren Konzentrationen vorliegen, verdrängen können (*Fisher* und *Kunin*; *Borlera*). Diese Anionen können jedoch vor Durchführung der Ionenaustausch-Trennung durch einmaliges Abrauchen mit konz. Schwefelsäure entfernt werden (*Seim, Morris* und *Frew*).

Phosphat-Ion wird in der Regel *vollständig* vom Uran getrennt (*Arnfelt*; *Habashi*); doch können in Gegenwart von Metall-Ionen, die schwerlösliche Phosphate bilden, wie z. B. Th, Zr und Ti, Komplikationen auftreten. Im Falle der Anwesenheit des Thoriums kann die oben erwähnte, doppelte Säulenoperation ausgeführt (*Seim, Morris* und *Pastorino*) und auf diese Weise die Störung beseitigt werden. Sind Titan- und große Mengen Phosphat-Ionen zugegen, wird empfohlen, die Uran-Adsorption aus einer schwefelsauren Soprtionslösung vom pH = 0,5 vorzunehmen (*Moiseeva, Kuznetsova, Luk'yanov* und *Sel'manova*).

Auch die Sulfat-Ionenkonzentration der Sorptionslösung hat einen starken Einfluß auf die Adsorption des Urans. Wird diese erhöht, so nimmt die Uranadsorption bis zu einem Verhältnis 1:2 vom Uran zum Sulfat-Ion zu und fällt dann ab, wenn die Konzentration an Sulfat-Ion weiter gesteigert wird (*Suner* und *Lagos*), allerdings wesentlich langsamer, als es bei einer Erhöhung der Schwefelsäurekonzentration (s. Tabelle 8) der Fall ist (*Kraus* und *Nelson*). So weist der Wert des Verteilungskoeffizienten des Urans in 4m Diammoniumsulfatlösung einen Wert von 500 auf, während er in 4m Schwefelsäure nur 1 beträgt (*Kraus* und *Nelson*). In 0,05, 0,21, 0,5, 1,0, 1,5 und 2m Diammoniumsulfat-Lösungen wurden entsprechende Verteilungskoeffizienten für Uran von 3000, 1110, 630, 347, 322 und 169 gemessen (*Ishimori* und *Okuno*).

Zur Elution des auf stark basischen Harzen adsorbierten Uranylsulfat-Komplexes werden meistens verd. Mineralsäuren benutzt. Dabei hängt die Wirksamkeit der verschiedenen Elutionsmittel davon ab, wie weitgehend sie den Komplex zerstören und mit Uran anionische Komplexe bilden können, die vom Harz wieder adsorbiert werden. Wird z. B. die Salzsäurekonzentration einer Elutionslösung von 0,5 auf 2n erhöht, so nimmt die durch das gleiche Volumen eluierte Uranmenge ab. Die Ursache dafür ist, daß schon aus 2n Salzsäure das Uran merklich auf stark basischen Harzen adsorbierbar ist (s. Abschnitt 5.1.2.1.2 und Tabelle 8). In dieser Hinsicht bessere Elutionsmittel sind verd. salpetersaure Lösungen, da in diesen keine anionischen Nitratkomplexe des Urans gebildet werden (s. Abschnitt 5.1.2.1.3, Tabelle 11). Nach *Welford* und *Sutton* soll jedoch eine Salpetersäurekonzentration von 1 bis 2n nicht ausreichend sein, um den Uranylsulfat-Komplex wirksam eluieren zu können.[2] Im Gegensatz dazu ist es nach Angaben von *Strelow* möglich, das Uran mit n Salpetersäure von Dowex AGI,X8 quantitativ und rasch zu eluieren. Diese Elution wurde im Rahmen eines analytischen Verfahrens zur Bestimmung von Uran in Tantalniobaten angewendet.

Das geeignetste Elutionsmittel ist 1 bis 2m Perchlorsäure[2] (*Fisher* und *Kunin*; *Seim, Morris* und *Frew*; *Seim, Morris* und *Pastorino*; *Banerjee* und *Heyn*; *Welford* und *Sutton*; *Shinagawa, Murata* und *Okashita*; *Marabini*), da sie leicht den Uranylsulfat-Komplex zerstört und auch das Uran mit dieser Säure keine anionischen Komplexe bildet. Ein Nachteil, der bei der Anwendung dieser Säure auftritt, ist, daß die Regenerierung des Harzes, d. h. dessen neuerliche Überführung in die Sulfatform, schwieriger ist als nach Anwendung anderer Elutionsmittel. Nach Angaben

---

[1] Calcium wird nicht am Anionenaustauscher adsorbiert und kann daher quantitativ vom Uran z. B. bei pH 1—2 getrennt werden [*Abrão, A.:* Anal. Chem. **37**, 437 (1965)].

[2] Auf Wofatit SBW hat sich auch 0,5m Perchlorsäure als Elutionsmittel für Mikrogramm-Mengen Uran bewährt (*Scheel* und *Feddersen*).

von *Khopkar* und *De* ist die Elution des an Dowex 21K adsorbierten Urans praktisch vollständig, wenn 0,25 bis 1,5m Perchlorsäure, 0,25 bis 2n Salpetersäure, 0,25 bis 3m Schwefelsäure oder 0,25 bis 1,0n Salzsäure als Elutionsmittel verwendet werden. Ferner kann das Uran auch mit 5 bis 10%iger Ammoniumchloridlösung (m/v) (*Khopkar* und *De*) oder salpetersauren Ammoniumnitratlösungen (*Hollis* und *McArthur*; *Moiseeva, Kuznetsova, Luk'yanov* und *Sel'manova*) quantitativ eluiert werden.

Die Wirksamkeit der Elutionsmittel nimmt also in der Reihenfolge: Perchlorat-, Nitrat-, Sulfat- und Chlorid-Ion ab.

Nicht eluierbar ist das Uran mit 5%iger Citratlösung vom pH = 5, 5%iger Weinsäurelösung und 0,5%iger Natriumhydroxid-Lösung. Mit 1%iger Natriumhydroxidlösung werden etwa 2% des Urans eluiert (*Khopkar* und *De*).

Wie von *Seim, Morris* und *Frew* gezeigt wurde, hängt die Wirksamkeit eines Elutionsmittels auch von der Art des zur Adsorption des anionischen Uranylsulfat-Komplexes angewendeten Anionenaustauschers ab. Nach ihren Angaben kann das Uran von Dowex 1 oder 2 sehr gut mit 10%iger Salzsäure (v/v; ~ 1,2n) eluiert werden, während mit dem gleichen Volumen m Perchlorsäure nur die Hälfte des Urans eluiert wird. Dagegen läßt sich Uran von Amberlite IRA-400 oder Duolite A-101 gut, insbesondere bei höherer Temperatur, mit m Perchlorsäure eluieren.

Auch aus gemischt wäßrig-organischen Systemen wird Uran(VI)-Ion als anionischer Sulfatkomplex bei niedrigen Schwefelsäurekonzentrationen an stark basischen Harzen festgehalten (*Korkisch*; *Janauer* und *Korkisch*). Wie in den salz- (s. Abschnitt 5.1.2.1.2) oder salpetersauren (s. Abschnitt 5.1.2.1.3), gemischt wäßrig-organischen Medien ist auch in den schwefelsauren die Uran-Adsorption wesentlich höher als aus rein-wäßrig schwefelsauren Lösungen. Die Adsorption des Urans und auch anderer Elemente wie z. B. Th, Cu, Zn, Cd, In, Mn, Fe, Co und Ni (*Korkisch* und *Ahluwalia*) nimmt mit steigender Konzentration an organischem Lösungsmittel (wie z. B. aliphatische Alkohole, Aceton, Methylglykol und Tetrahydrofuran) und fallender Schwefelsäurekonzentration stark zu. Diese Medien haben aber bis jetzt noch *keine* Anwendung in der analytischen Chemie des Urans gefunden.

Anwendungsbeispiele zur Abtrennung des Urans als anionischer Sulfat-Komplex (Sulfatmethode).

Zur raschen, serienmäßigen Bestimmung des Urans in *Erzen* wurde die ursprünglich von *Fisher* und *Kunin* beschriebene Methode erweitert und gestattet die Bestimmung einer derart geringen Menge Uranoxid wie 0,01% mit einer *Genauigkeit* von ± 0,005%.

Arbeitsvorschrift nach *Seim, Morris* und *Frew*. Eine geeignete Menge Probe, die 0,5 bis 40 mg Uranoxid enthalten soll, wird 10 Min. mit 15 bis 30 ml konz. Salzsäure erhitzt. Dann werden 5 bis 10 ml konz. Salpetersäure zugegeben und das Erhitzen so lange fortgesetzt, bis alle säurelöslichen Minerale in Lösung gebracht sind. Die Probe ist sodann mit 5 bis 10 ml 9m Schwefelsäure abzurauchen (10 ml Schwefelsäure für 5 g Probe verwenden). Nach dem Abrauchen der Schwefelsäure wird der Rückstand mit 50 ml Wasser aufgenommen und 5 bis 10 Min. vorsichtig gekocht. Die entstandene Lösung wird filtriert und der Rückstand mit heißem Wasser gewaschen. Bei Proben, die größere Mengen Phosphorsäure enthalten, ist mit heißer 0,1n Schwefelsäure anstelle von heißem Wasser zu waschen. Die Lösung stellt man mit 6n Natriumhydroxidlösung auf einen pH-Wert von 1,0 bis 1,5 ein. Zu diesem Zeitpunkt kann das Eisen(III) durch Zugabe von 10 bis 30 ml schwefeliger Säure (6%; v/v) zur zweiwertigen Oxydationsstufe reduziert werden. Die derart reduzierte Lösung läßt man nach 10 Min. langem Stehen durch eine Ionenaustausch-Säule (5 cm×1,4 cm; Amberlite IRA-400 oder Duolite A-101; 50 bis 60 oder auch 100 bis 200 mesh; Sulfatform), die vorher durch Waschen mit Schwefelsäure (10%; v/v) und danach mit Wasser vorbehandelt wurde, mit einer Geschwindigkeit von 1 Tropfen/sec. fließen, wobei das Uran adsorbiert wird. Hierauf wird das Harzbett mit 50 ml heißem Wasser gewaschen, das Uran mit 50 ml zum Sieden erhitzter, m Perchlorsäure eluiert und direkt im Eluat unter Anwendung der Peroxidmethode (s. Abschnitt 3.1.2.1) spektrophotometrisch bestimmt.

Bemerkung. Für Proben, die mehr als 100 mg Thorium- oder Calciumphosphat enthalten, wurde die obige Methode durch *Seim*, *Morris* und *Pastorino* derart abgeändert, daß *vor* Anwendung der Sulfatmethode das Uran mittels der Chloridmethode (s. Abschnitt 5.1.2.1.2) abgetrennt wird.

Arbeitsvorschrift nach *Seim*, *Morris* und *Pastorino*. Nach dem Aufschluß des Erzes ist die Probelösung mit Salzsäure zur Trockne einzudampfen und der Rückstand mit 50 ml 10n Salzsäure aufzunehmen. Die Lösung läßt man durch das in der Chloridform befindliche Harz fließen, wobei das Uran als anionischer Chlorid-Komplex festgehalten wird (s. Abschnitt 5.1.2.1.2), während Th, Ca und die Phosphorsäure in den Effluent übergehen. Hierauf wird das Harzbett mit etwa 50 ml 10n Salzsäure gewaschen und das Uran mit 100 ml heißer Salzsäure (10%; v/v; ~ 1,2n) eluiert. Dem Eluat sind 5 ml 9m Schwefelsäure zuzusetzen und die Lösung bis zum Auftreten starker Schwefel(VI)-oxiddämpfe einzudampfen. Nach dem Abkühlen werden 100 ml Wasser zugegeben und die Lösung so lange gekocht, bis sich der Rückstand aufgelöst hat. Hierauf stellt man den pH-Wert der Lösung auf etwa 1,2 ein, indem 10 bis 30 ml Schwefelsäure (6%; v/v) zugegeben werden, und läßt die Lösung wie oben angegeben durch das Sulfatharz fließen. Nach der Elution mit verd. Perchlorsäure bestimmt man das Uran unter Anwendung der Dibenzoylmethan-Methode (s. Abschnitt 3.1.3.1.1) spektrophotometrisch.

Bemerkungen. I. Ähnliche Verfahren wie die oben beschriebene Methode nach *Seim*, *Morris* und *Frew* wurden unter Anwendung von Amberlite IRA-400 zur Analyse schwefelsaurer Laugelösungen uranhaltiger *Minerale* (*Borlera*), *Gesteine* und *Rohphosphate* (*Jangg*, *Ochsenfeld* und *Habashi*; *Habashi*) sowie von *Uranerzen* (*Shinagawa*, *Murata* und *Okashita*) wie z. B. *Pechblende* und *Autuniterze* (*Marabini*) herangezogen.

a) Zur Analyse schwefelsaurer Laugelösungen uranhaltiger *Minerale* wird die Probelösung auf pH = 1,5 bis 2,1 eingestellt, anwesendes Eisen(III)-Ion mit schwefeliger Säure reduziert, das Uran auf einer Säule dieses Austauschers adsorbiert und schließlich mit 0,25 bis 0,5n Perchlor-, Salpeter- oder Salzsäure eluiert (*Borlera*).

b) Nach *Jangg*, *Ochsenfeld* und *Habashi* sowie *Habashi* wird die Mikrogrammengen Urans enthaltende, schwefelsaure Probelösung eines *Gesteins* oder *Rohphosphats* auf pH = 1,5 eingestellt, das Uran am Austauscher adsorbiert, mit 0,8 oder 1n Salzsäure eluiert und dann polarographisch unter Anwendung der katalytischen Nitratwelle (s. Abschnitt 4.1.2.2) bestimmt. Wird bei der Elution des Urans ein durch andere Elemente verunreinigtes Eluat erhalten, so werden diese Verunreinigungen unter Anwendung der Acetatmethode (s. Abschnitt 5.1.2.2.1) abgetrennt und dann erst die polarographische Uranbestimmung ausgeführt.

c) Zwecks Abtrennung des Urans aus schwefelsauren Lösungen von *Uranerzen* wird die Probelösung 0,1 bis 0,2n an Schwefelsäure gemacht und das Uran nach vorangehender Reduktion des Molybdäns mit Hydroxylammoniumsulfat am Harz adsorbiert (*Shinagawa*, *Murata* und *Okashita*). Die Elution des Urans erfolgt mit m Perchlorsäure.

d) Zur Analyse von *Pechblende* und *Autuniterz* (*Marabini*) wird die schwefelsaure Lösung dieser Erze auf pH = 1 bis 1,5 eingestellt, 6%ige schwefelige Säure (v/v) unter Anwendung von Methylenblau als Indikator bis zu seiner Entfärbung zugesetzt, das Uran am Harz oder auch an Dowex 1 adsorbiert und schließlich mit m Perchlorsäure eluiert.

II. Dieser Austauscher wurde auch zur Isolierung des Urans aus *Sedimenten* (*Sugimura* und *Sugimura*), *Eisen-* und *Stahlproben* (*Welford* und *Sutton*), *Blut* [*Welford* und *Alercio* (a)] und *Eisenerzen* [*Welford* und *Alercio* (b)] verwendet.

Zur Anwendung auf *Stahl-* und *Eisenproben* wird das Uran aus n schwefelsaurer Lösung nach Reduktion des Eisens mit schwefliger Säure adsorbiert; coadsorbierte Kationen werden vor der Elution des Urans mit 0,05 n Salzsäure eluiert. Zur Elution des Urans wird 2 m Perchlorsäure verwendet. Mitadsorbiertes und miteluiertes Eisen (gewöhnlich weniger als 5 mg) wird durch Elektrolyse an einer Quecksilberkathode (s. Abschnitt 4.3.2) oder durch Cupferronextraktion (s. Abschnitt 1.2.2) *vor* der Uranbestimmung entfernt. Mittels dieser Methode können mehr als 90% Uran, wenn dieses in einer Eisen- oder Stahlprobe von 5 g in Gehalten von 0,5 bis 5 μg vorliegt, erfaßt werden.

III. Amberlite IRA-400 oder Dowex 1 werden auch zur technischen Abtrennung des Urans aus schwefelsauren Laugelösungen von *Uranerzen* herangezogen. Dazu werden entweder 3 bis 4 Säulen hintereinander geschaltet oder das Eintragverfahren [RIP (resin in pulp)-Prozeß] angewendet. Zur Elution des adsorbierten Urans können m Chlorid- oder Nitrat-Lösungen (*Preuss* und *Kunin*; *Grinstead*, *Ellis* und *Olson*), eine Mischung aus 0,1 n Salpetersäure und 0,9 m Ammoniumnitrat (*Hollis* und *McArthur*) oder 0,25 bis 0,5 n Perchlorsäure, Salpetersäure- oder Salzsäure-Lösungen (*Borlera*) verwendet werden. Eines dieser Verfahren (*Hollis* und *McArthur*) ermöglicht die Isolierung von 0,5 bis 1,0 g U_3O_8/l bei einer Sulfat-Konzentration von 10 bis 20 g/l und einem pH-Wert von 1,2 bis 1,5.

IV. Unter Anwendung von Dowex 1 und 0,1 n Schwefelsäure als Sorptions- und Waschlösung trennte *Šušić* das Uran von *seltenen Erdmetallen*, Alkalimetallen, Zn, Mn, Ni, Cd, Co, Fe^{2+} und Cu, und zwar, wenn von diesen Elementen je $1 \cdot 10^{-2}$ g und von Uran $2,38 \cdot 10^{-2}$ g anwesend waren. Die Elution des Urans erfolgte mit n Salpetersäure. Auf demselben Austauscher oder Dowex 2 kann auch eine Gruppentrennung von U, Th, Pa und Zr, die unter diesen Bedingungen gemeinsam adsorbiert werden (s. Tabelle 8), von Americium und seltenen Erdmetallen, die nicht adsorbierbar sind, durchgeführt werden. Als Sorptionsmedium wurde 0,1 n Schwefelsäure benutzt (*Bunney*, *Ballou*, *Pascual* und *Foti*).

Zur aufeinanderfolgenden Trennung von Eu, Th und U wird zuerst das Europium mit 0,2 n und dann das Thorium mit 0,8 n Schwefelsäure eluiert. Schließlich wird das Uran mit 3 n Schwefelsäure desorbiert (*Kraus* und *Nelson*).

V. Nach Angaben von *Stevančević* kann die Adsorption des Urans auf Dowex 1 aus einer schwefelsauren Lösung vom pH-Wert 1,5 zur Trennung von Verunreinigungen wie z. B. Cu, Zn, Cd, Ni, Co, Fe, Mn und Al vor deren Bestimmung in *hochreinen* Uranproben verwendet werden.

VI. *Dowex 1 X8* wurde von *Banks, Thompson* und *O'Laughlin* zur Abtrennung von Uran und Eisen *vor* der Bestimmung geringer Mengen seltener Erdmetalle in Uranproben verwendet. Dazu werden Uran und Eisen auf diesem Austauscher aus einer Lösung, die 0,5%ig (v/v) an Schwefelsäure und 4%ig (m/v) an Ammoniumthiocyanat ist, adsorbiert. Dabei wird Uran als anionischer Sulfat-Komplex und Eisen(III) als Thiocyanat-Komplex festgehalten. Die seltenen Erdmetalle werden mit 0,5% (v/v) Schwefelsäure eluiert und spektrophotometrisch mit Arsenazo bestimmt.

VII. Zur Trennung von 50 bis 100 μg Uran von 50 bis 200 mg *Wismut* wird das Uran aus einer schwefelsauren Lösung vom pH-Wert $\sim$ 1,0 bis 1,5 auf *Dowex 1 X10* adsorbiert (*Banerjee* und *Heyn*). Dabei geht Wismut in den Effluent über, und das adsorbierte Uran kann mit (1 + 9) (10%ig v/v) Perchlorsäure eluiert werden. Diese Methode wurde zur serienmäßigen Bestimmung des Urans in Proben von Flüssigmetall-Reaktoren mit stark variierenden Wismut-Konzentrationen vorgeschlagen. Ein Nachteil dieser Methode ist, daß das Volumen der Sorptionslösung und auch die

Säulendimensionen erhöht werden müssen, wenn die Menge an zu trennendem Wismut oder Uran gesteigert wird. Außerdem kann leicht Hydrolyse des Wismutsulfats eintreten, wenn der pH-Wert der Sorptionslösung nicht genau eingestellt wird. Selbst dann tritt Hydrolyse ein, wenn die Sorptionslösung nicht innerhalb von 2 Std. der Säulenoperation unterworfen wird. Alle diese Nachteile können vermieden werden, wenn die im Abschnitt 5.1.3.3 beschriebene Kationenaustausch-Methode oder die Chloridmethode (s. Abschnitt 5.1.2.1.2) zur Trennung des Urans vom Wismut verwendet werden.

VIII. *Dowex 1X8* wurde auch in einem Analysengang zur Isolierung des Urans aus *Meerwasser* nach dessen vorangehender Abtrennung durch Mitfällung mit Eisenhydroxid (s. Abschnitt 1.3) und Extraktion mit Äthylacetat (s. Abschnitt 6.4) verwendet (*Miyake* und *Sugimura*; *Miyake, Saruhashi, Katsuragi, Kanazawa* und *Sugimura*).

Arbeitsvorschrift. Zu 1 l Wasserprobe werden 10 mg Eisen(III)-Ion in Form von Eisen(III)-chlorid und 10 ml konz. Salpetersäure zugegeben. Die Lösung wird 10 Min. zwecks Zerstörung anionischer Carbonat-Komplexe gekocht und das Eisenhydroxid durch Zugabe von Ammoniumnitrat und frisch destilliertem Ammoniak bei pH = 7 gefällt. Den Hydroxid-Niederschlag löst man in 0,7 ml konz. Salpetersäure, gibt 19 g Ammoniumnitrat zu und extrahiert das Uran zweimal mit je 10 ml Äthylacetat. Nach dem Eindampfen des Extrakts ist der Rückstand mit 0,5 ml Schwefelsäure (1 + 2) (etwa 6,2 m) aufzunehmen, die Schwefelsäure abzurauchen und der Rückstand mit Wasser aufzunehmen. Dann wird das Uran auf einer Säule von Dowex 1X8 aus schwefelsaurer Lösung vom pH = 1,0 bis 1,5 adsorbiert. Nach dem Waschen mit einer (1 + 3 + 1)-Mischung von n Schwefelsäure, m Diammoniumsulfat und Wasser eluiert man das Uran mit 2n Schwefelsäure und bestimmt es spektrophotometrisch (s. Abschnitt 3.1.1.1.4.2).

IX. Die Adsorption des Urans auf *Dowex 2* aus einer schwefelsauren Lösung vom pH = 2 wurde von *Arnfelt* zur Abtrennung dieses Elements aus Lösungen verwendet, die bis zu 0,001 % Uran enthalten. Anwesendes Eisen(III) wird *vor* Adsorption des Urans mit Natriumdithionit unter Anwendung von Sulfosalicylsäure als Indikator reduziert. In Lösungen, die 0,02 bis 0,4 mg Uran/ml enthalten, soll die Sulfat-Ionenkonzentration nicht 75 mg/ml überschreiten. Das adsorbierte Uran wird mit 1,2n Salzsäure eluiert und unter Anwendung der Peroxidmethode colorimetrisch bestimmt (s. Abschnitt 3.1.2.1).

a) Derselbe Austauscher wurde auch von *Jangida, Krishnamachari, Varde* und *Venkatasubramanian* zur aufeinanderfolgenden Trennung des U, Th und der seltenen Erdmetalle *vor* der Bestimmung dieser Elemente in *Monazitproben* benutzt. Die salz- oder salpetersaure Probelösung läßt man zuerst zwecks Entfernung von Phosphat-Ionen durch eine Aluminiumoxid-Säule fließen; dann werden Uran und Thorium aus einer schwefelsauren Lösung vom pH = 2,5 auf Dowex 2X8 adsorbiert. Die seltenen Erdmetalle werden mit einer schwefelsauren Lösung vom pH = 2,5 vollständig ausgewaschen und hierauf das Thorium mit 0,5n Schwefelsäure eluiert. Anschließend wird Uran mit 0,5n Salpetersäure vom Harz entfernt.

b) Auch vor der Bestimmung des Urans, vorliegend in Konzentrationen von 0,1 ppm, mittels *Röntgenstrahlenfluoreszenz-Analyse* (s. Abschnitt 3.2) kann dieses vorher auf Bio-Rad AG-IX als Sulfat-Komplex angereichert und dann direkt auf dem Harz bestimmt werden (*Niekerk, Wet* und *Wybenga*).

X. Zur Bestimmung des Urans in *Wismutlegierungen* wird von *Milner* und *Barnett* das Uran auf De-Acidite FF aus verd. schwefelsaurer Lösung vom pH = 2 adsorbiert. Das Wismut wird zuerst in Gegenwart von Brom und Bromwasserstoffsäure als Bromid verflüchtigt, der uran- und eisenhaltige Rückstand in wenig Schwefelsäure gelöst, die Lösung mit Wasser verdünnt und ihr pH-Wert mit Ammoniak auf 2 eingestellt. Danach wird das Eisen mit schwefliger Säure in Gegenwart von o-Phenanthrolin als Indikator reduziert und das Uran auf einer Säule des Harzes adsorbiert. Nach dem Waschen des Harzbettes mit einer verd. schwefelsauren Lösung vom pH = 2 wird das Uran mit 10%iger Salzsäure (v/v; ~ 1,2n) eluiert.

Diese Ionenaustauschtrennung kann in Anwesenheit von Wismut nicht durchgeführt werden, da dieses bei dem angewandten pH-Wert von 2 durch Hydrolyse ausgefällt wird (s. auch Methode von *Banerjee* und *Heyn*, S. 249).

XI. Zur Analyse von *Uranerzen* wird nach *Moiseeva, Kuznetsova, Luk'yanov* und *Sel'manova* das Uran auf dem stark basischen Austauscher *EDE-10P* aus einer schwefelsauren Lösung vom pH-Wert 1,0 bis 1,5 adsorbiert. Anwesendes Vanadium wird vorher mit Hydraziniumsulfat reduziert. Die Elution des Urans wird mit einer Lösung ausgeführt, die an Ammoniumnitrat 3%ig (m/v) und an Salpetersäure 5%ig (v/v) ist.

XII. Eine ähnliche Methode unter Anwendung desselben Anionenaustauschers kann auch zur Analyse von *Bodenproben*, die 10^{-3} bis 10^{-6} g Uran und etwa 300 mg R_2O_3 enthalten, angewandt werden (*Zagrai* und *Vlasov*).

Literatur

Arden, T. V., u. *Rowley, M.:* Soc. **1957**, 1709. – *Arden, T. V.*, u. *Wood, G. A.:* Soc. **1956**, 1596. – *Arnfelt, A. L.:* Acta chem. Scand. **9**, 1484 (1955).

Banerjee, G., u. *Heyn, A. H. A.:* Anal. Chem. **30**, 1795 (1958). – *Banks, C. V., Thompson, J. A.*, u. *O'Laughlin, J. W.:* Anal. Chem. **30**, 1792 (1958). – *Borlera, M. L.:* Ric. sci. **28**, 331 (1958). – *Bunney, R. L., Ballou, N. E., Pascual, J.*, u. *Foti, S.:* Anal. Chem. **31**, 324 (1959).

Danielsson, L.: Acta chem. Scand. **19**, 670 (1965).

Fisher, S., u. *Kunin, R.:* Anal. Chem. **29**, 400 (1957).

Grinstead, R. A., Ellis, D. A., u. *Olson, R. S.:* Proc. Intern. Conf. Peaceful Uses Atomic Energy, Geneva 1955, Vol. **8**, 49. United Nations: New York 1956.

Habashi, F.: Mikrochim. A. **1959**, 932. – *Hollis, R. F.*, u. *McArthur, C. K.:* Proc. Intern. Conf. Peaceful Uses Atomic Energy, Geneva 1955, Vol. **8**, 1955. United Nations: New York 1956. – *Holroyd, A.*, u. *Salmon, J. E.:* Soc. **1956**, 269; durch C. **1956**, 10175.

Ishimori, T., u. *Okuno, H.:* Chem. Soc. Japan **29**, 78 (1956).

Janauer, G. E., u. *Korkisch, J.:* J. Chromatogr. **8**, 510 (1962). – *Jangg, G., Ochsenfeld, W.*, u. *Habashi, F.:* Fr. **171**, 27 (1959/60). – *Jangida, B. L., Krishnamachari, N., Varde, M. S.*, u. *Venkatasubramanian, V.:* Anal. chim. Acta **32**, 91 (1965).

Khopkar, S. M., u. *De, A. K.:* Anal. chim. Acta **23**, 147 (1960). – *Korkisch, J.:* Mikrochim. Acta **1967**, 401. – *Korkisch, J.:* Progress in Nuclear Energy, Series IX, Analytical Chemistry, Vol. **6**. Oxford 1966. – *Korkisch, J.*, u. *Ahluwalia, S. S.:* Fr. **215**, 86 (1966). – *Kraus, K. A.*, u. *Nelson, F.:* Proc. Internat. Conf. Peaceful Uses Atomic Energy, Geneva 1955, Vol. **7**, 113. United Nations: New York 1956.

Marabini, A. M.: Ric. Sci. **3**, 919 (1963). – *Milner, G. W. C.*, u. *Barnett, G. A.:* Anal. chim. Acta **17**, 220 (1957). – *Miyake, Y.*, u. *Sugimura, Y.:* Studies on Oceanography **1964**, 274. – *Miyake, Y., Saruhashi, K., Katsuragi, Y., Kanazawa, T.*, u. *Sugimura, Y.:* Recent Researches in the Fields of Hydrosphere, Atmosphere and Nuclear Geochemistry. Editorial Committee of Sugawara Festival Volume. Tokyo (Japan) 1964. – *Moiseeva, L. M., Kuznetsova, N. M., Luk'yanov, V. F.*, u. *Sel'manova, G. L.:* Zhur. Anal. Khim. (russ.) **16**, 585 (1961).

Niekerk, J. N., Wet, J. F., u. *Wybenga, F. T.:* Anal. Chem. **33**, 213 (1961).

Preuss, A., u. *Kunin, R.:* Proc. Intern. Conf. Peaceful Uses Atomic Energy, Geneva 1955, Vol. **8**, 45. United Nations: New York 1956.

Scheel, H., u. *Feddersen, B.:* Kernenergie **9**, 256 (1966). – *Seim, H. J., Morris, R. J.*, u. *Frew, D. W.:* Anal. Chem. **29**, 443 (1957). – *Seim, H. J., Morris, R. J.*, u. *Pastorino, R. G.:* Anal. Chem. **31**, 957 (1959). – *Shinagawa, M., Murata, T.*, u. *Okashita, H.:* Japan Analyst **8**, 356 (1959). – *Stevančević, D. B.:* Bull. Soc. chim. Belgrad **23/24**, 185 (1959). – *Strelow, F. W. E.:* Anal. Chem. **39**, 1454 (1967). – *Sugimura, Y.*, u. *Sugimura, T.:* Nature **194**, 568 (1962). – *Suner, A.*, u. *Lagos, E.:* Proc. 2nd Intern. Conf. Peaceful Uses Atomic Energy, Geneva 1958, Vol. **3**, S. 265 U. N: New York 1968. – *Šušić, M. V.:* Bl. Inst. Nucl. Sci., „Boris Kidrich" Belgrad **7**, 35 (1957).

Welford, G. A., u. *Alercio, J. S.:* (a) U. S. A. E. C. Report NYO-4501, 1950; (b) U. S. A. E. C. Report NYO-4694 (1950). – *Welford, G. A.*, u. *Sutton, D.:* U. S. A. E. C. Report NYO-4755, 1957.

Zagrai, V. D., u. *Vlasov, V. A.:* Zhur. Anal. Khim. (russ.) **17**, 254 (1962); durch Fr. **195**, 66 (1963)·

5.1.2.1.2 Abtrennung als anionischer Chlorid-Komplex

In rein wäßrigen, salzsauren Lösungen bildet Uranyl-Ion anionische Chlorid-Komplexe folgender Zusammensetzung: $[UO_2Cl_3]^-$ und $[UO_2Cl_4]^{2-}$ (*Kraus* und *Nelson*). Wie aus den in Tabelle 9 gezeigten, bei verschiedenen Salzsäure-Konzentrationen gemessenen Werten für die Verteilungskoeffizienten des Urans hervorgeht, nimmt die Adsorption dieser Komplexe an stark basischen Anionenaustauschern wie z. B. Dowex 1 oder Amberlite IRA-400 mit ansteigender HCl-Konzentration zu und erreicht ein Maximum in etwa 8 bis 9n Salzsäure, um danach wieder etwas abzunehmen.

Tabelle 9. *Verteilungskoeffizienten des Urans(VI) in rein-wäßrigen, salzsauren Lösungen*

Autoren	Salzsäurenormalität						
	1	2	4	6	8	10	12
Kraus und *Nelson*	~1	~10	~100	~500	~10^3	~10^3	~10^3
Wish	~2	~10	~180	~800	~10^3	~10^3	~800
Bunney, Ballou, Pascual und *Foti*	~2	~50	~200	~600	~800	~600	~300

Ein Vergleich dieser in der Tabelle 9 angeführten Werte mit jenen Verteilungskoeffizienten, die in rein-wäßrigen, salpetersauren Systemen ermittelt wurden (s. Tabelle 11), zeigt, daß salzsaure Medien zur analytischen Abtrennung des Urans wesentlich besser geeignet sind als die salpetersauren Lösungen. Allerdings sind die in rein-wäßrigen, salzsauren Medien erzielbaren Selektivitäten der Trennungen nicht sonderlich groß, da eine Reihe von Elementen, die ebenfalls anionische Chlorid-Komplexe bilden, zusammen mit dem Uran adsorbiert werden. Dabei hängt es sehr von der angewendeten Salzsäure-Normalität ab, welche von diesen Metall-Ionen zusammen mit Uran vom Austauscher festgehalten werden. Wird das Uran aus 12n Salzsäure adsorbiert, so weisen die Trennungen die geringste Selektivität auf. Unter diesen Bedingungen werden folgende Elemente bzw. Ionen coadsorbiert: Ti, Zr, Hf, V(V), Pa(V), Mo(VI), W(VI), Fe^{3+}, Au^{3+}, Ga^{3+}, Ge^{4+}, Co^{2+}, Sb(V), Sn^{4+} und Platinmetalle. Nicht oder nur sehr schwach adsorbiert werden die Alkalimetalle, Erdalkalimetalle (einschließlich Be, Mg), Sc, Y, die seltenen Erdmetalle, Ac, Th, Al, Cr^{3+}, Mn^{2+}, Ni, Zn, Cd, Hg^{2+}, Pb, Cu^{2+}, Ag und Bi^{3+}. Wird dagegen das Uran aus 4 bis 6n salzsauren Lösungen adsorbiert, so ist seine Trennung auch von Ti, Zr, Hf, V(V), Ge^{4+} und Co möglich, dagegen nicht von Zn, Cd, Hg^{2+}, Pb und Bi, deren anionische Chlorid-Komplexe stärker bei niedrigeren Salzsäurekonzentrationen festgehalten werden.

Wird nach erfolgter Adsorption das Uran mit n Salzsäure eluiert, so werden diese Elemente praktisch nicht miteluiert, wohl aber Fe^{3+}, Pb, Mo(VI) und W(VI), die die Endbestimmung des Urans empfindlich zu stören vermögen. Ferner können die erwähnten, mitadsorbierbaren Elemente, falls sie in großen Mengen vorliegen, die Adsorption des Urans teilweise oder ganz verhindern, indem ihre anionischen Chlorid-Komplexe jene des Urans vom Harz verdrängen. *Keine Störungen* werden dagegen in Gegenwart von Phosphat-, Sulfat-, Fluorid- und Nitrat-Ionen sowie vieler organischer Verbindungen verursacht.

Um die Selektivität der Trennungen in salzsauren Systemen zu verbessern, ist es vor allem nötig, die Coadsorption des Eisen(III)-Ions, das in den meisten Fällen in großem Überschuß vorliegt, zu verhindern.[1] Dies kann erreicht werden, indem man das Eisen in der salzsauren Sorptionslösung zur zweiwertigen Oxydationsstufe redu-

---

[1] Eine Trennung des Urans vom Eisen soll auch möglich sein, wenn man 6n Salzsäure + 1 n Perchlorsäure als Elutionsmittel verwendet [*Van Nguyen Huu* u. *Lalou, C.*: Radiochim. Acta **12**, 156 (1969)].

ziert, in welcher Form es im Konzentrationsbereich von 4 bis 8n Salzsäure nicht von stark basischen Austauschern festgehalten wird und in den Effluent übergeht, während Uran stark adsorbiert wird. Zu dieser Reduktion müssen Reduktionsmittel verwendet werden, die wohl das Eisen(III)-, aber nicht das Uranyl-Ion reduzieren, da Uran (IV) erst bei Salzsäurekonzentrationen um oder über 8n eine starke Adsorption erfährt (*Kraus* und *Nelson*; *Choppin*; *Pluchet* und *Muxart*). Dazu geeignete Reduktionsmittel sind Ascorbinsäure (*Korkisch*, *Farag* und *Hecht*; *Korkisch*, *Antal* und *Hecht*; *Tera* und *Korkisch*; *Florence* und *Shirvington*) und Jodwasserstoffsäure oder Ammoniumjodid (*Boase* und *Foreman*). Das erstgenannte Reduktionsmittel kann sowohl in rein-wäßriger, salzsaurer Lösung (*Korkisch*, *Farag* und *Hecht*; *Florence* und *Shirvington*) als auch in salzsauren, äthanolischen (*Korkisch*, *Antal* und *Hecht*) oder methanolischen Systemen (*Tera* und *Korkisch*) angewendet werden. Wird diese Reduktion in den gemischt-wäßrig-organischen Systemen ausgeführt, so kann gleichzeitig die oben erwähnte Störung durch Molybdän und Wolfram ausgeschaltet werden (*Korkisch*, *Antal* und *Hecht*); ferner wird erreicht, daß einmal reduziertes Eisen nicht mehr so leicht durch Luftsauerstoff wieder oxydierbar ist. Ein Nachteil dieser Ascorbinsäure-Salzsäuresysteme ist jedoch, daß das Uran praktisch nur aus jenen Medien von relativ niedriger Salzsäurekonzentration adsorbiert werden kann, in denen das Eisen quantitativ zur zweiwertigen Stufe reduziert ist. Eine praktisch vollständige Reduktion kann in rein-wäßrigen, salzsauren Lösungen im Aciditätsbereich von 4 bis 5n (*Korkisch*, *Farag* und *Hecht*; *Florence* und *Shirvington*) und in äthanolischen und methanolischen Medien bei Salzsäurekonzentrationen von 0,8 bis 1,2n erzielt werden (*Korkisch*, *Antal* und *Hecht*; *Tera* und *Korkisch*). In diesen Medien sind jedoch die Verteilungskoeffizienten des Urans wesentlich geringer, als dies bei höheren Salzsäurekonzentrationen der Fall ist. Dies hat zur Folge, daß sich diese Systeme aus Kapazitätsgründen praktisch nur zur Abtrennung von Mikrogrammengen oder bestenfalls wenigen Milligramm Uran eignen. Wird die Salzsäurekonzentration über die oben angegebenen Grenzen hinaus erhöht, so wird das Eisen nur unvollständig durch Ascorbinsäure reduziert und demzufolge teilweise als Fe^{3+} zusammen mit dem Uran adsorbiert. Derselbe Effekt der unvollständigen Reduktion tritt auch dann auf, wenn die Konzentration des organischen Lösungsmittels wie des erwähnten Methanols oder Äthanols in den salzsauren Mischungen größer ist als 80 Vol.-%. Selbst wenn diese optimalen Bedingungen eingehalten werden, ist es in Gegenwart großer Eisenmengen nötig, die das adsorbierte Uran enthaltende Austauschersäule mit großen Volumina stark ascorbinsäurehaltiger Lösungen zu waschen, damit alles Eisen entfernt wird, wodurch unter Umständen (wenn der Verteilungskoeffizient in dem gewählten System relativ niedrig ist) Uranverluste eintreten können. Alle diese Nachteile werden vermieden, wenn ein salzsaures, gemischt-wäßrig-organisches System benutzt wird, aus dem das Uran mit einem sehr hohen Verteilungskoeffizienten adsorbiert, dagegen das Fe^{3+} selbst in Abwesenheit eines Reduktionsmittels praktisch nicht festgehalten wird. Wie aus der in Tabelle 10 gezeigten Aufstellung ersichtlich, sind diese Erfordernisse dann gegeben, wenn eine Mischung, bestehend aus 90% Methylglykol und 10% 6n Salzsäure (v/v), als Sorptions- und Waschlösung verwendet wird (*Korkisch* und *Hazan*).

Dieses System sowie jene Medien, in denen das Eisen durch vorangehende Reduktion zu der nichtadsorbierbaren, zweiwertigen Oxydationsstufe reduziert wird, sind auf Grund der oben angeführten Gründe von universellerer Anwendbarkeit zur analytischen Abtrennung des Urans als Methoden, in denen weder Reduktionsmittel noch organische Lösungsmittel, sondern nur rein salzsaure Lösungen verwendet werden. Demzufolge werden die erstgenannten Systeme in dem nun folgenden Abschnitt zuerst und sehr ausführlich besprochen werden, während auf die anderen Medien, die in den meisten Fällen nur zur Lösung spezieller, analytischer Probleme verwendet wurden, bloß prinzipiell eingegangen wird.

Tabelle 10
Verteilungskoeffizienten des Urans(VI) und Eisens(III) in Mischungen von 90% organischem
Lösungsmittel-10% 6n Salzsäure (v/v) (Korkisch und Hazan) (Dowex 1X8)

Organisches Lösungsmittel	Verteilungskoeffizienten	
	Uran(VI)	Eisen(III)
Methanol	1000	30
Äthanol	1500	40
n-Propanol	1600	90
Isopropanol	5000	140
n-Butanol	1000	50
Isobutanol	1300	70
Methylglycol	18500	10
Äthylglycol	9000	~ 1
Ameisensäure	< 1	< 1
Essigsäure	85000	70
Aceton	400	< 1
Tetrahydrofuran	200	< 1

Anwendungsbeispiele zur Abtrennung des Urans als anionischer Chlorid-Komplex
(Chloridmethode)

A. Methylglycol-Salzsäuresystem[1]

Wie bereits erwähnt (s. S. 253; s. auch Tabelle 10) weist der Verteilungskoeffizient des Urans(VI) in einem Medium, bestehend aus 90% Methylglycol und 10% 6n Salzsäure (v/v), auf Dowex 1 einen Wert von $1,8 \times 10^4$ auf, während derjenige des Eisens(III) nur 10 beträgt. Daher ist es möglich, das Uran von großen Mengen Eisens zu trennen, so daß sich diese Methode besonders zur Isolierung des Urans aus Stahlproben und sonstigen stark eisenhaltigen Materialien eignet (*Korkisch* und *Hazan*). Außer Uran werden aus diesem Medium auch Co, Mn^{2+}, Zn, Cd und Cu an Dowex 1 adsorbiert, wobei die Verteilungskoeffizienten Werte von 1000, 100, 600, 500 und 450 aufweisen. Wird jedoch nach der Adsorption des Urans aus obiger Mischung mit einer Lösung, bestehend aus 80% Methylglycol und 20% 3n Salzsäure (v/v), nachgewaschen, so sind Co, Mn und Cu quantitativ eluierbar, während das Uran bei einem Verteilungskoeffizienten von 880 zusammen mit Zn und Cd sowie den auch unter diesen Bedingungen stark adsorbierbaren Elementen Bi^{3+}, Pb^{2+} und Sn^{2+} weiterhin fest vom Austauscher festgehalten wird. Wird das Uran schließlich mit n Salzsäure eluiert, so verbleiben alle diese mitadsorbierten Metall-Ionen mit Ausnahme des Bleis, das zusammen mit dem Uran eluiert wird, adsorbiert und sind daher vom Uran trennbar. Weder aus 90 noch aus 80vol.-%igen Methylglycol-Salzsäuremischungen sind die Kationen jener Elemente adsorbierbar, die auch aus rein-wäßrigen, salzsauren Systemen von stark basischen Harzen nicht festgehalten werden (s. S. 252). Ferner treten auch keine Störungen in Gegenwart großer Mengen Anionen wie Phosphat-, Sulfat- und Chlorid-Ionen auf.

Dieses Trennungsprinzip wurde zur Analyse von Stahlproben (*Korkisch* und *Hazan*) und geologischen Materialien (*Hazan*, *Korkisch* und *Arrhenius*) wie *Monaziten*, *Meeressedimenten* und *Meerwasserproben* verwendet, wozu die folgenden

Arbeitsvorschriften nach *Korkisch* und *Hazan* sowie *Hazan*, *Korkisch* und *Arrhenius* dienen.

---

[1] Dieses System hat sich zur Routineanalyse von verschiedenartigsten Materialien bestens bewährt und wird seit Jahren im Analytischen Institut der Universität Wien angewendet. Siehe auch *Korkisch, J.*: U. S. A. E. C. Report TID-21853, 1965.

I. Stahlproben werden in Salzsäure gelöst, Kohlenstoff und Silicium entfernt und die Lösung zur Trockne eingedampft. Den Rückstand löst man in einem geeigneten Volumen 6n Salzsäure. Dieser Lösung wird ein aliquoter Teil von 2 ml entnommen und mit Methylglycol auf 20 ml verdünnt. Die Lösung läßt man durch eine Harzsäule (10 cm×0,6 cm; Dowex 1X8; 100 bis 200 mesh; Chloridform), die vorher mit 50 ml einer Waschlösung, bestehend aus 90 Vol.-% Methylglycol und 10 Vol.-% 6n Salzsäure, gewaschen wurde, mit einer Geschwindigkeit von 0,3 bis 0,4 ml/Min. fließen. Während dieses Vorganges wird das Uran zusammen mit den oben erwähnten Elementen adsorbiert, während alle anderen Metall-Ionen in den Effluent übergehen. Danach ist das Harzbett anteilsweise mit insgesamt 200 ml der Waschlösung (90% Methylglycol-10% 6n Salzsäure) (v/v) zu waschen, hierauf mitadsorbiertes Co, Mn und Cu mit 200 ml einer Mischung, bestehend aus 80% Methylglycol und 20% (v/v) 3n Salzsäure, zu eluieren. Das Uran wird mit 100 ml n Salzsäure eluiert und nach dem Eindampfen des Eluats fluorometrisch (s. Abschnitt 3.2) bestimmt.

II. Geologische Proben (*Monazite* und *Meeressedimente*). 0,1 bis 0,5 g Probe sind mehrere Stunden mit 50 ml konz. Salzsäure auf dem Wasserbad zu erhitzen, die Lösung zu filtrieren und der Rückstand zur Entfernung von Kieselsäure mit einer Flußsäure-Salpetersäuremischung zu behandeln. Nach dem Eindampfen zur Trockne wird der Rückstand mit konz. Salzsäure aufgenommen, feste Borsäure zugesetzt und die Mischung erneut zur Trockne eingedampft. Den Überschuß an Borsäure entfernt man, indem mit konz. Salzsäure unter fallweiser Zugabe von Methanol zur Trockne eingedampft wird. Der trockene Rückstand wird mit dem ursprünglichen salzsauren Filtrat der Probe vereinigt und die Lösung auf einem Wasserbad zur Trockne eingedampft. Den Eindampfrückstand nimmt man mit 40 ml Waschlösung [90% Methylglycol + 10% 6n Salzsäure (v/v)] auf, filtriert die Lösung, wenn nötig, und wäscht den unlöslichen Rückstand mit 20 ml derselben Waschlösung. Die vereinigten Filtrate und Waschlösungen läßt man dann wie unter I. angegeben durch die Ionenaustauschersäule fließen usw.

III. Meerwasser. 250 ml Probe sind mit 5 ml konz. Salzsäure anzusäuern und die Lösung auf einem Sandbad zur Trockne einzudampfen. Der Rückstand ist mit 40 ml konz. Salzsäure aufzunehmen, die ausgefallenen Salze abzufiltrieren und der Filterrückstand mit etwa 20 ml 6n Salzsäure zu waschen. Die vereinigten Filtrate und Waschlösungen werden zur Trockne eingedampft; den Eindampfrückstand nimmt man mit 60 ml Waschlösung [90% Methylglycol + 10% 6n Salzsäure (v/v)] auf, filtriert ungelöste Salze und wäscht diese mit 20 ml derselben Waschlösung. Nach Vereinigung des Filtrats und der Waschlösung ist die unter I. beschriebene Ionenaustauschoperation usw. durchzuführen.

B. Äthanol-Salzsäuresystem

Wird eine Mischung, bestehend aus 80 Vol.-% Äthanol und 20 Vol.-% 4n Salzsäure, als Sorptions- und Waschlösung verwendet, so läßt sich anwesendes Eisen(III) nicht wie im Methylglycol-Salzsäuresystem (s. S. 254) durch einfaches Waschen mit dieser Mischung vom Uran trennen, sondern es muß, wie bereits auf S. 253 erwähnt, gleichzeitig Ascorbinsäure anwesend sein, um die Coadsorption des Eisens zu verhindern. Eine Trennung des Urans von mitadsorbiertem Mo, W und Pb wird dadurch erreicht, daß das Uran mit 0,1n Salzsäure, die mit Diäthyläther gesättigt ist, eluiert wird. Dieses Analysenprinzip wurde von *Korkisch*, *Antal* und *Hecht* zur Uranbestimmung in Silicatgesteinen, Phosphaten, Bauxiten und Kohlenaschen verwendet. Da größere Mengen Chlorid-Ionen die Adsorption des Urans am Harz stark herabsetzen, schließt man die Proben nicht wie üblich mit wasserfreier Soda auf, sondern führt den Aufschluß auf saurem Wege durch. Bei Analysen von Proben, die viel Calcium und Schwefel enthalten, fällt nach Zugabe des Äthanols Calciumsulfat aus, das nach etwa 12 Std. abfiltriert und mit 50 ml der obigen Mischung gewaschen wird. Die Waschlösung wird mit der Sorptionslösung vereinigt und die unten beschriebene Säulenoperation durchgeführt. Es konnte festgestellt werden, daß das abfiltrierte Calciumsulfat kein Uran enthielt.

Arbeitsvorschrift nach *Korkisch, Antal* und *Hecht*. 1 g Probe ist mit konz. Flußsäure-Salpetersäuremischung aufzuschließen und die Lösung zur Trockne einzudampfen. Der Rückstand ist zur Entfernung von Fluorid-Ion 3 bis 4mal mit konz. Salpetersäure zur Trockne einzudampfen und das Nitrat-Ion durch 2 bis 3 maliges Eindampfen mit konz. oder 4n Salzsäure zu entfernen. Den vollständig trockenen Rückstand löst man unter gelindem Erwärmen in 50 ml 4n Salzsäure oder bei einer im Bereich zwischen 4 und 5n liegenden Salzsäurekonzentration. Die Lösung wird durch ein Schwarz- oder Weißbandfilter unmittelbar in einen 100-ml-Meßkolben filtriert und mit weiteren 50 ml 4n Salzsäure nachgewaschen. Diesem 100 ml betragenden Filtrat ist ein aliquoter Teil von 25 ml zu entnehmen; zur Reduktion der Eisen(III)-Ionen ist innerhalb 1 Std. anteilweise Ascorbinsäure zuzusetzen, bis sich der Farbton der Lösung nicht mehr ändert (meist sind 2 g Ascorbinsäure ausreichend). Hierauf fügt man 100 ml Äthanol und noch etwa 0,5 g Ascorbinsäure zu. Nach 1 Std. ist die Reduktion des Eisens(III) praktisch vollständig (ein Zutritt von Luftsauerstoff zur Lösung und damit Reoxydation der Eisen(II)-Ionen wird durch das anwesende Äthanol stark behindert). Sodann läßt man die Lösung durch ein Harzbett (10 cm×0,6 cm; Dowex 1X8 oder Amberlite IRA-400; 100 bis 200 mesh; Chloridform), das vorher mit 50 ml Waschlösung, bestehend aus 80 Vol.-% Äthanol und 20 Vol.-% 4n Salzsäure gewaschen wurde, mit einer Geschwindigkeit von 0,5 ml/Min. fließen. Anschließend wird das Harz mit 50 bis 100 ml einer mindestens 2 Std. alten, ascorbinsäurehaltigen Lösung (2 g Ascorbinsäure/100 ml), bestehend aus 20 ml 4 bis 5n Salzsäure und 80 ml Äthanol, so lange gewaschen, bis im Effluent kein Eisen mehr nachweisbar ist. Dann wäscht man die Säule mit 30 bis 40 ml obigen Gemisches, das in diesem Fall keine Ascorbinsäure enthält, um die Hauptmenge der Ascorbinsäure aus der Säule zu entfernen. Schließlich wird das Uran mit 100 ml an Diäthyläther gesättigter 0,1n Salzsäure eluiert und polarographisch unter Anwendung der katalytischen Nitratwelle bestimmt (s. Abschnitt 4.1.2.2.)

C. Andere organische Lösungsmittel-Salzsäure-Systeme

Wie in dem oben beschriebenen Äthanol-Salzsäuresystem kann das Uran auch unter Anwendung einer ascorbinsäurehaltigen Mischung, bestehend aus 80 Vol.-% Methanol und 20 Vol.-% 6n Salzsäure, auf analoge Art und Weise von sehr vielen Metall-Ionen auf Dowex 1 getrennt werden. Unter diesen Bedingungen weist der Verteilungskoeffizient des Urans einen Wert von 867 auf. Nach erfolgter Adsorption und Waschen mit einer Mischung derselben Zusammensetzung wird das Uran mit n Salzsäure eluiert und unter Anwendung der katalytischen Nitratwelle (s. Abschnitt 4.1.2.2) polarographisch bestimmt (*Tera* und *Korkisch*).

Zur Trennung des Urans vom Thorium, die selbstverständlich in allen bereits oben besprochenen gemischt-wäßrig-organischen Systemen sowie auch in rein-wäßrigen Salzsäuremedien[1] (s. S. 257) möglich ist, können auch salzsäurehaltige Butanol- (*Korkisch* und *Tera*) oder Acetonmischungen (*Urubay, Janauer* und *Korkisch*) verwendet werden. Aus einer Mischung, bestehend aus 90% Butanol (v/v) und 10% (v/v) 6n Salzsäure, wird Uran zusammen mit Thorium auf Dowex 1 adsorbiert. Eine Trennung dieser Elemente voneinander kann dann durch Nachwaschen mit einer 90% Methanol-10% 6n Salzsäure-Mischung (v/v), die das Thorium eluiert, erzielt werden. Nach dieser Trennung wird das Uran mit n Salzsäure eluiert und polarographisch bestimmt (s. Abschnitt 4.1.2.2). Die Methode kann zur Trennung

---

[1] Weitere Literatur *Cook, E. B. T.*, u. *Steele, T. W.*: Report NIM-460, 31. 1. 1969.

von Mikrogramm- und Milligrammengen dieser beiden Elemente benutzt werden und ist zur präparativen, kontinuierlichen Abtrennung der beim natürlichen radioaktiven Zerfall des Urans gebildeten Thoriumisotope geeignet. In diesem Fall wird die Säule mit Uran beladen und fallweise mit der Methanol-Salzsäuremischung gewaschen, wodurch die Thoriumisotope, die innerhalb des zwischen zwei Waschvorgängen verstrichenen Zeitraumes entstanden sind, in den Effluent übergehen.

Auch aus einer Mischung, bestehend aus 90% Aceton und 10% 6n Salzsäure (v/v), wird das Uran zusammen mit Thorium an Dowex 1 adsorbiert (*Urubay, Janauer* und *Korkisch*). Die Trennung dieser beiden Elemente erfolgt derart, daß das Thorium mit 6n Salzsäure eluiert wird. Danach kann das Uran mit 1n Salzsäure vom Harz entfernt werden. Das Verfahren ist zur Trennung von Mikro- und Milligrammengen dieser beiden Elemente geeignet.

D. Rein-wäßrige, salzsaure Systeme

Zur Abtrennung von Mikrogrammengen Urans von allen jenen Elementen, die aus 4n Salzsäure nicht auf stark basischen Harzen adsorbierbar sind (s. S. 252), wird von *Korkisch, Farag* und *Hecht* eine Methode beschrieben, die zur Bestimmung des Urans in Phosphaten, Kohlenaschen und Bauxiten geeignet ist. Unter diesen Bedingungen weist der Verteilungskoeffizient des Urans einen Wert von 100 bis 200 auf (s. Tabelle 9). Anwesendes Eisen(III)-Ion wird vor Durchführung der Anionenaustausch-Trennung mit Ascorbinsäure reduziert. Der *Fehler* der Methode beträgt im Konzentrationsbereich von 1,5 bis 1500 ppm Uran 0,0 bis maximal 13,3%.

Arbeitsvorschrift nach *Korkisch, Farag* und *Hecht*. 0,5 g oder weniger Probe sind mit 2,5 bis 3 g wasserfreiem Natriumcarbonat aufzuschließen und die erkaltete Schmelze mit 4n Salzsäure auf dem Wasserbad zur vollständigen Trockne einzudampfen. Den Eindampfrückstand versetzt man 2 bis 3 mal mit einigen Millilitern 4n Salzsäure; die entstandene Lösung wird zwischendurch immer zur Trockne eingedampft. Den vollständig trockenen Eindampfrückstand löst man unter gelindem Erwärmen auf dem Wasserbad (oder besser nach längerem Stehenlassen bei Zimmertemperatur) in 50 ml 4n Salzsäure und filtriert die Kieselsäure ab (Filter und Trichter vorher mit 4n Salzsäure waschen). Den Filterrückstand wäscht man mit 50 ml 4n Salzsäure und gibt zum Filtrat (dieses soll eine Temperatur von nicht mehr als 20 °C aufweisen; ebenso ist die Säulenoperation bei einer niedrigeren Temperatur als 20 °C auszuführen) innerhalb 1 Std. anteilsweise Ascorbinsäure zu, bis sich der Farbton der Lösung nicht mehr ändert. Dazu sind in den meisten Fällen 2 g Ascorbinsäure ausreichend. Diese Lösung läßt man durch eine Harzsäule (12 cm×0,6 cm; Amberlite IRA-400; 0,1 bis 0,3 mm Korngröße; Chloridform), die vorher zuerst mit 50 ml 1n Salzsäure und dann mit 50 ml 4n Salzsäure, die 1 g Ascorbinsäure enthält, gewaschen wurde, mit einer Geschwindigkeit von 0,5 bis 0,75 ml/Min. fließen. Anschließend wird das Harzbett je nach der ursprünglich in der Probe vorhandenen Eisenmenge mit 50 bis 100 ml 4n Salzsäure, die 1 bis 2 g Ascorbinsäure/100 ml enthält, gewaschen; das Uran wird mit 100 ml n Salzsäure eluiert und entweder polarographisch unter Anwendung der katalytischen Nitratwelle (s. Abschnitt 4.1.2.2) oder fluorometrisch (s. Abschnitt 3.2) bestimmt.

Bemerkungen. I. Ein ähnliches Verfahren wurde von *Florence* und *Shirvington* zur Trennung des Urans *vom Eisen* benutzt, und zwar wurde das Uran auf Amberlite CG-400 unter Anwendung ascorbinsäurehaltiger 5n Salzsäure adsorbiert und dann mit 0,5n Salzsäure eluiert.

Auf analoge Weise können Aluminium, Barium-140, Eisen und andere Elemente von Uran getrennt werden, indem das Uran aus 6n Salzsäure in Gegenwart von Ascorbinsäure an Dowex 1 X8 adsorbiert wird (*Titze, Bildstein, Getoff, Sorantin* u. *Pfeifer*).

II. *Boase* und *Foreman* verwendeten anstelle von Ascorbinsäure als Reduktionsmittel für Fe^{3+} und Pu^{4+} *Jodwasserstoffsäure.* Auf diese Weise läßt sich Uran unter

Anwendung von jodwasserstoffhaltiger, 10 bis 11 n Salzsäure von Fe, Pu und Al auf De-Acidite FF quantitativ trennen.

Das Pu(IV) wird dabei zum nicht adsorbierbaren Pu^{3+} reduziert. Das adsorbierte Uran kann mit 0,1 n Salzsäure eluiert werden. Wird ammoniumjodidhaltige 9 n Salzsäure als Elutionsmittel verwendet, so kann Plutonium von Np, U, den seltenen Erdmetallen und Transplutonium-Elementen getrennt werden (*Wet* und *Crouch*; *Crouch* und *Cook*). Uran, Plutonium und Neptunium werden zuerst aus 9 n Salzsäure (in Gegenwart von etwas Salpetersäure) an De-Acidite FF adsorbiert. Durch Waschen mit einer Salzsäurelösung derselben Normalität werden die seltenen Erdmetalle und Transplutoniumelemente entfernt. Hierauf wird das Plutonium mit der ammoniumjodidhaltigen Säure und danach das Neptunium mit 3 n Salzsäure eluiert. Schließlich wird das Uran mit 0,25 n Salzsäure vom Harz entfernt.

III. Zur Analyse *ternärer* Legierungssysteme, die Uran, Thorium und Wismut enthalten (*Milner* und *Edwards*; *Milner* und *Nunn*) wird das Uran zuerst an De-Acidite FF aus 5 n Salzsäure zusammen mit Wismut adsorbiert, wobei das Thorium nicht festgehalten wird und in den Effluent übergeht. Danach wird das Uran mit 0,2 n Salzsäure eluiert, wobei das Wismut weiter am Harz zurückbleibt. Größere Urangehalte werden titrimetrisch (s. Abschnitt 2.2.1.3) nach Reduktion zum Uran(IV) mit einem Bleireduktor (s. Abschnitt 2.2.1.3) bestimmt, kleinere Mengen spektrophotometrisch mit Thoronol (s. Abschnitt 3.1.3.3.1).

IV. Ähnliche Methoden wurden von *U. K. A. E. A.* (a, b), ebenfalls unter Anwendung stark salzsaurer Lösungen und des gleichen Austauschers, zur Analyse von *Aluminiummetall* und *Uran-Aluminium-Legierungen* herangezogen.[1]

V. Wird Uran aus 4 bis 6 n Salzsäure auf Dowex 1X8 adsorbiert, so kann es entweder direkt (*Currie, France III* und *Mullen*) oder nach Mitfällung mit Calciumphosphat (s. Abschnitt 1.3) (*Boni*; *Milligan, Campbell, Eutsler, McClelland* und *Moss*; *Alercio, Welford* und *Morse*) aus natürlichen *Wässern* oder *Urin* isoliert werden. Die Wasser- oder Urinprobe wird 4 bis 6 n an Salzsäure gemacht, bzw. der uranhaltige Calciumphosphat-Niederschlag wird in dieser Säure gelöst und dann die Ionenaustauschtrennung durchgeführt. Zur Elution des adsorbierten Urans kann n Salzsäure verwendet werden.

VI. Aus anderen natürlichen Materialien wie z. B. sedimentärem *Pyrit* (*Wampler* und *Kulp*) oder verschiedenen anderen Proben (*Levine* und *Lamanna*) kann das Uran isoliert werden, indem es aus 6 bzw. 8 n Salzsäure auf stark basischen Harzen wie z. B. Dowex AGI-X8 adsorbiert und dann mit 1 n Salzsäure eluiert wird.

VII. Die Adsorption des Urans aus stark salzsauren Lösungen wurde auch mehrfach zur Abtrennung *größerer* Uran-Mengen — vor der Bestimmung von in Uranproben anwesenden Elementen — herangezogen. So verwendete *Nakashima* (a, b) 9 n Salzsäure, um Uran auf Dowex 1X8 von Mn(II), Ni und Pb zu trennen. Wird als Sorptionslösung n Salzsäure verwendet, so wird von diesem Austauscher Cadmium festgehalten, während Uran in den Effluent übergeht [*Nakashima* (c)]. Ebenso benutzten *Goleb, Faris* und *Meng* 9 n Salzsäure und Dowex 1X10 zur Analyse von mit Uran imprägniertem Graphit auf verschiedene, metallische Verunreinigungen.

VIII. Eine analoge Methode wurde zur Analyse von Uran-233-dioxid vor der *spektroskopischen* Bestimmung von Verunreinigungen wie z. B. der seltenen Erdmetalle verwendet (*Birks, Weldrick* und *Thomas*). Nach dieser Methode erfolgte die Adsorption des Urans an De-Acidite FF aus 8 n Salzsäure.

IX. Zur Trennung des Urans von verschiedenen, *einzelnen* Elementen oder *Elementgruppen* wurden ebenfalls mehrere Verfahren vorgeschlagen. Auf diese Weise

---

[1] Aus stark salzsaurer Lösung wurde auch Cer vom Uran getrennt (*Ana Albu-Yaron, Müller, D. W.*, u. *Suttle, A. D.*). Dagegen ist Zink in n Salzsäure vom Uran trennbar [*Ruf, H.*: Fr. **247**, 297 (1969)].

wird nach *Brody, Faris* und *Buchanan* das Uran von den Erdalkalimetallen, seltenen Erdmetallen und Thorium durch Adsorption auf Dowex 1 aus 12n Salzsäure getrennt. Das adsorbierte Uran kann danach mit n Salzsäure eluiert werden.

X. Eine ähnliche Methode, jedoch unter Anwendung von Dowex 2 und 0,1n Salzsäure als Elutionsmittel für das Uran, wird von *Bunney, Ballou, Pascual* und *Foti* zur Trennung des Urans von *Th und Pa* beschrieben. Vor der Elution des Urans wird das zusammen mit dem Uran aus 12n Salzsäure coadsorbierte Protactinium zuerst mit 4 bis 5n Salzsäure eluiert. Wird 10n Salzsäure als Sorptionslösung und Amberlite CG-400 als Anionenaustauscher verwendet, so kann das Uran von Th, Be, Sulfat- und Phosphat-Ion getrennt werden (*Florence* und *Shirvington*). Dieses Prinzip kann auch zur Trennung und Anreicherung des Urans vor Anwendung der Sulfatmethode benutzt werden (s. Arbeitsvorschrift S. 248, Abschnitt 5.1.2.1.1).

XI. Ähnliche Verfahren unter Anwendung von 6,5n (*Tomić, Ladenbauer* und *Pollak*) oder 8n Salzsäure (*Morachevski* und *Gordeeva*) und der Austauscher Amberlite IRA-400 sowie PE-9 oder EDE-10 wurden zur Trennung des Urans von Th, Ni, Al, den Erdalkalimetallen usw. (*Tomić, Ladenbauer* und *Pollak*) sowie von *Vanadium* (*Morachevski* und *Gordeeva*) herangezogen.

XII. Auch auf mit Amberlite IRA-400 imprägniertem *Papier* kann Uran vom *Wismut* getrennt werden (*Peterson, jr.*).

XIII. Ähnliche Verfahren wie die oben beschriebenen wurden zur Abtrennung des Urans von Plutonium-238 (*Wain*), von hochgereinigtem Plutoniummetall (*Gardner* und *Ashley*), von elektrolytisch-gereinigtem Plutonium (*Hayden*), von trägerfreiem Thorium-231 (*Gizon, Lagrange* und *Pelletier*) und zur Bestimmung von Spuren Uran in Gesteinen und Mineralien nach deren Neutronenaktivierung (*Turkowsky, Stärk* und *Born*) benutzt.

Literatur

Alercio, J. S., Welford, G. A., u. *Morse, R. S.*: Am. Industr. Hyg. Ass. J. **22**, 443 (1961).

Birks, F. T., Weldrick, G. J., u. *Thomas, A. M.*: Analyst **89**, 36 (1964). – *Boase, D. G.*, u. *Foreman, J. K.*: Talanta **8**, 187 (1961); durch Fr. **187**, 285 (1962). – *Boni, A. L.*: Health Physics **2**, 288 (1960). – *Brody, J. K., Faris, J. P.*, u. *Buchanan, R. F.*: Anal. Chem. **30**, 1909 (1958). – *Bunney, L. R., Ballou, N. E., Pascual, J.*, u. *Foti, S.*: Anal. Chem. **31**, 324 (1959).

Choppin, G. R.: J. chem. Educat. **36**, 462 (1959). – *Crouch, E. A. C.*, u. *Cook, G. B.*: J. Inorg. Nucl. Chem. **2**, 223 (1956). – *Currie, L. A., France, III, G. M.*, u. *Mullen, P. A.*: Health Physics **10**, 751 (1964).

Florence, T. M., u. *Shirvington, P. J.*: Australian AEC, Report AAEC/TM 153, September 1962.

Gardner, R. D., u. *Ashley, W. H.*: USAEC-Rept., LA-3551, 1966. – *Gizon, A., Lagrange, A.*, u. *Pelletier, A. M.*: Radiochim. Acta **6**, 69 (1966). – *Goleb, J. A., Faris, J. P.*, u. *Meng, B. H.*: Appl. Spectroscopy **16**, 9 (1962).

Hayden, J. A.: Talanta **14**, 721 (1967). – *Hazan, I., Korkisch, J.*, u. *Arrhenius, G.*: Fr. **213**, 182 (1965).

Korkisch, J., Antal, P., u. *Hecht, F.*: Fr. **172**, 401 (1960). – *Korkisch, J., Farag, A.*, u. *Hecht, F.*: Fr. **161**, 92 (1958). – *Korkisch, J.*, u. *Hazan, I.*: Anal. Chem. **36**, 2464 (1964). – *Korkisch, J.*, u. *Tera, F.*: J. Chromatogr. **6**, 530 (1961). – *Kraus, K. A.*, u. *Nelson, F.*: Intern. Conf. Peaceful Uses Atomic Energy, Geneva 1955, Vol. **7**, S. 113; United Nations: New York 1956.

Levine, H., u. *Lamanna, A.*: Public Health Service Publication No. 999-RH-11; März 1965.

Milligan, M. F., Campbell, E. E., Eutsler, B. C., McClelland, J., u. *Moss, W. D.*: U. S. A. E. C. Report LASL-1858, 2nd Ed. 1958. – *Milner, G. W. C.*, u. *Edwards, J. W.*: Anal. chim. Acta **17**, 259 (1957). – *Milner, G. W. C.*, u. *Nunn, J. W.*: Anal. chim. Acta **17**, 494 (1957). – *Morachevski, Yu. V.*, u. *Gordeeva, M. N.*: Vestn. Leningr. Univ. **10**, 148 (1957); durch Anal. Abstr. **1958**, 1195.

Nakashima, F.: (a) Anal. chim. Acta **30**, 167 (1964); (b) **30**, 255 (1964); (c) **28**, 54 (1963).

Peterson, H. T., jr.: Anal. Chem. **31**, 1279 (1959). – *Pluchet, E.*, u. *Muxart, R.*: Bl. **1961**, 372.

Tera, F., u. *Korkisch, J.*: Anal. chim. Acta **25**, 222 (1961). – *Titze, H., Bildstein, H., Getoff, N., Sorantin, H.*, u. *Pfeifer, V.*: Atompraxis **12**, 509 (1966). – *Tomić, E., Ladenbauer, I. M.*, u.

Pollak, M.: Fr. **161**, 28 (1958). – *Turkowsky, C., Stärk, H.,* u. *Born, H. J.:* Radiochim. Acta **8**, 27 (1967); durch Fr. **241**, 286 (1968).
U. K. A. E. A.: (a) Report PG 239 (S), 1962; (b) Report PG 271 (S), 1962. – *Urubay, S., Janauer, G. E.,* u. *Korkisch, J.:* Fr. **193**, 165 (1963).
Wain, A. G.: U. K. A. E. A. Rept. AERE-R 5350, 1967. – *Wampler, J. M.,* u. *Kulp, J. L.:* Geochim. Cosmochim. Acta **28**, 1419 (1964). – *Wet, W. J.,* u. *Crouch, E. A. C.:* J. Inorg. Nucl. Chem. **27**, 1735 (1965). – *Wish, L.:* Anal. Chem. **31**, 326 (1959).

5.1.2.1.3 Abtrennung als anionischer Nitrat-Komplex

Aus rein wäßrigen, salpetersauren Lösungen wird das Uranyl-Ion nur schwach an stark basischen Anionenaustauschern wie z. B. Dowex 1 adsorbiert (*Buchanan* und *Faris*; *Kraus* und *Nelson*; *Carswell*). Wie aus den in Tabelle 11 gezeigten, bei verschiedenen Salpetersäure-Normalitäten gemessenen Verteilungskoeffizienten hervorgeht, wird das Maximum der Uran-Adsorption in 6 bis 8n Salpetersäure erreicht, worauf die Adsorption wieder abfällt.

Tabelle 11. *Verteilungskoeffizienten des Urans(VI) in rein wäßrigen, salpetersauren Lösungen*

Autoren	Salpetersäure-Normalität							
	1	2	4	6	8	10	12	14
Buchanan und *Faris*	~ 2	~ 3,3	~ 8	~ 14	~ 15	~ 10	~ 9	~ 6
Carswell	< 1	< 1	~ 3	~ 6	~ 6			
Kraus und *Nelson*			5	10	~ 18			

Da selbst unter den Bedingungen der maximalen Adsorption des Urans, d. h. in 6 bis 8n Salpetersäure, der Verteilungskoeffizient nur relativ klein ist (s. Tabelle 11), ist eine Trennung des Urans praktisch nur von jenen Metall-Ionen möglich, die ausreichend stärker adsorbiert werden als dieses. Zu diesen Elementen gehören Thorium(IV), Protactinium(V), Neptunium(IV) und Plutonium(IV), die in 8n Salpetersäure Verteilungskoeffizienten von ~ 300, ~ 50, = 10^3, bzw. > 10^3 aufweisen (*Buchanan* und *Faris*). Dagegen kann das Uran u. a. von folgenden Elementen, die ähnliche oder kleinere Verteilungskoeffizienten aufweisen, nicht getrennt werden: Al, $Fe^{2+, 3+}$, Alkalimetalle, Erdalkalimetalle, seltene Erdmetalle, Be, Cd, Co, Ni, Cr^{3+}, Ga, Zn, Ti und V(V). Daher besitzen Anionen-Austauschverfahren, die auf einer Abtrennung des Urans in rein wäßrigen, salpetersauren Systemen beruhen, nur eine äußerst geringe Selektivität und werden praktisch nur dazu benutzt, die oben erwähnten, stärker adsorbierbaren Elemente von Uran oder anderen Elementen zu trennen. Dabei wird nach erfolgter Trennung nicht das Uran, sondern das stark adsorbierte Metall-Ion quantitativ bestimmt, so daß diese Verfahren für die analytische Chemie des Urans kaum Bedeutung besitzen.

Wesentlich andere Verhältnisse liegen jedoch in schwach salpetersauren Lösungen vor, die große Mengen löslicher, anorganischer Nitrate enthalten. In solchen Systemen kommt es zur Bildung anionischer Nitratkomplexe, und zwar entsteht ein Komplex der Zusammensetzung $[UO_2(NO_3)_3]^-$, wenn die Nitrat-Ionenkonzentration (Natriumnitrat) etwa 2m ist, und ein Komplex $[UO_2(NO_3)_4]^{2-}$, wenn die Konzentration des Nitrats auf 4 bis 6m erhöht wird (*Yoshimura, Waki* und *Tashiro*). Diese Komplexe können, wie im Abschnitt 3.1.1.1.4.1 gezeigt wird, mit organischen Lösungsmitteln wie z. B. Diäthyläther, Äthylacetat oder Hexon extrahiert oder auch auf stark basischen Anionenaustauschern adsorbiert werden.

Das Ausmaß der Adsorption des Urans aus nitrathaltigen, schwach salpetersauren Lösungen wird im wesentlichen von 3 Faktoren bestimmt, und zwar von der

Art des angewendeten anorganischen Nitrats, von dessen Konzentration und von der Salpetersäurekonzentration der nitrathaltigen Lösung. So konnten *Foreman, McGowan* und *Smith* zeigen, daß die Uranadsorption bei konstanter Nitrat-Ionen-konzentration mit zunehmendem Radius des hydratisierten Ions und steigender Wertigkeit der Kationen des zugesetzten Nitrats zunimmt. Die Uran-Adsorption steigt also in der nachstehenden Reihenfolge an, wenn unter sonst gleichbleibenden Versuchsbedingungen Ammonium durch Lithium-, Calcium- und Aluminium-Ion ersetzt wird. In derselben Reihenfolge nimmt auch der Aussalzeffekt dieser Salze bei der Lösungsmittelextraktion des Urans zu (s. Abschnitt 6.5.1.1), so daß beiden Prozessen dasselbe Prinzip zugrunde liegen dürfte.

Wird bei einer konstanten Salpetersäurekonzentration von 0,1 n die Ammonium-nitrat-Konzentration von 0′ auf 10 m erhöht, so betragen die Verteilungskoeffizienten in den 4, 6, 8 und 10 m Nitrat-Lösungen 20, 80, ∼ 100 und ∼ 1000 (*Faris* und *Buchanan*). Die Adsorption des Urans nimmt also mit ansteigender Nitrat-Ionenkonzentration stark zu. Wird dagegen bei konstanten Ammoniumnitrat-Konzentrationen die Salpetersäure-Konzentration erhöht, nimmt der Verteilungskoeffizient des Urans ab (*Faris* und *Buchanan*). So weist er in 8 m Ammoniumnitratlösung, die 1 n an Salpetersäure ist, nur einen Wert von etwa 50 auf.

Da zum Unterschied von Uran aus stark nitrathaltigen, schwach salpetersauren Lösungen die meisten der aus rein-wäßrigen, salpetersauren Systemen nicht auf stark basischen Harzen adsorbierbaren Metall-Ionen (s. S. 260) ebenfalls nicht festgehalten werden, können solche Medien zur quantitativen Trennung des Urans von diesen Metall-Ionen benutzt werden. Aus stark ammoniumnitrathaltigen Lösungen wird Molybdän mit einem Verteilungskoeffizienten von etwa 10 oder mehr festgehalten. Ein ähnliches Verhalten zeigt Ruthenium (*Buchanan* und *Faris*). In stark nitrat-haltigen, schwach salpetersauren Systemen sind also im Vergleich zu den rein-wäß-rigen, salpetersauren Lösungen Trennungen des Urans von anderen Elementen mit wesentlich größerer Selektivität möglich.

Zur Trennung des Urans in solchen Medien wurden schwach salpetersaure Lösungen verwendet, die folgende Nitrate in hoher Konzentration enthielten: Aluminium-nitrat (*Ockenden* und *Foreman*; s. Arbeitsvorschrift S. 263; *Vita, Trivisonno* und *Phipps*),[1] Ammoniumnitrat (*Korkisch, Zaky* und *Hecht*; s. Arbeitsvorschrift S. 262) und Nickelnitrat (*Vita, Trivisonno* und *Phipps*). In dem von *Ockenden* und *Foreman* benutzten System [1,6 m Aluminiumnitrat, 0,3 n an Salpetersäure (pH = 2)] ist der Verteilungskoeffizient des Urans an De-Acidite FF größer als 10^3. *Vita, Trivisonno* und *Phipps* fanden Verteilungskoeffizienten von 4,3, 145, 2200 und 7640 in 0,1 n salpetersauren Lösungen, die zu 25, 50, 80 und 100% (m/v) gesättigt an Aluminium-nitrat waren. Unter den gleichen Versuchsbedingungen weisen die Verteilungskoef-fizienten des Urans in Nickelnitrat-Lösungen die Werte 7, 9, 98 und 1500 auf.

Wird in schwach salpetersauren Uranylnitrat-Lösungen ein Teil der wäßrigen Phase durch organische Lösungsmittel ersetzt, so tritt wie im Falle des Zusatzes anorganischer Nitrate eine Adsorptionserhöhung des Urans an stark basischen Anionenaustauschern wie z. B. Dowex 1 ein (*Korkisch*). Auch hier ist das Ausmaß der Adsorption von 3 Faktoren abhängig; nämlich von der Art des anwesenden, orga-nischen Lösungsmittels, der Konzentration, in der es in den salpetersäurehaltigen, gemischt-wäßrig-organischen Systemen vorliegt, und von der Salpetersäure-Konzen-tration der Mischungen.

In Systemen, die aliphatische Alkohole enthalten, nimmt die Adsorption mit zu-nehmender Kettenlänge der Alkohole unter sonst gleichen Bedingungen zu. So be-tragen z. B. in Mischungen von 95% aliphatischen Alkoholen und 5% 5 n Salpeter-

---

[1] Weitere Literatur: [*Vita, O. A., Walker, C. R., Trivisonno, C. F.,* u. *Sparks, R. W.:* Anal. Chem. **42**, 456 (1970)].

säure (v/v) die Verteilungskoeffizienten des Urans in Methanol, Äthanol, n-Propanol und n-Butanol (oder Isobutanol oder Pentanol) ~ 30, ~ 70, ~ 200 und ~ 500. Wird die Konzentration an aliphatischem Alkohol verringert, so nimmt die Uran-Adsorption bei konstanter Salpetersäure-Konzentration stark ab. Was diesen Effekt sowie die Abhängigkeit der Adsorption von der Art des anwesenden Alkohols betrifft, liegen hier also ähnliche Verhältnisse vor wie in stark nitrathaltigen, schwach salpetersauren Systemen. Wird dagegen bei gleichbleibender Konzentration an aliphatischem Alkohol die Salpetersäure-Konzentration erhöht, so nimmt die Uran-Adsorption zu, und zwar sowohl in Mischungen, die die niedrigen, wie auch in solchen, die die höheren aliphatischen Alkohole enthalten.

In einer Mischung, bestehend aus 95% Methanol und 5% 5n Salpetersäure (v/v), weist, wie bereits oben erwähnt wurde, der Verteilungskoeffizient des Urans an Dowex 1 einen Wert von etwa 30 auf, so daß eine Trennung von Metall-Ionen, die wesentlich schwächer adsorbiert werden, möglich ist. Zu diesen gehören Be, V, Mg, Ca, Al, Ga und In (*Korkisch* und *Ahluwalia*) (s. Arbeitsvorschrift S. 264).

Wird ein Gemisch aus 96% n-Propanol und 4% 5n Salpetersäure (v/v) als Sorptionslösung verwendet, so können Uran, Thorium und Wismut gleichzeitig auf diesem Harz adsorbiert und durch Anwendung anderer gemischt-wäßrig-organischer Systeme der Reihe nach eluiert und auf diese Weise voneinander getrennt werden (*Korkisch* und *Tera*; s. Arbeitsvorschrift S. 264).

Auch in acetonhaltigen, schwach salpetersauren Lösungen nimmt die Adsorption des Urans mit zunehmender Aceton- und auch Salpetersäure-Konzentration zu (*Korkisch*), ohne jedoch Werte zu erreichen, die eine geeignete Trennung des Urans von anderen Elementen mit Ausnahme von Thorium, das viel stärker adsorbiert wird als Uran, ermöglichen. Ähnliche Verhältnisse liegen in salpetersauren Dioxanlösungen vor (s. Arbeitsvorschrift S. 265). Auch aus 0,03n salpetersaurem Diäthyläther wird das Uran von stark basischen Harzen nicht adsorbiert, wohl aber Thorium, Eisen(III) und Aluminium, so daß ein derartiges Medium zur quantitativen Trennung des Urans von diesen Metall-Ionen benutzt werden kann (*Urubay*, *Korkisch* und *Janauer*; s. Arbeitsvorschrift S. 265).

Eine Trennung des Urans unter Anwendung des oben erwähnten n-Propanol-Salpetersäuremediums ist von praktisch fast allen Elementen möglich, mit Ausnahme der seltenen Erdmetall-Ionen und des Thoriums, die zusammen mit dem Uran adsorbiert werden (*Korkisch*, *Hazan* und *Arrhenius*). Ebenso besteht die Möglichkeit, das Uran zusammen mit diesen Elementen sowie auch mit Cadmium, Wismut und Blei an Dowex 1 unter Anwendung einer Mischung, bestehend aus 90% Eisessig und 10% 5n Salpetersäure (v/v), zu adsorbieren (*Korkisch* und *Arrhenius*). Dieses Verfahren (s. Arbeitsvorschrift S. 266) gestattet eine Trennung des Urans und der anderen mitadsorbierten Elemente von vielen Metall-Ionen.

Anwendungsbeispiele zur Abtrennung des Urans als anionischer Nitratkomplex (Nitratmethode)

Wird ein schwach salpetersaures, ammoniumnitrathaltiges Medium als Sorptionslösung verwendet, so kann das Uran von Fe^{3+}, Cu, Al, Co, Zn, Ni, Mg, Ca, Pb, Cr^{3+}, den seltenen Erdmetallen, Phosphorsäure und anderen Ionen quantitativ getrennt und nach seiner Elution mit Salpetersäure $(1 + 9)$ (etwa 1,5m) polarographisch bestimmt werden. Dieses Trennungsprinzip wurde zur Uranbestimmung in Mineralen verwendet.

Arbeitsvorschrift nach *Korkisch*, *Zaky* und *Hecht*. 0,5 bis 1 g Probe sind mit Fluß- und Salpetersäure so lange aufzuschließen, bis die gesamte Kieselsäure entfernt ist. Jedesmal ist das Säuregemisch zur Trockne einzudampfen. Hierauf löst man den kieselsäurefreien Rückstand in etwa 10 ml konz. Salpetersäure und dampft die Lösung erneut auf dem Wasserbad zur Trockne ein. Dann wird der Rückstand mit

15 ml warmer n Salpetersäure aufgenommen, filtriert und der Filterrückstand mit wenigen Milliliter n Salpetersäure gewaschen. Wird in der Probe eine größere Menge Phosphat-Ionen erwartet, ist dem Filtrat ein Überschuß an Eisen(III)-Ionen (als Nitrat) zuzusetzen. Das Filtrat ist auf dem Wasserbad zur Trockne einzudampfen und der trockene Rückstand unter gelindem Erwärmen in 5 ml n Salpetersäure zu lösen. Nach Zugabe von 60 ml gesättigter Ammoniumnitratlösung und 10 ml Wasser wird die Lösung durch die vorbehandelte Säule (15 cm×0,7 cm; Amberlite IRA-400; Korngröße = 0,1 bis 0,3 mm; Nitratform) gegossen. (Zur Vorbehandlung ist das Harzbett zuerst mit Wasser säurefrei zu waschen und dann mit 75 ml gesättigter Ammoniumnitrat-Lösung bei einer Fließgeschwindigkeit von 0,25 ml/Min. in die Nitratform überzuführen.) Die Fließgeschwindigkeit ist auf 0,25 ml/Min. einzustellen. Nach erfolgter Sorption des Urans wäscht man die Säule mit 70 bis 90 ml Ammoniumnitrat-Lösung (50%; m/v), eluiert das Uran mit 100 ml Salpetersäure (1 + 9) (etwa 1,5m) und bestimmt es im Eluat polarographisch unter Anwendung der katalytischen Nitratwelle (s. Abschnitt 4.1.2.2).

Bemerkungen. I. Unter diesen Versuchsbedingungen beträgt die *Durchbruchskapazität* der Säule 500 µg Uran.

II. Ein ähnliches Verfahren, nur unter Anwendung von *Aluminiumnitrat* anstelle von Ammoniumnitrat und von *De-Acidite FF* als stark basischer Austauscher, wurde von *Ockenden* und *Foreman* zur Trennung des Urans vom Eisen(III) und Aluminium benutzt.

Arbeitsvorschrift nach *Ockenden* und *Foreman*. Die uranhaltige Lösung ist 0,3n an Salpetersäure und 1,6m an Aluminiumnitrat zu machen. Diese Lösung läßt man durch eine Säule fließen, die 1,5 g De-Acidite FF (0,2 bis 0,3 mm Korngröße) enthält und vorher in die Nitratform überführt wurde. Hierauf wäscht man zur Entfernung des Eisens mit 6 ml 1,6m Aluminiumnitrat-Lösung und läßt 8 ml 8n Salzsäure durchfließen, um das Aluminium von der Säule zu entfernen [Uran wird dabei vom Harz als anionischer Chlorid-Komplex festgehalten (s. Abschnitt 5.1.2.1.2)]. Dann wird das Uran mit 25 ml 0,1n Salzsäure eluiert und unmittelbar im Eluat mittels der Peroxid- (s. Abschnitt 3.1.2.1) oder Thoronolmethode (s. Abschnitt 3.1.3.3.5) spektrophotometrisch bestimmt.

Bemerkungen. a) Nach Angaben von *Steele* und *Taverner* wird unter Anwendung obiger Methode *Eisen* nicht quantitativ durch Waschen mit der Aluminiumnitratlösung entfernt, selbst dann nicht ganz, wenn ein doppeltes Volumen dieser Lösung benutzt wird. Jene Autoren empfehlen ferner, anstelle von 8 ml 8n Salzsäure zur Entfernung des Aluminiums 16 ml zu benutzen.

b) Eine Modifikation der oben beschriebenen Methode nach *Ockenden* und *Foreman* wurde von *Vita, Trivisonno* und *Phipps* zur Trennung von Milligrammengen Urans von großen Mengen anderer Elemente angewendet. Zu diesem Zweck wird die 0,1n salpetersaure Uranylnitrat-Lösung wenigstens 1,8m an Aluminium- oder 3,5m an *Nickelnitrat* gemacht und das Uran auf der Säule eines stark basischen Anionenaustauschers adsorbiert, der vorher durch Waschen mit einer 0,1n salpetersauren 2,0m Aluminiumnitrat-Lösung vorbehandelt wurde. Nach der Sorption des Urans wird die Säule mit 0,1n salpetersaurer 2m Aluminiumnitrat-Lösung und anschließend mit einer 0,1n salpetersauren, gesättigten Natriumnitratlösung gewaschen. Danach wird das Uran mit 0,1n Salpetersäure eluiert und im Eluat unter Anwendung der Peroxidmethode spektrophotometrisch (s. Abschnitt 3.1.2.1) bestimmt. Die *Fehlergrenze* dieser Methode beträgt 1,9%. Fluorid-, Phosphat-, Sulfat- und Chlorid-Ionen in Konzentrationen von 2,4m, 0,1m, 0,2m bzw. 0,1m *stören nicht*. Dagegen treten in Gegenwart großer Mengen an *Vanadium(V)* Störungen auf, da das Vanadat-Ion mit dem anionischen Nitrat-Komplex des Urans um die Austauschplätze konkurriert. Auch *Chromat-Ion* stört, da es zusammen mit dem Uran eluiert wird. Diese Störung kann aber durch eine der Trennung vorangehende Reduktion des Chroms zur dreiwertigen Oxydationsstufe mit Schwefeldioxid verhindert werden.

c) Zur Abtrennung *größerer* Uran-Mengen von Metallen wie Be, V, Mg, Ca, Al, Ga und In ist ein geeigneteres System als die oben beschriebenen, stark nitrathaltigen Lösungen eine Mischung, bestehend aus 95% Methanol und 5% 5n Salpetersäure (v/v) (*Korkisch* und *Ahluwalia*). Es weist den Vorteil auf, daß Vanadium keine Störung hervorruft, da es *vor* dem Uran zusammen mit den oben erwähnten Metall-Ionen eluiert wird. Ferner enthält der Effluent keine großen Salzmengen, so daß die darin enthaltenen Metall-Ionen ohne Schwierigkeit bestimmt werden können. Aus diesem Grund ist das Verfahren besonders dazu geeignet, diese Elemente in Uranylnitrat-Proben zu bestimmen. Unter den unten angegebenen Bedingungen können bis zu 10 g Uran von Mengen der Fremd-Ionen bis zu Milligrammen getrennt werden.

Arbeitsvorschrift nach *Korkisch* und *Ahluwalia*. Das Harzbett (75 cm×1 cm; Dowex 1 X8; 100—200 mesh; Nitratform) mit 100 ml Waschlösung [95% Methanol und 5% 5n Salpetersäure (beide v/v)] vorbehandeln und 20 ml einer Mischung, bestehend aus 1 ml 5n Salpetersäure (die das Uran und die anderen Elemente enthält) und 19 ml Methanol, mit einer Geschwindigkeit von 0,5 ml/Min. durchfließen lassen. Anschließend bei derselben Fließgeschwindigkeit mit der Waschlösung so lange nachwaschen, bis die Fremd-Ionen entfernt sind. Dazu sind meistens 100 ml Lösung ausreichend, falls nur geringe Mengen an Fremd-Ionen (weniger als 10 mg) und Uran (weniger als 5 g) vorliegen. Anschließend das Uran mit einer Mischung, bestehend aus 50% Methanol, 45% Wasser und 5% 5n Salpetersäure (v/v), eluieren und je nach der anwesenden Menge unter Anwendung titrimetrischer, spektrophotometrischer oder fluorometrischer Methoden bestimmen.

Bemerkung. Zur *aufeinanderfolgenden* Trennung von Uran, Thorium und Wismut wird von *Korkisch* und *Tera* folgendes Analysenprinzip verwendet. Diese drei Elemente werden zunächst auf Dowex 1 aus einer Mischung aus 96% n-Propanol und 4% 5n Salpetersäure (v/v) adsorbiert [unter diesen Bedingungen weisen die Verteilungskoeffizienten (Kd) für U, Th und Bi die Werte von 300, 5000 und 4000 auf]. Hierauf wird das Uran mit 80% Methanol — 20% 5n Salpetersäure ($Kd_U = 27$) (v/v) eluiert. Zur darauffolgenden Elution des Thoriums wird eine Mischung, bestehend aus 80% Methanol und 20% 6n Salzsäure (v/v) ($Kd_{Th} = 3$), verwendet, während anschließend das Wismut mit n Salpetersäure ($Kd_{Bi} = 6$) eluiert wird. Das Verfahren kann zur Trennung von Mikrogramm- und Milligrammengen dieser Elemente herangezogen werden.

Arbeitsvorschrift nach *Korkisch* und *Tera*. Die Ionenaustauschersäule (1,5 g Dowex 1X8; 100 bis 200 mesh; Nitratform) wird mit 50 ml einer Mischung, bestehend aus 2 ml 5n Salpetersäure und 48 ml n-Propanol, vorbehandelt. Dann läßt man 50 ml der Sorptionslösung [96%ig an n-Propanol und 4%ig an 5n Salpetersäure (beide v/v)], die das Uran, Thorium und Wismut enthält, mit einer Geschwindigkeit von 15 ml/Std. durch die Säule fließen. Das Uran wird mit 250 ml einer Mischung aus 80% Methanol und 20% 5n Salpetersäure (v/v), anschließend das Thorium mit 80% Methanol 20% — 6n Salzsäure (v/v) eluiert. Im Methanol-Salpetersäure-Eluat wird das Uran unter Anwendung der katalytischen Nitratwelle polarographisch bestimmt (s. Abschnitt 4.1.2.2). Anschließend wird das Wismut mit 150 ml n Salpetersäure eluiert.

Bemerkungen. α) Ein ähnliches Verfahren wurde von *Korkisch, Hazan* und *Arrhenius* zur *Gruppentrennung* des Urans, Thoriums und der seltenen Erdmetalle von anderen Elementen vorgeschlagen. Dabei werden diese Elemente zuerst gemeinsam aus einer Mischung aus 90 oder 95% n-Propanol oder auch anderen höheren Alkoholen wie z. B. Isopropanol mit 10 oder 5% 5n Salpetersäure (v/v) am Harz adsorbiert und können auf diese Weise von anderen Metallen wie Sc, Al, Ga, In, Fe, V und Mo, die nicht festgehalten werden, abgetrennt werden. Anschließend wird unter Anwendung einer Mischung aus 90 oder 95% Methanol mit 10 oder 5% 5n Salpetersäure (v/v) das Uran zusammen mit Y und den schweren seltenen Erdmetallen von Gd bis Lu eluiert. Unter diesen Bedingungen bleiben Thorium und die leichten seltenen Erdmetalle von La bis Eu weiter adsorbiert und können dann z. B. mit rein-wäßriger 0,5 oder 0,25n Salpetersäure eluiert werden.

β) In einem Medium, bestehend aus 90% *Dioxan* und 10% 6n Salpetersäure (v/v), weisen die Verteilungskoeffizienten des Urans und Thoriums Werte von 10 bzw. 2000 auf, wodurch eine gute Trennung dieser beiden Elemente möglich ist (*Korkisch*). Dazu wird folgende

Arbeitsvorschrift nach *Urubay, Korkisch* und *Janauer* vorgeschlagen. Das Harzbett (12 cm×0,6 cm; Dowex 1 X8; 100 bis 200 mesh; Nitratform) wird mit 50 ml n Salpetersäure gewaschen und dann mit 50 ml einer Mischung, bestehend aus 90% Dioxan und 10% 6n Salpetersäure (v/v), vorbehandelt. Durch diese Säule läßt man die Sorptionslösung, bestehend aus 45 ml Dioxan und 5 ml 6n Salpetersäure, die das Uran und Thorium enthält, mit einer Geschwindigkeit von 0,5 ml/Min. fließen. Dabei wird das Thorium adsorbiert, während das Uran in den Effluent übergeht und darin nach dem Nachwaschen mit 50 ml einer Dioxan-Salpetersäuremischung derselben Zusammensetzung fluorometrisch (s. Abschnitt 3.2) bestimmt werden kann. Danach wird das Thorium mit 100 ml n Salpetersäure eluiert.

Bemerkungen. aa) Diese Methode kann zur Trennung von *Mikrogramm-* und *Milli-grammengen* Uran und Thorium herangezogen werden.

bb) In Analogie zu der im Abschnitt 5.2.1.1 beschriebenen Cellulose-Salpeter-säure-Diäthyläther-Methode ist eine Trennung des Urans von verschiedenen Elementen wie z. B. Th, Fe^{3+} und Al auch möglich, wenn anstelle der Cellulosesäule eine Säule, gefüllt mit dem Anionenaustauscher *Dowex 1*, verwendet wird (*Urubay, Korkisch* und *Janauer*). Wird als mobile Phase Diäthyläther benutzt, der 0,03n an Salpetersäure ist, weisen die Verteilungskoeffizienten von U, Th, Fe und Al auf diesem Harz Werte von 4,5, 450, 2500 und 2000 auf, so daß das Uran leicht von diesen Elementen getrennt werden kann, wozu folgende

Arbeitsvorschrift nach *Urubay, Korkisch* und *Janauer* empfohlen wird. Die Harzsäule (12 cm×0,6 cm; Dowex 1 X8; 100 bis 200 mesh; Nitratform) ist zuerst mit 50 ml n Salpetersäure und dann mit 50 ml Diäthyläther, der 0,03n an Salpetersäure ist, zu waschen. Hierauf läßt man 50 ml Sorptionslösung (Diäthyläther-Salpetersäure-Mischung derselben Zusammensetzung, jedoch Uran, Thorium, Eisen und Aluminium enthaltend) mit einer Geschwindigkeit von 0,5 ml/Min. durch die Säule fließen. Während dieser Operation werden Fe, Al und Th quantitativ vom Harz festgehalten, während Uran in den Effluent übergeht. Nach dem Nachwaschen mit 50 ml Äther-Salpetersäure-Mischung derselben Zusammensetzung werden die vereinigten Effluenten auf einem Wasserbad zur Trockne eingedampft und das Uran fluorometrisch (s. Abschnitt 3.2) bestimmt. Zur Elution von Th, Al und Fe sind 50 ml n Salpetersäure zu verwenden.

Bemerkungen. $\alpha\alpha$) Dieses Verfahren ermöglicht eine Trennung von *Mikrogramm-mengen* Urans von Th, Fe^{3+} und Al.

Ein ähnliches Verfahren wurde zur Isolierung von Borsäure aus Uranylnitratproben benützt (*Muzzarelli*).

$\beta\beta$) Eine Gruppentrennung von U, Th, Y, Cd, Pb, Bi und der seltenen Erdmetalle von Sc, Cu, Mg, Ca, Sr, Zn, Al, Ga, In, Ti, Zr, V, Cr, Mn, Fe, Co und Ni ist möglich, wenn als Sorptionslösung eine Mischung, bestehend aus 90% *Essigsäure* und 10% 5n Salpetersäure (v/v), verwendet wird (*Korkisch* und *Arrhenius*). Diese Methode kann zur Trennung von Milligramm- und Mikrogrammengen der genannten Elemente verwendet werden. Selbst 50 bis 100-mg-Mengen an Phosphat-, Sulfat- oder Chlorid-Ion stören nicht. *Störungen* treten jedoch auf, wenn Fluorid-Ionen und beträchtliche Mengen an Titan und Zirkonium, die ebenfalls teilweise adsorbiert werden, anwesend sind.

Arbeitsvorschrift nach *Korkisch* und *Arrhenius*. Die Säule (12 cm × 0,6 cm; Dowex 1X8; 100 bis 200 mesh; Nitratform) ist mit 50 ml Waschlösung (90% Eisessig—10% 5n Salpetersäure; v/v) vorzubehandeln. Die Sorptionslösung, bestehend aus 5 ml 5n Salpetersäure und 45 ml Eisessig, die U, Th und die oben erwähnten Elemente enthält, läßt man mit einer Geschwindigkeit von 0,2 bis 0,3 ml/Min. durchfließen. Während dieses Vorganges werden Uran und die oben angeführten, ebenfalls adsorbierbaren Elemente festgehalten, während die nichtadsorbierbaren Metalle wie z. B. Fe, Co, Ni, Al (s. oben) in den Effluent übergehen. Danach ist mit 50 ml Waschlösung nachzuwaschen und das Uran sowie die mitadsorbierten Elemente mit 100 ml n Salpetersäure zu eluieren. Im Eluat kann das Uran entweder polarographisch (s. Abschnitt 4.1.2.2) oder fluorometrisch (s. Abschnitt 3.2) bestimmt werden.

Literatur

Buchanan, R. F., u. *Faris, J. P.*: Radioisotopes in the Physical Sciences and Industry. International Atomic Energy Agency: Wien 1962; S. 361.

Carswell, D. J.: J. Inorg. Nucl. Chem. **3**, 384 (1957).

Faris, J. P., u. *Buchanan, R. F.*: U. S. A. E. C. Report ANL-6811, Juli 1964. – *Foreman, J. K.*, *McGowan, I. R.*, u. *Smith, T. D.*: J. chem. Soc. **1959**, 738.

Korkisch, J.: Progress in Nuclear Energy, Series IX, Analytical Chemistry, Vol. **6**, Oxford 1966; Mikrochim. A. **1964**, 816. – *Korkisch, J.*, u. *Ahluwalia, S. S.*: Talanta **11**, 1623 (1964). – *Korkisch, J.*, u. *Arrhenius, G.*: Anal. Chem. **36**, 850 (1964). – *Korkisch, J.*, *Hazan, I.*, u. *Arrhenius, G.*: Talanta **10**, 865 (1963). – *Korkisch, J.*, u. *Tera, F.*: Fr. **186**, 290 (1962). – *Korkisch, J.*, *Zaky, M. R.*, u. *Hecht, F.*: Mikrochim. A. **1957**, 485. – *Kraus, K. A.*, u. *Nelson, F.*: Intern. Conf. Peaceful Uses Atomic Energy, Geneva 1955, Vol. **7**, 113; United Nations: New York 1950; ASTM Spec. Techn. Pub. **195**, 27 (1956).

Muzzarelli, R. A. A.: Anal. Chem. **39**, 365 (1967).

Ockenden, H. M., u. *Foreman, J. K.*: Analyst **82**, 592 (1957).

Steele, T. W., u. *Taverner, L.*: Proc. 2nd Intern. Conf. Peaceful Uses Atomic Energy, Geneva 1958, Vol. **3**, S. 510; United Nations: New York 1959.

Urubay, S., *Korkisch, J.*, u. *Janauer, G. E.*: Talanta **10**, 673 (1963).

Vita, O. A., *Trivisonno, C. F.*, u. *Phipps, C. W.*: U. S. A. E. C., Report GAT-283, 1959.

Yoshimura, J., *Waki, H.*, u. *Tashiro, S.*: Bl. chem. Soc. Japan **35**, 412 (1962).

5.1.2.1.4 Abtrennung als anionischer Komplex mit weniger bedeutsamen, anorganischen Komplexbildnern

5.1.2.1.4.1 Abtrennung als anionischer Carbonat-Komplex

Uran(VI)-Ion bildet in carbonatalkalischen Lösungen Komplexe der Zusammensetzungen:

$[UO_2(CO_3)_2]^{2-}$ und $[UO_2(CO_3)_3]^{4-}$ (*Blake, Coleman, Brown, Hill, Lowris* und *Schmitt*). Diese Tatsache kann nicht nur zur Abtrennung des Urans mittels der Carbonat-Methode (s. Abschnitt 1.1.1.3) benutzt werden, sondern es besteht auch die Möglichkeit, diese Komplexe auf stark basischen Anionenaustauschern zu adsorbieren, wodurch Trennungen des Urans von Metall-Ionen erzielt werden können, die in Carbonat-Lösungen ein anderes Verhalten als Uran zeigen (*Murthy*; *Shankar, Bhatnagar* und *Murthy*; *Ishimori* und *Okuno*; *Khopkar* und *De*; *Taketatsu*; *Misumi* und *Taketatsu*).

In 0,24, 0,48, 0,96, 1,28 und 1,6m Natriumcarbonat-Lösungen weisen die Verteilungskoeffizienten des Urans(VI) auf Dowex 1 X8 Werte von 3250, 1230, 394, 261 und 192 auf (*Ishimori* und *Okuno*). Die Adsorbierbarkeit des Urans nimmt also mit steigender Natriumcarbonat-Konzentration ab.[1] Ähnliche Beobachtungen mach-

---

[1] Eine Erniedrigung der Uranadsorption wurde auch in Gegenwart von Chlorid- und Sulfationen beobachtet [*Tătaru, S.*: Studii Cerc. Chim. **13**, 1193 (1965)].

ten *Taketatsu* sowie *Misumi* und *Taketatsu* bei Untersuchungen hinsichtlich des Anionenaustausch-Verhaltens des Urans in Ammoniumcarbonat-Lösungen. So ist nach diesen Autoren der Verteilungskoeffizient des Urans bei geringen Ammoniumcarbonat-Konzentrationen (0,2 m oder geringer) größer als 1000, während er z. B. in einer m Lösung des Carbonats nur einen Wert von 20 aufweist.

Ein dem Uran ähnliches Verhalten zeigt *Thorium*, d. h. es wird ebenfalls stark als anionischer Carbonat-Komplex festgehalten (*Taketatsu*; *Misumi* und *Taketatsu*) und kann daher vom Uran nicht getrennt werden. Ebenfalls vom Uran nicht trennbar sind jene Metall-Ionen, die schwerlösliche Carbonate bilden, da durch Niederschlagsbildung die Ionenaustausch-Trennungen unmöglich gemacht werden (Verstopfung der Säulen). Dagegen läßt sich das Uran von Anionen wie Vanadat-, Molybdat-, Aluminat-, Silicat- und Phosphat-Ionen trennen, wenn *nach* der Adsorption des Urans mit einer Natriumcarbonat-Lösung nachgewaschen wird.

Zur Elution des als anionischer Carbonat-Komplex adsorbierten Urans können 5- bis 10%ige Natriumchlorid (m/v)-, 10%ige Ammoniumchlorid (m/v)- oder 5 bis 10%ige Natriumnitrat-Lösungen (m/v) verwendet werden (*Khopkar* und *De*; *Murthy*). Bei Anwendung geringerer Konzentrationen dieser Elutionsmittel oder mit 10%iger Natriumsulfat-Lösung (m/v) wird das Uran nur unvollständig eluiert (*Khopkar* und *De*).

Zur Trennung des Urans von Vanadat-Ion wird von *Murthy* folgende

Arbeitsvorschrift benutzt. Zu der vanadium- und uranhaltigen Lösung, die keine freie Säure enthält, sind 10 g Natriumcarbonat zuzufügen und die Lösung mit Wasser auf 100 ml zu verdünnen. Die maximale Konzentration an Vanadium und Uran soll 250 mg V_2O_5 und 50 mg U_3O_8/100 ml betragen. Diese Lösung läßt man durch eine Säule (20 cm × 1,5 cm; 10 g Amberlite IRA-400; Korngröße = die Harzteilchen, die durch das Britische-Standard-Sieb 22 hindurchgehen; Chloridform) mit einer Geschwindigkeit von 500 ml/Std. fließen. Danach wird mit 30 ml Natriumcarbonatlösung (10%; m/v) bei der gleichen Geschwindigkeit nachgewaschen. Anschließend läßt man erneut 200 ml Natriumcarbonatlösung mit einer Geschwindigkeit von 100 ml je Std. durchfließen, wobei *Vanadium* vollständig eluiert wird. Hierauf wird das Harz mit 30 ml Wasser gewaschen, das Uran mittels 150 ml Natriumchloridlösung (5%; m/v) bei einer Durchflußgeschwindigkeit von 100 ml/Std. eluiert, mit 50 ml Wasser nachgewaschen, die Waschlösung mit dem uranhaltigen Eluat vereinigt und das Uran unter Anwendung der Peroxidmethode (s. Abschnitt 3.1.2.1) spektrophotometrisch bestimmt.

Bemerkung. Ein ähnliches Verfahren wurde von *Shankar*, *Bhatnagar* und *Murthy* zur industriellen Aufarbeitung carbonatalkalischer *Uranlauge-Lösungen* vorgeschlagen.[1]

5.1.2.1.4.2 Abtrennung als anionischer Phosphat-Komplex

Milligramm- und auch Mikrogrammengen Uran(VI) werden aus schwach phosphorsauren Lösungen intensiv auf stark basischen Anionen-Austauscherharzen als anionischer Phosphorsäure-Komplex festgehalten [*Krishnan* und *Murthy*; *Wish* (a); *Freiling*, *Pascual* und *Delucchi*; *Tourky*, *Issa* und *Shalaby*]. Dabei nimmt die Uran-Adsorption mit ansteigender Phosphorsäure-Konzentration auf ähnliche Weise wie in schwefelsauren Lösungen (s. Abschnitt 5.1.2.1.1) ab. So wurden in 0,1, 0,5, 1,0, 2,0 und 10n phosphorsauren Lösungen Verteilungskoeffizienten für Uran von $> 10^3$, $> 10^3$, $\sim 10^3$, ~ 500 und ~ 20 gemessen (*Freiling*, *Pascual* und *Delucchi*). Bei gleichzeitiger Anwesenheit anderer Mineralsäuren wie Schwefel-, Salpeter- oder Salzsäure ist der Verteilungskoeffizient des Urans geringer als in rein phosphor-

---

[1] Als Carbonatkomplex kann das Uran auch aus dem Meerwasser isoliert werden [*Ogata, N.,* u. *Inoue, N.:* Nippon Kaisui Gakkaishi **23**, 148 (1970)].

sauren Lösungen (*Krishnan* und *Murthy*). Zum Beispiel weist der Verteilungskoeffizient in 0,5m Phosphorsäure-0,25m Schwefelsäure-Mischung einen Wert von 500 auf, ist also um 100% kleiner als in rein phosphorsaurer Lösung derselben Molarität (s. oben).

Ein ähnliches Verhalten wie Uran — und daher von diesem in phosphorsauren Medien nicht durch Anionenaustausch trennbar — zeigen die Elemente Np(IV), Zr, Nb(V) und Mo(VI) [*Wish* (a); *Freiling, Pascual* und *Delucchi*]. Dagegen ist Uran von Fe^{3+}, Al, Cu, Ni, Co, Mn, Ca, Mg und Zn trennbar, wenn als Elutionsmittel für diese Metall-Ionen eine 0,5m Phosphorsäure—0,25m Schwefelsäure-Mischung verwendet wird (*Krishnan* und *Murthy*). Cäsium und Tellur(IV) werden selbst aus 0,1n Phosphorsäure nicht festgehalten. Bei dieser Phosphorsäurekonzentration schwach adsorbierbar sind Sr sowie $Ce^{3+,4+}$.

Die Tatsache, daß der Verteilungskoeffizient des Tellurs(IV) auf Dowex 2 in verdünnt phosphorsauren Lösungen nur sehr klein ist (1,3 in 0,1n Phosphorsäure), wurde von *Wish* zur Trennung dieses Elements vom Uran benutzt. Das Tellur wurde zuerst mit n Phosphorsäure eluiert und dann das Uran mit einer 0,1n Salzsäure—0,05n Flußsäure-Mischung vom Harz entfernt. Ist gleichzeitig Molybdän anwesend, so kann dieses danach mit 12n Salpetersäure eluiert werden.

Die starke Adsorbierbarkeit des Urans aus 0,1m Phosphorsäure auf De-Acidite FF wurde von *Tourky, Issa* und *Shalaby* zur Abtrennung des Urans aus Lösungen von Phosphaterzen vor dessen polarographischer Bestimmung (s. Abschnitt 4.1.2.5) herangezogen. Vor der Adsorption des Urans wurde anwesendes Eisen(III)-Ion mit Ascorbinsäure zur zweiwertigen Stufe, die schwächer adsorbierbar ist als die dreiwertige, reduziert. Zur Elution des Urans wurde n Salzsäure benutzt.

Auch aus wäßrigen Triphosphatlösungen von pH 1 kann Uran(VI)-Ion auf einem Anionenaustauscher (z. B. Amberlite IRA-400) sorbiert werden (*Apte, Subbaraman* und *Gupta*). Anwesende seltene Erdmetall-Ionen werden mit 0,16n Salzsäure eluiert und dann das Uran mit 2n Salzsäure. Eine Trennung des Urans von den seltenen Erden unter Anwendung von Triphosphatlösungen ist auch durch Kationenaustausch (Dowex 50) möglich.

5.1.2.1.4.3 Abtrennung als anionischer Fluorid-Komplex

Aus rein-wäßrigen, flußsäurehaltigen Lösungen mit Flußsäure-Konzentrationen im Bereich von 1 bis 24 n wird Uran(VI) auf Dowex 1X10 als anionischer Fluorid-Komplex festgehalten, wobei der Verteilungskoeffizient des Urans von 100 in der 1n Säure auf 5 absinkt, wenn die Säurekonzentration auf 24 n erhöht wird. Bei noch geringeren Konzentrationen als 1n ist der Koeffizient noch wesentlich höher (*Faris*). Da aus 1n Flußsäure die Elemente Co, Ni, Cu, Zn, Ga, Cd, Tl, Bi und einige andere Metall-Ionen nicht adsorbierbar sind, können sie unter Anwendung dieses Mediums vom Uran getrennt werden.

Auch aus Flußsäure-Salzsäure-Mischungen ist Uran auf stark basischen Harzen adsorbierbar [*Kraus* und *Nelson*; *Wish* (b); *Pakholkov* und *Korbut*], dagegen aber nur sehr schwach aus flußsäurehaltigen, salpetersauren Lösungen (*Huff*). Bei hoher Salzsäure-Konzentration hat gleichzeitig anwesende Flußsäure nur einen geringen Einfluß auf die Uran-Adsorption, während aber bei Salzsäure-Konzentrationen unter 1n das Uran mit abnehmender Konzentration dieser Säure zunehmend stark als anionischer Fluorid-Komplex festgehalten wird (*Kraus* und *Nelson*).

Zur aufeinanderfolgenden Trennung mehrerer Elemente wie z. B. von Europium, Uran(IV), Uran(VI) und Zink kann nach *Kraus, Moore* und *Nelson* derart vorgegangen werden, daß das seltene Erdmetall zuerst mit 8n Salzsäure, das Uran(IV) mit einer 8n Salzsäure—0,1n Flußsäure-Mischung, dann das Uran(VI) mit 0,5n Salzsäure und schließlich das Zink mit 0,01n Salzsäure eluiert werden. Ein ähnliches Verfahren kann zur Trennung von U, Np, Pu, Zr, Nb und Mo auf Dowex 2 benutzt werden (*Wish*). Zr, Nb(V) und Mo(VI) werden zum Unterschied von Np(IV), Pu(IV) und U(VI) stark aus 0,1n Salzsäure adsorbiert. Zur Trennung des Neptuniums vom Niob wird eine 6,5n Salzsäure—0,004n Flußsäure-Mischung verwendet und das Niob mit 6n Salzsäure—0,3n Flußsäure-Mischung eluiert; das Uran wird vom Molybdän unter Anwendung einer 0,1n Salzsäure—0,06n Flußsäure-Mischung getrennt und schließlich das Molybdän mit 12n Salpetersäure eluiert.

Eine Methode zur Trennung des Urans(VI) vom Vanadium(V) wird von *Pakholkov* und *Korbut* beschrieben.

Arbeitsvorschrift. Beide Elemente werden zuerst auf dem Anionit AV-17 aus 0,5n Flußsäure—0,1n Salzsäure-Mischung adsorbiert. Hierauf wird das Vanadium mit 0,1n Salzsäure, die 5 g Flußsäure und 10 g Natriumsulfit/l enthält, eluiert. Unter diesen Bedingungen wird das Vanadium auf dem Harz zum vierwertigen, nichtadsorbierbaren Oxydationszustand reduziert, während Uran nicht reduziert und weiterhin als anionischer Fluorid-Komplex festgehalten wird. Zur Elution des Urans kann 1n Salzsäure verwendet werden.

Bemerkung. Eine Trennung jener beiden Elemente kann auf demselben Austauscher oder auf EDE-10P erzielt werden, wenn zur Elution des Vanadiums(V) eine *flußsäurehaltige Schwefelsäure-Lösung* verwendet wird. Dabei wird das Vanadium vorzugsweise eluiert, während das Uran als Fluorid-Komplex am Harz verbleibt (*Pakholkov* und *Simakov*).

5.1.2.1.4.4 Abtrennung als anionischer Thiocyanat-Komplex

Uran(VI) bildet mit Thiocyanat-Ion einen gelben anionischen Komplex, der, wie im Abschnitt 3.1.2.2. gezeigt wurde, zur colorimetrischen und spektrophotometrischen Bestimmung des Urans benutzt werden kann. Dieser Komplex ist auch auf stark basischen Anionenaustauschern wie z. B. Amberlite IRA-400 in der Thiocyanatform adsorbierbar (*Majumdar* und *Mitra*). Diese Adsorption kann z. B. aus 1%iger Ammoniumthiocyanat-Lösung (m/v) erfolgen. Unter diesen Bedingungen wird *Thorium* nur schwach festgehalten und kann daher vom Uran getrennt werden. Ein analoges Verhalten wie Uran zeigen vor allem jene Elemente bzw. Ionen, die zusammen mit dem Uran bei Anwendung der Chloridmethode (s. Abschnitt 5.1.2.1.2) auf Anionenaustauschern adsorbierbar sind. Zu diesen gehören u. a. Fe^{3+}, Co, Zn und Cd. Diese werden zusammen mit dem Uran als anionische Thiocyanat-Komplexe adsorbiert. Zur Elution des als Thiocyanat-Komplex adsorbierten Urans wird das Harzbett zuerst zwecks Zerstörung des Thiocyanat-Komplexes mit konz. Salzsäure behandelt und dann mit Wasser nachgewaschen.

Literatur

Apte, B. G., Subbaraman, P. R., u. *Gupta, J.:* Indian J. Chem. 3, 454 (1965); durch Fr. 237, 371 (1968).

Blake, C. A., Coleman, C. F., Brown, K. B., Hill, D. G., Lowrie, R. S., u. *Schmitt, J. M.:* Am. Soc. 78, 5978 (1956).

Faris, J. P.: Anal. Chem. 32, 520 (1960). – *Freiling, E. C., Pascual, J.,* u. *Delucchi, A. A.:* Anal. Chem. 31, 330 (1959).

Huff, E. A.: Anal. Chem. 36, 1921 (1964).

Ishimori, T., u. *Okuno, H.:* Bl. chem. Soc. Japan 29, 78 (1956).

Khopkar, S. M., u. *De, A. K.:* Anal. chim. Acta 23, 147 (1960). – *Kraus, K. A., Moore, G. E.,* u. *Nelson, F.:* Am. Soc. 78, 2692 (1956); durch Fr. 185, 423 (1962). – *Kraus, K. A.,* u. *Nelson, F.:* Pr. Internat. Conf. Peaceful Uses Atomic Energy, Geneva 1955, Vol. 7, 113; United Nations: New York 1956. – *Krishnan, N. P. K.,* u. *Murthy, T. K. S.:* Indian J. Chem. 3, 154 (1965).

Majumdar, A. K., u. *Mitra, B. K.:* Fr. 208, 1 (1965). – *Misumi, S.,* u. *Taketatsu, T.:* Bl. chem. Soc. Japan 32, 877 (1959). – *Murthy, T. K. S.:* Anal. chim. Acta 16, 25 (1957).

Pakholkov, V. S., u. *A. Ya. Korbut:* Isvest. Vyssh. Uchebn. Zavedenii, Tsvetn. Met. 3, 116 (1963). – *Pakholkov, V. S.,* u. *Simakov, S. E.:* Zhur. Priklad. Khim. (russ.) 37, 2565 (1964).

Shankar, J., Bhatnagar, D. V., u. *Murthy, T. K. S.:* Pr. Internat. Conf. Peaceful Uses Atomic Energy, Geneva 1955, Vol. **8**; United Nations: New York 1956; s. auch C. **1957**, 11246.
Taketatsu, T.: Bl. Chem. Soc. Japan **36**, 549 (1963); Talanta **10**, 1077 (1963). – *Tourky, A. R., Issa, I. M.,* u. *Shalaby, L. A.:* Chem. U. A. R. **5**, 53 (1965).
Wish, L.: (a) Anal. Chem. **32**, 920 (1960); (b) **31**, 326 (1959).

5.1.2.2 Anionenaustausch in Gegenwart organischer Komplexbildner

5.1.2.2.1 Abtrennung als anionischer Acetat-Komplex

Aus rein-wäßrigen, essigsauren Lösungen wird Uran(VI) als anionischer Acetat-Komplex der Formel $[UO_2(CH_3COO)_3]^-$ oder $[UO_2(CH_3COO)_4]^{2-}$ (*Vaissière* und *Trémillon*) von Anionenaustauschern wie z. B. Dowex 1 oder Amberlite IRA-400 festgehalten. Diese Tatsache wurde von mehreren Autoren zur Abtrennung von Mikrogrammengen Urans aus natürlichen Wässern (*Hecht, Korkisch, Patzak* und *Thiard*; *Korkisch, Thiard* und *Hecht*; *Nikols'kii, Paramonova* u. *V'yugina*; *Hecht, Tomić, Korkisch, Thiard* und *Stipanits*), Erdölsondernwässern (*Thiard*), Gesteinen (*Hecht, Korkisch, Patzak* und *Thiard*) und Trennung von verschiedenen Metall-Ionen (*Riley* und *Williams*; *Vaissière* und *Trémillon*) verwendet. Wird Uran aus Acetatlösungen vom pH-Wert 4 bis 5,25 adsorbiert, so lassen sich Mikrogrammengen dieses Elements sehr selektiv von einer großen Anzahl anderer Metall-Ionen wie z. B. Fe^{3+}, Al, Th, Pb, Ca, Mg, Cr^{3+}, Zn, Cd, Cu, Mn^{2+}, Ni, Co ,Hg, seltene Erdmetalle usw. trennen. Diese Elemente bilden zum Unterschied von Uran entweder überhaupt keine oder wie Fe^{3+} kationische Acetat-Komplexe. Im Vergleich zu der Sulfat- (s. Abschnitt 5.1.2.1.1) oder Chlorid-Methode (s. Abschnitt 5.1.2.1.2) (falls diese in rein-wäßrigen, salzsauren Systemen angewendet wird) ist die Selektivität der mit dieser Acetat-Methode erzielbaren Trennungen größer. Dieses Verfahren hat jedoch den Nachteil, daß nur relativ geringe Uran-Mengen abtrennbar sind, wodurch es sich vor allem zur Uran-Abtrennung aus Wässern eignet. Da Phosphat-Ion infolge Fällung des Urans als Uranylphosphat stark *stört*, muß bei der Analyse von Proben wie z. B. Gesteinen oder Phosphatmineralien das Uran vor Anwendung der Acetat-Methode durch geeignete andere Methoden wie z. B. durch Ätherextraktion des Uranylnitrats (s. Abschnitt 6.2) oder mittels Anionenaustausches unter Anwendung der Sulfat-Methode (s. Abschnitt 5.1.2.1.1) (*Jangg, Ochsenfeld* und *Habashi*) abgetrennt werden. Selbst danach ist es manchmal erforderlich, dieses Ionenaustauschverfahren zweimal hintereinander durchzuführen, falls das Uran nach erfolgter Abtrennung polarographisch unter Anwendung der katalytischen Nitratwelle (s. Abschnitt 4.1.2.2) bestimmt werden soll (*Hecht, Korkisch, Patzak* und *Thiard*).

Zur Elution des adsorbierten Urans können verd. Salzsäure-Lösungen, die z. B. 0,8 n (*Hecht, Korkisch, Patzak* und *Thiard*; *Korkisch, Thiard* und *Hecht*; *Thiard*) oder 0,2 n (*Nikols'kii, Paramonova* und *V'yugina*) an dieser Säure sind, verwendet werden.

Diese Abtrennung des Urans als anionischer Acetat-Komplex ist nicht nur auf den festen, oben erwähnten, stark basischen Anionenaustauschern möglich, sondern auch auf einem schwach basischen Harz wie z. B. Wofatit-M (*Nikols'kii, Paramonova* und *V'yugina*) sowie mit flüssigen Aminen wie z. B. Triisooctylamin oder Anilin (s. Abschnitt 6.7). Ferner hat sich gezeigt (*Korkisch* und *Urubay*), daß Uran(VI) auch aus nicht-wäßrigen Systemen, die aus Eisessig allein, oder aus Gemischen dieser Säure mit organischen Lösungsmitteln wie Methanol, Aceton, Tetrahydrofuran oder Dioxan bestehen, sehr intensiv auf stark basischen Austauschern adsorbiert werden kann. So läßt sich durch Anwendung einer Mischung, bestehend aus 90% Äthanol und 10% Eisessig (v/v), das Uran vom Kobalt (*Korkisch* und *Urubay*) trennen, während es von den seltenen Erdmetall-Ionen abgetrennt werden kann, wenn reiner Eisessig oder eine 95%-Methanol (oder Äthanol)-5%ige Essigsäure-Mischung (v/v) als Elutionsmittel verwendet wird (*Hazan* und *Korkisch*) (s. Arbeitsvorschrift S. 272).

Anwendungsbeispiele zur Abtrennung des Urans als anionischer Acetat-Komplex (Acetat-Methode).

Wie bereits oben erwähnt wurde, eignet sich die Acetat-Methode vor allem zur Abtrennung von Mikrogrammengen Urans aus natürlichen Wässern wie z. B. aus Fluß- oder Meerwasserproben. Dazu wird folgende

Arbeitsvorschrift nach *Korkisch, Thiard* und *Hecht* empfohlen. Das Harzbett (12 cm×0,8 cm; Amberlite IRA-400; 0,1 bis 0,3 mm Korngröße; Chloridform) ist zur vollständigen Entfernung von Spuren Eisen mit 50 ml 1n und 20 ml 0,1n Salzsäure und anschließend bis zur neutralen Reaktion des Eluats mit rund 100 ml Wasser zu waschen. Dann wird mit 50 ml einer Pufferlösung vom pH = 5 (500 ml 0,1n Salzsäure und 300 ml 1m Natriumacetat-Lösung mit Wasser auf 1 l auffüllen) in die Acetatform übergeführt. Die mit 5 ml konz. Salzsäure schon bei der Probenahme angesäuerte, 1 l oder weniger betragende Wasserprobe (sie soll nicht mehr als 43 μg Uran enthalten) wird über ein Weißbandfilter filtriert, mit 20 ml Eisessig versetzt und dann mit 5n Natriumhydroxid-Lösung auf einen pH-Wert von 4,25 bis 5,25 gebracht (anstelle der Natriumhydroxid-Lösung kann auch 2,5m Natriumacetat-Lösung angewendet werden). (Zweckmäßigerweise läßt man die angesäuerte Probe so lange stehen, bis in ihr keine Gasblasen mehr feststellbar sind.) Diese Probelösung fließt durch das wie oben beschrieben in die Acetatform übergeführte Harzbett mit einer Geschwindigkeit von 3 ml/Min. Dann wird mit 100 ml der Pufferlösung, hierauf mit 100 ml Wasser nachgewaschen und das Uran mit 50 ml 0,8n Salzsäure eluiert. Wird in der verwendeten Wasserprobe ein relativ hoher Urangehalt vermutet, ist die Elution mit weiteren 50 ml 0,8n Salzsäure fortzusetzen. Die quantitative Bestimmung des Urans wird auf polarographischem Wege ausgeführt (s. Abschnitt 4.1.2.2).

Bemerkungen. I. Nach dieser Methode läßt sich eine Uran-Abtrennung und Analyse bei Verwendung von 1 l Probelösung in rund 8 Std. mit einer mittleren *Genauigkeit* von ± 10 bis 15% durchführen. Sie wurde mehrfach zur Feststellung des Urangehaltes österreichischer Flußwässer (*Korkisch, Thiard* und *Hecht; Hecht, Tomić, Korkisch, Thiard* und *Stipanits*), Hochquellen-Leitungswasser (*Korkisch, Thiard* und *Hecht*), Erdölsondenwässer (*Thiard*) und auch nach vorangehender Ätherextraktion des Uranylnitrats (s. Abschnitt 6.2) oder Durchführung der Sulfat-Methode (s. Abschnitt 5.1.2.1.1) zur Analyse von Gesteinen und Phosphaten (*Hecht, Korkisch, Patzak* und *Thiard; Jangg, Ochsenfeld* und *Habashi*) herangezogen.

II. Sehr ähnliche Verfahren wurden von *Nikols'kii, Paramonova* und *V'yugina* ebenfalls zur Analyse von Wässern und von *Riley* und *Williams* zur Trennung des Urans vom *Aluminium* benutzt. Ferner verwendeten *Vaissière* und *Trémillon* dieses Verfahren zur Abtrennung des Urans von Mikrogrammengen Cd, Cu, Mn, Ni und Fe^{3+}.

III. Bei der Anreicherung des Urans aus *Meerwasserproben* ist es nicht erforderlich, die Wasserprobe in der oben angegebenen Art mit Acetat abzupuffern; sondern es genügt, wenn man diese auf einen pH-Wert im Bereich von 3 bis 9 einstellt und dann wie oben beschrieben durch die mit 50 ml Natriumchlorid-Lösung (28 g Natriumchlorid in 1 l Lösung) vorbehandelte Säule fließen läßt (*Korkisch, Thiard* und *Hecht*). Dann wird, wie oben beschrieben wurde, weiter verfahren. Bei diesem Vorgang wird das Uran primär als anionischer Chlorid-Komplex vom Austauscher festgehalten, der dann beim darauffolgenden Waschen mit der Acetatpuffer-Lösung (s. Arbeitsvorschrift) in den Acetat-Komplex übergeführt wird.

IV. Wird 100%iger Eisessig als Sorptions- und Waschlösung verwendet, so wird das Uran auf *Dowex 1* in der Acetatform sehr stark, und zwar mit einem Verteilungskoeffizienten von 160000 festgehalten, während Ionen der seltenen Erdmetalle wie z. B. von La, Ce, Pr, Sm, Gd und Yb nicht adsorbiert werden (Verteilungskoeffizienten von etwa 0,1) (*Hazan* und *Korkisch*). Ähnliche Verhältnisse liegen in Mischungen von 95% Methanol oder Äthanol und 5% Eisessig (v/v) vor, nicht aber in solchen, die anstelle von Methanol oder Äthanol andere organische Lösungsmittel wie z. B. Tetrahydrofuran, Aceton, Dioxan oder höhere Alkohole enthalten. Aus den letztgenannten Mischungen werden auch die seltenen Erdmetall-Ionen stark von diesem Austauscher festgehalten, so daß aus solchen Systemen eine gleichzeitige Adsorption des Urans und der seltenen Erdmetalle möglich ist.

Zur Trennung des Urans von Milligrammengen der seltenen Erdmetall-Ionen wird folgende

Arbeitsvorschrift nach *Hazan* und *Korkisch* verwendet. Das Harzbett (10 cm × 0,6 cm; Dowex 1X8; 100 bis 200 mesh; Acetatform) wird mit 50 ml Eisessig gewaschen. Dann läßt man 100 ml der Sorptionslösung (Eisessig, der Uran und die seltenen Erdmetall-Ionen enthält) mit einer Geschwindigkeit von 0,3 bis 0,5 ml/Min. durchfließen. Dabei wird Uran stark festgehalten, während die seltenen Erdmetall-Ionen in den Effluent übergehen. Danach ist mit 50 ml Eisessig nachzuwaschen und das Uran mit 100 ml n Salz- oder Salpetersäure zu eluieren. Im Eluat wird das Uran fluorometrisch (s. Abschnitt 3.2) bestimmt.

Bemerkungen. a) Ist gleichzeitige Anreicherung des Urans *und* der seltenen Erdmetalle erwünscht, so wird als Sorptionslösung am besten eine Mischung, bestehend aus 95 ml Tetrahydrofuran und 5 ml Eisessig, benutzt. Zur darauffolgenden Trennung des Urans von den mitadsorbierten, seltenen Erdmetallen können 50 ml Eisessig oder ein ebenso großes Volumen einer Mischung, bestehend aus 95% Methanol oder Äthanol und 5% Eisessig (v/v), verwendet werden.

b) Mittels dieser Medien werden die seltenen Erdmetall-Ionen vom Harz entfernt, während *Uran* weiterhin *stark* adsorbiert wird und dann durch Elution mit verd. Salz- oder Salpetersäure (s. Arbeitsvorschrift) desorbiert werden kann.

Literatur

Hazan, I., u. *Korkisch, J.:* Anal. chim. Acta **31**, 467 (1964). – *Hecht, F., Korkisch, J., Patzak, R.,* u. *Thiard, A.:* Mikrochim. A. **1956**, 1283. – *Hecht, F., Tomić, E., Korkisch, J., Thiard, A.,* u. *Stipanits, P.:* Öst. Ch. Z. **58**, 221 (1957).

Jangg, G., Ochsenfeld, W., u. *Habashi, F.:* Fr. **171**, 27 (1959).

Korkisch, J., Thiard, A., u. *Hecht, F.:* Mikrochim. A. **1956**, 1422. – *Korkisch, J.,* u. *Urubay, S.:* Talanta **11**, 721 (1964).

Nikols'kii, B. P., Paramonova, V. I., u. *V'yugina, A. F.:* Trudy Radiev. Inst. AN SSSR **8**, 174 (1958).

Riley, J. P., u. *Williams, H. P.:* Mikrochim. A. **1959**, 825.

Thiard, A.: Erdöl-Zeitschr. **12**, 432 (1960).

Vaissière, M., u. *Trémillon, B.:* Bl. **1965**, 2099.

5.1.2.2.2 Abtrennung als anionischer Ascorbinat-Komplex

In schwach sauren Lösungen bildet Uranyl-Ion mit Ascorbinsäure einen gelben bis rotbraun gefärbten, anionischen Uran(VI)-ascorbinat-Komplex, dessen Ammoniumsalz im pH-Bereich von 5 bis 7 folgende Konstitution aufweist: $NH_4[UO_2(OH)_2(C_6H_7O_6)]$ (*Gal*). In einem stärker sauren Bereich als pH = 3 besitzt dieser Komplex je nach den Aciditätsverhältnissen eine positive oder überhaupt keine Ladung.

Diese Komplexbildung des Urans(VI) mit Ascorbinsäure kann dazu benützt werden, das Uran spektrophotometrisch zu bestimmen (s. Abschnitt 3.1.3.9), bzw. um dessen direkte polarographische Bestimmung in Gegenwart von Fremd-Ionen zu ermöglichen (s. Abschnitt 4.1.3). Da dieser anionische Komplex auch auf stark basischen Anionenaustauschern wie z. B. Amberlite IRA-400 oder Dowex 1 (in der Ascorbinatform) ausgetauscht werden kann (*Korkisch, Farag* und *Hecht*; *Korkisch, Antal* und *Hecht*), besteht die Möglichkeit, das Uran von Elementen zu trennen, die unter bestimmten Versuchsbedingungen keine oder positiv geladene Ascorbinat-Komplexe bilden. Erfolgt die Adsorption aus einer Lösung, die durch Abpuffern einer salzsauren, ascorbinsäurehaltigen Uranylsalz-Lösung mit Ammoniaklösung auf einem pH-Wert im Bereich von 4 bis 4,5 hergestellt wurde, so werden unter diesen Versuchsbedingungen viele Elemente nicht ausgetauscht und sind daher vom Uran trennbar. Zu diesen gehören: Alkalimetalle, Erdalkalimetalle, Al, Pb, As(III), Bi^{3+}, Zn, die seltenen Erdmetalle, Cr^{3+}, Mn^{2+}, Fe^{2+}, Co und Ni.

Chloride und Sulfate sowie geringe Mengen an Phosphaten oder Fluoriden *stören* die Adsorption des Urans *nicht*.

Ein sehr ähnliches Verhalten wie Uran zeigen die Elemente Titan, Thorium, Zirkonium, Vanadium, Molybdän und Wolfram, d. h. sie werden zusammen mit dem Uran als anionische Ascorbinat-Komplexe adsorbiert und können, falls sie in sehr großem Überschuß anwesend sind, den Uran(VI)-ascorbinat-Komplex vom Austauscher verdrängen, bzw. dessen Adsorption verhindern. In diesem Fall ist es nötig, das Uran *vor* seiner Anreicherung und Abtrennung als Ascorbinat-Komplex von diesen Elementen zu trennen, was z. B. mittels der Ätherextraktionsmethode (s. Abschnitt 6.2) möglich ist. Eine direkte Anwendung dieser Anionenaustauschmethode ist nur dann möglich, wenn das Verhältnis jedes der störenden, mitadsorbierten Elemente zum Uran den Betrag 10:1 nicht überschreitet. Dieses Verhältnis gilt für jedes der obengenannten Elemente mit Ausnahme des Wolframs, das sich schon im Verhältnis 1:1 störend auswirkt, wenn die Endbestimmung des Urans polarographisch unter Anwendung der katalytischen Nitratwelle (s. Abschnitt 4.1.2.2) erfolgt (*Korkisch, Farag* und *Hecht*).

Die direkte Anwendung dieser Austauschmethode ist auch dann unmöglich, wenn große Mengen an Kupfer(II)- und Phosphat-Ion sowie sehr große Quantitäten an Neutralsalzen vorliegen. In Anwesenheit von Kupfer(II) tritt infolge Reduktion durch Ascorbinsäure eine Fällung von Kupfer(I)-oxid oder metallischem Kupfer auf. Sind Phosphat-Ionen zugegen, so kann Uranylphosphat zusammen mit gegebenenfalls anwesenden Phosphaten des Aluminiums oder anderer Elemente, die im pH-Bereich von 4 bis 5,4 schwerlösliche Phosphate bilden, mitgefällt werden (s. Abschnitt 1.3). Die Anwesenheit großer Mengen an Neutralsalzen wie z. B. Natriumchlorid wirkt sich derart aus, daß diese die Adsorbierbarkeit des Uranylascorbinat-Komplexes herabsetzen, d. h. die Kapazität des Harzes für diesen Komplex vermindern. Aus diesem Grund soll die Menge des nach einem Sodaaufschluß von Mineralien erhaltenen Natriumchlorids nicht mehr als 3 g betragen (s. Arbeitsvorschrift nach *Korkisch, Farag* und *Hecht*). Auf dieselbe Ursache ist es zurückzuführen, daß die Ascorbinat-Methode auch zur direkten Analyse von Meerwasserproben ungeeignet ist. Dagegen kann sie zur Bestimmung des Urans in sehr salzarmen, natürlichen Wässern herangezogen werden, allerdings auch nur dann, wenn vor der polarographischen Bestimmung des Urans die als Ascorbinat-Komplexe mitadsorbierten Elemente (s. oben) durch einen der Anionenaustausch-Operation nachfolgenden Kationenaustausch-Prozeß getrennt werden (*Korkisch, Antal* und *Hecht*). Der Grund hierfür liegt sehr wahrscheinlich darin, daß in vielen natürlichen Wässern das Verhältnis: Uran:Wolfram nicht annähernd mehr 1:1 (s. oben), sondern schon sehr zugunsten des Wolframs verschoben ist, das die polarographische Bestimmung des Urans stark stört (s. Abschnitt 4.1.2.2).

Wird zur Adsorption des Uranylascorbinat-Komplexes eine Austauschersäule von 10 cm Länge und 0,6 cm Durchmesser verwendet, so läßt sich bis zu 1 mg Uran/100 ml Sorptionslösung bei einer Fließgeschwindigkeit von 1 ml/Min. quantitativ adsorbieren, ohne daß die Durchbruchskapazität überschritten wird. Bei Anwendung größerer Harzmengen lassen sich natürlich noch weitaus größere Uran-Mengen adsorbieren. So können z. B. in einer Säule mit einem Harzbett von 12×150 mm bis zu 25 mg Uran adsorbiert werden.

Zur Elution des adsorbierten Uranylascorbinat-Komplexes wird am besten n Salzsäure verwendet (*Korkisch, Farag* und *Hecht*). Unter diesen Bedingungen werden die erwähnten mitadsorbierten Elemente ebenfalls eluiert.

Anwendungsbeispiele zur Abtrennung des Urans nach der Ascorbinat-Methode.

Zur Abtrennung des Urans aus Materialien, die Urangehalte von 0,001 bis 0,1% oder mehr aufweisen, kann die folgende

Arbeitsvorschrift nach *Korkisch, Farag* und *Hecht* angewendet werden. Das Harzbett (10 cm × 0,6 cm; Amberlite IRA-400; 0,1 bis 0,3 mm Korngröße; Chloridform) ist mit 100 ml 5n—6n Salzsäure zu waschen. Danach läßt man so lange Wasser durchfließen, bis der Effluent nicht mehr sauer reagiert. Hierauf wird das Harz unter Verwendung von 100 ml frisch bereiteter Ascorbinsäurelösung (1 bis 2%; m/v), die mit einigen Tropfen Ammoniaklösung auf einen pH-Wert von 4 bis 4,5, gebracht wurde, in die Ascorbinatform übergeführt.

Die eingedampfte, uranhaltige Probelösung (Eindampfrückstand nach der Kieselsäureabscheidung einer mit Soda oder Säuren aufgeschlossenen Probe oder eingedampfter, schwach geglühter Ätherextrakt) wird in 5 ml 5n Salzsäure unter gelindem Erwärmen auf dem Wasserbad gelöst, und mit 45 ml Wasser verdünnt. Nach etwa 2 Std. filtriert man und wäscht den unlöslichen Rückstand auf dem Filter mit 25 ml 0,1n Salzsäure. Zu der nun etwa 75 ml betragenden Lösung fügt man 2 g Ascorbinsäure (oder auch mehr), gelöst in 25 ml Wasser, zu. Durch Zugabe von Ammoniaklösung wird ein pH-Wert zwischen 4 und 4,5 eingestellt und die Lösung mit einer Geschwindigkeit von nicht mehr als 1 ml/Min. wie oben beschrieben durch das in die Ascorbinatform übergeführte Harzbett fließen gelassen. Anschließend ist mit 50 ml Ascorbinsäure-Lösung vom pH-Wert 4 bis 4,5, gefolgt von 50 ml Wasser, nachzuwaschen. Nunmehr wird das Uran mit 100 ml n Salzsäure eluiert und polarographisch bestimmt (s. Abschnitt 4.1.2.2).

Bemerkungen. I. Zur Anreicherung und Abtrennung von Milligrammengen Urans auf einer geeigneten, *größeren* Austauschersäule geht man analog vor, eluiert jedoch das Uran nicht mit 100, sondern mit 200 ml n Salzsäure und bestimmt es nach Eindampfen des Eluats und Zerstörung der Ascorbinsäure (s. Abschnitt 4.1.2.2) durch Fällung als Uranyloxinat (s. Abschnitt 1.2.1.1) quantitativ.

II. Eine ähnliche Methode wurde von *Korkisch, Antal* und *Hecht* zur Isolierung des Urans aus *Süßwasserproben* benutzt. Dieses Trennungsverfahren beruht darauf, daß man das Uran zusammen mit den anderen mitadsorbierbaren Elementen (s. S. 273) zuerst ähnlich wie nach der Arbeitsvorschrift nach *Korkisch, Farag* und *Hecht* auf einer Anionenaustauscher-Säule als anionischen Uranylascorbinat-Komplex adsorbiert, dann mit 0,1n Salzsäure eluiert und das Eluat unmittelbar durch eine kleine Säule, gefüllt mit dem stark sauren Kationenaustauscher Dowex 50, fließen läßt. Unter diesen Bedingungen wird das die polarographische Bestimmung des Urans stark *störende* Wolfram nicht vom Anionenaustauscher entfernt, wohl aber alle anderen mitadsorbierten Elemente, die dann vom Kationenaustauscher-Harz zusammen mit dem Uran festgehalten werden. Wird dann das Uran mit n Salzsäure vom Kationenaustauscher eluiert, so wird nur gegebenenfalls anwesendes *Vanadium* miteluiert.

III. Dieses *gekoppelte* Säulenverfahren gestattet eine Trennung des Urans von allen in salzarmen natürlichen Wässern vorkommenden Elementen mit Ausnahme des Vanadiums.

IV. Da gleichzeitig auch das *Thorium*, nach dessen Elution von der Kationenaustauschersäule mittels 6n Schwefelsäure, bestimmt werden kann (s. Originalliteratur), ist diese Methode *vielseitiger* als das im Abschnitt 5.1.2.2.1 beschriebene Acetat-Verfahren zur Abtrennung des Urans aus natürlichen Wässern.

Arbeitsvorschrift nach *Korkisch, Antal* und *Hecht*. Die Wasserprobe (1 l) ist mit

10 ml konz. Salzsäure anzusäuern (bei Anwendung einer geringeren Menge der Wasserprobe mit entsprechend weniger konz. Salzsäure) und so lange stehen zu lassen, bis sie die Temperatur angenommen hat, bei der auch die Säulenoperationen durchgeführt werden. Anschließend ist die Wasserprobe zu filtrieren und zu je 100 ml 1 g Ascorbinsäure zuzusetzen (d. h. für 1 l Wasser sind 10 g Ascorbinsäure erforderlich). Hierauf ist mit Ammoniaklösung (1 + 1) (etwa 7—8 m) auf einen pH-Wert zwischen 4 bis 4,5 einzustellen und durch das, wie bei der Arbeitsvorschrift nach *Korkisch*, *Farag* und *Hecht* (s. S. 274) angegeben, in die Ascorbinatform übergeführte Harzbett mit einer Geschwindigkeit von 0,5 bis 0,75 ml/Min. fließen zu lassen. Sodann verfährt man analog, wie in der Arbeitsvorschrift nach *Korkisch*, *Farag* und *Hecht* angegeben, eluiert aber das Uran nicht mit 1n, sondern mit 0,1n Salzsäure. Dieses Eluat läßt man unmittelbar durch ein Harzbett (5 cm × 0,5 cm; Dowex 50X8, 0,1 bis 0,2 mm Korngröße; H^+-Form) fließen, das vorher durch aufeinanderfolgendes Waschen mit 50 ml 6n Schwefelsäure, 50 ml Wasser und 30 ml 0,1n Salzsäure vorbehandelt wurde. Danach wird das Uran aus der Kationenaustauschersäule mit 50 ml 1n Salzsäure eluiert und polarographisch bestimmt (s. Abschnitt 4.1.2.2).

Literatur

Gal, I. J.: Bl. Inst. Nucl. Sci. „Boris Kidrich" Belgrad **6**, 173 (1956).
Korkisch, J., Antal, P., u. *Hecht, F.:* Mikrochim. A. **1959**, 693. – *Korkisch, J., Farag, A.,* u. *Hecht, F.:* Mikrochim. A. **1958**, 415.

5.1.2.2.3 Abtrennung als anionischer Komplex mit weniger bedeutsamen, organischen Komplexbildnern[1]

Uran(VI)-Ion bildet nicht nur mit Acetat-Ion (s. Abschnitt 5.1.2.2.1) und Ascorbinsäure (s. Abschnitt 5.1.2.2.2) anionische Komplexe, die auf stark basischen Anionenaustauschern austauschbar sind, sondern auch solche mit anderen Monocarbonsäuren wie z. B. Ameisensäure und Propionsäure sowie auch mit Chlorderivaten der Essigsäure, und zwar mit Mono-, Di- und Trichloressigsäure (*Korkisch* und *Urubay*; *Korkisch*). Ferner entstehen Komplexe, die auf Anionenaustauschern adsorbierbar sind, auch in Gegenwart von Di- und Tricarbonsäuren wie z. B. Oxal-, Malon-, Bernstein-, Glutar-, Adipin-, Wein- und Citronensäure (*Korkisch* und *Hazan*; *Zaki* und *Shakir*; *Komura* und *Sakanoue*). Auch mit Sulfosalicylsäure bildet Uran einen Komplex, der z. B. auf Amberlite IRA-400 adsorbiert werden kann (*Oliver* und *Fritz*).

Diese Komplexbildner wurden mehrfach zur Trennung des Urans von einem oder mehreren Fremd-Ionen benutzt, weisen aber gegenüber der Acetat- (s. Abschnitt 5.1.2.2.1) oder Ascorbinat-Methode (s. Abschnitt 5.1.2.2.2) praktisch keine Vorteile auf, so daß hier nur im Prinzip auf einige dieser in solchen Medien ausführbaren Trennungen eingegangen werden soll.

Wird eine Mischung, bestehend aus 90% Methanol und 10% Ameisensäure (v/v), als Sorptions- und Waschlösung verwendet, so kann das Uran vom Kupfer oder Blei auf Dowex 1X8 getrennt werden (*Korkisch* und *Urubay*). Dabei werden Kupfer und Blei nicht festgehalten, während das adsorbierte Uran mit n Salzsäure eluiert und dann fluorometrisch (s. Abschnitt 3.2) bestimmt werden kann. Auf ähnliche Weise, d. h. ebenfalls unter Anwendung nicht-wäßriger Systeme, ist es auch möglich, das Uran vom Nickel und Lanthan zu trennen (*Korkisch* und *Urubay*). Eine genaue Beschreibung dieser Medien sowie ihre Anwendbarkeit zur analytischen Abtrennung des Urans von verschiedenen Fremd-Ionen wird von *Korkisch* angegeben.

---

[1] Uran(VI) wird auch als anionischer ÄDTA-Komplex an Anionenaustauschern adsorbiert [*Eristavi, D. I., Brouchek, F. I.,* u. *Berishvilli, L. A.:* Chem. Zvesti **23**, 759 (1969)].

18*

Eine Trennung des Urans von Thorium und seltenen Erdmetallen wie z. B. Cer und Gadolinium kann unter Anwendung einer 5%igen wäßrigen Malonsäurelösung (m/v) auf Dowex 1X8 (Malonatform) erfolgen (*Korkisch* und *Hazan*). Aus dieser Lösung wird das Uran vom Harz mit einem Verteilungskoeffizienten von 1540 festgehalten, während die seltenen Erdmetalle in den Effluent übergehen. Nach dem Nachwaschen mit 5%iger Malonsäure-Lösung wird das Uran mit n Salzsäure eluiert und dann fluorometrisch (s. Abschnitt 3.2) bestimmt. Dieses Verfahren kann auch zur quantitativen Trennung des Urans von Mg, Ca, Sr, Zn, Cd, Al, In, Cu, Pb, Bi, Mn, Co und Ni, nicht aber von Fe^{3+} verwendet werden.

Literatur

Komura, K., u. *Sakanoue, M.*: Japan Analyst **16**, 114 (1967); durch Fr. **235**, 443 (1968). – *Korkisch, J.*: Progress in Nuclear Energy, Series IX, Analytical Chemistry, Vol. **6**. Oxford 1966. – *Korkisch, J.*, u. *Hazan, I.*: Talanta **11**, 523 (1964). – *Korkisch, J.*, u. *Urubay, S.*: Talanta **11**, 721 (1964).

Oliver, R. T., u. *Fritz, J. S.*: U. S. A. E. C. Report ISC-1056, 1958.

Zaki, M. R., u. *Shakir, K.*: Fr. **185**, 423 (1962).

5.1.3 Kationenaustausch

Zum Unterschied von den im Abschnitt 5.1.2 beschriebenen, zahlreichen Verfahren zur quantitativen Abtrennung des Urans mittels Anionenaustausches ist die Anzahl der Methoden, in denen Kationenaustauscher angewandt werden, sehr gering. Der Grund hierfür beruht auf der geringen Selektivität dieser Austauscher gegenüber dem Uranyl-Ion. Diese Verhältnisse sind aus den in Tabelle 12 gezeigten Werten für die Verteilungskoeffizienten des Urans und anderer Metalle in rein wäßrigen, salz-, salpeter- und schwefelsauren Lösungen verschiedener Konzentrationen klar ersichtlich.

Aus den in dieser Tabelle angeführten Werten der Koeffizienten geht ferner hervor, daß die Selektivität der Adsorption des Urans in den schwefelsauren Systemen am größten ist, d. h. in diesen kann das Uran von einer größeren Anzahl von Fremd-Ionen getrennt werden, als es in den salz- und salpetersauren Medien der Fall ist. Dies ist darauf zurückzuführen, daß, wie bereits im Abschnitt 5.1.2.1.1 gezeigt wurde, das Uran einen sehr stabilen, anionischen Sulfat-Komplex bildet, wodurch seine vorzugsweise Elution von Kationenaustauscher-Säulen wesentlich erleichtert wird. So läßt sich z. B. unter Anwendung von n Schwefelsäure das Uran selektiv eluieren[1], während die meisten anderen Elemente unter diesen Bedingungen am Harz (z. B. Dowex 50 in der H^+-Form) verbleiben und erst nach dem Uran eluiert werden [*Strelow* (b)]. Mit dem Uran eluiert werden selbstverständlich jene Metall-Ionen, die ebenfalls anionische Sulfat-Komplexe bilden (s. Abschnitt 5.1.2.1.1) bzw. Verteilungskoeffizienten ähnlich jenen des Urans aufweisen (s. Tabelle 12). Diese Methode ist demnach von ähnlicher Selektivität wie die besprochene Sulfat-Methode (s. Abschnitt 5.1.2.1.1). In n Schwefelsäure weisen die Trennfaktoren des Urans gegenüber zweiwertigen Ionen Werte von etwa 3 bis 6 auf, während sie für drei- und höherwertige Ionen bis zu 33 betragen können.

Die ungünstigsten Bedingungen zur Trennung des Urans von Begleitelementen herrschen in salzsauren Medien vor (s. Tabelle 12). In diesen kann das Uran von vielen zwei- und auch dreiwertigen Metall-Ionen nicht getrennt werden, da diese wie z. B. Kobalt und Eisen(III) analog zum Uran(VI) anionische Chlorid-Komplexe bilden

---

[1] Auch durch Anwendung schwefelsaurer Ammoniumsulfatlösungen können Trennungen des Urans, Thoriums und der Seltenen Erdmetalle erzielt werden [*Kawabuchi, K., Ito, T.*, u. *Kuroda, R.*: J. Chromatogr. **39**, 61 (1969)].

Tabelle 12

Verteilungskoeffizienten des Urans(VI) und anderer Metalle in rein wäßrigen, salz-, salpeter- und schwefelsauren Lösungen [Strelow (a); Strelow, Rethemeyer und Bothma]. (Bio Rod AG 50 W-X 8)

Metall-Ion	Normalität der Mineralsäure																	
	0,1			0,5			1,0			2,0			3,0			4,0		
	HCl	HNO$_3$	H$_2$SO$_4$	HCl	HNO$_3$	H$_2$SO$_4$	HCl	HNO$_3$	H$_2$SO$_4$	HCl	HNO$_3$	H$_2$SO$_4$	HCl	HNO$_3$	H$_2$SO$_4$	HCl	HNO$_3$	H$_2$SO$_4$
UO$_2^{2+}$	5460	659	596	102	69	29,2	19,2	24,4	9,6	7,3	10,7	3,2	4,9	7,4	2,3	3,3	6,6	1,8
Ca^{2+}	3200	1450	x	151	113	x	42,3	35,3	x	12,2	9,7	x	7,3	4,3	x	5,0	1,8	x
Mg^{2+}	1720	794	1300	88	71	124	21	22,9	41,58	6,2	9,1	13,0	3,5	5,8	5,6	3,5	4,1	3,4
Fe^{3+}	9000	> 10^4	> 10^4	225	362	255	35,4	74	58	5,2	14,3	13,5	3,6	6,2	4,6	2,0	3,1	1,8
Al^{3+}	8200	> 10^4	> 10^4	318	392	540	61	79	126	12,5	16,5	27,9	4,7	8,0	10,6	2,8	5,4	4,7
Co^{2+}	1650	1260	1170	72	91	126	21,3	28,8	43	6,7	10,1	14,2	4,2	6,1	6,2	3,0	4,7	5,4
Ni^{2+}	1600	1140	1390	70	91	140	21,8	28,1	46	7,2	10,3	16,5	4,7	8,6	6,1	3,1	7,3	2,8
Zn^{2+}	1850	1020	1570	64	83	135	16,0	25,2	43,2	3,7	7,5	12,2	2,4	4,6	4,9	1,6	3,6	4,0
Cd^{2+}	510	1500	1420	6,5	91	144	1,5	32,8	45,6	1,0	10,8	14,8	0,6	6,8	6,6	—	3,4	4,3
Mn^{2+}	2230	1240	1590	84	89	165	20,2	28,4	59	6,0	11,4	17,4	3,9	7,1	8,9	2,5	3,0	5,5
Th^{4+}	> 10^5	> 10^4	> 10^4	~ 10^5	> 10^4	263	2049	1180	52	239	123	9,0	114	43	3,0	67	20,8	1,8
Zr^{4+}	> 10^5	> 10^4	546	~ 10^5	> 10^4	98	7250	6500	4,6	489	652	1,4	61	112	1,2	14,5	30,7	1,0
Ti^{4+}	> 10^4	1410	395	39	71	45,8	11,8	14,6	9,0	3,7	6,5	2,5	2,4	4,5	1,0	1,7	3,4	0,4
V(V)	14	20	27,1	5	4,9	6,7	1,1	2,0	2,8	0,7	1,2	1,2	0,2	0,8	0,7	0,3	0,5	0,4
Mo(VI)	11	x	x	0,3	2,9	2,8	0,8	1,6	1,2	0,2	1,0	0,5	0,4	0,8	0,3	0,3	0,6	0,2
Cr^{3+}	1130	5100	198	73	418	126	26,7	112	55	7,9	27,8	18,7	4,8	19,2	0,9	2,7	10,9	0,2
Bi^{3+}	x	893	> 10^4	< 1	79	6800	1,0	25,0	235	1,0	7,9	32,3	1,0	3,7	11,3	1,0	3,0	6,4
Ce^{3+}	> 10^5	> 10^4	> 10^4	2460	1840	1800	265	246	318	48	44,2	66	18,8	15,4	23,8	10,5	8,2	11,8
Pb^{2+}	—	> 10^4	x	—	183	x	—	35,6	x	—	9,8	x	—	6,8	x	—	4,5	x
Cu^{2+}	1510	1080	1310	65	84	128	17,5	26,8	41,5	4,3	8,6	13,2	2,8	4,8	5,7	1,8	3,1	3,7
Be^{2+}	255	553	840	42	52	79	13,3	14,8	27	5,2	6,6	8,2	3,3	4,5	3,9	2,4	3,1	2,6
Na$^+$	52	54	81	12	12,7	20,1	5,6	6,3	8,9	3,6	3,4	3,7	—	2,0	2,6	—	1,3	1,7

Anm.: x = Fällung

(s. Abschnitt 5.1.2.1.2), wodurch ihre Adsorption am Kationenaustauscher herabgemindert wird.

Ebenso sind Trennungen in rein-wäßrigen, salpetersauren Lösungen nur von sehr wenigen Elementen möglich, da in solchen Medien, vor allem in jenen geringer Acidität, das Uran und auch andere Elemente keine oder nur sehr instabile, anionische Nitrat-Komplexe bilden (s. Abschnitt 5.1.2.1.3). So läßt sich Uran(VI) unter Anwendung salpetersaurer Medien als Elutionsmittel nicht von zweiwertigen Metall-Ionen wie z. B. Kobalt, Nickel, Kupfer und Mangan trennen (s. Tabelle 12), obwohl eine Abtrennung von höherwertigen Elementen möglich ist. Selbst diese ist in vielen Fällen wie z. B. bei der Uran-Eisen-Trennung nicht leicht durchführbar.

Aus den oben angeführten Gründen wurden daher zahlreiche Versuche unternommen, die Selektivität der Trennungen des Urans auf Kationenaustauschern zu erhöhen, und zwar entweder durch Anwendung von Austauschern spezieller Konstitution oder, indem die zur Elution des Urans oder der Fremd-Ionen benutzten Systeme eine Zusammensetzung aufweisen, die eine vorzugsweise Desorption oder Adsorption des Urans oder der von diesem zu trennenden Fremd-Ionen gestatten. Zu diesem Zweck können Lösungen verwendet werden, die anorganische oder organische Komplexbildner für Uran enthalten oder bei denen der größte Teil der wäßrigen Phase durch wasserlösliche, organische Lösungsmittel ersetzt ist.

Als selektiver Austauscher zur Abtrennung des Urans von einer Reihe Fremd-Ionen wurde durch *Kennedy, Davis* und *Robinson* ein Diallylphosphat-Harz in der H^+- oder Na^+-Form in Verbindung mit anorganischen Säuren wie Salpetersäure und ÄDTA als Elutionsmittel für Fremd-Ionen vorgeschlagen.[1] Nach Angaben der Autoren ist dieser Austauscher selektiv für Uran(IV und VI), Thorium sowie Eisen(III) und ermöglicht eine Trennung des Urans von zweiwertigen Metall-Ionen wie z. B. Cu, Co, Ca, La und Fe^{3+}. Weitere uranselektive Kationenaustauscher, die Phosphor in ihren funktionellen Gruppen enthalten, wurden von *Marhol* beschrieben. So läßt sich z. B. auf dem Harz VAP-I (ein Polyvinylalkoholharz mit — $OPO(OH)_2$-Gruppen, Uran(VI) quantitativ von Ca, Sr, Mg, Cd, Zn, Cu, Ni, Co und Fe(II) unter Anwendung von 0,3—0,5 m Salpetersäure trennen. Das adsorbierte Uran wird dann mit 3—5%iger Ammoniumcarbonatlösung eluiert. Ein dem Uran ähnliches Verhalten zeigen Th und Fe(III). Auch ein Austauscher, der durch Polykondensation von Triaminophenol und Glyoxal erhalten wird (*Bayer* und *Möllinger*), erwies sich als bis zu einem gewissen Grad selektiv für Uran, allerdings auch gegenüber anderen Schwermetall-Ionen.

Wie von *Krishnan* und *Murthy* gezeigt wurde, kann Phosphorsäure infolge ihrer relativ stark komplexbildenden Eigenschaften (s. Abschnitt 5.1.2.1.4.2) als selektives Eluierungsmittel für Uran von Kationenaustauschern verwendet werden. Wird dazu 1,0 m Phosphorsäure benutzt, so kann das Uran von zweiwertigen Metallen wie z. B. Mn, Co, Cu, Ni, Zn, Ca und Mg getrennt werden. Unter diesen Bedingungen ist auch seine Trennung von Eisen(III) und Aluminium möglich. Jene Säure eluiert vorzugsweise das Uran, während die anderen Elemente weiterhin vom Harz festgehalten werden, hat aber den großen Nachteil, daß eine weitere Aufarbeitung des uranhaltigen Eluats schwierig ist. Ferner ist die Trennung des Urans vom Eisen(III) nicht vollständig. Mo, V und andere Elemente begleiten das Uran in das Eluat; außerdem werden Störungen durch jene Elemente verursacht, die schwerlösliche Phosphate bilden wie z. B. Zr, Hf, Th und die seltenen Erdmetalle.

Nach Angaben von *Fritz, Garralda* und *Karraker* sowie *Ryabchikov* und *Senyavin* können auch fluorwasserstoff- oder natriumfluoridhaltige Lösungen zur selektiven Abtrennung des Urans verwendet werden. In flußsauren Lösungen besteht die Möglichkeit, das Uran von einer Anzahl zweiwertiger Metall-Ionen wie z. B. Ca, Fe^{2+}, Mg,

---

[1] Auch ein Ionenaustauscher, der sich von der 2-(4-Hydroxybenzoyl-)-benzoesäure ableitet, weist eine hohe Selektivität für $UO_2(II)$-Ionen auf [*Marhol, M., Sykora, V.,* u. *Dubsky, D.:* Coll. Czechoslov. Chem. Commun. **33**, 3715 (1968)].

Mn, Pb, Sr, Cu, Zn und Cd, aber nicht von Al, Fe^{3+} und Be zu trennen (*Fritz, Garralda* und *Karraker*). In allen Fällen bildet das Uran stabilere, anionische Fluorid-Komplexe (s. Abschnitt 5.1.2.1.4.3) und wird daher vor den anderen genannten Ionen von einer Kationenaustauscher-Säule eluiert.

Bei Anwendung von Ammoniumthiocyanat-Lösungen als Elutionsmittel für das Uran wird dagegen keine Selektivitätssteigerung erzielt (*Pietrzyk* und *Kiser*; *Majumdar* und *Mitra*), da alle jene Elemente, die wie das Uran stark anionische Thiocyanat-Komplexe bilden (s. Abschnitt 5.1.2.1.4), zusammen mit diesem eluiert werden. Es ist jedoch möglich, das Uran vom Thorium unter Anwendung von methanolischen 0,1 m (*Pietrzyk* und *Kiser*) oder rein-wäßrigen 10%igen Ammoniumthiocyanat-Lösungen (m/v) (*Majumdar* und *Mitra*) auf Kationenaustauschern wie Dowex 50X8 oder Amberlite IRA-120 zu trennen. Diese Trennung läßt sich jedoch auf Grund der in Tabelle 12 gezeigten Verteilungskoeffizienten dieser Elemente auch sehr leicht in salz- oder salpetersauren Medien ausführen, so daß die Anwendung von Ammoniumthiocyanat-Lösungen keinerlei Vorteile mit sich bringt.

Auch in perchlorsauren Lösungen verschiedener Aciditäten sind keine selektiveren Trennungen des Urans von anderen Metall-Ionen zu erwarten als in den salz- und salpetersauren Systemen (s. Tabelle 12) (*Nelson, Murase* und *Kraus*).

Werden als Elutionslösungen Medien verwendet, die Carbonat-Ion oder organische Komplexbildner für das Uran(VI) enthalten, so wird eine gewisse Erhöhung der Selektivität der Trennungen des Urans von anderen Elementen erzielt. So wird das Uran aus Carbonat-Lösungen auf Kationenaustauschern überhaupt nicht adsorbiert (*Ishimori* und *Okuno*), da es in solchen als stabiler anionischer Carbonat-Komplex (s. Abschnitt 5.1.2.1.4.1) vorliegt. Aus diesem Grund wurden carbonatalkalische Lösungen zur Elution von auf Kationenaustauschern adsorbiertem Uran herangezogen (*Kennedy, Davies* und *Robinson*; *Ryabchikov* und *Senyavin*). Zu demselben Zweck können auch Acetat-Lösungen benutzt werden (*Kennedy, Davies* und *Robinson*; *Ishimori* und *Okuno*; *Petrov, Korshunov* und *Sidorov*) wie z. B. eine 3%ige (m/v) Natriumacetat-Lösung (*Kennedy, Davies* und *Robinson*), eine Acetatpuffer-Lösung vom pH = 5,37 (*Petrov, Korshunov* und *Sidorov*) oder eine 5%ige Ammoniumacetat-Lösung (m/v) vom pH = 5,0 bis 5,5 (*Ryabchikov* und *Senyavin*). Diese acetathaltigen Elutionsmittel, in denen sich der stabile anionische Uranylacetat-Komplex ausbildet (s. Abschnitt 5.1.2.2.1), haben gegenüber carbonatalkalischen Lösungen den Vorteil, daß einige, ursprünglich zusammen mit dem Uran adsorbierte Metall-Ionen wie z. B. Thorium unter diesen Bedingungen nicht zusammen mit dem Uran eluiert werden, wodurch eine Trennung von diesen Elementen möglich ist (*Petrov, Korshunov* und *Sidorov*).[1]

Als *organischer* Komplexbildner für Uran(VI) kann auch Oxalsäure verwendet werden (*Ishimori* und *Okuno*; *Dolar* und *Draganić*; *Draganić, Draganić* und *Dizdar*). Diese bildet mit Uran(VI) einen anionischen Komplex (s. Abschnitt 5.1.2.2.3), wodurch die Möglichkeit besteht, Lösungen dieser Säure als Elutionsmittel zu verwenden und Trennungen des Urans von Elementen durchzuführen, die keine anionischen Komplexe mit dieser Säure bilden. Auf diese Weise kann unter Anwendung von 1 m Oxalsäure[2] das Uran von den seltenen Erdmetallen (*Dolar* und *Draganić*; *Krawczyk-Obojska*) und von 0,1 m Säure das Uran von Cd, Ni, Co und Mn, aber nicht von Th, Fe und Cu getrennt werden (*Draganić, Draganić* und *Dizdar*). Als für diese Zwecke weniger geeignet erwiesen sich Elutionslösungen, die Citrat- oder Tartrat-Ion enthielten (*Dolar* und *Draganić*).

---

[1] Eine Trennung des Urans vom Eisen ist möglich durch Anwendung von 0,14 m Hydroxylammoniumchlorid von pH = 6 als Elutionsmittel für Uran [*Šulcek, Z.*, u. *Sixta, V.*: Coll. Czechoslov. Chem. Commun. **34**, 3448 (1969)].

[2] Anstelle von Oxalsäure kann auch Na^+-, K^+- oder NH_4^+-Fluorid verwendet werden (*Krawczyk-Obojska*).

Als geeigneter Komplexbildner, der wohl die Adsorption des Urans(VI) auf Kationenaustauschern ermöglicht, aber gleichzeitig die Coadsorption einer Anzahl von Fremd-Ionen verhindert, hat sich ÄDTA erwiesen (*Kennedy, Davies* und *Robinson*; *Ryabchikov, Palei* und *Mikhailova*; *Fodor*; *Luk'yanov, Moiseeva* und *Kuznetsova*). Die Trennungen unter Anwendung von ÄDTA sind auf zweierlei Art möglich: In schwach saurem Medium, wo Uran als positiv geladenes Ion vorliegt, bilden die meisten Begleitelemente anionische Komplexe mit ÄDTA und werden von stark sauren Kationenaustauschern nicht festgehalten. In nahezu neutraler Lösung liegt Uran als instabiler anionischer Komplex vor und kann an einem Carboxylharz wie Amberlite IRC-50 adsorbiert werden (*Fodor*; *Ryabchikov, Palei* und *Mikhailova*). Ein ebenfalls geeignetes Komplexierungsmittel ist 1,2-Diaminocyclohexan-NNN′N′-tetraessigsäure (*Florence* und *Farrar*). Dieses ermöglicht eine Trennung des Urans auf dem Chelataustauscher Dowex A 1 (Iminodiessigsäure-Gruppen als Fest-Ionen) aus Lösungen vom pH = 3 von den meisten Elementen, die die spektrophotometrische Bestimmung des Urans mit PAR (s. Abschnitt 3.1.3.2.2) stören. Das adsorbierte Uran wird am besten mit 5n Salzsäure eluiert.

Dowex A-1 wurde auch zur Isolierung des Urans aus Wasserproben benutzt (*Šulcek* und *Povondra*). Nach seiner Adsorption aus einer ÄDTA-haltigen Lösung von pH 6,5 bis 8 wurde das Uran mit 4n Salzsäure eluiert.

Zur Abtrennung des Urans eignen sich auch Chelataustauscher auf Oxinbasis (*Bernhard* und *Grass*) sowie ein amphoteres Austauscherharz, das N-Methyl-β-alanin enthält (*Kühn* und *Hoyer*).

Werden als Komplexbildner für *Vanadium* und *Molybdän* wie auch *Niob* wasserstoffperoxidhaltige Lösungen verwendet, so können diese Elemente auf einem Kationenaustauscher selektiv vom Uran getrennt werden, da Uran unter diesen Bedingungen festgehalten wird [*Strelow* (b); *Ryabchikov* und *Senyavin*], während Molybdän, Wolfram, Vanadium und Niob als Persäuren in den Effluent übergehen.

Wird in salzsauren Systemen der Art, wie sie in Tabelle 12 gezeigt werden, ein größerer Prozentsatz der wäßrigen Phase gegen wasserlösliche, organische Lösungsmittel wie aliphatische Alkohole, Aceton, Tetrahydrofuran usw. ersetzt, so tritt praktisch keine wesentliche Selektivitätserhöhung der Trennungen des Urans von anderen Elementen ein.[1] Wohl aber wird, wie *Korkisch* und *Ahluwalia* (a) zeigen konnten, das Ausmaß der Adsorbierbarkeit des Urans erhöht, während jenes anderer Elemente sich von dem in *rein-wäßrigen*, salzsauren Systemen beobachteten nicht unterscheidet. Auf Grund dieser Tatsache ist es möglich, Trennungen wie z. B. diejenige des Urans von großen Mengen Wismuts in einer 90% Isopropanol-10% 6n Salzsäuremischung (v/v) mit wesentlich größerer Schärfe durchzuführen, als dies in Abwesenheit organischer Lösungsmittel möglich wäre [*Korkisch* und *Ahluwalia* (a); s. S. 282, Arbeitsvorschrift S. 282].

Wie erwähnt ist eine Trennung des Urans(VI) von anderen Elementen, insbesonders den zweiwertigen Metall-Ionen mit Kationenaustauschern unter Anwendung rein-wäßriger, salpetersaurer Lösungen nur sehr wenig selektiv. Verwendet man jedoch salpetersaure Lösungen, die einen hohen Prozentgehalt an Tetrahydrofuran (cyclischer Äther) aufweisen, so läßt sich Uran von praktisch allen Metall-Ionen mit Ausnahme von Wismut quantitativ trennen [*Korkisch* und *Ahluwalia* (b)].

In einer Mischung aus 90% Tetrahydrofuran und 10% 6n Salpetersäure (v/v) hat der Verteilungskoeffizient des Urans gegenüber Dowex 50 einen Wert von 40,[2] während die meisten anderen Elemente wie z. B. die Erdkali-Ionen, Pb, Zn, Cd, die

---

[1] Dennoch kann z. B. in Äthanollösungen das Uran von einigen Elementen getrennt werden [*Strelow, F. W. E., van Zyl, C. R.,* u. *Bothma, C. J. C.*: Anal. Chim. Acta **45**, 81 (1969)].

[2] Wesentlich stärker wird Uran aus äthanolischen Mischungen von TBP-Hexon oder TBP-Tetrachlorkohlenstoff adsorbiert [*Petrement Eguiluz, J. C., Lopez, J.,* u. *Burriel-Marti, F.*: An. R. Soc. Esp. Fís. Quím., B, **64**, 1053 (1968)].

seltenen Erdmetalle, Ti, Zr, Th, Fe, Co und Ni Verteilungskoeffizienten höher als 10^3 bis 10^4 aufweisen. Unter den gleichen Versuchsbedingungen sind die Verteilungskoeffizienten von Au, Platinmetallen, Phosphorsäure, Mo und V kleiner als Eins. Daraus folgt, daß eine einfache Abtrennung des Urans von den stark sowie auch von den schwach adsorbierbaren Elementen möglich ist. Diese Methode (s. Arbeitsvorschrift S. 283) eignet sich vor allem zur Reinigung von Uranylnitrat sowie zur Anreicherung von Spurenelementen *vor* ihrer Bestimmung in Uranproben. Es besteht auch die Möglichkeit, sie zur raschen Abtrennung von Uranspaltungsprodukten zu benutzen.

Dieses besondere Verhalten des Urans, welches weder in aliphatischen Alkoholen (*Korkisch* und *Tera*), Methyl- oder Äthylglykol noch in essigsauren Medien unter sonst gleichen Versuchsbedingungen beobachtbar ist und in einer 90% Aceton-10% 6n Salpetersäure-Mischung (v/v) in abgeschwächtem Maße auftritt, wurde damit erklärt, daß unter diesen Versuchsbedingungen gleichzeitig Ionenaustausch und Lösungsmittel-Extraktion wirksam sind [KIALE-Prinzip (*Korkisch*)]. Diese Auffassung wird durch die Tatsache unterstützt, daß Uranylnitrat mit Äthern, Ketonen oder Estern aus salpetersauren Lösungen extrahierbar und in diesen Lösungsmittel auch gut löslich ist (s. Abschnitt 6).

Eine Anreicherung von Mikrogramm-Mengen Urans kann auch an Cellulosephosphat-Kationenaustauschmaterial durchgeführt werden (*Bruce* und *Ashley*). Ähnlich läßt sich Uran auch auf einer Anzahl anderer Materialien konzentrieren, wobei der Mechanismus aller Sorption wahrscheinlich auf Kationenaustausch beruhen dürfte. So führt *Szalay* (1964) die Anreicherung von Uran in Biolithen auf die Kationenaustauscheigenschaften von Humussäuren in Torf zurück. Die Anreicherung erfolgt nach dem Tod von Pflanzen, deren Lignin im Verlauf der Humifizierung in unlösliche Humussäuren umgewandelt wird, die das in natürlichen Wässern in äußerst verdünntem Zustand auftretende Uran zu konzentrieren vermögen. Als Humussäuren (humic acids) bezeichnet der Autor jene Fraktion von Humussubstanzen, die in schwach saurem Wasser (pH < 6) unlöslich, jedoch in 1%iger NaOH-Lösung löslich ist. Dieses Material häuft sich in großer Menge in Torfmooren an. Es hat jedoch auch gegen viele andere Kationen Kationenaustauschereigenschaften. Von *Andraschko*, *Stipanits* und *Hecht* (1964) sowie von *Schmid* und *Stipanits* (1964) wurde ebenfalls die Sorption des Urans an Torf untersucht.

Anwendungsbeispiele zur Abtrennung des Urans durch Kationenaustausch

5.1.3.1 Salzsaure Lösungen

Wie bereits auf S. 276 erwähnt wurde, ist die in salzsauren Medien erzielbare Selektivität der Trennungen des Urans von anderen Elementen sehr gering, so daß diese Systeme praktisch nur zur Trennung des Urans von wenigen Elementen benutzt werden können (s. auch Tabelle 12).

Zur Trennung des Urans(VI) von den seltenen Erdmetallen auf Amberlite IR-120 wird nach Angaben von *Purushottam* das Uran zuerst mit 1n Salzsäure, hierauf die seltenen Erdmetalle mit 1,68n Salzsäure eluiert. Beträgt das Verhältnis der seltenen Erdmetalle zum Uran 12:1, so ist die Trennung unvollständig, kann aber quantitativ gestaltet werden, wenn 0,5n Salzsäure als Elutionsmittel für Uran verwendet wird. Dazu sind etwa 2 l Säure erforderlich.

Nach einer von *Strelow* und *van Zyl* entwickelten Methode wird Uran von W(VI), Mo(VI), Nb(V), V(V), In, Bi(III), Sn(IV) und Pb(II) auf AG 50 X8 getrennt, indem diese Elemente zuerst mit 0,5n HCl, die 1%ig an Wasserstoffperoxid ist, und dann mit 0,6n HBr eluiert werden. Danach wird Uran mit 1,75n HCl eluiert, wobei coadsorbiertes Sr, Ba, seltene Erdmetalle, Zr, Hf und Th quantitativ vom Austauscherharz zurückbehalten werden. Von den miteluierten Elementen Fe, Ti(IV), Al, Ga, Be und zweiwertigen Schwermetallen wird das Uran mittels der ,,Sulfatmethode" (s. Abschnitt 5.1.2.1.1) getrennt.

Eine Trennung des Urans(VI) von Titan(IV) ist wegen der Ähnlichkeit der Verteilungskoeffizienten dieser beiden Elemente in 2n Salzsäure nicht möglich (s. Tabelle 12). Wird jedoch das Uran vorher mit Zinkamalgam zur vierwertigen Oxydationsstufe reduziert (s. Abschnitt 2.2.1.1.2), so läßt sich das Uran von einer 10000fachen Menge Titans auf Amberlite IR-120 trennen [*Tonosaki* und *Otomo* (a)]. Unter diesen Bedingungen wird Uran(IV) vom Austauscher festgehalten, während Titan in den Effluent übergeht. Das adsorbierte Uran kann mit 2n Schwefelsäure eluiert werden.

Nach *Klement* läßt sich Uran(VI) vom Eisen(III) auf Lewatit S100 unter Anwendung von 0,8n Salzsäure als Elutionsmittel trennen. Diese Trennung ist vollständig, wenn das Verhältnis des Urans zum Eisen 1:0,6 beträgt. Ist Kupfer anwesend, so wird dieses vom Uran derart getrennt, daß das Uran *vor* dem Kupfer mit 0,6n Salzsäure eluiert wird.

Zur Trennung von Mikrogramm- und Milligrammengen Urans(VI) von bis zu 1000 mg Wismut wird von *Korkisch* und *Ahluwalia* (a) als Elutionsmittel für das Wismut eine Mischung, bestehend aus 90 Vol.-% Isopropanol und 10 Vol.-% 6n Salzsäure, verwendet. In diesem Medium weisen die Verteilungskoeffizienten des Urans und Wismuts Werte von 500 und < 1 auf, so daß eine rasche und quantitative Trennung dieser beiden Elemente unter Anwendung der unten beschriebenen Arbeitsmethode erzielt werden kann. Zusammen mit dem Uran adsorbiert werden Be, Mg, Ca, Sr, Al, Pb, Ce, Zr, Mn^{2+}, Co und Ni. Analog zum Wismut und daher auch vom Uran trennbar sind Ga, In, Cu^{2+}, Zn, Cd, V(IV und V) sowie Mo(VI).

Arbeitsvorschrift nach *Korkisch* und *Ahluwalia* (a). Die Wismutchloridprobe, die nicht mehr als 1 g Wismut enthält, wird in 2 ml 6n Salzsäure gelöst und die Lösung mit 18 ml Isopropanol verdünnt. Einen aliquoten Teil dieser Lösung, der nicht mehr als 2,5 mg Uran enthält, läßt man mit einer Geschwindigkeit von 0,3 bis 0,4 ml/Min. durch ein Harzbett (2 g Dowex 50 X8; 100 bis 200 mesh; H^+-Form) fließen, das vorher mit 25 ml Waschlösung [bestehend aus 90% Isopropanol und 10% 6n Salzsäure (v/v)] vorbehandelt wurde. Anschließend wird mit 50 ml Waschlösung zur vollständigen Entfernung des Wismuts nachgewaschen, das Uran mit 75 ml 4 bis 12n Salzsäure eluiert und im Eluat fluorometrisch bestimmt (s. Abschnitt 3.2).

Bemerkungen. I. Dieses Trennverfahren kann zur Bestimmung des Urans in *Uran-Wismut-Legierungen* (nach Auflösung in Salpetersäure und anschließender quantitativer Entfernung der Nitrat-Ionen durch mehrmaliges Abdampfen mit Salzsäure) verwendet werden und ist wegen seiner Einfachheit und raschen Durchführbarkeit der im Abschnitt 5.1.2.1.1 angegebenen Methode überlegen.

II. Eine Trennung des Urans von anderen Elementen unter Anwendung salzsaurer Lösungen kann auch auf mit *Dowex 50* (*Lederer*), dem flüssigen Kationenaustauscher *Dinonylnaphthalinsulfonsäure* (*Sastri* und *Rao*) oder mit Zirkoniumphosphat (*Alberti* und *Grassini*) imprägnierten *Papierstreifen* erzielt werden. Auf diese Weise ist es *Lederer* gelungen, Uran, Thorium und Eisen mit 0,5n Salzsäure auf einem mit Dowex 50 imprägnierten Papier (Ionenaustauscherpapier) voneinander zu trennen. Unter Anwendung desselben Elutionsmittels können Fe^{3+}, U(VI), Th und La auf einem mit dem oben erwähnten, flüssigen Kationenaustauscher imprägnierten Papier getrennt werden, wobei R_f-Werte von 0,09, 0,30, 0,0 und 0,0 gemessen wurden (*Sastri* und *Rao*). Wird 0,5n Salpetersäure als Elutionsmittel verwendet, kann das Uran ebenfalls vom Eisen(III) getrennt werden; die R_f-Werte betragen unter diesen Bedingungen 0,48 und 0,14 für Uran bzw. Eisen. Ähnliche Trennungen sind auch auf mit diesem flüssigen Kationenaustauscher imprägnierten Silicagel-Säulen möglich (*Rao* und *Sastri*). So können z. B. auf einer solchen Silicagel-Säule

Milligrammengen Urans(VI) von vergleichbaren Mengen Eisens(III) getrennt werden, wenn 0,2n Salpetersäure zur Elution des Urans verwendet wird. Die darauffolgende Elution des Eisens kann unter Anwendung von 2n Salzsäure erfolgen. Auf mit dem anorganischen Kationenaustauscher Zirkoniumphosphat imprägniertem Papier kann Uran(VI)-Ion von Fe^{3+}, Ti und Th getrennt werden, wenn als Entwickler eine (1 + 1)-Mischung aus 2n Salzsäure und 4m Ammoniumchlorid verwendet wird (*Alberti* und *Grassini*). Th und Ti verbleiben am Startpunkt, während Uran den größten R_f-Wert aufweist.

III. Zur Trennung des Urans von Spaltungsprodukten wurde auch als anorganischer Kationenaustauscher *Zinn(IV)-phosphat* empfohlen (*Inoue, Suzuki* und *Gôto*).

5.1.3.2 Salpetersaure Lösungen

Wie in salzsauren Lösungen (s. Abschnitt 5.1.3.1) kann das Uran in rein-wäßrigen, salpetersauren Medien aus Selektivitätsgründen (s. Tabelle 12) nur von wenigen Metall-Ionen getrennt werden. So läßt sich z. B. das Uran unter Anwendung von 1,5n Salpetersäure von Plutonium(III)-Ionen, die von einem Kationenaustauscher-Harz stärker als Uran festgehalten werden, quantitativ trennen (*Dizdar* und *den Boer*). Auf ähnliche Weise ist eine Trennung des Urans vom Neptunium möglich (*Johansson*). Ferner besteht natürlich auch die Möglichkeit, das Uran zusammen mit den mitadsorbierbaren Elementen (s. Tabelle 12) aus verd. salpetersauren Lösungen auf einem Kationenaustauscher zu adsorbieren, wodurch eine Trennung von Anionen wie Phosphat- oder Sulfat-Ionen erzielt werden kann (*Helger* und *Rynninger*; *Samuelson*; *Cogbill, White* und *Susano*). Dieses Trennungsprinzip wurde von *Samuelson* zur Bestimmung des Urans in Silicatgesteinen und Schlacken angewendet, wozu folgende

Arbeitsvorschrift dient. 1 bis 5 g Probe sind mit einem Gemisch von Salz- und Salpetersäure aufzuschließen. Nach dem Centrifugieren ist die Lösung einzudampfen und der Rückstand in 7 ml Salpetersäure und 20 ml Wasser zu lösen. Den unlöslichen Rückstand behandelt man dann mit Salpetersäure-Flußsäure. Nach dem Vertreiben der Flußsäure durch wiederholtes Eindampfen mit konz. Salpetersäure löst man den Rückstand wie oben beschrieben in Salpetersäure und Wasser. Die vereinigten Lösungen läßt man durch eine Säule (40 cm × 2 cm) des stark sauren Kationenaustauschers Wofatit KS (Sulfonsäureharz; 0,2 bis 0,4 mm Korngröße; H^+-Form) fließen. Die Lösung muß schwach sauer sein (weniger als 0,5n). Nach dem Waschen mit Wasser bis zur neutralen Reaktion des Effluenten eluiert man das Uran und die coadsorbierten Metall-Ionen so lange mit 3n Salzsäure, bis das gesamte Eisen vom Austauscher entfernt ist. Uran wird *vor* dem Eisen eluiert, wogegen sich Titan viel schwieriger als Eisen entfernen läßt. In der Regel genügen 200 ml Salzsäure zur Elution. Das Eluat wird zur Trockne eingedampft, die Chlorid-Ionen durch Eindampfen mit Salpetersäure entfernt, das Uran durch Ätherextraktion (s. Abschnitt 6.2) abgetrennt und entweder durch Fällung als Oxinat (s. Abschnitt 1.2.1.1) oder colorimetrisch mit Kaliumhexacyanoferrat(II) als Reagens (s. Abschnitt 3.1.2.3) bestimmt.

Bemerkungen. I. Wie bereits auf S. 280 erwähnt wurde, ist eine selektive Trennung von Mikrogramm- bis Grammengen Urans von praktisch allen Elementen mit *Ausnahme des Wismuts* möglich, wenn als Elutions- und Waschflüssigkeit eine Mischung aus 90% Tetrahydrofuran und 10% (v/v) 6n Salpetersäure verwendet wird [*Korkisch* und *Ahluwalia* (b)].

II. Diese Methode kann als das bis jetzt *selektivste* Verfahren zur Abtrennung des Urans mittels Kationenaustausches angesehen werden. Eine Störung tritt nur in Gegenwart von Chlorid-Ion auf, das verursacht, daß Eisen(III) zusammen mit Uran in den Effluent übergeht. Dieses Anion läßt sich jedoch *vor* Durchführung der Ionenaustauchtrennung leicht durch Abdampfen mit konz. Salpetersäure entfernen.

Arbeitsvorschrift nach *Korkisch* und *Ahluwalia* (b). 5 ml Probelösung, die als Lösungsmittel 90% Tetrahydrofuran nebst 10% (v/v) 6n Salpetersäure und das

Uran (bis zu 10 g) sowie die abzutrennenden Metall-Ionen (einige Milligramm; alle als Nitrate) enthält, läßt man durch eine Säule (0,5 cm Durchmesser, 1 g Dowex 50 X8; 100 bis 200 mesh; H^+-Form) fließen, die vorher mit 20 ml Elutionslösung [90% Tetrahydrofuran–10% 6n Salpetersäure (v/v)] gewaschen wurde. Unter diesen Bedingungen werden die stark adsorbierten zwei-, drei- und vierwertigen Metall-Ionen am oberen Teil des Harzbettes festgehalten, während das Uran, wenn es in großem Überschuß anwesend ist, schon zum größten Teil eluiert ist. Zur vollständigen Elution des Urans ist mit 100 ml Elutionslösung nachzuwaschen und im vereinigten Effluent und Eluat das Uran fluorometrisch (s. Abschnitt 3.2) zu bestimmen.

Bemerkungen. a) Wird die Trennung auf einer 10-g-Säule des Harzes mit einem Durchmesser von 1 cm ausgeführt, so enthält der nach dem Durchfließenlassen der Sorptionslösung erhaltene Effluent, wenn nicht mehr als 10 mg Uran anwesend sind, *kein Uran.* Ebenso wird auch kein Uran eluiert, wenn mit 50 ml Elutionslösung nachgewaschen wird. Dieser Effluent enthält jedoch quantitativ gegebenenfalls anwesendes V, Mo,[1] Au, Pt und Pd sowie auch Phosphorsäure.

b) Wird das Waschen mit der Elutionslösung *fortgesetzt,* so enthalten die nächsten 600 ml Effluent das gesamte Uran, das dann mittels geeigneter Methoden bestimmt werden kann.

5.1.3.3 Schwefelsaure Lösungen

Wie von *Strelow* (b) gezeigt wurde, kann Uran(VI) selektiv auf einer Säule des Kationenaustauschers AG 50W-X8 unter Anwendung von n Schwefelsäure als Elutionsmittel für das Uran von vielen Metall-Ionen getrennt werden. Zu diesen gehören die seltenen Erdmetalle, Sc, Y, Th, Al, Ga, $Fe^{2+,3+}$, Be, Mg, Mn^{2+}, Cu^{2+}, Co^{2+}, Ni, Zn und Cd. Diese Trennungsmethode kann mit gutem Erfolg ausgeführt werden, wenn die Verhältnisse des Urans zu den anderen Elementen 100:1 bis 1:100 betragen. V(V), Mo(VI) und Nb(V) können vom Uran durch Elution mit wasserstoffperoxidhaltiger 0,5n Schwefelsäure getrennt werden (s. S. 280). Zusammen mit dem Uran eluiert werden jene Elemente, die stabile anionische Sulfat-Komplexe bilden (s. Abschnitt 5.1.2.1.1), also Zr und Ti sowie auch Natrium-Ion. *Störungen* werden in Gegenwart von Pb, Sr, Ba und Ca verursacht, da diese Metalle als schwerlösliche Sulfate ausfallen (s. Abschnitt 5.1.2.1.1). Zur Trennung des Urans von den zweiwertigen Ionen und auch von Eisen(III) und Thorium müssen verhältnismäßig lange Ionenaustauscher-Säulen verwendet werden, da der Trennfaktor (Verteilungsverhältnis des betreffenden zweiwertigen Ions/Verteilungsverhältnis des Urans) (s. Tabelle 12) nur 3 bis 6 beträgt.

Ähnliche Verfahren wurden zur Trennung des Urans vom Aluminium [*Tonosaki* und *Otomo* (b)] sowie von Eisen(III) und Aluminium [*Tonosaki* und *Otomo* (c)] verwendet. Ebenso kann dieses Trennungsprinzip auch dazu benutzt werden, Uran(VI) von dem aus schwefelsauren Lösungen wesentlich stärker auf Kationenaustauschern adsorbierbaren Uran(IV)-Ion zu trennen (*Blay*). Bei Anwendung einer schwefel- und phosphorsauren Mischung ist es auf diese Weise möglich, Uran(VI) von U^{4+}, $Fe^{2+,3+}$, V(III, IV und V), Mo(IV und VI) und Cu^{2+} zu trennen. Diese Methode kann zur Analyse von Laugelösungen aus Uranmineralen benutzt werden.

Literatur

Alberti, G., u. *Grassini, G.:* J. Chromatogr. 4, 83 (1960).
Andraschko, J., Stipanits, P., u. *Hecht, F.:* Mikrochim. Acta **1964,** 124.
Bayer, E., u. *Möllinger, H.:* Angew. Ch. **71,** 426 (1959). – *Bernhard, H.,* u. *Grass, F.:* Mikro-

---

[1] Diese Methode wurde zur quantitativen Trennung von Milligrammengen Uran von ebensolchen Mengen Molybdäns verwendet (*Feik* und *Korkisch*). Nach Elution des Molybdäns wurde das Uran mit Tetrahydrofuran-3n HCl (4:1) eluiert.

chim. Acta **1966**, 426. – *Blay, J. A.:* An. Argentina **48**, 188 (1960). – *Bruce, T.*, u. *Ashley, R. W.:* Analyst **92**, 137 (1967).

Cogbill, E. G., White, J. C., u. *Susano, C. D.:* Anal. Chem. **27**, 455 (1955).

Dizdar, Z. I., u. *den Boer, D. H. W.:* J. Inorg. Nucl. Chem. **3**, 323 (1956). – *Dolar, D.*, u. *Draganić, Z. D.:* Rec. trav. inst. recherches structure matière **2**, 77 (1952); durch Chem. Abstr. **1953**, 6816. – *Draganić, I. G., Draganić, Z. D.*, u. *Dizdar, Z. I.:* Bl. Inst. Nucl. Sci. Belgrad **4**, 37 (1954).

Feik, F., u. *Korkisch, J.:* Mikrochim. Acta **1967**, 900. – *Florence, T. M.*, u. *Farrar, Y. J.:* Anal. Chem. **35**, 1613 (1963). – *Fodor, M.:* Magyar Chem. Folyóirat **64**, 229 (1958); durch Anal. Abstr. **1959**, 1720. – *Fritz, J. S., Garralda, B. B.*, u. *Karraker, S. K.:* Anal. Chem. **33**, 882 (1961).

Helger, B., u. *Rynninger, R.:* Svensk Kem. Tidskr. **61**, 189 (1949).

Inoue, Y., Suzuki, S., u. *Gôto, H.:* Bl. chem. Soc. Japan **37**, 1547 (1964). – *Ishimori, T.*, u. *Okuno, H.:* Bl. chem. Soc. Japan **29**, 78 (1956).

Johansson, G.: Svensk Kem. Tidskr. **65**, 79 (1953).

Kennedy, J., Davies, R. V., u. *Robinson, B. K.:* A. E. R. E. Report C/R 1896, 1956. – *Klement, R.:* Fr. **145**, 9 (1955). – *Korkisch, J.:* Nature **210**, 626 (1966). – *Korkisch, J.*, u. *Ahluwalia, S. S.:* (a) Anal. Chem. **37**, 1009 (1965); (b) **38**, 497 (1966). – *Korkisch, J.*, u. *Tera, F.:* J. Chromatogr. **8**, 516 (1962). – *Krawczyk-Obojska, I.:* Chemia analit. **12**, 13, 225 (1967). – *Krishnan, N. P. K.*, u. *Murthy, T. K. S.:* Indian J. Chem. **3**, 105 (1965). – *Kühn, G.*, u. *Hoyer, E.:* J. prakt. Chem. **35**, 197 (1967); Fr. **228**, 166 (1967).

Lederer, M.: J. Chromatogr. **1**, 314 (1958). – *Luk'yanov, V. F., Moiseeva, L. M.*, u. *Kuznetsova, N. M.:* Zhur. Anal. Khim. (russ.) **16**, 448 (1961).

Majumdar, A. K., u. *Mitra, B. K.:* Fr. **208**, 1 (1965). – *Marhol, M.:* J. appl. Chem., London, **16**, 191 (1966); Fr. **231**, 265 (1967).

Nelson, F., Murase, T., u. *Kraus, K. A.:* J. Chromatogr. **13**, 503 (1964).

Petrov, A. M., Korshunov, I. A., u. *Sidorov, V. A.:* Trudy Khim. i Khim. Tekhnol. (Gorkii) **1**, 24 (1960); durch Zhur. Khim. (russ.) **1961** (6), Abstr. No 6D54. – *Pietrzyk, D. J.*, u. *Kiser, D. K.:* Anal. Chem. **37**, 233 (1965). – *Purushottam, D.:* Current Sci. **29**, 308 (1960).

Rao, A. P., u. *Sastri, M. N.:* Fr. **207**, 409 (1965). – *Ryabchikov, D. I.*, u. *Senyavin, M. M.:* Pr. Intern. Conf. Peaceful Uses Atomic Energy, Geneva 1955. Vol. **8**; United Nations: New York 1956. – *Ryabchikov, D. I., Palei, P. N.*, u. *Mikhailova, Z.:* Zhur. Anal. Khim. (russ.) **14**, 581 (1959); **15**, 88 (1960).

Samuelson, O.: Ion Exchangers in Analytical Chemistry. 2. Aufl., Stockholm: Almqvist & Wiksell; New York 1963. – *Sastri, M. N.*, u. *Rao, A. P.:* Fr. **196**, 166 (1963). – *Schmid, E.*, u. *Stipanits, P.:* Österr. Chem.-Ztg. **65**, 9, 69 (1964). – *Strelow, F. W. E.:* (a) Anal. Chem. **32**, 1185 (1960); (b) J. S. African chem. Inst. **16**, 38 (1963). – *Strelow, F. W. E.*, u. *van Zyl, C.R:*. J.S. African chem. Inst. **20**, 1 (1967); Fr. **239**, 418 (1968). – *Strelow, F. W. E., Rethemeyer, R.*, u. *Bothma: R.:* Anal. Chem. **37**, 106 (1965). – *Šulcek, Z.*, u. *Povondra, P.:* Coll. Czechoslov. chem. Commun. **32**, 3140 (1967). – *Szalay, A.:* Geochim. Cosmochim. Acta **28**, 1605 (1964).

Tonosaki, K., u. *Otomo: M.:* (a) J. chem. Soc. Japan, Pure Chem. Sect., **80**. 1290 (1959); (b) **80**, 41 (1959); (c) Sci. Rep. Hirosaki Univ. (Japan) **7**, 7 (1960).

5.2 Verteilungschromatographie

5.2.1 Verteilungschromatographie auf Cellulose

5.2.1.1 Abtrennung auf Cellulosesäulen (Cellulosesäule-Salpetersäure-Diäthyläther-Methode)

Wie zuerst von *Burstall* und *Wells* gezeigt wurde, läßt sich Uran(VI) durch Verteilungschromatographie auf einer Cellulosesäule unter Anwendung von Diäthyläther, der 5% konz. Salpetersäure (v/v) enthält, von sehr vielen Fremd-Ionen trennen. Mittels dieses Elutionsmittels als mobile Phase wird das Uranylnitrat rasch eluiert, während die Nitrate der Elemente Li, Na, K, Rb, Cs, Cu, Ag, Be, Mg, Ca, Sr, Ba, Ra, Zn, Cd, Al, Y, La, des Ions Ce^{3+}, Pr, Nd, Sm, Eu, Ho, Er, Ga, In, Tl, Ti, Hf, Ge, Sn, Pb, Nb, Ta, Cr, W, Te, Mn, Fe, Co und Ni von der Cellulose zurückgehalten werden. Teilweise oder vollständig zusammen mit dem Uran eluiert werden Th, Zr, Sc, Ce^{4+}, Mo, Se, Sb, Bi, Hg^{2+}, Ru, Pt, Pd und As.

Thorium und Scandium werden *nicht* mit dem Uran eluiert, wenn die Salpetersäurekonzentration der mobilen Phase auf 2% (v/v) verringert wird. Eine Störung durch Zirkonium und auch Scandium kann teilweise vermieden werden, wenn Oxalsäure, Weinsäure oder Phosphat-Ion zugegen sind. Um die Coelution von Cer(IV) hintanzuhalten, muß dieses vor Durchführung der Säulenoperation durch Zusatz von Wasserstoffperoxid zur dreiwertigen Oxydationsstufe, die von der Cellulose festgehalten wird, reduziert werden.

Um zu verhindern, daß Molybdän und Arsen zusammen mit dem Uran eluiert werden, kann von der Tatsache Gebrauch gemacht werden, daß diese Elemente zum Unterschied von Uran auf einer Säule aus aktiviertem Aluminiumoxid adsorbiert werden (*Ryan* und *Williams*). Wird demnach die Trennung unter Anwendung einer kombinierten Säule durchgeführt, deren oberer Teil aus Aluminiumoxid und deren unterer Teil aus Cellulose besteht, so kann das Uran auch von diesen beiden Elementen getrennt werden (*Ryan* und *Williams*; *Williams*).

Anionische Störungen werden in Gegenwart von Phosphat- und Sulfat-Ionen verursacht. Beide Ionen verzögern die Uranelution, da das Uranylion bekanntlich stabile Komplexe sowohl mit Phosphat- (s. Abschnitt 5.1.2.1.4.2) als auch mit Sulfat-Ion (s. Abschnitt 5.1.2.1.1) bildet, die nicht leicht in Diäthyläther löslich sind. Die durch Phosphat-Ion bewirkte Störung kann dadurch ausgeschaltet werden, daß dieses mit Eisen(III)-Ion (als Nitrat vorliegend) komplex gebunden wird. Der störende Einfluß des Sulfat-Ions kann dagegen durch Zusatz von überschüssigem Calciumnitrat ausgeschaltet werden.

Störungen treten auch in Gegenwart von Chlorid-Ion auf. Dieses kann aber durch ein der Trennung vorangehendes Abdampfen der Probe mit Salpetersäure entfernt werden. Fluorid-Ion stört ebenfalls; doch auch diese Störung kann leicht, entweder durch Abrauchen mit Schwefelsäure oder durch Maskierung mit Aluminiumnitrat, ausgeschaltet werden. Die Anwesenheit von Aluminiumnitrat bewirkt außerdem, daß gegebenenfalls gleichzeitig anwesendes Phosphat-Ion komplex gebunden wird (*Athavale, Patkar* und *Rao*).

Diese Cellulosesäule-Salpetersäure-Diäthyläther-Methode ist also dazu geeignet, das Uran von sehr vielen Elementen zu trennen. Ein Nachteil des Verfahrens ist jedoch, daß in Gegenwart sehr großer Eisenmengen geringe Mengen davon zusammen mit dem Uran eluiert werden und dessen quantitative Bestimmung stören können (*Lebez* und *Ostanek*). Ferner wird Vanadium zum Pervanadat-Ion oxydiert, wenn der verwendete Diäthyläther Peroxide enthält. Das Pervanadat-Ion wird zusammen mit dem Uran eluiert (*Palágyi*). Um zu verhindern, daß Eisen(III) zusammen mit Uran eluiert wird, ist es nötig, die Salpetersäure-Konzentration der mobilen Phase auf 2% zu verringern (*Palágyi*). Dies hat jedoch zur Folge, daß zur quantitativen Elution des Urans ein größeres Volumen der Diäthyläther-Salpetersäure-Mischung erforderlich ist. Beide obengenannten Nachteile lassen sich aber eliminieren, wenn als mobile Phase Hexon oder Isobutylacetat, die 2 vol.-%ig an konz. Salpetersäure sind, verwendet wird (*Palágyi*). Unter Anwendung dieser Elutionslösung wird auch eine durch im Diäthyläther gegebenenfalls anwesendes Äthanol hervorgerufene Störung beseitigt. In Gegenwart von Äthanol wird die Bildung basischer Eisensalze gefördert (*Arden*), die leicht im salpetersauren Diäthyläther löslich sind und daher mit dem Uran eluiert werden, wenn der Äther mit Äthanol verunreinigt ist.

Anstelle von Diäthyläther-Salpetersäure kann zur Elution des Urans auch eine Mischung verwendet werden, in der ein Teil des Äthers durch Petroläther ersetzt ist (*Lebez* und *Ostanek*). Dieses Medium soll eine noch bessere Abtrennung des Urans von anderen Elementen ermöglichen.

Anwendungsbeispiele zur Abtrennung auf Cellulosesäulen

Zur Abtrennung des Urans mit der Cellulosesäule-Salpetersäure-Diäthyläther-Methode wird von *Burstall* und *Wells* die unten beschriebene Arbeitsmethode angegeben, die es ermöglicht, das Uran leicht, genau und rasch in verschiedenen Mineralien und Erzen zu bestimmen.

Arbeitsvorschriften nach *Burstall* und *Wells*.

A. Bestimmung in Silicatgesteinen. 2,5 g Probe sind mit 2 ml konz. Salpetersäure und 5 ml konz. Flußsäure zur Trockne einzudampfen, der Rückstand mit 10 ml konz. Salpetersäure zu versetzen und erneut einzudampfen. Den neuen Rückstand löst man in 8 ml Wasser, das mit 2 ml konz. Salpetersäure angesäuert ist. Dieser Lösung ist soviel gereinigte Cellulose[1] zuzusetzen, daß diese die gesamte, salpetersaure Lösung adsorbiert. Nach gründlichem Durchmischen bringt man die Mischung in eine Cellulosesäule[2]. Die im Gefäß zurückgebliebenen, geringen Mengen Cellulose werden mit nicht mehr als 10 ml der Äther-Salpetersäuremischung ebenfalls auf die Säule übergeführt.

Die auf die Cellulosesäule aufgebrachte, die Probelösung enthaltende Cellulose ist mit einem Glasstopfen derart in die Säule einzupressen, daß sie eine Fortführung der ursprünglichen Säule bildet. Hierauf läßt man das Lösungsmittelgemisch ab, und zwar derart, daß das Niveau der Äther-Salpetersäure-Lösung in der Säule das obere Ende der Cellulosesäule erreicht. Hierauf gibt man 10 ml Äther-Salpetersäure-Gemisch in die Säule und wiederholt den Waschvorgang so lange mit 10-ml-Anteilen dieser Mischung, bis der Effluent 100 ml beträgt. Jeden 10-ml-Anteil der Äther-Salpetersäure-Mischung verwendet man dazu, das ursprünglich die Probe enthaltende Gefäß auszuwaschen. Dem uranhaltigen Effluent werden 50 ml Wasser zugesetzt und der Äther auf dem Wasserbad entfernt. Der wäßrigen Phase sind je 5 ml Schwefel- und Perchlorsäure zuzufügen und zwecks Zerstörung organischer Substanzen zur Trockne einzudampfen (Vorsicht; Schutzbrille!). Die Endbestimmung des Urans ist unter Anwendung irgendeiner für diesen Zweck geeigneten Methode auszuführen.

B. Bestimmung in Monazitsand und schwer löslichen Erzen. 12,5 bis 20 g Kaliumhydroxid werden so lange in einem Nickeltiegel erhitzt, bis das gesamte Wasser entfernt ist (Vorsicht, Schutzbrille!). Hierauf läßt man langsam abkühlen, gibt 2,5 g Probe zu und bedeckt den Tiegel rasch mit dem Deckel. Die Schmelze wird langsam zur Rotglut, dann 1 Std. bei heller Rotglut erhitzt, wobei der Tiegel oftmals umgeschwenkt wird. Den Tiegel läßt man abkühlen und bringt die Schmelze mit Wasser in ein 400-ml-Becherglas. Die Lösung macht man mit Salpetersäure gerade sauer und setzt schließlich 20 ml im Überschuß zu. Die Lösung wird zum Sieden erhitzt, wobei ständig umgerührt wird; schließlich wird Flußsäure (2%ig; v/v) zugesetzt. Sobald sich die Lösung aufzuhellen beginnt, stellt man den Flußsäurezusatz ein; hierauf dampft man die Lösung auf einem Wasserbad ein. Dem Rückstand sind 20 ml Wasser zuzufügen, die 2 ml konz. Salpetersäure und 5 g Eisen(III)-nitrat enthalten. Nunmehr wird unter Erhitzen so lange umgerührt, bis sich der Rückstand vollständig aufgelöst hat. Dann gibt man 2 ml Wasserstoffperoxid-Lösung (20%ig; v/v) zur Reduktion von Cer(IV)-Ionen zu und kocht die Lösung 2 bis 3 Min. Man

---

[1] Whatman Ashless Tablets; 450 g Cellulose mit 2 l Salpetersäure (5%; v/v) 2 Min. kochen; es können auch andere Cellulosearten verwendet werden, wie z. B. Whatman No. 1 Waste Paper Clippings, die jedoch 20 Min. gekocht werden müssen. Die so behandelte Cellulose wird durch Waschen mit Wasser von der Salpetersäure befreit und dann mit insgesamt 2 l Diäthyläther gewaschen; nach dem Trocknen an einer Wasserstrahlpumpe ist die Cellulose verwendungsfertig.

[2] Ein 7,5 cm hohes Cellulosebett (gereinigte Cellulose) in einer Glasröhre von 2 cm Durchmesser und 40 cm Länge (die vorher mit Dichlordimethylsilan, das stark wasserabstoßende Eigenschaften besitzt, behandelt wurde), wird folgendermaßen hergestellt: Die Säule zuerst mit der Diäthyläther-Salpetersäure-Mischung (5 Vol.-% konz. Salpetersäure) bis zur Hälfte anfüllen, dann die gereinigte Cellulose (s. oben) vorsichtig mit einem an einem Ende abgeplatteten Glasstab in die Säule hinabdrücken. Eine rasche Auf- und Abwärtsbewegung des Glasstabes dazu benutzen, zusammengeballte Cellulosestücke aufzubrechen. Die so hergestellte Cellulosesäule dann mit 100 ml Diäthyläther-Salpetersäure-Mischung waschen.

setzt 3 g Weinsäure zu und kühlt die Lösung rasch ab. Die fast feste Masse wird mit 8 g gereinigter Cellulose (s. unter A) versetzt und so lange umgerührt, bis eine homogene Mischung erhalten wird. Ein Cellulosebett von 5 cm Höhe (gereinigte Cellulose) wird hergestellt und mit 100 ml Äther-Salpetersäure-Mischung gewaschen (s. unter A). Das Ätherniveau ist derart einzustellen, daß es 10 cm über dem oberen Ende der Säule zu stehen kommt. Hierauf füllt man die die Probe enthaltende Cellulose in kleinen Anteilen in die Säule usw. (s. unter A). Den Waschvorgang mit der Äther-Salpetersäure-Mischung wiederholt man hier so lange, bis der Effluent 150 ml beträgt.

Bemerkungen. I. Die oben beschriebene Methode von *Burstall* und *Wells*[1] wurde auch von anderen Autoren verwendet, und zwar zur Analyse *uranarmer* Erze (*Athavale, Patkar* und *Rao*; *Kurama, Ishihara, Kominami, Ishikawa* und *Ito*), Gesteine (*Cirilli*; *Adams* und *Maeck*), Minerale (*Adams* und *Maeck*; *Legge*; *Kember*) und Kohleaschen (*Szonntagh, Farády* und *Jánosi*). Ferner wurde sie dazu benutzt, Mikrogrammengen Urans aus Thoriummetall zu isolieren [*U. K. A. E. A.*(a)], und auch zur Analyse von Rückständen herangezogen, die in Salpetersäure unlösliches Uran enthalten [*U. K. A. E. A.* (b)], sowie von unreinen Lösungen und festen Rückständen, die mehr als 2% Uran enthalten [*U. K. A. E. A.* (c)].

II. Dasselbe Trennungsprinzip wurde auch von *Frierson, Thomason* und *Raaen* angewendet, um *Mikrogrammengen* Urans von Kupfer und Aluminium zu trennen. Anstelle einer Cellulosesäule wurde zur Adsorption dieser beiden Elemente dickes Filtrierpapier benutzt.[2]

III. Eine weitere *Variante* der oben beschriebenen Methode von *Burstall* und *Wells* stellt die von *Steele* vorgeschlagene Dekantationsmethode dar. Bei dieser wird die Cellulose zu 10 ml der 25%ig (v/v) salpetersauren Probelösung in einem Becherglas zugesetzt und das Uran derart extrahiert, daß die entstandene Mischung mit der Äther-Salpetersäure-Mischung durchgemischt und die überstehende, nun das Uran enthaltende Äther-Salpetersäure-Phase dekantiert und filtriert wird. Dieser Extraktionsvorgang wird mit 3 oder mehr Anteilen der Äther-Salpetersäure-Mischung wiederholt und das Uran in den vereinigten Ätherextrakten quantitativ bestimmt. Diese Methode hat jedoch den Nachteil, daß die Menge an mitextrahierten Fremd-Ionen naturgemäß größer ist als nach der Säulenmethode.

IV. Um zu verhindern, daß *Molybdän* und *Arsen* zusammen mit dem Uran mit der Diäthyläther-Salpetersäure-Mischung eluiert werden, wurde die oben beschriebene Methode von *Burstall* und *Wells* von *Ryan* und *Williams* derart modifiziert, daß anstelle der nur aus Cellulose gebildeten Säule eine solche verwendet wird, die aus Aluminiumoxid und Cellulose besteht. Das Trennungsprinzip ist das gleiche wie bei der oben beschriebenen Methode, so daß hier nur kurz auf die Herstellung der kombinierten Säule eingegangen werden soll.

Arbeitsvorschrift nach *Ryan* und *Williams*. Die Säule (25 cm×1,8 cm) ist mit Silicon auszukleiden und mit 5 oder 6 g gereinigter Cellulose zu füllen, die in dem Äther-Salpetersäure-Gemisch suspendiert ist. Die Cellulosesäule wäscht man mit etwa 100 ml Äther-Salpetersäure-Mischung und stellt das Niveau des Lösungsmittels auf das obere Ende des Cellulosebettes ein. Anschließend bringt man 15 g aktiviertes Aluminiumoxid (Type H, Aluminiumoxid zur Chromatographie; 200 mesh) auf die Cellulosesäule, versetzt mit 30 ml Äther-Salpetersäure-Mischung und rührt

---

[1] Eine ähnliche Methode wurde zur Abtrennung von Spurenmengen von 13 Metallen aus 50 g Uranylnitrat herangezogen [*Muzzarelli, R. A. A.*, u. *Bate, L. C.*: Talanta **12**, 823 (1965)] sowie zur Trennung des Urans von Seltenen Erdmetallen [*Joshi, B. D.*, u. *Patel, B. M.*: Report BARC-441, 1969)].

[2] Auch durch Dünnschichtchromatographie auf Cellulosepulver kann das Uran von einer Reihe von Elementen getrennt werden [*Gagliardi, E.*, u. *Pokorny, G.*: Mikrochim. Acta **1967**, 228; *Oguma, K.*: Talanta **15**, 860 (1968); *Falk, E., Buchtela, K.*, u. *Grass, F.*: Atomkernenergie **15**, 297 (1970)].

das Aluminiumoxid mit einem Glasstopfen gut durch. Nach dem Absetzenlassen des Aluminiumoxids ist das Ätherniveau derart einzustellen, daß es mit der Oberfläche des Aluminiumoxids zusammenfällt. Hierauf ist die Säule betriebsfertig.

Bemerkungen. a) Diese kombinierte Säule kann zur Analyse von Proben verwendet werden, die Molybdän und 10 bis 20% Arsen enthalten (*Ryan* und *Williams*). Ferner wurde sie auch zur Bestimmung des Urans in Erzen und Konzentraten [*U. K. A. E. A.* (d)] und zur Trennung des Urans von Thorium (*Williams*) benutzt.

b) Bei der *Uran-Thorium-Trennung* wird das Uran zuerst mit Diäthyläther, der 1%ig an konz. Salpetersäure (v/v) ist, eluiert und dann das Thorium mit einer Mischung aus 85% Diäthyläther und 15% konz. Salpetersäure (v/v) von der Säule entfernt. Dieses Trennungsprinzip wurde von *Kennedy* zur Trennung von Mikrogramm- und Submikrogrammengen Urans ($5 \cdot 10^{-7}$ g) benutzt.

Literatur

Adams, J. A. S., u. *Maeck, W. J.:* Anal. Chem. **26**, 1635 (1954). – *Arden, T. V.:* J. appl. Chem. (London) **4**, 539 (1954). – *Athavale, V. T., Patkar, A. J.*, u. *Rao, B. L.:* J. Sci. Ind. Res. (India) B **21**, 231 (1962).

Burstall, F. H., u. *Wells, R. A.:* Analyst **76**, 396 (1951).

Cirilli, V.: Ric. sci. **27**, 674 (1957).

Frierson, W. J., Thomason, P. F., u. *Raaen, H. P.:* Anal. Chem. **26**, 1210 (1954).

Kember, N. F.: Analyst **77**, 78 (1952). – *Kennedy, R. H.:* U. S. A. E. C. Report MITG-A84, Juni 1950. – *Kurama, H., Ishihara, Y., Kominami, B., Ishikawa, T.*, u. *Ito, J.:* Japan Analyst **6**, 3 (1957).

Lebez, D., u. *Ostanek, M.:* J. Stefan Inst. (Ljubljana) Rep. **2**, 9 (1955); Pr. Intern. Conf. Peaceful Uses Atomic Energy, Geneva 1955. Vol. **8**, 289; United Nations: New York 1956. – *Legge, D. I.:* Anal. Chem. **26**, 1617 (1954).

Palágyi, T.: Acta Chim. Acad. Sci. Hung. **22**, 131, 239 (1960); durch Fr. **179**, 227 (1961).

Ryan, W., u. *Williams, A. F.:* Analyst **77**, 293 (1952).

Steele, T. W.: Govt. Metallurgical Laboratory Johannesburg, S. Africa, Analytical Reports 13, 14 (1950). – *Szonntagh, J., Farády, L.*, u. *Jánosi, A.:* Magyar Chem. Folyóirat **61**, 312 (1955).

U.K.A.E.A.: (a) Report IGO-Am/S-18, 1958; (b) Report PG 236 (S), 1961; (c) Report PG 129 (S), 1960; (d) Report PG 128 (S), 1960.

Williams, A. F.: Analyst **77**, 297 (1952).

5.2.1.2 Papierchromatographie

Zur papierchromatographischen Trennung von Uran-Spuren von geringen Mengen an Fremd-Ionen wird ein Tropfen der zu analysierenden Lösungen auf einem Ende eines Streifens Filtrierpapier (z. B. *Whatman-* oder *Schleicher-* und *Schüll*-Papiere) aufgebracht und eingetrocknet. Danach wird das Chromatogramm meistens entweder aufsteigend oder absteigend unter Anwendung einer geeigneten mobilen Phase (s. Tabelle 13) eine bestimmte Zeit lang entwickelt. Das Papier wird dann getrocknet und zur Sichtbarmachung der getrennten Metall-Ionen mit der Lösung eines geeigneten Reagenses besprüht. Zum Nachweis des Uranyl-Ions wird meistens eine Lösung von Kaliumhexacyanoferrat(II) verwendet. Auf diese Weise wird der sogenannte R_f-Wert, d. i. das Verhältnis des von dem betreffenden Metall-Ion auf dem Papier zurückgelegten Weges (in Zentimeter) zu dem von der Lösungsmittelfront zurückgelegten Weg (ebenfalls in Zentimeter) ermittelt.

Zur quantitativen und halbquantitativen Bestimmung des auf diese Weise von verschiedenen Fremd-Ionen getrennten Urans (s. Tabelle 13) wird der erhaltene Uranfleck mit papierchromatographischen Standards verglichen oder eine Flächenmessung durchgeführt. Ferner ist es möglich, die das Uran enthaltende Zone auszuschneiden, das Papier zu veraschen und dann die Uran-Bestimmung unter Anwendung einer geeigneten Methode auszuführen. Außerdem kann das Uran auch mittels

Tabelle 13. *Papierchromatographische Methoden zur Trennung des Urans von anderen Elementen*

Autoren	Zusammensetzung der mobilen Phase	Vom Uran getrennte Elemente (R_f-Werte in Klammern)	R_f-Werte des Urans
	A. Salpetersaure Medien		
Lederer (a)	Butanol, gesättigt mit 10% HNO_3	$Ag(0,23)$, $Pb(0,15)$, $Bi(0,27)$, $Cu^{2+}(0,17)$, $Cd(0,19)$, $Fe^{3+}(0,18)$, $Co(0,17)$, $Ni(0,17)$, $Mn^{2+}(0,16)$, $Al(0,11)$, $Cr^{3+}(0,15)$, $Zn(0,15)$, $Ba(0,08)$, $Sr(0,08)$, $Cs(0,13)$, $Rb(0,13)$, $Tl^+(0,16)$ und $Th(0,1)$	0,4
Lederer (b)	Butanol, gesättigt mit 1,5n HNO_3	$Fe^{3+}(0,12)$, $Cu^{2+}(0,1)$ und $Co(0,1)$	0,88 bis 0,95
Pollard, McOmie und *Elbeih*	Butanol-1n HNO_3 $(1+1)$ + 0,5% Benzoyl-aceton	$Th(0,05)$	0,19
Năşcuţiu	$(2+1)$-Mischung aus Äthanol und 4n HNO_3	$Th(0,48)$	0,76
Fink und *Fink*	Methyläthylketon, gesättigt mit verd. HNO_3	$Pu(VI)$	
Purushottam	$(16+1+3)$-Mischung aus Methyläthylketon, Essigsäure und HNO_3 $(2+1)$ (etwa 9,4m)	Fe	
Eliseeva	Methyläthylketon + 2,5% konz. HNO_3, gefolgt von Äthanol + 10% 5n HCl	Al, Cr^{3+}, Fe^{3+}, Ti und Zr	
Hahofer und *Hecht*	Hexon oder Cyclohexanon, gesättigt mit 10%iger HNO_3 (v/v)	Fe^{3+}, Ca, Mg, Al, Pb, Th und Ce^{4+}	
Cvjetićanin und *Belegishanin*	$(80+20)$-Mischung aus Hexon und konz. HNO_3	Fe^{3+}, Mg, Ca, Ni, Co, Al, V(V), Pb, Th, Ce, Cr(VI), Bi, Ti, Zr, Eu, Hg^{2+}, Cd und Ba	
Datta und *Saha*	$(25+19+6)$-Mischung aus Hexon, Isobutanol und Tributylphosphat, mit 4n HNO_3 gesättigt	Th und Zr	
Ördögh und *Upor-Juvancz*	$(19+1)$-Mischung aus Diäthyläther und konz. HNO_3	Cr, Ni, Co, Cu, Mn, Cd, Mo und Fe	
Abdel-Rassoul und *Wahba*	$(19+1)$-Mischung aus Diäthyläther und konz. HNO_3	Mn, Ni und Cu	
Almássy und *Vigvári*	$(70+23+7)$-Mischung aus Diäthyläther, Äthanol und konz. HNO_3	Mg, Ca, Ni, Co, Zn, Mn^{2+}, Al, V(V), Mo(VI), Pb, Cu und Th (alle < 0,1), Fe (0,14)	0,75 bis 0,9

Elbeih und *Abou-Elnaga*	100 ml Dioxan + 1 ml konz. HNO_3 + 1 g Phenazon + 2,5 ml Wasser	Th(0,78)	0,81
Morachevskii, Gordeeva und *Kruglova*	(95+5)-Mischung aus Eisessig und konz. HNO_3	Fe^{3+} und V(V)	

B. Salzsaure Medien

Lederer (c)	Butanol, gesättigt mit n HCl	Ag(0,0), Pb(0,0), Hg^{2+}(1,00), Bi(0,65), Cu^{2+}(0,1), Cd(0,60), As(III)(0,7), Sb^{3+}(0,8), Sn^{2+}(0,95), Fe^{3+}(0,12), Co(0,07), Mn^{2+}(0,09), Al(0,07), Cr^{3+}(0,07), Zn(0,76), Ca(0,03), Ba(0,0), Sr(0,0), Mg(0,11), Na(0,07), K(0,08), Tl^+(0,0), Tl^{3+}(1,00), Mo(VI)(0,5), Th(0,03), Be(0,30) und In(0,33)	0,20
Sarma	a) Isobutanol, 4 n an HCl b) Isobutanol, gesättigt mit 4 n HCl c) Isobutanol, gesättigt mit 3 n HCl	Th(0,09), Pr(0,02) Th(0,13 bis 0,16) Th(0,05 bis 0,06)	0,93 0,32 bis 0,33 0,19 bis 0,20
Michal	(6+2+2)-Mischung aus Isopropanol, Acetylaceton und 12 n HCl	Be(0,48 bis 0,60) und Ti(0,97 bis 1,00)	0,77 bis 0,83
Majumdar und *Chakrabarthy*	(40+10+5)-Mischung aus Aceton, Wasser und 12 n HCl	Fe^{3+}(0,98), Be(0,57), Al(0,21), Th(0,08), Zr(0,02), Ti(0,29) und V(V)(0,36)	0,94
Datta und *Ghose*	(60+38+2)-Mischung aus Aceton, Isobutanol und 12 n HCl	Co(0,45), Pd(0,29), Th(0,00) und Zr(0,00)	0,53
Hartkamp und *Specker*	(50+15)-Mischung aus Tetrahydrofuran und 12 n HCl	Cu^{2+}(0,911), Co(0,777), VO_2^+(0,555), Mn^{2+}(0,506) und Ni(0,274)	0,976
Bhatnagar und *Poonia*	Mischung, bestehend aus 47,6% Chloroform, 23,8% Aceton, 23,8% Pentanol und 4,5% 12 n HCl, Rest H_2O	Zr, Th, Mo(VI), W(VI), VO_2^+ und Fe^{3+}	

C. Bromwasserstoffsaure Medien

Burstall und *Wells*	Butanol, gesättigt mit 3 n HBr	Th	0,26

D. Schwefelsaure Medien

Weiss, Fallab und *Erlenmeyer*	(4+1)-Mischung aus 96% Äthanol und 4 n Schwefelsäure	Cu(0,41) und Fe^{3+}	0,72

19*

Tabelle 13 (Fortsetzung)

Autoren[1]	Zusammensetzung der mobilen Phase	Vom Uran getrennte Elemente (R_f-Werte in Klammern)	R_f-Wert des Urans
	E. Medien, die organische Säuren bzw. deren Salze enthalten		
Seiler, Schuster und *Erlenmeyer*	Mischung aus 91 ml Methyläthylketon und 0,5 ml Acetylaceton, die mit 2n Essigsäure bis zur Mischbarkeitsgrenze versetzt ist.	Fe^{2+} (~ 0) und Cu (~ 0)	$\sim 1,0$
Barretto, Barretto und *Pinto*	(9+1)-Mischung aus Aceton und 8m Essigsäure oder eine (4+1)-Mischung aus 96%igem Äthanol und 2m Essigsäure	Fe, Ni, Co, Zn, Ag, Cd, Hg und Pb	
Purushottam	(1+9)-Mischung aus gesättigter Ammonium-acetat-Lösung und Methanol	Fe	
Nagai und *Deguchi*	5 bis 10% Buttersäure (auf Papier imprägniert mit Cupferron)	Fe, Cu und Zn	
	F. Carbonatalkalische Lösungen		
Hayashi und *Kotsuji*	2,5%ige Ammoniumcarbonat-Lösung vom pH = 8,4	Fe und Th	$\sim 0,6$
Hayek und *Torre*	0,025 bis 0,2m Ammoniumcarbonat- und 0,05m Ammoniumhydrogencarbonat-Lösung	Zwei- und mehrwertige Kationen (maximal 0,76)	~ 1
	G. Pyridinhaltige Lösungen		
Suchý	(7+2+1)-Mischung aus a) Methanol, Pyridin und Toluol b) Methanol, Pyridin und Dioxan c) n-Butanol, Pyridin und Dioxan d) Methanol, Chloroform und Toluol e) Pyridin, Chloroform und Toluol	 Th (0,16) Th (0,13) Th (0,07) Th (0,13) Th (0,13)	 0,86 0,93 0,69 0,72 0,45

[1] Von folgenden Autoren wurde ebenfalls das papierchromatographische Verhalten des Urans untersucht: *Bagliano, G.,* u. *Lederer, M.:* Ricerca scient. **36**, 51 (1966); *Joshi, D. P.,* u. *Jain, D. V.:* Indian J. appl. Chem. **29**, 101 (1966); *Bhatnagar, R. P.,* u. *Sharma, K. D.:* Indian J. appl. Chem. **29**, 133 (1966); *Ghose, A. K., Chatterjee, R.,* u. *Dey, A. K.:* Mikrochim. Acta **1967**, 685; *Majumdar, A. K.,* u. *Das, M. K.:* J. Indian Chem. Soc. **44**, 828 (1967); *Ghose, A. K.,* u. *Dey, A. K.:* Separation Sci. **2**, 673 (1967); *Ghose, A. K.,* u. *Dey, A. K.:* Separation Sci. **2**, 665 (1967); *Mazzei, M.,* u. *Lederer, M.:* Analyt. Lett. **1**, 237 (1968); *Plamondon, J.:* Econ. Geol. **63**, 76 (1968); *Popa, G.,* u. *Năşcuţiu, T.:* Rev. Roum. Chim. **13**, 315, 447 (1968); *Verma, M. R.,* u. *Gupta, P. K.:* Curr. Sci. **7**, 194 (1968).

geeigneter Elutionsmittel wie z. B. Mineralsäuren aus dem Papier ausgewaschen werden, worauf ebenfalls die Endbestimmung des Urans ausgeführt werden kann.

Methoden zur papierchromatographischen Abtrennung (s. Tabelle 13) des Urans sind heute nur noch von geringer Bedeutung, da sie in vielen Fällen nur qualitative oder halbquantitative Bestimmungen des Urans ermöglichen. Sie können weitestgehend durch bessere, chromatographische Methoden wie Ionenaustausch (s. Abschnitt 5.1) oder andere verteilungschromatographische Verfahren (s. Abschnitte 5.2.1.1, 5.2.2 und 5.2.3) ersetzt werden, die nicht nur die Abtrennung von Mikrogramm-, sondern auch von Milligrammengen Urans ermöglichen.

Literatur

Abdel-Rassoul, A. A., u. *Whaba, S. S.:* Talanta **14**, 1061 (1967). – *Almássy, G.,* u. *Vigvári, M.:* Acta Chim. Acad. Sci. Hung. **11**, 1 (1957).

Barretto, H. S. R., Barretto, R. C. R., u. *Pinto, I. P.:* J. Chromatogr. **5**, 5 (1961). – *Bhatnagar, R. P.,* u. *Poonia, N. S.:* Anal. chim. Acta **30**, 211 (1964). – *Burstall, F. H.,* u. *Wells, R. A.:* Analyst **76**, 396 (1951).

Cvjetićanin, D., u. *Belegishanin, N.:* Pr. Intern. Conf. Peaceful Uses Atomic Energy, Geneva 1955, Vol. **8**; United Nations: New York 1956.

Datta, S. K., u. *Ghose, P.:* Fr. **158**, 347 (1957). – *Datta, S. K.,* u. *Saha, S. N.:* Fr. **202**, 332 (1964).

Elbeih, I. I. M., u. *Abou-Elnaga, M. A.:* Chemist-Analyst **47**, 35, 92 (1958); durch Fr. **168**, 57 (1959); Anal. chim. Acta **17**, 397 (1957); **19**, 123 (1958). – *Eliseeva, E. D.:* Trudȳ Komis. Anal. Khim. (russ.) **6**, 439 (1955).

Fink, R. M., u. *Fink, K. F.:* U. S. A. E. C. Report UCLA-30, 1949.

Hahofer, E., u. *Hecht, F.:* Mikrochim. A. **1954**, 417. – *Hartkamp, H.,* u. *Specker, H.:* Naturwiss. **42**, 534 (1955). – *Hayashi, S.,* u. *Kotsuji, K.:* Japan Analyst **10**, 392 (1961). – *Hayek, E.,* u. *Torre, H. D.:* Mikrochim. A. **1963**, 1078.

Lederer, M.: (a) Anal. chim. Acta **4**, 629 (1950); (b) **7**, 458 (1952); (c) **11**, 524 (1954).

Majumdar, A. K., u. *Chakrabarthy, M. M.:* Anal. chim. Acta **17**, 415 (1957). – *Michal, J.:* Coll. Czechoslov. Chem. Comm. **21**, 1295 (1956). – *Morachevskii, Yu. V., Gordeeva, M. N.,* u. *Kruglova, T. E.:* Betriebslab. (russ.) **24**, 790 (1958).

Nagai, H., u. *Deguchi, T.:* Japan Analyst **12**, 552 (1963). – *Născuţiu, T.:* Rev. Roum. Chim. **9**, 283 (1964); Stud. Cercet. Chim. **12**, 283 (1964).

Ördögh, M., u. *Upor-Juvancz, V.:* J. Chromatogr. **25**, 464 (1966); vgl. Fr. **234**, 290 (1968).

Pollard, F. H., McOmie, F. W., u. *Elbei(h), I. M.:* Soc. **1951**, 470. – *Purushottam, D.:* Fr. **185**, 214 (1962).

Sarma, B.: Trans. Bose Research Inst. Calcutta **18**, 105 (1949–1951). – *Seiler, H., Schuster, M.,* u. *Erlenmeyer, H.:* Helv. **37**, 1252 (1954); vgl. Fr. **185**, 216 (1962). – *Suchý, K.:* Chem. Listy **48**, 1084 (1954).

Weiss, A., Fallab, S., u. *Erlenmeyer, H.:* Helv. **35**, 1588 (1952).

5.2.2 Verteilungschromatographie auf Silicagel

In Analogie zu der im Abschnitt 5.2.1.1 beschriebenen Cellulosesäule-Salpetersäure-Diäthyläther-Methode sowie der Extraktion des Uranylnitrats mit Diäthyläther oder anderen organischen Lösungsmitteln (s. Abschnitt 6) kann das Uran auf Silicagel als Träger einer wäßrigen, stationären Phase unter Anwendung verschiedener, schwach salpetersaurer, organischer Lösungsmittel als mobile Phasen von vielen Fremd-Ionen getrennt werden. Die Trennungen werden am häufigsten auf Silicagel-Säulen ausgeführt, wobei als mobile Phasen salpetersaurer Diäthyläther (*Hara; Luk'yanov, Moiseeva* und *Kuznetsova*), Hexon (*Fritz* und *Schmitt; Cvjetićanin*), Dibutylcarbitol (Dibutyläther des Diäthylenglycols) im Gemisch mit Kerosin (*Haeffner* und *Hultgren*) und Tributylphosphat, gelöst in einem inerten Kohlenwasserstoff (*Hultgren* und *Haeffner*), verwendet werden können. Ferner besteht auch die Möglichkeit, das Uran von Fremd-Ionen durch Dünnschichtchromatographie auf Schichten, bestehend aus Silicagel und Gips zu trennen (*Seiler* und *Seiler*; *Markl* und *Hecht*; *Lesigang-Buchtela* und *Buchtela*). Als mobile Phasen können dabei Mischungen aus Äthylacetat, Diäthyläther und Tributylphosphat (*Seiler* und *Seiler*), aus Diäthyläther, Äthylacetat und Triisooctylamin (*Markl* und *Hecht*) und solche aus Hexon, Tributylphosphat und 4,7n Salpetersäure (*Lesigang-Buchtela* und *Buchtela*) sowie rein wäßrige, salz- oder salpetersaure Lösungen (*Markl* und *Hecht*) angewendet werden.

Bei praktisch allen diesen Verfahren, vor allem bei jenen, die in Gegenwart von Salpetersäure durchgeführt werden, dient die mobile Phase dazu, das Uran(VI) zu eluieren, während die Fremd-Ionen in der stark nitrathaltigen, stationären Phase auf dem Silicagel zurückbleiben. Wie bei der Cellulosesäule-Salpetersäure-Diäthyläther-Methode (s. Abschnitt 5.2.1.1) ist es auf diese Weise möglich, das Uran auf Silicagel-Säulen von Fremd-Ionen wie z. B. Al, Cr, den seltenen Erdmetallen, Ca, Pb, Co, Fe, Ni, Cu, Mn usw. zu trennen (*Hara*; *Fritz* und *Schmitt*). Jene Metall-Ionen, die stabile anionische Nitrat-Komplexe bilden, wie z. B. Th, Pu^{4+} und Ce^{4+}, sind nicht so leicht vom Uran trennbar, aber durch bestimmte Zusätze zum Silicagelträger bzw. zur mobilen Phase wie z. B. wasserfreies Natriumacetat (*Hara*) oder Hydraziniumnitrat (*Luk'yanov*, *Moiseeva* und *Kuznetsova*; *Hultgren* und *Haeffner*) können auch diese Elemente vom Uran getrennt werden. Cer(IV) kann auch mittels Wasserstoffperoxids und Eindampfen der Probe zum nichteluierbaren Cer(III)-Ion reduziert werden. In Anwesenheit von *Vanadium* müssen die verwendeten organischen Lösungsmittel peroxidfrei sein; andernfalls wird das Vanadium zusammen mit dem Uran eluiert.

Anionische *Störungen* werden durch Chlorid- und Phosphat-Ionen verursacht. Chlorid-Ionen bewirken, wie bereits im Abschnitt 5.1.3.2 (S. 283) gezeigt wurde, daß Eisen(III) und auch Zinn zusammen mit dem Uran als Chlorid-Komplexe in das Eluat übergehen. Phosphat-Ion verzögert und vermindert die vollständige Elution des Urans. Diese Störung kann jedoch durch Zugabe einer geeigneten Menge Eisen(III)-nitrats zur Maskierung des Phosphat-Ions ausgeschaltet werden. Auch die Salpetersäure-Konzentration der mobilen bzw. stationären Phase hat einen Einfluß auf die Trennschärfe. Übersteigt diese eine Konzentration von etwa 0,3 bis 0,5m, so besteht die Gefahr, daß die oben erwähnten Elemente, die stabile, anionische Nitrat-Komplexe bilden, und auch andere wie z. B. Zr und Se zusammen mit dem Uran eluiert werden. Um auf jeden Fall zu verhindern, daß z. B. das Thorium coeluiert wird, kann der schwach salpetersauren, stark natriumnitrathaltigen, stationären Phase Natriumoxalat zugesetzt werden (*Hara*).

Wie von *Šulcek*, *Michal* und *Doležal* sowie *Lyubimova* und *Sochevanov* gezeigt wurde, ist es auch möglich, geringe Mengen an Uran aus einer ammoniakalischen, Tartrat und ÄDTA enthaltenden Lösung auf Silicagel zu adsorbieren und auf diese Weise von einer Anzahl Fremd-Ionen zu trennen. Dabei wirkt das Silicagel sozusagen als ein Filter für das sich in einer solchen Lösung bildende Ammoniumdiuranat. Nach erfolgter Abtrennung wird dieses mit 12n Salzsäure aus der Silicagelsäule eluiert. Coadsorbiert mit dem Uran werden zu einem mehr oder weniger großen Ausmaß Fe, Al, Cr, Mn, Co, Ni, Zn, Bi, Sb, Ti, Th, Zr usw. Diese Metalle stören jedoch nicht, wenn die Endbestimmung des Urans auf polarographischem Wege erfolgt (s. Abschnitt 4.1.2.2).

Anwendungsbeispiele zur Abtrennung des Urans durch Verteilungschromatographie auf Silicagel

Zur Trennung des Urans von Th, Al, Zr, den seltenen Erdmetallen, Schwermetallen und Phosphorsäure durch Verteilungschromatographie auf einer Silicagelsäule unter Anwendung von Diäthyläther, der 1 Vol.-% konz. Salpetersäure enthält. wird folgende

Arbeitsvorschrift nach *Hara* empfohlen. Die uranylnitrathaltige Lösung, die 50 bis 500 μg Uran in 1 ml Salpetersäure (20%; v/v) enthält, ist mit 0,9 g wasserfreiem Natriumacetat und 1,5 g geglühtem SiO_2 zu vermischen. Sind weniger als 25 mg Thorium- und weniger als 30 mg Phosphat-Ion vorhanden, so sind 60 mg Natriumoxalat und 100 mg Eisen(III)-Ion (als Nitrat) dieser Mischung zuzufügen. Eine Mischung aus 4 g SiO_2 und 1 g Natriumnitrat auf Glaswolle wird in einen Scheidetrichter gebracht und mit Diäthyläther, der 1 Vol.-% Salpetersäure enthält, befeuchtet. Hierauf wird die Probemischung zugegeben, das Ganze mit 0,5 g SiO_2 bedeckt und die „Säule" bei einer Geschwindigkeit von 3 Tropfen/sec mit insgesamt 150 ml Diäthyläther, der 1% Salpetersäure (v/v) enthält, behandelt. Das in das Eluat gelangte Uran wird dreimal mit je 10 ml Wasser rückextrahiert, die wäßrige uranhaltige Schicht eingedampft und das Uran spektrophotometrisch mit dem Reagens 2-Acetoacetylpyridin (s. Abschnitt 3.1.3.1.4) bestimmt.

Bemerkung. Ein ähnliches Verfahren wurde von *Luk'yanov*, *Moiseeva* und *Kuznetsova* zur Trennung des Urans von Fremd-Ionen vor dessen spektrophotometrischer Bestimmung mit *Arsenazo I* (s. Abschnitt 3.1.3.3.2) angewendet. Diese Methode ist zur Bestimmung des Urans in *Erzen* und deren Aufarbeitungsprodukten geeignet.

Arbeitsvorschrift. Den uranylnitrathaltigen Rückstand, der 50 bis 100 μg Uran enthält und durch Eindampfen der Probelösung bis fast zur Trockne in Gegenwart von Salpetersäure erhalten wurde, vermischt man mit 0,5 ml einer gesättigten Ammoniumnitrat-Lösung, die 0,5n an Salpetersäure ist, und 1 bis 2 ml Silicagel. Diese Mischung bringt man in eine Säule, die 6 bis 7 ml Silicagel und 2 ml der salpetersauren Ammoniumnitrat-Lösung enthält und deren oberer Teil aus 1 ml mit 5%iger Hydraziniumnitrat-Lösung imprägniertem Silicagel besteht. Dann wird das Uran mit Diäthyläther, der 0,5n an Salpetersäure ist, mit einer Geschwindigkeit von 1 bis 2 ml/Min. eluiert, der Äther abgedampft und das Uran mit Arsenazo I spektrophotometrisch bestimmt (s. Abschnitt 3.1.3.3.2).

Bemerkungen. I. Zur Trennung des Urans vom *Plutonium* wird als mobile Phase eine (1 + 3)-Mischung aus Kerosin und Dibutylcarbitol, die 0,35n an Salpetersäure ist, verwendet (*Haeffner* und *Hultgren*). Das Uran und Plutonium sowie geringe Mengen an Spaltungsprodukten werden zuerst durch Gegenstromextraktion mit Dibutylcarbitol aus salpetersauren Lösungen von bestrahlten Uranbrennstoff-Elementen extrahiert (s. Abschnitt 6) und der Extrakt mit $^1/_3$ seines Volumens an Kerosin und dann mit einer mit Wasser gesättigten (3 + 1)-Mischung aus Dibutylcarbitol und Kerosin derart verdünnt, daß die Salpetersäure-Konzentration der Lösung 0,35n beträgt. Diese Lösung läßt man durch eine Silicagelsäule fließen, wobei das Plutonium festgehalten wird, während praktisch alles anwesende Uran in den Effluent übergeht. Das restliche Uran wird dann mit einer (3 + 1)-Mischung aus Dibutylcarbitol und Kerosin, die 0,3 bis 0,35n an Salpetersäure ist, ausgewaschen und das Plutonium mit 0,15 bis 0,2n Salpetersäure in einem organischen Lösungsmittel eluiert. Diese Methode gestattet eine scharfe Trennung des Urans vom Plutonium.

II. Von denselben Autoren (*Hultgren* und *Haeffner*) wurde auch ein Verfahren zur Trennung des Urans von Plutonium in Gegenwart von *Tributylphosphat* beschrieben. Die mobile Phase besteht aus einer 40%igen Lösung (v/v) des Tributylphosphats in einem inerten Kohlenwasserstoff. Die auf der Silicagel-Säule befindliche, stationäre Phase enthält 1 g Eisen(II)-Ion je l einer Lösung, die 0,3m an Hydraziniumnitrat und 0,1n an Salpetersäure ist. Läßt man die uran- und plutoniumhaltige Tributylphosphat-Phase durch eine solche Säule fließen, wird Pu zur dreiwertigen Oxydationsstufe reduziert und als solche festgehalten, während das Uran in den Effluent übergeht. Restliches Uran wird mit einer Kerosin-Tributylphosphat-Lösung, die 0,02n an Salpetersäure ist, von der Säule eluiert. Anschließend wird das Plutonium mit einer salpetersauren Lösung eluiert. Enthält die uranhaltige Tributylphosphat-Phase nur Uran-Mengen in der Größenordnung von einigen wenigen Gramm je l, so braucht der stationären Phase kein Reduktionsmittel zugesetzt werden. In diesem Fall wird das Uran mit einer 30%igen Tributylphosphat-Lösung in Kerosin (v/v), die 0,2n an Salpetersäure ist, eluiert.

III. Auch unter Anwendung von *Hexon* als mobile Phase kann das Uran von vielen Fremd-Ionen getrennt werden (*Cvjetićanin*; *Fritz* und *Schmitt*). Wird 6n Salpetersäure als stationäre Phase verwendet, so kann auf diese Weise das Uran von 17 anderen Metallen, darunter Thorium, getrennt werden (*Fritz* und *Schmitt*). Bei Anwendung von mit 2n Salpetersäure gesättigtem Hexon ist es möglich, das Uran zusammen mit Pu(IV und VI) von Zirkonium und Niob auf einer Silicagel-Säule zu trennen. Uran und Plutonium werden eluiert, während Zirkonium und Niob auf der Säule zurückgehalten werden (*Cvjetićanin*).

IV. Durch *Dünnschichtchromatographie* auf Schichten, bestehend aus Silicagel und Gips, kann das Uran von mehreren Metallen wie z. B. Fe, Cu, Co, Ni, Cr, Al und Th getrennt werden, wenn die 4,7n salpetersaure Probelösung zuerst auf die Dünnschicht aufgebracht und dann das Chromatogramm unter Anwendung einer Mischung, bestehend aus 50 ml Äthylacetat, 50 ml Diäthyläther (gesättigt mit Wasser) und 2 ml Tributylphosphat, entwickelt wird (*Seiler* und *Seiler*). Das Uran wandert dabei viel rascher als die meisten anderen Metall-Ionen.

V. Zur Trennung des Urans *oder* Molybdäns von Fe, Co, Ni, Zn und Mn wird nach Angaben von *Markl* und *Hecht* die m schwefelsaure Probelösung auf eine dünne Schicht, bestehend aus Silicagel und Gips im Verhältnis 7:1, aufgebracht und das Chromatogramm mit einer (25 + 25 + 4)-Mischung an Äthylacetat, Diäthyläther und Triisooctylamin, die vorher mit m Schwefelsäure ins Gleichgewicht gebracht worden ist, entwickelt. Wird Salpetersäure als Elutionsmittel verwendet, so ist es möglich, das Uran oder Molybdän von Fe, Ni, Co und Zn zu trennen (*Markl* und *Hecht*). Eine Trennung des Urans vom *Titan oder Thorium* kann unter Anwendung von 3 oder 8n Salzsäure als mobile Phase durchgeführt werden.[1]

Literatur

Cvjetićanin, D.: JENER, Report No. **75**, 10 (1958).

Fritz, J. S., u. *Schmitt, D. H.:* 150th Meeting of the American Chemical Society, Atlantic City, New Jersey, 13. bis 17. September 1965; Talanta **13**, 123 (1966).

Hara, T.: J. chem. Soc. Japan, Pure Chem. Sect., **78**, 337 (1957). – *Haeffner, E.,* u. *Hultgren, A.:* Nucl. Sci. Engng. **27**, 931 (1955). – *Hultgren, A.,* u. *Haeffner, E.:* Proc. 2nd Internat. Conf. Peaceful Uses Atomic Energy, Geneva 1958, Vol. **17**, 324; United Nations: New York 1958.

Lesigang-Buchtela, M., u. *Buchtela, K.:* Mikrochim. Acta **1967**, 570, 670. – *Luk'yanov, V. F., Moiseeva, L. M.,* u. *Kuznetsova, N. M.:* Zhur. Anal. Khim. (russ.) **16**, 448 (1961). – *Lyubimova, L. N.,* u. *Sochevanov, V. G.:* Radiokhimiya **4**, 701 (1962).

Markl, P., u. *Hecht, F.:* Mikrochim. A. **1963**, 889, 970.

Seiler, H., u. *Seiler, M.:* Helv. **44**, 941 (1961). – *Šulcek, Z., Michal, J.,* u. *Doležal, J.:* Coll. Czechoslov. Chem. Comm. **24**, 1815 (1959); durch Fr. **185**, 138 (1962).

5.2.3 Extraktionschromatographie

Unter Extraktionschromatographie versteht man eine Verteilungschromatographie mit umgekehrten Phasen, d. h. als stationäre Phase wird nicht wie bei der üblichen Verteilungschromatographie Wasser oder eine rein wäßrige Lösung verwendet, sondern wasserunlösliche Extraktionsmittel, während als mobile Phase rein-wäßrige, meist mineralsaure Lösungen angewendet werden. Dieses Verfahren

---

[1] Weitere Methoden zur Abtrennung des Urans durch Dünnschichtchromatographie wurden von folgenden Autoren beschrieben: *Bottura, G.,* u. *Breccia, A.:* Ricerca scient. **37**, 295 (1967); *Volynets, M. P.,* u. *Guseva, L. I.:* Zhur. analit. Khim. (russ.) **23**, 947 (1968).

hat in neuerer Zeit mehrfach zur Abtrennung des Urans Anwendung gefunden und kann in mehreren Fällen anstelle von Flüssig-flüssig-Extraktionen (s. Abschnitt 6) oder Anionenaustausch-Verfahren (s. Abschnitt 5.1.2) benutzt werden. Als stationäre Phasen können typische Extraktionsmittel für Uran oder auch flüssige, langkettige Amine, die als Anionenaustauscher wirksam sind, verwendet werden. So wurden vorgeschlagen: Tributylphosphat (TBP) (*Hamlin, Roberts, Loughlin* und *Walker*; *Hayes* und *Wright*; *Hayes* und *Hamlin*; *Hamlin* und *Roberts*; *U. K. A. E. A.*; *Fletcher, Franklin* und *Goodall*; *Beranová* und *Novák*; *Testa* und *Masi*), Tri-n-octylphosphinoxid (TOPO) [*Dietrich, Caylor* und *Johnson*; *Cerrai* und *Testa* (a); *Cvjetićanin, Čvorić* und *Obrenović-Paligorić*] und Tri-n-octylamin (TNOA) [*Krefeld, Rossi* und *Hainski*; *Cerrai* und *Ghersini*; *Cerrai* und *Testa* (b)].[1] Als inerte Träger für diese stationären Phasen wird am häufigsten Kel-F (ein Polymeres des Trifluorochloräthylens) verwendet. Andere geeignete Träger sind Silicagel, Glasperlen, Filtrierpapier, ein Copolymeres, bestehend aus Styrol und Divinylbenzol, sowie andere Polymere wie Polyäthylen und Polyvinylchlorid (*Winsten*).

Wird TBP als stationäre Phase verwendet, so dient als mobile Phase meistens 5 bis 8n Salpetersäure, aus der das Uranyl-Ion vom TBP aufgenommen und nach dem Auswaschen der Fremd-Ionen mit verd. Salpetersäure wieder mit Wasser eluiert wird. Auch salzsaure Lösungen können als mobile Phase dienen. Werden TOPO oder TNOA als stationäre Phasen angewendet, so ist es möglich, sowohl salz-, salpeter-, schwefel- als auch perchlorsaure, rein-wäßrige Lösungen als mobile Phasen zu verwenden.

Anwendungsbeispiele zur Abtrennung des Urans durch Extraktionschromatographie

Wird 5,5n Salpetersäure als mobile Phase und TBP, auf Kel-F als inertem Träger, als stationäre Phase verwendet, so kann das Uran von mehr als den 10fachen Mengen an Al, Ca, Cr^{3+}, Cu^{2+}, Fe^{3+}, Mo(VI), V(V), W(VI), Ni, Na und K, möglicherweise auch noch von vielen anderen Elementen, getrennt werden. Abgetrennt werden ferner Chlorid-, Fluorid-, Phosphat-, Sulfat- und Citrat-Ion (*Hamlin* und *Roberts*; *Hamlin, Roberts, Loughlin* und *Walker*). Zusammen mit dem Uran, das bis zu mehr als 99% festgehalten wird, werden Th^{4+}, Pu^{4+} und Ce^{4+} von der TBP-Phase zurückgehalten. Jedoch kann das *Cer* bei vorangehender Reduktion mit schwefeliger Säure zur dreiwertigen Oxydationsstufe vor der Elution des Urans, die mit Wasser erfolgt, mit 5,5n Salpetersäure ausgewaschen werden. Eine Trennung des Urans vom *Plutonium* ist dagegen in 6,5n Salzsäure als mobile Phase, nach Reduktion des Plutoniums zur dreiwertigen Stufe mit Hydroxylammoniumchlorid, möglich. Auf diese Weise kann Uran auch von Th, Ni, Cu und Al getrennt werden, jedoch nicht von Fe^{3+}, Cr(VI) und V(V). Wird anstelle von TBP als stationäre Phase TNOA und als mobile Phase 0,1m Schwefelsäure verwendet, so läßt sich das Plutonium(III) ebenfalls vom Uran trennen. Plutonium wird mit 0,1m Schwefelsäure ausgewaschen und anschließend Uran mit 1,5n Salpetersäure eluiert.

Das Verfahren, nach dem 5,5n Salpetersäure als mobile und TBP als stationäre Phase verwendet wird, ist sehr geeignet zur Trennung des Urans von seinen natürlichen *Zerfallsprodukten* sowie zur Analyse von Uranlegierungen wie Uran-Zircaloy II (*Hayes* und *Hamlin*) und solchen Uranlegierungen, die Mo, V, Cr, Nb und Al ent-

---

[1] Weitere auf Extraktionschromatographie beruhende Verfahren wurden von folgenden Autoren beschrieben: *Heunisch, G. W.*: Anal. Chim. Acta **45**, 133 (1969); *Bittner, M.*, u. *Kruk, J.*: Nukleonika **11**, 47 (1966); *Tomažič, B.*, u. *Siekierski, S.*: J. Chromat. **21**, 98 (1966); *Cerrai, A.*, u. *Ghersini, G.*: J. Chromatogr. **24**, 383 (1966); *Mikulski, J.*, u. *Strónski, I.*: Nature **207**, 749 (1965); *Sastry, M. N., Rao, A. P.*, u. *Sarma, A. R. K.*: Indian J. Chem. **4**, 287 (1966); *Strónski, I.*: Radiochem. radioanalyt. Lett. **1**, 191 (1969); *Itani, S. M.*, Report IS-T-385, Mai 1970; *Testa, C.*: Anal. Chim. Acta **50**, 447 (1970); *Schmid, E. R.*: Mikrochim. Acta **1970**, 301; *New Brunswick Laboratory* der USAEC, Report NBL-250, April 1970.

halten (*Fletcher, Franklin* und *Goodall*). Ferner kann die Methode zur Abtrennung von Uranspuren aus unreinen Lösungen *vor* der spektrophotometrischen Bestimmung des Urans mit PAN (s. Abschnitt 3.1.3.2.1) benutzt werden (*Hayes* und *Wright*). Der Vorteil der unten beschriebenen Methode gegenüber anderen Verfahren, die für diese Zwecke benutzt werden können, liegt vor allem darin, daß sie auf einen großen Konzentrationsbereich des Urans (etwa 1 μg bis 1 g) anwendbar und leicht durchführbar ist. Nach der Trennung wird die TBP-Kel-F-Säule durch Waschen mit 5,5n Salpetersäure reaktiviert. Das TBP wird allmählich eluiert; aber dennoch kann eine Säulenfüllung für mehr als 50 Trennungen verwendet werden.

Arbeitsvorschrift nach *Hamlin, Roberts, Loughlin* und *Walker*. Zu 1,5g Kel-F-Pulver [low density 300 moulding powder; Partikelgröße durch Mahlen und Sieben auf 36 bis 200 B.S.S. (British Standard Sieve) einstellen] werden 1,5 ml durch Wasserdampfdestillation gereinigtes TBP zugefügt und die Mischung bis zum Erreichen gleichförmiger Konsistenz verrührt. Einige Milliliter 5,5n Salpetersäure werden eingerührt, die Masse in eine Säule von 0,7 cm Durchmesser eingefüllt und mit etwas 5,5n Salpetersäure nachgewaschen. Die bis zu 50 mg Uran(VI) in 5 bis 10 ml 5,5n Salpetersäure enthaltende Probelösung läßt man durch diese Säule mit einer Geschwindigkeit von 1 bis 2 ml/Min. fließen und wäscht anteilsweise mit insgesamt 30 ml 5,5n Salpetersäure nach. Anschließend ist das Uran bei der gleichen Durchflußgeschwindigkeit mit 35 ml Wasser zu eluieren und mittels einer geeigneten Methode quantitativ zu bestimmen.

Bemerkungen. I. Wird diese Methode zur Analyse von *Uran-Zirkonium-Legierungen* benutzt, so wird zwecks besserer Abtrennung des Urans vom Zirkonium anstelle von 5,5n Salpetersäure eine Säuremischung, die 5,5n an Salpetersäure und 1,3 bis 0,5n an Flußsäure ist, verwendet.

II. Auch zur Abtrennung aus *Uran-Titan-Legierungen* hat sich eine Mischung aus Salpeter- und Salzsäure von einer Gesamtnormalität von 5,5n besser bewährt als die reine Salpetersäure.

III. Ähnliche Verfahren wie das oben beschriebene wurden vor der spektrophotometrischen Uranbestimmung (*U. K. A. E. A.*) sowie zur Trennung des Urans von *Spaltungsprodukten* wie z. B. Ru, Zr—Nb, Sr—Y, Ce und Cs (*Beranová* und *Novák*) und zur Isolierung des Urans aus *Urin* (*Testa* und *Masi*) benutzt. Zur Trennung von den Spaltungsprodukten wird das Uran aus 5 oder 5,35n Salpetersäure auf TBP unter Anwendung eines porösen Copolymeren, bestehend aus Styrol und Divinylbenzol, als Träger festgehalten, während zur Isolierung aus teilweise veraschtem Urin das Uran aus 7,5n Salpetersäure als mobile Phase unter Anwendung der oben beschriebenen Arbeitsmethode (*Hamlin, Roberts, Loughlin* und *Walker*) abgetrennt wurde.

IV. Wird TOPO als stationäre Phase verwendet, so läßt sich das Uran ebenfalls von einer Anzahl von Elementen trennen. Nach Angaben von *Cerrai* und *Testa* (a) betragen die R_f-Werte des Urans und Thoriums auf mit 0,025m TOPO in *Cyclohexan* imprägniertem Papier und unter Anwendung von bis zu 8n Salpetersäure als mobile Phase etwa Null. Unter gleichen Bedingungen zeigen viele Elemente wie z. B. La, Cr^{3+}, Mn^{2+}, Fe^{3+}, Ni, Co, Cu und Zn R_f-Werte, die nahe bei Eins liegen, so daß Uran oder Thorium leicht von diesen getrennt werden können. Es liegen also ähnliche Verhältnisse vor wie beim Anionenaustausch in salpetersauren Lösungen (s. Abschnitt 5.1.2.1.3). Auch bei Anwendung salzsaurer Lösungen sind ähnliche Trennungen möglich wie mit Hilfe der Chloridmethode (s. Abschnitt 5.1.2.1.2).

V. Den Anionenaustauschmethoden analoge Verhältnisse liegen auch vor, wenn Uran auf mit TOPO imprägniertem Papier unter Anwendung *schwefel- oder perchlorsaurer* Lösungen als mobile Phasen von Fremd-Ionen getrennt wird [*Cerrai* und *Testa* (a); *Cvjetićanin, Čvorić* und *Obrenović-Paligorić*]. Wird z. B. 0,5m Schwefelsäure als mobile Phase verwendet, so können Zr, U und Th getrennt werden, wobei die R_f-Werte dieser Elemente 0,11, 0,33, und 0,87 betragen [*Cerrai* und *Testa* (a)]. Wird 0,1 bis 2 m Perchlorsäure als mobile Phase benutzt, so liegen die R_f-Werte des Urans und Thoriums nahe Eins, während die R_f-Werte der meisten anderen Elemente mit Ausnahme von W(VI), Au^{3+} und Ag^+ Null betragen (*Cvjeticanin, Cvoric* und *Obrenovic-Paligoric*).

VI. Bei Anwendung einer Säule, gefüllt mit Glasperlen, die mit TOPO überzogen sind, ist es möglich, das Uran aus mit Salpetersäure angesäuertem *Urin* zu isolieren (*Dietrich, Caylor* und *Johnson*). Zur Elution wird das Uran zusammen mit dem TOPO mit Äthanol abgelöst.

VII. Ähnliche Verhältnisse wie bei der Anwendung von TOPO liegen vor, wenn *TNOA* als stationäre Phase verwendet wird. Hier sind z. B. in salzsauren Lösungen ähnliche Trennungsmöglichkeiten des Urans von Fremd-Ionen gegeben wie bei der Anwendung der Chlorid-Methode (s. Abschnitt 5.1.2.1.2). So kann man z. B. auf einer Säule aus Silicagel, das mit TNOA imprägniert ist, Milligrammengen Urans von *Beryllium* und den seltenen Erdmetallen unter Anwendung von 8n Salzsäure als mobile Phase trennen (*Krefeld, Rossi* und *Hainski*). Dabei wird Uran stark festgehalten, während die oben erwähnten Metall-Ionen in den Effluent übergehen. Zur Elution des Urans kann 0,2n Salzsäure verwendet werden. Diese Methode ist zur Analyse *hochreiner* Uranverbindungen geeignet.

VIII. Auch auf mit TNOA oder *Aliquat 336* (Tricaprylmonomethylammoniumchlorid) imprägniertem Papier sind bei Anwendung salzsaurer, mobiler Phasen analoge Trennungen möglich (*Cerrai* und *Ghersini*). Wird dagegen 1n Salpetersäure als mobile Phase und TNOA auf Kel-F-Träger als stationäre Phase benutzt, so kann Uran zusammen mit *Thorium* adsorbiert werden, während die meisten anderen Elemente, wie z. B. die Alkalimetalle, Erdalkalimetalle, seltenen Erdmetalle, Al, Co, Ni, Zn, Mn, Cu, Cd und Fe in den Effluent übergehen. Nach dem Nachwaschen mit 1n Salpetersäure kann das Thorium mit 0,5n Salzsäure eluiert werden, wobei das Uran weiterhin vom TNOA festgehalten wird. Zur Elution des Urans kann 1 m Phosphorsäure verwendet werden [*Cerrai* und *Testa* (b)].

Literatur

Beranová, H., u. *Novák, M.:* Coll. Czechoslov. Chem. Commun. **30**, 1073 (1965).

Cerrai, E., u. *Ghersini, G.:* Energia Nucleare **11**, 441 (1964). − *Cerrai, E.*, u. *Testa, C.:* (a) J. Chromatogr. 7, 112 (1962); (b) **9**, 216 (1964). − *Cvjeticanin, N. M., Cvoric, J. D.*, u. *Obrenovic-Paligoric, I. D.:* Bl. Inst. Nucl. Sci. „Boris Kidrich", Belgrad **14**, 83 (1963).

Dietrich, W. C., Caylor, J. D., u. *Johnson, E. E.:* U. S. A. E. C. Report Y-1322, 1960.

Fletcher, W., Franklin, R., u. *Goodall, G. H.:* Paper presented at the Conference on Analytical Chemistry in Nuclear Reactor Technology, Gatlinburg (Tennessee) 1961.

Hamlin, A. G., u. *Roberts, B. J.:* Nature **185**, 527 (1960). − *Hamlin, A. G., Roberts, B. J., Loughlin, W.*, u. *Walker, S. G.:* Anal. Chem. **33**, 1547 (1961). − *Hayes, T. J.*, u. *Hamlin, A. G.:* Analyst **87**, 770 (1962). − *Hayes, T. J.*, u. *Wright, J. S.:* Talanta **11**, 607 (1964).

Krefeld, R., Rossi, G., u. *Hainski, Z.:* Mikrochim. Acta **1965**, 133.

Testa, C., u. *Masi, G.:* Minerva Nucl. **9**, 22 (1965).

U. K. A. E. A.: Report PG 436 (S), 1963.

Winsten, W. A.: Anal. Chem. **34**, 1334 (1962).

6 Extraktionsmethoden

6.1 Einleitung

Zur extraktiven Abtrennung des Urans von Fremd-Ionen wurden sehr viele Methoden beschrieben. Die meisten von ihnen beruhen auf einem und demselben Prinzip, und zwar auf der Extrahierbarkeit von Uranylnitrat mit einer Reihe von mit Wasser nicht-mischbaren, organischen Lösungsmitteln aus den Gruppen der Äther, Ketone und Ester. Als solche Extraktionsmittel werden am häufigsten Diäthyläther, Hexon, Äthylacetat und Tri-n-butylphosphat verwendet. Diese Extraktionen sind zur selektiven Abtrennung von Mikro- und Makromengen Urans geeignet; sie werden am besten in schwach salpetersauren, stark nitrathaltigen, wäßrigen Systemen ausgeführt.

Weniger bedeutsam für die Trennung des Urans von Begleitelementen sind Verfahren, die auf der Extraktion von Uran-Komplexen mit Chelatbildnern wie z. B. β-Diketonen, Cupferron und Oxin beruhen. Diese Extraktionen sind in der Regel sehr stark vom pH-Wert der wäßrigen Phase abhängig; ferner ist die Selektivität der auf diese Weise erzielbaren Trennungen wesentlich geringer als in den obengenannten Nitrat-Systemen. Nur in jenen Fällen, wo ein gefärbtes Uranylchelat extrahierbar ist, das zur spektrophotometrischen oder colorimetrischen Bestimmung des Urans benützt werden kann, ist auch die Uran-Extraktion in Gegenwart von Chelatbildnern von großer, analytischer Bedeutung.

In neuerer Zeit hat auch die Anwendung langkettiger, aliphatischer Amine als Extraktionsmittel für Uran steigende Bedeutung erlangt, insbesonders in der Radiochemie.

6.2 Extraktionen mit Äthern

6.2.1 Diäthyläther

Über die Löslichkeit des Uranylnitrats in Diäthyläther wurde schon 1842 von *Péligot* berichtet; seither wurde diese Eigenschaft sehr häufig zur Extraktion des Urans, und zwar meistens aus Nitratlösung, zwecks Abtrennung dieses Elements von den seine Endbestimmung störenden Metall-Ionen, benutzt [*Hecht* und *Grünwald*; *Hecht* und *Korkisch*; *McKay* und *Mathieson*; *Glueckauf, McKay* und *Mathieson*; *Jenkins* und *McKay*; *Čepelák, Malý* und *Macháček*; *Norström* und *Sillén*; *Hahofer* und *Hecht*; *Furman, Mundy* und *Morrison*; *Rodden*; *Kroupa*; *Zebroski* und *Tolbert*; *Nikolov* und *Mikhailova*; *UKAEA (a-j)*; *Yoe, Will III* und *Black*; *Holcomb* und *Yoe*; *Ishibashi, Fujinaga* und *Izutsu*; *Käärik*; *Bock* und *Bock*; *Haeffner* und *Österlundh*; *Smith, Wilson* und *Goward*; *Spivakovskii, Zimina* und *Gavrilyuk*; *Scott*; *Helger* und *Rynninger*; *Hecht* und *Gerhold*; *Korkisch* und *Rigele*; *Palei*; *Steele*; *Aloy* und *Valdiguie*; *Almássy, Nagy* und *Straub*; *Pierie*; *Spence* und *Streeton*; *Jensen* und *Bane*; *Klienberger*; *Nagy* und *Almássy*; *Tomić* und *Hecht*; *Hecht, Korkisch, Patzak* und *Thiard*; *Ujhelyi*; *Strom*; *Tillu, Bhatnagar* und *Murthy*; *Beyer, Lewis* und *Stukenbroeker*; *Misciatelli*; *Hillebrand*; *Kaufman* und *Galvanek, jr.*; *Boltwood*; *Dewis*; *Gleditsch*; *Lebeau*; *Katzin* und *Hellman*; *Dimotakis* und *Perricos*; *Abdel-Rassoul, Wahba* und *Abdel-Aziz*; *Sámsoni*].[1]

Bei der Extraktion des Uranyl-Ions aus verd. salpetersauren Lösungen, die große Mengen löslicher anorganischer Nitrate als Aussalzmittel enthalten, geht das Uran

---

[1] Weitere Literatur: *U.K.A.E.A.*, Report PG 698 (W), 1966.

in die organische Phase als Molekülverbindung über (*McKay* und *Mathieson*; *Glueckauf*, *McKay* und *Mathieson*; *Jenkins* und *McKay*), in der das Uranyl-Ion je nach den Extraktionsbedingungen mit zwei oder vier Molekülen Diäthyläthers solvatisiert ist. Mit zwei Molekülen des Äthers entspricht die extrahierte Verbindung folgender Formel:

$$UO_2(NO_3)_2 \cdot 2H_2O \cdot 2(C_2H_5)_2O.$$

Bei ausreichend hohen Salpetersäurekonzentrationen (etwa 5n oder höher) ist die Extraktion des Uranyl-Ions kein rein physikalischer Prozeß, sondern vorwiegend ein chemischer Vorgang. Unter diesen Versuchsbedingungen wird ein anionischer Trinitrat-Komplex der Zusammensetzung: $H^+ [UO_2(NO_3)_3]^-$ gebildet, der mit seinem Kation (Wasserstoff-Ion) mit dem Äther unter Bildung der Verbindung: $(C_2H_5)_2OH^+ [UO_2(NO_3)_3]^-$ reagiert (Oxoniummechanismus), die dann durch den Diäthyläther extrahiert wird (*Čepelák*, *Malý* und *Macháček*).

In Abwesenheit von Aussalzmitteln sowie bei niederen Salpetersäure-Konzentrationen weist der Verteilungskoeffizient des Uranylnitrats in Diäthyläther im Vergleich zu anderen Extraktionsmitteln einen relativ kleinen Wert auf. Selbst bei hoher Salpetersäure-Konzentration beträgt der maximale Verteilungskoeffizient etwa 2,3 (in 4 oder 5n Salpetersäure) (*Norström* und *Sillén*). Da sich hohe Salpetersäure-Konzentrationen weniger gut zur Extraktion des Urans eignen, wird dieses üblicherweise aus verd. salpetersauren Lösungen, die Aussalzmittel enthalten, extrahiert, obwohl der Verteilungskoeffizient des Urans in diesen Salzlösungen nicht wesentlich größer ist als in rein wäßriger 4 oder 5n Salpetersäure. Geeignete Aussalzmittel sind die Nitrate des Ammoniums [*Hecht* und *Grünwald*; *Norström* und *Sillén*; *Hecht* und *Korkisch*; *Hahofer* und *Hecht*; *Furman*, *Mundy* und *Morrison*; *Rodden*; *Kroupa*; *Zebroski* und *Tolbert*; *Nikolov* und *Mikhailova*; *UKAEA (a—c)*; *Yoe*, *Will III* und *Black*; *Holcomb* und *Yoe*; *Ishibashi*, *Fujinaga* und *Izutsu*; *Käärik*], Lithiums (*Bock* und *Bock*), Calciums [*Hahofer* und *Hecht*; *UKAEA (a, d, f,)*; *Haeffner* und *Österlundh*], Aluminiums [*UKAEA (d—i)*; *Smith*, *Wilson* und *Goward*; *Spivakovskii*, *Zimina* und *Gavrilyuk*; *Abdel-Rassoul*, *Wahba* und *Abdel-Aziz*; *Sámsoni*] und Eisens(III) [*Hahofer* und *Hecht*; *UKAEA (c)*; *Scott*]. Unter diesen Aussalzmitteln ist Eisen(III)-nitrat weniger geeignet als Aluminiumnitrat und Calciumnitrat ist ein besseres Aussalzmittel als Ammoniumnitrat (*Haeffner* und *Österlundh*). So verbleibt nach 2stündiger Extraktion kein Uran in der wäßrigen Phase (3n an Salpetersäure), wenn diese gleichzeitig 2 bis 4m (oder mehr) an Calciumnitrat ist. Unter denselben Bedingungen werden in Gegenwart von 2 bis 4m Ammoniumnitrat 3 bis 5% des Urans nicht extrahiert. Eine 100%ige Extraktion des Urans tritt nur dann ein, wenn die Lösung mit Ammoniumnitrat gesättigt ist. In diesem Medium weist der Verteilungskoeffizient des Urans einen maximalen Wert von etwa 3,5 auf, und zwar, wenn die wäßrige Lösung etwa 1,5n an Salpetersäure ist (Säure-Konzentration bei wäßriger Schicht nach deren Durchschütteln mit Äther; dabei verteilt sich die Salpetersäure annähernd zu gleichen Anteilen auf die beiden Phasen) (*Norström* und *Sillén*).

In vielen Fällen wurden auch gemischte Aussalzmittel verwendet wie z. B. gesättigte Lösungen der Nitrate des Ammoniums, Calciums und Eisens(III) (*Hahofer* und *Hecht*) sowie des Ammoniums und Eisens(III) (*Furman*, *Mundy* und *Morrison*; *Rodden*).

Bei der Extraktion des Urans mit Diäthyläther spielt die Salpetersäure-Konzentration eine wesentliche Rolle. Wird die Acidität erhöht, so wird das Uran rascher extrahiert, aber gleichzeitig nimmt die Menge an bestimmten mitextrahierbaren Elementen, insbesondere an Eisen(III), im Extrakt zu.

Da die Salpetersäure mit dem Äther eine ätherlösliche Verbindung der Zusammensetzung $(C_2H_5)_2O \cdot HNO_3$ bildet (*Čepelák*, *Malý* und *Macháček*), nimmt der Ätherextrakt beträchtliche Mengen an Säure auf, so daß bei fortschreitender Extraktionsdauer die Acidität der wäßrigen Phase verringert wird. Ist demnach zu Beginn der Extraktion die Säure-Konzentration verhältnismäßig gering, wird während des Extraktionsvorganges der pH-Wert der wäßrigen Phase auf Werte erhöht, bei denen sich Uranylhydroxid bildet (pH größer als 4), was zur Folge hat, daß das Uran unvollständig extrahiert wird. Dies ist insbesondere dann der Fall, wenn die zu extrahierende Lösung große Uran-Mengen enthält. Wird dagegen die Extraktion bei einer hohen·Acidität der Lösung begonnen, so wird ein beträchtlich größerer Teil der Salpetersäure extrahiert, wodurch die Gefahr besteht, daß der Äther sich unter heftiger Bildung nitroser Gase zersetzt (Explosionsgefahr!). Beide Effekte können dadurch vermieden werden, daß man die Salpetersäure kontinuierlich oder anteilsweise während der Extraktion zusetzt und auf diese Weise den pH-Wert der Lösung auf einem geeigneten Wert hält (unter 4) (*Hahofer* und *Hecht*; *Nikolov* und *Mikhailova*; *Yoe, Will III* und *Black*; *Holcomb* und *Yoe*; *Käärik*; *Haeffner* und *Österlundh*). Diese Maßnahme verhindert auch die Bildung einer gelartigen Verbindung, die die Trennung der beiden Phasen erschwert (*Haeffner* und *Österlundh*). Es erwies sich jedoch auch als möglich, die Anfangsacidität derart einzustellen, daß das Uran vollständig extrahiert wird und gleichzeitig der Äther nicht zu viel Salpetersäure aufnimmt. Die dazu geeignetste Salpetersäure-Konzentration wird dadurch erreicht, daß man 1,5 bis 3 ml konz. Salpetersäure zu 30 ml der zu extrahierenden wäßrigen Lösung gibt (*Helger* und *Rynninger*).

Es konnte auch gezeigt werden (*Käärik*), daß man einen Großteil der Salpetersäure und der Nitrate durch Perchlorsäure und Perchlorat ersetzen kann, ohne die Extraktion des Urans zu beeinflussen.·

Störungen bei der Extraktion des Urans aus salpetersauren Lösungen in Gegenwart eines oder mehrerer der obengenannten Aussalzmittel werden durch einige Kationen und Anionen verursacht. So wird die Extraktion in Anwesenheit von Thorium und Nickel verzögert (*Helger* und *Rynninger*), während sie durch einige Anionen wie z. B. Fluorid-, Phosphat-, Sulfat-, Vanadat- und Molybdat-Ionen (*Hecht* und *Gerhold*) und durch einige komplexbildende, organische Substanzen, die mit Uran nicht-extrahierbare Komplexe bilden, behindert wird. Mehr oder weniger stark werden mit dem Uran mitextrahiert: Cer(IV), Thorium, Plutonium(VI), Neptunium(VI), Aluminium, Zirkonium, Hafnium, Vanadium, Molybdän, Arsen und geringe Mengen an Eisen(III) (*Korkisch* und *Rigele*). Das letztgenannte Ion wird besonders stark in gleichzeitiger Anwesenheit von Chlorid-Ion mitextrahiert. Ist demnach Chlorid-Ion anwesend oder die Eisen-Konzentration der zu extrahierenden Lösung sehr hoch, so gelangen beträchtliche Mengen dieses Elements in den organischen Extrakt. Demzufolge ist es oft unmöglich, eine Uranbestimmung nach der Ätherextraktion einfach derart durchzuführen, daß der nach dem Abdampfen des Äthers erhaltene trockene oder geglühte Rückstand ausgewogen wird.

Eine Mitextraktion von Cer(IV) kann dadurch vermieden werden, daß vor der Extraktion des Urans dieses Metall mit Natriumnitrit zur nicht-extrahierbaren, dreiwertigen Oxydationsstufe reduziert wird. Das Ausmaß der Mitextraktion der anderen obenerwähnten Metalle wie z. B. des Thoriums, Zirkoniums, Vanadiums, Plutoniums und Eisens kann verringert werden, wenn die Extraktion in Gegenwart von ÄDTA durchgeführt oder eine zweite Äther-Extraktion zur Feinreinigung herangezogen wird (*Hahofer* und *Hecht*; *Helger* und *Rynninger*; *Palei*).

Mengen an Sulfat-Ionen bis zu 2 mg/ml haben keinen wesentlichen Einfluß auf die Vollständigkeit der Extraktion des Urans. Störungen, die in Anwesenheit größerer Konzentrationen dieses Ions auftreten, können einfach dadurch vermieden werden, daß man Calciumnitrat als Aussalzmittel verwendet [*Hahofer* und *Hecht*; *UKAEA (a, d, e)*; *Haeffner* und *Österlundh*; *Steele*]. Auch die durch Phosphat- und Fluorid-Ionen hervorgerufene Störung kann leicht vermieden werden, und zwar durch Verwendung von Eisen(III)- bzw. Aluminiumnitrat als Aussalzmittel (*Hahofer* und *Hecht*; *Smith*, *Wilson* und *Goward*). Fluoride und auch andere Halide, insbesondere Chlorid-Ion, das eine Mitextraktion des Eisens bewirkt, können leicht *vor* der Extraktion des Urans durch Abrauchen der Probe mit konz. Schwefelsäure entfernt werden [*UKAEA (e)*].

Komplexbildende, organische Verbindungen stören nur dann, wenn die Uranextraktion aus einer Lösung erfolgt, die eine sehr geringe Menge freier Salpetersäure enthält. Ihre Störung kann vollständig ausgeschaltet werden, indem die Salpetersäure-Konzentration der zu extrahierenden Lösung erhöht wird.

Es wurde gezeigt (*Aloy* und *Valdiguie*), daß sich bei Einwirkung ultravioletter Strahlung (z. B. Sonnenlicht) der Äther in Gegenwart von Uran(VI) zersetzt, wobei Uran(IV), Essigsäure und Oxalsäure gebildet werden. Allerdings wird das gesamte Uran durch die anwesende Salpetersäure wieder zur sechswertigen Oxydationsstufe oxydiert (*Helger* und *Rynninger*), so daß praktisch keine Uranverluste auftreten können (vierwertiges Uran ist mit Äther nicht oder nur sehr schlecht extrahierbar). Um jedoch sicher zu gehen, kann man den Extraktionsapparat (s. z. B. Abb. 2) mit schwarzem Papier vor einer direkten Einwirkung des Sonnenlichts während der Extraktion schützen. Eine andere Möglichkeit, die Reduktion des Urans zu verhindern, besteht darin, der zu extrahierenden Lösung vor der Extraktion so lange Kaliumpermanganat zuzusetzen, bis die Lösung eine Rosafärbung annimmt.

Um Explosionen zu vermeiden, die bei der Anwendung von peroxidhaltigem Diäthyläther auftreten können, soll der Äther vorher von Peroxiden *befreit* werden. Zu diesem Zweck wird er mit konz. Lösungen an Eisen(II)-sulfat und Natriumhydrogensulfit in Gegenwart von etwas Kaliumhydroxid (zur Neutralisation der Säure) behandelt; schließlich wird der Äther über festem Kaliumhydroxid destilliert, wonach er für die Uranextraktion verwendet werden kann (*Hahofer* und *Hecht*) (s. Arbeitsvorschrift, S. 304).

Da das Uran in den für seine Extraktion mit Diäthyläther verwendeten Systemen nur kleine Verteilungskoeffizienten aufweist, sind zur vollständigen Extraktion des Urans mindestens vier Extraktionen mit gleichen Volumina Äthers erforderlich (*Hecht* und *Grünwald*; *Yoe, Will III* und *Black*; *Holcomb* und *Yoe*; *Bock* und *Bock*; *Spivakovskii, Zimina* und *Gavrilyuk*; *Scott*; *Almássy, Nagy* und *Straub*; *Pierie*). Die Wirksamkeit der Extraktion kann wesentlich erhöht werden, wenn diese kontinuierlich ausgeführt wird [*Hahofer* und *Hecht*; *Nikolov* und *Mikhailova*; *UKAEA (a—i)*; *Spence* und *Streeton*; *Jensen* und *Bane*; *Klienberger*]; außerdem ist sie dabei von der Urankonzentration der wäßrigen Phase unabhängig (*Scott*). Ein Beispiel für die kontinuierliche Extraktion des Urans und der dazu verwendete Extraktor wird in der Arbeitsvorschrift nach *Hahofer* und *Hecht* auf S. 305 beschrieben (s. auch Abb. 2). Die Dauer dieser kontinuierlichen Extraktion hängt sowohl von der Uran-Konzentration der wäßrigen Phase, als auch von der Art des verwendeten Extraktionssystems ab und variiert zwischen 1,5 [*UKAEA (a)*] und 3 bis 4 Std. (*Hahofer* und *Hecht*; *Nikolov* und *Mikhailova*). Nach der Extraktion wird dem Ätherextrakt üblicherweise ein gleiches [*UKAEA (a)*] oder auch ein kleineres Volumen an Wasser zugesetzt und dann der Äther durch Vakuumdestillation [*Hahofer* und *Hecht*; *Nikolov* und *Mikhailova*; *UKAEA (a)*; *Nagy* und *Almássy*] oder durch vorsichtiges Eindampfen z. B. auf einem Wasserbad [*UKAEA (b)*; *Yoe, Will III* und *Black*; *Holcomb* und *Yoe*; *Scott*] entfernt, wonach eine Lösung erhalten wird, die Uranylnitrat und Salpetersäure enthält.

Vor der Extraktion des Urans mit Diäthyläther wird die Probe in geeigneter Weise in Lösung gebracht, so z. B. durch einen Sodaaufschluß (*Hahofer* und *Hecht*) (s. Arbeitsvorschrift, S. 304) oder einen Naßaufschluß mit Fluß- und Salpetersäure (*Almássy, Nagy* und *Straub*). In jedem Fall müssen Halogenide, vor allem Chlorid-Ion, durch mehrmaliges (in der Regel viermaliges) Abdampfen mit konz. Salpetersäure entfernt werden (s. Abschnitt 3.1.3.5.1).

Uran(VI) wird durch Diäthyläther aus salzsauren Lösungen oder Medien, die die anderen Halogenwasserstoffsäuren enthalten, nicht extrahiert. Dagegen werden etwa 5% Uran aus einer 50%igen Ammoniumthiocyanat-Lösung (m/v), die 0,5n an Salzsäure ist, extrahiert (*Fischer* und *Bock*). Unter diesen Bedingungen werden die Thiocyanat-Komplexe des Molybdäns, Wolframs und Titans mitextrahiert.

Anwendungsbeispiele zur Extraktion mit Diäthyläther

Als Beispiel zur Anwendung der Äther-Extraktionsmethode sei hier näher auf die von *Hahofer* und *Hecht* beschriebene
Arbeitsvorschrift zur Uranbestimmung in Tiefsee-Sedimentproben eingegangen.
A. Aufschluß der Probe. Von der pulverisierten, bei 110 °C getrockneten Probe sind ungefähr 0,5 g in einen Platintiegel einzuwägen und mit der sieben- bis achtfachen Menge Natriumcarbonats (wasserfrei) aufzuschließen. Der Schmelzkuchen ist mit heißem Wasser aus dem Tiegel herauszulösen, in ein mit einem Uhrglas bedecktes 250-ml-Becherglas zu legen und mit möglichst wenig Salpetersäure (1 + 1) (etwa 7m) zu versetzen. Nach Beendigung der Kohlendioxid-Entwicklung wird die Lösung bis zum Verschwinden der Rosafärbung (Permanganat) erhitzt, in eine Porzellanschale gespült und auf dem Wasserbad zur Trockne eingedampft. Den Rückstand erhitzt man 1 Std. bei 110 °C (mit einem Oberflächenverdampfer oder im Trockenschrank), versetzt ihn nach dem Erkalten mit 10 ml konz. Salpetersäure und erwärmt einige Minuten, um die basischen Salze zu lösen. Nach Verdünnen mit 20 ml dest. Wasser ist der ungelöst gebliebene Rückstand mit einem Glasstab lose zu reiben und nochmals zur Trockne einzudampfen. Nun läßt man wie vorhin 1 Std. bei 110 °C trocknen, abkühlen, durchfeuchtet mit 10 ml konz. Salpetersäure, erwärmt kurzfristig, verdünnt mit 25 ml Wasser, erhitzt 10 bis 15 Min. auf dem Wasserbad, bis alles außer Kieselsäure gelöst ist. Der Niederschlag wird auf ein Blaubandfilter filtriert, siebenbis achtmal mit heißer verd. Salpetersäure (1 + 49) (etwa 0,3m) und zehnmal mit heißem Wasser gewaschen: Filtrat I. Das Filter wird naß in einem Platintiegel verascht; nach Entfernung des Kohlenstoffes wird im bedeckten Tiegel über einem starken Brenner geglüht. Die Kieselsäure ist mit 1 bis 2 ml Wasser zu übergießen und mit 2 Tropfen konz. Salpetersäure und 3 bis 5 ml reiner Flußsäure zu versetzen, dann auf dem Wasserbad einzudampfen. Der geringe Rückstand ist über freier Flamme zu glühen, hierauf mit wenig Soda aufzuschließen. Der Schmelzkuchen wird wie vorher mit heißem Wasser herausgelöst, mit Salpetersäure (1 + 1) (etwa 7m) übergossen und die Lösung mit dem Filtrat I vereinigt; darnach wird in einer Porzellanschale auf dem Wasserbad zur Trockne eingedampft.
B. Äther-Extraktion. Der Rückstand ist mit 13 ml konz. Salpetersäure (10 Vol.-% des Extraktorinhaltes) aufzunehmen und mit der Aussalzlösung in den Extraktor zu spülen (Extraktionsapparat s. Abb. 2).
Bemerkungen. a) Die *Aussalzlösung* besteht aus gesättigten Lösungen von Ammonium-, Calcium- und Eisen(III)-nitrat im Verhältnis 2:1:1. Im Extraktor soll sich ein Bodenkörper von Ammoniumnitrat befinden. Bei größerem Phosphorsäure-Gehalt der Probe ersetzt man die Calciumnitrat-Lösung durch die entsprechende Menge Eisen(III)-nitrats.
b) Der Flüssigkeitsspiegel soll *nicht höher* als 2 cm unterhalb des Seitenarmes des Extraktionsapparates stehen. In den Rundkolben sind 50 ml Wasser und 100 ml peroxidfreier Äther vorzulegen.[1]

---

[1] Den Äther in einem Scheidetrichter mit einer konz. Lösung von Eisen(II)-sulfat und Natriumhydrogensulfit längere Zeit schütteln, mit wenig konz. Kalilauge zur Neutralisierung der Säure behandeln und zweimal mit wenig Wasser ausschütteln; dann den Äther 5 Std. über festem Kaliumhydroxid (20 g Kaliumhydroxid je l Äther) kochen, abdestillieren und über Natriumdraht aufbewahren; vor der Verwendung die jeweils benötigte Menge abdestillieren.

c) Die *Extraktionsdauer* beträgt 3 bis 4 Std.

d) Um den pH-Wert der Lösung *unter 4* zu halten, ist die laufend mitextrahierte Salpetersäure von Zeit zu Zeit zu ergänzen. Daher hat man nach der ersten und nach der zweiten Stunde je 3 ml konz. Salpetersäure zuzusetzen und gegebenenfalls mit dem Verteiler (s. Abb. 2) durchzurühren.

e) Nach beendeter Extraktion spült man den überstehenden Äther durch Neigen des Extraktors in den Rundkolben. Auf diesen setzt man einen *Dephlegmator* auf und saugt den Äther unter leichter Erwärmung im Vakuum ab. Die wäßrige Lösung wird in eine Porzellanschale gespült, der Kolben sowie der Dephlegmator sorgfältig mit konz. Salpetersäure und dest. Wasser ausgespült und der Extrakt auf einem elektrischen Wasserbad oder einer Heizplatte eingedampft.

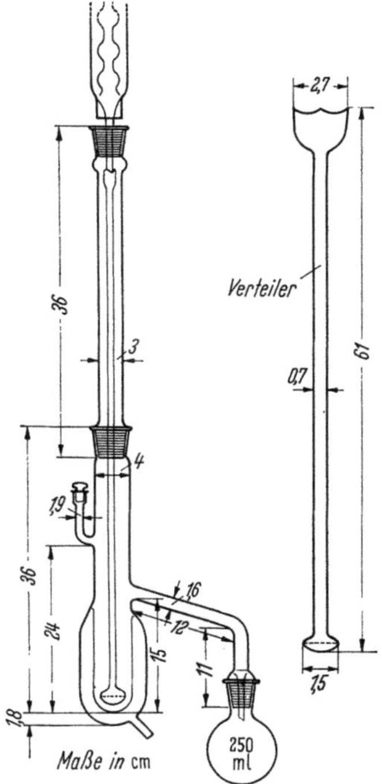

Abb. 2. Extraktionsapparat für Uranylnitrat mit Äther

f) Zwecks weiterer Reinigung des Urans ist der Rückstand mit 2 ml konz. Salpetersäure aufzunehmen und mit einer gesättigten Ammoniumnitratlösung in einen *Mikroextraktor* (analoge Bauart wie der Extraktionsapparat in Abb. 2) zu spülen, in dem sich ein Bodenkörper von festem Ammoniumnitrat befindet. Dann wird das Uran 3 Std. mit Äther extrahiert. Nach der ersten und zweiten Stunde sind je 0,5 ml konz. Salpetersäure zuzusetzen. Nach dem Abäthern ist die wäßrige Lösung in einen Platintiegel zu spülen, auf dem Wasserbad einzudampfen und das Uran fluorometrisch (s. Abschnitt 3.2.2) zu bestimmen.

g) Anstelle der oben beschriebenen doppelten Äther-Extraktion kann das Uran auch in reiner Form erhalten werden, wenn man es nach einer einfachen Äther-Extraktion durch *Papierchromatographie* [*Hahofer* und *Hecht* (s. Abschnitt 5.2.1.2)] oder *Ionenaustausch* [*Hecht, Korkisch, Patzak* und *Thiard* (s. Abschnitt 5.1.2.2.1)] von begleitenden Fremd-Ionen trennt. Falls größere Uran-Mengen extrahiert wurden, können diese natürlich auch unter Anwendung anderer Bestimmungsmethoden, z. B. gravimetrisch (s. Abschnitt 1) oder titrimetrisch (s. Abschnitt 2), quantitativ bestimmt werden. Zur Endbestimmung des Urans im Äther-Extrakt sind auch colorimetrische, spektrophotometrische (s. Abschnitt 3.1.2.1, 3.1.2.2.1 und 3.1.3.5.1), polarographische (s. Abschnitt 4.1.2.2) und spektralanalytische Verfahren geeignet.

h) Ähnliche Extraktionsmethoden wie die oben beschriebene wurden zur Analyse einer großen Anzahl von Materialien benutzt, z. B. von *Kohle* (*Ujhelyi*), *Schiefer* und *Kolm* (*Käärik*), schwarzem Meeresschlick (black-sea mud) (*Strøm*), wäßrigen Aufschlämmungen [*UKAEA (j)*], *Monaziten* (*Hecht* und *Gerhold*), Monazitkonzentraten (*Tillu, Bhatnagar* und *Murthy*), uranarmen Erzen (*Tillu, Bhatnagar* und *Murthy*), Mineralen [*UKAEA (i)*], natürlichen *Wässern* (*Spivakovskii, Zimina* und *Gavrilyuk*; *Hecht, Korkisch, Patzak* und *Thiard*), unreinen Lösungen [*UKAEA (g)*], Effluenten [*UKAEA (h)*], *Gras* [*UKAEA (i)*], Rinder-*Fäkalien* [*UKAEA (c)*] und *Magnesiumfluorid* [*UKAEA (e)*].

i) Ferner wurde dieses Trennungsprinzip auch dazu verwendet, Uran von *Zirkonium* und Zirkaloy, die Uran als Verunreinigung enthalten, zu trennen (*Smith, Wilson* und *Goward*).

j) Weitere Anwendungen der Äther-Extraktionsmethode sind in den Abschnitten: 3.1.2.1, 3.1.2.2.1, 3.1.3.5.1 und 4.1.2.2 des vorliegenden Handbuches angeführt.

6.2.2 Andere Äther

Anstelle von Diäthyläther (s. Abschnitt 6.2.1) können auch verschiedene andere Äther zur Lösungsmittel-Extraktion des Uranylnitrats aus Nitrat-Lösungen herangezogen werden. Die folgenden Äther wurden hinsichtlich ihrer Eignung als Extraktionsmittel für Uran untersucht: Tetrahydropyran, Tetrahydrosylvan (2-Methyltetrahydrofuran), 2-Äthyltetrahydrofuran, 2,5-Dimethyltetrahydrofuran (*Branica* und *Bona*; *Branica, Bona, Šimunović* und *Težak*),[1] Dibutyl-, Diisopropyl- und Dihexyläther (*Katzin* und *Sullivan*), Pentaäther (Dibutyläther des Tetraäthylenglycols) (*Hyde*; *Jones* und *Orlemann*), Diäthylcellosolve, Dibutylcellosolve (Dibutyläther des Äthylenglycols) (*Hyde*) und Dibutylcarbitol (Dibutyläther des Diäthylenglycols) (*McKay* und *Streeton*; *Best, Hesford* und *McKay*).

Bei der Extraktion des Urans mit cyklischen Äthern sind geringere Mengen an Aussalzmitteln und außerdem niedrigere Salpetersäure-Konzentrationen erforderlich, als wenn Diäthyläther verwendet wird. Trotzdem wurde nur einer dieser Äther, und zwar Tetrahydropyran, für die analytische Abtrennung des Urans benützt. Er wurde zur Extraktion des Urans vor dessen polarographischer Bestimmung in *Blutproben* herangezogen (*Valić* und *Weber*) (s. Arbeitsvorschrift im Abschnitt 4.1.2.1).

Dibutyl-, Diisopropyl- und Dihexyläther extrahieren das Uranylnitrat auf die gleiche Weise wie Diäthyläther, nur mit dem Unterschied, daß diese Äther eine geringere Löslichkeit in Wasser aufweisen (*Katzin* und *Sullivan*).

Pentaäther wurde hauptsächlich zur präparativen Trennung des Urans von Spaltprodukten herangezogen. Hinsichtlich seiner Eignung zur Uran-Extraktion aus Nitrat-Lösungen nimmt dieses Extraktionsmittel einen Platz ein, der zwischen demjenigen des Diäthyläthers und demjenigen des Tri-n-butylphosphats liegt. Die wesentlichsten Nachteile des Pentaäthers sind seine Instabilität gegenüber salpetersauren Lösungen (*Hyde*) und seine Tendenz, mit der wäßrigen Phase Emulsionen zu bilden (*Jones* und *Orlemann*). Mit Pentaäther kann auch der Uranylthiocyanat-Komplex aus einer wäßrigen Thiocyanat-Lösung vom pH = 1,5 extrahiert werden (*Silverman* und *Moudy*).

Auch Diäthylcellosolve, Dibutylcellosolve und Dibutylcarbitol wurden im wesentlichen nur zur präparativen Abtrennung des Urans verwendet. Die beiden erstgenannten Extraktionsmittel fanden allerdings auch analytische Anwendung, und zwar vor der spektrophotometrischen Bestimmung des Urans (s. Abschnitt 3.1.1.2.3.2 und 3.1.2.2.6) (s. Arbeitsvorschrift im Abschnitt 3.1.2.2.6).

Literatur

Abdel-Rassoul, A. A., Wahba, S. S., u. *Abdel-Aziz, A.:* Talanta **13**, 381 (1966). − *Almássy, G., Nagy, Z.,* u. *Straub, J.:* Acta Chim. Acad. Sci. Hung. **7**, 317 (1955). − *Aloy, I.,* u. *Valdiguie, A.:* Bl. Soc. Chem., Ser. IV., **37**, 1135 (1925).

Best, G. F., Hesford, E., u. *McKay, H. A. C.:* Intern. Congr. of Pure and Applied Chemistry, S. 389; Paris 1957. − *Beyer, W. W., Lewis, J. N.,* u. *Stukenbroeker, G. L.:* USAEC, Rep. TID-7531, Oktober 1957. − *Bock, R.,* u. *Bock, F.:* Z. anorg. Ch. **263**, 163 (1950); Naturwiss. **36**, 344 (1949). − *Boltwood, B.:* Am. J. Sci. **25**, 269 (1908). − *Branica, M.,* u. *Bona, E.:* Pr. 2nd Conf. Peaceful Uses Atomic Energy, Geneva 1958. A/CONF. 15/P2412; United Nations: New York 1959. − *Branica, M., Bona, E., Šimunović, N.,* u. *Težak, B.:* Croat. Chem. Acta **28**, 9 (1956).

Čepelák, J., Malý, J., u. *Macháček, V.:* Coll. Czechoslov. Chem. Comm. **23**, 1509 (1958).

Dewis, C. W.: Am. J. Sci. **11**, 201 (1926). − *Dimotakis, P. N.,* u. *Perricos, D. C.:* Radiochim. Acta **8**, 15 (1967).

Fischer, W., u. *Bock, R.:* Z. anorg. Ch. **249**, 146 (1942). − *Furman, N. H., Mundy, R. J.,* u. *Morrison, G. H.:* USAEC, Rep. AECD-2861, 21. Juni 1950.

Gleditsch, E.: Le Radium **8**, 256 (1911). − *Glueckauf, E., McKay, H. A. C.,* u. *Mathieson, A. R.:* Trans. Faraday Soc. **47**, 437 (1951).

---

[1] Weitere Literatur: *Tomažić, B.,* u. *Branica, M.:* Croat. Chem. Acta **37**, 277 (1965).

Haeffner, E., u. *Österlundh, C. G.:* IVA **23**, 265 (1952). – *Hahofer, E.*, u. *Hecht, F.:* Mikrochim. A. **1954**, 417. – *Hecht, F.*, u. *Gerhold, M.:* Mikrochemie **35**, 359 (1950). – *Hecht, F.*, u. *Grünwald, A.:* Mikrochemie **30**, 279 (1942). – *Hecht, F.*, u. *Korkisch, F.:* Mikrochemie **28**, 30 (1940). – *Hecht, F., Korkisch, J., Patzak, R.*, u. *Thiard, A.:* Mikrochim. A. **1956**, 1283. – *Helger, B.*, u. *Rynninger, R.:* Svensk Kem. Tidskr. **61**, 189 (1949). – *Hillebrand, W. F.:* U. S. Geol. Surv. Bl. **78**, 47 (1891). – *Holcomb, H. P.*, u. *Yoe, J. H.:* Anal. Chem. **32**, 612 (1960). – *Hyde, E. K.:* Pr. Intern. Conf. Peaceful Uses Atomic Energy, Geneva 1955, Vol. 7, 2181; United Nations: New York 1956.

Ishibashi, M., Fujinaga, T., u. *Izutsu, K.:* J. Electroanal. Chem. **1**, 26 (1959/60).

Jenkins, I. L., u. *McKay, H. A. C.:* Trans. Faraday Soc. **50**, 107 (1954). – *Jensen, K. J.*, u. *Bane, R. W.:* Analyst **82**, 67 (1957). – *Jones, A. G.*, u. *Orlemann, E. F.:* USAEC, Rep. C-4, 360. 3.

Käärik, K.: Suomen Kem. B **29**, 1 (1956). – *Katzin, L. I.*, u. *Hellman, N. N.:* USAEC, Rep. AECD-2758. – *Katzin, L. I.*, u. *Sullivan, J. C.:* J. Phys. Coll. Chem. **55**, 346 (1951).

Kaufman, D., u. *Galvanek, jr. P.:* USAEC, Rep. AECD-3137, MITG-A67, Juli 1950. – *Klienberger, C. A.:* Anal. Chem. **29**, 1721 (1957). – *Korkisch, F. E.*, u. *Rigele, O.:* Mikrochemie **35**, 365 (1950); vgl. Fr. **134**, 43 (1951/52). – *Kroupa, E.:* Mikrochemie **32**, 245 (1944).

Lebeau, P.: C. r. **152**, 439 (1911).

McKay, H. A. C., u. *Mathieson, A. R.:* Trans. Faraday Soc. **47**, 428 (1951). – *McKay, H. A. C.*, u. *Streeton, R. J. W.:* J. Inorg. Nucl. Chem. **27**, 879 (1965). – *Misciatelli, P.:* Phil. Mag. **7**, 670 (1929).

Nagy, Z., u. *Almássy, G.:* Magyar Chem. Folyóirat **63**, 359 (1957). – *Nikolov, K.*, u. *Mikhailova, V.:* Priroda (Bulgarien) **10**, 59 (1961); durch Zhur. Khim. (russ.) **1962** (6), Abstr. No. 6D107. – *Norström, A.*, u. *Sillén, L. G.:* Svensk Kem. Tidskr. **60**, 227, 232 (1948).

Palei, P. N.: Pr. Intern. Conf. Peaceful Uses Atomic Energy, Geneva 1955, Vol. **8**; United Nations: New York 1956. – *Péligot, B.:* Ann. Chim. et Phys. 3, **5**, 7, 42 (1842). – *Pierie, C. A.:* Ind. eng. Chem. **12**, 60 (1920).

Rodden, C. J.: Analytical Chemistry of the Manhattan Project. New York 1950.

Sámsoni, Z.: Magyar Chem. Folyóirat, **72**, 398 (1966). – *Scott, T. R.:* Analyst **74**, 486 (1949). – *Silverman, L.*, u. *Moudy, L.:* Nucleonics **12**, 60 (1954). – *Smith, D. L., Wilson, H. R.*, u. *Goward, G. W.:* USAEC, Rep. WAPD-CTA (GLA)-431, August 1959. – *Spence, R.*, u. *Streeton, R. J. W.:* Analyst **77**, 578 (1952). – *Spivakovskii, V. B., Zimina, V. A.*, u. *Gavrilyuk, L. S.:* Betriebslab. (russ.) **27**, 390 (1961). – *Steele, T. W.:* J. S. African Inst. Min. Metall. **57**, 144 (1956). – *Strøm, K. M.:* Nature **162**, 922 (1948).

Tillu, M. M., Bhatnagar, D. V., u. *Murthy, T. K. S.:* Pr. Indian Acad. Sci. A **42**, 28 (1955). – *Tomić, E.*, u. *Hecht, F.:* Mikrochim. A. **1955**, 896.

Ujhelyi, C.: Magyar Chem. Folyóirat **61**, 437 (1955). – *U. K. A. E. A.:* a) Rep. PG-131(S), 1960; b) Rep. PG 66(W), 1960; c) Rep. PG 510(S), 1963; d) Rep. PG 143(S), 1960; e) Rep. PG 215(S),. 1961; f) Rep. IGO-Am/W-116, 1958; g) Rep. PG 132(S), 1960; h) Rep. PG 130(S), 1960; i) Rep. PG 142(S), 1960; j) Rep. PG-120(CA), 1960.

Valić, F., u. *Weber, O. A.:* Arkiv Kem. **27**, 53 (1955).

Yoe, J. H., Will III, F., u. *Black, R. A.:* Anal. Chem. **25**, 1200 (1953).

Zebroski, E. L., u. *Tolbert, B. M.:* U. S. A. E. C., Doc. 1884, 16. März 1948.

6.3 Extraktionen mit Ketonen

6.3.1 Hexon

Wie mit Diäthyläther oder anderen Äthern (s. Abschnitt 6.2) läßt sich Uranylnitrat auch mit Hexon (Methylisobutylketon) aus stark salpetersauren Lösungen oder aber aus Medien extrahieren, die eine geringe Konzentration an dieser Säure aufweisen, jedoch große Mengen an Aussalzmitteln enthalten. Im ersten Fall wird das Uran als Oxoniumverbindung der Formel:

$$(C_4H_9)\,(CH_3)\,COH^+\,[UO_2(NO_3)_3]^-$$

extrahiert, während aus säurearmen Lösungen eine Molekülverbindung in die organische Phase übergeht. Die Selektivität dieser Extraktion zur Trennung des Urans von Begleitelementen ist größer in Abwesenheit freier Salpetersäure, so daß die Extraktion am besten unter solchen Bedingungen ausgeführt wird. Zu diesem Zweck wird üblicherweise eine säurearme Aluminiumnitrat-Lösung als Aussalzmittel

20*

verwendet [*Nietzel* und *DeSesa*; *Sørensen*; *Culler*; *Booman* und *Holbrook*; *Maeck, Booman, Elliott* und *Rein (a, b)*; *Booman, Maeck, Elliott* und *Rein*]. Bei einem pH-Wert von 0 bis 3 ist die Aluminiumnitrat-Konzentration optimal 2,3 bis 2,7 m, und zwar in Gegenwart von bis zu 10 Vol.-% konz. Ammoniak (*Nietzel* und *DeSesa*). Ist die Molarität der Aluminiumnitrat-Lösung geringer als 2,3 m, so nimmt die Wirksamkeit der Uran-Extraktion ab. Zur Trennung des Urans vom Vanadium wird eine optimale Aluminiumnitrat-Konzentration von 2,3 bis 2,5 m empfohlen (*Nietzel* und *DeSesa*).

Infolge der hohen Extraktionsfähigkeit des Hexons wird eine vollständige Trennung des Urans von Begleitelementen schon durch eine ein- oder zweimalige Extraktion mit dem gleich großen Volumen des Ketons erzielt. Zusammen mit Uran werden extrahiert: Thorium, Neptunium(VI), Plutonium(VI), Cer(IV) und Zirkonium. *Keine Störungen* werden verursacht in Anwesenheit von Chlorid-, Carbonat-, Hydrogencarbonat-, Phosphat-, Sulfat- und Tartrat-Ionen. Unter den Extraktionsbedingungen fällt Titan aus, wobei Uran mitgefällt wird. Um die Hauptmenge des mitextrahierten Thoriums aus dem Hexonextrakt zu entfernen, kann dieser mit einer kaliumjodathaltigen Aluminiumnitrat-Lösung gewaschen werden (*Sørensen*).

Diese Hexon-Extraktion des Urans aus säurearmen Aluminiumnitrat-Lösungen kann auch erfolgreich in Gegenwart von Nitratsalzen langkettiger quaternärer Amine wie z. B. Tetrapropylammoniumnitrat ausgeführt werden [*Booman* und *Holbrook*; *Maeck, Booman, Elliott* und *Rein (a, b)*; *Booman, Maeck, Elliott* und *Rein*]. Unter diesen Bedingungen wird Uran als Tetrapropylammoniumtrinitrat der Formel:

$$(R_4N)^+ \ UO_2(NO_3)_3^- \qquad (R = Propyl)$$

extrahiert, das in Hexon löslich ist. In unbedeutenden Mengen mitextrahiert werden: Ruthenium, Technetium, Quecksilber, Thorium, Plutonium(VI), Neptunium(VI) und Cer(IV). Ruthenium und Technetium können *vor* der Extraktion des Urans durch Erhitzen mit Perchlorsäure als Tetroxid bzw. Heptoxid verflüchtigt werden. Nur Hexacyanoferrat(II)- und Wolframat-Ionen verhindern die vollständige Extraktion des Urans. Dichromat-, Jodid-, Thiosulfat-, Thiocyanat- und Wolframat-Ionen erhöhen etwas die Extraktion von Spaltprodukten. Bei einmaliger Extraktion mit weniger als dem gleichen Volumen Hexon werden mehr als 99,8% des Urans extrahiert, das sowohl in Mikrogramm- — (*Booman, Maeck, Elliott* und *Rein*) als auch in größeren Mengen [*Maeck, Booman, Elliott* und *Rein (a)*] vorliegen kann.

Nach der Extraktion des Urans aus Aluminiumnitrat-Lösungen mit Hexon wird das Uran üblicherweise nicht rückextrahiert, sondern unmittelbar im organischen Extrakt unter Anwendung geeigneter spektrophotometrischer Methoden bestimmt [*Nietzel* und *DeSesa*; *Sørensen*; *Booman* und *Holbrook*; *Maeck, Booman, Elliott* und *Rein (a, b)*; *Booman, Maeck, Elliott* und *Rein*] (s. Abschnitt 3.1.1.2.2).

Anwendungsbeispiele zur Extraktion mit Hexon

Im Abschnitt 3.1.1.2.2 ist die von *Maeck, Booman, Elliott* und *Rein* beschriebene Methode zur Abtrennung des Urans durch Hexon-Extraktion sowie die nachfolgende direkte Bestimmung des Urans im organischen Extrakt wiedergegeben. Dieses Verfahren wurde zur Abtrennung des Urans aus *Uran-Aluminium-Brennstoffelementen* und Spaltprodukten herangezogen. Ein ähnliches Verfahren unter Anwendung einer wäßrigen Phase vom pH = 0 bis 3, die 2,3 bis 2,7 m an Aluminiumnitrat und bis zu 10 vol.-%ig an konz. Ammoniak ist, wurde zur Isolierung des Urans aus *Erzen*, Konzentraten und Laugelösungen herangezogen (*Nietzel* und *DeSesa*) (s. Arbeitsvorschrift im Abschnitt 3.1.2.2.4). Ähnliche Systeme wurden zur Trennung des Urans von Spaltprodukten (*Veselý, Beranová* und *Malý*), bestrahltem Thorium (*Paige, Goris* und *Rein*), Gesteinen und uranarmen Lösungen (*Sørensen*) (Arbeitsvorschrift s. Abschnitt 3.1.3.2.8) verwendet. Ferner diente diese Methode der Hexon-

Extraktion auch zur Abtrennung von Spuren Urans aus Mangan(IV)-oxid (s. Arbeitsvorschrift im Abschnitt 7.1). Die Hexon-Extraktion des Urans wird auch zur präparativen Abtrennung des Urans und Plutoniums aus Lösungen von Brennstoffelementen benutzt (*Culler*). Wegen der großtechnischen Natur dieses als *Redoxprozeß* bekannten Trennverfahrens wird im vorliegenden Handbuch, das nur die analytischen Verfahren berücksichtigt, darauf nicht eingegangen.

6.3.2 Andere Ketone

Ähnlich wie Hexon kann Mesityloxid [Isopropylidenaceton: $(CH_3)_2C = CH—CO—CH_3$] zur Extraktion des Urans aus verd. salpetersauren Lösungen, die hohe Konzentrationen an Aussalzmitteln aufweisen, benutzt werden (*Khopkar*; *Dhara* und *Khopkar*). Unter denselben Versuchsbedingungen ist auch Thorium quantitativ extrahierbar. Als Aussalzmittel können die Nitrate des Aluminiums [*Levine* und *Grimaldi (a—d)*; *Goldberg* und *Picciotto*; *Milner* und *Woodhead*], Lithiums (*Banks* und *Edwards*; *Banks* und *Byrd*; *Banks*, *Klingman* und *Byrd*; *Holcomb* und *Yoe*), Ammoniums (*Dhara* und *Khopkar*) und Natriums (*Khopkar*) verwendet werden. Mitextrahiert mit Uran und Thorium werden eine Anzahl von Metall-Ionen. So wird Zirkonium in großem Ausmaß und Vanadium(V) nur zu etwa 10% mitextrahiert. Während Aluminium und Eisen(III) zu weniger als 1% mitextrahiert werden, geht von Zinn(II), Platin(IV) und Indium ein größerer Prozentsatz in die organische Phase über. Praktisch nicht mitextrahiert werden u. a. die Erdalkalimetalle, Beryllium, Magnesium, Titan, Mangan, Kobalt, Nickel, Zink, Molybdän und Blei. Yttrium und Cer(III und IV) werden sehr schwach extrahiert, dagegen Lanthan und andere Elemente der seltenen Erden überhaupt nicht. Wird die Extraktion in Gegenwart von Aluminiumnitrat ausgeführt, so beobachtet man keine Störungen bei Anwesenheit von Phosphat-, Sulfat-, Arsenat-, Borat- und Fluorid-Ionen [*Levine* und *Grimaldi (c)*; *Hiller* und *Martin*; *Maréchal-Cornil* und *Picciotto*].

Nach der Extraktion mit Mesityloxid werden Uran und Thorium am besten mit Wasser rückextrahiert [*Dhara* und *Khopkar*; *Levine* und *Grimaldi (c)*; *Banks* und *Edwards*; *Holcomb* und *Yoe*] (s. Arbeitsvorschrift nach *Holcomb* und *Yoe* im Abschnitt 3.1.3.3.2).

Der größte Nachteil der Extraktion des Urans mit Mesityloxid beruht auf der Mitextraktion des Thoriums und Zirkoniums, die die darauffolgende, quantitative Bestimmung des Urans stören können. Ferner wird dieses organische Lösungsmittel durch Luftoxydation braun gefärbt, insbesondere in Gegenwart von Salpetersäure. Auch weist Mesityloxid toxische Eigenschaften auf.

Zur Extraktion des Urans mit Mesityloxid wird von *Dhara* und *Khopkar* folgende **Arbeitsvorschrift** vorgeschlagen (ein ähnliches Verfahren s. Abschnitt 3.1.3.3.2). 25 ml Probelösung, die etwa 9 mg Uran(VI) als Nitrat enthalten soll, 1n an Salpetersäure und 0,5m an Ammoniumnitrat ist, ist 10 Min. mit 10 ml Mesityloxid zu schütteln. Nach Trennung der Phasen ist das Uran aus der organischen Phase zweimal mit je 30 ml Wasser rückzuextrahieren und unter Anwendung der Oxinmethode (s. Abschnitt 3.1.3.7) colorimetrisch zu bestimmen.

Bemerkungen. I. Diese Methode dürfte sich zur Bestimmung des Urans in *Spaltproduktlösungen* eignen.

II. Auch *Methyläthylketon* kann zur Extraktion des Urans benutzt werden, und zwar aus salpetersauren Lösungen (*Warner*), die mit Ammoniumnitrat gesättigt sind (*Sinyakova* und *Klassova*) oder eine hohe Konzentration an Calciumnitrat aufweisen (*Kuznetsov* und *Kukisheva*). Teilweise mitextrahiert mit dem Uran werden Eisen(III), Kupfer, Kobalt, Wismut und Titan. Eine Störung wird auch in Gegenwart von Vanadium und Molybdän hervorgerufen. Die Mitextraktion des Molybdäns kann in Gegenwart von Milchsäure verhindert werden (*Sinyakova* und *Klassova*), während das Ausmaß der Coextraktion der anderen Metall-Ionen vermindert wird, wenn die Extraktion in Anwesenheit von ÄDTA ausgeführt wird (*Kuznetsov* und *Kukisheva*).

III. Beispiele zur Anwendung dieses Ketons auf die Trennung des Urans von mehreren Begleitelementen *vor* dessen spektrophotometrischer Bestimmung werden in den Abschnitten 3.1.2.2.5 und 3.1.3.3.2 beschrieben.

IV. Diese Methode kann zur Analyse von *Erzen* und *Mineralen* (*Sinyakova* und *Klassova*; *Kuznetsov* und *Kukisheva*) sowie von gemischten Oxiden des *Berylliums* und Urans und eines *Wismut-Blei*-Eutektikums (*Kuznetsov* und *Kukisheva*) herangezogen werden.

V. Andere Ketone, die zur Extraktion des Urans oder Thoriums empfohlen wurden, sind *Cyclohexanon* (*Ishibashi* und *Higashi*; *Higashi*) und *Methylcyclohexanon* (*Šraier*; *Seidl* und *Beranek*).[1] Mit Methylcyclohexanon als Extraktionsmittel wird die Extraktion des Urans aus 8 m Natriumnitrat-Lösung ausgeführt und das Uran mit einer gesättigten Natriumcarbonat-Lösung rückextrahiert (*Seidl* und *Beranek*).

Literatur

Banks, C. V., u. *Byrd, C. H.:* Anal. Chem. **25**, 416 (1953). – *Banks, C. V.*, u. *Edwards, R. E.:* Anal. Chem. **27**, 947 (1955). – *Banks, C. V.*, *Klingman, D. W.*, u. *Byrd, C. H.:* Anal. Chem. **25**, 992 (1953). – *Booman, G. L.*, u. *Holbrook, W. B.:* USAEC, Rep. IDO-14435, 1958. – *Booman, G. L.*, *Maeck, W. J.*, *Elliott, M. C.*, u. *Rein, J. E.:* USAEC, Rep. IDO-14437, 1958.

Culler, F. L.: Pr. Intern. Conference Peaceful Uses Atomic Energy, Geneva 1955, Vol. **9**, 464; United Nations: New York 1956.

Dhara, S. C., u. *Khopkar, S. M.:* Mikrochim. A. **1965**, 931.

Goldberg, E. D., u. *Picciotto, E.:* Science **121**, 613 (1955).

Higashi, S.: Japan Analyst **7**, 441 (1958). – *Hiller, D. M.*, u. *Martin, D. S.:* Phys. Rev. **90**, 581 (1953). – *Holcomb, H. P.*, u. *Yoe, J. H.:* Microchem. J. **4**, 463 (1960).

Ishibashi, M., u. *Higashi, S.:* Japan Analyst **4**, 14 (1955).

Khopkar, S. M.: Sci. and Cult. (India) **30**, 191 (1964). – *Kuznetsov, V. I.*, u. *Kukisheva, T. N.:* Betriebslab. (russ) **26**, 1344 (1960).

Levine, H., u. *Grimaldi, F. S.:* a) U. S. Geol. Surv. Bl.; Trace Elements Lab. Invest., 7. Februar 1950; b) USAEC, Rep. AECD-3186, 1950; c) U. S. Geol. Surv. Bl. No. **1006**, 177 (1954); d) Geochim. Cosmochim. Acta **14**, 93 (1958).

Maeck, W. J., *Booman, G. L.*, *Elliott, M. C.*, u. *Rein, J. E.:* a) USAEC, Rep. IDO-14438, 1958; Anal. Chem. **31**, 1130 (1959); b) Anal. Chem. **30**, 1902 (1958). – *Maréchal-Cornil, J.*, u. *Picciotto, E.:* Bl. Soc. chim. Belg. **62**, 372 (1953). – *Milner, G. W. C.*, u. *Woodhead, J. L.:* AERE, Rep. C/R-1400, 1954.

Nietzel, O. A., u. *DeSesa, M. A.:* Anal. Chem. **29**, 756 (1957).

Paige, B. E., *Goris, P.*, u. *Rein, J. E.:* USAEC, Rep. IDO-14411, 1957.

Seidl, K., u. *Beranek, M.:* Coll. Czechoslov. Chem. Comm. **24**, 298 (1959). – *Sinyakova, S. I.*, u. *Klassova, N. S.:* Zhur. Anal. Khim. (russ.) **14**, 451 (1959). – *Sørensen, E.:* Acta chem. Scand. **14**, 965 (1960). – *Šraier, V.:* Coll. Czechoslov. Chem. Comm. **28**, 36 (1963).

Veselý, V., *Beranová, H.*, u. *Malý, J.:* Coll. Czechoslov. Chem. Comm. **25**, 2622 (1960).

Warner, R. K.: Australian J. Appl. Sci. **4**, 427 (1953).

6.4 Extraktionen mit Äthylacetat

Wie bei der Anwendung von Äthern, Ketonen und Estern der Phosphorsäure und anderen organischen Phosphorverbindungen kann das Uranylnitrat auch mit Äthylacetat aus verd. salpetersauren Lösungen, die eine hohe Konzentration eines Aussalzmittels enthalten, extrahiert werden. Die optimale Acidität, die zur Extraktion des Urans mit Äthylacetat aus Aluminiumnitrat-Lösungen empfohlen wurde, variiert

---

[1] Mit Methylpropylketon läßt sich Uran(VI) aus 5n Salpetersäure extrahieren [*Sarma, B.:* Labdev (Kanpur) **6**, 29 (1968)].

zwischen 5 und 8 Vol.-% Salpetersäure der Ausgangslösung, der das Nitrat zugesetzt wird (s. Tabelle 14) (*Guest* und *Zimmermann*; *Grimaldi* und *Levine*; *Feinstein*; *Cuttitta* und *Daniels*; *Schönfeld, ElGarhy, Friedmann* und *Veselsky*; *Centanni, Ross* und *DeSesa*; *Vozzella, Powell, Gale* und *Kelly*; *Umemoto*). Diese Extraktionsmethode ist jedoch nicht sehr vom pH-Wert der zu extrahierenden Lösung abhängig (*Callahan*); wichtig ist nur, daß diese sauer ist. So ist die Uran-Extraktion aus 5n Salpetersäure genauso vollständig wie aus Lösungen, die auf pH = 5 eingestellt sind. Bei pH = 10 wird das Uran nur unvollständig extrahiert. Andererseits hängt die Vollständigkeit der Uran-Extraktion sehr stark von der Menge anwesenden Aluminiumnitrats ab. Üblicherweise stellt ein Gramm dieses Nitrats je Milliliter Lösung eine geeignete Konzentration dar (ist weniger anwesend, so ist die Uran-Ausbeute geringer). Bei einmaliger Extraktion, für die eine Schütteldauer von 20 bis 60 Sek. ausreicht (*Guest* und *Zimmermann*), werden etwa 98% anwesenden Urans in die Äthylacetat-Phase extrahiert. Um das Uran vollständig in die organische Phase überzuführen, muß die Extraktion ein bis zweimal wiederholt werden.

Außer den in Tabelle 14 gezeigten Aluminiumnitrat-Systemen wurden sehr ähnliche Medien unter Anwendung desselben Aussalzmittels von anderen Autoren beschrieben (*Adams* und *Maeck*; *Getoff*; *Hassialis* und *Musa*).

Teilweise mitextrahiert mit dem Uran werden Thorium, Zirkonium, Hafnium, Cer(IV), Vanadium(V), Molybdän(VI), Arsen(V), Chrom(VI) und einige wenige andere Elemente (*Callahan*). In sehr geringen Mengen mitextrahiert werden Chrom(III), Mangan(II), Eisen(III), Kobalt, Nickel und Calcium (*Guest* und *Zimmermann*; *Schönfeld, ElGarhy, Friedmann* und *Veselsky*; *Adams* und *Maeck*). Versuche mit Molybdän-99-Tracer haben gezeigt (*Milner, Wilson, Barnett* und *Smales*), daß Molybdän überhaupt nicht aus 0,3n salpetersauren Lösungen, die mit Aluminiumnitrat gesättigt sind, extrahiert wird.

Das Ausmaß der Mitextraktion von Zirkonium und Thorium kann reduziert werden, wenn diese Elemente mit Natriumphosphat gebunden werden (*Cuttitta* und *Daniels*; *Steele* und *Taverner*).

Geringe Mengen an Fluorid- und Phosphat-Ionen stören nicht (*Guest* und *Zimmermann*), auch Sulfat-Ion kann anwesend sein, obwohl eine direkte Extraktion des Urans mit Äthylacetat aus schwefelsauren Lösungen unvollständig ist (*Schönfeld, ElGarhy, Friedmann* und *Veselsky*), da in solchen Medien anionische Uranylsulfat-Komplexe gebildet werden (s. Abschnitt 5.1.2.1.1).

Chlorid-Ion stört, da in seiner Gegenwart Eisen(III) mitextrahiert wird. Cer soll im dreiwertigen Oxydationszustand vorliegen. Sind größere Mengen dieses Elements und andere seltene Erdmetalle anwesend, so ist es ratsam, die Extraktion zu wiederholen.

Aus dem organischen Extrakt kann das Uran mit Wasser rückextrahiert (*Guest* und *Zimmermann*; *Grimaldi* und *Levine*; *Feinstein*) oder nach dem Verdampfen eines Aliquots oder des gesamten Extrakts bestimmt werden (*Cuttitta* und *Daniels*; *Schönfeld, ElGarhy, Friedmann* und *Veselsky*; *Centanni, Ross* und *DeSesa*; *Vozzella, Powell, Gale* und *Kelly*). Ebenso ist es möglich, das Uran direkt im Extrakt spektrophotometrisch zu bestimmen (*Přibil* und *Jelinek*).

Andere Aussalzmittel, die bei der Extraktion des Urans mit Äthylacetat verwendet wurden, sind die Nitrate des Ammoniums (*Spacu* und *Popea*), Magnesiums und Calciums (*Rodden*).

Auch der Thiocyanat-Komplex des Urans(VI) ist mit Äthylacetat aus schwach sauren Lösungen extrahierbar (*Hecht* und *Gerhold*).

Anwendungsbeispiele zur Extraktion mit Äthylacetat

In Tabelle 14 werden 4 Extraktionssysteme gezeigt, die zur Abtrennung des Urans von vielen Begleitelementen verwendet wurden.

Tabelle 14. *Methoden zur Trennung des Urans durch Extraktion von Uranylnitrat mit Äthylacetat*

Begleitstoffe bzw. Grundsubstanzen	Zusammensetzung der wäßrigen Phase	Literatur
Gesteine, Kohle-aschen und Lauge-lösungen aus Kohle-aschen	2 ml 8%ige HNO_3 (v/v) + 10 ml gesättigte $Al(NO_3)_3 \cdot 9\ H_2O$-Lösung (0,9 g/ml)[1]	*Schönfeld, ElGarhy, Friedmann* und *Veselsky*[1]; *Centanni, Ross* und *DeSesa*
Zr, Hf und Salz-lösung	1 ml 16n HNO_3 + 18 ml H_2O; zu 2 ml dieser Lösung werden 15 ml einer gesättigten Aluminiumnitrat-Lösung und 0,5 g festes $Al(NO_3)_3 \cdot 9\ H_2O$ zugesetzt	*Vozzella, Powell, Gale* und *Kelly*
Erze und Minerale	5 ml 7%ige HNO_3 (v/v) + 9,5 g $Al(NO_3)_3 \cdot 9\ H_2O$	*Grimaldi* und *Levine; Feinstein* (s. auch Abschnitt 3.1.2.2.3)
Begleitelemente	5 ml 5%ige HNO_3 (v/v) + 6,5 ml Aluminiumnitrat (450 g Aluminiumnitrat in etwa 50 ml H_2O bei 110 °C gelöst)	*Guest* und *Zimmermann*
Zirkone	5 ml 7%ige HNO_3 (v/v) + 9,5 g Aluminiumnitrat + 50 mg Natriumphosphat	*Cuttitta* und *Daniels*

[1] Eine detaillierte Beschreibung dieser Methode wird in Abschnitt 3.2.2 gegeben.

Ähnliche Medien wie die in Tabelle 14 gezeigten wurden zur Isolierung des Urans aus folgenden Materialien herangezogen: Urin (*Wódkiewicz*), Eisen (*Kosta*), Laugelösungen von uranarmen Erzen (*Krishnamoorthy* und *Murthy*) (Arbeitsvorschrift s. Abschnitt 3.1.3.2.7), Apatit- und Phosphoritproben (*Clarke, Jr.* und *Altschuler*), Erzen (*Umemoto, Ichikawa* und *Watanabe*), Gesteinen und Mineralien (*Umemoto*) und Meerwasser (s. Abschnitt 1.3.4). Die Äthylacetat-Extraktion des Urans unter Anwendung der Methode von *Guest* und *Zimmermann* (s. Tabelle 14) wurde auch zur Analyse des Uran-235-Isotopenverhältnisses in unreinen Materialien herangezogen (*Kelley* und *Twitty*).

Literatur

Adams, J. A. S., u. *Maeck, W. J.:* Anal. Chem. **26**, 1635 (1954).

Callahan, C. M.: Anal. Chem. **33**, 1660 (1961). – *Centanni, F. A., Ross, A. M.*, u. *DeSesa, M. A.:* Anal. Chem. **28**, 1651 (1956). – *Clarke*, jr. ,*R. S.*, u. *Altschuler, Z. S.:* Geochim. Cosmochim. Acta **13**, 127 (1958). – *Cuttitta, F.*, u. *Daniels, G. J.:* Anal. chim. Acta **20**, 430 (1959).

Feinstein, H. I.: USAEC, Rep. TEI-555, 1955.

Getoff, N.: Atompraxis **6**, 41 (1960). – *Grimaldi, F. S.*, u. *Levine, H.:* U. S. Geol. Surv. Bl. No. **1006**, 43 (1954). – *Guest, R. J.*, u. *Zimmermann, J. B.:* Anal. Chem. **27**, 931 (1955).

Hassialis, M. D., u. *Musa, R. C.:* PUAE **8**, 216 (1956). – *Hecht, F.*, u. *Gerhold, M.:* Mikrochemie **35**, 359 (1950).

Kelley, W. D., u. *Twitty, B. L.:* Nucl. Sci. Engng. **13**, 374 (1962). – *Kosta, L.:* Rep. J. Stefan Inst. (Ljubljana) **2**, 7 (1955). – *Krishnamoorthy, L. G.*, u. *Murthy, T. K. S.:* Indian J. Chem. **2**, 51 (1964).

Milner, G. W. C., Wilson, J. D., Barnett, G. A., u. *Smales, A. A.:* J. Electroanal. Chem. **2**, 25 (1961).

Přibil, R., u. *Jelinek, M.:* Chem. Listy **47**, 1326 (1953).

Rodden, C. J.: Anal. Chem. **25**, 1598 (1953).

Schönfeld, T., ElGarhy, M., Friedmann, C., u. *Veselsky, J.:* Mikrochim. A. **1960**, 883. – *Spacu, P.*, u. *Popea, F.:* Fr. **195**, 251 (1963). – *Steele, T. W.*, u. *Taverner, L.:* Pr. 2nd Intern. Conf. Peaceful Uses Atomic Energy, Geneva 1958; Vol. **3**, 510; United Nations: New York 1958.

Umemoto, S.: Radiochim. Acta **8**, 107 (1967). – *Umemoto, S., Ichikawa, M.*, u. *Watanabe, S.:* Japan Analyst **7**, 228 (1958).

Vozzella, P. A., Powell, A. S., Gale, R. H., u. *Kelly, J. E.:* Anal. Chem. **32**, 1430 (1960).

Wódkiewicz, L.: Chem. Anal. (Warsaw) **5**, 985 (1960).

6.5 Extraktionen mit organischen Phosphorverbindungen

6.5.1 Tri-n-butylphosphat (TBP)

6.5.1.1 Salpetersaure Systeme

TBP-Extraktionen werden zur Zeit sehr häufig zur Trennung des Urans(VI) von vielen Begleitelementen benutzt. Die ausgedehnte Anwendung dieses Extraktionsmittels beruht auf seinen günstigen Eigenschaften, d. h. vor allem auf der Tatsache, daß das Uran in TBP relativ hohe Verteilungskoeffizienten aufweist, wodurch meistens mit einmaliger Extraktion die vollständige Trennung des Urans von begleitenden Ionen erzielt werden kann. So ist z. B. der Verteilungskoeffizient des Urans 33, wenn es aus 2n salpetersaurer Lösung, die 5 mg Uran/ml enthält, extrahiert wird. In Gegenwart eines Aussalzmittels wie Natriumnitrat (66 g in 100 ml zu extrahierender Lösung) steigt der Wert des Koeffizienten auf 1800 an (*Hyde*; *Katz* und *Seaborg*). Diese Extraktion kann in einem weiten Bereich von Salpetersäure-Konzentrationen, und zwar von einem pH-Wert von 3,0 bis zu einer Normalität von etwa 6, ausgeführt werden. Der Verteilungskoeffizient des Urans ist eine Funktion der Salpetersäure-Konzentration und der Temperatur, bei der die Extraktion ausgeführt wird (*Dizdar, Gal* und *Rajnvajn*). Mit zunehmender Salpetersäurekonzentration erreicht der Koeffizient bei einer bestimmten Normalität ein Maximum, um dann bei höheren Salpetersäure-Konzentrationen wieder abzufallen. Mit zunehmender Temperatur verschiebt sich dieses Maximum zu niedrigeren Säurekonzentrationen. So tritt das Maximum der Uranextraktion bei 20, 30, 40, 50, 60, 70 und 80 °C bei den Salpetersäure-Normalitäten 5,0, 4,4, 4,35, 4,25, 4,0, 3,75 und 3,5 auf. Während der Verteilungskoeffizient bei der maximalen Säurekonzentration von 5,35n bei 0 °C einen Wert von etwa 50 aufweist, sinkt er bei den anderen Maxima auf 30, 20, 17, 13, 10, 8 und 7 ab (bei den oben angeführten Temperaturen). Diese Abnahme des Verteilungskoeffizienten mit ansteigender Temperatur (*Dizdar, Gal* und *Rajnvajn*; *Shevchenko* und *Fedorov*) tritt bei allen Salpetersäurekonzentrationen auf, was bedeutet, daß die Extraktion des Uranylnitrats exotherm erfolgt.

Eine weitere wertvolle Eigenschaft des TBP ist dessen sehr geringe Flüchtigkeit über einen weiten Temperaturbereich (Siedepunkt des TBP = 289 °C), so daß seine toxischen Eigenschaften kaum in Erscheinung treten (insbesondere dann, wenn die Extraktionen bei Zimmertemperatur ausgeführt werden). Ferner ist TBP mit Wasser praktisch nicht mischbar, wenig empfindlich gegen radioaktive Strahlen, chemisch stabil und wird durch Wasser kaum hydrolysiert. TBP ist auch stabil gegenüber konz. Salpetersäure und vielen Oxydationsmitteln, selbst wenn diese sehr stark sind wie z. B. Cer(IV) (*Warf*). Ein merklicher hydrolytischer Zerfall des TBP in Mono- und Dibutylphosphorsäure tritt nur dann ein, wenn die Salpetersäure-Konzentration etwa 16n ist.

Je nach der Salpetersäure-Konzentration der wäßrigen Phase wird das Uranylnitrat entweder nach dem Oxoniummechanismus (s. Abschnitt 6.2.1) oder als Molekülverbindung wie z. B. als $UO_2(NO_3)_2 \cdot 2\,TBP$ extrahiert (*Healy* und *McKay*; *McKay*; *Moore*; *Naito*). Im ersten Fall, d. h. wenn das Uran aus Lösungen extrahiert wird, die höhere Salpetersäure-Konzentration aufweisen, geht das Uran als Trinitrat-Komplex der Formel $[UO_2(NO_3)_3]^-$ (*Woodhead*), vorliegend als $H\,[UO_2(NO_3)_3]$, in die TBP-Phase über. Unter diesen Bedingungen werden auch beträchtliche Mengen an freier Salpetersäure mitextrahiert, woraus unter Umständen eine unvollständige Extraktion des Uranyl-Ions entsteht (*Dizdar, Gal* und *Rajnvajn*; *Moore*; *Bartlett*). Diese Mitextraktion der Salpetersäure nimmt mit ansteigender Konzentration von Salpetersäure in der wäßrigen Phase und auch mit zunehmender TBP-Konzentration zu. Demzufolge ist die Extraktion des Uranylnitrats und der Salpetersäure bei höheren Konzentrationen an TBP bzw. Salpetersäure wesentlich ausgeprägter. D. h., die Extraktion der Salpetersäure, die nach folgender Gleichung verläuft:

$$H^+ (aq.) + NO_3^- (aq.) + TBP (org.) \rightleftarrows HNO_3 \cdot TBP (org.),$$

konkurriert mit derjenigen des Uranylnitrats, wenn dieses mit TBP aus salpetersaurer Lösung extrahiert wird (*Nukada, Naito* und *Maeda*). Dabei wird das Uranylnitrat durch die Salpetersäure teilweise verdrängt. Das Extraktionsmaximum des Uranylnitrats tritt in 4 bis 6n Salpetersäure auf, während bei höheren Säurekonzentrationen die durch Uranylnitrat besetzten P=O-Gruppen des TBP progressiv von der Salpetersäure beansprucht werden. Demzufolge werden viele Extraktionen des Urans(VI) mit TBP aus schwach salpetersauren Lösungen, die hohe Konzentrationen an Aussalzmitteln enthalten, ausgeführt. Aus solchen Lösungen wird das Uran hauptsächlich als Molekülverbindung extrahiert, wodurch keine Störung durch die obenerwähnte Konkurrenzreaktion auftritt. Außerdem ist in diesen Medien der Verteilungskoeffizient des Urans beträchtlich größer als in rein wäßrigen, salpetersauren Lösungen. Geeignete Aussalzmittel sind die Nitrate des Aluminiums [*Abrão* und *Attalla*; *Singer* und *Cífková*; *Palei, Nemodruk* und *Davydov (a)*; *Nemodruk, Novikov, Lukin* und *Kalinina*; *Wood* und *McKenna*; *Umezaki*; *UKAEA (a—c)*; *Palomino, Delgardo, Petrement* und *Cellini*; *Camera*; *Gill, Rolf* und *Armstrong*; *François*; *Petrement Eguiluz* und *Palomares Delgado*; *Palei, Nemodruk* und *Deberdeeva*; *Vera Palomino, Palomares Delgado* und *Petrement Eguiluz*],[1] Ammoniums [*Palei, Nemodruk* und *Davydov (b)*; *Nemodruk, Novikov, Lukin* und *Kalinina*; *Nemodruk* und *Vorotnitskaya*; *Kiss* und *Almássy*; *Almássy* und *Kiss*; *Kanno (a—c)*; *Almagro Huertas*; *Nemodruk* und *Glukhova*; *Vera Palomino, Palomares Delgado* und *Petrement Eguiluz*], Natriums (*Hyde*; *Katz* und *Seaborg*; *Bril* und *Holzer*; *Motojima, Yoshida* und *Imahashi*; *Paige, Elliot* und *Rein*) und Calciums (*Davydov, Dobrolyubskaya* und *Nemodruk*; *Athavale, Banerjee, Belekar, Mahadevan, Mahajan, Nadkari, Sankar, Sharma, Sundaram, Sundaresan, Thakoor, Tillu, Varde* und *Venkateswarlu*; *Athavale, Mahajan, Thakoor* und *Varde*; *Dobrolyubskaya, Davydov* und *Nemodruk*; *Vera Palomino, Palomares Delgado* und *Petrement Eguiluz*). Trotz der obenerwähnten Tatsache, daß Extraktionen aus rein wäßrigen, salpetersauren Lösungen ungünstiger verlaufen, wurden mehrere solcher Extraktionsmethoden in der Literatur beschrieben (*Athavale, Bhasin* und *Jangida*; *Mahajan, Thakoor* und *Varde*; *Marchart* und *Hecht*; *Urbánski*; *Šušić* und *Jelić*; *Long* und *Grill*; *Eberle* und *Lerner*; *Dizdar* und *Obrenovic*; *Geiger*; *Podobnik, Korošin* und *Kosta*).[2] Bei diesem Verfahren wird davon Gebrauch gemacht, daß der Verteilungskoeffizient des Urans im Bereich von 4 bis 6n Salpetersäure ein Maximum aufweist (s. oben).

Da eine Phasentrennung infolge der hohen Viskosität von reinem TBP nur schwer erfolgt, werden zur Extraktion mit diesem Extraktionsmittel meistens dessen Lösungen in inerten Lösungsmitteln benutzt. Als inerte Lösungsmittel werden dabei verwendet: Kerosin (*Motojima, Yoshida* und *Imahashi*; *Athavale, Banerjee, Belekar, Mahadevan, Mahajan, Nadkari, Sankar, Sharma, Sundaram, Sundaresan, Thakoor, Tillu, Varde* und *Venkateswarlu*; *Athavale, Mahajan, Thakoor* und *Varde*; *Mahajan, Thakoor* und *Varde*; *Urbánski*; *Šušić* und *Jelić*; *Kaiser* und *Merz*), Chloroform [*Palomino, Delgardo, Petrement* und *Cellini*; *Gill, Rolf* und *Armstrong*; *Kanno (a)*], Tetrachlorkohlenstoff [*Abrão* und *Attalla*; *Palei, Nemodruk* und *Davydov (a)*; *Nemodruk, Novikov, Lukin* und *Kalinina*; *Davydov, Dobrolyubskaya* und *Nemodruk*; *Dobrolyubskaya, Davydov* und *Nemodruk*; *Marchart* und *Hecht*; *Dizdar* und *Obrenovic*; *Palei, Nemodruk* und *Davydov (b)*; *Šraier*; *Petrement Eguiluz* und *Palomares Delgado*;

---

[1] Weitere Literatur: Ad Al-nitrat. *Neeb, K. H., Duda, R., Franke, R., Seyfarth, R.,* u. *Stöckert, H.*: Fr. **215**, 161 (1966).
[2] Ad rein wäßriger Salpetersr.: *Štupar, J., Podobnik, B.,* u. *Korošin, J.*: Rep. nukl. Inst. J. Stefan, Ljubljana, R-447 (1965); *U.K.A.E.A.*, Report PG 722 (W), 1966; *Uray, I.,* u. *Stoicovici, S.*: Revtă Chim. **19**, 415 (1968).

Almagro Huertas], Hexan [*Singer* und *Cífková*; *Kanno (a)* und *(b)*], Cyclohexan (*Pfeifer* und *Hecht*; *Almagro Huertas*; *Travesi* und *Galiano*),[1] Heptan (*Bril* und *Holzer*), Isooktan [*Wood* und *McKenna*; *UKAEA (a—c)*; *François*; *Paige, Elliot* und *Rein*], n-Tetradekan (*Geiger*), Benzol (*Kiss* und *Almássy*; *Almássy* und *Kiss*; *Menke* und *Herrmann*; *Vera Palomino, Palomares Delgado* und *Petrement Eguiluz*), Toluol (*Nemodruk* und *Vorotnitskaya*; *Nemodruk* und *Glukhova*), Diäthyläther [*Kanno (c)*; *Eberle* und *Lerner*], Hexon (*Palomino, Delgardo, Petrement* und *Cellini*; *Delgardo, Palomino* und *Eguiluz*; *Petrement Eguiluz* und *Palomares Delgado*) und Äthylacetat (*Vera Palomino, Palomares Delgado* und *Petrement Eguiluz*). Eine Verminderung der Viskosität verringert allerdings auch den Verteilungskoeffizienten des Urans; aber gleichzeitig wird die Selektivität der Trennungen erhöht.

Aus Nitratlösungen werden durch TBP zusammen mit dem Uran folgende Metall-Ionen mitextrahiert: Zirkonium, Hafnium, Thorium, Plutonium (IV und VI), Neptunium(IV und VI), Ruthenium(VI), Cer(IV), Yttrium, Elemente der seltenen Erdmetalle, Americium(VI), Gold(III), Eisen(III), Wismut, Scandium(III) und Protactinium(IV). Dennoch läßt sich das Uran durch Auswahl geeigneter Extraktions-bedingungen von praktisch allen Elementen trennen. So kann die Selektivität der Uran-Abtrennung durch Extraktion mit TBP erhöht werden, indem man die Konzentration des TBP im inerten Verdünnungsmittel richtig auswählt und die Salpetersäure- und Aussalzmittelkonzentration entsprechend einstellt (Beispiele s. Tabelle 15). Außerdem kann die Abtrennung des Urans in Gegenwart von Komplexierungsmitteln wie z. B. ÄDTA erleichtert werden.

Eine vorangehende Behandlung der zu extrahierenden Lösung mit geeigneten Reduktionsmitteln wie z. B. Natriumnitrit (*Umezaki*), Natriumsulfit (*François*) oder Eisen(II)salz (*Gill, Rolf* und *Armstrong*) ermöglicht es, mehrere Elemente wie z. B. Cer(IV) zu niedrigeren Wertigkeitsstufen zu reduzieren, die überhaupt nicht oder nur sehr geringfügig durch TBP extrahiert werden.

Die Anwendung von ÄDTA auf die Extraktion des Urans mit TBP ermöglicht die Trennung des Urans von fast allen Elementen [*Nemodruk, Novikov, Lukin* und *Kalinina*; *Palomino, Delgardo, Petrement* und *Cellini*; *Petrement Eguiluz* und *Palomares Delgado*; *Camera*; *Gill, Rolf* und *Armstrong*; *François*; *Davȳdov, Dobrol-yubskaya* und *Nemodruk*; *Athavale, Banerjee, Belekar, Mahadevan, Mahajan, Nadkari, Sankar, Sharma, Sundaram, Sundaresan, Thakoor, Tillu, Varde* und *Venkateswarlu*; *Athavale, Mahajan, Thakoor* und *Varde*; *Dobrolyubskaya, Davȳdov* und *Nemodruk*; *Palei, Nemodruk* und *Davȳdov (a)*; *Nemodruk* und *Glukhova*]. In Gegenwart dieses Komplexbildners, der bei Extraktionen des Urans aus wäßrigen Lösungen geringer Salpetersäure-Konzentrationen, aber hoher Aussalzmittel-Konzentrationen an-gewendet wird, werden viele Metall-Ionen maskiert und infolgedessen nicht zusammen mit dem Uran extrahiert. Zu diesen gehören: Eisen(III), Kupfer, Mangan(II), Chrom(III), Nickel, Kobalt, Thorium, Zirkonium, Hafnium und Wismut. Die Mitextraktion des Thoriums oder Zirkoniums wird auch in Gegenwart von Kalium-fluorid verhindert (*Umezaki*). Zur Verbesserung der Trennung des Urans von Zir-konium wurden auch eine Reihe anderer Maskierungsmittel vorgeschlagen. Die Wirksamkeit dieser Verbindungen nimmt in der Reihe von Tannin über Oxalsäure, Tiron und Pyrogallol bis Arsenazo I zu (*Kyrš, Caletka* und *Selucký*).

Eisen(III) und Wismut können vollständig vom Uran getrennt werden, wenn die organische Phase mit verd. Salpetersäure, die ein Aussalzmittel enthält, gewaschen wird. Dabei verbleiben jedoch Thorium, Zirkonium, Hafnium, Cer(IV) und Plu-tonium(IV) zusammen mit dem Uran im organischen Extrakt. Um diese Elemente zu entfernen, wurde empfohlen (*Rodden*), den organischen Extrakt mehrere Male mit einer 5%igen Kaliumjodatlösung (m/v) in 30%iger Salpetersäure (v/v) zu waschen.

---

[1] Ad Cyclohexan (*Hetman, J. S.*: Bull. Cent. Rech. Pau **2**, 465 (1968).

Danach wird die organische Phase so lange mit 30%iger Salpetersäure gewaschen, bis sie kein Kaliumjodat mehr enthält. Diese Methode kann jedoch nicht zur Trennung des Urans von großen Mengen an Thorium verwendet werden.

Keine Störung der Uranextraktion mit TBP wird durch die Anwesenheit von bis zu je 100 mg an Sulfat-, Phosphat-, Chlorid- und Fluorid-Ionen verursacht. Ferner wird die Uran-Ausbeute auch in Gegenwart von 50-mg-Mengen Cyanid-, Oxalat-, Acetat-, Carbonat-, Thiosulfat-, Perchlorat-, Chlorat-, Sulfit-Ionen und Hydroxylamin nicht wesentlich reduziert (*François*). Sind Nitrit-Ionen zugegen, so treten manchmal positive *Fehler* bei der darauffolgenden Bestimmung des Urans auf, falls diese spektrophotometrisch erfolgt. Der Grund hierfür beruht auf der Löslichkeit nitroser Gase bzw. des Nitrits in der TBP-Phase.

Bei der Uran-Extraktion mit TBP müssen Pyrophosphat-, Tartrat-, Citrat-Ionen, Peroxid und Thiocyanate abwesend sein, da diese mit Uran nicht extrahierbare Komplexe bilden (*François*).

Um die Störung durch große Mengen an Phosphat- und/oder Fluorid-Ionen auszuschalten, wird die Extraktion am besten unter Anwendung von Aluminiumnitrat als Aussalzmittel, das diese Ionen komplexiert, ausgeführt [*Palei, Nemodruk* und *Davȳdov (b)*; *Nemodruk, Novikov, Lukin* und *Kalinina*; *Umezaki*; *Everest* und *Martin*; *Levine* und *Grimaldi*]. Zur Komplexierung von Phosphat-Ionen kann auch Eisen(III)-nitrat herangezogen werden (*Menke* und *Herrmann*).

Im Gegensatz zu den Extraktionsverfahren unter Anwendung von Äthern, Ketonen oder anderen Estern wie z. B. Äthylacetat (s. Abschnitt 6.2 bis 6.4) ist die Rückextraktion des Urans aus der TBP-Phase, infolge der stärkeren Extraktionsfähigkeit des TBP, wesentlich schwieriger. Infolge des hohen Siedepunktes des TBP (s. S. 313) kann dieses nicht leicht verdampft werden, ohne daß Kriech-Erscheinungen auftreten. Ferner ist es schwer, den zurückbleibenden, organischen Rückstand oxydativ zu zerstören. Demzufolge werden zur Wiedergewinnung des Urans aus dem Extrakt verschiedene Rückextraktionsmittel verwendet. Solche Lösungen sind: wäßrige Ammoniumcarbonat-Lösungen [z. B. 5%ig (m/v) oder 0,2m] (*Nemodruk* und *Vorotnitskaya*; *Kiss* und *Almássy*; *Almássy* und *Kiss*; *Athavale, Banerjee, Belekar, Mahadevan, Mahajan, Nadkari, Sankar, Sharma, Sundaram, Sundaresan, Thakoor, Tillu, Varde* und *Venkateswarlu*; *Athavale, Mahajan, Thakoor* und *Varde*; *Mahajan, Thakoor* und *Varde*), Natriumcarbonat (z. B. 10%ige Lösung; m/v) (*Bril* und *Holzer*; *Motojima, Yoshida* und *Imahashi*), heiß gesättigte Diammonium- oder Natriumsulfat-Lösungen (*Šraier*; *Sato*), 25%ige Ammoniumacetat-Lösung (m/v) (*Eberle* und *Lerner*), 1m Oxalsäure (*Pfeifer* und *Hecht*), Phosphorsäure (*Davȳdov, Dobrolyubskaya* und *Nemodruk*), 2n Schwefelsäure (*Šušić* und *Jelić*; *Petrement Eguiluz* und *Palomares Delgado*), 2%ige Essigsäure (v/v) (*Camera*), 0,1%ige Natriumtrimetaphosphat-Lösung (m/v) (*Dobrolyubskaya, Davȳdov* und *Nemodruk*) und 5%ige Dinatriumtartratlösung (m/v) (*Palei, Nemodruk* und *Deberdeeva*). Am wirkungsvollsten unter diesen Lösungen sind jene, die Ammonium- oder Natriumcarbonat enthalten. Diese weisen jedoch den Nachteil auf, daß sie mit der mitextrahierten Salpetersäure stürmisch unter Bildung von Kohlendioxid reagieren, was zu Uranverlusten durch Verspritzen führen kann. Diese Reaktion kann vermieden werden, wenn man das Uran zuerst mit Wasser und dann erst mit einer Ammonium- oder Natriumcarbonatlösung rückextrahiert (*Bril* und *Holzer*; *Athavale, Banerjee, Belekar, Mahadevan, Mahajan, Nadkari, Sankar, Sharma, Sundaram, Sundaresan, Thakoor, Tillu, Varde* und *Venkateswarlu*; *Athavale, Mahajan, Thakoor* und *Varde*). Andere empfohlene Rückextraktionsmittel sind: wäßrige Lösungen von Arsenazo III [*Palei, Nemodruk* und *Davȳdov (a)*; *Nemodruk* und *Glukhova*], Chlorophosphonazo II in essigsaurer Natriumacetatpuffer-Lösung vom pH = 5,2 (*Nemodruk, Novikov, Lukin* und *Kalinina*), Wasser [*Wood* und *McKenna*; *Peavy*) (s. auch Abschnitt 2.3.1.3.1)], Wasser nach Verdünnen des Extrakts mit Benzol (*Menke* und

Herrmann), 5%ige Ammoniaklösung (v/v), die Uran als Ammoniumdiuranat ausfällt (s. Abschnitt 1.1.1.1) (*Urbánski*), 10%ige Natriumcarbonat-Lösung (m/v), gefolgt von 30%iger Natriumhydroxid-Lösung (m/v) (*Motojima*, *Yoshida* und *Imahashi*) und eine Lösung von Quercetinsulfonsäure [*Kanno (c)*].

Mit vielen dieser Rückextraktionsmittel (mit Ausnahme der Carbonat-Lösungen) sind mehrmalige Extraktionen nötig, um das gesamte Uran aus dem TBP-Extrakt zu entfernen, und selbst danach ist in einigen Fällen keine hundertprozentige Wiedergewinnung des Urans gewährleistet. So wird nach dreimaliger Rückextraktion mit gleichen Volumina Wassers nicht immer das Uran quantitativ rückextrahiert. Wird eine 25%ige Ammoniumacetat-Lösung (m/v) angewendet, so sind neun aufeinanderfolgende Extraktionen erforderlich, um das Uran vollständig von der TBP-Phase zu trennen.

Infolge dieser Rückextraktionsschwierigkeiten wird das Uran in vielen Fällen unmittelbar im organischen Extrakt, und zwar üblicherweise photometrisch bestimmt [(*Singer* und *Cífková*; *François*; *Paige*, *Elliott* und *Rein*; *Dizdar* und *Obrenovic*; *Singer* und *Šisler*; *LeStrange*, *Lerner* und *Petretic*; *Kimball* und *Rein*) (s. Abschnitte 3.1.1.2.1 und 3.1.2.2.3)].

Uran(VI)-nitrat kann mit TBP auch aus salpetersauren Lösungen extrahiert werden, nachdem es mit Chelatbildnern wie Thenoyltrifluoraceton (TTA), Oxin, Cupferron oder Mono- und Dialkylphosphorsäure-Estern reagiert hat (*Irving* und *Edington*). Ein besonders großer, synergistischer Effekt wird in einem System beobachtet, in dem 20 Vol.-% des TTA (0,02M) durch TBP (0,02M) (beide gelöst in Cyclohexan) ersetzt und das Uran aus 0,01n Salpetersäure extrahiert wird. Die maximale, synergistische Erhöhung der Extraktion ist etwa tausendfach. Wird 0,02m TTA nur 0,003m an TBP gemacht, so ist diese Erhöhung etwa fünftausendfach.

Uran kann auch im *vierwertigen* Oxydationszustand mit TBP aus wäßrigen, salpetersauren Lösungen extrahiert werden, wobei ein Uran-TBP-disolvat in die organische Phase übergeht (*McKay* und *Streeton*; *Alcock*, *Best*, *Hesford* und *McKay*) (s. Abschnitt 6.5.1.2.).

6.5.1.2 Andere Systeme[1]

Aus salzsauren Systemen wird Uran(IV)-chlorid von TBP extrahiert, sobald die Salzsäurekonzentration 5n oder höher ist. Dabei steigt der Verteilungskoeffizient des Urans mit zunehmender Salzsäure-Normalität (*Larsen* und *Seils*). So hat der Verteilungskoeffizient des Urans Werte von 0,5, 15, 50 und 102 in 5, 6, 7 und 8n Salzsäure, wenn 30%iges TBP (v/v), gelöst in Tetrachlorkohlenstoff, als Extraktionsmittel verwendet wird und die ursprüngliche Urankonzentration der wäßrigen Phase 10^{-2}m ist. Unter ähnlichen Aciditätsbedingungen, d. h. in 1, 2, 3, 4, 5, 6, 7 und 8n Salzsäure, weist Uran(VI) Verteilungskoeffizienten von $\ll$ 0,1, 0,54, 0,9, 2,5, 3,6, 9,0, 15 und 21 auf (*Larsen* und *Seils*). Unter diesen Bedingungen (besonders bei den hohen Salzsäure-Konzentrationen) ist *Thorium* wesentlich schwerer extrahierbar, so daß diese beiden Elemente leicht voneinander getrennt werden können [*Ishii* und *Takeuchi (a)*].

Im Gegensatz zur Salpetersäure, die durch TBP stark extrahiert wird, geht nur sehr wenig Salzsäure in die TBP-Phase über (*Larsen* und *Seils*).

Die Trennung des Urans durch Extraktion des Uranylchlorids mit TBP ist weniger selektiv als die Extraktion des Uranylnitrats (*Peppard*, *Mason* und *Gergel*). Sie ist jedoch für bestimmte Trennungen geeignet wie z. B. zur Trennung des Urans von Thorium [*Kanno (c)*; *Ishii* und *Takeuchi (b)*; *Takeuchi*, *Fukasawa* und *Sekiya*]

---

[1] Auch Uranyltrichloracetat ist mit TBP extrahierbar [*Vdovenko*, *V. M.*, *Gasanov*, *A. I.*, *Mashirov*, *L. G.*, *Šuglobova*, *I. G.*, u. *Suglobov*, *D. N.*: Dokl. Akad. Nauk SSR, **182**, 585 (1968)].

und Protactinium (*Peppard*, *Mason* und *Gergel*). Mit dem Uran aus stark (z. B. 7n) salzsauren Lösungen mitextrahiert werden — neben anderen Metall-Ionen — Molybdän und Vanadium [*Kanno (c)*].[1]

Uranylperchlorat wird durch TBP als eine Verbindung der Zusammensetzung $UO_2(ClO_4)_2 \cdot 2H_2O \cdot 2TBP$ extrahiert. Die Verteilungskoeffizienten des Urans in Perchlorat-Systemen sind kleiner als die unter ähnlichen Versuchsbedingungen in nitrathaltigen Lösungen gemessenen. Dennoch genügt eine einmalige Extraktion, um das Uran vollständig in die TBP-Phase überzuführen. Der störende Einfluß anderer Elemente bei der Trennung des Urans durch TBP-Extraktion aus Perchlorat-Lösungen ist ähnlich wie beim Nitrat-System.

Aus thiocyanathaltigen Lösungen wird der Uranylthiocyanat-Komplex als Molekülverbindung mit TBP extrahiert. Diese Extraktion (*Clinch* und *Guy*; *Vogliotti*; *Koppikar*, *Korgaonkar* und *Murthy*; *Petrow* und *Marenburg*; *Bock*; *Melnick*) ist bequem, da in diesem Fall die photometrische Bestimmung des Urans unmittelbar in der organischen Phase ausgeführt werden kann (s. Abschnitt 3.1.2.2) (*Clinch* und *Guy*; *Vogliotti*). Molybdän, Platin, Quecksilber, Wolfram, Zinn, Kobalt, Cer und andere Elemente werden selbst in Gegenwart von ÄDTA oder Ascorbinsäure zusammen mit dem Uran mitextrahiert. Sind Zinn und Cer anwesend, so ist es nötig, diese Elemente *vor* der Uranextraktion zu Zinn(II) und Cer(III) zu reduzieren. *Starke Störungen* werden in Gegenwart von Vanadium, Wismut, Molybdän, Fluorid- und Oxalat-Ionen verursacht (*Koppikar*, *Korgaonkar* und *Murthy*).

Anwendungsbeispiele zur Extraktion mit TBP

In der Tabelle 15 wird eine Anzahl von Anwendungsbeispielen zur Extraktion des Urans(VI) mit TBP aus Nitratmedien gezeigt. Mit diesen Verfahren kann das Uran von praktisch allen Begleitelementen getrennt werden. Sie sind zur Analyse einer Vielzahl natürlicher und industrieller Materialien geeignet. Die mit einem Stern gekennzeichneten Methoden (s. Tabelle 15) werden in den in der Tabelle 15 angegebenen Abschnitten des vorliegenden Handbuches im Detail beschrieben.

Nach der Extraktion mit TBP aus 4,7n Salpetersäure (s. Tabelle 15) (*Eberle* und *Lerner*) kann das Uran mit 25%iger (m/v) Ammoniumacetat-Lösung rückextrahiert werden. Aus diesem Rückextrakt wird das Uran als Oxinat mit Chloroform extrahiert und die Extinktion des Extrakts spektrophotometrisch gemessen (s. Abschnitt 3.1.3.7). Obwohl diese Methode sehr spezifisch ist, sind dennoch 9 bis 14 Extraktionen erforderlich, wofür bei jeder der vorgeschriebenen vier Waschungen des TBP-Extrakts mit Salpetersäure etwa 2,7% des Urans in Verlust geraten. In Gegenwart von Thorium und Zirkonium wird Uran am besten aus 5 bis 7n Salzsäure mittels einer (1 + 1)-Mischung (v/v) von TBP und Hexon extrahiert, wodurch eine Trennung des Urans von diesen Elementen erzielt wird (*Eberle* und *Lerner*; *Peppard*, *Mason* und *Gergel*). Dieses Verfahren kann zur Analyse von Thoriumerzen und Monaziten verwendet werden.

Wird das Uran aus Aluminiumnitrat-Aussalzlösungen extrahiert (s. Tabelle 15), so wird unter anderem auch *Plutonium* mitextrahiert [*Wright (b)*]. Fällt während der pH-Einstellung Titan oder Zirkonium aus, so wird zur Komplexierung dieser Elemente Natriumfluorid zugesetzt (*François*).

Eine ähnliche Methode wie die von *UKAEA* (a—c) beschriebene (s. Tabelle 15) wurde auch zur Bestimmung des Urans in sauren Effluenten herangezogen (*Singer* und *Šisler*).

Ähnliche Verfahren wie die in Tabelle 15 angeführten wurden auch von einer Reihe anderer Autoren empfohlen und angewendet [*McKay*; *Bartlett*; *Kimball* und

---

[1] Auch Zr, Nb und Sb werden mitextrahiert [*Cornelis, R.*, *Speecke, A.*, u. *Hoste, J.*: J. radioanalyt. Chem. **1**, (1), 5 (1968)].

Tabelle 15. *Methoden zur Abtrennung des Urans durch Extraktion mit TBP aus nitrathaltigen Lösungen*

Begleitstoffe bzw. Grundsubstanzen	Zusammensetzung der wäßrigen Phase	Extraktionsmittel (Vol.-% TBP)	Literatur
Phosphate, Minerale und Erze (die kein Th und Zr enthalten); metallisches Wismut und verschiedene Begleitelemente	4,7 n HNO_3	50% TBP in Diäthyläther	*Eberle* und *Lerner*
Vegetation, Erde und Wasser (zusammen mit Pu)	4 bis 6 n HNO_3	50% TBP in n Tetradekan	*Geiger*
*Phosphate	4 n HNO_3 + Eisen(III)-nitrat	30% TBP in Benzol	*Menke* und *Herrmann* (s. Abschnitt 4.1.2.1)
Minerale, die große Mengen an Th enthalten	2 n HNO_3	5% TBP in Kerosin	*Mahajan, Thakoor* und *Varde*
Cu, Mn und Co, anwesend im Uranmetall	6 n HNO_3	TBP in Tetrachlorkohlenstoff	*Marchart* und *Hecht*
Seltene Erdmetalle, Zn, Cd, Fe, Bi, Pb, Cu und Co	2 n HNO_3	20% TBP in Kerosin	*Šušić* und *Jelić*
β- und γ-aktive Zerfallsprodukte	4 n HNO_3 —3 n HF + gepulvertes Thoriumnitrat	40% TBP in Kerosin	*Urbánski*
Begleitelemente: Erdalkalimetalle, Zn, Cd, Cu, Co, Mn	5 n HNO_3 oder 4,4 n HNO_3	100% TBP oder 30% TBP in Tetrachlorkohlenstoff	*Long* und *Grill*; *Dizdar* und *Obrenovic*
Mg	verd. HNO_3~5 n HNO_3	TBP in Cyclohexan; 30% TBP in Chloroform	*Pfeifer* und *Hecht*; *Athavale, Bhasin* und *Jangida*
Minerale	Aluminiumnitrat-Aussalzlösung vom pH = 3 bis 5	1 + 9 (v/v) TBP in Isooctan	*François*
*Wässer, Urin, atmosphärischer Staub und Erze	,,	10% TBP in Hexan	*Singer* und *Cífková* (s. Abschnitt 3.2.2)
wäßrige Effluenten, Milch und Gräser	,,	TBP in Isooctan	*U. K. A. E. A. (a-c)*
Begleitelemente	,,	1 + 9 (v/v) TBP in Hexon	*Palomino, Delgardo, Petrement* und *Cellini*
*Legierungen, Erze und organische Extrakte	Aluminiumnitrat-Aussalzlösung vom pH = 0,3	9% TBP in Chloroform	*Gill, Rolf* und *Armstrong* (s. Abschnitt 3.1.3.2.1)
*Organische und anorganische Materialien (z. B. Luftproben)	Aluminiumnitrat-Aussalzlösung vom pH = 0,0 bis 0,5 + ÄDTA	9% TBP in Chloroform	*Camera* (s. auch Abschnitt 3.1.3.2.1)
Hf, Zr und Zircaloy-2	Aluminiumnitrat-Aussalzlösung vom pH $\sim$ 1	5% TBP in Isooctan	*Wood* und *McKenna*
Sedimentäre Erze und Monazite	Aluminiumnitrat-Aussalzlösung, die KF und $NaNO_2$ enthält	100% TBP	*Umezaki*

Tabelle 15 (Fortsetzung)

Begleitstoffe bzw. Grundsubstanzen	Zusammensetzung der wäßrigen Phase	Extraktionsmittel (Vol.-% TBP)	Literatur
Uranhaltige Minerale	Aluminiumnitrat-Aussalzlösung	TBP in Tetrachlorkohlenstoff	*Abrão* und *Attalla*
*Uranylnitratlösungen	„	62% TBP in Tetrachlorkohlenstoff	*Šraier* (s. Abschnitt 1.1.1.1)
*Erze, Minerale und Lösungen komplexer Zusammensetzung	NH_4NO_3-Aussalzlösung vom pH = 2,5 bis 3	20% TBP in Tetrachlorkohlenstoff	*Nemodruk, Novikov, Lukin* und *Kalinina* (s. Abschnitt 3.1.3.4); *Palei, Nemodruk* und *Davydov* (a) (s. Abschnitt 3.1.3.3.4.1)
Erde, pflanzliche und tierische Gewebe	„	20% TBP in Toluol	*Nemodruk* und *Vorotnitskaya*
Al, Fe, Ca, Ba, Sr, Ni, Zn, Co, Cu, Mn, Pb, Sn, V, Mo und W	0,02 bis 1 n HNO_3 30%ig an NH_4NO_3	50% TBP in Hexan oder Diäthyläther	*Kanno (a-c)*
*Begleitelemente	0,1 n HNO_3 —6 m NH_4NO_3	(24 + 76) (v/v)-Mischung aus TBP und Benzol	*Kiss* und *Almássy*; *Almássy* und *Kiss* (s. Abschnitt 3.1.4)
Erze und Gesteine	Calciumnitrat-Aussalzlösung vom pH = 2,5 + ÄDTA	5% TBP in Kerosin	*Athavale, Banerjee, Belekar, Mahadevan, Mahajan, Nadkari, Sankar, Sharma, Sundaram, Sundaresan, Thakoor, Tillu, Varde* und *Venkateswarlu*; *Athavale, Mahajan, Thakoor* und *Varde*
Begleitelemente	Calciumnitrat-Aussalzlösung vom pH = 2 bis 3	20% TBP in Tetrachlorkohlenstoff	*Dobrolyubskaya, Davydov* und *Nemodruk*
„	Calciumnitrat-Aussalzlösung + ÄDTA	TBP in Tetrachlorkohlenstoff	*Davydov, Dobrolyubskaya* und *Nemodruk*
Zirkoniumerze	1 n HNO_3 — 2,5 m $NaNO_3$	50% TBP in Heptan	*Bril* und *Holzer*
*Erze	$NaNO_3$-Aussalzlösung	50% TBP in Kerosin	*Motojima, Yoshida* und *Imahashi* (s. Abschnitt 3.1.3.7)
Begleitelemente	6 m $NaNO_3$ vom pH = 3	25% TBP in Isooctan	*Paige, Elliott* und *Rein* (s. Abschnitt 3.1.1.2.1)

Rein; *Peppard, Mason* und *Gergel*; *Gresky*; *Oliver*; *Wright (a)*; *Guest*; *Fisher* und *Thomason*; *Ishii* und *Takeuchi (b)*; *Bril*; *Lerner*; *Peppard* und *Gergel*; *Awasthi* und *Khasgiwale*; *Harries*; *Röllig, Trommer* und *Minenko*; *Petrement Eguiluz* und *Palomares Delgado*; *Nemodruk* und *Glukhova*].

Die TBP-Extraktion wird auch zur technischen Trennung des Urans und Plutoniums von Spaltprodukten bei der Aufarbeitung von Kernbrennstoff-Elementen benutzt. Dieser Extraktionsprozeß wird als *Purexprozeß* bezeichnet (*Flannery*). Wegen der großtechnischen Natur dieses Verfahren wird hier nicht näher auf diese Methode eingegangen. Ein ähnliches Verfahren ist der sogenannte *Thorexprozeß* (*Gresky*; *Oliver*).

In Tabelle 16 werden einige Methoden zur Extraktion des Urans mit TBP aus chlorid- und thiocyanathaltigen Systemen angeführt. Im Vergleich zu der großen Anzahl von Verfahren, auf welche Nitratmedien Anwendung finden (s. Tabelle 15), werden diese Systeme wegen ihrer geringeren Selektivität nicht oft zur Trennung des Urans von Begleitelementen herangezogen. Außer den in der Tabelle 16 angeführten Trennungen wurden TBP-Extraktionen aus Chloridmedien auch noch zur Bestimmung des Urans und Plutoniums in Uran-Plutonium-Brennstoffelementen (*Larsen* und *Seils*) und zur Trennung von Thorium, Protaktinium und Uran (*Peppard*, *Mason* und *Gergel*) herangezogen.

Tabelle 16. Methoden zur Abtrennung des Urans durch Extraktion mit TBP
aus chlorid- und thiocyanathaltigen Lösungen

Begleitstoffe bzw. Grundsubstanzen	Zusammensetzung der wäßrigen Phase	Extraktionsmittel (Vol.-% TBP)	Literatur
Th, Fe, Al, Ga, Ba, Sr, Zn, Ni, Co, Cu, Mn, Pb, W und Sb	7 n HCl	50% TBP in n-Hexan	*Kanno(c)*
Spuren Thoriums, enthalten in Uran-metallproben	4,5 bis 5,0 n HCl	30% TBP in Benzol	*Ishii* und *Takeuchi(a)*; *Takeuchi*, *Fukasawa* und *Sekiya*
Begleitelemente[1]	10%ige NH_4SCN-Lösung (m/v) (pH = 3,5 bis 3,9) + ÄDTA	32,5% TBP in Tetra-chlorkohlenstoff	*Clinch* und *Guy* (s. Abschnitt 3.1.2.2.2)
Laugelösungen und Monazite	Lösung vom pH ~1,5, die Ascorbinsäure und überschüssiges NH_4SCN enthält	10% TBP in Tetra-chlorkohlenstoff	*Koppikar*, *Korgaonkar* und *Murthy*

[1] Eine detaillierte Beschreibung dieser Methoden wird im Abschnitt 3.1.2.2.2 gegeben.

Eine häufig vorkommende Aufgabe ist die Bestimmung von Uran und Plutonium in Legierungen von U, Pu und Spaltungsprodukten. Solche Legierungen mit Prozentmengen Zr, Mo, Ru, Rh und Pd können sich bei der Schmelzraffination bestrahlter Pu-U-Brennstoffelemente bilden. *Larsen* und *Seils* (1960) benützten eine Lösungsmittelextraktion mit 30%igem TBP in CCl_4 und HCl als Aussalzmittel. Für die Trennung von U und Pu von anderen Metallen hat ein HCl-TBP-System Vorteile gegenüber dem Nitratsystem, da einerseits die Trennfaktoren beträchtlich höher sind, andererseits in diesem nicht oxydierenden Medium die Oxydationsstufen Pu(III) und U(IV) wirksam anwendbar sind.

Arbeitsvorschrift *Reagentien für die Extraktionstrennung*. Tributylphosphat (TBP), 30 vol.-%ig in CCl_4 sowie 30%ig in einem Kerosindestillat Amsco-140, wird benützt. Dazu werden 300 ml TBP mit einem der beiden Verdünnungsmittel auf 1 l aufgefüllt. Man wäscht einmal mit 200 ml 0,5 n NaOH-Lösung, um Spuren von Mono- und Dibutylphosphat zu entfernen. Hierauf wäscht man 4mal mit dest. Wasser und filtriert durch ein großes trockenes Filter zur Beseitigung von Trübungen.

Reagenzien zur Trennung durch Fällung.

$La(NO_3)_3$-Träger: 1 ml $\equiv$ 25 mg

> 39 g $La(NO_3)_3 \cdot 6H_2O$ werden in Wasser gelöst und auf 500 ml verdünnt

10 m HNO_3 — 0,165 m $Zr(NO_3)_4$: 28 g $Zr(NO_3)_4$ werden in 150 ml H_2O gelöst und auf 180 ml verdünnt. Mit konz. HNO_3 wird auf 500 ml aufgefüllt und die Mischung über Nacht stehen gelassen. Nun gibt man 1 g Dicalite 4200-Filterhilfe zu und filtriert unter Saugen durch einen Glasfritten-Trichter mittlerer Porosität.

1,3 m HNO_3 — 0,062 m $Zr(NO_3)_4$-Lösung. 21 g des Salzes werden in Wasser gelöst, mit
83 ml konz. HNO_3 versetzt und auf 1 l verdünnt. Hierauf gibt man 0,5 — 1 g Dicalite
4200-Filterhilfe zu und filtriert unter Saugen durch einen Glasfritten-Trichter
mittlerer Porosität.

Trennung durch Extraktion. Die Legierungsprobe wird nach *Larsen* (1959) gelöst
und auf eine bestimmte Volumensmarke aufgefüllt. Ein Aliquot von 10 — 20 mg Pu
wird in einen 50-ml-Erlenmeyerkolben einpipettiert. Dies entspricht bei 20% Pu
enthaltenden Legierungen der für die Analyse mehr als ausreichenden Menge von
35 — 70 mg U. Man raucht mit 12n HCl 3 mal bis fast zur Trockne ab. Hierauf wird
auf 10 ml Volumen und 2n HCl-Konzentration gebracht. Nun wird etwa 0,1 g Mg
als Späne während einiger Minuten zugegeben. Die so ausgefällten Elemente der
Gruppe VIII werden mittels einer doppelten Schicht von Glasfiber-Filterpapier
filtriert, das Filtrat in einem zylindrischen Scheidetrichter von 60 ml Fassungsraum
aufgefangen. Kolben und Filtergarnitur werden mit drei 5-ml-Portionen von 12 m HCl
gespült. Nun gibt man 15 ml 30%ige TBP-Lösung in CCl_4 zu und schüttelt 1 Min.
Man läßt die Phasen sich trennen und bringt die uranhaltige organische Phase in
einen zweiten Scheidetrichter von 60 ml Volumen.

Die Extraktion wird mit 10 ml 30%iger TBP-Lösung in CCl_4 wiederholt; die Uran
enthaltenden organischen Phasen werden in einem zweiten Scheidetrichter gesammelt.
Die Pu enthaltende wäßrige Phase wird nach der in der Originalarbeit angeführten
Methode weiter behandelt. Den vereinigten organischen Extrakten fügt man 15 ml
0,5n HCl zu und schüttelt 1 Min. Die Phasen trennen sich; die gestrippte organische
Phase wird in einen 60-ml-Scheidetrichter gebracht. Nach Zugabe von 10 ml 0,2n HCl
wiederholt man die Strip-Operation (Rückextraktion). Hierauf verwirft man die
organische Phase und vereinigt die wäßrigen Striplösungen im zweiten Scheidetrichter. Nach Zugabe von 5 ml CCl_4 schüttelt man 30 Sec., um das gelöste TBP aus
der wäßrigen Phase auszuwaschen, und verwirft die organische Phase. Die Uran-
lösung wird in einen 50-ml-Erlenmeyerkolben übergespült und zweimal nach Zugabe
von je 2 ml 16n HNO_3 auf einem Sandbad zur Trockne eingedampft. Nun gibt man
zur Lösung 5,0 ml 16n HNO_3 zur Auflösung des Urans zu. Mit Wasser spült man in
einen 50-ml-Meßkolben über und füllt auf. U wird hierauf röntgenspektrometrisch
bestimmt (*Flikkema, Larsen* und *Schablaske*, 1956). Für Proben, die weniger Uran
enthalten, werden im Verhältnis kleinere Volumina HNO_3 und kleinere volumetrische
Meßkolben verwendet (bis abwärts zu 5 ml). Die Bestimmung des Pu in der wäßrigen
Raffinatlösung aus der Urantrennung möge aus der Originalveröffentlichung entnommen werden.

Die Tabelle 17 gibt die Extraktion von U(IV) und U(VI) als Funktion der HCl-
Konzentration wieder. Die Uranvorratslösung wurde durch Auflösen von Uranmetall

Tabelle 17. *Verteilung von U(IV) und U(VI) zwischen HCl und 30%igem TBP in CCl_4*

HCl (n)	Verteilungsverhältnis: Org. Phase/H_2O-Phase	
	Uran (IV)	Uran (VI)
1,0		0,008
2,0		0,9
3,0		0,54
4,0		2,5
5,0	0,5	3,6
6,0	15	9,0
7,0	50	15
8,0	102	21

Anfangskonzentration von Uran in Wasser: — 10^{-2} m;
Phasenverhältnis: 1

(Reaktorgrad) in $HCl-H_2O_2$-Mischung und Eindampfen der Lösung, bis das molare Verhältnis Chlorid/U = 2,00 war, hergestellt.

Die Verläßlichkeit der Methode wurde durch Analyse einer synthetischen Lösung von Standard-Uran, -Plutonium und -Spaltungselementen bestätigt. Die nominelle Zusammensetzung waren 75% U, 20% Pu, 2,5% Mo, 2% Ru, 0,3% Rh und 0,2% Pd.

6.5.2 Andere organische Phosphorverbindungen

Obwohl HDEHP [Bis (2-Äthylhexyl)-o-phosphorsäure] und andere saure Dialkylphosphate das Uran etwa 2,5 mal besser extrahieren als TBP (s. Abschnitt 6.5.1), wurden diese Verbindungen nur vereinzelt zur analytischen Abtrennung des Urans benutzt. Mittels HDEHP wird das Uran quantitativ nur aus schwach sauren Lösungen, z. B. bei pH = 6,5 (*Milner, Wilson, Barnett* und *Smales*; *Blake, Baes, Brown* und *Coleman*), oder aus sehr verd. salpetersauren [*Sato* (b)] und auch schwefelsauren Lösungen [*Sato* (c)] extrahiert.[1] Unter diesen Bedingungen werden einige Metalle wie z. B. Kupfer, Blei und Molybdän mitextrahiert, so daß es erforderlich ist, diese Elemente mittels einer anderen Extraktionsmethode (z. B. durch Äthylacetat-Extraktion, s. Abschnitt 6.4) vom Uran zu trennen, nachdem dieses aus dem HDEHP-Extrakt mit 11n Salzsäure rückextrahiert worden ist (*Milner, Wilson, Barnett* und *Smales*). Analog zu HDEHP kann auch Dibutylarsinsäure zur Extraktion des Urans(VI) benutzt werden (*Pietsch* und *Pichler*).

Eine 2%ige (v/v) Lösung von HDEHP in Tetrachlorkohlenstoff wurde zur Isolierung des Urans(VI) aus Meerwasser herangezogen (*Milner, Wilson, Barnett* und *Smales*). Vor der Extraktion wird die Wasserprobe 0,03m an Ammoniumacetat und 10^{-3}m an ÄDTA gemacht und ihr pH-Wert auf 6,5 eingestellt. Zu demselben Zweck kann auch eine 0,7 bis 0,8m Lösung von Dibutylphosphorsäure, gelöst im gleichen Verdünnungsmittel, benutzt werden (*Stewart* und *Bentley*).[2]

Auch Laurylphosphat wurde zur Extraktion des Urans vorgeschlagen (s. Abschnitt 3.1.1.2.1).

Häufiger als HDEHP oder die anderen obenerwähnten, sauren Dialkylphosphate wurde Tri-n-octylphosphinoxid (TOPO) zur analytischen Abtrennung des sechswertigen Urans benutzt. Mit einer 0,1m Lösung von TOPO in Cyclohexan wird das Uran(VI) vollständig aus 1 bis 7n salpetersauren Lösungen extrahiert (*Horton* und *White*; *Heyn* und *Banerjee*; *Shults* und *Dunlap*).[3] Unter diesen Extraktionsbedingungen werden folgende Metall-Ionen teilweise oder ganz zusammen mit dem Uran mitextrahiert: Thorium, Zirkonium, Titan, Vanadium(V), Hafnium, Molybdän(VI), Antimon(III), Zinn(II und IV) sowie Gold. Nicht mitextrahiert werden neben vielen anderen Elementen die seltenen Erdmetalle, Nickel, Kobalt, Eisen(II und III) wie auch Chrom(III) (*White* und *Ross*). Erfolgt die Extraktion des Urans aus 1 bis 7n Salzsäure, so werden auch folgende Elemente mitextrahiert: Arsen(V), Eisen(III), Quecksilber(II), Indium und Niob(V). Sind Eisen(III), Chrom(VI) oder Vanadium(V) anwesend, so kann man diese zuerst in perchlor- oder schwefelsaurer Lösung mit Natriumbisulfit oder Hydroxylammoniumsulfat reduzieren. Titan, Thorium, Zirkonium, Hafnium und Eisen lassen sich durch Zugabe von Kaliumfluorid maskieren; der Überschuß dieses Maskierungsmittels kann durch Zusatz von Aluminiumnitrat, das gleichzeitig auch gegebenenfalls anwesendes Phosphat-Ion maskiert, unschädlich gemacht werden (*Horton* und *White*). Die Rückextraktion des Urans aus der TOPO-Phase kann mit Lösungen von Natriumcarbonat (*Heyn* und *Banerjee*; *Shults* und

---

[1] Ad HDEHP: wie z. B. aus 0,1n Salpetersäure [*Sorantin, H.*: J. radioanalyt. Chem. **3**, 65 (1969)].

[2] Ad HDBP: Wird Uran aus 0,15 n Salzsäure mit 0,1 m HDBP gelöst in Petroläther extrahiert, so ist sein Verteilungskoeffizient $> 10^3$ [*Upor, E.*, u. *Görbicz, L.*: Magyar Chem. Folyóirat **73**, 484 (1967)].

[3] Der extrahierte Komplex hat die Formel: $UO_2(NO_3)_2$ $(TOPO)_2$ (*Heyn* und *Soman*).

21*

Dunlap), Phosphatsalzen (*Shults* und *Dunlap*) und 3,5 m Ammoniumsulfat (*Shults* und *Dunlap*) durchgeführt werden. Außerdem besteht die Möglichkeit, das Uran im organischen Extrakt direkt spektrophotometrisch zu bestimmen (*Horton* und *White*; *Baltisberger*). Analog zu TOPO kann auch Triphenylarsinoxid zur Extraktion des Urans benutzt werden (*Pietsch* und *Nagl*).[1]

Alle Extraktionen des Urans mit TOPO aus salpetersauren Lösungen können natürlich wie bei den Extraktionen mit TBP (s. Abschnitt 6.5.1) und anderen Extraktionsmitteln auch in Gegenwart von Aussalzmitteln wie z. B. Natriumnitrat (*Horton* und *White*; *Heyn* und *Banerjee*) aus schwach salpetersauren Medien erfolgen. Das Uran kann auch synergistisch aus 0,3 n Salzsäure mit TOPO, HDEHP und DBP extrahiert werden (*Zangen*).

Anwendungsbeispiele zur Extraktion des Urans mit TOPO, gelöst in Cyclohexan[2] oder Benzol, werden in dem Abschnitt 3.1.1.2.3.1 beschrieben. Die Extraktion des Urans mit HDPM [Bis (di-N-hexylphosphinyl)methan] gelöst in 1,2-Dichlorbenzol wurde ebenfalls untersucht (*Mrochek, O'Laughlin, Sakurai* und *Banks*).

Literatur

Abrão, A., u. *Attalla, L. T.:* Inst. Energia Atomica (São Paulo), Rep. IEA-53, 1962. – *Alcock, K., Best, F. F., Hesford, E.*, u. *McKay, H. A. C.:* J. Inorg. Nucl. Chem. **6**, 328 (1958). – *Almagro Huertas, V.:* An. R. Soc. esp. Fís. Quím., B, **62**, 1129 (1966). – *Almássy, G.*, u. *Kiss, A.:* Magyar Chem. Folyóirat **64**, 170 (1958). – *Athavale, V. T., Banerjee, S., Belekar, C. K., Mahadevan, N., Mahajan, L. M., Nadkari, M. N., Sankar, D. M., Sharma, A. D., Sundaram, A. K., Sundaresan, M., Thakoor, N. R., Tillu, M. N., Varde, M. S.*, u. *Venkateswarlu, Ch.:* Pr. 2nd Intern. Conf. Peaceful Uses Atomic Energy, Geneva 1958. Rep. No. 1617; U. N.: New York 1958. – *Athavale, V. T., Bhasin, R. L.*, u. *Jangida, B. L.:* Analyst **87**, 217 (1962). – *Athavale, V. T., Mahajan, L. M., Thakoor, N. R.*, u. *Varde, M. S.:* Anal. chim. Acta **21**, 353 (1959). – *Awasthi, S. P.*, u. *Khasgiwale, K. A.:* Indian J. Chem. 2, 102 (1964).

Baltisberger, R. J.: Anal. Chem. **36**, 2369 (1964). – *Bartlett, T. W.:* USAEC, Rep. K-706, Februar 1951. – *Blake, C. A., Baes, C. F., Brown, K. B.*, u. *Coleman, C. F.:* Ind. eng. Chem. **50**, 1763 (1958); USAEC, Rep. ORNL-1964. – *Bock, R.:* Fr. **133**, 110 (1951). – *Bril, K.:* Manual of Analytical Methods for the Control of Chemical Processing of Uranium and Thorium. Research Lab., Orquima S/A, São Paulo, LPO-2, 1959. – *Bril, K.*, u. *Holzer, S.:* Anal. Chem. **33**, 55 (1961).

Camera, V.: La Medicina del Lavoro **52**, 59 (1961). – *Clinch, J.*, u. *Guy, M. J.:* Analyst **82**, 800, 850 (1957).

Davydov, A. V., Dobrolyubskaya, T. S., u. *Nemodruk, A. A.:* Zhur. Anal. Khim. (russ.) **16**, 68 (1961). – *Delgardo, F. P., Palomino, J. V.*, u. *Eguiluz, J. C. P.:* Junta de Energia Nuclear, Rep., JEN-139-DQ/I-43, 1964. – *Dizdar, Z. I., Gal, O. S.*, u. *Rajnvajn, J. K.:* Bl. Inst. Nucl. Sci. Belgrad **7**, 43 (1957). – *Dizdar, Z. I.*, u. *Obrenovic, I. D.:* Analyst **83**, 177 (1958). – *Dobrolyubskaya, T. S., Davydov, A. V.*, u. *Nemodruk, A. A.:* Zhur. Anal. Khim. (russ) **17**, 70 (1962).

Eberle, A. R., u. *Lerner, M. W.:* USAEC, Rep. NBL-117, September 1955; Rep. NBL-127, 1956; Anal. Chem. **29**, 1134 (1957). – *Everest, D. A.*, u. *Martin, J. V.:* Analyst **84**, 312 (1959).

Fisher, D. J., u. *Thomason, P. F.:* Anal. Chem. **28**, 1285 (1956). – *Flannery, J. R.:* Pr. Intern. Conf. Peaceful Uses Atomic Energy, Geneva 1955. Vol. **9**, 528; United Nations: New York 1956. – *Flikkema, D. S., Larsen, R. P.*, u. *Schablacke, R. V.:* USAEC, Rep. ANL-5641 (Nov. 1956). – *Francois, C. A.:* USAEC, Rep. DOW-150, 1956; Anal. Chem. **30**, 50 (1958).

Geiger, E. L.: Health Phys. **1**, 405 (1959). – *Gill, H. H., Rolf, R. F.*, u. *Armstrong, G. W.:* Anal. Chem. **30**, 1788 (1958). – *Gresky, A. T.:* Progress in Nuclear Energy; Series III: Process Chemistry, Vol. 1, S. 212, Oxford 1956. – *Guest, R. J.:* Canadian Dep. Mines Techn. Survey Mines Branch, Radioactivity Div. Topical Rep. TR-128/55, 1955.

Harries, R. W.: USAEC, Rep. NYO-2024, Dezember 1951. – *Healy, T. V.*, u. *McKay, H. A. C.:* Trans. Faraday Soc. **52**, 633 (1956). – *Heyn, A. H. A.*, u. *Banerjee, G.:* USAEG. Rep. NYO-7568, November 1959. – *Heyn, A. H. A.*, u. *Soman, Y. D.:* J. Inorg. Nucl. Chem. **26**, 287 (1964). – *Hor-*

---

[1] Ad TOPO: Oder andere Phosphinoxide [*Laskorin, B. N., Fedorova, L. A., Shatalov, V. V.*, u. *Stupin, N. P.:* Dokl. Akad. Nauk SSSR **174**, 1334 (1967)] bzw. Triphenylarsinoxid [*Pietsch, R.*, u. *Nagl, G.:* Mikrochim. Acta **1965**, 1085; Fr. **208**, 328 (1965)].

[2] Diese Methode wurde auch zur Trennung des Urans vom Plutonium benützt [*Silver, G. L.:* Anal. Chem. **41**, 548 (1969)].

ton, C. A., u. *White, J. C.:* Anal. Chem. **30**, 1779 (1958). – *Hyde, E. K.:* Pr. Intern. Conf. Peaceful Uses Atomic Energy, Geneva 1955, Vol. **7**, 2181; United Nations: New York 1956.
Irving, H., u. *Edington, D. N.:* Pr. **1959**, 360. – *Ishii, D.*, u. *Takeuchi, T.:* (a) Japan Analyst **10**, 1125 (1961); (b) **11**, 272 (1962).
Kaiser, G., u. *Merz, E.*, Fr. **229**, 81 (1967). – *Kanno, T.:* (a)Japan Analyst **8**, 633 (1959); (b) **8**, 714 (1959); (c) Sci. Rep. Res. Inst. Tôhoku Univ. **12**, 532 (1960). – *Katz, J. J.*, u. *Seaborg, G. T.:* The Chemistry of the Actinide Elements, S. 203; London. – *Kimball, R. B.*, u. *Rein, J. E.:* USAEC, Rep. IDO-14380, 1956. – *Kiss, A.*, u. *Almássy, G.:* Magyar Chem. Folyóirat **64**, 332 (1958). – *Koppikar, K. S., Korgaonkar, V. G.*, u. *Murthy, T. K. S.:* Anal. chim. Acta **20**, 366 (1959). – *Kyrš, M., Caletka, R.*, u. *Selucký, P.:* Coll. Czechoslov. Chem. Comm. **28**, 3337 (1963).
Larsen, R. P.: Anal. Chem. **31**, 545 (1959). – *Larsen, R. P.*, u. *Seils, C. A.:* Anal. Chem. **32**, 1863 (1960). – *Lerner, M. W.:* USAEC, Rep. NBL-103, 89, 1955. – *LeStrange, R. J., Lerner, M. W.*, u. *Petretic, G. J.:* USAEC, Rep. NYO-2047, Februar 1954. – *Levine, H.*, u. *Grimaldi, F. S.:* USAEC, Rep. AECD-3186, 1950. – *Long, J. L.*, u. *Grill, L. F.:* USAEC, Rep. RFP-78, 1957.
Mahajan, L. M., Thakoor, N. R., u. *Varde, M. S.:* Indian Atomic Energy Estab., Rep. AEET/ANAL/5, 1963. – *Marchart, H.*, u. *Hecht, F.:* M. **95**, 742 (1964). – *McKay, H. A. C.:* Progress in Nuclear Energy; Series III: Process Chemistry, Vol. **1**, 122 (1956); Pr. Intern. Conf. Peaceful Uses Atomic Energy, Geneva 1955. Vol. **7**, 314; United Nations: New York 1956. – *McKay, H. A. C.*, u. *Streeton, R. J. W.:* J. Inorg. Nucl. Chem. **27**, 879 (1965). – *Melnick, L. M.:* Diss. Abstr. **5**, 14 (1954). – *Menke, H.*, u. *Herrmann, G.:* Fr. **175**, 324 (1960). – *Milner, G. W. C., Wilson, J. D., Barnett, G. A.*, u. *Smales, A. A.:* J. Electroanal. Chem. **2**, 25 (1961). – *Moore, R. L.:* USAEC, Rep. AECD-3196, September 1949. – *Motojima, K., Yoshida, H.*, u. *Imahashi, T.:* Japan Analyst **11**, 1028 (1962). – *Mrochek, J. E., O'Laughlin, J. W., Sakurai, H.*, u. *Banks, C. V.:* J. Inorg. Nucl. Chem. **25**, 955 (1963).
Naito, K.: Bl. chem. Soc. Japan **33**, 363 (1960). – *Nemodruk, A. A.*, u. *Glukhova, L. P.:* Zh. Anal. Khim. (russ.) **21**, 688 (1966). – *Nemodruk, A. A., Novikov, Y. P., Lukin, A. M.*, u. *Kalinina, I. D.:* Zhur. Anal. Khim. (russ.) **16**, 292 (1961). – *Nemodruk, A. A.*, u. *Vorotnitskaya, I. E.:* Zhur. Anal. Khim. (russ.) **17**, 481 (1962). – *Nukada, K., Naito, K.*, u. *Maeda, U.:* Bl. chem. Soc. Japan **33**, 894 (1960).
Oliver, J. R.: USAEC, Rep. ORNL-2473, 1958.
Paige, B. E., Elliott, M. C., u. *Rein, J. E.:* USAEC, Rep. IDO-14349, August 1955; Anal. Chem. **29**, 1029 (1957). – *Palei, P. N., Nemodruk, A. A.*, u. *Davȳdov, A. V.:* (a) Radiokhimiya **3**, 181 (1961); durch Zhur. Khim. (russ) **1961**, (23); Abstr. No. 23D64; (b) Trudy Komiss. Anal. Khim. Akad. Nauk USSR **14**, 281 (1963); durch Zhur. Khim. (russ) 19GDE, **1964**, (2), Abstr. No. 2G92. – *Palei, P. N., Nemodruk, A. A.*, u. *Deberdeeva, R. Yu.:* Radiokhimiya **8**, 437 (1966). – *Palomino, J. V., Delgardo, F. P., Petrement, J.*, u. *Cellini, R. F.:* An. Real Soc. Esp. Fís. Quím., B, **59**, 285 (1963). – *Peavy, W. A.:* USAEC, Rep. NBL-143, 55 (1958). – *Peppard, D. F.*, u. *Gergel, M. V.:* USAEC, Rep. ANL-4490, 1950. – *Peppard, D. F., Mason, G. W.*, u. *Gergel, M. V.:* J. Inorg. Nucl. Chem. **3**, 370 (1957); Soc. **74**, 6081 (1952). – *Petrement Eguiluz, J. C.*, u. *Palomares Delgardo, F.:* An. R. Soc. esp. Fís. Quím., B, **63**, 57 (1967). – *Petrow, H. G.*, u. *Marenburg, H. N.:* USAEC, Rep. WIN-24, 1955. – *Pfeifer, V.*, u. *Hecht, F.:* Mikrochim. A. **1960**, 378. – *Pietsch, R.*, u. *Nagl, G.:* Mikrochim. Acta **1965**, 1085. – *Pietsch, R.*, u. *Pichler, E.:* Fr. **190**, 319 (1962). – *Podobnik, B., Korošin, J.*, u. *Kosta, L.:* Fr. **218**, 184 (1966).
Rodden, C. J.: Pr. Intern. Conference Peaceful Uses Atomic Energy, Geneva 1955, Vol. **8**, 197; United Nations: New York 1956. – *Röllig, H. E., Trommer, E.*, u. *Minenko, A.:* Acta Chim. Acad. Sci. Hung. **32**, 160 (1962); durch C. **134**, 20147 (1963).
Sato, T.: (a) J. Inorg. Nucl. Chem. **7**, 147 (1958); (b) J. Inorg. Nucl. Chem. **25**, 109 (1963); (c) J. Inorg. Nucl. Chem. **24**, 699 (1962). – *Shevchenko, V. B.*, u. *Fedorov, I. A.:* Radiochimiya **2**, 6 (1960); durch Zhur. Khim. (russ) **1960**, (19), Abstr. No. 76.966. – *Shults, W. D.*, u. *Dunlap, L. B.:* Anal. chim. Acta **29**, 254 (1963). – *Singer, E.*, u. *Cífková, D.:* Chem. Listy **58**, 218 (1964); Fr. **202** 401 (1964). – *Singer, E.*, u. *Šisler, L.:* Prûmysl Chem. **12**, 350 (1962). – *Šraier, V.:* Coll. Czechoslov. Chem. Comm. **25**, 304 (1960). – *Stewart, D. C.*, u. *Bentley, W. C.:* Science **120**, 50 (1954). – *Šušić, M. V.*, u. *Jelić, N.:* Bl. Inst. Nucl. Sci. (Belgrad) **7**, 29 (1957).
Takeuchi, T., Fukasawa, T., u. *Sekiya, T.:* J. chem. Soc. Japan, Ind. Chem. Sect., **64**, 93 (1961). – *Travesi, A.*, u. *Galiano, J. A.:* An. R. Soc. esp. Fís. Quím., B, **62**, 247 (1966).
U. K. A. E. A.: (a) Rep. PG 186(CA), 1962; (b) 187(CA), 1962; (c) 188(CA), 1962. – *Umezaki, Y.:* Bl. chem. Soc. Japan **36**, 769 (1963). – *Urbánski, T. S.:* Chem. Anal. (Warsaw) **5**, 283 (1960).
Vera Palomino, J., Palomares Delgardo, F., u. *Petrement Eguiluz, J. C.:* An. R. Soc. esp. Fís. Quím., B, **62**, 293, 301 (1966). – *Vogliotti, F.:* Energia Nucleare **7**, 169 (1960).
Warf, J. C.: Soc. **71**, 3257 (1949). – *White, J. C.*, u. *Ross, W. J.:* USAEC, Rep. NAS-NS 3102, 8. Februar 1961. – *Wood, D. F.*, u. *McKenna, R. H.:* Anal. chim. Acta **27**, 446 (1962). – *Woodhead, J. L.:* J. Inorg. Nucl. Chem. **26**, 1472 (1964). – *Wright, W. B.:* (a) USAEC, Rep. Y-884, Mai 1952; (b) Y-838, Januar 1952.
Zangen, M.: J. Inorg. Nucl. Chem. **25**, 581 (1963).

6.6 Extraktionen mit Chelatbildnern

6.6.1 β-Diketone

Thenoyltrifluoraceton (TTA), Acetylaceton, Dibenzoylmethan und andere β-Diketone reagieren mit Uran(VI)-Ion in schwach saurer Lösung unter Bildung von Chelatkomplexen, die mit einer Reihe organischer Lösungsmittel wie z. B. Benzol extrahierbar sind.

So kann das Uran(VI)-chelat mit einer 0,15 bis 0,5 m TTA-Lösung in Benzol aus wäßrigen Lösungen von pH = 3 oder höher extrahiert werden (*Hyde*; *Khopkar* und *De*; *Delahay*; *King*; *Day* und *Powers*; *Orr*; *Heisig* und *Crandall*). Bei niedrigeren TTA-Konzentrationen verläuft die Extraktion, die z. B. aus sehr verd. salpetersauren Lösungen oder Essigsäure-Ammoniumacetat-Pufferlösungen erfolgen kann, wesentlich langsamer als bei den oben angegebenen Konzentrationen. Unter den Bedingungen der optimalen Uran-Extraktion werden viele andere Metall-Ionen mitextrahiert. Zu diesen gehören die Ionen der seltenen Erdmetalle, des Thoriums, Zirkoniums, Kupfers und Eisens(III). Demzufolge sind Trennungen unter Anwendung von TTA mit sehr geringer Selektivität möglich, die sich jedoch verbessern läßt, wenn man die Extraktion bei pH = 6 in Gegenwart von ÄDTA ausführt (*King*). Starke Störungen verursachen Citrat-, Tartrat-, Oxalat- und Carbonat-Ionen (*Khopkar* und *De*) wie auch alle anderen Ionen, die mit Uran starke Komplexe bilden.

Ähnlich wie mit TTA reagiert das Uran auch mit Acetylaceton (*Ishibashi, Shigematsu* und *Tabushi*; *Krishen* und *Freiser*; *Abrahamczik*; *Sarma* und *Savariar*; *Sacconi* und *Giannoni*; *Rydberg*; *Shigematsu* und *Tabushi*), Dibenzoylmethan (*Shigematsu, Tabushi* und *Tarumoto*; *Moučka* und *Starý*; *Schweitzer* und *Mottern*; *Přibil* und *Jelinek*; *Gotto*; *Sundaram* und *Banerjee*; *Yoe, Will* und *Black*; *Smith* und *Chandler*; *Lindner*) und 2-Acetoacetylpyridin (*Hara*; *Hara* und *Omori*). Bei der Anwendung dieser Chelatbildner wird die gleiche geringe Selektivität der Trennungen wie mit TTA erzielt. Mit Dibenzoylmethan bildet Uran jedoch einen farbigen Komplex, der häufig zur spektrophotometrischen Bestimmung dieses Elements herangezogen wird. Anwendungsbeispiele zur Uran-Bestimmung mittels dieses β-Diketons werden im Abschnitt 3.1.3.1 genau beschrieben.

6.6.2 Andere Chelatbildner

In Tabelle 18 sind die zur Extraktion des Uran(IV) empfohlenen Komplexbildner sowie die optimalen Extraktionsbedingungen für die entsprechenden Chelate angeführt.

Im Gegensatz zum Uran(VI), das mit Cupferron kein Chelat in mineralsaurer Lösung bildet, kann der Komplex mit Uran(IV) leicht mit Chloroform oder anderen Extraktionsmitteln extrahiert werden (s. Tabelle 18). Unter diesen Bedingungen werden eine Anzahl von Metall-Ionen wie z. B. Eisen(III), Gallium, Antimon(III), Titan, Zinn(IV), Zirkonium, Thorium, Vanadium(V) und Molybdän(VI) mit dem Uran extrahiert. Aus diesem Grund ist die Selektivität der bei Anwendung von Cupferron als Chelatbildner erzielbaren Trennungen verhältnismäßig gering. Die Trennbarkeit kann jedoch durch vorangehende Extraktion der meisten der obengenannten Elemente aus 7,5 n Schwefelsäure gesteigert werden, und zwar, wenn diese unter Bedingungen extrahiert werden, unter denen das Uran in dem nicht extrahierbaren, sechswertigen Oxydationszustand vorliegt (*Grimaldi* und *Levine*; *Morachevskii, Tserkovnitskaya* und *Grigorev*). Dieses Trennungsprinzip wurde vor der potentiometrischen Bestimmung des Urans mit Kaliumpermanganat (s. Abschnitt 2.3.1.2.2.1) sowie zur Analyse von Silicatgesteinen herangezogen.

Cupferronähnliche Verbindungen wie Neocupferron (*Haeffner, Nilson* und *Hultgren*) und N-Benzoylphenylhydroxylamin (*Dyrssen*) wurden ebenfalls zur

Tabelle 18. *Extraktion des Urans(VI) mit verschiedenen Chelatbildnern*[1]

Chelatbildner	Zusammensetzung der wäßrigen Phase	Extraktionsmittel	Literatur
Cupferron[2]	6%ige H_2SO_4 (v/v) oder $\sim$ 1 n mineralsaure Lösung	Chloroform, Diäthyläther, Äthylacetat	*Furman, Mason* und *Pekola*; *Morachevskii, Tserkovnitskaya* und *Grigorev*; *Auger*; *Fryxell* und *Safranski*; *Rulfs, De* und *Elving*
Benzolhydroxamsäure (s. Abschnitt 3.1.3.11.8)	pH = 6,2	n-Hexanol	*Meloan, Holkeboer* und *Brandt*
8-Hydroxychinolin (Oxin) (s. auch Abschnitt 3.1.3.7)	pH = 3 bis 9 in Ab- oder Anwesenheit von ÄDTA; Ammoniumacetatlösungen	Chloroform, Hexon	*Eberle* und *Lerner*; *Dyrssen* und *Dahlberg*; *Füredi*; *Silverman, Moudy* und *Hawley*; *Kirby* und *Crawley*; *Bullwinkel* und *Noble*; *Motojima, Yoshida* und *Izawa*; *Hök*; *Palei*; *Clayton, Hardwick, Moreton-Smith* und *Todd*; *Rulfs, De, Lakritz* und *Elving*; *Oosting*
Diäthyldithiocarbaminat (s. auch Abschnitt 3.1.3.8)	pH 2,0 bis 8	Chloroform, n-Butanol, Äthylmethylketon, Äthylacetat, Amylacetat	*Palei*; *Clayton, Hardwick, Moreton-Smith* und *Todd*; *Lacoste, Earing* und *Wiberley*; *Fritz* und *Johnson-Richard*; *Agarwal, Sangal* und *Dey*; *Milner* und *Edwards*; *Zingaro*; *Chernikhov* und *Dobkina*; *Bode*; *Hardwick* und *Moreton-Smith*; *Wallace*
Arsenazo III (s. Abschnitt 3.1.3.3.4.2)	0,1 bis 0,2 n HCl in Gegenwart von ÄDTA	Butanol in Gegenwart von Diphenylguanidin	*Kuznetsov* und *Savvin*
PAN (s. Abschnitt 3.1.3.2.1)	pH = 10 in Ab- oder Anwesenheit von ÄDTA und Nitrilotriessigsäure (oder KCN)	o-Dichlorbenzol	*Cheng*; *Cheng* und *Bray*; *Spinner* und *Miller*
Salicylsäure	pH = 2,5 bis 5,5	Isopentanol	*Sudarikov, Zaitsev* und *Puchkov*; *Hök-Bernström*
α-Nitrosonaphthol	pH = 6,5 bis 9,0	Isopentanol, n-Butanol, Äthylacetat	*Ishibashi* und *Higashi*; *Alimarin* und *Zolotov*; *Dyrssen*
Kaliumxanthat	schwach sauer oder neutral	Chloroform	*Hall*[3]
Perfluorobutter- oder Perfluorooctansäure	sehr schwach sauer	Diäthyläther	*Mills* und *Whetsel*

[1] Uran ist auch extrahierbar unter Anwendung folgender Verbindungen: Naphthensäuren [*Efendieva, N. G.*, u. *Alekperov, R. A.*: Azerb. Khim. Zh. (russ.) **2**, 110 (1965)], vierzähnige Schiffsche Basen [*Strónski, I., Zieliński, A.. Samotus, A., Stasicka, Z.*, u. *Buděšinský, B.*: Fr. **222**, 14 (1966)], Rhodamin B [*Burtenko, L. M.*, u. *Poluektov, N. S.*: Zh. analit. Khim. (russ.) **23**, 700 (1968)] und als Tribenzoat-Tetraphenylarsoniumkomplex [*Katsura, K.*: Japan Analyst **18**, 844 (1969)].

[2] Nur für Uran(IV).

[3] Weitere Literatur: Ad Kaliumxanthat [*De, A. K.*, Separation Sci. **3**, 103 (1968)].

extraktiven Trennung des Urans vorgeschlagen. Die Selektivität der Trennungen, die bei Anwendung dieser Verbindungen erzielt wird, ist praktisch die gleiche wie mit Cupferron.

Oxin-Extraktionen (s. Tabelle 18) wurden sehr häufig zur Trennung des Urans von störenden Elementen herangezogen. Anwendungsbeispiele und eine genaue Beschreibung der Oxinmethode werden in Abschnitt 3.1.3.7 gebracht.

Wird die Extraktion des Uranchelats mit Diäthyldithiocarbaminat (s. Tabelle 18) in Gegenwart von ÄDTA ausgeführt, so werden nur Wismut, Kobalt, Kupfer, Quecksilber, Silber und Zinn mit dem Uran extrahiert. Bei geringeren pH-Werten (2 bis 3,5) werden Titan, Zirkonium, Thorium, Lanthan und Cer nicht mitextrahiert (*Agarwal, Sangal* und *Dey*). Anwendungsbeispiele dieser Carbaminatmethode sind aus den Abschnitten 3.1.3.3.2 und 3.1.3.8 ersichtlich. Im letztgenannten Abschnitt wird diese Methode genau beschrieben.

Detaillierte Angaben über die Anwendung anderer in der Tabelle 18 angeführter Chelatbildner werden in den in dieser Tabelle angegebenen Abschnitten des vorliegenden Handbuches erwähnt.

Literatur

Abrahamczik, E.: Angew. Ch. **61**, 89, 96 (1949); Mikrochemie **33**, 213 (1947). – *Agarwal, B. V., Sangal, S. P.,* u. *Dey, A. K.:* Fr. **207**, 256 (1965); J. Indian chem. Soc. **41**, 119 (1964). – *Alimarin, I. P.,* u. *Zolotov, Yu. A.:* Zhur. Anal. Khim. (russ.) **12**, 176 (1957). – *Auger, V.:* C. r. **170**, 995 (1920).

Bode, H.: Fr. **144**, 165 (1955). – *Bullwinkel, E. P.,* u. *Noble, P.:* Am. Soc. **80**, 2955 (1958).

Cheng, K. L.: Anal. Chem. **30**, 1027 (1958); Talanta **9**, 739 (1962). – *Cheng, K. L.,* u. *Bray, R. H.:* Anal. Chem. **27**, 782 (1955). – *Chernikhov, Y. A.,* u. *Dobkina, B. M.:* Betriebslab. (russ.) **15**, 906, 1143 (1949); **16**, 402 (1950). – *Clayton, R. F., Hardwick, W. H., Moreton-Smith, M.,* u. *Todd, R.:* Analyst **83**, 13 (1958).

Day, R. A., u. *Powers, R. M.:* Am. Soc. **76**, 3895 (1954). – *Delahay, P.:* Anal. chim. Acta **6**, 542 (1952). – *Dyrssen, D.:* Acta chem. Scand. **10**, 353 (1956). – *Dyrssen, D.,* u. *Dahlberg, V.:* Acta chem. Scand. **7**, 1186 (1953).

Eberle, A. R., u. *Lerner, M. W.:* USAEC, Rep. NBL-117, September 1955; Rep. NBL-127; Anal. Chem. **29**, 1134 (1957).

Fritz, J. S., u. *Johnson-Richard, M.:* Anal. chim. Acta **20**, 164 (1959). – *Fryxell, R. E.,* u. *Safranski, L. W.:* USAEC, Rep. AECD-3119, ANL-HDY-565, März 1951. – *Füredi, H.:* Croat. Chem. Acta **34**, 109 (1962). – *Furman, N. H., Mason, W. B.,* u. *Pekola, J. S.:* Anal. Chem. **21**, 1329 (1949).

Gotto, H.: Z. Naturforschg. A **38**, 149 (1948). – *Grimaldi, F. S.,* u. *Levine, H.:* U. S. Geol. Surv. Bl. No. 1006, 43 (1954).

Haeffner, E., Nilsson, G., u. *Hultgren, A.:* Pr. Intern. Conf. Peaceful Uses Atomic Energy, Geneva 1955, Vol. **9**; United Nations: New York 1956. – *Hall, D.:* Am. Soc. **44**, 1462 (1932). – *Hara, T.:* J. chem. Soc. Japan, Pure Chem. Sect., **78**, 333 (1957). – *Hara, T.,* u. *Omori, H.:* The Doshisha Engineering Review **7**, 341 (1957). – *Hardwick, W. H.,* u. *Moreton-Smith, M.:* Analyst **83**, 9 (1958). – *Heisig, D. C.,* u. *Crandall, A. W.:* USAEC, Rep. UCRL-764, 1950. – *Hök, B.:* Svensk Kem. Tidskr. **65**, 106 (1953). – *Hök-Bernström, B.:* Acta chem. Scand. **10**, 163, 174, 341 (1956); Svensk Kem. Tidskr. **68**, 34 (1956). – *Hyde, E. K.:* Pr. Intern. Conf. Peaceful Uses Atomic Energy, Geneva 1955. Vol. **7**, S. 2181; United Nations: New York 1956.

Ishibashi, M., u. *Higashi, S.:* Japan Analyst **4**, 14 (1955). – *Ishibashi, M., Shigematsu, T.,* u. *Tabushi, M.:* J. chem. Soc. Japan, Pure Chem. Sect., **80**, 1018 (1959).

Khopkar, S. M., u. *De, A. K.:* Chem. Ind. **9**, 291 (1959); Analyst **85**, 376 (1960). – *King, E. L.:* USAEC, Rep. CC-3618, 1946. – *Kirby, K. W.,* u. *Crawley, R. H. A.:* Anal. chim. Acta **19**, 363 (1958). – *Krishen, A.,* u. *Freiser, H.:* Anal. Chem. **29**, 288 (1957). – *Kuznetsov, V. I.,* u. *Savvin, S. B.:* Radiokhimiya **2**, 682 (1960); durch Zhur. Khim. (russ.) **1961** (10), Abstr. No. 10D95.

Lacoste, R. J., Earing, M. H., u. *Wiberley, S. W.:* Anal. Chem. **23**, 871 (1951). – *Lindner, M.:* USAEC, Rep. UCRL-4377, August 1954.

Meloan, C. E., Holkeboer, P., u. *Brandt, W. W.:* Anal. Chem. **32**, 791 (1960). – *Milner, G. W. C.,* u. *Edwards, J. W.:* Anal. chim. Acta **18**, 513 (1958). – *Mills, G. F.,* u. *Whetsel, H. B.:* Am. Soc. **77**, 4690 (1955). – *Morachevskii, Y. V., Tserkovnitskaya, I. A.,* u. *Grigorev, M. F.:* Uch. Zap. Leningrad Gos. Univ. **297**, 119 (1960); durch Zhur. Khim. (russ.) **1961** (11), Abstr. No. 11D40. – *Motojima, K., Yoshida, H.,* u. *Izawa, K.:* Anal. Chem. **32**, 1083 (1960). – *Moučka, V.,* u. *Starý, J.:* Coll. Czechoslov. Chem. Comm. **26**, 763 (1961).

Oosting, M.: R. **79**, 627 (1960). – *Orr, W. C.:* USAEC, Rep. UCRL-196, 1948.

Palei, P. N.: Pr. Intern. Conf. Peaceful Uses Atomic Energy, Geneva 1955, Vol. **8**; United

Nations: New York 1956. – *Přibil, R.*, u. *Jelinek, M.:* Chem. Listy **47**, 1326 (1953).

Rulfs, C. L., De, A. K., u. *Elving, P. J.:* Anal. Chem. **28**, 1139 (1956). – *Rulfs, C. L., De, A. K., Lakritz, J.,* u. *Elving, P. J.:* Anal. Chem. **27**, 1802 (1955). – *Rydberg, J.:* Ark. Kem. **9**, (1955).

Sacconi, L., u. *Giannoni, G.:* Soc. **1954**, 2751. – *Sarma, B.,* u. *Savariar, C. P.:* J. Sci. Ind. Res. **16**, 80 (1957). – *Schweitzer, G. K.,* u. *Mottern, J. L.:* Anal. chim. Acta **26**, 120 (1962). – *Shigematsu, T.,* u. *Tabushi, M.:* J. chem. Soc. Japan, Pure Chem. Sect., **81**, 265 (1960). – *Shigematsu, T., Tabushi, M.,* u. *Tarumoto, T.:* Bl. Inst. chem. Res. Kyoto Univ. **40**, 388 (1962). – *Silverman, L., Moudy, L.,* u. *Hawley, D. W.:* Anal. Chem. **25**, 1369 (1953). – *Smith, G. H.,* u. *Chandler, T. R. D.:* Pr. 2nd Intern. Conf. Peaceful Uses Atomic Energy, Geneva 1958. Rep. A/CONF. 15/P/298; United Nations: New York 1959. – *Spinner, I. H.,* u. *Miller, F. C.:* Atomic Energy Canada, Rep. CRDC-837, 1959. – *Sudarikov, B. N., Zaitsev, V. A.,* u. *Puchkov, Y u. G.:* Khim. i. Khim. Tekhnol. (russ.) **1**, 80 (1959). – *Sundaram, A. K.,* u. *Banerjee, S.:* Anal. chim. Acta **8**, 526 (1953).

Wallace, C. G.: AERE, Rep. R3499, 1962.

Yoe, J. H., Will, F., u. *Black, R. A.:* Anal. Chem. **25**, 1200 (1953).

Zingaro, R. A.: Am. Soc. **78**, 3568 (1956).

6.7 Extraktionen mit flüssigen Aminen

Wie auf Anionenaustauscher-Harzen (s. Abschnitt 5.1.2) kann das Uran(VI)-Ion auch an langkettigen, aliphatischen Aminen aus schwefel-, salz-, salpeter- und essigsauren Lösungen „adsorbiert" werden. Obwohl diesem „Adsorptionsvorgang" ein Ionenaustausch zugrunde liegt, ist er der Ausführung nach eine Extraktion und wird daher im vorliegenden Kapitel und nicht in jenem über chromatographische Methoden (s. Abschnitt 5) näher behandelt.

6.7.1. Schwefelsaure Systeme

Zur Extraktion des Urans aus verd. schwefelsauren Lösungen wurden folgende Amine verwendet: Tri-n-octylamin (TNOA) (*Horton* und *White*; *Boirie*; *Boirie* und *Platzer*; *Boirie, Bosc, Hugot* und *Platzer*; *Adamski* und *Deptula*; *Decat, van Zanten* und *Leliaert*; *Crouse* und *Brown*; *Mannone* und *Stoppa*; *Sato (a)*; *Deptula* und *Minc*; *Deptula*), Triisoctylamin (TIOA) (*Vieux*), Trilaurylamin (Amberlite LA-1) [*Green (a, b)*], Didecylamin, Tridecylamin, Methyldioctylamin (*Horton* und *White*), Di-n-nonyl-amin, Di-(3-äthylheptyl)-amin, Di-(3,7-dimethyloctyl)-amin, Di-(2-methylundecyl)-amin (*Varone*) und Methyltricaprylamin (Alamine 336) (*Petrow, Sohn* und *Allen*).[1] Als inerte Verdünnungsmittel für diese Amine wurden Benzol, Petroläther, Kerosin und Dodekan verwendet.

Der am besten untersuchte Extrahent ist TNOA, gelöst in Benzol (*Boirie*; *Boirie* und *Platzer*; *Boirie, Bosc, Hugot* und *Platzer*; *Deptula*), Petroläther (*Adamski* und *Deptula*) oder Kerosin (*Decat, van Zanten* und *Leliaert*; *Crouse* und *Brown*). Mit einer 0,1 m Lösung von TNOA in einem dieser organischen Verdünnungsmittel wird das Uran am besten aus schwefelsauren Lösungen extrahiert, die entweder 0,25 bis 0,35n an dieser Säure sind (*Boirie*; *Boirie* und *Platzer*; *Boirie, Bosc, Hugot* und *Platzer*) oder einen pH-Wert von etwa 0,85 aufweisen (*Crouse* und *Brown*). Zur Rückextraktion des Urans können Natrium- oder Ammoniumcarbonat- oder Nitrat-Lösungen verwendet werden. Ebenso geeignet sind Natriumchlorid-Lösungen oder verd. Salpetersäure (*Crouse* und *Brown*). Auch eine direkte spektrophotometrische Bestimmung des Urans im Extrakt ist möglich (*Deptula*).

---

[1] Ferner wurden angewendet: N-Benzylanilin und N-N-Butylanilin (*Gagliardi, E.,* u. *Ilmaier, B.:* Mikrochim. Acta **1968** 1259), 3-(Dimethylamino)-methyl-indol [*Gagliardi, E.,* u. *Herold, G.:* Anal. Chim. Acta **45**, 289 (1969)], Dioctylamin [*Sato, T.:* Bull. Chem. Soc. Japan. **41**, 99 (1968)], Tri-iso-octylamin sowie eine Mischung dieses Amins mit Amberlite LA-2 [*Venkateswarlu, K. S., Subramanyan, V., Dhaneswar, M. R., Shanker, R., Lal, M.,* u. *Shankar, J.:* Indian J. Chem. **3**, 448 (1965)].

Mitextrahiert mit dem Uran — sie wirken sich auch sonst auf die Extraktion störend aus — werden alle jene Elemente, die auch bei der Sulfatmethode (s. Abschnitt 5.1.2.1.1) zusammen mit dem Uran adsorbiert werden oder dessen Adsorption stören. Um zu vermeiden, daß Eisen(III)-Ion mitextrahiert wird, kann dieses mit Hydroxylammoniumsulfat zum nichtextrahierbaren Eisen(II)-Ion reduziert werden (*Boirie* und *Platzer*). In Gegenwart überschüssiger Aluminium-Ionen wird die Uran-Extraktion durch Fluorid-Ion nicht gestört (*Crouse* und *Brown*).

Anwendungsbeispiele zur Extraktion des Urans mit langkettigen Aminen

In Tabelle 19 werden Charakteristika einiger Methoden zur Abtrennung des Urans durch Extraktion mit flüssigen Aminen kurz beschrieben.

Tabelle 19
Abtrennung des Urans durch Extraktion mit langkettigen Aminen aus schwefelsauren Lösungen

Begleitstoffe bzw. Grundsubstanzen	Zusammensetzung der wäßrigen Phase	Extraktionsmittel	Literatur
Minerale	0,25 bis 0,35 n H_2SO_4	0,1 m TNOA in Benzol	*Boirie* und *Platzer*
Biologische Substanzen (Blut und Organe)	,,	,,	*Boirie, Bosc, Hugot* und *Platzer*
Laugelösungen von Uranerzen	verd. H_2SO_4	0,1 m TNOA in Petroläther, der 3% n-Octanol enthält	*Adamski* und *Deptula*
Organische und anorganische Proben nach ihrer Neutronenaktivierung	verd. H_2SO_4	TNOA in Kerosin	*Decat, van Zanten* und *Leliaert*
Gußeisen	verd. H_2SO_4	Amberlite LA-1	*Green(b)*
Lösungen der Uran-Aufarbeitung	verd. H_2SO_4	10% Alamine 336 in Benzol	*Petrow, Sohn* und *Allen*

6.7.2 Salzsaure Systeme

Wie mit der im Abschnitt 5.1.2.1.2 beschriebenen Chlorid-Methode kann das Uran auch unter Anwendung langkettiger Amine aus salzsauren Lösungen extrahiert werden. Zu diesem Zweck wurde am häufigsten Triisoctylamin (TIOA), gelöst in Xylol, verwendet [*Moore (a)*; *Moore* und *Reynolds*; *Butler*; *Wilson, Webster, Barnett, Milner* und *Smales*; *Onishi* und *Toita*; *Vieux*].[1] Auch Tri-n-octylamin (TNOA), gelöst in Benzol, wurde als Extraktionsmittel benutzt [*Cerrai* und *Testa*; *Sato* (b)].[2] Zur Rückextraktion des Urans aus der organischen Phase wird am häufigsten Wasser oder stark verdünnte Salzsäure (z. B. 0,1 n) benutzt.

In Tabelle 20 sind einige Methoden, die zur Abtrennung des Urans durch Aminextraktion aus salzsauren Systemen entwickelt wurden, angeführt. Die mit einem Stern versehene Methode wird im Abschnitt 3.1.3.5.1 genau beschrieben.

---

[1] Ad TIOA: *Butler, F. E.*, Health Phys. **15**, 19 (1968); *Suzuki, T., Sotobayashi, T., Koyama, S., u. Kanda, Y.*: J. Chem. Soc. Japan, Pure Chem. Sect., **89**, 1084 (1968); *Butler, F. E.*, u. *Hall, R. M.*: Anal. Chem. **42**, 1073 (1970).

[2] Untersucht wurden auch Cyclohexyl- und Benzylalkylamine [*Sato, T.*, Anal. Chim. Acta **45**, 71 (1969)].

Tabelle 20
Abtrennung des Urans durch Extraktion mit langkettigen Aminen aus salzsauren Lösungen

Begleitstoffe bzw. Grundsubstanzen	Zusammensetzung der wäßrigen Phase	Extraktionsmittel	Literatur
Th, Spaltungsprodukte und alle jene Metall-Ionen, die keine anionischen Chlorid-Komplexe bilden (s. Abschnitt 5.1.2.1.2)	7 oder 4,8 n HCl 5 n HCl	5% TIOA in Xylol (v/v)	*Moore (a)*; *Moore* und *Reynolds*; *Onishi* und *Toita*
Actinide *vor* der Bestimmung des Urans im Urin	3,5 n HCl	10% TIOA in Xylol (v/v)	*Butler*
Elemente, die bei Bestimmung von U-235 mittels der Isotopenverdünnungsmethode stören	5 n HCl	5% TIOA in Xylol (v/v)	*Wilson, Webster, Barnett, Milner* und *Smales*
Th-234 (UX$_1$)	5 bis 10 n HCl	20% TNOA in Benzol (v/v)	*Cerrai* und *Testa*

6.7.3 Andere Systeme

Die Aminextraktion des Uran(VI)-Ions aus salpetersauren Lösungen wurde von vielen Autoren im Hinblick auf ihre Anwendung zur Aufarbeitung von Kern-Brennstoffelementen untersucht (*Cerrai* und *Testa*; *Sheppard*; *Winchester*; *Lloyd* und *Mason*; *Sato* (c); *Danesi, Orlandini* und *Scibona*; *Mannone, Stoppa* und *Sanso*; *Verstegen*; *Baroncelli, Scibona* und *Zifferero*).[1] Mit vielen langkettigen Aminen und auch Aminoxiden (*Kennedy* und *Perkins*; *Gilbert, Torgov, Mikhailov, Artyukhin* und *Nikolaev*) wird jedoch das Uran nur schwach extrahiert, und bei Trennungen wird dieselbe geringe Selektivität erzielt wie beim Anionenaustausch in rein wäßrigensalpetersauren Systemen (s. Abschnitt 5.1.2.1.3). Deshalb sind diese Aminextraktionen zur analytischen Abtrennung des Urans von anderen Elementen nicht sonderlich geeignet. Zum Unterschied von Uran(VI)-Ion ist das Uran(IV)-Ion sehr gut aus salpetersauren Lösungen extrahierbar. Zur Extraktion kann man Trioctylamin in Xylol (*Wilson* und *Keder*) verwenden, oder das Uran als Tricaprylmethylammoniumnitrat extrahieren (*Koch* und *Schwind*).

Auf Grund der Tatsache, daß das Uranyl-Ion einen negativ geladenen Acetat-Komplex bildet (s. Abschnitt 5.1.2.2.1), ist es möglich, dieses Element aus essigsauren Lösungen mit Hilfe von Triisooctylamin (TIOA) [*Moore (b)*] oder Anilin (*Nemodruk*; *Vdovenko* und *Lazarev*) zu extrahieren. Wird das Uran mit einer 5 oder 20%igen Lösung (v/v) von TIOA aus 0,5 bis 1,0 m Essigsäure extrahiert, so lassen sich Mikro- und Makromengen Urans und auch Plutoniums(VI) von vielen Elementen, wie z. B. Thorium, Natrium, Kalium, Barium, Calcium, Strontium, Zirkonium, Niob, Ruthenium, Eisen, Protactinium, Americium, seltenen Erdmetallen und vielen anderen Übergangselementen, trennen [*Moore (b)*]. Es wird hier also eine ähnlich große Selektivität der Trennungen erzielt wie durch Anwendung der in Abschnitt 5.1.2.2.1 beschriebenen Acetat-Methode.

---

[1] Mit Alamin 336 kann das Uran in Gegenwart von Aluminiumnitrat als Aussalzmittel quantitativ extrahiert werden [*Beasley, T. B.*, Health Phys. **11**, 1059 (1965)]. Diese Methode wurde zur Bestimmung des Urans in biologischen Substanzen wie z. B. Urin benützt.

Wird das Uran mit Anilin, gelöst in Ketonen oder anderen organischen Lösungsmitteln, extrahiert, so ist die Selektivität der Trennung am größten, wenn der pH-Wert der wäßrigen Phase 3,5 bis 4,4, bei einer Essigsäurekonzentration von 1 bis 2 m, beträgt (*Nemodruk*). Unter diesen Bedingungen werden nur Molybdän und Wolfram mitextrahiert. Eine weitere Selektivitätssteigerung dieser Extraktion wird in Gegenwart von ÄDTA beobachtet.

Aus phosphorsauren Lösungen (etwa 2 m an Phosphorsäure) läßt sich Uran(IV)-Ion mit 0,1 m Trioctylamin in Benzol extrahieren, dagegen aber nicht Uran(VI). Diese Tatsache wurde zur Abtrennung der Valenzformen des Urans aus eisenhaltigen Oxidgemischen herangezogen (*Cerkovnickaja* und *Bychovceva*).

Literatur

Adamski, T., u. *Deptula, C.*: Chem. Anal. (Warsaw) **5**, 843 (1960).

Baroncelli, F., Scibona, G., u. *Zifferero, M.*: J. Inorg. Nucl. Chem., **25**, 205 (1963); Radiochim. Acta **1**, 75 (1963). – *Boirie, C.*: Bl. **1958**, 1088. – *Boirie, C., Bosc, D., Hugot, G.*, u. *Platzer, R.*: Acta Chim. Acad. Sci. Hung. **33**, 281 (1962). – *Boirie, C.*, u. *Platzer, R.*: Acta Chim. Acad. Sci. Hung. **33**, 275 (1962). – *Butler, F. E.*: Anal. Chem. **37**, 340 (1965).

Cerkovnickaja, I. A., u. *Bychovceva, T. T.*: Zhur. Anal. Khim. (russ.) **22**, 96 (1967); Fr. **235**, 220 (1968). – *Cerrai, E.*, u. *Testa, C.*: Energia Nucleare **8**, 737 (1961); J. Chromatogr. **6**, 443 (1961); **5**, 442 (1960). – *Crouse, D. J.*, u. *Brown, K. B.*: USAEC, Rep. ORNL-1959.

Danesi, P. R., Orlandini, F., u. *Scibona, G.*: J. Inorg. Nucl. Chem. **27**, 449 (1965); Radiochim. Acta **4**, 9 (1965). – *Decat, D., van Zanten, B.*, u. *Leliaert, G.*: Anal. Chem. **35**, 845 (1963). – *Deptula, C.*: Chemia analit. **11**, 589 (1966). – *Deptula, C.*, u. *Minc, S.*: J. Inorg. Nucl. Chem. **29**, 221 (1967).

Gil'bert, E. N., Torgov, V. G., Mikhailov, V. A., Artyukhin, P. I., u. *Nikolaev, A. V.*: Dokl. Akad. Nauk SSSR **174**, 1329 (1967). – *Green, H.*: (a) J. British Cast Iron Res. Assoc. **68**, 143 (1963); (b) J. British Cast Iron Res. Assoc. **12**, 632 (1964).

Horton, C. A., u. *White, J. C.*: Anal. Chem. **30**, 1779 (1958).

Kennedy, J., u. *Perkins, R.*: J. Inorg. Nucl. Chem. **26**, 1601 (1964). – *Koch, G.*, u. *Schwind, E.*: J. Inorg. Nucl. Chem. **28**, 571 (1966); Radiochim. Acta **4**, 128 (1965).

Lloyd, P. J., u. *Mason, E. A.*: J. physic. Chem. **68**, 3120 (1964).

Mannone, F., u. *Stoppa, C.*: Rep. EUR 1912, i (1964). – *Mannone, F., Stoppa, C.*, u. *Sanso, G.*: Rep. EUR 1913, i (1964). – *Moore, F. L.*: (a) Anal. Chem. **30**, 908 (1958); (b) **29**, 1660 (1957); **32**, 1075 (1960). – *Moore, F. L.*, u. *Reynolds, S. A.*: Anal. Chem. **31**, 1080 (1959); **29**, 1596 (1957).

Nemodruk, A. A.: Trudȳ Komis. Anal. Khim. Akad. Nauk USSR **14**, 141 (1963); durch Zhur. Khim. (russ.) 19GDE, **1964**, (3), Abstr. No. 3G22.

Onishi, H., u. *Toita, Y.*: Japan Analyst **14**, 1141 (1965).

Petrow, H. G., Sohn, B., u. *Allen, R. J.*: Anal. Chem. **33**, 1301 (1961).

Sato, T.: (a) J. Inorg. Nucl. Chem. **25**, 441 (1963); **30**, 1065 (1968); (b) J. Inorg. Nucl. Chem. **28**, 1461 (1966); (c) Appl. Chem. (USSR) **14**, 176 (1964); **15**, 92 (1965). – *Sheppard, J. C.*: USAEC, Rep. HW-51958, 1957.

Varone, D. J. L. L.: Afinidad **22**, 5 (1965). – *Vdovenko, V. M.*, u. *Lazarev, L. N.*: Zhur. Neorg. Khim. (russ.) **3**, 155 (1958). – *Verstegen, J. P. M. J.*: J. Inorg. Nucl. Chem. **26**, 1589 (1964). – *Vieux, A. S.*: Bull. soc. Chim. France **10**, 4281 (1968).

Wilson, A. S., u. *Keder, W. E.*: J. Inorg. Nucl. Chem. **18**, 259 (1961). – *Wilson, J. D., Webster, R. K., Barnett, G. A., Milner, G. W. C.*, u. *Smales, A. A.*: AERE, Rep. R-3177. – *Winchester, R. S.*: USAEC, Rep. LA-2170, 1958.

7 Spektralanalytische Methoden

7.1 Normale spektralanalytische Methoden[1]

Von *Strasheim* werden 3 Methoden zur spektrographischen Bestimmung des Urans in Uranerzen beschrieben.

A. Verdampfung der Probe in Mischung mit 90% Graphit aus einer Graphitelektrode in einem Gleichstrombogen von 15 A; obere Elektrode aus Kohle.

B. Vorangehende Extraktion des Urans auf chemischen Wege. Dazu werden von *Strasheim* Vorschriften mitgeteilt, die besonders bei hohem Calciumgehalt der Erze empfohlen werden.

C. Verdampfung im Gleichstrombogen unter Zusatz von Bleichlorid zwecks Erhöhung der Empfindlichkeit.

Als Bezugselemente können Lanthan, Vanadium oder auch Eisen benutzt werden. Brauchbare Analysenlinien für Uran sind 424,17 und 424,44 nm, von denen die letzte zusammen mit Vanadium 423,25 nm ein gutes Analysenpaar ergibt. Die *Nachweisgrenze* beträgt 0,006% U_3O_8, die Streuung 11%.

Arbeitsvorschriften.

A. *Zur direkten Verdampfung der Probe in Mischung mit Graphit als Stabilisator* werden von *Strasheim* folgende analytische Bedingungen angegeben.

Spektrograph: Automatic Hilger (Littrow). Verwendet wurde eine Glasoptik.

Lichtquelle: Gleichstrombogen von 15 A bei 220 V.

Proben: Fein zerkleinerte Proben von 30 mg, die 90% Graphit enthalten. Die Proben werden fest in die Elektrodenkrater gepreßt.

Obere Elektrode: Kohleelektrode von 5,4 mm Durchmesser mit abgerundetem Ende.

Untere Elektrode: Graphitelektrode von 6,35 mm Durchmesser. Die Elektrodenkrater waren 8 mm tief, 2,8 mm im Durchmesser und wiesen eine Wanddicke von 0,5 mm auf.

Verbrennungsdauer: Die Probe wird vollständig verbrannt. Dazu sind etwa 90 Sek. erforderlich.

Analysenlinie: U 424,44 nm.

Innere Kontrollinien: V 423,25, La 423,84 nm.

Photometer: Zeiss- oder Leeds- und Northrup-Photometer.

Photographische Platte: Ilford-Dünnfilm, Halbton.

Bemerkungen. Die *Standardabweichung* der spektrographischen Werte in Beziehung auf die durch Parallelbestimmungen oder aus chemischen Analysen gefundenen Werte beträgt 5,24%. Daraus geht hervor, daß diese Methode zur raschen Uranbestimmung in Erzen, die 0,1 bis 6,0% U_3O_8 enthalten, geeignet ist. Der Autor konnte auf Grund weiterer Versuche die Nachweisgrenze, nämlich 0,1% U_3O_8, auf 0,03% herabsetzen, indem er panchromatische Platten (Ilford-Dünnfilm) verwendet.

B. *Die Extraktionsmethode* ist geeignet zur Analyse von Erzen, die weniger als 0,1% U_3O_8 enthalten. Unter Verwendung von 2-g-Proben beträgt die *Nachweisgrenze* 40 ppm oder 0,004% U_3O_8.

---

[1] Weitere in der Literatur beschriebene spektralanalytische Methoden zur Uranbestimmung wurden von folgenden Autoren entwickelt: *Roca Adell, M.*: An. R. Soc. Esp. Fís. Quím., B, **62**, 1165 (1966); *Weisberger, S.*, Appl. Spectrosc. **22**, 719 (1968); *Dickinson, G. W.*, u. *Fassel, V. A.*: Anal. Chem. **41**, 1021 (1969); *Avni, R.*, u. *Boukobza, A.*: Appl. Spectrosc. **23**, 483 (1969).

Zur chemischen Extraktion und Abtrennung des Urans wird die Probe zwecks Entfernung organischer Substanzen zunächst 1 Std. bei 800 °C erhitzt. Davon bringt man eine 2-g-Probe in einen Pyrexkolben, der absteigend mit einem Kondensator versehen ist. Hierauf werden 20 ml Mischung, bestehend aus 100 Teilen Essigsäure und 5 Teilen Salpetersäure, zugesetzt und die Lösung 3 Std. gekocht. Diese Zeit ist ausreichend, um das gesamte Uran der Probe in Lösung zu bringen. Gleichzeitig werden allerdings auch variierende Mengen Eisens in Lösung gebracht.

Die abgekühlte Lösung wird filtriert, der Rückstand mit einer heißen Lösung der zum Aufschluß verwendeten Mischung aus Salpeter- und Essigsäure gewaschen und das Filtrat zur Trockene eingedampft. Den Eindampfrückstand verascht man und löst die Oxide in Königswasser. Die Lösung ist erneut zur Trockne einzudampfen und schließlich in 50 ml 5%iger Salzsäure (v/v) zu lösen. Dieser Lösung werden drei 15-ml-Aliquote entnommen: zwei für die spektrographische Bestimmung des Urans und die dritte zur spektrophotometrischen Bestimmung des Eisengehaltes.

Bemerkungen. I. Die Bestimmung des Eisengehalts ist wichtig, da die experimentellen Bedingungen merklich durch die Eisenmenge, die zusammen mit dem Uran ausgefällt wird, *beeinflußt* werden.

II. Die zur spektrographischen Bestimmung verwendeten Lösungen enthielten 1 mg Fe_2O_3 und waren auf etwa 50 ml verdünnt: Dieser Lösung ist Ammoniumchlorid zuzusetzen und der pH-Wert mit Methylrot als Indikator auf 4,2 einzustellen. Die Lösung ist zum Sieden zu erhitzen und hierauf zu filtrieren. Der Niederschlag und das Filter werden mit ammoniakalischer Ammoniumchloridlösung gewaschen und bei 800 °C verascht. Der Rückstand wird gründlichst mit 10 mg Graphit vermischt und schließlich auf die untere Elektrode aufgebracht (s. oben).

C. *Verdampfung im Gleichstrombogen unter Zusatz von Bleichlorid.* Wie schon *Steadman* festgestellt hat, läßt sich die Empfindlichkeit des Urannachweises um das 50fache erhöhen, wenn der Probe 10 mg Rubidiumchlorid als Verstärker zugesetzt werden. *Strasheim* verwendet dagegen Bleichlorid.

Zur Aufstellung einer *Eichkurve* sind (1 + 1)-Mischungen von Bleichlorid und Standardproben herzustellen, diese dann wie unter A. beschrieben weiterzubehandeln. Mit Analysenproben unbekannten Urangehalts wird analog verfahren. Der innere Standard wird eingeführt, indem Vanadium(V)-oxid mit Bleichlorid derart vermischt wird, daß eine Mischung entsteht, die 0,238%ig an Vanadium(V)-oxid ist. (Bei dieser Konzentration sind die Vanadium-Linien sehr intensiv.)

Bemerkungen. I. Bei Verwendung dieser Methode zur *serienmäßigen* Uranbestimmung ist die Vanadium-Konzentration zweckmäßig auf 0,11% herabzusetzen.

II. *Empfindlichkeit und Genauigkeit.* Die absolute Empfindlichkeit des Urannachweises beträgt bei Verwendung von Bleichlorid als Empfindlichkeitsverstärker 0,0024 mg. Dies entspricht 0,006% U_3O_8 in einer 40-mg-Probe. Unter Verwendung des Graphitverfahrens konnte noch eine Empfindlichkeit von 0,003 mg realisiert werden. Das bedeutet, daß das Bleichlorid eher als Mittel zur Unterdrückung des Hintergrundes denn als Verstärker des Uran-Spektrums wirksam ist. Bei Verwendung dieser Technik erwies sich das Linienpaar U 424,44, V 423,25 nm als am besten geeignet.

III. Die *Standardabweichung* der spektrographischen Werte beträgt durchschnittlich 8,8 bis 11,5%. In Beziehung auf apparative und verfahrenstechnische Einzelheiten, Eichkurven usw. sei hier nur auf die Originalliteratur verwiesen.

IV. Tritt eine *Störung* durch Calcium auf, so werden die Proben entweder mit kristallisiertem Silicium vermischt oder das Extraktionsverfahren zur Uran-Bestimmung verwendet. Es wurde als nötig befunden, nur kristallines Silicium zu verwenden, da die amorphe Form die Empfindlichkeit der Uran-Linien wesentlich herabsetzt. Kristallines Silicium wird aus chemisch hergestelltem Silicium durch 3 Std. langes Erhitzen auf 1050 °C hergestellt.

V. Zur Bestimmung von Spuren Urans im Mangan(IV)-oxid entwickelten *Currah, Beamish, Allen* und *Bartlet* folgende

Arbeitsvorschrift. 5 g Mangan(IV)-oxid-Probe bringt man in einen 125-ml-Erlenmeyerkolben. (Einige Proben kann man durch Zugabe von 10 bis 100 μg Uran „spiken".) Zur Probe werden 10 ml konz. Salpetersäure und anschließend langsam Perhydrol zugegeben, bis sich das gesamte Mangan(IV)-oxid gelöst hat. Die Lösung ist vorsichtig zu kochen, um den Überschuß an Wasserstoffperoxid zu zerstören, in einem Wasserbad abzukühlen und in einen kleinen Scheidetrichter überzuführen. Die Probelösung weist dabei in der Regel ein Volumen von 16 bis 18 ml auf. Der Kolben ist mit einer geringen Menge Wassers auszuwaschen. Die Probelösung wird 3 Min. stark mit 10 ml Hexon (Methylisobutylketon) durchgeschüttelt. Nach Phasentrennung wird erneut 2 Min. mit 5 ml Hexon extrahiert. Die uranhaltigen Hexon-Schichten sind in einem 125-ml-Erlenmeyerkolben zu vereinigen und 3 ml Salpetersäure zuzusetzen. Hierauf werden 5 oder 6 Glasperlen zugegeben und die Lösung 30 Sek. vorsichtig über einem Brenner erhitzt. Das verdampfende Hexon wird am oberen Ende des Kolbens entzündet, der Kolben umgeschwenkt und gelegentlich erwärmt, bis das Hexon zu kochen beginnt und sich braune Dämpfe bilden. Dabei entsteht eine relativ hohe Flammensäule. Nachdem die Flamme zurückgegangen ist, ist die Verdampfung ohne Schwierigkeiten weiter fortzusetzen, und zwar, bis ein teeriger Rückstand erhalten wird. Zu diesem werden 3 ml konz. Schwefelsäure zugefügt; die Probe wird so lange erhitzt, bis sich Schwefeltrioxid-Dämpfe bilden. Der Kolben ist dann etwas abzukühlen und zwecks Zerstörung organischer Substanzen tropfenweise konz. Salpetersäure zuzugeben. Den Kolben erhitzt man erneut so lange, bis sich Schwefel(VI)oxid-Dämpfe entwickeln; hierauf kühlt man wieder ab und setzt erneut Salpetersäure zu. Dieser Prozeß ist so lange zu wiederholen, bis die schwefelsaure Lösung wasserklar oder nur schwach gelb gefärbt ist. Sodann wird die Schwefelsäure vollständig abgeraucht. Sollte noch etwas organische Substanz vorhanden sein, ist obiger Oxidationsvorgang weiter fortzusetzen. 1 ml Salpetersäure wird in den Kolben zugegeben, umgeschwenkt und dann unter vorsichtigem Erwärmen wieder eingedampft. Hierauf ist eine geringe Menge Wassers zuzusetzen, die Lösung zu erwärmen und in ein 30-ml-Becherglas zu übertragen. Der Kolben ist 2mal mit geringen Anteilen Wassers auszuspülen. In der Regel ist diese wäßrige Lösung farblos; andernfalls wird durch ein 7-cm-Filter (Whatman No. 40) filtriert. Nachgewaschen wird mit einigen kleinen Anteilen Wassers. Die Lösung ist sorgfältig auf 0,1 bis 0,3 ml einzuengen und allmählich unter gleichzeitigem Eindampfen auf eine Silberelektrode aufzubringen. Den Boden des Becherglases spült man zweimal mit je etwa 0,2 ml Wasser aus und dampft die Waschlösungen ebenfalls auf der Elektrode ein. Man erzeugt das Spektrum und untersucht die Uran-Linie bei 454,36 nm.

Bemerkungen. a) *Spektrographisches Verfahren.* Die Silberstäbe, die als obere Elektroden Verwendung finden, werden zugeschliffen und in jene, die als untere Elektrode benutzt werden, ein Krater von etwa 3 mm Tiefe gebohrt. Die Elektroden sind durch Eintauchen in verd. Schwefelsäure und anschließendes Waschen mit Wasser zu reinigen. Die in den Krater der unteren Elektrode eingebrachte Probe wird bei 120 °C eingedampft. Ähnliche mit Standard-Uran-Lösungen präparierte Elektroden müssen hergestellt werden, um Spektren zu erhalten, die verschiedenen Uran-Mengen entsprechen. Günstig ist auch, das Silberspektrum als *Leerwert* aufzunehmen. Die Elektroden sind dann in dem Elektrodenhalter zu befestigen, und zwar derart, daß der Abstand zwischen oberer und unterer Elektrode 3 mm beträgt. Zur Erzeugung des Strombogens wird ein gereinigter Graphitstab benutzt; dabei ist ein Strom von 4 A bei 220 V 30 Sek. anzuwenden. Die Spektren werden auf einer Eastman-Kodak-33-Platte, die sich im Plattenbehälter eines *Hilger*-Medium-Quarzspektrographen befindet, aufgenommen. Die Platte wird in einem Eastman-Kodak-D-19-Entwickler entwickelt, fixiert, gewaschen und getrocknet.

b) Die *relativen Intensitäten* der verschiedenen Uran-Linien können visuell verglichen werden. Die Uran-Linien bei 409,01 und 454,36 nm lassen sich leicht erkennen und weisen einen ausreichenden Intensitätsabfall mit zunehmendem Urangehalt auf, wenn Uranspuren anwesend sind.

c) Wird die Manganlösung vor der Extraktion mit Hexon nicht auf 16 bis 18 ml, sondern auf nur *10 ml* konzentriert, so wird zusammen mit dem Uran ein wesentlich größerer Anteil an Mangan extrahiert. Wie oben erwähnt, explodieren Hexon-Salpetersäuremischungen leicht beim Erhitzen. Die Zerfallsneigung nimmt mit zunehmender Salpetersäure-Konzentration von 0 bis 5 ml/25 ml Hexon zu. Proben, die sehr wenig Salpetersäure enthalten, explodieren, wenn man sie auf dem Wasserbad eindampft. Eine höhere Stromstärke oder eine längere Verbrennungsdauer erhöhen die Intensität des Hintergrundes, wodurch die Erkennung der Uran-Linien erschwert wird.

d) Nach Angaben von *Mather* lassen sich im Bereich von 250,0 bis 800,0 nm noch 124 Uran-Linien unterscheiden, wenn die Spektrogramme von Uranylacetat an *Graphit* oder von Uranoxid an *Kupfer* aufgenommen werden. Die Kathodenschicht ergab eine größere Empfindlichkeit als der mittlere Teil des Lichtbogens. In der Kathodenschicht lassen sich noch 10^{-3} mg und im Bogen $5 \cdot 10^{-3}$ mg Uran nachweisen.

e) *Mercader* und *Benavente* benutzen zur spektroskopischen Bestimmung des Urans in Mineralen die Kathodenschichtmethode. Nach ihren Angaben lassen sich Uran-Konzentrationen von weniger als 1% bestimmen, wobei die Resultate in Übereinstimmung mit der chemischen Analyse stehen. *Molybdän* wird als innerer Standard verwendet. Die Methode kann auch auf eine Uran-Konzentration von weniger als 0,5% ausgedehnt werden.

VI. *Dahlman* und *Rynninger* entwickelten eine Methode zur spektrochemischen Bestimmung des Urans in *reinen* Uranylnitrat-Lösungen, die durch Ätherextraktion unreiner Uranlösungen erhalten werden. Als innerer Standard wird Eisen benutzt. Bei geringem Urangehalt ist die *Genauigkeit* der Methode ausreichend; dagegen kann bei mehr als 5 mg Uran ebensogut eine gravimetrische Methode verwendet werden.

VII. Von *Warfield* wurden die Methoden der spektrographischen Analyse zur Bestimmung geringer Uran-Mengen (0,01 bis 1,0% U_3O_8) in *Carnotiterzen* angewendet. Mischungen aus U_3O_8 und Kieselsäure wurden zur Aufstellung einer Eichkurve verwendet. Carnotiterze, die 0,06 bis 0,8% U_3O_8 enthalten, wurden analysiert. Allerdings ist nicht mit einem hohen Grad der Reproduzierbarkeit zu rechnen, da Schwierigkeiten beim Verdampfen der Probe und beim Fokussieren bestehen. Als innerer Standard wurde Mangan(IV)-oxid verwendet.

VIII. Auch *Morozowa* beschreibt eine spektrochemische Bestimmung des Urans in Erzen sowie in deren Raffinationsprodukten. Enthält die Probe mehr als 0,1% Uran, so wird sie mit 9 Gewichtsteilen Kupferpulver (zur Erhöhung der Leitfähigkeit) und mit Ammoniummolybdat als innerem Standard vermischt. Dann wird sie unter einem Druck von 10000 kg/cm² zusammengepreßt. Die auf diese Weise erhaltene Pille wird in einen wassergekühlten Halter gebracht und dann im Wechselstrom-Bogen verdampft. Bei Urangehalten, die geringer als 0,005% sind, wird die Probe mit dem inneren Standard vermischt und in den Krater einer Kupferscheibe, die die untere Elektrode darstellt, eingebracht. Es werden die Linien U II 409,014 und Mo 408,6025 nm gemessen. *Porlezza* und *Donati*, die einen Gleichstrom-Bogen verwendeten, konnten etwa 0,1% U_3O_8 im *Autunit* nachweisen.

IX. *Fred, Nachtrieb* und *Tomkins* verwendeten die Kupferfunkenmethode zur Anregung. Die *Nachweisgrenze* beträgt nach ihren Angaben 500 bis 200 ng (Nanogramm).

X. Eine Methode zur spektrochemischen Bestimmung kleiner Uranmengen in *natürlichen* Materialien wurde von *Moroshkina, Prokof'ev* und *Smirnova* beschrieben.

Als innerer Standard wird Molybdän oder Wolfram in Form des Ammoniummolybdats oder eines Wolframats verwendet. In einem Wechselstrom-Lichtbogen werden die Linien U II 409,0135—Mo I 408,4393 oder U II 447,2335—W I 448,4190 nm gemessen.

XI. Die spektrochemische Methode zur Bestimmung des Urans in Silikaten, die größere Mengen anderer *seltener* Elemente enthalten, wurde von *Held* untersucht, und zwar in Hinblick auf die Eignung verschiedener, flüchtiger Substanzen als Empfindlichkeitsverstärker. Wird Uran mittels der Methode der einfachen Zugabe in einem Gestein, das Allanit, Hämatit, Quarz, Feldspat und Fluorit sowie eine beträchtliche Menge an Niob enthält, unter Verwendung von Germanium(IV)-oxid als Verstärker bestimmt, so sind die Ergebnisse in guter Übereinstimmung mit jenen, die mittels chemischer Analyse erzielt werden.

XII. Nach einer von *Radwan* und *Strzyżewska* mitgeteilten Methode lassen sich 0,01 bis 0,1% Uran in Rückständen der Laugelösungen von Uranerzen spektrographisch in Anwesenheit *beträchtlicher* Mengen Siliciumdioxids, Eisens, Aluminiums, Calciums und Magnesiums bestimmen. Als spektrographischer Puffer wird Graphitpulver verwendet. Die Linie 424,17 nm wird für die Gesamtenergie-Methode und die Linie 409,01 nm für die Methode des teilweisen Eindampfens benutzt.

XIII. Zur *raschen*, spektrographischen Bestimmung des Urans in Erzen hat *Strzyżewska* die von *Nedler* sowie *Rusanov* und *Tarasova* angegebene Technik des Einschüttens vereinfacht. Von den beiden Kupferelektroden besitzt die obere die Form einer kurzen Röhre (Länge 50 mm, $\varnothing$ innen 4 mm, außen 6 mm), die untere ist ein flachgeschnittener Stab. Auf die obere Elektrode wird ein Kupfertrichter aufgesetzt, durch den die zu untersuchende pulverförmige Probe in den elektrischen Bogen geleitet wird. Die anteilsweise (nicht kontinuierliche) Zuführung der Probe aus der Dosiereinrichtung in den Trichter besorgt ein kurzer Transporteur; die einmal eingestellte Einführungsgeschwindigkeit ändert sich nicht mit der Zeit und hängt auch nicht vom spezifischen Gewicht des zu analysierenden Materials ab.

Arbeitsvorschrift. Die zu untersuchende Uranerz-Probe wird zu der Korngröße von 0,06 mm zerrieben: 80 mg dieses Materials werden mit 60 mg Graphitpulver und 40 mg pulverisiertem $K_2S_2O_8$ gut vermischt. Das Gemisch wird mit Hilfe der angegebenen Anordnung in den Wechselstrom-Bogen (220 V, 6 A) zwischen die beiden Elektroden eingeführt. Das entstandene Spektrum wird durch den 20-μm-Spalt des Spektrographen bei 2 Min. Expositionszeit aufgenommen. Als analytische Linie dient die U-Linie 409,014 nm; Vergleichslinie ist entweder die Mo-Linie 408,6025 nm (Mo wird in 0,3%iger Menge zur ursprünglichen Uranerz-Probe zugefügt und zusammen mit dem Erz auf die angeführte Art weiter verarbeitet) oder die V-Linie 409,06 nm (aus dem Spektrum des Erzes).

Bemerkungen. a) Die *Eichkurve* (Gerade) wird auf die gleiche Art mit Erzproben von bekanntem U-Gehalt und von annähernd gleicher Zusammensetzung gewonnen.

b) Im Konzentrationsbereich von 0,01 bis 0,2% beträgt der *Analysenfehler* etwa ± 6 Relativprozente.

c) Eine Methode zur spektrographischen Bestimmung des Urans in Erzen und in *Rückständen* nach der Auslaugung des Urans wurde von *Czakow*, *Radwan* und *Strzyżewska* entwickelt. Als Elektroden werden vertikale Kupferelektroden verwendet, von denen die obere eine *Sifter*-Elektrode und die untere ein flacher Kupferstab ist. Die Probe wird im Verhältnis 1:3 oder mit weniger (wenn die Erze Kohlenstoff enthalten) Graphitpulver vermischt und in einen *Swietnicki*-Wechselstrom-Bogen gebracht, in dem der 30-W-Transformator gegen einen von 300 W ausgetauscht wurde, was zur Folge hat, daß der Hochfrequenzfunke stärker ist und verursacht, daß das Pulver aus der Elektrode herausfällt. Die analytische Linie des Urans von 409,014 nm wird mit der Linie 408,303 nm des inneren Standards Molybdän verglichen. Das Spektrum wurde in einer Argon-Sauerstoffatmosphäre erzeugt und ein großer Glasspektrograph (ISP-51) verwendet. Diese Methode erwies sich als geeignet zur Bestimmung von Uran-Konzentrationen von 10^{-3} bis $10^{-1}\%$. Die *Präzision* beträgt $\pm$ 2,8%, der *mittlere Fehler* der Einzelmessung $\pm 4{,}7\%$.

Literatur

Currah, J. E., Beamish, F. E., Allen, W. F., u. *Bartlet, J. C.:* Natl. Research Council Can. At. Energy Project, N. R. C. No. 1628 (1945). – *Czakow, J., Radwan, Z.,* u. *Strzyżewska, B.:* Chem. Anal. (Warsaw) **4,** 819 (1959).

Dahlman, B., u. *Rynninger, R.:* Svensk Kem. Tid. **61,** 204 (1949).

Fred, M., Nachtrieb, N. H., u. *Tomkins, F. S.:* J. opt. Soc. Am. **37,** 279 (1947).

Held, S.: Bl. Res. Council Israel A **8,** (1959).

Mather, K. B.: J. Proc. Roy. Soc. N. S. Wales **80,** 187 (1947). – *Mercader, A. L.,* u. *Benavente, E. P.:* An. Argentina **37,** 235 (1949). – *Moroshkina, T. M., Prokof'ev, V. K.,* u. *Smirnova, M. N.:* Betriebslab. (russ.) **23,** 1324 (1957). – *Morozova, N. G.:* Zhur. Anal. Khim. (russ.) **12,** 185 (1957).

Nedler, V. V.: Betriebslab. (russ.) **21,** 1056 (1955).

Porlezza, C., u. *Donati, A.:* Ann. Chim. applic. **16,** 622 (1926).

Radwan, Z. U., u. *Strzyżewska, B.:* Chem. Anal. (Warsaw) **3,** 737 (1958). – *Rusanov, A. K.,* u. *Tarasova, T. I.:* Ž. Anal. Chim. (russ.) **10,** 267 (1955).

Scott, R. C.: Analyst **66,** 142 (1941). – *Steadman, L. T.:* J. opt. Soc. Am. **38,** 1100 (1948). – *Strasheim, A.:* Spectrochim. Acta **4,** 200 (1950). – *Strzyżewska, B.:* Chem. Anal. (Warsaw) **5,** 277 (1960).

Warfield, J. M.: Quart. Colo. School Mines **47,** 1 (1952).

7.2 Röntgenspektralanalytische Methoden[1]

Diese Methoden haben sich als nützlich erwiesen bei der Uran-Bestimmung in uranhaltigen Mineralen usw. Ein spezifischer Vorteil dieser Methode ist der relativ kleine Einfluß, den Unterschiede in der Zusammensetzung der Hauptbestandteile der Probe und die Gegenwart von Begleitkomponenten auf die Analysenresultate ausüben.

Besonders bewährt hat sich die Methode zur Bestimmung von Beimengungen, vor allem seltenen Erden, im Uran.

Birks und *Brooks* (a) beschreiben eine Methode zur Analyse von Uran-Lösungen mittels Röntgenfluorescenz. 1 ml Lösung wird in einer Aluminiumschale elektrisch auf etwa 100 °C erhitzt. Hierauf wird die Röntgenfluorescenz des trockenen Salzes unter Verwendung der L_α-Linie gemessen. Standards wurden auf dieselbe Weise hergestellt und gemessen. Die Bestimmung wird durch andere Elemente nicht gestört. Eine Ausnahme ist Blei, das aber auch erst dann stört, wenn es die Uran-Konzentration um 10% überschreitet. Es lassen sich noch 0,05 g Uran/l mit einer *Genauigkeit* von 5% nachweisen.

Ebenfalls von *Birks* und *Brooks* (b) wurde später die Anwendung eines Röntgenspektrometers mit gebogenem Kristall zur Mikroanalyse beschrieben. Bei Anwendung von 1-mg-Proben beträgt die *Standardabweichung* für ppm-Mengen Niob, Hafnium, Tantal, Thorium und Uran durchschnittlich 13%.

Pish und *Huffman* beschreiben eine rasche und genaue Methode, wonach wäßrige

---

[1] Weitere Verfahren wurden von folgenden Autoren beschrieben: *Parthey, H.:* Z. analyt. Chem. **209,** 398 (1965); *Conti, R., Toussaint, C. J.,* u. *Vos, G.:* Anal. Chim. Acta **37,** 277 (1967); **41,** 83 (1968); *Stewart, J. H., Barton, T. H.,* u. *Ferguson, M. R.:* Anal. Chem. **40,** 27 (1968); *Ertel, D.:* J. radioanalyt. Chem., **2,** 205 (1969); *Pella, P. A.,* und *von Bächmann, A.,* Anal. Chim. Acta **47,** 431 (1969); *Schäfer, E. A., Elliot, P. F.,* u. *Hibbits, J. O.:* Anal. Chim. Acta, **44,** 21 (1969); *Enomoto, S.,* und *Tominaga, H.:* Proc. Jap. Conf. Radioisotop., 9th, Tokyo 261-3 (1969); *Gant, P. L.,* u. *Motes, B. G.:* Trans. Amer. Nucl. Soc. **12,** 518 (1969); *Neuber, J.,* Report NP-18228, Januar 1970; *Ertel, D.,* u. *Wettstein, W.* Report KFK-1121, März 1970.

und nichtwäßrige Lösungen des Urans und Thoriums unmittelbar analysiert werden können. Bei der Probevorbereitung braucht den wäßrigen Lösungen nur eine Strontium-Lösung als innerer Standard zugegeben werden. Den organischen Lösungen wird Brombenzol zugesetzt. Die Eichkurven für Thorium sowohl als auch für Uran im Konzentrationsbereich von 0 bis 250 mg Thorium und 0 bis 5,0 mg Uran/ml Lösung weisen einen linearen Verlauf auf.

Campbell und *Carl* verwenden eine kombinierte radiometrische und röntgenfluorescenz-spektrographische Methode zur Bestimmung des Urans und Thoriums. Die Probe (325 mesh), von der man annimmt, daß sie sich im Gleichgewichtszustand befindet, wird in einen geeigneten Behälter gebracht und mittels eines Spatels auf eine bestimmte Dicke abgepreßt. Der Behälter mit Probe wird dann in einem vorher bestimmten, genau eingestellten Abstand vor das Fenster eines Geigerzählrohres gebracht, die Radioaktivität 8 Min. gemessen und der Untergrund abgezogen. Durch Vergleich mit einer *Eichkurve*, die mittels radioaktiver Standards aufgestellt worden war, wird der „prozentuale Äquivalentgehalt an Uran" erhalten. Die Probe wird hierauf in den Röntgenfluorescenz-Spektrographen gebracht, wo das Verhältnis Thorium:Uran ermittelt wird. Als erste Näherung kann man die Linienintensitätsgleichung $Th_{L_\alpha}/U_{L_\alpha} = C$ (Gew.-% Th/Gew.-% U) anwenden, in der C auf Grund von Messungen von Proben mit bekannten Uran- und Thoriumgehalten ermittelt wird. Mittels der obigen Gleichung läßt sich dann der Thorium- und Urangehalt ermitteln. Die Methode ist unabhängig vom Mineraltyp oder der Matrix der Probe, und die untere Nachweisgrenze beträgt 0,01 bis 0,03% Uran oder Thorium. Die Analyse kann in etwa 20 Min. ausgeführt werden.

Von *Kehl* und *Russell* wird eine Methode zur Bestimmung des Urans in Wässern und Salzlösungen (z. B. Erdölwässern) beschrieben. Das Uran wird nach der Methode von *Smith* und *Grimaldi* als Phosphat mit Aluminiumphosphat als Kollektor gefällt und der Rückstand verascht. Die Asche wird bestrahlt und das Spektrum mittels eines Norelco-Röntgenspektrographen, der mit einem aus Lithiumfluorid bestehenden Analysatorkristall ausgestattet ist, aufgenommen. Werden natürliche Proben gemessen, so ist Yttriumnitrat als innerer Standard erforderlich. Enthält die Matrix keine absorbierenden Elemente, so lassen sich noch 0,01 mg Uran/l Wasserprobe gut messen. Die Analysendauer beläuft sich auf etwa 10 Min. je Probe, wenn kein innerer Standard verwendet wird. Anderenfalls sind 15 Min. erforderlich, ausgenommen die Zeit, die für die Fällung erforderlich ist.

Arbeitsvorschrift. 500 ml Wasserprobe sind durch Glaswolle zu filtrieren und mit Salpetersäure anzusäuern. Dann werden 20 mg Aluminium- und 60 mg Diammoniumphosphat-Lösung zugesetzt. Das Aluminium-Ion dient als Mitfällungsmittel für Uran, während das Diammoniumphosphat die Fällung des Aluminiums und der Uranyl-Ionen als Phosphate, die leichter filtrierbar sind als die Hydroxide, ermöglicht. Die Lösung ist etwa 1 Min. zur Entfernung von Kohlendioxid zu kochen, der pH-Wert durch Zusatz von Ammoniak gerade bis zum Umschlag von Methylrot, d. h. bis zum Auftreten der Mischfarbe des Indikators, einzustellen. Nach 10 Min. langem Stehen wird die Mischung über ein aschefreies Filterpapier filtriert; der Niederschlag ist mit verd. Ammoniumnitrat-Lösung zu waschen, schließlich das Filter mit dem Niederschlag zu veraschen.

Bemerkungen. I. Falls natürliche Proben verwendet werden, werden 0,28 mg *Yttrium* als Nitrat zu 500 ml Probelösung (natürliches Wasser, Sondenwasser usw.) als innerer Standard zugesetzt. Die Fällung wird dann, wie oben beschrieben, ausgeführt, wobei sich das Yttrium wie Uran verhält.

II. In Beziehung auf die apparativen Einzelheiten dieser Methode sowie der *Meßvorgänge* sei auf die Originalliteratur verwiesen.

III. *Barringer* beschreibt die Anwendung des General Electric XRD-3-Röntgenspektrometers zur Uran-Analyse. Nach seinen Angaben kann man die *monochro-*

matische Röntgenstrahlen-Absorption auf die verschiedenartigsten Uranproben anwenden. Es lassen sich Uranmengen von 500 μg/ml bis 0,02 g/ml unmittelbar bestimmen.

IV. Von *Wilson* und *Wheeler* wird eine Methode zur Bestimmung des Urans in Lösungen durch Röntgenspektrometrie angegeben. Dieses Verfahren ist rasch, genau und wird in salpetersaurer Lösung ausgeführt. Das Uran in der Lösung wird durch einen primären Röntgenstrahl angeregt, worauf die Fluorescenzintensität der U-$L_{\alpha 1}$-Linie mittels eines Kristallspektrometers mit einem Scintillationszähler und einem Impulshöhen-Analysator gemessen wird.

V. Von *Silverman, Houk* und *Moudy* wird eine rasche Methode zur Bestimmung von Urandioxid in *rostfreiem Stahl* durch eine direkte Röntgenfluorescenz-Analyse nach Aufschluß der Probe mit Königswasser und Perchlorsäure beschrieben. Die Strahlenintensität wird mittels eines Scintillationszählers gemessen. Als innerer Standard wird Strontium verwendet. Die Uranbestimmung wird durch die Anwesenheit großer Eisen-, Chrom- oder Nickelmengen nicht gestört, wenn die vorgeschriebene Verdünnung eingehalten wird. Die Zählzeit für 4 Impulspaare (Uran und Strontium) beträgt etwa 12 Min. Bei Verwendung synthetischer Proben mit Urangehalten von 15 bis 25% Urandioxid konnte eine Standardabweichung entsprechend 0,5 bis 1% des anwesenden Urandioxidgehaltes festgestellt werden.

Arbeitsvorschrift. 1 g Stahlprobe ist in 20 ml Königswasser zu lösen; der Lösung werden einige Tropfen Flußsäure und 15 ml Perchlorsäure zugesetzt. Hierauf ist die Lösung bis zum Auftreten dichter Perchlorsäurenebel einzudampfen. Nach Abkühlen wird sie verdünnt; mittels einer Pipette werden 2 ml einer Standard-Strontiumnitrat-Lösung zugesetzt. Man überträgt in einen 100-ml-Meßkolben und füllt mit Wasser zur Marke auf. Etwa 10 ml dieser Lösung werden zum Füllen der Lösungszelle verwendet. Es waren 40 bis 70 Sek. erforderlich, um die 204800 Impulse zu zählen, welche für die K_α-Linie des Strontiums und die L_α-Linie des Urans gemessen wurden. Das Verhältnis der Zählzeit des Strontiums zum Uran (etwa 4 Paare der Impulse) berechnen und die Urankonzentrationen mittels einer *Eichkurve* ermitteln.

Bemerkungen. a) Von *Flikkema, Schablaske* und *Larsen* wird eine röntgenspektrometrische Methode zur Bestimmung von *Milligrammengen* Urans in Lösung beschrieben (s. Abschnitt 6.5.1.2, S. 322). In Beziehung auf ihre rasche Durchführbarkeit und *Genauigkeit* ist sie mit den spektrophotometrischen Methoden vergleichbar, und wegen ihrer geringen Störungsanfälligkeit soll sie geeigneter sein als photometrische Methoden.

b) Von *Moak* und *Pojasek* stammt eine Methode zur Uranbestimmung in UO_2—Al_2O_3-Brennstoffelementen. Diese werden durch Schmelzen mit Kaliumpyrosulfat gelöst und das Uran in der Lösung mit einem primären Röntgenstrahlbündel aus einer Wolframröhre angeregt. Die Intensität der $L_{\alpha 1}$-Linie wird dann mittels eines Kristallspektrometers und eines Scintillationszählers gemessen.

Arbeitsvorschrift. *Standards.* Die Standardlösungen werden durch Schmelzen von reinem Uranylnitrat und Aluminiumoxid mit Kaliumpyrosulfat hergestellt. Die Schmelze wird in dest. Wasser, das mit einigen Tropfen Schwefelsäure angesäuert ist, gelöst und die Lösung auf die gewünschte Konzentration (0,94 mg Uran/ml bis 1,28 mg Uran/ml) verdünnt.

Herstellung der Probe erfolgt auf dieselbe Art wie die Herstellung der Standards, nur daß die Probe vorher ausreichend homogenisiert und gequartelt werden muß. Die erhaltene Probelösung wird derart verdünnt, daß sie eine Urankonzentration von etwa 1 mg/ml aufweist.

Messung. Die Probe wird in den Spektrographen gebracht und die Uran $L_{\alpha 1}$-Linie nach Ablauf von 128000 Impulsen gemessen. Die Zeiten werden in Impulse/Sek. (Intensität) umgewandelt. Aus der Intensität läßt sich dann mit Hilfe der Eichkurve die Urankonzentration ermitteln.

Bemerkungen. α) Die *Standardabweichung* der Methode beträgt 1,8%. Für die Messungen wird ein Norelco (Philips Electronics)-Röntgenstrahlen-Spektrometer verwendet.

β) Von *Borovski*, *Blochin* und *Grshibovskaja* wurden verschiedene Erze und Minerale auf *Spurenelemente* mittels eines Röntgenstrahl-Spektrographen unter Verwendung eines gebogenen Kristalls analysiert. Für die spezielle Herstellung reiner Elementstandards wurde ein Verhältnis zwischen der Intensität der Linien und der Konzentration der Elemente Mn, Cr, Sr, Y, Zr, Nb, Mo, Ce, La, Pr, Nd, Ta, W, Pb, Th und U gefunden.

γ) *Voronova* beschreibt ebenfalls eine Methode zur Bestimmung von Uran und Thorium mittels deren Röntgenspektren. Zur Bestimmung des Urans und Thoriums wird *Strontium* als Vergleichselement verwendet.

δ) *Smithson*, *Eager* und *van Cleaver* geben eine Methode zur Bestimmung des Urans in Flotationskonzentraten und Auslaugelösungen an. Durch direkte röntgenfluorescenzanalytische Messung der Flotationskonzentrate können *angenäherte* Resultate für Uran erhalten werden. Wesentlich genauer gestaltet sich jedoch die Analyse, wenn man Strontium oder Yttrium als innere Standards verwendet. Diese Methode ist in der Ausführung kürzer als die üblichen, chemischen oder fluorometrischen Methoden. Uran in organischen Lösungsmitteln, die bei Flüssig-flüssig-Extraktionsuntersuchungen verwendet werden, kann eben so bestimmt werden. Zur Probe wird eine wäßrige Lösung des inneren Standards gegeben, und nach Zusatz von absolutem Äthanol als Dispersionserleichterer wird die Mischung zur Trockne gebracht, der Rückstand 30 Min. zerrieben und das Röntgenspektrum aufgenommen. Uran in organischen Lösungsmitteln wird unter Zugabe von Brombenzol als innerer Standard bestimmt. Die untere Grenze der Bestimmung von U_3O_8 ist etwa 0,02% in festen Stoffen und 0,1 mg/ml in Lösung.

ε) Die röntgenfluorescenzanalytische Bestimmung des Urans, Thoriums, Bleis, Tantals, Hafniums, Niobs, Zirkoniums, Yttriums und Strontiums in Erzen und Mineralen wurde von *Narbutt* und *Bespalova* unter Verwendung eines *universalfokussierenden* Röntgenspektrometers, eines *Geiger*-Zählers und einer speziellen Methode zur Wägung und Vorbereitung der Proben untersucht.

ζ) Die Anwendung der Röntgenstrahlenfluorescenz-Spektroskopie zur Bestimmung von Uran und Thorium wurde auch von *Jones* untersucht. Es werden mehrere Methoden beschrieben. In reinen Lösungen beträgt die *Empfindlichkeit* der Uran- bzw. Thorium-Bestimmung 5 bis 10 ppm. Zu Lösungen, die große Mengen an Verunreinigungen enthalten, wird Strontium als innerer Standard zugegeben. Die *Genauigkeit* der Bestimmungen ist etwa 1%, vorausgesetzt, daß die Messungen im optimalen Konzentrationsbereich ausgeführt werden.

η) *MacKay* und *Thorne* haben gezeigt, daß es vorteilhaft ist, zur Erregung von Fluorescenzspektren eine radioaktive Substanz, vorzugsweise Americium-241, zu benutzen, wenn man Uran und *Plutonium* röntgenfluorescenzanalytisch bestimmen will. Die Analyse der Strahlung kann mit einem Proportionalzähler (Xenon) und einem elektronischen Amplituden-Analysator durchgeführt werden. Wenn nötig, können die Strahlungen des Urans und Plutoniums getrennt gemessen werden, wenn man die Zähler mit Filter aus Platin, Iridium und Gold versieht.

ϑ) *Bermudez Polonio* und Mitarbeiter beschrieben eine Methode zur Bestimmung des Urans in Mineralen. Sie fanden, daß Strontium als innerer Standard am *geeignetsten* ist. Verwendet wurde ein Philips-Norelco-Röntgenfluorescenz-Spektrometer mit einem Lithiumfluorid-Kristall als Beugungsgitter-Analysator. Die Intensität der Uran-L_α-Linie wurde berechnet und auf die entsprechende Strontium K_α-Linie bezogen; beide wurden mit einem Scintillationszähler nachgewiesen. Die untere Grenze der bestimmbaren U_3O_8-Konzentration ist 0,01%; die *Standardabweichungen* betragen 5,1 und 2,3% für Uranoxidgehalte von 0,1% bzw. 0,5%. Eine einzelne Bestimmung kann innerhalb von 15 Min. ausgeführt werden.

ι) Von *Shalgosky* und *Watling* wurde gezeigt, daß sich die Röntgenfluorescenz-Spektroskopie auch zur Bestimmung des Urans in *uranarmen* Erzen eignet. Sie benutzten Molybdän als inneren Standard. Die Ergebnisse ihrer Untersuchungen stimmten gut mit jenen überein, bei denen geschmolzene Mischungen des Erzes mit Borax in Gegenwart von Strontium als innerem Standard verwendet wurden. Die Methode ist auf Erze anwendbar, die wenigstens 200 ppm Uran enthalten müssen.

Arbeitsvorschrift nach *Shalgoski* und *Watling*. Die Erzprobe ist unter Äther in einem Achatmörser zu zerreiben; nach dem Trocknen vermischt man 0,5 g Probe mit 1,5 g Molybdän-Standard, der 0,0015 g MoO_3 enthält. Die Mischung wird dann unter Äther feinstens zerrieben und schließlich getrocknet. Die Probe wird hierauf in einem Röntgen-Spektrograph untersucht und der Urangehalt aus den Intensitäten der Uran-L_α- und Molybdän-K_α-Linien unter Zuhilfenahme einer *Eichkurve* bestimmt.

Bemerkungen. aa) Zur raschen Bestimmung von 100 bis 1000 ppm Uran in einer *Aluminiumlegierung* (214X)-Matrix wurde eine Methode von *Musil* entwickelt. Die röntgenfluorescenzanalytische Bestimmung kann in etwa 20 Min. ausgeführt werden. Die *Empfindlichkeit* der Methode wird mit etwa 10 ppm angegeben.

bb) Die Methode der Röntgenfluorescenz-Analyse wurde auch zur Bestimmung von Uran, Thorium und Blei in *Zirkonen* benutzt (*Buchs*). In 200-mg-Proben von Granit und Gneis können 10 bis 10000 ppm dieser Elemente mit einer *Genauigkeit* bestimmt werden, die ausreicht, die Alpha-Aktivität der Minerale zu bestimmen. Die Methode ist rasch, und es sind nur kleine Probemengen erforderlich, die sich danach weiter verwenden lassen. Außerdem besteht keine Gefahr einer Verunreinigung durch Reagenzien.

cc) Weitere auf der Röntgenfluorescenz-Analyse beruhende Methoden wurden zur Bestimmung des Blei-Uran-Verhältnisses in *Allaniten* (*Bhattacherjee* und *Kumar*) sowie zur Bestimmung des Urans in Niob(III)-chlorid (*Hakkila, Hurley* und *Waterbury*) und in sedimentären, kohlenstoffhaltigen Ablagerungen (*Siemens* und *Schwarz*) herangezogen.

dd) Uran in 20 vol.-%igen Tributylphosphat-Kerosin-Lösungen wurde auch röntgenfluorescenzanalytisch bestimmt (*U. K. A. E. A.* 1963). Die Methode ist anwendbar auf Lösungen, die 0,05 bis 40 mg Uran/ml enthalten. Enthält die Probe mehr als 1% Verunreinigungen, oder übersteigt die Spaltproduktausbeute 10^9 dpm[1]), so wird Thorium als innerer Standard verwendet. Die Proben werden *direkt* in einem Röntgenfluorescenz-Spektrograph, ausgestattet mit einer Wolframantikathode, untersucht, die Intensität der L_α-Strahlung aufgezeichnet und mit derjenigen einer Standardlösung verglichen.

ee) Eine Methode zur Bestimmung des *Urans* und *Thoriums* in Mineralen und Lösungen mittels Röntgen-Spektrographie wurde auch von *de Wappner* angegeben. Die Mineralproben können entweder mit Borax geschmolzen oder zerrieben und zu Pillen gepreßt werden, und zwar als solche oder zusammen mit Nitrocellulose. Zur Bestimmung des Urans und Thoriums wird eine Wolframanode als Röntgenstrahlenquelle benutzt, die eine maximale Intensität von 0,39 bis 0,51 Å bei 40 kV liefert. In Verbindung damit werden eine *Geiger-Müller-Röntgen*detektor-Röhre und ein Natriumchloridkristall-Goniometer verwendet. Diese Methode hat den Vorteil, daß sie zerstörungsfrei arbeitet und nur kleine Proben von 10 bis 100 mg zur Messung benötigt werden.

ff) Eine *kombinierte*, röntgenspektrographische und radiometrische Methode zur Bestimmung von Uran und Thorium in Erzen und Mineralen wurde von *Demyanikov* und *Melikhov* entwickelt. Die gepulverte Probe wird auf die Anode einer Röntgenröhre gebracht; die Spektrallinien werden photographisch aufgezeichnet, nachdem die Strahlung einen Aluminiumkeil durchlaufen hat. Die relativen Intensitäten zweier Linien werden in Beziehung zu ihren Höhen gebracht und demzufolge ist das

---
[1] Zerfälle je Minute.

Verhältnis der Konzentrationen zweier Elemente in der Probe bestimmbar. Im Fall des Urans und des Thoriums kann eine radiometrische Methode benutzt werden, um die Summe ihrer Gehalte zu ermitteln. Mit Hilfe dieser beiden Methoden werden so die Konzentrationen der einzelnen Elemente erhalten.

gg) Die Röntgen-Rayleigh-Streuungsmethode wurde von *McCue* und Mitarbeitern zur Bestimmung des Urans in Lösung herangezogen.

Eine Röntgenbeugungsmethode wurde zur Bestimmung von Urankarbiden in binären und Mehrkomponentenmischungen vorgeschlagen (*Conti, Toussaint* und *Vos*).

Literatur

Barringer, R. E.: U. S. A. E. C. Rep. TID-7516, 161 (1956). – *Bermudez Polonio, J., de la Cruz Castillo, F.,* u. *Fernandez Cellini, F.:* Anales Real Soc. Esp. Fís. Quím. (Madrid) B **56**, 579 (1960). – *Bhattacherjee, S. B.,* u. *Kumar, M. N.:* Anal. Chem. **36**, 1400 (1964). – *Birks, L. S.,* u. *Brooks, E. J.:* (a) Anal. Chem. **23**, 707 (1951); (b) **27**, 437 (1955). – *Borovski, I. B., Blochin, M. A.,* u. *Grshibovskaya, L. A.:* Bl. Acad. URSS., Sér. phys. **4**, 122 (1940); durch Chem. Abstr. **1941**, 2089; vgl. auch C. **112**, 2713 (1941). – *Buchs, A.:* Helv. **45**, 741 (1962).

Campbell, W. J., u. *Carl, H. F.:* Anal. Chem. **27**, 1884 (1955). – *Conti, R., Toussaint, C. J.,* u. *Vos, G.:* Anal. chim. Acta **41**, 83 (1968).

Demyanikov, I. G., u. *Melikhov, V. D.:* Betriebslab. (russ.) **27**, 1109 (1961).

Flikkema, D. S., Schablaske, R. V., u. *Larsen, R. P.:* Pr. 2nd Intern. Conf. Peaceful Uses Atomic Energy, Geneva 1958, Vol. **28**, 609; United Nations: New York 1958. Vgl. auch C. **133**, 14262 (1962).

Hakkila, E. A., Hurley, R. G., u. *Waterbury, G. R.:* USAEC, Rep. LA-3159 (1964).

Jones, R. W.: Atomic Energy of Canada, Rep. CRDC-843, 1959.

Kehl, W. L., u. *Russell, R. G.:* Anal. Chem. **28**, 1350 (1956).

MacKay, K. J. H., u. *Thorne, R. P.:* U. K. A. E. A. Rep. DEG 134 (CA), 1960. – *McCue, J. L., Bird, L. L., Ziegler, C. A.,* u. *O'Connor, J. J.:* Anal. Chem. **33**, 41 (1961). – *Moak, W. D.,* u. *Pojasek, W. J.:* U. S. A. E. C. KAPL-1879, 1957. – *Musil, F. J.:* USAEC Rep. GAT-T-1053 (1962).

Narbutt, K. I., u. *Bespalova, I. D.:* Betriebslab. (russ.) **24**, 617 (1958).

Pish, G., u. *Huffman, A. A.:* Anal. Chem. **27**, 1875 (1955).

Shalgosky, H. I., u. *Watling, J.:* A. E. R. E. Rep. R 3666 (1961). – *Siemens, H.,* u. *Schwarz, E.:* Z. Erzbergb. Metallhüttenw. **17**, 233 (1964). – *Silverman, L., Houk, W. W.,* u. *Moudy, L.:* Anal. Chem. **29**, 1762 (1957). – *Smith, A. P.,* u. *Grimaldi, F. S.:* U. S. Geol. Surv. Bl. **1006**, 125 (1954). – *Smithson, G. L., Eager, R. C.,* u. *van Cleaver, A. B.:* Canad. J. Chem. **37**, 20 (1959).

U. K. A. E. A.: U. K. A. E. A. Rep. PG 428 (W), 1963.

Voronova, L. A.: Betriebslab. (russ). **11**, 1075 (1945); durch Chem. Abstr. **1946**, 7059.

de Wappner, B. G.: An. Argentina **50**, 97 (1962). – *Watling, J.:* AERE-AM 81 (1961). – *Wilson, H. M.,* u. *Wheeler, G. V.:* Appl. Spectroscopy **11**, 128 (1957).

7.3 Emissionsspektrographische Methoden zur Isotopenanalyse[1]

Der Emissionsspektrograph hat in den letzten Jahren ausgedehnte Verwendung zur Uran-Isotopenanalyse gefunden. Die Isotopen-Linienverschiebung kann auf Grund der Tatsache bestimmt werden, daß das Ausmaß der Verschiebung der Linien eine Funktion der relativen Konzentrationen beider Isotopen ist. Dies erwies sich jedoch als weniger wünschenswert als eine Messung der Linienintensität selbst, da ja die Linienintensität eines Isotops eine Funktion von dessen Konzentration in der Probe darstellt. Die zweite Methode erwies sich als genauer. Von *Smith* und *Burkhart* sowie *Stukenbroeker, Smith, Burkhart* und *MacNally* wurden einige gute Methoden zur Messung der Linienintensität entwickelt, und zwar zur Bestimmung des Urans-235

---

[1] Weitere Methoden wurden von folgenden Autoren beschrieben: *Berthelot, C. A.,* u. *Lauer, K. F.:* Appl. Spectrosc. **19**, 84 (1965); *Leys, J. A.,* u. *Perkins, R. E.:* Anal. Chem. **38**, 1099 (1966); *Chaussy, L.,* u. *Boyer, R.,* Report CEA R-3752, 1969; *Capitini, R., Ceccaldi, M., Leicknam, J.-P.,* u. *Rabec, J.:* Report CEA-R-3457(2), Februar 1970.

im Konzentrationsbereich von 0,5 bis 90,0%. Eine von *Daniel* beschriebene Methode ergibt eine Standardabweichung von etwa 5%.

Von *Jolley* wird eine Methode zur spektrographischen Bestimmung des Urans-235 in Konzentrationen von 0,7 bis 1,5% in angereicherten Brennstoffelementen angegeben. Diese Methode benutzt das Intensitätsverhältnis der Uran-235-Linie 424,4124 nm (Probe) und der Uran-238-Linie 424,355 nm (Standard). Die *Standardabweichung* der Methode mit oder ohne Verwendung von ZnO als Puffer beträgt 0,031% Uran-235, wenn dieses zu 0,7 bis 1,0% vorhanden ist.

Von *Vogel* stammt eine Methode zur Bestimmung des Urans-235 im Konzentrationsbereich von 0,2 bis 2,0 Gew.-%. Die Schwierigkeiten, die in der photometrischen Messung der nahe beieinander liegenden Linienpaare auftreten, die große Intensitätsdifferenzen aufweisen, werden durch Verwendung eines Echelle-Spektrographen, der mit einem kleinen Filter in der Fokusebene ausgestattet ist, überwunden. Bei dieser Arbeitstechnik ist die Auswahl einer inneren Standardlinie nicht beschränkt durch deren relative Intensität, wodurch dasselbe Linienpaar in allen Konzentrationsbereichen verwendet werden kann. Die relative *Genauigkeit* der Bestimmung beträgt $\pm 4,6\%$ und $\pm 3,6\%$ für Uran-235-Konzentrationen von 1,30% bzw. 0,711%.

Mullin, Yuster und *Graff* entwickelten ebenfalls eine spektrochemische Methode zur Bestimmung des Urans-235, die zur Bestimmung von weniger als 0,23% dieses Isotops benutzt werden kann. Die Probe wird in einem Hochvolt-Bogen zu U_3O_8 verbrannt, und zwar ohne Anwendung von Puffersubstanzen. Auf einer photographischen Platte werden dann die Linien der dritten Ordnung der optischen Dichte gemessen.

Zur Bestimmung des Uran-235-Gehaltes in stark angereicherten Uran-Proben wird von *Murphy* eine emissionsspektrographische Technik unter Verwendung eines Prisma-Echelle-Spektrographen angegeben. In diesem System wird eine zweidimensionale Dispersion verwendet, die eine größere Dispersion ergibt, demzufolge ein größerer Wellenlängenbereich als mit einem mittleren Spektrographen ausgenützt werden kann. Diese erhöhte Dispersion gestattet die Identifizierung und Intensitätsmessung der Uran-238- und Uran-235-Linien. Das Intensitätsverhältnis von Uran-238/Uran-235 gegenüber Uran-235 (in %) weist auf einer doppellogarithmischen Skala einen linearen Verlauf auf. Quantitative Analysen von Uran-235 in angereicherten Uran-Proben stimmen mit den massenspektrographischen Messungen innerhalb 0,2% von Uran-235 überein. Diese *Genauigkeit* läßt sich jedoch in Anwesenheit von Uran-236 nicht erzielen. Die Messung des Uran-235-Isotops liegt fast innerhalb der Grenzen der emissionsspektrographischen Methoden.

Zur quantitativen, spektrographischen Analyse der isotopischen Zusammensetzung angereicherten Urans wird von *Striganov, Gavrilov* und *Efremov* folgende **Arbeitsvorschrift** verwendet. Die Spektren sind in einem Wechselstrombogen mit einem Bogenspalt von 2,5 mm unter Verwendung von 5 A zu erzeugen. Als Proben werden wäßrige Lösungen des Uranylnitrats verwendet. Die Standards sind aus analysiertem, angereichertem Uran zu bereiten, das massenspektrometrisch auf die Uranisotope 234, 235 und 238 analysiert worden ist. Die Uranlösung wird in Glasschalen eingedampft, 0,06 ml Wasser für jedes Milligramm anwesendes, metallisches Uran zugesetzt und 0,001 ml 2n Salpetersäure je Milliliter Lösung zugegeben. Einen Tropfen der Probe bringt man auf die polierte, flache Oberfläche einer Graphitelektrode von 5 mm Durchmesser, dampft ein und erhitzt in einem Ofen 10 Min. auf 150 bis 200 °C. Die Analyse wird dann bei der Uran-Linie 424,4374 nm, die eine Isotopenverschiebung von 0,0246 nm aufweist, ausgeführt. Die *Eichkurven* mit den Koordinaten $\log(I_5/I_8)$ und $\log(C_5/C_8)$ werden aufgestellt, wobei I_5 und I_8 die Intensitäten der Isotopenlinien von Uran 235 und 238 darstellen, C_5 und C_8 den Konzentrationen der Isotopen relativ zu ihrer Gesamtmenge entsprechen. Zur Berechnung der gegenseitigen Überlagerung der Linien und des Hintergrundes wird die Schwärzung links und rechts der Uran-235- und Uran-238-Linien und auch des dazwischenliegenden Minimums gemessen. Die Kurven überschneiden einander in dem Punkt, wo $C_5 = C_8 = 50\%$. Die Überlagerung biegt die Kurve zur Konzentrationsachse unterhalb 10% und oberhalb 90%. Das Diagramm ist aus dem Fixpunkt $\log(I_5/I_8) = 0$, $\log(C_5/C_8) = 0$ und aus einem der Standards zu konstruieren.

Bemerkungen. I. Für geringe und hohe Uran-235-Konzentrationen von 3 bis 10% bzw. 90 bis 97% werden zweckmäßig *zwei* Standards benutzt. Um Gerade zu erhalten, sind in diesem Fall der Hintergrund und die gegenseitige Überlagerung zu berücksichtigen. Für Uran-235-Konzentrationen von 0,7 bis 3% ist die Kurve *nicht linear*, selbst wenn diese beiden Faktoren berücksichtigt werden.

II. Der *Fehler* der Einzelbestimmung bei Konzentrationen von 4 bis 90% bewegt sich von $\pm 2,2\%$ bis $\pm 0,3\%$.

III. Eine Anwesenheit von *Uran-234* oder anderen Verunreinigungen ruft keine Störungen der Analyse hervor.

IV. Eine Methode zur Isotopenanalyse des Urans mittels Emissionsspektrographie wurde von *Kupel* und *Tichy* beschrieben. Dieses Verfahren ist zur Analyse von *zu 90%* angereichertem Uran geeignet. Zwei Graphitelektroden werden mit einer (1 + 1)-Mischung aus Graphit und Uran beladen und in einen Wechselstrom-Bogen gebracht. Die sich ergebenden Spektren werden mittels eines Densitometers sorbiert, um die relativen Intensitäten der Linie 424,437 und der Linie 426,151 nm zu erhalten. Das Verhältnis der relativen Intensitäten der beiden Linien wird dann auf eine Konzentrationskurve aufgetragen und der Prozentgehalt an Uran-238 aus der Kurve abgelesen.

Arbeitsvorschrift. Eine bekannte Menge des zu untersuchenden Materials wird abgewogen und in Salpetersäure gelöst. Ein aliquoter Teil dieser Lösung wird auf einer Scheibe aus rostfreiem Stahl eingedampft und die Alpha-Aktivität mittels eines Proportionalzählers gemessen. Der Uran-234-Gehalt in Prozenten wird aus der Alpha-Aktivität bestimmt. Der Gehalt an Uran-235 wird aus der Differenz ($\%$ Uran-238 — $\%$ Uran-234) erhalten, wenn man annimmt, daß nur diese drei Uran-Isotope vorhanden sind.

Bemerkungen. a) Die *Genauigkeit* dieser Methode ist vergleichbar mit der der massenspektrometrischen Technik. Sie beträgt $\pm 0,30\%$.

b) In einer Reihe von Arbeiten behandelten *Lee* und Mitarbeiter (1960, 1961, 1962) die spektrographische Bestimmung des Urans-235. Die Probe in Form einer Uranylnitratlösung wird in die entfernbare, hohle Eisenkathode gegeben, dort eingedampft und unter Anwendung eines 22-ft.-Spektrographen spektrographiert.

c) Eine komplette *Doppelanalyse* kann in weniger als 20 Min. ausgeführt werden. Die mit dieser Methode erzielbaren Ergebnisse stimmen mit massenspektrometrischen Messungen überein, wenn die Uran-235-Konzentration sich zwischen 10 und 85% bewegt. Ist diese 30 bis 40%, so beträgt der *Fehler* $\pm 0,17\%$.

Zur Bestimmung der Isotope ^{235}U und ^{238}U kann auch eine Methode, beruhend auf Atomabsorptionsspektrometrie, herangezogen werden (*Goleb*).

Literatur

Daniel, J. L.: U. S. A. E. C., Rep. HW-32843, 26. August 1954.

Goleb, J. A.: Anal. Chim. Acta **34**, 135 (1966).

Jolley, W. G.: U. S. A. E. C., Rep. HW-55666 (1958); durch Anal. Abstr. **1959**, 903.

Kupel, R. E., u. *Tichy, W.:* Conf. „Modern Approaches to the Isotopic Analysis of Uranium"; Chicago 1957. Rep. TID-7531 (pt. 2) (Del.), 17.

Lee, T., Hollowell, A. L., u. *Rogers, L. H.:* Appl. Spectroscopy **14**, 39 (1960). – *Lee, T., Katz, S.,* u. *McIntyre, S. A.:* Appl. Spectroscopy **16**, 92 (1962). – *Lee, T.,* u. *McIntyre, S. A.:* Appl. Spectroscopy **15**, 34 (1961). – *Lee, T.,* u. *Rogers, L. H.:* Appl. Spectroscopy **15**, 3 (1961).

Mullin, H. R., Yuster, H. G., u. *Graff, R. L.:* U. S. A. E. C., Rep. TID-7531, 46 (1957); durch Anal. Abstr. **1958**, 3325. – *Murphy, R. S.:* U.S.A.E.C., Rep. TID-7531, 18 (1957).
Smith, D. D., u. *Burkhart, L. E.:* U. S. A. E. C., Rep. Y-226, 4. März 1948. – *Striganov, A. V., Gavrilov, F. F.,* u. *Efremov, S. P.:* Atomnaya Energiya **4**, 337 (1957); durch Zhur. Khim. (russ.) **1957**, Abstr. No. 54, 702; Anal. Abstr. **1958**, 1505. – *Stukenbroeker, G. L., Smith, D. D., Burkhart, I. E.,* u. *MacNally, J. R.:* U. S. A. E. C., Rep. Y-436, 12. Mai 1949.
Vogel, R. S.: U. S. A. E. C., Rep. TID-7531, 36 (1957); durch Anal. Abstr. **1958**, 3329.

7.4 Massenspektrometrische Methoden

7.4.1 Arbeitsverfahren

Prinzip. *Briscoe* gibt eine Methode zur absoluten Uran-Isotopen-Analyse an, wonach Uran-Proben über U_3O_8 in UF_6 übergeführt werden, welches dann massenspektrometrisch analysiert wird. Das Verfahren eignet sich in erster Linie für ^{235}U-Konzentrationen, größer als 70% (m/m). Bei kleineren ^{235}U-Konzentrationen verringert sich die erzielbare Präzision. Zur Feststellung systematischer Abweichungen können Referenz-Standards benutzt werden.

Apparatur. Das verwendete Massenspektrometer muß so hohe Auflösung bei den Massen 329, 330 und 331 aufweisen (für das Ion UF_5^+), daß das Tal zwischen den Peaks 10% oder weniger Höhe als die Peaks bei 329 oder 331 besitzt. Das Vakuum-Pumpen-System muß einen Druck von $1 \cdot 10^{-7}$ mm Hg oder weniger gewährleisten und $3 \cdot 10^{-7}$ mm Hg oder weniger, wenn die Probe in die Ionen-Quelle übertritt. Wegen ihres niedrigen Untergrundes bei der Masse 330 werden Quecksilber-Diffusionspumpen vorgezogen.

Das Proben-Einführungssystem besteht aus einer Vakuum-Sammelleitung mit einigen Anschlüssen (im allgemeinen 3) für die Proben-Rohre. Wesentlich ist möglichste Kleinheit des ganzen Systems, um die mit dem Gas in Berührung kommenden Oberflächen minimal zu gestalten. Dadurch werden die erforderliche Proben-Menge und das „Proben-Gedächtnis" der Apparatur verkleinert. Das Konstruktionsmaterial muß korrosionsbeständig gegen UF_6 sein, wofür sich am besten Ni, Cu oder Monel eignen. Die Probe wird in das Massenspektrometer durch eine einstellbare, nichtfraktionierende Öffnung eingeführt. Eine Falle mit flüssigem Stickstoff und eine mechanische Pumpe vervollständigen ein ausreichendes Proben-Vakuum-System (am besten, wie erwähnt, eine Hg-Diffusionspumpe).

Die Elektronenstoß-Ionen-Quelle muß aus nicht magnetischem, gegen UF_6 resistentem Material bestehen wie Nichrom V oder Cu. Der die Elektronen liefernde Faden besteht gewöhnlich aus Wolfram-Band oder -Draht. Bei den Instrumenten vom Sektor-Typ wird für die Quelle zur Sammlung des ionisierenden Elektronen-Strahls ein kleiner Magnet von ungefähr 110 Gauß verwendet. Die Beschleunigungsmindestspannung sollte etwa 1800 Volt sein.

Zwei Kollektor-Platten werden benötigt: eine für höhere Ströme mit einem einstellbaren Auflösungsschlitz und eine zweite für schwächere Ströme. Jeder Ionen-Peak wird mit Hilfe von magnetischem Scanning durch den Schlitz der einen Kollektor-Platte für höhere Ströme auf die Platte für schwächere Ströme geworfen. Für die zweite Platte benötigt man ein Elektrometer, mit dem Ionen-Ströme der Größenordnung von $1 \cdot 10^{-15}$ bis $1 \cdot 10^{-10}$ A gemessen werden können. Zur Messung und Ablesung des totalen Ionen-Stromes von der Kollektor-Platte für höhere Ströme sollte ein Meßinstrument vorhanden sein, z. B. ein Vibrationsfaden-Elektrometer (vibration reed electrometer). Zur Umwandlung (Konversion) von U_3O_8 in UF_6 nach der CoF_3-Methode sind eine Vakuum-Sammelleitung, ein Hochvakuum-Ventil für jedes System und eine mit flüssigem Stickstoff arbeitende Falle nötig. Der Druck wird mit einem Thermoelement-Vakuum-Meßgerät ermittelt. Das Konversionsheizgerät besteht aus 10 elektrischen Öfen mit Röhren aus rostfreiem Stahl, die über Cu-Strom-Schienen (Abb. 3) durch Serienschaltung verbunden sind. Eine automatische Temperatur-Kontrolle umfaßt den Bereich von 0 bis 600 °C.

Die Konversionskammer und das Sammelrohr (Abb. 4) bestehen aus Pyrex-Glas.

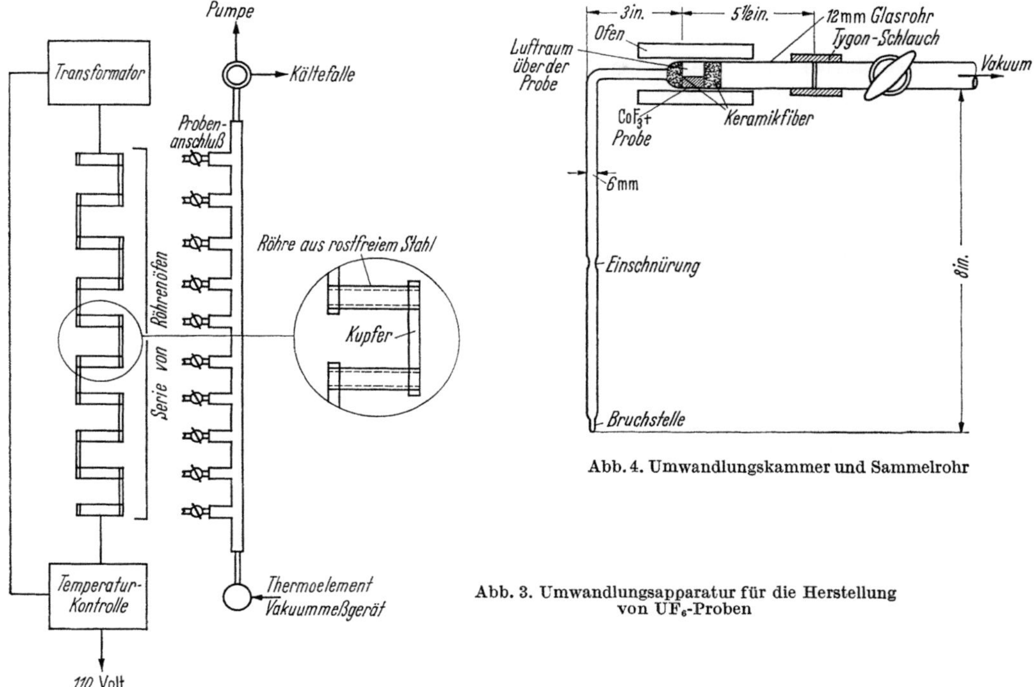

Abb. 4. Umwandlungskammer und Sammelrohr

Abb. 3. Umwandlungsapparatur für die Herstellung von UF_6-Proben

Reagenzien. I. Gesättigte Ammoniumnitrat-Lösung: Etwa 370 g NH_4NO_3 werden in 100 ml Wasser unter Schütteln so weit wie möglich aufgelöst. Etwas ungelöstes Salz bleibt am Boden der Lösung zurück.

II. Gesättigte Ammoniumsulfat-Lösung: Etwa 190 g $(NH_4)_2SO_4$ werden in 100 ml Wasser unter Schütteln so weit wie möglich aufgelöst. Auch hier bleibt ein Bodensatz zurück.

III. 10%ige (m/v) Bariumnitrat-Lösung: 1,0 g $Ba(NO_3)_2$ werden in 10 ml Wasser gelöst (ggf. unter Erwärmen).

IV. Tributylphosphat-Extraktionslösung (20%iges TBP; v/v): 200 ml TBP werden in einen Meßkolben von 200 ml Volumen gebracht, von dort in einen 1-Liter-Meßkolben übergespült. Dann wird mit redestilliertem Kerosin zur Marke aufgefüllt.

V. Trockeneis-Lösungsmittel-Mischung: Feingekörntes Trockeneis und Butylcellosolve werden bis zum Erreichen der Konsistenz einer dicken Paste durchgemischt (—78 ° bis —80 °C).

VI. Isotopen-Standards: Als primäre Standards wurden Uran-Isotopen-Standards vom National Bureau of Standards (NBS) (Washington, D. C., USA) benutzt, mit denen auch systematische Abweichungen einer Apparatur festgestellt werden können. Mit ihnen werden auch sekundäre Standards geeicht.

Proben-Vorbereitung. a) Wenn Proben von reinem oder *verhältnismäßig reinem* Uran, Uran-Verbindungen oder -Lösungen (worin Uran nicht mit anderen Materialien legiert oder vermischt ist) vorliegen, werden sie auf naßchemischem Weg und durch Glühen in U_3O_8 umgewandelt. Für die Untersuchung werden Proben-Einwaagen von 0,5 bis 1,0 g U_3O_8 benutzt.

b) Wenn Proben vorliegen, in denen Uran mit anderen Materialien *legiert*, vermischt oder die Reinheit nicht bekannt ist, werden sie erforderlichenfalls in der geeigneten Säure gelöst. Die Endkonzentration an HNO_3 soll 0,05 n bis n sein. Eine Proben-Lösungsmenge, aus der 0,5 bis 1,0 g U_3O_8 erhalten werden können, wird nach folgender

Arbeitsvorschrift behandelt. Die Proben-Lösung wird in einen weithalsigen Extraktionskolben gebracht. Eine gesonderte Menge von 10-ml-Proben-Lösung wird mit einem Tropfen 10%iger (m/v) $Ba(NO_3)_2$-Lösung versetzt. Sollte die Lösung milchig trüb werden, setzt man der Gesamtlösung in einem Extraktionskolben 12 g $Fe(NO_3)_3 + 6 H_2O$ zu, um die Sulfat-Ionen zu komplexieren. In Anwesenheit von Fluorid-Ionen in der Proben-Lösung werden 250 g $Al(NO_3)_3 + 9 H_2O$ zu ihrer Komplexierung zugefügt. Zu allen Proben (ausgenommen den fluoridhaltigen) gibt man 250 g NH_4NO_3 in den Extraktionskolben zu. Nun werden in die Lösung in dem Extraktionskolben 50 ml TBP-Extraktionsreagens eingebracht und 10 Min. mechanisch geschüttelt. Hierauf wird die Mischung in einen Scheidetrichter gebracht. Sollte sich eine Emulsion gebildet haben, erwärmt man den Scheidetrichter samt dem Gemisch in warmem Wasser und wäscht mit einigen Millilitern konz. HNO_3 nach. Die wäßrige Bodenschicht wird nun abgetrennt. Die organische Schicht wird zuerst mit dem gleichen Volumen gesättigter Ammoniumnitrat-Lösung und hierauf mit dem gleichen Volumen gesättigter Ammoniumsulfat-Lösung, die auf 85 bis 95 °C erwärmt worden ist, gewaschen. Nunmehr läßt man die wäßrige, das Uran enthaltende Schicht in ein Becherglas abfließen. Zwecks völliger Überführung des Urans aus der organischen in die wäßrige Phase werden die aufeinanderfolgenden Waschungen mit Ammoniumnitrat und -sulfat zweimal wiederholt. Alle wäßrigen Lösungen werden in einem Becherglas vereinigt. Dazu fügt man zuerst 2 g trockene Filtermasse zu, dann unter Rühren 6 n NH_4OH, bis die Lösung stark nach Ammoniak riecht. Der entstandene Ammoniumdiuranat-Niederschlag wird in ein Whatman-No.-40-Filter (18,5 cm Durchmesser) abfiltriert. Filter und Niederschlag werden in eine Platin-Schale gebracht und unter einer Infrarot-Lampe verkohlt. Die Schale wird sodann in einen Muffelofen gebracht und 1 Std. bei 950 °C geglüht.

c) Die erhaltenen U_3O_8-Proben werden in UF_6 nach folgender

Arbeitsvorschrift umgewandelt: Man bringt ungefähr 200 mg in ein Pyrex-Proben-Rohr von 12 mm Durchmesser und glüht über einem Brenner zur Entfernung der anhaftenden Feuchtigkeit. Die Probe wird abgekühlt und mit einem Glasstab vollständig pulverisiert, dann mit etwa 2 g CoF_3 versetzt und gut durchmischt. (Einige Benutzer der CoF_3-Methode haben in CoF_3-Präparaten bis zu 40 ppm U gefunden, so daß das verwendete Präparat auf seine *Uran-Freiheit* geprüft werden muß.)

Nun wird ein Sammelrohr der Konversionskammer (Abb. 4) für jede Probe wie folgt präpariert: Die Mischung aus Probe und CoF_3 wird in einem Rohr zwischen 2 Pfropfen aus keramischer Fiber deponiert (nicht zu dicht packen!). Durch leichtes Klopfen des Rohres erreicht man, daß oberhalb der Probe-Mischung ein luftfreier Raum bleibt. Die Konversionskammer wird hierauf in einen Konversionsofen eingelegt und das offene Ende mit einem Tygon-Schlauch an die Vakuum-Sammelleitung angeschlossen. Nach Anschluß aller Proben schaltet man die Vakuumpumpe ein, umgibt die Kältefalle (Abb. 3) (s. oben) mit einer Vakuum-Flasche, die flüssigen Stickstoff enthält, und evakuiert die Apparatur auf 0,1 mm Hg Druck oder weniger. Da sich bei den drei anschließenden Schritten die Temperatur erhöht, sind die Glas-Teile der Konversionskammern alle 3 oder 4 Min. mit einem Brenner zu erhitzen, um die Feuchtigkeit zu verdrängen.

Die Temperatur wird zuerst 10 Min. auf 100 °C, dann weitere 10 Min. auf 200 °C und schließlich noch 20 Min. auf 300 °C erhöht. Hierauf wird jedes Kollektionsrohr zu $^3/_4$ seiner Länge, von unterhalb der Einschnürung an, in eine Vakuum-Flasche mit flüssigem Stickstoff eingesenkt. Die Ventile zur Vakuum-Sammelleitung werden geschlossen, um die Konversionsröhren zu isolieren, und die Temperatur auf 400 °C gesteigert. Hierauf werden die Ventile rasch zur Druck-Entlastung geöffnet. Zum Schluß wird die Temperatur auf 500 °C gesteigert und 20 Min., jedenfalls aber bis zur vollständigen Umwandlung, aufrecht erhalten. Visuell wird festgestellt, ob sich eine zur massenspektrometrischen Analyse ausreichende Menge UF_6 gebildet hat. Zwischen einem Punkt, $^1/_4$ inch $= 0,64$ cm oberhalb des Kontaktpunktes mit dem flüssigen Stickstoff bis zu dessen Niveau, werden sich in dem Kollektionsrohr zahlreiche UF_6-Kristalle bilden. Von diesen genügen einige wenige zur Isotopen-Analyse. Nach der vollendeten Konversion wird das Ventil gegen das Vakuum langsam geöffnet und 2 Min. abgepumpt. Hierauf schließt man die Ventile und ersetzt die Gefäße mit flüssigem Stickstoff durch solche mit Trockeneis-Lösungsmittel-Mischung. Nach Öffnen der Ventile werden die Öfen abgeschaltet und in dem System auf 0,1 mm Hg Druck abgepumpt. Noch unter Vakuum wird das Kollektor-Rohr bei der Einschnürung abgeschmolzen und vom Vakuum-System abgetrennt. Nach Abkühlung des Rohres wird die Probe mit flüssigem Stickstoff an dem Einschnürungsende des Rohres gefroren und über die abzubrechende Spitze ein Tygon-Schlauch von 2 inch $= 5,1$ cm Länge gezogen. Nunmehr kann die Probe an das Massen-Spektrometer angeschlossen werden. Hierauf verfährt man nach folgender

Arbeitsvorschrift. Das Proben-Rohr ist wie erwähnt über den Tygon-Schlauch an das Massen-Spektrometer angeschlossen; die Spitze des Probenrohres befindet sich in der Trockeneis-Lösungsmittel-Mischung. Ohne das Bruch-Ende abzubrechen, evakuiert man das ganze System auf $1 \cdot 10^{-7}$ mm Hg oder weniger Druck. Mit einer Zange wird hierauf die Glas-Rohr-Spitze, die sich in dem Tygon-Schlauch befindet, zerquetscht und das System neuerlich evakuiert. Durch gelindes Erwärmen des Rohres mit der Hand des Experimentators wird ein wenig Probe vergast, abgepumpt und neuerlich das Rohr-Ende mit Trockeneis-Lösungsmittel-Gemisch gekühlt. Auf diese Weise wird exzessive Druck-Erhöhung im Massenspektrometer als Folge von Verunreinigungen vermieden.

Nun schließt man das Ventil zur Pumpe, entfernt die Kälte-Mischung von dem Proben-Rohr, läßt dieses sich auf Zimmer-Temperatur erwärmen und die Probe durch die justierbare Proben-Einlaß-Öffnung in das Massen-Spektrometer eintreten. Die Aufrecht-Erhaltung konstanten Druckes bei der Proben-Einlaß-Öffnung wird durch Einbringen des Proben-Rohres in ein Vakuum-Gefäß mit kaltem Wasser erreicht.

Bemerkungen. α) Durch Scanning werden *Ionen-Peaks* bei den Massenzahlen 329, 330, 331 und 333 festgestellt, welche den normalen Uran-Isotopen 234, 235, 236 und 238 als $UF_5{}^+$-Ionen entsprechen.

β) Das Instrument wird auf *maximale Intensität* des häufigsten Ions fokussiert. Die Intensität muß ausreichen, damit ein Mindest-Ionen-Strom von $2 \cdot 10^{-11}$ A für das häufigst vertretene Ion erhalten wird.

γ) Bei Proben mit Zusammensetzung aus mehreren Isotopen werden das $^{234}U/^{235}U$-Tal und das $^{236}U/^{235}U$-Tal bestimmt. Durch Scanning wird die Spitze des ^{234}U- oder ^{236}U-Peaks bis zur minimalen Anzeige zwischen dem kleinen Peak und dem ^{235}U-Peak überstrichen. Die Null-Ablesung erfolgt nach Abschaltung des Ionen-Strahls. Die $^{234}U/^{235}U$- oder $^{236}U/^{235}U$-Täler sollten 10% oder weniger für die besten Ergebnisse, aber nie größer als 15% der Höhe des ^{234}U- oder ^{236}U-Peaks sein, berechnet nach folgender Formel:

$$\text{Tal}\,(\%) = \frac{100\,(D - Z)}{P},$$

wobei

$D =$ Minimalanzeige zwischen dem kleineren Peak und dem ^{235}U-Peak,

$Z =$ Null-Ablesung,

$P =$ Peak-Höhe des niedrigeren Peaks sind.

δ) Die *Schlitz-Breite* wird folgendermaßen bestimmt. Man stellt den größten Peak ein und bestimmt die Intensitätsablesung des Verstärkers für den höheren Strom, wenn der Peak auf den Schlitz fällt. Eine analoge Messung wird ausgeführt, wenn kein Peak auf den Schlitz fällt. Demnach errechnet sich die Schlitz-Breite aus der Formel:

$$\text{Schlitzbreite } (\%) = \frac{100\,(\mathrm{I}_t - \mathrm{I}_d)}{\mathrm{I}_t}\text{ , wobei}$$

$\mathrm{I}_t =$ Intensitätsablesung, wenn kein Peak auf den Schlitz fällt,

$\mathrm{I}_d =$ Intensitätsablesung, wenn der größte Peak durch den Schlitz fällt, sind.

Die Schlitz-Breite sollte 25 bis 35% für Materialien mit mehr als 70% (m/m) ^{235}U betragen.

ε) Jeder Isotopen-Ionen-Strahl wird auf dem Empfänger-Schlitz in *Rotation* gebracht und die Peak-Höhe aufgezeichnet. Durch Stabilisierung der Intensität muß erreicht werden, daß die Ablesungen für die großen Peaks nacheinander um nicht mehr als 1% schwanken. Das Scanning wird fortgesetzt, bis mindestens 4 Ablesungen für jedes Isotop vorliegen. Durch Regulierung der Empfänger-Empfindlichkeit kann erreicht werden, daß der Peak jedes Isotops in den Skalen-Bereich des Recorders oder anderen Meßinstrumentes fällt. Nach Beendigung des gesamten Scanning wird das Instrument evakuiert, bis noch höchstens 1% des größten Peaks nachweisbar ist.

ζ) Es empfiehlt sich sehr, einen isotopischen *Referenz-Standard* durchlaufen zu lassen, dessen Werte der Hauptisotope innerhalb von $\pm 1\%$ der Proben-Werte liegen (bei Beginn und am Ende jeder Proben-Gruppe). Bei gleichzeitigem Durchlauf einer großen Proben-Zahl sollte der Referenz-Standard mehrmals zwischen die Proben eingeschaltet werden. (Auch für den Standard sind 4 Messungen auszuführen.) Daraus ergibt sich eine Möglichkeit zur Bestimmung systematischer Abweichungen (s. unten).

η) *Berechnung.* Unter Benutzung der oben angeführten Peak-Höhen wird die mittlere Peak-Höhe für jedes gemessene Isotop berechnet. Diese wird mit der Nuklidmasse (in ganzen Zahlen) des Isotops multipliziert, wodurch eine gewichtete, mittlere Peak-Höhe für jedes gemessene Isotop erhalten wird. Die mittleren gewichteten Peak-Höhen werden hierauf summiert. Jede gewichtete, mittlere Peak-Höhe wird sodann durch diese Summe dividiert. Der erhaltene Wert wird mit 100 multipliziert, woraus sich die gewichtete Prozentzahl jedes Isotops ergibt.

ϑ) Für die einzelnen Referenz-Standards wird in *genau gleicher* Weise vorgegangen. Dann berechnet man die Differenz der so erhaltenen, gewichteten Prozentwerte jedes Isotops gegen die bekannten (angegebenen) Werte im Standard. Wie oben angedeutet, können derartig die systematischen Abweichungen der mit dem Instrument ermittelten Isotopen-Prozentwerte erhalten werden. Dabei sind die Korrektionen mit dem algebraischen Vorzeichen anzubringen.

ι) *Verläßlichkeit.* Tabelle 21 gibt typische Variationskoeffizienten einer Einzelbestimmung (einschließend die Probenahme, die Probe-Vorbereitung und massenspektrometrische Variationen) an, die auf 159 Bestimmungen eines einzelnen Standards über einen 6monatigen Zeitraum beruhen.

$\varkappa$) Der „*Gedächtniseffekt*", den die massenspektrometrisch ausgeführten Analysen für die später nachfolgenden Analysen zurücklassen, kann verringert werden, wenn man für ein bestimmtes Instrument Proben und Auslaß-Öffnungen in das Spektrometer nach bestimmten Anreicherungskonzentrationen gruppiert und mit bekannten Standards systematische Abweichungen bestimmt. Auch die Kleinheit der verwendeten Probenmenge trägt zur Verringerung des „Gedächtniseffektes" bei.

λ) *Tabor* beschreibt eine Methode zur Ermittlung des ^{235}U-*Gehaltes* im Uran zwischen 0,5 und 93% (m/m); sie eignet sich allerdings am besten für Proben mit 50 Mol-% oder weniger an ^{235}U. In solchen Proben wird die ^{235}U-Konzentration direkt bestimmt, bei mehr als 50 Mol-% jedoch aus der Differenz nach der Bestimmung aller übrigen Isotope. In der Praxis verwendet man bis zu 70 Mol-% ^{235}U passende Dämpfungsfaktoren für die Verstärker, welche eine direkte ^{235}U-Bestimmung erlauben. Die Methode eignet sich für eine *Präzision* mit einem Variationskoeffizient von 0,05%.

Tabelle 21. *Erfassung einzelner Uran-Isotope*

Isotop	Gewichts-prozent	Variations-koeffizient in %
^{234}U	1,005	1,8
^{235}U	93,169	0,03
^{236}U	0,323	5,9

Proben und Standards werden in UF_6 umgewandelt. Die unbekannte Probe und zwei Standards, deren ^{235}U-Gehalte denjenigen der Probe einklammern, werden nacheinander in das Massen-Spektrometer eingeführt. Die erfolgenden Messungen sind proportional dem Mol-Verhältnis von ^{235}U zur Gesamtheit der anderen Isotope (bei ^{235}U-Konzentrationen von 50 Mol-% oder weniger). Der ^{235}U-Gehalt der Probe kann durch Kombination mit den bekannten Gehalten der Standards durch lineare Interpolation berechnet werden. Hingegen wird bei Proben mit mehr als 50 Mol-% ^{235}U das Mol-Verhältnis von ^{238}U zur Gesamtheit der übrigen Isotope gemessen. Die weniger häufigen Isotope ^{234}U und ^{236}U werden unabhängig bestimmt und die ^{235}U-Konzentration aus der Differenz ermittelt.

Apparatives. Das benutzte Massenspektrometer muß gasförmige Proben mit Massen, nahe bei 330, analysieren können. Es muß mindestens 3 Anschlüsse für Proben, die erforderlichen Ventile und ein Vakuum-System für eine Evakuierung auf $1 \cdot 10^{-3}$ mm Hg oder weniger enthalten. Das Einlaß-System soll eine verstellbare Öffnung zur Kontrolle des UF_6-Flusses aus dem Proben-Behälter in die Ionen-Quelle besitzen. Der Druck des UF_6 bei Zimmertemperatur wird ungefähr 10 cm Hg im Einlaß-System sein. Die Durchtritt-Öffnung muß einen Fluß von etwa 0,5 mg/Std. oder von 0,03 ml (Standard) je Std., berechnet für 760 mm Hg bei 0 °C, bis hinab in ein Druck-Gebiet von etwa 10^{-5} mm Hg kontrollieren. Das Konstruktionsmaterial für das Einlaß-System sollte wegen der Korrosionsfestigkeit gegen UF_6 vorzugsweise Ni oder Monel sein. Die Vorrichtung soll für ein Minimalvolumen geeignet sein, doch gute Pump-Eigenschaften zeigen.

Das Analysen-Rohr, das die Ionen-Quelle, die Ionen-Bahnen und die Detektoren enthält, wird in ein magnetisches Feld gebracht (60°- oder 180°-Sektor). Das Pumpensystem muß imstande sein, einen Hintergrund-Druck von $1 \cdot 10^{-7}$ mm Hg oder weniger aufrecht zu erhalten.

Die Elektronen der Ionen-Quelle werden durch thermische Emission aus einem Hitzdraht erzeugt. Die Elektronen werden durch ein magnetisches Feld zu einem dünnen, spiraligen Strahl gebündelt, und zwar bei 180°-Instrumenten durch den Hauptmagnet oder bei Sektor-Instrumenten durch einen Hilfsmagnet. Erforderlich ist eine Probenfluß-Geschwindigkeit von 0,03 ml (Standard) UF_6/Std., wodurch ein Gesamt-Strom von $UF_5{}^+$-Ionen von etwa 10^{-9} A aus der Ionen-Quelle erzeugt wird. Das zweifache Ionen-Nachweis-System enthält einen oberen Detektor mit einem einstellbaren, zentralen Schlitz, der 95 bis 100% der ^{235}U-Isotope hindurchläßt (Masse 330). Er fängt Ionen der übrigen Uran-Isotope innerhalb eines Massen-

Bereiches von ungefähr 1,5% jenes der Masse 330 ab. Die durch den Schlitz laufenden ^{235}U-Ionen werden durch den unteren Detektor aufgefangen. Der Doppeldetektor muß Abschirmung und Schutz-Platten sowie Unterdrücker sekundärer Emission oder andere Vorrichtungen zur Verringerung oder Eliminierung falscher und nicht repräsentativer Ströme bei oberen und unterem Detektor enthalten. Der Doppeldetektor soll symmetrisch konstruiert sein, so daß bei Benutzung der Methode zur Bestimmung von ^{238}U in Proben mit mehr als 50 Mol-% ^{235}U analoge Bedingungen für den Prozentgehalt an ^{238}U, der durch den Schlitz läuft, gegeben sind, und ebenso für die Abfangung der übrigen Isotope durch den oberen Kollektor. Der obere Detektor ist mit einem Elektrometer-Verstärker für höheren Strom verbunden, der untere Detektor mit einem Elektrometer-Verstärker für niedrigen Strom.

Das Vakuum-System der Analysen-Röhre muß imstande sein, einen Druck von weniger als $5 \cdot 10^{-7}$ mm Hg während der Operation aufrecht zu erhalten, wenn die Probenfluß-Geschwindigkeit 0,03 ml (Standard)/Std. beträgt. Das zwischen den Peaks für den ^{235}U- und den ^{238}U-Ionen-Strom erhaltene Tal darf nur weniger als 3,5% der Höhe des kleineren der beiden Ionen-Peaks betragen. Der Detektor-Schlitz muß mindestens 95% des ^{235}U-Ionenstromes hindurchlassen, wenn dieser Strom auf den Schlitz konzentriert wird. Das Instrument muß ferner eine Isotopen-Bestimmung mit 100 mg oder weniger UF$_6$ ausführen können. Die Empfindlichkeit und das Hintergrund-Rauschen der Elektrometer-Verstärker müssen eine Änderung von $1 \cdot 10^{-15}$ A des Ionen-Stromes anzeigen können. Ein Abschwächungsbereich mit einem Faktor von mindestens 100 wird für das Signal-Verhältnis aus beiden Verstärkern verlangt.

Die Umwandlung der U$_3$O$_8$-Proben in UF$_6$ erfolgt gemäß S. 348.

Reagenzien s. S. 347.

Isotopen-Standards. Zur Analyse einer Probe mit einer spezifischen Konzentration an ^{235}U sind zwei Standards erforderlich. Diese sollen um ungefähr 30% oder weniger der Gewichtsprozente ^{235}U oder ^{238}U (je nachdem, welches Isotop weniger häufig ist) differieren, mit Ausnahme des Bereiches von 20 bis 80% (m/m) ^{235}U. In diesem erwähnten Bereich sollte die Differenz etwa 15% oder geringer sein.

Die Arbeitsstandards werden gegen primäre NBS-Uran-Isotopenstandards eingestellt, indem der Arbeitsstandard anstelle einer Probe benutzt wird.

Spezielle Vorsichtsmaßnahmen. Wenn das Massen-Spektrometer zuletzt für Proben benutzt worden ist, welche isotopisch von der zu analysierenden Probe um mehr als 30% differieren, muß das Instrument vor Beginn einer neuen Analyse etwa 1 Std. konditioniert werden, indem man den Fluß des einen der Standards (vorzugsweise des niedrigeren Standards) in die Ionen-Quelle leitet.

Probenvorbereitung. Proben von reinem (oder verhältnismäßig reinem) Uran, Uran-Verbindungen (ausgenommen UF$_6$) oder Lösungen von Materialien, in denen das Uran nicht mit anderen Materialien legiert oder gemischt ist, werden durch Glühen bei 900° C in U$_3$O$_8$ umgewandelt. Davon werden 0,5 bis 1,0 g zu einer Analyse verwendet.

UF$_6$-Proben, die nach den üblichen Methoden zur Probenahme von UF$_6$ erhalten worden sind, werden ohne Umwandlung in U$_3$O$_8$ oder ohne Extraktion direkt verwendet.

Proben von Uran-Legierungen oder Uran-Mischungen mit anderen Materialien (auch Uran-Proben unbekannter Reinheit) werden nötigenfalls erst mit Hilfe der geeigneten Säure in Lösung gebracht. Die zu reinigende End-Lösung muß 0,05n bis n an HNO$_3$ sein. Ein Teil der Probe-Lösung, aus dem 0,5 bis 1,0 g U$_3$O$_8$ erhalten werden können, wird nach S. 348 behandelt. Die U$_3$O$_8$-Probe wandelt man nach S. 348 in UF$_6$ um.

Arbeitsvorschrift aa) Man verbindet die Röhren mit den Standards *A* (niedriger Wert), *B* (hoher Wert) und der Probe *X* mit den Teilen des Spektrometer-Einlaß-

Systems und bereitet die Materialien für die Einführung in die Ionen-Quelle in folgender Weise.

$\alpha\alpha$) Die entsprechenden Ventile werden betätigt, um die Luft zu entfernen, die in den Verbindungsstücken enthalten ist, und um zu prüfen, ob Undichtigkeiten gegen das Einlaßsystem bestehen.

$\beta\beta$) Man friert das UF_6 in dem Proben-Behälter aus, indem man ihn in eine Mischung aus Trichloräthylen und Trockeneis eintaucht.

$\gamma\gamma$) Das Ventil am Proben-Behälter wird geöffnet, um Evakuierung flüchtiger Verunreinigungen zu ermöglichen; hierauf wird das Probenbehälter-Ventil geschlossen.

$\delta\delta$) Die Schritte $\beta\beta$ und $\gamma\gamma$ werden nacheinander für die Standards A und B wiederholt, indem man sich bemüht, eine Vermischung der Standards und der Probe während dieses Vorganges zu vermeiden.

$\varepsilon\varepsilon$) Das Kühlmittel wird aus jedem Proben- und Standardbehälter ausgelassen. Das UF_6 kann sich wieder auf Zimmertemperatur erwärmen.

bb) Eine andere, oft bevorzugte Methode der Probe-Reinigung besteht darin, die Verunreinigungen aus der Probe in der Gas-Phase bei Umgebungstemperatur durch „flashing" zu entfernen. Diese Methode wird ausgeführt durch Ersatz der Schritte aa, $\alpha\alpha$ bis $\varepsilon\varepsilon$, durch die folgenden Schritte.

$\alpha\alpha$) Man öffnet alle Ventile zwischen Probe- sowie Standard-Behältern und dem Pumpen-System mit Ausnahme der Ventile an den Probe- und Standard-Behältern.

$\beta\beta$) Man öffnet rasch und schließt dann schnell das Ventil am Proben-Behälter, um Gase in das Pumpen-System zu ventilieren.

$\gamma\gamma$) Wenn das Pumpen-System genug Zeit gehabt hat, um die ventilierten Gase so zu evakuieren, wiederholt man Schritt $\beta\beta$.

$\delta\delta$) Die Schritte $\beta\beta$ und $\gamma\gamma$ werden gesondert für die Standards A und B wiederholt.

cc) Das Instrument wird zur Analyse wie folgt in Betrieb gesetzt.

$\alpha\alpha$) Man betätigt die entsprechenden Ventile, um den niedrigen Standard A durch die einstellbare Einlaß-Öffnung in die Ionen-Quelle einzuführen.

$\beta\beta$) Man justiert die Hochspannung am Massen-Spektrometer und/oder den Magnet-Strom zur Fokussierung der $UF_5{}^+$-Ionen auf die obere Detektor-Platte.

$\gamma\gamma$) Hochspannung oder Magnet-Strom werden fein justiert, um den ^{235}U-Ionen-Strahl (für Proben mit mehr als 50 Mol-% ^{235}U oder weniger) der $UF_5{}^+$-Gruppe durch den Schlitz auf die untere Detektor-Platte zu fokussieren, während die übrigen Ionen der $UF_5{}^+$-Ionen-Gruppe auf die obere Kollektor-Platte fokussiert werden. Dieser Schritt („peaking up") wird beendet, wenn das Signal für die untere Kollektor-Platte das Maximum erreicht.

$\delta\delta$) Man justiert die variable Öffnung derart, daß der Fluß von UF_6 in die Ionen-Quelle das gewünschte Signal für die Ionen erzeugt, welche die obere Kollektor-Platte treffen. Dieser Ionen-Strom muß etwa 10^{-9} A äquivalent sein.

$\varepsilon\varepsilon$) Man betätigt die Ventile, um den Fluß des A-Standards aus der Region der Ionen-Quelle zu beseitigen, und evakuiert die Region für eine Periode von 1 Min. oder mehr.

dd) Die Sequenz für die analytische Bestimmung, während welcher die aktuellen Messungen ausgeführt werden, ist folgende: A, X, B, B, X, A. Hierbei sind A, X und B 2 Min. während Einführungen der betreffenden Standards bzw. Probe. Auf jede Einführung folgt eine 1-minütige Periode, während welcher kein Fluß von Probe- oder Standard-Material in die Ionen-Quelle erfolgt. Während jeder Einführung von UF_6 in die Ionen-Quelle sind folgende Operationen auszuführen.

$\alpha\alpha$) Man reguliert die Intensität innerhalb $\pm2\%$ auf das gewünschte Niveau, indem man die variable Einlaß-Öffnung zur Kontrolle des Proben-Flusses justiert.

$\beta\beta$) Die Feineinstellung der Hochspannung oder des Magnet-Stromes wird justiert, um das Signal des unteren Detektors auf ein Maximum zu bringen. Diese

Einstellung wird 2 Min. beibehalten oder man schwenkt wiederholt über dieses Maximum hinweg, um eine scanning-Serie der Peak-Maxima während dieser Zeit zu erhalten.

$\gamma\gamma$) Während des scanning des Peaks oder bei ,,Peaking up''-Einstellung des Instruments (vgl. oben) erhält man eine Ablesung, während die Elektrometer für beide Detektor-Platten über eine Nullschaltung verbunden sind. Diese Ablesung ist proportional dem Verhältnis der Zahl der Ionen, welche die untere Detektor-Platte treffen, zur Gesamtzahl von Ionen, die auf die obere Platte auffallen. Man benützt nur die während der zweiten Hälfte der 2 Min.-Periode erhaltenen Daten.

ee) Für jede analytische Sequenz von A, X, B, B, X, A werden 6 Verhältnis-Werte erhalten, 2 zu jedem Standard und 2 zu der Probe. Durch Mittelung der Werte-Paare erhält man Werte dieser Verhältnisse, die mit R_A, R_X und R_B für jede solche Sequenz bezeichnet werden.

ff) Die analytische Sequenz wird so oft wiederholt, als zur Erzielung der gewünschten Genauigkeit erforderlich ist.

gg) Für Proben, in denen der ^{235}U-Gehalt größer als 50 Mol-% ist, wird der Fokus im Schritt cc, $\gamma\gamma$ auf den ^{238}U-Ionen-Strahl statt auf jenen von ^{235}U eingestellt. So werden die Prozente (m/m) ^{238}U bestimmt. Zur Bestimmung des ^{235}U-Gehaltes werden die wenig häufigen Isotope unabhängig nach anderen Methoden (s. z. B. S. 346 oder 363) bestimmt oder aber nach der hier beschriebenen Arbeitsweise, falls geeignete Standards für diese Neben-Isotope verfügbar sind. Die Summe der Gewichtsprozente ^{238}U und der weniger häufigen Isotope wird von 100 subtrahiert, um den Wert für ^{235}U zu erhalten.

hh) Zur Korrektur des Gedächtnis-Effekts werden analytische Sequenzen zwischen die Proben-Analysen-Sequenzen eingestreut, indem jeder Standard wie eine Probe behandelt wird. Die Zahl der Standard-Sequenzen sollte etwa 10% der Zahl der Proben-Sequenzen sein. Eine Hälfte der Standard-Sequenzen wird als A, A, B, B, A, A und die andere Hälfte als A, B, B, B, B, A gemessen. Die Werte der aus diesen Sequenzen erhaltenen Verhältnisse werden als R_A, R_{AX}, ferner als R_B, dann als R_A, R_{BX} und schließlich als R_B bezeichnet.

Berechnungen. a_1) Für Uran mit 50 Mol-% ^{235}U oder weniger berechnet sich der Prozent-Gehalt (m/m) von ^{235}U folgendermaßen:

α_1) Man berechnet den Wert R_D für jede analytische Sequenz:

$$R_D = \frac{R_X - R_A}{R_B - R_A}.$$

Darin bedeuten R_X, R_A und R_B die ,,Verhältnisse'' bei Probe und Standard für eine gegebene, analytische Sequenz (A, X, B, B, X, A), welche Werte darstellen, die proportional dem Mol-Verhältnis von ^{235}U in den Standards und der Probe gegenüber den anderen vorhandenen Isotopen sind.

β_1) Man berechnet die Prozente (m/m) ^{235}U in der Probe für jede analytische Sequenz:

$$X = \frac{100\,R_D(B - A) + A\,(100 - B)}{R_D(B - A) + (100 - B)}$$

Darin sind:

X die Prozente (m/m) ^{235}U in der Probe,

R_D wie vorstehend berechnet und korrigiert nach Schritt c_1, δ_1 unten,

A die Prozente (m/m) ^{235}U im Standard mit einem niedrigeren ^{235}U-Gehalt,

B die Prozente (m/m) ^{235}U im Standard mit einem höheren ^{235}U-Gehalt.

γ_1) Man berechnet $\overline{X}$ als die mittleren Prozente (m/m) ^{235}U in der Probe durch Mitteln der Werte für X, die aus allen analytischen Sequenzen erhalten worden sind.

b_1) Für Uran mit mehr als 50 Mol-% ^{235}U berechnet man die Prozente (m/m) ^{235}U wie nachstehend angegeben:

α_1) Man ermittelt den Wert für jede analytische Sequenz:

$$Q_D = \frac{Q_X - Q_A}{Q_B - Q_A}.$$

Darin entsprechen Q_X, Q_A und Q_B den Verhältnissen von Probe und Standard für eine gegebene, analytische Sequenz (A, X, B, B, X, A). Sie repräsentieren Werte, die proportional dem Mol-Verhältnis von ^{238}U in den Standards und in der Probe gegenüber den übrigen vorhandenen Isotopen sind.

β_1) Man berechnet die Prozente (m/m) ^{235}U in der Probe:

$$Q = \frac{100 Q_D (B_Q - A_Q) + A_Q (100 - B_Q)}{Q_D (B_Q - A_Q) + (100 - B_Q)}.$$

Darin sind:

Q die Prozente (m/m) ^{238}U in der Probe,

Q_D = wie oben berechnet und korrigiert nach Schritt $c_1\, \delta_1$ unten,

A_Q die Prozente (m/m) ^{238}U im Standard mit dem niedrigeren ^{238}U-Gehalt,

B_Q die Prozente (m/m) ^{238}U im Standard mit dem höheren ^{238}U-Gehalt.

γ_1) Man berechnet $\overline{Q}$ als Mittel der Prozente (m/m) ^{238}U in der Probe, indem man die Q-Werte mittelt, die aus allen analytischen Sequenzen erhalten worden sind.

δ_1) Man berechnet die Prozente (m/m) ^{235}U in der Probe.

$$X = 100 - \overline{Q} - P.$$

Darin sind:

X die Prozente (m/m) ^{235}U in der Probe,

$\overline{Q}$ = mittlere Prozente (m/m) ^{238}U in der Probe, berechnet nach $b_1\, \gamma_1$ oben,

P die Gesamtprozente (m/m) aller Uran-Isotope außer ^{235}U und ^{238}U (s. unter Arbeitsvorschrift, Schritt gg).

c_1) Man berechnet die Endpunktkorrektionen für die Werte R_D und Q_D:

α_1) Für jede analytische Sequenz in Schritt hh der Arbeitsvorschrift berechnet man einen R_D-Wert:

$$R_{DA} \text{ oder } Q_{DA} = \frac{R_{AX} - R_B}{R_B - R_A} \text{ bzw. } \frac{Q_{AX} - Q_B}{Q_B - Q_A}.$$

Darin bezeichnen R_{AX}, R_A und R_B oder Q_{AX}, Q_A und Q_B die Verhältnis-Werte aus jeder analytischen Sequenz unter Benutzung des Standards, der den niedrigeren ^{235}U-Gehalt (R_{AX}) oder ^{238}U-Gehalt (Q_{AX}) an Stelle der Probe einnimmt.

β_1) In ähnlicher Weise berechnet man:

$$R_{DB} \text{ oder } Q_{DB} = \frac{R_{BX} - R_A}{R_B - R_A} \text{ bzw. } \frac{Q_{BX} - Q_A}{Q_B - Q_A}.$$

Darin bedeuten R_{BX}, R_A und R_B oder Q_{BX}, Q_A sowie Q_B die Werte der Verhältnisse aus jeder analytischen Sequenz unter Benutzung des Standards, der den höheren ^{235}U-Gehalt (R_{BX}) oder ^{238}U-Gehalt (Q_{BX}) an Stelle der Probe aufweist.

γ_1) Man berechnet die Mittelwerte $\overline{R}_{DA}$ oder $\overline{Q}_{DA}$ und $\overline{R}_{DB}$ oder $\overline{Q}_{DB}$ für alle analytischen Sequenzen, die mit einem bestimmten Instrument unter vergleichbaren Operationsbedingungen erhalten wurden.

Wenn keine Tendenz zu zurückbleibenden Abweichungen besteht, werden die Werte $\overline{R}_{DA}$ oder $\overline{Q}_{DA}$ gleich null sein und $\overline{R}_{DB}$ oder $\overline{Q}_{DB}$ sind gleich eins. Gewöhnlich ist $\overline{R}_{DA}$ oder $\overline{Q}_{DA}$ größer als null und $\overline{R}_{DB}$ oder $\overline{Q}_{DB}$ kleiner als eins. Die Abweichungen dieser Werte von null und eins stellen die Endpunkt-Abweichung E dar, die folgendermaßen berechnet wird.

23*

$$E_R = \frac{\bar{R}_{DA} - \bar{R}_{DB} + 1}{2} \quad \text{oder} \quad E_Q = \frac{\bar{Q}_{DA} - \bar{Q}_{DB} + 1}{2}.$$

δ_1) Man benutzt den entsprechenden E-Wert zur Korrektur der berechneten Werte R_D (Schritt $a_1\alpha_1$) oder Q_D (Schritt $b_1\alpha_1$), die mit einem bestimmten Instrument unter vergleichbaren Operationsbedingungen erhalten wurden.

$$R_{D(\text{korrigiert})} = \frac{R_D - E_R}{1 - 2E_R}, \text{oder}$$

$$Q_{D(\text{korrigiert})} = \frac{Q_D - E_Q}{1 - 2E_Q}.$$

$\beta\beta$) *Verläßlichkeit.* Die Tabelle 22 zeigt die Variationskoeffizienten für eine einzelne analytische Sequenz von A, X, B, B, X, A, wie sie nach der hier beschriebenen Methode mit verschiedenen Standards erhalten wurden. Die Analysen wurden von 20 Analytikern (Abiturienten der höheren Schulen) im Lauf von 5 Jahren ausgeführt. Dabei wurde eine Vielheit verschiedener UF_6-Proben in Hunderten von Bestimmungen untersucht.

Tabelle 22

Differenz zwischen Standards (%)	Variationskoeffizient (%)	
	Routine	Spezial
6	0,02	0,005
17	0,03	0,005
28	0,04	0,005
42	0,05	

Methode nach *Eby* und *Smith* zur Bestimmung des *Isotopen-Verhältnisses* zwischen zwei UF_6-Proben.

Allgemeines. Bei bekannter Häufigkeit eines spezifischen Isotops in einer Probe (dem Standard) kann die Häufigkeit in der anderen Probe bestimmt werden. Die Zahl des Durchlaufs eines gegebenen Materials durch die Ionen-Quelle kann auf das für eine verlangte Genauigkeit erforderliche Minimum angepaßt werden. Molverhältnis-Differenzen können auf 0,0001 ermittelt werden, indem das Elektrometer-System entsprechend verfeinert wird.

Die Methode ist für den Konzentrationsbereich von ^{235}U anwendbar, für den Standards verfügbar sind [0,5 bis 93% (m/m) ^{235}U]. In Proben mit 70 Mol-% ^{235}U oder weniger wird die Uran-Konzentration direkt bestimmt, bei größeren Konzentrationen aus der Differenz nach Bestimmung der Konzentrationen aller anderen Isotope.

Wenn ein Spektrometer mit einem einzigen Einlaß-System benutzt wird, werden im allgemeinen bei jeder Einführung einer Probe in die Ionen-Quelle 50 bis 100 mg UF_6 verwendet. Für 1 bis 4 Einführungen je Bestimmung sind 100 bis 200 mg UF_6 notwendig.

Prinzip. Die unbekannte Probe und ein Standard mit einer Isotopen-Zusammensetzung, möglichst ähnlich jener der Probe selbst, werden nacheinander in das Massen-Spektrometer eingeführt. Für ^{235}U-Konzentrationen von 70 Mol-% oder weniger werden Messungen ausgeführt, die proportional sind dem Mol-Verhältnis von ^{235}U zur Gesamtheit der anderen Isotope. Diese Messungen, zusammen mit der bekannten Zusammensetzung der Standards, erlauben die Berechnung der ^{235}U-Zusammensetzung der Probe. Bei ^{235}U-Konzentrationen von mehr als 70 Mol-% werden Messungen ausgeführt, welche proportional dem Mol-Verhältnis von ^{238}U zur Gesamtsumme der übrigen Isotope sind. Die weniger häufigen Isotope ^{234}U und ^{236}U werden unabhängig bestimmt; das ^{235}U wird dann aus der Differenz ermittelt.

Apparatives. Einfach fokussierende Spektrometer, entweder mit 180°- oder 60°-Sektor-Feldern, mit 5-inch-(=12,7 cm)-Minimal-Bahn-Radius, erwiesen sich als ausreichend. Dafür geben die Autoren bestimmte Bedingungen an, die sich insbesondere auf folgende Einzelheiten beziehen: a_1) Doppelter Ionen-Kollektor zur Fokussierung der weniger häufigen Isotope auf einer Sammel-Platte für „Niedrig-Stromstärke". Die Fokussierung aller anderen Isotope erfolgt auf einer Sammel-Platte für „Hohe Stromstärke". Der Schlitz für die Auflösung ist justierbar. b_1) Genaue Nullkompensation zur Messung des Verhältnisses der beiden Ionen-Ströme (Spannungsteiler, dekadischer Widerstand). Der Ionen-Strahl „hoher Stromstärke" beträgt 10^{-10} bis 10^{-9} A. Das Signal-zu-Rausch-Verhältnis im Verstärker für „Niedrig-Stromstärke" muß größer als 3000 sein. c_1) Geeignete Kollektor-Schlitzweite (mindestens 95% des Ionen-Strahls sollen hindurchtreten). Das „Tal" zwischen dem $^{235}UF_5{}^+$-Peak und dem $^{238}UF_5{}^+$-Peak soll niedriger als 3,5% der Höhe des kleineren Peaks sein. Bei Messung der ^{234}U- oder ^{236}U-Isotope können Täler zwischen den Peaks des ^{235}U und der weniger häufigen Isotopen bis zu 90% der Peak-Höhen der selteneren Isotope gelegentlich toleriert werden; jedoch muß öfters die Transmission durch den Schlitz auf 75% verringert werden, um die Täler-Höhe auf 50% der erwähnten Peak-Höhen zu reduzieren. d_1) Ein einziger, einstellbarer Einlaß für die Probe in das Spektrometer ist getrennten Einlaß-Öffnungen für jeden Proben-Halter vorzuziehen. e_1) Bei Eintritt der Probe in die Ionen-Quelle muß das Pumpen-System des Spektrometer-Analysen-Rohres einen Druck von weniger als $5 \cdot 10^{-7}$ mm Hg garantieren. f_1) Das „Gedächtnis" des Spektrometers soll kleiner als 10% sein, um den Gesamtfehler nicht zu groß werden zu lassen. Periodische Messung des „Gedächtnis-Effekts" des Spektrometers ist notwendig. Bei apparativen Änderungen am Instrument muß er genau bestimmt werden.

Bezüglich der Konversion der Proben in UF_6 sei auf Methode No. 2501 nach *Briscoe* verwiesen.

Reagenzien.

α_1) Gesättigte Ammoniumnitrat-Lösung,
β_1) gesättigte Ammoniumsulfat-Lösung,   genau nach den Angaben
γ_1) 10%ige (m/v) $Ba(NO_3)_2$-Lösung,   auf S. 347 herzustellen
δ_1) 20%ige (v/v) TBP-Lösung,

ε_1) Isotopenstandards:

1 Standard wird zur Analyse einer Probe bei einer spezifischen ^{235}U-Konzentration benötigt. 2 Standards sind zur Bestimmung von Korrekturen zufolge des Gedächtniseffekts erforderlich. Zweckmäßig werden für eine zu korrigierende Probe 2 derartige Standards benutzt, welche diese Probe symmetrisch einschließen (je 1 Standard für „niedrigen" und für „hohen" Gedächtnis-Effekt). Diese beiden Standards unterscheiden sich für die meisten Anwendungsfälle zweckmäßig um etwa 10% des Verhältnisses der Isotopen-Verhältnisse.

ζ) Sekundäre Arbeitsstandards werden gegen primäre Isotopen-Standards des Nat. Bureau of Standards (Washington) eingestellt (*Jones*, S. 12). Die Standardisierung wird durch Vergleich des Arbeitsstandards mit einer oxidischen Mischung (*Jones*, S. 15) aus NBS-Standards ausgeführt, die auf $\pm 0,2\%$ vom Wert des Arbeitsstandards abweichen darf.

Wenn ein Arbeitsstandard als Paar zur Bestimmung des Gedächtnis-Effekts benutzt wird, wird das Verhältnis der beiden Standards in dem Paar durch eine zweite Oxid-Verdünnung in folgender Weise verifiziert. Man führt einige Gramme des höheren Standards in U_3O_8 über und mischt ihn mit der erforderlichen Menge eines anderen, an ^{235}U stark abgereicherten Standards, so daß die Mischung die isotopische Zusammensetzung des niedrigeren Standards erhält. Man mischt, wie im Abschn. 2—4 bei *Jones* (S. 14) genau beschrieben. Die U_3O_8-Mischung wird nach

Methode No. 2501, S. 348, in UF_6 umgewandelt. Nun vergleicht man die Mischung gegen den niedrigeren Standard und berechnet das Verhältnis $[^{235}U/(1 — ^{235}U)$ (f. d. höheren Standard]$:[^{235}U/(1 — ^{235}U)$ (f. d. niedrigen Standard)]. In diesem Verhältnis werden statt ^{235}U die Werte für ^{233}U oder ^{234}U eingesetzt, wenn deren Peaks verglichen werden sollen.

Vorbereitung der Proben. Proben von reinem oder verhältnismäßig reinem Uran, Uran-Verbindungen (ausgenommen UF_6) oder Lösungen, in denen Uran nicht mit anderen Materialien legiert oder gemischt ist, werden in U_3O_8 gemäß der Vorschrift nach Methode No. 1100 (*Jones*, S. 347, 348) konvertiert. Eine Proben-Menge von 0,5 bis 1,0 g U_3O_8 wird benutzt.

UF_6-Proben, die nach den Vorschriften zur Container-Probenahme von UF_6 (*Jones*, S. 33/34) hergestellt worden sind, werden unmittelbar zur Analyse verwendet. Wenn das Uran mit anderen Materialien legiert oder vermischt wird oder sein Reinheitsgrad unbekannt ist, wird es, sofern es nicht in Lösung vorliegt, in einer geeigneten Säure gelöst. Die zu reinigende Endlösung soll 0,05 n bis n an HNO_3 sein. Ein Lösungsaliquot, das 0,5 bis 1,0 g U_3O_8 entspricht, wird nach Methode No. 2501 behandelt.

Die U_3O_8-Probe wird entweder nach dieser Methode (S. 348) oder mit Hilfe einer Hochdruck-Fluorierungsmethode (*Greene* und *Petit*) in UF_6 übergeführt.

Arbeitsvorschrift. a_2) Die Röhren mit dem geeigneten Standard und der Probe X werden an das Spektrometer-Einlaß-System angeschlossen und die Materialien zur Einführung in die Ionen-Quelle durch „Flashing" der Verunreinigungen in der Gas-Phase bei Probe und Standards (Zimmertemperatur) in folgender Weise vorbereitet.

α_2) Man öffnet alle Ventile zwischen Probe- und Standard-Behältern sowie dem Pumpen-System mit Ausnahme der Ventile an den Probe- und Standard-Behältern selbst.

β_2) Man ventiliert durch rasches Öffnen und darauffolgendes Schließen des Ventils am Proben-Behälter die Gase in das Pumpen-System.

γ_2) Sobald das Pumpen-System ausreichend Zeit gehabt hat, um die ausgetriebenen Gase zu evakuieren, wird Schritt β_2 wiederholt.

δ_2) Die Schritte β_2 und γ_2 werden nun mit dem Standard wiederholt.

b_2) Falls nur eine beschränkte Proben-Menge vorliegt, kann die Proben-Reinigung wie folgt ausgeführt werden.

α_2) Man betätigt die entsprechenden Ventile zwecks Entfernung der Luft, die in den Verbindungsstücken eingeschlossen ist, um festzustellen, daß gegen das Einlaß-System kein Leck besteht.

β_2) Das UF_6 im Proben-Behälter wird ausgefroren, indem dieser in ein Gemenge von Trockeneis und Äthanol eingetaucht wird.

γ_2) Das Ventil am Proben-Behälter wird geöffnet, um Evakuierung der flüchtigen Verunreinigungen aus dem Proben-Behälter zu ermöglichen; hierauf wird das Ventil geschlossen.

δ_2) Die Schritte β_2 und γ_2 werden am Standard wiederholt. Vermischung von Probe und Standard muß unbedingt vermieden werden.

ε_2) Man entfernt die Kühlmischung von den Behältern für Standard und Probe und läßt das UF_6 wieder Zimmertemperatur annehmen.

c_2) Hierauf wird das Instrument zur Analyse vorbereitet.

Man betätigt die entsprechenden Ventile zum Einlaß des Standards in die Ionen-Quelle. Die Hochspannung am Massen-Spektrometer und/oder die Magnet-Feldstärke wird derart eingestellt, daß der ^{235}U-Ionen-Strahl (für Proben mit mehr als 70 Mol-% ^{235}U oder weniger) aus der UF_5^+-Ionen-Gruppe durch den Kollektor-Schlitz auf die Kollektor-Platte für „Niedrig-Stromstärke" fokussiert wird, während die übrigen Ionen dieser Gruppe auf der Kollektor-Platte für „Hohe Stromstärke" gesammelt werden. Dieser Schritt ist beendet, wenn das Signal für die Kollektor-

Platte niedriger Stromstärke ein Maximum erreicht hat. Die Verstärker müssen gemäß den Vorschriften auf null eingestellt werden.

Die variable Einlaß-Öffnung wird derart eingestellt, daß der UF_6-Fluß in die Ionenquelle das gewünschte Signal für die Ionen erzeugt, welche die Kollektor-Platte für hohe Stromstärke treffen. Dieser Ionen-Strom soll äquivalent ungefähr 10^{-9} A sein. Man beobachtet den Druck im Spektrometer-Analysator. Schließlich betätigt man die Ventile, um den Fluß des Standards aus der Ionen-Quelle abzuschalten, und evakuiert die Ionen-Quelle.

d_2) Die Reihenfolge der analytischen Bestimmung, während der die Messungen ausgeführt werden, ist X, S, X, wobei X und S die Einführungen der Probe bzw. des passenden Standards bedeuten. Auf jede Einführung folgt Evakuierung der Ionen-Quelle vor der nächsten Einführung. Gewöhnlich beträgt die Dauer der Proben-Einführung in das Spektrometer 2 Min., jene der Evakuierung $^1/_2$ Min. Die Zahl der Einführungen hängt von der verlangten Genauigkeit ab. Um *Fehler* durch Drift im Spektrometer auf das Mindestmaß herabzudrücken, beginnt und beendet man die Sequenz mit einem und demselben Material in der Spektrometer-Ionen-Quelle. So besitzt eine analytische Sequenz stets eine ungerade Zahl von Material-Einführungen. Die kürzeste Sequenz wird durch X, S, X gebildet; jedoch benutzt man meistens die 5gliedrige Sequenz X, S, X, S, X. Um die Probe-Standard-Wechselwirkung gleichmäßiger zu machen und die Gedächtnis-Effekt-Korrektur zu verbessern, sollte vor der eigentlichen Bestimmung eine vorbereitende oder Gleichgewichts-Einführung stattfinden, in der keine Daten aufgenommen werden.

Während jeder Einführung von UF_6 in die Ionen-Quelle werden folgende Operationen ausgeführt.

α_2) Man reguliert die Intensität innerhalb $\pm 2\%$ auf das gewünschte Niveau mit Hilfe der einstellbaren Einlaß-Öffnung für den Proben-Fluß.

β_2) Man justiert die magnetische Feldstärke oder die Hochspannung, um ein Maximum des Signals auf der „Niedrig-Stromstärke"-Kollektor-Platte zu erzielen. Diese Einstellung wird während der ganzen Einführungszeit aufrecht erhalten. Man kann auch in diesem Zeitraum wiederholt über das Maximum hinweg streichen (Scanning). Die Elektrometer für beide Kollektor-Platten werden in einer Null-Meßschaltung verwendet. Die Ablesung ist dann proportional der Zahl der Ionen, welche die Niedrigstrom-Kollektor-Platte treffen, im Verhältnis zur Gesamtzahl jener Ionen, welche auf die Hochstrom-Kollektor-Platte fallen.

e_2) Für jede analytische Sequenz sind alle Ablesungen für den Standard und sämtliche für die Probe zu mitteln (R_x und R_s). Zur Verbesserung der analytischen Genauigkeit können die Messungen wiederholt werden.

f_2) In Proben mit mehr als 70 Mol-% ^{235}U werden die Isotope ^{238}U, ^{234}U und ^{235}U wie folgt gemessen.

α_2) Für ^{238}U erfolgt die Fokussierung in Schritt c_2 1. Absatz (S. 358), auf den ^{238}U-Ionen-Strahl statt des ^{235}U-Strahls, und die Vorgangsweise ist die gleiche wie für ^{235}U. Die Ablesungen sind proportional dem ^{238}U-Verhältnis gegen alle anderen Isotope.

β_2) Für die Isotope ^{234}U und ^{236}U folgt man, sofern geeignete Standards verfügbar sind, der gleichen Arbeitsweise, ausgenommen die Fokussierung auf den ^{234}U- oder ^{236}U-Ionen-Strahl.

γ_2) Wenn ein geeigneter Standard für das Isotop ^{236}U nicht vorhanden ist, kann man durch Vergleich mit den Isotopen ^{234}U oder ^{236}U in der Probe folgendermaßen vorgehen:

a_3) Mit dem ^{234}U-Peak im Fokus adjustiert man die Einlaß-Öffnung derart, daß die Ionen-Intensität auf das gewünschte Niveau gebracht wird. Man erhält eine Ablesung, proportional dem Verhältnis des ^{234}U-Isotops gegen alle anderen Isotope.

b_3) Man bringt den ^{236}U-Peak in den Fokus und erhält eine Ablesung für das Verhältnis des ^{236}U-Isotops gegen alle anderen Isotope.

c_3) Man geht auf den ^{234}U-Peak zurück, justiert die Proben-Einlaß-Öffnung und erhält wieder eine ^{234}U-Ablesung.

d_3) Abwechselnd liest man den ^{234}U- und den ^{236}U-Peak ab, bis 3 Ablesungen für ^{234}U und 2 für ^{236}U vorliegen.

e_3) Man mittelt die 3 ^{234}U-Ablesungen und die beiden ^{236}U-Ablesungen; man bezeichne sie mit R_4 bzw. R_6.

g_2) Zur Korrektur für den Gedächtnis-Effekt fügt man analytische Sequenzen ein, die 2 Standards behandeln, welche die isotopische Zusammensetzung der Probe einschließen und in ihrer eigenen Zusammensetzung um etwa 10% gegen die Proben-Sequenzen differieren. In der Regel sind weniger als 5% der Gesamtzahl der Bestimmungen an Gedächtnis-Standards auszuführen. Die Resultate der Gedächtnis-Sequenzen werden mit R_A und R_B bezeichnet (für die Gedächtnis-Standards A bzw. B). Für die maximale Reproduzierbarkeit und *Genauigkeit* werden häufigere Gedächtnis-Messungen auf einer Zeit-Skala aufgetragen, aufeinander folgende Bestimmungen durch eine gerade Linie verbunden und daraus der „Gedächtnis-Faktor" für den Meß-Zeitpunkt einer gegebenen Probe abgelesen.

α_3) *Berechnungen.*

a_4) „Tal-%".

$$\text{Tal-}\% = \frac{\text{Tal }(^{235}U/^{238}U)}{\text{Peak}^{235}U} = 100 \quad \text{(zur Kontrolle der Auflösung)}.$$

Falls die Probe weniger als 1% ^{235}U enthält, multipliziert man das beobachtete Tal mit den Prozenten ^{235}U, bevor man den auf S. 357 erwähnten Grenzwert von 3,5% auf das Tal anwendet.

b_4) Ionen-Strahl-Durchgang (Transmission). Diesen Faktor berechnet man täglich unter Benutzung der Ablesungen am Hochstrom-Verstärker:

$$\text{Transmission} = \frac{4\,I - I_4 - I_5 - I_6 - I_8}{I}.$$

Darin sind:

I das Maximum mit allen Peaks am Hochstrom-Kollektor,
I_4 das Maximum mit ^{234}U durch den Kollektor-Schlitz,
I_5 das Minimum mit ^{235}U durch den Kollektor-Schlitz,
I_6 das Minimum mit ^{236}U durch den Kollektor-Schlitz,
I_8 das Minimum mit ^{238}U durch den Kollektor-Schlitz.

Wenn die Konzentrationen von ^{234}U und ^{236}U von Bedeutung sind, aber Minima bei I_4 und I_6 wegen Mangel an Empfindlichkeit des Hochstrom-Meßgerätes und Peak-Größen nicht beobachtet werden können, benützt man die folgenden Schätzungen für die obige Transmissionsgleichung:

$$\text{Geschätzte } I_4 = (100\% \text{ von I}) - (\text{gesch. Gew.-}\% \ ^{234}U),$$
$$\text{Geschätzte } I_6 = (100\% \text{ von I}) - (\text{gesch. Gew.-}\% \ ^{236}U).$$

c_4) Der Gedächtnis-Faktor ergibt sich aus folgender Gleichung:

$$M = \frac{R-1}{R_0 - 1}, \quad \text{worin}$$

M den Gedächtnis-Effekt-Faktor

R das Verhältnis der Mol-Verhältnisse für das betrachtete Isotop, berechnet aus bekannten Mol-Verhältnissen der beiden Gedächtnis-Standards,

R_0 das beobachtete Verhältnis der Mol-Verhältnisse R_A/R_B bei Benutzung der im vorhergehenden Abschnitt, Schritt g_2 erhaltenen Resultate darstellen.

Der aus den Vergleichen von ^{238}U oder ^{235}U berechnete Gedächtnis-Faktor kann zur Korrektur der Beobachtungen an ^{234}U und ^{236}U verwendet werden.

d_4) Man berechnet das beobachtete Verhältnis der Molenbrüche R_0 für das interessierende Isotop aus den nachstehenden Gleichungen:

α_4) Für Isotope, zu welchen geeignete Standards vorhanden sind:

$$R_0 = \frac{R_X}{R_S}.$$

Darin sind:

R_0 das beobachtete Verhältnis der Molenbrüche,

R_X der Molenbruch des interessierenden Isotops gegen alle übrigen Isotope in der Probe, wie im vorhergehenden Abschnitt unter Schritt d_2 bzw. $f_2\alpha_2$ oder $f_2\beta_2$ erhalten,

R_S der Molenbruch des interessierenden Isotops gegen alle übrigen Isotope im Standard (wie vorstehend gemessen).

β_4) Für Isotope, für die geeignete Standards nicht verfügbar sind (gewöhnlich ^{236}U):

$$R_0 = \frac{R_6}{R_4}.$$

Darin sind:

R_0 das beobachtete Verhältnis der Molenbrüche,

R_6 der gemessene Molenbruch des ^{236}U gegen alle übrigen Isotope in der Probe, wie im vorhergehenden Abschnitt unter Schritt $f_2\gamma_2$ (S. 359) erhalten,

R_4 der gemessene Molenbruch des ^{234}U gegen alle übrigen Isotope in der Probe, wie im vorhergehenden Abschnitt unter Schritt $f_2\gamma_2$ (S. 359) erhalten.

e_4) Korrektur der beobachteten Verhältnisse R_0 für den Gedächtnis-Effekt nach folgenden Gleichungen:

$$R_c = M\,R_0 - (M - 1).$$

Darin sind:

R_c das korrigierte beobachtete Verhältnis,

M der Gedächtnisfaktor wie eben berechnet,

R_0 das beobachtete Verhältnis, wie oben für die interessierenden Isotope berechnet.

f_4) Für Proben mit 70 Mol-% oder weniger an ^{235}U.

α_4) Berechnung der Prozente (m/m) ^{235}U:

$$U_5 = \frac{100\,R_c \cdot Z}{100 + R_c \cdot Z},$$

worin

U_5 die Gewichtsprozente ^{235}U in der Probe,

R_c das korrigierte Verhältnis der Molenbrüche, erhalten aus den Messungen durch ^{235}U-Peakvergleiche,

$Z = 100\,z/(100 - z)$ und z die Prozente ^{235}U (m/m) im Standard darstellen.

β_4) Wenn geeignete Standards für die Isotope ^{234}U und ^{236}U verfügbar sind, berechnet man die Prozente (m/m) von ^{234}U (U_4) und von ^{236}U (U_6) in der gleichen Weise wie soeben für ^{235}U angegeben, unter Benutzung der im vorhergehenden Abschnitt unter Schritt $f_2\beta_2$ (S. 359) erhaltenen Methode.

γ_4) Wenn ein geeigneter Standard für ^{236}U nicht vorhanden ist, berechnet man die Prozente (m/m) von ^{236}U (U_6) nach folgender Formel:

$$U_6 = \frac{100{,}86\,R_0 E}{100 + R_0 E},$$

worin

U_6　die Prozente (m/m) ^{236}U in der Probe,

$E = 100\,e/(100-e)$,

e　die Prozente (m/m) ^{234}U im Standard,

R_0　das Verhältnis der Molenbrüche für das nach Schritt $d_4\beta_4$ berechnete Isotop ^{236}U [berechnet aus den nach Schritt $f_2\gamma_2$ des vorhergehenden Abschnittes erhaltenen Daten (S. 359)].

δ_4) Zur Berechnung der Prozente (m/m) ^{238}U dient folgende Formel:

$$U_8 = 100 - U_4 - U_5 - U_6.$$

Darin sind:

U_8　die Prozente (m/m) ^{238}U in der Probe,

U_4　die Prozente (m/m) ^{234}U in der Probe (berechnet nach Schritt $f_4\beta_4$ dieses Abschnittes,

U_5　die Prozente (m/m) ^{235}U in der Probe (berechnet nach Schritt $f_4\alpha_4$ dieses Abschnittes),

U_6　die Prozente (m/m) ^{236}U in der Probe (berechnet nach Schritt $f_4\beta_4$ oder $f_4\gamma_4$ dieses Abschnittes).

g_4) Proben mit mehr als 70 Mol-% ^{235}U.

α_4) Man berechnet die Prozente (m/m) ^{238}U wie folgt:

$$U_8 = \frac{100\,R_c Q}{100 + R_c Q}\,,\ \text{worin}$$

U_8　die Prozente (m/m) ^{238}U in der Probe,

R_c　das korrigierte Verhältnis der Molenbrüche, erhalten aus Messungen mit Hilfe von ^{238}U-Peakvergleichen,

Q　$= 100\,q/(100-q)$ und

q　die Prozente (m/m) ^{238}U im Standard darstellen.

β_4) Wenn geeignete Standards für die Isotope ^{234}U und ^{236}U verfügbar sind, berechnet man die Prozente (m/m) von ^{234}U (U_4) und ^{236}U (U_6) in derselben Weise wie für ^{238}U nach vorstehendem Schritt $f_4\alpha_4$ (unter Benützung der nach dem vorhergehenden Abschnitt, Schritt $f_2\beta_2$ erhaltenen Daten).

γ_4) Falls ein passender Standard für ^{236}U nicht zur Verfügung steht, berechne man die Prozente (m/m) von ^{236}U (U_6) nach Schritt $f_4\gamma_4$ dieses Abschnittes für Proben, die weniger als 70 Mol-% ^{234}U enthalten.

δ_4) Berechnung der Prozente (m/m) ^{235}U:

$$U_5 = 100 - U_4 - U_6 - U_8.$$

Darin sind:

U_5　die Prozente (m/m) ^{235}U in der Probe,

U_4　die Prozente (m/m) ^{234}U in der Probe, wie nach Schritt $f_2\beta_2$ dieses Abschnittes berechnet,

U_6　die Prozente (m/m) ^{236}U in der Probe, wie nach Schritt $f_2\beta_2$ oder $f_2\gamma_2$ dieses Abschnittes berechnet,

U_8　die Prozente (m/m) ^{238}U in der Probe, wie nach Schritt $f_2\alpha_2$ dieses Abschnittes berechnet.

β_3) *Verläßlichkeit.* Die Ursachen einer Massen-Spektrometer-Varianz sind derart mannigfach, daß die Reproduzierbarkeit einer Methode, die auf einer Serie von Messungen an einer Probe beruht, die fortlaufend mit einem und demselben Instrument ausgeführt worden sind, gewöhnlich viel zu klein ist. Ausreichende Schätzungen der Reproduzierbarkeit an einem Instrument werden am besten durch eine Vornahme wiederholter Bestimmungen an denselben Proben über einen Zeitraum von einigen

Tagen erhalten, während der im Spektrometer eine typische Reihe von Proben gemessen oder das Spektrometer refokussiert worden ist, Bestandteile davon ausgetauscht oder repariert worden sind.

Die weitaus beste Kontrolle für die *Genauigkeit* einer bestimmten Methode kann man durch Messungen identischer Proben mit Hilfe mehrerer, verschiedener Massen-Spektrometer erhalten.

Die Reproduzierbarkeit wird auch stark durch den Konzentrationsbereich beeinflußt, für den ein vorhandenes Spektrometer eingestellt worden ist. Bei Proben mit 1 bis 5% (m/m) ^{235}U wurde ein Variationskoeffizient für eine einzelne Bestimmung von 0,05% erhalten. Diese Daten gründen sich auf 100 Proben, die während eines Jahres in zwei verschiedenen Laboratorien analysiert wurden.

Mit Instrumenten, die der Analyse von Proben zwischen 93 und 93,5% (m/m) ^{235}U gewidmet waren, ergab sich ein Variationskoeffizient für eine einzelne Bestimmung von 0,01%, der auf über 200 Kontroll-Proben beruht, die während eines Zeitraumes von 1 Jahr mit zwei Instrumenten analysiert worden waren.

In Uran-Proben der Pechblende aus dem *ehemals belgischen Kongo (Shinkolobwe, Katanga)* wurden von *Davis* und *Mewherter* massenspektrometrisch die Isotope ^{233}U, ^{236}U und ^{237}U bestimmt. Zunächst wurde ^{239}Pu bestimmt, indem Uran aus dem Erz-Konzentrat rein isoliert und mit einer bekannten Menge von ^{236}Pu-Tracer versetzt wurde. Durch Reduktion mit Eisen(II)-ammoniumnitrat und Sulfaminsäure wurde Pu^{3+} erhalten und Uran mit Hexon extrahiert (Reinigungsoperationen zwecks exakter Trennung wurden ausgeführt). Nach Oxydation von Pu mit KBrO$_3$ wurde Pu^{4+} gleichfalls mit Hexon extrahiert und schließlich mit Wasser gestrippt. Nach Zugabe von H$_2$O$_2$ sowie von HNO$_3$ wurde dann Pu mit TTA/Xylol extrahiert und auf einer Platin-Scheibe zur α-Zählung in einer *Frisch*-Ionisationskammer (kombiniert mit einem Vielkanal-Impulshöhen-Analysator) montiert. Da eine α-Aktivität von ^{231}Pa störte, wurde Pu mit HNO$_3$/H$_2$F$_2$ von der Platin-Scheibe abgelöst, die TTA-Extraktion und nachfolgende Zählung wiederholt. Die mit dem ^{236}Pu-Tracer bestimmte Ausbeute war 24%, die Zählperiode mehr als 10 Tage. Dabei ergaben sich eine ^{239}Pu-Konzentration/g Erz-Konzentrat = $(1,6 \pm 0,2) \cdot 10^{-12}$, ein Verhältnis $\frac{\text{g }^{239}\text{Pu}}{\text{g U}} = (2,8 \pm 0,3) \cdot 10^{-12}$ und ein Verhältnis $\frac{\text{g }^{238}\text{Pu}}{\text{g U}} < 2 \cdot 10^{-14}$. Unter der Annahme, daß praktisch alles ^{239}Pu und ^{236}U über den Einfang thermischer Neutronen durch ^{238}U bzw. ^{235}U entstehen, sollte das gesuchte Verhältnis ^{236}U/^{238}U in dem Erz $0,8 \cdot 10^{-9}$ sein. (Der Urangehalt des Pechblende-Konzentrats war chemisch zu 70 Gew.-% U$_3$O$_8$ bestimmt worden.) Andererseits wurden im Uran sowohl aus einer Probe von Colorado-Carnotit als auch aus der Katanga-Pechblende massenspektrometrische Analysen ausgeführt. Während bei 4 Test-Bestimmungen von je 10^{-7} g natürlichem Uran, dem 0,1 ppm ^{236}U zugesetzt worden war, $(0,09 \pm 0,04)$ ppm ^{236}U gefunden worden waren, konnte in den untersuchten Proben kein eindeutiger Beweis für einen bestimmten ^{236}U-Gehalt festgestellt werden. Andeutungen waren allerdings vorhanden. Daraus ergab sich eine obere Grenze für das ^{236}U/^{238}U-Verhältnis von $0,5 \cdot 10^{-9}$. Zwischen den beiden erhaltenen Zahlen aus der Pu-Bestimmung und aus der massenspektrometrischen Untersuchung klaffte zwar verhältnismäßig keine zu große Diskrepanz; jedoch scheint den Autoren das Ergebnis zunächst nicht ganz überzeugend. Frühere Autoren (*Seaborg* und *Perlman*; *Peppard, Studier, Gergel, Mason, Sullivan* und *Mech*; *Levine* und *Seaborg*) hatten das weit größere Verhältnis ^{239}Pu/^{238}U $\sim 10^{-11}$ gefunden. Die Autoren erhielten in der vorliegenden Arbeit für das natürliche Vorkommen von ^{233}U und ^{237}U als obere Grenzen < 1 Teil in 10^9 Teilen.

δ_3) *McKenzie* arbeitete eine Bestimmung von ^{235}U in *hochbestrahlten Uran-Brennstoff-Stäben* des NRX-Reaktors (aus natürlichem Uran) entlang deren Länge aus. Da zur Zeit des Beginnes dieser Untersuchung keine massenspektrometrische

Methode mit einer Genauigkeit von 1% verfügbar war, wurde ein Verfahren gewählt, das auf Messungen der Spaltungs- und der α-Zählraten von natürlichen Uran-Proben und von solchen aus dem Brennstoff-Stab beruhte, nachdem chemische Reinigung erfolgt war; es sollten die $^{235}U/^{238}U$-Verhältnisse verglichen werden. Die zur direkten α-Zählung von ^{238}U erforderliche Zeit war von ungeeigneter Länge. Eine indirekte Messung des ^{238}U-Gehaltes ergab sich aus der Zählung des ^{239}Pu, das durch Neutronen-Bestrahlung in einer hohen Neutronen-Fluß gewährenden Position im NRX-Reaktor entstanden war. Zu verläßlichen Vergleichszwecken wurden alle Bestrahlungen und Zählungen mit einer Quelle von natürlichem Uran und einer anderen von abgereichertem Uran ausgeführt, die mit den Rückseiten gegeneinander angeordnet waren. Beim Wechsel von Spaltungszählung zur α-Zählung ergab sich keine Störung, wenn eine Ionen-Kammer mit doppeltem Gitter verwendet wurde, die an der Austrittsöffnung eines thermischen Neutronen-Strahles angebracht war.

Die Spaltungszählung wurde ausgeführt mit offenem Strahlöffnungsverschluß, die α-Zählung bei geschlossenem Verschluß, höherem Gasdruck in der Ionen-Kammer und höherer, elektrischer Verstärkung. Wegen der durch Strahlung verursachten Beschädigungen der Quellen schien es nicht möglich, die *Genauigkeit* angenähert zu erreichen, die für die Abbrand-Werte von ^{235}U erforderlich ist. Das neue Verfahren bestand aus fünf Schritten. Ein Satz von Quellen und ein Satz von Targets wurden aus natürlichem Uran und jeder an Uran abgereicherten Uranprobe hergestellt. Die Quellen waren zur ^{235}U-Bestimmung durch Spaltungszählung vorbereitet. Die Targets wurden nach der Benutzung zur Bestimmung von ^{238}U auf dem Weg über ^{239}Pu benützt. Jeder Satz von Quellen und entsprechenden Targets enthielt als Tracer zugesetztes ^{238}Pu. Für jede gegebene Uran-Probe wurden Quellen und Targets gleichzeitig und in einer Weise hergestellt, um das $^{238}Pu/^{238}U$-Verhältnis für beide Sätze konstant zu halten. Die Spaltung und die α-Strahlung der Quellen wurden in der Gitter-Ionen-Kammer gezählt, um die Verhältnisse $^{235}U/^{238}Pu$ zu erhalten. Die Targets wurden in der vorher angewendeten „Rücken-an-Rücken"-Anordnung bestrahlt. Hierauf wurden das Uran und das Plutonium von der Al-Target-Rückseite abgelöst und das Plutonium sorgfältig gereinigt. Dieses Plutonium wurde benutzt, um auf Platin Quellen zur α-Impulshöhen-Analyse herzustellen, die $^{239}Pu/^{238}Pu$ direkt lieferten und damit indirekt auch die $^{238}U/^{238}Pu$-Verhältnisse. Aus diesen und auch den erhaltenen $^{235}U/^{238}Pu$-Verhältnissen wurden die Verhältnisse $^{235}U/^{238}U$ berechnet. Die Benützung eines α-aktiven Tracers war erforderlich, um die beiden Sätze von Zähl-Ergebnissen zu verbinden. Der Vorteil, ^{238}Pu als Tracer zu benutzen, war, daß die Methode während der Aufarbeitung der bestrahlten Proben unabhängig von chemischer Ausbeute war. Die Genauigkeit der zu den Abbrand-Messungen verwendeten Zählungsmethoden schwankte zwischen 1,3 und 2,6%. Bevor die chemischen und die Zählmethoden ausgearbeitet worden waren, wurde eine befriedigende, massenspektrometrische Methode entwickelt und in Routine-Verwendung genommen. Die Genauigkeit der massenspektrometrischen Messungen für Proben, die nach den Zählungstechniken analysiert wurden, erstreckte sich von 0,5 bis 1,4%. Die durch massenspektrometrische Analyse und Zählverfahren erhaltenen Ergebnisse stimmten innerhalb der oben angeführten, experimentellen Fehler überein.

Eine massenspektrometrische Uran-Bestimmung durch *Isotopen-Verdünnung* (Zusatz von ^{235}U, mehr als 99,5%ig) wurde zum Zweck der Altersbestimmung (Geochronometrie) an schwedischem Kolm (einer an organischer Substanz sehr reichen Ablagerung) und den damit zusammen vorkommenden Schwarzschiefern aus dem oberen Cambrium durch *Cobb* und *Kulp* angewendet. Altersbestimmungen waren durch Ermittlung folgender Verhältnisse möglich: $^{206}Pb/^{238}U$; $^{207}Pb/^{235}U$; $^{207}Pb/^{206}Pb$. Auch wurde die Massenspektrometrie (Zugabe von 95,8%igem ^{208}Pb) zu den Blei-Bestimmungen benutzt, während $^{230}Th(Io)$ und $^{210}Pb(RaD)$ α-spektrometrisch bestimmt wurden. Ein Mindestalter von 500 Millionen Jahren wurde für den schwedischen Kolm abgeleitet. Bezüglich der geochemischen Einzelheiten muß auf die Original-Arbeit verwiesen werden.

Die Analyse bestrahlter, *aufgelöster* Kern-Brennstoffe, die naturgemäß viele hochradioaktive Spaltungsprodukte enthalten, auf Uran und Plutonium erfordert die Abtrennung dieser beiden Elemente, die nach *Rider*, *Russell*, jr., *Harvis* und *Peterson*, jr. folgendermaßen ausgeführt werden kann.

Reagenzien.

Dest. konz. HNO_3,

doppelt dest. H_2O,

^{233}U-Lösung, standardisiert,

^{236}Pu-Lösung, standardisiert,

$8m$ NH_4NO_3-Lösung in $2n$ HNO_3: 200 ml dest. $16n$ HNO_3 sowie 100 ml doppelt dest. H_2O werden in ein großes Becher-Glas gebracht. Bis zum Eintritt alkalischer Reaktion (gegen p_H-Papier) wird NH_3-Gas durch die Lösung geblasen. Überschüssiges NH_3-Gas wird fortgekocht (die Lösung soll neutral reagieren). Nachdem man die Lösung in ein zylindrisches Mischgefäß gebracht hat, gibt man 50 ml dest. $16n$ HNO_3 zu und verdünnt sodann auf 400 ml mit H_2O. Dichtekontrolle der Lösung: $1,31 \pm 0,01$ bei 20 °C.

Hexon (Methylisobutylketon), dest.

$0,2m$ Lösung von Thenoyltrifluoraceton (TTA) in Xylol: 4,44 g TTA sind in 100 ml dest. Xylol zu lösen; Diäthyläther, dest.

Arbeitsvorschrift. Die Glasgeräte (Pyrexglas) sind über Nacht in 50%iger HNO_3 auszulaugen und mit doppelt dest. Wasser zu spülen; desgleichen verfährt man mit den Pipetten. Einen Aliquot-Teil der Lösung füllt man in ein 15-ml-Spitzröhrchen ein und dampft auf 1 ml ab. Nun gibt man eine geeignete Menge ^{233}U- und ^{236}Pu-Lösung zu, hierauf 1 Tropfen konz. HNO_3 und einige $KBrO_3$-Kristalle (Reagensgrad-Reinheit). Zwecks Oxydation des Pu zu PuO_2^{2+} läßt man 1 Std. stehen. Sodann setzt man 1,5 ml $8m$ NH_4NO_3-Lösung in $2n$ HNO_3 zu und dampft auf 2 ml ein. Zwei Waschlösungen stellt man in Spitz-Röhrchen von je 15 ml Inhalt, enthaltend 1 ml $8m$ NH_4NO_3-Lösung in $2n$ HNO_3, her und fügt 10 mg $KBrO_3$ zu. 10 mg Hexon werden mit 2 ml $2n$ HNO_3 und $KBrO_3$ voroxydiert (die Flüssigkeit ist bis zum Gebrauch verschlossen zu halten).

U und Pu werden 4mal je 5 Min. mit 2-ml-Anteilen Hexons extrahiert; nach jeder Extraktion setzt man zur ursprünglichen Lösung 1 Tropfen $16n$ HNO_3 zu. Jeden Extrakt wäscht man wieder mit den zwei vorhin bereiteten Waschlösungen. Die vereinigten Hexon-Extrakte werden mit 5 Anteilen Wasser zu je 2 ml rückextrahiert, die vereinigten wäßrigen Lösungen zur Trockne verdampft, mit einigen Tropfen HNO_3 und HCl versetzt und wieder zur Trockne verdampft. Dann raucht man mit HNO_3 unter einem mäßigen Strom reinen Stickstoffs auf einem kochenden Wasserbad ab.

3 ml n HNO_3 werden mit 1 Tropfen 30%igem H_2O_2 versetzt; davon ist 1 ml zum eben erhaltenen Rückstand von Pu und U zuzugeben; die übrigen beiden Anteile zu je 1 ml bringt man in zwei 15-ml-Röhrchen. Das Pu wird zweimal während 20 Min. mit 2-ml-Anteilen von $0,2m$ TTA in Xylol extrahiert. Jeder Extrakt ist wieder mit den soeben bereiteten 1-ml-Anteilen n HNO_3 und H_2O_2 zu waschen. Die wäßrige Phase bewahrt man zur Uran-Bestimmung auf. Die TTA-Extrakte werden vereinigt, mit einigen Kristallen Trichloressigsäure versetzt und dann auf einer Platin-Scheibe zur α-Impuls-Zählung montiert. Nach erfolgter Zählung entfernt man die Substanz für die Massen-Analyse in folgender Weise: die Scheiben werden mit H_2F_2 überdeckt, worauf unter einer Heizlampe zur Trockne verdampft wird. Der Vorgang ist zu wiederholen. Die Scheibe bedeckt man dann mit konz. HNO_3 und verdampft zur Trockne (3 bis 4malige Wiederholung). Hierauf überschichtet man die Scheibe wieder mit konz. HNO_3, erwärmt einige Sekunden und überträgt dann mit einer Pipette die Lösung in ein 15-ml-Röhrchen. Die Behandlung mit HNO_3 ist 3- oder

4mal zu wiederholen. Die vereinigte, salpetersaure Lösung wird zur Trockne verdampft, der Rückstand mit Königswasser abgeraucht, hierauf auf kochendem Wasserbad mehrmals mit konz. HNO_3 abgeraucht. 50 μl 0,01n HNO_3 werden zur eingedampften Probe zugesetzt und der massenspektrometrischen Analyse unterzogen (Pu).

Die vorhin aufbewahrte n HNO_3-Lösung des Urans wäscht man mit Xylol, fügt 1 Tropfen HNO_3 wie auch 3 Tropfen HCl zur salpetersauren Lösung zu und erhitzt $^1/_2$ Std. unter Rückfluß zur Zerstörung organischer Substanz. Nach Abdampfen zur Trockne erhitzt man den Rückstand schwach, löst ihn dann mit 2 Tropfen HNO_3 auf und dampft auf einem Wasserbad zur Trockne ein (Uran-Fraktion). Hierauf pipettiert man 3 Anteile zu je 1 ml der 8m NH_4NO_3-Lösung in n HNO_3 ab; die eingedampfte Uranfraktion löst man in einem 1-ml-Anteil auf und bringt die beiden anderen 1-ml-Anteile als Waschlösungen in zwei 15-ml-Röhrchen. Das Uran wird mit 4 Anteilen zu je 2 ml Diäthyläther extrahiert (vor jeder Extraktion sind 100 μl konz. HNO_3 zuzufügen). Jeden Extrakt wäscht man seinerseits mit den zwei vorhin beschriebenen Waschlösungen.

Die vereinigten Äther-Extrakte und 1 ml Wasser werden in einem 15-ml-Röhrchen verdampft (Trockne). Dann fügt man 3 Tropfen HCl sowie 1 Tropfen HNO_3 zu, verdampft wiederholt zur Trockne, bis die organische Substanz zerstört ist, und erhitzt schwach zur Vertreibung der Ammoniumsalze. Den Rückstand löst man in HNO_3 und verdampft auf einem Wasserbad zur Trockne. 50 μl 0,05n HNO_3 bringt man in das trockene Röhrchen und unterzieht die Probe der massenspektrometrischen Analyse.

Bemerkungen. Die Plutonium-Berechnung. In einer *Frisch*-Ionen-Kammer wird das α-Spektrum der früher auf einer Platin-Scheibe gesammelten Rückstände der TTA-Extraktion gemessen. Daraus ist das Verhältnis der Aktivitäten von ^{239}Pu und ^{240}Pu zur Aktivität von ^{236}Pu zu berechnen. Durch Multiplikation mit der Original-Aktivität der zugesetzten ^{236}Pu-Menge berechnet man die Original-Aktivität von ^{239}Pu nebst ^{240}Pu. Aus der Massen-Analyse kann das Atomverhältnis $^{239}Pu:^{240}Pu$ bestimmt werden. Aus der spezifischen Aktivität der individuellen Isotope berechnet man die spezifische Aktivität der Mischung. Division der Aktivität von ^{239}Pu nebst ^{240}Pu durch die spezifische Aktivität der Mischung ergibt die Gewichtsmengen aus ^{239}Pu und ^{240}Pu.

Die Uran-Berechnung. Das Verhältnis der verschiedenen Uran-Isotope zu ^{233}U, das aus der massenspektrometrischen Analyse erhalten wird, multipliziert man mit der Menge des ^{233}U-Zusatzes. Daraus ergibt sich die Menge jedes in der Original-Probe enthaltenen Uran-Isotops.

Literatur

Briscoe, O. W.: durch *Jones, R. J.:* Methode Nr. 2501, S. 239.

Cobb, J. C.: Ph. D. Thesis, Columbia (USA) 1959. – *Cobb, J. C.,* u. *Kulp, J. L.:* Geochim. Cosmochim. Acta **24**, 226 (1961).

Davis, W. D., u. *Mewherter, J. L. (M):* Geochim. Cosmochim. Acta **26**, 681 (1962).

Eby, R. E., u. *Smith, L. A.:* durch *Jones, R. J.:* Methode Nr. 2504, S. 269.

Greene, R. E., u. *Petit, G. S.:* J. Inorg. Nucl. Chem. **24**, 393 (1962). – *Grindler, J. E.:* The Radiochemistry of Uranium. Nat. Acad. Sci., Washington; Nat. Res. Council, NAS-NS 3050 (1962).

Jones, R. J., (ed.): Selected Measurement Methods for Plutonium and Uranium in the Nuclear Fuel Cycle. USAEC, Washington, Div. Technical Information 1962.

Levine, C. A., u. *Seaborg, G. T.:* Am. Soc. **73**, 3278 (1951).

McKenzie, D. R.: Talanta **6**, 72 (1960); Nucl. Sci. Abstr. (NSA) 1961.

Peppard, D. F., Studier, M. H., Gergel, M. V., Mason, G. W., Sullivan, J. C., u. *Mech, J. F.:* Am. Soc. **73**, 2529 (1951).

Rider, B. F., Russell, jr., J. L., Harvis, D. W., u. *Peterson, J. P.,* jr.: GEAP-3373 (1960); durch *Grindler, J. E.,* S. 268.

Seaborg, G. T., u. *Perlman, M. L.:* Am. Soc. **70,** 1571 (1948).

Tabor, C. D.: durch *Jones, R. J.:* Methode Nr. 2503, S. 260.

7.4.2 Untersuchungsergebnisse

Barton, Gibson und *Tolman* beschreiben ein Instrumentalsystem zur raschen und genauen Isotopen-Analyse von 10^{-8}-g-Proben von Uran, Plutonium sowie anderen Elementen und Verbindungen, bei denen Ionen-Strahlen von 10^{-18} bis 10^{-12} A für die Dauer einiger Minuten erhalten werden können. Das System ist unempfindlich gegen Zunahme oder Abnahme der Proben-Emission um Faktoren von 2 oder mehr während 1 Min. Der Ionen-Strahl wird mit einem elektronischen Multiplier nachgewiesen, und einzelne Ionen-Impulse werden in einem 256-Kanal-Impulshöhen-Analysator gespeichert. Scanning des Spektrums erfolgt durch Variation der Beschleunigungsspannung synchron mit Scanning der Analysator-Kanäle, so daß die Impulse in jedem Massen-Inkrement einem korrespondierenden Kanal zugeordnet sind. Die normale Wechselgeschwindigkeit sind 8 vollständige Spektra je Sek. Sie werden in zwei Gruppen (nach zunehmender und nach abnehmender Masse) gespeichert. Die im Analysator nach Beendigung einer Serie gespeicherten Daten werden in Dezimalform mit einem Drucker ausgedruckt. Die Reduktion der Daten besteht bloß in Hintergrund-Korrektur, Berücksichtigung des Koinzidenzverlustes und Normalisierung gegen einen geeigneten Parameter.

Mit Isotopen-Verdünnung, Umwandlung des Urans in UF_6 und Ionisierung durch Elektronen-Bombardement bestimmen *Tabor, Kauffman* und *Voss* Uran in unreinen Lösungen.

Warren und *Horton* beschreiben ein 60°-Sektor-Massen-Spektrometer mit 12 inch = 30,5 cm Radius, einfach fokussierend, mit Oberflächen-Ionisation (Model SU 1, erzeugt von Nuclide Analysis Associates). Der ^{235}U-Gehalt der Uran-Proben erstreckte sich von 0,23 bis 99,8%.

Nisle und *Fast* zerschnitten ein Stück bestrahlten Thorium-Metalls und analysierten repräsentative Sektionen massenspektrometrisch, um die Verteilung von ^{233}U innerhalb des Stücks zu ermitteln. Es war während einer Bestrahlungsperiode von etwa 1 Jahr einem integrierten Neutronen-Fluß von 10^{21} n vt ausgesetzt, worauf eine Abkühlzeit von 3,5 Jahren folgte. Die radiale Verteilung des ^{233}U variierte von 0,40% (m/m) nahe der Oberfläche zu ungefähr 0,33% im Zentrum. Die relative Konzentration von ^{234}U und ^{235}U war am größten in der Nähe der Oberfläche. Die beobachtete Verteilung von ^{233}U stimmt annehmbar gut mit der einfachen Diffusionstheorie überein, die auf Näherung erster Ordnung zur Erzeugung von ^{233}U im Thorium beruht.

Nach *Slivnik* und *Zemljić* umfaßt die Einrichtung zur Herstellung von UF_6-Proben zur massenspektrometrischen Isotopen-Analyse folgende Grundelemente: Generator elementaren Fluors, Reaktionsrohr und Fallen. Der Generator besteht aus einer elektrolytischen Zelle mit dem Elektrolyt $KF + 2HF$. Das Fluor wurde in das Reaktionsrohr geleitet und auf 540 °C erhitzt. Bei dieser Temperatur war die Fluorierung nach 10 Min. beendet. Das entstandene UF_6 wurde in der mit Trockeneis gekühlten Falle kondensiert. Zur Herstellung von 80 mg UF_6 wurde ungefähr 1 Std. benötigt. Die Überführung des Urans in UF_6 gelang zu etwa 92%.

Thorburn und *Robbins* berichten über eine Untersuchung, worin ein Massen-Spektrometer der Metropolitan-Vickers MS-2-Type zur Messung der Konzentrationen von ^{234}U und ^{236}U in UF_6 benutzt wurde. Die erhöhte Auflösung wird durch Verringerung der Längen und Breiten der Schlitze von Kollimator und Kollektor erreicht.

Kauffman und *Tabor* beschreiben ein Massen-Spektrometer zur schnellen und genauen Bestimmung der Isotopen-Häufigkeit im Uran. Eine Interpolationsmethode der Standardisierung verringert den „Gedächtnis-Effekt" auf einen vernachlässigbaren Betrag.

Eine Methode zur Verringerung des „Gedächtnis-Effektes" in der massenspektrometrischen Isotopen-Analyse von UF_6 gibt auch *Bir* an. Diese Substanz wird in verschiedener Weise im Massen-Spektrometer fixiert. Mit Hilfe einer mathematischen Theorie werden von dem Autor die verschiedenen Verfahrensweisen zur Verringerung dieses Störeffektes analysiert und verglichen. Der Verfasser benutzt dazu eine neue, genau beschriebene Methode (samt Anwendungsbeispielen), durch welche die Gedächtnis-Effekte über einen großen Bereich der ^{235}U-Konzentration vernachlässigbar gestaltet werden.

Von *Brunnée* wird ein Massen-Spektrometer für UF_6 angegeben, das mit einem dreifachen Einlaß-System versehen ist. Das UF_6 durchläuft die Ionen-Quelle als schmaler Ionen-Strahl ohne Berührung der Wand. Der Molekularstrahl hat einen Öffnungswinkel von nur einigen Graden. Zufolge einer speziellen Konstruktion des Molekularstrahl-Systems ist der Verbrauch an Probe-Material gering. Die praktische Operationsmethode der Ionen-Quelle ist nicht durch Verunreinigung, sondern nur durch die Lebensdauer der Kathode beschränkt, die aber mehr als 1000 Std. beträgt. Der „Gedächtnis-Effekt" ist kleiner als 1,003. Nach Abpumpen der Probe aus dem Einlaß-System fällt der Ionen-Strom innerhalb 20 Sek. unter 0,03%. Die Meßgenauigkeit für das Isotopen-Verhältnis $^{235}U/^{238}U$ in normalen Proben ist $\pm 0,02\%$.

Eine Isotopen-Verdünnungsmethode mittels Massen-Spektrometrie wurde von *Earnshaw* und *Roberts* zur Untersuchung von Uran-Metall ausgearbeitet. Die Gesamtverunreinigungen in dem Metall können bei ^{235}U-Konzentrationen zwischen 0 und 50% mit einer *Genauigkeit* von (X $\pm$ 0,07%) bestimmt werden. Fünf Metall-Proben wurden nach dieser Methode analysiert.

Mittels Massen-Spektrometrie (ausgeführt in verschiedenen Massen-Spektrometern) wurden Isotopen-Analysen-Fehler von *Horton* untersucht, die von einer Verzerrung des Ionen-Strahls durch gasförmige Verunreinigungen in UF_6-Proben herrührten. Dazu wurden Mischungen aus UF_6 mit 5 anderen Gasen gegen reines UF_6 von identischer, isotopischer Zusammensetzung verglichen und die Abweichungen der gemessenen Mol-Verhältnisse von eins festgestellt. Stickstoff verursachte die stärkste Abweichung; 10% N_2 können eine Abweichung von mehr als 1% im Verhältnis der Mol-Verhältnisse von reinen zu unreinen Proben bewirken.

Einen Vergleich mit massenspektrometrischen Analysen-Ergebnissen unter Anwendung von Emissionsspektrographie, Neutronen-Aktivierung sowie γ- und α-Zählung zur ^{235}U-Bestimmung im Uran führten *Lovett* und *Roberts* aus.

Mit einem 60°-Sektor-Massen-Spektrometer messen *Debenec*, *Kramer*, *Marsel* und *Vrscaj* über UF_6 das Massenverhältnis $^{238}U/^{235}U$. UF_6 aus natürlichem Uran diente als Vergleichssubstanz. Verglichen wurde die Intensität der Massen-Linien 330 und 333 durch vielfaches, magnetisches oder elektrisches Scanning. Zur exakten Messung kleiner Unterschiede in den Isotopen-Verhältnissen von zwei Proben wurden diese sukzessive eingeführt. Der „Gedächtnis-Effekt" des Instrumentes wurde untersucht. Bei kleinen Differenzen in den Isotopen-Verhältnissen der Proben genügte es, das Instrument zwischen den Messungen 2 Min. zu evakuieren. Das gesuchte Isotopen-Verhältnis $^{238}U/^{235}U$ in natürlichem Uran ergibt sich zu 138,2 $\pm$ 0,4.

Von *Opauszky* und *Zmbov* wurde das Isotopen-Verhältnis in natürlichem Uran zu $^{238}U/^{235}U = 138 \pm 0,18$ bestimmt. Eine stabile Emission von Uran-Ionen wurde mit graphitüberzogenen Wolfram-Drähten als Ionen-Emitterquelle mit einem einzelnen Faden erhalten.

Von *Boardman* und *Meserey* wurden massenspektrometrisch die relativen Isotopen-Häufigkeiten in natürlichem Uran mit den relativen Häufigkeiten in synthetischen Standards mit bekanntem Isotopen-Gehalt verglichen. Unabhängige Gruppen von Bearbeitern berichten die Ergebnisse von zwei gleichzeitigen Untersuchungen. Die erhaltenen Werte waren 0,7113 und 0,7117% (m/m) von ^{235}U in natürlichem Uran.

In üblicher Weise wird auch von der *U. K. A. E. A.* (a) Production Group, Capenhurst, mit dem MS-2-Massen-Spektrometer UF$_6$ analysiert. Das Scanning über den Kollektor wird mit den Massen 330 und 333 ausgeführt. Aus dem Peak-Verhältnis, der Hintergrund-Korrektur und der Auflösung ergibt sich das Isotopen-Verhältnis von ^{238}U/^{235}U.

Der Abbrand von ^{235}U in entsprechenden Kern-Brennstoffen wurde von *Miller* nach einer kombinierten, radiochemischen und massenspektrometrischen Technik bestimmt. Die Gesamtspaltung wurde durch radiochemische Messung des Spaltungsproduktes ^{137}Cs (unter Benutzung von CsClO$_4$) ermittelt. ^{235}U und ^{236}U wurden massenspektrometrisch unter Benutzung von ^{233}U als innerer Standard bestimmt. Für die Bestimmung des ^{137}Cs wurde eine Beschränkung in Anwesenheit von ^{134}Cs gefunden. Diese Beschränkung ist eine Funktion des Energie-Spektrums des angewandten Neutronen-Flusses. Das berechnete ^{134}Cs/^{137}Cs-Verhältnis läßt sich als Funktion des Abbrandes darstellen.

Isotopen-Verdünnung und Massen-Spektrographie verwendet auch *Shirley* zur Bestimmung des Gesamtgehaltes und der Isotopen-Konzentration des Urans auf Kernbrennstoff-Element-Oberflächen. Der Rückstoß-Bereich der Spaltungsprodukte des Urans in Zircaloy-Legierung-Hüllen der Brennstoff-Elemente muß ein Minimum sein. Die rechtzeitige Entdeckung eines Risses im Brennstoff-Element beruht auf der Beobachtung von Spaltungsprodukten im Kühlmittel-Strom, so daß die Empfindlichkeit dieses Nachweises durch Uran anderer Herkunft gestört wurde. Deshalb wurde eine Methode zum Nachweis und zur Isotopen-Bestimmung des Urans in Zircaloy, Stahl und anderen Reaktor-Materialien entwickelt.

Uran-Metall-Stab-Proben der Größe 6×1,36 inch = 15,24×3,45 cm wurden von *Hart, Lounsburg, Bigham, Corriveau* und *Girardi* im NRX-Reaktor in verschiedenen Positionen mit Neutronen bestrahlt. Die Proben wurden auf den Gesamt-Uran-Gehalt, den Gesamt-Plutonium-Gehalt, die Uran-Isotop-Zusammensetzung und die Plutonium-Isotop-Zusammensetzung chemisch und massenspektrometrisch analysiert.

Eine massenspektrometrische Analyse der isotopischen Zusammensetzung des Plutoniums und Urans mit Hilfe des Metropolitan-Vickers Type MS-5-Massen-Spektrometers wird von *Turnbull* und *Dance* beschrieben.

Zur Bestimmung des Pu/U-Verhältnisses in der Speiselösung der Windscale Primary Separation Plant wird von der *U. K. A. E. A.* (b) eine Isotopen-Verdünnungsmethode angegeben, nach der unter Zugabe bekannter Mengen von ^{233}U und ^{242}Pu als Tracer zu einer verdünnten Probe der Speiselösung die Analyse massenspektrometrisch ausgeführt wurde.

Horton, Thomas und *Warren* konstruierten ein Massen-Spektrometer für den Vergleich der Verhältnisse von Molybdän zum Uran in Mischungen ihrer Hexafluoride mit etwa 1% Molybdän-Gehalt. Wegen der großen Massen-Differenz wird der Analysator zur Unterbringung gesonderter Kollektoren vergrößert, welche die Uran- und Molybdän-Ionen gleichzeitig aufnehmen. Die Einführung der Proben in die Ionen-Quelle, die Regulierung der Uran-Ionen-Strom-Intensität und die Registrierung der Verhältnisse erfolgt automatisch. Mischungspaare werden verglichen, um ein Verhältnis der MoF$_6$/UF$_6$-Verhältnisse zu erhalten (R). Dieses kann auf $\pm$0,3% des Wertes von R in 15 Min. (mit 95% Vertrauensgrenze) bestimmt werden.

Literatur

AECD-3908, Tenn Eastman Corp., Oak Ridge (Tennessy, USA; Decl. Dec. 1955); NSA 1956.

Barton, jr, *G. W.*, *Gibson, L. E.*, u. *Tolman, L. F.:* Anal. Chem. **32**, 1599 (1960); NSA 1961. – *Bir, R.:* Commissariat Energie Atomique, Saclay, CEA-1756 (1961); NSA 1961. – *Boardman, W. W.*, u. *Meserey, A. B.:* K-248 (Decl.), Carbide Carbon Chem. Corp. K-25 (Plant), Oak Ridge (Tennessy) (Sept. 1948; Febr. 1957); NSA 1958. – *Brunnée, C.:* Advanced Mass Spectrometry, Pr. Conf. Oxford 1961, Bd. **2**, 230 (1963); NSA 1963.

Debenec, L., *Kramer, V.*, *Marsel, J.*, u. *Vrscaj, V.:* „J. Stefan" Inst. Rep. (Ljubljana) **5**, 33 (1958); NSA 1961.

Earnshaw, K. B., u. *Roberts, R. H.:* RFP-84, Dow Chem. Co., Rocky Flats Plant, Denver (Okt. 1957); NSA 1958.

Hart, R. G., *Lounsbury, M.*, *Bigham, C. B.*, *Corriveau, L. P. V.*, u. *Girardi, F.:* CRRP-761 (Pt. B) (Sept. 1959); NSA 1959. – *Horton, J. C.:* Oak Ridge Gaseous Diff. Plant (Tennessy, USA) (Juni 1958); K-1365; NSA 1958. – *Horton, J. C.*, *Thomas, J. R.*, u. *Warren, V. L.:* K-1433, Oak Ridge Gaseous Diff. Plant. Tennessy, USA (Juli 1962); NSA 1962.

Kauffman, G. F., u. *Tabor, C. D.:* GAT-T-664, Goodyear Atomic Corp., Portsmouth, (Ohio, USA) (Mai 1959); NSA 1960.

Lovett, J. E., u. *Roberts, J. O.:* Nucleonics **15** (7), 72 (1957); NSA 1957.

Miller, D. G.: KAPL-M-DGM-5, Knolls Atomic Power Lab., Schenectady (USA) (März 1960); NSA 1960.

Nisle, R. G., u. *Fast, E.:* IDO-16419 [Phillips Petroleum Co., Atomic Energy Div., Idaho Falls, Idaho (USA)] (Okt. 1957); NSA 1958.

Opauszky, I., u. *Zmbov, K. F.:* Boris Kidrich Inst. Nucl. Sci. **14**, 17 (1963); NSA 1963.

Shirley, E. L.: Knolls Atomic Power Lab., Schenectady (USA), TID-7581, S. 161; NSA 1960. – *Slivnik, J.*, u. *Zemljić, A.:* „J. Stefan" Inst. Rep. (Lubljana) **5**, 49 (1958); NSA 1961.

Tabor, C. D., *Kauffman, G. F.*, u. *Voss, F. S.:* GAT-292, Goodyear Atomic Corp., Portsmouth (Ohio, USA) (Sept. 1960); NSA 1961. – *Thorburn, R.*, u. *Robbins, E. J.:* DEGR-94 (CA), U. K. A. E. A., Capenhurst (England) (Jan. 1960); NSA 1960. – *Turnbull, A. H.*, u. *Dance, D. F.:* AERE-C/R-2776, U. K. A. E. A., Research Group. Atomic Energy Research Establishment, Harwell (England) (Dez. 1958); NSA 1959.

United Kingdom Atomic Energy Authority (U. K. A. E. A.): (a) PGR-47 (CA) Capenhurst (England) (Aug. 1959); NSA 1960; (b) PG-Rep.-340, Windscale (England) 1962; NSA 1963.

Warren, V. L., u. *Horton, J. C.:* K-1463, Oak Ridge Gaseous Diff. Plant (Tennessy, USA) (März 1962); NSA 1962.

Anm.: NSA = Nuclear Science Abstracts.

8 Radiochemische Methoden

8.1 Material-Behandlung zur Analyse

8.1.1 Auflösung oder Aufschluß von metallischem Uran, Uran-Legierungen, uranhaltigen Oxiden, Mineralen, Erzen, Gesteinen und UF_4 (nach Grindler)

8.1.1.1 Metallisches Uran

Uran löst sich in HNO_3 unter Bildung von Uranylnitrat und Stickoxiden. Bei der Auflösung von Uranspänen, -pulver oder gesintertem Metall kann es zu explosiver Entwicklung nitroser Dämpfe kommen. Größere Mengen Uranmetall lösen sich nur mit mäßiger Geschwindigkeit, die aber durch Zugabe kleiner Mengen H_2SO_4, H_3PO_4 oder $HClO_4$ erhöht werden kann. In heißer, konz. H_2SO_4 löst sich Uranmetall langsam unter Bildung von Uran(IV)-sulfat. Bei 75 °C entsteht in Anwesenheit von H_2O_2 Uranylsulfat. Die Geschwindigkeit dieser Reaktion wird durch Zugabe kleiner Mengen Chlorid- oder Fluorid-Ionen vergrößert. Von kalter 85%iger H_3PO_4 wird Uranmetall langsam angegriffen. Bei Konzentrierung der Säure durch Erhitzen bildet sich ziemlich schnell Uran(IV)-phosphat; jedoch entsteht durch zu langes Erhitzen eine chemisch träge, glasige Substanz. Von kalter, verd. $HClO_4$ wird Uranmetall nicht angegriffen. Wird die Konzentration der $HClO_4$ durch Erhitzen erhöht, tritt heftige Reaktion ein. Andererseits löst sich das Metall auch in verd. $HClO_4$ in Gegenwart oxydierender Substanzen.

Konz. HCl greift Uranmetall heftig an. Noch mit 4m HCl wird starke Entwicklung von Wasserstoff beobachtet. Dabei bildet sich ein fein verteilter schwarzer Niederschlag, der sich auch bei Erwärmen nicht auflöst. Auflösung erfolgt erst in Gegenwart oxydierender Substanzen wie H_2O_2, Br_2, ClO_3^-, NO_3^-, $S_2O_8^{2-}$, $Cr_2O_7^{2-}$ oder Fe^{3+}; ebenso von gasförmigem Cl_2 in Gegenwart kleiner Mengen Fe oder J_2. Verhindert werden kann die Bildung des erwähnten, schwarzen Niederschlages durch Zugabe kleinerer Mengen Kieselflußsäure oder größerer Mengen Phosphorsäure. HF reagiert mit Uranmetall auch noch bei 80 bis 90 °C nur langsam. Durch Entstehung von unlöslichem UF_4 an der Metalloberfläche wird die Reaktion behindert.

HBr greift Uranmetall ähnlich an wie HCl, jedoch langsamer. Auch entsteht der oben angeführte, schwarze Niederschlag. HJ greift Uran gleichfalls nur langsam an.

Organische Säuren wie Ameisensäure, Essigsäure, Propionsäure und Buttersäure reagieren mit Uran in Gegenwart von HCl rasch. Benzoesäure in Äther bildet mit dem Metall ein Benzoat, während Acetylchlorid und Essigsäureanhydrid Uran(IV)-acetat entstehen lassen.

Bei folgenden Lösungsmitteln wurde beobachtet, daß sie Uranmetall auflösen: Silberperchlorat, Ammoniumchlorokupferrat(II), Kupferacetat, Lösungen von NaOH-H_2O_2, aber auch Na_2O_2-H_2O; Lösungen von Br_2 und Äthylacetat; HCl und Äthylacetat; HCl und Aceton; NO_2 und H_2F_2.

In Tabelle 23 (S. 374) sind Lösungsmittel für Uran und verschiedene seiner Legierungen angeführt.

24*

8.1.1.2 Uranverbindungen

Bezüglich der Löslichkeit verschiedener Uranverbindungen sei auf Tabelle II bei *Grindler* (S. 9) verwiesen. Die Oxide UO_2, U_3O_8 und UO_3 lösen sich in HNO_3, wobei $UO_2(NO_3)_2$ entsteht. UO_3 löst sich auch in anderen Mineralsäuren. U_3O_8 und UO_2 können durch Abrauchen mit $HClO_4$ in Lösung gebracht werden. In heißer, konz. H_2SO_4 lösen sie sich langsam; jedoch kann dieser Prozeß in Gegenwart von Fluorid-Ionen beschleunigt werden. Alkaliperoxide bilden mit Uran lösliche Peruranate.

8.1.1.3 Minerale, Erze, Meteorite

In Meteoriten treten äußerst kleine Uran-Konzentrationen auf (s. S. 455, 457). Uraninit (UO_2) und Pechblende (U_3O_8) sowie Thorianit $[(Th, U)O_2]$ lösen sich in warmer HNO_3 nicht zu niedriger Konzentration rasch auf. Sekundäre Uranminerale sind auch in Mineralsäuren löslich. Handelt es sich jedoch um silikatische Gesteine, in denen Uran nur in Zehntel- bis Hundertstelprozenten vorkommt (die aber allgemein auch als „Uranerze" bezeichnet werden), so sind die Aufschluß-Methoden für Silikate, Oxide usw. am Platz. Üblich als Aufschluß-Substanzen (für Schmelzen) sind Na_2CO_3, $NaOH$, Na_2O_2, $NaHSO_4$, $KHSO_4$, $NaCl + NaOH$, $(NH_4)_2SO_4$, KHF_2, MgO. Die Schmelze wird in Wasser oder Säure aufgelöst.

Für technologische Zwecke wird Uran aus seinen Erzen in erster Linie mit H_2SO_4, wenn dabei nicht zu große Mengen $CaSO_4$ anfallen, aber auch mit HCl oder HNO_3 extrahiert. Dazu werden oxydierende Reagenzien wie Eisen(III)-salze, MnO_2 und andere zugefügt (s. eine übersichtsweise Darstellung bei *Hecht*, S. 317 ff.), um Uran(IV)-Verbindungen in leichter lösliche Uran(VI)-Verbindungen überzuführen. Zu alkalischem Aufschluß werden hauptsächlich Na_2CO_3 und $NaHCO_3$ verwendet. Auch $NaOH$ und Na_2O_2 sind angewendet worden (*Rodden*). In soda-natronalkalischer Lösung entsteht der Komplex $UO_2(CO_3)_3^{4-}$. Auch hierzu werden Oxydationsmittel benötigt. $NaHCO_3$ wird zugesetzt, um eine Ausscheidung von Uran zu verhindern.

Nach den technischen *Forward*-Verfahren werden pyrithaltige Erze bei Temperaturen zwischen 100 und 200 °C unter Einsatz von Sauerstoff mit Drucken bis zu 50 atü zu $Fe_2(SO_4)_3$ und H_2SO_4 zersetzt. Bei Carbonatlaugung (wenn die Gangart des Erzes vorwiegend Kalkstein oder Dolomit ist) ist ein *Forward*-Prozeß möglich, indem Luft unter Druck als Oxydator benutzt wird. Anschließend wird mit H_2-Gas ebenfalls unter Druck und bei höherer Temperatur in Gegenwart von Ni-Pulver UO_2 ausgefällt.

Aus den schwefelsauren Lösungen fällt man Uran zur Vermeidung von Gips-Bildung mit MgO, aus den sodaalkalischen Lösungen mit $NaOH$. Diese Verfahren gehören zur sogenannten Hydrometallurgie.

Aus den uranhaltigen Lösungen gewinnt man das Uran dann mit Hilfe von Anionenaustauscher-Harzen, und zwar aus den schwefelsauren Lösungen als Uranylsulfatokomplexe, aus den natronalkalischen als Uranylcarbonatokomplexe.

8.1.1.4 Biologische Proben

werden im allgemeinen zur Uranextraktion verascht (trocken oder naß). Nasse Veraschung kann mit rauchender HNO_3 begonnen und mit $HClO_4$ beendet werden (Vorsicht!).

Auf Uran zu untersuchender *Staub* aus Luftproben wird auf Filtern gesammelt; er wird hierauf mit HNO_3 extrahiert oder zuerst verascht.

Bemerkungen. I. Durch *anodische* Oyxdation kann Uranmetall ebenfalls aufgelöst werden. Erforderlich ist u. a. die Gegenwart von H_2SO_4, HNO_3, $H_2C_4H_4O_6$ (Weinsäure), H_3PO_4 (NO_3^- enthaltend), $NaHCO_3$.

II. Bei der *Probenahme* angereicherten Urans im großen müssen selbstverständlich die Kritikalitätsbedingungen beachtet werden, die für die betreffenden Fälle zu ermitteln sind. Dies gilt z. B. für die Form und Größe der Gefäße zur Auflösung von Kernbrennstoffelementen. Dem Analytiker werden jedoch kaum je gefährliche (kritische) Mengen zur Analyse vorgelegt werden. Bei Grammproben besteht überhaupt keine solche Gefahr.

Zur Probenahme in der Technik der Kernbrennstoffe (Uran und Plutonium) findet man spezielle Vorschriften beispielsweise in dem Buch von *Jones.* Verwiesen sei ferner auf die aus den Laboratorien der Industrie der nuklearen Brennstoffe vielfach veröffentlichten Berichte, des weiteren auf das von *Rodden* (b) herausgegebene Werk ,,Analysis of Essential Nuclear Reactor Materials" (USAEC, New Brunswick Laboratory, 1964). Auch europäische Atomenergiekommissionen oder die Europäische Gesellschaft zur Aufarbeitung bestrahlter Kernbrennstoffe ,,Eurochemic" in Mol (Belgien), desgl. ,,Euratom" beschreiben vielfach analytische Methoden zur Probenahme bzw. Auflösung bestrahlter und unbestrahlter Kernbrennstoffe. Angaben darüber finden sich ferner in den Reports der Österreichischen Studiengesellschaft für Atomenergie, Wien. Auf dieses spezielle Gebiet in seiner Gesamtheit kann hier trotz fallweise praktischen Interesses nicht in Einzelheiten eingegangen werden, obwohl im vorliegenden Handbuch einzelne Probleme und diesbezügliche Bestimmungsmethoden behandelt werden (s. a. Kap. 9).

III. Die folgende, ausführlichere Zusammenfassung über die *Verfahren* zur Auflösung von Uranmetall und seinen Legierungen gibt *Larsen* (s. Tabelle 23) an, vorausgesetzt, daß Uran der Hauptbestandteil ist. Die Reaktorbrenn- oder Werkstoffe, welche nur kleine Prozent-Gehalte von U enthalten — wie rostfreier Stahl, Zirkonium, Aluminium, Wismut —, werden gewöhnlich in der Weise aufgelöst, die für unlegierte Matrix am Platz wäre.

Elementares Uran ist sehr reaktionsfähig und ähnelt in seinen Auflösungseigenschaften dem Mg. Massives Metall reagiert heftig mit 3n HCl und 12n HNO_3 und wird an der Oberfläche durch Luft rasch oxydiert. Uranspäne oder -pulver sind äußerst pyrophor und geraten oft ins Glühen durch mechanische Reibung, geringe Zugabe von Säure oder Wasser oder auch von selbst. Brennendes Uran führt zu radioaktiver Kontamination. Metallurgische Vorbehandlung und die Zusammensetzung beeinflussen die Auflösungsgeschwindigkeit sehr. Gegossene Uran-Brennstäbe werden oft vorzugsweise entlang der Hauptachse angegriffen, wobei ein poröses Skelett nahezu in Form des ursprünglichen Stabes zurückbleibt, das manchmal weniger als 10% des Urans enthält. Für die Auflösung dieses Restes ist u. U. mehr Zeit erforderlich als für die ersten 90%. Die Auflösungsgeschwindigkeiten für stark bestrahltes Uran oder Uran-Legierungen sind oft beträchtlich höher als für das unbestrahlte Metall, außer wenn $< 0,1\%$ der Uranatome gespalten worden ist. Beträgt die Spaltung 1% oder mehr, kann die Auflösung oft bei halber Acidität erfolgen. Stark bestrahlte Proben sind auch schneller oxydierbar und sehr pyrophor.

IV. *Auflösende Reagentien.* a) HNO_3. Die Salpetersäure wird am häufigsten auf Uranmetall und -legierungen angewendet. Die Reduktionsprodukte der HNO_3 variieren von NO_2 bis zu gelöstem Ammoniak. Bei Aciditäten von $\leq 8n$ entsteht hauptsächlich Stickoxid, bei höherer Acidität NO_2. Bei massivem Metall werden bei 100 °C durch 10n HNO_3 die meisten 10-g-Proben in weniger als 30 Min. gelöst.

Zur Verbesserung der Bestrahlungseigenschaften und des Korrosionswiderstandes wird Uran oft mit niedrigen Konzentrationen an Zr und Nb legiert. Bei diesen Legierungen lösen HNO_3 und Königswasser die Uranmatrix oft schnell, jedoch nicht die

intermetallischen Kristalloide, welche den Großteil des Zr und/oder Nb enthalten·
Der fein verteilte metallische Rückstand, der während des Auflösungsvorganges
am Metall haften bleibt, kann langsam ein unlösliches Oxid bilden oder nach einiger
Ansammlung explosiv reagieren. Schon durch gelindes Rühren kann Explosion
hervorgerufen werden; doch kann sie auch von selbst eintreten. Schon bei 10-g-
Proben können solche Explosionen zur Zertrümmerung des Becherglases führen
und die Säure in die Umgebung versprühen. Auch bei nur 1% Zr-Gehalt sind heftige
Explosionen bei einfacher Auflösung in HNO_3 vorgekommen. Die Anhäufung derartiger, explosiver Rückstände kann durch Zugabe eines löslichen Fluorids oder von
H_2F_2 zur salpetersauren oder Königswasser-Lösung dieser Legierungen verhindert

Tabelle 23. *Reagenzien zur Auflösung von Uran und Uran-Legierungen (Larsen)*

	HNO_3	Königs-wasser	HNO_3 + HF	HCl + Oxy-dantien	HCl + Äthyl-acetat	Br_2 + Äthyl-acetat	NaOH + H_2O_2
U	A	A	A	A	A	A	A
U–Zr	N	N	A	N	N	A	N
U–Nb	N	N	A	N	N	A	A
U–Fe	A	A	A	A	A	A	N
U–Cr	N	N	N	A	A	A	N
U–Ru	N	A	N	N	N	N	N
U–Mo	N	A	N	A	N	A	A
U–Fissium[1]	N	A[2]	N	N	N	N	N
U–Si[3]	A		A				
U–Pu	A[4]	A	N	A	A	A	N

A = „ausreichend"; N = „nichtausreichend"

[1] Legierungen, enthaltend 1 bis 3% Zr, Mo, Ru, Rh, Pd und Ce
[2] zur Auflösung von Zr ist Zusatz von Fluorid erforderlich
[3] salpetersaure Auflösungsmedien hinterlassen Si als Rückstand; Auflösungsmedien aus HNO_3
und HF können leicht zur Verflüchtigung von SiF_4 führen
[4] Pu selbst löst sich nicht leicht in HNO_3, jedoch besser in HCl

werden. Man setzt gewöhnlich an Fluorid die 2- bis 3fache stöchiometrische Menge
für den betreffenden Legierungsbestandteil zu (2 g Fluorid je Gramm Zr). Zwar
kann die Fluorid-Konzentration durch Ausfällung von UF_4 verringert werden, doch
ist dies durch Zugabe von AlF_6^{3-} im molaren Verhältnis 2:1 zu umgehen. Zu starke
Komplexe, wie die mit H_2SiF_6 entstehenden, können die erwähnten Explosionen nicht
verhindern.

Auflösungen von Nb-Legierungen mit HNO_3 nebst H_2F_2 sind zwar explosions-
sicher, hinterlassen aber einen Niederschlag von Nioboxid, der abgetrennt und mit
einem anderen Reagens, z. B. Oxalsäure, gelöst werden muß. Statt wie gewöhnlich
12n HNO_3 anzuwenden, benutzt man zweckmäßig 3n HCl für Nb-U-Legierungen,
wobei keine Fällung von Nioboxid auftritt. Durch Zugabe von H_2O_2 als Oxydans
und H_2F_2 als Komplexbildner findet vollständige Auflösung statt.

b) HCl. Uran reagiert mit HCl sehr rasch unter Bildung des UCl_4 und eines
schwarzen Niederschlages, der ein hydratisiertes U(III,IV)-oxid sein soll. Bei Zugabe
von 4n Säure zum massiven Metall tritt nach kurzer Verzögerung starke Wasser-

stoff-Entwicklung ein. Wenige Sek. ist die Lösung über der Probe leuchtend burgunderrot infolge Anwesenheit von U(III); jedoch wird sie durch Bildung von U(IV)
bald dunkelgrün, und voluminöse Mengen eines fein verteilten, schwarzen Niederschlages fallen aus. Dieser enthält 3wertiges Uran, wie aus dem molaren Verhältnis
des entstandenen Wasserstoffes zum Uran und aus der Fortdauer der Wasserstoff-
Entwicklung aus dem festen Rückstand auch nach Verbrauch des Metalls hervorgeht. Auch Erwärmen der sauren Lösung führt 'nicht zur vollständigen Auflösung des Niederschlages. In 1n HCl bei 100 °C kann eine Probe von 10 g in
1 Std. aufgelöst werden, während in 12n HCl die Wasserstoff-Entwicklung explosiv
erfolgt.

Wird das Metall nach teilweiser Auflösung aus der Säure entfernt, ist es mit
einer schweren, schwarzen Schicht bedeckt, deren größter Teil leicht fortgekratzt
werden kann, jedoch nahe dem massiven Metall diesem sehr stark anhaftet. Nach
Trocknung ist diese Deckschicht sehr reaktiv und gerät oft an der Luft einen Augen-
blick lang in Rotglut.

Wegen der heftigen Reaktion des Uranmetalls mit HCl löst man es am besten mit
der Säure allein und fügt dann ein Oxydationsmittel zu. Bei 75 °C reagieren $NaClO_3$,
H_2O_2 und Br_2 rasch mit U(IV) und dem hydratisierten Oxid unter Bildung von
Uranylhalogenid-Lösungen. Überschüssiges Oxydationsmittel entfernt man leicht
durch Zugabe starker HCl zur Lösung und Kochen, oder aber durch Eindampfen
der Lösung, bis die Urankonzentration 2m oder mehr ist. Cl_2-Gas vollendet die Oxydation zu U(VI); jedoch verläuft die Reaktion ohne Katalysator träge und wenig
wirksam (auch bei 100 °C). Die Oxydation durch das Cl_2 wird durch 10^{-2} bis 10^{-3} m
Lösungen von Eisen oder Jod merklich beschleunigt. Eisen(III)-salze, Dichromat-,
Persulfat- und Nitrat-Ionen oxydieren zwar das Uran zu U(VI); doch stört die Einführung dieser Fremd-Ionen die spätere Analyse. Es ist kein mildes Oxydans als
ausreichend bekannt, um das hydratisierte U(III,IV)-oxid zu UCl_4 aufzulösen.

Die beschriebene zweistufige Auflösung durch Behandlung mit Salzsäure und
anschließende Zugabe eines Oxydationsmittels ist eindeutig vorteilhaft zur Weiter-
behandlung der Jod- und Brom-Spaltungsprodukte. Sie werden quantitativ zurückgehalten und können später in geplanter Weise unter Zugabe eines geeigneten Oxydationsmittels verflüchtigt werden. Hingegen verteilen sie sich in salpetersaurer
Lösung zwischen den Abgasen und der Lösung im Dissolver.

Die Bildung des erwähnten, schwarzen Niederschlages kann durch Zugabe von
Kieselflußsäure oder Phosphorsäure zur salzsauren Auflösungsmischung verhindert
werden, da sie beide U(IV) stark komplexieren. Allerdings sind sie zur Herstellung
von Lösungen zur Analyse nicht sehr günstig. *Warf* und *Banks* stellten zwar die
Behinderung dieser Niederschlagsbildung durch kleine Mengen Kieselflußsäure fest,
fanden jedoch in unpublizierten Untersuchungen eine Abhängigkeit der Bedingungen
zur vollständigen Lösung von der metallurgischen Vorgeschichte und dem Ober-
flächenbereich der Probe. Auch ist der günstige Konzentrationsbereich für beide
genannten Säuren bei Auflösung identischer Proben sehr beschränkt. Bei Rückfluß-
Temperatur lösten sich 5-g-Proben gewalzter Brennstäbe in Gemischen von 3,5 bis
4,5n HCl und 0,02 bis 0,04m H_2SiF_6 in weniger als 30 Min.; jedoch erschien bei
höherer HCl-Konzentration der schwarze Niederschlag, während bei niedrigeren
Konzentrationen Kieselsäure ausfiel. Bei höherer H_2SiF_6-Konzentration fiel U(IV)-
fluosilicat aus, bei niedrigerer Konzentration erschien der schwarze Niederschlag. —
Hohe Phosphorsäure-Konzentrationen lassen. den schwarzen Niederschlag in salzsaurer Lösung nicht entstehen; jedoch ist zur weiteren Analyse die Anwesenheit
der Phosphorsäure meistens unerwünscht. Eine 5-g-Probe des massiven Metalls
löst sich in 4n HCl nebst 7m H_3PO_4 innerhalb von 30 Min. völlig. Da je Mol gelöstes
Uranyl genau 4 Äquivalente H_2 entstehen, kann diese Auflösungsmethode zur Be-

stimmung des Metallgehaltes in Metall-Oxidmischungen und Metall-Salzmischungen vorteilhaft sein.

c) **Königswasser.** Zur Auflösung von mit Platinmetallen legiertem Uran ist lediglich Königswasser geeignet. Solche Legierungen bilden sich typisch bei der pyro-metallurgischen Aufarbeitung bestrahlten Urans, das 1 oder mehr Prozent der Spaltungsprodukte Zr, Mo, Ru, Rh und Pd enthält. Es muß dann die sehr reaktive Uran-Matrix in demselben Reagens wie die sehr reaktionsträge Legierungsbestandteile aufgelöst werden. Auch hier nützt eine zweistufige Vorgangsweise. Dazu bedeckt man die Probe zuerst mit Wasser und fügt die vorgemischten, konzentrierten Säuren (HCl und HNO_3 im Verhältnis $3:1$) so rasch zu, als es die einsetzende, heftige Reaktion erlaubt. Bei Nachlassen der Gasentwicklung setzt man einen 4fachen Überschuß der konzentrierten Säuren zu und kocht die Lösung etwa 10 Min., um den Ru-Rh-Rückstand aufzulösen. Zur Erreichung seiner vollständigen Lösung muß die Auflösung angefacht werden; sonst wird nur zwecklos Königswasser zersetzt. Sollte dieser Mißerfolg auftreten, muß man diesen feinverteilten Rückstand durch langes Zentrifugieren abtrennen und gesondert in Lösung bringen. Beispielsweise löst sich ein Ru-Rückstand in NaClO-Lösung. Die Verflüchtigung von RuO_4 kann durch Königswasser mit einem Verhältnis $HCl:HNO_3 = 4:1$ verhindert werden.

Vollständige Auflösung von Zr wird durch ausreichende Zugabe von H_2F_2 erreicht. Sollten sich während der Auflösung infolge einer Reaktion zwischen den Zirkoniumfluorid-Komplexen und der Kieselsäure des Glasgefäßes Zirkoniumoxid-Niederschläge zeigen, können sie leicht durch weitere Zugabe verdünnter H_2F_2 wieder in Lösung gebracht werden. Falls Zr bestimmt werden soll, muß die Auflösung in einem Quarz-Gefäß vollzogen werden, weil Pyrex- und Vycor-Glas beträchtliche Mengen Zr enthalten. Polyäthylen-Gefäße können wegen des erforderlichen starken Kochens der Dissolver-Lösung nicht benutzt werden.

d) $HClO_4$. Uran-Metall löst sich sehr rasch und in bemerkenswerter Weise in heißer 70%iger $HClO_4$. An reinen Metalloberflächen beginnt der Angriff der Säure schon bei 50 °C oder darunter; jedoch steigt die Temperatur dann schnell bis zum Siedepunkt ($\sim$ 190 °C). Während dieses Temperatur-Anstieges bildet sich in der Lösung ein wolkiger, schwerer, schwarzer Niederschlag, der sich jedoch bald wieder auflöst, so daß die charakteristische, gelbe Farbe der Uranyl-Lösungen auftritt. Am Siedepunkt geht die Reaktion sehr heftig vor sich. Kleine Metall-Teilchen können dabei losgerissen werden und verbrennen in den Perchlorsäuredämpfen unter Funken-Bildung.

35%ige $HClO_4$ greift Uran-Metall auch beim Kochen zunächst nicht an. Bei fortgesetztem Kochen steigt die Konzentration der $HClO_4$, ebenso die Temperatur, bis bei $\sim$ 150 °C die Auflösung beginnt. Von nun an schreitet die Reaktionsgeschwindigkeit rapide fort, und in der Lösung entsteht ein wolkiger, schwarzer Niederschlag. Zwischen 160 °C und 170 °C klärt sich die Lösung wieder auf; jedoch treten zyklisch mehrmals in der Minute neue Wolken auf. Die Ursache ist vermutlich der Angriff von Chlorid mit sehr rascher, folgender Perchloratoxydation.

Zwischen 170 °C und 190 °C verläuft die Reaktion sehr ähnlich wie in 70%iger Säure. Uran-Späne, -schnitzel oder -pulver sollten nicht in $HClO_4$ gelöst werden, da die Reaktion sehr heftig ist, der Inhalt des Kolbens herausgeschleudert werden und das Uran ins Brennen geraten könnte. Wenn diese Aufschluß-Methode unvermeidbar ist, muß sie unter dem geschlossenen Abzug und unter Vermeidung direkten Handkontaktes ausgeführt werden. Die Reaktion kann auch nicht mit Wasser gebremst werden; vielmehr wäre ein Wasserzusatz zur kochenden $HClO_4$ von verheerenden Folgen.

e) H_2SO_4. Unlegiertes Uran und die meisten Legierungen mit Uran als Hauptbestandteil reagieren mit H_2SO_4 nicht bei mäßigen Konzentrationen und Temperaturen. Bei Kontakt einer reinen Uranoberfläche mit $6\,m$ H_2SO_4 entwickelt sich anfangs eine kleine Menge Wasserstoff, und die Metalloberfläche wird deutlich dunkel; jedoch hört jede sichtbare Reaktion bald auf, da die Oberflächenschicht offenbar gegen weitere Auflösung schützt. Mischungen von H_2SO_4 und H_2O_2 greifen Uran-Metall langsam bei 75 °C unter Bildung von Uranylsulfat-Lösungen an. Die Auflösungsgeschwindigkeit steigt bei Zugabe von Chlorid in katalytischen Mengen beträchtlich. Ähnlich, wenngleich nicht ebenso wirksam, verhält sich Fluorid-Ion in kleinen Zusätzen. 10 g U können in weniger als 30 Min. in 100 ml eines Gemisches, das $6\,m$ an H_2SO_4 wie $1\,m$ an H_2O_2 und $0,01\,m$ an HCl ist, gelöst werden. Falls die anschließende Analyse in schwefelsaurem Medium erfolgen soll, kann die kleine Chlorid-Menge leicht durch Eindampfen und Abrauchen bis zur beginnenden SO_3-Entwicklung entfernt werden.

U kann in H_2SO_4 sehr zufriedenstellend anodisch aufgelöst werden. Zu diesem Zweck wird das Uran-Metall in eine Platinschale oder auf eine Platin-Platte gebracht und gegen eine Platin-Kathode elektrolysiert. Ein Platin-Filterkonus ist als Anode besonders geeignet, weil der schweren Uranylsulfat-Lösung sofort bei ihrer Bildung die Perforationen den Abfluß von der Probe hinweg ermöglichen. An der Kathode tritt keine Gas-Entwicklung auf; hingegen bildet sich Wasserstoff an der Anode. Mit der Zeit erfolgt dort bei Rühren eine beträchtliche Reduktion zu U(IV). Es kann sogar Uran(IV)-sulfat ausfallen, das aber mit H_2O_2 schnell in Lösung gebracht wird. Ein 10-g-Stück Metall kann in $6\,m$ H_2SO_4 in 1 Std. mit einer 6-V-Batterie als Stromquelle gelöst werden. Da die Oberfläche des Urans während der elektrolytischen Auflösung stark poliert wird, benutzt man das Verfahren oft zur Herstellung von Proben zur metallographischen Prüfung.

f) H_2F_2. Wegen der Unlöslichkeit von UF_4 wird H_2F_2 nicht als primäres Reagens zur Auflösung des Urans verwendet. Massive U-Metallproben reagieren kurze Zeit mit H_2F_2, bedecken sich aber bald mit dem Reaktionsprodukt, und die Reaktion geht zu Ende. Wie im vorhergehenden erwähnt wurde, wird H_2F_2 jedoch als Zusatzmittel zur Auflösung bestimmter Uran-Legierungen, von Zr-Metall und Zr-U-Legierungen, aber auch als Katalysator bei der HNO_3-Auflösung von Th-Metall und ThO_2 benutzt.

g) H_3PO_4 wird als Lösungsmittel wenn irgend möglich vermieden, weil ausfallende Uranphosphat-Niederschläge die meisten Uran-Analysen stören. U-Metall wird von 85%iger Phosphorsäure beim Siedepunkt mäßig angegriffen, wobei eine klare Uran(IV)-phosphat-Lösung entsteht. Bei längerem Erhitzen bildet sich aber eine glasige, unlösliche Substanz; bei Verdünnung fällt Uran(IV)-phosphat aus.

h) Brom in Äthylacetat. Starke Lösungen von Brom in Äthylacetat reagieren rasch sowohl mit U wie Zr unter Bildung von Lösungen des Uran(IV)-bromids und Zirkoniumbromids. Diese Reagenzien-Kombination ist besonders von Nutzen zur Auflösung von U-Zr-Legierungen, wo Fluorid-Ion bei den darauf folgenden Analysen oder bei der Bestimmung von Oxiden, Nitriden und Carbiden dieser Metalle abwesend sein muß. Wenn die Auflösung vollständig ist, können die Salze leicht mit Wasser aus dem Äthylacetat rückextrahiert werden; nach Waschungen mit CCl_4 ist diese wäßrige „Strip"-Lösung von Br_2 und Äthylacetat befreit. Falls erwünscht, kann vor dem Nachwaschen Uran durch Erwärmen der wäßrigen Lösung auf 70 bis 80 °C zu UO_2Br_2 oxidiert werden. Da in einer Nebenreaktion auch HBr entsteht, ist diese wäßrige Uranylbromid-Lösung sauer.

Die Auflösungszeit muß 30 Min. oder weniger betragen, die Uranprodukt-Konzentration 0,5 bis $1,0\,m$, der Brom-Überschuß 50 bis 100% sein.

Zur Auflösung einer 10-g-Probe von massivem Uran ist die folgende

Arbeitsvorschrift ausreichend. Die Uran-Probe und 25 ml Äthylacetat bringt man in einen 100-ml-Kolben, welcher mit einem Rückfluß-Kühler zu versehen ist.

Das Äthylacetat wird beinahe zum Sieden gebracht. Nach Beendigung des Erwärmens setzt man 5-ml-Anteile einer 8n Lösung von Br_2 in Äthylacetat in Abständen von je 3 Min. zu, bis insgesamt 40 ml zugegeben worden sind. Nach kurzer Zeit beginnt die Auflösung und schreitet mit den periodischen Zugaben des Brom-Äthylacetats ausreichend fort, um die Lösung 15 bis 20 Min. im Sieden zu erhalten. Während der letzten 10 Min. ist einiges Erhitzen erforderlich, um die Auflösung des Metalls zu vollenden. Die Auflösung kann verlangsamt oder völlig beendet werden, indem reichlich Äthylacetat zugesetzt wird. Während der Auflösung erscheint die Oberfläche des Uran-Metalls hochpoliert.

Bemerkung. Von vielen untersuchten Lösungsmitteln hat sich Äthylacetat als das *beste* zu dieser Auflösung geeignet erwiesen (*Allen, Beederman, Munnecke, Radke, Vogel* und *Vogler*). Cl_2 erwies sich als Ersatz für Br_2 ungeeignet. Mit einigen anderen Lösungsmitteln kam es nach langer Behandlung zur Explosion.

i) HCl in Äthylacetat. HCl-Lösungen in Äthylacetat reagieren mit Uran mit mäßiger Geschwindigkeit unter Bildung von UCl_4-Lösungen. In einer 3m Lösung (die nahezu gesättigt ist) löst sich eine 10-g-Probe massiven Urans in 4 bis 5 Std. Bald nach dem Einbringen der Probe beginnt die Wasserstoff-Entwicklung, und die Lösung nimmt die charakteristische, grüne Farbe von U(IV) an. Schon infolge der Durchmischung durch die Gasentwicklung verwandelt sich das Grün nach Minuten in das tiefe Burgunderrot des Urans(III). Wenn die Auflösung vollständig ist (falls gewünscht, auch vorher), wird das Uran(III) leicht durch Einleiten von Luft oxydiert.

Mit der Äthylacetat-HCl-Lösung wird das Uran-Metall vollständig in einem relativ milden Reagens aufgelöst, ohne daß dabei unlösliche, hydratisierte Oxide entstehen. Unter Benutzung dieser Vorgangsweise ist es möglich, selektiv das Metall aus Metall-Oxid-Mischungen aufzulösen. Bei bestimmten intermetallischen Verbindungen ist es möglich, so bloß die Uran-Matrix aufzulösen. Andere Lösungsmittel können statt des Äthylacetats benutzt werden, z. B. Aceton (ORNL).

j) NaOH nebst H_2O_2. Gelegentlich ist es nötig oder erwünscht, eine Uran-Probe in einem basischen Medium aufzulösen. Ein besonderer Legierungsbestandteil ist gegebenenfalls in Säure unlöslich, oder eine Lösung wird gewünscht, die rasch in ein saures Medium umgewandelt werden kann. Die Auflösung in $NaOH$-H_2O_2-Mischungen wird gewöhnlich dieses Bedürfnis erfüllen.

Uran-Metall reagiert mit mäßiger Geschwindigkeit mit einer Mischung aus 1n NaOH und 5m H_2O_2 unter Bildung einer klaren Lösung, die durch den Uranylperoxid-Komplex intensiv gefärbt ist. Eine 10-g-Probe löst sich in weniger als 1 Std. bei 100 °C in 50 ml. Die Auflösungsgeschwindigkeit ist in 1m Alkali-Lösung viel größer als in 6m.

Tabelle 23 (S. 374) gibt die üblichen Uran-Legierungen und die benutzten Auflösungsreagenzien an. Die Wahl des Reagenses zur Auflösung einer besonderen Uran- oder Uran-Legierungsprobe hängt selbstverständlich nicht nur von der Eignung des Reagenses zur Auflösung der Probe ab, sondern auch davon, welche Analysen mit der Lösung ausgeführt werden müssen (*Larsen*).

V. Eine für die meisten Arten von *Gesteinen und Erzen* geeignete Aufschluß-Methode zum Zweck der Bestimmung sehr kleiner Mengen U und Th führen *Foster, Stevens, Grimaldi, Schlecht* und *Fleischer* an. Da U und Th in einigen der besonders resistenten Minerale wie Zirkon, Mikrolit und Monazit konzentriert sein können, müssen die Proben, wenn nichts anderes bekannt, vollständig aufgeschlossen werden. Das unten angegebene Verfahren eignet sich nicht für Proben, die sehr große Mengen sehr widerstandsfähiger Minerale enthalten, wie z. B. Konzentrate.

Zur Bestimmung von Spuren U und Th müssen sehr große Mengen Probe aufgeschlossen und das Hinzukommen großer Alkalisalz-Mengen vermieden werden, weshalb sich Zersetzung mit flüchtigen Säuren empfiehlt, wo immer es möglich ist. Für den Beginn dieser Behandlung der Proben eignen sich HNO_3 und H_2F_2. Während HF durch wiederholtes Abdampfen mit HNO_3 entfernt wird, wird HNO_3 durch mehrfaches Abdampfen mit HCl vertrieben. Naturgemäß ist diese Technik zeitraubend; jedoch können viele Proben gleichzeitig nebeneinander in dieser Weise behandelt werden.

Beschleunigt wird das Verfahren durch Abrauchen von H_2F_2 mit H_2SO_4 oder $HClO_4$. H_2SO_4 ist jedoch dann zu vermeiden, wenn das Untersuchungsmaterial viel Ca enthält (Bildung von $CaSO_4$!). Es kann gegebenenfalls auch Calciumfluozirkoniat entstehen. Die Th-Bestimmung wird auf mehrfache Weise durch Sulfat-Ion gestört. $HClO_4$ wiederum kann zur Bildung ziemlich stabiler Emulsionen während etwaiger Extraktionen mit organischen Lösungsmitteln (z. B. Äthylacetat) führen.

VI. Falls bei der Zersetzung der Proben mit flüchtigen Säuren *unlösliche* Rückstände auftreten, werden sie durch Aufschluß mit einer Mindestmenge Na_2CO_3 säurelöslich.

VII. Hydrolyse kann in Anwesenheit von Nb, Ta, Ti, Zr, Th, Sn, W und Sb erfolgen, besonders wenn auch Phosphat-Ion zugegen ist. U wird von solchen Niederschlägen jedoch nicht okkludiert, so daß Filtration genügt (vgl. Tabelle 24). Diese Niederschläge müssen nur im Falle einer beabsichtigten Th-Bestimmung weiter verarbeitet werden.

Tabelle 24. *Versuche über Nichtokklusion von U durch hydrolytische Niederschläge* [U.S. Geol. Surv. Bl. 1006, S. 15 (1954)]

mg U angewendet	Nb_2O_5[1]	Ta_2O_5[1]	TiO_2	ZrO_2	SnO_2	WO_3	Sb_2O_3	Bi	Ce_2O_3	H_3PO_4[2] (Tropfen)	Unlösl. Rückstand (mg)	U im Filtrat gefunden (mg)
					mg							
0,6			300								230	0,3
0,6			300							2	315	0,6
0,3	100										98	0,6
0,3	100									2	112	0,3
0,3		100									98	0,3
0,3		100								2	103	0,3
0,3				70							< 1	0,3
0,3				70						2	144	0,3
0,3					100						0	0,3
0,3					100					2	2	0,3
0,3						105					105	0,3
0,3						105				2	0	0,3
0,3									100		0	0,3
0,3									100	2	0	0,3
0,3							100				5	0,3
0,3							100			2	0	0,3
0,3								60			0	0,3
0,3								60		2	0	0,3
0,3	100	100	300	70	100	105					370	0,3
0,3	100	100	300	70	100	105				4	670	0,3
2,5	100	100	300	70	100	105				4	670	2,7

[1] Zugesetzt nach der Na_2CO_3-Schmelze
[2] 85%ig

Allgemeine Arbeitsvorschrift. α) In eine Platinschale werden 5 g Probe (auf 60 bis 80 mesh zerkleinert) eingewogen, wenn die ganze Radioaktivität der Probe

0,015% U oder weniger äquivalent ist. Für stark radioaktive Proben ist eine im Verhältnis dazu kleinere Proben-Menge zu verwenden.

β) Proben, die organische Substanz enthalten, sind über einem Brenner zu erhitzen, und zwar anfangs nur mäßig, worauf die Temperatur bis zum Wegbrennen der organischen Substanz gesteigert wird. Sulfidische Erze, die Sb, As oder Pb enthalten können, glüht man in einer Porzellanschale.

γ) Man setzt 45 ml HNO_3 (1 + 2) (etwa 4,7 m) zu, bedeckt die Schale und digeriert die Probe 30 Min. auf dem Wasserbad. Im Fall der Auflösung des größten Teiles der Probe dekantiert man den Hauptanteil der Flüssigkeit durch ein kleines Filter und wäscht mit ein wenig heißem Wasser nach. Das Filtrat bewahrt man auf. Das Filterpapier wird in einem kleinen Pt-Tiegel verbrannt und die Asche in die anfänglich verwendete Schale mit dem unlöslichen Anteil gebracht. Dann fährt man gemäß Schritt δ fort. Zu diesem geht man dann direkt über, wenn mit HNO_3 (1 + 2) verhältnismäßig wenig Probe in Lösung geht.

δ) In die Schale werden 10 bis 15 ml H_2F_2 sowie 10 ml HNO_3 zugegeben und das Gemisch auf einem Wasserbad langsam zur Trockne eingedampft. Wenn nötig wird das Vorgehen wiederholt. Die Lösung vereinigt man mit dem aus Schritt γ aufbewahrten Filtrat, verdampft zur Trockne und raucht zweimal mit HNO_3 zur Entfernung der Fluoride ab.

ε) Der Rückstand wird mit ein wenig heißer, verd. HNO_3 befeuchtet; den Schalen-Inhalt überträgt man in ein Becherglas und spült mit Wasser nach. Dann bringt man 10 ml heiße HCl (1 + 1) (etwa 6 m) in die Schale, um allen Rückstand aufzulösen; die Lösung wird schließlich in das die Probe enthaltende Becherglas übertragen.

ζ) Die Lösung verdampft man zur Trockne und raucht noch zweimal mit HCl zur Trockne ab.

η) Der Rückstand wird mit 20 bis 40 ml HCl (1 + 1) digeriert, abfiltriert, dann mit heißer HCl (1 + 1) gewaschen und das Filtrat aufbewahrt.

ϑ) Den Rückstand glüht man in einem Pt-Gefäß; hierauf fügt man ein wenig H_2F_2 und 1 Tropfen H_2SO_4 zu. Die Lösung wird auf einem Wasserbad verdampft, die überschüssige H_2SO_4 abgeraucht. Der Rückstand wird mit einer Mindestmenge Na_2CO_3 gesintert und die abgekühlte Schmelze in HCl (1 + 1) aufgelöst.

Bemerkungen. aa) Falls bei Behandlung der Schmelze mit HCl (1 + 1) (etwa 6 m) sich *viel Kieselsäure* abscheidet, ist die Lösung in einer Pt-Schale zur Trockne zu verdampfen, der Rückstand mit H_2F_2 nebst einigen Tropfen H_2SO_4 zu behandeln und bis zur Trockne abzurauchen. Den neuen Rückstand löst man in HCl (1 + 1) und vereinigt diese Lösung mit der Hauptprobe. Falls jedoch bei obiger Behandlung mit HCl (1 + 1) keine oder nur wenig Kieselsäure abgeschieden wird, ist die Lösung mit den vorherigen Filtraten zu vereinigen.

bb) Jeder hydrolytische Niederschlag wird abfiltriert und verworfen, wenn nur Uran zu bestimmen ist; hingegen bewahrt man ihn auf, wenn *Thorium* bestimmt werden soll (insbesondere in Gegenwart von Phosphat-Ionen).

cc) Das vorstehend beschriebene allgemeine Verfahren muß für Proben *ungewöhnlicher* Zusammensetzung entsprechend abgeändert werden, was durch folgende Beispiele beleuchtet werden soll: $\alpha\alpha$) Eisenoxidreiche Proben werden zuerst in einer Porzellan-Schale mit HCl (1 + 1) (etwa 6 m) digeriert, filtriert und mit heißem Wasser gewaschen. Das Filtrat ist aufzubewahren. Den unlöslichen Rückstand glüht man in einem Pt-Gefäß und behandelt ihn dann nach Schritt γ der oben beschriebenen, allgemeinen Arbeitsvorschrift weiter. Nach Entfernen der Fluoride wird die Lösung mit dem vorhin erwähnten Filtrat vereinigt. $\beta\beta$) Proben mit *hohem* Gehalt an Fluorit (CaF_2) sind weder mit konz. HNO_3 noch mit konz. HCl gut zersetzbar. Man raucht sie daher zuerst mit $HClO_4$ ab oder dampft sie zweimal mit HCl (1 + 2) (etwa 4 m) ab.

dd) Für den Aufschluß resistenter Minerale sind spezielle Verfahren im Gebrauch. Üblich ist der Schmelz-Aufschluß mit Na_2O_2, Na_2F_2, Mischungen aus Na_2F_2 und $K_2S_2O_7$, Mischungen aus Na_2CO_3 und $Na_2B_4O_7$. Die Minerale Zirkon, Monazit, Kassiterit, Ilmenit und Betafit [$(U, Ca)(Nb, Ta, Ti)_3O_9 + n H_2O$][1] werden schon von einem einzigen Schmelz-Aufschluß fast vollständig zersetzt. Zum Aufschließen dienen Platin-Tiegel (oder -Schalen), ausgenommen bei Verwendung von Na_2O_2. In diesem Fall sind Porzellan- oder Eisen-Tiegel notwendig.

ee) UF_4 muß zur Reinheitsprüfung in Lösung gebracht werden, was in heißer H_2SO_4 nur langsam erfolgt. Durch Zugabe von H_2O_2 wird die Auflösung zwar beschleunigt; doch kann sich dabei H_2SO_5 (*Carosche* Säure) bilden, was in einem Fall zu einer Explosion führte. Da nach *Feldman* geschmolzenes NH_4HSO_4 das UF_4 schnell löst, aber das käufliche Salz meistens störendes Fe enthält, während $(NH_4)_2SO_4$ und H_2SO_4 eisenfrei erhältlich sind, benutzten *Wise, Soehnlin* und *McBride* eine Mischung dieser beiden Reagenzien mit Borsäure als Schmelzmittel. Eine UF_4-Probe von 15,0 g wurde mit 26 g $(NH_4)_2SO_4$, 10 ml konz. H_2SO_4 und 3,9 g H_3BO_3 in einem durchsichtigen Erlenmeyer-Kolben (500 ml) aus Quarz-Glas vermischt. (Borosilicat- und 96% SiO_2 enthaltendes Glas enthalten zu viel Fe und Al, so daß die Bestimmung von Fe und Ni gestört wird.) Der Kolben wurde mit einem Uhrglas aus Quarz mit Hilfe von Quarz-Haken bedeckt und auf Asbest-Unterlage über einem Meker-Brenner erhitzt. Die Mischung schmolz und wurde so lange im Sieden erhalten, bis das gesamte NH_4HSO_4 entfernt war und die Schmelze erstarrte, wozu gewöhnlich 30 Min. ausreichten. Der Kolben wurde hierauf abgekühlt, der Inhalt mit 75 ml dest. Wasser versetzt, die Kolbenwand und das Uhrglas mit der Spritzflasche gewaschen, wobei unter Umrühren die Auflösung der Schmelze bewirkt wurde. Hierauf wurde die Lösung in einem Meßzylinder auf 150 ml verdünnt und war zur nötigen Reinheitsprüfung bereit (Mo, V, Ni, Fe).

Literatur

Allen, R., Beederman, M., Munnecke, V. H., Radke, J., Vogel, R. C., u. Vogler, S.: USAEC, Chem. Eng. Div. Quart. Rep., ANL-4675, 31-8 (April bis Juni 1951).

Feldman, C.: Anal. Chem. **32**, 1727 (1960). – *Foster, M. D., Stevens, R. E., Grimaldi, F. S., Schlecht, W. G., u. Fleischer, M.:* US Geol. Surv. Bl. 1006, 11 (1954).

Grindler, J. E.: The Radiochemistry of Uranium. NAS-NS **3050**, USAEC (1962).

Hecht, F.: Grundzüge der Radio- und Reaktorchemie; Frankfurt (Main) 1968.

Jones, R. J. (ed.): Selected Measurement Methods for Plutonium and Uranium in the Nuclear Fuel Cycle; Div. Techn. Information, USAEC (1963).

Larsen, R. P.: Anal. Chem. **31**, 545 (1959).

Österr. Studiengesellschaft für Atomenergie (SGAE), A-1082, Wien (Rep.).

Rodden, C. J. (ed.): (a) Analytical Chemistry of the Manhattan Project. Nat. Nucl. Energy Ser., Div. VIII, vol. 1, chapter 1; New York-Toronto-London 1950; (b) Analysis of Essential Nuclear Reactor Materials; USAEC, New Brunswick Laboratory, Div. Techn. Information (1964).

Warf, J. C., u. Banks, C. V.: USAEC Rep. CC-2942 (Juli 1945). – *Wise, W. M., Soehnlin, H. R., u. McBride, C. H.:* Anal. Chem. **34**, 1035 (1962).

8.1.2 Aufschluß und Aufarbeitung keramischer Kern-Bennstoffe auf Uran- und Plutonium-Basis

Neuartige Kernbrennstoffe auf Uran- und Plutonium-Basis sind keramischer Natur (*Milner, Phillips* und *Fudge*). Sie bieten dem Analytiker oftmals schwierige Probleme, besonders in bestrahltem Zustand, wenn also Spaltungsprodukte der

---

[1] Betafit enthält 15 bis 25% U. Das Mineral kommt in Pegmatit-Gängen vor und bildet glasige Kristalle, die mit einer gelblichen Kruste umgeben sind.

beiden genannten Elemente zugegen sind. In solchen Fällen wird die Radioaktivität besonders hoch und umfaßt α-, β- und γ-Strahlung, so daß auf Arbeit hinter Schutz-Wänden, in Handschuh-Kästen (Glove boxes) oder in heißen Zellen zurückgegriffen werden muß (remote handling). Tabelle 25 bringt kurzgefaßte Angaben über die chemischen Auflöseverfahren für solche Materialien.

Trennungsmethoden. Wegen der verhältnismäßig einfachen, apparativen Erfordernisse, die auch in Handschuh-Kästen erfüllt werden können, benutzt man Ionenaustauscher- und chromatographische Techniken. Für die Trennung des Plutoniums(IV) von U, Fe, Mo, Ce und vielen anderen Elementen hat sich Anionenaustauscher-Trennung in 8n HNO_3 als zufriedenstellend erwiesen. Pu muß allerdings in der Oxydationsstufe 4 vorliegen, damit es auf der Austauscher-Säule bleibt. Pu kann hierauf spektrophotometrisch gemessen werden. Kationenaustauscher-Trennung eignet sich zur Trennung von Pu^{3+} aus Lösung von Silikaten (*Milner, Jones* und *Phillips*), aber auch zur Trennung des Urans(VI) von Phosphat-Lösung. Von Fe wurden Pu und U durch Extraktionschromatographie mit Phasen-Umkehrung (Reversed phase partition chromatography) an Kel-F, auf das Tributylphosphat (TBP) aufgebracht ist, getrennt. Pu und U bleiben dabei auf der Säule. In einer Glove box sollen jedoch keine Extraktionen, besonders aber nicht mit flüchtigen, brennbaren Lösungsmitteln, vorgenommen werden. RuO_4, ein Spaltungsprodukt, kann von U und Pu durch Extraktion in CCl_4 abgetrennt werden.

Tabelle 25 gibt die von den Autoren im Atomic Energy Research Establishment (AERE) Harwell (England), angewendeten Methoden für keramische Kernbrennstoffe auf U- und Pu-Basis an. Da es sich nicht um radiometrische Messungen handelt (wenngleich in einigen Fällen um radioaktive Spaltungsprodukte), wird im vorliegenden auf diese Methoden nicht näher eingegangen.

Nachbestrahlungsanalyse. Eine Routine-Angelegenheit ist heute schon die Bestimmung des Abbrandes eines Kern-Brennstoffes, also des Verbrauchs an spaltbarem Material (^{233}U, ^{235}U, ^{239}Pu). Bei kleinen Proben-Mengen, die in wenig Volumen gelöst sind, liegen die Probleme weitaus einfacher als bei größeren Kern-Brennstoff-Elementen für einen oder aus einem Reaktor. Mit Hilfe eines radiometrischen Raster-Verfahrens [γ-scanning (*Fudge, Foster* und *Murphy*)] ist die Ermittlung der Verteilung ausgewählter, radioaktiver Spaltungsprodukte und damit der Verteilung des Abbrandes längs des Brennstoff-Elements und darin möglich. Den Abbrand (burn-up) kann man nach folgender Formel berechnen:

$$\text{Atom-}\% \text{ Abbrand} = \frac{F_t \cdot 100}{N_t^0}$$

Darin sind:

F_t = Gesamtzahl der Spaltungsereignisse während der Bestrahlung,

N_t^0 = vor Bestrahlung in der Probe vorhandene Gesamtzahl von Atomen mit einem Atomgewicht, größer als 225. Für jede Probe müssen F_t und N_t^0 bestimmt werden. F_t kann auf zweierlei Art bestimmt werden: I. durch Ermittelung der Menge eines entstandenen (stabilen oder radioaktiven) Spaltungsproduktes von bekannter Spaltungsausbeute; II. durch Bestimmung der Veränderung der isotopischen Zusammensetzung des Brennstoffes. N_t^0 kann in Metallen und in stöchiometrisch zusammengesetzten Verbindungen durch einfache Wägung der Probe ermittelt werden. Dieses Verfahren ist nicht auf komplexer zusammengesetzte Brennstoffe anwendbar, die inerte (feste) Verdünnungssubstanzen und Mischungen spaltbaren Materials enthalten. In diesem Fall hilft chemische Bestimmung der Gesamtzahl schwerer Atome *nach* der Bestimmung. Es gilt dann folgende Formel:

$$\text{Atom-}\% \text{ Abbrand} = \frac{F_t \cdot 100}{N_t + F_t},$$

Tabelle 25. *Auflösung keramischer Materialien auf Plutonium- und Uran-Basis*

Material	Mineralsäuren	Alkalische Schmelze	Ammoniumbisulfatschmelze	Hochtemperatur/ Hochdruck- Auflösung
PuO_2	Auflösung in HNO_3/ H_2F_2 (löst sich schwierig)	Sintern bei 400 °C (a) oder schmelzen bei 600 °C (b) in (1:1) Na_2O_2/NaOH. Extrahieren in HCl	Schmelzen bei 400 °C (c) während 4 h. Extrahieren in H_2SO_4	
PuO_2/UO_2	Auflösen in 8n HNO_3, falls in fester Lösung		Schmelzen bei 400 °C (c) während 4 h. Extrahieren in H_2SO_4	
PuC, UC, PuC/UC	Auflösen in Mineralsäuren (Bildung organischer Niederschläge)	Schmelzen bei 600 °C (b) in (1:1) Na_2O_2/NaOH. Extrahieren in Mineralsäure	Zum Oxid glühen und als PuO_2/UO_2 behandeln (c)	
PuN	Auflösen in Mineralsäuren	Hydrolysiert leicht in wäßrigem Alkali		
UN, PuN/UN	Auflösen von $UN_{\leq 1,5}$ in HCl/H_2F_2 (kein Verlust von N_2). Auflösen von $UN_{1,5}$ in HCl/H_2F_2 in Gegenwart oxydierender Agenzien (Verlust von etwas N_2)			$UN_{<1,5}$ auflösen in HCl. $UN_{>1,5}$ auflösen in HCl/H_2F_2
UP, U_3P_4	Auflösen in HCl/HNO_3 (Verlust von PH_3)	Sintern bei 350 °C (d) in (3:1) Na_2O_2/ Na_2CO_3. Extrahieren in HNO_3		
USi	Auflösen in HCl/H_2F_2 (Verlust von etwas Si)	Zum Oxid glühen, mit Na_2CO_3 schmelzen (d). Extrahieren mit HCl		
PuSi, PuSiC	Auflösen in HCl/H_2F_2 (Verlust von etwas Si)	Zum Oxid glühen. Sintern in (1:1) Na_2O_2/NaOH (a). Extrahieren in HCl		
(Pu, U)C/Fe	Auflösen in 8n HNO_3. Abrauchen mit H_2SO_4 zwecks Zerstörung organischer Rückstände			
(Pu, U)C/Mo	Auflösen in 6n HCl/ HNO_3 (organische Rückstände entstehen)			
(Pu, U)C/Cr		Sintern bei 400 °C (a) mit (1:1) Na_2O_2/ NaOH. Extrahieren in HNO_3		
(Pu, U)C/Ce	Auflösen in 8n HNO_3. Mit H_2SO_4 abrauchen			
UC/Ru		Schmelzen bei 600 °C (b) in (1:1) Na_2O_2/ NaOH		

(a) Pt-Tiegel (b) Al_2O_3-Tiegel (c) Pyrex-Gefäß (d) Ni-Tiegel worin N_t die Gesamtzahl der Atome mit einem Atomgewicht, größer als 225, in der Probe *nach* der Bestrahlung bedeutet.

Im AERE ist vorzugsweise die isotopische Verdünnungsmethode der Analyse zur Bestimmung des U- und Pu-Gehaltes bestrahlter Kern-Brennstoffe üblich. Dazu bedient man sich eines Massen-Spektrometers. Man kann in diesem Fall mit Mikromengen an Probe arbeiten, wodurch die Probleme der körperlichen Sicherheit und des Umgangs mit den Radioelementen bei der nachfolgenden, chemischen Isolierung von U und Pu auf ein Mindestmaß eingeschränkt werden. Trotzdem müssen abgeschirmte Zellen und andere spezielle Hilfsmittel auf das Arbeiten mit stark radioaktiven Stoffen angewendet werden, mindestens bei der anfänglichen Auflösung (*Webster, Smales, Dance* und *Slee; Wood* und *Fudge*).

Die zur *Bestimmung der Gesamtzahl der Spaltungsvorgänge* F_t verfügbaren, chemischen Methoden sind (s. oben): I. Verfahren, die auf der Bestimmung der Spaltungsprodukte (stabil und radioaktiv) beruhen, II. Verfahren, die sich auf die Isotopen-Analyse des spaltbaren Materials vor und nach der Bestrahlung gründen.

I. *Spaltungsprodukt-Methoden.* a) *Stabile* Spaltungsprodukte. Die graphische Darstellung der Häufigkeit des Auftretens von Spaltungsprodukten in Abhängigkeit von deren Ordnungszahl ist eine sogenannte Sattelkurve, d. h. sie zeigt zwei Maxima und dazwischen ein Minimum. Die für den vorliegenden Bestimmungszweck geeigneten Spaltungsnuklide müssen in der Nähe dieser Maxima liegen. Dadurch werden Variationen der Spaltungsausbeute mit der Neutronen-Energie auf ein Mindestmaß verringert. Wenn mindestens 1 stabiles Isotop der Spaltungsprodukt-Elemente nicht bei der Spaltung (oder nur in geringfügigster Menge) erzeugt wird, kann man es zur massenspektrometrischen Verdünnungsmethode benutzen. Das ausgewählte Nuklid darf ferner nur einen niedrigen Einfang-Querschnitt für Neutronen (nicht mit einem Spaltungsquerschnitt zu verwechseln) zeigen; das Gleiche gilt für die gegebenenfalls dem gewählten Nuklid vorangehenden Mutterelemente („Vorgänger" oder „Vorläufer"; engl. precursors). Sollten flüchtige Vorläufer auftreten, müssen sie kurzlebig sein und in der Probe zurückbleiben (also nicht entweichen). Das fragliche Nuklid muß weiterhin leicht auf trägerfreier Grundlage von den radioaktiven Spezies trennbar sein. Schließlich darf es in der unbestrahlten Probe nicht in nennenswerter Menge vorkommen oder etwa bei den chemischen Trennungsoperationen eingeschleppt werden.

Die meisten dieser Bedingungen werden von Mo und Nd erfüllt. Mo hat die 4 stabilen Isotope 95, 97, 98 und 100, die bei der Spaltung in großer Ausbeute erzeugt werden. Die natürlich vorkommenden Isotope 92, 94 und 96 werden nicht in nennenswerter Menge produziert; das Isotop 92 kann daher bequem als Tracer-Isotop zur Isotopen-Verdünnungsanalyse verwendet werden. Im Fall des Nd entstehen besonders stabile Isotope in brauchbarer Menge bei der Spaltung, nämlich 143, 144, 145, 146, 148 und 150. Da das natürlich vorkommende Isotop 142 bei der Spaltung nicht erzeugt wird, eignet es sich bei der Isotopen-Verdünnungsanalyse als Tracer. Die existierenden Vorläufer zeigen mit einer Ausnahme (s. das folgende) kurze Halbwertszeiten und niedrigen Neutronen-Einfang-Querschnitt. Von den Nd-Isotopen selbst besitzen außer ^{143}Nd (mit etwa 300 barn) keine einen nennenswerten Neutronen-Einfang-Querschnitt. ^{144}Nd eignet sich wegen der langen Halbwertszeit seines Vorläufers ^{144}Ce (285 d) nicht zur Benutzung als zu messendes Spaltungsprodukt.

Die Nd-Methode ist für viele Typen von Proben anwendbar, vor allem für Metalle, Cermets, Oxide und Carbide. Nicht geeignet ist sie jedoch für Proben mit sehr niedrigem Abbrand nach kurzen Abkühlzeiten. In diesem Fall ist die entstandene Menge von Spaltungs-Neodym zu niedrig. Die Mo-Methode andererseits beschränkt sich auf Niedrig-Temperatur-Bestrahlungen von Kern-Brennstoffen, weil Mo Verbindungen mit den Spaltungsprodukten Ru, Rh und Tc bildet, und zwar um so mehr, je höher die Temperatur und je länger die Bestrahlungszeit sind. Diese Verbindungen sind in den gewöhnlich zur Auflösung bestrahlter Proben verwendeten Mineralsäuren unlöslich. Außerdem sind Mo-Lösungen in HNO_3 über eine längere Zeit nicht sehr stabil. Schließlich kann Mo aus dem Stahl der Hüllen der Brennstoff-Elemente als Verunreinigung eingeschleppt werden. Aus diesem Grund wird die Nd-Methode vorgeschlagen. Das Tracer-Nuklid ^{142}Nd kann elektromagnetisch angereichert werden. Bei dieser Methode ist es wünschenswert, Nd von anderen Konstituenten der Probe abzutrennen, damit keine Störung durch Ionen ähnlicher Massenzahl eintreten kann und auch das Massen-Spektrometer nicht mit radioaktiven Materialien kontaminiert wird.

b) *Radioaktive Spaltungsprodukte.* In diesem Fall müssen folgende Bedingungen erfüllt sein: α) das gewählte Nuklid muß eine *intensive* γ-Strahlung und große Spaltungsausbeute ergeben, um große Empfindlichkeit zu erreichen. Spaltungsprodukte mit hoher Ausbeute sind auch weniger abhängig von der Energie der auftreffenden Neutronen. β) Das Nuklid muß ferner einen *niedrigen* Neutronen-Absorptionsquerschnitt zeigen, und sowohl das Nuklid wie auch seine Vorläufer dürfen nicht flüchtig sein. γ) Schließlich muß die Halbwertszeit des gewählten Nuklids mindestens ebenso lang sein wie die Bestrahlungszeit, weil ein kurzlebiges Nuklid nicht Änderungen der Spaltungsintensität (fission rate) anzeigen würde, die während einer langen Bestrahlung auftreten können. Für die meisten Abbrand-Bestimmungen schränken diese Bedingungen die Wahl der radioaktiven Spaltungsproduktnuklide auf ^{95}Zr, ^{144}Ce und ^{137}Cs ein, deren Anwendung nachstehend besprochen wird.

In den meisten Abbrandproben sind das Mutter-Tochterpaar ^{95}Zr/^{95}Nb die intensivsten β-Strahler, die einen einzelnen, zusammengesetzten Photopeak bei 0,75 MeV produzieren, wenn man einen NaJ-Detektor verwendet. Jener kann jedoch mit einem modernen Halbleiter-Detektor, einem mit Li gedrifteten Ge-Detektor, in einen isolierten Photopeak des ^{95}Zr bei 0,724 MeV sowie einen teilweise aufgelösten Peak des ^{95}Zr bei 0,756 MeV und einen zweiten bei 0,764 MeV des ^{95}Nb getrennt werden. Zur Abbrand-Berechnung aus direkter Aktivitätsmessung dieses Nuklid-Paares muß man den Betrag von ^{95}Zr allein kennen, was mit dem Ge-Detektor ohne weiteres möglich ist, aber bei Verwendung eines NaJ-Kristalles große Schwierigkeiten bietet, nicht zuletzt infolge der Notwendigkeit einer chemischen Abtrennung des ^{95}Zr von U, Pu und Spaltungsprodukten.

Bei der Kern-Spaltung des Urans entstehen hauptsächlich 2 γ-aktive Isotope des Cers, und zwar ^{144}Ce mit der Halbwertszeit von 285 d und einem γ-Peak bei 0,134 MeV sowie ^{141}Ce mit einer Halbwertszeit von 32 d und einem γ-Peak bei 0,145 MeV. Wenn also ein bestrahltes Brennstoff-Element etwa 200 d abgekühlt worden ist, sind von ^{141}Ce bereits mehr als 6 Halbwertszeiten vergangen und seine Strahlen-Intensität sehr geschwächt. Mit einem lithiumgedrifteten Ge-Detektor allerdings können die beiden genannten γ-Peaks leicht getrennt werden. Falls dieser nicht zur Verfügung steht und Ce *vor* der Zählung chemisch isoliert werden muß, wird das Cer mit $NaBrO_3$ in 10n HNO_3 oxydiert und hierauf in Methylisobutylketon extrahiert. Zur Rückextraktion wird die organische Schicht mit H_2O_2 geschüttelt. Nach Fällung als Oxalat wird filtriert und bei 800 °C zum Oxid geglüht, das schließlich auf Al-Zählschälchen montiert wird.

Das Spaltungsprodukt ^{137}Cs weist einen γ-Peak bei 0,66 MeV auf und könnte für lange Bestrahlungen ein guter Spaltungsmonitor werden. Auch hier überwindet der lithiumgedriftete Ge-Detektor Schwierigkeiten, die auf die Bildung des Spaltungsproduktes ^{133}Cs (stabil) und dessen Neigung, unter gewissen Reaktor-Bedingungen durch (n, γ)-Reaktion ein Isotop ^{134}Cs mit 2,3 a Halbwertszeit und γ-Peaks bei 0,605 und 0,796 MeV zu geben, zurückgehen. Diese Peaks könnten unter Verwendung eines gewöhnlichen NaJ-Kristalls den 0,66 MeV-Peak des ^{137}Cs stören. Mit der Ge-Diode aber sind alle 3 Peaks leicht trennbar. Für eine radiochemische Isolierung von anderen Spaltungsprodukten müßte Cs als $CsClO_4$ gefällt, mittels einer $Fe(OH)_3$-Fällung gereinigt und hierauf als Cs_2PtCl_6 umgefällt werden. Bei Temperaturen über 650 °C wandert ^{137}Cs ungünstigerweise, und es kann sogar die Oberfläche des Brennstoff-Elements verlassen. ^{144}Ce wandert nicht und bewährt sich bei vielen Brennstoff-Typen (Metallen, Oxiden, Carbiden) mit Bestrahlungszeiten bis zu etwa 2 Jahren. ^{95}Zr wird als Abbrand-Monitor für Kernbrennstoffe empfohlen, die nur kurze Zeit bestrahlt worden sind. Die Spaltungsausbeuten für dieses Nuklid sind bei ^{235}U und ^{239}Pu sehr verschieden, was in Fällen berücksichtigt werden muß, wo das Spaltungsverhältnis des Urans gegenüber Plutonium (in gemischten Kern-Brennstoffen) bekannt ist.

Wegen des unterschiedlich raschen Zerfalls der verschiedenen Spaltungsprodukte erfordert ihre Anwendung als Abbrand-Monitor die Kenntnis der Bestrahlungsgeschichte jeder Probe, wenn nicht die hoch auflösende γ-Spektrometrie mit Ge-Detektoren betrieben wird. Für deren Anwendung auf gelöste Proben ist die Reproduzierbarkeit der γ-Messungen $\pm\,2\%$ und die Gesamtgenauigkeit der Methode $\sim \pm 5\%$ unter günstigen Bedingungen. Diese Methoden sind weniger genau als diejenigen, deren Grundlage die Bildung stabiler Spaltungsprodukte darstellt; doch sind sie rascher ausführbar.

II. *Isotopen-Analysen-Methode.* Die während der Bestrahlung von Kern-Brennstoffen auf Uran-Basis erfolgenden Änderungen der isotopischen Zusammensetzung benötigen die massenspektrometrische Messung der Abreicherung von ^{235}U und des Nachwachsens von ^{236}U. Nach dieser Technik werden Atom-Verhältnisse erhalten; die maßgeblichen Gleichungen beziehen die Gesamtzahl von ^{235}U-Spaltungen auf die Atom-Verhältnisse vor und nach der Bestrahlung.

Im Fall der Abreicherung des ^{235}U ist die am häufigsten verwendete Gleichung:

$$F_5 = N_8{}^0\left[(R°_{5/8} + R°_{6/8}) - (R_{5/8} + R_{6/8})\right].$$

Darin sind:

F_5 die Gesamtzahl der gespaltenen ^{235}U-Kerne,

N_8^0 die Gesamtzahl der *vor* der Bestrahlung vorhandenen ^{238}U-Atome,

$R°_{5/8}$ das Verhältnis $^{235}U/^{238}U$ vor der Bestrahlung,

$R_{5/8}$ das Verhältnis $^{235}U/^{238}U$ nach der Bestrahlung,

$R°_{6/8}$ das Verhältnis $^{236}U/^{238}U$ vor der Bestrahlung,

$R_{6/8}$ das Verhältnis $^{236}U/^{238}U$ nach der Bestrahlung.

Für die auf der Produktion von ^{236}U beruhende Berechnung verbindet die nachfolgende Gleichung die Spaltungen von ^{235}U mit den Verhältnissen $^{236}U/^{235}U$:

$$F_5 = N_5{}^0 \frac{R°_{6/5} - R°_{6/8}}{R_{6/5} + \alpha_5(1 + R_{6/5})}\,.$$

Darin sind:

F_5 wie oben,

N_5^0 die Gesamtzahl der ^{235}U-Atome *vor* der Bestrahlung,

$R°_{6/5}$ das Verhältnis von $^{236}U/^{235}U$ vor der Bestrahlung,

$R_{6/5}$ das Verhältnis von $^{236}U/^{235}U$ nach der Bestrahlung,

α_5 das Verhältnis des Einfang-Querschnittes zum Spaltungsquerschnitt bei ^{235}U.

Die Gesamtzahl der Atome von ^{238}U und ^{235}U kann gleichzeitig als Atomverhältnis durch Isotopenverdünnungs-Massen-Spektrometrie unter Verwendung des ^{233}U als Tracer bestimmt werden. Alle Werte für die angegebenen Gleichungen und für die Berechnung des Abbrandes in Atom-% können massenspektrometrisch gleichzeitig erhalten werden. Das Uran ist allerdings von den anderen radioaktiven Spezies chemisch abzutrennen, um diese dem Massen-Spektrometer fernzuhalten. Hingegen müssen die chemischen Operationen in keinem Stadium quantitativ sein.

Zum Zweck der *Trennung* wird zuerst Plutonium(IV) aus 8 n salpetersaurer Lösung durch ein Anionenaustausch-Verfahren entfernt; hierauf werden die Spaltungsprodukte mit Hilfe von an Kel-F aufgebrachtem TBP isoliert. Nach weiterer Reinigung durch Fällung wird das Uran schließlich auf dem Wolfram-Faden des Massen-Spektrometers montiert.

Wie erwähnt brauchen die chemischen Operationen nicht quantitativ ausgeführt werden mit Ausnahme der Zugabe des Tracers, wenn die Gesamtzahl der Uran-Atome in der Probe bestimmt werden soll Da nur Mikrogrammengen Materials benötigt werden, kann der größte Teil der radiochemischen Arbeit ohne Abschirmung vorgenommen werden. Allerdings ist die Methode sehr empfindlich gegen Kontamination mit Uran abweichender, isotopischer Zusammensetzung. Ferner müssen die nuklearen Parameter, z. B. die Verhältnisse von Neutronen-Einfangquerschnitt zum Neutronen-Spaltungsquerschnitt, genau bekannt sein. Am zuverlässigsten ist die Methode bei hohem Abbrand angereicherter Kernbrennstoffe, weil dann die Verschiebung der isotopischen Zusammensetzung des Urans groß ist. Die zweite der oben angegebenen Gleichungen erfaßt einen weiteren Bereich von Bedingungen als die erste Gleichung zur Abreicherung.

Tabelle 26 gibt eine Auswahl der Methoden zur Abbrand-Bestimmung.

Bemerkungen. aa) Ein besonderes Problem stellt die Uran-Bestimmung in *pyrolytisch* mit Kohlenstoff (im wesentlichen Graphit) bedeckten Kern-Brennstoff-Kügelchen dar: UC_2 und ThC_2, in einer Graphit-Matrix verteilt. Selbstverständlich hängen die Brennstoff-Mengen der einzelnen Kügelchen von ihrem Durchmesser ab; jedoch gibt es solche mit nur etwa 10^{-5} g hochangereichertem Uran und verschiedenen Th-Mengen. Als gut bestimmbares Spaltungsbruchstück wurde von *Buzzelli* ^{133}J (20,8 h Halbwertszeit) gewählt, dessen Ausbeute bei der Spaltung von ^{235}U mit thermischen Neutronen 6,65% ist (*Katcoff*). Es zerfällt unter Abgabe einer γ-Strahlung von 0,53 MeV und β-Emission in das ^{133}Xe (5,27 d Halbwertszeit). Das γ-Verzweigungsverhältnis ist 0,93. Das bei der Spaltung hauptsächlich entstehende Jodisotop ^{131}J (8,02 d Halbwertszeit) stört nicht. Die einzelnen Brennstoff-Proben werden in HNO_3 mechanisch pulverisiert, wonach auf einem heißen Wasserbad digeriert wird. (Die in Graphit eingebetteten Partikeln können auch mit einer Mischung von $HNO_3/HClO_4$ naß behandelt werden, wodurch der Graphit verascht wird, nicht aber die überzogenen Partikeln selbst. Pulverisierung fördert jedoch den Auflösungsprozeß.) Wenn die bedeckende Schicht aufgebrochen ist, reagieren die Metallcarbide mit der Säure recht gut. Die End-Acidität der Probe ist ~ 3 n an HNO_3. Ein genau abgemessenes Proben-Aliquot wird in einen Bestrahlungsbehälter pipettiert, der einen Standardjodid-Träger in reduzierendem Medium enthält. Die Standardreferenz-Lösungen werden in gleicher Weise hergestellt. Die Behälter werden dann verschlossen und mit einem Fluß von $2 \cdot 10^{12}$ n·cm^{-2}·sec^{-1} 30 Min. bestrahlt. Nach 10 Std. Abkühlzeit, damit die Träger-Aktivität abfällt und der Zerfall der Vorgänger des ^{133}J auf ein Höchstmaß gebracht wird, werden die Proben chemischer Trennung unterworfen. Aus jedem Bestrahlungsbehälter werden Duplikat-Aliquotanteile entnommen und in die Extraktionsröhren pipettiert. Das Jodid wird zu Jod oxydiert und mit CCl_4 extrahiert. Ein Aliquot dieser Lösung wird zur γ-Zählung und anschließenden Ausbeute-Bestimmung verwendet. In gleicher Weise werden die Uran enthaltenden Standardlösungen behandelt.

bb) *Geräte und Reagenzien.* Eine gravimetrisch standardisierte Jod-Trägerlösung aus KJ, enthaltend 10,00 mg J/ml und 1 ml Hydrazin/l Lösung (natürliches Jod ist ein Reinelement mit dem Isotop ^{127}J, das bei der Neutronen-Aktivierung ^{128}J liefert. Dieses zerfällt mit 25,0 Min. Halbwertszeit unter β- und γ-Strahlung).

Daraus erfolgt die Bereitung einer Bestrahlungs-Trägerlösung, enthaltend 2,500 mg J/ml, 10%ig an Hydrazinhydrat.

Ferner wird daraus eine photometrische Eichlösung hergestellt, enthaltend

25*

Tabelle 26. *Analysenmethoden für keramische Materialien auf Plutonium- und Uran-Basis*

Element	Menge	Bestimmungsmethode	Lösung	Genauigkeit (%) (Reproduzierbarkeit)	Anmerkung
Pu	25 bis 50 mg	Differentielle Absorptiometrie bei 565 nm, 4-cm-Zellen	$1n$ HCl, 5%iges $NH_3(OH)Cl$	0,1	Keine Trennung von U bei über 10% Pu
	1 bis 10 mg	Coulometrie mit kontrolliertem Potential	Pu^{3+}/Pu^{4+} in $1m$ H_2SO_4; $E_0 = +0{,}50V$ gegen ges. Kalomel-Elektrode (reversibel)	0,25	Keine Trennung von U, Ce, Cr
	1 bis 10 mg	Potentiometrische Titration	Oxydation mit Ag_2O; Zerstörung des Überschusses; Zugabe von überschüssigem Fe^{2+}, Rücktitration mit Ce^{4+}	0,2	Keine Trennung von U und Fe
U	5 bis 10 mg	Coulometrie mit kontrolliertem Potential	UO_2^{2+}/U^{4+} in $1m$ H_2SO_4, Elektrolyse $-0{,}325$ V gegen ges. Kalomel-Elektrode (irreversibel)	0,25	Keine Trennung von Pu, Ce, Cr, Fe
Ce	1 bis 2 mg	Coulometrie mit kontrolliertem Potential	Oxydation mit Ag_2O; Zerstörung des Überschusses; Reduktion bei $+0{,}9V$ gegen ges. Kalomel-Elektrode	0,25	Keine Trennung von Pu und U
Mo	0,5 mg	Differentielle Absorptiometrie bei 500 nm, 1-cm-Zellen	Molybdänthiocyanat-Komplex in $2m$ H_2SO_4	0,5	Trennung von Pu erforderlich
Ru	40 μg bis 1 mg	Absorptiometrie bei 485 nm	Vierwertiger Chlorokomplex in 5,5n HCl	0,5	Trennung von Pu und U erforderlich
Ru	1 bis 4 mg	Coulometrie mit kontrolliertem Potential	$5n$ HCl-Lösung des binuklearen Chlorokomplexes von Ru(IV). Irreversible Reduktion bei $+0{,}50$ V gegen ges. Kalomel-Elektrode	1,6	Keine Trennung von U erforderlich
Cr	1 mg	Potentiometrische Titration	$1m$ H_2SO_4. Oxydation mit Ag_2O, Zerstörung des Überschusses; Zugabe von überschüss. Fe^{2+}, Rücktitration mit Ce^{4+}	0,2	
Fe	1 bis 10 mg	Coulometrie mit kontrolliertem Potential	Fe^{2+}/Fe^{3+} in $1m$ H_2SO_4. $E_0 = +0{,}42V$ gegen ges. Kalomel-Elektrode (reversibel)	0,10	Trennung von Pu erforderlich
C	25 mg	Manometrische Messung von CO_2	—	0,30	
N	5 mg	*Kjeldahl*-Methode	Hydrolyse in HCl/H_2F_2 (UN) oder NaOH-Lösung (PuN) oder Auflösung im geschlossenen Rohr für höhere Nitride von U	0,5 0,5 0,9	
N	5 mg	*Dumas*-Verfahren	—	0,5 bis 1,0	
P	10 bis 15 mg	Gravimetrisch	Ammoniumphosphormolybdat, getrocknet bei 250 °C	0,2	
Si	10 bis 20 mg	Gravimetrisch	Chinolinsilicomolybdat	0,5	

1,000 mg J/ml, 4%ig an Hydrazinhydrat (Bereich der Eichkurve von 0 bis 0,400 mg je ml). Die Meßzellen für die Photometrie werden mit CCl_4-Füllung bei 520 nm gegeneinander geeicht.

Die γ-Zählung erfolgt mit einem 512-Kanal-Analysator mit NaJ(Tl)-Kristall. Zur Extraktion wurden Kultur-Röhrchen (22×175 mm) und ein Wirbel-Mischer (Model K-500-4 vortex mixer, Scientific Products) verwendet.

Die Uranstandards (aus ^{235}U, NBS-930, bereitet) wurden auf 5 verschiedene Konzentrationen von $\sim$ 1,3 bis 6,7 μg/ml (genaue Dosierung!) in 3n HNO_3 eingestellt.

Arbeitsvorschrift. Genau 2,00 ml Standard-Jodid-Trägerlösung werden in einen Polyäthylen-Behälter pipettiert; hierauf werden genau 3,00 ml Probe-Lösung zugefügt, der Behälter in der Hitze zugeschmolzen und etikettiert. Der Inhalt wird durch mehrfaches Umdrehen des Gefäßes durchgemischt. In ähnlicher Weise wird ein Satz von Uran enthaltenden Referenz-Lösungen (Standards) hergestellt (s. oben), die auch Träger-Jodid-Lösung enthalten.

Die Bestrahlung wird zweckmäßig am Nachmittag oder Abend ausgeführt, damit die entstandene Träger-Aktivität und andere kurzlebige Spaltungsprodukt-Aktivitäten über Nacht absterben. Dabei zerfällt auch das ^{133m}Te (50 Min. Halbwertzeit), so daß die entstandene ^{133}J-Aktivität auf ein Optimum gebracht wird. Die Kultur-Röhrchen werden mit 10,0 ml CCl_4 gefüllt und in ein Eisbad gebracht. Die Bestrahlungsgefäße werden sorgfältig geöffnet, Aliquote von je 2,00 ml daraus entnommen und in separate Röhrchen pipettiert. Die Röhrchen-Wand wird mit 1 ml H_2O abgespült, und die Röhrchen kühlen hierauf 1 bis 2 Min. ab. Dann wird langsam rauchende HNO_3 zugefügt, bis das Jod freigesetzt ist (Braunfärbung!). Nach einer weiteren Minute werden die Röhrchen in den Mischer eingesetzt und mit hoher Geschwindigkeit bewegt. Man fügt einige Tropfen ges. $NaNO_2$-Lösung zu und extrahiert das Jod unter 30 Sek. langem Schütteln mit dem CCl_4. Wenn sich eine wasserklare, durchsichtige Schicht abgesetzt hat, zeigt dies die vollständige Extraktion an. Die gesamte Mischung wird hierauf in ein 40-ml-Zentrifugen-Rohr gebracht und 1 bis 2 Min. zentrifugiert. Ein 5,00-ml-Aliquot der CCl_4-Schicht wird in ein gläsernes Zählgefäß mit Schraubkappen-Verschluß pipettiert. Diese Zählfraktion wird zur Ausbeute-Bestimmung benutzt. Die J-CCl_4-Mischung ist bis zu 20 Std. stabil. Die photometrische Messung erfolgt bei 520 nm gegen CCl_4 als Blindlösung. Die extrahierten Lösungen werden beim 0,53 MeV-Peak mit einem Viel-Kanal-Analysator so lange gezählt, bis 50000 Impulse erhalten werden. Zur Kontrolle wird die Halbwertzeit des ^{133}J gemessen. Die Peakflächen, minus Untergrund, werden für die chemische Ausbeute und die seit der Bestrahlung vergangene Zeit korrigiert. Durch Vergleich mit den in gleicher Weise korrigierten Peaks der Standard-Uran-Proben erhält man die ^{235}U-Werte der Untersuchungsproben.

Die erreichbare *Genauigkeit* und *Reproduzierbarkeit* ist etwa $\pm$ 1%.

Literatur

Buzzelli, G.: Anal. Chem. **37**, 1405 (1965).

Fudge, A. J., Foster, E., u. *Murphy, L.:* Symp. Nuclear Materials Management. Paper SM 67/50. Internat. Atomic Energy Agency (IAEA); Wien 1966.

Katcoff, S.: Nucleonics **18**, Heft 11, 201 (1960).

Milner, G. W. C., Jones, I. G., u. *Phillips, G.:* AERE-R 5280 (1966). – *Milner, G. W. C., Phillips, G.,* u. *Fudge, A. J.:* Talanta **15**, 1241 (1968).

Webster, R. K., Smales, A. A., Dance, D. F., u. *Slee, L. J.:* Anal. chim. Acta **24**, 371 (1961). – *Wood, A. J.,* u. *Fudge, A. J.:* AERE-R 3976 (1962).

8.2 Bestimmung des Urans und seiner Isotopen durch Messung der α-Aktivität

Grundsätzlich können Uran-Isotope auf Grund ihrer charakteristischen Strahlung (α, β, γ) radiometrisch bestimmt werden. Übersichten und Bücher über die dazu geeigneten Meßtechniken liegen in größerer Zahl vor. Hier angeführt seien lediglich: *Fünfer* und *Neuert*; *Jaffey*; *International Atomic Energy Agency*; *Kment* und *Kuhn*; *Crouthamel*; *Bell* und *Hayes*; *Grindler*; *Fassbender*; *Neuert*. Siehe auch: Pr. Internat. Conf. Peaceful Uses Atomic Energy, Genf 1955, Bd. 8 (UN, New York 1955); Pr. 2nd Internat. Conf. Peaceful Uses Atomic Energy, Genf 1958, Bd. 3 und 28 (UN, New York 1958).

Auch die Kombination radiometrischer Methoden nach den verschiedenen Strahlenarten, einschließlich Diskriminierung nach der Energie, wird angewendet. Dies trifft besonders für die Uran-Bestimmung in Erzen und Gesteinen zu, in denen das Vorliegen des radioaktiven Gleichgewichtes zwischen Uran und seinen Folgeprodukten nicht angenommen werden darf oder Uran neben Thorium enthalten ist. Hingegen erwiesen sich im Fall des radioaktiven Gleichgewichts zwischen Uran und seinen Folgeprodukten die einfachen Meßmethoden für α-, β- oder γ-Strahlung als ausreichend, wenn geeignete Standards verwendet werden können. Die Meßverfahren können nach Ionisations- oder Impulszähl-Methoden eingeteilt werden.

Zur Uran-Bestimmung in individuellen Mineral-Einschlüssen in Gesteinen sowie in Uran- oder Uran-Thorium-Mineralen kann die Mikroradiographie (eine mikroskopisch-photographische Technik mit Hilfe photographischer Kern-Emulsionen, die auf dem Nachweis von Bahnspuren emittierter Strahlung beruht) benutzt werden.

Literatur

Bell, C. G., u. *Hayes, F. N.* (eds): Liquid Scintillation Counting; New York 1960.

Crouthamel, C. E. (ed.): Applied Gamma-Ray Spectrometry; New York 1960.

Fassbender, H. (Hgb.): Einführung in die Meßtechnik der Kern-Strahlung und die Anwendung der Radioisotope, 2. Aufl.; Stuttgart 1962. – *Fünfer, E.*, u. *Neuert, H.:* Zählrohre und Szintillationszähler; Karlsruhe 1959.

Grindler, J. E.: Radiochemistry of Uranium. Rep. NAS-NS-3050. Nat. Acad. Sci.-Nat. Res. Council 1961.

International Atomic Energy Agency (IAEA): Metrology of Radionuclides; Wien 1960.

Jaffey, A. H.: Nucleonics **18** (11), 180 (1960).

Kment, V., u. *Kuhn, A.:* Technik des Messens radioaktiver Strahlung; Leipzig 1960.

Neuert, H.: (unter Mitarbeit von *Andersson-Lindström, G.*, *Langkau, R.*, *Schultze, G.*, u. *Stuckenberg, H.-J.*) Kernphysikalische Meßverfahren zum Nachweis für Teilchen und Quanten; Karlsruhe 1966.

8.2.1 Bestimmung des Gesamt-Urans

8.2.1.1 α-Meßmethodik

Die α-Methode steht als hauptsächliche Ionisierungsmethode in Gebrauch. Sie erlaubt die Bestimmung von Uran-Gehalten in Uran-Erzen bis hinab zu 0,001%.

Es sei hier bemerkt, daß die Bezeichnung „Uran-Erz" auch für Gesteine mit nur Zehntel- und sogar einigen Hundertstelprozenten Uran angewendet wird. Die β-Ionisationsmethode kann wegen ihrer geringen Empfindlichkeit nur für Erze mit verhältnismäßig hohem Urangehalt (5 bis 10%) benutzt werden. Zur Analyse von Mineralen und kleinen Erzproben wird besser die α-Impulsmethode mit α-Szintillationszählern verwendet. Die sehr empfindliche β-Impulsmethode mit Szintillationszählern eignet sich zu Uran-Gehalt-Messungen über einen weiten Bereich und hängt

Tabelle 27. *Uran-Isotope*

Isotop	Halbwertszeit HZ f. radioakt. Zerfall	Art der Strahlung und Energie in MeV		Herstellung bzw. Vorkommen	γ-Energie in MeV	Spaltungsquerschnitt f. therm. Neutronen in barn	Absorptionsquerschnitt f. therm. Neutronen in barn	Halbwertszeit für spontane Spaltung
^{227}U	1,3 min	α	6,8	^{232}Th $(\alpha, 9n)$				
^{228}U	9,3 min	$\alpha\ (\sim 80\%)$ El $(\sim 20\%)$	6,67	^{232}Th $(\alpha, 8n)$; $\sim 2\%$ Tochter von ^{232}Pu (36 min HZ)	γ			
^{229}U	58 min	El $(\sim 80\%)$ $\alpha\ (\sim 20\%)$	 6,42	^{232}Th $(\alpha, 7n)$; $\sim 0,1\%$ Tochter von ^{233}Pu (20 min HZ)	0,029 und andere			
^{230}U	20,8 d	$\alpha\ (67,2\%)$ $\alpha\ (32,1\%)$ $\alpha\ (0,7\%)$	5,884 5,813 5,658	^{232}Th $(\alpha, 6n)$; $\sim 15\%$ Tochter von ^{230}Pa (17,7 d HZ); $\sim 6\%$ Tochter von ^{234}Pu (9,0 h HZ)	e$^-$ (γ) 0,072			
^{231}U	4,3 d	El (99%) $\alpha\,(5,5\times 10^{-3}\%)$ 5,45		^{232}Th $(\alpha, 5n)$; ^{231}Pa $(d, 2n)$; $3\times 10^{-3}\%$ Tochter von ^{235}Pu (26 min HZ)	0,018 0,22			
^{232}U	74 a	$\alpha\ (68\%)$ $\alpha\ (32\%)$ $\alpha\ (0,32\%)$	5,318 5,261 5,134	^{232}Th $(\alpha, 4n)$; Tochter von ^{232}Pa (1,31 d HZ); Tochter von ^{236}Pu (2,85 a HZ); ^{233}U (n, 2n)	e$^-$ (γ) 0,058	80	300	8×10^3 a
^{233}U	$1,626\times 10^5$ a	$\alpha\ (83,5\%)$ $\alpha\ (14,9\%)$ $\alpha\ (1,6\%)$ $\alpha\ (0,07\%)$ $\alpha\ (0,04\%)$	4,816 4,773 4,717 4,655 4,582	Tochter von ^{233}Pa (27,0 d)	e$^-$ (γ) 0,043	525	69	3×10^{17} a
^{234}U (U$_{II}$)	$2,48\times 10^5$ a	$\alpha\ (72\%)$ $\alpha\ (28\%)$	4,768 4,717	natürlich radioaktiv (0,0058 Atom-% Häufigkeit in natürl. Uran); Tochter von ^{234m}Pa (1,175 min HZ); Tochter von ^{234}Pa (UZ) (6,66 h HZ); Tochter von ^{238}Pu (86,4 a HZ); ^{233}U (n, γ)	e$^-$ (γ) 0,053	0,65	72	$1,6\times 10^{16}$ a

Tabelle 27. *Uran-Isotope* (Fortsetzuug)

Isotop	Halbwertszeit HZ f. radioakt. Zerfall	Art der Strahlung und Energie in MeV		Herstellung bzw. Vorkommen	γ-Energie in MeV	Spaltungsquerschnitt f. therm. Neutronen in barn	Absorptionsquerschnitt f. therm. Neutronen in barn	Halbwertszeit für spontane Spaltung
^{235m}U	26,5 min	IT		Tochter von ^{239}Pu $(2,44\times10^4$ a HZ)	$e^-(\gamma) < 0,0001$			
^{235}U (AcU)	$7,1\times10^8$ a	α (6,7 %) α (2,7 %) α (25 %) α (35 %) α (14 %) α (8 %) α (5,8 %)	4,559 4,520 4,370 4,354 4,333 4,318 4,117	natürlich radioaktiv (0,720 Atom-% Häufigkeit in natürl. Uran) Tochter von ^{235m}U (26,5 min HZ) Tochter von ^{235}Np (410 d HZ); Tochter von ^{235}Pa (23,7 min HZ)	0,18 0,14 0,10 u. and.	590	108	$1,8\times10^{17}$ a
^{236}U	$2,39\times10^7$ a	α α	4,499 4,45	51 % Tochter von ^{236}Np; Tochter von ^{240}Pu (6580 a HZ); ^{235}U (n, γ)	0,050		9	2×10^{16} a
^{237}U	6,75 d	β^-	0,248 (E_{max})	Tochter von ^{237}Pa (39 min HZ) 4×10^{-3} % Tochter von ^{241}Pu (13,2 a HZ) ^{238}U (n, 2n) ^{236}U (n, γ)	0,06 0,21 andere (0,027−0,43)			
^{238}U (U_I)	$4,51\times10^9$ a	α	4,195	natürlich radioaktiv (99,274 Atom-% Häufigkeit in natürl. Uran)	(0,0045)	10^{-3}	2,76	$8,3\times10^{15}$ a
^{239}U	23,54 min	β^-	1,21 (E_{max})	^{238}U (n, γ); ^{238}U (d, p)	0,074	15	22	
^{240}U	14,1 h	β^-	0,36 (E_{max})	Tochter von ^{244}Pu ($\sim 7,6\times10^7$ a HZ) Neutroneneinfang (2. Ordnung) von ^{238}U	0,044			

Tabelle nach *Grindler* (1962), ergänzt nach *I. M. Kolthoff* und *P. J. Elving*; Treatise on Analytical Chemistry, Part II, vol. 9, New York-London, 1962, und *G. Friedlander, J. W. Kennedy* und *J. M. Miller*; Nuclear and Radiochemistry, 2 nd ed., New York-London-Sidney 1964. − El = Elektroneneinfang.

weniger von verschiedenen Faktoren ab, wie sie in fast unkontrollierbarer Weise die α-Methode beeinflussen. Die γ-Impulsmethode mit Szintillationszählern hat gleiche Größenordnung der Empfindlichkeit wie die entsprechende β-Methode. Werden jedoch Geiger-Müller(GM)-Zählrohre benutzt, so ist die γ-Methode der β-Methode an Empfindlichkeit stark unterlegen. Bei den α- und γ-Methoden müssen Probe und Standard gleiche oder nahezu gleiche Zusammensetzung aufweisen.

Die drei natürlichen, radioaktiven Zerfallsreihen (ausgehend von ^{235}U, ^{238}U oder ^{232}Th) enthalten sämtlich ein Tochterprodukt, genannt Emanation. Die Halbwertzeiten sind für Actinon (Actinium-Emanation) 3,92 Sek., für Radon (Radium-Emanation) 3,82 d, für Thoron (Thorium-Emanation) 54,5 Sek. Daraus ergibt sich eine Beschränkung der γ-Methode, die nur auf praktisch nicht emanierende Proben angewendet werden kann, da sonst die Ergebnisse etwa um den Wert des Emanations-

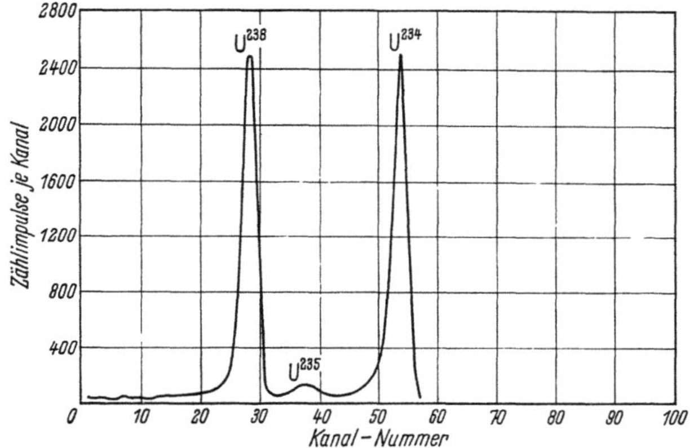

Abb. 5. Alpha-Spektrum von natürlichem Uran (26 μg/cm²)

koeffizienten zu niedrig ausfallen. Bei Messung emanierender Proben nach der α-Impulsmethode mit Zählgeräten oder nach der β-Impulsmethode sind die Resultate um etwa 40 % des Wertes des Emanationskoeffizienten zu niedrig. Werden emanierende Proben jedoch in α-Impulskammern oder α-Ionisationskammern gemessen, so ergeben sich infolge Freisetzung der Emanation aus der Probe zu hohe Werte. Der Prozeß der Emanierung stört das Gleichgewicht zwischen Uran und seinen Tochterelementen einschließlich des Ioniums einerseits, den Tochterelementen des Radiums andererseits.

Für α-strahlende Uranisotope sind meist Gruppen von α-Strahlern mit bestimmten Energien charakteristisch. Da deren mittlere, freie Weglänge klein ist, sind zur genauen Messung Schichten von niedrigstem Gewicht erforderlich. Bei steigenden Impuls-Häufigkeiten wird die Selbstabsorption der gemessenen α-Strahlung durchaus merklich. Bei Anwendung der diskriminierenden Energie-Analyse zur Isotopen-Bestimmung reichen niedrige Zählhäufigkeiten aus, wodurch sich diese Störfaktoren verringern. Auch muß zur Messung der Isotopen-Häufigkeiten die verfügbare Probe nicht quantitativ auf die Unterlage gebracht werden. Abb. 5 zeigt das α-Spektrum natürlichen Urans, aufgenommen mit einer *Frisch*-Gitterkammer in Verbindung mit einem 100-Kanal-Impulshöhen-Analysator (nach *Moore*). Das Isotop ^{232}U liegt in den meisten Proben unterhalb der Nachweis-Grenze der Massen-Spektrographie und wird deshalb mit Hilfe der α-Energie-Analyse bestimmt. Wegen seiner hohen, spezifischen Aktivität von $4,61 \cdot 10^{10}$ Zerfällen/min·mg wird ^{232}U oft als Tracer bei Isotopen-Verdünnungsmethoden verwendet. Die meisten anderen Uran-Isotope haben wegen ihrer Langlebigkeit viel niedrigere, spezifische Aktivitäten.

Überhaupt werden zur Bestimmung der kurzlebigen Isotope ^{232}U, ^{237}U, ^{239}U und ^{240}U radiochemische Methoden wegen ihrer Empfindlichkeit gewählt. [Die langlebigen Isotope ^{233}U und ^{235}U sind im Submikrogramm-Bereich durch die Methoden des Bombardements mit Neutronen bestimmbar, was besonders bei Kernreaktoren für die Untersuchung der ,,Kritikalität" (kritische Masse im Hinblick auf nukleare Lawinen-Reaktionen) von großer Bedeutung ist.] In letzter Zeit werden vielfach Halbleiter-Detektoren wegen ihrer größeren Auflösungsfähigkeit zur Messung der α-Spektren verwendet, obwohl die Meßzeiten wesentlich länger sind.

Die Szintillationszähler enthalten gasförmige, flüssige, plastische oder kristalline Detektor-Materialien, zeigen aber geringere Auflösung als Ionisationskammern. Sehr gute Szintillator-Substanzen für α-Detektoren sind sehr dünne, mit Ag aktivierte ZnS-Phosphore, die einen hohen Grad an Diskrimination gegen β- und γ-Aktivität aufweisen (*Becquerel*). Um Absorptionsfehler in der α-Energie-Analyse möglichst einzuschränken, wird Uran oft naßchemisch mit $Fe(OH)_3$ oder $Al(OH)_3$ niedergeschlagen und hierauf mit Äthyläther oder Methylisobutylketon extrahiert. *Steyn* und *Strelow* strippen 4 mg U mit Wasser aus der Lösung in Methylisobutylketon und mischen hierauf mit einem flüssigen Szintillator. Eine Glaszelle von 5 bis 10 ml wurde auf einen Sekundärelektronen-Vervielfacher (SEV; englisch ,,Photomultiplier") mit einem dünnen Mineralöl-Film fixiert.

Oft wird zu α-Messungen eine elektrolytische Uran-Abscheidung auf Schälchen angewendet. Dabei wird an der Kathode vom Elektrolysen-Strom ein stark ansteigender pH-Gradient erzeugt, um Uranhydroxyd abzuscheiden. *Rulfs*, *De* und *Elving* schieden in Ammoniumoxalat-Lösung bei 85 °C ^{233}U in Gegenwart von 20 μg ^{238}U-Träger mit $(94 \pm 3)\%$ Ausbeute ab. Zur Bestimmung von ^{234}U schieden *Bussell*, *Huber* und *Nelson* etwa 500 μg Uran auf Platin-Scheibchen ab. *Zimmer* erzielte eine quantitative Abscheidung (maximal 200 μg/cm^2) aus Ammoniumnitrat-Lösung bei 65 °C durch 10 Min. lange Elektrolyse bei einer Stromdichte von 0,7 A/dm^2.

Hochauflösende α-Energie-Analyse kann mit magnetischen Spektrometern erreicht werden (z. B. von *Goldin* und *Tretyakov*, welche durch Aufdampfung der Metallchloride von einem Ta-Faden auf Glas α-Quellen-Ablagerungen von einigen Mikrogramm je cm^2 erreichten).

α-Zählung wurde auch zur Bestimmung von ^{234}U in mit ^{235}U angereicherten Kern-Brennstoffen verwendet (*Kienberger*); ferner α-Energie-Analyse zur Bestimmung von ^{232}U in mit Neutronen bestrahlten Th-Proben (*Sabol* und *Rider*); ebenso von Pu und U in Vegetation, Wässern und Böden (*Geiger*). *Harley* und *Jetter* bestimmten in Luftproben Uran unter Aufsammlung auf Filterpapier durch direkte α-Zählung.

Literatur

Becquerel, G.: J. phys. radium, suppl. **17**, 137 A (1956). – *Bussell, H., Huber, D.*, u. *Nelson, L. C.:* USAEC, NBL-1431 (1958).

Geiger, E. L.: Health Phys. **1**, 405 (1959). – *Goldin, L. L.*, u. *Tretyakov, E. F.:* Izv. Akad. Nauk SSSR, Ser. Fiz. **20**, 859 (1956). — *Grindler, J. E.:* The Radiochemistry of Uranium. NAS-NS **3050**, USAEC (1962).

Harley, J. H., u. *Jetter, E.:* USAEC, NY00-94 (1949).

Kienberger, C. A.: USAEC, AECU-209 (1949).

Moore, F. L.: Anal. Chem. **32**, 1075 (1960).

Rulfs, C. L., De, A. K., u. *Elving, P. J.:* J. Electrochem. Soc. **104**, 80 (1957).

Sabol, W. W., u. *Rider, B. F.:* USAEC Rep., KAPL-1477 (1956). – *Steyn, J.*, u. *Strelow, W. E.:* Teknikon **10**, No. 1, 175 (1957).

8.2.1.2 Proben-Vorbereitung zur α-Zählung

Für die α-Zählung und ebenso für die direkte Zählung der Spaltungsausbeute sind mehrere Methoden der Proben-Vorbereitung üblich (*Dodson*, *Graves*, *Helmholz*,

Hufford, *Potter* und *Povelites*; *Hanna*; *Jaffey*; *Hufford* und *Scott*; *McKay* und *Milsted*).

Am ehesten quantitativ verläuft die unmittelbare Verdampfung eines Aliquot-Teiles der Probe. Da dabei keine sehr gleichmäßige Verteilung zustande kommt, setzt man zur gleichmäßigen Ausbreitung ein Agens wie Tetraäthylenglykol ein. Malertechniken können verwendet werden, um ziemlich gleichmäßige Ablagerungen von einigen mg·cm^{-2} zu erzielen. Uranylnitrat wird in Äthanol gelöst und zu einer verdünnten Lösung von Zapon in Zapon-Verdünner oder von Cellulose in Amylacetat zugesetzt. Diese Lösung streicht man auf eine Metall-Unterlage auf und läßt sie eintrocknen; und dann wird bei geeigneter Temperatur gebacken oder geglüht. Für das Backen auf Al reichen Temperaturen von 550 °C bis 600 °C aus. Für Platin sind 800 °C erforderlich. Die Dicke der Uran-Abscheidung wird durch wiederholtes Auftragen und Backen der Folie erhöht.

Von metastabilem ^{235m}U wurden Proben durch elektrostatische Aufsammlung der Rückstoß-Atome von ^{239}Pu in Luft hergestellt (*Asaro* und *Perlman*; *Huizenga*, *Rao* und *Engelkemeir*). Einer metallischen Kollektor-Platte wurde ein negatives Potential von einigen hundert Volt erteilt.

Carswell und *Milsted* gelang die Herstellung dünner Quellen mit Hilfe einer Sprühtechnik. Die abzuscheidende Substanz wird als Nitrat in einem organischen Lösungsmittel (Äthanol oder Aceton) gelöst, in ein feines Glascapillarrohr aufgesaugt und unter Anwendung eines elektrischen Feldes auf das Unterlagematerial aufgesprüht.

Die elektrolytische Abscheidung ist im allgemeinen eine zufriedenstellende Methode zur Herstellung gleichmäßiger Proben mit quantitativer oder nahezu quantitativer Ausbeute. Das Uran kann aus verschiedenen Lösungen niedergeschlagen werden, nämlich als: Acetat (*Rodden* und *Warf*; *Casto*; *Cohen* und *Hull*; *Cook*; *Brodsky*, *Flagg* und *Hanscome*; *Chalov*), Formiat (*Ko*), Oxalat (*Casto*; *Koch*; *Rulfs*, *De* und *Elving*; *McAuliffe*; *Khlebnikov* und *Dergunov*; *Whitson* und *Kwasnoski*; *Wilson* und *Langer*), Carbonat (*Rodden* und *Warf*; *Dodson* u. a.), Fluorid (*Casto*; *Dodson* u. a.; *Kahn*), Chlorid (*Mitchell*). Ein ausreichender Elektrolyt zur Abscheidung des Urans ist 0,4 m Ammoniumoxalat (*McKay* und *Milsted*).

Es wird eine rotierende Platin-Anode benutzt, um die in einer vertikal zylindrischen Zelle befindliche Lösung zu rühren. Diese Zelle besteht aus Glas, Plexiglas oder einem anderen inerten Material. Die Kathode, auf der das Uran niedergeschlagen wird, stellt den Boden der Zelle dar. Die zusammengebaute Zelle wird in ein heißes Wasserbad gebracht und die Temperatur auf etwa 80 °C gehalten. Die benutzte Stromdichte ist ungefähr 0,1 A·cm^{-2}. Die Abscheidung wird stark durch Rührgeschwindigkeit, Stromdichte und Anwesenheit fremder Ionen beeinflußt (*McKay* und *Milsted*).

Zur Herstellung dünner Uran-Schichten eignet sich ausgezeichnet Vakuumsublimation des Uranylacetylacetonats oder besser der Uranoxide. Dazu wird eine Uransalz-Lösung auf einen Wolfram- oder Tantal-Faden aufgebracht, der zwischen zwei Elektroden fixiert ist. Die Lösung wird mit einer Heizlampe oder mit Hilfe eines Schwachstromes, der durch den Metall-Faden geleitet wird, getrocknet. Das Material der Unterlage wird in geeigneter Höhe über einem Metall-Faden angebracht. Über die zusammengestellte Apparatur bringt man eine Glasglocke und evakuiert. Durch Verstärkung des durch den Metall-Faden fließenden Stromes wird das Uran verflüchtigt. Die Gleichmäßigkeit der Abscheidung hängt vom Abstand zwischen Metall-Faden und Unterlage-Platte ab. Auch die Wirksamkeit der Aufsammlung hängt von diesem Abstand ab, jedoch umgekehrt zur Gleichförmigkeit der Ablagerung. Gewöhnlich wird ein Kompromiß geschlossen zwischen der Ausbeute der Aufsammlung und der Gleichförmigkeit der Probe. Von dem auf der Platte nicht aufgesammelten Uran kann viel von maskierenden Platten und Glaskaminen wiedergewonnen werden, die zwischen den Metall-Faden und das Unterlage-Material gebracht werden. Die Ausbeute der Aufsammlung kann auch durch Sublimation aus Öfen verbessert werden, so daß der Strom der Uran-Moleküle gegen die Unterlage-Platte gerichtet wird. Der Ofen wird durch Elektronen-Bombardement oder Induktionswärme erhitzt.

Literatur

Asaro, F., u. *Perlman, I.*: Phys. Rev. **107**, 318 (1957).

Brodsky, A., Flagg, L. W., u. *Hanscome, T. D.*: NRL-4746 (1956).

Carswell, D. J., u. *Milsted, J.*: J. Nucl. Energy **4**, 51 (1957). – *Casto, C. C.*; durch *Rodden*, chapter 23 (1950). – *Chalov, P. I.*: Tr. Inst. Geol. Akad. Nauk Kirg. SSR, **9**, 231 (1957); durch Nucl. Sci. Abstr. **13**, 10991 (1959). – *Cohen, B.*, u. *Hull, D. E.*: MDDC-387 (1946). – *Cook, O. A.*: TID 5290, paper **18**, 147 (1958).

Dodson, R. W., Graves, A. C., Helmholz, L., Hufford. D. L., Potter, R. M., u. *Povelites, J. G.*: Miscellaneous Physical and Chemical Techniques of the Los Alamos Project. Nat. Nucl. Energy Ser., Div. V, vol. 3, chapter 1; New York-Toronto-London 1952.

Hanna, G. C.: Experimental Nuclear Physics, vol. III, Part IX; New York 1959. – *Hufford, D. L.*, u. *Scott, B. F.*: The Transuranium Elements. Nat. Nucl. Energy Ser. Div. IV, vol. 14 B, paper **16** (1); New York–Toronto–London 1949. – *Huizenga, J. R., Rao, C. L.*, u. *Engelkemeir, D. W.*: Phys. Rev. **107**, 319 (1957).

Jaffey, A. H.: The Actinides Elements. Nat. Nucl. Energy Ser., Div..IV, vol. 14 A, chapter 16, New York–Toronto–London 1954.

Kahn, MDDC–1605 (1943). – *Khlebnikov, G. I.*, u. *Dergunov, E. P.*: Atomnaya Energiya **4**, 376 (1958); AEC-tr-3497. – *Ko, R.*: Nucleonics **15** (1), 72 (1957). – *Koch, L.*: J. Nucl. Energy **2**, 110 (1955).

McAuliffe, C.: A-3626 (1946). – *McKay, H. A. C.*, u. *Milsted, J.*: Progress in Nucl. Physics **4**, 287 (1955). – *Mitchell, R. F.*: Anal. Chem. **32**, 326 (1960).

Rodden, C. J., u. *Warf, J. C.*: durch *Rodden, C. J.* (ed.): Analytical Chemistry of the Manhattan Project. Nat. Nucl. Energy Ser., Div. VIII, vol. 1, chapter 1; New York–Toronto–London 1950. – *Rulfs, C. L., De, A. K.*, u. *Elving, P. J.*: J. Electrochem. Soc. **104**, 80 (1957).

Whitson, T., u. *Kwasnoski, T.*: K-1101 (1954). – *Wilson, C. R.*, u. *Langer, A.*: Nucleonics **11** (8), 48 (1953).

8.2.1.3 Bestimmung in verschiedenen Materialien

8.2.1.3.1 α-Szintillation

Die Britische Atomenergie-Agentur *UKAEA* (a) veröffentlichte ein Verfahren zur Uran-Bestimmung (mit Hilfe seiner α-Aktivität) in wäßrigen Aufschlämmungen. Uran wird aus 1 g getrockneter Aufschlämmung mit 8 m HNO_3 herausgelöst und durch Extraktion mit Äthyläther gereinigt. Nach Abdampfen des Äthers wird das Uran in einem Platin-Schälchen montiert, geglüht und hierauf in einem α-Szintillationszähler gezählt. Die Nachweisgrenze ist 5 Zerfälle je Min. und Gramm der getrockneten Aufschlämmung.

Auch in Standard-Silicat-Proben wurde Uran durch Messung der Gesamt-α-aktivität mit einem Szintillationszähler bestimmt (*Ingamells* und *Suhr*).

Mit Hilfe der α-Zähltechnik wurde in angereichertem UF_6, UF_4 und U_3O_8 das Isotop ^{234}U bestimmt [UKAEA (b)]. UF_6 (1,4 bis 1,85 g) wurde mit Wasser hydrolysiert. UF_4 (1,25 bis 1,65 g) wurde in 8 m HNO_3 und H_2O_2 gelöst. U_3O_8 (1,5 g) wurde in 8 m HNO_3 gelöst. Jede Lösung wurde auf 250 ml verdünnt. Hierauf wurde ein 5-ml-Anteil mit HNO_3 abgeraucht, der Rückstand in 0,1 n HNO_3 gelöst und die Lösung auf 250 ml verdünnt. Zur Messung der α-Aktivität wurden 6 Aliquot-Mengen, je 1 ml, auf Scheibchem aus rostfreiem Stahl eingetrocknet. Die Zählung erfolgte mit einem α-Szintillationszähler, der mit einer Standard-α-Quelle von ^{234}U geeicht worden war. Sodann wurde das Gesamt-Uran in der Lösung bestimmt. Dazu wurde ein Aliquot-Teil der Original-Lösung im Betrag von 25 ml mit H_2SO_4 abgeraucht und das Uran durch Reduktion mit Zn-Amalgam und anschließende Oxydation mit Luft in den

Uran(IV)-Zustand überführt. Die Lösung wurde mit 0,1n $K_2Cr_2O_7$-Lösung titriert, wobei Bariumdiphenylaminsulfonat mit Fe^{2+} als Indikator verwendet wurde. Die beobachtete Zerfallshäufigkeit erforderte eine Korrektur für die anderen Uran-Isotope. Andere α-strahlende Nuklide verursachen selbstverständlich Fehler. Für Materialien, in denen 0,1 bis 100% des enthaltenen Urans als ^{234}U vorlagen, war der Variationskoeffizient 1%.

Eine α-Zähltechnik zur Bestimmung von Th und U in *geologischen Gesteins-proben* wandte *Cherry* an. *Kulp, Holland* und *Volchok* hatten das Problem bereits für den Fall der Benutzung eines Szintillationszählers als Detektor behandelt. Wenn (a) die Probe im radioaktiven Gleichgewicht und (b) das natürliche Verhältnis von ^{235}U zu ^{238}U bekannt ist (was ja tatsächlich der Fall ist), kann die absolute α-Zähl-häufigkeit folgendermaßen geschrieben werden:

$$C = k_1\text{Th} + k_2\text{U} \tag{1}$$

$C = $ Zählhäufigkeit je Std.; Th und U sind die Thorium- bzw. Urankonzentration (in ppm). Die Konstanten k_1 und k_2 hängen von den Zerfallskonstanten von ^{238}U, ^{235}U und ^{232}Th, der Fläche der Probe und den Reichweiten der α-Teilchen der Th-, U- und Ac-Serie ab. Falls Th oder U bekannt sind, kann die andere Größe aus C berechnet werden. So bestimmten *Adams, Richardson* und *Templeton* einerseits U fluorometrisch, andererseits das Verhältnis Th/U aus der α-Zählhäufigkeit. *Turner, Radley* und *Mayneord* (a, b) beschrieben eine Technik zur Th-Bestimmung gleich-zeitig mit der Gesamt-Zählhäufigkeit der α-Teilchen, während dieselben Autoren (c) sowie *Marsden* diese Techniken auf Trinkwasser bzw. auf Böden, Pflanzen und Knochen anwendeten.

Die Grundlage der Methode sind die sogenannten Thorium-Paare. Die Th-Emana-tion Thoron zerfällt in ThA (^{216}Po) und sofort danach in ThB (^{212}Pb), da die Halb-wertszeit des ThA nur 0,158 Sek. beträgt. Bei der α-Zählung thoriumhaltiger Proben werden also Paare mit einer Zeitdifferenz von $\sim 0,2$ Sek. auftreten. Die Paarzahl in der Zeit-Einheit ist demnach proportional der Thoronkonzentration und im Fall radioaktiven Gleichgewichtes auch der Konzentration des ^{232}Th selbst. Unter Be-nutzung der Angaben und Schlußfolgerungen von *Turner, Radley* und *Mayneord* (a, b) kann gezeigt werden, daß die Paarhäufigkeit P (in Paaren je Std.) folgender-maßen ausgedrückt werden kann:

$$P = 1{,}847\,A \cdot \text{Th} \cdot R_1 \varrho \left[1 - \frac{R_1}{3\,R_2}\right]. \tag{2}$$

In dieser Gleichung sind A die Fläche der Probe, ϱ die Dichte der Probe, Th der Thorium-Gehalt in ppm, R_1 und R_2 die Reichweite der α-Teilchen von Tn bzw. ThA in der Probe. Kombination der Gleichungen (1) und (2) bei Messung von C und P erlaubt demnach die Berechnung der Th- und der U-Konzentration. Das Prinzip dieser Methode wurde als Mittel zur Unterscheidung der Radioaktivität von Thoron und Radon durch *Hurley* und *Shorey* angegeben.

Turner und Mitarbeiter (a, b) haben die Herstellung der Proben beschrieben. Zu diesem Zweck werden die Proben ganz fein gemahlen und dann gepackt, indem die Methode der α-Zählung in „unendlich dicker Schicht" angewendet wird (*Broda* und *Schönfeld*). Photomultiplier und Diskriminator der Meßapparatur müssen derart eingestellt werden, daß (im Idealfall) alle α-Teilchen aus der Probe aufgenommen und alle anderen Impulse (β- und γ-Strahlen; Rausch-Effekt) unterdrückt werden. Die Charakteristik der Zählapparatur soll ein langes Plateau aufweisen, innerhalb dessen der Meßpunkt liegt. Die den Diskriminator verlassenden Impulse werden einem konventionellen, elektronischen Zähler mit einer Auflösungszeit von $\sim 200\,\mu sec$ oder weniger und gleichzeitig einem elektromechanischen Registrierkreis mit einer Totzeit von $\sim 0,3$ oder 0,4 Sek. eingegeben. Die Impulszahl im ersten Fall ergibt die

Gesamt-Zählhäufigkeit; durch Subtraktion der im mechanischen Zähler angezeigten Zählhäufigkeit erhält man die Häufigkeit der „Paare". Beide Zählhäufigkeiten müssen für den Untergrund korrigiert werden, der bei richtiger Wahl des Meßpunktes auf dem Plateau sehr niedrig sein wird. Der Autor erhielt für den Untergrund 0,1 Impulse$\cdot$cm$^{-2}\cdot$h^{-1}. An sich ist noch eine Korrektur für „unechte Paare" anzubringen, die jedoch sehr gering ist, wenn nicht die beobachtete Gesamt-Zählhäufigkeit sehr groß ist. Schließlich ist noch eine Korrektur anzuwenden, die vom Verhältnis der Totzeit τ des Registrierkreises zur Halbwertzeit des ThA (0,158 Sek.) abhängt. Wenn τ beispielsweise 0,43 Sek. ist, ist dieser Korrekturfaktor 1,18.

Schwierigkeiten bereiten die für R_1 und R_2 einzusetzenden Werte. Nach Berücksichtigung aller diesbezüglich bekannten Fakten gelangte *Cherry* zu folgenden Gleichungen zur Berechnung von C und P:

$$C = W^{1/2} A \,[0{,}155\,\mathrm{U} + 0{,}0434\,\mathrm{Th}] \tag{3}$$

$$P = W^{1/2} A \cdot \frac{\mathrm{Th}}{378}\,. \tag{4}$$

Darin ist A die Fläche des Leuchtphosphors in cm².

Die Unsicherheit dieser Gleichungen wird vom Autor auf höchstens 10% geschätzt. W ist das Atomgewicht der Probe, berechnet auf der üblichen „Atombruch-Basis" (*Nogami* und *Hurley*). Bei den meisten geologischen Materialien liegt $W^{1/2}$ nahe bei 5. Die Berechnung von W ist leicht ausführbar, wenn eine Analyse der Hauptbestandteile der Probe zur Verfügung steht. Andernfalls muß W aus der gewöhnlichen, chemischen Zusammensetzung der untersuchten Gesteinstype abgeschätzt werden.

Um Fehler infolge mangelnder Homogenität der Probe auszuschalten, soll die Probe auf μm-Größe fein gemahlen werden (d. i. auf weniger, als die Reichweite der α-Teilchen beträgt).

Der Th-Gehalt der Probe kann direkt aus Gl. (4) berechnet werden. Der prozentuale *Fehler* von Th ist der gleiche wie jener von P. Der Urangehalt wird aus einer Kombination der Gleichungen (3) und (4) berechnet:

$$\mathrm{U/Th} = [C/P - 16{,}4]\,(0{,}0171)\,. \tag{5}$$

Wenn U/Th sich null nähert, wird $C/P = 16{,}4$, und der prozentuale Fehler von U wird unendlich. Für ungewöhnlich hohe Th/U-Verhältnisse wird also die *Genauigkeit* der Uran-Bestimmung weit geringer als die Genauigkeit der experimentell erhaltenen Werte von P und C.

Zur Kontrolle der Methode wurden 3 Proben mit bekanntem U- und Th-Gehalt analysiert. Es waren zwei Granite, darunter der Granit G-1, und der Diabas W-1. In zwei Proben war die Thorium-Konzentration fast 20mal so groß wie die Uran-Konzentration. Nach der vorliegenden α-Methode stimmten die Thorium-Werte ausgezeichnet zu den chemisch oder durch Isotopen-Verdünnung erhaltenen. Die nach der α-Methode gefundenen Uran-Werte betrugen nur rund $^3/_4$ der chemischen Werte. Hingegen war der Uran-Wert der W-1-Probe nach der α-Methode $(0{,}9 \pm 0{,}6)$ ppm gegen 0,50 bis 0,53 ppm (chemisch).

Abschließend ist zu sagen, daß die *Genauigkeit* der nach der vorliegenden Methode erzielten Uran-Werte nur bei verhältnismäßig niedrigem Th/U-Verhältnis befriedigend ist.

Mit Hilfe derselben Meßtechnik bestimmten *Ahrens*, *Cherry* und *Erlank* das Th/U-Verhältnis in Zirkonen aus granitischen Gesteinen und aus Kimberliten. In den kimberlitischen Zirkonen wurden Th-Werte zwischen 1,8 und 7,2 ppm, U-Werte zwischen 7,0 bis 28,0 ppm gefunden. In granitischen Zirkonen sind die entsprechenden Werte um 1 bis 2 Größenordnungen höher; jedoch entsprechen die Th/U-Verhältnisse beider Zirkon-Typen einander annähernd. Als Szintillationsphosphor diente auch hier ZnS(Ag), doch von anderer Herkunft. Deshalb mußten auch die Eichkonstanten neu berechnet werden, da die Nachweis-Ausbeute von der Korngröße des Leuchtphosphors abhängt. Bei Kontrollmessungen an geologischen Standards, unter Benutzung der beschriebenen Technik, ergab sich sehr gute Übereinstimmung der Th- und U-Werte.

Eine experimentelle Technik zur Bestimmung der Gesamt-α-Aktivität im *menschlichen* oder *tierischen* Körper wird von *Turner*, *Radley* und *Mayneord* (b) angegeben. Für die Messung wird tierisches oder menschliches Gewebe gewöhnlich bei 600 °C bis 700 °C verascht und der Rückstand zu einem Pulver vermahlen. Eine flache Schale entsteht, wenn man einen durchsichtigen Klebestoff über die eine Oberfläche eines ,,Perspex''-Ringes von etwa 11 cm innerem Durchmesser und etwa 3 mm Dicke spannt. Die innere klebende Oberfläche der Schale wird mit einer dünnen Schicht aus fein gepulvertem, mit Ni dotiertem Zink-Cadmiumsulfid bedeckt, das als Leuchtsubstanz zum α-Strahlen-Nachweis dient. Die Schale wird mit der gepulverten Probe gefüllt und mit weiteren Schichten Klebeband versiegelt, die über ihre obere Oberfläche gespannt werden. Eine solche Schale enthält 2 bis 3 g Material der Dichte 1, wovon $\sim$ 150 mg zur α-Zählung beitragen. Die genaue Menge hängt natürlich von der Reichweite und infolgedessen von der Art des α-strahlenden Nuklids ab. Diese versiegelte Schale garantiert Freiheit von Verunreinigung. Die Proben können unbegrenzt aufbewahrt werden, und wiederholte Messungen werden in geeigneten Zwischenräumen ausgeführt. Dabei liefert die Geschwindigkeit der Aktivitätserhöhung bis zum Gleichgewicht wichtige Daten der Identifizierung der vorhandenen Nuklide. Die verschlossene Probe wird der Photokathode eines Sekundärelektronen-Vervielfachers dargeboten, und die α-Partikeln werden mittels einer passenden Meßtechnik gezählt. Von den Autoren wurden als Strahler mit dem niedrigen Hintergrund Proben von dest. Wasser gefunden, die in Zählperioden von mehr als 1 Woche über 3 Zählungen je Std. lieferten. Die nämliche α-Aktivität in Knochen-Asche ist $\sim 2 \cdot 10^{-13}$ Ci/g. Sie kann in einer Zählzeit von 24 Std. auf diese Weise mit einer *Genauigkeit* von $\sim 15\%$ bestimmt werden. Die Methode wurde der Zählweise fester, flüssiger oder gasförmiger Proben angepaßt. Die Zahl der Partikeln N, die je Volumen-Einheit und Zeit-Einheit emittiert werden sowie die Reichweite R in einem Material haben, ist $NR/4$ je cm². Die Wirkungen der Dichte und der Atomnummer des Materials auf die Reichweite der Partikeln und die berechneten, mittleren Reichweiten in Abhängigkeit von Atomnummer und Dichte der Medien wurden von *Turner*, *Mayneord* und *Radley* beschrieben.

8.2.1.3.2 α-Spektren

Becquerel beschrieb ein Verfahren zur Bestimmung von U, Ra, Th und Ac in einer Probe von nur 0,01 mm³, auch wenn nur 1 α-Teilchen je Sek. emittiert wird. Die Probe wurde in einer Dünnschicht auf einer Nickel-Platte montiert. Ein fluorescierender Schirm wurde hergestellt aus (mit Ag aktiviertem) ZnS, in Polystyrol dispergiert und auf einem Zellulosetriacetat-Film aufgetragen. Dieser Schirm wurde in verschiedenen Abständen d von der Probe angebracht und die Fluorescenz mit einem Sekundärelektronen-Vervielfacher gemessen. Die Zählausbeute $T =$ $= [(2 \cos^{-1} d/P)/\pi]\,[(1 - e^{-\lambda R})/(1 - e^{-\lambda P})]$.

In dieser Gleichung bedeutet P die totale Reichweite des α-Teilchens, R die Rest-Reichweite nach Auftreffen auf dem Schirm, $1/\lambda$ die mittlere Distanz zwischen 2 Zentren, die von demselben α-Teilchen angeregt werden. Die theoretischen Werte von T wurden für U_I, U_{II}, Io, Ra, Th und Ac in Gleichgewichtsmischungen mit ihren Zerfallsprodukten tabuliert. U und Ac wurden durch Messung der Energie der α-Teilchen bestimmt. Die Bestimmung von Ra und Th erfolgte durch Verflüchtigung der Zerfallsprodukte in einem Heizofen bei 800 °C. Hierauf wurde das Nachwachsen des aktiven Niederschlages mit Hilfe eines Schirmes verfolgt, der alle α-Teilchen der Muttersubstanz absorbiert.

Mit einer Gitter-Ionenkammer bestimmten *Facchini, Forte, Malvicini* und *Rossini* das α-Spektrum von Uran- und Thorium-Mineralen, die in fein gepulvertem Zustand auf eine Scheibe von 14 cm Durchmesser aufgebracht wurden. Als Bindemittel wurden Natriumsilicat und Gelatine (20%; m/v) verwendet. Das Gesamt-Gewicht der Proben betrug 3 bis 20 mg. Die Messung der Linien von ^{238}U und ThC′ erlaubte die Bestimmung des U/Th-Verhältnisses, wenn dieses zwischen 0,1 und 10 lag. Der Ra-Gehalt konnte aus der Messung der RaA- und RaC′-Linien ermittelt werden. 100 μg U ergaben ungefähr eine Zählhäufigkeit von 300 je Min.

Von *Geiger* wird eine Methode zur Abtrennung von Uran und Plutonium aus *Vegetation, Böden* und *Wässern* angegeben. Das Verfahren beruht auf der Extraktion von U und Pu aus 4 bis 6n HNO_3 mit 50%igem TBP (verdünnt mit n-Tetradekan). U und Pu werden miteinander aus den Proben abgetrennt und mittels α-Zählung und Impulshöhen-Analyse bestimmt. Ergebnisse aus einigen hundert Proben, denen bekannte Mengen U und Pu zugesetzt worden waren, zeigten nahezu gleich große Ausbeute an U und Pu. Die mittleren Ausbeuten waren $(76 \pm 14)\%$ bei Vegetation, $(76 \pm 16)\%$ bei Böden und $(82 \pm 15)\%$ bei Wässern.

Arbeitsvorschrift. I. *Vorbereitung der Proben zur Extraktion.* a) Vegetation. Im Trockenofen getrocknete Pflanzen werden in kleine Stücke zerschnitten und davon 10,0 g in ein 150-ml-Becherglas eingewogen. Zu Beginn erhitzt man die Probe im noch kalten Muffelofen auf 600 °C. Im Fall des Zurückbleibens rein weißer Asche nimmt man das Becherglas aus dem Muffelofen heraus und läßt es auskühlen. Dann fügt man sorgfältig zuerst 2 ml Wasser zu, hierauf 10 ml 8n HNO_3, die 0,5m an $Al(NO_3)_3$ ist. Das Becherglas wird mit einem Uhrglas bedeckt und die Lösung 5 Min. gekocht. Nach Auskühlen gibt man 1 ml 2m KNO_2-Lösung zu und führt die Probe in ein 100-ml-Zentrifugen-Rohr über. Diese Übertragung wird mit 4n HNO_3 beendet. Nach Zentrifugieren wird die überstehende Flüssigkeit in einen bei 30 ml graduierten, zylindrischen Scheidetrichter von 125 ml Fassungsraum gebracht. Den Rückstand wäscht man mit 4n HNO_3, zentrifugiert und dekantiert hierauf die Waschlösung in den Scheidetrichter. Die zu erwartende Säure-Normalität der vereinigten Lösungen ist in diesem Stadium 4 bis 6n (bei einem Gesamtvolumen von nicht mehr als 29 ml). Der Extraktionsvorgang wird hierauf in Gang gebracht.

b) Böden. 5 g im Trockenofen getrocknete Boden-Probe werden mit Mörser und Pistill so weit gemahlen, bis die ganze Probe durch ein 200 mesh-Sieb hindurchläuft. 1,0 g der 200 mesh-Probe werden in einen 50-ml-Platin-Tiegel eingewogen und die Probe 4 Std. auf 600 °C erhitzt. Die Probe entnimmt man dem Muffelofen und läßt sie abkühlen. Nach Zugabe von 3 ml 70%iger HNO_3 und 10 ml 48%iger H_2F_2 wird die Probe 2 bis 3 Min. mit einem Platin-Stab umgerührt. In einem Sandbad von 200 °C werden alle Feuchtigkeitsspuren entfernt. Diese Behandlung mit HNO_3 und H_2F_2 ist zu wiederholen und Sorge dafür zu tragen, daß die Probe vor Übergang zum nächsten Schritt vollständig trocken ist. Nach Auskühlen gibt man 15 ml 6n HNO_3, die 0,25m an $Al(NO_3)_3$ ist, zu. Man bedeckt mit einem Uhrglas und erhitzt im Sandbad 5 Min., läßt abkühlen und dekantiert die Lösung durch ein Whatman- 40-Filter (oder ein gleichwertiges) in einen bei 30 ml graduierten, zylindrischen Scheidetrichter von 125 ml Fassungsraum. So viel von dem Rückstand wie möglich wird im Tiegel belassen und die Behandlung mit heißer 6n HNO_3 [0,25m an $Al(NO_3)_3$] wiederholt. Nach Abkühlung wird filtriert und der Extraktionsvorgang begonnen.

c) Wässer. 1 l Probe wird in ein 1,5-l-Becherglas gebracht. Falls sie alkalisch ist, wird mit HNO_3 neutralisiert. Man setzt 15 ml 70%ige HNO_3 zu und dampft auf 30 bis 40 ml ein. Die Lösung wird durch ein Whatman-40-Filter (oder ein gleichwertiges) in ein 100-ml-Becherglas dekantiert. Das 1,5-l-Becherglas, den Rückstand und das Filter wäscht man mit 4n HNO_3. Die in einem 100-ml-Becherglas vereinigte

Lösung wird auf 5 ml eingedampft, dann mit 20 ml 4n HNO_3 versetzt, mit einem Uhrglas bedeckt, 5 Min. erwärmt, hierauf in einen bei 30 ml graduierten zylindrischen Scheidetrichter von 125 ml Fassungsraum überführt. Das Becherglas ist mit 4n HNO_3 zu waschen, der Inhalt in den Scheidetrichter zu übertragen, indem darauf zu achten ist, daß das Gesamtvolumen nicht 29 ml überschreitet. Hierauf wird die Extraktion in Gang gesetzt.

II. *Extraktion.* Zur Probe im Scheidetrichter wird 1 ml 2m KNO_2-Lösung zugefügt. Mit 4n HNO_3 wird zur 30-ml-Marke verdünnt, die Lösung kurz umgerührt und 30 ml einer 50%igen TBP-Lösung in n-Tetradekan zugesetzt. Hierauf wäscht man 4 Min. kräftig mit einem luftgetriebenen Rührer. Den sauren Teil (untere Schicht) verwirft man, während der TBP-Anteil mit 4n HNO_3 gewaschen und auch dieser saure Anteil verworfen wird. Es folgt die Rückextraktion mit 7 Anteilen von je 15 ml dest. Wasser; die gesamte Strip-Lösung wird in einem 150-ml-Becherglas gesammelt. Die vereinigten, wäßrigen Lösungen dampft man auf 10 bis 15 ml ein und überträgt die noch übrige Lösung auf ein geglühtes Scheibchen aus rostfreiem Stahl. Hierauf trocknet man unter einer Heizlampe, glüht das Scheibchen zwecks Zerstörung organischer Reste und mißt mit einem α-Zähler. Falls die α-Zählung ein bestimmtes Ausmaß übersteigt, ist Impulshöhen-Analyse anzuwenden.

8.2.1.3.3 Isotopen-Verdünnung

Mit Hilfe von Isotopen-Verdünnung und α-Spektrometrie bestimmte *Howard* U und Th in Mineralen. Bei Untersuchung von thoriumfreien Uran-Mineralen wird ein Tochterprodukt des ^{238}U, nämlich das Io (^{230}Th) mit einer bekannten Menge ^{232}Th verdünnt. Hierauf wird das Th aus dem Mineral isoliert (jedoch nicht unbedingt vollständig), gereinigt und in einer Gitter-Ionenkammer gemessen. Die Uran-Konzentration wird aus den Intensitäten der Peaks des ^{230}Th und des ^{232}Th abgeleitet. Die Bestimmung des Th in uranfreien Mineralen ist ähnlich. Das benutzte Standardnuklid ist ^{232}Th und wird zur Pechblende zugefügt, in der das ^{232}Th im Gleichgewicht mit dem ^{238}U steht. Wenn schließlich das Mineral Th und U enthält, kann das $^{230}Th/^{232}Th$-Verhältnis direkt bestimmt werden, so daß bei den vorher angeführten Verfahren Korrekturen angewendet werden können. Eine alternative Möglichkeit ist die Zugabe einer Mischung aus ^{228}Th (RdTh) und ^{232}Th mit einem anderen Verhältnis dieser beiden Nuklide, als es in dem Mineral vorliegt. Die Gehalte an U und Th werden dann aus den Intensitäten der Peaks von ^{228}Th, ^{230}Th und ^{232}Th berechnet. Nach den angegebenen Verfahren wurden Minerale mit nur 0,1% U oder Th analysiert.

8.2.1.3.4 Ionisationsmessung

Submikrogramm-Mengen Urans können nach *Dietrich*, *Caylor* und *Johnson* im Urin bestimmt werden, indem das Uran aus angesäuertem Urin auf festem Tri-n-octylphosphinoxid (TOPO) in einer Glassäule (150 mm Höhe, 2 mm Innendurchmesser) adsorbiert wird (,,Reversed-phase extraction chromatography"), die mit Glas-Mikroperlen gefüllt ist. Die Perlen werden mit einer 0,2m Lösung von TOPO n Benzol befeuchtet und das Benzol fortgedampft. Hierauf werden die Perlen in die Glas-Säule eingefüllt.

Arbeitsvorschrift. 100 ml Urin werden mit 20 ml HNO_3 angesäuert, die Lösung 30 Min. gekocht; man läßt sie abkühlen und gießt sie durch die Säule. Der noch auf der Säule haftende Urin wird durch Waschen mit Säure entfernt. Das TOPO wird mit C_2H_5OH rückextrahiert, das Äthanol verdampft, der Rückstand geglüht und die α-Aktivität im 2-π-Proportionalzähler gemessen.

Bemerkungen. I. Ausbeutebestimmungen nach dem *Zugabe-Verfahren* (spiking) ergaben $(73 \pm 5)\%$.

II. Die Autoren beschreiben eine Apparatur zur *Routine-Methode*, nach der alle chemischen Operationen automatisch ausgeführt werden.

Literatur

Adams, J. A. S., Richardson, J. E., u. *Templeton, C. C.:* Geochim. Cosmochim. Acta **13**, 270 (1958). – *Ahrens, L. H., Cherry, R. D.,* u. *Erlank, A. J.:* Geochim. Cosmochim. Acta **31**, 2379 (1967).

Becquerel, G.: J. phys. Radium, Suppl. zu **17**, 137A (1956). – *Broda, E.,* u. *Schönfeld, T.:* in Handbuch der mikrochemischen Methoden (hrsg. von *Hecht, F.,* u. *Zacherl, M. K.*), Bd. 2, S. 22; Wien 1955.

Cherry, R. D.: Geochim. Cosmochim. Acta **27**, 183 (1963).

Dietrich, W. C., Caylor, J. D., u. *Johnson, E. E.:* TID-7606, 195 (1960).

Facchini, U., Forte, M., Malvicini, A., u. *Rossini, T.:* Nucleonics **14** (9), 126 (1956).

Geiger, E. L.: Health Phys. **1**, 405 (1959).

Howard, L. E.: Nucleonics **16** (2), 112 (1958). – *Hurley, P. M.,* u. *Shorey, R. R.:* Trans. Am. Geophys. Union **33**, 722 (1952).

Ingamells, C. O., u. *Suhr, N. H.:* Geochim. Cosmochim. Acta **27**, 897 (1963).

Kulp, J. L., Holland, H. D., u. *Volchok, H. L.:* Trans. Am. Geophys. Union **33**, 101 (1952).

Marsden, E.: Nature **187**, 192 (1960).

Nogami, N. H., u. *Hurley, P. M.:* Trans. Am. Geophys. Union **29**, 335 (1948).

Turner, R. C., Mayneord, W. V., u. *Radley, J. M.:* Brit. J. Radiol. (im Druck). – *Turner, R. C., Radley, J. M.,* u. *Mayneord, W. V.:* (a) Brit. J. Radiol. **31**, 397 (1958); (b) Nature **181**, 518 (1958); (c) **189**, 348 (1961).

UKAEA: (a) Rep. PG 120 (CA) (1960); (b) 194 (CA), 2. Aufl. (1961).

8.2.2 Bestimmung von Uran-Isotopen

8.2.2.1 Uran-234

Durch α-Zerfall des ^{238}U entsteht ^{234}U. Dasselbe Radionuklid bildet sich auch durch die Kern-Reaktion ^{235}U(n, 2n) ^{234}U. Für seine Bestimmung in hochangereichertem Uran-Kernbrennstoff verwendeten die vier Autoren *Gordon jr., Brightsen, Cook* und *Wilson* α-Zählung. Das in der Probe enthaltene Uran wird isoliert, in U_3O_8 umgewandelt und dessen α-Aktivität bestimmt. Für das ^{235}U und das ^{238}U werden Korrekturen vorgenommen und der ^{234}U-Gehalt aus seiner bekannten, spezifischen Zerfallsgeschwindigkeit berechnet. Zur Vermeidung von Unsicherheiten im Zusammenhang mit der Meßgeometrie, Selbstabsorption, Rückstreuung und instrumentellen Effekten werden α-Messungen auch an natürlichem Uran ausgeführt, dessen absolute Zerfallsgeschwindigkeit ja bekannt ist.

Arbeitsvorschrift. Bei festen Proben wird entweder durch Quarteln oder durch Lösen der gesamten Probe eine Untersuchungsmenge von 1 g Uran hergestellt. Auch bei flüssigen Proben wendet man 1 g Uran an. Diese Untersuchungsproben werden in U_3O_8 umgewandelt, das in einem Plastikbehälter mit einer mechanischen Zerkleinerungsvorrichtung homogenisiert wird. Davon wägt man auf einer Mikrowaage einen 10-mg-Anteil ein, führt ihn quantitativ in einen 100-ml-Meßkolben über und erwärmt mit 10 ml konz. HNO_3 schwach, um völlige Auflösung zu gewährleisten. Nach Abkühlung auf Zimmertemperatur wird mit Wasser zur Marke aufgefüllt. Ein genau gewogener 10-mg-Anteil natürlichen Urans wird als U_3O_8 in der gleichen Weise wie die Probe behandelt und in HNO_3 aufgelöst. Verwendet werden Zählschälchen mit erhöhtem Rand, die man zuerst mit Aceton, dann mit Waschmittel reinigt, mit Wasser abspült und trocknet. Ein Schälchen bringt man unter eine IR-Lampe auf eine flache Unterlage. Mit einer geeichten Pipette werden 2-ml-Aliquot-Teile der Proben-Lösung sowie der Lösung natürlichen Urans auf separate Schälchen gebracht und zur Trockne verdampft. 4 Schälchen bereitet man für die Probe-Lösung und 4 andere für die Lösung des natürlichen Urans vor.

Mit einem Gasdurchflußzähler wird die α-Aktivität der getrockneten Schälchen unter folgenden instrumentellen Bedingungen gemessen: Zu Beginn wärmt man mindestens 5 Min. auf; Gasmischung 90% Ar nebst 10% CH_4, Gasdruck 5 PSI = 0,35 at; Kammer-Spülung 45 Sek.; Dauer der Hintergrund-Messung 30 Min. Als Standardstrahlen-Quelle zur Plateau-Messung des Zählrohres benutzt man RaD + E + F (10^3 bis 10^4 α-Zerfälle/min). Die Zählzeit für die Probe beträgt 5 Min.

Bemerkungen. I. Für jedes Schälchen werden *zwei* 5 Min.-Zählungen ausgeführt, wobei die Zählergebnisse innerhalb der statistischen Fehler-Grenze liegen müssen.

II. *Berechnung.* a) Die α-Aktivität sowohl für die Probe wie für das natürliche Uran werden folgendermaßen berechnet:

$$A = \frac{50\,(C - B)}{W}\,;$$

A = Nettozählungen je Min. und Milligramm,
C = mittlere Zählungen je Min. von 3 Proben oder natürlichen Uran-Proben (Schälchen),
B = Hintergrundzählung je Min.
W = mg Probe (oder natürliches Uran) als U_3O_8,
50 = Verdünnungsfaktor.

b) Die Fraktion von ^{234}U ist nach folgender Formel zu berechnen:

$$^{234}U = 0,011407 \cdot \frac{A_s}{A_n} - 0,003 \cdot {}^{235}U - 0,005615$$

^{234}U = Bruchteil an ^{234}U in der Probe,
A_s = Nettozählung je Min. und Milligramm für die Probe, wie unter a) berechnet,
A_n = Nettozählung je Min. und Milligramm des natürlichen Urans, wie unter a) berechnet,
^{235}U = geschätzter Anteil von ^{235}U in der Probe.

III. *Verläßlichkeit.* Analysen, die unter Routine-Bedingungen ausgeführt werden, zeigen einen Variationskoeffizient für eine Einzelbestimmung von 10% im Bereich von 0,9 bis 1,1 Gew.-% ^{234}U.

IV. Das Verhältnis von $^{234}U/^{238}U$ in *natürlichen* Uran-Vorkommen war öfter Gegenstand von Untersuchungen. Da ^{234}U aus ^{238}U durch dessen α-Zerfall auf dem weiteren Weg über ^{234}Th und ^{234}Pa entsteht, sollte in geologisch alten Proben sich längst das *radioaktive* Gleichgewicht eingestellt haben und das Verhältnis = 1,0000 sein. *Cherdyntsev*, der die α-Aktivitäten von ^{234}U und ^{238}U sowie die β-Aktivitäten von ^{234}Th (UX_1) benutzte, fand Abweichungen von diesem theoretischen Wert. Andere Autoren untersuchten gleichfalls das fragliche Verhältnis, nämlich: *Starik, Starik* und *Mikhailov* (durch die Bestimmung des Gewichtes und der α-Aktivität des extra-hierten Urans); ferner mittels α-Spektrometrie: *Baranov, Surkov* und *Vilenskii; Isabaev, Usatov* und *Cherdyntsev; Thurber* (a); *Hill; Sakanoue* und *Hashimoto. Rosholt, Shields* und *Garner* bestimmten das Verhältnis $^{234}U/^{235}U$ massenspektrometrisch. Abweichungen vom Wert 1,0000 wurden auch auf die Wanderung (geochemische Migration) in Uran-Lagerstätten zurückgeführt.

V. α-*Spektrometrie* liegt auch einer jüngeren Arbeit von *Umemoto* zugrunde. Der Aufschluß der Gesteine und Minerale erfolgte in üblicher Weise, worauf Uran mit Diäthylacetat extrahiert, hierauf die organische Phase mit $1n$ HNO_3, die mit Aluminiumnitrat gesättigt war, gewaschen und schließlich Uran mit dest. Wasser rück-extrahiert wurde. Uran wurde sodann an einer mit dem Anionenaustauscher Dowex 1, X8 gefüllten Säule aus $8n$ HCl sorbiert, schließlich mit $1n$ HCl eluiert und nötigen-falls photometrisch nach der Dibenzoylmethanmethode (S. 146) oder mit PAR (S. 163) nach *Florence* und *Farrar* bestimmt. Aus Wässern wurde das Uran mit $AlPO_4$ gefällt, der Niederschlag in $8n$ HCl aufgelöst und Uran wie vorhin angegeben mit Hilfe des Anionenaustauschers Dowex 1X8 isoliert.

Zur α-spektrometrischen Bestimmung wurde eine einheitliche, dünne Schicht des Urans elektrolytisch hergestellt ($\sim 100\,\mu$g). Die Elektrolyse erfolgte aus 2 ml 2n $HClO_4$ + 3 ml 1,5n Ammoniumformiat-Lösung + 15 ml dest. Wasser in einer Zelle auf polierter Silber-Scheibe mit rotierender Platin-Anode. Als α-Spektrometer diente eine Gitter-Ionisationskammer in Verbindung mit einem 128-Kanal-Impuls-höhen-Analysator. Die Halbwertsbreite des ^{238}U-Peaks war 66 keV, jene des ^{234}U-Peaks 72 keV. Beide Peaks entstehen aus je 2 Typen von α-Partikeln mit verschiedener kinetischer Energie.

Der Autor gibt Gleichungen zur Berechnung des gesuchten Verhältnisses ^{234}U/^{238}U nach einem Näherungsverfahren an. Bei drei verschiedenen Uran-Proben wurden beträchtliche Abweichungen des erwähnten Verhältnisses vom theoretischen Wert 1,0000 gefunden (von 0,8880 bis 1,3402). Bei massenspektrometrischer Untersuchung zweier Proben in einem anderen Laboratorium ergab sich sehr gute Übereinstimmung mit den in der beschriebenen Weise vom Autor α-spektrometrisch erhaltenen Werten.

VI. Verschiedene andere Autoren untersuchten gleichfalls das Verhältnis ^{234}U zu seinem Mutternuklid ^{238}U in verschiedenen *Meeren* bzw. marinen Ablagerungen. *Thurber* (a, c) sowie *Koide* und *Goldberg* fanden ein Aktivitätsverhältnis von $r = {}^{234}$U/^{238}U $= 1,15$ in recenten, carbonatischen Ablagerungen und in Meerwasser-Proben. Obwohl daran gedacht wurde, daß sich der Wert dieses Verhältnisses in isolierten Regionen und küstennahen Zonen des Ozeans von dieser Zahl unterscheiden könne, stellte *Blanchard* keine solchen Variationen in küstennahen Wässern fest. *Umemoto* (a) fand in einem japanischen Meerwasser $1,18 \pm 0,01$. *Miyake, Sugimura* und *Uchida* berichteten über Variationen des genannten Verhältnisses im Nordwest-Pazifik und schlugen biologische Aktivitäten als Ursache vor. *Veeh* untersuchte sowohl 2 Meerwasser-Proben vom antarktischen Pazifik ($r = 1,13 \pm 0,02$ bzw. $1,15 \pm 0,02$) sowie eine lebende Koralle aus dem Roten Meer ($r = 1,15 \pm 0,01$). Das Uran wurde nach *Koida* und *Goldberg* gereinigt, isoliert, dann in TTA (Thenoyltrifluoraceton) extrahiert und auf einer Scheibe aus rostfreiem Stahl nach *Thurber* (b) niedergeschlagen. Die Radioaktivität des Präparates wurde mit einem α-Spektrometer bestimmt, indem ein Uraninit aus dem belgischen Kongo als Standard diente, für den mit Gewißheit radioaktives Gleichgewicht der Uranisotope angenommen werden konnte. Die an diesem Standard erhaltenen Werte für r bewegten sich zwischen $0,979 \pm 0,010$ und $1,007 \pm 0,012$, während *Umemoto* (b) an derselben Probe als Mittelwert aus 15 Messungen $0,9982 \pm 0,0033$ erhalten hatte. Während also beim radioaktiven Gleichgewicht ein Aktivitätsverhältnis von ungefähr $r = 1$ gefunden wird, bestätigten die Messungen von *Veeh* die Verschiebung dieses Verhältnisses in der Natur, wenn nicht unbedingt radioaktives Gleichgewicht vorauszusetzen ist, zugunsten des ^{234}U.

VII. *Bussell, Huber* und *Nelson* bestimmten ^{234}U durch Zählung der von diesem Nuklid emittierten α-Teilchen. Mit ^{235}U angereichertes Uran enthält auch in beträchtlichem Maß angereichertes ^{234}U, dessen massenspektrometrische Bestimmung bei 1% Konzentration eine relative *Genauigkeit* (precision) von nur ± 1% zeigt. Bei auf 93% mit ^{235}U angereichertem Uran stammen 97% der α-Aktivität von ^{234}U, dessen spezifische α-Aktivität ein Vielfaches jener des ^{235}U ist. Noch niedriger als die spezifische Aktivität des letztgenannten Isotops sind jene von ^{236}U und ^{238}U.

Arbeitsvorschrift. Etwa 500 μg U_3O_8 werden auf einem hochpolierten Platin-Scheibchen von 1,5 inch = 3,81 cm Durchmesser als Kathode elektrolytisch abgeschieden (s. unten). Als Rühranode wird spiraliger Platin-Draht verwendet. Das Scheibchen wird über einem Meker-Brenner geglüht. Die α-Aktivität mißt man in einem Proportionalzähler [die Eichung des Zählgerätes erfolgte mit einem 13,02%igen ^{234}U-Standard und mit NBS-Standards von RaD, RaE und RaF (Nr. 1251, 2247 und 3221)]. Der elektrolytisch abgeschiedene, ausgeglühte U_3O_8-Belag ist gegen einen ^{235}U-Standard zu vergleichen, der eine bekannte Menge ^{234}U enthält (massenspektrometrisch ermittelt). Zur Herstellung des ^{234}U-Standards werden 0,25 ml einer Standardlösung (Konzentration 0,2631 mg/ml) auf die Fläche einer Platin-Scheibe elektrolysiert.

Zur *Elektrolyse* werden 12,5 mg U_3O_8 genau auf einer Mikrowaage eingewogen, in 5 Tropfen konz. HNO_3 aufgelöst, zur Trockne eingedampft, wieder gelöst und in einem Meßkolben auf 25 ml verdünnt. 1 ml pipettiert man in die Elektrolysen-Zelle und gibt 10 ml dest. Wasser sowie 2 ml 1%ige Na_2F_2-Lösung zu. Bei 6 bis 8 V und 200 mA ist innerhalb von $1^1/_2$ Std. quantitative Abscheidung möglich (nach 1 Std. wird 1 ml Na_2F_2-Lösung zugefügt).

Zum *fluorometrischen Nachweis* der Vollständigkeit der elektrolytischen Abscheidung wägt man 2,5 g Schmelzmittel (Mischung aus 1 Teil Na_2F_2 mit 4 Teilen Natrium-Kaliumcarbonat) in ein Gold-Schälchen ein und schmelzt über einem Meker-Brenner 2 Min. Nach dem Erkalten bringt man die Schmelzpille in ein Fluorometer[1] zur Hintergrund-Messung. Hierauf werden 100 μl Elektrolyt- oder Standardlösung (Konzentration 0,25 μg U/ml) mit einer Mikropipette auf die Schmelze aufgebracht, dann dampft man 10 Min. unter einer IR-Lampe ein, schmelzt 2 Min., läßt abkühlen und mißt die Fluoreszenz-Intensität.

8.2.2.2 Uran-233

Hardwick und *Moreton-Smith* beschreiben die Bestimmung von ^{233}U über eine α-Zählung. Das Reinelement $^{232}_{90}$Th wird mit Neutronen intermediärer Energie bestrahlt. Als „schnelle" Neutronen bezeichnet man solche mit Energien über 0,1 MeV = 100 keV. Die Energie der „thermischen" Neutronen entspricht der Energie-Verteilung von Gasmolekülen bei Zimmertemperatur. Ihre Energie ist im Mittel 0,025 eV. Die „epithermischen" Neutronen sind zwar gebremst, aber noch nicht auf thermische Energie abgeschwächt. Zum Teil besitzen sie Resonanz-Energien; beispielsweise entstehen bei bestimmten Resonanz-Energien zwischen 5 und 100 eV bevorzugt aus ^{238}U-Kernen die Nuklide ^{239}Np und ^{239}Pu. Zwischen den schnellen und den thermischen Neutronen liegen jene mit „intermediärer" Energie. Bei der erwähnten Bestrahlung treten folgende Kernreaktionen ein:

$$^{232}_{90}\text{Th}\,(n,\gamma)\,^{233}_{90}\text{Th}\xrightarrow[22,4\,\text{Min.}\,=\,\text{HZ}]{\beta^-}\,^{233}_{91}\text{Pa}\xrightarrow[27,0\,\text{d}\,=\,\text{HZ}]{\beta^-}\,^{233}_{92}\text{U}\;(162\,000\,\text{a} = \text{HZ}).$$

1 μg ^{233}U ergibt $2,09 \cdot 10^4$ α-Zerfälle/Min., so daß dieses Nuklid in Spuren-Mengen durch α-Zählung bestimmt werden kann. Die Bildungsgeschwindigkeit des ^{233}U aus Th ist gering, weil dessen Einfang-Querschnitt für intermediäre Neutronen nur 7 barn beträgt. Nach Angabe der Autoren lieferte 1 kg Th, das sie ein Jahr mit intermediären Neutronen bestrahlten und dann „abkühlen" ließen, bis der größte Teil des ^{233}Pa in ^{233}U umgewandelt war, nur 0,22 g ^{233}U. Durch dessen Spaltung, die durch thermische Neutronen hervorgerufen wird, entsteht auch eine sehr kleine Menge Spaltungsprodukte. Bei einem analytischen Kontroll-Prozeß zur Abtrennung dieser kleinen Mengen ^{233}U von bestrahltem Th waren 0,01 bis 100 μg ^{233}U/ml in 0,7 m Lösung von $Th(NO_3)_4$ zu bestimmen. Die Lösungen waren auch 0,05 m an Fluorid-Ionen, um die Auflösung von Thorium-Metall oder Thoriumoxid zu katalysieren. Bei 100 μg/ml ist eine absolute *Genauigkeit* von ± 10 bis ± 2% erforderlich.

Vor α-Zählung des ^{233}U muß dieses zuerst von Th getrennt werden: Einerseits würde Th die vom ^{233}U emittierten α-Teilchen teilweise absorbieren, andererseits würden die Produkte des radioaktiven Zerfalls des Th ihrerseits α-Teilchen liefern. Wenn das Th vor der Bestrahlung im radioaktiven Gleichgewicht mit seinen Tochterprodukten war, würde die ganze Nuklidkette $\sim 1,8 \cdot 10^4$ Zerfälle/Min. je 1 mg Th liefern, d. i. $\sim 3 \cdot 10^6$ Zerfälle/Min. in 1 ml 0,7 m Lösung von Th. Im Vergleich dazu liefert 0,01 μg ^{233}U $2,09 \cdot 10^2$ Zerfälle/Min.

---

[1] Verwendet wurde ein Galvanek-Morrison-Fluorometer.

Nach *Betts* und *Cahn* kann Urandiäthyldithiocarbamidat aus einer Thoriumnitrat-Lösung, die 2 m an NH_4NO_3 bei pH = 2,5 bis 3,0 ist, abgetrennt werden. Dabei werden allerdings gleichzeitig Tochterelemente des Th, nämlich ^{212}Pb (10,64 Std. Halbwertszeit) und ^{212}Bi (60,5 Min. Halbwertszeit) mitextrahiert, so daß die Uran-Zählung nicht daneben ausgeführt werden kann. Dazu sind mindestens 4 Tage Ab-klingzeit erforderlich, mehr aber noch für sehr kleine Mengen ^{233}U, was für eine Fabrikskontrolle unbrauchbar ist. Daher wurde eine Methode entwickelt, wonach U von Pb und Bi mit Hexon (Methylisobutylketon) abgetrennt wird, worin Pb und Bi nicht extrahierbar sind.

Das mitextrahierte Thorium wird durch Waschen entfernt, nachdem Natrium-diäthyldithiocarbamidat zugesetzt worden ist. Die Verteilungsverhältnisse von ^{233}U aus mit NH_4NO_3 gesättigter Lösung gegenüber Hexon bei Aciditäten von 0,25 bzw. 0,5 Normalität wurden durch α-Zählung bestimmt, wobei K_U zu 14,5 bzw. 12,5 ge-funden wurde. Die K_{Th}-Werte lagen zwischen 0,21 und 0,28.

Arbeitsvorschrift. I. Für 0,01 bis 1 μg ^{233}U/ml.

5 ml Lösung bringt man mit einer Pipette in ein 40-ml-Zentrifugen-Rohr und sättigt mit festem NH_4NO_3. 3 ml Hexon (Methylisobutylketon) werden zugegeben, 5 Min. gerührt, zentrifugiert, die Hexon-Schicht in ein 40-ml-Zentrifugen-Rohr übertragen. Die Extraktion wird mit zwei weiteren Anteilen zu je 3 ml Hexon wieder-holt und die drei Hexon-Phasen vereinigt. Man fügt 5 ml 2 m NH_4NO_3-Lösung zu, hierauf einen Tropfen Methylorange-Lösung und rührt um. Mit NH_4OH-Lösung ($D = 0,880$) wird alkalisch gemacht; dann fügt man 0,5 ml einer frisch bereiteten, filtrierten, 20%igen Natriumdiäthyldithiocarbamidat-Lösung zu. Hierauf setzt man 1 n HNO_3 zu, bis die wäßrige Schicht hellviolett (nicht rot!) geworden ist, rührt 4 bis 5 Min. um, setzt nötigenfalls weitere Säure zu, um den gleichen Farbton zu erzielen. Nach Zentrifugieren wird die Hexon-Schicht in ein 50-ml-Becherglas überführt. Die Oberfläche der wäßrigen Schicht wäscht man mit 0,5-ml-Anteilen Hexons und vereinigt die Waschflüssigkeitsanteile mit dem Hexon im Becherglas. Unter leichtem Erwärmen mit einer IR-Lampe unter dem Abzug verdampft man zur Trockne; die Wände des Becherglases werden zweimal mit 2-ml-Anteilen konz. HNO_3 gewaschen, diese jedesmal zur Trockne verdampft. Dann wäscht man das Becherglas zweimal mit 4 Tropfen 1 n HNO_3, transferiert die Waschlösungen in ein Zählschälchen aus rostfreiem Stahl und verdampft dort zur Trockne; das Zählschälchen wird zur Rot-glut erhitzt; man läßt es abkühlen und führt die α-Zählung aus. Das Kriechen der Lösung über den Rand der Schälchen wird durch Zugabe eines Tropfens 20%iger NH_4Cl-Lösung, die 1% eines wasserlöslichen Leimes enthält, verhindert.

II. Für 1 bis 100 μg ^{233}U/ml.

Mit einer Pipette bringt man eine ausreichende Aliquot-Menge der Proben-Lösung in ein 40-ml-Zentrifugen-Rohr (für 100 μg ^{233}U ist 0,1 ml passend). Mit 1 n HNO_3 stellt man auf etwa 1,5 ml ein und sättigt die Lösung mit festem NH_4NO_3. Wie bei der unter I. angeführten Vorschrift fährt man bis zur Zugabe von HNO_3 zur Erhaltung der hellvioletten Farbe des Indikators fort. Nach Zentrifugieren wird die Hexon-Schicht in einen 10-ml-Meßkolben gebracht (dabei ist zu vermeiden, daß etwas von der wäßrigen Schicht mitübertragen wird). Die Oberfläche der wäßrigen Lösung wäscht man mit 3 Anteilen zu je 0,5 ml Hexon und vereinigt sie mit der Hexon-Lösung im Meßkolben. Nach Auffüllung wird gründlich durchmischt. Einen Tropfen der oben angegebenen „Antikriechlösung" fügt man in jedes der 4 Schälchen aus rostfreiem Stahl zu und verdampft zur Trockne. 0,25 ml Hexon-Lösung werden aus dem Meßkolben in die Schälchen pipettiert und langsam eingedampft. Hierauf werden die Waschlösungen aus der Pipette zugefügt. Die Schälchen erhitzt man zur Rotglut, kühlt ab und mißt die Aktivität.

Bemerkungen. a) Die Bestimmung des ^{233}U durch α-Zählung hat auch eine andere Arbeit von *Clayton, Hardwick, Moreton-Smith* und *Todd* zum Gegenstand. Sie benutzen dazu eine Extraktion des Urans mit *8-Hydroxychinolin* (Oxin) aus $Th(NO_3)_4^-$ Lösung in Gegenwart von Dinatriumäthylendiamintetraacetat, nachdem *Přibil* und *Malát* gefunden hatten, daß nur U, Ti, V, Mo und W durch Oxin in Gegenwart von ÄDTA aus essigsaurer, ammoniumacetathaltiger Lösung fällbar sind.

Bi und Th werden von Oxin neben ÄDTA nicht gefällt, wohl aber Uran vollständig bei pH = 4,5 bis 10,5. In Vorversuchen wurde folgendes festgestellt: Eine Lösung, enthaltend 200 mg Th (als Nitrat) und 400 mg ÄDTA (Dinatriumäthylendiamintetraacetat-2-hydrat), was ein molares Verhältnis 1:1,25 darstellt, wurde bei pH = 4,1 mit einer 2,5%igen (m/v) Lösung von Oxin in $CHCl_3$ gerührt. Dabei fand keine durch α-Zählung nachweisbare Extraktion des Thoriums statt. Wurde jedoch ^{233}U zugesetzt, so wurden 91% des Urans extrahiert. Ähnlich waren die Ergebnisse, wenn eine 2,5%ige (m/v) Lösung von Oxin in Hexon benutzt wurde. Mit einer anfänglichen, wäßrigen Phase, die 18 mg Th bei pH von 4 enthielt, waren die Ausbeuten an ^{233}U 100 und 102%, wenn Oxin in Hexon bzw. in $CHCl_3$ gelöst war.

b) In weiteren Versuchen wurde die Wirkung des pH-Wertes auf die Extraktion der *Thorium-Zerfallskette* und des Urans ermittelt. 50 ml Lösung, die 180 mg/ml Th in HNO_3 enthielten, wurden mit einer Lösung von Tetranatriumäthylendiamintetraacetat behandelt (Th:ÄDTA = 1:1,25). Hierauf wurde mit 20 ml 2,5%iger (m/v) Oxin-Lösung in $CHCl_3$ gerührt. Zwischen pH = 8 und 2 entsprach die Zählung einer Menge von nur $3\cdot10^{-4}\,\mu g$ ^{233}U/ml, während die wäßrige Aktivität ungefähr $2\cdot10^5$ Zerfälle/min·ml (gegen 6 Zerfälle in der organischen Phase) betrug. Auf Grund der vorangehenden Versuche mit Uran wurden schließlich bei pH = 4,1 und Anwendung von 56 μg ^{233}U/ml und 354 mg Th/ml fast 100% des Urans gefunden. Mit 100 μg ^{233}U/ml und 150 mg Th/ml sowie Zugabe von 80 mg ÄDTA zu jeder wäßrigen Phase wurden Ausbeuten von im Mittel 99,5% U erhalten.

Aus diesen und weiteren Versuchen ergab sich folgende

Arbeitsvorschrift.

Reagenzien.

Oxinlösung A: 10%ig in Hexon (Methylisobutylketon);

Oxinlösung B: 2,5%ig in Hexon;

ÄDTA-Lösung: 372,2 g Dinatriumsalz der Äthylendiamintetraessigsäure in 500 ml Wasser, enthaltend 80 g NaOH, werden gelöst und auf 1000 ml aufgefüllt;

Th-Lösung: 1 ml = 232 mg Th.

α) Für 0,01 bis 1 μg ^{233}U/ml. Ein geeignetes Volumen der Probe-Lösung, die nicht mehr als 600 mg Th enthält, wird mit einer Pipette in ein 40-ml-Zentrifugen-Rohr übertragen, worin sich ein Glasrohr befindet. ÄDTA-Lösung wird bis zu 10%igem Überschuß über das Thorium-Äquivalent hinzugefügt, sodann 3 Tropfen Bromthymolblau-Indikatorlösung, NH_4OH-Lösung (D = 0,880) bis zur Blaufärbung des Indikators, hierauf 1n HNO_3 bis zur Rückfärbung in Gelb. Nunmehr gibt man 0,2n NH_4OH-Lösung zu, bis wieder Blau erreicht wird (pH = 7). Nach Zusatz von 2 ml Oxin-Lösung rührt man 5 Min. um (im Zentrifugen-Rohr). Zwei Anteile zu je 0,25 ml der organischen Phase werden langsam auf Zählschälchen aus rostfreiem Stahl verdampft, in deren Mitte sich ein Tropfen „Antikriechlösung" befindet (20%ige Lösung von NH_4Cl, 2% wasserlöslichen Leim enthaltend). Die Schälchen erhitzt man zur Rotglut, kühlt sie dann ab und mißt die α-Aktivität mit einem α-Proportionalzähler.

β) Für 1 bis 100 μg ^{233}U/ml.

Ein geeignetes Volumen der Proben-Lösung, enthaltend $\sim 10\,\mu g$ ^{233}U, wird mit einer Pipette in ein 40-ml-Zentrifugen-Rohr übertragen und mit Wasser auf 3 ml verdünnt. Hierauf fügt man ÄDTA-Lösung bis zum 10%igen Überschuß über das Thorium-Äquivalent zu, sodann zwei Tropfen Bromthymolblau-Indikatorlösung und stellt auf pH = 7 ein. Nach Zusatz von 5 ml Oxin-Lösung B zentrifugiert man 5 Min. Zwei Anteile zu je 0,1 oder 0,25 ml organischer Phase werden in Zählschälchen wie unter α) angegeben verdampft, der Rückstand geglüht und die α-Aktivität gezählt.

Bemerkung. Für eine *fluorometrische* Endbestimmung (ggf. zur Kontrolle) geeignete Parallel-Aliquot-Teile der organischen Phase werden in für das Fluorometer geeigneten Platinschälchen eingedampft, bevor die Schmelze mit Na_2F_2 vorgenommen wird. Die Autoren geben auch eine Methode zur Bestimmung des ^{233}U in $Th(NO_3)_4$-Lösung durch Extraktion mit Natriumdiäthyldithiocarbamidat an.

Arbeitsvorschrift für 1 bis 100 μg ^{233}U/ml.

Reagenzien.

Hexon (Methylisobutylketon),

Natriumdiäthyldithiocarbamidat-Lösung, 20%ig (m/v) wäßrig (frisch bereitet, filtriert),

„Antikriech"-Lösung wie oben angegeben.

Ein geeignetes Volumen der Probe-Lösung, enthaltend $\sim$ 10 μg ^{233}U, wird mit einer Pipette in ein 40-ml-Zentrifugen-Rohr übertragen, in dem sich ein Glas-Rührer befindet. Mit 2m NH_4NO_3-Lösung wird auf 4 ml verdünnt, dann ÄDTA-Lösung bis zum 10%igen Überschuß über das Thorium-Äquivalent zugefügt. Unter Rühren macht man gegen Methylorange mit NH_4OH-Lösung gerade alkalisch und fügt 0,5 ml Natriumdiäthyldithiocarbamidat-Lösung zu. Unter Rühren gibt man n HNO_3 zu, bis die Lösung hellviolett (nicht rot!) ist. Nach Zusatz von 5 ml Hexon wird 5 Min. gerührt; wenn nötig ist weitere Säure zuzufügen, um die Farbe hellviolett zu erhalten. Dann wird im verschlossenen Rohr zentrifugiert. Geeignete Parallel-Aliquot-Teile der organischen Phase werden auf Zählschälchen aus rostfreiem Stahl eingedampft (Antikriechlösung benutzen, wie oben angegeben). Die Schälchen werden zur Rotglut erhitzt. Das Th-Folgeprodukt ^{212}Bi (ThC) läßt man zerfallen (60,5 Min. Halbwertszeit; zu 33,7% α-Zerfall). Die α-Aktivität wird gemessen.

Bemerkungen. aa) Durch Anwendung größerer Proben-Volumina oder Eindampfen größerer Aliquot-Mengen der organischen Phase ist Empfindlichkeitserhöhung möglich.

bb) Für eine fluorometrische *Endbestimmung* geht man nach β) (s. oben) vor.

8.2.2.3 Verschiedene Uranisotope nebeneinander

Prinzip. Louise Smith verwendet die α-Peaks charakteristischer Energie der verschiedenen Uran-Isotope zu deren Bestimmung nebeneinander. Zur Kontrolle müssen selbstverständlich die Abklingungszeiten der gemessenen α-Peaks bestimmt werden. Sind Nuklide größerer Halbwertszeit in sehr geringer Häufigkeit in einem Isotopen-Gemisch vorhanden, so ist ihre α-Strahlung nicht mehr nachweisbar; sie müssen massenspektrometrisch oder durch Messung ihrer Spaltung durch Neutronen bestimmt werden.

Arbeitsvorschrift. I. *Herstellung der Proben.* Ein Aliquot der Proben wird mit einer bekannten Menge eines geeigneten α-aktiven Uran-Isotops gemischt. Nach chemischer Aufbereitung der Probe wird die Ausbeute aus der wiedergefundenen Tracer-Menge bestimmt. (In der Regel wählt man ein Tracer-Isotop, das in der Probe selbst nicht in beträchtlichem Ausmaß vorhanden ist.) Die Mischung aus Tracer und Probe wird dann chemisch isoliert und auf einer Metall-Platte als dünner, gleichmäßiger Film durch Elektrolyse, Vakuumverdampfung oder eine andere geeignete Methode abgeschieden. Die Platte wird der α-Impuls-Messung unterworfen und die Häufigkeit der anderen Gruppen von α-Strahlern mit derjenigen des Tracers verglichen. Aus der bekannten Zerfallsgeschwindigkeit des Tracers, seinem Endverhältnis gegenüber anderen α-Strahler-Gruppen und den Halbwertszeiten der zu bestimmenden Isotope können die Mengen der verschiedenen Isotope in der Original-Probe berechnet werden.

II. *Meßtechnik.* In der vorliegenden Arbeit wurden die Messungen in einer Ionen-Kammer ausgeführt, die mit Ar-Gas (10 PSI = 0,7 at; 1% CO_2 enthaltend) gefüllt und mit den dazu passenden Vorverstärker- und Verstärker-Einrichtungen versehen war. Die Impulse wurden in einen 100-Kanal-Impulshöhen-Analysator eingespeist.

Bemerkung. Grenzen der Methode. Einige isotope Mischungen können nach dieser Methode nicht vollständig analysiert werden. Obzwar beim Uran im allgemeinen der erforderliche, große Energie-Abstand der einzelnen α-Gruppen gewahrt ist, überschneiden einander doch die α-Energien des ^{238}U und des ^{234}U (vgl. Tabelle 28).

Tabelle 28. *Uranisotope mit Halbwertszeiten größer als 1 Std.*

Nuklid	Zerfallsweise	Halbwertszeit	Alpha-Energie in Me V
^{230}U	α	20,8 d	5,85
^{231}U	K-Einfang	4,3 d	—
^{232}U	α	73,6 a	5,31
^{233}U	α	$1,62 \cdot 10^5$ a	4,82
^{234}U	α	$2,52 \cdot 10^5$ a	4,76
^{235}U	α	$7,13 \cdot 10^8$ a	4,58 4,40 4,20
^{236}U	α	$2,39 \cdot 10^7$ a	4,50
^{237}U	β^-	6,7 d	—
^{238}U	α	$4,50 \cdot 10^9$ a	4,18

Während ^{238}U wegen seiner geringen spezifischen Aktivität nicht durch α-Analyse bestimmbar ist, konnte im natürlichen Uran mit 0,711% ^{235}U von diesem ein α-Peak infolge der größeren spezifischen Aktivität gemessen werden. Er wurde jedoch durch den α-Peak des ^{234}U mit 4,76 MeV gestört, der zu einer „Schwanzbildung" beim ^{235}U führte. ^{236}U wieder kann neben ^{235}U nur dann unterschieden werden, wenn seine Konzentration wesentlich größer ist, da seine α-Strahlung mit 4,50 MeV zwischen den α-Peaks des ^{235}U eingeschlossen ist. In einer Mischung aus α-Aktivitäten kann die Komponente mit der größten Energie genau bestimmt werden, wenn sie zu 0,1% der Gesamt-Energie vorhanden ist. Diese und einige andere Schwierigkeiten werden in der Publikation beschrieben. Bestimmungen verschiedener Uranisotope nebeneinander werden angegeben.

Mit Hilfe einer *Frisch*-Ionisationskammer bestimmten *Reynolds* und *Moore* α-spektrometrisch Spuren von ^{232}U (α-Strahlung von 5,3 MeV Energie) neben ^{233}U, ^{234}U, ^{235}U, ^{236}U und ^{238}U, welche Nuklide auf Platten abgeschieden worden waren.

Literatur

Baranov, V. I., Surkov, Y. A., u. *Vilenskii, V. D.:* Geochemistry (USSR) (Englische Übersetzung) **1958**, 591. – *Betts, R. H.,* u. *Cahn, R. P.:* Nat. Res. Council Canada, Rep. MX/219 (1946). – *Blanchard, R. L.:* J. Geophys. Res. **70**, 4055 (1965). – *Bussell, H., Huber, D.,* u. *Nelson, L. C.:* Rep. NBL-143, 44 (1958).

Cherdyntsev, V. V.: Trans. 3 rd Sess. Comm. on Determination of the Absolute Age of Geological Formation; Moskau 1955. – *Clayton, R. F., Hardwick, W. H., Moreton-Smith, M.,* u. *Todd, R.:* Analyst **83**, 13 (1958).

Florence, T. M., u. *Farrar, Y.:* Anal. Chem. **35**, 1613 (1963).

Gordon jr., N. E., Brightsen, R. A., Cook, H. D., u. *Wilson, C. R.:* USAEC Rep. WAPD 81 (Rev.), Atomic Power Div., Westinghouse Electric Corp. (Juni 1952).

Hardwick, W. H., u. *Moreton-Smith, M.:* Analyst **83**, 9 (1958). – *Hill, C. R.:* Health Phys. **8**, 17 (1962).

Isabaev, E. A., Usatov, E. P., u. *Cherdyntsev, V. V.:* Radiokhimiya **2**, 94 (1960).

Koide, M., u. *Goldberg, E. D.*: durch *Sears, M.* (ed.): Progress in Oceanography **3**, 172; Oxford (1965).

Miyake, Y., Sugimura, Y., u. *Uchida, T.*: J. Geophys. Res. **71**, 3083 (1966).

Přibil, R., u. *Malát, H.*: Coll. Czechoslov. Chem. Comm. **15**, 120 (1950).

Reynolds, S. A., u. *Moore, F. L.*: TID-4500 (16th ed.), ORNL-3060, UC-4-Chemistry, S. 63 (1960). – *Rosholt, J. N., Shields, W. R.*, u. *Garner, E. L.*: Science **139**, 224 (1963).

Sakanoue, M., u. *Hashimoto, T.*: J. Chem. Soc. Japan, Pure Chem. Sect. **85**, 622 (1964). – *Smith, Louise*: TID-**7531**, Teil 1, S. 121 (1957). – *Starik, I. E., Starik, F. E.*, u. *Mikhailov, B. A.*: Geochemistry (USSR) (Englische Übersetzung) **1958**, 587.

Thurber, D. L.: (a) J. Geophys. Res. **67**, 4518 (1962); (b) Ph. D. Diss. Columbia Univ. (USA); (c) Trans. Am. Geophys. Union **45**, 119 (1964).

Umemoto, S.: (a) J. Geophys. Res. **70**, 5326 (1965); (b) persönl. Mitt. an *Veeh* (s. dort) (1966).

Veeh, H. H.: Geochim. Cosmochim. Acta **32**, 117 (1968).

8.3 Bestimmung durch Messung von β-Aktivitäten

8.3.1 Meßmethodik

Bei den β-Messungen werden sogenannte β-gesättigte Schichten (1 bis 1,5 g·cm^{-2}) angewendet. Da nur die obersten Schichten des Präparates zur Aktivitätsmessung beitragen, während die Strahlung aus darunter liegenden Schichten nicht mehr in das Meßgerät gelangt, wird die Sättigungsaktivität gemessen, die aber der „spezifischen Aktivität" (Aktivität je Gewichtseinheit) proportional ist. Zur Bestimmung der Gesamt-Aktivität muß deshalb die ganze Menge des Präparates bekannt oder bestimmbar sein. Falls die verfügbare Präparatmenge nicht zur Herstellung einer β-gesättigten Schicht ausreicht, müssen die Messungen an einer Probe und einem Standard mit untereinander gleichem Gewicht ausgeführt werden.

Die β-Methode kann auch zu ungefähr quantitativen Uran-Bestimmungen in individuellen Mineral-Körnern benutzt werden. In diesem Fall dient ein ähnliches Mineral-Korn mit bekanntem Uran-Gehalt als Standard.

Die β-Ionisationsmethode wird wegen ihrer geringen Empfindlichkeit nur für Erze mit Uran-Gehalten in der beträchtlichen Größenordnung von 5 bis 10% verwendet. Hingegen ist die β-Impuls-Methode empfindlicher und wird auf Uran-Gehaltsmessungen über einen weiten Bereich angewendet.

Zur β-Messung werden daher weniger die Ionisationskammern als vielmehr Geiger-Müller-Zählrohre, Proportional-Zählrohre und neuerdings organische (flüssige, plastische oder kristalline) Szintillationsdetektoren mit Sekundärelektronen-Vervielfachern (engl. Photomultiplier) verwendet [vgl. neben der bereits auf S. 394 angegebenen Literatur auch *Hecht* (a)]. Bezüglich der organischen Szintillationssubstanzen sei besonders auf *Schram* verwiesen. Zu den β-strahlenden Uran-Isotopen gehören ^{237}U, ^{239}U und ^{240}U.

Bei der β-Impuls-Methodik werden Endfenster-Zählrohre öfter als zylindrische GM-Zählrohre verwendet. Probe und Standard von definiertem Gewicht werden auf Schälchen aufgebracht, deren Durchmesser kleiner als derjenige des Strahlungsdetektors ist. Bei Verwendung großer, zylindrischer Zähler werden Probe und Standard in speziellen Papier-Hülsen direkt auf dem Zähler angebracht.

β- (und γ-)Zählmethoden werden vielfach zu *Messungen im Feld* verwendet (*Senftle* und *McMahon*). Die Proportionalität zwischen der gemessenen Aktivität und der Uran-Konzentration hängt hierbei davon ab, ob das Uran mit seinen Tochteraktivitäten im radioaktiven Gleichgewicht steht oder nicht. Ferner muß bei Gleichgewichten von Probe und Standard gleiche Absorption gefordert werden. Fremdaktivitäten müssen natürlich ausgeschlossen werden können. Die Zählhäufigkeiten müssen sich unterhalb des Auftretens von Koinzidenz-Verlusten halten [*Pannell* (a)]. Selbstverständlich muß bei den Messungen die Hintergrund-Aktivität berücksichtigt und konstante Zählgeometrie eingehalten werden. Mit β-Messungen sind bei Uran- oder Thorium-Erzen untere Grenzen von $0{,}02\%$ U_3O_8 oder $0{,}05\%$ ThO_2 zu erreichen [*Pannell* (b)].

Bei Nichtvorhandensein des radioaktiven Gleichgewichtes zwischen Uran und seinen Folge-Produkten werden β, γ-Messungen eingesetzt (s. S. 432). Nichtsdestoweniger werden dabei *Fehler* bis zu 20% beobachtet [*Haney* und *Rubino*; *Evans* und *Rampacek* (vgl. S. 435)].

Für Gesamt-γ-Messungen von Erz-Proben sind Hochdruck-Ionisationskammern verwendbar. Durch Anwendung von Al-Absorbern zur Ausschaltung von β-Strahlen bestimmter Energie wurde auch die gleichzeitige Bestimmung von U und Th ausgeführt (*Horwood* und *McMahon*; *Nag-Chowdurry* und *Mousuf*). Für die Absorption infolge hoher *Eisen*-Gehalte sind Korrektionen nötig (*Lumbroso*, *Petit* und *Spiteri*). Die eben genannten Autoren verwenden zur Uran-Bestimmung in Phosphaten aus *Gafsa* (Tunis) die Messung der Gesamtaktivität mit einem GM-Zählrohr. Zuerst mußte das in den Erzen vorhandene Fe in salzsaurer Lösung bestimmt werden, nachdem die meisten anderen Metalle mit Ausnahme des Urans entfernt worden waren. Hierauf wurden Standardlösungen hergestellt, welche den analytisch bestimmten Eisen-Gehalt, jedoch steigenden Urangehalt aufwiesen. Durch Messung der Aktivitäten dieser Lösungen wurde eine *Eichkurve* konstruiert und diese zur Uran-Bestimmung in den Phosphat-Proben benutzt, die $0{,}002$ bis $0{,}005\%$ ergab.

Zur Uran-Bestimmung in Erzen benutzte *Schaschkina* die β-Messung, um die durch Io (^{230}Th) in Lösungen von Uran-Erzen möglichen Störungen bei der α-Messung zu vermeiden.

8.3.2 Bestimmung über die β-Strahlung des Tochternuklids ^{234}Pa

In Braunkohle-Aschen wurden von *Broda*, *Nowotny*, *Schönfeld* und *Suschny* Uran-Bestimmungen mit Hilfe von Tochterprodukten des ^{238}U, nämlich des UX_1 (^{234}Th) und UX_2 (^{234}Pa) ausgeführt. Diese Methode geht auf Angaben von *Zimens* und *Hedvall* (1946) zurück. UX_1 entsteht aus ^{238}U durch α-Strahlung und zeigt eine Halbwertszeit von 24,1 d, so daß einige Monate zur Einstellung des angenäherten, radioaktiven Gleichgewichtes genügen (nach 5 Halbwertszeiten haben sich bereits 97% der Sättigungsaktivität an UX_1 nachgebildet). Im radioaktiven Gleichgewicht zerfallen in der Zeiteinheit ebenso viele Kerne der Tochtersubstanz wie der Muttersubstanz, so daß die Radioaktivität (Zerfälle je Zeiteinheit) von UX_1 und ^{238}U praktisch gleich groß ist. Daraus ergibt sich die Möglichkeit zur Bestimmung des ^{238}U.

Arbeitsvorschrift. 5 g fein gemahlene Kohle-Asche werden in einem Platin-Tiegel 3 mal mit je 10 ml konz. H_2F_2 abgeraucht. Dazwischen wird jeweils mit konz. H_2SO_4 abgeraucht (nach dem ersten Abrauchen mit HF mit 2 ml H_2SO_4, nach dem zweiten und dritten Abrauchen mit HF mit je 4 ml H_2SO_4). Der Rückstand wird in Wasser aufgeschlämmt; man läßt die Flüssigkeit über Nacht stehen und filtriert am nächsten Tag. Den hauptsächlich aus $CaSO_4$ bestehenden, ungelösten Anteil versetzt man mit konz. Na_2CO_3-Lösung und kocht auf, wodurch die Sulfate in Carbonate umgewandelt werden. Nach Filtration des ungelösten Rückstandes säuert man das Filtrat mit HCl an und vereinigt es mit dem ursprünglichen Filtrat der Aufschlämmung des Aufschlusses. Der unlösliche Rückstand, der größtenteils aus Carbonaten besteht, wird mit verd. HCl behandelt und filtriert. Der nunmehrige unlösliche Anteil war bei den Analysen der Autoren gering und nicht radioaktiv, so daß er vernachlässigt werden kann.

Das Filtrat der Aufschlämmung und die angesäuerte Sodalösung werden vereinigt, CO_2 durch Kochen entfernt und mit carbonatfreiem NH_4OH die Hydroxide der Schwermetalle gefällt. Eine gleiche Fällung wird in der salzsauren Auflösung des Carbonat-Niederschlages (hauptsächlich $CaCO_3$) ausgeführt. Die filtrierten Hydroxid-

Niederschläge, die auch das ^{234}Th enthalten müssen, werden in 2n HCl gelöst und die Lösungen in ein gemeinsames Becherglas gespült. Nach Auffüllen mit dest. Wasser auf etwa 300 ml setzt man 75 ml konz. HCl und 10 ml einer schwefelsauren, etwa 1%igen Zr-Lösung zu. [Zr-Salz wird zuerst mit konz. H_2SO_4 abgeraucht und der Rückstand in verd. H_2SO_4 (1 Volumen-Teil konz. H_2SO_4 + 4 Volumen-Teile H_2O) aufgelöst]. Die Lösung wird zum Sieden erhitzt und mit 50 ml kalt gesättigter (etwa 2%iger) Lösung von Natriumhypodiphosphat $Na_2H_2P_2O_6 \cdot 6\,H_2O$[1] gefällt. Dieses Fällungsreagens gibt mit einer Anzahl 4wertiger Kationen, darunter Zr, Th, U^{4+}, einen Niederschlag. Das zugesetzte Zr wirkt dabei als Träger für ^{234}Th. Den Niederschlag läßt man 15 bis 20 Min. auf dem Wasserbad absitzen, filtriert ihn dann auf ein Schwarzbandfilter ab, wäscht ihn mit heißer 2n HCl und Wasser, trocknet, verascht und verglüht. Das ThP_2O_6 geht dabei in ThP_2O_7 über [*Hecht* (b)].

Den geglühten Niederschlag überträgt man quantitativ in ein Stahlschälchen von etwa 14 mm innerem Durchmesser und 4 mm innerer Höhe, preßt ihn mit einem genau in das Schälchen passenden, zylindrischen Stahlstab zusammen und mißt die β-Aktivität unter einem Endfenster-Zählrohr.

Bemerkungen. I. Wenn man aus Standard-Uran-Lösungen verschiedener Konzentration, die man bis zur Einstellung des radioaktiven Gleichgewichtes mit UX_1 hat stehen lassen, in der beschriebenen Weise (also mit Zr-Träger) das UX_1 neu ausfällt, ergibt sich daraus eine *Eichkurve*, mit deren Hilfe der Uran-Gehalt der analysierten Kohle-Asche ermittelt werden kann. Selbstverständlich sind das Tiegel-Material, das zugesetzte Zr und zweckmäßig auch die verwendeten Reagenzien durch Blindversuche auf Aktivität zu prüfen.

II. Gemessen wird eigentlich die β-Aktivität eines unmittelbaren Folge-Produktes von UX_1, nämlich jene von ^{234m}Pa, das eine Halbwertszeit von nur 1,14 Min. und eine maximale Energie seiner β-Strahlung von 2,2 MeV (gegenüber bloß 0,2 MeV bei UX_1) zeigt. Es erreicht also innerhalb weniger Minuten das radioaktive Gleichgewicht mit dem Mutterelement UX_1. In den Kohle-Aschen muß allerdings *vor* der Analyse auch die Einstellung des radioaktiven Gleichgewichtes zwischen ^{238}U und UX_1 abgewartet werden (mehrere Monate Wartezeit).

III. Aus Gründen der Geometrie und der Selbstabsorption der Strahlung im Niederschlag kann man mit einer *Empfindlichkeit* der Methode von etwa 30 μg U rechnen. Dies entspricht bei 5 g Einwaage einem Urangehalt von 6 ppm. Diese im Vergleich zu anderen mikrochemischen Uran-Bestimmungsmethoden geringe Empfindlichkeit genügt aber für einen Anwendungszweck wie der vorliegende.

IV. *Stören* könnte in Anwesenheit merklicher Th-Mengen (^{232}Th) das Radiothorium (^{228}Th). Seine β-aktiven Tochterprodukte bilden sich praktisch mit der Halbwertszeit des ThX (^{224}Ra) von 3,64 d nach und stören deshalb die beschriebene Uran-Bestimmung nicht, wenn die Aktivitätsmessung an den thoriumhaltigen Zr-Niederschlägen bereits wenige Stunden nach der Fällung vorgenommen wird.

8.3.3 Bestimmung über die β-Strahlung der Ra-Isotope in den natürlichen Zerfallsreihen

Uken und *Williamson* (1967) empfehlen ein Verfahren zur Ermittlung des Urans (und gegebenenfalls Thoriums) durch Verfolgung der Radioaktivität der aus Erzen frisch abgetrennten Ra-Isotope, die aus den 3 natürlichen Zerfallsreihen des ^{238}U, ^{235}U und ^{232}Th stammen. Die Anfangskonzentration des Ra wie auch seine Abstammung können aus der Neigung der Meßkurven dieser isolierten Isotope ermittelt werden. Mit Hilfe von β-Messung und anschließender Auswertung mittels elektroni-

---

[1] Man erhält das Reagens durch Oxydation von rotem Phosphor mit NaOCl-Lösung nach *Leininger* und *Chulski* (1949).

scher Rechenmaschinen konnten für Uran Ergebnisse erzielt werden, die in brauchbarer Weise mit den Resultaten der herkömmlichen, chemischen Analysen-Methoden übereinstimmten. Die U_3O_8-Gehalte lagen zwischen 0,5 und 1,1%. Die Meßanordnung kann automatisiert und nach Überprüfung und *Eichung* von technischem Personal bedient werden.

8.3.4 Bestimmung von ^{237}U

Die Abtrennung des ^{237}U aus Materialien, die Spaltungsprodukte, Np und Pu enthalten, wurde von *Warren* (a) mit Hilfe von Fällungsverfahren ausgeführt.

^{237}U bildet sich im Kern-Reaktor aus ^{238}U durch eine (n, 2n)-Reaktion. Die Halbwertszeit des ^{237}U beträgt 6,75 d. Spaltungsprodukte in Form seltener Erdmetalle, das Np und das Pu werden mit LaF_3 als nichtisotoper Träger („scavenger") in Gegenwart von NH_2OH entfernt. Dieses Reagens reduziert Np wie auch Pu und bildet mit Uran eine Komplex-Verbindung. Die Spaltungsprodukte Ba und Zr werden als Bariumfluozirkonat entfernt. Ein weiterer Scavenger ist $Fe(OH)_3$. Uran wird als Diuranat gefällt und dann in HCl-Medium mit metallischem Zn reduziert. Eine nachfolgende Fällung schlägt Uran mit NH_4OH nieder. Das Uran wird durch abwechselnde Umwandlung in UF_4 und Hydroxid weiter gereinigt. Das nachgewachsene UX_1 (^{234}Th) mit 24,1 d Halbwertszeit wird zusammen mit $Zr(JO_3)_4$ abgeschieden, das Uran mit NH_4OH niedergeschlagen, schließlich aus HNO_3-Medium elektrolytisch auf einer Platin-Folie abgeschieden. Nach Glühen wird die β-Aktivität des nunmehr als U_3O_8 vorliegenden Urans gemessen. Die chemische Ausbeute dieses Vorganges war im Mittel 50 bis 65%.

Herstellung der Trägerlösungen. I. ^{238}U-Träger, enthaltend 10 mg U/ml. Zu seiner Herstellung wägt man 1 g Uran-Metall ein, löst es in konz. HNO_3, führt die Lösung in einen 100-ml-Meßkolben über, füllt zur Marke auf und macht dabei die Lösung 3n an HNO_3. 1-ml-Aliquot-Anteile werden in einen Porzellan-Tiegel pipettiert, zur Trockne verdampft, 45 Min. bei 800 °C geglüht und als U_3O_8 gewogen.

II. La-Träger, enthaltend 10 mg La/ml (wäßrige Nitrat-Lösung).

III. Ba-Träger, enthaltend 10 mg Ba/ml (wäßrige Nitrat-Lösung).

IV. Zr-Träger, enthaltend 10 mg Zr/ml (wäßrige Zirkonylnitrat-Lösung in 1n HNO_3).

V. Fe-Träger, enthaltend 10 mg Fe/ml [wäßrige Eisen(III)-nitrat-Lösung in sehr verdünnter HNO_3].

Apparatur. Elektrolysen-Zelle, 3×3 inch ($7,6\times7,6$ cm) aus Messing; Platin-Kathode (5 mil = 0,127 mm Dicke, 2 inch = 5,1 cm Durchmesser, 4 inch = 10,2 cm Höhe) als eine rotierende Kathode. Die Zelle wird nach Zusammenstellung der Apparatur $1^3/_4$ Std. bei 105 °C erhitzt.

Arbeitsvorschrift. 1 ml Uran-Trägerlösung setzt man einem Aliquot-Teil der Probe-Lösung in einem 40-ml-Zentrifugen-Rohr zu, verdünnt auf 10 ml, erhitzt zum Sieden und fällt durch tropfenweise Zugabe von konz. NH_4OH-Lösung Ammoniumdiuranat aus. Nach Zentrifugieren gießt man die überstehende Flüssigkeit fort. Der Niederschlag wird in 1 bis 2 ml n HNO_3 gelöst, 5,4 ml Wasser, 3 Tropfen La-Trägerlösung und 10 Tropfen 5m $NH_3(OH)Cl$-Lösung zugesetzt. 5 Min. läßt man stehen, gibt dann 3 Tropfen konz. H_2F_2 zu und läßt neuerlich 5 Min. stehen. Hierauf wird 5 Min. zentrifugiert, die überstehende Flüssigkeit in ein 40-ml-Zentrifugen-Rohr transferiert, der Niederschlag verworfen. Dann fügt man 3 Tropfen La-Trägerlösung zu und läßt 5 Min. stehen, zentrifugiert 5 Min., bringt die überstehende Lösung in ein 40-ml-Zentrifugen-Rohr und verwirft den Niederschlag. Man fügt weiter 3 Tropfen Zr-Trägerlösung zu, hierauf 15 Tropfen Ba-Trägerlösung, zentrifugiert 5 Min., überträgt die überstehende Lösung in ein 10-ml-Zentrifugen-Rohr und verwirft den Niederschlag.

Nach Zugabe von 4 Tropfen konz. H_2SO_4 wird 5 Min. zentrifugiert, die überstehende Lösung in ein 40-ml-Zentrifugen-Rohr übertragen und der Niederschlag verworfen. 0,4 bis 0,5 ml flüssiges Brom werden langsam in geringem Überschuß zugesetzt und die Lösung bis zu schwach gelber Farbe gekocht. Mit konz. NH_4OH erzeugt man gerade eine Uran-Fällung, kühlt mit kaltem Wasser, zentrifugiert und sammelt den Niederschlag. Hierauf werden 1 bis 2 ml $n HNO_3$ und 10 ml Wasser zugesetzt, zum Sieden erhitzt und konz. NH_4OH zwecks Fällung von Ammoniumdiuranat zugegeben. Man zentrifugiert und verwertet den Niederschlag weiter. Es folgt Zugabe von 1 bis 2 ml $n HNO_3$, 10 ml H_2O, 10 Tropfen $5 m$ $NH_3(OH)Cl$-Lösung und schließlich 2 Tropfen Fe-Trägerlösung. Nach 5 Min. Stehen wird die Lösung zum Sieden erhitzt und $Fe(OH)_3$ durch Zugabe von konz. NH_4OH gefällt. Das Zentrifugen-Rohr wird mit kaltem Wasser gekühlt, $2^1/_2$ Min. zentrifugiert, die überstehende Lösung in ein 40-ml-Zentrifugen-Rohr gebracht, der Niederschlag verworfen. Sodann werden die Oxydation mit flüssigem Brom und die anschließende Fällung des Ammoniumdiuranats wiederholt. Hierauf fügt man 1 ml konz. HCl und 10 ml Wasser zu, erhitzt zum Sieden und fällt mit konz. NH_4OH neuerlich Diuranat aus. Den Niederschlag löst man in 1 ml konz. HCl und 10 ml Wasser, gibt 2 g metallisches Zn (20 mesh, granular) hinzu, erhitzt die Mischung, bis die Lösung braun wird, und dann noch 1 weitere Minute. Nun läßt man bis zur Beendigung der starken Gasentwicklung stehen, gießt die Lösung in ein 40-ml-Zentrifugen-Rohr und verwirft das Zn.

Die Lösung erhitzt man zum Sieden, fällt Uran mit konz. NH_4OH (grünschwarze Farbe des Niederschlages), zentrifugiert, löst den abgetrennten Niederschlag in 10 Tropfen konz. HCl auf und gibt 5 ml Wasser und 4 Tropfen konz. H_2F_2 zu. Hierauf rührt man stark, bis UF_4 ausfällt, fügt 7 Tropfen konz. NH_4OH zu, rührt weiter um, zentrifugiert 5 Min. und löst den abgetrennten Niederschlag unter gelindem Erwärmen in 1 ml konz. HCl. Die Lösung wird mit 10 ml Wasser verdünnt und zum Sieden erhitzt. Der Niederschlag wird dabei aufgelöst. Auf Zugabe von konz. NH_4OH fällt ein grünschwarzer Niederschlag aus. Die Auflösung des Niederschlages wird mit 10 Tropfen konz. HCl wiederholt. Diesmal setzt man nur 4 ml Wasser, aber wieder 4 Tropfen konz. H_2F_2 zu. Man rührt so lange, bis UF_4 ausfällt, fügt noch 7 Tropfen konz. NH_4OH zu und rührt weiter. Nach 5 Min. langem Zentrifugieren fügt man dem Niederschlag 1 ml konz. HCl zu, erwärmt schwach, gibt 10 ml Wasser zu und erhitzt die Lösung zum Sieden, wobei sich der Niederschlag auflösen soll. Mit konz. NH_4OH wird wieder das Uran ausgefällt [grünschwarzer Niederschlag von vielleicht der Zusammensetzung $U(OH)_4$]. Diesen Niederschlag behandelt man wieder mit 10 Tropfen konz. HCl, 4 ml Wasser und 4 Tropfen konz. H_2F_2. Nach Zugabe von 1 ml konz. HNO_3 und Erwärmen bis zum Ende der Entwicklung von NO_2 gibt man 10 ml Wasser zu und fällt Ammoniumdiuranat mit konz. NH_4OH-Lösung aus. Nach Zentrifugieren wird die überstehende Lösung weggegossen und der Niederschlag in 1 ml konz. HNO_3 aufgelöst.

Hierauf setzt man 10 ml Wasser, 4 Tropfen Zr-Trägerlösung und 1 ml $0,35 m$ HJO_3-Lösung zu. Nach Zentrifugieren bringt man die überstehende Lösung in ein 40-ml-Zentrifugen-Rohr und verwirft den Niederschlag. Die Lösung erhitzt man zum Sieden, fällt mit konz. NH_4OH Ammoniumdiuranat aus, zentrifugiert und verwirft die überstehende Lösung. Den Niederschlag löst man in 1 bis 2 ml $m HNO_3$ auf, verdünnt mit 10 ml Wasser und zentrifugiert. Die überstehende Lösung wird in ein 40-ml-Zentrifugen-Rohr gebracht und der Niederschlag verworfen. Durch Kochen der Lösung und Zugabe von konz. NH_4OH-Lösung fällt man neuerlich Ammoniumdiuranat aus, zentrifugiert und verwirft die überstehende Lösung. Dann werden 5 Tropfen $8 m$ HNO_3 zugefügt und die Lösung in die Abscheidungszelle transferiert, die 10 ml Wasser und 3 Tropfen $8 m$ HNO_3 enthält. Das Zentrifugen-Rohr ist 3 mal mit Waschlösung zu reinigen, die aus je 5 Tropfen $8 n$ HNO_3 und 0,5 ml Wasser besteht. Die Waschlösungen werden in die Abscheidungszelle gebracht, dann 10 ml

4%ige Ammoniumoxalat-Lösung zugesetzt und die Wände der Zelle mit etwa 5 ml Wasser gewaschen. Das Gesamt-Volumen in der Zelle sollte etwa 40 ml betragen.

Nun setzt man 5 Tropfen Methylrot-Lösung [0,1%ig in 90% Äthanol] und tropfenweise konz. NH$_4$OH-Lösung zu, bis sich die Lösung gelb verfärbt, und gibt noch 8n HNO$_3$ bis zur Verfärbung der Lösung nach Rot oder Orange zu (1 Tropfen genügt gewöhnlich). Hierauf werden 3 Tropfen HNO$_3$ im Überschuß zugefügt. Dann wird $1^1/_2$ Std. bei 1,5 A, 8 V und 80 bis 90 °C elektrolysiert. Während der ersten 30 Min. wird die Zugabe von genügend viel 8n HNO$_3$ in 10 Min.-Intervallen ausgeführt, bis sich die Lösung gegen Methylrot verfärbt. Nach 40 Min. Wartezeit fügt man 3 Tropfen konz. NH$_4$OH-Lösung (oder noch mehr) zu, um die Lösung mit dem Indikator gelb werden zu lassen. Die Zellenwände werden mit Wasser abgewaschen und die Elektrolyse weitere 50 Min. fortgesetzt. Nun wird die Platte entfernt und mit Wasser und Methanol gewaschen. Hierauf erhitzt man die Platte 1 Min. in der Flamme, läßt sie abkühlen und wägt (U$_3$O$_8$). Den Niederschlag mon-

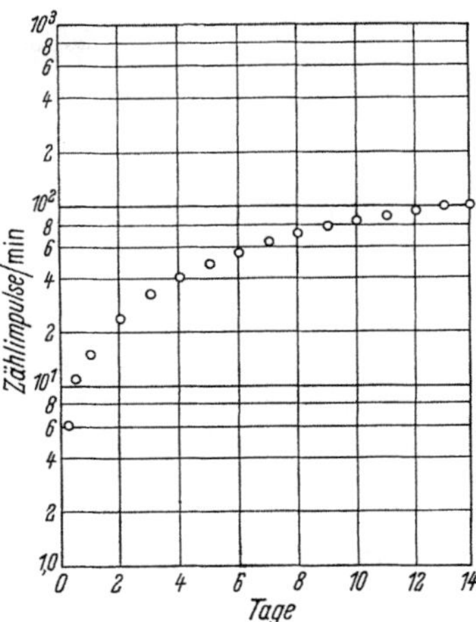

Abb. 6. Korrektur für UX$_1$-Aktivität/mg U$_3$O$_8$ auf dem Schälchen

tiert man in geeigneter Weise und führt die Zählung aus. Für die Aktivität von UX$_1$ (^{234}Th) ist eine Korrektur nötig. Siehe Abb. 6.

Arbeitsvorschrift nach *Warren* (b).

Reagenzien.
a) ^{233}U-Tracer (Mengen-Bestimmung durch α-Zähltechnik).
b) La-Träger: 10 mg La/ml [als La(NO$_3$)$_3 \cdot$ 6 H$_2$O zugesetzt].
c) Fe-Träger: 10 mg Fe/ml [als Fe(NO$_3$)$_3 \cdot$ 9 H$_2$O in sehr verd. HNO$_3$ zugesetzt].
d) NH$_3$(OH)Cl: 5m.
e) 4%ige wäßrige Ammoniumoxalat-Lösung.
f) Tributylphosphat (TBP): 30%ig in Benzol.
g) 6%ige wäßrige Cupferron-Lösung.
h) 0,1%ige Methylrotlösung in 90%igem Äthanol.
i) Methanol, wasserfrei.
j) Dowex A2X8, 400 mesh, Anionenaustauscher (5 cm Säulen-Länge).
k) Dowex 50X8, 100 bis 200 mesh, Kationenaustauscher (5 cm Säulen-Länge).

Arbeitsvorgang. Zu einem Proben-Aliquot, das 20 ml in einem 40-ml-Zentrifugen-Rohr nicht überschreitet, fügt man 1 ml ^{233}U-Tracer, 3 Tropfen La-Träger zu und leitet NH$_3$-Gas ein, bis der entstandene Niederschlag koaguliert. Auf einem Wasserbad wird 15 Min. digeriert, zentrifugiert und die überstehende Flüssigkeit verworfen. Den Niederschlag löst man in 0,6 ml konz. HCl auf und verdünnt die Lösung mit Wasser auf 10 ml. Man fügt 5 Tropfen 5m NH$_3$(OH)Cl-Lösung und 2 Tropfen Fe-Trägerlösung zu (falls Fe nicht ohnedies schon vorhanden ist), läßt 20 Min. stehen und setzt 4 ml CHCl$_3$ sowie 6 ml 6%ige Cupferron-Lösung zu; den Pu(IV)-Cupferron-Komplex extrahiert man unter Umrühren (2 Min.). Die CHCl$_3$-Schicht wird mit einer Pipette entfernt und verworfen. Die wäßrige Phase extrahiert man noch 3mal mit CHCl$_3$. Zur wäßrigen Schicht werden 3 Tropfen La-Träger zugegeben und NH$_3$-Gas eingeleitet, bis der entstandene Niederschlag koaguliert. Hierauf digeriert man 15 Min. auf einem Wasserbad, zentrifugiert und verwirft die überstehende Lösung. Nach Auflösen des Niederschlages in 1,6 ml konz. HNO$_3$ verdünnt man mit Wasser auf 5 ml, gibt 2 ml TBP-Lösung zu und rührt 2 Min. um. Die TBP-Schicht zieht man ab und überträgt sie in ein 40-ml-Zentrifugen-Rohr. Dann extrahiert man neuerlich mit 2 ml TBP-Lösung und vereinigt mit dem früheren Extrakt. 1 ml TBP-Lösung wird in das Original-Rohr zugegeben, nach Umrühren und Phasen-Trennung die TBP-Schicht abgezogen und mit den anderen Extrakten vereinigt. Die TBP-Extrakte wäscht man rasch mit zwei 3-ml-Anteilen 5n HNO_3 und verwirft die Waschwässer. Dann wird 2 Min. Cl_2 in kräftigem Strom eingeleitet.

Die Lösung bringt man auf eine Dowex A2-Anionenaustauscher-Säule auf. Die Hälfte der Lösung wird unter 8 bis 10 Pfund Druck durch die Säule gepreßt. Hierauf bringt man 1 ml konz. HCl auf die Säule und läßt den Rest der Lösung unter Druck durchfließen. Die Säule wäscht man erst zweimal mit 2,5 ml 10n HCl, dann zweimal mit 5n HCl; die Waschwässer werden verworfen. Das Uran wird mit 2 Anteilen zu je 2,5 ml 0,1n HCl eluiert, die eluierte Lösung in einem 40-ml-Zentrifugen-Rohr aufgefangen, dann mit Wasser auf 10 ml verdünnt und fließt unter 1 bis 2 Pfund Druck durch eine Dowex 50-Kationenaustauscher-Säule. Den Austauscher wäscht man 3mal mit 2,5-ml-Anteilen 0,1n HCl; die Waschwässer werden verworfen. Das Uran eluiert man mit 2 Anteilen zu je 2,5 ml 3n HNO_3 in die Abscheidungszelle.

Nun gibt man 5 ml 4%ige Ammoniumoxalat-Lösung und 3 Tropfen Methylrot-Indikator zu. Durch tropfenweisen Zusatz von konz. NH_4OH macht man alkalisch. Die Lösung wird gegen den Indikator durch tropfenweise Zugabe von 6n HNO_3 gerade bis zur Rot-Färbung angesäuert, dann mit 3 Tropfen im Überschuß versetzt. Bei 1,1 A und 8 V wird 1,5 Std. bei 80 °C elektrolysiert. Am Ende der ersten 10 Min. gibt man 3 Tropfen Methylrot-Lösung zu und säuert mit 6n HNO_3 an. Die Acidität prüft man in zwei zusätzlichen 10-Min.-Intervallen; nach 40 Min. gibt man 3 Tropfen konz. NH_4OH zu. Hierauf wird in 10-Min.-Intervallen geprüft, ob die Elektrolysen-Lösung gegen den Indikator gerade alkalisch ist. Nun entfernt man die Elektrolysen-Zelle vom Wasserbad und wäscht 3mal mit CH_3OH. Die Zelle wird auseinandergenommen, dabei die Platin-Scheibe sorgfältig flach gehalten und hierauf über einem Brenner geglüht. Das ^{233}U wird durch eine α-Zählung gemessen (daraus ist die chemische Ausbeute zu bestimmen; gewöhnlich 40 bis 60%); hierauf wird in einem Proportional-Zählrohr unter Benutzung eines Al-Absorbers (2,62 $mg \cdot cm^{-2}$) die β-Zählung des ^{237}U ausgeführt.

Anmerkung: Das TBP wird vor Gebrauch zuerst mit 1n NaOH und dann mit 5n HNO_3 gewaschen. Das Anionen- und das Kationen-Austauscher-Harz wird abwechselnd mindestens 5mal mit H_2O und HCl gewaschen, dann in H_2O aufbewahrt.

8.3.5 Isolierung (Reinigung) des ^{238}U von ^{240}U

Arbeitsvorschrift zur Reinigung des ^{238}U von daraus gebildetem ^{240}U (β; H.-Z. 14 Std.) nach *Hyde* und *Studier*. ^{238}U kann durch zweifachen Neutronen-Einfang in ^{240}U übergehen. Dazu wurde sogenanntes „abgereichertes Uran" (depleted uranium), das auf 30000 Teile ^{238}U nur mehr 1 Teil ^{235}U enthielt, als U_3O_8 in einer kleinen Aluminium-Kapsel im Hanford-Pile 12 Std. bestrahlt. 6 Std. nach Bestrahlungsende wurden die Kapsel und ihr Inhalt in HNO_3 gelöst, wobei Hg^{2+} als Katalysator zur Auflösung des Al benutzt wurde. Das Uran wurde nach dem batch-Verfahren extrahiert, wobei das aufgelöste Al aus Aussalzagens diente. Die ätherische Uran-Lösung durchlief hierauf zwei statische Waschsäulen, die schraubenförmige Einlagen aus rostfreiem Stahl als Packung enthielten und mit einer Lösung gefüllt war, die 10m an NH_4NO_3, 0,1m an HNO_3, 0,01n an Fe^{2+} und 0,1m an Harnstoff waren. Np wurde im Dissolver (Auflösungsgefäß) durch das Al und in den Waschsäulen durch das Fe^{2+}-Ion zu nicht extrahierbarem Np(IV) und Np(V) reduziert. Zum Strippen des Urans ließ man weiterhin Äther durch die Säulen fließen. Alle diese Operationen wurden hinter einer Blei-Abschirmung automatisch ausgeführt. Die ursprüngliche Dissolver-Lösung gab ungefähr 50 r je Std. in einer Entfernung von 8 inch (= 20,3 cm) als Strahlen-Dosis ab. Hingegen war die Strahlen-Dosis der aus der zweiten Säule ausfließenden, ätherischen Lösung, die das Uran enthielt, nur ungefähr 5 mr je Std. an der Oberfläche, wovon der größte Anteil auf die Aktivität von ätherlöslichem Spaltungsprodukt-Jod zurückging. Das Uran wurde aus dem Äther in wäßrige $(NH_4)_2SO_4$-Lösung rückextrahiert und zur Entfernung der Jod-Aktivität mehrmals mit Äther gewaschen. LaF_3 wurde aus der Uranylnitrat-Lösung nach deren Behandlung mit SO_2 gefällt, um jegliche Spuren Np zu entfernen, das die Äther-Extraktion mitgemacht haben konnte. Hierauf wurde das Uran zunächst durch Fällung als Diuranat, Natrium-Uranylacetat und Peroxid, dann durch eine letzte Äther-Extraktion gereinigt. Während dieser End-Reinigungen wurde keine nachweisliche Abnahme der β-Aktivität beobachtet, was auf radiochemische Reinheit des Urans hinwies. Kleine Fraktionen der Uran-Endlösung wurden auf Platin-Schalen eingedampft und zu U_3O_8 geglüht, um Änderungen der Radioaktivität zu prüfen. Die zurückbleibende Uran-Lösung wurde zur Extraktion der Np-Tochterfraktionen benutzt.

Literatur

Broda, E., Nowotny, K., Schönfeld, T., u. *Suschny, O.:* Berg- u. hüttenmänn. Mn. **101**, 121 (1956).

Evans, L. G., u. *Rampacek, C.:* U. S. Bur. Min. Rep. Invest. No. 5390 (1958).

Grindler, J. E.: The Radiochemistry of Uranium; NAS-NS **3050**, USAEC (1962).

Haney, D. W., u. *Rubino. E. M.:* USAEC, MITG-237 (1950). – *Hecht, F.:* (a) Grundzüge der Radio- und Reaktorchemie; Frankfurt (Main) 1968; (b) Fr. **75**, 28 (1928). – *Horwood, J. L.,* u. *McMahon, C.:* USAEC, NP-1528 (1950). – *Hyde, E. K.,* u. *Studier, M. H.:* ANL-4182 (1948), nach *Grindler,* S. 265.

Leininger, E., u. *Chulski, T.:* Am. Soc. **71**, 2385 (1949). – *Lumbroso, R., Petit, J.,* u. *Spiteri, J.:* C. r. **242**, 904 (1956).

Nag-Chowdurry, B. D., u. *Mous(o)uf, A. K.:* Pr. Nat. Inst. Sci. India **13**, 341 (1946).

Pannell, J. H.: (a) USAEC, AECD-2889 (1947) (July 25, 1950); (b) USAEC, MITG-A 82 (1949).

Schaschkina, N. N.: Atomnaya Energiya **10** (4), 392 (1961). – *Schram, E.:* Organic Scintillation Detectors; Amsterdam-London-New York 1963. – *Senftle, F. E.,* u. *McMahon, C.:* Can. Min. Met. B. **42**, 618 (1949).

Uken, E. A., u. *Williamson, J. E.:* Radiochim. Acta **8**, 60 (1967).

Warren, B.: (a) LA-1567 (1953), nach *Grindler,* S. 258; (b) LA-1721 (Rev.) (1956), nach *Grindler,* S. 283.

Zimens, K. E., u. *Hedvall, J. H.:* Ark. Kemi, Mineral. Geol., Ser. A **22**, Nr. 25 (1946).

8.4 Bestimmung durch Messung von γ-Aktivitäten

8.4.1 γ-Aktivitätsmessung zur Gesamturan-Bestimmung

8.4.1.1 Zerstörungsfreie Analyse

Zur γ-Messung wurden spezielle Zählrohre konstruiert, worin die Photonen in der Metall-Schicht absorbiert werden und Sekundärelektronen liefern, die dann gezählt werden. Ein Überzug der Metall-Kathode mit einem Metall höherer Ordnungszahl, beispielsweise Gold, erhöht wegen des größeren Absorptionskoeffizienten für γ-Quanten die Empfindlichkeit des Zählrohres stark.

Radioaktive γ-Strahler in Lösung können mit Flüssigkeitszählrohren gemessen werden. Diesbezüglich sei auf die einschlägige Fachliteratur verwiesen. Eine Einführung gibt *Hecht.*

γ-Strahler sind u. a. die Uranisotope ^{233}U, ^{235}U, ^{237}U und ^{239}U. Bei γ-Impuls-Messung müssen Probe und Standard gleiches Volumen haben, damit gleiche geometrische Bedingungen sichergestellt sind.

Die Messung der γ-Strahlung war die hauptsächlichste Methode zur Feststellung von Uran-Erz-Lagerstätten. Gewöhnlich wurden die hochenergetischen γ-Strahlen von ^{214}Pb (RaB) und ^{214}Bi (RaC), beide Zerfallsprodukte in der ^{238}U-Reihe, verwendet (*Behounek*). 1 ppm U kann auf diese Weise in Erzen nachgewiesen werden.

Der Uran-Gehalt von Erzen wurde von *Damon* und *Feely* radiometrisch durch direkte Messung des 0,093 MeV-Peaks des Tochterproduktes ^{234}Th (UX$_1$) bestimmt. Dabei besteht Unabhängigkeit vom radioaktiven Gleichgewicht des Urans mit allen seinen Tochterprodukten, da ^{234}Th das erste Zerfallsprodukt des Nuklids ^{238}U ist (Halbwertszeit 24,1 d). Da die Messung dieses niedrigen Peaks gewöhnlich wegen Maskierung durch andere vorhandene γ-Strahlungen schwierig ist, werden drei Hilfsmittel kombiniert: I. Cu-Absorber zur Verringerung der γ-Strahlungen mit Energien unter 0,093 MeV; II. dünne NaJ(Tl)-Szintillationskristalle (nur 2 bis 3 mm dick) zur Herabsetzung des Zähleffekts höherer γ-Energie; III. Anwendung von Pb zur kritischen Absorption der 0,093 MeV-γ-Strahlung (kritische Absorptionskante des Pb = 0,090 MeV). Die Cu-Absorber und der dünne Szintillatorkristall verhindern praktisch die Nachweisbarkeit aller γ-Strahlungen mit Ausnahme des Bereiches zwischen 0,070 und 0,120 MeV. Dadurch kann die sehr starke Absorption der 0,093 MeV-γ-Strahlung durch Blei beobachtet werden und ist proportional der Konzentration dieses Isotops. Die Ergebnisse zeigen, daß eine lineare Beziehung zwischen dem Uran-Gehalt und der experimentell bestimmten ^{234}Th-Aktivität besteht (dessen radioaktives Gleichgewicht sich auf jeden Fall nach 5 Halbwertzeiten zu 97%, nach 2 Halbwertzeiten aber auch schon zu 75%, nach einer Halbwertzeit immerhin bereits zu 50% eingestellt haben muß, sofern ^{234}Th etwa durch chemische Operationen von der Muttersubstanz ^{238}U abgetrennt worden war, was aber im vorliegenden Fall nicht vorauszusetzen ist). Für die meisten Proben mit mehr als 0,2% Uran-Gehalt waren die Messungen auf 20% reproduzierbar.

Mit einem γ-Szintillationsspektrometer, das die niedriger-energetischen γ-Strahlungen registrierte, bestimmte *Keller* U und Th, wozu theoretische Gleichungen entwickelt wurden.

γ-spektrometrische Verfahren zur Bestimmung von U und Th entwickelten *Brooke*, *Picciotto* und *Poulaert* in Mineralen und Gesteinen zum Zweck geologischer und geochronologischer Untersuchungen. Hierzu wurden Versuche zur gleichzeitigen γ-spektrometrischen Bestimmung von U und Th an eingewogenen, künstlichen Mischungen ausgeführt. Der *Fehler* erhöhte sich bei abnehmender Konzentration dieser Elemente und stieg auch an, wenn das Verhältnis U/Th vom Wert 1 abwich. Er betrug etwa 1% für Konzentrationen von rund 0,1 g im Gramm Probe und 10% für Konzentrationen von einigen Milligramm pro Gramm. Damit der Fehler unterhalb von 10% bleibt, muß das Verhältnis U/Th zwischen 0,1 und 10 liegen. Bei Bestrahlungsquellen von $\sim 0{,}2$ g·cm^{-3} Dichte wird die Bestimmung durch Variationen in der Dichte oder Natur der Probe nicht beeinflußt. Die Bestimmung ist in 30 Min. an gepulverten Gesteinen oder Mineralen direkt ausführbar.

Der 0,093 MeV-γ-Peak von ^{234}Th wurde auch von *Hoyte* zur Uran-Bestimmung in Erzen benutzt. Auch hier wurde Pb als Strahlungsabsorber verwendet, und zwar wegen seiner K-Absorptionskante bei 0,088 MeV.

Die γ-Spektra einer Anzahl Proben mit bekanntem Gehalt an radioaktiven Elementen prüften *Couwenberg*, *Kooy* und *Korvezee*. Die Ergebnisse wurden zur Bestimmung von U und Th in Monaziten verwendet. Bei niedrigem Uran-Gehalt waren die Resultate nicht so gut wie mittels chemischer Analyse. In ausgelaugten Erzen, in denen das radioaktive Gleichgewicht mit Ra usw. gestört ist, konnten die Resultate selbstverständlich nur als Näherungen aufgefaßt werden.

Die Clark-Zahlen von U, Ra, Th und K in Gesteinsproben wurden radiometrisch von *Yakubovich* und *Zaitsev* bestimmt. Dazu wurde die γ-Strahlung der Probe in folgenden 4 Energie-Bereichen gemessen: 0,100 MeV [hauptsächlich ^{234}Th (= UX$_1$)], 0,240 MeV [^{212}Pb (= ThB)], 0,340 MeV [^{214}Pb(= RaB)] und 1,450 MeV (^{40}K). Da die konventionellen Äquivalente dieser Elemente in den zugehörigen, natürlich-radioaktiven Reihen bekannt sind, kann der Gehalt der gesuchten Elemente durch Lösung eines Systems von 4 linearen Gleichungen gefunden werden. Bei einer Proben-Dicke von 8 mm waren die Ergebnisse unabhängig von der chemischen Zusammensetzung und Dichte der Probe. Die Aktivitätsmessungen erforderten etwa 30 Min. Die Absolutfehler waren ungefähr 1 bis $2 \cdot 10^{-4}\%$ für Uran, ungefähr $10^{-4}\%$ für Ra und Th, sowie etwa $0,5\%$ für K. Bei Bestimmung des ^{40}K aus seiner β-Strahlung ($E_{\max} = 1,32$ MeV) wurde 20 Min. gezählt, wobei der absolute Fehler $0,2\%$ war. Ähnlich gingen *Yakubovich*, *Zaitsev* und *Anosov* vor, indem sie folgende γ-Energien maßen: für ^{234}Th 0,095 bis 0,110 MeV, für ^{212}Pb 0,220 bis 0,260 MeV, für ^{214}Pb 0,320 bis 0,380 MeV und für ^{40}K 1,40 bis 1,5 MeV. Statt der γ-Strahlung des ^{40}K wurde auch die Gesamt-β-Strahlung des Gesteins gemessen, die in der Hauptsache auf ^{40}K zurückgeht. Mit Hilfe eines Gleichungssystems wurden die Gehalte der Mutterelemente U, Th, Ra und des K berechnet. Die β-Strahlung des ^{40}K wurde mit einer dünnen Schicht (50 mg·cm^{-2}) von Stilben als Szintillator gemessen. Die β-Strahlung wurde für den Betrag aus der γ-Strahlung korrigiert. Die relativen *Fehler* lagen unter $\pm 20\%$ für Ra, Th, K und unter $\pm 40\%$ für U. Ergebnisse an mehr als 100 Proben differierten mit jenen chemischer Analysen um höchstens $\pm 15\%$ (relativ).

Auch *Kartashov* bestimmte γ-spektrometrisch die Clark-Zahlen radioaktiver Elemente in Gesteinen von granitischem Typus ($3,8 \cdot 10^{-4}\%$ U; $13 \cdot 10^{-4}\%$ Th; $2,6\%$ K). Schließlich bestimmten auch *Shun-Ichi Sano* und *Junji Nakai* U, Ra, Th und K γ-spektrometrisch in granitischen Gesteinen nach dem Vorbild von *Hurley*, das auch für den Fall modifiziert wurde, daß kein radioaktives Gleichgewicht bestand. Ein NaJ(Tl)-Szintillationskristall und ein Einkanal-Impulshöhen-Analysator wurden benutzt. Verwendet wurden die Kanäle 0,090 MeV (30 keV Breite), 0,238 MeV (30 keV Breite), 0,290 MeV (30 keV Breite) und 1,46 MeV (183 keV Breite). Folgende Gehalte wurden bestimmt: U $\simeq 4$ ppm, Ra $\simeq 10^{-12}$ g/g, Th $\simeq 18$ ppm und K $\simeq 3\%$.

Feldmessungen der U- und Th-Gehalte in Erzen mit Hilfe ihrer γ-Spektra führten *Troitskii*, *Shashkin* und *Bykova* aus. Auch hier wurde ein Szintillationszähler mit NaJ(Tl)-Kristall und einem geeigneten Energie-Diskriminator benutzt. Durch Zugabe einer bekannten Menge Thoriums zu einer Mischung aus Sand und Monazit ergaben sich als am besten geeignete Energien für die Messung 0,400 bis 0,600 MeV und 1,100 bis 1,300 MeV.

U und Th wurden in Gesteinen γ-spektrometrisch auch von *Bloxam* (a) bestimmt.

Für U wurde der γ-Peak bei 1,76 MeV, für Th bei 2,62 MeV benutzt (unter der Annahme, daß die beiden Elemente im radioaktiven Gleichgewicht mit ihren Zerfallsprodukten stehen).

Die charakteristische γ-Strahlung von ^{235}U in natürlichem und angereichertem Uran wurde von *Morrison* und *Cosgrove* zur zerstörungsfreien Bestimmung benutzt. Die erfaßbaren Konzentrationen erstreckten sich von $\sim 0,05\%$ (als Nachweis-Grenze) bis zu 100% ^{235}U. Zur Messung dienten die Flächen unter den Photo-Peaks bei 0,143 und 0,184 MeV. Bei den Versuchen der Autoren konnten diese beiden Peaks aus instrumentellen Gründen nicht voneinander getrennt werden, weshalb die beiden Flächen zusammen ausgemessen und gegen die entsprechenden Peakflächen einer Uran-Standardprobe verglichen wurden. Als Standards dienten natürliches Uran für unbekannte Proben mit niedrigem ^{235}U-Gehalt, bzw. Uranoxid mit $80,248\%$ ^{235}U für stark angereicherte Uranproben. Die von der USAEC stammenden, unbekannten Proben enthielten nach massenspektrometrischen Bestimmungen $2,9687\%$, $21,506\%$, $65,516\%$ und $93,177\%$ ^{235}U. *Genauigkeit* und Reproduzierbarkeit lagen innerhalb von 1%. Bei Verwendung von Vergleichsproben sehr verschiedenen Gewichts mußten Selbstabsorptionskoeffizienten berücksichtigt werden, was die Genauigkeit verringerte.

Über eine zerstörungsfreie Bestimmung der Uran-Konzentration in *U-Al-Reaktor-Legierungen* durch Szintillations-γ-Strahlenmessung berichten schon *Haughton*,

27*

Fultz und *Burkhart.* Aufgabe war die Überprüfung der ²³⁵U-Konzentration in Brennstoffelementen derselben Herstellungsserie von Stück zu Stück. Gemessen wurden
die Einzelstücke. Voraussetzungen waren: (a) das Uran muß frei sein von γ-emittie-
renden Spaltungsprodukten; (b) das Uran in der Legierung muß beim Gießen gleichmäßig verteilt werden; (c) die isotopische Zusammensetzung des verwendeten Urans
muß bekannt sein. Für die Ausarbeitung der Methode, die Standardisierung der in der
Publikation beschriebenen Apparatur und die Prüfung der Meßgeometrie wurden
3 Serien von je 37 Stück hergestellt. Ihre ²³⁵U-Konzentrationen waren 3,989%,
4,759% und 5,660% laut Einwaagen. Die gemessene γ-Strahlung dürfte hauptsächlich der 0,188 MeV-Energie entsprochen haben (Angabe der Autoren).

Hayes und *Seyfang* geben eine zerstörungsfreie Uran-Bestimmung durch Messung
des 0,184 MeV-γ-Peaks des ²³⁵U zum Zweck der kontinuierlichen Analyse verunreinig-
ter Lösungen in kerntechnologischen Fabriken an. Die Kenntnis der Uran-Konzentration in solchen Lösungen zur Uran-Reinigung muß in jedem Zeitpunkt bekannt

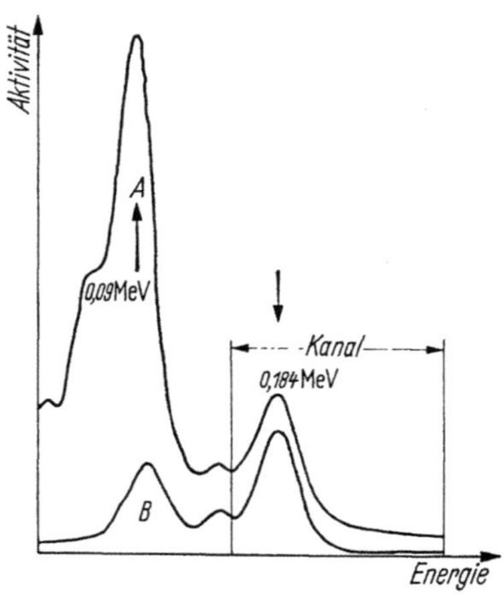

Abb. 7. Gamma-Spectren von natürlichem
Uran.
A Gleichgewicht; Tochter-Aktivitäten.
B keine Tochter-Aktivitäten

sein, um Verzögerungen der Prozeß-Ausführung
zu vermeiden. Eine dafür geeignete, automatische Apparatur wird beschrieben, welche die kontinuierliche Regelung solcher Uran-Lösungen im
Fabrik-Betrieb ermöglicht. Das γ-Spektrum von
natürlichem Uran enthält 3 Hauptkomponenten
(Abb. 7): (a) einen Photo-Peak bei 0,090 MeV, der
beim Zerfall von ²³⁸U, ²³⁵U und Tochteraktivitäten auftritt; (b) zwei weitere Photo-Peaks bei
0,143 MeV und 0,184 MeV als Folgen des radioaktiven Zerfalls von ²³⁵U; (c) ein Continuum bis
über 2 MeV hinaus, das durch die Bremsstrahlung bei der Wechselwirkung der β-strahlenden
Zerfallsprodukte mit dem Uran entsteht (*Cartwright* und *Robbins*). Das Verhältnis der γ-Akti-
vitäten bei 0,090 MeV und in dem erwähnten
Continuum variiert mit dem Ausmaß des erreichten Gleichgewichtes der Uran-Tochterpro-
dukte. Die beiden anderen Photo-Peaks enthalten einen kleinen Anteil des auf die Tochterprodukt-Aktivitäten zurückgehenden Conti-
nuums. Aus Abb. 7 ist zu entnehmen, daß sich zur Messung des ²³⁵U nur diese
beiden Photo-Peaks bei 0,184 und 0,143 MeV eignen. Außerdem zeigen sie ein
γ-Spektrum für Uran in vollem Gleichgewicht mit den Tochter-Aktivitäten und ein
zweites Spektrum für frisch gereinigtes Uran, das keine Tochterprodukt-Aktivitäten
enthält. Messung einer Uran-Probe mit Tochterprodukten beinhaltet also auch beim
0,184-MeV-Peak einen Aktivitätsanteil, der auf Bremsstrahlung der Tochterprodukte
zurückgeht. Wird die Intensität des Continuums bei etwa 0,300 MeV gemessen, so
ist daraus die Proportionalität zwischen Tochterprodukt-Konzentration und Höhe
des Continuums zu entnehmen. Es kann dann wegen dieser Proportionalität bei
Aufnahme von *Eichkurven* die entsprechende Korrektur bestimmt und an der Höhe
des 0,184 MeV-Peaks angebracht werden. Um diese Messungen kontinuierlich ausführen zu können, ist ein Zweikanal-γ-Spektrometer erforderlich, das bei den zwei
genannten γ-Energieniveaus von 0,184 und 0,300 MeV laufend die Aktivitäten mißt.
Wird ein Instrument verwendet, das die gesamte Aktivität, in dem über 0,184 MeV
hinausgehenden, höheren Energie-Bereich integriert, ermittelt, wird das Korrektur-
Verfahren dadurch vereinfacht. Wird die Uran-Konzentration gegen die γ-Aktivität
bei 0,184 MeV graphisch aufgetragen, so verflacht sich diese Kurve bei höheren Uran-
Konzentrationen infolge der Selbstabsorption des Urans in der Probe-Lösung. Da

diese Absorption hauptsächlich auf den photoelektrischen Prozeß zurückgeht, ist die Absorption der 5. Potenz der Atomnummer proportional und spielt infolgedessen beim Uran eine sehr beträchtliche Rolle, nicht jedoch bei Elementen mit wesentlich niedrigerer Atomnummer. Diese Überlegungen führten zur Anwendung eines Ein-kanal-Spektrometers als verhältnismäßig einfache und ausreichend genaue Grundlage für die automatische Apparatur.

Die strömende Uran-Lösung durchläuft eine Durchfluß-Meßzelle aus verschweißtem Polyäthylen, die gegen Überdruck entsprechend abgesichert ist. Auf Grund der Eichmessungen anwendbar sind Konzentrationen zwischen 5 und 30% (m/v) Uran. Eine zweite derartige, jedoch fix verschlossene Zelle enthält eine Standard-Uran-Lösung. Zwischen beiden Zellen befindet sich ein auf einem Schwingarm montierter, schwenkbarer NaJ(Tl)-Kristall mit Photomultiplier. Die Vergleichszelle (Standardzelle) wird mit Uran-Lösung solcher Konzentration gefüllt, daß die beobachtete Impuls-Häufigkeit gleich jener wird, die sich bei Füllung der Meßzelle mit 20%iger (m/v) Uran-Lösung ergibt. Dadurch werden Schwierigkeiten der Herstellung zweier exakt gleicher Zellen vermieden. Die näheren Einzelheiten der Messung, Korrektion, Konstruktion und Anwendung sind der Originalarbeit zu entnehmen. Das Hauptanwendungsgebiet der beschriebenen Monitor-Anordnung war die laufende Kontrollmessung unreiner Lösungen, erhalten durch Auflösung von Uran-Konzentraten in HNO_3, über einen Bereich von 5 bis 30% natürlichem Uran. Grundsätzlich ist es möglich, die Uran-Konzentration durch ein elektrisches Signal direkt anzuzeigen.

Nachdem eine Reihe von Methoden zur ^{235}U-*Bestimmung in Kern-Brennstoff-Elementen* ausgearbeitet worden war, wurde schließlich auch eine Methode zur zerstörungsfreien Bestimmung bei Seigerung und ungleichmäßiger Beladung mit ^{235}U angegeben. Das Verfahren stammt von *Tingey* [Selected Measurements, Methode 2404] und befaßt sich mit Brennstoff-Elementen vom Typ MTR (Materials Testing Reactor) = ETR (Engineering Test Reactor) sowie mit Kern-Brennstoff-Platten. Eingehende Beschreibung siehe bei *Babcock* und *Ruby*, *Tingey* sowie *Arsenault*.

Das Brennstoff-Element oder die Platte werden zwischen einem Paar von NaJ(Tl)-Szintillationszählern abgetastet (scanning). Die erhaltene Aktivität wird mit jener aus Standard-Elementen oder -platten verglichen, deren ^{235}U-Gehalte bekannt sind und denjenigen der unbekannten Probe einschließen. Eine *Eichkurve* wird hergestellt.

Detektor-Gerät (Scanner). Ein Detektor-Gerät wird mit konstanter Geschwindigkeit über die Probe hinweggeführt. Die Detektor-Köpfe bestehen aus zwei gegenüberliegenden, zylindrischen NaJ(Tl)-Kristallen (0,5 inch = 1,27 cm Dicke, 3 inch = 7,62 cm Durchmesser). Sie werden von der natürlichen γ-Strahlung des ^{235}U angeregt. Genaue Beschreibung des Gerätes siehe bei *Babcock* und *Ruby*. Vor den Detektoren können Collimatoren angeordnet werden, um die empfindliche Kristall-Fläche zu verkleinern. Der Collimator-Schlitz wird mit einem Cd-Filter von 20 mil = 0,5 mm Dicke zur Absorption thermischer Neutronen abgedeckt, welche ^{235}U spalten können. Der Collimator verhindert, daß die Szintillator-Kristalle die Kanten des Brennstoff-Elementes „sehen", wo die Abschirmung der Strahlung kleiner als im Zentrum ist. Das Cd-Filter verringert den Effekt der Änderung des Al-Gehaltes der Brennstoff-Elemente sehr.

Zu den Bestimmungen sind natürlich Eichungsplatten notwendig, die von den Herstellern der Brennstoff-Elemente geliefert werden und unter genau identischen Spezifikationen wie die Platten der Routine-Produktion hergestellt werden müssen. Aus einem Satz von Eichungsplatten wird eine Referenz-Platte ausgewählt; die übrigen Platten werden durch Scanning-Messung gegen die Bezugsplatte geprüft. Die genaue Arbeitsvorschrift ist der Original-Veröffentlichung zu entnehmen.

Die charakteristische γ-Strahlung des ^{235}U benutzten zu seiner Bestimmung auch folgende Autoren: *Wright* und Mitarbeiter; *Miller*; *Jacobs*; *Nelson*; *Miller* und *Leboeuf*; *Wachter* und *Wright*; *Reinke*.

Eines γ-szintillometrischen Meßverfahrens bediente sich *Korvezee* zur Bestimmung des Urans und Thoriums in ihren Verbindungen. Dabei wurde auf die Erscheinungen eingegangen, die sich aus Nichtgleichgewicht mit den Tochterprodukten ergaben.

Die *Variation von Thorium und Uran in ausgewählten, granitischen Gesteinen* wurde γ-spektrometrisch von *Rogers* und *Ragland* nach der von *Whitfield, Rogers* und *Adams* angegebenen Methode untersucht. Mit einem Einkanal-γ-Spektrometer wurde Th bei 2,62 MeV, U bei 1,76 MeV und K bei 1,47 MeV gemessen. Die *Genauigkeit* wurde auf $\pm$ 15% geschätzt.

Die γ-spektrometrische (zerstörungsfreie) Methode zur Bestimmung von Th, U und K wurde von *Cherry* und *Adams* auf 9 Tektite angewendet. Die mittleren Gehalte waren: Th 11,9 ppm, U 2,0 ppm, K 1,9%. Das mittlere Th/U-Verhältnis war 6,0, was verhältnismäßig hoch scheint. Auch hier wurden die γ-Peaks 2,62 MeV (^{208}Tl), 176 MeV (^{214}Bi) und 1,48 MeV (^{40}K) für die Messungen benutzt. Diese erfolgten an zerkleinerten Proben, welche in Hohlformen von standardisierter Größe und Geometrie eingefüllt waren. Nach der Impulszählung wurde jeder Tektit aus der Hohlform entfernt und diese der Reihe nach mit NaCl p. a., einem Zirkonsand von bekanntem Th- und U-Gehalt und schließlich einem Dunit mit bekanntem Urangehalt gefüllt. Aus diesen Messungen ergaben sich Konstanten für die Kalibrierungsgleichungen. Diesbezüglich sowie hinsichtlich weiterer Literatur über Th- und U-Bestimmungen in Tektiten durch andere Autoren siehe die Originalarbeit.

Die γ-spektrometrische Bestimmungsmethode für Uran und Thorium in Gesteinen wurde auch von *Heier* und *Rogers* zur Bestimmung dieser Elemente in Basalten und magmatischen Differentiationsserien benutzt. Dazu gehörte auch die Untersuchung der möglichen, charakteristischen Unterschiede in den Konzentrationen und Verhältnissen von Uran, Thorium und Kalium in verschiedenen Basalt-Typen sowie die Variation dieser drei Elemente und ihrer gegenseitigen Verhältnisse während der in geologischer Zeit erfolgten, magmatischen Fraktionierung. Bestätigt wurde die enge Assoziierung zwischen U, Th und K in magmatischen Gesteinen. Der Th-Bestimmung diente der Peak bei 2,62 MeV (^{203}Tl = ThC''), der U-Bestimmung der Peak bei 1,76 MeV (^{214}Bi = RaC), der K-Bestimmung der Peak bei 1,47 MeV. Der 0,61 MeV-Peak wurde zur Kontrolle für Th und U benutzt. Alle Proben wurden zerkleinert und dann zwischen rotierenden Metall-Scheiben auf eine Korn-Größe von etwa 50 mesh gemahlen. Das gepulverte Material wurde homogenisiert und in Metall-Kanister von 8 Unzen (etwa 227 g) gebracht, deren vollständige Füllung 350 g gepulvertes, granitisches Material und etwas größere Mengen bei dichterem Gestein erforderte. Unvollständige Füllung änderte die Geometrie des Zählsystems und beeinflußte ernstlich die Ergebnisse, weshalb die Kanister mit jeder Probe zur Gänze gefüllt sein mußten. Auch die Dichte der Packung führte zu Abweichungen der Meßergebnisse um einige Prozente. Daher mußten alle Kanister gleich dicht gepackt werden. Die γ-Messungen wurden mit Hilfe eines NaJ(Tl)-Kristalls von 3×3 inch $= 7{,}62 \cdot 7{,}62$ cm ausgeführt. Die Kanister mit den Proben wurden auf den Kristall gelegt. Die Expositionszeit variierte je nach der Gesteinsart von 1 bis 24 Std., in einigen Fällen sogar bis 48 Std. Der Uran-Standard bestand aus Uraninit, verdünnt mit Dunit, der Thorium-Standard aus Monazit, verdünnt mit Dunit. Der Kalium-Standard war KBr nach *C. P. Baker*.

In gleicher Weise bestimmte *Heier* U, Th und K in einige *eklogitischen Tiefengesteinen* aus *metamorpher* und aus *vulkanischer* Umgebung. Daraus ergab sich, daß die Eklogite aus dem oberen Teil des Mantels der Erde (oberhalb 200 km Tiefe) stammen; ferner, daß Eklogite aus vulkanischer Umgebung eine einfachere Bildungsgeschichte zu haben scheinen. Wegen der viel größeren Dichte der eklogitischen Gesteine erfordern die bei der radiometrischen Bestimmung verwendeten Kanister zwischen 400 und 500 g dieses Materials zur totalen Füllung. Differenzen in der Geometrie, z. B. unvollständige Füllung der Kanister, haben starke Auswirkung auf die Resultate. Nur K wurde wegen der starken Absorptionswirkung derartig dichten Probenmaterials bei energiearmer γ-Strahlung unabhängig auch flammenphotometrisch bestimmt. Dabei ergab sich ausgezeichnete Übereinstimmung mit der radiometrischen Methode. Die gefundenen Th/U-Verhältnisse lagen bei den Eklogiten aus metamorpher Umgebung zwischen 1 und 3,1, bei den Eklogiten aus vulkanischer Umgebung zwischen 0,55 und 4,4. Arbeiten anderer Autoren zur gleichen Problem-Stellung werden angeführt.

Chemische Differentiation des erstarrten Magmas in einem texanischen, granitischen Batholith wurde an 79 Proben durch *Ragland*, *Billings* und *Adams* untersucht. Außer den Hauptkonstituenten des Gesteins wurden Th und U sowie deren Verhältnis bestimmt, um festzustellen, ob dieses durch primäre oder sekundäre Prozesse beeinflußt wurde. In fein gemahlenen Proben (400 mesh) wurden Th und U γ-spektrometrisch bestimmt, indem 100 Min. lang gezählt wurde. Diese Methode ist von *Adams* sowie *Heier* und *Rogers* beschrieben worden. In einer großen Zahl von Proben entlang zwei geologischen Profilen wurde Th zusätzlich im Feld mit Hilfe eines tragbaren Einkanal-γ-Spektrometers (*Adams* und *Fryer*) gemessen. Die Streuung gegenüber den im Laboratorium erhaltenen Werten war geringer; außerdem waren die Th-Werte ein wenig höher als die im Laboratorium gewonnenen. Als Erklärung wird angeführt, daß das tragbare Spektrometer weiter in die Tiefe des Gesteins mißt, so daß die oberflächen-nächsten Schichten, in denen durch die Verwitterung Th ausgelaugt worden sein kann, weniger ins Gewicht fallen. Auch kann die geringere Streuung der Werte damit zusammenhängen, daß das Feld-Spektrometer eine beträchtlich größere und repräsentativere Proben-Masse mißt. Die Präzision der Th-Bestimmungen wird auf $\pm$ 10%, jene der U-Bestimmungen auf $\pm$ 20% geschätzt.

In tasmanischen Doleriten wurden von *Heier*, *Compston* und *McDougall* Th, U, K, Rb bestimmt, um die Differentiation dieser Gesteine festzustellen. Die Gehalte an Th, U und K wurden γ-spektrometrisch ermittelt (*Adams*, 1964; *Heier* und *Rogers*, 1963). Für die Th-Messung wurde der Peak bei 2,62 MeV (^{208}Tl = ThC''), für U jener bei 1,76 MeV (^{214}Bi = RaC) benutzt. In 1 Gestein wurden das Th und U nach *Morgan* und *Lovering* durch Aktivierungsanalyse mit Neutronen bestimmt, wobei ausgezeichnete Übereinstimmung mit der direkten γ-spektrometrischen Messung zu verzeichnen war.

Nach der γ-spektrometrischen Methode von *Heier*, *Compston* und *McDougall* bestimmten *Lambert* und *Heier* die vertikale Verteilung von U, Th und K in der Continental-Kruste der Erde, indem sie 400 Gesteinsproben aus dem australischen Schild untersuchten.

Mit Hilfe der von *Adams* beschriebenen, γ-spektrometrischen Meßmethode bestimmten *Rogers* und *Richardson* die Th- und U-Gehalte in *amerikanischen Sand-Steinen*, wobei sie im Mittel 1,7 ppm U und 7 ppm Th erhielten. Die bekannte Tatsache, daß ein Großteil der Radioaktivität in den schweren Mineralen wie Biotit und Zirkon konzentriert ist, wurde bestätigt.

In Schwarzschiefern des South-Wales-Kohlereviers bestimmte *Bloxam* (b) U, Th, K und C. U und Th wurden γ-spektrometrisch nach dem Verfahren von *Adams*, *Richardson* und *Templeton* sowie *Bloxam* (a) ermittelt. Die U-Gehalte variierten von 1,7 bis 6,6 ppm (im Mittel 4,0 ppm), Th von 9,5 bis 15,1 ppm (im Mittel 12,3 ppm). Das Th/U-Verhältnis wurde daraus im Mittel zu 3,2 berechnet. Der Uran-Gehalt der Proben stieg mit dem Gehalt an Kohlenstoff aus organischer Materie.

de Lange (1960) gibt zur Analyse von natürlich ausgelaugten Uran-Thorium-Erzen eine rein γ-spektrometrische Methode (γ^0-γ'-γ''-Methode genannt) an. Gegenüber früheren (in dieser Publikation citierten) Methoden (auch anderer Autoren) scheint dieses Verfahren die beste Übereinstimmung zwischen den für die U_3O_8-Konzentrationen auf radiometrischem und auf chemischem Weg erhaltenen Werten zu geben.

An Hand von 135 Proben wurde von *Pliler* und *Adams* (a) der *Mancos-Schiefer aus der oberen Kreide* (in Colorado, Utah, Arizona und New Mexico) auf U, Th und K analysiert. Die Proben stammten von 16 Lokalitäten. Das U liegt hauptsächlich in den feinkörnigen, primären Resistat-Mineralen vor, während Th in feinkörnigen, sekundären Resistaten oder fixiert an bzw. in Tonen vorkommt. Es konnte festgestellt werden, daß die Proben sich im säkularen radioaktiven Gleichgewicht befanden und im wesentlichen nicht verwittert waren. Ausreichende Übereinstimmung zwischen γ-spektrometrischen und chemischen Analysen zeigte das Bestehen des säkularen radioaktiven Gleichgewichts. Im Mittel ergaben sich: Th 10,2 ppm, U 3,7 ppm, K 1,9%. Th/U war im Mittel = 3,1. Dieselben Autoren (*Pliler* und *Adams*, b) untersuchten nach gleicher γ-spektrometrischer bzw. chemischer Methodik 11 Granodiorit-Proben von Boulder, Colo., auf Th und U, um das Verhalten dieses Materials gegen Verwitterung zu überprüfen. Der frische Granodiorit enthielt 9,3 ppm Th und 2,5 ppm U. Die ersten Stadien der Verwitterung entfernten etwa 25% Th und 60% U. Um den Sitz des Th und U in den Proben zu ermitteln, wurden sie mit heißer 2n HCl ausgelaugt. Dabei gingen mehr als 90% Th und 60% U in die saure Lösung über. Der größte Teil des Th und U im unverwitterten (frischen) Gestein ist offenbar in säurelöslichen Mineralen oder im die Zwischenräume erfüllenden Material konzentriert. U ist hauptsächlich in den primären Resistat-Mineralen (Zirkon, Xenotim, Apatit) enthalten, Th vor allem in Tonen oder sekundären Resistaten, die sich bei der Verwitterung bilden.

Literatur

Adams, J. A. S.: in *Adams, J. A. S.,* u. *Lowder, W. M.:* (Herausgeber): The Natural Radiation Environment; Chicago 1964, S. 485. – *Adams, J. A. S.,* u. *Fryer, G. F.:* S. 597. – *Adams, J. A. S., Richardson, J. E.,* u. *Templeton, C. C.:* Geochim. Cosmochim. Acta **13**, 270 (1958). – *Arsenault, F. J.:* USAEC Rep. WCAP-6047 (1960).

Babcock, R. V., u. *Ruby, S. L.:* USAEC Rep. WCAP-6039 (1960). – *Behounek, F.:* Coll. Czechoslov. Chem. Comm. **15**, 699 (1950). – *Bloxam, T. W.:* (a) J. Sci. Instrum. **39** (7), 387 (1962); (b) Geochim. Cosmochim. Acta **28**, 1177 (1964). – *Brooke, C., Picciotto, E.,* u. *Poulaert, G.:* Bl. Soc. Belge Géol. Paléontol. Hydrol. **67** (2), 315 (1958).

Cartwright, D. K., u. *Robbins, E. J.:* J. Inorg. Nucl. Chem. **12**, 373 (1960). – *Cherry, R. D.,* u. *Adams, J. A. S.:* Geochim. Cosmochim. Acta **27**, 1089 (1963). – *Couwenberg, G. H. M., Kooy, C. L. D.,* u. *Korvezee, A. E.:* R. **79**, 895 (1960).

Damon, P. E., u. *Feely, H. W.:* USAEC, RMC-3153 (1957). – *de Lange:* Anal. Chem. **32**, 1013 (1960).

Haughton, P. E., Fultz, C. R., u. *Burkhart, L. E.:* Rep. Y-1176, TID-4500 (13th ed., Suppl.) (Januar 1958). – *Hayes, M. R.,* u. *Seyfang, A. P.:* Talanta **9**, 517 (1962). – *Hecht, F.:* Grundzüge der Radio- und Reaktorchemie; Frankfurt (Main) 1968. – *Heier, K. S.:* Geochim. Cosmochim. Acta **27**, 849 (1963). – *Heier, K. S., Compston, W.,* u. *McDougall, I.:* Geochim. Cosmochim. Acta **29**, 643 (1965). – *Heier, K. S.,* u. *Rogers, J. J. W.:* Geochim. Cosmochim. Acta **27**, 137 (1963). – *Hoyte, A. F.:* U.S. Geol. Surv., Profess. Paper, No. **400-B**, 504 (1960). – *Hurley, P. M.:* Bl. Geol. Soc. Am. **67**, 395 (1956); durch Anal. Chem. **32**, 1017 (1960).

Jacobs, M. E.: G. A. T.-254 (1958). – *Jones, R. J.* (ed.): Selected Measurement Methods for Plutonium and Uranium in the Nuclear Fuel Cycle; USAEC, Div. Techn. Information (1963).

Kartashov, N. P.: Atomnaya Energiya **10** (5), 531 (1961). – *Keller, P.;* C. r. **244**, 762 (1957). – *Korvezee, A. F.:* R. **79**, 617 (1960).

Lambert, I. B., u. *Heier, K. S.:* Geochim. Cosmochim. Acta **31**, 377 (1967).

Miller, D. G.: USAEC, HW-39969 (1955). – *Miller, D. G.,* u. *Leboeuf, M. B.:* HW 28634. – *Morgan, J. W.,* u. *Lovering, J. F.:* Anal. chim. Acta **28**, 405 (1963). – *Morrison, G. H.,* u. *Cosgrove, J. F.:* Anal. Chem. **27**, 810 (1955); **28**, 320 (1956); durch **29**, 1770 (1957).

Nelson, S. D.: MCW-1410 (1958).

Pliler, R., u. *Adams, J. A. S.:* (a) Geochim. Cosmochim. Acta **26**, 1115 (1962); (b) **26**, 1137 (1962).

Ragland, P. C., Billings, G. K., u. *Adams, J. A. S.:* Geochim. Cosmochim. Acta **31**, 17 (1967). – *Reinke, R. C.:* TID-7581. – *Rogers, J. J. W.,* u. *Ragland, P. C.:* Geochim. Cosmochim. Acta **25**, 99 (1961). – *Rogers, J. J. W.,* u. *Richardson, K. A.:* Geochim. Cosmochim. Acta **28**, 2005 (1964).

Shun-Ichi, Sano, u. *Nakai Junji:* Atomic Energy Soc. Japan (engl.) **3** (4), 288 (1961).
Tingey, F. H.: (a) in *Jones, R. J.:* Methode Nr. 2404, S. 187; (b) Nucleonics **20** (7), 76 (1962). –
Troitskii, S. G., S(c)has(c)kin, V. L., u. *Bÿkova, K. J.:* Atomnaya Energiya **12** (1), 70 (1962).
Wachter, J. W., u. *Wright, W. B.:* Y-12 Plant, Y-1080 (1954). – *Whitfield, J. M., Rogers, J. J. W.,*
u. *Adams, J. A. S.:* Geochim. Cosmochim. Acta **17**, 248 (1959). – *Wright, W. B.,* und Mitarbeiter:
Y-1087 (1954).
Yakubovich, A. L., u. *Zaitsev, E. I.:* Razvedka i Okhrana Nedr **1961** (2), 33; durch Zhur. Khim.
(russ.) **1961** (20), Abstr. 20D134. – *Yakubovich, A. L., Zaitsev, E. I.,* u. *Anosov, V. V.:* Atomnaya
Energiya **15** (3), 224 (1963).

8.4.1.2 γ-Analyse unter chemischer Behandlung oder Trennung

Prinzip. Von *Nelson* und *Rodden* [Methode Nr. 2402 in *Jones* (ed.), Selected Measurement Methods] wird ein Verfahren beschrieben, wonach das Uran von den anderen Stoffen getrennt, durch Ätherextraktion gereinigt, in U_3O_8 umgewandelt und seine Gesamt-γ-Aktivität gemessen wird. Durch Vergleich mit Standards von bekanntem [235]U-Gehalt kann daraus die [235]U-Konzentration zwischen 0,04 und 94 Gewichtsprozent in der untersuchten Probe ermittelt werden. Die primären Uran-Isotopen-Standards stammten vom US NBS. Mindestens 3 Standards wurden benutzt, deren [235]U-Gehalte die in der Uranprobe vermuteten Gehalte einschlossen.

Arbeitsvorschrift. I. *Probenvorbereitung.* Für 15 oder mehr Gewichtsprozente [235]U sind 120 mg U_3O_8 zu verwenden, für weniger als 15 Gewichtsprozente [235]U jedoch 3 g U_3O_8. Bei Verunreinigung der Original-Probe mit mehr als 5% metallischer Natur sowie mit Chlorid- und/oder Phosphat-Ion ist die im folgenden beschriebene Trennmethode zu benützen (bei Legierung des Urans mit anderen Materialien wie Al, Zr, rostfreiem Stahl usw. wird nach Methode Nr. 1200 der angeführten Publikation vorgegangen). Man löst so viel Proben-Menge auf, daß die erforderliche Quantität U_3O_8 in 2 ml konz. HNO_3 vorliegt; in einem 250-ml-Becherglas wird mit Wasser auf 100 ml verdünnt. Die Lösung wird mit kleinen Anteilen festen Ammonium-carbonats bis zum Ausfallen der Hydroxide neutralisiert. Den Niederschlag wäscht man nach Filtration auf ein No.-41-Whatman-Filter mit Wasser uranfrei, vereinigt Filtrat und Waschlösungen, verwirft den Niederschlag mit dem Filter. Filtrat und Waschwässer werden gekocht, bis Diammoniumuranat ausfällt, das auf ein No.-41 Whatman-Filter abfiltriert und mit heißem Wasser chloridfrei gewaschen wird; der Niederschlag wird dann mit 2 ml konz. HNO_3 aufgelöst. Nach Zugabe von 10 ml ges. NH_4NO_3-Lösung wird mit Diäthyläther in einem Extraktionsapparat extrahiert. (Bei weniger als 5% metallischen Verunreinigungen sowie Anwesenheit von Chlorid- und/oder Phosphat-Ion muß man eine Proben-Menge auflösen, welche die erforderliche Menge U_3O_8 in 2 ml konz. HNO_3 enthält; sie ist mit 10 ml ges. NH_4NO_3-Lösung zu versetzen).

II. *Extraktion.* In das 50-ml-Kölbchen des Extraktionsapparates werden 5 ml Wasser und 15 ml Diäthyläther eingefüllt; den Äther kocht man nun auf dem Wasserbad. Dann wird 30 Min. oder, nötigenfalls bis zum Verschwinden der gelben Farbe aus der wäßrigen Schicht, extrahiert. Das Kölbchen wird vom Extraktionsapparat abgenommen und der ganze Äther auf dem Wasserbad entfernt. Die zurückbleibende Lösung ist in einer 30-ml-Pt-Schale zur Trockne zu verdampfen. Den Rückstand glüht man über einem starken Brenner bis zur völligen Vertreibung der Stickoxide; dann wird 2 Std. in einem Muffelofen bei 900 °C weiter geglüht.

III. *Chemische Uranaufbereitung.* Für Uran mit mehr als 15% [235]U wägt man 50 mg der geglühten Probe auf 0,01 mg genau in ein Teflon-Probenrohr ein (Parallelproben). Das U_3O_8 ist mit 0,2 ml konz. HNO_3 bei Wasserbad-Temperatur aufzulösen, hierauf mit 0,1 ml Wasser zu versetzen, das Rohr zu versiegeln.

Für Uran mit weniger als 15% [235]U werden 1,2 g Probe auf 0,001 g genau in ein 20-ml-Proben-Rohr eingewogen, das in das Bohrloch des NaJ-Kristalls eines Szintillationszählers paßt (Parallelproben). Jede Probe und jeder Standard sind in 3 ml konz. HNO_3 aufzulösen, die Röhrchen zu verschließen.

IV. Aktivitätsmessung. Das Proben-Rohr mit der Uran-Lösung wird in das Kristall-Bohrloch des Szintillationszählers eingesetzt. Bei den Teflon-Proben-Röhren benutzt man einen Plexiglas-Halter, dessen äußerer Durchmesser in das Bohrloch paßt, während das Teflon-Rohr in die Höhlung des Halters eingesetzt wird (der obere Teil des Halters besteht aus Blei und paßt in das Loch der benutzten Blei-Abschirmung). Für jede Probe bzw. Standard werden die γ-Peaks bei 0,09 MeV [von ^{235}U und ^{234}Th (= UX_1, Tochterprodukt des ^{238}U) stammend] und bei 0,184 MeV (von ^{235}U allein stammend) je 10 Min. gemessen. Bei jedem Peak ist auch 30 Min. der Hintergrund allein zu messen, auf 10 Min. Zählzeit umzurechnen, von den Aktivitätsmessungen der Proben bzw. Standards abzuziehen. Für Uran mit 15 oder mehr Prozent ^{235}U wird der 0,184 MeV-Peak allein ausgewertet (*Eichkurve* aufstellen!); für auf weniger als 15% angereichertes Uran werden beide Peaks gezählt.

Bemerkungen. a) *Wiederholte* Kontrolle der Peakhöhen ist nötig. Alle spezifischen Aktivitäten werden als Impulse je 10 Min. und 1 mg berechnet.

b) *Korrektur* für Proben mit weniger als 15% ^{235}U wegen Berücksichtigung der Aktivität des UX_1:

$$\text{Gew.-}\%\,^{235}U = \frac{bx - cy}{bn - cm}$$

$b = y$-Abschnitt der 0,184 MeV-Eichkurve (Ordinate = spez. Aktivität,
    Abszisse = Gew.-% ^{235}U der Standards)
$c = y$-Abschnitt der 0,09 MeV-Eichkurve
m = Neigung der 0,184 MeV-Eichkurve
n = Neigung der 0,09 MeV-Eichkurve
x = spezif. Aktivität für den 0,09 MeV-Peak
y = spezif. Aktivität für den 0,184 MeV-Peak

c) *Berechnungen* der Neigungen und Koordinatenachsen-Abschnitte m, n bzw. b, c aus folgenden Formeln:

$$m = \frac{U y - [(\Sigma U)\,(\Sigma y)/N]}{U^2 - [(\Sigma U)^2/N]}$$

$$b = \frac{(\Sigma U)\,(\Sigma U y) - (\Sigma y)\,(\Sigma U^2)}{(\Sigma U)^2 - N\,(\Sigma U^2)}$$

$$n = \frac{\Sigma U x - [(\Sigma U)\,(\Sigma x)/N]}{\Sigma U^2 - [(\Sigma U)^2/N]}$$

$$c = \frac{(\Sigma U)\,(\Sigma U x) - \Sigma(x)\,(\Sigma U^2)}{(\Sigma U)^2 - N\,(\Sigma U^2)}$$

U = Gew.-% ^{235} in den verwendeten Standards
N = Gesamtzahl der verwendeten Standards
x = spezif. Aktivität jedes Standards für den 0,09 MeV-Peak
y = spezif. Aktivität jedes Standards für den 0,184 MeV-Peak

d) *Verläßlichkeit.* Analysen von Proben mit 0,4 bis 15 Gewichtsprozenten ^{235}U zeigten einen Variationskoeffizient für eine Einzelbestimmung von 0,9%. Analysen von Proben mit 15 bis 95 Gewichtsprozent ^{235}U wiesen einen Variationskoeffizient für eine einzelne Bestimmung von 0,25 Gewichtsprozent ^{235}U auf.

e) Eine Bestimmung von ^{235}U in *nichtbestrahlten* UO_2-Kügelchen und -pulver durch Bestimmung der Gesamt-γ-Aktivität wird von *La Mont* und *Meinz* angegeben. Der geeignete Konzentrationsbereich ist 1 bis 10 Gew.-% ^{235}U; jedoch kann er mit Hilfe geeigneter Standards ausgedehnt werden. Massenspektrometrisch wird zunächst eine Serie sekundärer Standards von UF_6 gegen primäre US NBS-Standards von Uran-Isotopen geeicht. Das standardisierte UF_6 wird in UO_2 umgewandelt und daraus Kügelchen der gleichen Dimensionen wie jene der zu analysierenden Proben-Kügelchen geformt. Daraus werden Anteile von UO_2-Kügelchen mit ^{235}U-Anreicherungen ausgewählt, welche den zu bestimmenden Anreicherungs-bereich einschließen. Von jedem Anteil werden statistische Proben genommen und ein Teil jeder Probe wird in U_3O_8 umgewandelt, wovon der ^{235}U-Gehalt massen-spektrometrisch (oder optisch-emissionsspektrometrisch) bestimmt wird. Die nicht umgewandelten Mengen der Kügelchen werden als Standard-Kügelchen aufbewahrt.

Da die Methode keinen chemischen Extraktionsprozeß einschließt, der das radio-aktive Gleichgewicht zwischen ^{238}U und seinem Tochterprodukt ^{234}Th (UX_1) auf-hebt, besteht kein Bedarf nach Korrektur für UX_1 wie in Methode Nr. 2402 (Selected Measurement Methods), vorausgesetzt, daß sowohl Standard wie Probe genügend gealtert sind, um die Erreichung des ^{238}U-UX_1-Gleichgewichtes einzustellen. (Die Halbwertszeit von UX_1 ist 24,1 Tage. Bei völliger Abtrennung des UX_1 würden sich nach 5 Halbwertszeiten 97% der ursprünglichen UX_1-Menge nachgebildet haben.)

Arbeitsvorschrift. α) *Eichung mit UO_2-Kügelchen oder NBS-Standards.* Minde-stens 3 genau gewogene Standard-Kügelchen oder gleichfalls genau gewogene 1-g-Anteile aus 3 NBS-Primärstandards für Uran-Isotope werden ausgewählt, deren ^{235}U-Gehalt den in der Probe erwarteten einschließt. Jedes Standard-Kügelchen oder jeder Anteil des NBS-Standards sind in gleicher Weise und gleichzeitig mit der Probe zu messen, wie im folgenden angegeben ist. Für jeden Standard muß auf Linear-koordinaten-Papier die spezifische Aktivität (Impulse je Min. und Gramm) gegen die entsprechenden Gewichtsprozente von ^{235}U aufgetragen werden (Eichkurve).

β) *Aktivitätsmessung.* Die zu analysierenden UO_2-Kügelchen sind individuell und genau einzuwägen; 1 Kügelchen wird in einen Plexiglas-Halter gebracht und dieser in das Bohrloch des $NaJ(Tl)$-Kristalls des Szintillationszählers eingelegt. Bei Vor-liegen von UO_2-Pulver muß dieses in U_3O_8 umgewandelt, genau 1 g U_3O_8 in das Plexi-glas-Proben-Rohr eingewogen und in das Kristall-Bohrloch gebracht werden. Von ^{235}U und dem Tochterprodukt UX_1 des ^{238}U stammt ein γ-Peak bei 0,09 MeV; von ^{235}U allein wird ein γ-Peak bei 0,184 MeV hervorgerufen. Unter Fortschreiten um je 0,1-V-Kanal-Einstellung wird der 0,184 MeV-Peak ausgemessen. Beim Peak selbst zählt man 2 Min. für jede Probe und jeden Standard. Mit dem Proben-Halter im Kristall-Bohrloch ist eine einstündige Hintergrund-Zählung beim 0,184 MeV-Peak vorzunehmen. Die Positionen der Peak-Intensitäten nach beiden Seiten werden je 1 Min. überprüft, da kleine Peak-Verschiebungen vorkommen können.

Bemerkungen. aa) *Verläßlichkeit.* Nach dieser Methode wurden 100 Proben-Kügelchen von 2 Analytikern untersucht. Diese Analysen wurden viermal in ein-wöchigen Zwischenräumen wiederholt. Die Analysen zeigten einen Variationskoef-fizient für die Einzelanalyse jedes einzelnen Kügelchens von 0,75% bei einer ^{235}U-Konzentration von 3,4 Gew.-%. Bei niedrigerer Konzentration müßte die Zählzeit verlängert werden.

bb) Auch *Reynolds* und *Eldridge* (1957) benutzten zur Bestimmung von ^{235}U seinen γ-Photopeak bei 0,184 MeV, dessen Intensitätsverhältnis zu jener der γ-Strah-lung bei $\simeq 0,1$ MeV ermittelt wurde. Vor der direkten Messung der 0,184 MeV-Photonen wurde jedoch Uran chemisch isoliert. Die für die Bestimmung brauch-baren Uran-Konzentrationen reichten von 0,05 bis 93%. Zwischen 0,7 und 100% wurde eine *Genauigkeit*, besser als $\pm$ 3%, angegeben.

cc) Andere Autoren, welche die 0,184 MeV-γ-Peaks des ^{235}U zu seiner Bestimmung neben den anderen Uran-Isotopen und ihren Tochter-Produkten verwendeten, waren *Upson* und *Miller.* Das Untersuchungsmaterial waren U-Al-Legierungen mit hoch-angereichertem Uran. Eine Trennung des Al von den Tochter-Produkten des Urans war nicht nötig. Bei einer Vertrauensgrenze von 95% war eine Reproduzierbarkeit von $\pm$ 1,2% erreichbar. Dieselben Autoren gaben 1959 eine *Verbesserung* ihrer Me-

thode an, indem sie neuerlich U-Al-Legierungen mit etwa 93%iger Anreicherung an
^{235}U untersuchten. Die Messungen erfolgten in der Lösung der Legierungen ohne
chemische Abtrennung. Die Genauigkeit der Methode hängt von der Verfügbarkeit
exakter Standards und der Genauigkeit einer gesonderten Bestimmung des Gesamt-
urans ab. Bei dessen genau bekannter Konzentration kann ein *Analysen-Fehler* von
$\pm$ 0,3% bei 95% Vertrauensgrenze erreicht werden. Für Proben, in denen die totale
Konzentration an Uran durch chemische Analyse bestimmt werden muß, beträgt
die Gesamtgenauigkeit $\pm$ 0,4 bis 0,8% des Gesamt-Uran-Gehaltes.

Literatur

La Mont, B. D., u. *Meinz, C. A.:* Methode Nr. 2403, S. 183; in *Jones:* Selected Measurement
Methods.

Nelson, L. C., u. *Rodden, C. J.:* Methode Nr. 2402, S. 176; in *Jones:* Selected Measurement
Methods.

Reynolds, S. A., u. *Eldridge, J. S.:* Rep. CF-57-1-3 (1957).

Upson, E. L., u. *Miller, D. G.:* TID-7531 (Pt. 2, S. 32) (Decl. Febr. 1957); USAEC Rep.
HW-47867 (Rev.) (Decl. Mai 1959).

8.4.2 Bestimmung des Isotops ^{237}U im Uranylsulfat-Kern-Brennstoff

Eine γ-spektrometrische Bestimmung des Isotops ^{237}U haben *Moore* und *Reynolds* ausgearbeitet. ^{237}U bildet sich im Uranylsulfat-Kern-Brennstoff in Homogen-
Reaktoren (d. i. solchen Reaktoren, in denen der Kern-Brennstoff und die Modera-
tor-Substanz in einer gemeinsamen Phase vorliegen) nach folgenden Kernreaktionen:

$$^{238}U(n, 2n)^{237}U \quad \text{bzw.} \quad ^{235}U(n, \gamma)^{236}U(n, \gamma)^{237}U \quad (6,75 \text{ d} = \text{Halbwertszeit})$$

Die $(n, 2n)$-Reaktion mit ^{238}U erfolgt mit schnellen Neutronen, die (n, γ)-Reak-
tionen mit thermischen Neutronen. Da eine direkte Messung des ^{237}U mittels γ-Szin-
tillationsspektrometrie wegen der Gegenwart von ^{239}Np, ^{239}Pu (aus ^{238}U entstehend)
und Spaltungsprodukten (in erster Linie aus ^{235}U stammend) nicht möglich ist, muß
Uran chemisch isoliert werden. Dazu werden die Uranyl-Ionen in alkalischer Lösung
mit $NH_3(OH)Cl$ komplexiert. Zr wird als Rückhalteträger verwendet und als $Zr(OH)_4$
ausgefällt. Hierauf wird das Uran aus salzsaurer Lösung mit dem „flüssigen Anionenaustauscher" Tri-isooktylamin (TIOA), in Xylol gelöst, extrahiert. Eine typische
Uranylsulfat-Lösung (stark angereichertes ^{235}U) in einem Homogen-Reaktor mit
wäßriger Kern-Brennstoff-Lösung enthält die Komponenten laut Tabelle 29. Das
pH ist $\sim$ 1,3.

Herstellung der Standards (Trägerlösungen für Uran). Ungefähr 50 g $UO_2(NO_3)_2$
+ 6 aq werden eingewogen, in Wasser gelöst und mit 2n HNO_3 auf 1 l verdünnt.
Zur Standardisierung pipettiert man Aliquote in 50-ml-Glas-Zentrifugen-Röhren
ein; Ammoniumdiuranat wird mit konz. NH_4OH-Lösung ausgefällt, zentrifugiert
und quantitativ in ein Nr. 42-Whatman-Filter abfiltriert. Den Niederschlag verascht
man im Porzellan-Tiegel bei 800 °C und wägt ihn als U_3O_8 aus.

Arbeitsvorschrift. In ein 40-ml-Zentrifugen-Spitzröhrchen werden 1 ml Uran-
Trägerlösung und 0,2 ml Zr-Trägerlösung ($\sim$ 10 mg Zr/ml) zu einem passenden Aliquot-Teil der Proben-Lösung zugegeben. Hierauf wird auf etwa 10 ml verdünnt,
gut durchmischt, mit konz. NH_4OH-Lösung Ammoniumdiuranat ausgefällt, 2 Min.
zentrifugiert, die über dem Niederschlag befindliche Lösung verworfen. Der Niederschlag wird 1mal mit 15 ml NH_4OH (1 + 1) (etwa 9m) gewaschen, dann in 1 bis 2 ml
konz. HCl gelöst, auf etwa 10 ml verdünnt, die Lösung mit 1 ml 5m $NH_3(OH)Cl$-
Lösung versetzt und gut durchmischt. Mit konz. NH_4OH-Lösung wird $Zr(OH)_4$
ausgefällt und 2 Min. zentrifugiert. Weitere 0,2 ml Zr-Trägerlösung werden zugesetzt,

die Mischung umgerührt, jedoch der Niederschlag dabei nicht aufgewirbelt. Nach 2 Min. Zentrifugieren werden neuerlich 0,2 ml Zr-Trägerlösung zugesetzt, die Ausfällung usw. wiederholt. Die überstehende Lösung wird in ein anderes 40-ml-Zentrifugen-Rohr überführt, einige Tropfen Phenolphthalein-Indikator-Lösung zugegeben, mit konz. HCl-Lösung tropfenweise pH $\sim$ 8 eingestellt. Dann wird das gleiche Volumen konz. HCl zugefügt und etwa $^1/_2$ Min. mit dem halben Volumen einer 5%igen (m/v) Lösung von TIOA in Xylol unter Zentrifugieren extrahiert. Die wäßrige Phase ist zu verwerfen. Die organische Phase wird durch Vermischen mit dem gleichen Volumen 5 m HCl gewaschen, der Waschschritt wiederholt. Das Uran ist aus der organischen Phase durch $^1/_2$ Min. langes Zentrifugieren mit dem gleichen Volumen 0,1 m HCl rückzuextrahieren, die organische Phase sodann zu verwerfen. Zur wäßrigen Lösung werden 0,2 ml Trägerlösung zugefügt, gut durchmischt und die gesamte, vorhin beschriebene Behandlung wiederholt (beginnend mit der Fällung des Ammoniumdiuranats). Nach dieser neuerlichen Reinigung fällt man schließlich das Uran mit konz. NH$_4$OH-Lösung als Ammoniumdiuranat aus und zentrifugiert 2 Min.

Die überstehende Lösung ist zu dekantieren und zu verwerfen. Der Niederschlag wird in ein 42-Whatman-Filter abfiltriert, verascht und 30 Min. bei 800 °C geglüht, Das U$_3$O$_8$ wägt man auf einer tarierten Al-Folie (0,0009 inch = 23 μ dick), faltet die Folie, bringt sie in ein Bakterien-Kultur-Röhrchen (10×75 mm), verschließt dieses mit einem Kork und mißt die [237]U-γ-Aktivität in einem Bohrloch-Szintillationszähler. Die Zählung ist am Tag der letzten chemischen Trennung auszuführen.

Bemerkungen. I. Wenn *sehr geringe* [237]U-Konzentrationen zu bestimmen sind, ist eine Blindprobe auszuführen. Dazu wird die gleiche Menge Uran-Träger genau dem gleichen Verfahren unterzogen. Die Blindproben-Aktivität geht auf die γ-Strahlung des Urans-235 im Uran-Träger zurück. Eine vorläufige Fällung des Ammonium-diuranats entfernt die Hauptmenge des Cu, der Alkali-Elemente, der alkalischen Erden und der Anionen. Der in alkalischer Lösung starke Uranylhydroxylaminkomplex wird durch Zugabe starker HCl unwirksam gemacht und schließlich die Extraktion ausgeführt.

II. Die Ausbeuten betragen 60 bis 70%, die für eine Analyse nötige *Zeit* etwa 2 Std.

Tabelle 29. *Komponenten typischer Reaktor-Lösungen (Uranylsulfat – Homogenreaktor)*

Komponente	Konz. in mg/ml
	Inaktiv
Uran	10
Kupfer	1
Nickel	0,4
Sulfat-Ion	7
	Radioaktiv
	Zerf. je Min. und ml
Uran-237	$1 \cdot 10^8$
Phosphor-32	$1 \cdot 10^7$
Schwefel-35	$4 \cdot 10^6$
Kupfer-64	$5 \cdot 10^8$
Strontium-89	$3 \cdot 10^9$
Yttrium-91	$3 \cdot 10^9$
Zirkonium-95	$4 \cdot 10^7$
Niob-95	$1 \cdot 10^7$
Molybdän-99	$3 \cdot 10^9$
Ruthenium-103	$1 \cdot 10^7$
Tellur-132	$6 \cdot 10^8$
Jod-131	$3 \cdot 10^8$
Jod-132	$6 \cdot 10^8$
Cäsium-136	$2 \cdot 10^7$
Cäsium-137	$2 \cdot 10^7$
Barium-140	$1 \cdot 10^{10}$
Lanthan-140	$1 \cdot 10^{10}$
Cer-141	$4 \cdot 10^9$
Cer-144	$4 \cdot 10^8$
Praseodym-143	$4 \cdot 10^9$
Neodym-147	$4 \cdot 10^9$
Neptunium-239	$2 \cdot 10^9$

Literatur

Moore, F. L., u. *Reynolds, S. A.:* Anal. Chem. **31**, 1080 (1959).

8.5 Bestimmung in Gesteinen und anderen Materialien durch kombinierte (α,β,γ)-Strahlungsmessung

Grundsätzliches. Nicht nur die Messung einzelner Strahlen-(oder Teilchen-)Arten, die von radioaktiven Stoffen emittiert werden, wurde zur Uran-Bestimmung in verschiedenen Materialien benutzt (s. die vorangehenden Abschnitte 8.2, 8.3 und 8.4), sondern auch Kombinationen von 2 oder allen 3 häufigen Strahlen- bzw. Teilchen-Arten. Dadurch waren einerseits oft neben Uran auch die Elemente Thorium oder Kalium bestimmbar; andererseits kann, wie im Abschnitt 8.5.3 gezeigt werden soll, die Uran-Bestimmung auch dann auf dem Weg der Strahlenmessung ausgeführt werden, wenn zwischen dem Uran als Muttersubstanz und seinen radioaktiven Zerfallsprodukten (Tochterelementen) das radioaktive Gleichgewicht *nicht besteht*, vor allem im Lauf der Zeit (meistens geologischer Zeiträume) *gestört* worden ist. Dies kann dadurch erfolgt sein, daß das betreffende Material chemischen Einwirkungen ausgesetzt gewesen ist, die entweder Uran oder Tochterprodukte entfernten. In einem solchen Fall verändert sich selbstverständlich das Verhältnis der von Mutterelement und Tochterelementen im Zustand des radioaktiven Gleichgewichtes erzeugten Strahlungsarten, d. h. ihrer Intensität.

Nachfolgend sollen die bekannt gewordenen Meß-Methoden nach der Kombination der α-Strahlung mit β- oder γ-Strahlung, hierauf nach der Kombination der β-Strahlung mit γ-Strahlung und schließlich nach Kombination von α-, β- und γ-Strahlung zugleich dargestellt werden.

8.5.1 Kombinierte α-, β- und α-, γ-Messung

Zur α-, β-Kontrolle der Aufnahme von angereichertem Uran durch Personen, die damit arbeiten, gibt *Levin* eine Bestimmungsmethode an, die auf der Messung schwacher Radioaktivität mit Hilfe flüssiger Szintillatoren beruht. Während in dieser Original-Arbeit auch die Bestimmung von ^{14}C und ^{3}H angegeben wird, wird im folgenden nur die Uranbestimmung beschrieben.

Zur Messung selbst wurden Zellen mit Glas- bzw. Quarz-Fenstern (wenn die ^{40}K-Aktivität ausgeschaltet bleiben sollte) mit 1,75 inch = 4,45 cm Durchmesser und 2,00 inch = 5,08 cm Länge verwendet. Der benutzte Impulshöhen-Analysator bestand aus einem Technical-Measurement-Corp.-Dual-Channel-Coincidence-Pulse-Height-Analyzer mit 2 Dumont-K1234-2-inch-Multiplier-Phototubes. Proben, Abschirmung und Photo-Röhren wurden in einer Gefrierkammer bei $-16\,^{\circ}$C untergebracht, die sich samt dem Kompressor noch gesondert in einem Faraday-Käfig befanden.

Das Szintillator-Lösungsmittel war 1,2-Dimethoxyäthan (= Äthylenglycoldimethyläther, wasserfrei), das beim Stehen gelb wurde, jedoch nach Perkolation durch eine aktivierte Al_2O_3-Säule und bei Aufbewahrung in einer dunkelbraunen Flasche, die Eisendraht enthielt, auch nach 1 Jahr keine Verfärbung zeigte.

Der primäre Szintillator war 2,5-Diphenyloxazol (PPO), der sekundäre p-Bis-2-(5-phenyloxazol)-Benzol (POPOP). Naphthalin (aus Äthanol rekristallisiert) war das zweite Lösungsmittel.

Zählstandards. Angereichertes Uran (Certified NBS No. U-930): Eine verdünnte Uranylnitrat-Lösung des Oxids wurde hergestellt (1 ml = 1 μg U). Die α-Zerfallsgeschwindigkeit der Standardlösung war 149 Zerfälle/min·ml.

Szintillationsmischung. 7,00 g PPO, 0,05 g POPOP, 100 g Naphthalin, alles gelöst in 1 l Dimethoxyäthan. (Naphthalin erhöht die Zählausbeute der α- und β-Emission.)

Arbeitsvorschrift. 100 ml Harn-Probe werden mit 50 ml konz. HNO_3 nahezu zur Trockne eingedampft. Das Eindampfen wird mit weiteren 25 ml Säure wiederholt und der Rückstand schließlich zu einem weißen Salz verglüht. Hierauf fügt man 30 ml

10%ige H_2SO_4 zu und raucht bis zu starkem Entweichen von SO_3-Dämpfen ab. Man verdünnt nun mit 100 ml dest. Wasser und neutralisiert auf pH = 1 bis 1,5 mit 4n NaOH unter Verwendung von Thymolblau-Indikator. Die Lösung wird nötigenfalls filtriert und mit dest. Wasser auf $\sim$ 200 ml verdünnt. Zur Hintergrund-Bestimmung ist eine Reagenzien-Blindprobe auszuführen (I), ferner eine zweite solche Bestimmung unter Zusatz einer bekannten Zahl von Mikrogrammen angereicherten Urans zur Eichung (II) („gespickte Probe").

Des weiteren wird eine Austauschersäule (12 cm Länge, 6 mm lichte Weite) mit Anionenaustauscher Amberlite IRA 400 (anal. grade, 40 bis 60 mesh) gefüllt. Die Probe-Lösung läuft mit einer Geschwindigkeit von $\sim$3 ml/min durch die Säule. Diese wird hierauf mehrmals mit dest. Wasser nachgespült. Sodann eluiert man das Uran mit 40 ml warmer 10%iger $HClO_4$ und wäscht schließlich mit etwa 25 ml dest. Wasser nach. Die Eluent-Lösung wird zur Trockne eingedampft. Zum Rückstand fügt man genau 5 ml 1%ige HNO_3 zu und bringt (wenn nötig unter Filtration) die Lösung in die Szintillationszelle. Hierauf füllt man unter Durchmischen mit der Szintillationsmischung auf und läßt im Zähler auf —16 °C abkühlen. Die Zählzeit beträgt mindestens 100 Min.

Bemerkungen. a) Die Zählapparatur wird mit der Reagenslösung nebst Uran-Zusatz (II) *geeicht*.

b) Der Wassergehalt der Meßlösung darf *15% nicht* überschreiten (wegen löschender Wirkung des Wassers).

c) Das Impuls-Spektrum besteht aus einem diskreten, hohen α-Peak und einem zweiten viel niedrigeren. Durch entsprechende Einstellung der Basis-Linie des Diskriminators können praktisch *100% α-Ausbeute* erreicht werden, indem aber die Einstellung derart erfolgen muß, daß der Untergrund (electronic noise) abgeschnitten wird.

d) Das an den hohen α-Peak anschließende *β-Spektrum* ist wegen der weiten Energie-Verteilung der β-Emission sehr ausgedehnt, und ein Teil der energiearmen β-Strahlung kann wegen der Abschneidung des Untergrundrauschens nicht mitgezählt werden.

e) *Kunststoffe* können für die Zählzellen *nicht* verwendet werden, weil sie von den Lösungsmitteln angegriffen werden. Bei der Anionenaustauscher-Sorption des Urans wird dieses nur von Fe begleitet (das aber bei der radiometrischen Messung nicht stört), während ^{40}K, Th und Ra nicht sorbiert werden. Hingegen werden nicht alle Spaltungsprodukte des Urans von der Sorption ferngehalten, so daß die beschriebene Methode nicht auf solche Personen angewendet werden kann, die sowohl Uran wie Spaltungsprodukten ausgesetzt sind. Bei Personen, die keiner Strahlung ausgesetzt waren, ergaben 100 ml Harn im Mittel weniger als 1 Impuls je Min.

f) Zur *Calibrierung* sind beim „Spiking" einer Reagens-Blindlösung die gleiche, chemische Behandlung wie bei der eigentlichen Untersuchungsprobe und auch der nachfolgende Anionenaustausch unbedingt erforderlich, weil durch den beschriebenen Anionenaustausch Tochternuklide (Isotope des Th und des Pa) entfernt werden. Hingegen würden diese bei direkter Verwendung einer angereicherten Uran-Lösung als Standard eine zusätzliche (um 25 bis 30% höhere) α- und β-Emission verursachen.

g) Die α-Meß-Ausbeute war unter den gewählten, apparativen Bedingungen $\sim$ 85% *des theoretischen* Wertes.

h) Eine α, β-*Methode* zur Bestimmung von U und Th im Meeres-Schlamm gab *Kuzmina* an. Zuerst mußte eine von störenden Verunreinigungen freie Lösung hergestellt werden. Th wurde colorimetrisch mit dem Reagens „Thoron" bestimmt; hierauf wurde das Uran in dieser Lösung (nach der Th-Bestimmung) durch Ansäuern mit HCl, Zugabe einer wäßrigen Lösung, enthaltend 20 mg $FeCl_3$, Erwärmen, Zusatz von NH_4OH, Filtration und Veraschung des Niederschlages, Wägung und Messung

der β-Aktivität mit einem Glimmer-Endfenster-Zählrohr ermittelt. Sodann wurde
der Niederschlag in einen Achat-Mörser übertragen und unter Aceton fein zerrieben.
Die Suspension wurde auf einem gewogenen Scheibchen verdampft und ihr Gewicht
bestimmt. Dann wurde die α-Aktivität gemessen und daraus das ^{230}Th (Io) berechnet.

i) Bei Bestimmung des Uran- und Thorium-Gehaltes von *gepulverten* Gesteinen
benutzte *Byrne* einen ZnS-Szintillator zur Bestimmung der α-Strahlung und einen
NaJ(Tl)-Szintillator zur Messung der γ-Strahlung aus ^{208}Tl (ThC''). Die Th-Werte
fielen im allgemeinen viel niedriger aus, als wenn Thorium-Emanation (α-Strahler
mit 54,1 Sek. Halbwertszeit) zur Messung benutzt wurde.

8.5.2 Kombinierte β, γ-Messung

Eine Reihe rein radiometrischer Meßmethoden wurde ausgearbeitet, um unter
verschiedenen Bedingungen des (vorausgesetzten) radioaktiven Gleichgewichtes
oder Nichtgleichgewichtes Uran und Thorium gleichzeitig in Mineralen und Erzen
zerstörungsfrei zu bestimmen, indem verschiedene β- und γ-Messungen, meistens in
mehrfacher Zahl und bei verschiedenen Energie-Peaks, angewendet werden. Sicher-
lich werden derartige Verfahren durch die genannten Voraussetzungen erschwert,
zumal bei radiochemischem Nichtgleichgewicht verschiedene Tochterprodukte der
Uran- und Thorium-Reihe teilweise oder ganz in Verlust geraten können (auch durch
Entweichen der Emanationen). Dem analytisch tätigen Chemiker wird daher die
Frage nicht ganz unberechtigt scheinen, ob es nicht sicherer ist, die letzthin nicht
allzu schwierige, naßchemische Aufarbeitung solcher Erze auf U und Th mit einem
der heute verfügbaren, wirksamen Extraktionsreagenzien auszuführen. Die Ent-
scheidung darüber mag wohl nicht zuletzt davon abhängen, ob der Analytiker Übung
in der Ausführung chemischer Trennungen (gegebenenfalls mit nachfolgenden, radiometrischen Messungen separierter Fraktionen) und Neigung dafür besitzt oder ob er
solche Trennungen lieber vermeiden und lediglich Strahlenmessungen ausführen will;
hierzu ist doch wieder Vergleich mit Standards in Form von Gesteinen notwendig,
die auf naßchemischem Weg analysiert worden sind.

Im folgenden Abschnitt wird eine Reihe solcher Methoden kurz besprochen;
jedoch wird zu ihrer Anwendung das Studium der Original-Arbeiten meistens nicht
vermieden werden können, vor allem weil die untersuchten Fälle oft recht spezieller
Art waren.

*Bestimmung des Uran-Gehaltes in Erzen bei radioaktivem Nicht-Gleichgewicht und
in Uran-Thorium-Erzen.*

Grundsätzlich kann die Bestimmung des Uran-Gehaltes in Uran-Thorium-Erzen
und in Uran-Erzen, die sich nicht im radioaktiven Gleichgewicht befinden, mit Hilfe
einfacher, radiometrischer Methoden ausgeführt werden, falls der benutzte Standard
von einem Erz der betreffenden Lagerstätte stammt und sorgfältig nach chemischen
Methoden analysiert worden ist. In der Praxis ist jedoch eine solche Methode ungeeignet, weil der Grad der Störung des Gleichgewichtes nicht bekannt ist und ebensowenig das Th/U-Verhältnis einer gegebenen Lagerstätte. Daher ist kein für die gegebenen Erze charakteristischer Standard zu finden. Deshalb wird die Uran-Bestimmung bei Vorliegen des Nicht-Gleichgewichtes und in komplexen Erzen nach kombinierten, radiometrischen Methoden vorgenommen.

Praktisch angewendet wird die kombinierte β-, γ-Methodik. Sie wurde ursprünglich durch *Baranov* und *Schaschkina* zur Analyse von Uran-Thorium-Erzen und
durch *Schaschkin* zur Analyse von Erzen im Nicht-Gleichtgewicht vorgeschlagen. In
den darauf folgenden Jahren wurden von verschiedenen Seiten Modifikationen der
β-, γ-Methoden entwickelt [*Schaschkin* und *Schumilin*; *Eichholz, Hilborn* und *Mc-
Mahon*; *Franklin* und *Barnes*].

Die Ergebnisse der auszuführenden β- und γ-Messungen werden gewöhnlich in Äquivalent-Einheiten des Urans im Gleichgewicht ausgedrückt. Man erhält zwei Systeme von Gleichungen, nämlich:

für Uranerze im Nicht-Gleichgewicht:

$$A_\beta = a\mathrm{U} + b\mathrm{Ra},$$
$$A_\gamma = m\mathrm{U} + n\mathrm{Ra}; \tag{1}$$

für Uran-Thorium-Erze:

$$A_\beta = \mathrm{U} + \beta\mathrm{Th},$$
$$A_\gamma = \mathrm{U} + \gamma\mathrm{Th}. \tag{2}$$

Dabei sind a, m, b, n = Koeffizienten für den Bruchteil der gesamten Uran- und Radium-Strahlung des Uran-Gleichgewichtes, bestehend aus den β- und γ-Strahlungen des U und Ra, die im Gleichgewicht mit ihren Zerfallsprodukten sind.

β, γ = Uranäquivalente des Th in Beziehung zur β- und γ-Strahlung

A_β, A_γ = Aktivitäten der Probe, erhalten bei den Messungen der β- bzw. γ-Strahlung, ausgedrückt in Äquivalent-Einheiten des Urans im Gleichgewicht.

$$A_\beta = (n_\beta - f_\beta)\, Y_\beta,$$
$$A_\gamma = (n_\gamma - f_\gamma)\, Y_\gamma. \tag{3}$$

Y_β, Y_γ = Werte von 1 Ipm in Prozenten des Urans im Gleichgewicht, erhalten bei den β- und γ-Messungen des Uranstandards im Gleichgewicht.

n_β und n_γ = Ipm der Probe bei den β- und γ-Messungen.

f_β und f_γ = Ipm des Hintergrundes für β- und γ-Messungen

Zur Uran-Bestimmung werden die Gleichungen (1) und (2) folgendermaßen gelöst:

Für Uran-Nicht-Gleichgewichtserze:

$$\mathrm{U} = \frac{1}{a}\,(1 + \delta_\mathrm{U}) \cdot A_\beta - \frac{1}{m}\,\delta_\mathrm{U}\, A_\gamma, \tag{4}$$

wobei

$$\delta_\mathrm{U} = \frac{bm}{an - bm},$$

vgl. Gl. (1);

für komplexe Uran-Thorium-Erze:

$$\mathrm{U} = (1 + \delta_\mathrm{Th}) \cdot A_\beta - \delta_\mathrm{Th}\, A_\gamma, \tag{5}$$

wobei

$$\delta_\mathrm{Th} = \frac{\beta}{\gamma - \beta},$$

vgl. Gl. (2).

Relative Fehler der Uran-Bestimmung infolge Schwankungen des radioaktiven Zerfalls werden nach Gl. (6) und (7) berechnet, und zwar:

für Uran-Nicht-Gleichgewicht-Erze:

$$\varepsilon_\mathrm{U} = \frac{an \cdot \delta_\mathrm{U}}{mb \cdot \mathrm{U}} - \sqrt{Y_\beta^2\left(\frac{n_\beta}{t_\beta} + \frac{f_\beta}{t_{f,\beta}}\right) + \left(\frac{bm}{an}\right)^2 \cdot Y_\gamma^2\left(\frac{n_\gamma}{t_\gamma} + \frac{f_\gamma}{t_{f,\gamma}}\right)}; \tag{6}$$

für Uran-Thorium-Erze:

$$\varepsilon_\mathrm{U} = \frac{\gamma \cdot \delta_\mathrm{Th}}{\beta \cdot \mathrm{U}} \sqrt{Y_\beta^2\left(\frac{n_\beta}{t_\beta} + \frac{f_\beta}{t_{f,\beta}}\right) + Y_\gamma^2 \cdot \left(\frac{n_\gamma}{t_\gamma} + \frac{f_\gamma}{t_{f,\gamma}}\right) + \left(\frac{\beta}{\gamma}\right)^2}. \tag{7}$$

δ_U ist ungefähr gleich δ_Th (fast völlige Gleichheit dieser Koeffizienten kann durch Benutzung von Szintillationszählern für die γ-Messungen erreicht werden). Wenn daher das Gleichgewicht in der Uran-Serie im Uran-Thorium-Erz gestört ist, kann der Uran-Gehalt aus Gl. (4) bestimmt werden, wenn Th/U < 1, und aus Gl. (5), wenn Th/U > 1.

Der Fehler der Bestimmung nach Gl. (4) infolge Anwesenheit von Th kann aus folgender Gleichung geschätzt werden:

$$\varepsilon_U = \frac{U' - U}{U} = \beta \cdot \frac{\delta_{Th} - \delta_U}{\delta_{Th}} \cdot \frac{Th}{U} \cdot \tag{8}$$

Der Fehler der Bestimmung nach Gl. (5) ist:

$$\varepsilon_U = \frac{U' - U}{U} = \frac{\delta_U - \delta_{Th}}{\delta_U} \cdot b\,m\,(K_s - 1)\,, \tag{9}$$

wobei

$U' =$ Urangehalt, berechnet aus der Formel,
$U\ \ =$ wahrer Urangehalt in der Probe,
$K_s =$ Gleichgewichtskoeffizient für die Probe.

Die für die Berechnung des Uran-Gehaltes notwendigen Koeffizienten b und n werden gewöhnlich experimentell für jede Art von Apparatur bestimmt, indem man einen Uranstandard im Gleichgewicht und einen Standard von reinem U_3O_8 oder reinem Ra, worin U und Ra im Gleichgewicht mit ihren zugehörigen Zerfallsprodukten sind, benutzt.

Die Koeffizienten β und γ werden durch Benutzung von Standards von Uran im Gleichgewicht und von Thorium im Gleichgewicht bestimmt.

Reine β- und γ-Messungen können mit jedem der dazu üblichen Laboratoriumsgeräte ausgeführt werden.

In der Literatur finden sich entsprechende Koeffizienten für verschiedene Arten von Strahlungsdetektoren (*Schaschkin, Schumilin* und *Prutkina*).

Die Empfindlichkeit der β- und γ-Messung kann durch Parallel-Schaltung mehrerer GM-Zähler erhöht werden. Zur γ-Messung benutzt man heute allgemein Szintillationszähler, deren Empfindlichkeit auch diejenigen von γ-Zählrohren übertrifft.

Prosperi und *Sciuti* bestimmten radiometrisch U und Th in Mineralien, wo die Aktivitäten der beiden Zerfallsserien größenordnungsmäßig vergleichbar und die erstgenannte Zerfallsreihe nicht im radioaktiven Gleichgewicht war. Sie benutzten dazu eine γ, γ, β-Methode, bei der gleichzeitige Messung der β-Aktivität und der γ-Aktivität auf verschiedenen Energieniveaus stattfand. Es wurden Uran-Gehalte größer als 0,02% analysiert. Durch gesonderte Messung der 1,76 MeV-γ-Strahlung von ^{214}Bi (RaC) und der 2,62 MeV-γ-Strahlung von ^{208}Tl (ThC'') konnten U und Th in Gesteinen gleichzeitig bestimmt werden. Für Proben im radioaktiven Nicht-Gleichgewicht ist jedoch auch bei der γ-Analyse die β-Messung notwendig.

Drei Uran-Erz-Proben wurden von *Reynolds* γ-spektrometrisch auf radioaktives Gleichgewicht geprüft. Die Intensität der 1,76 MeV-γ-Strahlung von ^{214}Bi lieferte eine direkte Meßmöglichkeit der Uran-Konzentration, wenn alle Glieder der Uranreihe im Gleichgewicht stehen. In einem Fall ergab die γ-Spektrometrie niedrigere Resultate als (1) die rein chemische Analyse des Lieferanten der Probe und (2) die Zählung der verzögerten Neutronen. Mit Hilfe von β-Messung erwies sich jedoch, daß der Uran-Gehalt dieser Probe ebenso hoch war wie die Ergebnisse nach den Methoden (1) und (2). Es bestand also kein radioaktives Gleichgewicht und die γ-spektrometrische Methode erwies sich als ungeeignet. Bei der β-Zählung wurde ein Absorber benutzt, um andere β-Strahlung als jene von ^{234}Pa (Folgeprodukt des Zerfalls von ^{238}U) auf ein Minimum zu reduzieren. β-Messung ist also eine direktere Messung des Uran-Gehaltes als γ-Spektrometrie, obwohl sie weniger genau ist.

Durch β- und γ-Messung bestimmte auch *Greaves* den U_3O_8-Gehalt von Erzen.

Zheleznova und *Tokareva* ermittelten den Gehalt an U, Th, und Ra in Erzen durch Messungen der Gesamt-γ-Aktivität, der härteren γ-Aktivität ($> 1{,}8$ MeV für Th), der Strahlungs-Intensität der angesammelten Ra-Emanation und der β-Aktivität für Uran (unter Filterung mit Al).

de Lange wendet zur radiometrischen Analyse der Extraktionslösungen von U, Th-Erzen ein β-, γ-, γ-*Meßverfahren* an, das auf einer erweiterten Gleichgewichts-methode beruht. Die von dem Autor erzielten Ergebnisse stimmten für ThO_2 meistens recht gut mit den chemisch gefundenen Werten überein, jedoch nicht immer so gut für U_3O_8. Die erforderlichen Proben-Mengen sind größer als 10 g, wenn Hundertstel- oder Zehntel-Prozente der Oxide von U oder Th bestimmt werden sollen.

Mit Hilfe von β- und γ-Messungen bestimmten *Eichholz*, *Hilborn* und *McMahon* Uran in Erz-Proben unabhängig vom Vorhandensein radioaktiven Gleichgewichts oder Nicht-Gleichgewichts.

In *Erden* bestimmten den Uran-Gehalt radiometrisch *Schaschkin* und *Schumilin*. Mit Hilfe von zwei Szintillationszählern wurden gleichzeitig einerseits die β-, γ-Strahlung, andererseits die γ-Strahlung gemessen. Dabei wurde die β-Strahlung vom γ-Zähler mit einem Al-Filter ($1{,}5$ g$\cdot$cm^{-2} Flächendicke) abgeschirmt. Das Gerät wurde mit Proben von bekanntem Uran- oder Radium-Gehalt standardisiert. Zur Berechnung des Uran-Gehaltes wurden Gleichungen angegeben.

In uranhaltigen *Stählen* bestimmte *Horwood* (a) Uran durch eine Zählung der β-Partikeln aus ^{234}Th (UX$_1$) oder der γ-Strahlungen aus ^{238}U. In 20 g Stahl konnten auf diese Weise $0{,}01$ bis 2% U bestimmt werden. Die Durchdringungsfähigkeit der β-Teilchen ist auf $1{,}4$ mm Dicke des Stahls beschränkt. Die Berechnungen erfolgten durch Vergleich mit Standards. Derselbe Autor [*Horwood* (b)] bestimmte Uran auch in legierten Stählen. Dazu wurde die niedrig-energetische Strahlung des Urans und seiner unmittelbar nachfolgenden, kurzlebigen Zerfallsprodukte benutzt (β-Strahlung aus der Proben-Oberfläche oder die weiche γ-Strahlung aus einer dünnen Probe).

Sehr interessant für die Bewertung radiometrischer gegenüber chemischer Analyse war eine von *Evans* und *Rampacek* ausgearbeitete Methode zur Uran-Bestimmung in Erzen. Die Autoren gaben zwei Verfahren an, das eine beruhend auf der radiometrischen Strahlungsintensitätsmessung mit und ohne Absorber („Verhältnismethode"), das andere eine Gleichgewichtsmethode. Beim ersten wurde die Radioaktivität der unbekannten Probe unter 3 verschiedenen Bedingungen bestimmt: Die Radioaktivität wurde zuerst ohne Absorber, dann mit einem Al-Filter und schließlich mit einem Blei-Filter gemessen. Ohne Absorber kommen weiche und harte β-Strahlen sowie etwa 5% der γ-Strahlen zur Geltung, mit dem Al-Filter lediglich die härtesten β-Strahlen und die γ-Strahlen, mit dem Blei-Filter bloß die γ-Strahlen. Durch Vergleich der unter den 3 Bedingungen gemessenen Aktivitäten konnte angegeben werden, ob sich die gemessene Probe im oder nahezu im radioaktiven Gleichgewicht befand und ob auch Th vorhanden war. Bei der Gleichgewichtsmethode müssen gleichzeitig die β- und γ-Aktivitäten eines Erzes gemessen werden. Der scheinbare Uranäquivalent-Gehalt der Probe wurde dann durch Vergleich ihrer β-Aktivität mit jener von chemisch analysierter Pechblende (als Standard), die im radioaktiven Gleichgewicht stand, ermittelt. Analog wurde der scheinbare Uranäquivalent-Gehalt aus der γ-Aktivität berechnet. Aus diesen beiden Werten ist dann der wahre Uran-Gehalt des Erzes berechenbar. Die etwa 100 untersuchten Proben, in verschiedenen Stadien des radiochemischen Gleichgewichts bzw. Nicht-Gleichgewichts befindlich, enthielten $0{,}01$ bis $3{,}64\%$ U_3O_8 (durch die chemische Analyse ermittelt). Die Durchschnittsgenauigkeit der Gleichgewichtsmethode war $28{,}1\%$. Bei der „Verhältnismethode" war der Unterschied zwischen den β-Uranäquivalent-Werten und den chemischen Analysen etwa 200%. Bei den Proben in radioaktivem Gleichgewicht hingegen waren die Abweichungen bloß $16{,}2\%$. Nach Ansicht der Autoren sind beide

28*

Methoden von Nutzen zur Unterscheidung zwischen Erzen im radioaktiven Gleichgewicht oder Nicht-Gleichgewicht; doch können weder die „Verhältnismethode" noch die „Gleichgewichtsmethode" eine quantitative, chemische Analyse ersetzen.

8.5.3 Kombination von α-, β- und γ-Messungen

Von *Rulfs, De* und *Elving* (a) wurde Uran im Mikrogramm-Maßstab durch doppelte Extraktion mit Cupferron abgetrennt. Während U(VI) nicht extrahiert wird (wodurch eine Reihe potentiell störender Elemente ausgeschaltet werden kann), wird durch Reduktion an einer Hg-Kathode erhaltenes Uran(IV) als Cupferronat mit Äther extrahiert. Daraus kann es mit HNO_3 zurückextrahiert werden. Die Uran-Ausbeute auf Milligramm-Ebene in einer Probe von ursprünglich 30 ml Volumen wurde colorimetrisch zu 94% bestimmt. Bei Anwendung von 0,03 bis 0,13 μg radioaktivem ^{233}U-Tracer und 20 μg natürlichem Uran als Träger war die Ausbeute 86%; eingeschlossen ist darin die elektrolytische Abscheidung des Urans auf einem Platin-Schälchen, bevor die α-Zählung erfolgt, die nur zu 94% vollständig ist. Die nach diesem Verfahren mögliche Dekontamination wurde mit ^{233}U-Mengen von 0,07 μg in Gegenwart hoher Spaltungsproduktaktivitäten geprüft. Dabei wurden 85% Ausbeute erhalten, die bloß 0,9% der Spaltungsprodukt-α-Aktivität enthielten.

Apparatur. Die Abb. 8 zeigt das Elektrolysen-Gefäß C, dessen Schutz gegen Quecksilber-Ionen, die von der Bezugselektrode (Kalomel-Elektrode) A diffundieren können, durch eine mittelfeine Glasfritte zwischen B und C und eine feine Fritte mit einem Agar-Pfropfen zwischen B und A gebildet wird. Zwischen den Arbeitsperioden bleibt die Zelle C mit gesättigter KCl-Lösung gefüllt.

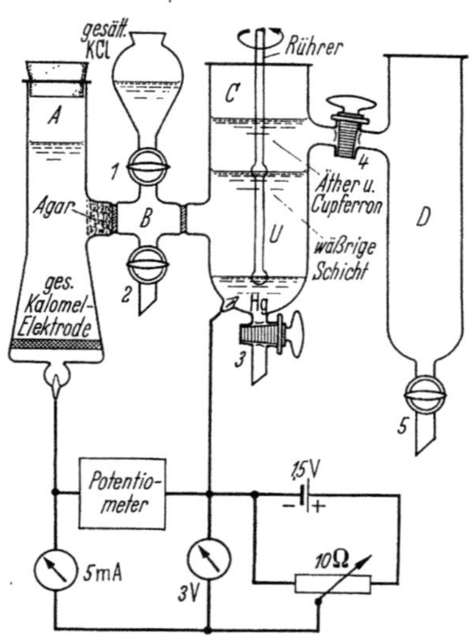

Abb. 8. Apparatur zur elektrolytischen Uran-Abscheidung

Die Vorrichtung zur elektrolytischen Abscheidung des Urans auf Platin-Scheibchen oder -Schälchen und zur α-Zählung der entstandenen α-Schichten wurde von *Rulfs, De* und *Elving* (b) näher beschrieben. Die β-Aktivität wurde mit einem GM-Fensterzählrohr (mit Ar gefüllt, mit Chlor gelöscht; 1,4 mg·cm^{-2} Fenster-Dicke) gemessen. Zur γ-Messung diente ein Szintillations-γ-Spektrometer mit Bohrloch-Kristall aus NaJ(Tl). Für die γ-Messungen wurden Proben-Volumina von 5 ml in einer Probe-Röhre (13×150 mm) benutzt.

Reagens. Ätherische Cupferron-Lösung (200 bis 300 mg Cupferron in 50 ml): Äther und Cupferron werden mit 5 bis 10 ml 10 bis 20%iger H_2SO_4 gemischt und bis zur völligen Auflösung geschüttelt.

Arbeitsvorschrift. I. *Reduzierende Extraktion.* Bei Beginn einer Bestimmung wurde die Salz-Brücke B vom Trichter 1 aus mit frisch hergestellter KCl-Lösung gespült (Abfluß durch den Hahn 2). Bei geschlossenem Hahn 3 wird dreifach destilliertes Hg (4 bis 5 ml) in C eingefüllt. Dann werden etwa 30 ml Uranylsulfat-Lösung (0,5 bis 5 mg U in 0,5 bis 1,5%iger H_2SO_4) zugesetzt. Das Potential des Hg gegen die gesättigte Kalomel-Elektrode beträgt — 0,35 V. Nach Zugabe von etwa 15 bis 20 ml ätherischer Cupferron-Lösung wird der Hahn 1 in ungefähr 5 Min.-Intervallen 30 Sek. während der Bestimmung geöffnet, um jeden Verlust in die Brücke zu vermeiden. Das Rühren unterbricht man in 15- oder 20-Min.-Intervallen, den Äther läßt man durch den Hahn 4 in die Zelle D auslaufen und setzt dann 15 bis 20 ml frische Äther-Cupferron-Lösung zu. Die Bestimmungsdauer beträgt üblicherweise 40 bis 55 Min. Gewöhnlich wird die Äther-Cupferron-Lösung 3mal zugesetzt; hierauf spült man mit 5 bis 10 ml reinem Äther (am Ende der Bestimmung).

II. *Extraktion und Messungen im Mikrogramm-Bereich.* Eine Lösung von ^{233}U (10^{-7} bis 10^{-8} g) wird zusammen mit etwa $20\,\mu$g natürlichem Uran (als Sulfat) mit Cupferron 50 bis 60 Min. reduzierend extrahiert. Hierauf extrahiert man das Uran(IV/III)-cupferronat in der Zelle D aus der ätherischen Lösung mit 3 aufeinanderfolgenden Anteilen zu je 15 ml 7n HNO_3 zurück. Die vereinigten, salpetersauren Extrakte werden auf etwa 5 ml eingedampft, mit 25 bis 30 ml konz. HNO_3 und 2 ml $HClO_4$ behandelt, dann zur Trockne abgeraucht. Den Rückstand digeriert man einige Minuten mit 10 ml $0,1$n HNO_3. Die erhaltene Lösung wird nach Zugabe von weiteren $20\,\mu$g natürlichem Uran (als Sulfat) zur elektrolytischen Abscheidung des Urans auf einem Platin-Schälchen aus Oxalat-Medium verwendet [*Rulfs, De* und *Elving* (b)]. Die α-Strahlung des Niederschlages mißt man mit einem Durchfluß-Zähler. Die α-Messungen der Probe eicht man gegen einen U_3O_8-Standard (im vorliegenden Fall vom National Bureau of Standards). Die Dauer der ganzen Bestimmung beträgt 4 bis 5 Std.

Bemerkungen. a) Bei einigen Bestimmungen fiel der Strom auf einen niedrigen Wert ab, bald nachdem die für eine 3-Elektronen-Reduktion des vorhandenen Urans erforderliche Coulomb-Menge durchgegangen war. In anderen Fällen fiel der Strom nicht ab; aber eine Unterbrechung jenseits des Punktes, an dem die *doppelte* theoretische Strom-Menge durchgeflossen war, lieferte zufriedenstellende Uran-Ausbeute. In diesen Fällen zeigte sich gewöhnlich ein grauer, in Äther unlöslicher, aber in Äthanol löslicher Niederschlag (scheinbar ein Quecksilber-Cupferronat) in der wäßrigen Phase. Bei den meisten Bestimmungen war der auftretende Strom richtig für den gewünschten Prozeß.

b) Die vereinigten Äther-Extrakte können in der Zelle D mit Hilfe eines eingebrachten Rührers *rückextrahiert* werden oder man spült sie in einen Scheidetrichter. Drei Extraktionen mit je 20 bis 30 ml $0,5$m, 4m und $0,5$m HNO_3 waren für die Rückextraktion des Urans in die wäßrige Lösung passend.

c) Mit der gesonderten, radiometrischen Bestimmung *natürlich radioaktiver* Elemente in Gesteinen, Erzen, Mineralen befaßte sich *Nazarov.* Als Grundlage dienten: α) Messung der verschiedenen Strahlungsarten (α, β, γ); β) Diskrimination der Strahlung einer Type; γ) Ergänzung der Messungen einer Type durch Emanationsbestimmungen; δ) Kombination der Messungen der Arten α) und β). Für die gesonderte Bestimmung radioaktiver Elemente einschließlich U, Ra und Th wurden allgemeine Gleichungen angegeben.

Literatur

Baranov, V. I., u. *Schaschkina, N. N.,* durch Academy of Sciences U.S.S.R., Analytical Chemistry of Uranium (Israel Program for Scientific Translations; Jerusalem 1963/S. 201. — *Byrne, F. N.:* Sci. Pr. Roy. Dublin Soc. A, **1**, 343 (1963).

de Lange, P. W.: J. S. African Min. Metall. **59**, 640 (1959); s. auch: Anal. Chem. **31**, 812 (1959); Trans. Pr. Geol. Soc. S. Africa **59**, 259 (1956).

Eichholz, G. G., Hilborn, J., u. *McMahon, C.:* Canadian J. Phys. **31**, 613 (1953). — *Evans, L. E.,* u. *Rampacek, C.:* U. S. Bur. Min., Rep. Invest. **1958**, 5396.

Franklin, E., u. *Barnes, R.:* The Radiometric Assay of Uranium and Thorium Ores. AERA Rep. 1175 (1953).

Greaves, M. C.: Pr. Austral. Inst. Min. Metall. **182**, 23 (1957).

Horwood, J. L.: (a) Int. J. appl. Radiat. **9**, 16 (1960); durch Fr. **184**, 141 (1961); (b) Canad. Nucl. Technol. **1962** (4), 39.

Kuzmina, L. A.: Zhur. Anal. Khim. (russ.) **13** (1), 100 (1958).

Levin, L.: Anal. Chem. **34**, 1402 (1962).

Nazarov, I. M.: Atomnaya Energiya **3** (8), 121 (1957); durch Zhur. Khim. (russ.) **1958**, Abstr. Nr. 28396.

Prosperi, D., u. *Sciuti, S.:* Ric. Sci. **28**, 345 (1958).

Reynolds, S.: TID-4500 (16th ed.), ORNL-3060, UC-4-Chemistry (1960), S. 64. – *Rulfs, C. L., De, A. K.,* u. *Elving, P. J.:* (a) Anal. Chem. **28**, 1139 (1956); (b) J. Electrochem. Soc. **104**, 80 (1957).

Schaschkin, V. L.: s. bei *Baranov* u. *Schaschkina.* — *Schaschkin, V. L.,* u. *Schumilin, J. P.:* Chem.-Techn. (Moskau) **11**, 16 (1959); durch Fr. **171**, 59 (1959/60). — *Schaschkin, V. L., Schumilin, I. P.,* u. *Prutkina, M. I.:* durch Sb. Vopr. geologii urana (Moskwa), Atomizdat, **1957**.

Zheleznova, E. I., u. *Tokareva, D. V.:* Betriebslab. (russ.) **24**, 959 (1958).

8.6 Bestimmung durch Neutronenaktivierungsanalyse

8.6.1 Grundlagen der Methode

Zur Uranbestimmung mittels Aktivierungsanalyse werden in der Regel thermische Neutronen verwendet, da diese mit Nukliden wie ^{233}U, ^{235}U, ^{239}Pu sehr große Spaltungsquerschnitte aufweisen. Die thermischen Neutronen, deren mittlere[1] Energie 0,025 eV beträgt, erregen in diesen Nukliden Kernspaltungen, die sich unter günstigen Bedingungen in Form einer Kettenreaktion fortpflanzen. Die Wahrscheinlichkeit einer Spaltungsreaktion, bei der 1 spaltendes Neutron zwischen 2 und 3 Neutronen aus einem getroffenen Atomkern freisetzt, wird durch eine fiktive Fläche („Querschnitt") gemessen, deren Einheitsmaß 10^{-24} cm^2 ($= 1$ „barn") ist. Im besonderen Fall wird vom Spaltungsquerschnitt σ_{therm} gesprochen. Dieser beträgt für das Isotop ^{235}U 582 barn, jedoch für das künstlich aus Thorium herstellbare Isotop ^{233}U 527 barn, für ^{239}Pu 742 barn; hingegen für ^{233}U nur 4,18 barn. Dieses schwere Uran-Isotop wird, wenngleich in nur geringem Maß, durch schnelle Neutronen gespalten, wie sie bei der Kernspaltungsreaktion des ^{235}U ursprünglich entstehen. Ihre mittlere Anfangsenergie beträgt ~ 2 MeV (Einzelwerte 0,1 bis 10 MeV). Der Spaltungsquerschnitt des Nuklids ^{238}U für thermische Neutronen ist $\leq 5 \cdot 10^{-4}$ barn. Thermische Neutronen werden vom ^{238}U-Kern angelagert und erzeugen ^{239}U mit der Halbwertszeit von nur 23,3 Min. Die Gleichung (1) beschreibt die dabei auftretenden Kernreaktionen:

$$^{238}_{92}\text{U} \xrightarrow{n} ^{239}_{92}\text{U} \xrightarrow[23,5\,\text{min}]{\beta^-} ^{239}_{93}\text{Np} \xrightarrow[2,3\,\text{d}]{\beta^-} ^{239}_{94}\text{Pu} \xrightarrow[23900\,\text{a}]{\alpha} ^{235}_{92}\text{U} \,(7,13 \times 10^8\,\text{a} = \text{Halbwertszeit})$$

Es bilden sich also der Reihe nach ^{239}Np mit der Ordnungszahl 93 und durch dessen β-Zerfall (mit 2,3 Tagen Halbwertszeit) ^{239}Pu mit der Ordnungszahl 94. Beide sind transuranische Elemente. ^{239}Pu ist langlebig und wandelt sich durch α-Zerfall mit einer Halbwertszeit von 23 900 Jahren in $^{235}_{92}$U um, das an sich ein durch thermische Neutronen spaltbares Nuklid ist. Infolge der großen Halbwertszeit des Plutoniums-239 spielt diese Neuentstehung des spaltbaren Nuklids Uran-235 jedoch praktisch innerhalb der Lebensdauer menschlicher Generationen keine Rolle.

Die Neutronenaddition des ^{238}U kann auch folgendermaßen geschrieben werden:

$$^{238}_{92}\text{U}\,(n, \gamma)\,^{239}_{92}\text{U} \tag{1a}$$

Dies bedeutet, daß dabei kurzwellige, elektromagnetische Strahlung (Gammastrahlung) von bestimmter Wellenlänge bzw. Energie frei wird, woraus sich eine Meßmethode ergibt. Die Kernspaltungsreaktion des ^{235}U durch thermische Neutronen, wobei rund 40 verschiedene Kern-Bruchstücke in Form radioaktiver Nuklide entstehen, kann folgendermaßen geschrieben werden:

$$^{235}_{92}\text{U}\,(n, f)\,\text{f.fr.} + 2,47^1_0 n \tag{2}$$

Dabei steht „f" für „fission" (Spaltung) und „f. fr." für „fission fragments" (Spaltungsbruchstücke).

---

[1] Die wahrscheinlichste Energie (*Maxwell*-Verteilung) bei 20°C ist 0,0252 eV.

Im natürlich vorkommenden Uran sind 99,28% ^{238}U, 0,711% ^{235}U und 0,0056% ^{234}U enthalten (alles Gewichtsprozente). ^{234}U entsteht aus folgender Kernreaktion:

$$^{238}_{92}\text{U} \xrightarrow[4,5 \cdot 10^9 \text{ a}]{\alpha} {}^{234}_{90}\text{Th (UX}_1) \xrightarrow[24,1 \text{ d}]{\beta} {}^{234}_{91}\text{Pa (UX}_2) \xrightarrow[6,7 \text{ h}]{\beta^-} {}^{234}_{92}\text{U (U II)} . \tag{3}$$

Aus dem ^{234}U ($2,48 \cdot 10^5$ a = Halbwertszeit), das in 2,5 Millionen Jahren mit dem ^{238}U ins radioaktive Gleichgewicht gekommen ist, bildet sich ^{235}U nach folgender Kernreaktion:

$$^{234}_{92}\text{U} \, (n, \gamma) \; {}^{235}_{92}\text{U} \tag{4}$$

Wie oben gesagt, ergeben schnelle Neutronen mit Energien > 1 MeV mit ^{238}U eine Spaltungsreaktion analog zu (2).

Während einer Bestrahlung des Urans in einem Kernreaktor spielen die Reaktionen (1) und besonders (2) weitaus die Hauptrolle. Infolgedessen kann der Gehalt einer Probe an natürlichem Uran durch Bestimmung des (immer darin in konstantem Prozentsatz enthaltenen) ^{235}U ermittelt werden.

Anders liegen die Verhältnisse bei — in der Reaktor-Technik häufig angewendetem — „angereichertem" Uran, in dem künstlich das Isotopen-Verhältnis zugunsten des ^{235}U erhöht worden ist. Solche Anreicherungen werden praktisch bis mehr als 95% ^{235}U vorgenommen. Das längere Zeit in einem Reaktor mit thermischen Neutronen bestrahlte natürliche Uran verliert einen beträchtlichen Teil seines ^{235}U-Gehaltes und wird „abgereichertes" Uran (depleted uranium) genannt. In der Reaktor-Technik besteht daher sehr oft das Bedürfnis, die Konzentration an spaltbarem Isotop ^{235}U sowohl im neuen Kern-Brennstoff-Element wie nach seiner Benutzung bzw. Entnahme aus dem Prozeß zu bestimmen. Den Verlust an spaltbarem ^{235}U bezeichnet man als „Abbrand".

Die bei beiden Fragestellungen unbedingt erforderliche, radiochemisch-analytische Bestimmung des Gesamt-Urans bzw. des ^{235}U kann auf folgende Weise erfolgen: I. Durch Bestimmung des ^{239}U (aus seiner β- oder γ-Strahlung) [vgl. Gl. (1) und (1a)]; II. durch Bestimmung des ^{239}Np (aus seiner β- oder γ-Strahlung); III. durch die Bestimmung der Gesamtaktivität der Kern-Spaltungsbruchstücke bei Bestrahlung des ^{235}U; IV. durch die Bestimmung eines bestimmten Kern-Spaltungsproduktes, das in konstanter, bekannter Ausbeute entsteht, wie zum Beispiel ^{140}Ba, ^{132}Te, ^{133}Xe. Daraus ergeben sich unterschiedliche Empfindlichkeiten der Bestimmung des ^{235}U, die aber alle etwa in der Größen-Ordnung einiger 10^{-11} liegen, wenn der Fluß an thermischen Neutronen 10^{13} [n·cm^{-2}·sec^{-1}] in dem verwendeten Reaktor beträgt; V. durch Aktivitätsmessung der bei der Spaltung auftretenden sog. „verzögerten Neutronen".

Grundsätzlich wäre auch die Bestimmung des ^{239}Pu [Gl. (1)] möglich, falls entweder eine große Menge an bestrahltem ^{238}U vorliegt oder eine sehr lange Bestrahlungszeit gewählt wird. In der Praxis wird jedoch eine solche Bestimmungsmethode ausscheiden.

Soweit durch Bestrahlung des ^{235}U mit thermischen Neutronen keine Spaltung, sondern Neutronenaddition auftritt, bildet sich nach der Aktivierungsgleichung ^{235}U (n, γ) ^{236}U das Nuklid ^{236}U, das mit einer Halbwertszeit von 24 Millionen Jahren unter α-Strahlung zerfällt, andererseits aber in einer neuen (n, γ)-Reaktion auch ^{237}U bilden kann. Dieses Nuklid ist ein β-Strahler von 6,75 Tage Halbwertszeit, der auch etwas γ-Strahlung niedriger Energie aussendet (*Strominger, Hollander* und *Seaborg*).

Im Durchschnitt entstehen bei dem erwähnten Spaltungsprozeß 2 bis 3 Neutronen (für den Einzelprozeß wurden null bis 6 Neutronen gefunden). Von den auf diese Weise freigesetzten Neutronen löst mindestens eines je Spaltung einen neuen Spaltungsvorgang aus. Daher kann sich eine Kettenreaktion ausbilden und eine makroskopisch große Energieproduktion bewirken. Pro gespaltenes Uranatom werden ungefähr 200 MeV Gesamtenergie produziert.

Nicht alle von einem spaltbaren Kern eingefangenen Neutronen verursachen tatsächlich eine Spaltung. Vielmehr absorbiert ein Teil der entstandenen Zwischenkerne das eingefangene Neutron, wobei die Anregungsenergie als γ-Strahlung wieder freigesetzt wird und der Kern in den Grundzustand des entstandenen Isotops mit um 1 vergrößerter Massenzahl übergeht. Diese Kernreaktion wird als (n, γ)-Prozeß bzw. -Reaktion bezeichnet. Die Uran-Isotope mit ungerader Massenzahl sind gut mit langsamen Neutronen spaltbar: Ihr „Spaltungsquerschnitt", der die Wahrscheinlichkeit einer Spaltungsreaktion angibt, ist für langsame Neutronen groß, am größten für die langsamsten (die sogenannten „thermischen") Neutronen. Bei einer großen Reihe diskreter Neutronen-Energien treten jedoch stark erhöhte Spaltungsquerschnitte auf, weshalb dann von Resonanz-Energien gesprochen wird. Durch den genannten Absorptionsprozeß wird die durchschnittliche Zahl der bei einem Spaltungsprozeß durch thermische Neutronen neu erzeugten Neutronen verkleinert, und zwar bei ^{235}U auf 2,07.

Die bei der Spaltung von ^{235}U entstandenen Spaltungsprodukte reichen von Zn (Kernladungszahl 30) bis Tb (Kernladungszahl 65). Die einzelnen ^{235}U-Kerne spalten sich nicht nach symmetrischen Massenzahlen-Hälften, sondern in Paare mit einem leichteren und einem schwereren Bestandteil. Die maximalen Ausbeuten an Spaltungsprodukten liegen einerseits bei den Massenzahlen um 95, andererseits bei jenen um 138.

Das in natürlichem Uran zu 0,711% vorhandene Isotop ^{235}U ist also durch thermische Neutronen spaltbar. Dabei entstehen Spaltungsbruchstücke in Form von Atomkernen. Die Bindungsenergie für die Neutronen beträgt bei ^{235}U 6,6 MeV; jedoch ist die Aktivierungsenergie für die Kernspaltung nur 5,5 MeV. ^{238}U zeigt aber eine Neutronen-Bindungsenergie von 5,9 MeV, während die Potentialschwelle für die Spaltung 7 MeV ist. Infolgedessen kann dieses Isotop nicht mit thermischen Neutronen, sondern nur mit schnellen Neutronen von mehr als 1 MeV Energie gespalten werden. Diese Energie kann allerdings statt durch Neutronen auch durch energiereiche Ionen oder durch γ-Quanten von mehr als 5 MeV geliefert werden.

Die Aktivierungsgleichung, die grundsätzlich für alle bestrahlenden Kern-Teilchen (also auch für schwerere oder geladene Teilchen wie Protonen, Deuteronen, Tritonen, Heliumkerne) gilt, ist folgende:

$$N_t = \frac{m}{M} \cdot \Phi \cdot \sigma \cdot i \cdot 6{,}023 \cdot 10^{23} \left(1 - e^{-(\ln 2)\frac{t}{T}}\right). \tag{5}$$

Darin ist:

N_t = Zahl der Kernreaktionen (d. i. Bildung des neuen Kerns aus dem alten Kern und dem auftreffenden Geschoß-Teilchen), die bis zum Ende der Bestrahlungszeit t eintreten,

M = Atomgewicht des zu bestimmenden (spaltbaren) Isotops (Nuklids),

i = Isotopenhäufigkeit der in dem bestrahlten Element vorhandenen spaltbaren Isotopenart,

m = Gewichtsmenge (eigentlich Masse) des bestrahlten Elements,

Φ = Fluß der spaltenden Kern-Teilchen (im besonderen Fall der thermischen Neutronen) je cm² und Sek.,

$6{,}023 \cdot 10^{23}$ = Loschmidtsche Zahl (Avogadro-Zahl),

σ = Wirkungsquerschnitt für die betreffende Kernreaktion in 10^{-24} cm² (barn),

t = Bestrahlungsdauer, in Sek.,

T = Halbwertszeit des entstandenen radioaktiven Nuklids, in Sek.
Der Klammerausdruck am Ende der Gl. (5) heißt „Sättigungsfaktor".

Wenn die Bestrahlungszeit t gleich einer Halbwertszeit T des entstandenen Nuklids wird, so ist der Klammerausdruck $\left(1 - \frac{1}{2}\right) = 0,5$. D. h. nach einer Halbwertszeit Bestrahlungsdauer haben sich bereits 50% der maximal erzielbaren Aktivität (Sättigungsaktivität) gebildet. Nach 5 Halbwertszeiten sind es rund 97%, nach 10 Halbwertszeiten 99,9%. 100% würden dem vollen radioaktiven Gleichgewicht entsprechen. Beendet man die Bestrahlung und wartet noch weitere t' Sek. bis zur Messung, so kommt zur Gl. (5) noch der Multiplikationsfaktor $e^{-(\ln 2) \cdot t'/T}$ hinzu, der die Abnahme der Aktivität während der Zeit t' angibt, da ja mit dem Ende der Bestrahlung die Bildung des radioaktiven Nuklids aufhört.

Kurzlebige Radionuklide entstehen bei kurzer Bestrahlungsdauer, langlebige bei langer Bestrahlungszeit. Im zweiten Fall können Bestrahlungszeiten von Wochen oder Monaten erforderlich sein. Während in den früheren Jahren bei der Aktivierungsanalyse fast immer eine chemische Abtrennung und radiochemische Reinigung der entstandenen Nuklide notwendig war, bürgert sich in den letzten Jahren in schneller Entwicklung die rechnerische Auflösung der auftretenden γ-Spektren mit Hilfe von Computern ein, so daß zerstörungsfreie Analyse ohne chemische Auftrennung möglich wird.

Grundsätzlich kann Aktivierung auch mit geladenen (leichten und schweren) Teilchen erfolgen, wovon aber für die Zwecke der Uran-Analyse kaum Gebrauch gemacht wird. Die aus den Target-Kernen entstehenden Folge-Kerne haben dann eine andere Ladungszahl als das Target-Atom, sind also chemisch von diesem verschieden.

Die Aktivierungsquerschnitte für thermische Neutronen können für verschiedene Nuklide um eine beträchtliche Zahl von Größen-Ordnungen auseinanderliegen (beispielsweise von wenigen Millibarn bis — in seltenen Sonderfällen — zu einigen hunderttausend barn). Für geladene Partikeln sind die Aktivierungsquerschnitte im allgemeinen kleiner und die aktivierten Target-Kerne viel weniger zahlreich, als dies in einem Kern-Reaktor der Fall ist. Außerdem sind die für die Aktivierungsanalyse nötigen hohen Neutronen-Flüsse in Kern-Reaktoren relativ leicht zugänglich.

Spaltbar mit thermischen Neutronen sind auch folgende Uran-Isotope (*Hughes* und *Schwartz*):

Uranisotope	Spaltungsquerschnitt in barn
^{230}U	25 ± 10
^{231}U	400 ± 300
^{232}U	80 ± 20
^{233}U	527 ± 4
^{235}U	582 ± 6
^{239}U	14 ± 3

Demnach ist ^{233}U fast ebenso gut spaltbar wie ^{235}U.

Das Isotop ^{237}U bildet sich auch aus ^{238}U durch Bestrahlung mit energiereichen Neutronen nach der Reaktionsgleichung ^{238}U $(n, 2n)^{237}$U. Diese Bildung vollzieht sich auch in Kern-Reaktoren. Für Neutronen von 6 bis 10 MeV und 16 MeV wurden die Einfangquerschnitte bestimmt (*Knight, Smith* und *Warren*).

Eine Liste zahlreicher Kernreaktionen der Isotope ^{233}U, ^{234}U, ^{235}U, ^{236}U, ^{238}U mit Protonen, Deuteronen, Alphateilchen, ^{12}C-Ionen und hochenergetischer γ-Strahlung (Brems-Strahlung) findet sich in NAS-NS 3050, S. 251; jedoch bieten derartige in Ionen-Beschleunigern ausführbare Kern-Reaktionen weit größere, experimentelle Schwierigkeiten als die verbreitet angewendete Aktivierungsanalyse des Urans mit Reaktor-Neutronen. Ein Überblick über die Aktivierungsanalyse des Urans wird von *Koch* gegeben, wo auch viele Literaturcitate zu finden sind.

Von praktischer analytischer Bedeutung sind in den Aktivierungsmethoden nur die Verfahren der gleichzeitigen Bestrahlung von Proben und Standards mit möglichst gleichem Neutronen-Fluß. Dies wird durch mechanische Rotation der Bestrahlungskapsel im Teilchen-Strahl mittels einer geeigneten Rotationsvorrichtung bewirkt, in der sich die zu bestrahlenden Proben und Standards befinden. Gleiches gilt für Aktivierung mit γ-Strahlung.

Die absolute Analyse (exakte Messung der Zahl der Kern-Reaktionen ohne Zuhilfenahme eines Vergleichsstandards) bietet sehr große experimentelle Schwierigkeiten: wegen der nur in besonderen Anordnungen möglichen, verlustlosen Zählung aller eintretenden Kern-Reaktionen; wegen ungenauer oder unvollständiger Kenntnis mancher Wirkungsquerschnitte und ihrer Abhängigkeit von der Energie der bombardierenden Teilchen („Anregungsfunktionen"); wegen Ungenauigkeiten bei der Energie-Messung der bombardierenden Strahlung; wegen der Möglichkeit der Entstehung des zu bestimmenden Reaktionsproduktes durch *verschiedene*, konkurrierende Kern-Reaktionen.

Literatur

Hughes, D. J., u. *Schwartz, R. B.:* BNL-325, 2 nd ed. (1958).

Knight, J. D., Smith, R. K., u. *Warren, B.:* Phys. Rev. **112**, 259 (1958). – *Koch, R. C.:* Activation Analysis Handbook; New York 1960.

Strominger, Hollander u. *Seaborg, G. T.:* durch *Seaborg, G. T.:* The Transuranium Elements; London 1958.

8.6.2 Bestimmung durch Aktivitätsmessung von ^{239}U

Nach *Jervis* und *Mackintosh* ist eine schnelle und empfindliche Uran-Analyse durch Isolierung und Aktivitätszählung des aus ^{238}U durch Bestrahlung mit thermischen Neutronen gebildeten ^{239}U möglich. Zur Bestimmung von Uran-Spuren wurden etwa 100 mg Metall in leicht löslicher Form (Drehspäne oder wäßrige Lösung) mit mindestens 10^{-8} g Uran-Gehalt verwendet und gleichzeitig mit einem ungefähr $0,1\,\mu$g U enthaltenden Standard im Core des NRX-Reaktors bestrahlt. Das Isotop ^{239}U (Halbwertszeit 23,3 Min.) wurde auf dem Weg über Äther-Extraktionen sowohl aus der bestrahlten Probe wie aus einem Vergleichsstandard isoliert. Die radiochemische Reinigung erfolgte innerhalb 45 Min. nach *Mackintosh* und *Jervis*. Die β-Aktivität des ^{239}U (für Probe und Standard) wurde mit einem Proportional-Zählrohr bestimmt (Prüfung der radiochemischen Reinheit durch Messung des Abklingens der Aktivität); außerdem wurde der 0,075 MeV-γ-Peak als unabhängige Kontrolle verwendet.

Die beschriebene Methode war in 2 Std. ausführbar. 10^{-10} g U konnten mit einer *Genauigkeit* besser als 10% in Al und in Zircaloy 2 bestimmt werden. Im zweiten Fall mußte zur Entfernung des mit Uran aus Nitrat-Lösung in die Äther-Phase übergeführten Zirkoniums ein Anionenaustauscher-Schritt eingefügt werden. Dazu wurde eine salzsaure Lösung der bestrahlten Probe auf eine Dowex-1-Säule aufgebracht. Während Uran adsorbiert wurde, gingen die radioaktiven Nuklide ^{95}Zr und sein Tochternuklid ^{95}Nb und einige andere Aktivitäten in den Effluent. Das Uran wurde hierauf mit Wasser von der Austauscher-Säule eluiert und anschließend durch Äther-Extraktion und einen Rückhalteträger-Schritt mit $Zr(JO_3)_4$ gereinigt.

Anwendung auf die Bestimmung natürlichen Urans in ^{233}U. Bei der Bestrahlung von ^{232}Th (Reinelement) mit intermediären Neutronen entsteht über die Reaktionsfolge:

$$^{232}\text{Th} \xrightarrow{\;n\;} {}^{233}\text{Th} \xrightarrow{\;\beta\;} {}^{233}\text{Pa} \xrightarrow{\;\beta^-\;} {}^{233}\text{U}$$

das Radionuklid ^{233}U, das ebenso wie ^{235}U durch thermische Neutronen spaltbar ist. Die beschriebene Methode erlaubt, das Ausmaß der Verunreinigung des ^{233}U mit natürlichem Uran zu ermitteln. Durch Einschluß der Proben während der Bestimmung in Cadmium, welches die thermischen Neutronen abfängt und somit den Neutronenstrom „härtet", wurde die Spaltung des ^{233}U auf weniger als $^1/_{50}$ verringert. Das Cd-Filter absorbiert jedoch die Neutronen intermediärer Energie nicht wesentlich, welche von ^{238}U eingefangen werden, wodurch es zur Bildung von ^{239}U kommt. Während bei der Bestrahlung ^{233}U gepalten wird, trifft dies daher für ^{238}U nicht zu, und das entstandene ^{239}U kann durch Äther-Extraktion isoliert werden. Das gleichfalls mit Äther extrahierbare Spaltungsprodukt Zr wird an Zr-Rückhalteträger gebunden. Der Gehalt der analysierten Lösungen an ^{238}U reichte von 0,3 bis 6,7%. Massenspektrometrische Analyse ergab gute Übereinstimmung.

Zur Spuren-Analyse des Urans bei Gesteinsanalysen benutzten *Turkovsky* und *Stärk* die Aktivierung mit Resonanz-Neutronen (Bestrahlung hinter Cd-Filter, welches die thermischen Neutronen absorbiert). Dadurch kann eine niedrige Erfassungsgrenze für Uran erreicht werden, da einerseits die Gesamtaktivität der störenden Begleitelemente erheblich vermindert wird, andererseits auch keine nennenswerte Aktivität von Spaltungsprodukten mehr entsteht, die eine Auswertung des ^{239}Np stört. Die Bestimmung des Urans im Mikrogramm-Bereich und darunter wurde mit Hilfe des kurzlebigen Isotops ^{239}U (23,5 Min. = HZ, β-Strahlung) durchgeführt. Nach der Bestrahlung mit Resonanz-Neutronen wurden die Proben mit Natriumkaliumcarbonat und Na_2O_2 aufgeschlossen, der Aufschluß in Salzsäure gelöst und Uran an einem Anionenaustauscher sorbiert und gereinigt. Nach der Elution mit Salpetersäure wurde das Uran mit Äther extrahiert, rückextrahiert und als Uranyloxinat gefällt. Die Auswertung des ^{239}U gegenüber mitbestrahlten Uranstandards erfolgte 50 bis 60 Min. nach Bestrahlungsende. Die quantitative Erfassung war bis etwa 0,05 μg U/100 mg Gestein möglich.

Arbeitsvorschrift zur Bestimmung von ^{239}U als Produkt der Aktivierungsreaktion ^{238}U (n, γ) ^{239}U nach *Decat, van Zanten* und *Leliaert* in *Klee, menschlichem Harn* und *Aluminium* verschiedenen Reinheitgrades.

Proben und Standards werden in einen Perspex-Behälter verpackt, der aus einem Stab von 5 cm Länge und 2,5 cm Durchmesser mit je 1 Bohrung an jedem Ende besteht, die mit einem Nylon-Stopfen verschlossen werden können. In die eine Bohrung kommt der Standard (0,5 μg U), der in eine Quarz-Ampulle eingeschlossen ist; die Probe wird in die andere Bohrung eingelegt. Die Bestrahlung erfolgt mit $\sim 10^{12}$ Neutronen $\cdot$ cm^{-2} $\cdot$ sec^{-1} während 20 Min. Unmittelbar nach Bestrahlungsende wird die Probe zusammen mit 5 mg MoO_3 als Träger gelöst. Für die Proben von *Klee* oder *Harntrockensubstanz* wird eine Mischung aus $HNO_3/HClO_4/H_2SO_4$ angewendet, während Al-Proben unter Zugabe von ein wenig $Hg(NO_3)_2$ in konz. HCl gelöst werden. Die Lösung wird hierauf mit konz. H_2SO_4 bis zum Entweichen von SO_3-Dämpfen erhitzt. Nach 2 Min. Abkühlen gibt man 10 bis 20 ml Wasser zu und neutralisiert die Probe mit 4n NaOH auf pH = 1 bis 1,4 (d. h. auf etwa 0,1 Säure-Normalität) unter Benutzung eines Indikator-Papieres. Die etwa 40 ml betragende Lösung wird mit 25 ml 2,5 vol.-%iger Lösung von Tri-n-oktylamin (TNOA) in Petroläther 1 Min. extrahiert; die Phasen-Trennung beansprucht 3 Min. Zur aktiven Messung werden 20 ml organische Schicht pipettiert. Inzwischen wird der Standard unter Aufbrechen der Quarz-Ampulle in 25 ml 0,1n H_2SO_4 gelöst und mit 25 ml TNOA-Lösung extrahiert. Auch hier werden 20 ml organische Schicht pipettiert und die Aktivität gemessen. Die γ-Zählung wird mit einem Vielkanal-Impulshöhen-Analysator und einem NaJ(Tl)-Szintillator-Kristall (3 $\cdot$ 3 inch = 7,62 $\cdot$ 7,62 cm) in der üblichen Weise 10 Min. ausgeführt. Der benutzte γ-Peak liegt bei 0,074 MeV.

Bemerkungen. I. Die Autoren prüften die *Wirksamkeit* der Uran-Extraktion aus H_2SO_4 mit TNOA (gelöst in Kerosin) als Funktion der Normalität der Säure unter Benutzung von Mo als Träger. Zu 10 ml H_2SO_4 in einem Scheidetrichter wurde 1 ml Mo-Lösung (1 ml $\equiv$ 3 mg Mo als Na_2MoO_4) und 1 ml ^{239}U-Tracer-Lösung der gleichen Normalität wie die H_2SO_4 zugegeben. Nach 1 Min. langem Schütteln mit 5 ml

2,5%iger (v/v) Lösung von TNOA in Petroläther (K.-P. 100 °C bis 200 °C) wurden die Schichten getrennt und von beiden Phasen Aliquot-Teile zur Bestimmung entnommen. Wegen einer möglichen Störung wurde auch die Extraktion von Th, W, Ta und Mo mit Hilfe radioaktiver Tracer bestimmt. Von Mo und V ist die Extrahierbarkeit bekannt; aber auch Ta und W erwiesen sich im Bereich von 0,5 bis 2,5n H_2SO_4 als gut extrahierbar. Quantitative Extraktion von U erfolgt in 0,1 bis 1,5n H_2SO_4.

II. Die untersuchten Proben ergaben Uran-Gehalte von *einigen Zehntel ppm*.

Die Messung des ^{239}U erlaubt schon nach kurzer Bestrahlungszeit (mit Neutronen) eine Uran-Spuren-Bestimmung mit sehr hoher Empfindlichkeit, vorausgesetzt, daß die Auswertung möglichst bald nach Bestrahlungsende erfolgt. Der Einfang-Querschnitt von ^{238}U für epithermische Neutronen von 5 bis 200 eV ist integriert 297 barn (Resonanz-Aktivierungsintegral). Die Autoren *Turkovsky*, *Stärk* und *Born* verpackten die Gesteins- und Mineral-Proben *vor* der Bestrahlung in Cd-Folien, wodurch die thermischen Neutronen absorbiert und daher ausgeschaltet werden. Während die entstandene ^{239}U-Aktivität nur halbiert wird, nimmt die Gesamt-β-Aktivität der Gesteinsproben um den Faktor 50 bis 100 ab, wodurch die Handhabung der Proben sehr erleichtert wird.

Arbeitsvorschrift. Als Proben werden etwa 100 mg gemahlenes Gesteinspulver in flachen Polyäthylen-Beuteln zusammen mit einer Uran-Standardlösung in eine Cd-Hülse verpackt und in der Rohrpost-Anlage des Forschungsreaktors München 1 Std. bestrahlt; während dieser Zeit entstanden 83% der Sättigungsaktivität des ^{239}U. Die bestrahlte Probe wird 15 Min. mit 5 g Natriumkalium-Carbonat-Mischung und ein wenig Na_2O_2 aufgeschlossen und mit 3 mg U als Träger in 8n HCl in Lösung gebracht. Nach rascher Filtration der Kieselsäure wird die salzsaure Lösung schnell auf eine mit 6n HCl vorbehandelte Anionenaustauscher-Säule mit 5 g Dowex 1, X8 gebracht (100 bis 200 mesh; 5 bis 10 ml je Min. Durchflußgeschwindigkeit; 2 cm Säulen-Durchmesser). Das auf der Säule sorbierte Uran wird dadurch von den meisten Elementen, vor allem aber von dem bei der Bestrahlung aus möglicherweise vorhandenem Thorium entstandenen ^{233}Th (Halbwertszeit 22,4 Min.) getrennt. Dieses Th-Isotop könnte wegen seiner dem ^{233}U beinahe gleichen Halbwertszeit die Messung verfälschen. Die Säule wird zunächst mehrmals mit kleinen Mengen 6n HCl ausgewaschen und hierauf mit verd. HNO_3 eluiert. Für die anschließende Extraktion mit Diäthyläther wird die Elutionslösung an HNO_3 0,8n und an $Ca(NO_3)_2$ 4,2m gemacht. Dabei wird das störende ^{56}Mn vom Uran getrennt, das bei der Bestrahlung aus ^{55}Mn und ^{56}Fe entstehen kann. Die Extraktion ist innerhalb 3 Min. ausführbar, worauf Uran mit dest. Wasser aus der ätherischen Phase rückextrahiert wird. Aus der wäßrigen Lösung wird Uran als Uranyloxinat gefällt und über ein Membranfilter abfiltriert. Das Abklingen der Aktivität des ^{239}U wird in einem β-Proportional-Zähler gemessen. Der zusammen mit der Probe bestrahlte Uran-Standard wird mit der gleichen Uran-Träger-Menge, wie sie bei der Probe verwendet wird, als Oxinat gefällt und in gleicher Anordnung gemessen.

Bemerkungen. a) Zur Bestimmung der chemischen Trennungsausbeute bestrahlt man die Filter mit den Uranyloxinat-Niederschlägen 1 Min. im Reaktor, wodurch Nachaktivierung erfolgt. Man läßt nun 2 bis 4 Tage abklingen und mißt hierauf die ^{239}Np-Aktivität γ-spektrometrisch. Bei den Versuchen der Verfasser betrug diese chemische Ausbeute etwa 60%. Man erhält aus 100 mg Einwaage eine optimale Empfindlichkeit von 0,005 μg U mit einer *Genauigkeit* von $\sim \pm 5\%$.

b) Der *gesamte*, chemische Trennungsgang erfordert 50 bis 60 Min.

c) *Sankar Das* konnte in 1-g-Proben von Substanzen noch $5 \cdot 10^{-9}$ g U *in weniger als 2 Std.* nachweisen, wenn diese Proben 20 Min. mit einem Neutronen-Fluß von etwa 12^{12} n·cm^{-2}·sec^{-1} bestrahlt wurden. Sie wurden mit einem pneumatischen

Rohrsystem innerhalb von 3 Sek. in einen chemischen Abzug befördert und dort in Gegenwart von Uran-Träger einer schnellen, radiochemischen Trennung unterzogen. Das entstandene ^{239}U (Halbwertszeit $= 23{,}5$ Min.) wurde durch einen β-Proportional-Zähler oder einen γ-Szintillationsdetektor mit einem Vielkanal-Analysator gemessen.

Literatur

Decat, D., van Zanten, B., u. *Leliaert, G.:* Anal. Chem. **35**, 845 (1963).

Jervis, R. E., u. *Mackintosh, W. D.:* Pr. 2nd Internat. Conf. Peaceful Uses Atomic Energy, Genf 1958, Bd. **28**, 470; UN: New York 1958.

Mackintosh, W. D., u. *Jervis, R. E.:* Rep. CRDC-481, Atomic Energy of Canada, Chalk River (Ontario) 1957.

Sankar, Das, M.: TID-18204 (1962).

Turkovsky, C., u. *Stärk, W.:* Fr. **221**, 205 (1966). — *Turkovsky, C., Stärk, W.,* u. *Born, H. J.:* Radiochim. Acta **8**, 27 (1967).

8.6.3 Bestimmung durch Aktivitätsmessung von ^{239}Np

Mahlman und *Leddicotte* bestimmten Uran auf Grund des bei der Bestrahlung mit thermischen Neutronen entstehenden ^{239}Np, das beim radioaktiven Zerfall sowohl β- wie γ-Strahlung aussendet. Die durch die γ-Messung ermittelte ^{239}Np-Aktivität ist direkt proportional der Anfangsmenge ^{238}U in der Probe. Die Bestrahlung erfolgte im ORNL (Oak Ridge National Laboratory) -Graphit-Reaktor mit einem Neutronen-Fluß von $\sim 10^{12} n \cdot cm^{-2} \cdot sec^{-1}$. Im Zentrum einer bestrahlten Probe ist der Neutronen-Strom geschwächt („Selbstabschirmung"). Dieser Effekt kann vernachlässigt werden, wenn feste Proben in Quarz-Röhrchen von nur 4 mm Innendurchmesser bestrahlt werden. Flüssigkeiten werden in Quarz-Ampullen bestrahlt und enthalten niedrige Konzentrationen gelöster Stoffe, so daß die Schwächung des Neutronen-Stromes ähnlich groß wie in Wasser ist. Die Anwesenheit von Elementen mit hohem Neutronen-Wirkungsquerschnitt verursacht zu niedrige Resultate.

Die bestrahlten Proben zerfallen etwa 4 Std. radioaktiv und werden dann chemisch aufgearbeitet. Die in der vorliegenden Untersuchung verwendeten, synthetischen Proben waren papierchromatographisch vor der Bestrahlung aufgetrennt worden. Das Papier wurde dann etwa 62 Std. in kurzen Quarz-Röhrchen bestrahlt, die mit Korken (mit Al überzogen) verschlossen waren.

Auch eine Serie von Phosphat-Erzen (etwa 0,025 g Einwaage) wurde 3 Std. bestrahlt. Bodenproben wurden 62 Std. bestrahlt.

Arbeitsvorschrift. Die bestrahlten Boden- und Erz-Proben werden zwecks Auflösung mit einer Mischung aus konz. HNO_3, H_2F_2, $HClO_4$ und H_2SO_4 digeriert. Bei Auftreten eines Rückstandes von SiO_2 am Boden des Platin-Tiegels wird weiterhin H_2F_2 zugesetzt. Die aufgelöste Probe wird mit H_2SO_4 bis zur Entwicklung schwerer weißer Dämpfe abgeraucht, abgekühlt und in ein 15-ml-Zentrifugen-Rohr überführt. Bei Zurückbleiben eines Rückstandes von Sulfaten ist die Lösung 5 Min. zu zentrifugieren, die überstehende Flüssigkeit in ein anderes Zentrifugen-Rohr zu bringen, der Rückstand mit 1 ml m HNO_3 zu waschen, die Waschflüssigkeit mit der erwähnten Lösung zu vereinigen, der Rückstand zu verwerfen. Die Probe wird nach der im folgenden angegebenen Methode weiter behandelt.

Bei den bestrahlten, synthetischen Proben (Papier-Chromatogramme) ist das Papier in einem Porzellan-Tiegel im Muffelofen sorgfältig zu veraschen. Den Rückstand löst man in etwa 0,5 ml konz. HNO_3. Hierauf wird die Probe in ein 15-ml-Zentrifugen-Rohr gebracht. Man fährt nach der im folgenden beschriebenen Methode fort.

3,0 mg La^{3+} und 0,250 ml 5 m $NH_3(OH)Cl$-Lösung fügt man zur überstehenden Lösung. Die Mischung wird unter gelegentlichem Rühren digeriert. Die Lösung ist dann vorsichtig mit konz. NH_4OH bis zur Fällung von $La(OH)_3$ zu versetzen; hierauf wird die Mischung zentrifugiert und die überstehende Flüssigkeit verworfen. Das $La(OH)_3$ löst man in 2 ml 2m HCl auf. 1,0 mg Sr in Nitrat-Form wird als Rückhalteträger und dann 0,250 ml 5m NH_2OH-Lösung zugefügt. Die Lösung digeriert man weitere 5 Minuten unter zeitweiligem Rühren und gibt 0,200 ml konz. H_2F_2 tropfenweise zur Lösung zwecks Fällung von LaF_3 zu. Nach Zentrifugieren ist die überstehende Lösung zu verwerfen, der Niederschlag mit 0,5 ml einer Mischung aus m H_2F_2 und m HNO_3 zu waschen. Den LaF_3-Niederschlag löst man in 0,5 ml gesättigter Borsäure-Lösung und 1,0 ml 6m HNO_3 auf. Je 1,0 ml an Wasser und 10%iger $KMnO_4$-Lösung werden zugesetzt, die Mischung unter gutem Rühren 5 Min. digeriert. Mit 0,250 ml konz. H_2F_2 wird neuerlich LaF_3 ausgefällt. Dann zentrifugiert man die Lösung und führt die überstehende Flüssigkeit in ein anderes Zentrifugen-Rohr über. Den Niederschlag wäscht man mit 0,5 ml m H_2F_2 nebst m HNO_3, vereinigt die Waschflüssigkeit mit der dekantierten Lösung und verwirft den Niederschlag.

Die Lösung wird mit 3,0 mg La^{3+} versetzt, dann 5 Min. digeriert und zentrifugiert. Der überstehenden Flüssigkeit werden weitere 3,0 mg La^{3+} zugesetzt, die Lösung unter Rühren 5 Min. digeriert, ohne den zuerst entstandenen Niederschlag auf dem Boden des Zentrifugenrohres aufzuwirbeln. Hierauf zentrifugiert man und bringt die überstehende Flüssigkeit in ein anderes Zentrifugen-Rohr. Den Niederschlag wäscht man mit 0,5 ml m H_2F_2 nebst m HNO_3, zentrifugiert und vereinigt die Waschflüssigkeiten mit der dekantierten Flüssigkeit. Der Niederschlag ist zu verwerfen.

Hierauf werden 1 mg Zr^{4+} (in Nitrat-Form als Rückhalteträger) und 0,250 ml 5m $NH_3(OH)Cl$-Lösung zugefügt, die Mischung umgerührt und 5 Min. digeriert. 3,0 mg La^{3+} und 2 ml 2m H_2F_2 werden der Lösung zugesetzt; diese wird 20 Min. digeriert und dann zentrifugiert, die überstehende Flüssigkeit verworfen. Den Niederschlag wäscht man mit 0,5 ml m H_2F_2 nebst m HNO_3 (durch Zentrifugieren). Die abgetrennte Waschflüssigkeit wird verworfen. Den Niederschlag rührt man mit $\sim$ 0,5 ml m HNO_3 auf und führt die Mischung mit einer Pipette in ein Kultur-Röhrchen aus Borsilicat über. Das Zentrifugen-Spitzröhrchen spült man mit je 0,5 ml m HNO_3 3mal aus und bringt die Spülflüssigkeit in das Kultur-Röhrchen. Dieses wird mit einem Kork verschlossen und die γ-Aktivität in einem Szintillationszähler mit Bohrloch-Kristall gemessen.

Die *Standard-Probe* von U_3O_8 ist in HNO_3 zu lösen. Einen Aliquotteil der Lösung behandelt man in genau gleicher Weise wie die Proben-Lösung. Der Uran-Gehalt der Probe wird aus dem Verhältnis der auf den Leerwert korrigierten ^{239}Np-Aktivitäten der unbekannten Probe und der Standard-Probe berechnet. Identifizierung des ^{239}Np ist durch Kontrolle der Abklingkurve oder durch Untersuchung der β-Strahlung mit Hilfe von Absorption durch Al-Folien bekannter Dicke möglich.

Bemerkungen. I. *Störmöglichkeiten.* Störungen durch mit dem Element Thorium und Spaltungsprodukten assoziierte Aktivitäten sind vernachlässigbar, wenn zwei oder mehr LaF_3-Fällungen zur Dekontamination des ^{239}Np ausgeführt werden. Eine Störung im Gefolge der LaF_3-Fällung konnte vermieden werden, wenn die H_2SO_4-Konzentration kleiner als 1,25m war oder eine Fällung mit NH_4OH eingeschaltet wurde. Anwesenheit von Phosphorsäure stört nicht.

II. *Empfindlichkeit.* Das Verfahren eignet sich zur Bestimmung von 0,30 μg Uran in 1 g Probe; jedoch können noch 0,003 $\mu g/g$ bestimmt werden. Die γ-Impuls-Häufigkeiten waren bei den Untersuchungen der Autoren mindestens 100000/min.

III. Die *Reproduzierbarkeit* der Methode liegt innerhalb von $\pm$ 10%.

IV. Auf der γ-spektrometrischen Bestimmung des ^{239}Np beruht auch ein Verfahren zur Ermittlung von *Uran-Spuren* in Al und Pb, das von *Alian, Partasarathy* und *Sankar Das* angegeben wird. Es beruht auf der 3 Tage langen Bestrahlung mit einem Neutronen-Fluß von $10^{13} n \cdot cm^{-2} \cdot sec^{-1}$, 2 Tagen Abkühlzeit, Auflösung der Probe, selektiven Abtrennung des ^{239}Np durch Extraktion mit Thenoyltrifluoraceton (TTA):

$$\text{(Thenoyl)} - CO \cdot CH_2 \cdot CO \cdot CF_3 ,$$

Rückextraktion mit 10m HNO_3, Zählung der γ-Aktivität eines Aliquot-Teiles der Lösung. Die Ausbeute-Bestimmung an Np wurde mit ^{239}Np-Tracer geprüft. Da sie unter den gegebenen, experimentellen Bedingungen quantitativ war, war bei den späteren Bestimmungen selbst keine Ausbeute-Korrektur notwendig. Zur *Herstellung* eines Uranstandards wurde 1 g Uran-Metall in HNO_3 gelöst und die Lösung auf 500 ml verdünnt. Davon wurden 5 ml neuerlich auf 500 ml verdünnt, so daß die Konzentration des Standards 20 μg U/ml war.

Herstellung des ^{239}Np-Tracers. 6 mg Uran in Lösung werden mit thermischen Neutronen bestrahlt, dann mit m HCl auf 25 ml verdünnt. Aus 2 ml dieser Lösung wird ^{239}Np nach *Moore* isoliert. Zu diesem Zweck ist das Np in m HCl-Lösung mit mNH$_3$(OH)Cl-Lösung und 2m KJ-Lösung zu reduzieren. Die Lösung wird 20 Min. auf 80 °C erwärmt und mit dem gleichen Volumen 0,5m TTA in Xylol extrahiert. (Von der auf 25 ml verdünnten, wäßrigen Lösung wurde ein 5-ml-Aliquot-Teil gemessen, wobei 3% des eingesetzten Np wiedergefunden wurden.) Die organische Lösung ist mit dem gleichen Volumen m HCl zu waschen (analoge Messung der wäßrigen Phase ergab 0,4% des eingesetzten Np). Np wird mit 10m HNO_3 rückextrahiert. (Messung der in der organischen Phase zurückgebliebenen Np-Aktivität ergab 0,9% der eingesetzten Aktivität.) Die wäßrige Phase wird auf 25 ml verdünnt und in einem 5-ml-Aliquot die Aktivität gemessen. 95,7% Ausbeute wurden derart gefunden. Bei zwei aufeinanderfolgenden Extraktionen mit TTA war die Ausbeute größer als 99%.

Arbeitsvorschrift. 100 und 200 μl Uran-Lösung werden in Quarz-Röhrchen von 3 cm Länge und 5 mm innerem Durchmesser eingedampft, die Röhrchen zugeschmolzen. Die zu untersuchenden Al-Proben von S$_2$-Grad ($\sim$ 300 mg) und Pb hoher Reinheit ($\sim$ 400 mg) werden in dünne Al-Folien verpackt. Proben und Standards sind in ein Al-Röhrchen von 4,5 cm Länge und 2 cm innerem Durchmesser zu bringen und im Reaktor zu bestrahlen (benutzt wurde der Canada India Reactor, ein Schwerwasser-Reaktor der NRX-Type, der mit natürlichem Uran arbeitet).

Bemerkungen. a) Die *Bestrahlungsdauer* betrug 3 Tage, der Neutronen-Fluß. 10^{13} n·cm^{-2}·sec^{-1}, die Abkühlzeit 2 Tage.

b) *Weiterverarbeitung.* α) Standards. Die Quarz-Röhrchen mit den bestrahlten Standards werden in Polyäthylen-Säckchen eingeschlossen und mechanisch zertrümmert, dann in 100-ml-Bechergläser gebracht, mit m HCl gekocht und filtriert. Ein 4 μg-Standard wird auf 50 ml Lösungsvolumen verdünnt. 5 und 10 ml dieser Lösung (0,4 μg bzw. 0,8 μg Uran enthaltend) sind zur ^{239}Np-Isolierung zu benutzen.

β) Bestrahlte Al- bzw. Pb-Proben. Aufteilung der Al-Probe in 3 Teile, der Pb-Probe in 2 Teile. Die Oberfläche der Proben ist mit verd. HNO_3 zu reinigen, zu waschen, zu trocknen, die Proben vor der Auflösung zu wägen. Zu jedem Aliquot-Teil der Al- und Pb-Proben sind nach dem Zugabe-Verfahren („spiking") 0,4 μg des bestrahlten Uran-Standards zuzufügen. Die Standards und die Al-Proben werden mit HCl zur Trockne abgeraucht, der Rückstand in m HCl aufgelöst. Die Pb-Proben sind zuerst in verd. HNO_3 aufzulösen, der Rückstand mit m HCl aufzunehmen. Das dabei ausgefällte $PbCl_2$ ist zu zentrifugieren, die überstehende Flüssigkeit und 3 aufeinanderfolgende Waschlösungen (mit m HCl) für die Extraktion des Np zu vereinigen. Die Ausführung der Np-Extraktion erfolgt mit TTA wie beschrieben (einmalige Wiederholung der TTA-Extraktion, um Np quantitativ zu isolieren). Np wird mit 10m HNO_3 rückextrahiert, die Lösung auf 25 ml verdünnt.

c) *Radioaktivitätsmessung.* 5 ml rückextrahierte Np-Lösung sind in ein Glas-Röhrchen zu bringen, zuzuschmelzen; die γ-Aktivität wird (bei konstanter Geometrie) mit einem Szintillations-γ-Spektrometer gemessen: Messung sowohl der gesamten γ-Aktivität wie der Aktivitäten der Photopeaks bei 0,106 und 0,217 MeV ist für jeden Standard und jede Probe erforderlich. Reproduzierbarkeit $\pm$ 3%. Die Ergebnisse waren bei der von den Autoren ausgeführten Untersuchung: 2,06 ppm U in Al; 0,0093 ppm U in Blei.

d) Die *Empfindlichkeit* beträgt: 0,002 μg U unter den angewandten Versuchsbedingungen.

e) *Smales*, *Mapper* und *Seyfang* bestimmten Uran-Spuren in ziemlich reinem *Beryllium-Metall* mit Neutronen-Aktivierung und γ-Spektrometrie zerstörungsfrei, da Be für die (n, γ)-Reaktion den niedrigen Wirkungsquerschnitt von nur 10 mb und das entstehende Radioberyllium ^{10}Be eine Halbwertszeit von $2,5 \cdot 10^6$ a aufweist. ^{238}U baut mit langsamen Neutronen das Isotop ^{239}U auf, das sich mit 23,5 Min. Halbwertszeit in ^{239}Np umwandelt (Aktivierungsquerschnitt für diese Reaktion $\sigma_{act} =$ 2,74 b). Der Aktivierungsquerschnitt kann aber bei bestimmten Neutronen-Resonanz-Energien sehr hohe Werte erreichen, z. B. bei einer Neutronen-Energie von 0,66 eV 72000 b, während bei Neutronen-Energien von 2 bis 100 eV andere Resonanz-Einfang-Querschnitte in gleicher Größen-Ordnung bekannt sind. Nach 100 Min. Bestrahlungsdauer weist 1 μg natürliches Uran $4,0 \cdot 10^5$ Zerfälle/Min. auf, während das inzwischen entstandene ^{239}Np $8 \cdot 10^3$ Zerfälle/Min. produziert. Nach 17 h Abklingzeit ist die ^{239}U-Aktivität null, jedoch die ^{239}Np-Aktivität $8,2 \cdot 10^3$ Zerfälle/Min. Der von den Autoren benutzte Impulshöhen-Analysator ist in der Originalarbeit beschrieben.

Arbeitsvorschrift. Das Prinzip ist die Messung des Photopeaks des ^{239}Np bei 0,105 MeV, dessen Höhe gegen jene eines ^{239}Np-Standards verglichen wird. Zur Vermeidung der Selbstabschirmung erfolgt Verpackung der Proben in Polyäthylen-Kapseln von 0,5 inch = 1,27 cm Höhe und $\frac{3}{8}$ inch = 0,95 cm innerem Durchmesser mit passendem Deckel. Das Fassungsvermögen einer 3 inch = 7,62 cm langen Bestrahlungsbüchse aus Al mit 1 inch = 2,54 cm Durchmesser beträgt 5 solcher Kapseln und 2 zugeschmolzene, dünnwandige Quarz-Ampullen mit je 0,1 ml einer Standard-Uranlösung (50 μg U/ml). Als Packungsmaterial innerhalb der Al-Büchse wird Quarz-Wolle oder Al-Folie verwendet. Bestrahlungsdauer ist 1 bis 1,5 Std. bei 10^{12} n $\cdot$cm$^{-2}\cdot$sec^{-1}; Abkühlzeit 1 bis 2 Tage. Nach der Bestrahlung wird quantitative Überführung der Standards mit einer Mikro-Tropfpipette in gleichartige Polyäthylen-Kapseln (wie für die Proben benutzt) ausgeführt und mit Wasser auf gleiches Volumen wie die Proben gebracht.

Bemerkungen. aa) Die *Schwächung* der γ-Strahlen durch die leichten Elemente Be, H und O ist nahezu gleich.

bb) Eine Reaktion ^{9}Be(γ, n)^{8}Be $\rightarrow 2\,^2_4$He wurde *nicht* beobachtet.

cc) Die Entstehung „unechter" Np-Aktivitäten auf andere Weise ist *nicht zu befürchten*.

dd) Die Methode gibt das Gesamturan mit ausreichender *Genauigkeit*, wenn die Zusammensetzung nicht sehr von derjenigen des natürlichen Urans abweicht. Mittels der beschriebenen Methode konnten fast 200 Be-Proben in etwa 2 Wochen von einem einzigen Bearbeiter analysiert werden.

ee) Wenn die Probe jedoch *weniger als 1 ppm Uran* enthält, ist die ^{140}Ba-Methode, eine chemische Abtrennung einschließend, die empfehlenswerteste.

ff) Die Uran-Bestimmung in *Meteoriten* durch *Hamaguchi*, *Reed* und *Turkevich*, wobei sowohl das Spaltungsprodukt ^{140}Ba wie auch das aus ^{238}U durch Neutronen-Einfang entstehende ^{239}Np als Grundlage dienten, wird auf Seite 471 erwähnt. Dabei fand ^{237}Np als Tracer für ^{239}Np Verwendung.

gg) Ebenso bestimmen *Reed*, *Kigoshi* und *Turkevich* (a) Uran in Meteoriten. Während sich in 4 chondritischen Meteoriten (Steinmeteoriten) innerhalb von 10% der gleiche Uran-Gehalt (11 ppb) ergab, lagen die gefundenen Uran-Gehalte der

Eisen-Meteorite bei den verfügbaren Neutronen-Flüssen an der Grenze der Nachweisempfindlichkeit der Methode (Größen-Ordnung 0,01 bis 0,001 ppb). Diese Resultate lagen um Faktoren von 10 bis 100 niedriger als die meisten früheren Bestimmungen.

hh) Eine *weitere* Publikation von *Reed, Kigoshi* und *Turkevich* (b) ist auf S. 471 besprochen.

Bate, Hampton und *Leddicotte* bestimmten ^{238}U in mit Uran beladenen *Graphit-Brennstoff-Elementen* zerstörungsfrei, indem sie das ^{239}Np in den mit Neutronen bestrahlten Proben maßen. Das in den Testproben enthaltene ^{238}U konnte quantitativ bestimmt werden durch Vergleich der in jeder Probe induzierten ^{239}Np-Aktivität mit jener, die in bekannten Standards von ^{238}U bei Einhaltung des gleichen Analysen-Ganges erhalten wurde. Die Nachweisgrenze für ^{238}U in Proben der normalen Zusammensetzung des (natürlichen) Urans lag bei $1 \cdot 10^{-4}\,\mu g$. Mit einem 200-Kanal-Impulshöhen-Analysator wurde der γ-Photopeak des ^{239}Np bei 0,105 MeV gemessen.

ii) *Benson, Holland* und *Smith* bestimmten die Konzentrationen von Fe und U in *Blei-Folien*, die als primäres Einhüllungsmaterial für mikroskopische Partikeln dienten, in denen diese beiden Elemente durch Neutronen-Aktivierungsanalyse bestimmt werden sollten. Diese Blei-Folien wurden durch Verdampfung von hochreinem Blei aus Al_2O_3-Tiegeln hergestellt. Zur Uran-Bestimmung wurde die γ-Strahlung des ^{239}Np herangezogen.

Die Blei-Folien werden in Quarz-Kapillaren (innerer bzw. äußerer Durchmesser 3 bzw. 4 mm, Länge 20 mm) untergebracht, welche unter Stickstoff-Atmosphäre zugeschmolzen wurden, um Oxydation des Bleis während der Bestrahlung zu vermeiden. In Quarz-Ampullen wurden 50 μl-Mengen der Uran-Standard-Lösung (42,26 μg U/ml) mit Hilfe eines Stickstoff-Stromes verdampft. Die Röhrchen mit den Standards, den Untersuchungsproben und solche für Blindbestimmungen wurden in Quarz-Wolle verpackt und in einer Al-Bestrahlungskapsel nebeneinander eingelegt. Die Bestrahlung erfolgte im Reaktor-Core des MTR[1] während 9 bis 19 Tagen bei voller Leistung mit einem Neutronen-Fluß von 1,3 bis $3,9 \cdot 10^{14}\mathrm{n} \cdot \mathrm{cm}^{-2} \cdot \mathrm{sec}^{-1}$. Für die Np-Bestimmung wurde eine Tracer-Lösung von ^{237}Np verwendet. Als Rückhalteträger-Lösungen (Scavenger) für verunreinigende Elemente dienten Nitrat-Lösungen von Zr, La, Ag, Cu, Ba.

Im Lauf des Analysenganges und nach Zugabe des Alphastrahlers ^{237}Np[2] als Träger wurden Fe und Np an einem Dowex-AG 1X8-Anionen-Austauscherharz adsorbiert und mit einem Gemisch aus n HCl nebst 0,1 n H_2F_2 eluiert, hierauf über eine gemeinsame Hydroxid-Fällung, Auflösung in n HCl und Reduktion mit $NaHSO_3$ durch Fluorid-Fällung des Np an La-Träger voneinander getrennt. Nach Auflösen des Niederschlages mit ges. Borsäure-Lösung wurde die Hydroxid- und Fluorid-Fällung (bei Zugabe von Fe-Rückhalteträger) wiederholt. Nach Umwandlung des Fluorid-Niederschlages in Hydroxid und Auflösung mit HCl sättigt man die Lösung mit HCl-Gas und läßt sie durch eine Säule des oben angegebenen Anionenaustauscher-Harzes fließen. Die Elution des Np erfolgte mit n HCl nebst 0,1 n H_2F_2, worauf mit Hilfe von Fe-Träger neuerlich die Hydroxide ausgefällt, in 1,5n HCl gelöst und mit Hydroxylammoniumchlorid reduziert wurden. Fe und Np wurden dann mit 0,4 m TTA-Lösung in Benzol extrahiert und Np mit 8n HNO_3 rückextrahiert. Diese Lösung wurde zuerst mit Perchlorsäure, dann mit HCl verdampft und schließlich das Np auf einer Pt-Scheibe elektrolytisch abgeschieden.

Die Np-Proben wurden mit einem Durchfluß-Endfenster-Zählrohr gezählt (zweimal täglich), bis die Aktivität der Probe jene des aus dem Zerfall des ^{237}Np-Tracers entstandenen ^{233}Pa (β-Strahler) erreichte. Die Menge Np-Tracer wurde zur Ausbeute-

---

[1] „Materials Testing Reactor".
[2] Die Standardlösungen zeigten 509 α-Zerfälle/Min $\cdot$ ml.

Bestimmung durch Zählung der Probe in einem $2\,\pi$-Durchfluß-Zähler ermittelt. Die chemische Ausbeute für Np war im Mittel 46%. Die Uran-Gehalte der Blei-Folien wurden durch Vergleich der Aktivitäten der Proben mit jenen der Uran-Standards berechnet, wobei die γ-Aktivitäten des entstandenen ^{239}Np zugrunde gelegt wurden. Die charakteristischen Linien des ^{239}Np liegen bei 0,106, 0,23 und 0,28 MeV.

jj) Mittels Neutronen-Aktivierung ermittelten *Ishimori* und *Fujimo* das Isotopen-Verhältnis *von* ^{235}U *zu* ^{238}U. Dazu wurden rund $10\,\mu g$ U_3O_8 mit etwa 100 mg Oxal-säure vermischt und parallel zu Standards mit einem Neutronen-Fluß von 1 bis $5 \cdot 10^{11}$ n$\cdot$cm$^{-2}\cdot$sec^{-1} 1 Std. bestrahlt. Nach 24 Std. wurde die γ-Strahlung mittels Szintillationsspektrometrie ohne radiochemische Trennung gemessen. Für das ^{239}U wurden ^{239}Np-Peaks, für das ^{233}U Photopeaks der aus ^{235}U entstandenen Spaltungs-produkte verwendet. Bei 10%iger Anreicherung an ^{235}U betrug der relative *Fehler* etwa $\pm 10\%$, bei 93% Anreicherung etwa $\pm 5\%$. Der Zweck des Oxalsäure-Zusatzes war die Verlangsamung schneller Neutronen und der Einfang von Rückstoß-Spal-tungsprodukten.

kk) Auch *Bobleter* und *Musyl* bestimmten ^{233}U mit Hilfe des bei der Neutronen-Bestrahlung entstandenen ^{239}Np. Der thermische Neutronen-Fluß in dem benutzten *Triga-Mark-II-Reaktor* betrug $0,7 \cdot 10^{12}$n$\cdot$cm$^{-2}\cdot$sec^{-1}, die Bestrahlungszeit $\frac{1}{2}$ Std. Da in der Nähe des Reaktor-Cores ein starker Anteil an epithermischen Neutronen vorhanden war und somit eine erhöhte Ausbeute an ^{239}U und damit an ^{239}Np durch Resonanzabsorption bewirkte, mußten sich die Uran-Vergleichsproben während der Aktivierung möglichst nahe der Meßprobe befinden. Den stärksten Anteil an der Gesamtstrahlung beim Zerfall des ^{239}Np hat sein γ-Photopeak mit 0,106 MeV. Wegen Linien-Verbreiterung durch Compton-Photonen und einen Escape-Peak wurden für die quantitativen Bestimmungen an Stelle der integralen Linien-Fläche die Linien-Höhen verwendet. Unter den gewählten Bedingungen störten die Spaltungsprodukte die Messung dieser Linien nicht. Die Meßzeit betrug je nach der Uranmenge 10 bis 1000 Sek. Es konnten noch $0,4\,\mu g$ Uran bestimmt werden, nach $1^{1}/_{4}$-stündiger Be-strahlung und 22 Std. Abklingzeit $0,08\,\mu g$ U, nach 2 stündiger Bestrahlung und 6 Std. Abklingzeit sogar noch $0,02\,\mu g$ U. Eine Überprüfung der Methode an einer Pech-Blende zeigte, daß lediglich *Gold* infolge seines hohen Wirkungsquerschnittes für thermische Neutronen eine große Aktivität erreicht, während alle übrigen in Pech-Blende normalerweise als Haupt- und Nebenbestandteile enthaltenen Elemente im Bereich der 0,106 MeV-γ-Linie eine verhältnismäßig niedrige Aktivität besitzen. Bei Schichtdicken bis zu 200 mg$\cdot$cm^{-2} war keine Korrektur für die Selbstabsorption notwendig.

ll) Die Aktivitätsmessung des ^{239}Np ist dann am Platz, wenn die Bestrahlungs-einrichtung und das radiochemische Laboratorium *weit voneinander* entfernt sind. An sich weist die Messung des ^{239}U, die bald nach dem Bestrahlungsende auszu-führen ist, die größte Empfindlichkeit auf (*Decat*, *Van Zanten* und *Leliaert*; *Smales*, *Mapper* und *Seyfang*). Zweitägige Bestrahlung mit einem thermischen Neutronen-Fluß von $\sim 1 \cdot 10^{12}$n$\cdot$cm$^{-2}\cdot$sec^{-1} erzeugt aus nur 10^{-9} g U mehrere hundert Zerfälle von ^{239}Np je Min., so daß für eine Uran-Konzentration von $\sim 10^{-8}$ g U/g eine Ein-waage von 0,1 g genügt. Da Laboratoriumsstaub $\sim 10^{-6}$ g U/g und viele Reagenzien mehr als 10^{-8} g U/g enthalten können, ist für eine Konzentration von etwa 10^{-8} g U/g die Aktivierungsmethode die einzig mögliche Wahl.

mm) Die *Ausbeute* der Np-Abtrennung ist in Gegenwart anderer Ionen oft stark verringert (*Miller*). Durch Anwendung des ^{239}Np zur Uran-Bestimmung in *Pflanzen-Aschen* wurde diese Tatsache von *Dean*, *Stimson* und *Green* bei Extraktion mit Thenoyltrifluoroaceton (TTA), Fällung des Np nach Reduktion als Fluorid und bei Ionenaustausch-Verfahren bestätigt, so daß chemische Reinigung des Np unter Anwendung aller 3 genannten Methoden oft nur eine Gesamtausbeute von 1% ergab.

Arbeitsvorschrift. $\alpha\alpha$) *Bestrahlung.* Der Einfangquerschnitt des ^{238}U für thermische

Neutronen ist 2,74 barn; jedoch treten im Bereich der epithermischen Neutronen (0,1 bis 100 eV) sehr große Resonanz-Querschnitte auf (*Hughes* und *Schwartz*). Ein hoher, thermischer Neutronen-Fluß in Verbindung mit einem beträchtlichen, epithermischen Fluß begünstigt daher die Bildung von ^{239}Np gegenüber (n, γ)-Reaktionen mit anderen Nukliden. Der BEPO-Reaktor (*U. K. AERE*, Harwell) liefert einen thermischen Fluß von $1,2 \cdot 10^{12}$ n $\cdot$ cm$^{-2} \cdot$ sec^{-1} und einen epithermischen Fluß von $6 \cdot 10^{10}$ n $\cdot$ cm$^{-2} \cdot$ sec^{-1}. Infolgedessen beträgt der Wachstumsfaktor für ^{239}Np bei zweitägiger Bestrahlung bereits 0,45. Läßt man anschließend noch zwei Tage abklingen, so ist ein großer Teil der entstandenen ^{24}Na-Aktivität (15,4 h = Halbwertszeit) bereits zerfallen.

$\beta\beta$) *Proben-Vorbereitung.* Das Pflanzen-Material wird in einem Muffelofen bei 800 °C verascht, gut durchmischt und in einem Achatmörser gemahlen. Hierauf wird $\sim 0,1$ g in eine gewogene „Sellotape"-Hülle eingewogen (deren Uran-Gehalt mit $3,3 \cdot 10^{-8}$ g/g bekannt war) und das Ganze in eine Quarz-Ampulle eingeschlossen. 6 derartige Ampullen werden in eine Standard-Al-Bestrahlungskapsel eingelegt; eine dieser Ampullen enthält eine bekannte Menge von reinem Uran als Standard. Nach zweitägiger Bestrahlung läßt man weitere 2 Tage „abkühlen".

$\gamma\gamma$) *Np-Abtrennung.* Zum Zweck der Dekontamination wird die Außenseite der Ampullen 15 Min. in 8n HNO$_3$ gekocht und mit dest. Wasser gewaschen. Die jeweils zur Analyse bestimmte Ampulle wird über einer Platin-Schale zerbrochen. Nun wird eine ^{237}Np-Träger-Lösung von genau bekanntem Gehalt zugesetzt, die ungefähr 100 Zerfällen/Min. entspricht, ferner 0,1 mg Nd-Träger und schließlich mit konz. HNO$_3$ überschichtet. Die „Sellotape"-Hülle wird durch allmähliches Erwärmen aufgelöst; die Bruchstücke der Ampulle werden entfernt, die Waschwässer zur Hauptlösung zugefügt und zur Trockne verdampft. Nach Zugabe von 5 ml konz. HNO$_3$ und 10 ml konz. H$_2$F$_2$ verdampft man abermals zur Trockne. Dann wird mit konz. HNO$_3$ und 5 ml HClO$_4$ wieder abgeraucht und der Vorgang nötigenfalls wiederholt. Den Eindampfrückstand löst man in 6n HNO$_3$, führt die Lösung in ein Zentrifugen-Rohr über und verdünnt auf 15 ml. Hierauf fügt man NaOH-Pillen bis zur alkalischen Reaktion der Lösung zu, zentrifugiert und entfernt die überstehende Flüssigkeit. Nach Auflösung des Niederschlages in 6n HNO$_3$ wird verdünnt, alkalisch gemacht und wie vorher zentrifugiert. Schließlich wird der Niederschlag mit einer frisch bereiteten Lösung von NaOH gewaschen. Durch diese Fällungen werden die Hauptmengen der Radionuklide ^{24}Na und ^{42}K, ferner Al und der größte Teil von Ca und Mg entfernt.

Den Niederschlag löst man in ungefähr 1 ml n HNO$_3$, setzt 0,1 ml 0,5m Hydraziniumnitrat-Lösung zu und erwärmt 15 Min. auf dem Wasserbad. Dann kühlt man ab und setzt 0,25 ml 12%ige (NH$_4$)$_2$F$_2$-Lösung zu. Nach 5 Min. zentrifugiert man und verwirft die überstehende Lösung. Den Niederschlag löst man in 0,05 ml ges. Borsäure-Lösung und fügt 0,05 ml konz. HNO$_3$ zu. Nach Verdünnen leitet man NH$_3$-Gas ein, zentrifugiert und verwirft die überstehende Flüssigkeit. Der Niederschlag wird zweimal gründlich mit Wasser gewaschen, was sehr wesentlich ist. Durch die beschriebene Vorgangsweise werden die seltenen Erden, die Aktinoiden-Elemente und Phosphat-Ionen entfernt. Der entstandene Radiophosphor ^{32}P (14,3 d = Halbwertszeit, β-Strahler) würde bei den Aktivitätsmessungen stören.

Der Hydroxid-Niederschlag wird in konz. HCl gelöst, zur Trockne verdampft, der Rückstand mit einer Mindestmenge konz. HCl aufgenommen; die Lösung gibt man auf eine Anionenaustauscher-Säule (De-Acidite FF; Säulendimensionen 4 cm mal 6 mm) und läßt sie durchfließen. Hierauf wäscht man die Säule mit 10 Anteilen von je 1 ml konz. HCl (15 Min. Zeit-Erfordernis). Schließlich wird die Säule 4mal mit 1-ml-Anteilen konz. HCl, die 1% HJ enthält, gewaschen. Das Np wird mit 4n HCl eluiert; zur Lösung 1 Tropfen Nd-Träger (Konzentration ~ 1 mg Nd/ml) zugefügt und zur Trockne verdampft. Diese Anionenaustauscher-Trennung entfernt den

29*

größten Teil des ^{233}Pa, das ein Tochter-Element des zwecks Bestimmung der chemischen Ausbeute zugesetzten Tracers ^{237}Np darstellt. Der erhaltene Eindampfrückstand wird mit nHCl aufgenommen, die Lösung zur Reduktion mit Hydraziniumnitrat versetzt, 15 Min. in einem siedenden Wasserbad erwärmt und auf 0,5n an HCl verdünnt. Das Np wird mit zwei Anteilen zu 1 ml 0,25m TTA-Lösung in Benzol extrahiert, indem die Lösung in einer Polyäthylen-Ampulle 15 Min. kräftig geschüttelt wird. Die benzolische Lösung wird mit 2 Anteilen zu 1 ml 0,5n HCl gewaschen und die wäßrige Schicht verworfen. Die Zeitdauer wird notiert (Abtrennungszeit von ^{233}Pa). Das Np wird hierauf mit 2 Anteilen zu 1 ml 6n HNO$_3$ rückextrahiert, indem jedesmal 10 Min. geschüttelt wird. Die vereinigten, wäßrigen Schichten werden mit zwei Anteilen zu je 1 ml Benzol gewaschen und die organischen Schichten verworfen. Den Überschuß an Benzol kocht man fort, verdampft die wäßrige Lösung auf ungefähr 0,5 ml und bringt sie zum Zweck der Zählung auf ein vorher geglühtes Scheibchen aus rostfreiem Stahl.

Bemerkungen. a$_1$) Die *Gesamtzeit* für die Np-Abtrennung beträgt $\sim$ 6 Std.

b$_1$) Parallelanalysen, die an getrennt bestrahlten Proben ausgeführt worden waren, stimmten auf *weniger als 10%* überein.

c$_1$) Die *Ausbeuten* waren besser als 50%.

$\delta\delta$) *Zählung.* Die β-Aktivität des ^{239}Np wurde mit einem Proportional-Durchflußzähler gemessen (Zählerausbeute $\sim$ 33%, Hintergrund $\sim$ 30 Ipm). Die Messungen wurden täglich (über insgesamt 10 Tage) ausgeführt.

Bemerkungen. a$_1$) Bei *niedriger* Np-Aktivität wurde ein *van-Duuren*-Zähler benutzt, der mit einem Absorber für α- und niedrig-energetische γ-Strahlung versehen war. Die Zählausbeute waren $\sim$ 25% für ^{239}Np, der Hintergrund $\sim$ 2 Ipm. Die Zerfallskurve wurde mit einem Computer analysiert. Die α-Aktivität des zur Bestimmung der chemischen Ausbeute benutzten ^{237}Np wurde mit einem Szintillationszähler gemessen. Die α-Emission des Tochter-Nuklids ^{239}Pu konnte vernachlässigt werden.

b$_1$) ^{237}Np *stört* die β-Zählung des ^{239}Np durch die Mitmessung eines kleinen Bruchteiles seiner γ- und Röntgen-Strahlung (etwa 1 Ipm auf 100 Zerfälle je Min. des ^{237}Np), ferner indirekt durch das nachgewachsene Tochter-Produkt ^{233}Pa, das ein β-Strahler ist. Die Zählgeräte können entsprechend kalibriert und Korrektionen dazu angebracht werden. Beispielsweise ergab sich experimentell für das verwendete PANAX-*van-Duuren*-Zählrohr (mit Glimmer-Fenster von 2 mg·cm^{-2} Dicke + Al-Absorber von 4,35 mg·cm^{-2} Dicke) folgende Korrektion:

$$C = \alpha \left[0,0113 + 0,23 \left(1 - e^{-\lambda t}\right)\right].$$

Dabei sind: C = die Korrektion in Ipm, die von der beobachteten β-Impulshäufigkeit abzuziehen ist,

$\alpha = {}^{237}$Np-Aktivität (in Zerfällen je Min.)

λ = Zerfallskonstante von ^{233}Pa $(1,07 \cdot 10^{-3} \mathrm{h}^{-1})$

t = Nachbildungszeit des ^{233}Pa (in Stunden).

Der benutzte Computer war ein IBM-7040-Modell („Stretch").

c$_1$) Die Bestimmung des Urans durch Neutronen-Aktivierungsanalyse kann wie gezeigt entweder durch Messung der (n, γ)-Produkte oder der Spaltungsprodukte erfolgen. Da in einem Reaktor schnelle, intermediäre und thermische Neutronen auftreten, können keine realen Wirkungsquerschnitte bei der Bestrahlung angegeben werden. Zur Bestimmung von Uran-Spuren in *biologischen* Materialien geben *Picer* und *Strohal* das nachstehend beschriebene Verfahren an.

Arbeitsvorschrift. α_1) *Standards.* Aus Uranylnitrat (analytical grade) wird eine Standardlösung hergestellt und auf eine Konzentration von 10 ng/ml verdünnt. Reines Quarz-Pulver wird in einer Menge, die jener der zu untersuchenden Probe annähernd gleich ist, mit Standard-Uran-Lösung vermischt, getrocknet und in

Quarz-Ampullen eingeschmolzen. Standards und Proben werden wie üblich unter gleichen Bedingungen bestrahlt.

β_1) *Probenvorbereitung und Bestrahlung.* Alle biologischen Proben werden naß verascht, um nicht durch Glühen Mikrokonstituenten zu verlieren. Die Lösungen werden unter einer IR-Lampe abgeraucht. Auch Proben der verwendeten Säuren und des Wassers werden in gleicher Weise abgeraucht bzw. eingedampft, um ihren Uran-Gehalt zu bestimmen. Die bei 110 °C getrockneten Proben-Rückstände werden dann in Quarz-Ampullen eingeschmolzen. Den Autoren stand ein Reaktor mit einem Neutronen-Fluß von $\sim 3 \cdot 10^{13}\,\text{n} \cdot \text{cm}^{-2} \cdot \text{sec}^{-1}$ zur Verfügung. Die Bestrahlungsdauer variierte zwischen einigen Stunden und 3 Wochen.

γ_1) *Chemische Aufarbeitung.* Die bestrahlten Proben läßt man etwa 1 Tag „abkühlen", damit sich aus dem entstandenen ^{239}U das ^{239}Np bilden kann. Die in Königswasser gekochten Quarz-Ampullen werden zerbrochen und ihr Inhalt in Bechergläser mit 6n HNO_3 überführt. Zur Abtrennung des Np wurde durch Modifikation der Verfahren nach *Magnuson* bzw. *Reed* eine Methode entwickelt, die über 70% Ausbeute lieferte. Zur salpetersauren Lösung der bestrahlten Probe werden 10 Tropfen n $KMnO_4$-Lösung zugesetzt, dann mäßig erwärmt, $MnO_2 +$ aq durch Zugabe von 5 Tropfen n $NaNO_2$-Lösung ausgefällt. Der Niederschlag wird mit weiterem $NaNO_2$ reduziert und eine abermalige Np-Abtrennung durch Mitfällung an $La(OH)_3$ ausgeführt. Dazu werden 1 ml 5m $NH_3(OH)Cl$-Lösung und 10 mg La^{3+}-Lösung der überstehenden Flüssigkeit zugefügt und unter starkem Rühren eine Fällung mit NH_4OH vorgenommen. Der Niederschlag, der (außer Np und La) auch andere Hydroxide, Phosphate enthält, wird durch Zentrifugieren von der Lösung getrennt und mit dest. Wasser gewaschen. Hierauf wird er in 6n HNO_3 gelöst, worauf 2 ml n H_2SO_4 und 2 ml 0,05m $NaBrO_3$-Lösung zwecks Oxydation des Np zugesetzt werden. Nach Rühren wird LaF_3 mit 1 ml 0,6n H_2F_2 ausgefällt. Der durch Zentrifugieren abgetrennte Niederschlag wird verworfen. Durch Zugabe von 7 ml ges. SO_2-Lösung zur überstehenden Flüssigkeit wird Np wieder reduziert. Hierauf wird durch Zugabe von H_2F_2 eine LaF_3-Fällung wiederholt, die diesmal auch Np miteinschließt. Der Niederschlag wird zentrifugiert und mehrmals mit Wasser gewaschen. Sodann wird er durch mäßiges Erwärmen in ges. Aluminiumnitrat-Lösung aufgelöst, indem 10 Tropfen konz. HNO_3 und 2 Tropfen m $NaBrO_3$-Lösung zugesetzt werden. Nach 5 Min. langem Erwärmen werden 3 g NH_4NO_3 und einige Milliliter Wasser zugefügt und auf dem Wasserbad erwärmt. Nach Abkühlung wird die Lösung zweimal mit je 2 ml Äther extrahiert. Die Äther-Fraktionen werden auf Al-Zählschälchen gebracht, sorgfältig abgedampft und die Proben zur Zählung vorbereitet.

δ_1) *Aktivitätsmessung.* Mit einem 3×3 inch $= 7,62 \times 7,62$ cm $NaJ(Tl)$-Szintillationszähler wurde von den Autoren die Photopeak-Linie des ^{239}Np bei 0,068 MeV gemessen und als Kriterium der radiochemischen Reinheit die Halbwertszeit kontrolliert. Die Spektren wurden zur quantitativen Auswertung mit jenen der Standards verglichen (Flächen-Ausmessung).

Bemerkungen. a_2) Die *Genauigkeit* der Methode wurde durch Zugabe bekannter Uran-Mengen zu den zu analysierenden Proben geprüft, indem ein breiter Konzentrationsbereich benutzt wurde. Die Ausbeuten waren besser als 70%. Die Empfindlichkeit war ähnlich derjenigen einer sehr empfindlichen, fluorometrischen Bestimmung. Beispielsweise wurden im Urin $\sim 3 \cdot 10^{-10}$ g/ml gefunden, im Blut $\sim 5 \cdot 10^{-10}$ g/ml, im Wasser $5 \cdot 10^{-10}$ g/ml und in HNO_3 („Merck", p. a.-Reagens) $2,5 \cdot 10^{-12}$ g/ml.

b_2) Die Autoren beschreiben in der Veröffentlichung auch die Bestimmung des *Thoriums* in den verwendeten Proben. Sie beruht auf der Messung des aus ^{232}Th bei der (n, γ)-Reaktion und anschließendem β-Zerfall entstehenden ^{233}Pa. Dadurch wird vermieden, daß nach einer auf Bildung der Spaltungsprodukte beruhenden Methode die aus U und Th stammenden Spaltungsnuklide vermengt werden.

c_2) Die zerstörungsfreie Uran-Bestimmung durch Neutronen-Aktivierungs-analyse in *armen* Erzen unter Benutzung des Zugabe-Verfahrens (,,Spiking") wurde von *de Lange, de Wet* und *Venter* kritisch untersucht.

α_2) *U-Spiking.* Eine Standardlösung, enthaltend 9,51 mg U/ml, wurde hergestellt. 4 Proben zu je 25 g einer südafrikanischen Erzprobe (70% zu 200 mesh Größe zerkleinert; 0,0023% U_3O_8-Gehalt) wurden jeweils in einen Achat-Mörser gebracht und dann mit 1,501, 2,998, 6,007 und 11,912 mg U von der Standard-Uran-Lösung versetzt. Die Proben wurden unter IR-Lampen getrocknet und hierauf unter Methanol mindestens 30 Min. vermischt (*de Lange*). Für 25 g Erz, die auf weniger als 200 mesh zerkleinert sind, genügen etwa 5 ml Methanol. Die feuchte Mischung muß in einem Mörser mit einem Pistill etwa $^1/_2$ Std. umgerührt werden. Die Proben sind vor Verwendung selbstverständlich völlig zu trocknen.

β_2) *Bestrahlung mit Neutronen.* 4 Anteile mit je 1,5 g von jeder ,,gespickten" uranhaltigen Probe wurden in Quarz-Röhrchen (5,5 cm Länge, 0,8 cm Durchmesser, 0,1 cm Wandstärke) eingefüllt (Füllung fast zur Gänze). Die 4 zusammengehörigen Quarz-Röhrchen wurden jeweils zusammen mit einem Röhrchen mit ,,ungespickter" Probe und einem Röhrchen als Referenz-Probe (enthaltend eine bestimmte Menge der zur Trockne eingedampften Uran-Standardlösung) in eine Bestrahlungskapsel gebracht. Jede Kapsel wurde dann 10 Min. mit einem thermischen Neutronen-Fluß von $6,3 \cdot 10^{13} \mathrm{n} \cdot \mathrm{cm}^{-2} \cdot \mathrm{sec.}^{-1}$ bestrahlt.

γ_2) *Messung.* Die Messung der γ-Photopeaks wurde mit einer Ge (Li)-Diode, den erforderlichen, elektronischen Verstärkern und einem 400-Kanal-Impulshöhen-Analysator der ,,Intertechnique" ausgeführt. Wegen des von ^{56}Mn erzeugten hohen Compton-Hintergrundes wurde eine Abklingzeit von 7 Tagen gewählt und dann der 0,277-MeV-Peak von ^{239}Np analysiert. Für eine ,,ungespickte" Probe wurden in 15 Min. etwa 7000 Impulse gezählt, für die ,,gespickten" und die Referenz-Proben 20000 bis 100000 je Vergleich (*de Lange, de Wet, Turkstra* und *Venter*).

δ_2) Die gezählten Impuls-Häufigkeiten wurden für die Proben-Einwaagen, die Bestrahlungszeiten und Zerfallszeiten *korrigiert.*

ε_2) Die *Berechnung* der Resultate erfolgte nach 2 Computer-Programmen (FORTRAN IV und FITIT, IBM 360). Die Resultate ($25,1 \pm 1,1$, bzw. $24,0 \pm 5,2$ ppm U) lagen höher als der nach naßchemischer Methode erhaltene Wert von ($19,5 \pm 2,0$) ppm U.

ζ_2) Gleichzeitig mit den Uran-Bestimmungen führten die Autoren in analoger Weise Analysen des *Gold*-Gehaltes der verwendeten Erze aus, wobei die Gold-Gehalte nur etwa 1% der Uran-Gehalte waren (größenordnungsmäßig).

η_2) *de Lange, de Wet, Turkstra* und *Venter* bestimmten auch in *kleinen* Proben-Mengen goldhaltiger Erze von Witwatersrand in Südafrika durch Neutronen-Aktivierung zerstörungsfrei Au und U. Zur Uran-Bestimmung wurde der Übergangs-peak bei 0,277 MeV des ^{239}Np benutzt. Auch hier wurde die Rührung der auf besser als 100 mesh gemahlenen Probe unter Methanol erfolgreich benutzt (10 ml Methanol für 50 g Erzprobe; Korn-Größe < 200 mesh).

ϑ_2) Die radiochemische Bestimmung der Isotopen-Zusammensetzung nuklearer *Brennstoffe* auf Uran-Basis hat in den letzten Jahren durch die Einführung des hochauflösenden Ge (Li)-Detektors großen Aufschwung erfahren. Die Abbrand-Analyse wird dadurch erleichtert (*Higatsberger, Hick, Rumpold, Weinzierl* und *Burtscher*). Die Isotopen-Analyse relativ großer Uran-Proben ohne Aktivierung, jedoch unter Benutzung hochauflösender Detektoren mit einer *Genauigkeit* von 1 bis 2% wurde gezeigt (*Mann, Janarek, Helenberg*).

ι_2) *de Wet* und *Turkstra* arbeiteten eine Methode aus, um in wenigen Mikrogramm Uran mit Hilfe der Neutronen-Aktivierungsanalyse rasch das Verhältnis $^{235}U/^{238}U$ zu bestimmen, indem die Intensitäten aufgelöster γ-Peaks des ^{239}Np relativ zur Intensität eines Spaltungsproduktes von hoher Ausbeute gemessen werden. Die

Wahl fiel auf den 0,277-MeV-Peak des aus ^{238}U entstandenen ^{239}Np sowie auf den 0,141-MeV-Peak des Paares ^{99}Mo/^{99m}Tc (S. 479), das sich bei der Spaltung von ^{235}U bildet. (Vor der Messung wurde eine Abkühlzeit von etwa 8 Halbwertszeiten des ^{99m}Tc eingehalten. Diese Halbwertszeit beträgt 6,0 h.) Das Intensitätsverhältnis der beiden genannten Peaks wurde an Proben gemessen, deren ^{235}U/^{238}U-Verhältnis von 0,007259 bis 1,095 reichte. Versuchsweise wurden auch andere Peaks verwendet. Die Auftragung der γ-spektrometrisch gemessenen Peak-Verhältnisse gegen das massenspektrometrisch bestimmte Verhältnis ^{235}U/^{238}U ergab eine Gerade, die als *Eichkurve* dann zu Analysen unbekannter Proben verwendet werden konnte. Ein Vorteil war eine wesentliche Unabhängigkeit der γ-spektrometrischen Meßergebnisse vom Abstand der Bestrahlungs-Quarz-Ampullen vom Detektor. Weniger befriedigend verlief die Korrektur durch Bestimmung des Zähl-Verhältnisses Peak/Untergrund. Insbesondere beim natürlichen Uran traten große Abweichungen vom wahren Isotopen-Verhältnis auf. Die Autoren beabsichtigen, ihre Methode durch weitere Untersuchungen hinsichtlich allgemeiner Anwendbarkeit zu verbessern.

$\varkappa_2$) Die ^{239}Np-Methode wurde auch von *Morgan* und *Lovering* (a) benutzt, um in chondritischen *Meteoriten* (d. i. die verbreitetste Type von Stein-Meteoriten) Uran zu bestimmen. In derselben Arbeit wird auch eine Methode zur Th-Bestimmung beschrieben, die auf der Messung des Folgeproduktes ^{233}Pa (Halbwertszeit = 27,0 d) beruht, das sich bei Bestrahlung von natürlichem ^{232}Th mit langsamen und intermediären Neutronen über das Reaktionsprodukt ^{233}Th nach folgender Kernreaktion bildet:

$$^{232}\text{Th}\,(n,\gamma)\;^{233}\text{Th}\;\xrightarrow[22,4\,\text{min}]{\beta^-}\;^{233}\text{Pa}\;.$$

Wie bei allen derartigen Untersuchungen war auch hier der Zweck die Bestimmung der Häufigkeit der Spurenelemente U und Th in der Urmaterie des Sonnen-Systems, da auf der Häufigkeit vieler Spuren-Elemente in den aus einer früheren Entwicklungsphase des Sonnen-Systems stammenden Meteoriten Theorien über die Kern-Synthese im Weltall aufgebaut werden können. Der Uran-Gehalt der Chondrite liegt in der Größen-Ordnung von 10^{-8} g U/g Meteorit. Wegen der großen Inhomogenität des meteoritischen Materials müssen U und Th in derselben Probe bestimmt werden.

Arbeitsvorschrift. a_3) *Probenvorbereitung.* Wenn möglich müssen die Proben aus dem Inneren des Meteorits in möglichst großem Abstand von der Schmelzkruste genommen werden, die beim Fall durch die Erd-Atmosphäre infolge sehr starker Erhitzung entsteht. Die Autoren benutzen zur Entfernung der Kruste einen Stahl-Keil mit Schrauben-Antrieb, bei kleineren Meteoriten eine Art stählerne Schere. Die so erhaltenen „frischen" Stücke aus dem Inneren wurden zu Pulver gemahlen. Besonders harte Proben wurden zuerst in einem Stahl-Schlagmörser zu Stücken von 3 bis 4 mm Länge oder Durchmesser zerstampft und dann in einem Achat-Mörser auf eine Partikel-Größe von weniger als 100 mesh gemahlen. Proben, die keine Metall-Fragmente (Nickeleisen) oder nur ganz kleine solche Partikeln enthielten, wurden durch ein 100 mesh-Nylon-Sieb gesiebt. In Anwesenheit größerer Metall-Körner wurde das Material zerkleinert, bis die Silicat-Phase ausreichende Feinheit gewonnen hatte. Größere Metall-Partikeln wurden ausgesondert und die Einwaage um ihr Gewicht korrigiert. Es ist bekannt, daß der Uran- und Thorium-Gehalt von Eisen-Meteoriten um etwa 2 Größen-Ordnungen niedriger als jener von Stein-Meteoriten ist. Von dem so homogenisierten Chondritenmaterial wurden 0,1 bis 0,2 g in Quarz-Ampullen von 4 mm innerem Durchmesser eingewogen und diese durch Zuschmelzen verschlossen.

b_3) *Herstellung der Standards.* Aus einer Standard-Lösung von Uranylnitrat (analytical grade) wurden mit verd. HNO$_3$ Substandards von 20 bis 100 μg U/g Lösung hergestellt. Für die Bestrahlung wurden feste Standards in folgender Weise erzeugt: Je 20 mg SiO_2 („specpure" von Johnson-Matthey) wurden in Quarz-Ampullen eingewogen, ein etwa gleiches Gewicht an Standard-Uran-Lösung zugesetzt und deren Menge durch Differenz-Wägung bestimmt. Um maximalen Kontakt der Lösung mit dem SiO_2 zu bewirken, wurden die Ampullen zentrifugiert, über Nacht bei 80 °C und hierauf einige Stunden bei 110 °C getrocknet. Hierauf wurden die Ampullen zugeschmolzen.

Jeweils 6 Ampullen mit Proben und 2 mit Standards wurden gemeinsam bestrahlt, und zwar 1 Woche. Der nominelle, thermische Neutronen-Fluß betrug $9 \cdot 10^{12} \, n \cdot cm^{-2} \cdot sec.^{-1}$ (HIFAR-Reaktor der Australischen Atomenergie-Kommission).

c_3) *Radiochemische Methode* nach *Morgan* und *Lovering* (b) zur Uran- und Thorium-Bestimmung in Gesteinen. Nach der Bestrahlung werden die Proben in Zr-Tiegel gebracht. Als Tracer werden die langlebigen α-Strahler ^{231}Pa und ^{237}Np zugegeben. Die Meteoriten-Proben werden dann mit Na_2O_2 geschmolzen. Nach Abkühlung wird der Schmelzkuchen in Wasser aufgelöst. Die dabei ausfallenden Hydroxide enthalten auch Np und Pa, werden zentrifugiert und dann mit H_2F_2 und $HClO_4$ abgeraucht. Der Rückstand wird in 8n HCl, die 0,5m an $NH_3(OH)Cl$ ist, gelöst und die Lösung auf eine kleine Säule mit Anionenaustauscher in der Chlorid-Form aufgebracht. Np wurde dann mit 5,9n HCl und Pa mit 3,8n HCl eluiert. Zur Reinigung wurde Np mit LaF_3 gefällt und durch ein Extraktionsverfahren weiter gereinigt (nach *Maeck, Booman, Elliott* und *Rein*, s. unten). Dabei löst sich LaF_3 leicht in der als Aussalzmittel wirkenden Aluminiumnitrat-Lösung. Np(VI) wurde hierauf in Hexon aus der Aluminiumnitrat-Lösung extrahiert, die Säure-Mangel aufwies und Tetrapropylammoniumnitrat enthielt. Es folgten Rückextraktion in $FeCl_2$-$NH_3(OH)Cl$-Lösung und neuerliche Extraktion mit 2-Thenoyltrifluoroaceton (TTA).

Bemerkungen. α_3) *Einzelheiten* der Np(VI)-Extraktion nach *Maeck* und Mitarbeitern: Die Hexon-Extraktion und die Rückextraktionen wurden in Proben-Röhren von $15 \cdot 125$ mm mit Polyäthylen-Stopfen ausgeführt. Die Extraktionen mit TTA wurden in 30-ml-Scheidetrichtern mit einem motorgetriebenen Rührer vorgenommen. Zur Herstellung der Aluminiumnitrat-Lösung werden 1050 g $Al(NO_3)_3 \cdot 9 H_2O$ in einem 2-l-Becherglas (unter Benutzung einer Heizplatte) mit Wasser auf 800 ml aufgefüllt. Nach Auflösung fügt man 135 ml 14,8n NH_4OH zu und rührt um, bis sich der Hydroxid-Niederschlag wieder auflöst. Nach Abkühlung auf unter 50 °C setzt man 50 ml 10%iges Tetrapropylammoniumhydroxid-Reagens zu und rührt bis zur völligen Auflösung. Hierauf überträgt man die Lösung in einen 1-l-Meßkolben und füllt mit Wasser auf.

β_3) Die *reduzierende* Lösung für die Rückextraktion ist eine 0,25m $FeCl_2$-Lösung mit 0,5m $NH_3(OH)Cl$ in n HCl, die täglich frisch bereitet werden muß. Zur Extraktion werden 6 ml Aussalzlösung in ein Proben-Rohr gefüllt, das 0,1 ml 0,25m $KMnO_4$-Lösung enthält. Hierauf wird 1 ml oder weniger von der Probe in das Proben-Rohr pipettiert, mit 3 ml Hexon versetzt, worauf das Proben-Rohr verschlossen und 3 Min. unter Schleudern extrahiert wird. 2 ml organische Phase werden in ein anderes Proben-Rohr gebracht, das 4 ml der reduzierenden $FeCl_2$-Lösung enthält. Das Proben-Rohr wird verschlossen und 10 Min. geschleudert. Nach Phasen-Trennung werden 3 ml wäßrige Phase in einen 30-ml-Scheidetrichter gebracht, dann mit 3 ml 0,5m TTA-Lösung versetzt und 10 Min. stark umgerührt. Die wäßrige Phase wird verworfen, mit 3 ml $FeCl_2$-Lösung versetzt und 5 Min. gewaschen. Ein Aliquot-Teil der organischen Phase wird entnommen und unter einer Heizlampe auf einem Zählplättchen aus rostfreiem Stahl verdampft, indem von der Peripherie her erwärmt wird. Der Rückstand wird mit 2 bis 3 Tropfen Äthylendiamin überschichtet, die Flüssigkeit zur Trockne verdampft, der Rückstand geglüht und gezählt.

γ_3) Zu diesem Zweck wurde von *Morgan* und *Lovering* (a) die Aktivität von ^{239}Np durch β-Zählung ermittelt, die Ausbeute des Trennungsprozesses durch

α-Messung des als Träger zugesetzten ^{237}Np ermittelt. Mit einem Beckman-WIDEBETA-I-Automatic-Counter konnten α- und β-Aktivität *gleichzeitig* gezählt werden. Während der Verfolgung der β-Abklingkurven konnte eine ganze Anzahl von α-Impulsen gespeichert werden.

δ_3) Das Aluminiumnitrat-System mit Säure-Mangel gewährleistet einen hohen Dekontaminationseffekt gegen Spaltungs-Zirkonium; die TTA-Extraktion führt zu einer guten Trennung von Pu und U.

ε_3) Die α-Aktivität des Tracers trug meßbar zur β-Impuls-Häufigkeit bei und erforderte eine *Korrektur*. Infolge des Nachwachsens des Tochternuklids ^{233}Pa aus ^{237}Np erhöhte sich das $(\beta:\alpha)$-Verhältnis. Die β-Impuls-Häufigkeit des ^{239}Np mußte deshalb mit Hilfe einer empirischen Meßkurve für ^{237}Np (und sein Tochter-Produkt ^{233}Pa) korrigiert werden, wobei als Beginn der Entstehung von ^{233}Pa die zweite Hexon-Extraktion aus säuremangelnder Lösung benutzt wurde. Auch für das mit dem ^{237}Np-Tracer eingeführte ^{233}Pa mußte eine kleine Korrektur angewendet werden.

ζ_3) Die radiochemische *Reinheit* von ^{239}Np wurde durch die Verfolgung der Abklingkurve über mindestens 2 Halbwertszeiten geprüft. Wenn möglich wurden zusätzliche Kontrollen durch Konstruktion von β-Absorptionskurven und Messung von γ-Spektren ausgeführt.

η_3) Die in den 43 Chondriten gefundenen Uran-Werte waren in der Größen-Ordnung von 10 ng/g (Mindestwert 5,8, Höchstwert 28,8).

ϑ_3) Das Problem der Erzeugung von ^{239}Np durch Einfang von Neutronen *verschiedener* Energie durch ^{238}U wurde auch von *Large* und *O'Connor* untersucht. Dazu wurden Folien von natürlichem Uran-Metall mit einem Null-Energie-Reaktor bestrahlt. Die Folien wurden mit HNO_3 in Gegenwart einer bekannten Menge ^{237}Np (zwecks Ausbeute-Bestimmung der Np-Abtrennung) gelöst. Np wurde hierauf mit LaF_3 mitgefällt. La und Th wurden mit einem Anionenaustauscher (De Acidite FF) in salzsaurer Lösung abgetrennt und Np weiterhin durch einen Anionenaustausch in salpetersaurer Lösung gereinigt. Die Proben wurden zur Zählung durch direktes Eindampfen einer wäßrigen Lösung in einer Schale aus rostfreiem Stahl vorbereitet. Es erwies sich, daß Korrekturen für Absorption der α-Strahlung des ^{237}Np nicht notwendig waren. Auch eine vorhergehende Abtrennung des Tochter-Produktes ^{233}Pa, das sich aus ^{237}Np bildet, war nicht erforderlich. Die mittlere Ausbeute an wiedergefundenem ^{237}Np war 71,4% mit einem Variationskoeffizient von 9,9%, bzw. bei einer zweiten Versuchsserie 70,9% mit einem Variationskoeffizient von 7,5%. Das erhaltene ^{239}Np war von hoher radiochemischer Reinheit. Genaue Einzelheiten des Verfahrens sind der Originalpublikation zu entnehmen.

Literatur

Alian, Partasarathy, u. *Sankar Das, M.:* Govt. of India Atomic Energy Comm. Rep. AEC India AEET-211 (1965).

Bate, L. C., Hampton, W. J., u. *Leddicotte, G. W.:* QRNL-TM-64 (1961). — *Benson, P. A., Holland, W. D.,* u. *Smith, R. H.:* Anal. Chem. **34,** 1115 (1962). — *Bobleter, O.,* u. *Musyl, I.:* Radiochim. Acta **3,** 57 (1964).

Dean, M. H., Stimson, A., u. *Green, D. E.:* Anal. chim. Acta **35,** 530 (1966). — *Decat, D., van Zanten, B.,* u. *Leliaert, G.:* Anal. Chem. **35,** 845 (1963). — *de Lange, P. W.:* Anal. Chem. **32,** 1013 (1960). — *de Lange, P. W., de Wet, W. J.,* u. *Venter, J. H.:* Talanta **15,** 1488 (1968). — *de Lange, P. W., de Wet, W. J., Turkstra, J.,* u. *Venter, J. H.:* Anal. Chem. **40,** 451 (1968). — *de Wet, M. J.,* u. *Turkstra, J.:* J. Radioanal. Chem. **1,** 379 (1968).

Hamaguchi, H., Reed, G. W., u. *Turkevich, A.:* Geochim. Cosmochim. Acta **12,** 337 (1957). — *Higatsberger, M. J., Hick, H., Rumpold, K., Weinzierl, P.,* u. *Burtscher, A.:* Nuclear Materials Management, S. 817, IAEA, Wien 1966. — *Hughes, D. J.,* u. *Schwartz, R. B.:* Neutron Cross Sections, BNL-325, 2nd ed. US Gvt. Printing Off., D. C. 1958.

Ishimori, T., u. *Fujimo, T.:* J. Atomic Energy Soc. (Japan) **4,** 16 (1962).

Large, R. S., u. *O'Connor, L. P.:* Anal. chim. Acta **40**, 123 (1968).

Maeck, W. J., Booman, G. L., Elliott, M. C., u. *Rein, J. E.:* Anal. Chem. **32**, 605 (1960). – *Magnuson, L.,* in: *Meinke, W. W.:* Chemical Procedures in Bombardment Work of Berkeley, USAEC Rpt. AECO-3084, 1951. – *Mahlman, H. A.,* u. *Leddicotte, G. W.:* Anal. Chem. **27**, 823 (1955). – *Mann, H. M., Janarek, F. J.,* u. *Helenberg, H. W.:* IEEE Trans. Nucl. Sci., NS-13, S. 336 (1966). – *Miller, J. A.:* TID-7616, S. 51. – *Moore, F. L.:* Liquid-Liquid Extraction with High-molecular Weight Amines; NAS-NS 3101; Anal. Chem. **30**, 1368 (1958). – *Morgan, J. W.,* u. *Lovering, J. F.:* (a) Talanta **15**, 1079 (1968); (b) Anal. chim. Acta **28**, 405 (1963).

Picer, M., u. *Strohal, P.:* Anal. chim. Acta **40**, 131 (1968).

Reed, G. W.: Geochim. Cosmochim. Acta **13**, 248 (1958); durch Anal. chim. Acta **40**, 136 (1968). – *Reed, G. W., Kigoshi, K.,* u. *Turkevich, A.* (a): Pr. 2nd Internat. Conf. Peaceful Uses Atomic Energy, Genf 1958, Bd. **15**, paper 953; UN: New York 1958; (b): Geochim. Cosmochim. Acta **20**, 122 (1960).

Smales, A. A., Mapper, D., u. *Seyfang, A. P.:* Anal. chim. Acta **25**, 587 (1961).

8.6.4 Bestimmung durch Aktivitätsmessung von Spaltungsprodukten

8.6.4.1 Messung der Gesamtaktivität der Spaltungsprodukte

Eine größere Zahl von Untersuchungen benutzte die Messung der bei Bestrahlung uranhaltiger Proben mit thermischen Neutronen entstehenden Gesamtradioaktivität, die auf die Bildung von Fragment-Kernen bei der Spaltung des Isotops ^{235}U zurückgeht. Dabei kann sowohl die γ-Aktivität als auch die Summe der β- und γ-Aktivität gemessen werden. Diese Verfahren sind methodisch einfacher ausführbar als die Messung bestimmter Spaltungsprodukte, die in einem genau gemessenen Prozentsatz entstehen. Selbstverständlich beruhen alle diese Methoden auf Relativmessungen gegenüber Standards bekannter Uran-Menge und bekannter ^{235}U-Konzentration. Wo Kern-Reaktoren zur Verfügung standen, waren vielfach stärkere Aktivitäten als Meßgrundlage erreichbar. Wenn Kern-Reaktoren jedoch nicht vorhanden waren, wurden in der Regel Neutronen-Quellen auf Ra-Be-Basis verwendet. Dabei war allerdings der Neutronen-Fluß (und damit die Empfindlichkeit der Methode) um einige Zehnerpotenzen geringer, als wenn die Bestrahlung mit Kern-Reaktoren vorgenommen werden konnte.

Durch die Aktivitätsmessung der Spaltungsprodukte von ^{235}U bestimmten *Stewart* und *Bentley* Uran in Wässern, indem sie es mit 0,5 ml einer 0,7 bis 0,8m Dibutylhydrogenphosphat-Lösung in CCl_4 extrahierten und die Lösung auf eine Zählplatte aus Platin übertrugen. Dabei wurde ein zweites Mal mit 0,5 ml CCl_4 nachgewaschen. Die vereinigten CCl_4-Lösungen wurden zur Trockne verdampft, die Platte geglüht und im Argonne-Schwerwasser-Reaktor mit thermischen Neutronen bestrahlt. Hierauf wurde die Gesamtradioaktivität der Spaltungsprodukte gemessen. Die Ausbeute an Uran war 94,5%. Wasser aus dem Pazifischen Ozean enthielt 2,49 ppb U, aus dem Großen Salzsee 5,0 ppb und lokales Wasserleitungswasser 0,12 ppb.

Wänke und *Monse* zeigten die Möglichkeit der Bestimmung von ^{235}U aus der Zählung der Spaltungsbruchstücke mit einem ZnS-Szintillationszähler bei Bestrahlung mit einer 100-mg-Ra-Be-Neutronen-Quelle.

Die Zählung der Spaltungsbruchstücke aus ^{235}U in einer Ionisationskammer, die in der thermischen Säule eines Kern-Reaktors angebracht war, diente *Starik* und *Shchats* zur Uran-Bestimmung in Meteoriten. Das Uran wurde vorher mit Äther aus der Probe extrahiert. Der mittlere Uran-Gehalt in Stein-Meteoriten ergab sich danach zu $2,4 \cdot 10^{-5}\%$, in Eisen-Meteoriten zu $1,9 \cdot 10^{-6}\%$ (mit 3 bis 4% relativer Genauigkeit). Eine Blindprobe mit den bei der Uran-Anreicherung benutzten Reagenzien hatte als Korrekturwert $2,3 \cdot 10^{-7}\%$ geliefert.

Auch von *Petrzhak, Semenyushkin* und *Bak* wurde die isotopische Zusammensetzung des Urans aus Meteoriten und von irdischem Ursprung in einer doppelten Ionen-Kammer durch Messung der Spaltungsprodukte von ^{235}U bei Bestrahlung mit thermischen Neutronen (in der thermischen Säule eines Kern-Reaktors) untersucht. Damit sollte die natürliche Uran-235-Konzentration bestimmt werden. Das Ergebnis war die Gleichheit der Zusammensetzung des meteoritischen und terrestrischen Urans (*Genauigkeit* der Bestimmung 3 bis 4%).

May und *Lévêque* beschrieben eine zerstörungsfreie Methode zur Konzentrationsmessung von ^{235}U im Uran, die sich auf die Gesamtaktivitätsmessung der kurzlebigen Spaltungsprodukte gründet, welche bei einer 15 Sek. langen Neutronen-Bestrahlung der Probe entstehen. Für Uran-Proben, die bis zu 20% mit ^{235}U angereichert sind, war die relative mittlere Genauigkeit $\pm$ 1,5%. Der *Fehler* durch den Beitrag der „schnellen Spaltung" (Spaltung des Nuklids ^{238}U durch schnelle Neutronen, wofür ein niedrigerer Spaltungsquerschnitt gilt) liegt bei dem natürlichen Isotopen-Verhältnis nahen ^{235}U-Gehalten wesentlich niedriger als 1%, erhöht sich aber, wenn „abgereichertes" Uran, d. i. Uran mit weniger als 0,711% ^{235}U, analysiert wird.

Auf der Proportionalität zwischen ^{235}U-Konzentration und der spezifischen γ-Aktivität bei Bestrahlung der Probe mit thermischen Neutronen konstanter Intensität beruht auch die von *Hudgens* und *Meyer* vorgeschlagene Methode, die dann von *Nelson* und *Aaron* (a) folgendermaßen ausgeführt wird: Aus unreinem Material wird Uran durch Extraktion mit Diäthyläther aus salpetersaurer, NH_4NO_3 enthaltender Lösung isoliert. Nicht extrahiertes Material zeigt höheren Untergrund. Proben und Standards werden zu U_3O_8 geglüht. Die eingewogene Menge Uran wird mit einer Ra-Be-Neutronen-Quelle 10 Min. bestrahlt. Die Kern-Spaltungen werden 15 Sek. nach Beendigung der Bestrahlung mit einem γ-Szintillationszähler 1 Min. gezählt. Der Spaltungsbeitrag des ^{238}U ist gering, weil die gut moderierte Ra-Be-Neutronen-Quelle eine niedrige schnelle Neutronenaktivität aufweist. Die β^--Teilchen werden mit einem zylindrischen Blei-Ring von 0,25 cm Dicke filtriert, der die Probe umgibt und in eine entsprechende, passende Vertiefung des Szintillationszählers eingesetzt wird. Das Blei-Filter verringert die unregelmäßige Streuung der Meßresultate. Für den gewöhnlichen ^{235}U-Bereich liegt die *Standardabweichung* bei 3%, bei höherer Anreicherung an ^{235}U kann die Reproduzierbarkeit etwa 1% erreichen.

Eine ähnliche Methode beschrieben *Beyer, Lewis* und *Stukenbroeker*. Auch sie ist für instrumentelle Anwendung gedacht, wenn kein Kern-Reaktor zur Bestrahlung mit thermischen Neutronen verfügbar ist. Daher wurde eine Ra-Be-Neutronen-Quelle verwendet. Das Gewicht der bestrahlten Probe war 500 mg U_3O_8. Die Gesamtmenge der Verunreinigungen soll 1000 ppm nicht überschreiten und vor allem keine solche mit hohem Absorptionsquerschnitt für thermische Neutronen enthalten. Als Standardmaterial ist massenspektrometrisch analysiertes Uran zu verwenden.

Dieselben Autoren (b) geben eine Neutronen-Quelle an, die durch inniges Vermischen von 2,5 g Ra mit 7,5 g Be in einer Monel-Kapsel hergestellt wurde. Als primärer Neutronen-Moderator diente ein Be-Block von $6 \times 6 \times 8$ inch $= 15,24 \times 15,24 \times 20,32$ cm. Die äußere Umhüllung war ein Paraffin-Würfel von 20 inch $= 50,8$ cm Seitenlänge. Damit wurde ein thermischer Neutronen-Fluß von $4 \cdot 10^5 \, n \cdot cm^{-2} \, sec^{-1}$ erreicht.

Auch *Derham* und *Flenning* arbeiteten eine Methode zur Bestimmung der isotopischen Zusammensetzung von Uran-Proben aus, die auf der γ-Aktivitätsmessung beruhte.

Die Überführung von U_3O_8 in Nitrat, extraktive Reinigung mit Diäthyläther, Bestrahlung mit thermischen Neutronen und schließlich γ-Messung mit einem Szintillationszähler wurde auch von *Bussel, Secor, Zyskovsky* und *Nelson* zur Bestimmung des ^{235}U-Gehaltes von natürlichem Uran und von auf 93% ^{235}U angereichertem Uran-Kern-Brennstoff verwendet. Die angegebene Methode ermöglicht eine *Standardabweichung* von $\pm$ 1% für natürliches Uran und von $\pm$ 0,36% für 93%ige Anreicherung. Verbesserungen der Genauigkeit und Reproduzierbarkeit scheinen möglich durch Verlängerung der Zählzeit oder der Aktivierungszeit, Vergrößerung der Proben-Menge, höheren Neutronen-Fluß. Bei natürlichem Uran wurden Einwaagen von 420 mg bis 5 g verwendet, beim angereicherten Uran 20 mg bis 1 g. Die Aktivierungszeit betrug 10 bis 60 Min., die Zählzeiten 1 bis 4 Min., Es wurden sowohl eine Ra-Be-Quelle mit einem Neutronen-Fluß von $5 \cdot 10^4 \, \mathrm{n} \cdot \mathrm{cm}^{-2} \, \mathrm{sec}^{-1}$ wie auch der Brookhaven-Pile (Kern-Reaktor) benutzt, der einen Neutronen-Fluß von $4 \cdot 10^{12} \, \mathrm{n} \cdot \mathrm{cm}^{-2} \, \mathrm{sec}^{-1}$ lieferte. Im zweiten Fall waren nur 10 mg Probe nötig, die in Quarz-Röhrchen von 1 mm innerem Durchmesser eingeschmolzen und dann bestrahlt wurden. 24 Std. nach Bestrahlungsende wurden die Proben 1 Min. gemessen.

Voss benutzt gleichfalls die Aktivierung mit einer Ra-Be-Quelle zur Bestimmung von $^{235}\mathrm{U}$ in Proben von Uranoxiden, unreinen Uran-Verbindungen, Dekontaminationslösungen, $\mathrm{Al_2O_3}$ und Ölen. Die Zählung der Gesamtaktivität ($\beta + \gamma$) der Spaltungsprodukte wird benutzt, wenn es sich um den $^{235}\mathrm{U}$-Gehalt des Urans handelt, das in Form reiner oder unreiner, flüssiger oder fester Proben vorliegt. Handelt es sich jedoch um $\mathrm{UF_6}$ oder ist eine sehr genaue Analyse erforderlich, so wird die Massen-Spektrometrie herangezogen.

In einer Abteilung der Fabrik werden zuerst die unlöslichen Verunreinigungen entfernt und die Probe in eine Nitrat-Lösung umgewandelt. Darin wird die Uran-Bestimmung nach gebräuchlichen Methoden ausgeführt, in einem weiteren Aliquot-Teil aber die $^{235}\mathrm{U}$-Konzentration bestimmt. Dazu muß das Uran weiter gereinigt und eine definierte Menge auf einer Nickel-Scheibe elektrolytisch abgeschieden werden, bevor die Spaltungsaktivitätsmessung ausgeführt wird. Die Reinigung der unreinen Uran-Proben für die Messung erfordert daher weniger eine quantitative Ausbeute als vielmehr die Erzielung einer vollständigen Reinheit.

Arbeitsvorschrift. Ein Aliquot der Probe-Lösung wird in ein 600-ml-Becherglas eingefüllt. Zu je 100 ml Probe-Lösung fügt man 10 ml $\mathrm{HNO_3}$. Für 100 ml Probe-Lösung werden in eine Extraktionszelle 65 g $\mathrm{Al(NO_3)_3}$ und 25 g $\mathrm{Fe(NO_3)_3}$ eingewogen. Falls der Uran-Gehalt gering zu sein scheint, gibt man noch 10 g Weinsäure zu. Hierauf wird die Probe selbst zugesetzt und bis zur Auflösung der Salze umgerührt. Sodann fügt man 100 ml Dibutylcarbitol[1] zu und rührt 2 Min. Nach erfolgter Phasen-Trennung ist 3 Min. zu warten. Falls noch keine Phasen-Trennung eingetreten ist, setzt man unter gutem Durchmischen 25 ml Methanol zu (wenn nötig, noch einige weitere Tropfen Dibutylcarbitol und Methanol). Die wäßrige Schicht wird abgelassen. Nach Zugabe von 20 ml ges. $\mathrm{NH_4NO_3}$-Lösung wird umgerührt. Die abgesetzte, wäßrige Schicht läßt man wieder ab und wiederholt diesen Vorgang der Rückextraktion zweimal. Die Lösung im Becherglas wird mit 2 bis 5 ml 8n $\mathrm{HNO_3}$ versetzt und zur Trockne eingedampft. Der Rückstand wird geglüht, das entstandene Uranoxid gewogen und in $\mathrm{HNO_3}$ aufgelöst. Aus einer 8 mg $\mathrm{U_3O_8}$ entsprechenden Aliquot-Menge wird das Uran auf einer elektropolierten Nickel-Scheibe elektrolytisch abgeschieden (Einzelheiten in der Original-Veröffentlichung). Die Scheibe muß geglüht werden, um das Uran in $\mathrm{U_3O_8}$ umzuwandeln. Hierauf wird die Scheibe in das Zählgerät montiert und 10 Min. gezählt.

Bemerkungen. I. Die Zählung erfolgt mit *halbkugeligen* Proportional-Zählkammern (Einzelheiten im Original). Die Kalibrierung wurde mit Standardscheiben aus Nickel ausgeführt, auf denen 8 mg $\mathrm{U_3O_8}$ abgeschieden worden waren, deren $^{235}\mathrm{U}$-Gehalt massenspektrometrisch bestimmt worden war.

II. Die *Reproduzierbarkeit* der Bestimmungsmethode im Routineverfahren war $\pm 0{,}5$ bis $\pm 3{,}5\%$ des vorhandenen $^{235}\mathrm{U}$. Sie war also eine Orientierungsmethode zur angenäherten Bestimmung.

III. *Kelley* und *Twitty* (a) modifizierten die von *Beyer*, *Lewis* und *Stukenbroeker* (a) angegebene Neutronen-Aktivierungsmethode zur Uran-Bestimmung, die auf der Messung der γ-Strahlung aus der Spaltung des $^{235}\mathrm{U}$ beruht. Sie bestimmten in *unreinem* Uran-Material den $^{235}\mathrm{U}$-Gehalt bei Konzentrationen nahe der natürlichen

---

[1] Dibutyldiäthylenglykol.

Konzentration von 0,711%, indem die Proben mit thermischen Neutronen bestrahlt wurden. Die Ra-Be-Neutronen-Quellen hatten einen Fluß von $4 \cdot 10^5 \, \text{n} \cdot \text{cm}^{-2} \cdot \text{sec}^{-1}$. Die Proben wurden in HNO_3 gelöst und filtriert, hierauf das Uran unter Anwendung von Aluminiumnitrat als Aussalzmittel mit Äthylacetat extrahiert (nach *Guest* und *Zimmerman*) und mit Wasser rückextrahiert. Eine zweite Extraktion mit Thenoyltrifluoraceton (TTA) entfernte Zerfallsprodukte und Thorium. Das gereinigte Uran wurde zu U_3O_8 verglüht. Einwaagen von je 2 g wurden auf Al-Schälchen von $1\frac{1}{2}$ inch $= 3{,}8$ cm Durchmesser 7 Min. aktiviert und dann mit einem Szintillationszählgerät die Gesamt-γ-Strahlung gemessen. Aus dem Vergleich mit am selben Tag bestrahlten Standards ergaben sich die Uran-Gehalte, die mit massenspektrometrisch gewonnenen Werten auf $\pm 0{,}007\%$ U bei 95% Vertrauensgrenze übereinstimmten.

IV. Dasselbe Thema hatte eine andere Publikation von *Kelley* und *Twitty* (b) zum Gegenstand. Bei der Analyse stark divergierender Grund-Substanzen werden Genauigkeit und Reproduzierbarkeit der Bestimmung durch die *verschiedenen Massen-Dichten* der zur Aktivierung präparierten Proben beeinflußt. Die vorliegende Arbeit befaßte sich mit der Anwendung der modifizierten Arbeitsvorschrift auf verschiedene Typen von Uranproben.

V. *Instrumentierung.* Eine Neutronen-Quelle mit 2,5 g Ra nebst 7,5 g Be, enthalten in einem Be-Block von $6 \times 6 \times 8$ inch $= 15{,}24 \times 15{,}24 \times 20{,}32$ cm, wurde zur thermischen Neutronen-Aktivierung verwendet. Der Schutz-Schild der Neutronen-Quelle bestand aus einem Paraffin-Würfel von 20 inch $= 50{,}8$ cm Seitenlänge, umgeben von 8000 lb Blei-Ziegeln. Darüber befand sich ein Draht-Gitter (Käfig) zur Vermeidung von Personen-Schäden. Die Proben wurden durch den motorgetriebenen Transporteur in die und aus der Bestrahlungsposition gebracht. Die Gesamt-γ-Strahlung wurde mit einem $1\frac{7}{8}$ inch $= 4{,}76$ cm (innerer Durchmesser)-NaJ(Tl)-Bohrloch-Kristall gemessen. Aktivierung und Messung wurden automatisch programmiert und gesteuert.

VI. *Uranreinigung. Pannemann* aus dem Laboratorium der Autoren verwendete statt Diäthyläther zur Extraktion Äthylacetat [vgl. *Guest* und *Zimmerman*]. Diese Reinigung war jedoch nicht zur Reinigung des Urans in Proben geeignet, die große Mengen Fluoride und Phosphate enthielten. Daher wurde $Al(NO_3)_3$ als Aussalzmittel verwendet, wodurch die Extraktion von Phosphat- und Fluorid-Ionen verhindert wird.

Da die Uran-Zerfallsprodukte einen hohen Aktivitätshintergrund liefern und Koinzidenzverluste sowie schlechte Zählstatistik bewirken, wurde eine Extraktion mit TTA/Xylol (S. 326, 456) eingeschaltet (*Laux* und *Brown*). Diese Extraktion wurde aus der Nitrat-Lösung bei pH $= 1{,}0$ ausgeführt. Die Original-Peroxidfällung und die Umwandlung zu U_3O_8 wurden beibehalten.

VII. *Vorbereitung der Probe zur Aktivierung.* Es kommt sehr auf die *Dichte* der Uranoxid-Probe an. Um diese Variation möglichst gering zu halten, sind möglich: (a) eine Erhöhung der Proben-Größe auf ein konstantes Volumen durch Auflösen des gereinigten U_3O_8 in HNO_3, (b) eine Verringerung der Proben-Höhe auf dünne Scheiben. Im ersten Fall ist die Bestrahlungsgeometrie konstant. Im zweiten Fall würden kleine Unterschiede in der Proben-Höhe nur vernachlässigbare Veränderungen in der beobachteten Aktivierung bewirken. Bei der Auflösungsmethode beschränkt die Löslichkeit des U_3O_8 in HNO_3 die Uran-Menge auf $\sim 1{,}5$ g, die in dem 5-ml-Volumen der Kapsel löslich sind. Das größere Proben-Volumen bewirkt außerdem, daß die Masse des Urans in einem niedrigeren Neutronen-Fluß-Gebiet des Bohrlochs liegt, so daß niedrigere Aktivitäten entstehen.

Um eine ausreichend große Dünnschicht zu erhalten, wurde der Durchmesser der Probenkapsel vergrößert, ebenso ein 3×3 inch $= 7{,}62 \times 7{,}62$ cm-Bohrloch-Kristall von NaJ(Tl) mit $1\frac{7}{8}$ inch $= 4{,}76$ cm innerem Durchmesser benutzt. Al-Schälchen mit $1\frac{1}{2}$ inch $= 3{,}8$ cm Durchmesser wurden verwendet und darauf 2 g U_3O_8 mit einem Stampfer gleichmäßig verteilt. Mit Kunststoff-Kleber (Spray) wurde U_3O_8 auf der Unterlage befestigt.

VIII. *Neutronenaktivierung.* 4 Proben-Aliquote wurden aktiviert, indem der folgende Zyklus benutzt wurde:

(α) Untergrund-Zählung (3 Min.),

(β) Transport zur Aktivierung (10 sec),

(γ) Aktivierung mit $4 \cdot 10^5$ Neutronen je sec (5 Min. lang),

(δ) Rücktransport von der Aktivierung (10 sec),

(ε) Gesamtzählung (1 Min.).

IX. Neuvermessung alter Proben und Vergleich mit der *massenspektrometrischen* Analyse zeigte vorzügliche Übereinstimmung auf wesentlich weniger als $\pm 1\%$ bei niedriger Anreicherung an ^{235}U. Der Uran-Gehalt der Proben variierte zwischen 1 und 100% Uran.

X. *Nelson* und *Rodden* [durch *Jones* (ed.)] gaben eine Ausführungsart dieser Bestimmung an, die für den Bereich von 0,2 bis 94 Gew.-% ^{235}U, also auch für *an ^{235}U angereichertes* Uran als Kern-Brennstoff, geeignet ist. Die Bestrahlung erfolgte mit einer Ra-Be-Neutronen-Quelle (zwei zugeschmolzene Capillaren mit je 2,5 g ^{226}Ra als Chlorid, vermischt mit 7,5 g Be-Pulver). Die β-Strahlung der Spaltungsprodukte wird mit einem Blei-Filter absorbiert, dessen Wand- und Bodendicke 0,25cm beträgt. Als primäre Uranstandards werden Isotopen-Standards vom NSB (National Bureau of Standards) verwendet, welche den in der untersuchten Probe erwarteten Gehalt an ^{235}U eingrenzen. Sie werden in genau gleicher Weise wie die Proben selbst behandelt.

Arbeitsvorschrift. a) *Probenvorbereitung.* Wenn die Originalprobe mehr als 5% metallische Verunreinigungen und Chlorid- und/oder Phosphat-Ionen enthält, ist die im folgenden beschriebene Trennung auszuführen; wenn Uran jedoch mit anderen Materialien wie Al, Zr, rostfreiem Stahl legiert oder vermischt ist, kann es nötig werden, eines der Trennungsverfahren nach Abschnitt 8.1 zu verwenden.

Eine Probenmenge ist aufzulösen, welche die erforderliche Menge U_3O_8 in 2 ml konz. HNO_3 liefert. Mit Wasser wird in einem 250-ml-Becherglas auf etwa 100 ml verdünnt. Die Lösung wird durch Zugabe kleiner Mengen festen Ammoniumcarbonats bis zum Ausfallen der Metallhydroxide neutralisiert, der Niederschlag über ein No.-41-Whatman-Filter abfiltriert; man wäscht mit Wasser, bis der Niederschlag uranfrei ist. Filtrat und Waschwässer werden vereinigt und der Niederschlag auf dem Filter gesammelt. Das vereinigte Filtrat und die Waschwässer werden gekocht, bis Diammoniumuranat ausfällt. Den Niederschlag filtriert man über ein No.-41-Whatman-Filter ab, wäscht mit heißem Wasser chloridfrei und löst ihn auf dem Filter mit 2 ml konz. HNO_3. Hierauf gibt man 10 ml ges. Ammoniumnitrat-Lösung (370 g NH_4NO_3 auf 100 ml Wasser) zu und extrahiert mit Äther (s. weiter unten). Wenn der Niederschlag weniger als 5% metallische Verunreinigungen und Chloride und/oder Phosphate enthält, ist eine Proben-Menge aufzulösen, welche die erforderliche Menge U_3O_8 in 2 ml konz. HNO_3 liefert, und hierauf 10 ml ges. NH_4NO_3-Lösung zuzusetzen.

Die Probe-Lösung füllt man in einen Äther-Extraktionsapparat, dessen 50-ml-Rundkölbchen 5 ml Wasser und 15 ml Diäthyläther enthält. Man extrahiert 30 Min. oder bis zum Verschwinden der gelben Farbe der wäßrigen Schicht. Das Kölbchen wird vom Extraktionsapparat abgenommen, der Äther auf einem elektrischen Wasserbad weggedampft (Achtung! Explosionsgefahr!^{1}), hierauf der Inhalt des Kölbchens in eine 30-ml-Pt-Schale gebracht und auf einem Wasserbad zur Trockne

---

^{1} Da auch peroxidfreier Äther bei längerem Eindampfen mit HNO_3 zu Explosionen neigt, ist es besser, ihn so weit wie möglich durch Absaugen mit der Pumpe bei Raumtemperatur zu entfernen.

verdampft, dann der Rückstand über einem starken Brenner geglüht, bis die Stickoxide ausgetrieben sind. Weitere 2 Std. glüht man in einem Muffelofen bei 900 °C.

(α) Vom Uran, das auf 15 Gew.-% ^{235}U *angereichert* ist, sind 500 mg des geglühten U_3O_8 auf 0,1 mg genau in ein Teflon-Proben-Rohr einzuwägen (Benutzung eines Mikro-Wägeröhrchens und einer Halbmikro-Waage). Duplikate der Proben werden vorbereitet und jedes in folgender Weise behandelt: Das U_3O_8 wird in 0,5 ml konz. HNO_3 aufgelöst (unter Erwärmen auf dem Wasserbad), hierauf 0,1 ml Wasser zugefügt und das Teflon-Röhrchen versiegelt.

(β) Vom Uran mit *weniger* als 15 Gew.-% ^{235}U-Konzentration wird die geglühte Probe mit Mörser und Pistill zu feinem Pulver gemahlen. 420 mg davon werden auf 0,1 mg genau in eine 4 ml fassende Zentrifugen-Röhre aus Plexiglas eingewogen.

b) *Aktivitätsmessung.* Zur Messung der Gamma-Aktivität mit einem NaJ(Tl)-Szintillationszähler wird das Proben-Rohr mit der noch nicht aktivierten Probe in das Bohrloch des Kristalls eingebracht (ebenso verfährt man mit den Standards); 8 Min. wird die Hintergrund-Aktivität (Leerwert) gezählt. Hierauf entfernt man das Proben-Rohr vom Zählgerät, befestigt es in einem geeigneten Proben-Rohr-Halter (s. die Original-Veröffentlichung) und bringt die Vorrichtung in die Neutronen-Quelle (10 Min.). Sodann wird der Proben-Rohr-Halter von der Neutronen-Quelle entfernt, das Proben-Rohr vom Halter abgenommen und in das Bohrloch des Kristalls gebracht. Die verfügbare Zeit beträgt nur 15 Sek., da das Zählgerät automatisch eine Zählung über 1 Min. startet, sobald 15 Sek. seit der Entfernung des Proben-Rohr-Halters von der Neutronen-Quelle vergangen sind.

Bemerkungen. Meßdauer der Proben bzw. Standards: 1 Min.

aa) Berechnung. Für alle Proben und Standards sind die Impulse je Min. (Ipm) zu ermitteln und durch das Gewicht der Substanzmenge in Milligrammen zu dividieren (= spezifische Aktivität). Die spezifische Aktivität der Standards in Ipm je Milligramm wird gegen deren ^{235}U-Gehalt aufgetragen, wobei sich eine Gerade ergeben soll. Aus dieser Eichkurve ist in üblicher Weise der ^{235}U-Gehalt der untersuchten Proben zu ermitteln.

bb) Verläßlichkeit. Analysen der Proben mit ^{235}U-Konzentrationen zwischen 0,4 und 15 Gew.-% zeigten einen *Variationskoeffizienten* der Einzelbestimmung von 0,1 Gew.-%. Vgl. auch *Hudgens* und *Meyer* (1956).

Literatur

Beyer, W. W., Lewis, J. N., u. *Stukenbroeker, G. L.:* (a) TID-7531 (Pt. 1), S. 97 (Oct. 1957); (b) TID-7568 (Pt. 2), S. 158 (1958). – *Bussell, H., Secor, R., Zyskovsky, C.,* u. *Nelson, L. C.:* USAEC Rep. NBL-143, S. 30 (1957).

Derham, J., u. *Flenning, F. W.:* AERE R/R 1149 (1953).

Guest, R. J., u. *Zimmerman, J. B.:* Anal. Chem. **27**, 931 (1955).

Hudgens, J. E, u. *Meyer, R. C.:* USAEC Rep. NBL-126 (April 1956).

Jones, R. C. (ed.): Selected Measurements for Plutonium and Uranium in the Nuclear Fuel Cycle. Div. Technical Information, USAEC (1963).

Kelley, W. D., u. *Twitty, B. L.:* (a) Trans. Am. Nucl. Soc. 4 (2), 246 (1961); (b) Nucl. Sci. Engng. **13**, 374 (1962).

Laux, P. G., u. *Brown, E. A.:* USEAC Rep. NLCO-742 (Mai 1958).

May, S., u. *Lévêque, P.:* Unesco /ND/RIC/49 (1959).

Nelson, L., u. *Aaron, D.:* (a) TID-7531 (Pt. 1), S. 78 (1957); (b): *Nelson, L. C.,* u. *Rodden, C. J.;* in *Jones* (ed.): Selected Measurements, Methode Nr. 2405.

Petrzhak, K. A., Semenyushkin, I. N., u. *Bak, M. A.:* Geokhimiya (russ.) **2**, 27 (1956).

Starik, I. E., u. *Shchats, M. M.:* Geokhimiya (russ.) **2**, 19 (1956). – *Stewart, D. C.,* u. *Bentley, W. C.:* Science **120**, 50 (1954).

Voss, F. S.: TID-7531 (Pt. 1), S. 130 (1957).

Wänke, H., u. *Monse, E. U.:* Z. Naturforschg. **10**a, 667 (1955).

8.6.4.2 Bestimmung durch Aktivitätsmessung einzelner Spaltungsprodukte

Durch Spaltung des ^{235}U mit thermischen Neutronen entstehen rund 40 verschiedene Spaltungsprodukte, von denen aber nur wenige infolge ihrer chemischen und radioaktiven Eigenschaften gut zur Bestimmung des ^{235}U geeignet sind. Grundsätzlich wird also ein bestimmtes, mit bekannter Ausbeute entstehendes Radionuklid von geeigneter Halbwertszeit und gut meßbarer, charakteristischer Strahlung ausgewählt, das außerdem in radiochemischer Reinheit abtrennbar sein muß. Die in der unbekannten Probe gemessenen, auf den Leerwert korrigierten Impulse werden dann mit jenen eines Uranstandards von bekannter Konzentration an ^{235}U verglichen. Als solcher Standard kann entweder natürliches Uran mit 0,711 Gewichtsprozenten ^{235}U gewählt werden oder aber ein Uran-Präparat mit bekannter, angereicherter ^{235}U-Konzentration. Dann gilt folgende Proportion:

$$\frac{\text{Korrig. Impulse des Spaltungsproduktes im Standard}}{\text{Korrig. Impulse des Spaltungsproduktes in der Probe}} = \frac{\text{Gewicht des } ^{235}\text{U im Standard}}{\text{Gewicht des } ^{235}\text{U in der Probe}}.$$

Viele Autoren wählten ^{140}Ba mit 12,8 Tagen Halbwertszeit, maximaler β-Energie seiner Strahlung = 1,01 MeV, 6,2% Spaltungsausbeute; es wandelt sich infolge seiner β^--Strahlung in ^{140}La um, das seinerseits ein harter β^--Strahler mit $_\beta E_{max} = 1{,}34$ MeV und γ-Strahlung mit 40,2 h Halbwertszeit ist. Wenn inaktiver Ba-Träger zum Zweck der guten Isolierbarkeit des Radiobariums aus dem Spaltungsproduktgemisch zugesetzt wird, so erfolgt schneller und vollständiger Austausch des Radiobariums mit dem Barium des inaktiven Trägers. Vorteilhaft ist, daß Ba nur 1 Oxydationsstufe besitzt und schwer lösliche Niederschläge in Form von $BaSO_4$ und $BaCrO_4$ bildet. Zwar entstehen infolge Spaltung des Nuklids ^{238}U durch schnelle Neutronen weitere ^{140}Ba-Kerne; doch ist wegen des dabei wirksamen, nur niedrigen Spaltungsquerschnittes des ^{238}U ihre Menge sehr gering. Bei einem Verhältnis ^{235}U$:^{238}$U $> 1:1000$ kann dieser Beitrag vernachlässigt werden (demnach bei natürlichem und angereichertem Uran). Selbstverständlich muß ein etwaiger natürlicher Ba-Gehalt des Proben-Materials entweder null oder genau bekannt sein. Dieses Verfahren wurde zuerst von *Smales, Seyfang* und *Smales*, wie auch *Seyfang* angegeben. Die genannten Autoren erwähnen, daß sich auch ^{130}Ba mit nur 85 Min. Halbwertszeit und $_\beta E_{max} = 2{,}3$ MeV und etwa gleicher Spaltungsausbeute wie ^{140}Ba gut eignet. In diesem Fall genügt schon die kurze Bestrahlungszeit von 5 Min. bei einem thermischen Neutronen-Fluß von 10^{12} n$\cdot$cm$^{-2}\cdot$sec^{-1}. Auch ist die Prüfung der radiochemischen Reinheit des am Schluß der Analyse abgetrennten Bariums wegen der viel kürzeren Halbwertszeit dieses leichteren Ba-Isotops besser möglich. Angesichts des Verhältnisses der Halbwertszeiten beider Isotope von rund $1:200$ ist in 5 Min. Bestrahlungsdauer noch fast kein ^{140}Ba entstanden.

Der Standard natürlichen Urans wurde durch Reinigung käuflichen Uranylnitrats (anal. reagent grade) mittels Verteilungschromatographie und Umwandlung in U_3O_8 hergestellt. Es konnte nachgewiesen werden, daß der Selbstabschirmungseffekt (Absorption thermischer Neutronen in den äußeren Schichten der bestrahlten, ^{235}U enthaltenden Probe) im Fall des natürlichen Urans vernachlässigt werden konnte, wenn man etwa 50 mg in zylindrischen Polyäthylen-Röhrchen von 2 mm innerem Durchmesser bestrahlte. Bei größerem Gehalt an ^{235}U würde jedoch der totale (auf das Gesamturan berechnete) Einfang- und Spaltungs-Querschnitt für thermische Neutronen so groß werden, daß beträchtliche Selbst-Abschirmungseffekte auftreten könnten. In diesem Fall müssen wäßrige Lösungen der Probe (da Wasser nur einen sehr kleinen Einfangquerschnitt für thermische Neutronen besitzt) in Quarz-Röhrchen bestrahlt werden.

Reagenzien.

MgO, anal. reagent grade;

HNO_3, spez. Gewicht 1,42;

$BaCl_2$-Träger-Lösung: 18 g $BaCl_2 + 2\ H_2O$ in H_2O lösen, auf 500 ml verdünnen;

$La(NO_3)_3$-Lösung: 1%ige Lösung (m/v) von $La(NO_3)_3 + 6\ H_2O$;

NH_4OH-Lösung: spez. Gewicht 0,880;

$SrCO_3$-Lösung: 2%ige Lösung (m/v) in HCl;

HCl-Diäthyläther-Reagens: 5 Teile konz. HCl (spez. Gewicht 1,18) + 1 Teil Äther;

Natriumtellurat-Lösung: 0,4%ige Lösung (m/v);

Zn-Metall-Pulver;

Methylorange-Indikator;

KJ-Lösung: 1%ige Lösung (m/v);

NaClO-Lösung: käufliche Lösung, enthaltend 10% aktives Chlor;

$NH_3(OH)Cl$;

$FeCl_3$-Lösung: 1%ige Lösung (m/v);

H_2SO_4: 20%ig (v/v).

Bestrahlung von festem U_3O_8 ist bis 2% ^{235}U-Gehalt zulässig (vgl. unten). Ein 5 cm langes Polyäthylen-Röhrchen von 2 mm innerem Durchmesser wird unter Erwärmen und Pressen am einen Ende zugeschweißt; frisch geglühtes MgO ist in 4 bis 5 mm hoher, kompakter Schicht einzufüllen. Röhrchen und Inhalt werden gewogen, hierauf etwa 50 mg U_3O_8 eingewogen und mit einer analogen Schicht MgO bedeckt. Das offene Ende des Röhrchens ist zu verschweißen; zwischen der oberen MgO-Schicht und dem oberen Röhrchen-Ende ist 1 cm frei zu lassen (wegen des späteren Öffnens, indem Überdruck entweicht). Standards und Proben behandelt man in gleicher Weise. Alle Röhrchen werden entweder in ein spezielles Polyäthylen-Fläschchen zwecks Bestrahlung im pneumatischen Transportbehälter („rabbit" genannt) oder in eine 3 inch = 7,62 cm lange Aluminium-Büchse zwecks Bestrahlung in die dafür bestimmten Positionen des Reaktors eingelegt. Die Bestrahlungsdauer beträgt gewöhnlich 5 Min. Nach beendeter Bestrahlung sind die Behälter zum Abklingen der entstandenen, hohen Aktivität (vor allem des Al) 15 Std. hinter Blei-Abschirmung zu bringen. ^{28}Al zeigt nur 2,3 Min. Halbwertszeit. Nach Abklingen der starken Radioaktivität, die auch auf rasch zerfallende Spaltungsprodukte zurückgeht, ist der Inhalt des Polyäthylen-Röhrchens von einem Ende fortzuklopfen und sorgfältig die Röhrchen-Spitze abzuschneiden. Hierauf leert man den Inhalt in ein 50-ml-Zentrifugen-Rohr um. Der untere MgO-Pfropfen erleichtert dabei das „Ausspülen" des Röhrchens. Zur Auflösung werden 2 ml konz. HNO_3 zugesetzt, dann erwärmt man leicht und kocht die nitrosen Dämpfe fort; schließlich werden 5 ml $BaCl_2$-Trägerlösung zugesetzt.

Wie oben erwähnt, erfordern größere ^{235}U-Konzentrationen als 2% für die Bestrahlung wäßrige Probe-Lösungen, was auch für nur sehr gering verfügbare *Proben-Mengen* gilt. In diesem Fall ist die Bestrahlung in kleinen Quarz-Ampullen (1 ml Fassungsraum) vorzunehmen, die aus Quarz-Röhrchen angefertigt werden. Nach Zuschmelzen des einen Endes wägt man die Ampulle und läßt die Probe-Lösung aus einem Glas-Tropfröhrchen mit feiner Spitze zufließen. Dann wird nochmals gewogen. Das offene Ende wird zugeschmolzen, die Ampullen mit Watte verschiebungssicher in eine 3 inch = 7,62 cm lange Aluminium-Büchse verpackt und im Reaktor bestrahlt. Die Berechnung der erforderlichen Bestrahlungszeit erfolgt nach den üblichen Aktivierungsformeln auf Grund der gewünschten Aktivität des ^{140}Ba. Beispielsweise ergibt 1 μg ^{235}U nach 24stündiger Bestrahlung mit $10^{12}\,n\cdot cm^{-2}\cdot sec^{-1}$ etwa 5000 Impulse je Min. (Ipm) von ^{140}Ba bei 5% Zählausbeute des Detektors, gemessen 24 Std. nach Bestrahlungsende. Proben und Standards läßt man nach Entfernen aus dem Reaktor auch in diesem Fall 15 Std. hinter Blei abklingen (die Hauptaktivität stammt von ^{31}Si mit 2,62 Std. Halbwertszeit). Hierauf bringt man die Quarz-Ampullen in 100-ml-Bechergläser (hohe Form), die einige Milliliter Wasser und 5,00 ml BaCl$_2$-Lösung enthalten. Beide Enden jeder Ampulle werden sorgfältig abgebrochen und zwecks vollständiger Durchmischung erwärmt. Sodann werden die Lösungen in Zentrifugen-Röhrchen dekantiert; Ampullen und Bechergläser werden mit kleinen Anteilen Wasser gewaschen.

Chemische Abtrennung des Bariums. Die Lösungen mit dem bestrahlten Uran und dem Ba-Träger sind auf 5 bis 6 ml einzudampfen; 2 Tropfen 1%ige Lanthannitrat-Lösung sind zuzufügen. Wenn nötig wird erwärmt, um etwa auskristallisiertes Ba(NO$_3$)$_2$ aufzulösen. Man gibt hierauf tropfenweise Ammoniak-Lösung bis zur Entstehung eines bleibenden Niederschlages zu, dann noch 2 Tropfen Ammoniak-Lösung im Überschuß. Nach Zentrifugieren wird in ein anderes Zentrifugen-Röhrchen dekantiert und nach Zugabe von Methylorange-Indikator mit HCl angesäuert. Sodann werden 2 Tropfen 2%ige Sr-Lösung als Rückhalteträger für das entstandene Radiostrontium zugefügt, ferner etwa 25 ml HCl-Diäthylätherreagens. Hierauf wird zentrifugiert und dekantiert. Den entstandenen BaCl$_2$-Niederschlag löst man in 3 bis 4 ml Wasser auf, fällt durch Zugabe von 20 ml des Reagenses neuerlich aus, zentrifugiert, dekantiert. Mit 5 ml Reagens wird gewaschen, hierauf zentrifugiert und dekantiert.

Den Niederschlag löst man in etwa 5 ml Wasser auf, setzt dann 6 Tropfen Lanthan-nitrat-Lösung, 6 Tropfen 4%ige Natriumtellurat-Lösung und schließlich noch 3 mg Zink-Pulver zu. Nach Beendigung des Schäumens ist die Lösung gegen Methylorange gerade ammoniakalisch zu machen, zu zentrifugieren und in ein anderes Zentrifugen-Röhrchen zu dekantieren. 4 Tropfen 1%iger KJ-Lösung und 2 Tropfen Natrium-hypochlorit-Lösung werden zugegeben, die Lösung erwärmt und 2 Min. beiseite gestellt. Man säuert mit 1 ml HCl an und fügt 0,1 g Hydroxylammoniumchlorid zu. Dann wird unter dem Abzug gekocht, bis alles Distickstoffoxid oder Jod entfernt scheint und das Volumen auf 5 bis 6 ml verringert ist. 2 Tropfen Sr-Lösung und 2 Tropfen Lanthan-Lösung werden zugefügt, die doppelte BaCl$_2$-Fällung wiederholt und gewaschen, wie oben angegeben.

Der BaCl$_2$-Niederschlag ist in 5 ml Wasser zu lösen; hierauf werden erst 6 Tropfen Lanthannitrat-Lösung, dann 6 Tropfen 1%ige FeCl$_3$-Lösung zugesetzt, gegen Methylorange ammoniakalisch gemacht. Man gibt eine zerdrückte, halbe Whatman-accelerator-Tablette zu und erhitzt gerade zum Kochen. Über ein 7 cm-Filter (Whatman No. 30) wird in ein Zentrifugen-Rohr filtriert, 2mal mit Anteilen von je 2 bis 3 ml Wasser gewaschen; das Filtrat wird auf 20 ml verdünnt und mit HCl schwach angesäuert. Sodann erhitzt man bis fast zum Kochen und setzt tropfenweise 2 ml 20%ige H$_2$SO$_4$ zu. Den BaSO$_4$-Niederschlag läßt man sich absetzen, dekantiert, wäscht mit 10 ml Wasser, zentrifugiert, dekantiert. Der Waschvorgang ist bis zur vollständigen Entfernung der überschüssigen Säure zu wiederholen.

Mit Hilfe eines Tropfrohres und einiger Tropfen Wasser wird so viel Niederschlag wie möglich auf ein tariertes Al-Zählschälchen gebracht. Unter einer IR-Lampe wird getrocknet und schließlich in einem Muffelofen bei 500 °C 15 Min. erhitzt. Nach Abkühlenlassen wägt man und bewahrt bis zur Zählung auf.

Zähltechnik. Man benützt ein Endfenster-GM-Zählrohr. Die Zählvorrichtung ist vorher mit einem geeigneten β^--Strahler zu eichen, wozu sich U$_3$O$_8$ (natürliches Uranoxid) eignet, in dem sich UX$_1$ (Halbwertszeit 24,1 Tage) und UX$_2$ (Halbwerts-zeit 6,7 Std.) bis zum Eintreten des radioaktiven Gleichgewichtes nachgebildet haben. Die Zählgeometrie ist derart zu wählen, daß eine Impuls-Häufigkeit von 2000 bis 3000 Ipm erreicht wird. Für jede einzelne BaSO$_4$-Fällung müssen mindestens 10000 Impulse gezählt werden (zur Verringerung des statistischen Fehlers). Die Niederschläge sind untereinander ohne unnötige Verzögerung zu zählen (die BaSO$_4$-Fällungen nahezu gleichzeitig ausführen!). Bei Zählung *aller* Proben innerhalb 1 Std.

ist keine Korrektur für das aus ^{140}Ba entstandene ^{140}La (Halbwertszeit 40,2 Std.) erforderlich.

Berechnung der Resultate nach der eingangs dieser Vorschrift angegebenen Proportion. Ferner:

$$\% \,^{235}\text{U in der Probe} = \frac{\text{Gewicht von } ^{235}\text{U in der Probe}}{\text{Gewicht der Probe}} \cdot 100.$$

Da die Spaltungsausbeute von ^{140}Ba bekannt ist, kann aus der angewendeten Standard-Menge und der aus dieser gewonnenen Ba-Menge die chemische Ausbeute berechnet und als Korrektur für die Proben unbekannten ^{235}U-Gehaltes benützt werden.

Tabelle 30

Relative Aktivitäten einiger Nuklide (entstanden durch Spaltung von ^{235}U mit langsamen Neutronen) in Prozenten der ursprünglichen, totalen Spaltungsprodukt-Aktivität nach Hunter und Ballou

1 Tag nach der Bestrahlung		10 Tage nach der Bestrahlung	
Nuklid	Relat. Aktivität	Nuklid	Relat. Aktivität
^{140}Ba	1,25	^{140}Ba	12,5
^{135}Xe	12,5	^{140}La	12,5
^{97}Nb	9,8	^{133}Xe	11,5
^{97}Zr	9,0	^{143}Pr	10,0
^{93}Y	7,5	^{131}J	7,0
^{133}J	7,5	^{99}Mo	7,0
^{91}Sr	6,8	^{141}Ce	6,5
^{143}Ce	6,8	^{132}J	5,5
^{135}J	4,7	^{132}Te	5,5
^{99}Mo	4,7	^{147}Nd	4,8
^{92}Y	4,1	^{95}Zr	3,4
^{145}Pr	3,0	^{91}Y	3,3
^{91}Y	3,0	^{89}Sr	3,0
^{132}J	2,7	^{103}Ru/Rh	2,6
^{132}Te	2,7		
^{149}Pm	1,5		
^{105}Rh	1,5		
^{141}La	1,5		

Die *Genauigkeit* und Reproduzierbarkeit des beschriebenen Verfahrens ist besser als $\pm 2\%$. Bei hohen ^{235}U-Konzentrationen ist jedoch die direkte Bestimmung des ^{238}U-Gehaltes durch Messung von ^{239}U oder ^{239}Np (s. Abschnitt 8.6.2 und 3) vorzuziehen.

Radiochemische Reinheit des abgetrennten Bariums. Durch Versuche mit radioaktiven Tracern konnte die Wirksamkeit der beschriebenen Methode für die Abtrennung des Ba von den anderen möglicherweise störenden Radionukliden nachgewiesen werden.

Da MgO kleine Verunreinigungen an Ba enthalten kann, sollte bei beginnender Benutzung jeder frischen MgO-Packung eine diesbezügliche Kontrolle (Blindbestimmung) vorgenommen werden. Bei den meistens angewendeten Bestrahlungszeiten von 5 Min. und Gebrauch von nur 20 mg MgO in den Polyäthylen-Röhrchen könnte diese Störung in der Regel vernachlässigt werden; jedoch ist das MgO chemisch von der Ba-Verunreinigung zu befreien, wenn die untersuchten Proben nur wenig ^{235}U enthalten und daher lange bestrahlt werden müssen.

Zur Kontrolle der radiochemischen Reinheit des isolierten $BaSO_4$ wird dessen Abklingungskurve gemessen, die in der üblichen, halblogarithmischen Darstellung eine abfallende Gerade ergeben muß (Ordinate = Logarithmus der Radioaktivität, Abszisse die Zeit im numerischen Maßstab), sobald sich das radioaktive Gleich-

30*

gewicht mit dem nachwachsenden Tochter-Nuklid ^{140}La eingestellt hat. Nach 5 Halbwertszeiten des Lanthans, d. i. etwa 120 Std., ist das radioaktive Gleichgewicht im Ausmaß von 97% erreicht. Seine Aktivität fällt dann praktisch bereits mit der Halbwertszeit des längerlebigen Mutter-Nuklids ^{140}Ba ab.

Bei ^{235}U-Gehalten unter 0,01% wirkt sich bereits das Spaltungs-Barium-140 aus, das aus ^{238}U mit schnellen Neutronen entsteht, die immer im Neutronen-Fluß eines Reaktors enthalten sind. Bei Gehalten zwischen 0,01% und 0,1% ^{235}U ist eine Korrektur für diese Effekte möglich, indem man gleichzeitig mit den Proben einen Uran-Standard natürlicher, isotopischer Zusammensetzung, aber auch einen Standard mit nur sehr wenig ^{235}U (weniger als 0,1%) bestrahlt, um einen Korrekturwert für die Spaltung des ^{238}U zu erhalten. Unangenehm wirkt sich jedoch die Veränderlichkeit des Energie-Spektrums der Neutronen im Zusammenhang mit der Bestrahlungsposition im Reaktor aus. Im Zentrum des Core eines heterogenen Reaktors ist der Fluß an schnellen Neutronen am größten und sinkt nach außen (aber auch mit dem vertikalen Abstand vom Zentrum). Deshalb ist es ungemein wichtig, die Proben und die Standards möglichst nahe beieinander (in einem gemeinsamen, äußeren Behälter), also in möglichst gleicher Bestrahlungsposition anzubringen. Vom Einfluß der schnellen Neutronen kann man sich durch Benutzung der sogenannten thermischen Säule eines Reaktors freimachen, aus der praktisch nur thermische Neutronen auftreten, allerdings nur 1 bis 10% des im Reaktor-Core selbst erzeugten Flusses. Daher sinkt die Empfindlichkeit der Bestimmungsmethode entsprechend auf 1 bis 10%. Bezüglich der in einem radiochemischen Laboratorium vorgesehenen Sicherheitsmaßnahmen für den Experimentator muß auf die einschlägige, spezielle Literatur verwiesen werden.

Ein ähnliches Verfahren benutzte *Smales* zur Bestimmung von Mikrogrammengen Urans in Mineralen und Gesteinen mit Hilfe der Neutronen-Aktivierungsanalyse. Die Methode kann u. U. zur geologischen Altersbestimmung nach der Uran-Blei-Methode angewendet werden. Obwohl die fluorometrische Uran-Bestimmung der Aktivierungsmethode an Empfindlichkeit nicht nachsteht, ist ihre Genauigkeit doch geringer. Die Aktivierungsanalyse erfordert in der hier beschriebenen Form zwar keine Isolierung des Urans selbst, wohl aber die Abtrennung eines bestimmten Spaltungsproduktes aus deren Gesamtmenge.

Der Spaltungsquerschnitt von ^{235}U ist 582 barn. Multipliziert man ihn mit der Isotopen-Häufigkeit des ^{235}U in natürlichem Uran (0,0071), so ergibt sich der sogen. atomare Spaltungsquerschnitt zu 4,1 barn. Durch weitere Multiplikation mit der Spaltungsausbeute des zu isolierenden Spaltungsproduktes erhält man dessen effektiven Aktivierungsquerschnitt. Die höchsten, vorkommenden Spaltungsquerschnitte in der bekannten Sattelkurve für die ^{235}U-Spaltung mit thermischen Neutronen betragen etwa 6%, und zwar bei den Massenzahlen von 95 und 139 (und in ihrer Nähe). ^{140}Ba zählt zur schwereren der beiden Gruppen. Durch Multiplikation von 4,1 barn mit dem Spaltungsausbeute-Faktor 0,06 gelangt man also zum effektiven Spaltungsquerschnitt für ^{140}Ba von etwa 0,25 barn, während die Bildungsreaktion von ^{239}U aus ^{238}U einen Einfangquerschnitt von 2,6 barn aufweist. Trotzdem — und auch trotz der geringen, erforderlichen Bestrahlungsdauer (wegen der kurzen Halbwertszeit des ^{239}U von nur 23,2 Min.) — erschwert jedoch gerade diese kurze Halbwertszeit die praktische Durchführbarkeit der ^{239}U-Bestimmung. Die ^{140}Ba-Methode hat auch den Vorteil, daß in den untersuchten Mineralen oder Gesteinen nur ein sehr niedriger Gehalt an natürlichem Barium zu erwarten ist (s. später). Über Möglichkeiten zur Abtrennung von ^{140}Ba aus Spaltungsprodukt-Mischungen und Uran s. *Coryell* und *Sugarman*.

Im vorliegenden Fall kommt dazu noch die Abtrennung jener Elemente des Minerals oder Gesteins, die bei der Neutronen-Aktivierung radioaktiv werden. Ihre Aktivität kann im Vergleich zu jener der Uran-Spaltungsprodukte sehr groß sein.

Nach S. 465, 466 erwähnt, sind Al und Si nach der Bestrahlung Ursache hoher Aktivitäten, die man vor Beginn der naßchemischen Trennungen zuerst eine Anzahl von Stunden abklingen lassen muß. Wesentlich längere Abklingungszeiten wären in Mineralen der seltenen Erden notwendig. In solchen Fällen muß das bestrahlte Mineral rasch aufgelöst oder aufgeschlossen werden, so daß Ba als $BaSO_4$ ausgefällt und abgetrennt werden kann. In bestimmten Fällen (z. B. Zirkonen) sind die Schwermetalle und Kieselsäure mit Hilfe von Ammoniumhydroxid zu entfernen und dann im Filtrat als erster Trennungsschritt $BaSO_4$ auszufällen.

Als *Standards* sind am geeignetsten Minerale von demselben oder ähnlichen Typus wie das untersuchte. Ist ein solches Mineral nicht verfügbar, muß U_3O_8 als Standard benutzt werden. Bei der vorliegenden Untersuchung wurden Mischungen aus Pechblende bekannten Urangehalts und dem silicatischen Gestein Dunit, dessen Urangehalt $< 0,0004\%$ war, hergestellt. Durch dieses Verfahren wird die Selbstabschirmung in Proben und Standard angeglichen.

Arbeitsvorschrift. 100 bis 200 mg feingepulverte Probe werden in kurze Polyäthylenröhrchen (s. S. 465) eingewogen und verschlossen. Die Röhrchen mit den Proben und den Standards sind in eine Aluminium-Büchse (3 inch = 7,62 cm) mit abschraubbarem Deckel einzulegen und im Reaktor ausreichend lang zu bestrahlen: z. B. für *Monazite* mit $0,01\%$ U 1 bis 2 Std., für *Granite* mit wenigen ppm Uran mehrere Tage, für noch geringere Uran-Gehalte entsprechend länger. Nach ausreichendem „Abkühlen", damit die kurzlebigen Radionuklide zerfallen können, sind die Proben aus den Behältern herauszunehmen und aufzuschließen (entweder durch Sintern mit Na_2O_2 nach *Seelvy* und *Rafter* oder durch Schmelzen mit KOH, beides in einem Nickel-Tiegel). Die Masse wird mit Wasser in ein Becherglas gespült; dann werden 10 ml $BaCl_2$-Lösung zugesetzt (10 mg Ba/ml). Die Waschwässer sind anzusäuern, der Tiegel mit HCl auszuspülen und alles mit der Hauptlösung zu vereinigen. Wenn nötig wird bis zur vollständigen Auflösung gekocht. Bei direkter Fällung des $BaSO_4$ werden 10 ml 20%ige H_2SO_4 tropfenweise zur kochenden Lösung zugegeben, und nach einigen Minuten Kochzeit läßt man den Niederschlag sich absetzen.

Falls (s. oben) störende Schwermetalle und SiO_2 mit Ammoniaklösung entfernt werden sollen, müssen 2 bis 3 g NH_4Cl und ein Überschuß an NH_4OH zugefügt werden. Den Niederschlag läßt man einige Minuten sich absetzen und gießt die Hauptmenge der überstehenden Lösung durch ein Filter (Whatman No. 541). Den Rest der Lösung und den Niederschlag befördert man in die Behälter für den radioaktiven Abfall. Die dekantierte Lösung wird mit HCl angesäuert, zum Kochen erhitzt und $BaSO_4$ durch tropfenweisen Zusatz von 10 ml 20%iger H_2SO_4 gefällt. Den Niederschlag läßt man sich absetzen.

Den nach *einem* der beiden Verfahren erhaltenen $BaSO_4$-Niederschlag (nach Dekantieren der überstehenden Lösung) bringt man auf ein 9 cm-Filter (Whatman No. 40) und wäscht gut mit warmem Wasser. (Die dekantierte Lösung und das Filtrat sind in den radioaktiven Abfall zu befördern.) Bis zu diesem Punkt der Analyse können hohe β- und γ-Aktivitäten (von einigen Millicurie) auftreten, in welchem Fall die üblichen Vorsichtsmaßnahmen und Arbeitsregeln eines radiochemischen Laboratoriums für mittlere Aktivitäten anzuwenden sind. Das isolierte $BaSO_4$ jedoch ist auf alle Fälle nur schwach aktiv; man kann wie bei normalen Tracer-Methoden weiter vorgehen.

Das in einem Pt-Tiegel geglühte $BaSO_4$ ist mit 5 g Na_2CO_3 aufzuschließen. Die abgekühlte Schmelze wird mit warmem Wasser ausgelaugt, die Lösung in ein 250-ml-Becherglas transferiert und gekocht. Dann wird über ein 9 cm-Filter (Whatman No. 40) filtriert und gut mit warmem Wasser bis zur völligen Entfernung der Sulfat-Ionen gewaschen. Das $BaCO_3$ wird mit möglichst wenig HCl durch das Filter hindurchgelöst und die Lösung in einem 40-ml-Zentrifugen-Rohr aufgefangen.

Zu der nur 3 bis 4 ml betragenden, sauren Lösung setzt man 20 ml einer HCl-Diäthyläther-Mischung (5 + 1) (s. S. 465) und zentrifugiert; die überstehende Flüssigkeit wird verworfen, der Niederschlag in 1 bis 2 ml Wasser gelöst. Fällungs- und Auswaschschritte sind zu wiederholen, der Niederschlag neuerlich in 1 bis 2 ml Wasser aufzulösen. Hierauf setzt man 0,1 ml Natriumtellurat-Lösung zu (1 mg Te/ml enthaltend), dann noch 50 mg Zn-Pulver. Die Lösung ist aufzuwirbeln, um das ausgefällte Tellur zu koagulieren, 0,1 ml Lanthannitrat-Lösung zuzufügen (10 mg La/ml enthaltend), sodann noch NH_4OH in geringem Überschuß. Man zentrifugiert, verwirft den Niederschlag und überträgt die überstehende Lösung in ein anderes Zentrifugenröhrchen. Nun werden 4 Tropfen 1%ige KJ-Lösung sowie 2 Tropfen einer 10%igen NaClO-Lösung zugefügt; die Lösung erwärmt man und läßt sie hierauf abkühlen. Dann säuert man mit HCl an, fügt 0,1 g $NH_3(OH)Cl$ zu, kocht zur Entfernung von freiem Distickstoffoxid oder Jod und läßt abkühlen. Nach Zugabe von 0,1 ml Lanthan-Lösung, 0,1 ml $Sr(NO_3)_2$-Lösung (10 mg Sr/ml) und 15 ml HCl-Äther-Mischung wird zentrifugiert, der Niederschlag in 1 bis 2 ml Wasser aufgelöst, zweimal mit Säure-Äther-Mischung gefällt (0,1 ml-Mengen der La- und der Sr-Lösung vor jeder Fällung zugeben). Den Niederschlag löst man in Wasser, setzt 0,1 ml La-Lösung und 0,1 ml einer $Fe(NO_3)_3$-Lösung (10 mg Fe/ml), sodann Ammoniak-Lösung im Überschuß zu. Man filtriert über ein 7 cm-Filter (Whatman No. 40) in ein anderes Zentrifugen-Röhrchen, säuert mit HCl an, kocht die Lösung und fügt 5 ml 20%ige H_2SO_4 zu. Den Niederschlag läßt man sich absetzen. Hierauf wird zentrifugiert, mehrmals mit Wasser gewaschen, jedesmal zentrifugiert, dann der aufgeschlämmte Niederschlag mit einer Tropfpipette in ein kleines gewogenes Al-Zählschälchen befördert, die Masse unter einer IR-Lampe zur Trockne verdampft und 15 Min. bei 450 °C erhitzt. Nach Abkühlen wird zur Bestimmung der chemischen Ausbeute an Ba gewogen; die β-Aktivität wird in einer geeigneten Zählvorrichtung gemessen.

Bemerkungen. I. Die radiochemische Reinheit des Niederschlages ist durch Verfolgung der Aktivitätszunahme (infolge Nachwachsens des Tochternuklids ^{140}La) und des anschließenden Abfalls mit der Halbwertszeit des ^{140}Ba sowie durch Messung der β-Energie (durch Absorptionsmessungen mit Hilfe vorgeschalteter Al-Absorber standardisierter Dicke) zu *kontrollieren*.

II. An die Messungen sind die notwendigen *Korrekturen* für die chemische Ausbeute und wenn nötig für die Selbstabsorption und Rückstreuung anzubringen.

$$\frac{\text{Masse des Urans in der Probe}}{} = \frac{\text{Masse des Urans im Standard} \cdot \text{korr. Impulszahl der Probe}}{\text{korr. Impulszahl des Standards}}$$

III. *Resultate.* Die nach dieser Methode gewonnenen Uranwerte in verschiedenen Silicat-Gesteinen, Zirkonen, Graniten stimmten im allgemeinen *sehr* gut mit den durch rein chemische Analysen erhaltenen Werten überein.

IV. *Störungen.* Durch die im Reaktor immer vorkommenden, schnellen Neutronen werden auch Kerne *von ^{238}U und ^{232}Th* gespalten. Während die Spaltung von ^{238}U sowohl in der Probe wie im Standard vor sich geht und daher keinen Einfluß auf die Bestimmung des Gesamturans ausübt, kann jedoch die Spaltung von ^{232}Th „falsches" Uran vortäuschen. Bestrahlung der Probe direkt im Moderator statt im Reaktor-Kern oder durch die thermische Säule hindurch verhindert dies zwar; jedoch führt die Schwächung auch des Flusses der thermischen Neutronen zu starken Empfindlichkeitsverlusten.

Mit Neutronen intermediärer Energie (diese Energie-Stadien werden beim Abbremsen der schnellen Neutronen vor der Erreichung der thermischen Geschwindigkeit durchlaufen) entsteht aus ^{232}Th das durch thermische Neutronen gut spaltbare Uran-Isotop ^{233}U nach folgender Reaktionsfolge:

$$^{232}_{90}\text{Th} + {}^{1}_{0}n \longrightarrow {}^{233}_{90}\text{Th} \xrightarrow[22,4\,\text{min}]{\beta^-} {}^{233}_{91}\text{Pa} \xrightarrow[27,0\,\text{d}]{\beta^-} {}^{233}_{92}\text{U} \xrightarrow[1,62\cdot10^5\,\text{a}]{\alpha} (\text{Th})$$

Infolgedessen kann aus Thorium zusätzlich ^{140}Ba entstehen. Das Ausmaß der Erzeugung des ^{233}U aus ^{232}Th ist schwierig zu berechnen, da die Kern-Reaktion nicht bloß mit einer definierten Neutronen-Energie zustandekommt.

Falls also thoriumhaltige Minerale zur Untersuchung ihres Urangehaltes vorliegen, muß ein reiner Thorium-Standard (uranfrei!) zusätzlich zum Uran-Standard gleichzeitig mit der Probe bestrahlt werden. Daraus kann die Produktion von ^{140}Ba aus reinem Th bestimmt und eine Korrektur für den notwendigerweise bekannten Th-Gehalt der Mineral-Probe angebracht werden. Diese beträgt im äußersten Fall (bei reinem Th, mit maximalem Neutronenfluß bestrahlt) weniger als 0,3% „Uran" als „Uran-Äquivalent".

Unerwünscht ist ein merklicher Gehalt des untersuchten Materials an natürlichem Barium. Wenn die Probe Milligrammengen Ba enthält, muß dieser Betrag bei der Bestimmung der chemischen Ausbeute an isoliertem Ba-Träger berücksichtigt werden. Es können die Radionuklide ^{139}Ba (82,9 Min. Halbwertszeit), ^{135m1}Ba (29 h Halbwertszeit) und ^{131}Ba (11,6 d Halbwertszeit) entstehen. Dies äußert sich in der Verflachung des Gipfels der Aktivitätskurve des ^{140}Ba, die zuerst infolge des Nachwachsens des ^{140}La ansteigt. Man kann jedoch mit Hilfe von Al-Absorbern die niedrigeren β-Energien dieser Ba-Isotope abschirmen und nur die maximale β-Energie des ^{140}Ba (1,01 MeV) und des ^{140}La (2,1 MeV) messen, entsprechend Al-Absorber-Dicken von 400 mg·cm^{-2}, bzw. 1000 mg·cm^{-2}. Einfacher ist die Verwendung eines Proportional-Zählers, in dem die niedrigeren Energien, die auf die störenden Nuklide zurückgehen, diskriminiert, also nicht gezählt werden.

Da sich 5 Tage nach Isolierung des $BaSO_4$ (120 h = 3 Halbwertszeiten des ^{140}La) rund 87,5% der Gleichgewichtsaktivität des ^{140}La nachgebildet haben, kann dieses La mit einem La-Träger von dem $BaSO_4$ abgetrennt werden: Soda-Aufschluß, Auflösen in HCl, Fortkochen des CO_2, Fällung des La durch Zugabe von NH_4Cl und NH_4OH als $La(OH)_3$; Zentrifugieren, auf ein Zählschälchen bringen, trocknen, wägen, zählen. Ergibt die Zerfallskurve des Radiolanthans eine Gerade, entsprechend einer Halbwertszeit von rund 40 h, so ist damit bewiesen, daß es sich um ein Tochter-Produkt bloß von ^{140}Ba handelt und infolgedessen in der Probe kein natürliches Ba in irgendwie nennenswerter Menge vorhanden war. Durch die chemische Ausbeute-Bestimmung des La-Schrittes zusätzlich zu derjenigen des Ba-Schrittes wird sogar eine quantitative Abtrennung des La überflüssig. Der Uran-Gehalt der Probe kann auch aus der La-Aktivität berechnet werden.

V. Auf Grund der Messung des ^{140}Ba und ^{140}La aus der Uran-235-Spaltung (Gleichgewichtsbeziehung zwischen dem Mutter- und Tochter-Nuklid) einerseits, der Bestimmung von ^{239}Np mit Hilfe von ^{237}Np (α-Strahler von $2{,}2 \cdot 10^6$ a Halbwertszeit) als Träger andererseits (Bestimmung von ^{238}U), wurde in *Stein-Meteoriten* (4 Chondriten und 1 Achondrit) neutronenaktivierungsanalytisch der Uran-Gehalt durch *Hamaguchi, Reed* und *Turkevich* bestimmt[1]). Daneben wurde auch der Gehalt an natürlichem Barium in Meteoriten ermittelt, das bei Neutronen-Aktivierung die Radionuklide ^{135m1}Ba (29 h Halbwertszeit), ^{133m}Ba (39 h Halbwertszeit) und ^{131}Ba (11,6 d Halbwertszeit) liefert. Die nach beiden Verfahren gewonnenen Uran-Werte stimmten befriedigend überein und lagen in der Größen-Ordnung von 10^{-8} g/g bei den Chondriten, hingegen 10mal höher bei dem einen untersuchten Achondrit (Nuevo Laredo). Die Gehalte an natürlichem Barium waren bei den Chondriten 3 bis 4 ppm, bei dem Achondrit gleichfalls mehr als 10mal höher. *Reed, Kigoshi* und *Turkevich* bestimmten ferner neben Ba, Hg, Tl, Pb und Bi aktivierungsanalytisch auch den Uran-Gehalt einiger Steinmeteorite und der *Troilit*-Phase (FeS) von zwei Eisen-Meteoriten. Die Stein-Meteorite wurden nach der Bestrahlung und Zugabe von

---

[1] Angenommen wurde begründeterweise die normale isotopische Zusammensetzung des natürlichen Urans in den Meteoriten.

Trägern mit Na_2O_2 im Nickel-Tiegel aufgeschlossen. Als Standards dienten Meteorit-Pulver, denen nach der Spiking-Methode (Zugabe-Verfahren) bekannte Mengen der die zu bestimmenden Elemente zugesetzt worden waren. Auch bei diesen Analysen lagen die Uran-Gehalte in der Größen-Ordnung von 1 bis $2 \cdot 10^{-8}$ g/g. Die Troilit-Phasen der beiden Eisenmeteorite zeigten $4 \cdot 10^{-9}$ g U/g. Die Bestrahlungen wurden mit Neutronen-Flüssen von 10^{12} bis 10^{13} cm^{-2} sec^{-1} während 3 bis 5 Tagen ausge-führt.

VI. Die gefundenen Uran-Gehalte lagen ein *wenig höher* als die 1957 erhaltenen Werte. Möglicherweise war dies auf den Beitrag der Spaltung des Isotops ^{238}U durch die im Neutronen-Fluß enthaltenen, schnellen Neutronen zurückzuführen. Dafür sprachen auch die niedrigeren Uran-Werte in zwei Chondriten, die sich durch Bestrahlung in der thermischen Säule des Reaktors (wo schnelle Neutronen aus-geschaltet sind) ergeben hatten. Die Autoren schlossen daher auf einen wirklichen Uran-Gehalt der untersuchten Chondrite von etwa $1{,}1 \cdot 10^{-8}$ g/g (d. i. $\sim$ 11 ppb).

VII. Das Spaltungsprodukt ^{140}Ba wurde auch von *Leddicotte* und *Brooksbank* zur Bestimmung von ^{235}U benutzt, während ^{238}U über dessen Tochter-Aktivität ^{239}Np ermittelt wurde. Die Erzeugung von ^{235}U durch n, γ-Reaktion aus ^{234}U ist vernachlässigbar.

Die untersuchten Proben wurden durch Auflösen der Uranoxide in HNO_3 her-gestellt und aliquote Teile davon in Polyäthylen-Behälter *eingeschweißt*. Der etwa 100 Std. währenden Bestrahlung mit einem Neutronen-Fluß von $6{,}5 \cdot 10^{11}$ n $\cdot$ cm$^{-2} \cdot$ sec^{-1} im ORNL-Graphite-Reactor folgte eine Abkühlungszeit von wenigstens 1 Tag. Hierauf wurde die chemische Aufarbeitung der Probe ausgeführt, indem die Tren-nungen ähnlich dem von *Coryell* und *Sugarman* (1951) angegebenen Verfahren erfolgten.

Als Träger für ^{140}Ba wurde natürliches, inaktives Ba verwendet, für ^{239}Np das Element La. Um Empfindlichkeitsverluste zu vermeiden, wurde größte, chemische Ausbeute bei den Trennungen angestrebt.

Arbeitsvorschrift. a) *Abtrennung von* ^{140}Ba. Je zwei Teile der bestrahlten Probe (zu 0,50-ml-Anteilen) werden in 50-ml-Zentrifugen-Röhrchen pipettiert. Hierauf fügt man je 20,0 mg Ba und La in 2n salpetersaurer Lösung als Träger und 1 ml 5m $NH_3(OH)Cl$-Lösung zu, nach 5 Min. langer Wartefrist noch 15,0 ml rauchende HNO_3. Die Mischung rührt man 1 bis 2 Min. um und läßt sie dann im Eisbad mindestens 10 Min. stehen. Den Niederschlag von $Ba(NO_3)_2$ entfernt man durch Zentrifugieren aus der Mischung. Die überstehende, saure Lösung wird in ein anderes Zentrifugen-Röhrchen befördert und wie später beschrieben zur Np-Abtrennung benutzt. Der $Ba(NO_3)_2$-Niederschlag wird mit 10 ml heißem Wasser gewaschen. Nach Abtrennung der Waschflüssigkeit durch Zentrifugieren löst man den Niederschlag in 1 bis 2 ml 6n HCl. Hierauf werden 15 ml Diäthyläther-Salzsäure-Mischung (5 Teile konz. HCl + 1 Teil Äther) zugefügt, die Mischung 2 Min. umgerührt und gleichzeitig in einem Eisbad abgekühlt. Nach Zentrifugieren wird die Flüssigkeit vollständig vom Niederschlag dekantiert, den man in 1 ml Wasser löst und mit 15 ml Äther-Salzsäure-Mischung neu ausfällt. Nach Dekantieren wird der Niederschlag mit 3 Anteilen zu je 5 ml absolutem Äthanol, der 3 bis 5 Tropfen konz. HCl enthält, auf ein gewogenes Rundfilter von $\frac{5}{8}$ inch = 1,6 cm Durchmesser gebracht und die Lösung abgesaugt.

Den Niederschlag wäscht man 3mal mit 5-ml-Anteilen Äther und trocknet ihn dann durch 5 Min. langes Absaugen. Hierauf wägt man ihn als $BaCl_2 + 2 H_2O$ und montiert ihn dann zur Aktivitätsmessung.

b) Zur Bestimmung *des* ^{238}U wird die unter a) erwähnte, salpetersaure Lösung vorsichtig mit Wasser auf ein Volumen von 30 ml verdünnt. Durch Zugabe von 1 bis 2 ml konz. H_2F_2 macht man die Lösung mindestens 2m an H_2F_2. Die Mischung rührt man 1 bis 2 Min. um und läßt den LaF$_3$-Niederschlag sich absetzen. Nach

Zentrifugieren der Mischung wird die überstehende Lösung verworfen, der Niederschlag mit 10 ml Wasser gewaschen. Die Waschflüssigkeit entfernt man durch Zentrifugieren und verwirft sie gleichfalls. Der Niederschlag wird in einer Mischung aus 0,5 ml ges. Borsäure und 0,5 ml 6n HNO_3 gelöst. Man verdünnt mit Wasser auf 10 ml und führt durch tropfenweise Zugabe von NH_4OH eine vollständige Fällung von $La(OH)_3$ herbei. Nach Zentrifugieren ist die überstehende Flüssigkeit zu verwerfen, der Niederschlag mit 10 ml Wasser zu waschen, zu zentrifugieren und die Waschflüssigkeit abermals zu verwerfen. Den $La(OH)_3$-Niederschlag löst man in 1 ml 6n HCl auf, fügt 15 ml Wasser zu und erhitzt zum Kochen. Hierauf setzt man 15 ml ges. Oxalsäure zu und kühlt nach Umrühren die Mischung 10 Min. in einem Eisbad. Der Niederschlag wird unter Absaugen auf ein in einer kleinen Absaugnutsche befindliches, gewogenes Filterpapier ($^5/_8$ inch = 1,6 cm Rundfilter) gebracht, dann 3mal mit je 10 ml Wasser, 3mal mit je 5 ml Äthanol, 3mal mit je 5 ml Diäthyläther gewaschen und durch Absaugen 5 Min. getrocknet. Den Niederschlag wägt man als Lanthanoxalat und montiert ihn zur Zählung.

c) *Messung der Radioaktivität des* ^{140}Ba *und des* ^{239}Np. Das ^{140}Ba wird über seine γ-Strahlung von 0,537 MeV bestimmt, das ^{239}Np über seine γ-Strahlungen von 0,210, 0,227 und 0,276 MeV. Die Berechnung wird auf Grund des Vergleiches mit einem Uran-Standard ausgeführt, der gleichzeitig bestrahlt und chemisch aufgearbeitet worden ist. Der Zerfall der gemessenen Radionuklide seit Bestrahlungsende ist zu berücksichtigen (*Genauigkeit* und Reproduzierbarkeit waren besser als $\pm 2\%$). Die radiochemische Reinheit prüft man durch Verfolgung der Abklingzeit. Bei Auftragung des $\log \frac{A_t}{A_0}$ [1] (Ordinate) gegen die Abklingzeit t (Abszisse) muß sich bei radiochemischer Reinheit eine reine Gerade ergeben. Im Fall des ^{140}Ba ist Berücksichtigung der nachwachsenden Aktivität des Tochter-Nuklids ^{140}La erforderlich; daher ist sehr baldige Anfangsmessung empfehlenswert. Die zweite Möglichkeit ist, ^{140}La (40,2 h Halbwertszeit) etwa 134 Std. (fast 3,5 Halbwertszeiten) nachwachsen zu lassen und erst dann (wenn also das radioaktive Gleichgewicht zu etwa 95% erreicht ist) zu messen.

Bemerkungen. α) Die γ-Strahlung des ^{140}La *stört* die γ-Messung des ^{239}Np *nicht*.

β) Von *Gruverman* und *Henninger* wurden hochlegierter Stahl auf Nickel-Basis und Rückstände von Elektro-Ätzungsverfahren an ähnlichen Stahl-Proben analysiert. Techniken zur Aktivierungsanalyse wurden benützt zur Bestimmung der Konzentration von 16 Elementen: Sb, Bi, Ca, Cr, Co, Pb, Mn, Mo, Ni, P, Ag, S, Sn, Ti, U, Zr. Es sollten die Ursachen der Bildung nichtmetallischer Einschlüsse erforscht werden, und zwar an Milligramm-Mengen säureunlöslicher Rückstände, weshalb Mikrogramm-Mengen der über 0,1% betragenden Elemente bestimmt werden mußten. Wegen der großen Empfindlichkeit wurde die Methode der Neutronen-Aktivierung gewählt. Ein spektrographischer Standard eines legierten Stahles wurde parallel zu den unlöslichen Rückständen analysiert, um die Konzentration einiger Spuren-Elemente und die *Genauigkeit* der Aktivierungsanalysen-Technik zu prüfen. Die Uran-Bestimmungsmethode beruht auch hier auf der Bestimmung des Spaltungsproduktes ^{140}Ba.

γ) Die ^{140}Ba-Methode wurde auch von *Sorantin* und *Bildstein* auf Uran-Spaltungsgemische angewendet. Die einzelnen chemischen Trennungsoperationen wurden mit Hilfe von Standard-Lösungen aus bestrahltem Uran und zugesetzten Lösungen (bekannten Gehaltes) der Radionuklide:

^{90}Sr, $^{95}Zr/^{95}Nb$, $^{99}Mo/^{99}Tc$, ^{131}J, $^{132}Te/^{132}J$, ^{137}Cs, ^{144}Ce auf ihre Wirksamkeit und die erreichten Dekontaminationsfaktoren geprüft.

---

[1] A_0 = Aktivität bei Meßbeginn; A_t = jeweilige Aktivität bei den späteren, aufeinanderfolgenden Meßzeiten t.

δ) Wenn die Probe-Lösung Al enthält, das aus der Hülle des Brennstoff-Elementes oder der Bestrahlungskapsel herrührt, muß es jedenfalls als Hydroxid ausgefällt werden, weil $AlCl_3$ bei der nachfolgenden Behandlung mit Äther-Salzsäure zusammen mit Bariumchlorid auskristallisieren würde.

An Reagenslösungen werden benötigt (sämtlich „analysenrein"):

50 mg Ba/ml als Chlorid,
20 mg Zr/ml als Oxychlorid,
10 mg La/ml als Nitrat,
10 mg KJ/ml,
50 mg Al/ml als Chlorid,
7 mg Sr/ml als Chlorid,
100 mg Na_2HPO_4/ml.

Arbeitsvorschrift. Ein aliquoter Teil der Uran-Lösung wird mit 2 ml Ba-Träger-lösung, 5 Tropfen Zr-Trägerlösung und (falls Al nicht ohnehin vorhanden ist) 1 ml Al-Lösung versetzt. Man engt auf 4 bis 5 ml ein, erwärmt, fällt tropfenweise mit konz. NH_4OH (geringer Überschuß!), zentrifugiert, dekantiert die Flüssigkeit in ein anderes Zentrifugenröhrchen; den Niederschlag verwirft man.

Die Lösung wird mit HCl gegen Methylorange angesäuert. Je 2 Tropfen der Trägerlösungen von La^{3+}, Sr^{2+}, Zr^{4+}, KJ werden zugegeben. Man fällt hierauf mit 25 ml Äther-Salzsäure (5 Teile Diäthyläther + 1 Teil 6n HCl) unter Rühren auf einem Eisbad, digeriert einige Minuten, zentrifugiert, dekantiert, verwirft die Lösung (Lösungsvolumen vor der Fällung $\leq$ 5 ml). Den Niederschlag von $BaCl_2 + 2\,H_2O$ löst man in 2 bis 3 ml H_2O und fügt neuerlich die oben angeführten Trägerlösungen in gleicher Menge zu. Nunmehr wird mit 25 ml Äther-Salzsäure gefällt, zentrifugiert, dekantiert, die Lösung verworfen. Den Niederschlag löst man in wenig H_2O, säuert stark mit HCl an und verdünnt auf etwa 20 ml, setzt 0,5 ml Zr-Lösung zu, fällt mit Na_2HPO_4-Lösung, läßt 15 Min. stehen (der entstandene Niederschlag ist zu fein für sofortiges Zentrifugieren). Nach Zentrifugieren wird in ein anderes Röhrchen dekantiert und der Niederschlag verworfen.

Die Lösung wird zum Sieden erhitzt und mit 2 bis 3 ml heißer 20%iger H_2SO_4 das $BaSO_4$ ausgefällt. Den auf dem Wasserbad abgesetzten Niederschlag zentrifugiert man und wäscht unter Dekantieren mit Wasser (das einige Tropfen NH_4OH enthält) bis zur Abwesenheit von Sulfat-Ion. Der $BaSO_4$-Niederschlag wird in ein entfettetes, trocken gewogenes Al-Meßschälchen übertragen. Nach Trocknen mit einer IR-Lampe, anschließend jedoch während 1 Std. im Trockenschrank bei 110 °C, wird im Tiegelofen 15 Min. möglichst genau auf 500 °C erhitzt (schon bei 520 °C tritt Verformung und Versprödung des Al ein). Das Schälchen wird zusammen mit dem Niederschlag gewogen; den Niederschlag fixiert man mit Zaponlack und stellt ihn zur Aktivitäts-messung bereit. Nach Verlauf von 4 bis 5 Halbwertszeiten des Tochter-Produktes ^{140}La (zwecks weitgehender Einstellung des radioaktiven Gleichgewichtes; Halb-wertszeit = 40,2 h) wird das γ-Spektrum aufgenommen (Meßzeit 10 Min.).

Bemerkungen. aa) Nach dieser Arbeitsweise war die Ausbeute an Barium 70%, was den Korrektur-Faktor für den *γ-spektrometrischen* Meßwert des Bariums ergab.

bb) Der *Zeitbedarf* der Doppelbestimmung für die chemische Abtrennung bis zur Ausfällung des $BaSO_4$ beträgt 45 Min., für die Trocknung und Montage des Nieder-schlages etwa 90 Min.

cc) Die γ-spektrometrische Überprüfung der angeführten Verfahrensschritte zeigte, daß die erste $La(OH)_3/Al(OH)_3$-Fällung die *größte* Dekontaminationswirkung aufwies. Die ersten beiden Kristallisationen von $BaCl_2 + 2\,H_2O$ bewirkten eine neuerliche Reinigung. Weitere Umfällungen des Bariumchlorids blieben nahezu ohne Wirkung.

dd) Mit der beschriebenen Methode konnte noch die geringe ^{140}Ba-Menge aus einer *7 Monate alten* Lösung bestrahlten Urans erfaßt werden.

ee) Im *Beryllium*-Metall bestimmten *Mullins* und *Leddicotte* routinemäßig Mikrogramm- und Submikrogramm-Mengen von ^{235}U, ^{238}U und ^{232}Th durch Neutronen-Aktivierungsanalyse. Das metallische Be und der Vergleichsstandard wurden nach der Bestrahlung in Säure gelöst. Die Radionuklide ^{140}Ba (12,8 d Halbwertszeit). ^{239}Np (2,346 d Halbwertszeit) und ^{233}Pa (27,0 d Halbwertszeit) wurden hierauf mittels radiochemischer Trennmethoden (*Leddicotte* und *Mahlman*; *Mahlman* und *Leddicotte*) isoliert und γ-szintillationsspektrometrisch gemessen. Nach diesem Verfahren konnten noch 0,0007 μg ^{235}U, 0,10 μg ^{238}U und 0,10 μg ^{232}Th bestimmt werden.

ff) Die aktivierungsanalytische Bestimmung des Urans (über ^{239}Np oder ^{140}Ba) in Metallen, Erzproben, *Böden und Wässern* wendeten auch *Leddicotte, Mullins, Bate, Emery, Druschel* und *Brooksbank, jr.*, an.

gg) Über das Spaltungsprodukt ^{140}Ba bestimmen *Hernegger* und *Wänke* Uran in 3 *chondritischen* Meteoriten. Die gefundenen Werte von $2,8 \cdot 10^{-6}$ bis $9 \cdot 10^{-7} \%$ stimmten mit den Ergebnissen aus ^{133}Xe (*Ebert, König* und *Wänke*) für dieselben Proben überein.

hh) *Hamaguchi, Reed* und *Turkevich* verglichen die isotopische Zusammensetzung des Urans in Meteoriten und in *terrestrischen* Gesteinen durch die Bestimmung von ^{238}U über ^{239}Np und von ^{235}U über ^{140}Ba (auf etwa 10% genau). Sie fanden, daß die Zusammensetzung in beiden Fällen praktisch gleich war. Die Bestimmung wurde 3 bis 5 Tage mit Neutronen-Flüssen von 10^{12} bis 10^{13} n $\cdot$ cm$^{-2}\cdot$sec^{-1} ausgeführt.

ii) Mit Neutronen-Aktivierung bestimmen *Nagasawa* und *Wakita* Uran in Mineral-Fraktionen aus *vulkanischen* Laven und einem Peridotit-Knollen durch Messung von ^{140}La, das durch Melken aus ^{140}Ba isoliert wurde, während das in denselben Materialien enthaltene Th mit Hilfe des bei der Neutronen-Bestrahlung entstehenden ^{233}Pa bestimmt wurde. Zu diesem Zweck wurde die chemische Ausbeute der Pa-Bestimmung mittels Aktivitätsmessung von natürlichem ^{231}Pa-Tracer ermittelt.

jj) Die sogenannten *Wolfram-Bronzen* sind nichtstöchiometrisch zusammengesetzte Verbindungen der Formel $M_x WO_3$, worin M z. B. Na, K, Rb, Ba, S. E. und U sein kann, während für x folgendes gilt: $0 < x < 1$. Die Autoren *Wechter* und *Voigt* verwenden die Aktivierung mit thermischen Neutronen zur Bestimmung einiger der angeführten Elemente, darunter des Urans. Für dieses letzte Element untersuchten sie mit Hilfe eines 3×3 inch $= 7,62 \times 7,62$ cm-NaJ(Tl)-Kristalls, eines Photomultipliers und eines Vielkanal-Impulshöhen-Analysators das zusammengesetzte γ-Spektrum der Spaltungsnuklide ^{140}La bis ^{135}J. Benützt wurden die Photo-Peaks bei 1,45 und 2,75 MeV. Die Photo-Peaks des ebenfalls bei der Aktivierung entstandenen Radiowolframs ^{187}W (0,69 und 0,87 MeV) störten nicht. Der zur Verfügung stehende Ames-Laboratory-Research-Reactor lieferte einen thermischen Fluß von $1 \cdot 10^{13}$ n $\cdot$ cm$^{-2}\cdot$sec^{-1}. Die Bestrahlungsdauer betrug 1 bis 5 Sek. Geeignete Standard-Proben wurden gleichzeitig mitbestrahlt.

Der Wert von x in der obigen Formel der Wolfram-Bronzen kann nach folgender Gleichung berechnet werden:

$$x = \frac{F}{1-F} \cdot \frac{M_w}{M_y} \cdot$$

Darin sind:

F der Gewichtsbruchteil des vorliegenden (gesuchten) Metalls

M_y das Atomgewicht dieses Metalls

M_w das Molekulargewicht des WO_3.

Die *Genauigkeit* der Methode wurde durch Analyse von Mischungen geprüft, die durch Einwägen bestimmter Mengen der Metalloxide sowie von WO_3 und mehrtägiges Feinmahlen in einer Kugel-Mühle hergestellt wurden. Die Abweichung zwischen den zerstörungsfrei bestimmten und den aus dem Mischungsverhältnis der synthetischen Proben gefundenen Uran-Werten betrug äußerstenfalls einige Prozente.

kk) Die Zahl der durch Bestrahlung einer ^{235}U enthaltenden Probe mit thermischen Neutronen stattfindenden Spaltungen kann außer durch Verwendung primärer Standards auch mit Hilfe *sekundärer* Standards bestimmt werden: Mittels der primären Standards, die durch Neutronen-Fluß-Messung bei bekanntem Einfangsquerschnitt und Bestimmung der Zerfallsgeschwindigkeit oder durch massenspektrometrische Messungen geeicht werden, können die Spaltungsausbeuten bestimmter Spaltungsprodukte ermittelt werden. Diese Spaltungsprodukte verwendet man dann gegebenenfalls als sekundäre Standards. Ihre Benutzung hat den Vorteil, daß dabei jene Fehler ausgeschaltet werden, die auf die örtliche Änderung des Neutronen-Flusses zwischen dem Ort des primären Standards und demjenigen der bestrahlten Probe zurückgehen. Ein solcher sekundärer Standard (Monitor) muß in hoher Spaltungsausbeute entstehen; das als Monitor benutzte Radionuklid soll in einem möglichst einfachen, chemischen Trennungsgang mit bekannter Ausbeute bestimmbar sein. Außerdem muß das Radionuklid eine geeignete Halbwertszeit besitzen.

Markl und *Hecht* prüften die Eignung einiger Nuklide aus der Reihe der seltenen Erdmetalle als sekundäre Monitoren, da die seltenen Erdmetalle eines der Maxima der Spaltungsausbeutekurve des ^{235}U bilden. Aus der Betrachtung der Spaltungsausbeuten und der Halbwertszeiten der entstandenen Spaltungserden folgt, daß nach einer Mindestabkühlzeit von 10 Tagen ^{140}La und das Gemisch der Cer-Isotope für eine Auswertung zur Verfügung stehen. Aus den Spaltungsgemischen wurden die seltenen Erden mit Di-(2-äthylhexyl)-orthophosphorsäure (HDEHP) (S. 323) abgetrennt. Während ^{140}La ohne weitere Trennung γ-spektrometrisch bestimmbar ist (1,597 MeV-Peak; 40,2 h = Halbwertszeit), müssen die Cer-Isotope vor ihrer Auswertung von den übrigen seltenen Erdmetallen (und vom Yttrium) abgetrennt werden. Das bestrahlte Uran-Präparat wurde mit konz. HCl (gegebenenfalls mit einem Zusatz von HNO_3) in Lösung gebracht, die überschüssige Säure durch Einengen unter einer IR-Lampe entfernt und aus der konz. Lösung die Probe mit einer Mikropipette zur Extraktion entnommen. Dazu wurde die Probe dann aus 0,01 n HCl-Lösung mit 1,5 m HDEHP (in Toluol gelöst) ausgeschüttelt. Ce^{3+} wurde später selektiv zu Ce^{4+} oxydiert: Es wurde aus einer Mischung von 10 m HNO_3 und 1 m $KBrO_3$ (es genügt aber schon eine Spatel-Spitze festes $KBrO_3$ als Zusatz) mit 1 Teil HDEHP in 3 Teilen CCl_4 von den dreiwertigen Lanthanoiden, dem Sr und dem Ba getrennt [*Peppard* und Mitarbeiter (a, b)]. Als Träger für ^{144}Ce (284 d = Halbwertszeit) wurden 40 mg Ce zugesetzt. Die Ausbeute der Extraktion beträgt $\sim 99\%$. Das radiochemische Gleichgewicht zwischen ^{144}Ce und seiner nachgebildeten Tochter ^{144}Pr ist nach 3 Std. völlig erreicht, da ^{144}Pr 17 Min. Halbwertszeit zeigt. Die Bestimmung von ^{144}Ce erfolgt daher durch Messung der 2,98 MeV-β-Aktivität des im Gleichgewicht befindlichen ^{144}Pr, das zweckmäßig aus der organischen Phase mit 10 n HNO_3 rückextrahiert und im Flüssigkeitszählrohr gemessen wird. — Bei Bestrahlungszeiten bis zu 9,6 Tagen ist besser das Nuklidpaar ^{140}Ba/^{140}La, bei längerer Bestrahlungsdauer ^{144}Ce als Monitor zu verwenden.

ll) Zu den durch Bestrahlung des ^{235}U mit thermischen Neutronen anfallenden Spaltungsprodukten, deren Ausbeute bekannt ist, zählt auch das Radionuklid ^{138}Cs. *Miller* und *Leboeuf* benutzten dieses zur zerstörungsfreien Bestimmung von ^{235}U, das als Verunreinigung in die Umhüllung von individuellen Reaktor-Brennstoff-Elementen bzw. deren Anordnung zu Platten übergeht. Diese Brenn-Element-Montagen werden in einem Test-Reaktor mit extrem niedrigem Energieniveau (low power test reactor) bestrahlt, der eine Neutronen-Fluß-Verteilung aufweist, die sich eng an jene des Kraftwerksreaktors anlehnt, in dem der Kern-Brennstoff verwendet werden soll. Bestrahlungsfluß und Bestrahlungszeit werden dabei auf ein

Minimum reduziert, um eine überflüssige Aktivierung des Brennstoffes innerhalb der Umhüllung zu verhindern. Während der Bestrahlung wird die Brenn-Element-Montage in einen Polyäthylen-Behälter eingeschlossen, der mit einem gemessenen Volumen redestillierten Wassers gefüllt ist.

Nach Bestrahlungsende wird das Wasser aus dem Behälter abgelassen und ein großes Volumen davon auf das radioaktive Nuklid ^{138}Cs analysiert, das eine Halbwertszeit von 32 Min. besitzt und mit einer Spaltungsausbeute von 5,7% als Glied folgender Zerfallskette entsteht:

$$^{138}J\,(5,8\;\text{Sek.}) \xrightarrow{\ \beta\ } {}^{138}Xe\,(17\;\text{Min.}) \xrightarrow{\ \beta\ } {}^{138}Cs\,(32\;\text{Min.}) \xrightarrow{\ \beta\ } {}^{138}Ba\;(\text{stabil}).$$

Als Spaltungsprodukte bildet sich auch eine Reihe anderer Cs-Isotope, worunter die meisten extrem lang- oder kurzlebig sind. Die Bestimmung des ^{138}Cs wird nur durch ^{139}Cs mit 9,5 Min. Halbwertszeit gestört, das man vor der Messung des ^{138}Cs zerfallen läßt und das einen *vernachlässigbaren Fehler* in der ^{138}Cs-Messung verursacht. (Nach 5 Halbwertszeiten sind bereits 97% des störenden Isotops zerfallen.)

Da Cs als Alkalimetall wasserlöslich ist, verteilt es sich im Wasser gut und ist schnell von anderen Aktivitäten abtrennbar. Die Trennung von anderen Spaltungsprodukten wird durch seine Extraktion mit Isoamylacetat bei Verwendung von Tetraphenylborat bewirkt. Cs wird aus der organischen Phase mit HCl rückextrahiert und hierauf als Nickelhexacyanoferrat(II)-Komplex gefällt. Dieser Niederschlag wird zur β-Aktivitätsmessung verwendet.

Zur Standardisierung werden bekannte Mengen Uranylnitrats unter den gleichen Neutronen-Fluß-Bedingungen bestrahlt und anschließend das entstandene ^{138}Cs bestimmt. Bezüglich der Einzelheiten der Methode sei auf die Originalarbeit verwiesen.

mm) Der Uran-Gehalt der *Stein-Meteorite* wurde von *Ebert, König* und *Wänke* mit Hilfe des Nuklids ^{133}Xe bestimmt, das als Spaltungsprodukt des ^{235}U mit einer Ausbeute von 6,5% anfällt (Halbwertszeit = 5,27 d; $_\beta E_{max} = 0,34$ MeV). Vor der 7tägigen Bestrahlung mit einem Neutronen-Fluß von $10^{12}\,\text{n}\cdot\text{cm}^{-2}\cdot\text{sec}^{-1}$ mußten Spuren von atmosphärischem Xenon durch mehrstündiges Erhitzen der Probe im Hochvakuum bei 400 °C entfernt werden. Zur Austreibung des bei der Behandlung entstandenen Radioxenons wurde inaktiver Xe-Träger verwendet. Die Proben wurden bei 900 °C mit NaOH geschmolzen und die befreiten Gase gesammelt. Nach Entfernung des O_2 und N_2 in einem Ba-Ofen bei 900 °C wurde der Rest des Gesamt-Gases auf Aktivkohle adsorbiert und nach Desorption die Radioaktivität mehrere Wochen mit einem End-Fenster-Zählrohr gemessen. Die daraus berechnete Halbwertszeit von genau 5,27 d bewies die Abwesenheit anderer Spaltungsprodukte. Auf diese Weise konnte bei einer Empfindlichkeit von 10^{-9} g Uran der Uran-Gehalt von 3 Chondriten zu $8\cdot10^{-7}$ bis $1,2\cdot10^{-6}\%$ ermittelt werden (= 8 bis 12 ppb).

nn) Zur *Geochronometrie* mit Hilfe von Kalksteinen nach der Thermolumineszenz-Methode ist eine Uran-Bestimmung erforderlich. Dazu bedienten sich *Haskin, Fearing* und *Rowland* des ^{133}Xe (Halbwertszeit = 5,27 d). Die fein gepulverte Probe wurde in einem zugeschmolzenen Quarz-Rohr mit einem thermischen Neutronen-Fluß von $10^{13}\,\text{n}\cdot\text{cm}^{-2}\cdot\text{sec}^{-1}$ 4 bis 12 Tage bestrahlt. Das zuerst entstehende Spaltungsprodukt ^{133}J (Halbwertszeit = 21 h) läßt man zur Gänze in das Tochter-Produkt ^{133}Xe zerfallen. Hierauf wird das Quarzrohr in einer Atmosphäre von Xenon als Trägergas geöffnet; das Xenon läßt man in einem mit flüssigem N_2 gekühlten Seiten-Arm ausfrieren und in ein Vorratsgefäß verdampfen. Den festen Rückstand der Proben vermischt man in Pyrex-1720-Glas-Rohren mit gepulvertem Tantal und läßt das zurückgehaltene Xenon in diesen Rohren verdampfen, indem sie zugeschmolzen und 8 bis 20 Std. auf 700 °C erhitzt werden. Nach dieser Behandlung werden die Rohre geöffnet und ^{133}Xe in einem Gas-Proportional-Zähler gemessen, der mit flüssigem N_2 gekühlt ist. Andere vorhandene, radioaktive Edelgase werden gaschromatographisch abgetrennt. Die ^{133}Xe-Aktivität aus der Probe wird mit jener aus einem gleichzeitig bestrahlten Standard verglichen. In 5 Kalksteinen wurden auf diese Weise 2,8 bis 6,5 ppm Uran gefunden. Die Methode erfordert eine Reihe strenger Vorsichtsmaßnahmen (s. die Originalarbeit).

Bei der Bestimmung von J, U und Th in Meteoriten (15 Achondriten, 5 Chondriten und 3 Mesosideriten) fanden *Clark, Rowe, Ganapathy* und *Kuroda* 2 bis 210 ppb U (14 bis 1000 ppb J, $\leq$ 0,03 bis 3 ppm Te). Während der Jodgehalt von Achondriten von gleicher Größenordnung wie der von Chondriten ist, sind in den Achondriten die Urangehalte höher und die Tellurgehalte niedriger als in Chondriten. Die verwendeten Proben waren für die Bestimmung von Edelgasen benutzt worden, so daß kleine Meteoritenstücke von 3 bis 4 g zur Verfügung standen, die in einem Achatmörser in Splitter von $\sim$ 3 mm oder weniger zerkleinert, gewogen und in Kunststoffröhrchen eingeschlossen wurden. Aus den Analysenmitteln kleiner Stücke erwarteten die Autoren, einen mittleren Elementgehalt in der ganzen Probe erschließen zu können. Als Standards für die Bestrahlung mit thermischen Neutronen dienten Lösungen von KJO_3, $UO_2(NO_3)_2$, Na_2TeO_3. Die Analysenmethode war im Prinzip jene von *Goles* und *Anders* (a, b) mit einigen Abänderungen. Das Uran wurde durch β-Messung mit Hilfe seiner Spaltungsprodukte ^{135}Xe (9,2 h Halbwertszeit) und ^{133}Xe (5,27 d) bestimmt. Es bestätigte sich, daß die Gruppe der Ca-reichen Achondrite mehr Uran enthält als die Chondrite (*Bate* und *Huizenga*). Die bestrahlten Meteoritproben mußten infolge ihrer hohen Aktivität in den Anfangsstadien der chemischen Analyse hinter Bleischutz aufgearbeitet werden.

oo) *Goles* und *Anders* (a) bestimmen mittels Neutronen-Aktivierungsanalyse die Konzentrationen von J, Te und U in verschiedenen Typen von *Chondriten* (s. unten, 23 Analysen) sowie in Eisen-Meteoriten (Eisen-Phase und Troilit-Phase) (4 bzw. 5 Analysen). Im Prinzip beruhen alle Bestimmungen auf der Messung radioaktiver Jod-Isotope, die auf 3 Quellen zurückgehen: $\alpha\alpha$) ^{128}J entsteht aus dem natürlich enthaltenen ^{127}J durch (n, γ)-Reaktion; $\beta\beta$) die Spaltungsprodukte ^{131}J bis ^{135}J bilden sich infolge Spaltung von ^{235}U durch thermische Neutronen mit kleinen Beiträgen von ^{232}Th und ^{238}U; $\gamma\gamma$) ^{131}J (8,02 d = Halbwertszeit) entsteht hauptsächlich durch β-Zerfall des über eine (n, γ)-Reaktion aus ^{130}Te gebildeten ^{131}Te, wenn der Beitrag aus der Uran-Spaltung vernachlässigbar klein ist. Infolgedessen kann die Uran-Konzentration der Meteorite aus den angeführten Spaltungs-Jod-Isotopen berechnet werden. ^{131}J wird über den γ-Peak bei 0,364 MeV (szintillometrisch) in Koinzidenz mit dem β-Energie-Maximum bei 0,61 MeV (Proportional-Durchfluß-Zähler) bestimmt und durch Korrektur für die Zerfallskurve der aus der Uranspaltung stammenden, obgenannten Jod-Isotope benutzt. Die Rest-Zerfallskurve (Proportional-Durchfluß-Zähler) zeigte eine deutliche Schwanz-Bildung, die aus Spaltungsprodukt-Aktivitäten mit Halbwertszeiten von 52 Min. bis 21 h stammt. Daher war ein Vergleich der β-Zählungen für jede einzelne Probe mit einer normalisierten Spaltungsprodukt-Zerfallskurve (Jod-Isotope) aus U-Th-Bestrahlungen notwendig, wobei die relative Spaltungsausbeute für die in Frage kommenden Nuklide von einem Experiment zum anderen als konstant angenommen wird. Ebenso wird das Neutronen-Energie-Spektrum als bei allen Versuchen gleich angenommen, während der Neutronen-Fluß proportional der spezifischen ^{128}J-Aktivität in einem gleichzeitig mitbestrahlten Jod-Monitor war. Daher konnte für eine konstante Bestrahlungszeit Proportionalität zwischen der gebildeten Menge der obigen Jod-Spaltungsprodukte und der Uran-Konzentration der Probe vorausgesetzt werden. Eine Kontroll-Möglichkeit bot die Zählung des zu diesen Spaltungsprodukten gehörigen ^{133}J (Halbwertszeit = 20,8 h) mittels β-γ-Koinzidenz-Spektrometrie (0,530 MeV γ in Koinzidenz mit 1,3 MeV β). Für die Berechnung der wahren ^{131}J-Aktivität und Rückextrapolation auf die Zeit des Beginns der β-Zählung (und verschiedener anderer Korrekturen) wurde ein Computer eingesetzt. Die Formel enthält einen Faktor, der dem Uran-Gehalt der Probe proportional ist. Zusätzliche Korrektur-Faktoren hängen von den jeweiligen Reaktor-Bedingungen ab und müssen für den speziellen Fall berechnet werden. Als Ergebnis wurden folgende Uran-Konzentrationen in ppm gefunden: 0,013 für 7 Bronzit- und Hypersthen-chondrite; 0,011 für 3 Enstatitchondrite; 0,017 für 2 kohlige Chondrite. In meteoritischem Eisen betrug die gefundene Uran-Konzentration $< 0,15$ bis $< 0,6$ ppb, in Troilit 3,5 bis 17 ppb.

pp) Der Zeitraum zwischen der Isolierung des Sonnensystems vom *galaktischen Reservoir* des Jods-129 (im Gleichgewicht durch die Ausbrüche von Supernovae) und der Abkühlung der Meteoriten-Mutterkörper auf Temperaturen, bei denen radiogenes Jod-129 im embryonalen Meteorit zurückgehalten werden kann, betrug etwa 10^8 Jahre [*Goles* und *Anders*, (b)].

Die Proben der Stein-Meteorite wurden frisch aus dem Inneren der Original-Proben herausgebrochen. Die Proben von Eisen-Meteoriten wurden aus der Masse herausgeschnitten, hierauf mit 3n HCl geätzt, die aus filtriertem, wasserfreiem HCl-Gas und deionisiertem, destillierten Wasser hergestellt war, mit deionisiertem Wasser gewaschen und in einem Ofen oder unter einer Heizlampe getrocknet. Die Proben wurden in kleinen Polystyrol-Gefäßen (mit Polyäthylen-Kapseln) bestrahlt, die zuerst mit einer detergierenden Lösung gewaschen, hierauf völlig mit deionisiertem Wasser gespült und in einem Vakuum-Exsikkator getrocknet worden waren. Uran-Monitoren wurden nicht verwendet.

Jod-131 bis Jod-135 entstehen hauptsächlich durch die thermische Spaltung von Uran-235 mit kleinen Beiträgen aus Thorium-232 und Uran-238. Jod-131 aus der Spaltung spielt bei kleinen Uran-Gehalten keine Rolle im Vergleich zur Bildung von Jod-131 aus Tellur-131. Aus dem Verhältnis der Aktivitäten der verschiedenen Jod-Isotope wurden Gehalte an J, Te und U berechnet. Die beschriebene Methode mußte natürlich der Schwierigkeit des Problems angepaßt werden. Gefunden wurden 8 bis 120 ppb Uran in Chondriten.

qq) *Fischer* und *Beydon* (1953) benutzen zur Uran-Bestimmung in Mineralen das Spaltungsprodukt ^{132}Te, dessen Ausbeute 3,6% beträgt. Durch Mitfällung mit 100 mg $Fe(OH)_3$ wurde Uran vorangereichert. Die Bestrahlungszeit war 50 Std. bei einem Neutronen-Fluß von 10^{10} n·cm^{-2}·sec^{-1}. Es konnten noch $5\cdot10^{-5}$ μg U bestimmt werden.

rr) Von *Hilton* und *Reed* wurde zur Bestimmung von ^{235}U im Uran auch das Spaltungsproduktpaar $^{99}Mo/^{99m}Tc$ herangezogen. ^{99}Mo eignet sich dazu wegen seines Ausbeute-Faktors von 6,1% der Spaltungsprodukte, seiner Halbwertszeit von 67 h, der gut meßbaren Photo-Peaks, der extrem kurzlebigen, nichtflüchtigen Vorgänger und auch zufolge der Neigung, in Lösung anionische Spezies zu bilden. Bei der verwendeten Methode wird ein Molybdat-Träger zur bestrahlten Uran-Lösung zugesetzt und eine Trennung des ^{99}Mo/^{99m}Tc von den durch Spaltung entstandenen, trägerfreien, alkalischen Erden, seltenen Erden und von Zr/Nb ausgeführt, indem diese auf einem Ringofen nach *Weisz* an $Fe(OH)_3$ im Zentrum des Filter-Papiers zurückgehalten werden, während Mo und Tc mit NH_4OH und Wasser in die Ringzone ausgewaschen werden. Anionische Spezies von Spaltungs-Ruthenium können Mo/Tc in die Ringzone begleiten. Wegen der kurzen Halbwertszeit von ^{105}Ru (4,44 h) und seines Tochter-Produkts ^{105}Rh (36 h) bildet die Ähnlichkeit der Energien ihrer (und auch des ^{105m}Rh) γ-Linien mit jenen von ^{99}Mo und ^{99m}Tc keine Gefahr, während ^{103}Ru/^{103}Rh kein ähnliches γ-Spektrum aufweisen. ^{99m}Tc mit 6,0 h Halbwertszeit erreicht nach mehreren Halbwertszeiten praktisch das radioaktive Gleichgewicht mit seinem Mutter-Nuklid ^{99}Mo, so daß es mit dessen Halbwertszeit von 67 h weiter zerfällt. Der zur Messung des ^{99m}Tc ausgewählte γ-Peak liegt bei 0,140 MeV.

Arbeitsvorschrift. a_1) *Reagenzien.* 2,42 g $FeCl_3 + 6\,H_2O$ werden in 100 ml deionisiertem Wasser (4 ml konz. HCl enthaltend) aufgelöst; 1 ml dieser Lösung entspricht dann 5 mg Fe.

Ammoniak-Lösung (spez. Gewicht 0,88);

Konz. HNO_3 (spez. Gewicht 1,42) wird mit dem gleichen Volumen H_2O verdünnt;

3,7 g $(NH_4)_6Mo_7O_{24} + 4\,H_2O$ werden in 100 ml deionisiertem H_2O aufgelöst. 10 ml dieser Lösung werden mit 0,1 ml konz. HNO_3 unmittelbar vor Gebrauch angesäuert. 1 ml dieser Lösung enthält rund 20 mg Mo.

b_1) *Vorbereitung der Probe und Bestrahlung.* Eine Quarz-Röhre von 8 bis 10 cm Länge, 6 mm äußerem und 4 mm innerem Durchmesser wird an dem einen Ende zugeschmolzen. 3 cm von diesem Ende entfernt wird eine Kalibrierungsmarke angebracht, wodurch etwa 0,3 ml Volumen gekennzeichnet sind. Ungefähr 70 mg U_3O_8 (rein, trocken) werden in das Quarzrohr eingewogen, wozu 0,2 ml der oben angegebenen, verd. HNO_3 kommen. In 6 cm Entfernung vom verschlossenen Ende wird das andere Rohr-Ende ausgezogen. Das Rohr wird im Eisbad abgekühlt, der Hals abgeschmolzen und die Ampulle 24 h in einem Trockenofen bei 100 °C erhitzt (zwecks Auflösung des U_3O_8 und Druck-Probe). Hierauf wird die Ampulle, in Baumwolle verpackt, in eine Standard-Al-Kapsel (3 inch = 7,62 cm lang) gebracht und 2 Std. mit einem Neutronen-Fluß von 10^{12} $cm^{-2} \cdot sec^{-1}n$ bestrahlt. Nun läßt man die Kapsel hinter Blei-Schutz 24 Std. abkühlen und schneidet sodann die Spitze der Ampulle ab. Etwa in der abgeschnittenen Spitze zurückgebliebene Lösung oder Spülwasser werden mit einem Capillar-Rohr zur Hauptmenge der Lösung zugefügt. Nun gibt man einige Tropfen der Molybdat-Lösung zu, bis eine End-Konzentration von etwa 5 mg Mo/ml Lösung vorliegt. Die Lösung wird dann mit deionisiertem Wasser zur Kalibrierungsmarke aufgefüllt. Mit Hilfe eines ausgezogenen Glas-Röhrchens, das an einem Ende mit einer zusammendrückbaren Gummi-Kappe versehen ist, wird die Lösung sorgfältig durchmischt; jedoch dürfen dabei keine Luft-Blasen in die Lösung gepreßt werden (Verlust-Gefahr).

Parallel zur Probe wird ein Standard (U_3O_8 mit bekannter ^{235}U-Konzentration) in gleicher Weise aufgearbeitet.

c_1) *Trennung auf dem Ringofen.* Im Zentrum eines Whatman-No. 540-Filters wird mit der $FeCl_3$-Lösung ein Fleck von 12 mm Durchmesser erzeugt und Ammoniak-Lösung aufgebracht. Mit einer Mikrocapillar-Pipette wird 1 μl bestrahlte Lösung auf den entstandenen $Fe(OH)_3$-Niederschlag gebracht und die Probe mit Wasser sorgfältig 2 mm über den Rand des Niederschlages verteilt. Hierauf wird die Ringzone einmal mit Ammoniak-Lösung und weitere viermal mit Wasser gewaschen. Diese Verteilung der Probe ist nötig, damit nicht der $Fe(OH)_3$-Niederschlag beim nachfolgenden Zusetzen von Ammoniak-Lösung einen beträchtlichen Teil des Mo adsorbiert. Das Papier wird getrocknet und der mit $(FeOH)_3$ bedeckte Teil abgeschnitten. Die Ringzone wird auf einem flachen Al-Zählscheibchen montiert, dann mit einem Al-Absorber von etwa 500 $mg \cdot cm^{-2}$ Dicke bedeckt und hierauf im Detektor eines γ-Szintillationsspektrometers in eine geometrisch genaue Lage gebracht. Unter dem 0,14 MeV-Peak des ^{99m}Tc werden mindestens 30000 Impulse gespeichert und sofort ein in gleicher Weise behandelter Standard gezählt.

Bemerkungen. α_1) *Totzeit und Hintergrund* müssen als Korrektur berücksichtigt werden, falls das Spektrometer dies nicht selbst ausführt.

β_1) Zum Schluß muß das *Volumen* der Bestrahlungsampullen genau bestimmt werden.

γ_1) Wird ein Standard von *natürlichem* Uran benutzt, berechnet man den ^{235}U-Gehalt der Probe in folgender Weise:

$$\%^{235}U \text{ (in der Probe)} = \frac{0{,}715 \cdot \text{Impulse/(sec} \cdot \text{mg) in der Probe}}{\text{Impulse/(sec} \cdot \text{mg) im Standard}}$$

Die Autoren erhielten bei Vergleich mit massenspektrometrischer Analyse ausgezeichnete Ergebnisse an Proben mit abgereichertem ^{235}U-Gehalt. Die Methode bewährte sich für ^{235}U-Gehalte zwischen 0,4 und 0,7% mit einer Standardabweichung von 1,1%.

δ_1) Zur *Öffnung* der bestrahlten Quarz-Ampullen geben die Autoren folgendes einfache Verfahren an, nach dem Verluste an Lösung vermieden werden können. Die bestrahlte Ampulle, die eine Kalibrationsmarke erhalten hat, wird zur Verringerung des Gasdruckes in Eis gekühlt und dann aufrecht in eine 5 cm tiefe Bohrung eines Blei-Blocks gebracht, die genau passen muß. Mit einem scharfen Glas-Messer wird dort ein Schnitt angebracht, wo die Ampulle aus dem Block herausragt. Hierauf wird ein Kork-Bohrer von genau passendem Durchmesser über den herausstehenden Teil der Ampulle gestülpt und der obere Teil des Röhrchens abgebrochen.

ε_1) Die Messung des Spaltungsprodukt-Mutter-Tochterpaares ^{99}Mo/^{99m}Tc wurde von *Kjelberg*, *Pappas* und *Westgaard* zur Bestimmung von angereichertem und abgereichertem ^{235}U benutzt. Zwar besteht die Möglichkeit der Beeinflussung des Ergebnisses durch eine Anzahl von Sekundärreaktionen verschiedener Art; jedoch konnten die Autoren zeigen, daß diese in den meisten Fällen vernachlässigt oder durch geeignete Arbeitstechniken vernachlässigbar gemacht werden können. Besonders exakte Ergebnisse lieferte die Bestrahlung in der sogen. thermischen Säule des Reaktors. Dabei wurde sehr gute Übereinstimmung mit massenspektrometrisch erhaltenen Werten erzielt.[1]

Die bei der Spaltung des ^{235}U-Kernes mit thermischen Neutronen entstehende Spaltungsprodukt-Kette ist die folgende:

$$^{99}\mathrm{Zr}\ (33\ \mathrm{Sek}) \xrightarrow{\ \beta^-\ } {}^{99}\mathrm{Nb}\ (2,4\ \mathrm{Min}) \xrightarrow{\ \beta^-\ } {}^{99}\mathrm{Mo}\ (66,0\ \mathrm{h})
\begin{array}{l}
\beta^- \nearrow {}^{99m}\mathrm{Tc}\ (6,0\ \mathrm{h}) \\
\quad\quad\quad \downarrow\ \gamma,\ e^-\ (\mathrm{Konversion}) \\
\beta^- \searrow {}^{99}\mathrm{Tc}\ (2,1 \cdot 10^5\ \mathrm{a}) \\
\quad\quad \beta^- \searrow {}^{99}\mathrm{Ru}\ (\mathrm{stabil})
\end{array}$$

Die maximalen β-Energien sind 0,45 MeV (14% Verzweigungsverhältnis), 0,87 MeV ($\sim$ 1%), 1,23 MeV (85%); die γ-Energien in MeV sind 0,141 (900 = relative Intensität), 0,182 ($\approx$ 35), 0,360 ($\approx$ 14), 0,728 (100). Es sind also sowohl β^--Zählungen wie γ-Messungen gut möglich.

Da die zugefügte Träger-Menge konstant war, wurden nur relative, chemische Ausbeuten auf photometrischem Weg bestimmt. Der ^{235}U-Gehalt des verwendeten Standards muß selbstverständlich bekannt sein. Die cumulative Spaltungsausbeute von ^{99}Mo beträgt 6,14% (*Katcoff*). Die Bestimmungsmethode wurde auf ^{235}U-Gehalte bis 1,53% angewendet. Die Präzision einer Einzel-Bestimmung war 3 bis 4%, kann aber durch Ausführung von Parallelanalysen verbessert werden.

ζ_1) Im folgenden wird die angewendete, *chemische* Methode der Trennung des Molybdäns von Spaltungsprodukten kurz angegeben. Das Target $UO_2(NO_3)_2 + aq$ wird in einem kleinen Becherglas in 2 bis 3 ml 0,1n HNO_3 aufgelöst. Hierauf gibt man 1,00 ml Mo-Träger [$\sim$ 0,5 mg Mo/ml als $(NH_4)_2MoO_4$ in Wasser] sowie 2 bis 3 Tropfen Bromwasser zu und erwärmt einige Minuten. Nach dem Erkalten wird die Lösung auf eine mit Anionenaustauscher Dowex 2X8 (100 bis 200 mesh) gefüllte Säule aufgebracht, die in die Nitrat-Form umgewandelt und mit 0,1n HNO_3 äquilibriert worden ist. Nach Durchfließen der Lösung wäscht man U und die meisten Spaltungsprodukte mit 15 ml 0,1n HNO_3, der einige Tropfen Bromwasser zugesetzt worden sind (zwecks Verhinderung einer Reduktion von Mo und U durch das Austauscherharz), aus der Säule. Mo wird dann mit 12n HNO_3 eluiert. Die Lösung wird hierauf auf 0,5 bis 1 ml eingedampft, abgekühlt und mit 1 ml konz. $HClO_4$ und 0,5 ml konz. H_3PO_4 versetzt. Unter mäßigem Erwärmen (Schutzbrille!) zur Entfernung der $HClO_4$

---

[1] Die Bestrahlungszeiten betrugen 3 Std. bis 7 Tage, entsprechend den Neutronen-Flüssen, die im Zentrum des Reactor-Core $\sim 1{,}6 \cdot 10^{12}$ n·cm^{-2}·sec^{-1}, in der thermischen Säule jedoch $7 \cdot 10^9$ n·cm^{-2}·sec^{-1} waren.

verdampft man auf 0,5 bis 1 ml (Vertreibung von Ru) und kühlt ab. Der Zusatz von H_3PO_4 dient dazu, Mo-Verluste durch Verdampfung zu verhindern. Schließlich setzt man 3 ml konz. HCl zu und überträgt die Lösung auf eine Säule, die mit dem Anionenaustauscher Dowex 1X8 (100 bis 200 mesh, Chlorid-Form, mit 4,5n HCl äquilibriert) gefüllt ist. Man wäscht mit 9 ml konz. HCl und 9 ml 4,5n HCl. Mo wird hierauf mit 10 ml n HCl eluiert; die Lösung dampft man auf 0,5 bis 1 ml ein und läßt sie abkühlen. Diese Lösung dient zur Herstellung der Zählproben. Für die β-Zählung wurden Tropfen der aktiven Lösung auf Kunststoff-Film (VYNS) von $\sim 50\ \mu g \cdot cm^{-2}$ Dicke eingedampft. Zur Abhaltung der Konversionselektronen aus einem 0,141 MeV-Übergang des ^{99m}Tc werden ein GM-Endfenster-Zählrohr und ein Al-Absorber verwendet, die zusammen eine Absorber-Dicke von $24,0\ mg \cdot cm^{-2}$ aufweisen. Die γ-Messungen wurden mit einem Bohrloch-Kristall aus NaJ(Tl) ausgeführt.

η_1) Die Bestimmung von Ru und Os mittels Neutronen-Aktivierungsanalyse in *Stein-Meteoriten* erlaubt u. U. gleichzeitig die Bestimmung des Uran-Gehaltes. Innerhalb der Fehler-Grenze von $\sim 1\%$ konnten *Bate* und *Huizenga* nachweisen, daß das Isotopen-Verhältnis von $^{184}Os/^{190}Os$ in Meteoriten mit jenem in irdischem Material übereinstimmt. Hingegen ist die experimentelle Unsicherheit der Bestimmung von $^{96}Ru/^{102}Ru$ größer, so daß für dieses Nuklidpaar die Übereinstimmung zwischen meteoritischem und terrestrischem Material nur auf 2 bis 3% festgestellt werden konnte und keine Rückschlüsse auf eine Verschiedenheit möglich waren. Bei Proben, in denen die U-Konzentration jener von Ru ähnlich ist, müssen Korrekturen für das aus der Kernspaltung des ^{235}U entstehende ^{103}Ru und ^{106}Ru angebracht werden. Durch die Bestimmung des $^{106}Ru/^{106}Rh$-Paares wäre die γ-spektrometrische Berechnung der Uran-Konzentration möglich. Die praktischen Versuche zeigten Schwierigkeiten, und die Ergebnisse der U-Bestimmung scheinen nicht ganz eindeutig zu sein; zumindest bedarf ihre Anwendung eingehender Untersuchungen im speziellen Fall.

Literatur

Bate, G. L., u. *Huizenga, J. R.:* Geochim. Cosmochim. Acta **27**, 345 (1963).

Clark, R. S., Rowe, M. W., Ganapathy, R., u. *Kuroda, P. K.:* Geochim. Cosmochim. Acta **31**, 1605 (1967). – *Coryell, C. D.,* u. *Sugarman, N.:* Radiochemical Studies: The Fission Products, Book **3**, New York–London 1951, S. 1460, 1657.

Ebert, K. H., König, J., u. *Wänke, H.:* Z. Naturforschg. **12a**, 763 (1957).

Fischer, C., u. *Beydon, J.:* Bl. **11/12**, C102 (1953).

Goles, G. G., u. *Anders, E.:* (a) J. Geophys. Res. **65**, 4181 (1961); (b) Geochim. Cosmochim. Acta **26**, 723 (1962). – *Gruverman, I. J.,* u. *Henninger, W. A.:* Anal. Chem. **34**, 1680 (1962).

Hamaguchi, H., Reed, G. W., u. *Turkevich, A.:* Geochim. Cosmochim. Acta **12**, 337 (1957). – *Haskin, L. A., Fearing, H. W.,* u. *Rowland, F. S.:* Anal. Chem. **33**, 1299 (1961). – *Hernegger, F.,* u. *Wänke, H.:* Z. Naturforschg. **12a**, 759 (1957). – *Hilton, D. A.,* u. *Reed, D.:* Analyst **89**, 599 (1964). – *Hunter, H. F.,* u. *Ballou, N. E.:* Nucleonics **9** (2) (1951).

Katcoff, S.: Nucleonics **18** (11), 201 (1960). – *Kjelberg, A., Pappas, A. C.,* u. *Westgaard, L.:* Radiochim. Acta **5**, 104 (1966).

Leddicotte, G. W., u. *Brooksbank, W. A.:* TID-7531 (Pt. 1), S. 71 (1957). – *Leddicotte, G. W.,* u. *Mahlman, H. A.:* Pr. Internat. Conf. Peaceful Uses Atomic Energy, Genf 1955; Bd. **8**, 250. UN: New York 1955. – *Leddicotte, G. W., Mullins, W. T., Bate, L. C., Emery, J. F., Druschel, R. E.,* u. *Brooksbank, jr., W. A.:* TID-7531 (Pt. 1), S. 7 (1957); Pr. 2nd Internat. Conf. Peaceful Uses Atomic Energy, Genf 1958; Bd. **28**, 478; UN: New York 1958.

Mahlman, H. A., u. *Leddicotte, G. W.:* Anal. Chem. **27**, 823 (1955). – *Markl, P,.* u. *Hecht, F.:* M. **95**, 884 (1964). – *Miller, D. G.,* u. *Leboeuf, M. B.:* Talanta **6**, 230 (1960). – *Morgan, J. W.,* u. *Lovering, J. F.:* J. Geophys. Res. **69**, 1979, 1989 (1964). – *Mullins, W. T.,* u. *Leddicotte, G. W.:* TID-4500 (16 ed.), ORNL-3060, UC-4-Chem., S. 42 (1960).

Nagasawa, H., u. *Wakita, H.:* Geochim. Cosmochim. Acta **32**, 917 (1968).

Peppard, D. F., Mason, G. W., Maier, J. L., u. *Driskoll, W. J.:* (a) Inorg. Nucl. Chem. **4**, 334 (1957); *Peppard, D. F., Mason, G. W.,* u. *Moline, S. W.:* (b) **5**, 141 (1957).

Reed, G. W., Kigoshi, K., u. *Turkevich, A.:* Geochim. Cosmochim. Acta **20**, 122 (1960).

Seelvy, F. T., u. *Rafter, T. A.:* Nature **165**, 317 (1950); durch Fr. **132**, 286 (1951). — *Seyfang, A. P.:* Analyst **80**, 74 (1955). — *Seyfang, A. P.,* u. *Smales, A. A.:* Analyst **78**, 394 (1953). — *Smales, A. A.:* Analyst **77**, 778 (1952). — *Sorantin, H.,* u. *Bildstein, H.:* M. **95**, 785 (1964). *Wechter, M. A.,* u. *Voigt, A. F.:* Anal. chim. Acta **41**, 185 (1968). — *Weise, H.:* Microanalysis by the Ring Oven Technique, 2nd ed. Oxford—New York—Toronto—Sydney—Braunschweig 1970.

8.6.5 Bestimmung durch Aktivitätsmessung der verzögerten Neutronen

Bei der Kernspaltung von ^{233}U, ^{235}U und ^{239}Pu zeigt sich nach Abschaltung des thermischen Neutronen-Flusses, daß zunächst eine fortdauernde, schwache Neutronen-Strahlung beobachtet wird, die jedoch rasch abnimmt. *Keepin, Wimitt* und *Ziegler* wie auch *Rudstam, Svanheden* und *Stehney,* als auch *Pappas,* ferner *Perlov* studierten diese sogenannte „verzögerte" Neutronen-Strahlung bei der Spaltung der erwähnten Nuklide mit thermischen und auch schnellen Neutronen ebenso wie eine ähnliche Folgewirkung der Spaltung von ^{238}U und ^{232}Th mit schnellen Neutronen.

Analytisch zur Uran-Bestimmung ausgewertet wurde dieses Phänomen erstmals von *Echo* und *Turk,* hierauf von *Amiel* (a, b) und schließlich von *Dyer, Emery* und *Leddicotte.* Spaltbare Nuklide mit hohem Neutronen-Spaltungsquerschnitt stören naturgemäß gegenseitig ihre Bestimmung; ebenso Nuklide mit hohem Neutronen-Einfang-Querschnitt wie ^{113}Cd, ^{10}B. Wie später (S. 488) erwähnt wird, stören auch einige leichtere Nuklide, die mit kleinen Halbwertszeiten Neutronen liefern können.

Ein kleiner Teil der Spaltungsprodukte der angeführten Uran-, Thorium- und Plutonium-Kerne zerfällt unter β^--Emission in Folgekerne, die hoch angeregt sind und einen Energie-Überschuß, größer als die Bindungsenergie eines Neutrons, aufweisen. Sofort nach der β^--Emission senden diese Folgekerne ein Neutron aus. Daher treten bei derartigen Neutronen-Emissionen Halbwertszeiten auf, welche mit den Halbwertszeiten der das β^--Teilchen emittierenden Eltern-Kerne übereinstimmen, die englisch deshalb „precursors", d. h. „Vorläufer" oder „Vorgänger", genannt werden. In den Spaltungsprodukten von ^{235}U sind durch radiochemische Trennungen mindestens 7 Vorgänger der Emission verzögerter Neutronen nachgewiesen worden, wie Tabelle 31 zeigt.

Echo und *Turk* führten Uran-Aktivierungen im Materials-Testing-Reactor mit thermischen Neutronen-Flüssen von 10^{10}, 10^{12} und 10^{13} n·cm^{-2}·sec^{-1} aus. Für die Messungen wurden die verzögerten Neutronen benützt. ^{235}U wurde in den Grenzen

Tabelle 31. *Vorgänger bei verzögerter Neutronen-Strahlung*

Vorgänger-Nuklid	Halbwertszeit in Sekunden
^{87}Br	54,5
^{137}J	24,4
^{88}Br	16,3
^{138}J	6,3
^{89}Br	4,4
^{139}J	2,0
^{90}Br	1,6

von 1 mg bis $5 \cdot 10^{-5}$ mg in einem Proben-Volumen bis zu 1,5 ml bestimmt. In diesem Konzentrationsbereich lag die Reproduzierbarkeit innerhalb der 95%-Vertrauensgrenze zwischen ± 3 und $\pm 5\%$. Störend wirken in dieser Methode selbstverständlich Nuklide, die durch thermische Neutronen ebenfalls spaltbar sind, wie vor allem ^{233}U und ^{239}Pu, und solche mit großem Einfang-Querschnitt für die thermischen Neutronen wie Cd und B. Die Bestimmung ist sehr rasch ausführbar.

31*

Diese Vorgänger wurden mit kleinen Unterschieden in den Halbwertszeiten auch bei der Spaltung von ^{233}U, ^{239}Pu, ^{232}Th, ^{238}U beobachtet und nach den Halbwertszeiten in 6 hauptsächlichen Gruppen eingeteilt.

Die Gleichung für die Emission der verzögerten Neutronen (delayed neutrons) eines spaltbaren Nuklids, das mit Neutronen bestrahlt wird, ist:

$$N_{dn} = N_f \cdot \sigma_f \cdot \Phi \cdot \frac{a_i}{\lambda_i} \cdot (1 - e^{-\lambda_i \cdot t_b}) \cdot e^{-\lambda_i \cdot t_d} (1 - e^{-\lambda_i \cdot t_c}) . \tag{1}$$

N_{dn} = Zahl der Atome, die durch Emission verzögerter Neutronen zerfallen;

N_f = Zahl der Atome eines in einer Probe vorhandenen, spaltbaren Nuklids;

σ_f = Spaltungsquerschnitt;

Φ = effektiver Neutronen-Fluß;

a_i = Häufigkeit der Gruppe i, welche die verzögerten Neutronen emittiert;

λ_i = Zerfallskonstante der Gruppe, welche die verzögerten Neutronen emittiert;

t_b = Dauer der Bestrahlung;

t_c = Dauer der Zählung;

t_d = Zeit zwischen dem Ende der Bestrahlung und der Zählung.

Die Anwesenheit schneller Neutronen im Neutronen-Fluß kann die Entstehung von ^{17}N aus Sauerstoff bewirken nach der Reaktionsgleichung:

$$^{17}O(n, p)\, ^{17}N \quad (S.\ 487)\ [Amiel(a)].$$

Da schnelle Neutronen auch Th spalten können, wurde der Betrag verzögerter Neutronen aus Th, wenn dieses in einer Probe in gleicher Menge wie U enthalten ist, von *Amiel* zu etwa 1% bestimmt. Soll Th bestimmt werden, muß zur Diskriminierung gegen ^{235}U die thermische Komponente des Neutronen-Flusses auf einem Minimum gehalten werden. Eine doppelte Messung der Probe mit langsamem Fluß und hierauf mit schnellem Fluß ermöglicht eine Bestimmung der Menge des störenden Urans, während der Th-Gehalt aus der Differenz berechnet werden kann. Die Spaltungseigenschaften von ^{238}U und ^{232}Th sind einander sehr ähnlich. Nach diesem Verfahren können nebeneinander ^{235}U und ^{232}Th, aber auch ^{235}U und ^{238}U bestimmt werden.

Für die praktische Ausführung der Analysen-Methode geben *Dyer*, *Emery* und *Leddicotte* folgende Gleichung an:

$$^{235}U_{\text{Gehalt der unbek. Probe}} = {}^{235}U_{\text{Gehalt der Vergleichsprobe}} \cdot \frac{C_t - B.\text{-}Pr.}{C_c - B.\text{-}Pr.} ; \tag{2}$$

C_t = totaler Zählwert der verzögerten Neutronen in der Probe;

C_c = totaler Zählwert der verzögerten Neutronen in der Vergleichsprobe (Standardprobe);

$B.\text{-}Pr.$ = Zählwert der Blindprobe (dieser wird an einem leeren Bestrahlungsgefäß gemessen; wenn jedoch der Uran-Gehalt in einer Matrix zu bestimmen ist, muß man diese Matrix auch der Blindprobe zusetzen).

Wenn die Vergleichsprobe dieselbe isotopische Zusammensetzung wie die unbekannte Probe hat, kann in der Gleichung (2) statt ^{235}U die Totalmenge des Urans U_{tot} eingesetzt werden. Bei verschiedener, isotopischer Zusammensetzung der unbekannten Probe und der Vergleichsprobe gilt:

$$U_{\text{tot in der unbek. Probe}} \cdot P = {}^{235}U_{\text{in der Vergleichsprobe}} \cdot \frac{C_t - B.\text{-}Pr.}{C_c - B.\text{-}Pr.} \tag{3}$$

Dabei ist P der Prozentgehalt der unbekannten Probe an ^{235}U und kann ermittelt werden, wenn der ^{235}U-Gehalt in einer Probe bestimmt wird, in der U_{tot} bekannt ist.

Dieser analytischen Methode kommt große Empfindlichkeit zu, weil der Spaltungsquerschnitt des ^{235}U für thermische Neutronen groß ist (582 barn), die verhältnis-

mäßig kurzen Halbwertszeiten der Vorgänger die fraktionsweise Zählung der Total-
zahl der verzögerten Neutronen erlauben, Neutronendetektoren mit 5 bis 10%
Zählausbeute schon zur Zeit der Einführung dieser Methode bekannt waren und
Kern-Reaktoren ohne weiteres Neutronen-Flüsse von 10^{13} (und mehr)$n \cdot cm^{-2} \cdot sec^{-1}$
liefern. Außerdem wurde ermittelt, daß etwa 1,58% aller durch thermische Neutronen bewirkten Spaltungen des ^{235}U zur Emission verzögerter Neutronen führen.

Die Emissionshäufigkeit A_d verzögerter Neutronen in einer Probe kann zu jeder
Zeit während oder nach der Bestrahlung berechnet werden:

$$A_d = \Phi \cdot \sigma_{th} \cdot N \cdot \sum A_i \, (1 - e^{-\lambda_i \cdot t_b}) \cdot e^{-\lambda_i \cdot t_d} \tag{4}$$

A_d = Emissionshäufigkeit der verzögerten Neutronen am Ende der zugelassenen
    Zerfallszeit;

t_d = Zeitdauer des vor der Messung zugelassenen Zerfalls des ^{235}U;

t_b = Bestrahlungszeit;

Φ = Neutronen-Fluß;

σ_{th} = Spaltungsquerschnitt von ^{235}U für thermische Neutronen (für den tat-
    sächlich angewendeten Neutronen-Fluß);

N = Zahl der vorhandenen ^{235}-Atome in der Probe;

A_i = absolute Gruppen-Ausbeute der Vorgänger der verzögerten Neutronen in
    der i-ten Gruppe;

λ_i = Zerfallskonstante der i-ten verzögerten Neutronen-Gruppe;

$\sum$ bedeutet die Summierung über alle Gruppen verzögerter Neutronen, da deren
totale Emissionshäufigkeit gleich ist der Summe der Emissionshäufigkeiten der
verzögerten Neutronen aller ihrer individuellen Gruppen;

N_d = Zahl der verzögerten Neutronen, die während des Zeit-Intervalls t_c (gemes-
    sen vom Ende von t_d) emittiert werden.

$$N_d = \Phi \cdot N \cdot \sum \frac{A_i}{\lambda_i} \cdot (1 - e^{-\lambda_i \cdot t_b}) \cdot e^{-\lambda_i \cdot t_d} \cdot (1 - e^{-\lambda_i \cdot t_c}) \, . \tag{5}$$

Aus Gleichung (5) können die bestmöglichen Werte von t_b, t_d und t_c für Analysen
von Proben, die eine bestimmte Menge ^{235}U enthalten, entnommen werden. In den
Gleichungen (4) und (5) ist die Spaltung des ^{235}U durch epithermische Neutronen
vernachlässigt, die in einem Kern-Reaktor normalerweise durch möglichst rasche
Abbremsung der Neutronen mittels eines Moderators, so weit wie erzielbar, unterdrückt wird.

Eine höhere Empfindlichkeit der Bestimmung wird erreicht durch verhältnismäßig längere Bestrahlungszeit (die zu gesteigerter Aktivität führt), verhältnismäßig
kurze Zerfallszeit vor dem Zählbeginn (wodurch die meßbare Aktivität noch wenig
verringert ist) und verhältnismäßig längere Zählzeit (wodurch die Zahl der gemessenen Impulse steigt, somit der statistische *Fehler* verringert wird). Bei den vorliegenden Untersuchungen war die Überführung der bestrahlten Probe in den
Neutronen-Zähler aus der Bestrahlungsposition im Reaktor durch ein pneumatisches
Rohr in rund 2 Sek. möglich, so daß die Neutronen-Emission der bestrahlten Proben
beinahe während ihrer gesamten Zerfallszeit verfolgt werden konnte.

Dyer und Mitarbeiter hatten für ihre Experimente den Oak-Ridge-Research-
Reactor (ORR) zur Verfügung. Als Neutronen-Moderator diente ein Paraffin-
Zylinder, in den ein Teflon-Rohr in der Zylinder-Achse eingesetzt war, das mit einem
pneumatischen Rohr aus rostfreiem Stahl verbunden war. Die Durchmesser beider
Rohre waren gleich groß, so daß das allgemein als „rabbit" bezeichnete Bestrahlungsgefäß (eine kleine, zylindrische Box aus hochverdichtetem Polyäthylen) ungehindert
aus einem Rohr ins andere übergehen konnte. In das Paraffin waren 6 BF_3-Neutronen-
Detektoren symmetrisch und parallel zum Teflon-Rohr eingebettet. Ein Bolzen hielt
das „rabbit" in Zähl-Position und stellte gleichzeitig den Einlaß und Auslaß für die

Preßluft zum Bewegen des rabbit dar. Die Zähl-Einrichtung bestand aus BF_3-Neutronen-Detektor-Rohren, Vorverstärker, Verstärker, Zähl-Vorrichtung, Hochspannungsgenerator, elektrischem Zeit-Geber zur Messung des Zeit-Intervalls t_c, während dessen der Zähler zählen kann.

Die rabbits waren mit verschraubbaren Kappen verschlossen. Sicherheitshalber wurden die Proben noch in Polyäthylen-Röhrchen geringer Dichte eingeschweißt, bevor sie in die rabbits eingelegt wurden. Zwecks Verschweißung werden die Röhrchen mit einer Pinzette in eine kleine Flamme gehalten. Die Untersuchungsprobe und die Vergleichsprobe müssen sich innerhalb der rabbits in gleicher Lage befinden (s. später). Die Dimensionen der rabbits waren: Äußerer Durchmesser 1,48 cm, Länge 2,78 cm; innerer Durchmesser 0,90 cm, Länge 1,95 cm.

Probenvorbereitung. Die wesentlichste Arbeit bei der Vorbereitung der Probe zur Aktivierung ist die Einwaage einer festen Substanz oder die Entnahme eines Lösungs-aliquots (feste Proben können auch zu einem bestimmten Volumen aufgelöst werden). Die Lösungsaliquot-Teile sollen üblicherweise nicht mehr als einige hundert Mikro-liter betragen. Sie werden mit einer Mikropipette exakt in eine Polyäthylen-Röhre eingewogen. Bei $50\,\mu l$ oder weniger wird in das Polyäthylen-Röhrchen ein Stück uranfreies, organisches Gewebe eingebracht und die Spitze der Mikropipette aufge-drückt. Die Pipette wird in derselben Weise nachgespült. Bei größerem Lösungs-volumen wird auf das Gewebe-Stück verzichtet, vielmehr das an einem Ende zu-geschweißte Polyäthylen-Röhrchen gewogen, hierauf mit einem Lösungsaliquot-Teil gefüllt, zugeschweißt und wieder gewogen. Aus der Gewichtszunahme (bei bekanntem, spezifischem Gewicht der Lösung) wird das eingebrachte Lösungsvolumen berechnet. Die Verschweißung gelingt ohne Gewichtsverlust.

Die *Hintergrundzählung* des Neutronen-Detektors mit einem nicht frisch be-strahlten rabbit ergab gewöhnlich 40 bis 50 Impulse je Min. (Ipm). Hingegen war der Leerwert für ein frisch bestrahltes rabbit ~ 1000 Ipm, was der Aktivität von etwa $10^{-3}\,\mu g$ ^{235}U entsprach, wenn das rabbit 1 Min. bestrahlt und unmittelbar nach der Entnahme aus dem Reaktor 1 Min. gemessen wurde. Ein gleich großer Leerwert muß also von der Uran-Zählung subtrahiert werden. Praktisch schwankten diese rabbit-Leerwerte zwischen 900 und 1400 Ipm; sie waren auf Kontamination der rabbits mit spaltbaren Nukliden (gegebenenfalls ^{235}U) an den Wänden der pneumatischen Röhre zurückzuführen. Dies konnte auch durch Verfolgung des Abklingens der Aktivität bewiesen werden. Bei Aktivierung eines nicht kontaminierten rabbit während einer Woche konnten γ-spektrometrisch keine Spaltungsprodukte nachgewiesen werden. Man kann auch die bestrahlten Proben dem mitbestrahlten rabbit entnehmen und in einem anderen, nichtkontaminierten rabbit messen (Hintergrund 40 bis 50 Ipm; s. oben). Zum Transport von einem rabbit in das andere waren rund 20 Sek. erforder-lich, wodurch nach 1 Min. währender Bestrahlung ein Aktivitätsverlust an verzögerten Neutronen im Ausmaß von 40% entstand. Bei nur 1 ng U oder noch weniger ist eine solche Umlagerung aber wesentlich. Der Neutronen-Fluß entlang der Achse des mit dem einen Ende dem Reaktor-Core zugewandten rabbit wurde mit Aktivierungs-Monitoren aus Folien von Co-Al, Au-Al und dünner Goldblatt-Folie kontrolliert. Es ergab sich ein Gradient von $\sim 1,9\%$ entlang der Achse des rabbit. Hierauf wurde der Einfluß dieses Gradienten auf die Spaltung von ^{235}U bei der Bestrahlung bestimmt, indem eine ^{235}U-Probe von $0,100\,\mu g$ innerhalb des rabbit in verschiedene Positionen gebracht und die Aktivität der verzögerten Neutronen gemessen wurde. Der Gradient wurde zu 1,5% je Millimeter ermittelt. Daher müssen die Positionen von Vergleichs-probe und unbekannter Probe in den zugehörigen rabbits so weit wie möglich gleich sein. Dies erreicht man am besten, indem man die Größe und Gestalt oder das Volumen beider Proben nahezu gleich wählt. Zu diesem Zweck bringt man sie auf dem Boden der rabbits an und füllt den überstehenden, leeren Raum zur Gänze mit Gewebe oder Polyäthylen-Film.

Störend könnte nach *Amiel* (a) auch ein anderer Vorgänger verzögerter Neutronen wirken, nämlich der aus der Kernreaktion $^{17}O(n, p)^{17}N$ entstehende Stickstoff-17, der unter Neutronen-Abgabe mit 4,14 Sek. Halbwertszeit zerfällt. Doch hat eine wäßrige Lösung, die auf ^{235}U analysiert wird, gewöhnlich nicht mehr als $100\,\mu l$ Volumen, so daß nicht genug Sauerstoff-17 für eine wirkungsvolle Störung zur Verfügung steht. Äußerstenfalls muß man ^{17}N vor Beginn der Zählung der verzögerten Neutronen zerfallen lassen. (Bei 1 g H_2O, niedriger Hintergrundaktivität und $\sim 10^{13}\,\mathrm{n\cdot cm^{-2}\cdot sec^{-1}}$ als Neutronen-Fluß wäre eine Störung möglich.)

Uran-Standards mit ^{235}U-Gehalten von 93,1% und (dem natürlichen Uran-Gehalt) 0,711% ergaben für das natürliche Uran einen scheinbaren Mehrwert von $+ 3,7\%$ (rel.), wovon auf den Anteil der ^{238}U-Spaltung 1,2% zurückgingen. In einer Uran-Metall-Folie, welche nach massenspektrometrischem Befund 0,164% ^{235}U enthielt, wurden nach der hier beschriebenen Methode 0,168% gefunden, nach Abzug der Korrektur für das ^{238}U aber gleichfalls 0,164%. Die Methode wurde auf Erze, Granit, Meeres-Sedimente, Graphit, biologische Gewebe, Zr-U-Legierungen angewendet. Bei Bestimmungen des Gesamt-Urans war die isotopische Zusammensetzung bekannt oder es wurde eine Vergleichsprobe benützt, die gleiche, isotopische Zusammensetzung zeigte wie das Uran in der Untersuchungsprobe, so daß der Einfluß des ^{238}U einkalkuliert werden konnte bzw. gleich groß war.

Genauigkeit. Bei 2 oder 3 Parallel-Analysen desselben Materials wurden Abweichungen von 1 bis 5% gefunden, und zwar unabhängig von der Zahl der Impulse, vorausgesetzt, daß diese groß genug war, um nicht durch statistische Schwankungen einen großen *Fehler* zu bewirken. Folgende Faktoren beeinflussen die Reproduzierbarkeit der Messungen: I. Die Genauigkeit der Herstellung der Probe (Einwaage); II. die Genauigkeit der Fixierung der Position der Proben im rabbit; III. die Stabilität des Neutronen-Flusses; IV. die Meß-Genauigkeit der Bestrahlungsdauer und des Intervalls bis zum Beginn der Zähldauer; V. Koinzidenz-Verluste im Detektor- und Zähl-System bei zu hohen Impuls-Häufigkeiten; VI. statistische Abweichungen infolge des radioaktiven Zerfalls.

Die Variation des Neutronen-Flusses während weniger Stunden wurde von *Dyer* und Mitarbeitern kleiner als 1% gefunden. Bei Bestimmungen, die sich über mehrere Tage erstreckten, konnten jedoch Änderungen des Neutronen-Flusses infolge fortschreitenden Abbrandes des ^{235}U in den Brennstoff-Elementen festgestellt werden. Abhilfe war durch Mitbestrahlung einer Standard-Probe möglich. Der Gradient von Φ entlang der Achse des rabbit wurde bereits besprochen (Fixierung der Probe durch dichteste Packung!). Proben gleicher Form und Größe können leicht derart in das rabbit eingesetzt werden, daß ihre Massen-Zentren auf 1 bis 2 mm koinzidieren. Die kritischste Zeit-Messung ist diejenige des Zeit-Intervalls zwischen dem Bestrahlungsende und dem Beginn der Zählung. Ein diesbezüglicher Fehler hält sich bei richtiger Ausführung (raschester Einbringung des rabbit aus dem Reaktor-Core in die Zähl-Apparatur) bei höchstens einigen wenigen Prozenten, meistens aber unter 1%. Benützung von *Eichkurven* ist *zwecklos*, da sie für jede Kombination von Zeit-Bedingungen t_b, t_d und t_c gesondert aufgestellt und bei jeder Änderung der Ausbeute der Zähl-Apparatur geändert werden müßten. Koinzidenz-Fehler können nach zwei Arbeitsweisen sehr verkleinert werden: (a) durch kleinere Zähl-Häufigkeit (Impuls-Zahl), so daß die Koinzidenz-Verluste vernachlässigt werden können; (b) durch Angleichung der Zähl-Häufigkeit der Vergleichsprobe an jene der unbekannten Probe, so daß die Zähl-Verluste einander nahezu kompensieren. Zähl-Häufigkeiten von 5000 bis 6000 Impulsen je Sekunde führten zu Zähl-Verlusten durch Koinzidenz von 1 bis 3%.

Nach *Friedlander*, *Kennedy* und *Miller* ist die *Standardabweichung* für eine Aktivitätsmessung des Radionuklids über eine Halbwertszeit (oder länger):

$$\sigma = \sqrt{N_0 \cdot E \cdot (1 - e^{-\lambda t})(1 - E + E \cdot e^{-\lambda t})}\,; \tag{6}$$

N_0 = Atomzahl des Radionuklids zu Beginn der Bestimmung;
λ = Zerfallskonstante des Radionuklids;
$100 E$ = prozentuelle Zähl-Ausbeute des Detektors.

Bei 5% Zähl-Ausbeute wird der zweite Klammerausdruck unter der Wurzel dann nahezu gleich eins und kann daher vernachlässigt werden; so ergibt sich die bekannte Formel:

$$\sigma = \sqrt{N_0 \cdot (1 - e^{-\lambda t}) \cdot E} = \sqrt{\text{gemessene Impulszahl}} \ . \tag{7}$$

Zur Feststellung des ^{235}U-Gehaltes zwecks nachfolgender Auswahl der Einwaage sollte eine kurze, vorläufige Bestrahlung ausgeführt werden. Eine Zählzeit von 1 Min. ist für die meisten Analysen geeignet. Bei sehr niedrigen ^{235}U-Gehalten ($\sim 10^{-9}$ g) sind eine verhältnismäßig lange Zeit t_b und eine kurze Zeit t_d nötig, um eine möglichst große Zahl von Impulsen zu zählen (wegen der Verkleinerung des statistischen Fehlers). Die Bestrahlungszeit braucht aber nicht mehr als 1 Min. betragen, weil die absolute Gruppen-Ausbeute der verzögerten Neutronen der Gruppe 2 weit größer ist als jene der Gruppe 1.

In den ersten wenigen Sekunden der Zählzeit t_c zerfallen die Vorgänger der Neutronen-Gruppe 3 und 4 rasch, was zu Koinzidenz-Verlusten führen kann. Dies trifft für $t_d \leq 5$ Sek. und für Proben mit mehr als 0,05 μg ^{235}U zu. Für größere Mengen ^{235}U können diese Verluste sehr groß sein. Bei Proben mit 0,05 bis 1 μg ^{235}U eignet sich eine Bestrahlungszeit von 20 Sek. Für t_d sollen 10 bis 20 Sek. im allgemeinen nicht unterschritten werden; hingegen muß bei Mengen von 1 bis 20 μg ^{235}U t_d = 60 bis 70 Sek. sein.

Störungen können auf folgende Ursachen zurückgehen: (α) Andere spaltbare Nuklide, die zur Bildung von verzögerte Neutronen emittierenden Nukliden führen; (β) Emitter verzögerter Neutronen, die durch primäre oder sekundäre (n, p)- oder (n, α)-Reaktionen entstehen; (γ) (γ, n)-Reaktionen bei Auftreten hochenergetischer γ-Strahlung; (δ) Selbst-Abschirmungseffekt einer Probe mit Nukliden von hohem Einfangquerschnitt für thermische Neutronen (Abschirmung des Inneren der Probe gegen thermische Neutronen).

Zum Störungstyp (α) gehören die durch thermische Neutronen stark spaltbaren Nuklide ^{233}U, ^{235}U, ^{239}Pu sowie die durch schnelle Neutronen spaltbaren Nuklide ^{238}U und ^{232}Th. Die Nuklide der ersten Untergruppe stören einander gegenseitig bei der Bestimmung, während die Nuklide der zweiten Untergruppe, wenn in großer Menge vorhanden, die Bestimmung kleinerer Mengen ^{235}U stören (dagegen hilft ein großes Verhältnis der thermischen zu den schnellen Neutronen).

Zum Störungstyp (β) zählen folgende Reaktionen: (aa) die durch schnelle Neutronen im Reaktor hervorgerufene Reaktion:

^{17}O (n, p) ^{17}N (der Vorläufer verzögerter Neutronen ^{17}N hat eine Halbwertszeit von 4,14 Sek.); (bb) die in einem Reaktor aus ^{6}Li nach der Reaktion:

^{6}Li (n, α) t entstehenden Tritonen t, d. i. $^3_1$H führen gleichfalls zur Bildung von ^{17}N nach der Gleichung:

^{18}O (t, α) ^{17}N; (cc) die Tritonen können auch mit ^{15}N reagieren:

^{15}N (t, p) ^{17}N $\xrightarrow{\ \beta^-\ }$ ^{17}O* (angeregt) $\longrightarrow$ ^{16}O + n (verzögerte Neutronen); schnelle Neutronen können folgende Kern-Reaktion mit als Moderator- oder Reflektor-Material vorhandenem Beryllium bewirken:

^{9}Be (n, p) ^{9}Li. ^{9}Li ist mit 0,17 Sek. Halbwertszeit Vorgänger eines Emitters schneller Neutronen. Als Gegenmaßnahme eignet sich eine zum Zerfall des ^{9}Li ausreichende Zeit t_d.

Als Störungstyp (γ) wirken: ^{24}Na (15 Std. Halbwertszeit) und ^{124}Sb (60 d Halbwertszeit). Beide Nuklide sind hochenergetische γ-Strahler, die folgende Neutronen liefernde Reaktionen hervorrufen können:

^{2}H $(\gamma,$ n)p und ^{9}Be $(\gamma,$ $2\alpha)$n. Als Gegenmaßnahme ist eine sehr kurze Bestrahlungszeit anzuwenden, die nicht genug ^{24}Na und ^{124}Sb entstehen läßt.

Die zum Störungstyp (δ) gehörenden Nuklide: ^{10}B, ^{6}Li, ^{123}Cd und ^{157}Gd zeigen hohe Einfang-Querschnitte für thermische Neutronen. Eine Gegenmaßnahme ist Verkleinerung der Probe. Bei großen Mengen von B oder Li tritt starke Selbst-Abschirmung ein.

Eine zusätzliche Störungsquelle beruht auf einer gewissen Empfindlichkeit von BF$_3$-Detektoren gegen sehr hohe Felder von γ-Strahlung. Eine Abschirmung mit höchstens 3 inch = 7,62 cm Pb beseitigt diese Störung so gut wie immer, während die Neutronen-Zählung selbst dadurch nur um $\sim 3\%$ verringert wird. Für die meisten Proben ist Pb unnötig. In diesem Fall kann der Detektor näher zur Probe gebracht werden, wodurch der Ausbeute-Winkel günstiger wird.

Wenn in einem Erz gleich viel U und Th vorhanden sind, beträgt die Störung durch Th $\sim 1\%$. Man kann dann die Neutronen durch Einschließen der Probe in Cd „härten", wodurch die auf Uran zurückgehenden Impulse um den Faktor 42 verkleinert werden und eine Schätzung des Th-Gehaltes der Probe möglich wird. Dies hat *Amiel* (a) für Th-Analysen benützt. *Amiel* schlug eine der beschriebenen ähnliche Methode zur Bestimmung der isotopischen Zusammensetzung des Urans vor. Man kann die isotopische Bestimmung von ^{235}U zwischen 1 und $10^4\,\mu$g ^{235}U/g Uran ohne Kenntnis der gesamten Menge des Urans in der Probe ausführen. Für mehr als $10^4\,\mu$g ^{235}U/g Uran ist jedoch die Kenntnis der Gesamtmenge Urans nötig, weil die Spaltung des ^{235}U auch in mit Cd abgeschirmten Proben vorherrscht. Ein Reaktor mit hohem, schnellem Neutronen-Fluß ist zur Th-Bestimmung besser geeignet.

Amiel schlug auch vor, diese Methode zur Bestimmung von ^{233}U und ^{239}Pu bei Reaktor-Brut-Experimenten zu benützen.

Schlußfolgerung. Mit der beschriebenen Methode können noch 10^{-9} g ^{235}U bzw. $7 \cdot 10^{-7}$ g natürliches Uran bestimmt werden. Die Empfindlichkeiten für die Bestimmung von ^{238}U und ^{232}Th wurden zu etwa 10^4 Impulsen/mg bestimmt bei einer Bestrahlungszeit von 20 Sek. und einer Zählzeit von 60 Sek. nach einem Zeit-Intervall t_d von 20 Sek. Längere Bestrahlungen erhöhen diese Empfindlichkeiten fast um den Faktor 10. Ein höherer, schneller Neutronenfluß vergrößert auch diese Empfindlichkeiten.

Eine Probe kann in 10 bis 15 Min. einschließlich der Zeit zur Proben-Vorbereitung auf Uran analysiert werden. Mit Hilfe der Aktivierung mit thermischen Neutronen und Zählung der verzögerten Neutronen bestimmten *Amiel, Gilat* und *Heymann* Uran in Chondriten und fanden dabei 11 bis 31 ppb mit einer Reproduzierbarkeit von $\sim 10\%$. Nach diesem Verfahren bleibt unersetzliches Untersuchungsmaterial unzerstört. Da außer kurzlebigen Nukliden (^{9}Li, ^{16}C und ^{17}N) nur die Kern-Spaltung Vorläufer verzögerter Neutronen erzeugt, ist die Zahl der verzögerten Neutronen eine lineare Funktion der Menge spaltbaren Materials in der Probe, so daß kleine Mengen davon bestimmt werden können. In einer 4π-Zählvorrichtung für Neutronen (ein Ring von 6 BF$_3$-Neutronen-Zählern, in einem Paraffin-Block eingebettet) liefert $1\,\mu$g natürliches Uran nach 60 Sek. langer Bestrahlung mit einem thermischen Fluß von $4 \cdot 10^{12}$ n · cm^{-2} · sec.$^{-1}$ einen Zähl-Wert von ~ 300 Neutronen über einem Untergrund von 10 Zählungen, wenn 30 Sek. nach Bestrahlungsende mit der Zählung begonnen und diese 1 Min. fortgesetzt wird. Bei 5 bis 10facher Wiederholung der Bestrahlung kann leicht eine Präzision von 5 bis 15% an Meteoriten-Proben von wenigen Grammen Gewicht erzielt werden. Mit einer entsprechenden Vervielfachung des Neutronen-Flusses könnten theoretisch Uran-Konzentrationen von 0,01 bis 0,1 ppb bestimmt werden. Da der Th-Gehalt von Meteoriten nur wenig größer als ihr U-Gehalt (*Lovering* und *Morgan*) und der Spaltungsquerschnitt mit schnellen Neutronen für ^{232}Th niedriger als für ^{238}U ist, entfallen bei der Messung nur ~ 2 Impulse auf $1\,\mu g$ Th [*Amiel* (b)]. In dem verwendeten IRR-1-Reaktor entfallen $\sim 97\%$ der Ausbeute an verzögerten Neutronen auf die thermische Spaltung des ^{235}U, $\sim 1{,}5\%$ auf die epithermische Spaltung und der Rest auf die Spaltung des ^{238}U mit schnellen Neutronen. Auf Grund dieser Überlegungen können nur 1 bis 3% der Gesamt-Ausbeute an verzögerten Neutronen von Th stammen. Da in Chondriten ~ 30 Atomprozente Sauerstoff vorliegen, ergibt sich eine gewisse Störung durch das Nuklid ^{17}N (4 Sek. Halbwertszeit), das mit schnellen Neutronen nach der Kernreaktion:

$^{17}O\,(n, p)\,^{17}N$ entsteht, wofür eine Korrektur anzubringen ist. Bei 30 Sek. Verzögerung zwischen Bestrahlungsende und dem Zählungsbeginn ist der durch diese Korrektur eingeführte *Fehler* nicht mehr als 2 bis 3%. Als primäre Vergleichsstandards dienten zwei Proben des Minerals Torbernit mit 0,409 bzw. 0,266% U, als Vergleichsstandards eine Anzahl von $CaCO_3$-Standards mit Uran-Gehalten von 1 bis 100 ppm. Der Vergleich beider Standard-Serien ergab eine systematische Abweichung von 2%, was innerhalb des Meßfehlers für Meteorite lag. 14 Chondrite wurden von den Autoren analysiert, wovon 3 schon von anderer Seite aktivierungsanalytisch untersucht worden waren. Die Übereinstimmung mit diesen früheren Resultaten war sehr befriedigend und lag innerhalb der Meßfehler. Der Zweck der beschriebenen Untersuchungen waren Unterlagen zur Berechnung von Meteoriten-Altern.

Literatur

Amiel, S.: (a) Rep. Israel Atomic Energy Comm., IA-621 (Mai 1961); (b) Anal. Chem. **34**, 1683 (1962). – *Amiel, S., Gilat, J., Heymann, D.:* Geochim. Cosmochim. Acta **31**, 1499 (1967).

Dyer, F. F., Emery, J. F., u. *Leddicotte, G. W.:* ORNL-3342, UC-4-Chem., TID-4500 (17th ed., Rev.) (Okt. 1962).

Echo, M. W., u. *Turk, E. H.:* PTR-143 (Jan. 1957); TID-7531 (Pt. 1), S. 153 (1957).

Friedlander, G., Kennedy, J. W., u. *Miller, J. M.:* Nuclear- and Radiochemistry, 2nd ed., New York–London–Sidney 1964, S. 176.

Keepin, G. R., Wimitt, T. F., u. *Ziegler, R. K.:* (a) Phys. Rev. **107**, 1044 (1957); (b) J. Nucl. Energy **6**, 1 (1957/58).

Lovering, J. F., u. *Morgan, J. W.:* J. Geophys. Res. **69**, 1979 (1964).

Pappas, A. C.: Nature **188**, 1178 (1960). – *Perlov, G. J.:* Pr. 2nd Internat. Conf. Peaceful Uses Atomic Energy, Genf 1958. Bd. **15**, 384; UN: New York 1958.

Rudstam, G., Svanheden, A., u. *Stehney, A. F.:* Phys. Rev. **107**, 776 (1957); **113**, 1269 (1959).

8.7 Strahlungs-Absorptiometrie

Die Absorptionsmessung einer monoenergetischen Strahlung aus einer Strahlen-Quelle ermöglicht die Konzentrationsbestimmung einer bestrahlten Uran-Lösung. Das Prinzip ist analog der Absorptionsanalyse mit Hilfe von Röntgen-Strahlung (s. S. 339, 340). Die Methodik eignet sich für laufende Kontrolle in Kern-Brennstoff-Fabriken.

8.7.1 γ-Absorptiometrie

Ein γ-Absorptiometer zur laufenden Bestimmung des Plutoniums und Urans während kerntechnischer Prozeß-Führung wurde von *Miller* und *Connally* angegeben, wo ^{170}Tm als Gamma-Quelle benützt wurde. Später ersetzte *Miller* das Tm durch 50 mg ^{241}Am, was zu einer Empfindlichkeitserhöhung um den Faktor 2 führte.

Thurnau baute ein etwas abweichendes Gamma-Absorptiometer-System zur kontinuierlichen Analyse von Lösungen von Schwermetall-Salzen wie Uran in Konzentrationen von 300 bis 420 g U/l, worin eine schwache ^{241}Am-Quelle verwendet wurde. Statt einer Ionisationskammer wurde ein Szintillationsdetektor benützt. Zwei Am-Quellen wurden verwendet: Ein Strahl durchläuft die Probe, der andere ist unbehindert. Die beiden Strahlen erreichen abwechselnd den Detektor mit Hilfe eines motorbetriebenen, rotierenden Verschlusses, der mit einem Strahlungsdetektor verbunden ist. So wird Stabilisation gegen instrumentelle Störungen erreicht.

Whittaker diskutierte die Theorie der Methode, die Gamma-Quellen, die Detektoren und die Verstärker, wie sie auf die Analyse von U- und Pu-Lösungen in statischen und fließenden Systemen angewendet wurden. *Woodman, Clinton, Fletcher* und *Welch* berichten über die *Whittaker*-Apparatur, enthaltend entweder 200 mg ^{170}Tm (129 d = Halbwertszeit) oder 100 mg ^{241}Am (470 a = Halbwertszeit) als Gamma-Quellen.

Auch beschreiben *Broderick* und *Whitmer* eine Methode zur Uran-Bestimmung mit Hilfe der γ-Strahlungsabsorptiometrie. Die Strahlenquelle sind 250 mg ^{241}Am, der Detektor eine mit Xe-Gas bei 0,575 mm Hg gefüllte Ionisationskammer aus rostfreiem Stahl. Die Methode ist im wesentlichen — mit einigen Modifikationen — jene nach *Woodman, Clinton, Fletcher* und *Welch*. Sie eignet sich zu Uran-Bestimmungen in wäßrigen Lösungen bei Konzentrationen von 1 bis 550 g U/l und in TBP-Hexan-Mischungen bei Konzentrationen von 1 bis 120 g U/l.

Arbeitsvorschrift. Durch Einwägen werden Standard-Uranylnitrat-Lösungen hergestellt; ihr Gehalt an Uran wird mitbestimmt. Die Proben-Lösung wird luftblasenfrei in das Proben-Rohr eingefüllt, das in einer Halterung befestigt ist. Man entfernt den Verschluß über der Strahlen-Quelle und leitet die nicht absorbierten Photonen in die Ionisationskammer (500 V Potential der Ionen-Kammer). Mit dem entstehenden Strom wird der Recorder betrieben, für den beim Maximum der Konzentration der Lösung die Ablesung markiert wird. Infolge des weiten, bestimmbaren Konzentrationsbereiches des Urans variiert man den Durchmesser der Proben-Röhren von 15,5 bis 22 mm, womit eine bessere Empfindlichkeit als 1% bei hohen Konzentrationen erreicht wird. Die Formel für die Absorption ist:

$$\frac{I}{I_0} = e^{-\mu x},$$

wobei x = Flächendichte des absorbierenden Mediums und μ = Massenabsorptionskoeffizient (von der Dichte der Lösung abhängig) ist. Zur Erhöhung der Empfindlichkeit wählt man den optimalen Durchmesser des Proben-Rohres derart, daß die Absorption infolge der Compton-Streuung möglichst verringert wird. Für die „in-line"-Bestimmung wird 1 Liter der Uran-Lösung (enthaltend 350 g U/l) 2 Std. ununterbrochen durch das Proben-Rohr gepumpt. Bei Änderung der Lösungskonzentration erfolgt dann eine Änderung der Ablesung der Meßgerätskala (*Empfindlichkeit*: 1%).

Bemerkungen. I. Das Verfahren war auch auf *käufliche* Uran-Anreicherungen anwendbar. Die Verunreinigungen waren dabei beispielsweise: V_2O_5, PO_4^{3-}, Mo, B, F, Cl, Br, J, As, CO_3^{2-}, SO_4^{2-}, Ca, H_2O, SiO_2, Spuren an Ti, Cr, Cu, Mn, Ni, Pb. Der Effekt solcher Verunreinigungen wurde für den Bereich von 300 bis 550 g U/l bestimmt, der für die Fabrikation besonders interessant ist. Die Absorptionswirkung eines Teiles dieser Verunreinigungen wurde in der salpetersauren Lösung gemessen. Analysiert wurde jeweils eine Probe mit der betreffenden Verunreinigung und unmittelbar danach eine Uran-Lösung mit der gleichen Konzentration. So konnte eine Tabelle für die Uran-Äquivalente (g U/l) je Gramm Verunreinigung im Liter bestimmt werden.

II. Im Bereich von 300 bis 500 g U/l war die *Empfindlichkeit* besser als 1%.

III. In den *Eichkurven* wurde die Abänderung der Recorder-Anzeige in Teilstrichen angegeben. Die leichten Elemente wie Si, Na, Ca, Mg üben einen größeren Effekt auf die Absorption als die erwähnten Anionen aus. Mit steigender Atom-Nummer wächst der Absorptionseffekt.

IV. Einige Erfahrungen mit der Apparatur und *Verbesserungen* der Meßtechnik werden von *Broderick* berichtet. Er führte (ergänzend zu *Broderick* und *Whitmer*) Versuche zur γ-absorptiometrischen Bestimmung des Urans in wäßrigen und organischen Lösungsmitteln aus. Experimentell wurde die Auswirkung einer Änderung der Schlitzweite zwischen 0,125 und 0,5 inch (0,32 bzw. 1,27 cm) untersucht. Kein merklich günstiger Effekt konnte gefunden werden. Für alle Schlitzweiten war das Verhältnis zwischen dem Logarithmus des Ionen-Kammer-Stromes und der Konzentration an Uran bis zu einer Konzentration von 150 g/l konstant. Es wurde aber zunehmend kleiner, wenn die Konzentration bis auf 550 g/l erhöht wurde.

V. Mit Hilfe einer Am-Strahlen-Quelle, die $2,8 \cdot 10^{10}$ Photonen·Min.$^{-1}$ (60 keV als Energie) emittierte, wurde Uran von *Wilburn* und *Nicholson* in wäßriger oder organischer Phase mit einem *automatisch* arbeitenden Gerät bestimmt.

VI. *Connally* beschreibt für die *Laboratoriumsanalyse* von Uran-Lösungen eine γ-Absorptionszelle mit 10 mg ^{241}Am als γ-Quelle. Für den Konzentrationsbereich von 25 bis 100 g U/l besitzt die gläserne Probenzelle 19 mm Durchmesser und 25 mm Länge. Damit ist eine *Standardabweichung* der Einzelbestimmung von weniger als 0,15% erreichbar. Zur Kompensation der Schwankung des Sekundär-Elektronen-Vervielfachers ist täglich zweimalige Eichung erforderlich.

Die Emission des ^{241}Am bei 0,060 MeV ist nahezu mono-energetisch. 10 mg ^{241}Am zeigen eine Aktivität von rund 30 mCi und eine Photonen-Emissionshäufigkeit von $\sim 2,8 \cdot 10^{10}$ Zerfällen/Min., was für einen hochempfindlichen Detektor ausreicht. Am(OH)$_3$ wurde in einer Aluminiumkapsel in den Proben-Halter gebracht. Der verwendete NaJ(Tl)-Szintillationsdetektor von 2,0 cm Durchmesser und 0,5 mm Dicke entsprach 1,7 Halbwertsdicken für Photonen von 0,060 MeV Energie, womit das Ansprechen für jede höhere γ-Energie-Strahlung auf ein Minimum verringert wurde. Die Nachweis-Wirksamkeit gegen die Photonen der Am-Quelle war 85%; die Absorption gegen das Spaltungsprodukt-Paar ^{137}Cs/^{137}Ba (Tochter-Produkt) war nur $\sim 1,4\%$. Die Strahlungsschwächung ist in erster Näherung: $\dfrac{I}{I_0} = e^{-\mu_m CL}$

I_0 = Intensität des einfallenden γ-Strahls;
I = Intensität nach Durchgang durch die Lösung des schweren Elements;
μ_m = Massenabsorptionskoeffizient des schweren Elements;
C = Konzentration;
L = Länge der Zelle;

Wenn der Detektor-Fehler eine konstante Größe für alle Werte von I ist, tritt die maximale Genauigkeit (Präzision) auf, wenn die Durchlässigkeit der Lösung $\dfrac{I}{I_0} = \dfrac{1}{e}$ ist. Ist jedoch der Detektor-Fehler proportional zu $\sqrt{I}$, wie es der Fall bei radioaktiven Strahlungsquellen niedriger Energie ist, kann gezeigt werden, daß die größte Genauigkeit bei einer Durchlässigkeit der Lösung $= \dfrac{1}{e^2}$ erhalten wird.

Die *Genauigkeit* hängt von der Zellenlänge, der Aktivität der γ-Strahlen-Quelle, dem Geometrie-Faktor des Detektors, der Zählungsausbeute und dem Ablesungsdämpfungsfaktor ab. Der Genauigkeitswert der Uran-Konzentration wird nach folgender Gleichung berechnet:

$$\% \Delta C = \frac{\Delta I \cdot 100}{I \mu_m \cdot CL}.$$

Für leichte Elemente in hohen Konzentrationen ist eine Korrektur erforderlich. Der totale Massen-Absorptionskoeffizient für verschiedene Elemente ist ein Mittelwert des Massen-Absorptionskoeffizienten der konstituierenden Elemente, berechnet proportional zur gewichtsmäßigen Häufigkeit jeden Elements.

Die Tabelle 32 gibt die Massenabsorptionskoeffizienten, größtenteils nach *Grodstein*, für Photonen von 60 keV an.

Tabelle 32. *Absorption von 60 keV-Photonen durch einige typische Bestandteile von Proben*

Komponente	Massen-Absorptionskoeffizient (μ_m)	Konzentration(g/l), äquivalent zu 1 g/l Uran
HNO_3	0,186	40,3
O	0,189	39,7
H_2O	0,204	36,7
Mg	0,253	29,6
H_2SO_4	0,261	28,7
Al	0,270	27,8
H	0,326	23
Ca	0,648	11,6
Fe	1,20	6,3
Pb	5,32	1,41
U	7,5	1
Pu	7,8	0,96

Diese Massen-Absorptionskoeffizienten können in Kombination mit der nachfolgend angegebenen Gleichung zur Feststellung der Störung durch leichte Elemente verwendet werden. Für Präzisionsmessungen sollte die *Störung* experimentell ermittelt werden. Schließlich wurde festgestellt, daß die Blei- und Uran-Massen-Absorptionskoeffizienten bei 0,060 MeV nach NBS-583 in folgender Weise korrigiert werden müssen:

$$\frac{I}{I_0} = (e^{-\mu_{m_1} \cdot C_1 L}) \, (e^{-\mu_{m_2} \cdot C_2 L}) \, (\ldots \ldots) \, (e^{-\mu_{m_n} \cdot C_n L})$$

VII. Die Auswirkung der γ-Strahlungen von natürlichem Uran auf Absorptionsmessungen ist *vernachlässigbar*; jedoch kann die Konzentration der Uran-Spaltungsprodukte in der Probe eine wesentliche Auswirkung haben, indem sie eine niedrigere scheinbare Konzentration schwerer Elemente indiziert. Zur Bestimmung des Ausmaßes dieses Effekts wurde eine Studie zur Benützung von ^{137}Cs/^{137}Ba als typische, γ-emittierende Spaltungsprodukte ausgeführt. Dabei ergab sich folgendes: In der erwähnten 25-mm-Standard-Zelle änderte eine ^{137}Cs-Lösung die Anzeige des Detektor-Äquivalents auf einen *Fehler* von -5% je mCi/l ^{137}Cs-Lösung bei einer Uran-Konzentration von 5 g/l, bzw. auf $-2,5\%$ bei 100 g U/l. Für eine γ-Quelle von 10 mg ^{241}Am bei einem maximal erlaubten Fehler von 1% ist die Spaltungsprodukt-Toleranz auf äußerstens 200 μCi/l über einen Uran-Konzentrationsbereich von 5 bis 100 g/l beschränkt. Durch Erhöhung der Aktivität der γ-Quelle kann diese Toleranz erhöht werden. Eine praktische Grenze ergibt sich daraus, daß die Selbst-Absorption in einer ^{241}Am-Quelle bei Dichten von mehr als ~ 200 mg·cm^{-2} beträchtlich wird. Die Störung durch Spaltungsprodukte kann ausgeglichen werden, indem man jede Probe zweimal analysiert: einmal mit eingeschalteter und einmal mit abgeschalteter γ-Quelle. Aus der Differenz ergibt sich dann die Uran-Konzentration. Auf diese Weise können 100 m Ci/l an Spaltungsprodukten toleriert werden.

VIII. Bei der γ-absorptiometrischen Uran-Bestimmung wird wie angegeben seine Konzentration durch die Messung der Abschirmung eines *Photonen*-Strahles bestimmt, der die Probe durchläuft. Von *Brauer* wird der 60 keV-Photonenstrahl einer ^{241}Am-Quelle dazu benützt. Seine Intensität wird mit einem Szintillationsdetektor und einem potentiometrischen Recorder gemessen. Das Uran kann in wäßrigem oder organischem Lösungsmittel gelöst sein, wobei weniger als 100 m Ci γ-Aktivität im Liter und 10 bis 250 g U/l vorliegen sollen. Nichtradioaktive Verunreinigungen in kleinen Mengen können toleriert werden; jedoch stören Elemente von niedrigerem Atomgewicht (z. B. N in Nitrat-Ionen), wenn sie in größeren

Mengen anwesend sind. Nötigenfalls werden Korrektionen für die γ-Absorption durch die in der Probe vorhandenen Elemente angewendet.

Strahlungsapparatur. Die Am-Quelle enthält 10 oder mehr Milligramm ^{241}Am (Mindestemissionshäufigkeit der Photonen $2,8 \cdot 10^{10}$/Min.). Die Quelle soll in einem Behälter niedrigerer Masse verschlossen sein und periodisch zur Prüfung auf ein etwa entstandenes Leck untersucht werden.

Die Probe-Lösungen werden in Glas-Zellen von gleicher Qualität wie bei optischen Photometern untergebracht.

Für Konzentrationen von 10 bis 250 g U/l eignen sich Zellen von 25 mm Länge und 19 mm innerem Durchmesser. Bei kleinerem Volumen der verfügbaren Probe können auch die Zellen geringeren Durchmesser haben. Die Halter der Probenzellen haben an deren beiden Enden Collimatoren aus Messing. Der Szintillationsdetektor war ein NaJ(Tl)-Kristall mit 2,0 cm Durchmesser und 0,5 mm Dicke. Messungen erfolgten mittels eines Recorders. Die genaue Beschreibung der Apparatur s. in der Originalvorschrift.

Reagenzien und Standard-Lösung. a) Wäßrige Standard-Uran-Lösungen. Eine Serie solcher Lösungen ist mit Konzentrationen von 10 bis 250 g U/l herzustellen. Zu diesem Zweck wird ein primärer U_3O_8-Standard (NBS 950) 1 Std. bei 900 ° ausgeglüht und hierauf genau in einen Meßkolben eingewogen. Je Gramm U_3O_8 werden 3 ml $HNO_3(1 + 1)$ (etwa 7m) zur Auflösung verwendet. Nach völliger Auflösung wird die abgekühlte Lösung mit Wasser zur Marke aufgefüllt.

b) Organische Standard-Uran-Lösung: Unter Anwendung der weiter unten beschriebenen Extraktionstechnik werden die wäßrigen Standard-Uran-Lösungen gleichzeitig und in derselben Weise wie die Probe-Lösung behandelt.

c) Standard-Säure- oder -Salz-Lösungen: Standard-Lösungen von HNO_3 und anderen Säuren oder Salzen, die in der Probe anwesend sein können, sind über den Bereich der erwarteten Konzentrationen herzustellen.

d) Aussalz-Lösungen: (α) 0,005m Tetrapropylammoniumhydroxid-Lösung (TPAN). 1050 g $Al(NO_3)_3 + 9 H_2O$ werden unter Erwärmen in einer minimalen Wasser-Menge aufgelöst. Nach Abkühlen werden 67,5 ml konz. NH_4OH und 10 ml 10%ige Lösung von Tetrapropylammoniumhydroxid zugesetzt. Man hält bei Umrühren bis zum Auftreten völliger Auflösung die Temperatur unter 50 °C (zur Vermeidung von Zersetzung).

Die Lösung wird hierauf mit 250 ml Hexon (Methylisobutylketon) in einen Scheidetrichter extrahiert, die organische Phase verworfen, 10 ml 10%ige TPAN-Lösung zur wäßrigen Phase zugefügt und mit Wasser auf 1 l verdünnt. Extraktionsausbeute: 4 ml dieser Lösung für maximal 2 mg U.

(β) 0,025m TPAN-Lösung. Die *Herstellung* erfolgt wie unter (α) beschrieben; jedoch werden 50 ml 10%ige Lösung von TPAN bereitet und die Hexon-Extraktion sowie die zweite TPAN-Zugabe unterlassen. Extraktionsausbeute: 4 ml dieser Lösung für maximal 12 mg U.

(γ) 0,25m TPAN-Lösung. 100 ml 10%ige TPAN-Lösung werden mit 5n HNO_3 neutralisiert; die Lösung wird in eine große Eindampfschale gebracht. Man läßt bis zur Entstehung eines dicken Kristall-Breies stehen (bis zu 4 Tagen) oder verdampft in einem Vakuum-Exsikkator. Dabei darf nicht über 50 °C erwärmt werden. 210 g $Al(NO_3)_3 + 9 H_2O$ werden in ein 400-ml-Becherglas eingewogen. Den erwähnten Kristall-Brei bringt man aus der Eindampfschale schnell mit 20 ml Wasser in das Becher-Glas. Man rührt um und fügt Wasser bis zu einem Volumen von 170 ml, dann noch 25 ml konz. NH_4OH-Lösung zu und rührt bis zur vollständigen Auflösung um (mehrere Stunden erforderlich). Die Lösung bringt man in einen 200-ml-Meßkolben und verdünnt mit Wasser zur Marke. Extraktionsausbeute: 4 ml dieser Lösung für maximal 100 mg U.

Eichung. Eine trockene Proben-Zelle füllt man mit einem Anteil einer der Uran-

Standard-Lösungen; nach Einschalten der Strahlungsquelle wird 2 Min. die mittlere Ablesung in mV beobachtet und aufgenommen. Beide Vorgänge werden mit Anteilen der Uran-Standard-Serie und der salpetersauren Standard-Lösungen (entsprechend der Konzentration des NO_3^- in den wäßrigen Standard-Uran-Lösungen) wiederholt. Die mV-Ablesungen der wäßrigen Standard-Uran-Lösungen korrigiert man nach den mV-Ablesungen, die von den entsprechenden, sauren Standardlösungen erhalten werden. Am Ende werden die Ablesungen bei den Standard-Uran-Lösungen in mV gegen die Konzentration in g/l aufgetragen.

Arbeitsvorschrift. aa) *Probenvorbereitung.* Von den zu analysierenden Proben stellt man Lösungen bekannten Säure- oder Salz-Gehaltes her. Die geeignete Uran-Konzentration liegt zwischen 10 und 250 g U/l. Bei Proben mit hohen Konzentrationen von Elementen mit niedrigem Atomgewicht, von Spaltungsprodukten oder störenden, schweren Elementen ist das Uran abzutrennen (hinter Strahlungs-abschirmung unter Anwendung entsprechender Technik des „remote handling"). In allen Fällen ist die Acidität der Proben derart einzustellen, daß sie nicht den „Säure-mangel" (acid deficiency) der Aussalz-Lösung überschreitet. 4 ml Aussalz-Lösung können 7 mval Säure ausgleichen.

($\alpha\alpha$) Bei Uran-Proben mit anderem Oxydationszustand als U(VI) werden 5,0 ml Probe-Lösung und 4,0 ml n HNO_3 in einem Meßkolben zugefügt. Die Lösung wird 5 Min. gerade zum Sieden erhitzt und nach Abkühlen mit n HNO_3 aufgefüllt.

($\beta\beta$) In Proben, die Cr(VI) enthalten, ist für jedes Millimol Cr 1 ml 30%iges H_2O_2 zum Proben-Aliquot zuzugeben; dann wird allmählich erwärmt, bis das Blasen-werfen aufhört. In Anwesenheit großer Chrom-Mengen erfolgt Farbänderung vom gelben Cr(VI) in grünes Cr(III). Die Proben-Lösung läßt man abkühlen und verdünnt mit Wasser auf das kleinste, geeignete Volumen.

($\gamma\gamma$) Ein 0,500-ml-Aliquot der Proben- oder Standard-Lösung oder der Verdünnungen nach ($\alpha\alpha$) oder ($\beta\beta$) wird in ein Pyrex-Proben-Rohr (15×150 mm) überführt, das 4,0 ml der entsprechenden Aussalz-Lösung und 2,0 ml Hexon enthält.

($\delta\delta$) Zur Extraktion des Urans in das Hexon wird das Rohr verschlossen und wiederholt umgedreht oder ein mechanisches Extraktionsgerät verwendet.

($\varepsilon\varepsilon$) Die Phasen-Trennung erfolgt durch Zentrifugieren; ein Aliquot-Teil der organischen Phase wird zur Analyse entnommen.

bb) *Durchführung.* Eine trockene Proben-Zelle wird mit einem Anteil der Proben-Lösung gefüllt. Die ^{241}Am-Quelle wird für die Strahlung geöffnet und die mittlere Ablesung in mV während 2 Min. registriert. Falls in der Probe mehr als $200\,\mu$Ci γ-Aktivität je Liter enthalten sind, erfolgt Registrierung der mV-Ablesung bei abgeschalteter ^{241}Am-Quelle. Eine Korrektur ist möglich für γ-Aktivität bis zu 100 mCi/l.

Bei Vorliegen der Probe in wäßriger Lösung wiederholt man die mittlere Ablesung (s. vorstehend) mit einem Anteil der Standard-Säure-Verdünnung, die hergestellt worden ist, um die Säure-Konzentration jener in der Proben-Lösung anzugleichen.

Die für die Proben während 2 Min. registrierte mittlere Ablesung wird entsprechend der festgestellten Original-γ-Aktivität der Probe und der Absorption durch den Säure-Gehalt korrigiert.

Bemerkungen. a_1) Die Uran-Konzentration entnimmt man aus der *Eichkurve.*

b_1) *Genauigkeit.* Der Variationskoeffizient reichte von 0,1 bis 0,5% bei Konzentrationen zwischen 10 und 250 g U/l.

c_1) Bei vielen absorptiometrischen Anwendungen können leichte Elemente als Bestandteile der Lösung der schweren Elemente *wesentliche Irrtümer* verursachen. Daher ist für in hohen Konzentrationen vorhandene, leichte Elemente eine Korrektion erforderlich. Der totale Massen-Absorptionskoeffizient für verschiedene Elemente ist ein Mittelwert des Massen-Absorptionskoeffizienten der konstituierenden Elemente mit einem dem gewichtsmäßigen Vorkommen jedes Elements proportionalen

„Gewicht". Massen-Absorptionskoeffizienten für leichte Elemente sind beispielsweise bei *Grodstein* (s. S. 492, 493) angegeben.

d_1) Der Effekt der γ-Strahlungen natürlichen Urans auf Absorptionsmessungen ist *vernachlässigbar*. Pu oder Spaltungsprodukte in der Probe können einen wesentlichen Einfluß ausüben. Beispielsweise erhöht eine ^{137}Cs-Lösung in einer 25-mm-Zelle das Ansprechen des Detektors um 0,37 mV (mCi/l). Wenn die Uran-Konzentration 5 g/l ist, bewirkt 1 mCi/l ^{137}Cs einen Fehler von -5%, bei 100 g U/l nur von $-2,5\%$. Für eine ^{241}Am-Quelle von 10 mg ohne Kompensation und mit einem maximalen erlaubten *Fehler* von 1% ist die Spaltungsprodukt-Toleranz auf $\leq 200\,\mu$Ci/l begrenzt über einen Konzentrationsbereich von 5 bis 100 g U/l. Durch Vergrößerung der Stärke der Quelle kann die Toleranz erhöht werden. Eine praktische Grenze ergibt sich aber durch die Selbst-Absorption, die bei einer ^{241}Am-Quelle bei Dichten von mehr als 200 mg·cm^{-2} beträchtlich wird.

e_1) Die *Störung* durch Spaltungsprodukte kann kompensiert werden, indem jede Probe mit der eingeschalteten und der ausgeschalteten Am-Quelle abgelesen wird. Die Differenz entspricht der Uran-Konzentration. Auf diese Weise können Spaltungsprodukt-Niveaus bis zu etwa 100 mCi/l toleriert und kompensiert werden.

f_1) Anstelle von ^{241}Am sind andere niedrig-energetische γ-Quellen einsetzbar. Bei erforderlicher, erhöhter Stärke der Quelle können ^{170}Tm-*Quellen* hoher Intensität benutzt werden.

g_1) Die γ-Strahlung von 60 keV aus einer Am-Quelle wird auch von *Wilburn* und *Nicholson* zur *Routine*-Analyse des Urans benutzt, wobei die Meß-Ergebnisse des Absorptiometers automatisch ausgedruckt werden. Die Daten, welche auch die Größe der verwendeten Absorptionszelle und die Art der Probe-Lösung miteinschließen, werden auf Lochkarten übertragen. Diese liefern mit Hilfe eines Daten-Reduktions-Codes die Uran-Konzentrationen.

Gamma-Absorptiometrie zur Uran-Bestimmung verwendeten auch folgende Autoren: *Maddox* und *Kelley*; *Seymour*; *Fano*.

8.7.2 β-Absorptiometrie

Tölgyessi und *Dillinger* benutzten zur Bestimmung von U und Th in wäßrigen Lösungen die β-Strahlung einer ^{90}Sr-Quelle. Die Probe-Lösung (10 ml) wurde in einer speziellen Vorrichtung nahe an die Strahlen-Quelle herangebracht und die nicht-absorbierte Strahlung mit einem Szintillationsdetektor gemessen.

Literatur

Brauer, F. P., in *Jones, R. C.* (ed.): Selected Measurement Methods for Plutonium and Uranium in the Nuclear Fuel Cycle, S. 134. Methode Nr. 1400. Div. Technical Information, USAEC (1963). – *Broderick, S. J.*: Anal. Chem. **34**, 295 (1962). – *Broderick, S. J.*, u. *Whitmer, J. G.*: Anal. Chem. **33**, 1314 (1961).
Connally, R. E.: Nucleonics **17** (12), 98 (1959). – *Connally, R. E., Upson, U. L., Brown, P. E.*, u. *Brauer, F. P.*: USAEC Rep. HW-54438 (Mai 1958).
Fano, U.: Nucleonics **11**, 8 (1953).
Grodstein, G. W.: NBS-Circular 583 (1957).
Leboeuf, M. B., Miller, D. G., u. *Connally, R. E.*: Nucleonics **12** (8), 18 (1954).
Maddox, W. L., u. *Kelley, M. T.*: Talanta **3**, 172 (1959). – *Miller, D. G.*: USAEC Rep. HW-39971 (Nov. 1955). – *Miller, D. G.*, u. *Connally, R. E.*: USAEC Rep. HW-36788 (Juni 1955).
Seymour, F. D.: AERE EL/R. 2269.
Thurnau, D. H.: Anal. Chem. **29**, 1772 (1957). – *Tölgyessi, P.*, u. *Dillinger, P.*: Chem. Zvesti **17**, 349 (1963).
Upson, U. L.: Nucleonics **17** (4), 149 (1959).
Whittaker, A.: U. K. A. E. A., Symp. Instrumentation in Chemical Analysis; Capenhurst Works (März 1958). – *Wilburn, N. P.*, u. *Nicholson, W. C.*: USAEC Rep. HW-SA-2693 (1962). – *Woodman, F. J., Clinton, T. G., Fletcher, W.*, u. *Welch, G. A.*: Pr. 2nd Internat. Conf. Peaceful Uses Atomic Energy, Genf 1958, Bd. **28**, 423; UN: New York 1959.

8.8 Autoradiographie

Die sogenannte Autoradiographie der α-Strahlen unter Benutzung photographischer Kern-Emulsionen wurde von *Curie* 1946 vorgeschlagen, um damit die Verteilung der geringen, in Gesteinen enthaltenen Konzentrationen des Urans und Thoriums zu bestimmen. In der Gleichung:

$$N = 10^4\, K \cdot d \cdot (8{,}65\, C_\mathrm{U} + 2{,}57\, C_\mathrm{Th})$$

ist N die Zahl der in der Emulsion gezählten α-Strahlen je cm² und Sek. Ein solcher Strahl kann nur gezählt werden, wenn seine Weglänge in Luft 0,5 cm überschreitet. d = Dichte des Gesteins, das eine Verlangsamung $1/K$ in Beziehung auf Luft verursacht. C_U und C_Th sind die in 1 g Gestein enthaltenen Gramme Uran bzw. Thorium. Bei Granit hat sich gezeigt, daß die Radioaktivität besonders in den Einschlüssen konzentriert ist.

Da zur Bestimmung von C_U und C_Th eine zweite Gleichung erforderlich ist, wurde die Benutzung der von ThC stammenden längeren α-Spuren vorgeschlagen oder aber die Autoradiographie durch verschiedene Platten-Dicken hindurch. Anstelle dieser mühsamen Methoden wurde von *I. Curie* und *Faraggi* mit guten Ergebnissen die *Autoradiographie mittels Neutronen-Bestrahlung* angewendet.

Da das Thorium nur durch schnelle Neutronen spaltbar ist, ist es möglich, in einem Gestein aus den Spuren der Spaltungsprodukte unter Anwendung thermischer Neutronen das Uran allein zu bestimmen. Dieses Verfahren hat den Vorteil, nicht vom radioaktiven Gleichgewicht oder Nichtgleichgewicht abzuhängen. Wenn auf diese Weise C_U ermittelt worden ist, kann C_Th durch α-Autoradiographie aus der berechneten Differenz bestimmt werden. Unter Berücksichtigung der Absorption der Spaltungsprodukte und der Tatsache, daß zwei Spaltungsprodukte bei jeder Spaltung in entgegengesetzter Richtung emittiert werden, folgt C_U aus der Gleichung:

$$C_\mathrm{U} = \frac{A}{N} \cdot \frac{1}{\sigma} \cdot \frac{1}{K d\,(x - \varrho)} \cdot \frac{2\,n}{F}\;;$$

A = Atomgewicht des Urans;

N = Loschmidtsche (Avogadrosche) Zahl;

σ = Spaltungsquerschnitt;

x = mittlere Weglänge der Spaltungsteilchen in Luft;

ϱ = Mindestweglänge (in Luft) eines in der Emulsion meßbaren Spaltungsbruchstückes;

n = Zahl der je cm² gemessenen Spaltungen;

F = Neutronen-Fluß je cm² und Sek.

K ist (voraussetzungsweise) gleich groß für α-Teilchen und Spaltungsbruchstücke.

Um das Auftreten von Bahn-Spuren zu verhindern, die auf α-Strahlen der radioaktiven Elemente oder auf α-Teilchen aus (n, α)-Kern-Reaktionen (falls die Gesteine Bor oder Lithium enthalten) zurückgehen, werden die im Reaktor bestrahlten Emulsionen $1^1/_2$ Std. in eine mit dem 60fachen Sauerstoff-Volumen gesättigte Wasserdampf-Atmosphäre gebracht. Hierauf werden die Platten 15 Min. einer oberflächlichen Entwicklung ausgesetzt. Die benützten Emulsionen müssen dünn und feinkörnig sein (50 μm Korngröße), um den Platten-Schleier auf ein Mindestmaß zu beschränken, der auf γ-Strahlung aus dem Reaktor und auf in der Emulsion induzierte, sekundäre Radioaktivität zurückgeht.

Die Methode wurde von den Autoren auf die Minerale Autunit ($P_2O_5 + UO_3 + CaO + 12\,H_2O$, thoriumfrei) und Thorit ($ThSiO_4$) angewendet, wobei sich für Thorium und Uran Werte im Rahmen der bekannten Gehalte ergaben. Hingegen wurden in Proben von Euxeniten viel zu hohe Thorium-Werte gefunden. Die Reproduzierbarkeit der C_U-Messungen ist etwa 6%.

Aus photographischen Gründen darf der Neutronen-Fluß nicht höher als $10^{12}\,\mathrm{n\cdot cm^{-2}\cdot sec^{-1}}$ sein. Dies schränkt die Nachweisbarkeit des Urans in Gesteinen auf $10^{-4}\,\mathrm{g/g}$ (100 ppm) ein, während Uran-Gehalte von Graniten größenordnungsmäßig unter 10^{-5} liegen (4 bis 5 ppm) und die mittleren Thorium-Gehalte etwas höher als 10^{-5} (13,5 ppm) sind. Hingegen enthalten die mineralischen Einschlüsse viel größere Uran- und Thorium-Gehalte als die Durchschnittswerte. Daher können eindeutig uranhaltige Einschlüsse von thoriumhaltigen unterschieden werden.

Zur Bestimmung der Spaltungsprodukte aus $^{235}\mathrm{U}$ (in natürlichem Uran) wurde dann von *Price* und *Walker* die Bahn-Spuren-Beobachtung in Mineralen herangezogen. Im Glimmer, der sehr niedrige Uran-Konzentration aufwies, konnten durch Anätzen mit HF die linearen Regionen von Strahlen-Schäden auf optische Dimensionen vergrößert werden. So erfolgte die Bestimmung der Hintergrund-Spuren. Hierauf wurde die Mineral-Probe in einem Reaktor mit thermischen Neutronen bestrahlt, wodurch verunreinigendes Uran gespalten wurde. Die Probe wurde dann neuerlich mit HF angeätzt, um die neu entstandenen Bahn-Spuren zu zählen. Daraus wurde die Uran-Konzentration in der Probe berechnet, indem eine Formel zur Ermittelung der Fragment-Zahl aufgestellt wurde, welche eine gegebene Oberfläche im Inneren einer „dicken" Probe kreuzten. Wenn ein hochreiner Glimmer-Kristall als Standard benützt wird, kann diese Methode auf andere Minerale angewendet werden.

Fleischer (b) untersuchte in einer Gruppe von Stein-Meteoriten (8 Chondriten und 2 Achondriten) die Uran-Verteilung *in situ* im Mikromaßstab durch Messung der Bahn-Spuren von Aktivierungsspaltungsprodukten. Eine dünne Schicht durchsichtigen Kunststoffes (im vorliegenden Fall Ansco Plestar polycarbonate) wurde auf eine dünne Schicht des „zu kartierenden" Materials gebracht. Die durch Bestrahlung mit thermischen Neutronen aus einem uranhaltigen Material austretenden Spaltungsbruchstücke rufen beim Durchgang durch die Kunststoff-Schicht Bahn-Spuren hervor, die durch Ätzung sichtbar gemacht werden können [*Fleischer* (a)]. Auf Entfernungen von nur $\sim 10^{-2}$ cm wurden Unterschiede der Uran-Konzentration bis um den Faktor 10^5 beobachtet. Die Ungleichheit des Uran-Gehaltes ist so groß, daß in manchen Zonen der Proben nur selten ein mittlerer Uran-Gehalt angegeben werden kann. Bei den sogenannten „gewöhnlichen" Chondriten mit starkem Nichtgleichgewicht der Hauptelemente zeigten sich eine Zunahme der Ungleichmäßigkeit des Uran-Gehaltes von einer Chondre zur anderen sowie höhere Uran-Werte in den Chondren relativ zum Material der meteoritischen Matrix. Eine „Kartierung" des Urans in einem Chondrit und in natürlichen Mineralen wurde auch von *Hamilton* ausgeführt, in Gesteinen von *Kleeman* und *Lovering*.

Andere Anwendungen der Bahn-Spuren-Methode, besonders in der Geophysik, Geochemie und Meteoriten-Forschung, wurden von *Fleischer* und *Price* (a, b); *Fleischer, Naeser, Price, Walker* und *Marvin*; *Fleischer, Price* und *Walker*; *Rona, Gilpatrick* und *Jeffrey* beschrieben.

Auch auf die Uran-Bestimmung in Wässern wurde die Zählmethode von Partikel-Spuren durch *Fleischer* und *Lovett* angewendet. Hierzu wurde eine bekannte Wassermenge V in Form eines oder mehrerer Tropfen auf ein Material gebracht, worin durch Ätzung Bahn-Spuren sichtbar gemacht werden konnten, und man ließ die Flüssigkeit verdampfen. Dabei hinterließ sie einen dünnen Film aus nicht flüchtigen Bestandteilen. Seine Dicke war viel geringer als die Reichweite eines Spaltungsbruchstückes. Das als Detektor dienende Material wurde mit einem zweiten Detektor gleicher Beschaffenheit bedeckt, mit einer Dosis thermischer Neutronen zur Induktion der Spaltungsreaktion im Uran bestrahlt, dann das Detektormaterial geätzt und die Gesamtzahl T der Bahn-Spuren der Spaltungsprodukte unter dem Mikroskop gezählt. 100 Bahn-Spuren je Quadratcentimeter können leicht gezählt werden, so daß wenige Tausendstel ppb Uran noch nachweisbar sind.

Die *Berechnung* der Konzentration c in Gewichtseinheiten Urans in der Einheit des Flüssigkeitsvolumens kann nach folgender Formel ausgeführt werden:

$$c = \frac{T\,M}{V\,G\,N_A\,\sigma_f\,E\,\varphi}\,, \text{ worin}$$

T = Gesamtzahl der erzeugten Bahnspuren
N_A = Avogadro-Zahl $(6{,}023 \cdot 10^{23})$,
V = Volumen der flüssigen Probe,
σ_f = Spaltungsquerschnitt des natürlichen Urans $= 4{,}2 \cdot 10^{-24}$ cm²,
M = Atomgewicht des Urans $(= 238{,}03)$,
φ = angewendete Dosis der thermischen Neutronen (integriert),
G = Bruchteil der je Neutronen-Einfang erzeugten Partikeln, der im Detektormaterial registriert wird (bei Zwei-Schichten-Detektor $= 1$, weil je Neutronen-Einfang 2 Spaltungsbruchstücke erzeugt werden).

Der Faktor E für die Wirksamkeit der Ätzung kann im vorliegenden Fall praktisch $= 1$ gesetzt werden, wo es sich beim Detektor-Material um Kunststoff handelte (Ansco Plestar polycarbonate). Bei Verwendung von Glas wäre E wesentlich kleiner als 1.

Literatur

Curie, I.: J. Phys. **11**, 313 (1946). – *Curie, I.,* u. *Faraggi, H.:* C. r. **232**, 959 (1951).

Fleischer, R. L.: (a) Rev. Sci. Instr. **37**, 1738 (1966); (b) Geochim. Cosmochim. Acta **32**, 989 (1968). – *Fleischer, R. L.,* u. *Lovett, D. B.:* Geochim. Cosmochim. Acta **32**, 1126 (1968). – *Fleischer, R. L., Naeser, C. W., Price, P. B., Walker, R. M.,* u. *Marvin, U. B.:* Science **148**, 629 (1965). – *Fleischer, R. L.,* u. *Price, P. B.:* (a) Geochim. Cosmochim. Acta **28**, 1705 (1964); (b) J. Geophys. Res. **69**, 331 (1964). – *Fleischer, R. L., Price, P. B.,* u. *Walker, R. M.:* Ann. Rev. Nucl. Sci. **15**, 1 (1965).

Hamilton, E. I.: Science **151**, 570 (1966).

Kleeman, J. D., u. *Lovering, J. F.:* Science **156**, 512 (1967).

Price, P. B., u. *Walker, R. M.:* Appl. Phys. Lett. **2**, 23 (1963).

Rona, E., Gilpatrick, L. O., u. *Jeffrey, L. M.:* Trans. Am. Geophys. Union **37**, 697 (1956).

32*

9 Analyse von bestrahlten Kernbrennstoff-Elementen

von *H. Sorantin*

Für den Brennstoff-Element-Hersteller und Reaktor-Techniker hat die sogenannte Nachbestrahlungsuntersuchung größte Bedeutung. Man versteht darunter die Kontrolle der Maße, der Gewichte und der Brennstoff-Anordnung sowie die Bestimmung des Uran-Gehaltes, der Isotopen-Zusammensetzung, des Abbrandes und die Lokalisierung der entstandenen Spaltungsprodukte.

9.1 Zerstörungsfreie Untersuchungen

Besonders die radiographischen Methoden geben dem Analytiker wertvolle Hinweise für die Probenahme. Zum Unterschied gegenüber radiographischen Untersuchungen unbestrahlter Brennstoff-Elemente muß bei den bestrahlten Brennstoff-Elementen wegen ihrer hohen Aktivität jede Operation hinter ausreichenden Abschirmungen vorgenommen und auch die störende Eigenstrahlung eliminiert werden.

Die Ausführung der Radiographie wurde vielfach beschrieben (*Bates*; *Beck*; *Blum*; *Brebant, Gautier* und *Roussel*; *Briffaud*; *Brown, Murphy* und *Stearns*; *Delattre* und *Lalère*; *Destribats, Allain, Prot* und *Thorne*; *Djurle*; *Fudge, Causer* und *Murphy*; *McClung* und *Douglas*; *Novak*; *Pelé, Hovjaux* und *Baugnet*; *Sayag* und *Naucke*; *Sharpe* und *Greenwood*; *Sharpe, Derbyshire* und *Parish*; *Swanson*; *Thewlis*; *Vernables*; *Walrave*). Ein Überblick über die Röntgen-Radiographie radioaktiver Proben findet sich bei *Sharpe, Derbyshire* und *Parish*. Sie besprechen kurz die spektrale Empfindlichkeit einzelner Film-Sorten (vgl. auch *Seeman*; *Storm*), die Blei-Abschirmungen und hierauf (wie z. B. auch *Boyle*) das Grundproblem, nämlich die Unterdrückung des γ-Hintergrundes. Eine solche kann in einfacher Weise durch Vergrößerung des Abstandes zwischen Probe und Röntgen-Film oder durch Anwendung von Spalt-Blenden erreicht werden. Auch eine chemische Aufhellung der exponierten Filme durch spezielle Anwendungsverfahren hat sich bewährt [*Parish* und *Pullen* (a)].

Horn hat einen Atlas mit den Strukturen bestrahlter Brennstoff-Elemente herausgegeben.

Wegen ihrer geringen γ-Empfindlichkeit eignen sich auch Farb-Filme zur Röntgen-Radiographie [*Thewlis*; *Beyer*; *Parish* und *Pullen* (a, b, c); *Wise*]. Bei niedriger Eigenstrahlung der Proben verfärben sie sich gelb, bei höherer orange und bei stärkerer rot. Eine Verringerung der Untergrund-Schwärzung war auch dadurch erreichbar, daß man zwischen Film und Objekt eine 20 cm dicke, rotierende Blei-Scheibe mit 0,25 cm breiten Schlitzen anbrachte. Die Achse der Scheibe zeigt auf den Fokus der Röntgen-Röhre; daher wurde die Eigenstrahlung der Proben stärker eliminiert als die Röntgen-Strahlen. Bei Brennstoff-Elementen mit 50000 Curie Aktivität war es derart möglich, die Untergrund-Schwärzung um den Faktor 120 zu verkleinern [*Swanson*; *Swanson* und *Kerswell* (a, b)].

Ein ähnlicher Weg mußte für densitometrische Messungen gewählt werden. Dabei wird ein collimiertes Röntgen-Strahlen-Bündel auf das Objekt gelenkt und durch einen Chopper kontinuierlich unterbrochen. Das zu prüfende Brennstoff-Element wird an der Anordnung vorbeigeführt und die durchgelassene Röntgen-Strahlung mit einem Szintillationszähler registriert [*Swanson*; *Cotterell* (a, b)]. Bei gleichmäßiger

Dichte-Verteilung ergibt sich ein sinusförmiges An- und Absteigen der Zähl-Häufigkeit. Hingegen weisen asymmetrische Verteilungen auf Dichte-Unterschiede hin.

Ebenfalls erfolgreich konnten zu densitometrischen Untersuchungen auch lichtempfindliche Zellen herangezogen werden. Mit einer CdS-Zelle von 30 mm² Fläche war es möglich, in hochradioaktiven Brennstoff-Elementen noch Inhomogenitäten zu erkennen (*Brown, Murphy* und *Stearns*).

Bei der Röntgen-Durchleuchtung konnte auch an Stelle eines Films eine Fernseh-Kamera verwendet werden, deren Röhre mit einer Halbleiter-Schicht belegt war. Indem Elektronen proportional zur Intensität der Röntgen-Strahlung freigemacht wurden, erhielt man auf einem Fernseh-Schirm direkt eine Abbildung des Brennstoff-Elements (*McClung* und *Douglas*; *Berger* u. *Beck* (c)].

Besonders schön ist der Einfluß der Eigenstrahlung durch die sogenannte Neutronenradiographie ausschaltbar [*Peter*; *Kallmann*; *Thewlis* und *Derbyshire*; *Berger* (a, b, c, d); *Berger* und *McConnagl*; *Berger* und *Beck* (a, b); *Beck* und *Berger*; *Kazuyuki Ogawa*; *Blanks* und *Morris*]. Zu diesem Zweck legt man die Probe auf eine Silber- oder Rhodiumfolie und bestrahlt sie 15 Sek. mit einem Neutronen-Fluß von $10^7 \, \text{n} \cdot \text{cm}^{-2} \cdot \text{sec}^{-1}$. Die dahinter liegende Folie wird wegen der verschiedenen Neutronen-Absorption der Brennstoff-Element-Bestandteile verschieden stark aktiviert, so daß von ihr eine Autoradiographie hergestellt werden kann, auf der die Durchstrahlung des Brennstoff-Elements sichtbar wird (*McClung* und *Douglas*; *Kazuyuki Ogawa*; *Blanks* und *Morris*).

Gleichfalls auf einem Umweg sind auch von bestrahlten Brennstoff-Elementen α-Radiographien herstellbar (*Hascall*; *Conde*). Hierauf wird die selektive Empfindlichkeit von Cellulosenitrat gegen α-Strahlen verschiedener Energie gemessen (*Fleischer*; *Davies* und *Darmitzel*). Das Untersuchungsmaterial wird auf mit Cellulosenitrat beschichtete Glas-Platten gelegt. Da die emittierten α-Strahlen in der Folie vollständig absorbiert werden, erzeugen sie im Vergleich zu den durchgehenden β- und γ-Strahlen anders geartete Strahlen-Schäden. Durch Behandlung der nur geringfügig kontaminierten Cellulose-Folien mit 6,25n NaOH (Einwirkungszeit 2 bis 4 Min. bei 55 °C) werden ähnlich wie bei photographischen Prozessen die deformierten Stellen bevorzugt gelöst. Nach Waschen des Cellulosenitrats und vorsichtigem Trocknen photographiert man die geätzten Platten. Die Aufnahmen sehen wie Autoradiographien aus und sind für α-Energie- bzw. Reichweite-Studien verwendbar. Dadurch konnte auch die Verteilung von PuO_2 und UO_2 in Schleifproben bestrahlter Brennstoff-Elemente nachgewiesen werden (*Gruber*).

Auf dynamischem Weg durch Abtasten der Brennstoff-Elemente mit einem lithium-gedrifteten Germanium-Detektor und Weitergabe der Signale an einen Impulshöhen-Analysator mit Zählhäufigkeits-Messer, Schnellschreiber und Einstellung auf eine bestimmte Energie kann man eine Kontur-Abbildung der Spaltungsprodukt-Verteilung erhalten. Als zusätzliche Information können noch Inhomogenitäten und Risse aufgefunden, Zwischenräume maßstabgerecht wiedergegeben und ein Pellet mit niedrigem Anreicherungsgrad sofort lokalisiert werden (*Fudge, Causer* und *Murphy*).

Zur Untersuchung beschichteter Teilchen ("coated particles") wurden besondere Verfahren entwickelt. Hierzu eignen sich gut Röntgen-Schatten-Mikroskope, die einen Fokus von 1 μm aufweisen (*McClung* und *Bomar*; *Sharpe*).

Literatur

Bates, J. L.: BNWL-58 (1965). – *Beck, W. N.*: TID 7697, Sec. 2.22.1.; NSA **18**, 43774 (1964). *Beck, W. N.*, u. *Berger, H.*: ANL-6799 (1964). – *Berger, H.*: (a) ANL-6515 (1961); (b) J. Appl. Phys. **33**, 48 (1962); (c) J. Appl. Phys. **34**, 914 (1963); (d) ANL-6846 (1964). – *Berger, H.*, u. *Beck, W. N.*: (a) Nucl. Sci. Eng. **15**, 411 (1963); (b) Nucleonics **22** (5), 6 (1964). – (c) Trans. Ann. Nucl. Soc. **8**, 73 (1965). – *Berger, H.*, u. *Connagl, W. J.*: ANL 62, 79 (1962). – *Beyer, N. S.*:

ANL-6515, 203 (1965). – *Blanks, B. L.*, u. *Morris, K. A.:* Los Alamos Scientific Lab. Mat. Eval. **24**, 76 (1966). – *Blum, P.:* Atompraxis **11/12**, 467 (1963). – *Boyle, R. F.:* Nucleonics **22** (4), 76 (1964). – *Brebant, C., Gautier, M., u. Roussel, E.*; durch ENEA-EURATOM Symp. S. 65. – *Briffaud, G.*; durch ENEA-EURATOM Symp., S. 25. – *Brown, F. L., Murphy, W. F.*, u. *Stearns, E. H.*; durch ENEA-EURATOM Symp. S. 245.

Conde, J. F. G.: DP-Rep. 577, Part I bis IV (1967). – *Cotterell, K.:* (a) AERE-Rep. 4293 (1964); (b) Appl. Math. Res., S. 102 (April 1966).

Davies, J. H., u. *Darmitzel, R. W.:* Nucleonics **23** (7), 86 (1965). – *Delattre, P.*, u. *Lalère, J.:* CEA-Note – No. D. 16 (1958). – *Destribats, M. T. H., Allain, C., Prot, A.*, u. *Thorne, P.:* CEN STI/PUB/105 und "Non-Destructive Testing in Nuclear Technology" **1**, 167; International Atomic Energy Agency, Wien 1965. – *Djurle, S.:* durch ENEA-EURATOM Symp., S. 229.

ENEA-EURATOM Symp. "On High Activity Hot Laboratories Working Methods"; Grenoble 1965.

Fleischer, R. L.: Phys. Rev. **133**A, 1443 (1964). – *Fudge, A. J., Causer, R.*, u. *Murphy, L.:* durch ENEA-EURATOM Symp., S. 101.

Gruber, W. J.: BNWL-SA-592 (1966).

Hascall, J. L.: BNWL-324 (1966). – *Horn, G. K.:* BNWL-225 (1966).

Kallman, H.: Research **1**, 254 (1947/48). – *Kazuyuki Ogawa:* NSJ-TR-38 (1965).

McClung, R. W., u. *Bomar, E. S.:* ORNL-3372 (1962). – *McClung, R. W.*, u. *Douglas, D. A.:* durch ENEA-EURATOM, S. 179.

Novak, P. E.: ANL-7120 (1965).

Parish, R. W., u. *Pullen, D. A.:* (a) AERE-Rep. 4496 (1964); (b) AERE-Rep. 4578 (1964); (c) Brit. J. Non-destruct. Testing **6**, 109 (1964). – *Pelé, J. P., Hoyaux, G.*, u. *Baugnet, T. M.:* durch ENEA-Euratom Symp., S. 203. – *Peter, O.:* Z. Naturforschg. **1**A, 557 (1946).

Sayag, C., u. *Nauche, R.:* durch ENEA-EURATOM Symp., S. 41. – *Seeman, H. E.:* Rev. Sci. Instr. **21**, 314 (1950). – *Sharpe, B. F.*, u. *Greenwood, G. W.:* durch ENEA-EURATOM Symp., S. 167. – *Sharpe, R. S.:* Reactor Science and Technology **17**, 505 (1963). – *Sharpe, R. S., Derbyshire, R. T. P.*, u. *Parish, R. W.:* durch ENEA-EURATOM Symp., S. 75. – *Storm, E.:* LA-1220 (1951). – *Swanson, K. M.:* durch ENEA-EURATOM Symp., S. 155. – *Swanson, K. M.*, u. *Kerswell, A. G.:* (a) TRG-Rep. 246 (1962); (b) J. Sci. Instr. **39**, 642 (1962).

Thewlis, J.: AERE G/R 366 (1949). – *Thewlis, J.*, u. *Derbyshire, R. T. .P:* Brit. J. Appl. Phys. **7**, 345 (1956).

Vernables, J. H.: durch ENEA-EURATOM Symp., S. 267.

Walrave, W. K. A.: ENEA-EURATOM Symp., S. 221. – *Wise, L. K.:* Brit. J. Nondestr. Testing **8**, 2 (1966).

9.2 Probenahme bei Kernbrennstoff-Elementen auf Uran-Basis

9.2.1 Probenahme zur Uran-Analyse bei unbestrahlten Brennstoff-Elementen

Da die Probenahme bei bestrahlten Brennstoff-Elementen (s. Abschnitt 9.2.2) vielfach ähnlich jener bei unbestrahlten ist, werden hier zunächst spezielle Probenahme-Techniken für unbestrahlte Brennstoff-Elemente besprochen (s. auch Abschnitt 8.1).

Bei unbestrahlten, festen Ausgangsstoffen werden die Proben nach konventioneller Art entnommen. Bei der Lagerung und Verteilung der Proben ist lediglich darauf zu achten, daß die kritische Masse nicht überschritten wird (*Artaud, Bodu* und *Lorrain; Jones; Landridge; McCluen; McGinley, Brown* und *Landridge; Shelley* und *Ziegler*).

Bei Schiedsanalysen von Uran-Verbindungen (*Jones*) werden in den meisten Fällen drei Proben amerikanischem Muster gemäß (Abb. 9) aus Fässern usw. gezogen und dann in üblicher Weise gemischt und geteilt. Dabei ist zu beachten, daß alle Uranoxide ein wenig hygroskopisch sind.

Durch Serien-Analysen des Urans wurde der durch die Probenahme verursachte *Fehler* überprüft. Die relative Standardabweichung betrug für eine Einzelbestimmung bei einer Proben-Art $\pm$ 1,58%; davon entfielen $\pm$ 1,57% auf die Probenahme und $\pm$ 0,019% auf die chemische Analyse (*Jones*).

Uran-Metall oder- Legierungen können zur Probenahme wie andere Metalle angebohrt oder abgedreht werden. Die Proben werden wie üblich durch Entfetten und Abätzen für die Weiterverarbeitung vorbereitet. Man muß allerdings beachten, daß Uran-Metall und oft auch -Legierungen in feinverteiltem Zustand sehr stark pyrophor sind. Wegen der hohen Dichte des Urans und der damit zusammenhängenden Selbst-Absorption sind keine speziellen Abschirmungsmaßnahmen erforderlich, da praktisch nur eine dünne Oberflächen-Schicht Strahlen aussendet. Uran-Stäbe können daher mit dickeren Leder- oder Gummi-Handschuhen gefahrlos gehandhabt werden. Zur Vermeidung von Staub- oder Partikel-Inhalationen erfolgt die mechanische Bearbeitung unter Flüssigkeitsspülung.

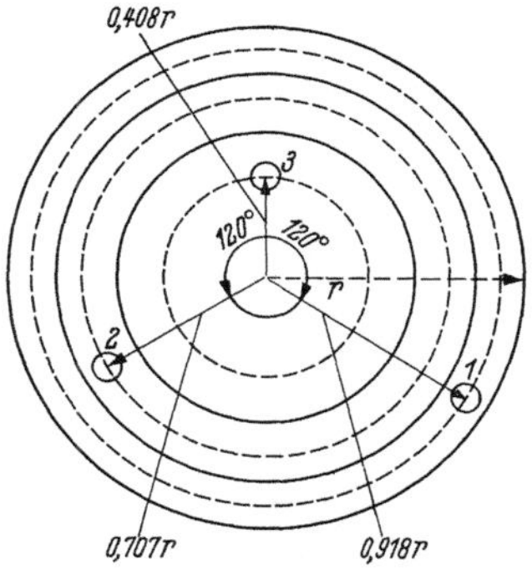

Abb. 9. Probenahme aus Fässern, Drums usw.: Lage der Entnahmepositionen nach *Jones*

Bei Uran-Ingots werden die Analysen-Proben aus der Mitte entnommen, da die Konzentration der Verunreinigungen am Kopf und Ende wegen der Temperaturunterschiede bei der Reduktion variiert. Derselbe Effekt kann vielfach auch bei Uran-Gußstücken beobachtet werden.

Eine homogene Probe erhält man durch Eingießen eines aliquoten Teiles der Schmelze in einen gekühlten Kupfer- oder Messing-Block, wobei das flüssige Metall sehr schnell abgekühlt werden muß, da sonst Segregationen auftreten, wie z. B. in U-Zr-Legierungen in Anwesenheit von Kohlenstoff und Stickstoff.

Zur Kontrolle der Homogenität wurde in 30 Stücken einer abgekühlten Schmelzprobe der Uran-Gehalt durch Röntgen-Fluorescenz bestimmt. Die zweifache Standardabweichung, auf den Mittelwert bezogen, betrug $\pm$ 0,55%, wovon $\pm$ 0,46% durch die Methode selbst und der Rest durch die Probenahme verursacht wurden (*Jones*).

Bei fertigen Brennstoff-Elementen ist bei der Auswahl der Analysen-Proben auf die Verteilung des spaltbaren Stoffes Rücksicht zu nehmen. Stehen für die Brennstoff-Elemente keine Schnitt-Zeichnungen mit Maß-Angaben zur Verfügung, müssen für die Probenahme Durchstrahlungsaufnahmen angefertigt werden, welche die Verteilung des spaltbaren Stoffes maßgetreu wiedergeben.

Für die Analyse von Uran-Lösungen, Aufschluß-Lösungen unbestrahlter Brennstoff-Elemente erfolgt die Probenahme nach Durchmischen in konventioneller Weise durch Pipettieren. Allerdings müssen dazu geeignete Hilfen wie Peleusbälle verwendet werden. Beim Öffnen geschlossener Behälter ist darauf zu achten, daß sich während des Transportes saurer Lösungen fast immer Gase, insbesondere Wasserstoff, bilden, die beim Entweichen Tröpfchen radioaktiver Flüssigkeiten mitreißen. Daher sollen bei dieser Arbeit immer Schutz-Brillen und Gummi-Handschuhe getragen werden. Das Mischen der Lösung kann durch die sogenannte Tropf-Methode umgangen werden. Zur Probenahme wird einfach ein Hahn in die Ablauf-Röhre eingesetzt und stetig Tropfen aufgefangen.

Als Aufbewahrungsgefäße für die Proben kann man solche aus Glas oder Kunststoff verwenden, wobei die zweitgenannten wegen ihrer Bruchsicherheit vorzuziehen sind. Außerdem zeigen Glas-Wände ein erhöhtes Adsorptionsvermögen für trägerfrei vorliegende Uran-Folgeprodukte wie ^{231}Th, ^{234}Th, ^{234}Pa, ^{234m}Pa und andere.

Gasförmige Proben wie Uran(VI)-fluorid versendet man in Stahl-Behältern nach Art der üblichen Gas-Flaschen. Sie besitzen lediglich zwei Ventile, von denen eines mit einem Tauchrohr versehen ist. Die Probenahme umfaßt die folgenden Schritte:

I. Entnahme einer flüssigen Probe aus dem Transport-Behälter mit einem evakuierten Druckbehälter;

II. Vorbereitung der verwendeten Apparatur;

III. Überführung eines aliquoten Teiles UF_6 aus dem Druck-Behälter in einen Labor-Behälter.

Zu I. Zur Erlangung einer repräsentativen Analysen-Probe wird Uran(VI)-fluorid durch Erhitzen des ganzen Transport-Behälters auf 95 bis 150 °C und die dadurch ausgelöste Druck-Steigerung verflüssigt. Bei angereichertem Uran muß aus Kritikalitätsgründen an Stelle eines Wasserbades ein Heizschrank verwendet werden. Ein Teil des UF_6 wird in den Druck-Behälter übergeführt.

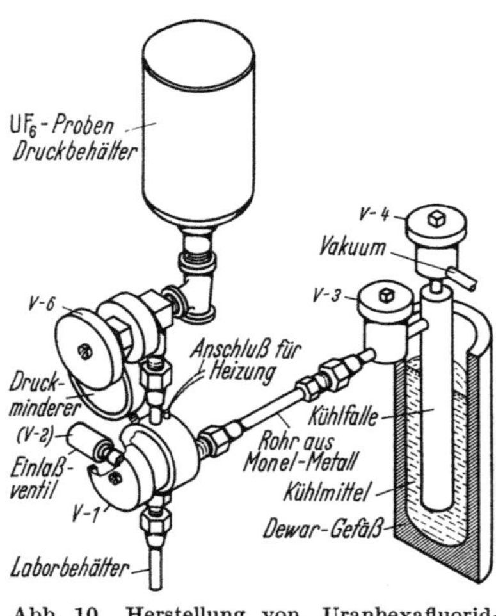

Abb. 10. Herstellung von Uranhexafluoridmischproben nach *McCluen* bzw. *Jones*

Zu II. Den integrierenden Bestandteil der Apparatur zur Herstellung von Mischproben (Abb. 10) bildet ein Laborbehälter aus Fluorothen. Bei geschlossenem Ventil „6" wird die ganze Apparatur nach Helium-Spülung evakuiert.

Zu III. Nach Anschrauben des Druck-Behälters wird ein aliquoter Teil des flüssigen UF_6, sobald das Ventil geöffnet worden ist, von V6 in den Fluorothen-Behälter gesaugt und V6 geschlossen. In dieser Weise können Proben aus verschiedenen Druck-Behältern vereinigt werden.

Zuletzt wird das Labor-Gefäß mit flüssigem Stickstoff gekühlt, durch Einleiten von Helium Atmosphären-Druck hergestellt, das Gefäß abgeschraubt, mit einem Deckel und einer Teflon-Dichtung verschlossen und zur Analyse bereitgestellt. Die Öffnung geht nach dem umgekehrten Schema vor sich (*McCluen*; *Landridge*).

Die relative *Standardabweichung* einer Einzelbestimmung in einer Reihe von UF_6-Analysen an derselben Probe betrug 0,051%. Der Fehler-Anteil der Probenahme wurde mit 0,020% und der Fehler der Uran-Bestimmung mit 0,47% ermittelt (*Jones*).

Literatur

Artaud, J., Bodu, R., u. *Lorrain, C.:* durch Nuclear Materials Management, S. 353. Intern. Atomic Energy Agency, Wien 1966.

Jones, R. J.: Selected Measurement Methods for Plutonium and Uranium in the Nuclear Fuel Cycle, S. 34; USAEC, Washington 1963.

Landridge, R. W.: USAEC Rep. RMP-3002 (1960).

McCluen, W. D.: durch Nuclear Materials Management, S. 341. Intern. Atomic Energy Agency, Wien 1966. – *McGinley, F. E., Brown, D. L.,* u. *Landridge, R. W.:* ebendort, S. 373.

Shelley, W. J., u. *Ziegler, W. A.:* durch Nuclear Materials Management, S. 393. Intern. Atomic Energy Agency, Wien 1966.

9.2.2 Probenahme von bestrahlten Uranbrennstoff-Elementen

Wegen ihrer hohen Aktivität müssen bestrahlte Brennstoff-Elemente in Wasser-Tanks oder heißen Zellen aufbewahrt werden. Die Probenahme erfolgt nach ähnlichen Methoden wie bei den inaktiven Materialien; nur müssen *alle Handgriffe fernbedient* ausgeführt werden.

Teilproben von Brennstoff-Elementen werden in sogenannten „Maschinen-Zellen" durch eingebaute Bohrmaschinen, Drehbänke, Sägen abgetrennt und abgesaugt. Die Probenahme kugelförmiger Brennstoff-Elemente wird von *Erfurth, Stockschläder* und *Ullrich* (a, b) und für Mikroproben von *Novak, Bohm, Darmitzel, Katsnoff* und *Zebroski* beschrieben.

Proben von Aufschluß-Lösungen werden entweder durch Preßluft in Gefäße gedrückt oder durch Vakuum-Pumpen oder ferngesteuerte Pipetten (*Thomason*) eingesaugt. Das Mischen erfolgt dabei sehr oft mittels Durchleitens von Luft. Für die Analyse von Uran oder Begleit-Elementen ist diese Methode unbedenklich; sollen aber auch Spaltungsnuklide bestimmt werden, muß darauf hingewiesen werden, daß gasförmige Spaltungsprodukte wie ^{85}Kr, ^{131}J, ^{129}J dabei teilweise ausgetrieben werden.

Meßkolben können auch in heißen Zellen ohne Schwierigkeit aufgefüllt werden. Im Reaktor-Zentrum Seibersdorf wurde vom Verfasser (*H. S.*) und Mitarbeitern zum Vergleich ein inaktiver Meßkolben herangezogen, der außerhalb der Zelle bis zur Marke gefüllt und dann eingeschleust wurde. Zur Erzielung einer möglichst gleichen Licht-Brechung und Farbe wurde jeweils eine ähnliche Säure- und Uran-Konzentration verwendet.

Bei bestrahlten Brennstoff-Elementen, die aus Natur-Uran bestehen, muß mit Anwesenheit des überaus toxischen Plutoniums gerechnet werden. Die Bearbeitung darf daher nur in α-dichten Zellen vorgenommen werden (*Jones*; *Woodman*; *Davidson, Elliot, Powell* und *Swinbum*). Bei Flüssigkeiten, die α-Strahlen enthalten, erfolgt die Probenahme aus gleichen Gründen nur mit geschlossenen Systemen.

Michel beschreibt eine Anlage, die zur periodischen Entnahme kleiner Flüssigkeitsvolumina aus einem Aufschluß-Tank entwickelt wurde. Werden die Brennstoff-Elemente kontinuierlich aufgelöst, zieht man einzelne Proben nach Einsetzen des neuen Brennstoff-Elements in vorher genau festgelegten Zeit-Abständen.

Spaltungsgase wie ^{85}Kr werden — wie auf S. 507 angegeben — an Aktivkohle (*Eshaya* und *Kalinowski*; *Eshaya*; *Collins, Taylor* und *Taylor*; *French*) adsorbiert und durch Desorption in Gas-Pipetten übergeführt.

Die Handhabung bestrahlten Urans und die nötigen Vorsichtsmaßnahmen werden von *Burch* und *Arehart* sowie *Parrot* und *Brooksbank* beschrieben.

Literatur

Burch, W. D., u. *Arehart, T. A.*: ORNL-P-3227 (1966).

Collins, D. A., Taylor, R., u. *Taylor, L. R.*: TRG-Rep. 1578 (W) (1967).

Davidson, A. S., Elliot, T., Powell, R., u. *Swinbum, K. A.*: Sti-PuB-110, 325 (1966).

Erfurth, H., Stockschläder, F., u. *Ullrich, M.*: (a) High Activity Hot Laboratory Working Methods: ENEA Symp., Juni 1965, Grenoble, **1**, 429; (b) JÜL-250-RW (1965). – *Eshaya, A. M.*: BNL-724 (1961). – *Eshaya, A. M.*, u. *Kalinowski, W. L.*: BNL-689 (1960).

French, R. L. D.: PG-Rep. 807 (W) (1967).

Jones, R. J.: TID 7029, 25 (1963).

Michel, P.: CEAR-3246 (1967).

Novak, P. E., Bohm, P. A., Darmitzel, R. W., Katsnoff, A. G., u. *Zebroski, E. L.*: Trans. Am. Nucl. Soc. **8**, 169 (1967).

Parrot, J. R., u. *Brooksbank, R. E.*: ORNL-P-3252 (1967).

Thomason, P. F.: ORNL-3060, 16 (1961).

Woodman, F. J.: UKEA NP-14343 (1965).

9.3 Auflösung bestrahlter Brennstoff-Proben

Wie bereits bei der Probenahme hingewiesen wurde, verlangt die Handhabung bestrahlter Brennstoff-Elemente wegen der Aktivität der Spaltungsprodukte geeignete Strahlen-Schutz-Maßnahmen. Dosis-Leistungen für kurz bestrahltes Natur-Uran werden von *Sorantin, Bildstein, Getoff, Pfeifer* und *Titze*, für längere Bestrahlungen von *Blomeke* und *Todd* angegeben.

Weitere Vorkehrungen sind nötig, um die bei der Auflösung von Brennstoff-

Elementen in Freiheit gesetzten, gasförmigen Spaltungsprodukte unschädlich zu machen. Bei Abkühlzeiten von über 8 Tagen sind die kurzlebigen, gasförmigen Spaltungsnuklide bereits zerfallen, und es sind nun ^{85}Kr, ^{133}Xe, ^{131}J und das sehr langlebige ^{129}J vorhanden (ein auf der Erde natürlicherweise ausgestorbenes Jod-Isotop). Finden die Auflösungen in stark oxidierendem Milieu statt, muß noch mit der Anwesenheit von ^{103}Ru und ^{106}Ru in der Gas-Phase gerechnet werden. Daher müssen an eine Apparatur zur gefahrlosen Auflösung bestrahlten Urans folgende Anforderungen gestellt werden:

   I. Ausreichende Abschirmung,
  II. gasdichte Ausführung,
 III. Anlage zur Absorption der Spaltungsgase,
 IV. Vorrichtung zur quantitativen Überführung der Aufschluß-Lösung in einen Meßkolben,
  V. leichte Fernbedienung, daher möglichst einfacher Aufbau,
 VI. kompakte Bauweise, um den Platz-Bedarf heißer Zellen zu reduzieren,
VII. Verwendung von Konstruktionsmaterialien, die sich leicht dekontaminieren lassen.

Zur Erfüllung dieser Bedingungen wurde von *Sorantin* und Mitarbeitern (s. oben) die in Abb. 11 gezeigte Apparatur entworfen und in eine heiße Zelle eingebaut.

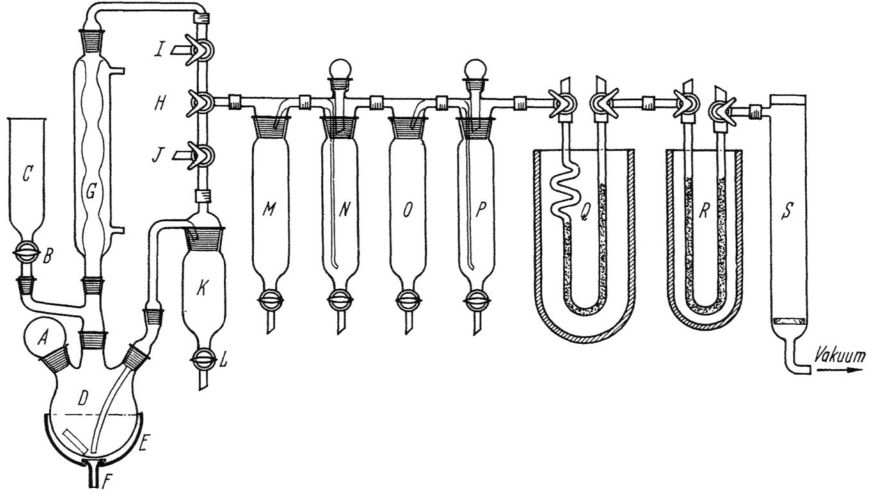

Abb. 11. Auflöseapparatur für bestrahlte Uran-Proben nach *Sorantin, Bildstein, Getoff, Pfeifer* und *Titze*

A Einwurföffnung; *B* Zulaufregulierung für Aufschlußmittel; *C* Vorratsgefäß für Aufschlußmittel; *D* Auflösekolben; *E* Heizhaube; *F* Preßluftkühlung; *G* Rückflußkühler; *H* Haupthahn; *I, J* Dreiweghahn; *K* Überführungsgefäß; *L* Ablaßhahn; *M, O* Leerfallen mit Ablaßhähnen; *N, P* Absorptionsgefäße mit Ablaßhähnen; *Q* Kohlerohr mit Ausfrierspirale für Xenonadsorption; *R* Kohlerohr für Kyptonadsorption; *S* Adsorptionsturm

Da sie nur analytischen Zwecken diente, wurde sie aus Glas angefertigt. Die Wirkungsweise ist folgende:

Die bestrahlte Probe wird bei *A* eingeworfen und durch Öffnen des Hahnes *B* Lösungsmittel aus *C* zugeführt. Der Auflösungskolben *D* kann durch die Heizhaube *E* erhitzt oder durch Preßluft-Zuführung bei *F* gekühlt werden. Abgase (wie nitrose Gase und Spaltungsgase) gelangen über den Rückflußkühler *G* und den Haupthahn *H* in die Absorptionsanlage.

M und *O* stellen Leerfallen dar, während *N* und *P* zur Absorption der nitrosen

Gase wie auch der Spaltungshalogene dienen und mit einer 2m NaHSO$_3$-Lösung, die mit NaOH auf pH = 10 eingestellt wurde, gefüllt sind. Aktives Xenon wird an gekörnter Aktivkohle unter Kühlung mit einer Eis-Kochsalz-Mischung adsorbiert. Dem U-Rohr ist eine Glas-Rohr-Spirale vorgeschaltet, in der die Wasserdämpfe ausgefroren werden, um eine Verstopfung des Röhren-Systems zu verhindern. In einem weiteren U-Rohr, das Aktivkohle enthält, werden nach Kühlung mit flüssiger Luft die Krypton-Isotope zurückgehalten. Die Dreiweghähne an den U-Rohren ermöglichen eine Überführung der desorbierten Spaltungsgase in eine evakuierte Gas-Pipette zur Bestimmung oder für präparative Zwecke. In diesem Fall empfiehlt es sich, auch den Inhalt der alkalischen Absorber-Gefäße N und P in den Auflösungs-kolben D zu füllen und die restlichen Spaltungs-Edelgase durch Einleiten von Luft bzw. Erhitzen auszutreiben und in die mit Kohle gefüllten Fallen zu leiten. Zum Schutz der Vakuumpumpe ist noch ein Absorptionsturm S vorgeschaltet. Er enthält Glas-Wolle, eine CaO-Schicht und eine davon getrennte Silicagel-Schicht.

Die Auflösungszeit betrug für 0,5 g bestrahltes U$_3$O$_8$ in 2,5 g Al mit HNO$_3$ und einem Zusatz von Hg als Katalysator etwa 2 Std. Die Freisetzung des Hauptteiles der Spaltungsgase erfolgte im 1. und 2. Drittel der Versuchsdauer. Nach Beendigung des Auflöse-Vorganges wird durch die umgeschalteten Hähne „I" und „H" die Aufschluß-Lösung unter Vakuum in das Auffang-Gefäß K gezogen und dabei durch „I" Luft eingesaugt. Nach Schließen von „H" und Einsaugen von Luft durch „J" wird die Lösung durch den Hahn „L" abgelassen. Durch 3 bis 4 Kolben-Spülungen ließ sich Uran quantitativ in den Meßkolben überführen, während die Spaltungsprodukte nicht vollständig herausgelöst werden konnten, da durch die Adsorption an den Glas-Wänden und Schliffen Verluste eintraten. Besonders un-günstig wirkten sich in dieser Hinsicht auch Schlauch-Verbindungen und mit Fett geschmierte Hähne aus. Bessere Ergebnisse wurden mit Teflon-Küken, die keiner Schmierung bedürfen, erzielt. Verluste durch Adsorption können aber dadurch vermieden werden, daß man sogleich vor der Auflösung 1 bis 5 mg Träger für die zu analysierenden Radionuklide zusetzt. Diese Mengen stören nach Überführung der Aufschluß-Lösungen in einen 250-ml-Kolben eine gravimetrische Bestimmung bei einem Probe-Volumen von 1 ml aufwärts nicht mehr, da die Konzentrationen dann nur noch 4·10^{-6} bzw. 2·10^{-5} g/Milliliter betragen. Wird besonderer Wert auf eine möglichst quantitative Erfassung eines bestimmten Spaltungsnuklides in trägerfreier Form gelegt, müssen weitere Kolben-Spülungen mit Komplex-Bildnern wie Äthylen-diamintetraessigsäure, Oxalsäure oder Extraktionsmittel, die speziell für das Nuklid geeignet sind, durchgeführt werden.

Wurde die Dekontamination sofort nach der Auflösung vorgenommen, konnte sie leicht bewerkstelligt werden. Als besonders hartnäckig erwiesen sich Schlauch-Verbindungen im Zurückhalten von Rest-Aktivitäten, so z. B. von [95]Zr, [95]Nb. Spülungen der Apparatur mit trägerhältiger Salpeter- oder Salzsäure, mit Tri-n-octylphosphin/Cyclohexan, Oxalsäure bzw. Leitungswasser erwiesen sich als aus-reichend.

Auf diese Weise konnte die Apparatur nach Auflösung einer hochaktiven Probe (0,33 g eines Brennstoff-Elements, das 4$^1/_2$ Jahre mit insgesamt 3900 MWd bestrahlt und 1$^1/_2$ Jahre abgekühlt worden war), bereits nach 6 Std. wieder verwendungsfähig gemacht werden.

Die Durchführung der Auflösung bestrahlter Uran-Proben hängt einerseits von der Art der Umhüllungsmaterialien, andererseits von der chemischen Form des Urans ab.

Bestrahlte Proben können ebenfalls mit den in der Tabelle 33 angeführten Aufschluß-Varianten in Lösung gebracht werden.

Die Auflösung von Brennstoff-Elementen, die Uran-Molybdän-Legierungen enthalten, kann ebenfalls, wie auf S. 511 erwähnt, durch Zersetzung mit Salpeter-

Tabelle 33

Auflösung von Uran, Uran-Verbindungen, Hüllen-Materialien und uranhaltigen Kern-Brennstoffen.
Nach Vortrag „Zur Analyse von nuklearen Brennstoffen" von *H. Sorantin* in der Jahres-Versammlung des Vereines Österreichischer Chemiker in Graz am 29. 9. 1965)

Material	Aufschlußmittel	Literatur (Bezeichnungen s. unten)
Uranmetall	HNO_3, 2,5 bis 12m bei Siedehitze	2, 34, 42
	HCl, 4m mit H_2O_2, Br_2 oder $NaClO_3$ bzw. HNO_3	36, 37
	$HClO_4$, in Konzentrationen unter 35%	36, 37
	H_3PO_4, konz.	36, 37
	Brom, in Äthylacetat gelöst	7
U_3O_8	HNO_3, 11 bis 13m bei Siedehitze	42
	HCl, konz.	36, 37
	Schmelzen mit Na_2CO_3	47
	K_2CO_3, NaOH oder Na_2O_2	47
UO_3	Schmelzen mit K_2CO_3, NaOH oder Na_2O_2 oder Auflösen in Säuren	47
UO_2	HNO_3, 11 bis 13m bei Siedehitze	35, 42
	H_2SO_4 konz. + Na_2F_2 bei Siedehitze	35, 42
	Alkalischer Aufschluß wie bei U_3O_8	38
U-Fluoride	Überführung in U_3O_8 und Lösen in Säure;	38
	in Säure nach Aufschluß mit Bisulfat;	18
	in Säure nach Aufschluß mit Borsäure;	10
	in Säure nach Aufschluß mit Ammoniumcarbonat	23
U-Carbide	Zersetzung mit H_2SO_4 konz.	6, 9, 21, 22, 27, 33
	Verbrennung im Sauerstoffstrom und Lösen des Rückstandes mit Säuren	6, 9, 21, 22, 27, 33
	Äthylacetat-Brom-Verfahren	3, 8, 11, 26
U-Phosphide	Aufschluß mit Na_2CO_3 + Na_2O_2	28
U-Silicide	Aufschluß mit Na_2CO_3	25, 29
	Zersetzung mit H_2SO_4 + H_2F_2	29
	Zersetzung mit H_2F_2 + HNO_3 + H_2SO_4	29
U-Nitride	Zersetzung mit konz. H_2SO_4 oder Aufschluß mit	
U-Sulfide	Na_2CO_3 + Oxydationsmittel	14
Hüllen-Werkstoffe:		
Al	NaOH	42
	HNO_3 mit $Hg(NO_3)_2$	49
Mg	HNO_3 1 bis 2m bei Kühlung	42
rostfreie Stähle	H_2SO_4, 0,5 bis 1m in der Wärme	35, 49
	H_2SO_4, 4 bis 6m in der Wärme	35, 49
	H_2SO_4, 5m bei Siedehitze	35, 49
	HCl, 2m bei Siedehitze	35, 49
Zr	NH_4F, 5,5 bis 6m bei Siedehitze	35
	NH_4NO_3, 0,5 bis 1m bei Siedehitze	35
	Erhitzen mit HF + O_2 bei 600 °C und Laugung mit 15m HNO_3	1, 20, 29, 42, 43
Zircaloy	HF + NH_4F	15, 46
	NaF + Citronensäure	16, 46
	H_2SO_4, 14m	15
Kern-Brennstoff auf Uran-Basis:		
U-Al-Legierungen	HNO_3, 11 bis 13m, mit Zusatz von Hg-Salzen	49
	HCl bei 200 bis 300 °C	13

Tabelle 33 (Fortsetzung)

Material	Aufschlußmittel	Literatur (Bezeichnungen s. unten)
U-Mo-Legierungen (0,1 bis 10%)	HNO_3 und Abtrennung der ausgefällten Molybdän-säuren	19, 40
	HNO_3, 5 bis 6m mit Zusatz von 1m $Fe(NO_3)_3$, HCl	12, 19, 41, 42, 45
	Alkalischer Schmelz-Aufschluß mit $NaNO_3$-$NaOH$- oder $NaNO_3$-Na_2CO_3-Gemischen	4
U-Nb-Legierungen	$H_2SO_4 + HNO_3 + H_2F_2$ 48%	26
	Äthylacetat-Brom	26
U-Zr-Legierungen	HF 4,8 bis 10m	
	NH_4F 5,5 bis 6m	35
	$NH_4NO_3 + H_2O_2$	
	NH_4NO_3 0,5 bis 1n	35
	$HNO_3 + H_2F_2$	44
	$H_2F_2 + K_2F_2$	24
	Äthylacetat-Brom	7, 11
	HCl bei 300 bis 400 °C	13
U-Si	$HNO_3 + H_2F_2$	26
U-Ni, U-Fe	Mineralsäuren	26
U-Cr	HCl + Oxydationsmittel	26
U-Bi-Legierung	HNO_3, Abrauchen mit HCl	36, 37
U-Fissiumlegierung		
U-Rh	HCl + HNO_3 (5:1) (+ H_2F_2)	36, 37
UO_2-B_2O_3	HNO_3 (30%) + H_2SO_4 (1:9)	39
UO_2-Al_2O_3	HCl + HNO_3 + H_2SO_4;	36, 37
	oder $NaHSO_4$	17, 30
UO_2-MgO	HCl + HNO_3	36, 37
U_3O_8-MgO	HNO_3	36, 37
UO_2-La_2O_3	HNO_3	36, 37
UO_2-CaO	$HNO_3 + HClO_4$	36, 37
UO_2-SiO_2	Na_2CO_3-Schmelze + HNO_3; oder HCl	36, 37
UO_2-ZrO_2	$HNO_3 + H_2F_2 + H_2SO_4$	48
UO_2-Zircaloy	HNO_3, 2,5m + 0,5m HF	36, 37
UO_2-ZrO_2-CaO	HCl im Bombenrohr	48
UO_2-ThO_2	HNO_3, 13m + HF, 0,04m + $Al(NO_3)_3$, 0,04m	32, 35
UO_2-Mo	Sinter-Pellets (10 bis 20% Mo), HNO_3, 3 bis 9m	5
	HNO_3, 3 bis 9m + 1m $Fe(NO_3)_3$	5
	Chlorierung mit $Cl_2 + CCl_4$	31
UO_2-Graphit-Dispersion	Verarbeitung wie bei mit Graphit beschichteten Teilchen	

Literatur zur Tabelle 33

1. *Adams, R. M.,* u. *Glossner A.* : ANL-7003 (1965).
2. *Anon.,* Ind. eng. Chem. **53**, 282(1961).
3. *Ashbrook, A. W.*: Rep. A 61-8 Eldorado Min. Ref. Ltd., Ottawa (1961).
4. *Bähr, W.*: Chemie-Ingen.-Techn. **38**, 145 (1966).
5. *Bähr, W.*: KFK-573 (1967).
6. *Bandin, G., Besson, J., Blum, P.,* u. *Spitz, J.*: CEA-Note-397, 16 (1962).
7. *Beederman, M., Munecke, V. H., Vogel, R. C.,* u. *Vogler, S.*: ANL-4720, 18 (1951).
8. *Beegley, H. F.*: Anal. Chem. **24**, 1713 (1952).
9. *Besson, J., Blum, P.,* u. *Spitz, J.*: Carbides in Nuclear Energy, Bd. 273, ed. by *Russel, L. E.,* London 1964.
10. *Bricker, C. E.,* u. *Furman, N. H.,* USAEC Rep. A-1078 (1945).
11. *Brunzie, G. F., Johnson, T. R.;* u. *Steunenberg, R. K.*: Anal. Chem. **33**, 1005 (1961).
12. *Burgeois, M.,* u. *Faugeras, P.*: Franz. Patent PV 834863 (1960).

13. *Burgeois, M.,* u. *Nollet, P.:* CEA-R-2508.
14. *Cater, E. D.:* ANL-6140, 35 (1960).
15. *Carleson, G.:* Aqueous Reprocessing Chemistry for Irradiated Fuels; OECD Symposium, Brüssel 1963 (S. 299).
16. *CEA* Patent Nr. H 702440 (DB 73755) (1958).
17. *Consalvo, V. F.,* u. *Rynasiewicz, J.:* KAPL-M-JR-10 (1957).
18. *Cunningham, T. R.:* USAEC Rep. A-1016, Sec. 2 (1943).
19. *Ferris, L. M.:* ORNL-3068 (1961).
20. *Ferris, L. M.:* ORNL-3876 (UC-10) (1965).
21. *Ferris, L. M.,* u. *Bradley, M. J.:* ORNL-3719 (1964).
22. *Ferris, L. M.,* u. *Bradley, M. J.:* Am. Soc. **87**, 1710 (1965).
23. *Furman, N. H.,* u. *Stanley, E. L.:* USAEC Rep. CC-258 (1942).
24. *Jenkins, I. L., Keen, N.,* u. *Robson, N. J.:* J. appl. Chem. (London) **17**, 248 (1966).
25. *Kamenar, B.,* u. *Herzog, M.:* Croat. Chem. Acta **36**, 95 (1964).
26. *Larsen, R. P.:* Anal. Chem. **31**, 545 (1959).
27. *Milner, G. W. C., Phillips, G., Jones, I. G., Crossley, O.,* u. *Rowe, D. H.:* durch Carbides in Nuclear Energy, Bd. **1**; ed. by *Russel, L. E.*; London 1964.
28. *Milner, G. W. C., Rowe, D. H.,* u. *Phillips, G.:* AERE-R-4906 (1965).
29. *Milner, G. W. C., Rowe, D. H.,* u. *Phillips, G.:* AERE-R-5129 (1966).
30. *Moak, W. D.,* u. *Pojasek, W. I.:* KAPL-1879 (1957).
31. *Parthey, H.:* Nukleonik **7**, 473 (1965).
32. *Patterson, I. H.:* ANL-5410, 14 (1955).
33. *Pauson, P. L., McLean, J.,* u. *Clelland, W. J.:* Nature **195**, 267 (1962).
34. *Reateau, A.:* Deutsches Patentamt, Auslegeschrift 1192634 (1965).
35. *Regnaut, P.:* durch Aqueous Reprocessing Chemistry for Irradiated Fuels. OECD Symposium, Brüssel 1963 (S. 347).
36. *Rodden, C. J.:* Analysis of Essential Nuclear Reactor Materials. USAEC, Div. Techn. Information, 1964.
37. *Rodden, C. J.,* u. *Warf, L.:* durch *Rodden, C. J.* (ed.); The Analytical Chemistry of the Manhattan Project; New York 1950.
38. *Rodden, C. J., Williams, T. P.,* u. *Barnard, R. L.:* AECD-3662 (1948).
39. *Rynasiewicz, J., Sleeper, M.,* u. *Consalvo, V.:* USAEC Rep., KAPL-421 (1950).
40. *Schulz, W. W.:* HW-64432 (1960).
41. *Schulz, W. W.,* u. *Duke, E. M.:* HW-62086 (1959).
42. *Sorantin, H., Bildstein, H., Getoff, N., Pfeifer, V.,* u. *Titze, H.:* Atompraxis **10**, 167 (1964).
43. *USAEC* Progr. Rep. BNL-900, 67 (1965).
44. *United Kingdom AEC,* PG Rep. (S) (1962).
45. *United Kingdom AEC,* PG Rep. 722 (W) (1966).
46. *van Caenegham, J., Marchant, Y.,* u. *Detilleux, E.*; durch Aqueous Reprocessing Chemistry for Irradiated Fuels. OECD Symposium, Brüssel 1963 (S. 313).
47. *Warf, L.*; USAEC Rep. CC-1194 (1943).
48. *Wichers, E., Schlecht, W. G.,* u. *Gordon, C. L.:* J. Res. Nat. Bureau of Standards, **33**, 451 (1944).
49. *Wymer, G.,* u. *Foster, D. H.:* Progress in Nuclear Energy, Ser. III, London 1956 (S. 88).

säure und Abfiltrieren der ausgefällten Molybdänsäure oder durch Behandlung mit HNO_3 in Gegenwart von $Fe(NO_3)_3$ als Komplex-Bildner durchgeführt werden [*Schulz*; *Ferris* (a); *Schulz* und *Duke*]. Beide Arten wurden von *Bähr* auf UO_2-Mo-Sinterpellets (mit 10, 15 und 20% Mo) angewendet.

Die Auflösegeschwindigkeiten sind gegenüber reinem UO_2 höher und verringern sich mit steigender Säure-Konzentration.

Die Auflösezeit nimmt bei HNO_3-Konzentrationen über 8m zu, da sich bei höheren HNO_3-Molaritäten eine Molybdänoxid-Schicht an der Oberfläche der Pellets ausbildet. Dieser Effekt ist besonders bei Molybdän-Gehalten über 15% zu beobachten.

Mit Hilfe von Ultraschall können diese teilweise abgetragen und die Auflösegeschwindigkeiten um den Faktor 2 bis 3 gesteigert werden.

Als Nachteil dieses Verfahrens muß angesehen werden, daß die ausgefällte Molybdänsäure selbst nach dem Waschen noch Uran in der Größen-Ordnung von Prozenten (auf die ursprünglich vorhandene Uranmenge bezogen) zurückhält.

Zur Ermittlung der Spaltungsprodukt-Verteilung wurden von aliquoten Teilen der Uran-Lösung und des Waschwassers, das durch Waschen des molybdänsauren Niederschlages erhalten wurde, Gamma-Spektren aufgenommen. Die Molybdänsäure wurde anschließend in NaOH gelöst. Auch diese Lösung und der verbleibende Uran-Rückstand wurden auf Spaltungsprodukte untersucht.

Es zeigte sich, daß sich die Hauptmenge der Spaltungsprodukte in der Uran-Lösung findet und der Molybdänsäure-Niederschlag praktisch nur etwas Spaltungs-Cäsium adsorbiert (Tabelle 34).

Tabelle 34. *Verteilung der Spaltungsprodukte bei der Auflösung von bestrahlten UO_2-Mo-Pellets in HNO_3 nach Bähr*

Analysen-Substanz	Spaltungs-Cäsium	Spaltungs-Ruthenium	Spaltungs-Kupfer	Spaltungs-Zirkonium
Uran-Lösung	88%	83%	79%	50%
Waschwasser des MoO_3-Niederschlages	—	15	19	5,3
Na_2MoO_4-Lösung	12	1,5	0,3	0,6
U-Rückstand	—	—	1,6	45

Durch Zusatz von Eisen(III)-nitrat als Komplex-Bildner für Molybdän lassen sich wesentlich höhere Uran-Konzentrationen in der Lösung erreichen. Auch die Auflösegeschwindigkeiten sind in Gegenwart von Fe^{3+} wesentlich höher und nehmen ebenfalls mit steigender HNO_3-Konzentration bei konstanter $Fe(NO_3)_3$-Molarität (1m) zu. Die Gesamt-Auflösezeiten verkürzen sich ebenfalls.

Die Anwesenheit von Fe^{3+} kann allerdings bei nachfolgenden Ionenaustausch- oder Extraktionstrennungen stören. Massenspektrometrische Bestimmungen lassen sich dagegen auch in Gegenwart von Eisen durchführen (PG-Rep. 722). Brennstoff-Elemente für Hochtemperatur-Reaktoren bestehen aus einem Graphit-Rohr, in dem sich die einzelnen Brennstoff-Einsätze (compacts) befinden. Der eigentliche Kern-Brennstoff besteht aus $(U, Th)C_2$-Teilchen, die mit Pyrokohlenstoff beschichtet sind und nun einen Durchmesser von 300 bis 500 μm aufweisen. Sie bilden nach Ver-pressen mit Graphit den Brennstoff-Einsatz (*Goeddel*; *OECD-Dragon Project*; *Shepard, Huddle, de Bruijn* und *Hintermann*). Das fertige Brennstoff-Element weist daher einen Kohlenstoff-Gehalt bis zu 90% auf.

Zur Analyse wird das Element zunächst in die einzelnen Brennstoff-Einsätze zerlegt. Ursprünglich wurde nun der gesamte Brennstoff-Einsatz entweder verbrannt (*Wace* und *Hayes*; *Hyde* und *O'Connor*; *Züst, v. Gunten* und *Baertschi*) oder gemahlen [*Nicholson, Ferris* und *Roberts*; *Bradley* und *Ferris* (a, b); *Flanary* und *Goode*; *Iwamoto* und *Shimokawa*; *Lingjaerde* und *Podo*] und der Rückstand mit Säure ausgelaugt und analysiert (*Lingjaerde* und *Podo*). Da diese Methode aber keine Aussage über die verschiedene Diffusion der einzelnen Spaltungsprodukte im Graphit erlaubt, wurden in letzter Zeit Verfahren zur Trennung der Graphit-Matrix von den beschichteten Teilchen entwickelt. Die Durchführung diesbezüglicher Verfahren wird von *Bildstein* und *Knotik* beschrieben.

Bei der elektrolytischen Zerlegung wird der Brennstoff-Einsatz in ein Elektrolyt-bad aus Salpeter- oder Schwefelsäure getaucht [*Wace* und *Hayes*; *Hyde* und *O'Connor*; *Züst, v. Gunten* und *Baertschi*; *Nicholson, Ferris* und *Roberts*; *Bradley* und *Ferris* (a, b); *Flanary* und *Goode*; *Iwamoto* und *Shimokawa*; *Lingjaerde* und *Podo*; *Bildstein* und *Knotik*; *Thiele*; *Fromm*; *Shimokawa* und *Miskima*] und mit Hilfe von zwei Platin-Elektroden ein Potential von 6 bis 10 V angelegt, indem der Strom durch den besser leitenden Graphit fließt. Das der Kathode gegenüberliegende Ende wird anodisch aufgeladen und der Graphit durch Oxydation abgetragen. Der Elektrolyt kann regelmäßig auf Spaltungsprodukte untersucht, die spezifisch schweren (U, Th)-Carbid-Teilchen von den Graphit-Flittern isoliert und allein analysiert werden (*Bildstein* und *Knotik*). Als Nachteile können sowohl das große Volumen an Elektrolyse-Flüssigkeit, das je nach Einsatz bis zu mehreren Litern betragen kann, als auch Auslaugung beschädigter Brennstoff-Teilchen durch die verwendeten Säuren angesehen werden.

Eine Zerstörung des Graphit-Einsatzes kann auch durch Einwirkung von Brom-Dampf in einem gasdichten Gefäß und einstündiges Erhitzen auf 200 bis 300 °C erreicht werden. Die Graphit-Matrix bläht sich durch Einlagerung von Brom auf und zerfällt nach Absaugen des Broms. Zur Entfernung der letzten Spuren des Halogens wird der Einsatz unter Rückfluß mit Tetrachlorkohlenstoff gekocht. Anschließend können auch hier leicht die Graphit-Flitter von den Brennstoff-Teilchen mechanisch getrennt werden. Im Gegensatz zur elektrolytischen Zerlegung treten hier *keine* Uran-Verluste durch Auslaugen defekter Teilchen auf, so daß der gesamte Brennstoff in den beschichteten Teilchen lokalisiert bleibt und analysiert werden kann (*Bildstein* und *Knotik*).

Von *Bildstein*, *Knotik*, *Leichter* und *Wagner* wurde auch eine rasche und saubere Trennung der Graphit-Körper und der darin dispergierten, beschichteten (U, Th)-Carbid-Teilchen entwickelt. Als Lösungsmittel dient dabei 96%ige (m/m) Schwefelsäure, die mit Ammoniumperoxydisulfat gesättigt ist. Der Graphit wird unter starker Gas-Entwicklung an den Korn-Grenzen oxydiert, und Brennstoff-Einsätze, die durch Verpressen homogenisierter Mischungen beschichteter Teilchen und mit Bindemittel getränkten Graphitpulvers hergestellt wurden, werden in 20 Min. vollständig zerlegt. Aus Brennstoff-Elementen mit Elektrographit-Schalen konnten ebenfalls nach einstündiger Reaktionsdauer die einzelnen Komponenten isoliert werden.

Ein Fließschema für das genannte Verfahren wird in Abb. 12 gezeigt.

Es wurde auch schon vorgeschlagen, Brennstoff-Elemente, die eine Graphit-Matrix besitzen, mit HNO$_3$ unter Druck aufzuschließen (*Stevenson*); jedoch liegen für die Beurteilung des Verfahrens bisher nicht genug Werte vor.

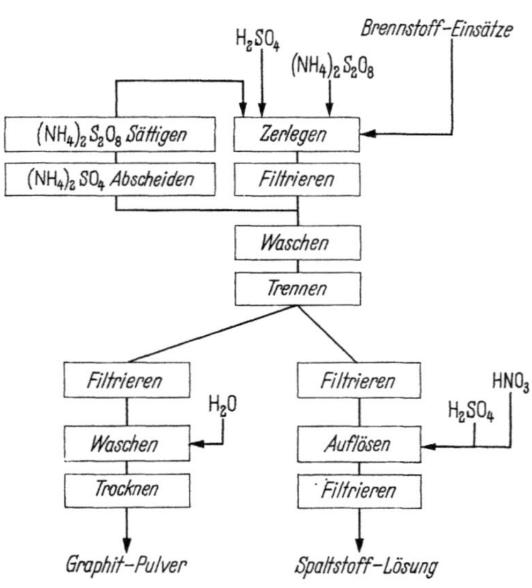

Abb. 12. Fließschema für die Zerlegung von Brennstoffeinsätzen nach *Bildstein, Knotik, Leichter* und *Wagner*

Der Aufschluß der isolierten, beschichteten Teilchen erfolgt wie bereits unter 9.2.1 beschrieben. Allerdings muß auf die hohe Aktivität der Spaltungsprodukte und durch Brüten erzeugte, neue Kern-Brennstoffe ^{233}U, ^{239}Pu Rücksicht genommen werden. Daher werden für analytische Untersuchungen Aufschlüsse mit Ätznatron und Natriumnitrat im Verhältnis 5:1 bevorzugt (*Sorantin*; *Lopez-Menchero, Vermeulen* und *Detilleux*). Dabei entstehen mit Ausnahme der Edelgas-Isotope keine spaltungsprodukthaltigen Abgase, und die nötigen Operationen können leicht ferngesteuert durchgeführt werden. Die bei der Aufarbeitung unbestrahlter Partikeln erwähnten Mahl-Prozesse können ebenfalls angewendet werden, führen aber zu starken Kontaminationen der Apparatur. Oft werden auch Teile des fertigen Brennstoff-Elements (Graphit-Rohr + Partikeln) gleichzeitig vermahlen [*Ferris* (b); *Flanary* und *Goode*].

Die Graphit-Hüllen bestrahlter Teilchen lassen sich ebenfalls verbrennen. Der Einfluß der Temperatur auf die Reaktion wird von *Ferris, Warren* und *Ullmann* diskutiert. Die Anwendung der Methode wird aber dadurch eingeschränkt, daß die Abgase Spaltungsprodukte mitführen und daher kontaminiert werden müssen. In beiden Fällen wurden die Rückstände mit Säure gelaugt (*Flanary, Goode, Bradley, Ullmann* und *Wall*; *Ferris, Warren* und *Ullmann*; *Nicholson, Ferris, Flanary, Goode, Hannaford* und *Witte*; *Goode* und *Flanary*; *Horsley* und *Podo*).

Partikeln, die mit Pyrokohlenstoff und Siliciumcarbid überzogen sind, lassen sich, wie wohl begreiflich, nicht durch Verbrennen aufschließen. *Bildstein* und *Knotik* schlagen für die Teilchen Chlorierung mit Cl_2-CO_2-Gemischen bei 800 bis 1000 °C vor, wodurch UCl_4 zusammen mit den leicht flüchtigen Spaltungsprodukten wie $ZrCl_4$, $NbCl_5$ und $FeCl_3$ unter 600 °C absublimiert werden. Die Chloride des Thoriums und Cäsiums sind erst bei höherer Temperatur flüchtig, und die Halogen-Verbindungen der seltenen Erd- und Alkali-Metalle bleiben im Reaktionsgefäß zurück.

Von diesen Autoren wurde auch das Aufarbeitungsverfahren (Tab. 35) für die verschiedenen Brennstoff-Varianten, die sich durch die Art des Brennstoff-Einsatzes, des Brennstoffes und der Beschichtung unterscheiden können, zusammengestellt. Eine weitere Übersicht findet sich bei *Witte*.

Die Auflösung gesinterter ThO_2-UO_2-Kern-Brennstoffe mit 13m HNO_3 nebst 0,04m HF und 0,1m $Al(NO_3)_3$ beschreibt *Bond*, während *Goode* und *Flanary* ebenfalls ein Gemisch aus HNO_3 und H_2F_2 zur Zersetzung von geschmolzenem und mit Edelstahl umhülltem ThO_2/UO_2 verwenden. Der Aufschluß von Reaktor-Brennstoff-Elementen auf BeO-Basis wird ebenfalls nach dem „Grindleach"-Verfahren vorgenommen (*Shying, Lee* und *Farrell*).

Weitere spezielle Aufschluß-Verfahren bestrahlter Brennstoff-Element-Proben wurden von *Shank* und von der *International Atomic Energy Agency (IAEA)* veröffentlicht.

Tabelle 35 (*Bildstein* und *Knotik*)

Aufarbeitungsvarianten für verschiedene Kern-Brennstoffarten

Kompakter Brennstoff-Einsatz, gemischter Brennstoff, Pyrokohlenstoff-Hülle	Verbrennen-Laugen, Thermoschock-Bromieren-Chlorieren, Zerlegen-Mahlen-Laugen, Zerlegen-Verbrennen-Laugen, Zerlegen-Thermoschock-Chlorieren
Kompakter Brennstoff-Einsatz, gemischter Brennstoff, zusammengesetzte Hülle	Zerlegen-Mahlen-Laugen, Thermoschock-Bromieren-Chlorieren
Kompakter Brennstoff-Einsatz, segregierter Brennstoff, Pyrokohlenstoff-Hülle	Zerlegen-Trennen-Verbrennen-Laugen, Zerlegen-Trennen-Mahlen-Laugen, Zerlegen-Trennen-Thermoschock-Chlorieren
Kompakter Brennstoff-Einsatz, segregierter Brennstoff, zusammengesetzte Hülle	Zerlegen-Trennen-Mahlen-Laugen, Zerlegen-Trennen-Thermoschock-Chlorieren
Brennstoff-Einsatz mit losen Teilchen, gemischter Brennstoff, Pyrokohlenstoff-Hülle	Mahlen-Laugen, Verbrennen-Laugen, Thermoschock-Chlorieren
Brennstoff-Einsatz mit losen Teilchen, gemischter Brennstoff, zusammengesetzte Hülle	Mahlen-Laugen, Thermoschock-Chlorieren
Brennstoff-Einsatz mit losen Teilchen, segregierter Brennstoff, Pyrokohlenstoff	Trennen-Mahlen-Laugen, Trennen-Verbrennen-Laugen, Trennen-Thermoschock-Chlorieren
Brennstoff-Einsatz mit losen Teilchen, segregierter Brennstoff, zusammengesetzte Hülle	Trennen-Mahlen-Laugen, Trennen-Thermoschock-Chlorieren

Literatur

Anon.: PG-Rep. 722 (W).

Bähr, W.: Kfk 573 (1967).

Bildstein, H., u. *Knotik, K.:* Kerntechnik **8**, 110 (1966). – *Bildstein, H., Knotik, K., Leichter, P.,* u. *Wagner, H.:* SGAE CH-45 (1967). – *Blomeke, J. O.,* u. *Todd, M. F.:* ORNL-2127, Part I (1957); durch Atompraxis **10**, 171 (1964). – *Bond, W. D.:* ORNL-2714 (1959). – *Bradley, M. J.,* u. *Ferris, L. M.:* (a) Nucl. Sci. Eng. **8**, 432 (1960); (b) ORNL-2761 (1961).

Ferris, L. M.: (a) ORNL-3068 (1961); (b) ORNL-4110 (1967). – *Ferris, L. M., Warren, K. S.,* u. *Ullmann, J. W.:* ORNL-TM-688 (1963). – *Flanary, J. R.,* u. *Goode, J. H.:* ORNL-4117 (1967). – *Flanary, J. R., Goode, J. H., Bradley, M. J., Ullmann, J. W.,* u. *Wall, G. C.:* ORNL-3660 (1964). – *Fromm, L. W.:* ORNL-238 (1949).

Goeddel, W. V.: Nucl. Sci. Eng. **20**, 201 (1964). – *Goode, J. H.,* u. *Flanary, J. R.:* ORNL-3725 (1965).

Horsley, G. W., u. *Podo, L. A.:* DP-Rep. 388 (1965). – *Hyde, K. R.,* u. *O'Connor, D. J.:* AERE-C/R-2321 (1957).

Intern. Atomic Energy Agency (IAEA): Non-aqueous Reprocessing of Irradiated Fuel. Bibliographical Series **26**, IAEA, Wien 1967. – *Iwamoto, K.,* u. *Shimokawa, J.:* J. Atomic Energy Soc. Japan **5**, 272 (1963).

Lingjaerde, R. O., u. *Podo, L.:* Dragon Fuel Reprocessing. Preliminary Study of the Grind-Leach Head-End Treatment of Coated Particles. – *Lopez-Menchero, E., Vermeulen, G.,* u. *Détilleux, E.:* Some Possibilities of Aqueous Processing of Graphite Carbide Fuels Elements, Symp. Fuel Cycles of High Temperature Gas-cooled Reactors; Brüssel 1965.

Nicholson, E. L., Ferris, L. H., u. *Roberts, J. T.:* ORNL-TM-1096 (1965). – *Nicholson, E. L., Ferris, L. M., Flanary, J. R., Goode, J. H., Hannaford, J. H.,* u. *Witte, C. D.:* ORNL-P-21, 92 (1966).

OECD Dragon High Temperature Reactor Project: Annual Rep. 1959 bis 1963.

Schulz, W. W.: HW-64432 (1960). – *Schulz, W. W.,* u. *Duke, E. M.:* HW-62086 (1959). – *Shank, R. C.:* IDO-14636 (1963). – *Shepard, L. R., Huddle, R. A. U., de Bruijn, H.,* u. *Hintermann, K. O.:* Pr. 3rd U. N. Intern. Conf. Peaceful Uses Atomic Energy, Genf 1964; P/122, UN: New York 1965; durch Kerntechnik **8**, 115 (1966). – *Shimokawa, J.,* u. *Miskima, M.:* J. Atomic Soc. Japan **5**, 841 (1963). – *Shying, M. E., Lee, E. J.,* u. *Farrell, M. S.:* AAEC/E 180 (1967). – *Sorantin, H.:* unveröffentlicht. – *Sorantin, H., Bildstein, H., Getoff, N., Pfeifer, V.,* u. *Titze, H.:* Atompraxis **10**, 167 (1964). – *Stevenson, C. E.:* Reactor Fuel Process **9**, 69 (1966).

Thiele, H.: Trans. Faraday Soc. **34**, 1033 (1938); durch Kerntechnik **8**, 115 (1966).

Wace, P. F., u. *Hayes, T.:* AERE-CE/M-245 (1961). – *Witte, O.:* ORNL-TM-1411 (1966).

Züst, H., v. Gunten, H. R., u. *Baertschi, P.:* Head-End Treatment for the Reprocessing of High Temperature Carbide-Graphite Fuels, Symp. Fuel Cycles of High Temperature Gas-cooled Reactors; Brüssel 1965.

9.4 Bestimmung des Urans in bestrahlten Brennstoff-Elementen

Meistens wird Uran aus Lösungen bestrahlter Brennstoff-Elemente chemisch isoliert. Die derart erhaltenen Uran-Lösungen sind jedoch noch mit wechselnden Mengen von Spaltungsprodukten verunreinigt, da durch ein oder zwei Trenn-Zyklen in den meisten Fällen keine völlige Dekontamination erreicht wird.

Für die Uran-Bestimmung werden daher häufig elektrochemische Methoden herangezogen, die von einer großen Anzahl von Begleitelementen nicht gestört werden. Deshalb hat sich die potentiostatische Coulometrie als Standardmethode zur Bestimmung des Urans in Dissolver-Lösungen eingebürgert.

Im vorliegenden Kapitel sollen nur solche Citate gebracht werden, die sich speziell auf die Uran-Bestimmung in Dissolver-Lösungen beziehen oder in der letzten Zeit erschienen sind [*Schmid*; *Shults* und *Thomason*; *Shults* (a, b); *Thomason*; *Booman, Holbrook* und *Rein*; *Farrar*; *Horton, Farrar, Hobbs* und *Shults*; *Farrar, Thomason* und *Kelley*; *Booman* und *Holbrook*; *Hobbs*; *Delvin* und *Duncan*; *Zittel* und *Dunlap* (a, b); *Maeck*; *Eichelberger, Grove* und *Jones*; *Sinclair, Davies* und *Drumond*; *Le Digou* und *Lauer*].

Durchführungsvorschriften zur potentiostatischen Bestimmung des Urans in Brennstoff-Element-Lösungen finden sich bei *P. Thomason* und *Schmid*.

Zur Entfernung der Hauptmenge der Fremd-Ionen und Spaltungsnuklide wird Uran mit Hexon aus Salpetersäure oder mit TIOA/Toluol aus Schwefelsäure-Aufschlußlösungen extrahiert oder chromatographisch abgetrennt (*Shank*). Nach Rückführung in die wäßrige Phase und Calibrierung werden 2 bis 10 mg Uran in n H_2SO_4 in die Zelle gebracht und elektrolytisch zur vierwertigen Oxydationsstufe reduziert.

Salpetersäure interferiert bis zu einer Konzentration von 0,15 Mol/l nicht, bei höheren Anteilen werden Nitrat-Ionen ebenfalls reduziert, wodurch ein zu großer Uran-Gehalt vorgetäuscht wird. Nitrite müssen vor der Titration mit Sulfaminsäure zerstört werden. Chloride können bis 0,1 Mol/l toleriert werden. Phosphorsäure stört die Bestimmung nicht; größere Mengen bewirken aber eine Ausfällung von Phosphaten, die eine Reinigung der Zelle nach der Titration notwendig machen.

Der Variationskoeffizient innerhalb eines Labors wurde mit 0,1% bei 10 mg Uran angeführt (*Thomason*).

In Austausch-Analysen wurde ein Variationskoeffizient von 0,3% bei einem Mittelwert von 8,024 mg Uran gefunden. Die Abweichungen vom Absolutwert betrugen $\pm$ 0,3% (*Lerner*).

Denis beschreibt die Bestimmungen des Urans, Molybdäns, Chroms und Eisens in hochaktiven Lösungen. Uran wird extraktiv mit Tributylphosphat von der Hauptmenge der Spaltungsprodukte befreit und anschließend der Gehalt nach Rückführung des Urans in die wäßrige Phase durch potentiostatische Coulometrie ermittelt. Mit 1%iger (m/v) Oxalsäure als Elektrolyt wurde im Bereich von 120 μg U eine Reproduzierbarkeit von $\pm$ 5% und über 200 μg U eine solche von $\pm$ 2% erreicht. Dieselben Werte ergaben sich bei Verwendung von 7,5m Phosphorsäure. Die Interferenz von Molybdän wurde durch eine Vorreduktion ausgeschaltet.

Unter Verwendung von Natriumtripolyphosphat-Lösung betrugen die relativen *Fehler* bei einem Uran-Gehalt von 238 μg U weniger als 1%. Außerdem konnten Molybdän-Gehalte bis zu 14% der Uran-Menge toleriert werden [vgl. auch *Delvin* und *Duncan* sowie *Shults* (b)]. Die Werte stehen ebenfalls in Einklang mit jenen von *Schmid* und *Eschrich*, die zur Komplexierung des Molybdäns 0,1m Na_2SO_4/0,16m $Na_5P_3O_{10}$-Lösung vorgeschlagen hatten und bei 4,6 mg U(VI) eine Standardabweichung von 0,55% erreichten. Interferierende Kationen wurden ebenfalls durch eine Vortitration ausgeschaltet und störende Anionen durch Abrauchen mit $HClO_4$ entfernt.

Die Interferenz von Pu(VI) kann durch selektive Reduktion zu Pu^{3+} mit Hydrazin vor der coulometrischen Bestimmung ausgeschaltet werden. Eisen kann anwesend sein. Die Reproduzierbarkeit wurde mit 0,2% angegeben (*Mountcastle, Dunlap* und *Thomason*). Die letztgenannten Autoren zeigten, daß die elektrolytische Reduktion auch in neutraler oder in schwach saurer 0,75n Na_2F_2-Lösung durchgeführt werden kann. In synthetischen Dissolver-Lösungen konnte Uran neben gleichen Mengen von Fe^{3+} und einem 5fachen Überschuß an Al^{3+} coulometrisch bei konstanter Spannung titriert werden. Ebenso stören Zirkonium und Molybdän, die als Spaltungsprodukte hartnäckige Uranbegleiter darstellen, in geringen Konzentrationen nicht.

Ein neues, sehr genau arbeitendes, potentiostatisches Coulometer wurde von *Jones, Shults* und *Dale* beschrieben.

Auch kann Coulometrie bei konstantem Strom auf dieselben Probleme angewendet werden und gestattet ebenfalls die Bestimmung des Urans neben Plutonium (*W. T. Jones*). Ein Referat über die fernbediente Ausführung von Prozeß-Analysen findet man bei *Mechelynick*.

Breite Anwendung erfährt auch die Spektrophotometrie für Prozeß-Analysen. Uran wird durch eine Extraktion von der Hauptmenge der Spaltungsprodukte befreit, die organische Phase direkt angefärbt und gemessen. Dabei werden vielfach kontinuierlich arbeitende Geräte eingesetzt.

Im organischen Extrakt kann Uran auch polarographisch analysiert werden. Eine fernbediente Durchführung beschrieben *Kenji* und *Katsuyama* für TBP-Kerosin-Mischungen. Als Leitelektrolyt wird 2n H_2SO_4 und als Lösungsvermittler Äthyl-Äthanol verwendet. 10 bis 80 μg U konnten in 1 g des Extraktanten ohne Beeinflussung durch strahlenchemische Effekte bestimmt werden.

Die Bestimmung von Uran-Spuren in aktiven Waschwässern und organischen Extraktionsmitteln spielt bei der Aufarbeitung bestrahlter Brennstoff-Elemente eine Rolle. Für den Nachweis oder die Bestimmung eignet sich die sehr spezifische Fluorometrie. Der Anwendungsbereich erstreckt sich auf wäßrige Lösungen mit $5 \cdot 10^{-8}$ bis $5 \cdot 10^{-4}$ g U/ml und auf organische Lösungen mit $2,5 \cdot 10^{-8}$ bis $5 \cdot 10^{-5}$ g U/ml. Die Nachweis-Grenze liegt bei 10^{-10} g Uran.

Zur Entfernung der Spaltungsprodukte wird Uran mit Hexon und Tetrapropyl-ammoniumnitrat extrahiert. Bei sorgfältiger Arbeitsweise können 99% des vorhandenen Urans abgetrennt werden. Tributylphosphat in Hexon gibt zwar eine bessere Dekontamination von den Spaltungsprodukten, gestattet aber nur eine 95%ige Uran-Gewinnung.

Von der calibrierten, organischen Phase werden 200 μl auf eine Na_2F_2-Pille getropft, vorsichtig eingedampft, verschmolzen und die Fluorescenz-Strahlung gemessen (vgl. Abschnitt 3.2). Auf eine möglichst quantitative Abtrennung von fluorescenzlöschenden Begleit-Elementen, insbesondere von Eisen und Plutonium (*Walton, Hutton* und *Dalziel*), muß geachtet werden.

Die Standardabweichung einer Einzelbestimmung wurde mit $\pm$ 10% des Mittelwertes angegeben (*Booman*). Sie lag bei Vergleichsanalysen von 4 Laboratorien bei $\pm$ 13%. Der Mittelwert betrug 4,89 μg U/ml und die Abweichung vom Sollwert (-2 ± 9)% (*Lerner*).

Literatur

Booman, G. L.: durch *Jones, R. J.* (ed.): Selected Measurement Methods for Plutonium and Uranium in the Nuclear Fuel Cycle. Methode Nr. 1402, S. 147. USAEC, Div. Technical Information; Washington 1963. − *Booman, G. L.,* u. *Holbrook, W. B.:* Anal. Chem. **31**, 10 (1959). − *Booman, G. L., Holbrook, W. B.,* u. *Rein, J. E.:* Anal. Chem. **29**, 219 (1957).

Delvin, W. L., u. *Duncan, L. R.:* HW-SA-2635 (1962). − *Denis, A.:* EUR 2618f (1965).

Eichelberger, J. F., Grove, G. R., u. *Jones, L. V.:* MLM-1177 (1963).

Farrar, L. G.: Anal. Chem. **30**, 1511 (1958). − *Farrar, L. G., Thomason, P. F.,* u. *Kelley, M. T.:* Anal. Chem. **30**, 1521 (1958).

Goode, G. C., Herrington, J., u. *Hall, G.:* Anal. chim. Acta **30**, 109 (1964).

Hobbs, B. B.: ORNL-2987, 17 (1960). − *Horton, A. D., Farrar, L. G., Hobbs, B. B.,* u. *Shults, W. D.:* TID-7568 (Part 2) (1958).

Jones, H. C., Shults, W. D., u. *Dale, J. M.:* Anal. Chem. **37**, 680 (1965). − *Jones, W. T.:* Anal. chim. Acta **37**, 445 (1967).

Kenji, Motojima, u. *Kazuo-Katsuyama:* Bunseki Kagaku (Japan Analyst) **12**, 358 (1963).

Le Digou, V., u. *Lauer, K. F.:* N 67-38937 (1967). − *Lerner, M. W.:* (a) NBL-231, S. 34, 35 (1966); (b) ebendort, S. 38.

Maeck, W. D.: Anal. Chem. **33**, 1775 (1961). − *Mechelynick, P.:* Progress in Nuclear Energy, Ser. **9** (1), 321 (1959). − *Mountcastle, W. R., Dunlap, L. B.,* u. *Thomason, P. F.:* Anal. Chem. **37**, 336 (1965).

Schmid, E.: Öst. Ch.-Z. **67**, 8 (1966). − *Schmid, E.,* u. *Eschrich, H.:* NP-14808 (1964). − *Shank, R. C.:* IDO-14636 (1963). − *Shults, W. D.:* (a) ORNL-TM-113 (1962); (b) Talanta **10**, 883 (1963). − *Shults, W. D.,* u. *Thomason, P. F.:* (a) Anal. Chem. **31**, 492 (1959); (b) ORNL-3060, 16 (1961). − *Sinclair, V. M., Davies, W.,* u. *Drumond, J. L.:* TRG-Rep. 1165 (1966).

Thomason, P.; durch *Jones, R. J.*: Selected Measurement Methods for Plutonium and Uranium in the Nuclear Fuel Cycle. Methode Nr. 1302, S. 126. USAEC, Div. Technical Information; Washington 1963. – *Thomason, P. F.*; durch Round Table on High Precision Chemical Analysis for Substances of Interest to Nuclear Energy, Brüssel, 18. Jan., 1965, S. 163; ORNL-P-636 (1964).

Walton, G. N., Hutton, G., u. *Dalziel, J. A. W.*: AERE -C/R/966 (1952).

Zittel, A. E., u. *Dunlap, L. B.*: (a) Anal. Chem. **33**, 1491 (1961); (b) Anal. Chem. **35**, 125 (1963).

9.5 Massenspektrometrische Analyse des Urans in Lösungen bestrahlter Brennstoff-Elemente

Bei Vorliegen von Dissolver-Proben wird sehr oft von der Möglichkeit Gebrauch gemacht, durch Massen-Spektrometrie gleichzeitig die Uran-Konzentration und die Isotopen-Zusammensetzung zu bestimmen (*Inghram*; *Stevens* und *Inghram*; *Goris, Duffy* und *Tingey*; *Echo* und *Morgan*; *International Atomic Energy Agency*). Dazu wird die Probe mit einer bekannten Menge ^{235}U versetzt, das Uran wegen der vielen Begleit-Elemente (Al oder Zr; Edelstahl-Komponenten) mit Hexon (*Maeck, Booman, Elliott* und *Rein*) abgetrennt und aus der organischen Phase direkt mit Perhydrol als Peroxid gefällt. Der Niederschlag wird in HNO_3 gelöst und auf die Ionisationsdrähte des Massen-Spektrometers aufgetropft. Andere Proben-Bestimmungsmethoden wurden ebenfalls schon vorgeschlagen.

Aus den erhaltenen Massen-Spektren werden Menge und Häufigkeit von ^{234}U, ^{235}U, ^{236}U und ^{238}U bestimmt. Der Anwendungsbereich erstreckt sich von 0,001 mg bis 100 mg/ml. Bei einer Konzentration von 1,810 g U/l betrug die *Standardabweichung* einer Einzelbestimmung der Uran-Konzentration 1,15% (*Stevens* und *Harkness*).

Über *Präzision* der Isotopen-Bestimmung gibt die Tabelle 36 Aufschluß.

Tabelle 36. *Variationskoeffizient für verschiedene Uran-Isotope bei der Verdünnungsanalyse mit* ^{235}*U innerhalb eines Labors nach Stevens und Harkness*

Isotop	Anteil %	Variations- koeffizient in %
^{234}U	1,22	1,64
^{235}U	89,71	0,06
^{236}U	2,99	0,5
^{238}U	6,09	0,74

Tabelle 37. *Werte von Austauschanalysen zur Bestimmung der Isotopen-Zusammensetzung des Urans*

Element bzw. Nuklid	Mittelwert	Standardab- weichung vom Mittelwert	Richtigkeit (Abweichung vom Sollwert in %)	Literatur
Uran	1,713 mg U/ml	0,9%	+ 1 ± 2	NBL-231 (1966),
Plutonium	4,661 μg Pu/ml	0,4%	± 1	S. 91–96
^{234}U	0,0122%	6,0%	− 1 ± 12	S. 92
^{235}U	1,996	1	− 1 ± 2	S. 93
^{236}U	0,0163	5	− 1 ± 7	S. 94
^{238}U	97,976	0,03	+ 0,02 ± 0,004	S. 95
^{239}Pu	91,349%	0,02%	− 0,01 ± 0,03	S. 97
^{240}Pu	7,945	0,2	+ 0,1 ± 0,2	S. 98
^{241}Pu	0,705	2	+ 1 ± 4	S. 99

Bezüglich der komplizierten Auswertung muß auf die Originalliteratur verwiesen werden [*International Atomic Energy Agency*; *Stevens* und *Harkness*; *Lerner*; *Maeck, Booman, Kussy* und *Rein*; *Webster, Smales, Dance* und *Slee*; *Maeck, Kussy, Morgan, Rein* und *Laug*; *Dietz* und *Hendrickson*; *Morgan* und *Rein*; UKAEA PG Rep. 340, 698, 722 (W)].

Die Ergebnisse der Vergleichsanalysen verschiedener Laboratorien sind in Tabelle 37 zusammengestellt.

Weitere Arbeiten, die sich vorzugsweise mit der Bestimmung der Uran-Zusammensetzung in Dissolver-Lösungen befassen, sind von folgenden Autoren ausgeführt: *McDonald* und *Owens*; *Rider, Ruiz, Davies, Duffy, Peterson* und *Hanus*; *Ridley, Daly* und *Dean*; *Chenouard, Lucas* und *Bir*; *Bir, Chenouard* und *Lucas*.

Die *Genauigkeit* der Uran-Bestimmung wurde durch Austausch-Analysen verschiedener Laboratorien überprüft. Bei einem Gehalt der Dissolver-Lösung von 441,6 μg U/ml betrug die Reproduzierbarkeit $\pm$ 1% und die Abweichung vom Sollwert $\pm$ 1% (*Lerner*).

Die Auswertung der Analyse des Natur-Urans bezüglich der Abweichung vom Sollwert ergab folgendes Bild (Tabelle 38).

Tabelle 38

Variationskoeffizienten und Abweichungen vom Sollwert bei Austauschanalysen (Lerner)

Isotop	Mittelwert	Standardab-weichung (auf die Mittelwerte bezogen)	Richtigkeit (Abweichung vom Sollwert)	Literatur
^{234}U	0,0121	3%	$\pm$ 4%	NBL 231 (1966), S. 85
^{235}U	2,0202	0,2%	$+ 0,2 \pm 0,3$	S. 86
^{236}U	0,0139	3	$+ 2 \pm 3$	S. 87
^{238}U	97,9532	0,005	$- 0,004 \pm 0,006$	S. 88

Da in allen länger bestrahlten Reaktor-Brennstoff-Elementen auf Uran-Basis auch Plutonium vorhanden ist, kann die Methode durch zusätzliche Verwendung von ^{242}Pu dazu benutzt werden, sowohl die Menge beider Actiniden als auch ihre Isotopen-Zusammensetzung zu ermitteln (*International-Atomic Energy Agency*; *Maeck, Booman, Kussy* und *Rein*; *Webster, Smales, Dance* und *Slee*; *Maeck, Kussy, Morgan, Rein* und *Laug*). Es sind noch bis zu 10^{-9} g Plutonium nachweisbar (*Dietz* und *Hendrickson*). Die Proben dürfen allerdings vor der Analyse keine unbekannten ^{233}U- bzw. ^{242}Pu-Mengen enthalten.

Uran und Plutonium werden nach Zusatz der Tracer als Tetrapropylammonium-komplex mit Hexon extrahiert. Durch Strippen der organischen Phase mit HCl bestimmter Konzentration kann das optimale U/Pu-Verhältnis von 10 zu 25 eingestellt werden.

Literatur

Bir, R., Chenouard, J., u. *Lucas, M.:* CEA-571-Pub. 110707 (1966).

Chenouard, J., Lucas, M., u. *Bir, R.:* AED-Conf.-65-125; Gatlinburg 1965.

Dietz, L. A., u. *Hendrickson, H. C.;* durch *Jones, R. J.* (ed.): Methode Nr. 2502, S. 248.

Echo, M. W., u. *Morgan, T. D.:* Anal. Chem. **29**, 1593 (1957).

Goris, P., Duffy, W. E., u. *Tingey, F. H.:* Anal. Chem. **29**, 1590 (1957).

Inghram, H. G.: J. physic. Chem. **57**, 809 (1953). – *Intern. Atomic Energy Agency* (IAEA): Research Contract Nr. 121 / R1 / RB; Wien.

Jones, R. J. (ed.)*:* Selected Measurement Methods for Plutonium and Uranium in the Nuclear Fuel Cycle. USAEC, Div. Technical Information; Washington 1963.

Lerner, M. W.: NBL-231 (1966).

Maeck, U. J., Booman, G. L., Elliott, H. C., u. *Rein, J. E.:* Anal. Chem. **30**, 1902 (1958). – *Maeck, U. J., Booman, G. L., Kussy, M. E.,* u. *Rein, J. E.:* Anal. Chem. **32**, 1874 (1960). – *Maeck, U. J., Kussy, M. E., Morgan, D. T., Rein, J. E.,* u. *Laug, M. T.:* Nucleonics **20** (5), 80 (1962). – *McDonald, D.,* u. *Owens, G. C.:* WAPD-BT-26 (1962). – *Morgan, T. D.,* u. *Rein, J. E.;* durch *Jones, R. J.* (ed.): Methode Nr. 2506, S. 291.

Rider, B. F., Ruiz, C. P., Davies, J. H., Duffy, W. E., Peterson, T. P., u. *Hanus, J. F.:* APED-4527 (1964). – *Ridley, R. G., Daly, N. R.,* u. *Dean, M. H.:* Nucl. Instr. Meth. **34**, 163 (1965).

Stevens, C. M., u. *Harkness, H. L.;* durch *Jones, R. J.* (ed.): Methode Nr. 2500, S. 207. – *Stevens, C. H.,* u. *Inghram, H. G.:* ANL-5251 (1954).

United Kingdom AEA: PG-Rep. 340 (W) (1962); 698 (W); 722 (W) (1966).

Webster, R. K., Smales, A. A., Dance, D. F., u. *Slee, L. J.:* Anal. chim. Acta **24**, 371 (1961).

Verzeichnis der Zeitschriften und ihrer Abkürzungen

Abkürzung	Zeitschrift
Acta chem. Scand.	Acta Chemica Scandinavica
Acta Chim. Acad. Sci. Hung.	Acta Chimica Academiae Scientiarum Hungaricae
Acta Chim. Sinica	Acta Chimica Sinica (Peking)
Afinidad	*Afinidad*
Am. Chem. J. (Am. Ch.)	American Chemical Journal; seit 1917 vereinigt mit Am. Soc.
Am. Industr. Hyg. Ass.	American Industrial Hygiene Association Quarterly
Am. J. Sci.	American Journal of Science
Am. Soc.	Journal of the American Chemical Society
Anal. Abstr.	Analytical Abstracts
Anal. Chem.	Analytical Chemistry, früher Ind. Eng. Chem. Anal. Edit.
Anal. chim. Acta	Analytica chimica Acta
Anal. Univ. Buc., Ser. Stiint. nat. Chim.	Analele Universității "C. J. Parkon" București. Seria Ştiinţelor Naturii
Analyst	The Analyst
An. Espań.	Anales de la sociedad española de física y química; seit 1941: Anales de física y química (Madrid)
Angew. Ch.	Angewandte Chemie, vor 1932: Zeitschrift für angewandte Chemie
Ann. Chim. anal.	Annales de Chimie analytique et de Chimie appliquée
Ann. Chim. appl.	Annali di chimica applicata
Ann. Chim. et Phys.	Annales de Chimie et de Physique
Ann. Chim. Roma	Annali di Chimica Applicata
Ann. pharm. franc.	Annales Pharmaceutiques Françaises
Ann. Soc. Sci. Bruxelles	Annales de la société scientifique de Bruxelles. Série A: Sciences mathématiques; Série B: Sciences physiques et naturelles
Ann. Univ. Mariae Curie-Sklodowska	Annales Universitatis Mariae Curie-Sklodowska (Lublin)
An. R. Soc. esp. Fís. Quím.	Anales de la Real Sociedad Española de Física y Química. Serie A-Física; Serie B-Química
Anz. Akad. Wiss. Wien, math.-naturwiss. Kl.	Anzeiger der Akademie der Wissenschaften in Wien, Mathematisch-Naturwissenschaftliche Klasse
Appl. Phys. Lett.	Applied Physics Letters
Appl. Spectroscopy	Applied Spectroscopy
Ark. Kem.	Arkiv för Kemi
Ark. Kemi. Mineral. Geol.	Arkiv för Kemi, Mineralogi och Geologi
Atomic Energy Review	Atomic Energy Review
Atomnaya Energiya	Atomnaja Energija (Moskau)
Atompraxis	Atompraxis
Australian J. Appl. Sci.	Australian Journal of Applied Science
B.	Berichte der Deutschen Chemischen Gesellschaft
Ber. Wien Akad.	Sitzungsberichte der Österreichischen Akademie der Wissenschaften, Wien
Betriebslab. (russ.)	Betriebslaboratorium; russ: Zawodskaja Laboratorija
Biochem. J.	Biochemical Journal
Bl.	Bulletin de la Société chimique de France; vor 1907: Bulletin de la Société chimique de Paris
Bl. Acad. Roum.	Bulletin de la section scientifique de l'Académie Roumaine
Bl. Acad. URSS, Sér. phys. (Sér. chim.)	Bulletin de l'Académie des Sciences de l'URSS, Série Physique
Bl. chem. Soc. Japan	Bulletin of the Chemical Society of Japan
Bl. Geol. Soc. Am.	Bulletin of the Geological Society of America
Bl. Inst. chem. Res. Kyoto Univ.	Bulletin of the Institute for Chemical Research, Kyoto University (Kagaku Kenkyusho Hokoku)

Abkürzung	Zeitschrift
Bl. Inst. Nucl. Sci. („Boris Kidrich", Belgrad)	Bulletin of the Institute of Nuclear Sciences „Boris Kidrich"
Bl. Res. Counc. Israel	Bulletin of the Research Council of Israel
Bl. Soc. chim. Belg.	Bulletin de la Société chimique de Belgique
Bl. Soc. chim. Paris	Vgl. Bl.
Brit. J. Radiol.	British Journal of Radiology
Bull. Soc. chim. Belgrad	Bulletin de la Société Chimique Belgrade
Bur. Stand. J. Res.	Bureau of Standards, Journal of Research
Canadian J. Phys.	Canadian Journal of Physics
Canad. J. Chem.	Canadian Journal of Chemistry
Canadian J. Res.	Canadian Journal of Research
Chem. Abstr.	Chemical Abstracts
Chem. Anal(it). (Warszawa) oder (Warsaw)	Chemia Analityczna (Warszawa)
Chem. Apparatur	Chemische Apparatur
Chem. Ind.	Chemistry and Industry
Chem.-Ingen.-Techn.	Chemie-Ingenieur-Technik
Chemist-Analyst	The Chemist-Analyst
Chem. Listy	Chemické Listy pro vědu a průmysl
Chem. Metallurg. Eng. (Chem. Met. Engin.)	Chemical and Metallurgical Engineering
Chem. N.	Chemical News
Chem. Obzor	Chemický Obzor
Chem. Reviews	Chemical Reviews
Chem. Techn.	Chemische Technik
Chem. Zvesti	Chemické Zvesti
Ch. Fabr.	Die chemische Fabrik
Chim. Anal. (Paris)	Chimie Analytique
Chim. Ind.	Chimie & Industrie
Ch. Z.	Chemiker-Zeitung
Coll. Czechoslov. Chem. Comm.	Collection of Czechoslovak Chemical Communications
C. r.	Comptes rendus de l'Academie des Sciences
C. r. Acad. URSS	Comptes rendus de l'academie des sciences de l'URSS
C. r. Soc. Biol.	Comptes rendus de la Société de Biologie
Croat. chem. Acta	Croatica Chemica Acta
Curr. (Current) Sci.	Current Science
Doklady Akad. Nauk SSSR	Doklady Akademii nauk SSSR
Econ. Geol.	Economic Geology and the Bulletin of the Society of Economic Geologists
Energia Nucleare	Energia nucleare
Erdöl-Zeitschr.	Erdöl-Zeitschrift
Experientia	Experientia (Basel)
Fr.	Zeitschrift für Analytische Chemie
G.	Gazzetta chimica italiana
Geochemistry (URSS)	Engl. Übersetzung von Geokhimiya
Geochim. Cosmochim. Acta	Geochimica et Cosmochimica Acta
Geochimiya	Geochimija
Gig. i Sanit.	Gigiena i Santarija (russ.)
Giorn. farm. chim.	Giornale di Farmacia, di Chimica e di Scienze Affini
Glastechn. Berichte	Glastechnische Berichte
Helv.	Helvetica chimica acta
Inf. Quím. Anal.	Información de Química Analítica
Ind. eng. Chem.	Industrial and Engineering Chemistry
Ind. eng. Chem. Anal. Ed.	Industrial and Engineering Chemistry, Analytical Edition
Indian J. appl. Chem.	Indian Journal of Applied Chemistry
Ing. Chimiste (Bruxelles)	Ingénieur Chimiste (Bruxelles)
Int. J. appl. Radiat.	International Journal of Applied Radiation and Isotopes
Istanbul Üniv. Fen Fak. Mecmuasi	Istanbul Üniversitesi Fen Fakültesi Mecmuasi
Izv. Akad. Nauk SSSR	Iswesstija Akademii Nauk SSSR
J. anal. appl. Chem.	Journal of Analytical and Applied Chemistry
Japan Analyst	Japan Analyst
J. appl. Chem. (London)	Journal of Applied Chemistry

Abkürzung	Zeitschrift
J. biol. Chem.	Journal of Biological Chemistry
J. chem. met. min. Soc. S. Africa	Journal of the South African Institute of Mining and Metallurgy
J. chem. Physics	Journal of Chemical Physics
J. chem. Soc.	Journal of the Chemical Society of London
J. chem. Soc. Japan, Pure Chem. Sect.	Journal of the Chemical Society of Japan. Pure Chemistry Section (Nippon Kagaku Zassi)
J. Chem. U. A. R.	Journal of Chemistry of the U. A. R.
J. Chinese chem. Soc. Formosa (Taiwan)	Journal of the Chinese Chemical Society of Formosa (Ta iwan)
J. Chromat(ogr).	Journal of Chromatography
J. Electroanalytical Chem.	Journal of the Electroanalytical Chemistry (Amsterdam)
J. electrochem. Soc. Japan	Journal of the Electrochemical Society of Japan
J. ind. eng. Chem.	Journal of Industrial and Engineering Chemistry; seit 1923: Ind. eng. Chem.
J. Gen. Chem. (USSR)	Journal of General Chemistry (USSR)
J. Geophys. Res.	Journal of Geophysical Research
J. Indian chem. Soc. (Indian J. Chem.)	Journal of the Indian Chemical Society
J. Indian Inst. Sci.	Journal of the Indian Institute of Sciences
J. Inorg. Nucl. Chem.	Journal of Inorganic and Nuclear Chemistry
J. Labor. clin. Med.	Journal of Laboratory and Clinical Medicine
J. makromol. Chem.	Journal für Makromolare Chemie
J. Nucl. Energy	Journal for Nuclear Energy
J. opt. Soc. Am.	Journal of the Optical Society of America
J. Pharm. Belg.	Journal de Pharmacie de Belgique
J. pharm. Soc. Japan	Journal of the Pharmaceutical Society of Japan
J. phys(ic). Chem.	Journal of Physical Chemistry
J. Phys. Coll. Chem.	Journal of Physical and Colloid Chemistry
J. phys. (radium)	Journal de Physique et le Radium
J. Polarographic Soc.	Journal of the Polarographic Society
J. pr.	Journal für praktische Chemie
J. Proc. Roy. Soc. N. S. Wales	Journal and Proceedings of the Royal Society of New South Wales
J. radioanalyt. Chem.	Journal of Radioanalytical Chemistry
J. Res. Nat. Bureau of Standards	Journal of Research of the National Bureau of Standards, früher: Bur. Stand. J. Res.
J. S. African chem. Inst.	Journal of the South African Chemical Institute
J. S. African Inst. Min. Metall.	Journal of the South African Institute of Mining and Metallurgy
J. Sci. Ind. Res. (India)	Journal of Scientific and Industrial Research (New Delhi)
J. Sci. Instruments	Journal of Scientific Instruments
J. Soc. chem. Ind.	Journal of the Society of Chemical Industry (Chemistry and Industry)
J. Stefan Inst. (Ljubljana)	„J. Stefan" Institute. Reports (Ljubljana)
Jaderna Energie	Jaderná Energie
Kernenergie	Kernenergie
Kerntechnik	Kerntechnik
Kolloid-Z.	Kolloid-Zeitschrift
M.	Monatshefte für Chemie
Magyar Chem. Folyóirat	Magyar Chemiai Folyóirat
(Magyar) Kém. Lap.	Magyar Kémikusok Lapja
Magyar Tudományos Akad., Kem. Tudományok Osztályának Közleményei	Magyar Tudományos Akadémia. Kémiai Tudományok Osztályának Közleményei
Med. d. Lavoro	La Medicina del Lavoro
Mikrochemie (Mikrochem.)	Mikrochemie vereinigt mit Mikrochimica Acta
Microchem. J.	Microchemical Journal
Mikrochim. A(cta)	Mikrochimica Acta (Wien)
Minerva Nucl.	Minerva Nucleare (Torino)
Nature	Nature (London)
Naturwiss.	Die Naturwissenschaften
Nehézvegyipari Kutató Intézet Közleményei	Nehézvegyipari Kutató Intézet Közleményei (Mitt. Forsch.-Inst. chem. Schwerindustrie)

Abkürzung	Zeitschrift
NSA = Nucl. Sci. Abstr.	Nuclear Science Abstracts
Nukleonik	Nukleonik
Nukleonika	Nukleonika
Nucleonics	Nucleonics
Nucl. Instr. Methods	Nuclear Instruments and Methods (Amsterdam)
Nucl. Sci. Engng.	Nuclear Science Engineering
Öst. Ch. Z.	Österreichische Chemikerzeitung
Pharm. Weekbl.	Pharmaceutisch Weekblad
Ph. Ch.	Zeitschrift für physikalische Chemie
Phil. Mag.	Philosophical Magazine and Journal of Science
Phil. Trans.	Philosophical Transactions of the Royal Society of London
Phys. Rev.	Physical Review
Phys. Z.	Physikalische Zeitschrift
Pogg. Ann.	Annalen der Physik und Chemie, herausgegeben von Poggendorf (1824—1877); dann Wied. Ann. (1877—1899); seit 1900 Ann. Phys.
Pr. Am. phil. Soc.	Proceedings of the American Philosophical Society
Pr(oc). Am. Soc. Test Mater.	Proceedings of the American Society for Testing Materials
Pr. (chem. Soc.)	Proceedings of the Chemical Society (London)
Pr. Indian Acad.	Proceedings of the Indian Academy of Sciences
Pr. Nat. Inst. Sci. India	Proceedings of the National Institute of Sciences of India
Pr. Roy. Soc. London Ser. A	Proceedings of the Royal Society (London). Serie A: Mathematical and Physical Sciences
Priroda (Bulgaria)	Priroda (Bulgarija)
Proc. Iowa Acad. Sci.	Proceedings of the Iowa Academy of Science
Przemysl Chem.	Przemysl Chemiczny
Quart. Colo. School Mines	Quarterly of the Colorado School of Mines
R.	Recueil des Travaux chimiques des Pays-Bas
Radiochim. Acta	Radiochimica Acta
Radiochimiya	Radiochimija
Radium	Le Radium, seit 1920: Journal de Physique et le Radium
Raswedka i Okhrana Nedr	Raswedka i Ochrana Nedr (Moskwa)
Reactor Science and Technology	Reactor Science and Technology (London)
Rec. trav. inst. recherches structure matière	Recueil de Travaux de l'Institut de Recherches sur la Structure de la Matière (Belgrade)
Rep. Invest.	United States Department Interior, Bureau of Mines, Report of Investigation
Research	Research
Rev. Mét.	Revue de Métallurgie
Revue roum. Chim.	Revue Roumaine de Chimie
Rev. Sci. Instr.	Review of Scientific Instruments
Ric. sci.	Ricerca Scientifica
Sci. and Cult.	Science and Culture
Science	Science (New York)
Sri. Pap. Inst. Tôkyô	Scientific Papers of the Institute of Physical and Chemical Research Tôkyô
Sci. Pr. Roy. Dublin Soc.	Scientific Proceedings of the Royal Dublin Society
Sci. Rep. Res. Inst. Tôhoku Univ.	Science Reports of the research institutes Tôhoku university
Sci. Rep. Tôhoku (Imp. Univ.)	Science Reports of the Tôhoku Imperial University
Separation Sci.	Separation Science
Sloven. Acad. Sci. J. Stefan Inst. Phys. Rept.	Slovenian Academy of Sciences and Arts. „J. Stefan" Institute of Physics. Reports (Ljubljana)
Soc.	Journal of the Chemical Society of London
Spectrochim. Acta	Spectrochimica Acta (London)
Stud(ii) Cercet.	Studii si Cercetări Chim. (Cluj)
Suomen Kem.	Suomen Kemistilehti
Svensk Kem. Tidskr.	Svensk Kemisk Tidskrift
Talanta	Talanta (London)
Trans. Am. electrochem. Soc.	Transactions of the American Electrochemical Society
Trans. Am. Geophys. Union	Transactions of the American Geophysical Union

Abkürzung	Zeitschrift
Trans. Bose Research Inst. Calcutta	Transactions of the Bose Research Institute Calcutta
Trans. electrochem. Soc.	Transactions of the Electrochemical Society
Trans. Faraday Soc.	Transactions of the Faraday Society
Trans. Pr. Geol. Soc. S. Africa	Transactions and Proceedings of the Geological Society of South Africa
Union pharm.	Union Pharmaceutique
U. S. Dep. Commerce Bur. Mines Bl. (U. S. Bur. Min. Bl.)	U. S. Department of Commerce, Bureau of Mines, Bulletin
U. S. Dep. Interior Bur. (U. S. Mines Bull.)	United States Department of the Interior, Bureau of Mines, Bulletin
U. S. Geol. Surv. Bl.	United States Geological Survey Bulletin
Uzbek. Khim. Zh.	Usbekski Chimitschesski Shurnal
Vestn. Leningr. Univ.	Wesstnik Leningradskogo Uniwerssiteta
Vestn. Mosk. Univ., Ser. Khim. (russ.)	Wesstnik Mosskowskogo Uniwerssiteta, Sserija II Chimija
Z. anorg. Ch.	Zeitschrift für anorganische und allgemeine Chemie
Zavod. Lab.	Zawodskaja Laboratorija (= Betriebslaboratorium)
Z. El. Ch.	Zeitschrift für Elektrochemie
Z. Erzbergb. Metallhüttenw.	Zeitschrift für Erzbergbau und Metallhüttenwes.
Zh. analit. Khim. (russ.) *Ž. anal. Khim. (russ.)*	Shurnal Analititschesskoi Khimii
Z. Metallkunde	Zeitschrift für Metallkunde
Z. Naturforschg.	Zeitschrift für Naturforschung
Zhur. Neogr. Khim. (russ.)	Shurnal Neorganitschesskoi Chimii
Zhur. Priklad. Khim. (russ.)	Shurnal Prikladnoi Chimii (= Journal für angewandte Chemie)
Z. Phys.	Zeitschrift für Physik

Benutzte und zitierte Sammelwerke

Academy of Sciences U. S. S. R.: Analytical Chemistry of Uranium (aus dem Russischen ins Englische übersetzt durch Israel Program for Scientific Translations). Jerusalem 1963.

Gmelins Handbuch der Anorganischen Chemie, 8. Aufl. Verlag Chemie, Berlin—Weinheim/Bergstr. 1935—1963.

Grindler, J. E.: The Radiochemistry of Uranium. National Academy of Sciences — National Research Council (NAS—NS) *3050.* USAEC 1962. (Abgekürzt: *Grindler, J. E.*)

Jones, R. J. (Herausgeber): Selected Measurement Methods for Plutonium and Uranium in the Nuclear Fuel Cycle. Div. Techn. Information, USAEC 1963. (Abgekürzt: *Jones, R. J.:* Selected Measurement Methods.)

Kolthoff, I. M., Elving, Ph. J., (with the assistance of) *E. B. Sandell* (Herausgeber): Treatise on Analytical Chemistry. Part II, Vol. 9: U-The Actinides. Intersci. Publ. John Wiley & Sons, New York-London 1962.

Pascal, P. (Herausgeber): Nouveau Traité de Chimie Minérale. Tome XV, Première Fascicule: Uranium (hrsg. von *R. Caillat* und *J. Elston*). Masson et Cie, Paris 1960.

Rodden, C. J. (Herausgeber): Analytical Chemistry of the Manhattan Project. National Nuclear Energy Series, Manhattan Project Technical Section. Div. VIII, Vol. 1. McGraw-Hill Book Company, New York—Toronto—London 1950. (Abgekürzt: *Rodden, C. J.:* Manhattan Project.)

Rodden, C. J. (Herausgeber): Analysis of Essential Nuclear Reactor Materials. New Brunswick Laboratory, USAEC 1964.

Wichtige Literaturquelle

Fortschrittsberichte in der Zeitschrift „Analytical Chemistry".

If you have any concerns about our products,
you can contact us on
ProductSafety@springernature.com

In case Publisher is established outside the EU,
the EU authorized representative is:
**Springer Nature Customer Service Center GmbH
Europaplatz 3, 69115 Heidelberg, Germany**

Printed by Libri Plureos GmbH
in Hamburg, Germany